からだと酸素の事典

酸素ダイナミクス研究会
［編集］

朝倉書店

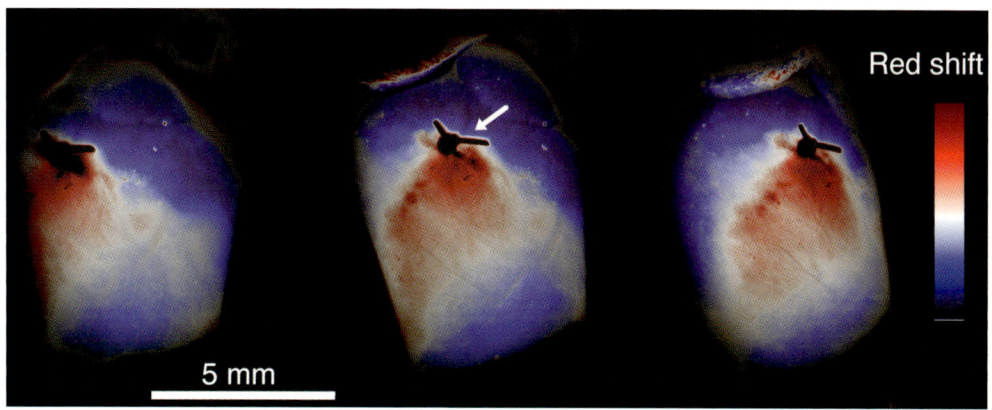

2.22 GFPによる低酸素イメージング

図1 GFP蛍光の赤色シフトを利用したin vivo拍動心臓の低酸素領域イメージング（p.152参照）

全身にGFPを発現しているマウス（GFP knock-inマウス）から心臓を摘出し灌流拍動心標本を作製した．冠動脈左前下降枝を上流で結紮し左室自由壁に虚血領域を作製した．続いて120W水銀ランプから干渉フィルタを介して得た青色光（450-490 nm，強度1.8 mW/mm^2）を約10分間心臓全体に照射した．照射前後の赤色蛍光の変化を疑似カラーで表した．青で表示されている部分は赤色シフトが見られなかった部分．冠動脈結紮部位（矢印）の下流の低酸素・虚血領域がGFP蛍光の赤色シフトとしてイメージングされている．図は同じ標本の赤色蛍光を角度を変え3種類の方向から見たものである．大気からの酸素拡散を防ぐために心臓全体をサランラップで覆ってある．

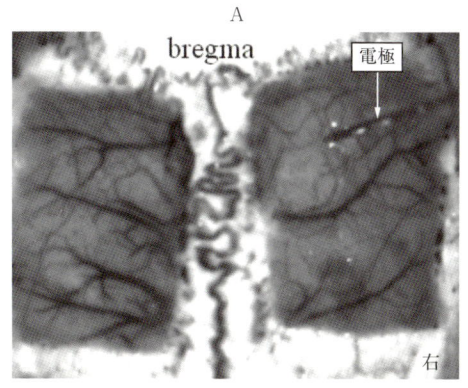

5.3 酸素代謝を利用した脳機能イメージング

図5 ラットのthinned skullから観察された神経-血管カップリング（p.442参照）

A，ラット脳表；C，左下肢の電気刺激に対する血流反応（血液量）の光イメージング；D，左下肢の電気刺激に対する酸素化反応（deoxy-Hb）の光イメージング．

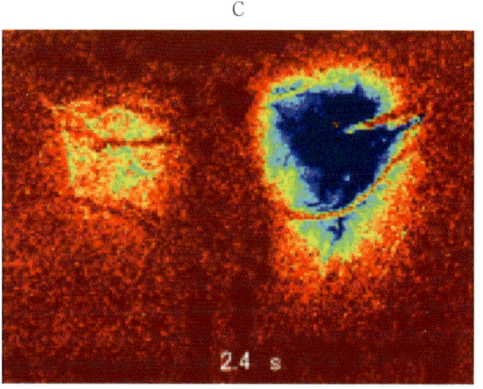
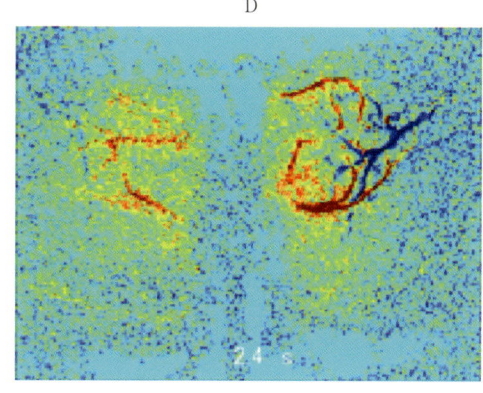

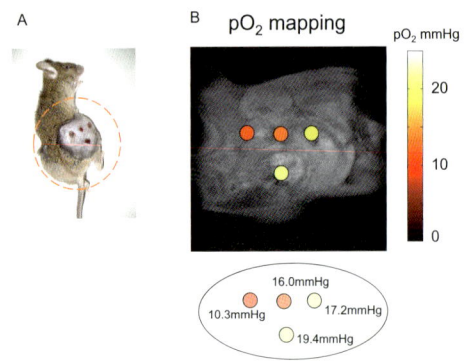
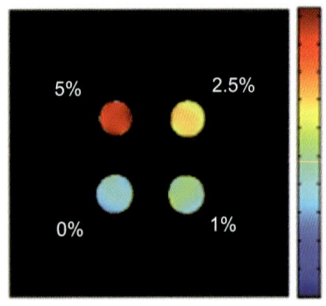

2.17 ESRによるin vivo酸素イメージング
図2 マウスに植えた腫瘍内の酸素分圧マッピング（p.140参照）
A：マウス後肢に植えたSCC VII実験腫瘍．B：SCC VII腫瘍のMRI画像と酸素分圧（pO₂）マッピング．腫瘍内の4カ所にLiNc-BuOパーティクルを埋め込み，pO₂測定値をマッピングした．

2.17 ESRによるin vivo酸素イメージング
図3 酸素濃度の異なるTAM水溶液の酸素マッピング（p.140参照）
0, 1, 2.5, 5%酸素を含むTAM水溶液を含むファントムのESRイメージング画像を得，その画像データから酸素濃度のマッピング画像を得た．

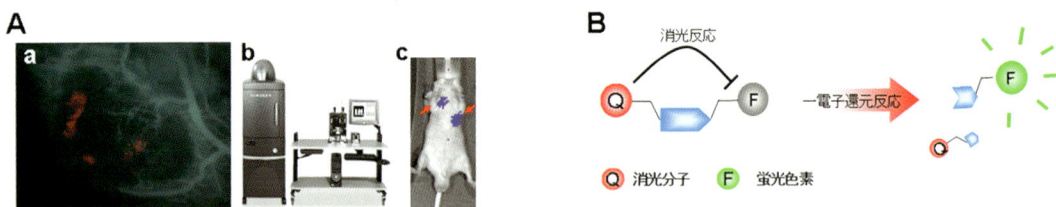

2.20 低酸素がん細胞の光学イメージング
図1 低酸素がん細胞の光学イメージング（p.147参照）
A．レポーター遺伝子によるイメージング．a) 低酸素がん細胞（赤）は腫瘍血管（青）から離れて存在する．b) 超高感度冷却CCDカメラを搭載した光イメージングデバイス．c) 免疫不全マウスの肺に腫瘍を移植し，低酸素がん細胞をルシフェラーゼ発光によりイメージングした．
B．蛍光プローブによるイメージング．低酸素依存的な一電子還元反応により，消光が解除されてプローブが蛍光を発する．

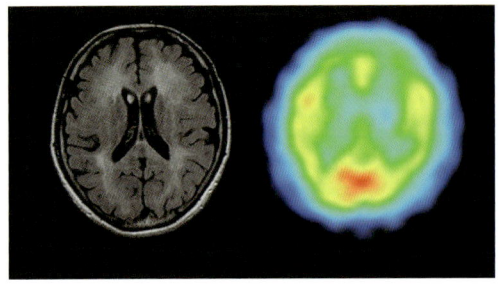

4.A 一酸化炭素中毒と遅延性障害
図1 間歇型一酸化炭素中毒の脳画像所見（p.398参照）
核磁気共鳴画像（MRI，左）では大脳深部白質に広範な異常信号を認める．脳血流画像（IMP-SPECT，右）では対応する大脳皮質・深部白質の血流低下を認める．

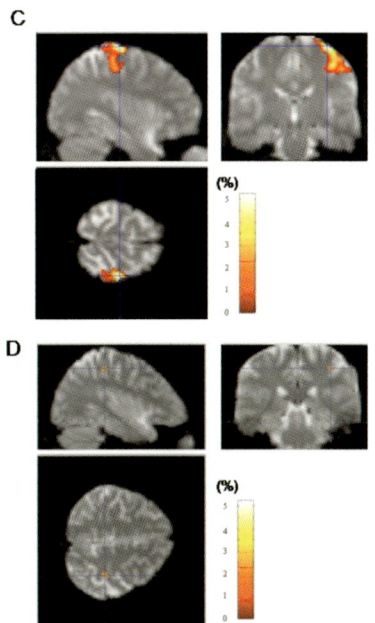

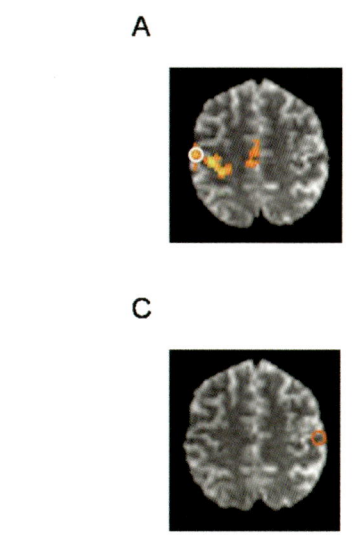

4.5　酸素関連疾患：脳・神経

図5　貧困灌流症候群例における正常側と虚血側の運動野のBOLDイメージ（p.324参照）
A：正常側の運動野のBOLDイメージ．運動野に明瞭に活動領域がイメージングされている．
C：虚血側の運動野のBOLDイメージ．運動野に活動領域がイメージングされていない．

4.5　酸素関連疾患：脳・神経

図4　脳虚血例における運動野の賦活脳酸素代謝とBOLDイメージ（p.323参照）
C，D：軽度脳虚血例（C），高度脳虚血例（D）における運動タスク時のBOLDイメージング．軽度脳虚血例では運動野に活動領域が明瞭にイメージングされているが，高度脳虚血例では活動領域がイメージングされていない．

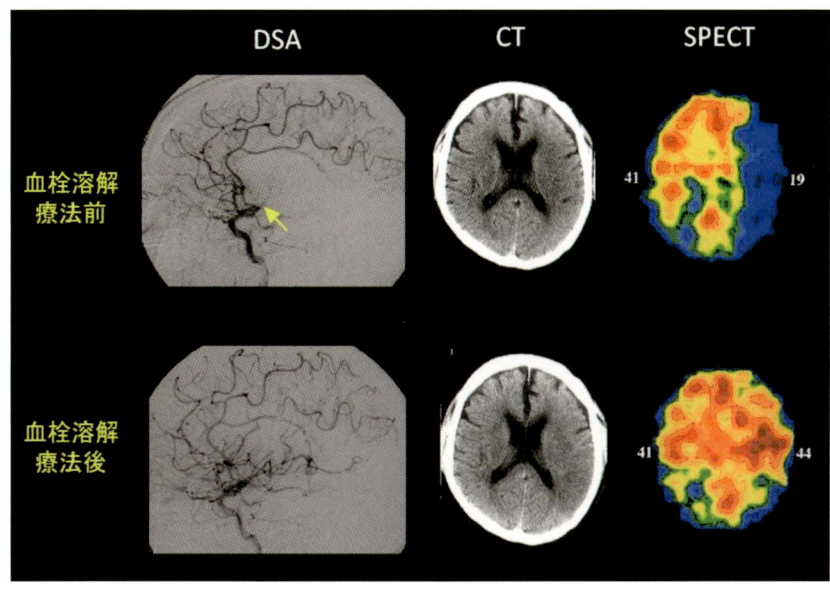

4.5　酸素関連疾患：脳・神経
図8　血栓溶解療法による治療例（p.327参照）
治療前（上段）後（下段）の脳血管撮影（DSA），CT，SPECT．治療前のDSAにて左中大脳動脈（矢印）の完全閉塞を認めたが，血栓溶解療法後には再開通した．またSPECTで脳血流の改善が認められた．CTは治療前後で異常所見を認めなかった．

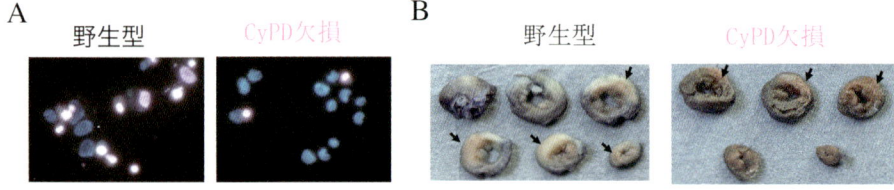

4.1 細胞死の分子機構

図5 CyPD 欠損による酸化ストレス誘導性ネクローシスの抑制と心筋梗塞障害の緩和（p.297参照）
A: 野生型と CyPD 欠損細胞に活性酸素（H_2O_2）を添加し，24時間後に propidium iodide（PI：細胞膜が破綻した死細胞の DNA が染色される：赤色）と hoechst 33342（すべての細胞の DNA が染色される：青色）を投与し，細胞死の多寡を蛍光顕微鏡にて観察した．
B: 野生型と CyPD 欠損マウスの心臓冠状動脈前下降枝を30分間虚血，90分間再灌流した後，TTC 染色（生細胞は赤く染色される）し，心臓を輪切りにした．野生型の心臓では虚血部に壊死が生じている（矢印：白色に見える部位）のに対し，CyPD 欠損マウスの心臓では虚血部でも細胞は生存している（矢印：赤色部位）．

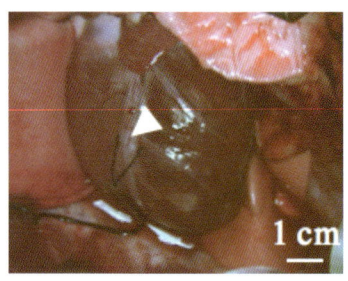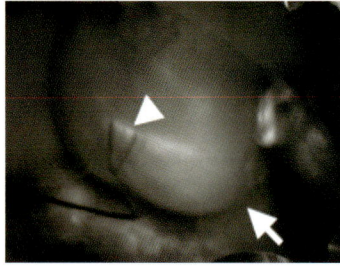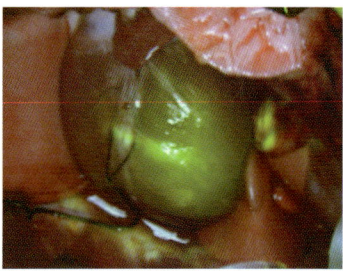

4.7 酸素関連疾患：心臓

図2 ブタ心虚血再灌流モデルにおける細胞死領域のイメージング（p.336参照）
ブタ冠動脈前下行枝を2時間結紮（矢頭），2時間再灌流したのち，蛍光標識したアネキシン V（細胞死を認識するタンパク質）を静注して撮像した．虚血再灌流領域に一致してアネキシン V の集積（矢印）を認める（左：通常のカラー写真，中央：蛍光写真，右：カラー写真と蛍光写真を組み合わせて画像処理したもの）．

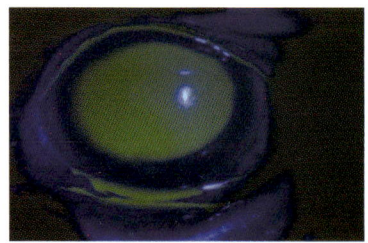 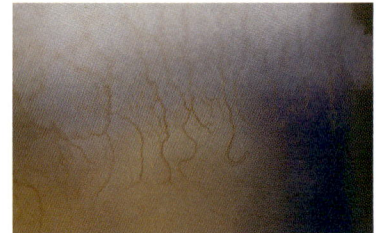

5.11 酸素とコンタクトレンズ

図1 コンタクトレンズ長時間装用後の急性角膜びらん（p.488参照）
角膜上皮が損傷を受けてはがれている．特殊な生体染色液で染色しており，青いライトを当てると角膜がはがれた部分が黄緑色に染まる．炎症を伴い，激しい眼痛を生じる．
（「道玄坂糸井眼科医院 院長 糸井素純先生」よりご好意でご提供頂きました．）

5.11 酸素とコンタクトレンズ

図2 コンタクトレンズの長年の装用によって生じた角膜血管侵入（p.488参照）
慢性の酸素不足の結果，本来血管のない部分である角膜に，周辺から血管が侵入している．
（「道玄坂糸井眼科医院 院長 糸井素純先生」よりご好意でご提供頂きました．）

はじめに

　酸素は，すべての高等生物においてミトコンドリアでのエネルギー産生に必須であると同時に，細胞外環境に関する情報を遺伝子発現に伝達するシグナルとしても機能するユニークな分子です．さらに，酸素分子から生まれる活性酸素種は，生体内で多彩な機能を担うこともよく知られています．生命進化の過程が，より効率的なエネルギー産生メカニズムの獲得ならびに生命体をとりまく酸素環境への適応の歴史であったことを思い起こせば，生体は，細胞への酸素供給および酸素利用において高度に最適化されたシステムとみなせます．一方，このように生体機能が酸素供給にきわめて強く依存した帰結として，臓器や細胞への酸素供給の障害が，それがたとえ短い時間であっても，生命の危機をもたらすことになってしまいました．

　ミトコンドリアにおける酸素を利用したエネルギー産生のメカニズムに関する研究は長い歴史をもち，その成果のひとつである化学浸透説により，Peter D. Mitchell は 1978 年にノーベル化学賞を受賞しました．一方，ようやく最近になって，酸素分子による遺伝子発現の詳細な制御メカニズムが明らかになりはじめています．酸素分子をシグナルとする遺伝子発現制御は，われわれの生理機能のみならず癌や虚血性疾患等の現代においてきわめて重要な病態の発現に深く関わることから，酸素研究は今まさに新しい時代を迎えていると言えましょう．

　このようにきわめて重要かつ多彩な機能を持つ酸素と生体の関係を網羅的に概観するのが本書の目的です．目次をご覧いただければわかるように，カバーする範囲は，生命をとりまく地球の酸素環境から，生体における酸素の測定技術，分子・細胞・臓器・個体レベルにおける酸素と生体機能の関連，酸素に関連する各種の疾患，酸素を利用した生体制御や病気の治療，はたまた酸素濃度の低い高地など特別な環境における生体の適応メカニズム等々，学問領域の垣根をこえたきわめて広いものであることがおわかりいただけるでしょう．これから酸素と生体について考えてみたい方々には，とりあえず表題を最初から最後まで眺めていただきたいと思います．酸素と生体について何が話題になっているかが明らかになるでしょう．また，すでに酸素と生体に関連する研究をおこなっている方々は，見落としていた問題やテクニックを再発見する便利なリファレンスとして利用できるかもしれません．なにしろたくさんの項目があります．目次を眺め，興味深い項目からお読みください．

　酸素を中心に据えた生体機能の理解およびその疾病克服への応用を目的とした国際学術組織に ISOTT（International Society on Oxygen Transport to Tissue）があります（http:

//www.isott.info/)．ISOTT は 1973 年にアメリカで設立された，たいへん歴史のある国際学会ですが，その日本版が 1996 年に創設された酸素ダイナミクス研究会です（http://oxygen.umin.jp/)．ISOTT の第 39 回 Annual Meeting が，2008 年 8 月に札幌で開催されました．本書は酸素ダイナミクス研究会に関連する方々を中心として企画いたしましたことを申し添えます．

  2009 年 7 月

「からだと酸素の事典」編集委員　一同

編集者

酸素ダイナミクス研究会

責任編集者

田村　　守　（たむら・まもる）　北海道大学/清華大学

編集委員

田村　　守　（たむら・まもる）　北海道大学/清華大学　[1章, 2章担当]
高橋　英嗣　（たかはし・えいじ）　山形大学　[3章担当]
小林　弘祐　（こばやし・ひろすけ）　北里大学　[4章担当]
星　　詳子　（ほし・ようこ）　東京都精神医学総合研究所　[5章担当]
桑平一郎　（くわひら・いちろう）　東海大学　[6章担当]

執筆者 (五十音順)

青木　琢也	東海大学	
青柳　卓雄	日本光電工業	
秋山　治彦	東京都精神医学総合研究所	
井川　正道	福井大学	
池松　和哉	長崎大学	
石井　直明	東海大学	
石井　直方	東京大学	
市川　　寛	同志社大学	
一和多俊男	東京医科大学	
伊藤　俊之	京都府赤十字血液センター	
今井　清博	法政大学	
鵜川　貞二	日本光電工業	
宇都　義浩	徳島大学	
遠藤　洋志	琉球大学	
大塚　洋久	日本予防医学協会	
大西　俊介	釧路労災病院	
大橋　俊夫	信州大学	
岡　　真優子	大阪市立大学	
岡沢　秀彦	福井大学	
岡田　泰昌	慶應義塾大学	
越久　仁敬	兵庫医科大学	
小尾　公美子	順天堂大学	
小山田吉孝	国立病院機構東京医療センター	
垣花　泰之	鹿児島大学	
加藤　眞三	慶應義塾大学	
河合　佳子	信州大学	
川手　　進	群馬大学	
木村　和弘	北海道大学	
日下　　隆	香川大学	
桑名　俊一	植草学園大学	
桑平一郎	東海大学	
合志　清隆	The Baromedical Research Foundation	
河野　俊哉	暁星学園	
古賀　俊策	神戸芸術工科大学	
小久保謙一	北里大学	
小林　紘一	慶應義塾大学	
小林　弘祐	北里大学	

執筆者

小 松 孝 美	東京大学
小 山 富 康	北海道大学名誉教授
近 藤 孝 之	京都大学
近 藤 哲 理	東海大学
近 藤 宣 昭	玉川大学
酒 井 秋 男	松本大学
酒 井 宏 水	早稲田大学
酒 谷 　 薫	日本大学
柴 田 政 廣	芝浦工業大学
澁 木 克 栄	新潟大学
清 水 重 臣	東京医科歯科大学
清 水 美 衣	東海大学
下 内 章 人	国立循環器病センター研究所
白 井 幹 康	国立循環器病センター研究所
鈴 木 崇 弘	東海大学
須 納 瀬 　 豊	群馬大学
諏 訪 邦 夫	帝京医学技術専門学校
高 木 　 都	奈良県立医科大学
高 橋 英 嗣	山形大学
高 橋 順 子	京都府立医科大学
髙 橋 良 輔	京都大学
高 宮 信三郎	順天堂大学
竹 中 　 均	杏林大学
竹 吉 　 泉	群馬大学
田 澤 　 皓	University of North Texas
田 中 正太郎	東京女子医科大学
田 中 雅 嗣	東京都老人総合研究所
谷 下 一 夫	慶應義塾大学
田 村 　 守	北海道大学/清華大学
辻 　 千鶴子	東海大学
土 田 英 俊	早稲田大学
永 澤 秀 子	岐阜薬科大学
中 田 栄 司	徳島大学
中 田 　 力	新潟大学
中 村 孝 夫	山形大学
中 村 寛 夫	理化学研究所横浜研究所
西 野 武 士	日本医科大学
布 村 明 彦	山梨大学
野 瀬 和 利	国立循環器病センター研究所
野 村 保 友	前橋工科大学
畑 石 隆 治	北里大学
八 田 秀 雄	東京大学
浜 岡 隆 文	鹿屋体育大学
濱 田 潤 一	北里大学
林 　 成 之	日本大学
原 田 　 浩	京都大学
東 原 尚 代	京都府立医科大学
平 岡 眞 寛	京都大学
廣 瀬 　 稔	北里大学
広 田 喜 一	京都大学
馮 　 忠 剛	山形大学
福 岡 義 之	熊本県立大学
藤 井 博 匡	札幌医科大学
藤 井 文 彦	大阪大学
藤 野 英 己	神戸大学
布 施 政 好	日本光電工業
星 　 詳 子	東京都精神医学総合研究所
堀 　 　 均	徳島大学
堀之内 宏 久	慶應義塾大学
牧 野 雄 一	旭川医科大学
正 本 和 人	電気通信大学
増 田 和 実	金沢大学
眞 野 喜 洋	東京医科歯科大学
三 浦 雅 彦	東京医科歯科大学
宮 坂 勝 之	長野県立こども病院
宮 本 顕 二	北海道大学
本 山 秀 明	国立極地研究所
盛 　 英 三	東海大学
森 田 耕 司	浜松医科大学

柳澤　仁志	ラジオメーター	
山岸　由幸	慶應義塾大学	
山田　勝也	弘前大学	
山田　秀人	神戸大学	
山田　芳嗣	東京大学	
山本　正嘉	鹿屋体育大学	

横場　正典	北里大学	
吉川　敏一	京都府立医科大学	
吉田　尚弘	東京工業大学	
米田　　誠	福井大学	
若杉　桂輔	東京大学	

目　次

1. **地球と酸素と生命の歴史** …………………………………………………………… 1
   1.1　地球の酸素環境の歴史 ………………………………………[吉田尚弘]… 2
   1.2　酸素発見の歴史 …………………………………………………[河野俊哉]… 15
   1.3　酸素と生物進化 …………………………………………………[田村　守]… 30
   1.4　ミトコンドリアの歴史 …………………………………………[高宮信三郎]… 38

   　　1.A　南極氷床コア掘削プロジェクト ……………………………[本山秀明]… 53
   　　1.B　地球温暖化と酸素環境の未来 ………………………………[吉田尚弘]… 56

2. **生体における酸素の計測** …………………………………………………………… 61
   2.1　生体系における酸素計測の意義 ………………………………[田村　守]… 62
   2.2　クラーク電極 ……………………………………………………[小山富康]… 71
   2.3　Blood gas analyzer ……………………………………………[大塚洋久]… 75
   2.4　微小酸素電極の作製と測定の実際 ……………………………[正本和人]… 81
   2.5　呼気ガス分析装置 ………………………………………………[廣瀬　稔]… 88
   2.6　経皮酸素電極 ……………………………………………………[柳澤仁志]… 92
   2.7　質量分析法 ………………………………………[野瀬和利, 下内章人]… 94
   2.8　光学的方法を用いた生体内酸素計測 …………………………[田村　守]… 98
   2.9　パルスオキシメトリ ……………………[青柳卓雄, 鵜川貞二, 布施政好, 宮坂勝之]… 106
   2.10　内因性酸素プローブとなり得る生体分子 ……………………[藤井文彦]… 114
   2.11　心筋細胞内部の酸素濃度イメージング ………………………[高橋英嗣]… 121
   2.12　NIRによる筋肉酸素濃度の無侵襲測定 ………………………[浜岡隆文]… 124
   2.13　ミトコンドリアレベルの酸素代謝測定 ………[野村保友, 馮　忠剛, 中村孝夫]… 128
   2.14　フラビンタンパク蛍光による脳機能イメージング ……………[澁木克栄]… 131
   2.15　ラマン散乱法 …………………………………………………[森田耕司]… 134
   2.16　PETによる in vivo 酸素イメージング ………………………[岡沢秀彦]… 136
   2.17　ESRによる in vivo 酸素イメージング ………………………[藤井博匡]… 139
   2.18　リン光寿命を利用した組織酸素濃度測定 ……………………[柴田政廣]… 142
   2.19　免疫組織学的方法による低酸素/虚血領域の可視化 …………[田中正太郎]… 145
   2.20　低酸素がん細胞の光学イメージング …………………[原田　浩, 平岡眞寛]… 147
   2.21　酸素感受性膜を用いた組織酸素濃度のイメージング …………[伊藤俊之]… 149
   2.22　GFPによる低酸素イメージング ………………………………[高橋英嗣]… 152

3. 生体と酸素 155

- 3.1 酸素カスケード .... [高橋英嗣]... 156
- 3.2 酸化的リン酸化 .... [高橋英嗣]... 161
- 3.3 酸化酵素（オキシダーゼ）と酸素添加酵素（オキシゲナーゼ） .... [西野武士]... 166
- 3.4 活性酸素 .... [西野武士]... 173
- 3.5 低酸素とは .... [広田喜一]... 179
- 3.6 生体の酸素センサー：細胞レベルの酸素センシング .... [中村寛夫]... 182
- 3.7 低酸素による遺伝子発現制御 .... [岡　真優子]... 190
- 3.8 Hypoxia-inducible factor-1（HIF-1）の発現制御 .... [牧野雄一]... 198
- 3.9 イオンチャネルの酸素応答性 .... [山田勝也]... 202
- 3.10 生体の酸素センサー：化学受容器 .... [小山田吉孝]... 205
- 3.11 低酸素換気応答 ....[岡田泰昌, 桑名俊一, 越久仁敬]... 211
- 3.12 酸素貯蔵運搬色素タンパク質（ヘモグロビン，ミオグロビン） .... [増田和実]... 216
- 3.13 各種臓器における酸素輸送・利用 .... [高木　都]... 217
- 3.14 酸素と臓器血流制御および酸素化 .... [桑平一郎]... 219
- 3.15 骨格筋タイプと酸素利用 .... [増田和実]... 226
- 3.16 外界からの酸素取り込みおよび体内の酸素輸送の比較生物学 .... [田澤　皓]... 228
- 3.17 卵の酸素摂取 .... [田澤　皓]... 238
- 3.18 低酸素性肺血管攣縮 ....[下内章人, 白井幹康]... 242

- 3.A 骨格筋における酸素消費の応答様式（O_2 conformer/regulator）[藤野英己]... 245
- 3.B 組織中の酸素拡散速度 .... [高橋英嗣]... 248
- 3.C ヘモグロビン酸素親和性の調節 .... [今井清博]... 250
- 3.D 酸素結合タンパク質（ニューログロビン，サイトグロビン） .... [若杉桂輔]... 253
- 3.E 胎児・新生児と酸素 .... [山田秀人]... 256
- 3.F 加齢と呼吸機能 .... [青木琢也]... 259
- 3.G 酸素代謝と寿命 .... [石井直明]... 261
- 3.H 運動開始時の酸素摂取動態 .... [古賀俊策]... 264
- 3.I 運動時の骨格筋酸素動態 .... [福岡義之]... 268
- 3.J 運動時における酸素と乳酸の代謝 .... [八田秀雄]... 272
- 3.K Hyperoxia と遺伝子発現 ....[小久保謙一, 小林弘祐]... 276
- 3.L 低酸素と血小板凝集および血液凝固 .... [清水美衣, 桑平一郎]... 280
- 3.M リンパ管内酸素分圧 ....[大橋俊夫, 河合佳子]... 282
- 3.N UCP と酸素消費 .... [木村和弘]... 285
- 3.O 血管の仕事 vs. 筋肉の仕事 .... [柴田政廣]... 288

4. 酸素と病気 291

- 4.1 細胞死の分子機構 .... [清水重臣]... 292
- 4.2 無酸素耐性（臓器別） .... [近藤哲理]... 299

4.3	活性酸素と病気	[吉川敏一，市川 寛]	303
4.4	虚血再灌流傷害	[竹中 均]	312
4.5	酸素関連疾患：脳・神経	[酒谷 薫]	320
4.6	酸素関連疾患：未熟児網膜症	[鈴木崇弘]	329
4.7	酸素関連疾患：心臓	[大西俊介，盛 英三]	334
4.8	酸素関連疾患：肺	[小林弘祐]	338
4.9	酸素関連疾患：酸素中毒	[辻 千鶴子]	348
4.10	酸素関連疾患：呼吸不全	[小林弘祐]	351
4.11	酸素関連疾患：睡眠時無呼吸症候群	[横場正典]	359
4.12	酸素関連疾患：肝臓	[山岸由幸，加藤眞三]	368
4.13	酸素関連疾患：消化管	[竹吉 泉，川手 進，須納瀬 豊]	375
4.14	酸素関連疾患：低酸素と精神神経機能	[林 成之]	383
4.15	がんと酸素	[三浦雅彦]	393
4.16	窒 息	[池松和哉]	402
4.17	ミトコンドリア病	[井川正道，米田 誠]	405
4.18	アルツハイマー病と酸素ストレス	[布村明彦]	411
4.19	パーキンソン病と酸化ストレス	[小尾公美子，秋山治彦]	414
4.20	廃用性萎縮筋と酸素	[藤野英己]	417
4.A	一酸化炭素中毒と遅延性障害	[近藤孝之，髙橋良輔]	398
4.B	低酸素と頭痛	[濱田潤一]	400
4.C	老化とミトコンドリア	[田中雅嗣]	408

5. 酸素の利用 ... 421

5.1	臨床における酸素測定の実際	[諏訪邦夫]	422
5.2	スポーツ医学における酸素測定の実際	[浜岡隆文]	432
5.3	酸素代謝を利用した脳機能イメージング	[星 詳子]	438
5.4	ファンクショナルMRI	[中田 力]	446
5.5	光による未熟児・新生児の脳内酸素代謝計測	[日下 隆]	448
5.6	高圧酸素治療	[廣瀬 稔]	452
5.7	在宅酸素療法	[宮本顕二]	458
5.8	酸素をターゲットとしたがんの治療	[堀 均，宇都義浩，永澤秀子，中田栄司]	466
5.9	人工酸素運搬体	[堀之内宏久，小林紘一，酒井宏水，土田英俊]	478
5.10	NO吸入と酸素輸送	[畑石隆治]	485
5.11	酸素とコンタクトレンズ	[高橋順子，東原尚代]	487
5.12	人工肺による酸素補助	[谷下一夫]	490
5.13	体外循環下の臓器酸素ダイナミクス	[垣花泰之]	495
5.14	脳低温療法と酸素代謝	[林 成之]	498

    5.A 人工呼吸法……………………………………………[山田芳嗣，小松孝美]… 491
    5.B 悪性脳腫瘍の治療と高気圧酸素………………………………[合志清隆]… 501
    5.C 血流制限下での筋力トレーニング……………………………[石井直方]… 503

6. 酸素と extremity ……………………………………………………………… 509
  6.1 高地適応………………………………………………………[酒井秋男]… 510
  6.2 8,000m 峰の無酸素登山 ……………………………………[山本正嘉]… 522
  6.3 高地トレーニング……………………………………………[遠藤洋志]… 532
  6.4 航空機の酸素環境と関連疾患…………………………………[桑平一郎]… 546
  6.5 微小重力環境における呼吸循環機能………………………[一和多俊男]… 555
  6.6 潜水と酸素……………………………………………………[眞野喜洋]… 558
  6.7 ハイバネーションと酸素代謝………………………………[近藤宣昭]… 572

    6.A 高山病…………………………………………………………[酒井秋男]… 531
    6.B 高地でのトレッキング・旅行と健康管理……………………[山本正嘉]… 542
    6.C 潜水哺乳類の不思議…………………………………………[桑平一郎]… 569

索　　引………………………………………………………………………………… 575

地球と酸素と生命の歴史

1

1.1 地球の酸素環境の歴史

現在のように高等動物を含む多様な生命を育んでいる惑星としての地球の最大の特徴の1つは，その大気が酸素（O_2）を含むことである．われわれ人間が，動物が，毎日あたりまえのように呼吸している大気中の酸素は誕生後の初期の地球には存在していなかった．さらにまた，これまでのところ，太陽系内にも系外にもこのように豊かな酸素大気を蓄えている惑星はいまだかつて見つかっていない．本稿では地球にいかにして酸素が誕生し，蓄積したかを示し，別稿「1.B」では現在，あたりまえのように呼吸している大気中の酸素がたいへんな勢いで減少していることを示し，地球環境が微妙なバランスの上に成り立っていることを示したい．

現在の地球のように20%を超える高濃度の酸素大気が地球で維持されているのは，酸素発生型光合成を行う生物の誕生，進化，その繁茂によっている．他方，現在では微量大気成分である二酸化炭素（CO_2），メタン（CH_4），一酸化二窒素（N_2O）といった温室効果気体は地球史を通して増減し，表層の平均気温を一定に保つ役割を果たしてきた．このような地球大気の化学組成の変遷は地球表層の物質循環の変遷によっている．地球表層のこのような物質循環は生命以前，生命誕生以後およびその繁茂で大きく異なってきた．地球表層の物質循環，とりわけ生元素の循環がその変遷に大きく寄与している．

地球は生命が存在可能な環境を提供することで，生命を育んできた一方で，現在の地球表層環境は，生命活動による物質循環により支えられているところが大きい．初期地球で支配的であった無機・物理化学的過程による表層物質循環と，現在の生物学的過程による物質循環過程は環境に与える影響が異なっている．地球史における物質循環の変化と，その結果としての表層環境の変化がどのようになっているかを理解することは，現在のわれわれの起源を探る人類の根源的な問いであるとともに，現在の急激な地球環境変化の現状認識と今後の方策を考える基礎を与えることとなる．

地球大気と海洋の化学組成の変化は生命進化との相互作用として共進化系を形成している．地球史プロクシ（記録代替物）や現在の地球環境の観測と，生物的および光化学的過程の室内実験，ならびに理論的考察を通して，物質循環を主要生元素（H, C, N, O, Sなどの軽元素）の化学組成や安定同位体組成などにより記述することで，環境変化の理解が進められている．

1. 元素の存在度と初期地球大気

約137億年前に起こったビッグバンで宇宙は誕生し，多様な核合成反応により元素合成が進み，化合物，物質，恒星，銀河が順次形成されてきた．太陽はより初期の恒星のかけらである微小な塵（ダスト）を含む星間ガス・星間雲から形成され，太陽系が生まれ，現在の地球の軌道付近に集積した微惑星の衝突・合体で約46億年前に形成された．太陽光スペクトルや地球の素となった物質と同様と考えられている炭素質隕石の組成から，宇宙において，また，地球において元素は，ケイ素を1×10^6とする相対存在度で図1に示されるような存在度で存在していると考えられている（たとえば，文献2）．地球はその誕生以降，中心からコア，マントル，地殻，海洋，大気と分化し，各圏の間で，

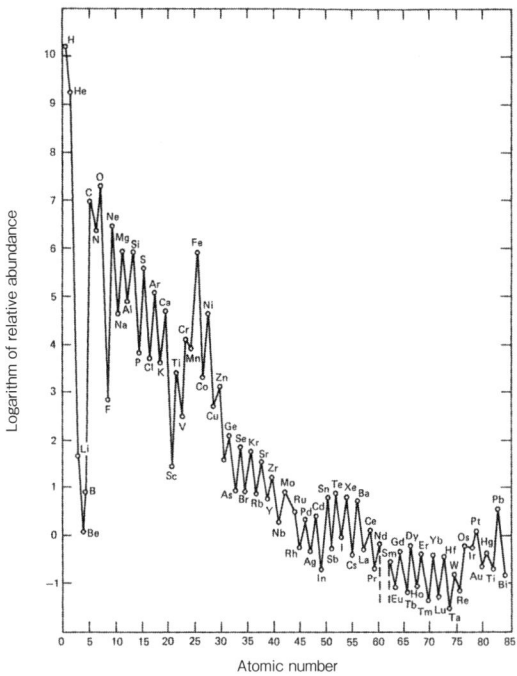

図1 ケイ素を 1×10^6 とする相対存在度で示される元素の宇宙存在度

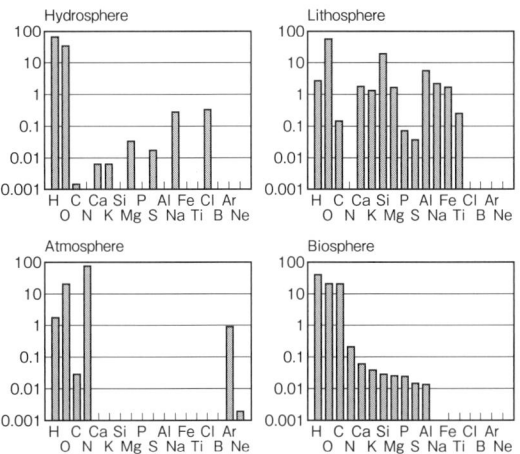

図2 現在の水圏，大気圏，岩石圏，生物圏の各圏における元素の存在度[9]

元素・物質の分配が行われ，さらに生命の誕生，進化の後，表層の環境は46億年の時を経て，図2のように各圏での元素組成はそれぞれ特徴的なものとなっている．

地球形成時には微惑星の地球への衝突が繰り返され，地球の質量が現在くらいになった時には大気成分を重力圏内に保持するようになったと考えられる．そのような原始大気は太陽大気組成に近い水素やヘリウムなどで構成されていた可能性があるが，ヘリウム以下の分子量の大気成分は地球の重力圏外への脱出速度を持てるので，その後の主要成分とはなりえなかった．微惑星の衝突のエネルギーは地球表層をマグマ状態（マグマオーシャン）にしていたと考えられている．マグマオーシャンの環境は固体地球内部からの揮発性物質の脱ガスが比較的速やかに行われて，その蓄積と保持で原始大気と異なる，初期地球の大気組成が決められていった．

海洋が生まれる前の地球初期に大気がどのような組成をしていたのかは表1に示したように現在の地球表層に存在する揮発性物質の分布から推察される．表中，すべてを大気中に揮発させてみたのが総量として示されている欄で，これによると，分圧の高い順に，水蒸気，二酸化炭素（CO_2），塩化水素，二酸化硫黄，窒素，

表1 地球表層の各圏に存在する揮発性物質の分布[14]
単位はmol，総量はカッコ内に示す気体分子として大気に放出した場合の量を気圧で表している．

成分	大気	海洋	地殻	総量	主な存在形態
H_2O	—	7.8×10^{22}	4.1×10^{21}	280(H_2O)	H_2O
C	5.8×10^{16}	3.3×10^{18}	1.0×10^{22}	80(CO_2)	$CaCO_3$, CH_2O
Cl	—	7.6×10^{20}	7.6×10^{20}	10(HCl)	Cl, NaCl
S	—	4.0×10^{19}	3.5×10^{20}	5(SO_2)	$CaSO_4$, FeS_2, SO_4^{2-}
N	2.9×10^{20}	—	1.4×10^{20}	1(N_2)	N_2, ($-NH_2$)
Ar	1.7×10^{18}	—	—	0.01(Ar)	Ar

表2 大気が存在する地球型惑星（現在および現在の地球大気から酸素を除いてCO_2を加えた地球，金星，火星）の大気組成と表層環境
＊は文献16を参照.

	地球(現在)	地球(初期)	金星	火星
大気組成(体積%)				
N_2	78.1	1.0	1.8	2.7
O_2	20.9	―	―	―
Ar	0.9	0.01	0.02	1.6
CO_2	0.035	99.0	98.1	95.3
大気圧	1気圧	～80気圧	90気圧	0.006気圧
惑星アルベド	0.3	>0.3*	0.77	0.15
全球平均温度	15℃	～200℃*	450℃	−30℃
水の存在量	270気圧相当	270気圧相当	極微量	(不明)
水の存在形態	海洋	海洋, 水蒸気	水蒸気	極冠, 永久凍土

表3 生元素の安定同位体とその自然存在度
パーセントで表わされている.

H	C	N	O	S
H 99.9844	^{12}C 98.89	^{14}N 99.635	^{16}O 99.763	^{32}S 95.02
D 0.0156	^{13}C 1.11	^{15}N 0.365	^{17}O 0.0375	^{33}S 0.75
			^{18}O 0.1995	^{34}S 4.21
				^{36}S 0.02

アルゴンとなる．図1に見るように元素としての酸素の存在度は高いものの，酸素原子は酸化物として固定されていて，酸素ガスとして大気中には存在していなかった．さらに，このように推察された初期地球で水蒸気の大部分を降水として降らせて海洋を形成した後の表層環境は表2にみるとおり，CO_2を主成分として，大気を持つ金星，火星などの地球型惑星と非常に類似した大気組成を持っていることが理解される．現在の大気とはまったく異なる組成の大気で，酸素は存在しなかった．また，これまでのところ，酸素を大気中に含むような惑星は太陽系内にも，系外にもまだ見出されていない．

2. 地球環境進化を理解するためのツールとしての安定同位体比

どのようにして，現在とまったく異なる大気組成の地球初期の大気が現在のように，酸素を含む大気に変化してきたのであろうか．この根源的な問いに答え，大気・海洋の進化を追跡するために，有用なツールとして安定同位体がよく用いられる．原子には陽子数は同じであるが，中性子数の異なる同位体が存在し，生体の主要構成元素である軽元素（生元素とも呼ぶ）には表3に示すような自然存在度で安定な同位体が存在する．ある元素の最も質量数の小さい安定同位体（存在度は最も高い）をX，質量数の大きなある安定同位体をX′とすると，安定同位体比は次の（1）式にあるように標準物質からの千分偏差値で示される．偏差が小さいことが多いため，より一般的なパーセントより1桁小さいパーミルで表記されるのが慣例となっている．

$$\delta X' = ((X'/X)_{sample}/(X'/X)_{std} - 1) \times 1000 \text{ (permil)} \quad (1)$$

さらに，さまざまな原子から構成される分子には，同位体の組合せにより，多数の異なるアイソトポマー（isotopomer；同位体分子種）が存在している．アイソトポマーはその物質の起

源情報を分子内に保存している．地球環境に存在する物質の起源に関する，この質的情報を定量的に読みとる新しいコンセプトの物質解析法が近年，新たな計測法として開発され，実際の環境に適用され，物質の起源推定に利用されている．

地球大気の酸素の起源などのような，物質の起源や環境変化を引き起こす物質循環変化の中身を理解するには，環境物質の質的情報を知ることが重要である．環境物質の主要構成成分である生元素には，^1H，^2H，^{12}C，^{13}C，^{14}N，^{15}N，^{16}O，^{17}O，^{18}O，^{32}S，^{33}S，^{34}S，^{36}S など種々の安定同位体と，^3H，^{14}C などの宇宙線起源放射性同位体がある比率で存在している．アイソトポマーはこれらの中で，主に安定同位体を含む分子種で，元素や分子内位置の組合せによって，温室効果ガスのような低分子では10種程度あり，生物起源有機物のような高分子ほど指数関数的に多種存在する．図3に現在の地球大気中に有意な量存在する温室効果ガスの例を示した．

アイソトポマーの自然存在度は環境物質の質的情報，すなわち，1) 起源物質はどのような物質であるか，2) どのような過程・環境で生成されたか，3) 生成後にどのように変質したか，4) どのような過程・環境で消滅しているのか，といった複雑な履歴を記録している．環境物質分子について，アイソトポマーの自然存在比を精密に計測して，その豊富な履歴情報を引き出すことができれば，地球系，生態系，生体から分子に至る，さまざまなスケールの環境において物質循環システムの詳細な解析が可能となる．

大気海洋環境の進化は地球表層における生元素の循環の変化を通して理解される．H_2O，O_2 に加えて，CO_2，CH_4，N_2O などの温室効果ガスに着目することで大気海洋進化を追跡できる．これらの大気成分の地球規模での収支は現在においても不確実で，地球史を通じたこれら

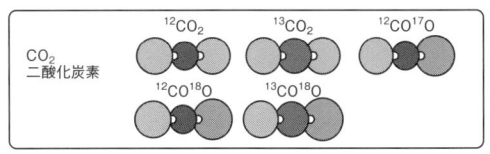
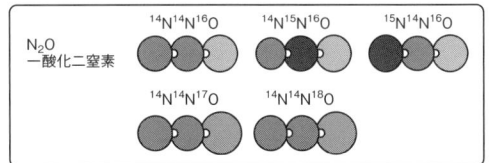
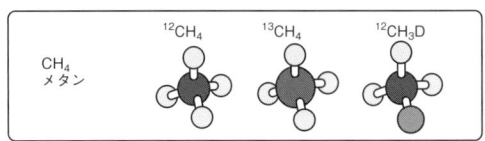
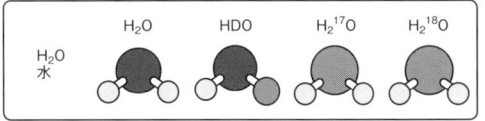
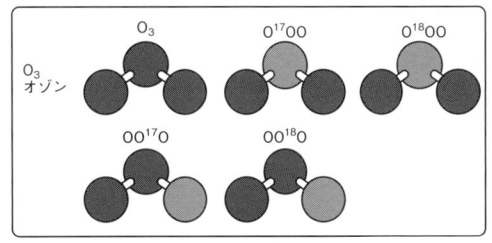
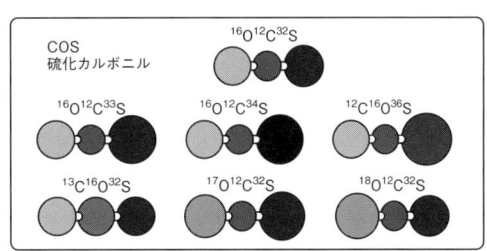
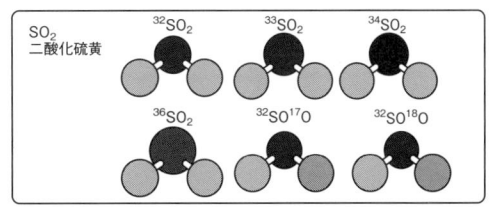

図3 大気組成の変動要因を定量的に追跡するために用いられる温室効果ガスなどのアイソトポマーの例

大気成分の循環過程はさらに推定が困難である．この不確実性低減のために，アイソトポマーの高感度・高確度・高精度計測が有効である．アイソトポマーの計測には，分子種ごと，元素

ごと，分子全体（バルク），分子内分布，二重同位体置換の要素が含まれている．これらに加え，硫黄の四種（^{32}S, ^{33}S, ^{34}S, ^{36}S）安定同位体や酸素の三種安定同位体は，光分解などの過程に特有な非質量依存同位体効果（mass independent fractionation；MIF）を精査することで，確度・精度の高い定量的な実証が可能となってきている．次節以降で示される初期地球から現在までの大気・海洋進化の推論には，これらの安定同位体の自然存在度を（1）式で表した同位体比が縦横に利用されている．

3. 35億年前の岩石中流体包有物で見出された微生物起源の CH_4

地球上に38億年前に生命が誕生し，温室効果ガスであり大気主成分であった CO_2 が有機炭素として，あるいは炭酸塩として堆積し地球大気濃度が減少していったと考えられている（たとえば，文献1）．その後，温室効果ガスであるメタン（CH_4）が大気中に蓄積したと考えられているが，いつどのように蓄積していったかは長く議論となっていた．

CH_4 を生成する微生物は最も原始的な生物の1つであるが[21]，それがいつ地球上に出現したかは明らかでない．太古代（25億年以前）の地球において CH_4 生成菌の放出する CH_4 は地球の気候を安定させるのに重要な役割を果たしていたとされる[19]．当時の太陽は現在の太陽に比べて輝度が低かったので，地球表層が凍結状態とならないためには温室効果気体が現在より高濃度で存在していたと考えられる．しかしながら，これまで CH_4 生成菌が太古代に存在した直接的な地質学的証拠はなく，28億年前の ^{13}C に乏しいケロジェン（難分解性腐食有機物）がその存在を暗示しているに過ぎなかった[13]．

Ueno ら[20]は西オーストラリアに産する約35億年前の熱水岩脈から流体包有物（大気・海洋が封じ込められ，当時の環境を保持していると考えられている）を真空中で抽出し，その中に含まれるガス中の CH_4 を分析した．その結果，図4に示されるように，炭素同位体比が－56‰より低い微生物起源と結論できる CH_4 が見出された．まず CO_2 と CH_4 の分別は30-52 permilと大きく，再平衡には達していないので，元の同位体組成が保存されていて，当時の大気・海洋の値を保持しているといえる．観測された左側の図に見られる同位体比の分布は以下2つの混合で説明される．^{13}C に乏しい CH_4（初成的なものに含まれる．おそらくメタン生成菌由来）と ^{13}C に富む CH_4（二次的なも

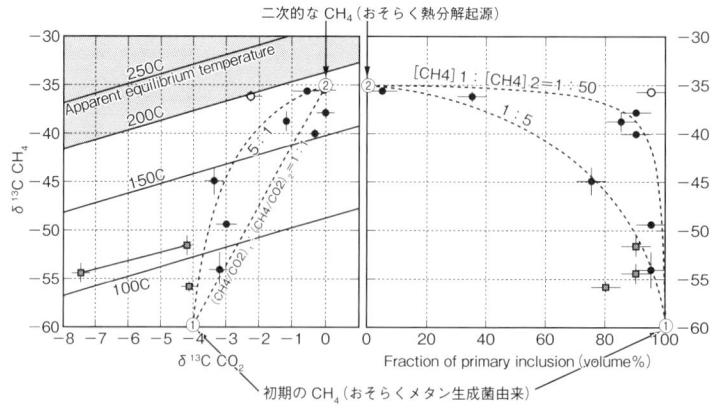

図4 35億年前の岩石中の流体包有物に含まれていた CO_2 と CH_4 の炭素同位体組成[20]
左：CO_2 と CH_4 の炭素同位体組成，右：初成的・二次的包有物の割合と CH_4 の炭素同位体組成．

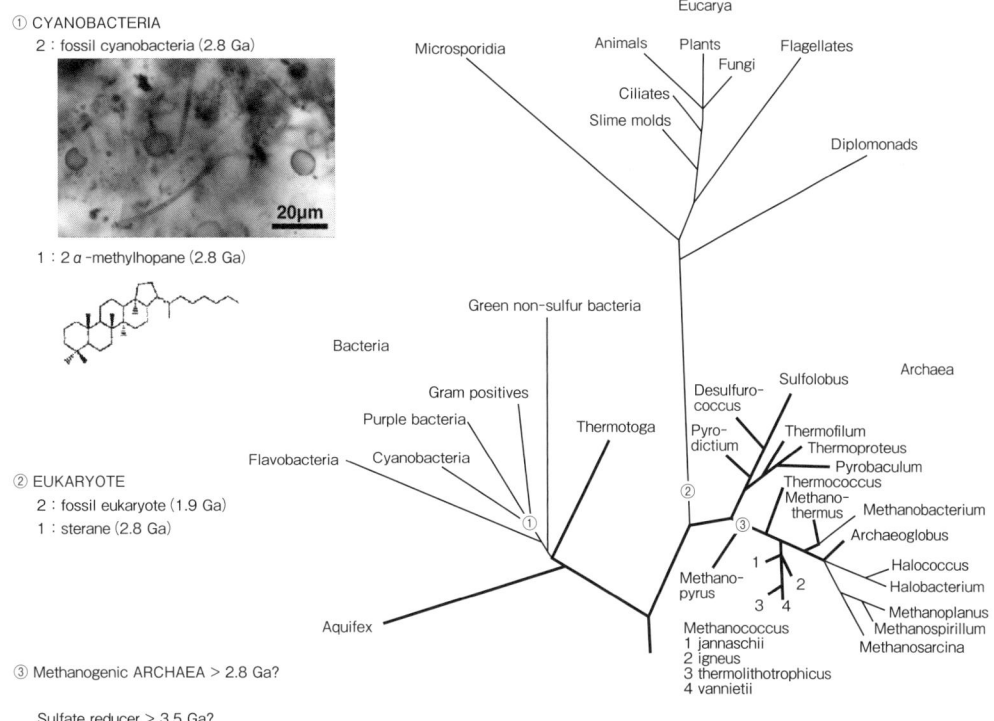

図5 系統樹のなかで，メタン生成菌の属するアーキア（古細菌）は35億年前にはすでにバクテリアから分岐して，活動していたことが地球化学的証拠で明らかにされた．

のに含まれる．おそらく熱分解起源）の混合で分布していたことが明らかにされた．

この結果は，35億年前の初期地球ではすでに微生物活動によってCH_4が生成されていたことを示している．さらに，この微生物起源CH_4は熱水沈殿物中に見出されたため，好熱性のCH_4生成菌により生成された可能性が高い．最近の遺伝子系統解析によると好熱性CH_4生成菌は最も原始的な系統の1つであり[3]，これはこの地質学的観測結果と調和する．また，CH_4生成菌は全生物の遺伝子系統樹（図5）ではアーキア（古細菌）に属すため，本研究の結果はアーキアとバクテリア（真正細菌）が遅くとも35億年前には分岐したことを示している．

4. 酸素発生型光合成生物の誕生と酸素発生の始まり

われわれ人間を含めた高等動物が生存するために必要な酸素が地球初期の大気中には存在しなかった．水蒸気が降水として大気から除かれて，海洋を形成した後の大気の主成分はCO_2であって，徐々に炭酸塩や有機物として堆積して濃度が下がってきたこと，前節で古細菌が生命誕生後の比較的初期にCH_4を生成・蓄積してきたことを述べた．しかし，酸素はまだ生成され始めていない．また，酸素を含んだ大気をもつ惑星がこれまで太陽系内にも系外にもまだその存在が観測されていないことは，酸素大気が形成される化学的，地質学的メカニズムがないことを示している．それではいかにして，大気中に酸素が遊離状態で存在するようになったのであろうか．大気中の酸素は地球にとって，

生物学的にも地質学的にも重要な役割を果たしてきているので，現在のように地球大気に高濃度で含まれる酸素がどのようにして蓄積してきて，どのように一定に保たれてきたかを理解することは地球上の生命や物質循環がどのように共進化してきたかを理解するためにもとても大事なことである．

前節で述べたように，地球が約46億年前に形成された当時，初期地球は酸素を含んでいなかった（たとえば，文献1）．地球に海洋が形成され，その海洋をゆりかごとして化学進化が進み，生命が誕生し，長い時間をかけて生物進化が進んでいった．進化の中で，大気中に高濃度で存在するCO_2は，溶解平衡にある海洋中にも高濃度で存在し，これを利用する炭酸同化作用を行う生物種が誕生してきた．光合成作用の中で酸素発生型光合成を行う生物種は比較的後になって出現したとされている．後の章（1.3，1.4）でみるように，大気酸素の生成は酸素発生型光合成を行う微生物の活動に起因している．また，酸素発生型光合成を行うシアノバクテリアの祖先が発生し，繁茂したことで，浅海で，文字通り，酸素を含んだ小さな気泡の1つ1つが大気に加えられ，蓄積していったと考えられている．酸素発生型光合成微生物が誕生し，存在していたことの特徴的な証拠としては，ある生物に特異的な生体分子の残さとしてのバイオマーカー（ここでは生物種同定に役立つ特徴的な生体分子）が挙げられる[7]．シアノバクテリアのバイオマーカーとしては2-α-メチルホパンがあり，このバイオマーカーが27億年前の岩石中に発見されている[6]．このことは，27億年前に遡って酸素発生型光合成が始まったことを示している．

5. 酸素の蓄積・調節メカニズムと濃度変化

これまで，あまり信頼できない地質的な証拠

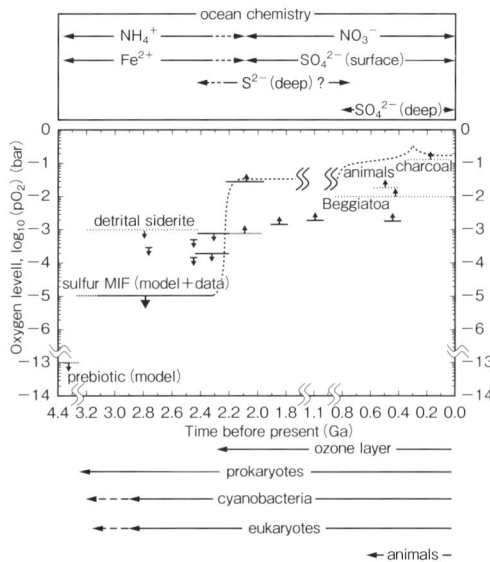

図6 地球史における酸素濃度の変化の推定例[7]
図の内容の詳細は文中の説明を参照．図中，太い点線が可能性としての1つの酸素濃度変化曲線．水平の点線はその間の生物地球化学的証拠で，河床堆積物中の菱鉄鉱（siderite, $FeCO_3$）の存在などを示している．下向きの矢印は上限，上向きは下限の推定を示している．記載のない実線は古土壌の存在を示している．44億年前（コア，マントル，地殻から大気が分化した直後）の生命前の大気酸素濃度は光化学反応モデルで計算された．硫黄同位体組成の異常，生物学的な証拠として，海洋硫黄酸化バクテリア（*Beggiatoa*），5.9億年前に誕生した動物，木炭の生成，などがある．

が多く，定量的な地球化学的証拠が限られていて，酸素の発現と濃度上昇については定性的な議論が主であった．比較的最近になって，新しく，また重要な地質学的および地球化学的知見（古土壌，黄鉄鉱（pyrite, FeS_2），閃ウラン鉱（uraninite, UO_2），縞状鉄鉱床（BIF；banded iron formation）や炭素同位体比および，硫黄安定同位体異常（非質量依存同位体分別，MIF；mass independent fractionation）が得られ始めてきている．未だに不十分であるが，それらの断片的なデータをつなぎ合わせると，図6に示されるように，地球史を通じて酸素濃度は変化してきたらしいと考えられている．原生代（25億年-5.42億年前）の中でも，初期あるいは後期に2回の大規模な酸素の蓄積が起こり

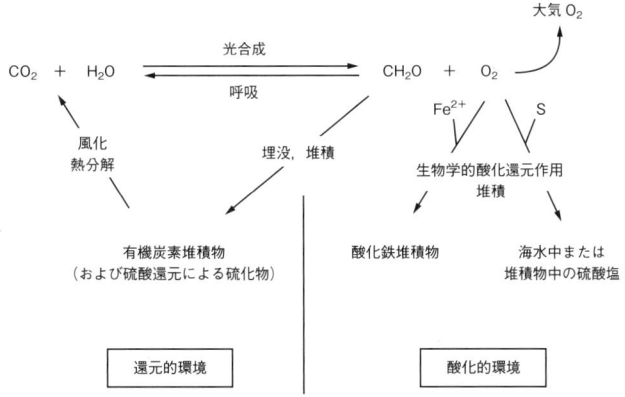

図7 光合成・呼吸を主とする大気酸素濃度の制御メカニズム

（たとえば，文献4, 7, 11, 14），大気中の酸素濃度が上昇したと考えられる．23億年前後と6億年前後の2つが定性的には急増期といわれている．定量的な議論は未だにできていないが，その中でもいくつかの証拠に基づいてカーブが書かれている．信頼度が低いが古土壌の化学組成による上限値・下限値の推定，真核生物の化石産出からパスツール点（現在の酸素濃度の100分の1）以上とする（ローカルな環境のみに生息した可能性もある）こと，硫黄同位体組成の異常（Kastingらの計算によると，SO_2光分解モデルで24億年前頃で現在の10万分の1）などである．その間の濃度上昇は比較的早く酸素濃度が上昇していたとする説（たとえば，文献14）と，遅かったとする説（たとえば，文献10）とがあって，未だに議論は確定していない．

酸素の発生の始まりについては，約27億年前と考えられていることは先述した．しかし，この酸素発生型光合成の始まりと25億年前と考えられている最初の酸素蓄積のイベントとの間には2億年近くの時間的なずれがある．1つは酸素蓄積イベントの証拠発見がまだ不十分で，今後，酸素の蓄積の地質学的証拠が新たに見つかって，もっと早くなる可能性もある．もう1つの可能性は，地球表層にそれまでに蓄積していた還元性物質を十分に酸化するまでに約2億年の年月が必要で，そのあとに，ようやく大気中に酸素が蓄積し始めたという可能性がある．いずれにしても酸素発生型光合成生物の出現と活動の活発化およびそれに伴う地球大気への酸素の出現と蓄積についてはより詳細かつ定量的な議論が望まれる．そのような情報を提供すると思われるツールが最近見つかってきているので次節で詳述する．

図7に示したように，酸素発生型光合成とその逆反応としての呼吸で生成・消滅がバランスしているが，それらの生成物が除かれることでバランスは一方向へずれる．ある時期，光合成が卓越して酸素が蓄積し始めたと考えられる．酸素発生型光合成は

$$CO_2 + H_2O \longrightarrow CH_2O + O_2 \quad (2)$$

のように酸素ガスを発生する．一方で呼吸あるいは死後の生体分子の酸化；

$$CH_2O + O_2 \longrightarrow CO_2 + H_2O \quad (3)$$

によって，酸素が消費される．両者はバランスしている限り，大気中での酸素濃度上昇と蓄積は起こらない．しかし，(2)で生成された生体有機物が還元的環境下にある海底堆積物として堆積・埋没すると，(3)の酸化から免れて，結果として(2)の光合成過程が卓越し，過剰な酸素ガスが大気へ放出され蓄積されていくこととなる．また，酸素消費の対象物質としては，他に還元鉄や，還元的硫黄化合物などが存在

し，海洋における黄鉄鉱の生成には当時すでに活動していた硫酸還元バクテリアが関与していて：

$$15CH_2O + 2Fe_2O_3 + 16Ca^{2+} + 16HCO_3^- + 8SO_4^{2-}$$
$$\longrightarrow 4FeS_2 + 16CaCO_3 + 23H_2O + 15CO_2$$
(4)

というように，ここでも生体有機物が消費される反応が起こる．光合成とこの反応を連続させると，

$$2Fe_2O_3 + 16Ca^{2+} + 16HCO_3^- + 8SO_4^{2-}$$
$$\longrightarrow 4FeS_2 + 16CaCO_3 + 8H_2O + 15O_2 \quad (5)$$

となるので，有機炭素の埋没でなく，黄鉄鉱が埋没することによっても，酸素が正味で放出・蓄積することとなる．また，還元鉄や還元的硫黄化合物の酸化として

$$2FeS_2 + 16CaCO_3 + 8H_2O + 15O_2$$
$$\longrightarrow 2Fe_2O_3 + 16Ca^{2+} + 16HCO_3^- + 8SO_4^{2-}$$
(6)

という反応が起こって，風化や酸化的環境下で酸化により酸素消費が起こっている．このような，複合的な物質循環系である炭素-酸素-鉄-硫黄サイクルが光合成が地球上で始まって以来，酸素濃度の上昇と蓄積，酸素濃度の調節メカニズムとして機能してきている．

縞状鉄鉱床が頻繁に見出される地層は約27-19億年前に形成されたと考えられている．縞状鉄鉱床とは酸化的鉄鉱物（$Fe(OH)_3$，Fe_2O_3）が含まれる層とシリカ（SiO_2）が主成分である層とが縞状に交互に層をなす堆積層である．通常の地殻全体の平均的なシリカを主成分とした堆積が起こる．約20億年前の還元環境下で大陸の浸食・風化で溶け出して，海洋へ運ばれるのは2価のFe^{2+}で，これらは海底の熱水噴出物としても噴出され，光合成生物により生成された海洋中の酸素により不溶性の3価鉄（たとえばFe_2O_3）として海底に鉄鉱床を形成したと考えられている．このような縞状鉄鉱床は18億年前にはまれとなりその後は認められない．したがって，これ以降は大陸地殻の2価鉄も風化の際に酸化され3価鉄となって岩石中に残り，海洋で新たに酸化されて鉄鉱床を形成することはなくなったと考えられている．したがって，18億年間にはある程度の酸化的環境，すなわちある程度高い酸素濃度の大気環境になっていたと考えられている．その酸素濃度レベルの推定値が研究者によって相違があるということである．

さらにまた，大気中での酸素の蓄積は同じく大気中に存在していた還元的でまた強い温室効果を持つメタンを酸化消費し，地球全球凍結（Snowball Earth）へと地球の気候を非常に大きく変えたと考えられている[19]．このような大気組成の変化とそれに伴う地球表層環境の変化，生態系の変化はフィードバック系を形成し，ダイナミックな変化を生んでいて，非常に興味深く挑戦的なテーマを提供している．図8に顕生代（5.4億年前から現在）の有機堆積物の炭素^{13}Cと黄鉄鉱の硫黄同位体比^{34}Sや，生物学的な証拠として，海洋硫黄酸化バクテリア（Beggiatoa），5.9億年前に誕生した動物，木炭の生成などから推定された石炭紀（約3.9-2.9億年前）の約3億年前の酸素濃度ピークがあったとする議論もある[5]がまだ定性的で確定した推論とはなっていない．

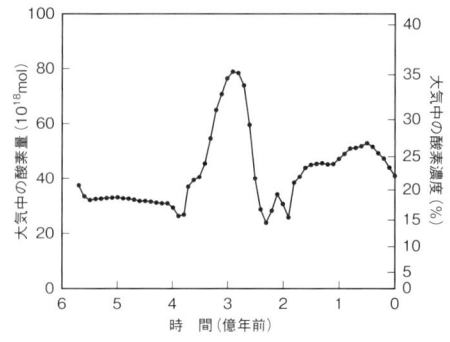

図8 顕生代（5.4億年前から現在）の炭素と硫黄同位体比などから推定された大気中酸素濃度の変化[5]
石炭紀（約3.9-2.9億年前）の約3億年前の酸素濃度ピークがあったとする議論がなされているが，まだ確定していない．

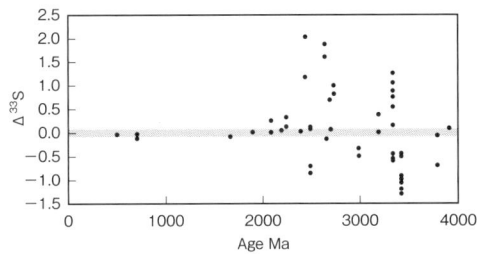

図9 硫化物・硫酸塩に記録された地球史における硫黄同位体比異常の変化[11]
20億年以前にみられる同位体比異常がそれ以降はみられない．この時期に酸素が出現・蓄積し，ある濃度以上になった証拠と考えられているが，未だ，そのメカニズムは定量的な理解がされていない．

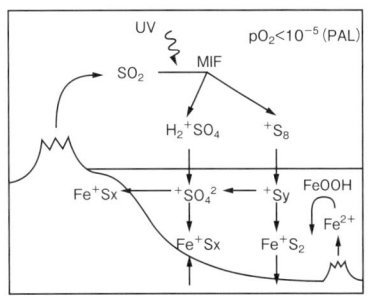

図10 硫化物・硫酸塩に記録された硫黄同位体比異常の原因と考えられる，地球史における低酸素大気中の硫黄循環メカニズム
詳しくは本文を参照のこと．

6. 20-40億年前の黄鉄鉱のMIFから生じた硫黄同位体異常

20億年前以前の地層に含まれる硫酸塩・硫化鉱物がMIFによる硫黄同位体異常を示すという最近の発見（図9）は地球初期の硫黄循環を解析する新たな可能性を示した[11]．図中の$\Delta^{33}S$値は次式：

$$\Delta^{33}S = \delta^{33}S - 0.515 \times \delta^{34}S \qquad (7)$$

で示されるようにMIFで生じる硫黄同位体比異常で，^{34}Sから質量分別則で予想される^{33}Sの値からのずれとして表わされる．

この同位体異常の原因は地球初期の大気が貧酸素状態であったことに由来すると予想されている．図10に模式的に示したように，オゾン層のない貧酸素大気中では紫外線が地上付近までかなりの強度で到達する．火山ガス起源のSO_2ガスが強い紫外線で光分解する過程でMIFが生みだされ，これによって太古代の海洋中では負の$\Delta^{33}S$値を持つ硫酸がとけ込んでいた一方，還元的な硫黄は正の$\Delta^{33}S$値をもったとされている[12,18]がまだメカニズムには不明な点が多い．

したがって，太古代の硫化物や硫酸塩の多種硫黄同位体分析（^{32}S，^{33}S，^{34}S，および^{36}S）は硫黄の起源の情報を与えるとともに，太古代の還元的な環境下での生物地球化学的循環の定量的な理解を深めることに役立つと思われる．現在，われわれの研究室を含む世界の数研究室で多種硫黄同位体分析のための化学的抽出法とフッ化システムを構築し，その分析が行われている．用いられる岩石試料は太古代から原生代の堆積岩，火山岩，熱水岩脈と広範なものである．比較的近い将来に硫黄MIFに関する地球化学的証拠が蓄積することで，地球史における酸素濃度の変化を定量的に議論できるようになると予想される．現時点で予察的な結果から，$\Delta^{33}S$値は各時代で変動幅を持つものの，その最大値は27億年前以前ではそれ以後（27-25億年前）のものより小さいらしい．これらMIFの小さい時期は海水組成に対する熱水活動（$\Delta^{33}S = 0‰$）の寄与が大きかった可能性があることが明らかにされつつある．

7. 硫黄化学種の光化学反応と酸素など大気組成の定量的推定

初期地球の大気酸素濃度の指標ではないかと思われる硫黄MIFが太古代の鉱物中で発見されたが，その定量的な説明はまだ十分になされていないことを前節で述べた．酸素，あるいはオゾンが低濃度であったために紫外線が地表付近まで十分に到達していた環境にあったと考えられる．このような状況は現在の上空大気でも

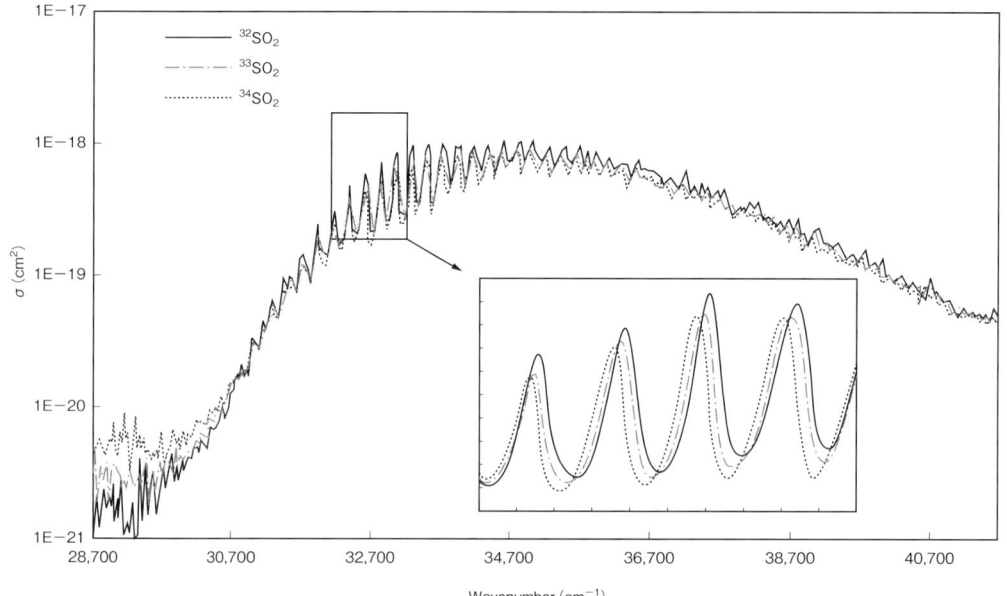

図11 標識安定同位体で置換された純粋同位体置換種 $^{32/33/34}SO_2$ それぞれについて，紫外線照射室内実験により，実験的に得られた，28,700-41,700 cm^{-1} 領域での紫外線吸収断面積の高分解能スペクトル[8]

起こっている．

Danielache ら[8] は，初期地球でも現在の上層大気でも起こっている SO_2 の光分解反応を精密に解析するため，硫黄同位体の異なる純粋 SO_2 の紫外線光分解反応の室内模擬実験を行った．高純度に同位体濃縮された硫黄から ^{32}S，^{33}S，^{34}S で構成される SO_2 を各々調整し，その紫外線吸収スペクトルを波長方向に高分解能で，精密に測定した．その結果の一部が図11に示されている．

同一化学種であるので，その紫外線吸収スペクトルの全体の構造は同一であるが，同位体置換によるエネルギー順位の微小な差異から，重同位体置換種（$^{33}SO_2$ および $^{34}SO_2$）は赤方シフト（図12に模式的に示した）をしている．その結果として，図中で拡大しているスペクトルピークの赤方側（低波数・低エネルギー・高波長側）では重同位体置換種の紫外線吸収断面積が大きいのに対して，青方側（高波数・高エネルギー・低波長側）ではその逆である．これらの吸収断面積から高波数分解能で求めた同位体

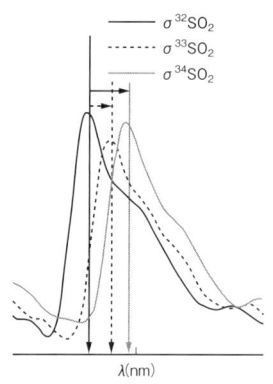

図12 図11を波長を横軸として表現した場合の，あるピークの重同位体置換種のスペクトルの赤方シフトの模式図

分別係数は，正負に大きく振れて，これまでに知られていない数百パーミルに及ぶ同位体分別および MIF を示すことが初めて精密に明らかになった．

実際の大気環境ではどのように光分解が起こっていた，あるいは起こっているのだろうか．初期地球の場合は，酸素，オゾンが低濃度であったため，太陽光スペクトルに近いスペクトル

の紫外線が地表付近まで降り注いでいたと考えられる．一方，現在の大気環境では，オゾン層により，成層圏下部では，かなり減衰した紫外線が，また，高濃度の酸素も存在することから，鉛直方向に紫外線スペクトルも大きく異なる．このように，地球史においては，太陽活動に伴う紫外線強度・スペクトルの変化と酸素やオゾンを主として，大気組成が大きく異なることにより，紫外線吸収スペクトルの変化，さらに鉛直方向の変化が起こることとなる．これらの積分により，硫黄の同位体分別とMIFが決まるので，精密な解析によって，前節で図9に示した地質学的資料の結果から真に定量的に大気組成，中でも，酸素濃度の推定を進められるツールを得たといえる．解析が進んでいって，酸素濃度に加えて，温室効果ガスの濃度変化についても定量的な推定ができるようになることが期待されている．

おわりに

46億年前の地球誕生以来，大気の化学組成は劇的に変化してきたと思われる．しかしながらそれらの推定はとくに先カンブリア時代（5.45億年以前）のように，まだまだ不十分で，定量的な評価が必要とされている（たとえば，文献15）．現在および過去における，大気組成と生態系の相互作用を明らかにすることはたいへん重要であり，その目標に向かって研究が進められていて，地球化学的な証拠や，変化を推定する強力なツールとなる，大気化学的な知見が最近得られてきている．

本章で述べてきたように，初期地球の大気には酸素が存在していなかった．初期地球の大気に酸素がなかったこと，27億年ほど前に酸素発生型光合成生物が誕生し，酸素を蓄積し始めたこと，7億年ほど前に現在の21%くらいの豊富な酸素濃度となったこと，それからこれまでほぼ一定の濃度が保たれてきた．また，現在までに酸素が高濃度で存在する惑星は太陽系内にも系外にも未だに見つかっていない．液体としての水の存在とともに，現在の地球のような高濃度酸素の存在は多様な生物種，生態系を育んできている．

人類は燃焼という強力な道具を発明し，現在の膨大な活動は地球規模に及び，「地球温暖化と酸素環境の未来」（1.B）でみるように，地球温暖化の原因となる二酸化炭素の急激な濃度上昇の一方で，生命が享受する大気酸素が急速に濃度低下している．20億年あまりかけて光合成生物が細々と貯めてきた酸素資源を人類は地球の歴史からみれば，一夜に近い短期間で使い果たそうとしている．人類にとっても自虐的であり，遍く現在の高酸素濃度環境に慣れ親しんだ多くの生物にとって致命的な，そのような行為がどのような地球環境変化を引き起こすことになるかわからない．本書の各章・各節は現在の高濃度酸素大気を前提に書かれている．地球全体が低酸素濃度の大気となるようなことがなく，本書がいつまでもその重要性が失われることのないように，酸素濃度が現在同様に保たれることを願ってやまない．

［吉田尚弘］

■文献

1) Abe Y, Matsui T : The formation of an impact-generated H$_2$O atmosphere and its implications for the early thermal history of the Earth. J Geophys Res 90 : C545-C559, 1985.
2) Aller LH : The abundance of the elements. pp. 283, Interscience Publishers, New York, 1961.
3) Battistuzzi FU, Feijao A, Hedges SB : A genomic timescale of prokaryote evolution : insights into the origin of methanogenesis, phototrophy, and the colonization of land. BMC Evolution Biol 4 : 44 doi : 10.1186/1471-2148-4-44, 2004.
4) Bekker A, Holland HD, Wang P-L, et al : Dating the rise of atmospheric oxygen. Nature 427 : 117-120, 2004.
5) Berner RA : Modeling atmospheric O$_2$ over Phanerozoic time. Geochim Cosmochim Acta 65 (5) : 685-694, 2001.
6) Brocks JJ, Logan GA, Buick R, Summons RE : Archean molecular fossils and the early rise of

Eukaryotes. Science 285 : 1033-1036, 1999.
7) Catling DC, Claire MW : How Earth's atmosphere evolved to an oxic state : A status report. Earth Planet Sci Lett 237 : 1-20, 2005.
8) Danielache SO, Eskebjerg C, Johnson MS, et al : High-precision spectroscopy of ^{32}S, ^{33}S, and ^{34}S sulfur dioxide : Ultraviolet absorption cross sections and isotope effects. J Geophys Res 113, D17314, doi : 10.1029/2007JD009695, 2008.
9) Deevey, ES : Mineral cycles. in The Biosphere, A Scientific American Book, W. H. Freeman, San Francisco, 1970.
10) DesMarais DJ : Tectonic control of the crustal organic carbon reservoir during the Precambrian. Chem Geol 114 : 303-314, 1994.
11) Farquhar J, Bao H, Thiemens M : Atmospheric influence of Earth's earliest sulfur cycle. Science 289 : 756-758, 2000.
12) Farquhar J, Savarino J, Airieau S, Thiemens MH : Observation of wavelength-sensitive mass-independent sulfur isotope effects during SO_2 photolysis : applications to the early atmosphere. J Geophys Res-Planets v. 12, p. 32829-32839, 2001.
13) Hayes JM : Global methanotrophy at the Archean-Proterozoic transition. In Early Life on Earth (ed. Bengtson S), pp. 220-236, Columbia University Press, 1994.
14) Holland HD : The Chemistry of the Atmosphere and Oceans. Wiley, New York, 1978.
15) Holland HD : The Chemical Evolution of the Atmosphere and Oceans. Wiley, New York, 1984.
16) Kasting JF, Ackerman TP : Climatic consequences of very high carbon dioxide levels in the earth's early atmosphere. Science 234 : 1383-1385, 1986.
17) Lovelock JE : The Ages of Gaia. W. W. Norton, 1988.
18) Ono S, Eigenbrode JL Pavlov AA, et al : New insights into Archean sulfur cycle from mass-independent sulfur isotope records from the Hamersley Basin, Australia. Earth Planet Sci Lett 213 : 15-30, 2003.
19) Pavlov AA, Hurtgen MT, Kasting JF, Arthur MA : Methane-rich Proterozoic atmosphere? Geology 31 : 87-90, 2003.
20) Ueno Y, Yamada K, Yoshida N, et al : Evidence from fluid inclusions for microbial methanogenesis in the early Archaean era. Nature 440 : 516-519, 2006.
21) Woese CR : Bacterial Evolution. Microbiol Rev 51 : 221-271, 1987.

1.2　酸素発見の歴史

　伝統的な科学史において，「酸素の発見」は，多くの気体発見の中でも最上位に位置づけられる記念すべきものであった．それは，「酸素の発見」を糸口に，フロギストン説に取って代わる燃焼理論が確立し，それがもとになりLavoisierによる化学革命が遂行され，その結果「近代化学」が誕生したと考えられるからであろう．さらにScheele, Priestley, Lavoisierによる「酸素の同時発見」，Lavoisierによるフロギストン説論駁のための「決定実験」およびその帰結としての化学革命の完遂，そしてフランス革命により断頭台に消える英雄Lavoisierとバーミンガム暴動によりアメリカへの亡命を余儀なくされるPriestleyの末路，幾重にも織り成すドラマティックな物語の数々は，読者を魅了して止まなかったからであろう．

　しかし，近年の科学史および科学哲学の研究成果は，上述した伝統的な科学史記述に大幅な修正を迫るものとなった．本稿では，「酸素の発見」に関する内実を詳細に検討することの重要性を認識しつつも，一方で近年の「科学史」および「科学哲学」の研究成果をも援用しながらバランスの取れた歴史記述を目指すことにしたい．そこで「酸素の発見」およびそれに至る過程が，伝統的な科学史においてどのように記述されているかを，まずはもう少し詳細に眺めてみることから始めることにしたい．

1.　「酸素の発見」前史の概観

　ギリシア時代，アリストテレス（Aristotle, B.C. 384-322）は，「土」，「水」，「火」と共に，「空気」を四元素の1つと位置づけていた．ここでの「空気（air）」は，「熱」と「湿」の性質をあわせ持つ元素のことであった．このような「四元素説」の考え方は中世へも引き継がれたが，果実の発酵の際に生じる「空気」や，鉱山で発生しロウソクの炎を消す「空気」など，大気とは若干性質の異なる「空気」があることも次第にわかってきた．Johannes Baptista Van Helmont（1579-1644）は，大気に似たこれらの物質を，ギリシア語の「混沌（カオス，chaos）」にちなんで，「気体（ガス，gas）」と呼んだ．ガスの粒子すなわち気体の粒子は，混沌状態にあって手なずけることのできない精気（spirit）のことであった．よって当時の化学者は，化学反応において気体が発生する時，その気体を反応とは無関係のもの，さらには危険なものとみなす傾向があったのである．

　John Mayow（1641-79）は，空気の本質を，浮遊する物体粒子を受け入れる「容器」と考えていた．当時，「空気」は，元素だという考え方が強く，気体の性質の違いは，「空気」という容器に吸収されたり，放出されたりする物質に求められた．このことは，George Ernest Stahl（1660-1734）が，スポンジが水を吸収するように「空気」がフロギストン（phlogiston）を吸収したり放出したりするものだと考えたことと通じるものである．以上のような経緯から，大気と異なる性質を持つ気体も，Van Helmontの名付けた「ガス」ではなく，「空気」という語が多用されたのである．よって「空気（air）」と「特定の空気（the air）」は同じものであり，「諸空気」を多様な化学的性質を持つ物質種と見る習慣は化学者にはなかった．というのも化学者にとって「固体」や「液体」にはさまざまな試験法があったが，「空気」にはなかったため，研究対象とは考えなかった

からである．

2. 伝統的な化学史における「18世紀化学」

以上のような「酸素の発見」前史を踏まえ，本稿の注目すべき「18世紀」へと向かっていく．その「18世紀」は，伝統的な化学史において通常「空気化学の時代」と呼ばれる．それまでは研究対象とは考えられていなかった「空気」が，研究の最前線へと躍り出てきたのである．そこで以下では，この経緯を，伝統的な化学史記述に基づきながら概観していくことにしよう．

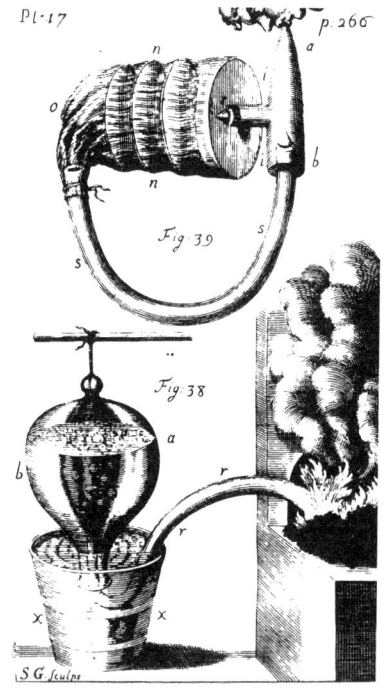

図1 Halesの気体用水槽…Stephen Hales, *Vegetable Statics*（London, 1727），plate 17. Reprint（London：McDonald, 1969），p. xxiv. より引用．(Hales『植物静力学』より引用)
Fig.38は，銃身内で分解する物質から出る気体を水上で捕集する装置で，Scheele，Priestley，Lavoisierらが使用して，化学革命を生んだ装置の先駆．
Fig.39は，呼気を再生処理する「ふいご」．4枚の隔膜に炭酸カリウムを染み込ませると，二酸化炭素が除かれて呼吸を長く続けられた．

上で述べたような状況に変化が訪れたのは，Stephen Hales（1677-1761）が開発した「気体用水槽」が登場し，空気の捕集が容易になってからのことであった．Halesは，空気を蓄えたり，洗浄して精製したり，物理的にだけでなく，化学的にも調べられるようにしたのである（図1）．また，Halesは，空気を構成する粒子間に斥力が存在するため，それが弾性流体となることができるばかりでなく，引力によって凝集し，物質の成分に転化する可能性を示唆した．そして，このことを空気が固体物質の中に「固定」されていると考え，「固定空気」という概念を提示した．ただし「固定空気」の主要な役割は，物質を構成する諸種の要素を相互に結合させることにある．すなわち空気は，物質の成分といっても，その実質成分ではなく，要素の結合に際して道具（instrument）となるに過ぎない．結局Halesは，空気に諸種の化学種があるとは考えず，そのため空気を化学的に分析することはしなかった．しかし空気が物質中に固定されるという認識は空気化学の研究を触発したのであった．

このようなHalesの空気の分析に影響された最も早い人物としてオランダのHermann Boerhaave（1668-1738）が挙げられる．BoerhaaveがHalesから影響を受けたのは，空気が物質の成分になり得るということであった．Boerhaaveは，空気が道具であるとともに元素であるとし，その後の空気化学における化学的分析を刺激することになる．

これに続いたのはBoerhaaveの影響を強く受けたスコットランドのJoseph Black（1728-99）である．Blackは，生石灰と結びつく空気は，通常の空気とは異なることを明らかにし，この空気が，生石灰に固定されやすいことから，「固定空気」と名付けた．「固定空気」は既にHalesが使用した言葉であったが，Halesは空気に異なる化学種が存在するとは考えていなかったため，そこで使用された「固定空気」と

いう言葉は，空気一般に使われた名称であったのに対し，Blackの「固定空気」は，生石灰と化合する気体，すなわち現在の二酸化炭素に限定して使われたものである．

　Blackに続いたのは，Henry Cavendish（1731-1810）である．Cavendishは，Blackが明らかにしなかった「固定空気」の物理的化学的性質を解明するとともに，「可燃性空気」を発見した．「可燃性空気」とは現在の水素のことでCavendishは，これをフロギストンであると同定した．

　これに続いて登場するのが本稿の中心人物の1人であるJoseph Priestley（1733-1804）であり，通常空気化学研究の頂点に立つ人物として記述される．参考までにPriestleyが遊離し確認した気体を挙げてみると，硝空気（nitrous air，一酸化窒素），硝蒸気（nitrous vapour，二酸化窒素），減容硝空気（nitrous air diminished，亜酸化窒素），海酸空気（marine acid air，塩化水素），アルカリ空気（alkaline air，アンモニア），硫酸空気（vitriolic acid air，亜硫酸ガス），脱フロギストン空気（dephlogisticated air，酸素）フッ酸空気（fluor acid air，フッ化ケイ素）などがある．おそらく，Priestleyを空気化学研究の頂点に立つ人物とする理由は，彼が気体の研究を始めた時に，知られていた気体が，たかだか大気，「固定空気」（二酸化炭素），「可燃性空気」（水素）の3種類ほどでしかなかったのに対して，彼が単離し確認した気体の数が圧倒的に多いことと，その中に脱フロギストン空気，すなわち現在われわれが「酸素」と呼ぶ気体が含まれていたためであろう．

3．18世紀化学史研究の現在

　以上が伝統的な18世紀化学史の歴史記述である．18世紀化学は，一言で言えば，「相次ぐ新気体発見の時代」としてまとめることができる．上記の記述にScheele，Priestley，Lavoisierによる「酸素の同時発見」，さらにはLavoisierによるフロギストン説論駁のための「決定実験」およびその帰結としての「化学革命」完遂の物語が続けば，伝統的な18世紀化学史像はほぼ完成することになる．伝統的な18世紀化学史像とは，Lavoisierによる「化学革命」を軸として構成されており，その最終地点に「酸素の発見」が存在することになる．しかし現在の化学史研究では上述したような歴史記述は通常とらなくなってきている．このことを理解するためには，「ホイッグ史観」や「勝利者史観」の克服といったものが前提となる．すなわち「ホイッグ史観」とは，現代化学を基準として過去の理論を裁断することであり，それをよりわかりやすく表現したのが「勝利者史観」というものである．ここで言えば，現在の酸素を中心とする燃焼理論を絶対に正しい大前提（勝利者）として置き，そこに向かってすべての歴史が流れ込んでくる，と考えるような歴史観を指している．つまりフロギストン説は，酸素を中心とする燃焼理論のために存在したことになる．フロギストン説を考案した人々が，現在の酸素を中心とした燃焼理論を知るはずもなく，またLavoisierの酸素概念もその命名の誤りも含め，われわれが知る酸素概念とは別物であることに注意しなければならない．

　そこで，以下では古典的な研究から最新の研究まで，本稿の中心人物の一人であるPriestleyの研究を事例として，化学史記述の変遷とそれに伴う「酸素の発見」の位置づけを概観していくことにしよう．

a．「ニュートン主義者」としてのPriestley

　何冊かの古典的な化学史通史を参照してみると，「頑迷固陋のPriestleyが誤った理論であるフロギストン説に固執するあまり化学革命の主役の座をLavoisierに奪われた」といったような記述が判で押したように浮かび上がってくる．「科学革命論」を提唱したHerbert

Butterfield なども，ほぼ 1 世紀遅れの「化学革命」は，自己の「科学革命論」にとっては座りの悪いものであったこともあり，Priestley を，化学を誤った方向へ導いた人物として描き，「化学革命」を「遅れてきた革命」として位置づけていた．ここで言う「科学革命」とは，16, 17 世紀にコペルニクス（Copernicus, 1473-1543），ガリレオ（Galileo, 1564-1642），ケプラー（Kepler, 1571-1630），ニュートン（Newton, 1642-1727）らをはじめとする自然探求者達が，人々の宇宙観や人間の自然界における位置の概念を一新したことにより，「近代科学」が誕生したと考えるもので，Butterfield は，「科学革命」をキリスト降誕に比すべき歴史的事件と位置づけていた．このような歴史記述を大きく転換させた著作は，Arnold Thackray の『原子と力――ニュートン主義物質理論と化学の発展』（1970）であった．それでは，この著作を概観してみよう．

18 世紀に入ると Newton 主義物質理論というものがイギリスでもフランスでも追求されてくる．これは Newton の『光学』の巻末に付した「疑問」をもとに追求された．簡潔に言えば，化学反応における力の定量化が目標となり，その目標を達成するために「親和力」の概念が導入され，その大小により化学反応を説明し，逆に化学反応からその大小を推定する試みが行われるようになる．しかし，実践的な化学の従事者にとっては，そのような理論からは何も得ることがなかったため，もっと実践的に，直接与えられる化学的性質をもとに考えを進めた．Stahl のフロギストン説は，そのような試みの革新的な第一歩に位置づけられるものであった．すなわち，「質の科学としての化学」の始まりである．これは Lavoisier を経て Dalton によって化学の新体系にまとめあげられた．結局，反応をひき起こす力の大きさを重視する Newton 主義を断ち切ったところに，はじめて異なる元素の原子の重量測定を重視する Dalton の原子論が生まれ，それとともに「科学の一分野としての化学」も成立したと Thackray は結論づける．古典的な通史において誤った理論と位置づけられていたフロギストン説を含む Stahl 派の化学は，むしろ「質の化学」における革新的なものとして積極的に評価される．加えて Lavoisier は，18 世紀化学史に不可欠な人物ではあるが，化学革命の英雄ではなく，その位置づけはフロギストン説に反旗を翻した反 Stahl 主義者ではなく，Newton 主義物質理論に反発を示す Stahl 主義者ということになる．そして化学革命は 18 世紀化学を語る際の中心概念ではなくなるのである．

以上のような Thackray の研究により，フロギストン説，化学革命，および化学革命における Priestley や Lavoisier の位置づけなどは 180 度転換したことになる．ちなみに，Priestley はこの著作において Boscovich の点原子論（物質を力の中心点として，中心からの距離によって交互に引力と斥力が働くとした理論）に大きな影響を受けた「Newton 主義者」として描かれている．結局，Thackray の『原子と力』は，Newton 主義を縦糸に 18 世紀化学を紡ぎだした化学思想史的著作であり，化学史研究における記念碑的著作と呼ばれているが，そのことにより「酸素の発見」は，18 世紀化学史から葬り去られてしまったのである．

b.「空気哲学者」としての Priestley

現代に生きるわれわれは，18 世紀の Priestley を眺める時でさえ，現在の分類に彼をあてはめて論評しがちである．すなわち彼を，現在と同じ意味での「化学者」あるいは「科学者」とみなしてしまう．当時「科学者（scientist）」という言葉自体存在していなかったし，「化学者（chemist）」という言葉は存在こそしていたが，Priestley は自分のことを当初「化学者」だとはまったく考えていなかった．そもそも彼の職業は，非国教派の牧師また

は非国教徒学校の教師であり，いちばんの関心事は神の御業の理解である．このような点をいち早く指摘したのが化学史家の McEvoy であった．彼の Priestley 像は，神学から導かれた問題意識を，空気に関する実験的研究を通じて展開しようとした「空気哲学者」として描かれている．

　Priestley は，「酸素の発見者」と呼ばれるが，彼の著作を見る限り彼は，単に「酸素を発見」しようとしていたのではない．実際 Priestley 自身も著作の中で，「動物の呼吸によって汚染されていた空気を元の状態に戻すという自然の摂理の発見は，自然哲学における最も重要な問題の 1 つであると私には思えた」と述べている．すなわち Priestley は，燃焼や呼吸によって「汚れた空気」を，燃焼や呼吸可能な「良い空気」に戻そうとする「自然の摂理」に注目し，それを読み解こうとしていた．そして，その途上で種々の気体を単離した．当時，このような営為を行う者は，「自然哲学者」と呼ばれていた．

　ここで言う「自然の摂理」とは，economy of nature または，nature's economy と呼ばれる概念で，「自然の経済」とも訳出される．そもそも economy の語源である oeconomy とは，ギリシア語で「家」を意味するオイコス（oikos）と，「法・慣習」を表すノモス（nomos）とからなり，「家計をやりくりする技術」を意味する言葉であった．それが，生産の場が，家から工場に移るにつれ，企業や国家の「経済」を意味する言葉となった．一方，神学者達は，昔からラテン語のオエコノミア（oeconomia）という言葉を，「神の定めた秩序」という意味で用いていた．その結果 17 世紀までに，エコノミーという言葉が，しばしば「自然界の神による支配」を意味する語として用いられるようになった．Priestley の空気化学研究は，まさにこの西欧における「自然の経済」という大きな思想潮流の延長線上にある営為であり，自然における神の御業を読み取る「自然哲学」の試みだったのである．しかし，「酸素の発見」といった観点から言えば，Priestley を「空気哲学者」と位置づけることによって，Thackray の化学思想史的著作と同様に，「酸素の発見」という事柄自体は，歴史の表舞台から後退していくことになったのである．

c．「社会史的化学史」の台頭

　近年では上述した化学史記述（a，b）の問題点も指摘され，それを克服するために，当時の文脈（コンテクスト）を重視して考察を進める「社会史的アプローチ」と呼ばれる考察手法による研究が台頭してきた．すなわち，Priestley の主要著作だけに関心を寄せるのではなく，Priestley が実際に活動したコミュニティや当時のコンテクストを重視して分析を進めるアプローチである．たとえば，Priestley の気体研究は，単に「酸素の発見」を目的としたものではなかったが，当時の社会や研究者から注目されるような研究だったことは事実である．それではなぜそのように関心をもたれたのであろうか．その鍵を握るのは「空気の良好度」である．近年とくに注目されるのは，一酸化窒素を使用した硝空気テストによる空気の良好度測定であり，その際にはユージオメーターと呼ばれる実験器具が使用された．ユージオメーターとは，語源的には「良度計」，すなわち多少言葉を補うならば「空気の良好度測定器」という意味である．そもそも初期の空気の良好度測定は，やはり Priestley により，「ねずみ」を使用して行われたが，当然のことながら個体差があり，定量化は難しい．そこで実験器具による定量化が望まれた．彼は，種々の金属（鉄，銅，銀，水銀など）を硝酸に溶かし，発生してくる無色の気体を水上に捕集して，「硝空気（一酸化窒素）」と命名した．この気体の最も顕著な性質は，この気体を空気と混合すると発熱を伴いつつ赤褐色の気体に変化することである．加

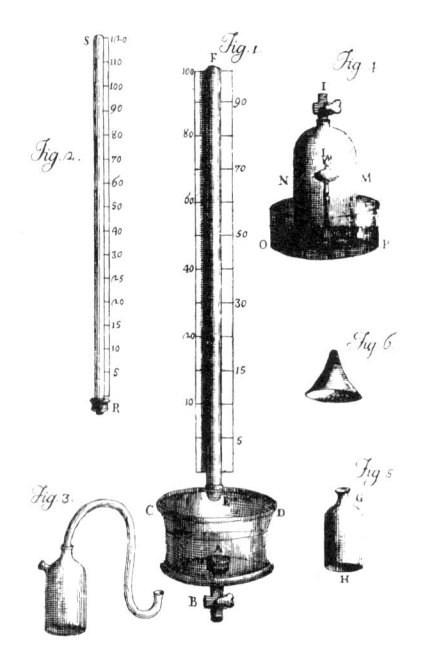

図2 Marsilio Landriani のユージオメーター…Marsilio Landriani, *Ricerche fisiche intorno alla salubrita dell'aria* (Milan, 1775), plate 2.『科学大博物館』(朝倉書店) 746 頁より引用.

Priestley の著作に影響を受け種々のユージオメーターが製作された.図は,Landriani のユージオメーターである.この実験器具は,工場,監獄,墓地,沼地などの「空気の良好度」を測定することにより,公衆衛生の問題や化石燃料の燃焼によって引き起こされる環境問題と密接な関連を有していた.他にも Felice Fontana のユージオメーターが著名だが,Cavendish や Volta のスパーク・ユージオメーターを契機として,「空気の良好度測定器」としての使用よりも,「混合気体を電気火花により化合させる実験器具」としての使用が主流となり現在に至っている.

えてこの赤褐色の気体は,硝空気とは異なり,水によく溶けた.したがって,硝空気を水上で大気と混合すると赤褐色に変化し,さらに水と接すると溶解することにより体積減少が起こる.この減少量から「空気の良好度」を測定する.これは現在でいうと酸素の含有量を測定していることになる.

このようなユージオメトリーと呼ばれる手法を使い,各所で「空気の良好度」が測定された(図2).この手法は Lavoisier などのフランスの化学者だけでなく,当時の先進国の関心事の1つでもあったが,その社会的背景としては,以下のようなことが考えられている.すなわち 18 世紀後半は,産業革命の時代であり,とりわけ,その発祥の地イギリスは,化石燃料の燃焼により,地域によってはブラック・カントリーと呼ばれるほど環境問題が深刻化していた.その他,工場,監獄,伝染病に関連して公衆衛生の問題が徐々にクローズ・アップされつつあった.伝染病に対する学説としては,「瘴気(ミアスマ,miasma)説」が最も有力な学説として信じられていた.「瘴気説」とは,伝染病の原因を死体,汚物,塵芥などの腐敗物,さらには澱んで腐った河川,沼,湿地などの発する瘴気としてとらえ,人がそれを吸い込むなり,それに触れるなりした時に発病すると理解するものである.このような社会状況の中で次々と発見される新気体は,上記のような衛生問題を解決する手がかりとして考えられていた.

空気化学の研究者である Cavendish も,シンプルで効率的な測定法を考案し,気体の質量を決定した.Cavendish は,スパーク・ユージオメーターも製作し,混合気体をスパークし化合するといった定量的な測定において成功を収めた.以降ユージオメーターは,「空気の良好度測定器」としての使用よりも,「混合気体を電気火花により化合させる実験器具」としての使用が主流となり現在に至っている.

以上社会史的化学史により,「酸素の発見」自体の重要度は,他の気体(一酸化窒素,二酸化炭素等)の重要性も認識されることにより,相対的に減少することにはなったが,当時注目を集めていた Priestley,Cavendish,そして Lavoisier らの空気化学研究の実情が浮かび上がってきたわけである.

4. 多重発見としての「酸素の発見」

以上,古典的な研究から最新の研究まで,歴史記述の変遷を,Priestley の事例をもとにして具体的にみてきた.大局的には研究の進展に

伴い，「酸素の発見」それ自体の扱いは，相対的に低下してきた．しかし，それでも「酸素の発見」への関心が一般に低くなったわけではない．最近でも「酸素の発見」をテーマにした大部の著作が出版され，書評にもたびたび取り上げられていることからもその様子を窺い知ることができる．その理由の1つは，「酸素の発見」が，科学史におけるいわゆる「多重発見」の典型的な事例だからであろう．さらに，牧師でイギリス人の Priestley，徴税請負人でフランス人の Lavoisier，そして薬剤師でスウェーデン人の Scheele といった国籍も職業も異なり，さらに生涯や性格などもきわめて対照的な3人の候補者の存在が，「酸素発見」の物語をいっそう興味深いものにしているのであろう．現代の化学者にとっても，ノーベル賞の受賞という観点から考えた時，先取権問題の先行事例として，きわめて興味をかき立てる題材だと言えよう．

そこで「酸素発見」の内実に関してもその重要性を認識する本稿の方針から，以下では，Priestley，Lavoisier，Scheele の3人を中心に「酸素の発見」に関する内実に迫ることにしたい．そこで「酸素の発見」を俯瞰するために，関連する出来事を年代順に表1にまとめたので御覧頂きたい．以下では，紙幅の関係から上述した3人に関して要点や問題点を簡潔に記していくことにしよう．それではまず，Scheele に関する「酸素の発見」から，概観していくことにしよう．

a. Carl Wilhelm Scheele（1742-86）による「酸素の発見」

Scheele が，「酸素の発見」を公式に発表したのは，1777年の発刊の『空気と火についての化学論文』である．この著作は1775年夏に執筆されたが，師である Bergman の序文を入手することに手間取り出版が2年遅れ，その間に Priestley が，1775年に「酸素の発見」を公

図3 Carl Wilhelm Scheele の肖像画…J. R. Partington, *A History of Chemistry*, 4 vols, Vol. 3., p. 206. (London, 1962-70). より引用.

表してしまったと言われている．Scheele の酸素発見の日付は，1770年から1773年の間に行われたと推定された．この日付は，Scheele の生誕150周年を記念して1892年に Nordenskiöld によって出版された Scheele のノートや手紙などの分析から得られたものである．この分析により Scheele が独立の発見者と認定されもした（図3）．もっとも日付に関しては，いくつかの反論や新説といったものが存在するが，それは次章において検討することにし，以下では，Scheele による酸素の製法をその研究背景と共に概観していくことにしよう．

Scheele の『空気と火についての化学論文』という著作は，火を理解することを目的としていた．Scheele は，燃焼が空気中で起こるため，火の性質の理解に先立って空気の組成を決定しようと考えた．彼は，燃焼の後に残った「損傷空気（Verdorbene Luft）」が普通空気よりも希薄なことを知っていたので，容積の減少はフロギストンと結合した時に起こる空気の収縮が原因だと考えた．よってフロギストンは，普通空気の一成分と結合し，熱として放出すると仮定し，この成分を「火の空気（Feuer

表1 酸素発見年表

年　代	Joseph Priestley (1733-1804)	A. L. Lavoisier (1743-94)	C. W. Scheele (1742-86)
1771年11月以前 (1772年発表, 73年掲載の Philosophical Transactions より)	硝石から抽出した空気の燃焼性を確認．硝石の微粒子が浮遊していると考えた．「酸素の無意識的分離」とも言われる．		1892年における Nordenskiöld による分析によれば，1770年から1773年にかけて発見．1975年における Cassebaum の分析によれば，1771年6月に MnO_2 を濃硫酸と共に加熱した際に最初に酸素を発見したとされる．
1772年3月	「種々の空気に関する観察」を王立協会にて発表．硝石から抽出した空気の燃焼性を指摘．		
1772年9月10日		リンの燃焼実験（最初の燃焼問題に関する実験）．燃焼に際して，空気が吸収されるかを確認しようとした．	
1772年10月20日		王立科学アカデミーへ覚書を提出．リンの燃焼の際に空気が吸収され，重量増加が起こることを記述．	
1772年10月21日	Bergman に手紙にて「注目すべき空気」について報告．→ Scheele へ伝達の可能性（?）		
1772年11月1日		「封印ノート」をアカデミーに提出．硫黄の燃焼の際にも空気が吸収され，重量増加が起こることを報告．	
1772年11月16日以前			この時期までに，炭酸銀，炭酸水銀，酸化第二水銀，硝石，硝酸マグネシウム等の加熱により酸素を抽出していたとされる．
1773年2月20日		物理と化学において革命を起こす予感を実験ノートに表明．	
1773年5月5日		化学アカデミーにて「封印ノート」を開封．	
1773年	『種々の空気に関する実験と観察』にて，硝石から抽出した空気の燃焼性を指摘．		
1774年1月		『物理学と化学の論文集』を出版．	
1774年4月14日		「密閉容器内でのスズの煆焼およびその結果スズのうける重量増加についての報告」（論文①）を科学アカデミーに提出．	
1774年6月 1774年8月1日	直径32cmのレンズを入手．水銀灰（酸化第二水銀）から得た空気が，助燃性で水に不溶性であることを指摘．減容硝空気（亜酸化窒素，N_2O）と考えた．鉛丹（Pb_3O_4）からも同様に抽出．		

1.2 酸素発見の歴史

日付			
1774年10月		大陸旅行にてLavoisierに上記実験について報告.	Priestleyより，水銀灰の実験の話を聞く.
1774年9月30日付で送付，10月15日到着.	Scheeleより熱分解の実験依頼の手紙を受理．酸素の製法を知る.		Lavoisierに熱分解の実験依頼の手紙を送付．酸素の製法を明示.
1774年11月12日			アカデミーにて上記論文①が朗読発表.
1774年11月19日および21日		再実験．減容硝空気ではないことを確認．呼吸支持未確認.	
1774年12月			論文①『ロジェの雑誌』に掲載.
1775年3月1日～15日		3月1日，可呼吸性だが普通空気，3月8日，普通空気より良好な空気，3月10日，硝空気テストにより普通空気の5～6倍の呼吸支持性を確認し新空気と認識．3月15日，新空気を「脱フロギストン空気」と命名．王立協会に報告し，受理される.	
1775年3月23日		王立協会にて口頭発表.	
1775年		*Philosophical Transactions* に掲載.	
1775年4月（復活祭）			「煆焼中に金属と結合してその重量を増加させる原質の本性についての報告」（復活祭報告：論文②）を科学アカデミーに提出．赤色水銀灰を直径130cmの大型レンズを使用して追試し，「普通空気」と結論.
1775年5月			論文②『ロジェの雑誌』に掲載.
1775年11月		Lavoisierによる見解を批判．『種々の空気に関する実験と観察』第2巻発刊.	
1775年12月			Priestleyの『種々の空気に関する実験と観察』第2巻到着.
1777年5月10日			論文①アカデミーに再提出.
1777年			『空気と火についての化学論文』発表.
1778年			論文①1774年度の『王立科学アカデミー紀要』に掲載.
1778年8月			論文②「空気そのものでなく，その最も純粋な部分」と修正されて発表．1775年度の『王立科学アカデミー紀要』に収録.
1779年			「酸素による酸性仮説」を発表．「酸素」と命名.

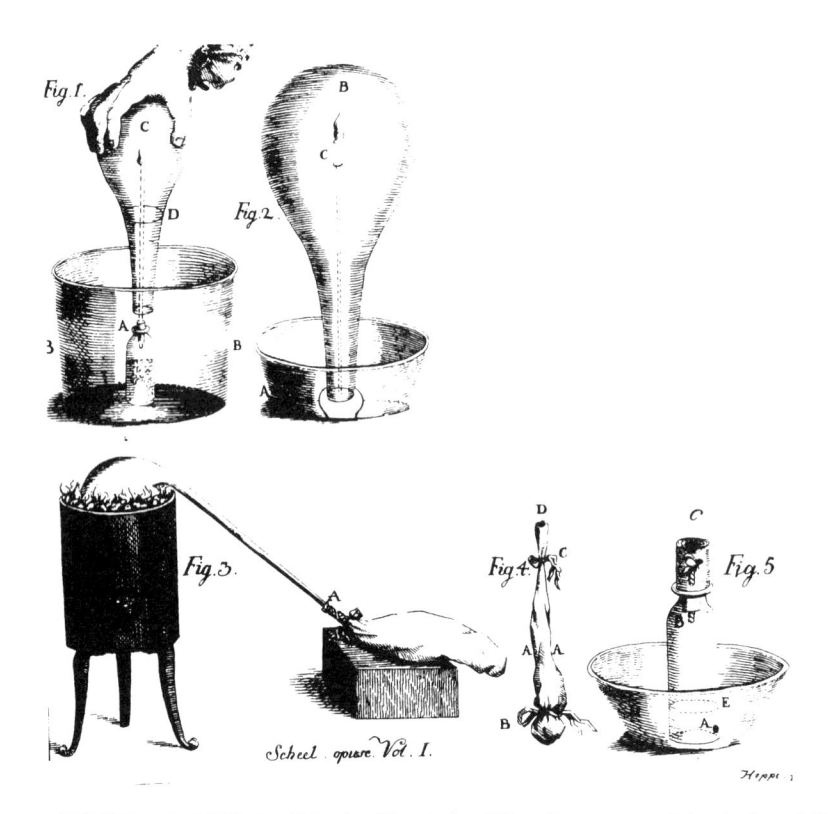

図4 Scheele の実験器具…Carl Wilhelm Scheele, *Chemische Abhandlung von und der Luft und Feuer*（1777）.
（Scheele『空気と火についての化学論文』より引用）
Fig.1 は，金属へ酸を作用させてつくられた水素の燃焼．水は容器の D まで上昇し，それは空気の減量を示す．
Fig.2 は，容器中でのロウソクの燃焼．石灰水中に開いた端を入れておくと，その溶液は容器中を上昇してくる．
Fig.3 は，気体の発生と捕集に用いる炉，レトルト，膀胱袋．「火の空気（酸素）」を生成するのに使用された．
Fig.4 は，膀胱袋．
Fig.5 は，C に置かれた蜜蜂は，石灰水が A に上昇する事実から，「固定空気」を出すことを証明した．

Luft)」と呼び，それを分離しようと考えた．

Scheele は，図4のような装置を使用し，レトルト中で硝石を加熱し，発生した気体を，レトルトに接続した膀胱袋に収集した．小さいロウソクは，収集した気体中で激しく燃え，硫肝やリンによって完全に吸収された．損傷空気と混合すると，普通空気の持つ性質と同様のものになった．Scheele は，銀と水銀の硝酸塩，水銀とマンガンの酸化物，銀と水銀の炭酸塩からも「火の空気」をつくることに成功した．

b． Joseph Priestley（1733-1804）による「酸素の発見」

Priestley は，1773 年に出版した『種々の空気に関する実験と観察』で，硝石から抽出した空気の中では，ロウソクの火がよく燃焼するため，「これはきわめて異常で重要だと思われる．有能な人が手がけたなら大きな発見となろう」と述べている（「酸素の無意識的分離」とも呼ばれる）．Priestley が，王立協会でこの著作のもとになる論文を発表したのは1772年3月であった（図5）．Priestley は，Scheele の師である Bergman と文通しており，1772 年 10 月 21 日付の Bergman 宛の手紙においても，この

注目すべき空気について書き記している．この情報は Scheele に伝えられた可能性は高く，Priestley と Scheele の「酸素の発見」に関する先取権論争への影響は関心のあるところである．いずれにしても確認できる範囲で Priestley の「酸素の発見」を簡潔に整理しておこう．

Priestley は，かねてから細長いガラス瓶に水銀を満たしてから水銀鉢の中へ倒立させて，瓶内の水銀の上に試料を浮かべ，この試料を太陽熱で加熱した時に生じる気体を捕集しようと考えていた（図6）．1774年6月頃，ロンドンの実験器具製造業者のパーカーより，直径30 cm ほどのレンズを寄贈されたことにより，1774年8月1日に上述した実験を行い，水銀灰から酸素を単離した．ちなみにイギリスではこの日を「酸素発見」の日として記念行事を行っている．しかし，Priestley 自身は，この時点では減容硝空気（亜酸化窒素，N_2O）だと考えていた．1775年3月8日には，ハツカネズミを使用して，10日にはユージオメーターを

図5 Priestley の像…Malcom Dick ed., *Joseph Priestley and Birmingham*, p.39. より転載．「酸素の発見100周年」を記念して，1874年にバーミンガムで除幕式が行われた．右手に持ったレンズで集光し，左手の坩堝の中にある赤色水銀にあて，脱フロギストン空気（酸素）を発生させ，試験管に捕集している．このことからもわかるように，この像は，「酸素の発見者」としての Priestley を記念してつくられたものである．

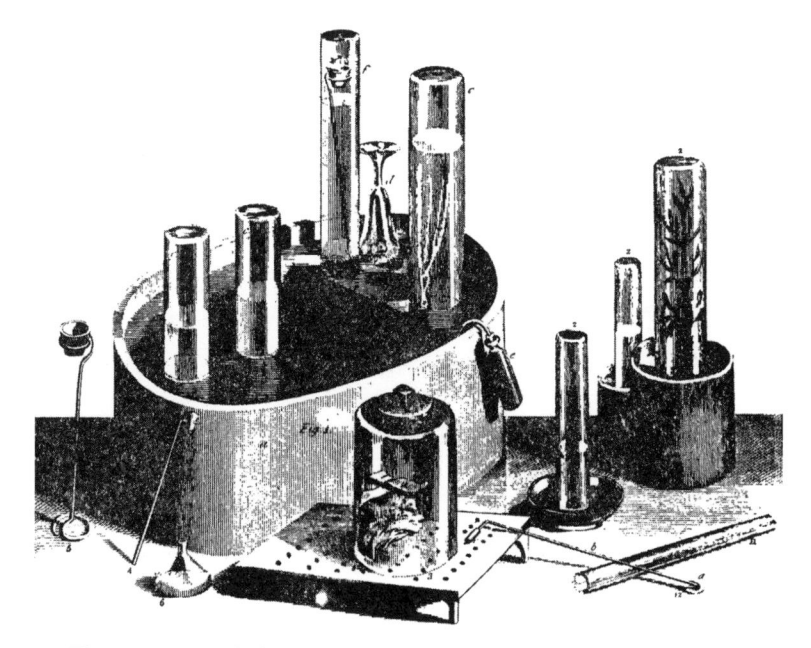

図6 Priestley の実験器具…J. Priestley, *Experiments and Observations on Different Kinds of Air*, vol.1（London, 1774）より転載．

図7 Lavoisier 夫妻の肖像画…J. L. David による．メトロポリタン美術館所蔵．『理科基礎』（東京書籍），35頁より転載．

使用して，空気の良好度をテストし，新気体であるという認識に至った．

c．Antoine-Laurent Lavoisier（1743-94）による「酸素の発見」

Lavoisier に関しては，1774年10月のScheele からの手紙および Priestley のパリ訪問により，酸素製法の糸口をつかむ（図7）．そこで水銀灰と直径130 cm の大型レンズを使用して追試し，1775年4月の復活祭では金属灰が放出したのは普通空気であると発表した（図8）．1775年には，Priestley の『種々の空気に関する実験と観察』第2巻が手元に届き，酸化水銀の大気中での煆焼は，それを成分に分解することであることを理解する．その結果，1778年8月には前述の復活祭論文を訂正し，金属と結合するのは，「空気そのものではなく，その最も純粋な部分である」と発表した．

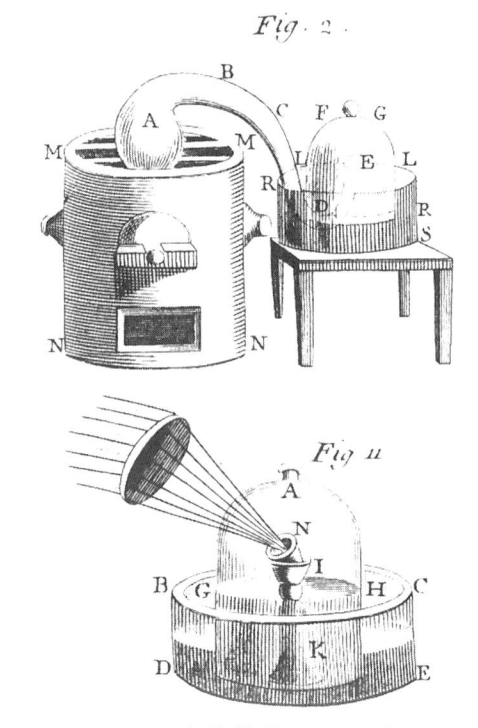

図8 Lavoisier の実験器具…A. Lavoisier, *Traité élémentaire de chimie*（Paris, 1789), planche IV. （日本語では，Lavoisier『化学原論』より転載）
Fig.2 は，Lavoisier が，水銀と空気から水銀灰の生成を証明するのに用いた装置．
Fig.11 は，燃焼用レンズと鐘状瓶．レンズで集光して種々の酸化物に照射することにより酸素を発生させる装置．Scheele が，手紙で Lavoisier に依頼した実験で使用する実験装置もこれと同形のもの．

以上を踏まえて次節では，科学哲学の観点から「酸素の発見」を再考していきたい．

5．科学哲学からみた「酸素の発見」

さて年表を見たときに，どの時点をもって「酸素の発見」とするかは悩ましい問題である．まず第1の試みとして，「酸素を最初に単離した者」を「酸素の発見者」とするならば，Priestley, Lavoisier, Scheele の3人の中では，Scheele が最初に酸素を単離した可能性が高い．しかし，そもそも酸素の単離ということだけで考えれば，18世紀前半に活躍した Hales についても言及しておかなければならないだろ

う．Hales は，硝石と骨灰の混合物を乾留した後，生じた気体を水上捕集し，水上に数日間放置してからその容積を測定した．実験状況から推測すると，骨灰から生じた二酸化炭素はかなりの部分水に吸収され，ほぼ純粋の酸素ガスが得られていたと想像される．それでは以上のことから，Hales は，酸素の単離という点で本当の意味での「酸素の発見者」となるのであろうか．化学史家 Spronsen の指摘によれば，Hales よりほぼ1世紀前の1615年に錬金術師 Cornelius Drebbel が，硝石を多量に加熱し酸素を得ていた．だとすると Drebbel が酸素の発見者なのだろうか．しかし，Spronsen によれば，Drebbel による酸素の製法は，彼自身が発案した製法ではなく，冶金職人か仲間の錬金術師から伝授された製法だと言うのである．結局，この第1の試みにおいては，Priestley，Lavoisier，Scheele の3人が候補から除外されるだけでなく，該当者不明ということになりそうである．

第2の試みとして「酸素に正しい理論的解釈を施した者」を「酸素の発見者」とみなすとしよう．そうすると，酸素を「火の空気」，すなわち火性の原質を豊富に含んだ空気とみなした Scheele は候補者から除外されることになろう．また，酸素を「脱フロギストン空気」，すなわち燃焼を担うフロギストンを含まない空気とみなした Priestley も同様にその資格を失うことになる．一方「酸素」の命名者である Lavoisier は，どうであろうか．Lavoisier が，酸素を「酸の中に常に含まれている元素」と位置づけていたことを考えると，Lavoisier でさえ，その資格を失うことになる．結局第1の試み同様，3人ともが，候補から除外されてしまうのである．

以上のような試みに対して，より詳細な考察を加えたのが，Cassebaum の論文である．Cassebaum は，「酸素発見」の定義を5段階に分けて定義した．それは以下のようなものである．

1）純粋な気体の発生と捕集．
2）この気体が，燃焼や金属の酸化反応において，大気から消失する部分と同一のものであるという認識．
3）CO_2，N_2，SO_2，NO，H_2Sといった当時知られていた他の種の空気とは，この「種の空気」が明確に異なるという認識．
4）大気中よりもこの気体中の方が，燃焼が活発であることの明確な例証．
5）酸素の方が，大気空気よりも動物の呼吸を支持するという認識．

Cassebaum は，これに加えて3つの日付を重要視する．それは以下の日付である．
1）発見に基づき調査，推論した日．
2）有能な科学研究上の仲間に，最初に口頭もしくは手紙で伝達した日．
3）雑誌や著作の出版日．

以上の点に注意を払いながら，Cassebaum は，以下のように結論する．

1）Scheele が，1771年6月に MnO_2 を濃硫酸と共に加熱した際に，最初に酸素を観察し，観察していたものの意味を明確に理解していた．これは，Priestley もしくは Lavoisier が，同様の観察をする3年以上前のことであった．

2）Lavoisier は，1774年10月に，Scheele からは書簡で，Priestley からは口頭でほぼ同時に酸素について知らされた．しかし，どちらの情報も酸素の発見の直接の伝達とはみなされない．Priestley は，1774年10月に酸素概念を明確には理解していなかった．しかし，1775年の3月には，Priestley の友人も，Lavoisier の友人も上記5点の定義において，酸素の発見を知らされていた．Scheele は，1775年11月に最初に明確に友人の Gahn に発見について知らせ，1776年初頭に Bergman に知らせた．

3）Lavoisier の酸素の発見は，1775年5月の Rozier の雑誌に発表された．Priestley は，1775年11月に出版された『実験と観察』第2

巻において最初に酸素の発見を詳細に発表した．Scheele の酸素の発見に関する Bergman による要約は，1776 年中頃に出版された．

以上のことから，Cassebaum は，Scheele が実際の「酸素の発見」に関しては明確な先取権を持っており，他の人々への伝達に関しては明確ではないが，Scheele と Priestley がほぼ同様の先取権を持っており，さらに出版日に関しては Priestley が，Scheele に対して先取権を持っていると結論付けている．

Cassebaum の分析は，Lavoisier に関する 5 点の定義への到達時期，その友人への伝達時期，雑誌への発表時期の認識において，実際にはもっと遅かったように思われる点があるものの，それ以前の試みに比べ，一見より精緻な考察になったかのようではある．しかし，見方を変えれば条件次第で発見者が変わることを明らかにしたとも言えるのである．パラダイム論で著名な Kuhn は，「酸素の発見」が一連の過程として理解されるべきことを指摘した．「酸素の発見」は，Hales，Priestley，Lavoisier，Scheele らを経て実現される一連の過程であって，ある意味で彼らの共同作業だと言うのである．そのような共同作業において，発見者を 1 人に決めるためには，Cassebaum が示したように，条件を細かく限定する以外にはないが，そのことにどれほどの意味があるのかは疑問である．

6．結　語

最後に，「酸素の発見」に関する近年の動向をまとめておこう．1874 年に，アメリカの化学者達 77 名は，Priestley の酸素の発見 100 周年を記念して彼の家に巡礼旅行を行い，1876 年にアメリカ化学会を創設する．この学会で化学に対する顕著な功績を残したものに贈呈されるのが Priestley Medal である．2003 年日本化学会創立 125 周年時に来日した Roald Hoffmann 教授は，1981 年福井謙一氏と共にノーベル化学賞を受賞した世界的な理論化学者であるが，Priestley Medal も受賞している．同様に Priestley Medal を受賞した Carl Djerassi 教授と共に Hoffmann が 2001 年に出版したのが『オキシジェン（酸素，Oxygen）』である．この作品は，その後アメリカをはじめ，イギリス，ドイツなどで上演されている．18 世紀の「酸素の発見」を中心に，同時発見者である Lavoisier，Priestley，Scheele の 3 人とその妻達を中心に，当時と現在の場面とを織り交ぜながら話が展開する中で，「発見」や「最初」であることの意味の重要性を明らかにしていく物語である．日本でも先程述べた 125 周年記念事業の一環としてドラマ・リーディングという形で上演された．女優の井川遙がラヴワジエ夫人として花を添え，文学座の俳優達が安定感のある仕事をした．Hoffmann 教授も来日し，日本からノーベル化学賞を受賞した野依良治教授も観覧に訪れた．わかりやすく，きわめて興味深い形に演出が施されていたこともあり，好演であった．科学技術の功利的な側面が強調されがちな日本において，このような文化としての科学の側面の普及はきわめて貴重な取り組みだと言える．

また，2004 年は Priestley 没後 200 年にあたり，それを記念するように 2005 年に，Joe Jackson が，*A World on Fire：A Heretic, Aristocrat, and the Race to Discover Oxygen.* という 400 頁を超える大部な著作を出版した．この著作は，Priestley と Lavoisier を中心に，「酸素発見競争」を主題として，近年の化学史研究の成果を援用しながら一般向けに書かれたものである．書評にもたびたび取り上げられ，一般の人々にも興味を持たせる内容の作品である．

さらに 2008 年には，Steven Johnson により，*The Invention of Air：A Story of Science, Faith, Revolution, and the Birth of America.* と

いう著作が出版された．この著作はPriestleyに関する一般向けの評伝と言ってよいものであるが，その題名が示す通りPriestleyの科学，とりわけ「空気の科学」を中心に据え，やはり上記著作同様「酸素の発見」を巡るLavoisierとの交流を中心的な題材としながら，アメリカ亡命後までを，代表的な二次文献を丹念に渉猟しながら執筆されている．

　このように依然として「酸素発見」の物語は観衆・読者を魅了する題材のようである．本稿では，化学史研究の成果から「酸素の発見」を化学史的に理解することの困難さや科学哲学的な考察により「酸素の発見者」を特定することの難しさを，順を追ってみてきた．そのことを踏まえて改めて考えてみると，「酸素の発見者」を特定することに腐心するよりも，「酸素の発見」の意義やその背景に思いを巡らすことの方が，はるかに豊かな成果をわれわれにもたらしてくれるのではないだろうか．

〔河野俊哉〕

■文献
1) T. H. ルヴィア著，化学史学会監訳，内田正夫編集：入門化学史．朝倉書店，2007．
2) 河野俊哉：プリーストリ研究の新潮流．化学史研究 32(1)：45-60, 2005．
3) 井山弘幸：酸素はいつ誰が発見したのか．化学 41(7)：35-40, 1986．
4) 島尾永康：物質理論の探求．岩波書店，1976．
5) A. J. アイド著，鎌谷親善・藤井清久・藤田千枝訳：現代化学史 1．みすず書房，1972．
6) 原光雄訳編：酸素の発見．大日本出版，1946．

1.3 酸素と生物進化 —そのあらすじ—

われわれヒトを含む哺乳類の生存に関して，より身近な医療分野でしばしば遭遇するように，生体は酸素の供給停止に対し極端に弱い．たとえば脳や心臓への酸素供給が数分間停止すれば，それはただちに不可逆的な機能停止と，そして死に至る．一方燃料である食事などを考えると，少なくとも2日や3日の絶食に十分耐えられる．

われわれはなぜこのように酸素に対し，脆弱な進化をしてきたのだろうか？　一般的な進化の考えとして単細胞から複雑な多細胞系，そして進化の頂点に立つわれわれ哺乳類に至るまで，酸素は進化に対しどのような役割を果たしてきたのだろうか．

単純化すれば，大気に酸素が存在しない約35億年前に地球上に最初に現れた原始生命体が，その後20億年以上の長い年月をかけて，シアノバクテリアによって生み出され，そして大気中に蓄積した分子状酸素を利用することを始めた時，膨大なエネルギーの獲得が可能となり，やがて真核生物が生まれ，その後の生命の多様化を一気に推進した．しかし同時に嫌気環境で生まれた原始生命体は大気に蓄積し始めた酸素の毒性にさらされることになり，直接的な有害化学種である活性酸素の除去システムを獲得することで生き延びることができた．一方，エネルギー産生に関して，嫌気性原始生命体は無機イオン（亜硝酸や亜硫酸）を電子アクセプターとして電子伝達系を持ち，プロトン勾配を利用する"嫌気ミトコンドリア"を持っていた．やがて嫌気ミトコンドリアが持っていたシトクローム酸化酵素（Cyt.Ox）は分子状酸素を還元する機能を持つようになり，そして大気に蓄積した酸素を最終電子アクセプターとする"好気ミトコンドリア"を持つ生物が現れてきた．しかし最終的にこの原始好気生物は，従来の嫌気原始生命体と"合体"し，エネルギー産生を担うミトコンドリアとして真核生物の一員となった．こうして酸素を最後の電子アクセプターとしてエネルギー産生（ATP）を行うミトコンドリアを細胞内に取り込んだ真核生物は，やがて単一細胞から多細胞へと進み始めた．しかしこの時，酸素分子に3つの欠点があった．すなわち，(1) その細胞外から細胞内への移動は物理的な拡散のみで支配され，(2) 脂肪やグリコーゲンのように燃料として大量に細胞内に貯蔵することができない．さらに，(3) 水中において溶解度が他の有機物や無機イオンに比べてはるかに低い．この問題を解決するために，1つは酸素の受動的な拡散以外に血液を身体の隅々まで流す力学的運搬システム，すなわち循環系を発達させ，さらに酸素の溶解度

表1　酸素が関与する生命現象

役割	酵素名（タンパク質）	化学反応
エネルギー産生（ミトコンドリア）	シトクローム酸化酵素	$O_2 + 4e^- \xrightarrow{H^+} 2H_2O$
活性酸素の消去	スーパーオキシドジスムターゼ（SOD） カタラーゼ	$2O_2^- + 2H^+ \rightarrow H_2O_2 + O_2$ $2H_2O_2 \rightarrow 2H_2O + O_2$
空中酸素の固定	酸素添加酵素	例：$A + O_2 \rightarrow AO_2$
酸素結合タンパク質	ヘモグロビン ミオグロビン ヘモシアニン	例：$Hb + O_2 \Leftrightarrow HbO_2$

図1 酸素が関与する生命の進化

		前カンブリア期	カンブリアの大爆発	
大気中酸素 (%)		35 20 〜0.01%酸素		(この間，大気酸素濃度は変動している)
億年前	40	20	10	5　　　　現在
		単細胞の時代	多細胞化、多様化、大型化	
エネルギー獲得法	嫌気的呼吸 原始的シトクロム酸化酵素 原始的電子伝達系 原始的ミトコンドリア	好気性生命の発生 酸素利用シトクロム酸化酵素 ミトコンドリアの細胞内器官化 真核生物の発生		
酸素毒 活性ラジカル種	放射線や紫外線による水の分解 OH、H_2O_2 除去、低分子化合物 SOD, Catalase の原型が存在	活性酸素種の除去システム 現在のSOD、Catalase Peroxidase 等が生まれる		
酸素輸送分子	原型となるタンパク質はすでに存在	高い親和性を持つ可逆的酸素結合タンパクの出現 ($K_{m_{O_2}} \approx 10^{-8}$ M)	巨大酸素結合タンパク質の出現	分子量〜10万程度の現在のヘモグロビンを赤血球に閉じ込める
酸素輸送法		単一細胞での拡散 体表からの拡散 〜数cmくらいの体長	水中でのエラの利用 気管を利用する 開放血管系	肺と循環系の発達 閉鎖血管系
酸素固定		酸素添加酵素によるコラーゲン合成とリグニン合成	大型化、多細胞化	

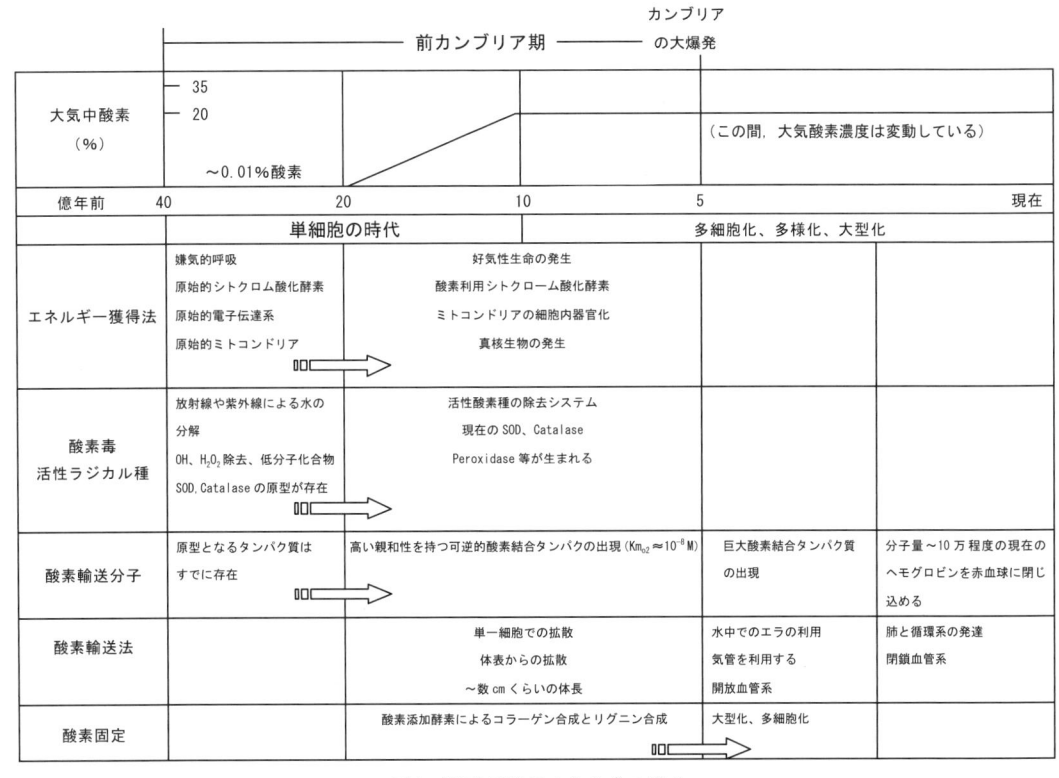

図1 酸素が関与する生命の進化

を増やし同時に酸素そのものを運ぶタンパク質（血色素）を持つようになった．

ここでは酸素が進化に関わる4つの要因，(1) エネルギー獲得，(2) 酸素毒性 (3) 酸素拡散と循環系，そして (4) 酸素固定（酸素添加酵素，オキシゲナーゼ）によるコラーゲンの出現と多細胞化である．表1に酸素が関与する種々の生命現象を簡単にまとめた．図1に原始生命の誕生から酸素が関わった多細胞による組織構築への進化を簡単に示してある．生命誕生から35億年をへて今，なぜわれわれが持つ酸素供給に対する脆弱なシステムが作り上げられてきたのか考えたい．実はこれは酸素を選んだ生命の必然であり，そして幸運であった．

1. 嫌気呼吸から好気呼吸へ—エネルギー獲得の大変革

最初に現れた生物は，すでにいくつかの無機イオン（亜硝酸や亜硫酸など）を電子のアクセプターとする電子伝達系を持っていた．そして約20億年前の前カンブリア期にすでに好気呼吸（ミトコンドリア）の代表である，現在のシトクロムC酸化酵素（Cyt.Ox）の原型を持っていた．その後，10億-20億年にかけてゆっくりとシアノバクテリアによって酸素が作られ，そして増加していったとき，嫌気呼吸を行う原始生命体が持っていたシトクロムC酸化酵素は，やがて酸素を利用し得る新しいタイプの生命を誕生させることとなった．その後，この好気的原始生命体は従来の嫌気性原始生命体と"合体"し，酸素を電子の最終アクセプターとする現在のシトクロム酸化酵素を持つミ

トコンドリアとなり，真核細胞が生まれた．シトクロム酸化酵素が酸素を利用し始めた時代，今からおよそ20-30億年前，大気の酸素濃度は現在の100分の1から1000分の1以下であった．この原始好気性生物はこの極端に少ない酸素を有効に利用する必要があり，このシトクロム酸化酵素は10^{-7}M近いKm値を持つ．このシトクロム酸化酵素の高い酸素親和性，すなわち空気中の酸素の〜100分の1の少ない酸素を利用できるこの事実が，なぜわれわれの身体に網の目のような血管系を発達させることにより，生きていけるかの理由である．

ミトコンドリアの電子伝達系が酸素を電子のアクセプターに利用できるようになって，生命は巨大なエネルギー（ATP）を非常に効率よく獲得できるようになった．実に嫌気呼吸の10倍以上!! このことは約5億年前のカンブリア期における多彩な生物の多様化が起きた時，とくに運動による大きなエネルギー消費を十分に支えるものであった．これにより生命は植物に代表される独立栄養と従属栄養に分かれ，やがて後者において積極的に他の生物を捕食する高い運動性を持つ動物が現れた．しかし酸素の蓄積とその利用は嫌気性原始生命体に対し，大きな危険があった．

2. 酸素毒性とその対処法

酸素は毒である．幸い（？）なことに，原始生命が誕生した大気に酸素が存在しない時代，地上は強力な紫外線や放射線にさらされていた．これらは水（海水）から，現在，活性酸素種と呼ばれるラジカル種，OHやH_2O_2を絶え間なく生成させた．したがって前カンブリア期において，これら紫外線や放射線に対し，生命は原始的な防御機構を持って生き延びていた．すなわち一部の低分子還元剤の利用である．OHラジカルはその高い反応性のため，核酸を中心としたさまざまな生体成分（生体膜も含む）を直接傷つける．このOHラジカルの消去に原始生命体は抗酸化剤と呼ばれる多くの低分子化合物，たとえば水溶性のアスコルビン酸（ビタミンC）や脂溶性のビタミンE等を細胞内に持つようになった．

しかし，状況は激変した．原始嫌気性生物にとって酸素の出現は紫外線や放射線以上の新たな危機的状況を作った．今までは直接的な危険物質，OH，H_2O_2等が主に細胞外で紫外線や放射線によって作られていたが，さらに，生物（細胞）自身（ミトコンドリアも含め）から新たにスーパーオキシドニオン，O_2^-やH_2O_2が作られ，常にその脅威にさらされることになった．これは原始嫌気性生物において（現在もそうであるが），細胞内は常に還元状態に維持されているため，細胞内の多くの物質が直接酸素と反応し，その結果O_2^-やH_2O_2，OHなどが常に細胞内部で作られることによる．したがって原始好気性生物は積極的にこれら酸素由来の活性種を除去するための分子システムとして，一連の酵素系を持つようになった．これがスーパーオキシドジスムターゼ（superoxide dismutase；SOD），カタラーゼ（catalase），ペルオキシダーゼ（peroxidase）などである．興味深いのは，これらの酵素群もまた，分子状の酸素出現以前にそれぞれ別な役割を持ち，現在に至る好気性生物が生まれる前の長い前カンブリア期に準備されていた．たとえばSODの最も古いものはシアノバクテリアが少しずつ酸素を蓄積する以前にすでに存在し，また，カタラーゼはいくつかの細菌において，タンパク合成系の転写因子の一部を構成している例も見つかっている．ミトコンドリア自身の内部にSODおよびカタラーゼを持つ事実は，これらが"嫌気ミトコンドリア"内で生じた活性酸素種の消去のために酸素が蓄積される過程で原始好気性生物として生まれ，やがて真核生物の細胞内に取り込まれた運命を示していると言える．

大気に少しずつ酸素が蓄積しつつある前カン

ブリア期において，原始嫌気性生物は酸素毒から生き延びる別な方法も模索したようだ．1つは酸素を利用するCyt.Oxの出現は，エネルギー獲得よりむしろ速やかに酸素を水まで還元し消去するためとの考えもある．また，ある種の細菌や根粒バクテリアなどはCyt.Oxと同じ，あるいはそれよりも高い親和性を持つ酸素結合タンパク質を持つ．これらは酸素を貯蔵したり，あるいは外界の低い酸素環境から細胞内に酸素を取り込む働きが考えられるが，むしろ細胞内にフリーな酸素が存在しないように，嫌気的環境を積極的に作り出していたのかもしれない．

結論から言えば，前カンブリア期の長い眠りの時間（〜20億年）に，酸素出現後の生命に必要な2つの現象：酸素毒性に対する防御の主役となる酵素系とエネルギー産生の主役であるミトコンドリアを持つ生物がすでに現れ，やがて真核生物が生まれた．次の問題は多細胞化とカンブリア期の生命の大爆発，そしてその後の進化に果たす酸素の役割である．

3. 多細胞化への酸素の役割—酸素の固定

酸素を利用する好気的真核生物が出現した．彼らはバクテリアのような単細胞生物であったが，最も効率のよいエネルギー供給システムとしてミトコンドリアを手に入れた．次は多細胞化と複雑化である．この時単純な数個-数十個の細胞集団から，より複雑な個体を作り上げるうえで多数の細胞を決まった場所にきちんと固定し，重力に逆らった立体構造を作る接着剤が必要となった．この時生命はもう1つの重要な役割を酸素に求めた．

酸素添加酵素の出現である．これにより生命は，コラーゲン繊維を基本として，複雑な構造を持つ細胞集合体を自由に作り上げることができた．これによりさらに大きな骨格を作るキチン質や"骨"の出現までかなりの大きさ，数ミリ〜数センチの大きさの個体を作り上げることができた．

分子状酸素を固定する酸素添加酵素はその後の長い進化の過程で，1つは現在のバクテリアや細菌が持っている低分子化合物の分解酵素（たとえばベンゼン環の水酸化酵素や開裂酵素など）とその後現れた動物が持つ神経系の発達に伴う神経伝達物質やホルモンなどの生合成を行う酵素群など多彩な機能を持つようになった．多くの酸素添加酵素の酸素に対するKmはおよそμM-数十μM程度であり，彼らが生まれたときの大気の酸素は現在のそれと近い時代であったかもしれない．

4. 酸素輸送の進化

単細胞の時代に生物はすべて外側の水（海水）中に溶けている分子状酸素を拡散によって細胞内へ取り込むしかなかった．これをいかに克服するかがコラーゲンを接着剤とした多細胞系への進化におけるカンブリア期以後の多様な，そして大型の生物の出現のカギであった．言い換えれば，長い〜20億年も続く前カンブリア期において，その後の生化学的，あるいは分子レベルでの好気性生物の基本であるミトコンドリアの出現と酸素毒性への対応策はすでに完成され，その後の進化はほとんどない．約3億年前の好気性真核生物の出現から現在の多様な生命の進化まで，われわれが目にするのはいかにして身体の大型化を支える"骨格"の出現といかにして身体中のすみずみまで酸素を運ぶかであった．もちろん，全体を制御する脳神経系の発達もまた進化を担ったが．

単純な事実がある．酸素分子は水中で粗く見積もれば1 msecで1 μmほど拡散する．したがって単一細胞ならば，もし酸素消費を最大にしても（たとえば単離した心筋細胞が200回/分程度で拍動しても），酸素が細胞表面から内

部まで拡散することによって必要なエネルギーの合成が間に合う．しかしもう少し厚い組織（～1 mm）では中までに1秒近くかかる．したがって単純な表面からの酸素拡散で，組織内部の細胞まで酸素を供給するとすれば，この厚さがほぼ限界だろう．不思議なことに生命は単細胞レベルでもいろいろな有機物（たとえばグルコース）や無機イオンなどを細胞内に積極的に取り込むトランスポーターやチャネルなどを発達させてきた．しかし酸素に関し細胞内トランスポーターのようなタンパク質，あるいはチャネルは見つかっていない（ミオグロビンの facilitated diffusion は本来の機能とは考えにくい）．むしろ水チャネルが細胞膜には存在するのに！ 細胞の大きさは 10-20 μm 程度である．おそらく酸素の物理的拡散による酸素供給にすべて頼った場合，これが限界なのだろう．現在のわれわれが持つ毛細血管系での酸素拡散距離とほぼ同じ程度である．

生物はまず拡散に頼った時，表面積をいかに広くするかの進化をした．たとえばサナダムシやプラナリヤなど（体長数 cm～数十 cm）は，すべて体表からの拡散により酸素を供給するため，厚さが1 mm 程度の扁平な型を取っている．次に表れたのは表面積を大きくしないで，直接外液を内部へ流す方法である．腔腸動物がこの方法で内部に海水などを流し込み，酸素を内腔の表面から拡散で摂取する．しかしこの方法でも大きさに限界がある．

もう1つの酸素の取り込みの増加を促す方法は，細胞内で酸素の貯蔵と運搬体を持つことである．われわれの酸素呼吸の脆弱さの1つは，水溶液に溶け込む酸素量が小さいことによる．通常の大気圧（21 %酸素）で～250 μM（20℃）しか水に溶けない．それならば，溶け込む量を増やす方向へ進化も同時に働いた．酸素拡散の速度は細胞内外の酸素の濃度差に比例するから，細胞内に溶け込んだ酸素分子をタンパク質と結合させれば，遊離の酸素濃度は下がる．こ

れもまた取り込み速度を早くできるであろう．

この可逆的酸素結合分子（ヘモグロビン，ミオグロビン等）の大部分は，ヘモシアニンと呼ばれる銅を含む軟体動物や節足動物などが持つものを除いて，ヘムと呼ぶポルフィリン誘導体であり，電子伝達系のシトクロームの構成成分である（この分子も原始嫌気呼吸時にすでに作られていた）．興味深いのは，この初期に現れた酸素を可逆的に結合するタンパク質の酸素に対する親和性は非常に高く，ミトコンドリアのシトクローム酸化酵素のそれ，$P_{50}=7\times10^{-7}$ M 程度，とほぼ同じである．これもまた，最初に酸素を利用する生物（真核生物）が現れた時（大気の現在のそれの 0.01 ％程度の）低い酸素を結合し得るものとして生まれたのだろう．現在ある種の酵母や根粒バクテリアなどの単一細胞系においても yeast-Hb，あるいは Leg-Hb と呼ばれる酸素結合タンパク質を持っている．これらの酸素結合タンパク質が現在のこれらの生存環境下で，その役割を果たしているとの直接的証拠は以外に乏しい．たとえば yeast-Hb を持つ酵母と持たないもので嫌気状態（極端な低酸素）において生存に大きな差がないように見える（この場合，解糖系の亢進により生存に必要な十分なエネルギーは得られるのであろう）．一方，回虫が持っている ascarisis-Hb などでは，動物の腸内の低酸素環境下において外部から（体表から）のわずかな酸素を取り込むためと考えれば説明はつく．しかしすべての腸内の寄生虫が高親和性のヘモグロビンを持っているわけではない．しかも yeast-Hb や Leg-Hb はヘム鉄の還元系と結びついているため，これらのタンパク質は酸素結合能を有するが，同時に O_2^- や H_2O_2 とも反応するため，活性酸素種の除去としても働く可能性もある．

生命がその身体を大きくし始めた時，数十～数百個の細胞が必要とするエネルギーをミトコンドリアを介して体表からの酸素の拡散のみでまかないきるのは難しい．とくに運動能力を獲

得しようとした時，そのエネルギー消費は単なる生存に必要なエネルギーの数倍〜数十倍も必要である．

長い前カンブリア期の後，大気の酸素濃度は現在の大気に近い濃度になってきた．この事実はミトコンドリアが使える酸素濃度が 10^{-6} M 以下まで可能であることを利用すると，大気との間に〜数百倍の酸素濃度（水中で〜250 μM 程度）の差がある．この差を利用することにより，さらに生命はより大型化が可能となった．

まず生命は開放血管系を作り，巨大分子量の酸素運搬体を持った．たとえばミミズのような環形動物が持つ巨大な分子量（〜数百万）を持つヘモグロビン，あるいは節足動物や軟体動物が持つ銅を酸素結合部位に持つヘモシアニンなどである．これらの巨大分子の酸素親和性（P_{50}）は，現在の哺乳類が持つミオグロビン（P_{50}〜2 mmHg）やヘモグロビン（〜20 mmHg）にほぼ近い．これらは体液中に存在し，大気や水中の酸素を体表から取り込み多細胞組織内へ運び，個々の細胞のミトコンドリアへ酸素を渡す役割を果たした．分子が巨大化したその理由は溶液（体液）の粘性を上げないためである．生命が大きくなろうとして最初は巨大ヘモグロビンを単純に体液中に溶け込ませ，後は受動的な酸素運搬体そのものの自由拡散で運ぼうとした．この場合問題点は2つあり，1つは体表がそれほど大きくできないこと（体積は半径の3乗に対し，表面積は2乗），そして分子量が数百万にもなる巨大酸素運搬体ではこのタンパク質自身による拡散によって内部へ移動するには（大きさにもよるが）時間がかかることである．

この2つを巧妙に克服し，現在も地球上で最も繁栄している生物は昆虫である．彼らは体液中にヘモシアニンを持ち，酸素供給を体表からではなく，直接大気を体内に取り込む気管を発達させた．それにより体表からの酸素拡散が不要となり，やわらかい複雑な構造を維持するため身体の外側にキチン質のような"鎧"を持てるようになった．これにより20 cm程度の大きさの昆虫が生まれた．

まとめれば，ミトコンドリアを持つ真核細胞が，その後多細胞化し，より大型化していく進化の上で，酸素の供給がその大きさを規定する因子の1つと言えるであろう．この1つの証拠としては，約3億年ほど前の石炭期における巨大昆虫を代表とする巨大生物の出現であろう．この時期，大気の酸素濃度は約30-35％まで上昇し，その後2億年前に15％近くに下がったと言われている．この高濃度の酸素濃度では，気管を持つ昆虫は有利であり，十分な酸素を身体の隅々まで送り届けられた（空気中の酸素の拡散は水中よりはるかに早いため直接のガス交換は有利である）．この時昆虫は1つのうまいシステムを作り上げた．すなわち気管の中の空気を積極的に換気する空気ポンプの機構を身体の一部に持つようになった．トンボやバッタなどで腹部の筋肉を動かして空気を出し入れを行っている．もう1つは大気中を飛ぶことによる強制的な換気である（ジェットエンジン）．この時代，他の生物もまた多くの巨大化したものが発見されている．植物もまた，大きくなるうえで酸素拡散を別な形で克服した．

最初の光合成細菌は酸素を自らの手で作り出していたが，むしろ酸素の毒性が問題となろう．やがて苔のような生物が現れ，酸素呼吸によるエネルギー獲得形式を利用するとき，とくに夜間など光合成を行わない時，おそらく酸素拡散が問題となろう．幸い（？）植物は運動性を捨てることにより低い酸素消費速度によってある程度酸素拡散の問題をクリアしてきた．もちろん今でもたとえば昆布などに見られるように扁平で巨大な形で表面積を大きくし，より広く太陽光を受け，同時に酸素拡散も有利な例もある．しかし，シダ類やその後の進化を考えると植物は酸素運搬体を持たず，表面からの酸素拡散を使ったであろう．次に根からの水分（この時溶けている酸素も）の補給を行う導管など

のパイプを作り上げることにより，ある程度の大きさ（草本では数 m の大きさ）まで大きくなれた．しかしさらに大きくなるには身体を支える方法（動物では骨格）と酸素の供給が必要である．直径数 cm の草の中まで酸素をどうやって運ぶか？　3 億年ほど前，植物（木本）はこの問題を 2 つの方法で回避した．1 つはリグニンによって植物の外側を覆い（このリグニンの生合成にも酸素が必要），丈夫な幹を作り上げた．しかし幹の中への表面からの酸素供給をあきらめ，内部は死んでおり，外側をわずかだけ生きた細胞が覆っている構造にした．ただ導管を作り上げている細胞は生きており（ちょうど動物の血管内皮細胞のように），この細胞は導管によって吸い上げられた水分の中の酸素を拡散で得ていると思われる．この構造を持った植物あるいは原始のシダ類なども石炭期には大気の高濃度の酸素によってその大型化に必要な酸素拡散の障壁はいくぶんとも小さかったのではないか．しかしながら，動物・植物を問わず，直接酸素供給を増加させた環境を作り上げれば，個体が大きくなったとの実験的証明はないようである．そして高濃度の酸素は，酸素毒性を引き起こす報告の方が多い．

5. 閉鎖血管系と赤血球の出現

気管を体内に張り巡らし，そして身体の中を直接空気が循環している昆虫は最も繁栄した生物と言われている．しかしその大きさは最大で～数十 cm であり，その後の巨大化はできなかった．ではなぜわれわれ哺乳類は別な進化を進んだろうか？

昆虫の酸素供給システムでは身体の大型化は無理だったのだろうか？　原始生命は水中で誕生し，大気の酸素の蓄積に従って水中に溶けた酸素を利用してきた．したがって生命にとって多細胞化し大型化する上で利用する酸素は水中の酸素である．水中の酸素は量が少ない（～250 μM）ので体積あたり空気中の 40 分の 1 程度，また水中の拡散速度は空気に比べ非常に遅い．したがって水中においては昆虫のように気管にあたる"水管"を体内に張り巡らす方法は使えなかった．さらに空気を動かすのに対し，水を動かすには何十倍ものエネルギーがいる．昆虫のような節足動物は水の中でどのようにしただろうか？　彼らは最初気管の代わりをする酸素交換器，原始的なエラを持つようになり，そこを体液が流れるシステムを作り，それはやがて血管系へと進化するやり方を採用した．この時，以前から持っている酸素運搬のタンパク質はそのまま持ち続けた．やがてこのシステムは水中において脊椎動物の出現以後，より精密化され，エラから酸素を取り込み，心臓のポンプを利用し，毛細血管系を赤血球が流れる現在の酸素呼吸の基本が作られた．赤血球の出現は分子量数十万-数百万のタンパク質（これ自体が粘性を下げるためであるが）をわずかな血管内の溶液，血漿に溶かす代わりに，1 個の細胞のサイズである赤血球内に溶け得るぎりぎりの高濃度で閉じ込めたと思われる．この赤血球を持った時，今度は赤血球から毛細血管，そして細胞への拡散が大きな障壁となる．とくに赤血球からの酸素の放出は，赤血球内部および周りの血漿の拡散が律速となってしまう．

さて，水中で十分な大きさまでになった生命が陸上に上がったとき，彼らは大気中の酸素を血液に取り込む"肺"を持つことにより，循環系と赤血球，酸素運搬色素（ヘモグロビン）を持つシステムがここにでき上がった．この間，ポンプである心臓は最初の筒状の簡単なものから，現在の 2 心房 2 心室へ魚類，両生類，爬虫類，哺乳類と順次進化していった．しかしながら今一度われわれの酸素供給システムを見てみよう．われわれの身体は毛細血管系が，数 μm-数十 μm の間隔で張り巡らされている．この血管系が占める組織量は膨大なものである．この事実は酸素が水中を拡散する時，より早く移

動させるには，拡散距離を短くし，酸素の溶解度をヘモグロビンによって増加させる（10倍以上溶け込ませている）しか方法がないことによる．もちろん機械的に血流速度を上げても組織間の酸素のやり取りが追いつかないことも生じる．

原始生命が誕生し，長い前カンブリア期に徐々に蓄積した大気の酸素が現在の大気の0.01％以下の時にすでにできていたミトコンドリアがこの酸素と反応する Cyt.Ox を使ってこの低い酸素濃度（10^{-6} M 以下）を使うようになったことはその後の進化において真に幸運と言うべきであろう．その後の進化は，いかにしてこの Cyt.Ox に酸素を供給するかの分子的適応と流体力学的適応であった．現在われわれが持つ酸素に対する基本的な仕組み，すなわち酸素毒性の克服，空中酸素の固定，とくに多細胞系を作るのに必須なコラーゲンを作る酵素（酸素添加酵素）の出現，そしてエネルギー産生を行うミトコンドリアの Cyt.Ox はすべて最初の好気生物の出現時に備わっていった．その後の長い進化（大型化と複雑化）への道は，酸素の立場から言えばただひたすら必要な酸素をいかに生体組織の末端まで運ぶかにつきる．この進化は結局酸素運搬体の採用と循環系の発達によって現在の哺乳類に至った．われわれの身体が酸素に対し脆弱なのはこの生命が酸素を利用する高効率のエネルギーを獲得したとき，同時にいかにしてこの酸素を供給するかの宿命の結果である．繰り返しになるが，Cyt.Ox の酸素に対する Km はわれわれにとって非常に幸運であった．これにより，拡散によって毛細血管から〜数 μm〜数十 μm の距離であるならば，細胞内のミトコンドリアに酸素を届けることができる．もちろんこのためには不断の心臓を介する血流維持と肺を介するガス交換を一生続けなければならない宿命でもある．

おわりに

進化の必然性は別として，この進化の過程の中で，酸素が果たした役割は，エネルギー獲得の有利な面と酸素毒および酸素拡散の不利な面をいかに克服するかであった．ここで空中酸素の固定（酸素添加酸素の出現）も生命の大型化への第一歩において動物，植物ともにコラーゲンとリグニンを作り上げるうえで決定的であった．生命は水中での多細胞体からやがて陸上へあがり，形態的に大きな変化をとげてきた．この間，酸素の立場から言えば，いかに酸素供給を大型化した生物の身体の隅々までの１つずつの細胞まで運ぶかに尽きる．恐竜のような約数十 m の超大型動物の手足の先まで血液を送る時，心臓は１つで間に合ったのだろうか？

現在の多様な生物を調べると，かつての進化の名残がいくつか見られる．たとえば酸素添加酵素の１つであるヘムを持つインドールアミン分解酵素（IDO）から生まれたと思われるヘモグロビンの存在などもある．

最近になり，酸素と進化を論ずる本が相次いで出版された[1〜3]．より詳しくはこれらの本を参考にしていただければ幸いである．

本章では酸素と進化のごくあらすじを書いてみた．この詳細は本事典の各章を参考にしていただきたい．

［田村　守］

■文献
1) ニック・レーン著，西田睦監修，遠藤圭子訳：生と死の自然史—進化を統べる酸素．東海大学出版会，2006．
2) ニック・レーン著，斉藤隆央訳：ミトコンドリアが進化を決めた．みすず書房，2007．
3) クリスチャン・ド・デューブ著，植田充美訳：生命の塵．翔泳社，1996．

1.4 ミトコンドリアの歴史

1. 生物によるエネルギー獲得

あらゆる生物は外界から物質をとりこみ、それを代謝することにより活動のエネルギーを得る。このエネルギーの源はATP（アデノシン3リン酸）であり、生物のあらゆる活動の源である。生物のエネルギー獲得の様式、言い換えればATP産生の方法は発酵、呼吸（酸化的リン酸化）、光合成（光リン酸化）に大別できる（図1）。発酵は最も古く、有機化合物を有機化合物で酸化することによりATPを産生する。そのATP産生は発酵基質が他の代謝物や補酵素によって酸化される（電子を引き抜かれる）反応と共役しておこるため、基質レベルのリン酸化と呼ばれる。その際に引き抜かれた電子はNADH, NADPHの形で保存される、すなわち、発酵ではATPのみならず還元力（NADH, NADPH）も同時に産生する。

呼吸および光合成は発酵とはまったく異なった機構でATPを産生する。発酵が基本的には

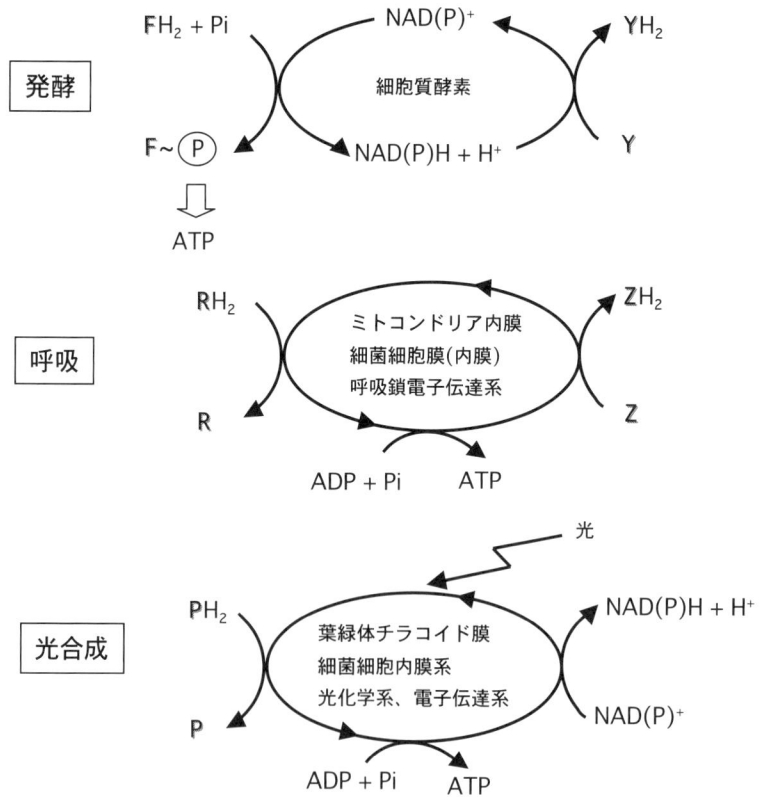

図1 生物のエネルギー産生様式（山中健生、進化生化学序説、講談社、1976より改変）
発酵、呼吸、光合成の原理。Piは無機リン酸、～Pはリン酸基を表す。FH_2：グリセルアルデヒド-3-リン酸など、Y：ピルビン酸、NO_3^- など。RH_2：$NAD(P)H+H^+$、コハク酸、NH_2OH, NH_4^+, SO_3^{2-} など。Z：O_2, NO_3^-, NO_2^-, SO_3^- など。PH_2：H_2O, $S_2O_3^{2-}$, S^{2-} など。

細胞質で可溶性の酵素群で触媒されるのに対して，両者とも膜構造と膜タンパクを必要とし，電子伝達と共役してATPを合成する．呼吸と光合成はそれぞれ呼吸基質，光とまったく性質の異なった物質をとりこむが，ATPを産生する機構は驚くほど似ている．酸化的リン酸化，光リン酸化もそのもとをたどれば，発酵から進化してきたものである．では，どのように進化してきたのだろうか？

そのまえに，まず，現存の生物における酸化的リン酸化について，それを行っている細胞内器官であるミトコンドリア，およびバクテリア細胞膜を例に述べる．

2. 酸化的リン酸化とは

好気的生物のTCA回路において，基質を酸化する過程で生じたプロトンと電子のうち，プロトンはプロトンポンプ活性のある電子伝達複合体，すなわち，電子伝達プロトンポンプ（複合体I，III，IV：複数のサブユニットタンパクが複合した高分子集合体であるため複合体と呼ばれる）によってミトコンドリアのマトリックス側から，ミトコンドリア内膜と外膜間の膜間スペースに放出され，内膜をはさんでプロトンの濃度勾配が形成される（図2）．

一方，電子は最終電子受容体である酸素に伝達され，酸素が還元されて水が生成する．酸素を還元する末端酸化酵素は複合体IVであるが，これは還元型シトクロムcから電子を受け取る（シトクロムcを酸化する）のでシトクロムc酸化酵素とも呼ばれる．膜間に形成されたプロトンの濃度勾配は電気化学ポテンシャルを形成し，これが無機リン酸とADPからATPを合成する化学エネルギーとなる．すなわち，膜間スペースに蓄積したプロトンはプロトンポンプATP合成酵素の膜結合サブユニットによって構成されるプロトンの通路を通過し，マトリックス側に戻され，この反応と共役してADPがリン酸化される．複合体I，IIIはそれぞれ機能にもとづいてNADH-ユビキノン酸化還元酵素，ユビキノール-シトクロムc酸化還元酵素，また，複合体IIはTCA回路のメンバーであり，コハク酸-ユビキノン酸化還元酵素と呼ばれる．複合体IIIはシトクロムbとシトクロムc_1を含むことからbc_1複合体とも命名されている．複合体IIのみプロトンポンプ活性はない．これらの電子伝達複合体間の電子を

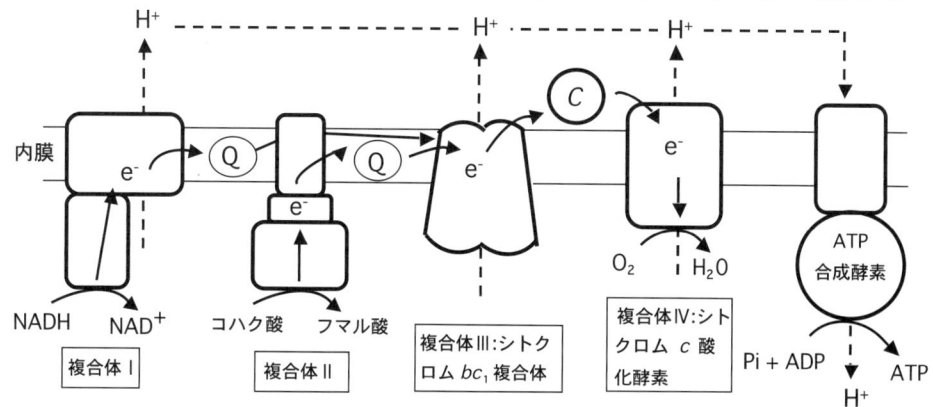

図2 ミトコンドリアおよび細菌の好気的呼吸鎖

Ⓠ：ユビキノン，Ⓒ：シトクロムc，e^-：遊離した電子，H^+：プロトン．図に示す複合体は哺乳類のミトコンドリアではIの最大40数個，最小はIIの4個の異なったサブユニットタンパクの集合体からなる巨大分子である．I，III，IVのサブユニットの一部はミトコンドリアDNAでコードされている．

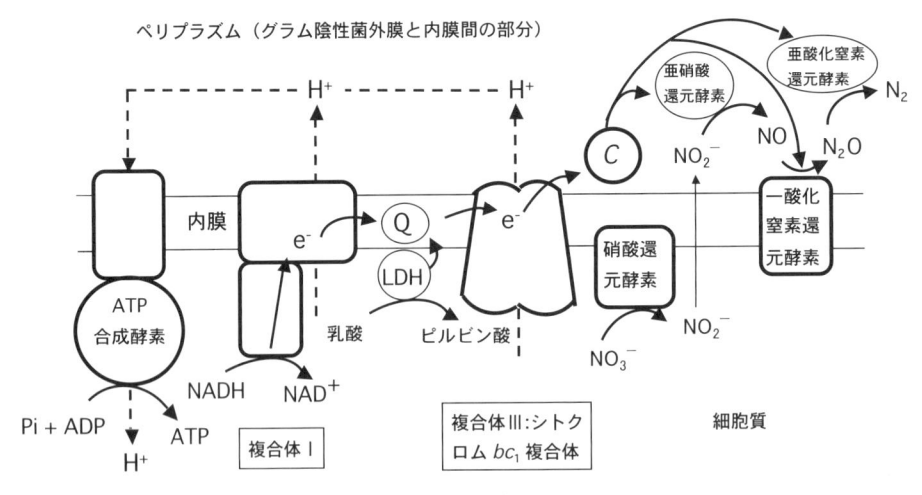

図 3　細菌の嫌気的呼吸鎖の一例
LDH：乳酸脱水素酵素，他は図 2 に同じ．硝酸還元酵素および一酸化窒素還元酵素は膜タンパク，亜硝酸還元酵素と亜酸化窒素還元酵素はペリプラズムに存在する可溶性酵素である．窒素酸化物（NO_3^-）を順次還元し N_2 にもどす重要な役割を果たす．

シャトルする低分子電子伝達体として，ユビキノン，シトクロム c が存在する．それぞれの電子伝達複合体には酸化還元活性中心として，フラビン，非ヘム鉄，シトクロム，銅原子などを含み，低分子電子伝達体も含めた複合体Ⅰから Ⅳ までを呼吸鎖電子伝達系あるいはシトクロム系などという．この系によってグルコースは完全に酸化され，1 モルのグルコース当たり 38 モルの ATP が合成され，乳酸発酵の 1 モル当たり 2 モルの ATP 合成とくらべて，格段に効率がよい．

バクテリアの場合これらの電子伝達プロトンポンプや ATP 合成酵素は細胞膜に局在し，プロトンはペリプラズム［外膜と細胞膜（内膜）間］に排出される．これには酸素を最終電子受容体とするいわゆる酸素呼吸（図 2）もあるが，酸素でなくフマル酸などの有機酸や，窒素化合物が最終電子受容体となる場合がある（図 3）．また，酸化される基質も有機物だけではなく，硝酸塩などの無機塩を用いる場合もある．したがって，酸化的リン酸化とは基質や電子受容体の種類にかかわらず，基質の酸化から得たエネルギーによって膜間にプロトンの濃度勾配を作成し，これが膜結合の ATP 合成酵素を駆動して ADP をリン酸化する反応である．

3. 光リン酸化反応（光合成）

光合成における光と，呼吸基質のグルコースは本質的に異なるエネルギー源であるが，エネルギー獲得のメカニズムはよく似ている．光合成系も呼吸鎖電子伝達系のものと性質が似た ATP 合成酵素と電子伝達プロトンポンプ（シトクロム b_6f 複合体）を備えており（図 4），プロトンの濃度勾配により膜間に形成された電気化学ポテンシャルによって ATP が合成される．光合成の場合は，基質の酸化によって遊離した電子ではなく，光学系に存在するクロロフィルによって光励起された電子が伝達される点が異なる．

ATP 合成酵素と電子伝達プロトンポンプ，これら 2 つの分子装置はその生物界における出現以来ほとんど変化することなく保存されて現在に至っている．これらの光合成電子伝達系とミトコンドリア呼吸鎖電子伝達系はいつ地球上にあらわれどのようにして現在に至ったのであ

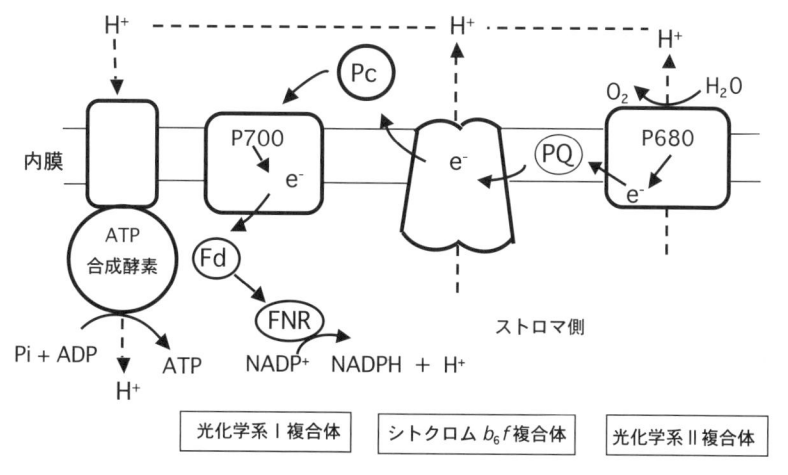

図4 葉緑体チラコイド膜の光合成電子伝達系
P700, P680 はそれぞれ，光化学系 I，II の 1 次電子供与体クロロフィル a を表す．Fd：フェレドキシン，FNR：フェレドキシン-$NADP^+$ 酸化還元酵素，Pc：プラストシアニン，PQ：プラストキノン．

ろうか？

---

4. 酸化的リン酸化の起源

発酵は基本的には細胞質で行われるが，酸化的リン酸化と光リン酸化は複雑な膜構造を必要とすることから，原始生物（原核生物）は最初，発酵によって ATP を得ていたと考えられている．

発酵においては，水素に富んだ有機分子，たとえばグルコースが部分的に酸化されて有機酸（乳酸）と ATP を生成する．また，同時に NADH，NADPH も生成する．これらは生体物質の生合成に用いられ，実際に現存する大部分の代謝経路は，発酵が ATP 産生の唯一の手段であったきわめて古い時期に誕生している．しかしながら，環境に存在していた発酵に必要な基質を使いきってしまうと，もはやこれらの生物は生存できなくなる．また，発酵の終末産物である有機酸（乳酸など）を細胞外に排出していたため，その棲息環境は次第に酸性化した．このような事態は生物にあたらしい代謝経路の開発をせまることになり，そのシナリオは以下のようであったと考えられている．

まず，酸性化する棲息環境から細胞内へのプロトン流入を防ぐため，プロトンをくみ出す装置として ATPase が存在していた（図5a）．これは ATP の加水分解のエネルギーを用いてプロトンを排出するもので，反応は ATP 分解の方向である．しかしながら，地球上に存在していた発酵可能な有機物を使い尽くすと発酵でエネルギーをまかなうことができなくなり，この環境条件の変化は ATP を用いないでプロトンをくみ出す電子伝達複合体の創出を導いたと想像できる（図5b）．これは異なった酸化還元電位をもつ分子間の電子伝達エネルギーを用いて，細胞膜の内側から外側へと膜を横切り，プロトンの移動を触媒するきわめて初期の膜タンパクである．この膜タンパク電子伝達複合体は，自分自身の電子供与体や受容体として外界に蓄積した発酵ののこりかす（発酵の最終産物）を用いたであろう．このような膜タンパク電子伝達複合体は現在のバクテリアにも見いだされており，たとえばギ酸を炭素源として生育するバクテリアは，ギ酸から電子受容体のフマル酸へ電子を伝達することによって生じる酸化

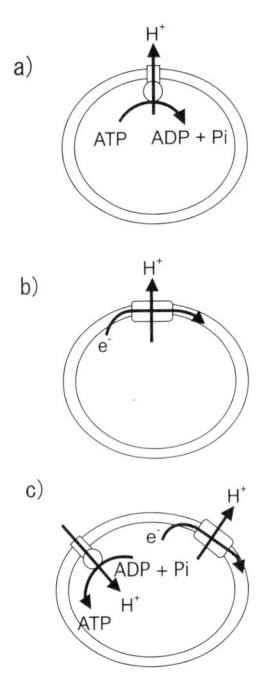

図5 酸化的リン酸化への進化を示す3つの段階
a) ATP の加水分解のエネルギーを用いて細胞内の酸性化を防ぐためプロトンを排出する．今日の ATP 合成酵素のプロトタイプ．
b) 酸化還元のエネルギーを利用してプロトンを排出するプロトンポンプ．現在の電子伝達プロトンポンプのプロトタイプ．
c) 両者を兼ね備えた原始的な細胞．ATP 依存のプロトンポンプは逆反応を触媒し，ATP を合成する．酸化的リン酸化のプロトタイプ．

還元エネルギーを用いて，プロトンを外へ排出している．他に無機物の基質を使用し，同様に酸化還元反応に由来するエネルギーを用いてプロトンを排出するバクテリアも現存している．そして，それらのバクテリアの中からついには，細胞内 pH を維持するより多くの酸化還元エネルギーを獲得できる，効率の良いプロトンポンプ機能を有する電子伝達系を開発したものが出現したと考えられる（図5c）．これらは ATP 駆動プロトンポンプ（ATPase）とプロトンポンプ電子伝達複合体という，2つのタイプのプロトンポンプを有するバクテリアで，そのため，他とくらべて有利な位置を占めた．すなわち，これらのバクテリアでは，過剰に排出したプロトンによってつくられた電気化学的プロトン濃度勾配を用いて ATPase を逆に駆動させ，プロトンを細胞内にもどすことができ，同時に ATP を合成できるからである．このようなバクテリアは外界の発酵可能な栄養物がますます窮乏するなかで有利に増殖することができた．以上のような過程をへて，発酵から酸化的リン酸化が誕生したと考えられている．

5. 光合成のエネルギー変換（光リン酸化反応）と酸素呼吸

生体膜のエネルギー変換装置のなかで光エネルギーの変換装置は比較的遅れて登場してきた．これは大きくわけて2つのタイプがあり，水を分解して酸素を発生するタイプと，水の分解を伴わないタイプがある．進化の過程上，水の分解を伴わないタイプが先に登場し，その後，水を分解してその電子を利用する装置が加わったと考えられている．酸素を発生する光合成を行うもっとも古い生物はシアノバクテリアであり，植物細胞の光合成を行うオルガネラである葉緑体は，進化の初期に真核細胞に共生したシアノバクテリアに由来すると考えられている．酸素を発生する光合成が出現して以来，地球表層の酸素が次第に増加し，酸素呼吸によって ATP を生成する生物が栄えるようになった．このため，生物界で酸素呼吸が開始されたのは，酸素発生の光合成が誕生した後であると考えられていたが，呼吸系，光合成系に共通するエネルギー変換タンパク分子の分子系統学から，酸素呼吸はもっと古いものであろうという説（respiration-early hypothesis）が有力になっている（図6）．本仮説は次のようにまとめられる．

a) 嫌気的硝酸呼吸の末端酸化酵素である一酸化窒素還元酵素が酸素呼吸，すなわちシトクロム c 酸化酵素の起源である．

b) 酸素呼吸（シトクロム c 酸化酵素）は1回だけ出現し，細菌，古細菌，真核生物の共通

1.4 ミトコンドリアの歴史

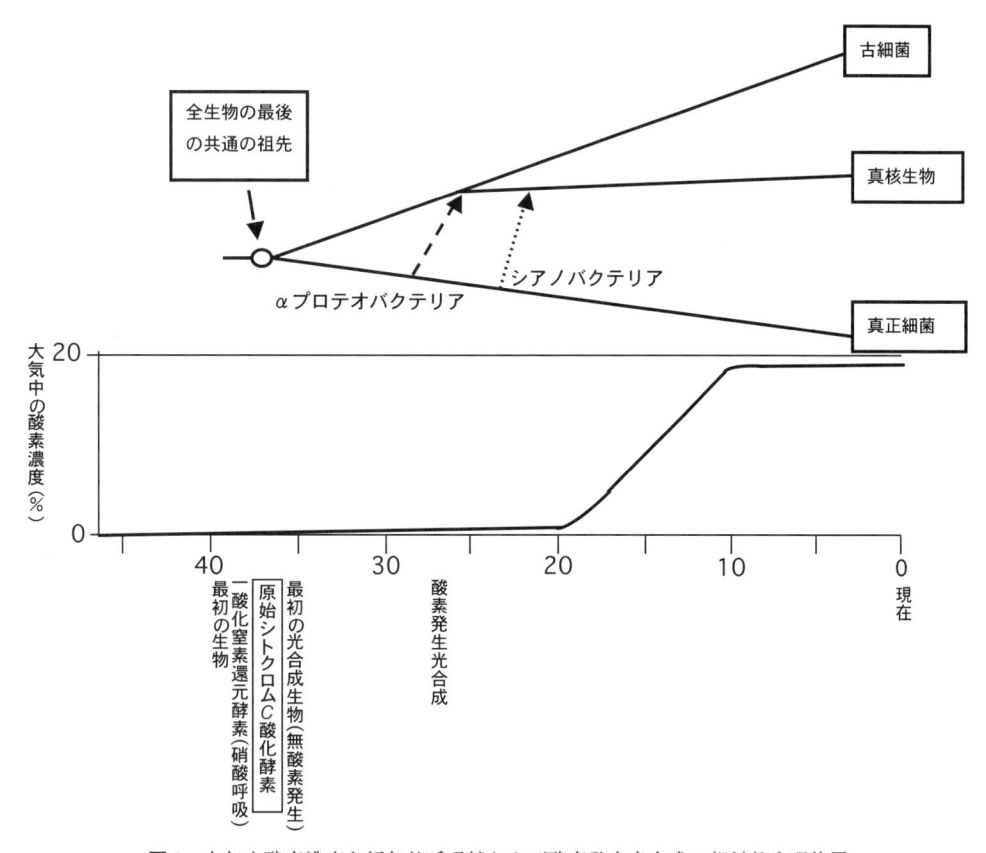

図6 大気中酸素濃度と好気的呼吸鎖および酸素発生光合成の相対的出現位置

酸素濃度曲線の上図は古細菌，真正細菌，真核生物の分岐を表す．ミトコンドリアは α プロテオバクテリアが古細菌，あるいは原始真核生物に，葉緑体はシアノバクテリアが真核生物にそれぞれ共生することにより生まれた．横軸の数字の単位は億年である．呼吸鎖複合体タンパクの分子系統学解析は，酸素発生光合成以前に好気的呼吸鎖の末端酵素のプロトタイプが出現していたことを示す．

祖先（last universal ancestor）にはすでに存在していた．この共通祖先は35-40億年前に出現していたと考えられている．つまり，現存生物の好気的呼吸は単一起源である．初期地球の大気に存在する微量酸素がこの祖先の酸素呼吸に用いられていた．

c）水を分解して酸素を発生する光合成は1つの進化のライン，すなわち，シアノバクテリアにおいて，酸素呼吸の出現後に発達してきた．

では，酸素発生光合成による酸素の十分な蓄積以前に酸素呼吸は可能だったのだろうか？初期大気には水の光分解によって微量の酸素が存在し，また，原始海洋の表面には高濃度の酸素を含む"オアシス"が存在していたことが知られている．このような局限された環境に棲む共通祖先は酸素呼吸が可能であった．事実，現在のような高濃度の酸素は酸素呼吸に必要ではなく，根粒に共生するプロテオバクテリアのシトクロム c 酸化酵素（つぎに述べる図7，FixN型シトクロム c 酸化酵素）は非常に低い酸素濃度下で機能することができる．

さて，上にのべた a）の一酸化窒素還元酵素がどのようにして，シトクロム c 酸化酵素に改変されてきたかについて述べる（図7）．まず，前者の活性中心を構成するサブユニット（B）には2つの b タイプヘムと非ヘムの鉄（Fe）からなるヘム・非ヘム鉄複核中心を含んでい

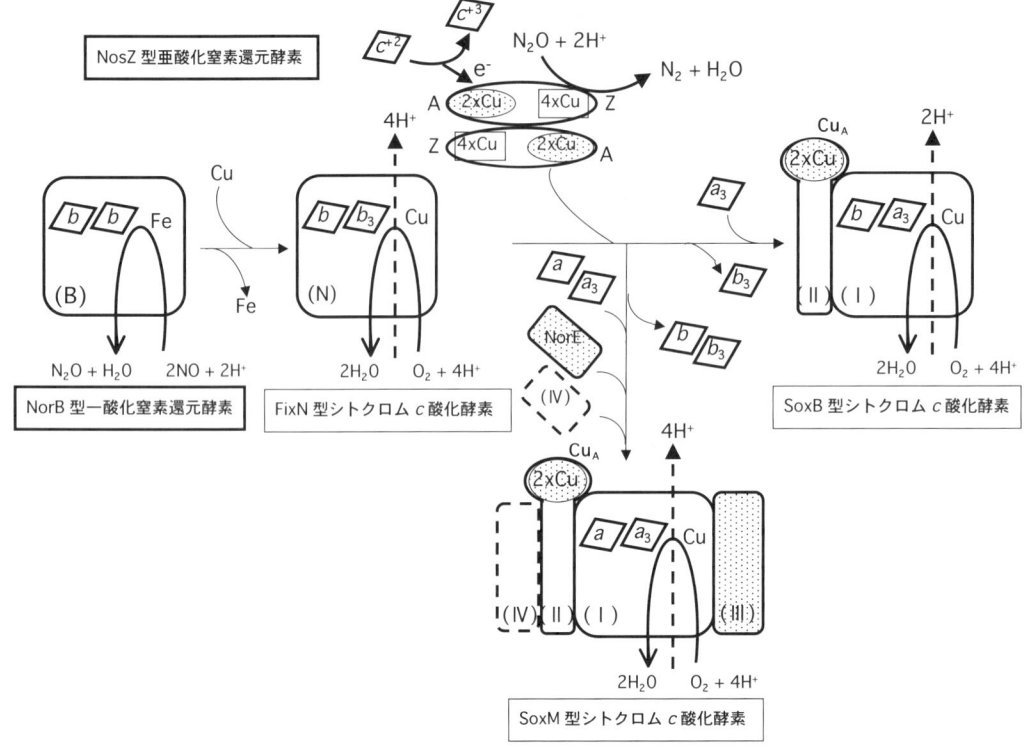

図7 嫌気的硝酸呼吸から好気的酸素呼吸への分子進化（茂木，2000，文献1より改変）
好気的シトクロム c 酸化酵素は嫌気的硝酸呼吸末端酸化酵素の一酸化窒素還元酵素をすこしずつ改修することによって出現した．(B)，(N)，(I)，(II)，(III)，(IV) はそれぞれの酵素のサブユニットの名称を表す．a b c はそれぞれヘム a，ヘム b，ヘム c を示す．Fe は非ヘム鉄を，Cu は銅を表す．

る．このうち，進化の過程で非ヘム鉄が欠落し，銅（Cu）をとりこむことによってヘム・銅複核中心に改変される．これにより，基質特異性が変化し，酸素還元活性と，プロトンポンプ活性もそなえるようになる．これが窒素固定（FixN）型シトクロム c 酸化酵素の活性中心サブユニット（N）である．これが亜酸化窒素還元酵素の銅複核中心 A より電子取り込みユニット Cu_A を得て，ヘム b_3 がヘム a_3 に置換され，SoxB 型酵素へと改変された．また，FixN 型酵素が Cu_A を獲得，両ヘム b がヘム a に置換され，さらに2つ（種によってはIVを欠く1つ）のサブユニットを得て，SoxM 型シトクロム c 酸化酵素に進化してきた．サブユニットIII は脱窒系遺伝子クラスター産物 NorE に由来する．

このように，現在の酸素を還元するシトクロム c 酸化酵素は嫌気的硝酸呼吸（図3）の末端酸化酵素の一酸化窒素還元酵素を長い進化の過程で"修繕"して出現してきた．生物は歴史的存在であることはいうまでもない．したがって，無から有を生じることはほとんどありえず，酸素呼吸の重要な末端酸化酵素も突然生じたものではないことが理解できる．そのプロトタイプは実際に嫌気的窒素固定根粒バクテリアの呼吸鎖にみられたわけである．このことは従来唱えられていた仮説，地球上の生物によるエネルギー変換系は無機（硝酸）発酵，無機（硝酸）呼吸，酸素呼吸へと"進化"したという説（江上，1977）を証明するものであるが，酸素呼吸そのものは酸素発生光合成生物の出現の後でなく，それ以前の酸素濃度が現在よりずっと

低いころから存在していたのである．しかし，その生理的意義は ATP 合成のためではなく，おそらく酸素を除去して酸素毒から防御するものであり，分子レベルの前適応といえる．

---

6. ミトコンドリアの起源

ミトコンドリアが細胞内に共生しているものとしたのは，1856 年に解剖学者 Kolliker が筋肉細胞内にはじめてミトコンドリアを見出した 34 年後の 1890 年に，Altman が彼の bioblast を共生体であると示唆したころにさかのぼる．しかし，このような細胞内小器官（オルガネラ）が共生体であるという考えは，Schimper が葉緑体は共生体であるとした 1883 年のほうが 7 年ほど早い．この概念は Mereschkowsky（1905）によってさらに引き継がれた．ミトコンドリアという名前は 1898 年 Benda によって命名され，ギリシャ語の糸（mitos）と顆粒（chondros）に由来する．その後，Warburg（1913）の細胞呼吸が顆粒分画にあること，Keilin（1925）のシトクロムの発見などがあるが，その機能の解析は 1930 年代になってミトコンドリアの分離法が確立されてはじめて可能になった．

ミトコンドリアの起源に関しては，1950 年代の酵母ミトコンドリアが非メンデル遺伝様式の複製を行うこと，また，ミトコンドリアにタンパク合成能があることの発見，さらには 1960 年代のミトコンドリアおよび葉緑体 DNA の発見を背景として，Margulis（1970）によって内部共生説が再び復活された．

今日のミトコンドリアは自活性細菌が宿主である別の細胞にとりこまれて共生した結果である，とする共生説については，コンセンサスが得られている．また，その自活性細菌が α プロテオバクテリアに属するという説は，リボソーマル RNA の分子系統学から 1980 年代の後期に唱えられた．さらにミトコンドリア呼吸鎖複合体成分をコードする遺伝子の解析からも支持されており，現在ではほぼ受け入れられている．ところが，共生した細菌や宿主細胞の性質，およびどのようにして共生が成立したかについては意見の一致はみられていない．現在のところ，有力な 3 つの説があり，それは好気性共生説（Andersson と Kurland, 1999, 図 8），水素説（Martin と Müller, 1998, 図 9），栄養共生説（Lopez-Garcia と Moreira, 1999, 図

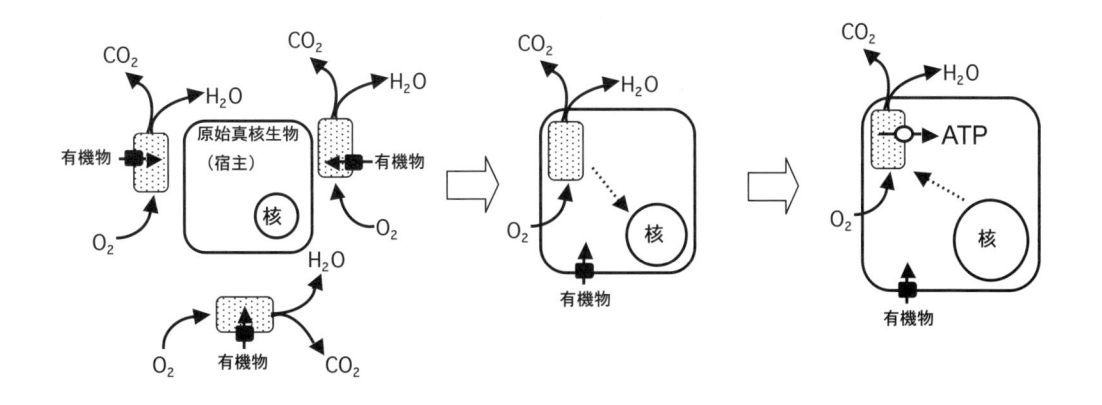

図 8 好気性共生説
現在のミトコンドリアは 2 つの段階によって生まれた．第 1 段階（中央）：宿主の細胞内の酸素を消費することにより解毒する．点線の矢印は共生体のプロミトコンドリアから遺伝子が核へ移行したことを示す．第 2 段階：共生体が ATP 運搬酵素を宿主から獲得することにより，宿主は ATP を利用できるようになる．点線の矢印は新規核遺伝子の発現による ATP 運搬酵素の移行を示す．

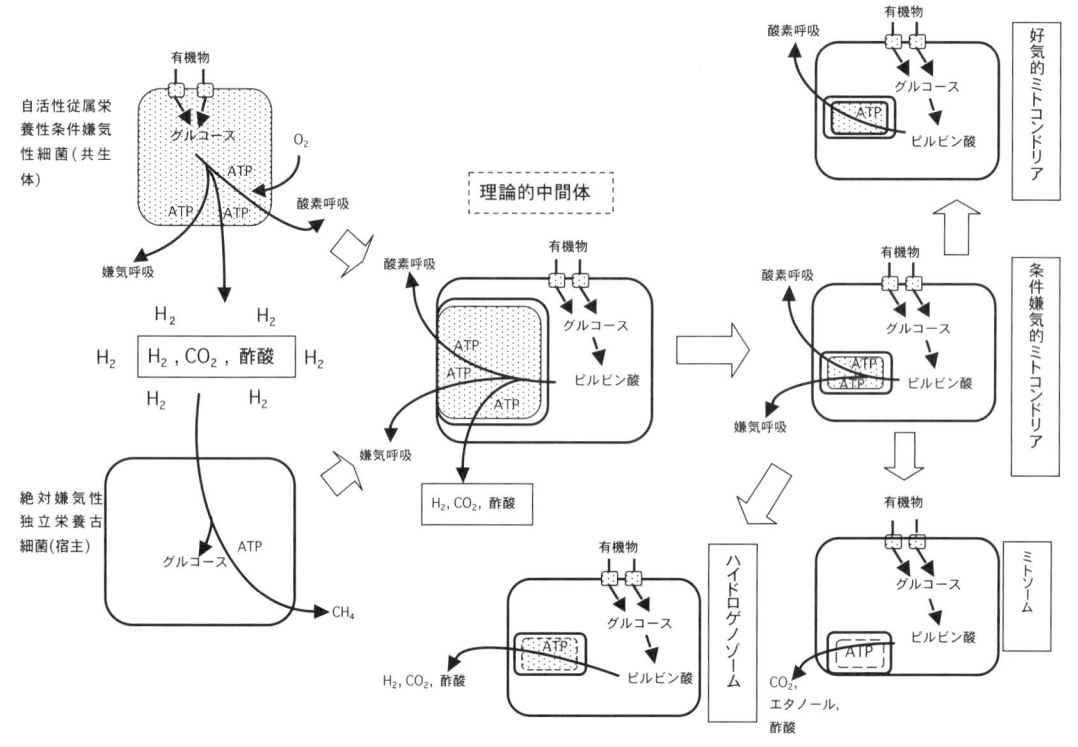

図 9 水素説（Martin ら，Biol Chem 382：1521-1539，2001 より改変）
共生体と宿主は地質学的に水素ガスが豊富な嫌気的ニッチで遭遇して独立して生息していた（左端）．環境の水素ガスがなんらかの理由で減少すると，宿主は共生体の代謝廃棄物である水素に依存するようになり，共生体との接触面積を増加させて，最終的には共生体を取り込む（中央）．その後，生息環境によりさまざまなオルガネラに発展した．

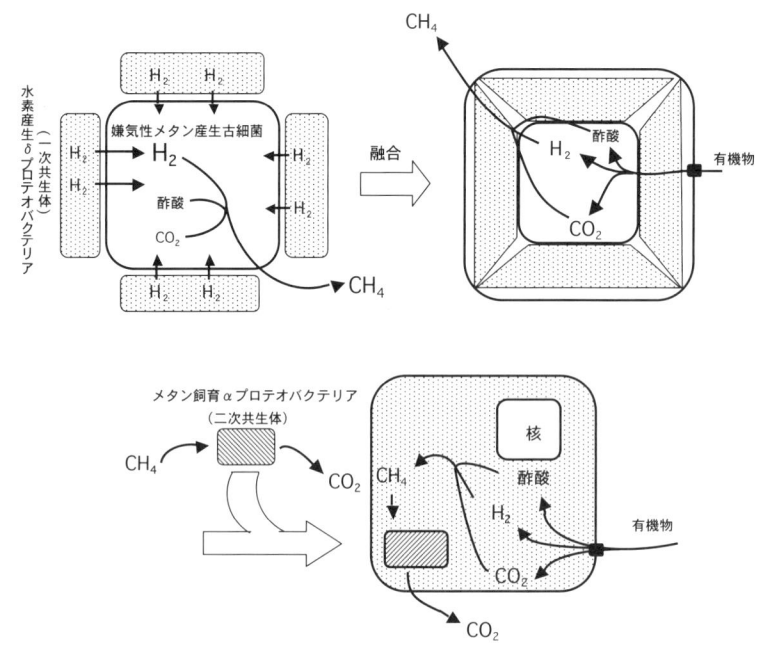

図 10 栄養共生説
嫌気性メタン産生古細菌と水素産生δプロテオバクテリア（一次共生体）は栄養共生共同体を形成していた．そこにミトコンドリアの直系であるメタン飼育αプロテオバクテリア（二次共生体）が取り込まれた．

10) である.

　好気性共生説では酸素を最終電子受容体として消費し，好気的酸化的リン酸化を行うバクテリアが宿主（原始真核生物）に共生したというもので，その第一義的意義は宿主は共生体を得ることによって自身を酸素毒から防御することができるという点がポイントである．つまり，共生直後は宿主にATPを供給せず，エネルギー獲得という観点からはメリットを得ていない．しかしながら，次の段階では，宿主からATPを輸送するタンパク（ATPトランスロケーター）を送り込まれ，宿主細胞自身が多くのATPを利用できるようになり，以後の真核生物の飛躍的進化を可能にしたと考えられる．この説によれば，初期のミトコンドリアは当然好気的ミトコンドリアである．

　水素説と栄養共生説はいずれも真正細菌とメタン産生古細菌の代謝的共生によって真核生物とミトコンドリアがほぼ同時に生じたとするものである．この両説では共生する細菌の種類は異なっているが，初期のミトコンドリアが嫌気的ミトコンドリアである点では共通している．水素説においては，αプロテオバクテリアが共生を確立し，ミトコンドリアが形成される過程で真核生物が生まれたとする．一方栄養共生説では，αプロテオバクテリアではなく，やはり発酵から水素を生成し，メタン産生古細菌と栄養共同体をつくっていた硫酸還元δプロテオバクテリアが古細菌と融合し，それと同時か直後にミトコンドリアの直系の祖先であるαプロテオバクテリアが取り込まれたとするものである．両説ともいずれも水素を共生の鍵としているので水素説について詳しく述べる．

　まず，従来の好気性共生説とは異なり，宿主は水素をエネルギー源（いいかえれば電子の源）としてメタンを生成する絶対嫌気性独立栄養古細菌であり，一方，共生体は自活性従属栄養性の条件嫌気性真正細菌で，代謝産物として水素，二酸化炭素，酢酸を排出していた．両者はまず，二酸化炭素と地質学的に水素が豊富な嫌気的環境で遭遇し，最初は豊富な水素を古細菌が利用しながらも独立して棲息していた（図9，左）．ところが，この両者がなんらかの物理的な理由で水素が豊富な環境から離脱すると，宿主はたちまち，この従属栄養性の真正細菌に完璧に依存するようになった．とくに，それはこの共生体が嫌気的発酵で水素を放出するときにみられる．これが強固な選択圧となって共生体と宿主を不可逆的に結びつけ，もし，共生体が逃げ出すと宿主はすぐに飢餓状態となる．宿主は共生細菌に密接に接触することにより利便を得ることになるため，宿主細胞の形は共生細菌をとりかこむように広がり，接触面積をふやしてより多くの水素と二酸化炭素を自身の細胞質へ浸透させようとする．そして，最終的には共生細菌をとりこんでしまうが（図9中央），その結果，共生細菌は栄養源である有機物をとりこむことができなくなるので，細菌から宿主

表1　ミトコンドリア共生説の比較

	水素説	栄養共生説	好気性共生説
ミトコンドリアとなる共生細菌	従属栄養条件嫌気性αプロテオバクテリア	嫌気性メタン飼育αプロテオバクテリア	好気的ATP合成αプロテオバクテリア
宿主	独立栄養絶対嫌気性メタン生成古細菌	嫌気性メタン産生古細菌と水素産生δプロテオバクテリアとの栄養共生共同体	原始的嫌気性真核生物
初期の共生を支えたもの	宿主への水素等の供給	メタンの共生体への供給	宿主細胞の酸素毒からの防御
初期のミトコンドリア	嫌気的ミトコンドリア	嫌気的ミトコンドリア	好気的ミトコンドリア

への遺伝子のやりとりがおこり，有機物のとりこみタンパクを宿主細胞膜上に発現させた．これは宿主細胞にとって炭素源つまりエネルギー源を有機物に依存することになり，メタン産生と独立栄養は取って変わられて，宿主は不可逆的に従属栄養生物になる．水素はふたたび代謝廃棄物となるが，共生前とは異なって宿主内に隔離された代謝系によるものである．このような理論的な中間段階をへて，現存する条件嫌気的ミトコンドリア（図9右，中）が生まれ，宿主の棲息環境が好気的か嫌気的かによって，いずれかの呼吸系が失われ，現存の好気的ミトコンドリアあるいはミトソーム，ハイドロゲノゾームが生じた（図9右，上，下）．これらの説の宿主，共生細菌の種類などポイントを表1にまとめた．

7. ミトコンドリア呼吸鎖の多様性と適応進化

a. 嫌気的ミトコンドリア

これまでの古典的な生化学の教科書では，ミトコンドリアで行われる酸化的リン酸化とは酸素を最終電子受容体として利用する好気的なもので，呼吸基質を完全に酸化し，効率よくATPを産生して細胞が必要とするエネルギー要求をみたし，これがミトコンドリアの主要な機能の1つであると述べられている．ミトコンドリアが細胞内の"発電所"と例えられるゆえんである．酸化的リン酸化は真核生物のミトコンドリアだけでなく，すでに述べたように原核生物である細菌の細胞膜に存在し，これには酸素を利用する好気的なもの（図2）と，硝酸などを電子受容体とする嫌気的なもの（図3）があることも知られていた．しかしながら，最近になってある種の寄生虫や真菌のミトコンドリアにおいても嫌気的，つまり，酸素を用いずにATP合成酵素を駆動してATPを産生するものが多数見いだされており，これには電子受容体として内在性フマル酸や不飽和脂肪酸などを用いるもの，外来性の窒素化合物を用いるものに大別できる．また，原虫においてはハイドロゲノゾーム，ミトソームなど電子伝達複合体を欠いたオルガネラが見いだされている．

b. 内在性の電子受容体を用いる嫌気的ミトコンドリア

寄生虫はその生活史のなかで必ず他種（宿主）の体内に侵入し，一定期間生活しなければ子孫を残すことができない真核生物であり，系統学上さまざまな分類に属する生物群である．それらは大きく単細胞の寄生虫（原虫類）と多細胞の蠕虫類にわけることができるが，いずれも宿主体外の自由生活期と宿主体内の寄生生活期では栄養源や酸素分圧など棲息環境がドラスティックに変化する．そのため，そのエネルギー獲得様式も独自のものを開発し，その中心的オルガネラであるミトコンドリアも独特な適応を遂げて変化する環境に適応している．前項ミトコンドリアの起源で述べたハイドロゲノゾーム，ミトソームも実はそれぞれ寄生原虫であるトリコモナス，赤痢アメーバ等で見いだされ，これらはミトコンドリア由来のオルガネラであることが次第に明らかになってきた．ここでは，研究の進んでいる回虫成虫ミトコンドリアの嫌気的フマル酸呼吸について述べる．

図11に回虫の生活史を示すが，便中に排泄された受精卵は適温，大気，水の存在下で発生を開始し，約2週間で感染幼虫を含む卵となる．これを宿主であるヒト（ブタ）が経口的に摂取すると，腸内で孵化，宿主内のさまざまな臓器を移行しながら発育し最終的に腸内にもどり，成虫となる．したがってエネルギー生成系に大きな影響を与える酸素分圧は外界の常圧160 mmHgから腸腔内の0-10 mmHgと大きく変化する．このような環境変化に適応して，回虫は幼虫期の好気的代謝から成虫の嫌気的代謝へと転換するが，成虫期の嫌気的代謝はわれわ

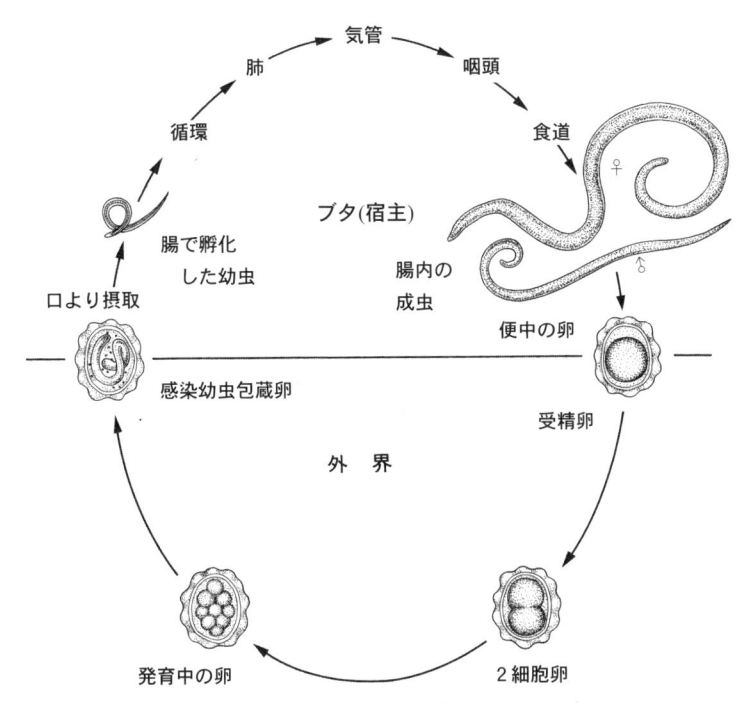

図 11　回虫の生活史
宿主（ブタ）から排泄された受精卵は，大気下の外界で発育して感染幼虫を含む卵となる．孵化した幼虫は，発育しながら宿主のさまざまな組織を移行して，最終的に酸素分圧の低い小腸で成虫となり，産卵する．

れ哺乳類と異なり特異な代謝系，ホスホエノールピルビン酸カルボキシカイネース（PEPCK）-コハク酸経路でエネルギーを得る（図12）．通常の解糖系によりホスホエノールピルビン酸が生成するが，回虫ではPEPCKによって炭酸固定されオキサロ酢酸となる．これは細胞質でリンゴ酸に転換され，ミトコンドリア内に移行，そこで不均化反応を受け，ピルビン酸とフマル酸を生じる．このフマル酸がピルビン酸生成の際に生じたNADHで還元されコハク酸を生じる．この間酸素分子はまったく関与していない．このフマル酸還元反応は図13に示すようにミトコンドリア内膜の複合体I，ロドキノン，複合体IIによって触媒され，NADH由来の電子はロドキノンを経てフマル酸に伝達され，それと共役して複合体Iのプロトンポンプ活性によりプロトンの濃度勾配が形成されATP合成酵素が駆動される．すなわち，これは発酵とは異なり，内在性の電子受容体フマル酸を用いる嫌気的呼吸鎖である．実際に好気的呼吸鎖の酸素側の成分である複合体III，シトクロム c，複合体IVの含量は著しく減少している．さらに特筆すべきはキノンの種類が幼虫期のユビキノンではなく，より酸化還元電位が低く，フマル酸還元に有利なロドキノンであること，フマル酸還元も幼虫期のコハク酸脱水素酵素の逆反応ではなく，異なったアイソザイムによって触媒されることが挙げられる．

これらの事実は，この嫌気的ミトコンドリアが好気的ミトコンドリアの単なる退化したものではなく，寄生適応の過程で獲得した新しい表現型であることを示している．ちなみに，エネルギー効率は乳酸発酵とくらべて良く，PEPCK-コハク酸経路全体でグルコース1モルあたり約5モルのATPが合成される．このようなフマル酸呼吸は寄生虫のみならず，潮の満ち引きによって棲息環境が好気，嫌気と変化する潮間帯のゴカイ，二枚貝などに，原生動物で

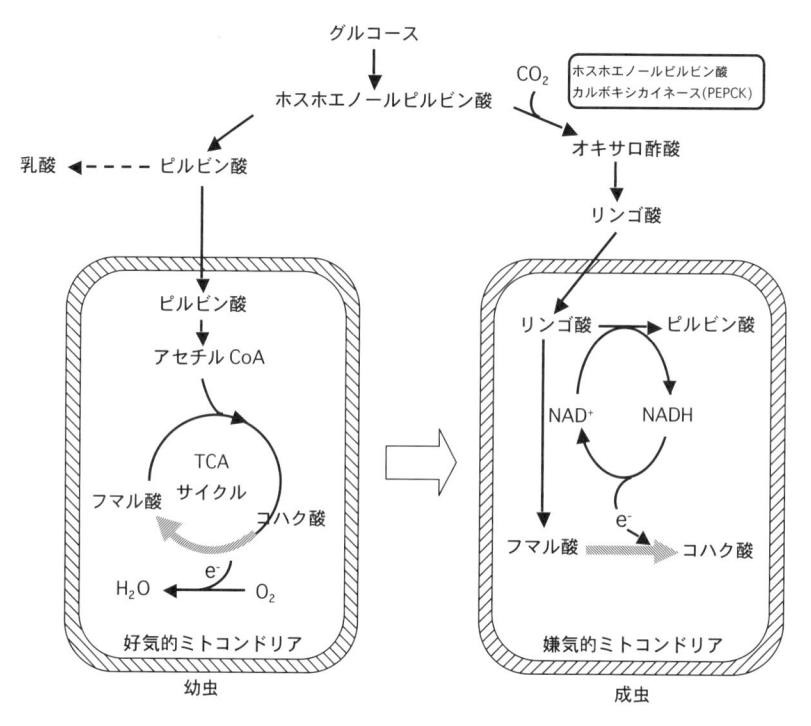

図12　回虫のエネルギー代謝
幼虫は好気的代謝を行うが，腸管内の低酸素環境に棲息する成虫は嫌気的な PEPCK-コハク酸経路を経てグルコースを分解する．その最終段階のフマル酸還元はミトコンドリアの電子伝達系が関与する．

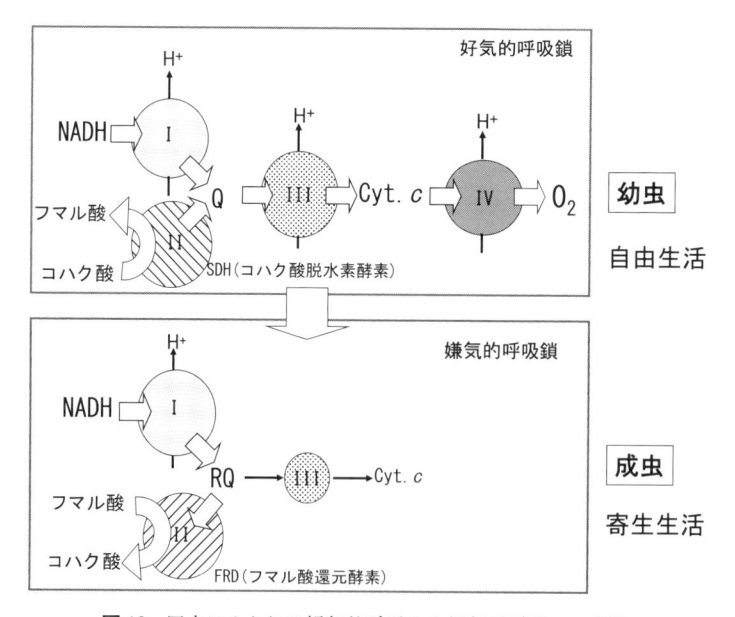

図13　回虫にみられる好気的呼吸から嫌気的呼吸への転換
I，II，III，IV はそれぞれ電子伝達複合体 I，II，III，IV を表す．Q：ユビキノン，RQ：ロドキノン，Cyt. c：シトクロム c を示す．

はユーグレナなどにもみられている．

c．外来性の電子受容体を用いる嫌気的ミトコンドリア

硝酸呼吸を行うミトコンドリアをもつ単細胞の原生動物（*Loxodes*）が湖水の低酸素環境に生存するということは，すでに80年代の初期に報告されている（Finlayら，1983）．さらに最近では土壌真菌（カビ，*Fusarium oxysporum*）にも硝酸呼吸を行うものが見いだされている（祥雲ら，2006）．これらは硝酸呼吸を行う細菌とともに地球上の窒素循環に重要な役割を果たしている．

d．ハイドロゲノゾーム，ミトソームおよび水素産生ミトコンドリア

単細胞の真核生物や真菌のなかには，形態学的および生化学的基準にてらして典型的なミトコンドリアを有していない生物（amitochondriate）が存在する．これらは系統樹上さまざまなグループに属し，嫌気性または低酸素に対して耐性をもち，それぞれ異なった環境に棲息している．そのなかで最もよく知られ，広く研究されているのは，脊椎動物の消化管に棲む，寄生性あるいは共生性の原生動物（原虫）である．

過去10年ほどの研究でこれらの原生動物は，もともとミトコンドリアを有していなかったのではなくて，これをいったん有したものがその後二次的に失ったものであることが明らかになり，さらにここ5年ほどで，失われたミトコンドリアに由来する，ある種のオルガネラが依然として残っていることが多くの amitochondriate において証明されてきた．これがハイドロゲノゾーム（トリコモナスなどが有する），ミトソーム（ジアルジアや赤痢アメーバなどが有する）といわれるもので，両者は膜構造をもち基質レベルのリン酸化によってATPを産生す

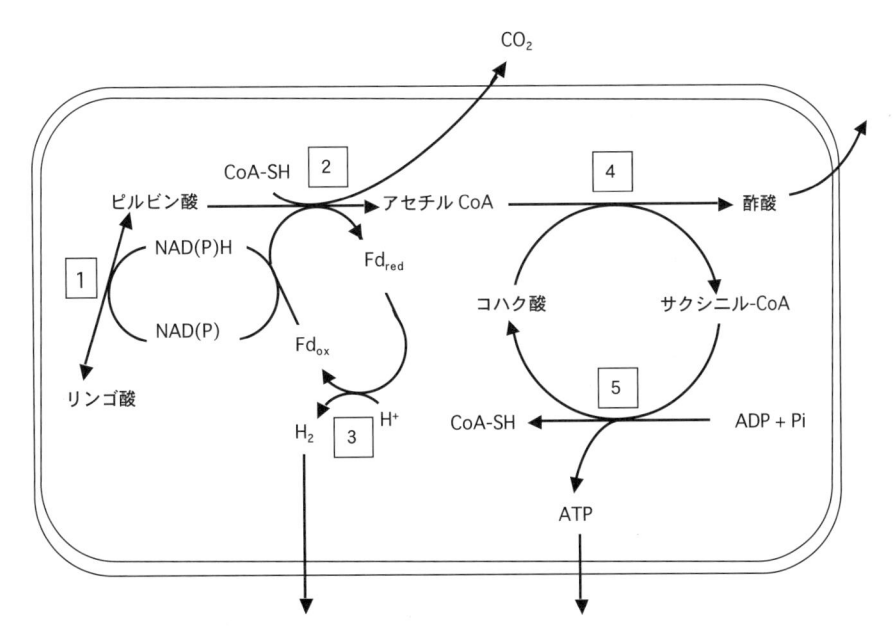

図14 ハイドロゲノゾームの炭素代謝（van der Giezen ら，Int Rev Cytol 244：175-225，2005 より改変）
1：リンゴ酸酵素，2：ピルビン酸：フェレドキシン酸化還元酵素，3：[Fe] ハイドロゲナーゼ，4：酢酸：コハク酸 CoA 転移酵素，5：サクシニル-CoA 合成酵素，CoA：コエンザイム A，CoA-SH：還元型コエンザイム A，Fd_{red}：還元型フェレドキシン，Fd_{ox}：酸化型フェレドキシン．本経路によって基質レベルのリン酸化が行われる．嫌気性寄生原虫トリコモナスで見いだされた．

るが，前者は水素を発生し（図14），後者は水素発生はみられない．これらのオルガネラは当初DNAも検出できず，その起源について不明であったが，Boxma（2005）らはゴキブリの後腸に棲む繊毛虫（*Nyctotherus ovalis*）から，呼吸鎖電子伝達複合体IのサブユニットタンパクやミトコンドリアのリボソームタンパクなどをコードしているDNAを有するハイドロゲノゾーム分画を単離し，さらに生化学的手法により電子伝達鎖の一部が機能していることを示すなど，ハイドロゲノゾームのミトコンドリア起源の実体が明らかにされつつある．すなわち，この繊毛虫のオルガネラは呼吸鎖をもちながら，水素も産生する，ハイドロゲノゾームとミトコンドリアをつなぐ失われた環（missing link）ということができる．

8. まとめ

生物のエネルギー獲得系は，発酵からより複雑な，膜構造を要する酸化的リン酸化（呼吸）へと進化し，効率のよい多量のATP産生を可能にした．これはプロトンポンプATPaseとプロトンポンプ電子伝達複合体を獲得することにより，最初はバクテリアの細胞膜上に出現し，嫌気的呼吸を行っていた．酸素を用いる好気的呼吸は，嫌気的硝酸呼吸の末端酵素である一酸化窒素還元酵素を改変することにより，酸素発生光合成出現の前に現れ，わずかに存在する酸素を解毒していた．一方，光リン酸化（光合成）はやはり最初にバクテリアで酸素を生じない光合成が出現，その後水を分解して酸素を発生する光合成（シアノバクテリア）が現れた．現在の高等動物，高等植物にみられるミトコンドリア，葉緑体はそれぞれ，αプロテオバクテリア，シアノバクテリアの細胞内共生によって出現した．ミトコンドリアの共生説には，好気性共生説，水素説，栄養共生説がある．現存するミトコンドリアには，酸素を用いる好気的呼吸鎖をもつもの（好気的ミトコンドリア）の他に，内在性フマル酸や外来性の硝酸塩を電子受容体として用いる嫌気的呼吸鎖をもつもの（嫌気的ミトコンドリア）が存在する．寄生原虫にはミトコンドリアをもたない種（amitochondriate）が存在し，替わりにハイドロゲノゾーム，ミトソームと呼ばれる二重膜で覆われたオルガネラをもつものがいる．前者は水素を発生し，後者は発生しないが，いずれも基質レベルのリン酸化でATPを産生する．これらのオルガネラとミトコンドリアとの関連は不明であったが，最近の研究により，両者ともミトコンドリア起源であることが次第に明らかになりつつある．すなわち，amitochondriateはいったんミトコンドリアを保持した生物がその後二次的に失った生物である．以上のように酸化的リン酸化の分子装置とミトコンドリアは地球環境および棲息環境の変化に巧みに適応進化して現在に至っている．

本稿に助言をいただいた東京大学の茂木立志博士に感謝します．

［高宮信三郎］

■文献
1) 吉田賢右，茂木立志編：生体膜のエネルギー装置．第二章　細胞呼吸の膜エネルギー装置：起源と分子進化（茂木立志）pp. 11-31，第四章　嫌気呼吸系の膜エネルギー装置（片岡邦重，鈴木晋一郎）pp. 60-73，共立出版，東京，2000．
2) 日本光合成研究会編：光合成事典．学会出版センター，2003．
3) 黒岩常祥：ミトコンドリアはどこからきたか―生命40億年を溯る．日本放送出版協会，東京，2000．
4) 北　潔：寄生虫ミトコンドリアにおける低酸素適応機構．蛋白質核酸酵素 47：37-44，2002．
5) 祥雲弘文：ミトコンドリア嫌気呼吸とカビの通性嫌気性．蛋白質核酸酵素 51：419-426，2006．

1.A 南極氷床コア掘削プロジェクト

　氷床には毎年降り積もる雪が積み重なり，自重により次第に氷化し，氷は塑性変形によって流動し，数万年〜数十万年かけて海に押し出される．また氷床には大気とともにさまざまな物質が輸送され，大気中に漂っているさまざまなエアロゾルや固体微粒子とともに氷床上へ降り積もる．また積雪中に含まれる大気は積雪の氷化過程で大気と切り離されて独立した気泡として氷の中に保存される．この気泡は氷床中で長い時間をかけて深さとともにクラスレート・ハイドレート（日本語では包接水和物という．水分子が気体分子を取り囲むかごを形成し，それが集合してできる結晶）に変化する．過去の大気が連続的に存在するのは氷床しかない．南極氷床は人為的な汚染起源から遠く離れているので，その影響は少ない．また内陸は年間の積雪量が小さいので100万年以上古い氷層が存在しているところがある（図1）．それゆえ氷床コアの研究により過去から現在への地球規模の気候変動，環境変動を明らかにすることができる（たとえば，文献1）．

　氷床深層コア掘削は，グリーンランド氷床北西のCamp Centuryにて1966年7月に1,387mまで成功したのが最初であった．南極では図2に示すByrd基地にて1968年1月にほぼ岩盤近く2,164mまでの掘削に成功した．その後，1970年代からVostok基地にて深層掘削が開始され1996年に3,623mまで掘り進み，10万年周期の氷期-間氷期サイクルを4回含む42万年間の気候・環境変動が保存されていて，気温変動と温室効果ガスである二酸化炭素やメタンガスが同期して変動していることが明らか

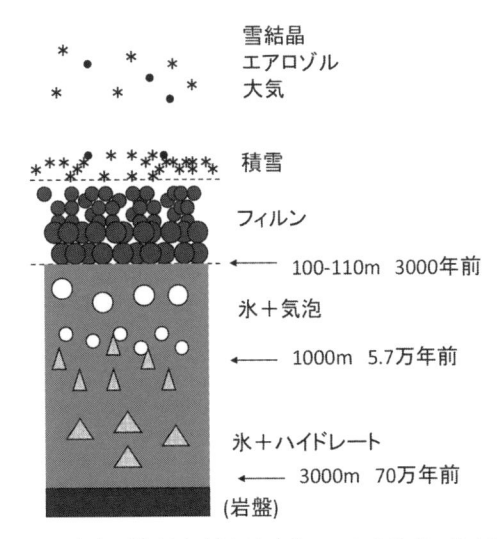

図1　氷床の模式図（南極氷床ドームふじ地点の場合）
雪がエアロゾルとともに降り積もり，圧密氷化して大気を氷内に閉じ込める．氷中の気泡は氷床中で長い時間をかけて深さとともにクラスレート・ハイドレートに変化し透明な氷になる．氷の年代はドームふじ基地の場合で氷化深度の100-110mで3000年前，気泡が完全にハイドレートに変化する深さ1,000mで5.7万年前，岩盤近くの3,000m深で70万年前に相当する．

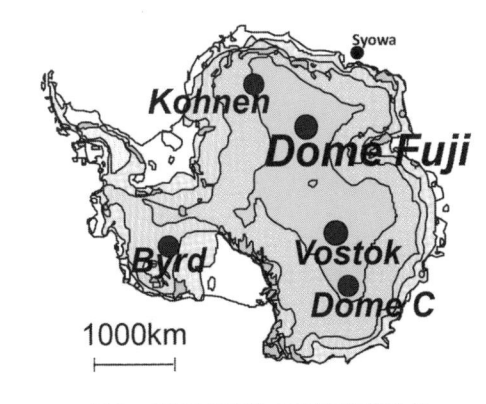

図2　南極氷床内陸での深層掘削地点
Byrd基地では1968年に2,164m深，Vostok基地では1996年に3,623m深（現在は3,650m深を超えて掘削継続中），ドームふじ基地では1996年に2,503m深，2007年に新たに3,035m深，EPICA Dome Cでは2004年に3,270m深，Kohnen基地では2006年に2,771m深までの掘削にそれぞれ成功している．

になった．このVostok基地における掘削は現在3,650mを超えているが，残り100mほどで，氷床の下にあるVostok Lakeと呼ばれる

面積が 15,690 km², 水深が 200 m から 800 m にもなる巨大な氷床下湖に到達する. 南極大陸が氷床に覆われてから 3,000 万年程度経ったと考えられているが, その間, 太陽が当たらない閉鎖空間に未知の生物が生存しているかもしれない. 生物活動に酸素は必要なのであろうか？ 汚染なしに水を採取する方法を見出すことと, 圧力融解温度近い氷掘削が困難なため, Vostok Lake への到達は, まだ時間がかかる.

1990 年代からドームふじ基地や EPICA Dome C での深層掘削が開始された. ドームふじ基地では 1996 年 12 月に 2,503 m 深までの深層掘削に成功したが, 掘削機が 2,300 m の深さで引っ掛かってしまい, 数年かけて回収を試みたが, 結局成功しなかった. 2003 年から氷床全層掘削を目指した第 2 期ドームふじ氷床深層計画が開始された. 2006 年 1 月に 3,029 m 深まで掘削して国内に持ち帰った氷床コアの解析から最深部は 72 万年前であると推定された. 当初 100 万年を超えると予想されていたが, 氷床底面が地熱によりゆっくり融解していて古い氷は残っていなかった. 岩盤採取を目指して翌シーズンも掘削を試みたが, 氷床底面と岩盤の間に存在している水が掘削孔に浸み出してくるようになり, 結局 2007 年 1 月に 3,035 m にて掘削は終了した[2].

最深部の氷には多くの固体微粒子や小さな岩片が含まれており, 地質学的な研究や微生物学的な研究も進めている. 図 2 に示した EPICA Dome C では 2004 年 12 月に 3,270 m 深までの氷床コア掘削に成功し, 過去 80 万年間の地球環境の歴史を研究している[3,4]. ここは氷床底面に水があることがわかっていたので, その数 m 上で掘削を終了した. Kohnen 基地では 2006 年 1 月に 2,771 m までの掘削を行ったところ, 氷床底面を突き抜けたようで, 多量の水が掘削孔に流入したため, 掘削を終了した. ここも当初は氷床底はドームふじと同様に凍っていると考えられていたが, 実際は融解していた. 最近の南極氷床底面のイメージは, 氷床下湖は当たり前に存在していて, それを水脈がつないで, 最後は海へ流出している. なお Kohnen 基地はドームふじや Vostok, EPICA Dome C に比べて降水量が多いので, 最深部でもせいぜい 30 万年前の氷であるが, 時間分解能が高いのが利点である.

過去の大気中に含まれる二酸化炭素濃度やメタン濃度の変動は氷床コアから解明されているが, 酸素濃度に関しては, その復元が困難である. 酸素濃度は窒素濃度との存在比 (O_2/N_2) で表現される. ところが, 氷床表面から雪が次第に圧密して通気性がなくなると氷化する. このときに地表と通じていた空気は氷内に閉じ込められる (ドームふじでは 108 m 深). この過程で O_2 と N_2 の分子の大きさの違いにより分別が生じる. そのため, 気泡の中では二次的な O_2 と N_2 の割合になっている.

ところが, Kawamura ら[5] は, コア中の気体組成 (酸素と窒素の存在比) の変動が, 過去の大気組成でなく現地の夏期日射量を記録していることを見いだし, 地球の軌道要素の摂動による日射の変動から, 氷床コアの年代を正確に求めた. この年代に基づくことで, 氷床コアから復元された気候変動や二酸化炭素などの温室効果気体の濃度変動を, 地球軌道要素と詳細に比較することが初めて可能になった. この論文では, 北半球高緯度の夏期日射量の変動が氷期-間氷期の気候変動のきっかけであるという, ミランコビッチ理論を支持する結果を得たことと, 今後, この正確な年代に基づき, 日射量変動に起因する北半球の気候変動を二酸化炭素やメタンはどの程度増幅し全球に伝えたのか, 気候モデルにより定量化することが重要であると結論している. 今後, 氷床コアの研究により新

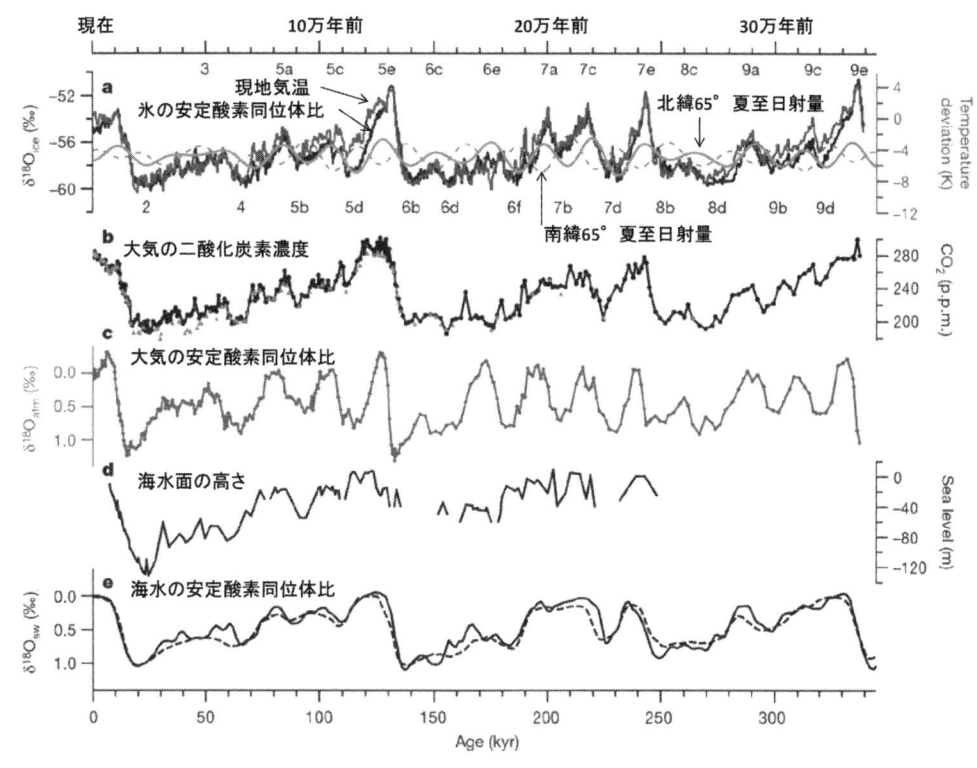

図3 ドームふじコアから判明した過去34万年前からの気候・環境変動

aは氷床コアの氷の安定酸素同位体比と推定した現地気温．北緯65度と南緯65度の夏至日射量を重ねたが，大きな気温変動は北緯65度の夏至日射量の変動と一致している．bとcはそれぞれ氷床コアの気泡から解析した大気中の二酸化炭素と安定酸素同位体比（軸は逆）の変動である．dとeはある方法で推定された海水面の高さと海水の安定酸素同位体比（軸は逆）である．（文献5の図から引用）

たな発見があるであろう．

[本山秀明]

■文献

1) ㈳日本雪氷学会監修：雪と氷の事典．朝倉書店，2005．
2) Motoyama H : The Second Deep Ice Coring Project at Dome Fuji, Antarctica. Scientific Drilling 5 : 41-43, 2007.
3) EPICA community members (2004) : Eight glacial cycles from an Antarctic ice core. Nature 429 : 623-628, 2004.
4) Wolff E, et al : Southern Ocean sea-ice extent, productivity and iron flux over the past eight glacial cycles. Nature 440, 491-496, 2007.
5) Kawamura K, et al : Northern Hemisphere forcing of climatic cycles in Antarctica over the past 360,000 years. Nature 448, 912-916, 2007.

1.B　地球温暖化と酸素環境の未来

　初期地球の大気に酸素がなかったこと，25億年ほど前に酸素発生型光合成生物が誕生し，酸素を蓄積し始めたこと，7億年ほど前に現在の21％くらいの豊富な酸素濃度となったこと，それからこれまでほぼ一定の濃度が保たれてきたことなどは1.1に書かれている通りである．また，現在までに酸素が高濃度で存在する惑星は太陽系内にも系外にも未だに見つかっていない．液体としての水の存在とともに，現在の地球のような高濃度酸素の存在は多様な生物種，生態系を育んできている．本節では地球温暖化の原因となる二酸化炭素の急激な濃度上昇の一方で，生命が享受する大気酸素が急速に濃度低下していることについて解説する．

　現在のように多様な生物を育む恵まれた環境の惑星に棲息することができる人間は，高度な知能を持ち，さまざまな道具を開発し，利用して文明を興してきた．そのなかで，大きな発明の1つとして，人類はいつしか火を使うことを覚えた．火の使用がいつからかは正確にはわかっていないが，遅くとも150万年前には使われ始めていたといわれる．火を用いて薪を燃やし，暖をとったり，魚肉を調理したりしているうちは，地球温暖化や後に見る酸素の減少を引き起こすことはなかった．18世紀後半イギリスで，火を使って，薪を燃やし，水を沸騰させて蒸気を得て，動力に変える蒸気機関の発明に至った．その後比較的すぐに薪から石炭へと化石燃料の燃焼に至り，産業革命を迎えた．19世紀後半，石炭から石油へ，また，天然ガスなどの多様な大量の化石燃料の燃焼に変わっていった．化石燃料は1.1で見たように，初期地球に高濃度で存在した大気中の二酸化炭素などが地球史を通じて堆積し，現在の非常に速い地球生態系の物質循環系から隔離されていた炭素源であった．この化石燃料を燃やし始めたことが，窒素酸化物や硫黄酸化物，煤煙などさまざまな公害問題を引き起こすとともに，二酸化炭素の急激な濃度上昇を引き起こしてきている．

　2007年のノーベル平和賞を受賞した多くの専門研究者集団からなるIPCC（Intergovernmental Panel on Climate Change：「気候変化に関する政府間パネル」）と有能な啓蒙家でもあるアル・ゴア前アメリカ副大統領に象徴されるように多くの方々の努力により，地球温暖化が現在進行していること，地球温暖化が二酸化炭素，メタン，一酸化二窒素などの温室効果ガスの濃度上昇によるものであること，温室効果ガスの濃度上昇は過度に肥大化した工業活動，農業活動などの人類活動によるものであることが明らかにされてきていることを広く一般が認識するに至った．二酸化炭素の濃度が急激に上昇していることは，よく知られてきている一方で，二酸化炭素濃度の将来予測に欠かせない，生成源（ソース）と消滅源（シンク）の正確な定量化が未だに不十分で，現在でも表1のような大きな見積もり誤差を含む理解に留まっている．地球環境システム全体が年間生成・消滅する二酸化炭素量は約120 Gt（Pg）Cでこの6％ほどを人類活動は陸域サブシステムから一方

表1　人類活動に起因する二酸化炭素のソースとそれを補償するシンク（単位はGt(Pg)C/年）
(IPCC第4次報告書（2007）に基づく)

ソース	
化石燃料の燃焼およびセメント生成	7.2±0.3
シンク	
大気へ蓄積	4.1±0.1
海洋へ溶解・蓄積	2.2±0.5
陸域生態系への吸収	0.9±0.6

的に大気・海洋サブシステムへ放出していることになる．

二酸化炭素の収支の見積もり誤差を低減し，精度確度を高める努力・研究が必死に行われている．1つは本書では詳しく述べないが，炭素と酸素の主に安定同位体を用いる観測とモデルによる解析であり，もう1つは化石燃料燃焼時の相手側の反応物質である酸素濃度変化を観測し，モデル化する研究である．計測技術として，濃度の低い成分の計測の方が，濃度の高い成分の微小変化の計測に比べて実は容易である．後者の計測の方が，計測の桁数がたいへん大きくなり，難しくなるからである．本稿では計測法の詳細は述べないが，分光法，質量分析法，ガスクロマトグラフ法のそれぞれで，現在計測が行われている．酸素濃度を測る理由は炭素と酸素のサイクルを総合的に解析して，精度確度を上げることができると期待されているからである．

二酸化炭素のサイクルにおける炭素と酸素のバランスは3つのプロセスを考えることで次のように，その濃度変化が決まる．

1. 光合成（photosynthesis）と呼吸（respiration）

陸域生態系においては，
$$CO_2+H_2O=CH_2O+O_2 \quad (1)$$
海洋生態系は生態系の組成が若干異なることを反映して
$$106CO_2+16NO_3^-+H_3PO_4^++17H^+$$
$$=C_{106}H_{263}O_{110}N_{16}P+138O_2 \quad (2)$$

2. 化石燃料燃焼（Fossil Fuel Burning）
$$CH_x+(1+x/4)O_2=x/2\,H_2O+CO_2 \quad (3)$$

3. 海洋への溶解（Oceanic Uptake）
$$H_2O+CO_2+CO_3^{2-}=2HCO_3^- \quad (4)$$

海洋への溶解の際は酸化・還元を伴わないので酸素は関与しないが，気温・海水温の変動に伴う酸素の大気海洋間でのバランスについてはまだよくわかっていない点が多い．また，セメント製造の際，原料である石灰石（$CaCO_3$）を熱分解して生石灰（酸化カルシウム，CaO）が作られる．このときに二酸化炭素が発生する（$CaCO_3 \rightarrow CaO+CO_2$）．

これらの過程の結果，二酸化炭素と酸素の時間変化は陸域生態系と海洋生態系のバランスと，また，化石燃料の種類による酸素消費率の平均を考慮して，次のように記載され，図1に見るような収支となる．

$$\varDelta CO_2=T+M+F-O$$
$$=B+F-O \quad (5)$$
$$\varDelta O_2=-T-1.3M-1.4F$$
$$=-1.1B-1.4F \quad (6)$$

化石燃料の消費量は地球全体のエネルギー統計などから推定が可能であるので，大気中の二酸化炭素濃度上昇と酸素濃度低下が定量的に観測されれば，海洋および陸域生物圏の二酸化炭素吸収量をそれぞれ求めることができる．地球温暖化に関わる二酸化炭素の収支を理解するための物質循環研究としては仮定が少なく，直接的な良い研究手法といえる．化石燃料燃焼による二酸化炭素濃度上昇と酸素濃度減少の予想と，それらの実際の観測結果とのずれから図2に見るように海洋および陸域生態系の活動量が

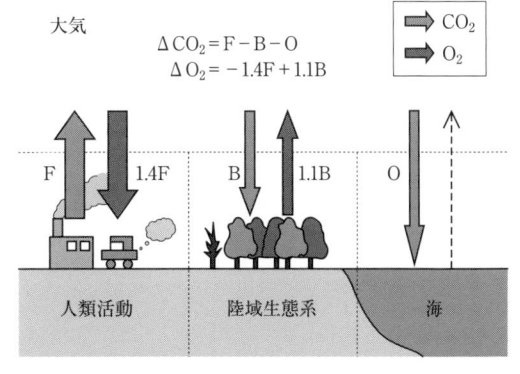

図1 地球表層における人類活動由来二酸化炭素と酸素の循環

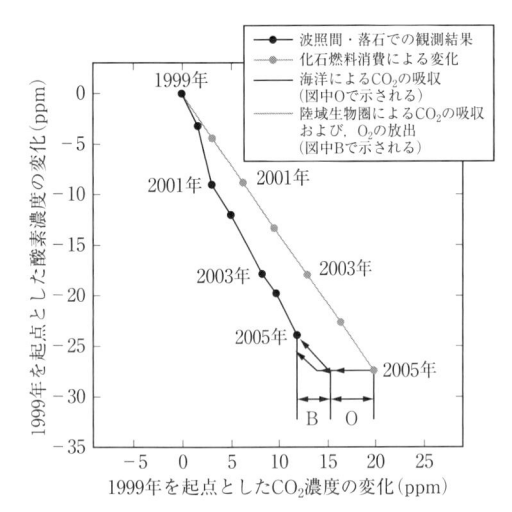

図2 化石燃料燃焼により予想される二酸化炭素濃度上昇と海洋吸収，陸域生態系への吸収による，実際の二酸化炭素濃度上昇と酸素濃度低下

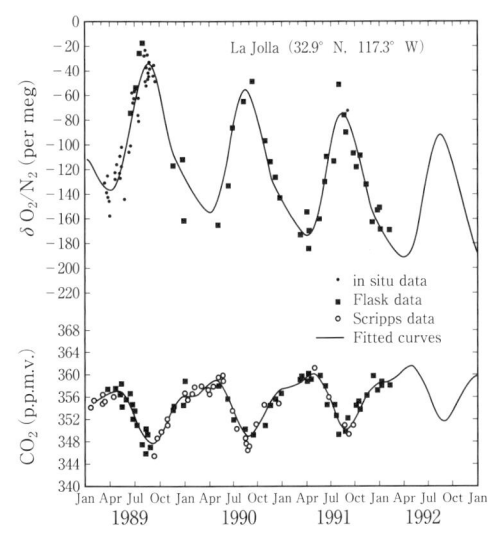

図3 初めて観測された米国西海岸における酸素濃度と二酸化炭素濃度の関係
酸素濃度と二酸化炭素濃度が季節変動に対しては鏡像関係にあること，年々変化として酸素濃度の減少と二酸化炭素濃度の上昇が初めて観測された．

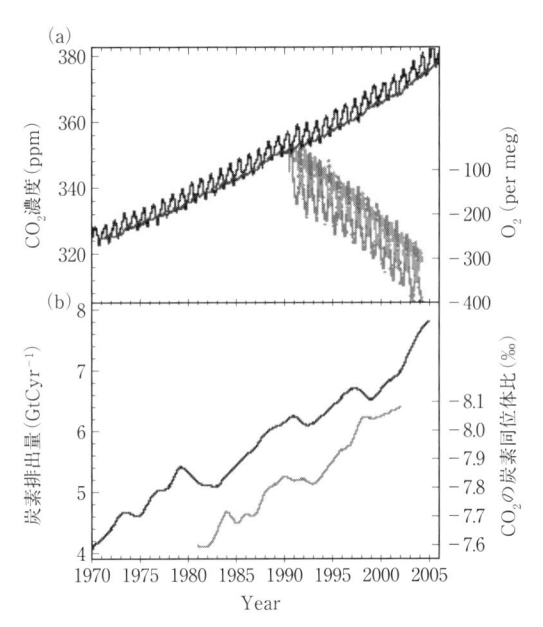

図4 (a) 左上の線は1970年から2005年のハワイにおける大気中の二酸化炭素濃度変化，その下の線は，同じ期間のニュージーランドにおける変化．ハワイで見られる1年周期の大きな二酸化炭素濃度変動は，ニュージーランドでは見られない．右下はカナダにおける1990年以降の酸素濃度の変化．
(b) 左上の線は1970年から2005年までの化石燃料燃焼とセメント製造からの二酸化炭素排出量．右下の破線は1981年から2002年までの二酸化炭素の炭素安定同位体比 $\delta^{13}C$（標準物質からの千分偏差値）の変化．IPCC第4次報告書（2007）に基づく．

見積もられる．

　この地球温暖化を引き起こしている二酸化炭素の収支をより深く理解するために始められた研究の中で，予想されてはいたが，実際に大気中の酸素濃度が急激に減少していることが初めて明らかにされてきた．室内などある限られた空間で，化石燃料を燃焼すればたちどころに二酸化炭素濃度は上昇し，その燃焼という酸化現象で消費される大気中の酸素濃度は減少する．まさにそのような閉鎖空間で行われているのとほぼ同じように酸素濃度が減少していることが，地球大気において観測されたわけである（図3, 4）．

　二酸化炭素は近年，年間約2 ppmずつその濃度が上昇しているのに対して，大気中の酸素濃度はその約2倍の1年間で4 ppmほどずつ減少している．もしこのままのスピードで化石

燃料を燃やしつくし，さらに地球上の物質を燃やし続けていくと二酸化炭素濃度は上昇し続け，酸素濃度は減少し続けることになる．1.1で見てきたように，かつて地球は二酸化炭素濃度が80気圧程度あったと考えられているので，地殻より表層の炭素を燃やし続けるだけでも，いずれ酸素は完全になくなることになる．実際にこのようなことにはならないであろうと思われるが，その速さを実感するために仮に何年でなくなるかを計算してみると，21％の大気酸素がなくなるのには，7万年あまりしかかからないことになる．安全衛生上，人間生存に適さない労働時間を規制される酸欠空気（18％未満）になるまでには，これより一桁短い，約1万年後ということになる．この試算が長いと感じるか短いと感じるかは人によって意見が分かれるかもしれない．私は大丈夫と思う人も多いに違いない．あるいは，これまでのように地球環境システムが致命的な変化が起こらないように負のフィードバックをかけて，マイルドな変化へ変えてくれるのではないかと期待する人もいるかもしれない．しかし，これまで見てきたように，予想通りに酸素濃度は減少していて，生物圏が二酸化炭素を吸収したり，酸素を放出したりしてくれていても，それに比べて圧倒的な消費速度で地球大気の酸素濃度を減少させていることが観測されている．数千年から数万年という時間の長さはあまり現実的な生活の中で理解しにくいが，1.1で見てきたように，地球大気になかった酸素は20億年ほどかかって現在の濃度に達し，過去7億年ほどその濃度が保たれてきて，1.1章の図6の右端の現在のほぼ鉛直線の線の中で濃度減少しているという事実を直視すれば，このような大規模で急激な地球破壊をすることが好ましいことではないことは明白であろう．

もちろん，人類はそれほど知能の低い生物で

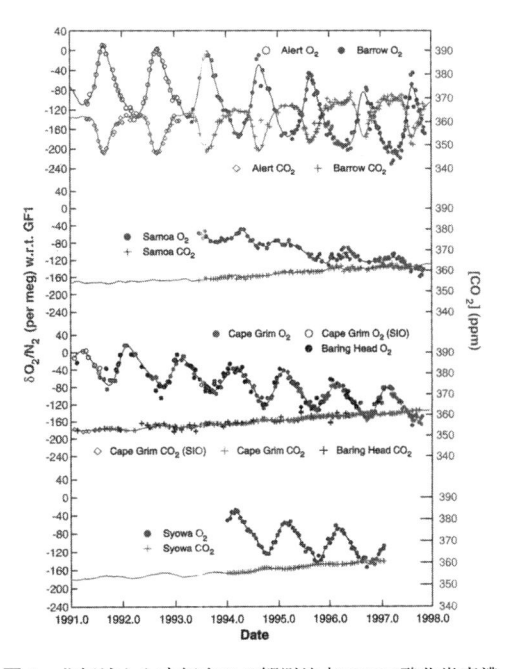

図5 北極域から南極までの観測地点での二酸化炭素濃度と酸素濃度の年々変化
地球上のどの地点でも二酸化炭素濃度は上昇し，酸素濃度は減少している．

はないであろう．地球温暖化を防ぐためにも化石燃料の燃焼をし続けることはないだろう．しかし，現在でも代替エネルギーの多くは化石燃料や代替燃料に頼っているし，また，将来有望視されている水素燃料も現時点ではその前駆物質として化石燃料などに頼っていて，水素燃料の燃焼時にはやはり酸素が消費される．水の分解で水素とともに，酸素を生成して水素燃料の燃焼時の酸素をまかなうようになるまでは，酸素が消費され続けることとなる．

人類は火を使うことで文明を興し進化させてきた．エネルギー生成を燃焼という過程から離れることが地球温暖化だけでなく，大気酸素減少の防止のためにも重要である．地球温暖化を引き起こす二酸化炭素の濃度上昇はよく知られるようになってきた．一方，その対になって消費されている大気酸素の濃度減少はあまり広く

知られていない．化石燃料からどのようなエネルギー源に変えていくか．自然エネルギー，再利用エネルギーなどであれば問題ないが，あくまでも燃焼によるエネルギー獲得にこだわり，その際に燃焼で消費する当量の酸素補填がされないならば，大気酸素は減少し続けることになる．図5に見るように，現在の北極域から南極までの大気観測では二酸化炭素濃度が上昇し，酸素濃度が減少し続けている．

［吉田尚弘］

2 生体における酸素の計測

2.1 生体系における酸素計測の意義——酸素拡散と酸素濃度勾配

一般に"生体"は，組織や臓器，そして個体を意味する場合が多い．ここでは広く細菌やバクテリアのような単細胞生物も含むため，"生体系"の言葉を用いる．

われわれは大気中の酸素濃度が平地の1/3しかないエベレスト山頂で，酸素ボンベなしには自由な活動も行えず，また，時によって酸素不足で死に至る．これらの直接的な原因としては低酸素性肺浮腫や脳浮腫による組織への酸素供給の低下が引き金と考えられる．あるいは，低地においても，何らかの理由により，数分間酸素供給の停止（心臓の拍動停止や呼吸停止など）で不可逆的な機能停止，そして死に至る．これらの事実から，われわれは極端に脆弱な酸素供給システムに頼っていると言わざるを得ない．このわれわれの生命維持のため不断に行われている酸素供給は，肺においてガス交換され酸素化された動脈血が，その後，心臓を介した循環系に入り，やがて組織に直接酸素を渡す微小循環系を経て，個々の細胞内に入り，最終的に酸素消費の主要な器官であるミトコンドリアに到達することによって完結する．この生体系での酸素の流れは，長い進化の過程を経て，現在のわれわれの身体が持つ呼吸系と循環系として完成されたものである．この酸素の流れを解明しその破綻に由来する多くの病態を理解する上で最も単純な，そして最も重要なパラメーターが，各酸素輸送のステップでの"酸素濃度"である．この各ステップに対応して，生体系での酸素計測は大きく6段階に分けられ，これらは，

①呼気中の酸素濃度（分圧）計測（これは主として肺におけるガス交換の評価）

②動脈，あるいは静脈の比較的太い血管内での酸素濃度計測（マクロな循環系の評価）

③細動脈，あるいは細静脈および毛細血管内における酸素濃度計測（微小循環系の評価）

④組織酸素濃度（これは主に，多数の細胞や，間質，血管の平均の酸素濃度を反映）

⑤細胞内酸素濃度の計測（主に細胞質の酸素濃度を反映）

⑥ミトコンドリア内酸素濃度計測（酸素代謝の主役の評価）

である．

この中で，①に関しては，呼気ガス分析装置が代表的なものである．②～⑤が基本的に水溶液中に溶けている分子状酸素を直接測定するもので，白金表面で生じる酸素の電解還元反応を利用した酸素電極が主役となる．この中で比較的太い血管に挿入可能なカテーテル型のものが臨床現場で多用されている．

組織の酸素濃度を計測するには，当然，電極を小型化する必要がある．最初は，細い白金線を直接組織に刺し，白金表面で生じる酸素分子の還元による電流値から求めていたが，電極の電気的シールドと強度を持たせるため，電気生理学分野で用いられる微小ガラス電極に白金線を封入した，微小酸素電極が作られるようになり，組織内の個々の細胞内酸素濃度の計測が行われるようになった[1]．この微小酸素電極の出現による最大の成果は，生体組織における血管系を介した酸素の濃度勾配の存在と，その結果生じた酸素濃度分布の不均一性の証明であろう．この不均一性は，われわれの身体を作り上げている各組織に酸素供給を行う血管系を持った時，この血管系で運ばれた酸素の各細胞への移動は，基本的に物理的拡散によって行われるとした，Kroghの古典的な[2]，そして今も正し

い提案が，長い時間を経て初めて実証されることとなった．

微小酸素電極の出現により，われわれは，生体組織を作り上げている細胞間および個々の細胞内酸素濃度を計測することが可能となった．それではこの実測された細胞内酸素濃度はどのような意味を持っているのだろうか？ これに答えるには細胞内の主要な酸素消費器官であるミトコンドリアの酸素消費速度（呼吸速度）と酸素濃度との関係を知る必要がある．しかし，このとき酸素電極法の欠点もまた明らかとなった．すなわち，$1\mu M$以下の低い酸素濃度を測ることが比較的困難な事実がある．簡単に言えば，酸素電極で酸素がzeroと示される$1\mu M$まで，ミトコンドリアの酸素消費速度は低下せず，酸素と直接反応するチトクローム酸化酵素も還元されない．すなわち酸素電極が測り得る酸素濃度は，ミトコンドリアの低酸素時における呼吸状態の解析には不充分であり，少なくとも$1\mu M\sim0.01\mu M$の低い酸素濃度を測定する手法が必要であった（ごく最近になり$1\mu M$以下の酸素濃度を計測可能な装置が市販されるようになった）．

このような低い酸素濃度の計測は，酸素電極ではなく，発光バクテリアを利用する光学的手法で可能となり[3]，この結果，ミトコンドリア呼吸の酸素濃度依存性が詳細に解析され，単一細胞内でミトコンドリア近傍と細胞質の間に酸素濃度勾配が可能かの議論が始まった．現在では，①～⑥までの各段階における酸素濃度の実測値から，肺での赤血球による酸素獲得時（大気）から，循環系を介して，細胞内ミトコンドリアまで，実に2桁近い酸素濃度の差（勾配）が通常の空気（$21\% O_2$）呼吸においても存在することが確認されている．この肺と臓器や組織を作り上げている細胞との間に存在する酸素濃度の差がわれわれの身体が持つ酸素供給の脆弱さの説明でもある．

酸素計測の手法に関して，上で示した各段階での詳細な記述が別にあるので，ここでは生体組織での酸素濃度計測で得られる基本的な現象"酸素拡散と酸素濃度勾配"をまとめて，医療分野における酸素計測の意義を明らかにしたい．

1. 拡散による酸素輸送と不均一酸素分布

何気なく使っている"好気的（aerobic）"や"嫌気的（anaerobic）"，あるいは"酸素不足"の言葉の意味を考えよう．一般に，好気状態とは，われわれが"普通に"空気を呼吸している状態と言える．この時，動脈血が空気と平衡であれば，1気圧では，血漿中にフリーな酸素濃度として$200\sim250\mu M$（$Pa_{O_2}\sim100$ Torr）が溶けている（赤血球を考慮するとおよそ~20 mMの酸素が溶けているが）．このとき実際に細胞への酸素の受け渡しが行われる毛細血管内の酸素濃度は静脈のそれ（$\sim60\mu M$）より高いとしても，ミトコンドリアで酸素を直接利用するチトクローム酸化酵素のP_{50}（この場合50％還元を引き起こす酸素濃度，酸素親和性を示す．酸素消費速度に依存するが，$0.02\sim0.08\mu M$程度）より$\sim$数十倍高い．一方微小酸素電極を用いて測定した種々の臓器の組織酸素濃度は，毛細血管より低く，平均しておよそ$20\sim40\mu M$程度である．すなわち，普通に"空気"を呼吸している状態ですでに組織レベル（細胞内と細胞間質）では動脈の1/5～1/10程度まで酸素濃度が低下した状態にある．しかしまだミトコンドリアには十分な酸素濃度である．

生体組織の酸素供給の基本である毛細血管系から細胞の間に酸素濃度勾配が存在する[4]．実際の組織での血管分布や血流パターン，そして酸素移動に対する障壁などを考慮する必要があるが，動脈側では酸素濃度が高く，静脈側は持ち込まれた酸素が細胞の呼吸に使われるため低くなる．したがって，まず，血液の流れに沿っ

た酸素の濃度勾配がある．次に細胞（組織）では血管に接する部分でいちばん酸素濃度が高く，離れるにつれて次第に低くなる．通常，臓器によって多少の違いがあるが，2本の平行して走る毛細血管の間に数個以上の細胞が存在する場合，毛細血管と直接接する細胞と，そのとなりの細胞とでは酸素濃度が異なることになる．さらに，それぞれの1個の細胞の中でも，酸素濃度が同じではない．

こうして，古くから，微小循環系において，組織全体で，まず，

①動脈側から静脈側へ血液の流れに沿った酸素濃度の不均一性分布

②毛細血管に接する細胞から離れた細胞への酸素濃度勾配

③さらに個々の細胞内にも，酸素濃度の不均一分布が存在する

と信じられてきた．ただしこれらの結論は，すべて酸素輸送が拡散方程式に従うとして計算によって得られたものである．必ずしも実験的にこのような酸素濃度勾配が生体内の組織中に実在することを直接証明されているわけではない．この実験的証明は今後の課題の1つである．

ここで上述した生理学の立場からあたりまえに受け入れられている組織酸素濃度の不均一分布（heterogeneity）は"拡散による物質移動と濃度勾配"の概念とともに，生化学や分子生物学分野で必ずしも広く受け入れられているわけではない．近年，細胞生物学分野での種々のタンパク質の蛍光ラベルによる可視化の技術によって，単一細胞内での各種タンパク質の細胞内オルガネラにおける局在が明らかになりつつあるが，低分子化合物（主に酵素反応の基質や生成物）に関しての不均一分布はほとんど考慮されていない．酸素の供給とその分布が不均一であれば，当然，グルコースのような生化学物質においても，血中から供給される限り同様な濃度勾配と不均一分布を考えてもよさそうである．たとえば，酸素供給に直結するのは，ミトコンドリアを介したATP生成であろう．組織の酸素濃度が不均一分布しているとすれば，細胞内ATP濃度もまた，細胞間および単一細胞内でも不均一分布をしているはずである．近年，ATP濃度もまた，細胞内で不均一分布をしているとの可能性も指摘されている．

結論として，従来の生化学や分子生物学でほとんど考慮されていない生化学物質の濃度の組織内不均一分布や拡散移動は，今後の大きな課題であろう．その引き金の1つは酸素である．

2. 細胞内酸素プローブとコヒーレンスダイヤグラム

生体組織の酸素濃度の絶対値測定には，微小酸素電極が最も確実な手法である．しかし，この技術はいくつかの欠点を持つ．すなわち，

①$1\mu$M以下の低い酸素濃度が測れない

②その直径が〜数μmのため空間分解能が悪く，1個の細胞内の異なった部位の計測は不可能

③電極を刺した細胞はある程度の損傷を受ける

などがあげられる．

この欠点をおぎなうため，"細胞内酸素プローブ"を利用する方法が開発されてきた．この手法は，電極法に比べ相対的に高感度であるだけでなく，このプローブが局在している部位の情報が得られるので，細胞内での異なった部位における酸素濃度を同時に計測し，またその時間変動を追跡すれば，酸素濃度の不均一分布に関しての時空間ダイナミクスも解析できる．この酸素プローブ（最近になり，生体内で酸素濃度を直接センシングするタンパク質がいくつか同定されている）として，われわれが利用できるのは，

①可逆的酸素結合タンパク質

②酸素利用タンパク質（酸化酵素，酸素添加

酵素，水酸化酵素など，HIFも含まれる）

　③そして，ミトコンドリアの電子伝達系メンバー

の3種類がある．さらに，

　④外部から酸素感受性色素やタンパク質を導入する方法

がある．①の代表例として，可逆的酸素結合タンパク質である血液中のヘモグロビン（赤血球）を利用するパルスオキシメーターがあげられる．この無侵襲動脈血酸素飽和度の計測装置の臨床医学での有用性は言うまでもない．ミオグロビンを利用した筋肉内の酸素濃度の計測は，Millikanによるネコの古典的な実験[5]を除いて，血液中のヘモグロビンの妨害により分光学的な計測はヒトではほぼ不可能なため，あまり見るべきものはない．

　②の酸素を利用する酵素（酸化酵素や酸素添加酵素）を利用すると，筋肉以外のいろいろな臓器，たとえば肝臓や脳などで細胞内酸素濃度の計測が可能である．測定原理は，これらの酵素の酸素に対する結合定数，Km，を利用する．たとえば，チトクロームP-450の水酸化反応の酸素濃度依存性をあらかじめ単離したミクロソームで求めておけば，同じ反応を単離肝細胞，あるいは肝臓組織で行わせ，その活性から肝細胞における細胞質の酸素濃度が求められる．同様にモノアミン酸化酵素やグリコール酸化酵素などを利用すれば，前者はミトコンドリアの外膜を，後者はペルオキシゾームの酸素濃度を，選択的に求められる[4]．

　次に③のミトコンドリア電子伝達系の酸化-還元状態を分光学的に計測することにより，細胞内酸素濃度（ミトコンドリア近傍）を測定し得る．詳細は別にゆずるが，単離ミトコンドリアにおけるチトクロームCやチトクローム酸化酵素（Cyt.Ox）の酸素に対する見かけのKmが求められており，たとえばCyt.Oxの場合，Kmに相当するP_{50}（50%還元を与える酸素濃度）はstate 3で0.08 μM，state 4で0.02 μMである．この非常に低い値（言い換えると極端に高い酸素親和性）の生理学的意味は，生体内でミトコンドリアはきわめて低い酸素環境下で機能していることから決定的に重要である．これらの酸素プローブであるヘモグロビンやミオグロビン，そして電子伝達系のチトクローム酸化酵素を分光学的に測定し，同時に，いくつかの酸素利用タンパク質の反応を追跡すれば，電極法との併用で生きた丸ごとの生体系における，血管系-組織レベル-細胞内そしてミトコンドリアの酸素濃度の挙動がわかる．このような細胞内あるいは生体組織内での酸素濃度の多点測定の例を図1に示す[6]．実験はラットの灌流心臓において，ミオグロビンの酸素化とCty.Oxの酸化還元を追ったものである．今，ミオグロビンの酸素に対するKmは～2 μM，Cyt.Oxは～0.08 μMであるが，実測された結果は両者が同時に動く．われわれはこのようなプロットをコヒーレンスダイヤグラム[7]と呼び，平行して挙動する場合，両者にコヒーレンスが存在すると言える．図1のコヒーレンスはミオグロビンが存在する細胞質とCyt.Oxが存在するミトコンドリアでそれぞれのP_{50}の差に相当する1桁の酸素濃度勾配が存在すると考えれば説明できる．すなわち，細胞質が1 μMの酸素濃度のとき，ミトコンドリアの酸素濃度は0.1 μMまで下がっていると考えられる．しかしながらこの勾配は従来の拡散による酸素濃度勾配だけでは説明できず，われわれはミトコンドリア近傍に，ちょうど井戸のような急激な酸素の吸い込み口が存在するモデルを提唱した[6]．しかし，今のところ，この実験事実に対する解釈の結論は出ていない．しかしながら，生体組織中でも単離された状態でも1個の細胞の中に酸素濃度の不均一な分布は確実に存在すると言える．

　同様な実験は，肝細胞でも行われ，チトクロームP-450の反応から求めた細胞質の酸素濃度とミトコンドリア間には～2倍程度の酸素濃

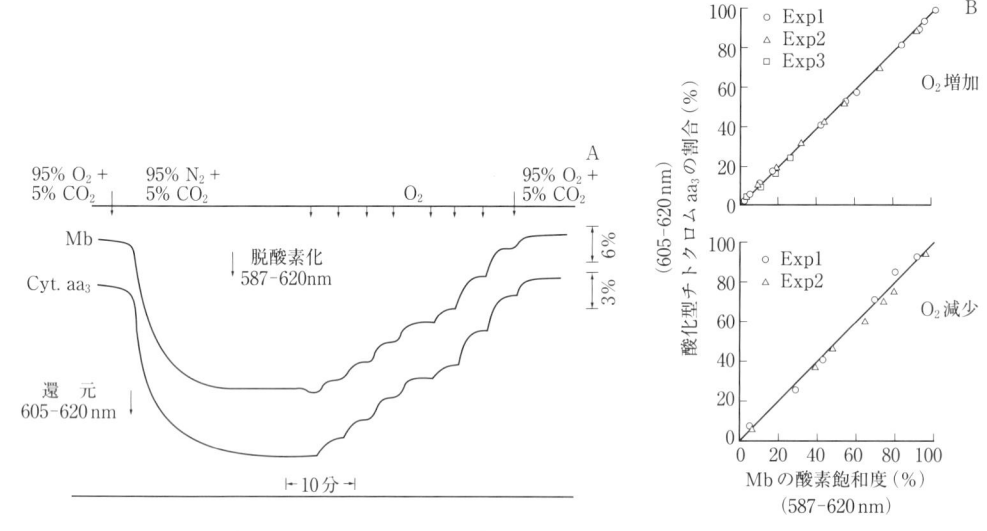

図1 ラット灌流心臓における分光学的酸素指示物質による酸素計測（文献6を改変）
ここでミオグロビンは細胞質の，チトクローム酸化酵素（Cyt.Ox）はミトコンドリアの酸素濃度をそれぞれ反映する．図中のCyt.aa$_3$はCyt.Oxと同一．
A：好気状態から一度嫌気にした後，段階的に流入灌流液の酸素濃度を上昇させた．
B：両者の相関プロット（コヒーレンスダイアグラム）

度の差しかなかった．言い換えれば，肝細胞内での酸素濃度は比較的均一であると言える．微小酸素電極から求められた肝臓の組織酸素濃度は，少なくとも心臓よりは高く，ここで用いた酸素プローブの結果と矛盾しない．

3. 酸素濃度勾配はどこに存在するか？

拡散に基づく酸素濃度勾配は組織構築を無視した最も単純なものである．血管系から細胞内ミトコンドリアまで酸素の拡散は，
　①赤血球から血漿へ
　②血漿から血管壁を通過して細胞間液へ
　③細胞間液から細胞膜を通過し，細胞質へ
　④そして細胞質からミトコンドリアへ
の各ステップがある．現在は対立する3つの考え方がある．

（ア）細胞内にはミトコンドリアを含め，ほとんど酸素勾配は存在せず，毛細血管と細胞内で生じる濃度勾配は，細胞外（血管内と細胞間液，あるいは細胞間隙）に存在する（この場合，細胞膜を酸素は容易に通過）

（イ）細胞膜の外側と内側との間に大きな濃度勾配があり，細胞内部はほとんど均一に分布

（ウ）細胞内外はあまり大きな濃度勾配はなく（細胞膜を酸素は容易に通過），むしろ細胞内の細胞質とミトコンドリアの間に濃度勾配が存在する

現在のところ，これらに対し決定的な結論は出ていない．答えは丸ごとの臓器レベルで，①～④の各ステップにおける局所酸素濃度の実測によってはじめて得られるであろう．①の赤血球内部から血漿への酸素移動は，拡散によって支配されており，みかけの赤血球中のヘモグロビンの酸素との結合および解離の速度定数は精製された状態の値より約1桁小さい．

ここで，微小酸素電極と光学計測を用いて，酸素拡散の速度を直接測った実験例を示す（図2）．実験は，クレブス-リンゲル液を用いたラット灌流心を用い，1拍ごとの拍動時におけるミオグロビンの酸素化-脱酸素化を光学的に，

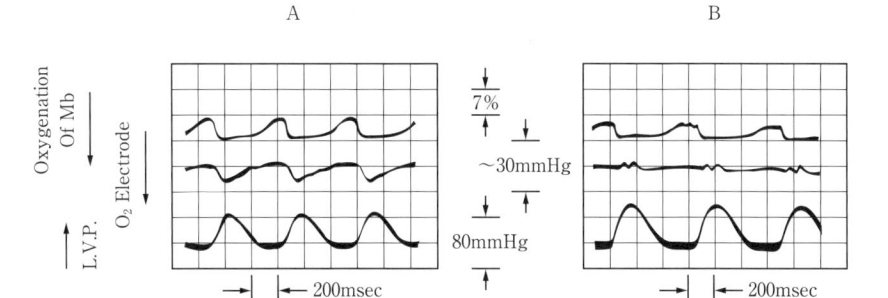

図2 ラット灌流心の拍動時における心筋組織の酸素濃度の変動と血液の効果[6]
心筋細胞内（細胞質）酸素をミオグロビンで，細胞間隙酸素を微小酸素電極で測定した．
A：好気状態．B：150 μMのヘモグロビンを加えた．L.V.P.：Left ventricular pressure.

細胞間液の酸素濃度を酸素電極で追ったものである[6]．

特筆すべき点は，血液を用いない灌流系において，収縮時（systolic phase）に素早いミオグロビンの酸素化が見られ，ミオグロビンが完全に酸素化された後，微小電極で求めた細胞外の酸素濃度が上昇する．一方，弛緩期（late diastole）において，最初，細胞外の酸素濃度が低下した後，ミオグロビンの脱酸素化が見られる．このことは，従来の心筋に対する酸素供給の教科書と異なるが，細胞膜は容易に酸素が通過し得ることを示している．ヘモグロビンを加えると，細胞外の酸素濃度の変動は小さくなり，また，収縮期にヘモグロビンの脱酸素化が見られる．われわれのこの結果は，心臓における冠循環と酸素供給の従来の考えと真っ向からぶつかるものであるが，酸素濃度の計測技術の立場から，ミリ秒単位で酸素濃度変動を追跡し得る点を強調したい．

光を利用した細胞内，あるいは微小循環系における酸素の挙動の追跡は，最近になり，脳機能計測の基本原理である興奮-血流増加のカップリング機構の解明の有力な武器となっている．

4. 生体酸素計測の意義—critical PO_2 の存在

好気-低酸素-嫌気の概念は，漠然と理解できるが，われわれにとって定量的にどのように定義されるだろうか？　一般的に critical PO_2 とは"生体（組織）の酸素消費速度（呼吸速度）が，酸素濃度に対し0次から1次に変わる時の酸素濃度"として定義されている．好気状態とは組織酸素濃度がこの critical PO_2 より高い状態にあることを意味し，この時酸素消費速度は酸素濃度に依存しない．一方，低酸素状態になると組織の酸素濃度がこの値より低くなり，その結果酸素消費速度が酸素濃度に依存するようになる．この値は，臓器や組織によって異なるが，およそ2〜10 μM程度の範囲にある．図3は微小酸素電極を用いて脳組織の critical PO_2 を求めた例である[8]．今，正常空気呼吸から頸動脈にクランプを掛け酸素供給を止めると，組織酸素濃度が直線的に低下し始めるが，時間が経つと直線からずれ始める．この時の酸素濃度が critical PO_2 であり約4 mmHgと求められる．この値より高い酸素濃度の時，脳組織は好気状態であり，低ければ低酸素状態である．

この値が細胞内で酸素消費の主要な器官であるミトコンドリアの critical PO_2，言い換えれば Cyt.Ox の Km 値と一致するだろうか．ミトコンドリアの酸素消費速度は

$$-\frac{d[O_2]}{dt} = k \cdot [\text{Cyt.Ox}]\,\text{red} \cdot [O_2]$$

であり，$[O_2] \gg [\text{Cyt.Ox}]\text{red}$ の時，酸素に対し0次反応となる．このときが好気状態であり，一方，$[O_2]$ が低下すれば，$[O_2]$ に速度が依存するようになり，これが低酸素状態と定義される．この値は単離されたミトコンドリアにおいて，0.5 μM 以下であり（図4），単離細胞や組織のそれより1桁以上小さな値を持つ[9]．この単離された細胞や組織での critical PO_2 とミトコンドリアの値との違いは，組織および単一細胞内において酸素濃度勾配が生じていることの証拠である．

5. 酸素計測の重要性と今後の目指すもの

少なくとも，医学の世界において，どのような原因（病因）があろうとも最終的な死は脳死を除いて通常，循環停止によって全身の酸素供給が断たれた結果として引き起こされる．この特効薬は"酸素"しかない．各臓器の critical PO_2 は，その時の酸素消費速度を抑えることで大きく下げ得る．低体温療法はその一例である．

現在の全身管理において，通常，動静脈血酸素分圧や呼気ガス分析などが行われているが，今後，各臓器レベルでの"真"の組織酸素濃度計測が最重要課題である．平均値としての組織酸素計測では不十分であることを図5に示す[10]．正常な空気呼吸を行っている脳組織において，平均として 20 mmHg であっても実際は 5 mmHg 以下の低酸素ギリギリの細胞から 60 mmHg の十分に酸素が供給されている細胞

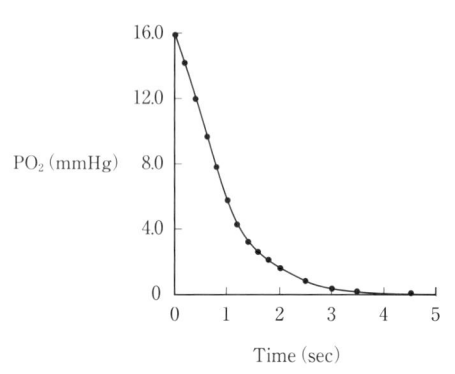

図3 脳組織（モルモット）における酸素消費速度の計測[8]
微小酸素電極を開頭し露出した脳表に刺し，酸素供給を遮断して脳組織の酸素濃度の低下を追った．

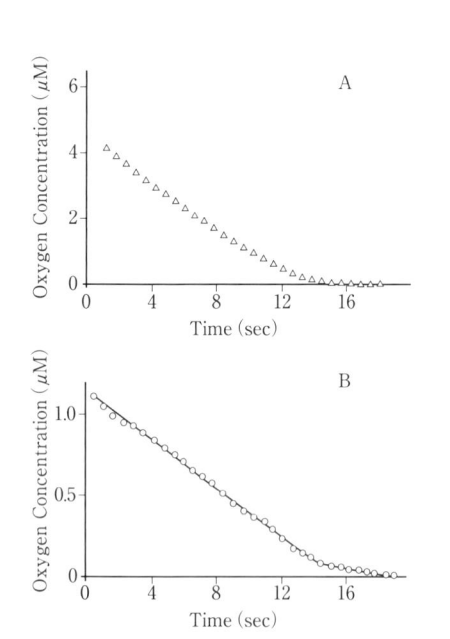

図4 単離ミトコンドリアにおける酸素消費速度の計測[9]
A：正常な肝ミトコンドリア．
B：脱共役剤を添加した場合の 1 μM 以下の低い酸素濃度での計測．ここではリン光を用いた光学的方法を用いた．A で見られるように 1 μM 以下で直線からずれ始める．

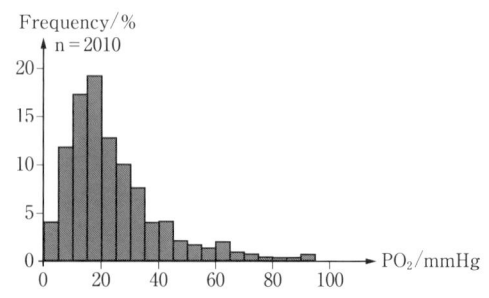

図5 好気状態における脳組織酸素濃度の不均一分布を示すヒストグラム[10]
脳表に微小電極を異なった部位にランダムに刺し約2000個のデータを統計処理した．

まで広く分布している．ここでのわずかな酸素供給の異常はこれら"低酸素細胞"に重大な影響を与えるであろう．もし比較的容易に"酸素ヒストグラム"が得られればその臨床価値は非常に高い．

6. 今後の酸素計測の展開

1) 血流遮断等を伴う術中における対象臓器の組織酸素濃度の連続モニタリング．あるいは血行再建後の組織酸素濃度の評価など

2) 体内留置型酸素プローブによる術中，術後の全身管理

3) 非侵襲的な酸素濃度マップによる画像診断法

4) 腫瘍組織の早期診断と治療，とくに放射線治療等における低酸素領域の描出など

5) メタボリックシンドロームに代表される"血管病"の早期検出と治療評価．

今後，死因の第1位になろうとしているこの"血管病"はまさしく，酸素供給の破綻を伴う疾患である．まったく症状が出なくても，われわれの各臓器の酸素濃度が critical PO_2 よりも余裕を持って高い状態にあるのか，あるいは，critical PO_2 ギリギリの近くにあるのか診断ができれば，これらの血管病の予防にすぐれた威力を発揮するであろう．われわれの最終目標は，非侵襲的酸素濃度マッピングによる画像診断と"酸素ヒストグラム"による定量的評価である．

おわりに

"酸素"はわれわれの生存にとってあまりにもあたりまえであり，食事や水分補給と異なって通常の生活で酸素供給を意識することはほとんどない．しかしながらわれわれは数分の供給停止によって，死に至る．このため，治療として"酸素の供給"が第一義的に行われている．各種臓器を作り上げている細胞で，ミトコンドリアが最終的に酸素を使う．この意味で，少なくともわれわれは，各細胞（ミトコンドリア）にどれだけの酸素が供給されているかを知ることが最も基本である．これに対し，通常，生体組織の酸素レベルは，動静脈酸素濃度によって評価されるが，ミトコンドリアへの酸素供給は，拡散現象に全面的に依存するため，とくに毛細血管系から細胞内への移動が大きな障壁ならば，動静脈酸素較差での好気-低酸素-嫌気の評価は不十分である．正常血流下における細胞レベル，あるいはミトコンドリアのレベルでの診断が必要である．

生体組織において，酸素分布の不均一性が存在する．このことは，血流（酸素供給）のごくわずかな低下（～数％）でも，一部の細胞は酸素不足に陥る可能性がある．この酸素濃度の不均一分布の存在は，おそらく"血管病"のカギとなるであろう．このためにも，酸素濃度マッピング技術が待たれる．

内視鏡やPET，MRI，超音波，そして光イメージングでヒトを対象とした酸素濃度の三次元画像診断を期待したい．　　　　　［田村　守］

■文献

1) Silver IA：Some observation on the cerebral cortex with an ultramicro-membrane covered oxygen electrode. Med Electron Biol Eng 3：337-341, 1965.
2) Krogh：The supply of oxygen to the tissue and the regulation of the capillary circulation. J Physiol (London) 52：457-474, 1919.
3) Sugano T, Osino N, Chance B：Mitochondrial functions under hypoxic conditions. Biochim Biophys Acta 347：340-358, 1974.
4) 田村　守，樞木　修：細胞内酸素濃度とその制御．蛋白質核酸酵素 33：2855-2861, 1988.
5) Millikan GA：Experiment on the muscle hemoglobin in vivo：The instantaneous measurement of muscle metabolism. Proc Roy Soc (London) B 123：218-241, 1937.
6) Tamura M, Oshino N, Chance B, Silver IA：Optical measurement of intracellular oxygen concentration of rat heart in vitro. Arch Biochem Biophys 191：8-22, 1978.

7) Tamura M, Hazeki O, Nioka S, Chance B : In vivo study of tissue oxygen metabolism using optical and nuclear magnetic resonance spectroscopies. Ann Rev Physiol 51 : 813-834, 1989.
8) Reneau DD, Halsey JH : Interpretation of oxygen disappearance rate in brain cortex following total ischemia. Adv Exp Med Biol 94 : 189-198, 1978.
9) Wilson DW, Rumsey WL : Factors modulating the oxygen dependence of mitochondrial oxidative phosphorylation. Adv Exp Med Biol 222 : 121-131, 1988.
10) Heinrich U, Hoffman J, Baumgarl H, et al : Oxygen supply of blood free perfused guinea pig brains at three different temperatures. Adv Exp Med Biol 191 : 77-84, 1985.

2.2 クラーク電極

1. 酸素の電気分解

クラーク電極は，被覆した電気分解装置である．一般に電気分解では，適当な外部電圧を加えることにより，カソード（マイナス電極）上で還元，すなわち電子の添加が起きる．アノード（プラス電極）上では酸化，すなわち電子の吸い込みが起きる．したがって酸素測定用電極の反応としては，概略下記のような過程が進行する．外部電池からカソードであるプラチナ電極へ注ぎ込まれる電子は酸素分子へ乗り移り，水と反応させて水酸化イオンへ変化させる．この電気分解により発生する水酸化イオンの影響は燐酸緩衝液が消去する．緩衝能の低い液中にメチレンブルーを滴下してから，この反応を進行させると，カソード電極面上にアルカリ化の紅い呈色を見ることができる．アノードである銀電極上では銀から電子が奪われ，銀イオンが溶出する．しかし銀イオンは電解液中のCl^-と結合し不溶性の塩化銀となり，大部分は銀板上に析出する．

銀表面：$4Ag - 4e^- = 4Ag^+$

$Ag^+ + Cl^- = AgCl$

ここで流れる$4e^-$はカソード，アノードを通して流れる電流であり，外部回路に鋭敏な電流計を繋げば測定できる．この電流値はカソードに到達する酸素量に依存するものである．発生したAg^+の一部はカソードのマイナス電位に引かれて，白金上に銀が析出する．電極面積が徐々に拡大するので，酸素濃度が一定でも電流値は上昇することが起こりうる．

酸素のカソード上の反応は最も簡単には上のように書かれるが，実は生体内で活性酸素が生じるように，白金電極上でも還元不十分な中間

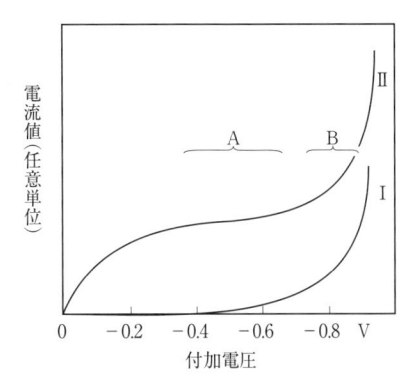

図1 白金への付加電圧と電流値の関係想定図
曲線Ⅰは無酸素条件下にえられる曲線，酸素の溶存によって電流値は増加し，曲線はⅡのように上昇していく．領域Aは酸素の拡散による制限領域，Bは水が電気分解される領域．

反応物が発生する．

酸性条件下では　$O_2 + 2e^- + 2H^+ = H_2O_2$

塩基性条件下では

$O_2 + 2e^- + H_2O = HO_2^- + OH^-$

被覆膜には触媒活性の高い白金黒（微粒子状白金）が付けられており，中間反応物はここで自動的に水と酸素に分解される．生じた酸素は白金電極上で還元される（図1）．

2. クラーク電極の主要構成 （図2）

①白金電極（カソード）： マイナス電圧の加わる電極として酸素還元反応の場，すなわち検知電極である．硝子に埋め込まれた直径20μmの線の断面が活性面である．

②銀・塩化銀電極（アノード）： プラス電極として酸素に対して不関電極となるように一部塩化銀化した銀板を用いる．プラチナを被覆した硝子壁上に取り付けられる．

③電解液： KClを加えた燐酸緩衝液を用い

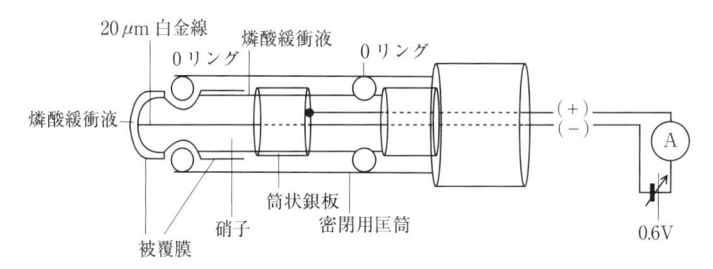

図2 被覆白金電極概念図

る．KClは電気分解によってアノードに発生する銀イオンを灰白色の塩化銀としてアノード上に固定させるために加えられる．緩衝液は酸素の電気分解により発生するpHの変化を抑制する．

④被覆膜： 酸素透過性が高いポリプロピレン膜である．厚さ30μmの膜であり，薄い白金黒層が蒸着されている．気泡を入れないように両電極を電解液に浸して被覆する．血液タンパクの影響を防ぐ主役である．

3．較正

血液試料で得られた電流値が，酸素分圧のどれほどに対応するかを検定する較正が必要である．酸素の電極への到達量が，被覆膜内の拡散で決まるので，気体を用いて検定が可能である．すなわち，酸素と窒素との組成既知の混合気を電極槽へ流し込めば，その酸素分圧に比例した電流値が得られる．こうして得られる較正曲線上で，被検液での電流値に対応する酸素分圧を読みとるのである．

4．クラーク電極の汎用装置

電極の原理の概要は上記の通りであり，簡単な装置の自作も不可能ではない．しかし継続的に再現性の良い測定を行うには，細心の注意と手入れが必要である．また血液成分の侵入を遮断する工作は被覆膜を用いるにしても意外に難しい．一方，血液ガスの測定は日常臨床上必須であり，測定原理に習熟していなくても簡便に測定可能なことが要求される．このような社会的要望にこたえて，クラーク電極，二酸化炭素電極，pH電極の三者を1つの装置に纏めたものが，ILメーター，ベックマン社，ラジオメーター社によって開発され，現在の臨床の基礎を支えている．

5．クラーク電極開発の背景

著名な生理学者SeveringhausとAstrupは1986年"History of Blood Gases, Acid and Bases"と題する書籍を公にした．これを日本語訳した麻酔学者の吉矢と森は，日本語による主表題を『生理学の夜明け』とした．この本は1950年代の，生理学史上に特筆される血液ガスと酸塩基分析の発展を主題として，研究の流れをわかりやすく，読みやすくまた克明に記している．この時期は血液ガス分析に関して医学史上に際だった時期であり，血液に視点を据えたガス交換に関する基本的なアイデアの輩出した，文字どおり夜明けであった．

この頃，北海道大学の望月は白金電極による酸素測定の研究を始めていた．ここでいう白金は，装飾細工用の合金ではなくプラチナである．電極による酸素消費を減らし，振動による電流の増加を抑えるために直径15μmの白金線を硝子に埋め込みその断面をカソード電極とした．電極を微小化すると電流値が減少し，当

時の計測装置では測定困難になった．そこで10本以上の白金線を互いに分離して硝子に埋め込み電極の有効面積を増やした．この電極を水に浸し，参照不関電極としてカロメル電極を用いて，$-0.6\,\mathrm{V}$ を付加した．酸素や窒素を水中に通気すると電流値はよく反応して増加，減少した．しかし測定を継続すると応答電流値は減少したので，不純物の電極面上への析出が想定された．そこで2秒間マイナスの電圧を加えると次の2秒間はプラスの電圧を加えることにより，マイナス相に電極面に付着するであろう夾雑物をはじき飛ばすような交番加電装置を作った．車軸藻を入れた水槽にこの電極を浸し光を当てると酸素分圧は上昇し，暗くすると減少した．魚を閉じ込めた水槽では経時的に酸素分圧の減じる反応が電流値の変化として記録された．このような研究はすべて日本語で研究所紀要に記録された．望月はこの装置を携えてドイツに留学して，血液の酸素分圧測定を試みた．この方法は1955年にドイツの生理学会誌 Pflügers Archiv に掲載された．どのみちタンパクによる感度減少が起きるならば，手っ取り早く較正する手技を確立しておくという内容であった．その後短期間にこの方法を用いて，呼吸生理関連の7件の研究論文が同誌に掲載された．

それから数十年後，ある小児科学者から次のような話を伺った．1954年にボストンで開かれた小児科学会の分科会で，「遂に血液の酸素分圧を手軽に測れるようになった，これからプレプリントを撒きます」というアナウンスと共に百数十部の青刷り（ジアゾ色素）のコピーが壇上から撒かれ，参会者は我先に殺到し，床を這いながら争って拾い数分にしてすべて消えた，という内容であった．1950年にストレプトマイシンが開発され有史以前からの呼吸器の業病，肺結核克服の曙光が見え始めていた．ところが，入れ替わるかのように1950年代前半に，地球規模で小児麻痺が流行し，多くの子供の命が，呼吸不全と酸欠によって失われていた．日本でも鉄の肺の早急な実用化の必要性が叫ばれ，小児麻痺関係のシンポジウムは何処も満員・立ち見の盛況というありさまであった．『生理学の夜明け』にも，小児病棟に動員された医学生達が連日連夜呼吸バックを押し続けた様が記されている．こうした状況下にあって患者の血液中の酸素測定は社会的にも緊急の課題であった．

オハイオ州アンチオキア大学のフェルス研究所（Fels Research Institute for the Study of Human Development）で体外循環の研究に専念していたクラーク（その後，ボストン小児病院研究部長）は，1953年のJ Appl Physiol 誌にセロファン膜にて白金電極を覆い糸で縛れば血液酸素の安定した測定ができると報告し，セロファン被覆白金電極を麻酔犬の動脈に装着して吸入気中の酸素濃度に応じて電流値が増減することを示した．またこの論文に絶縁性のポリエチレン膜の使用の利点も記したが，非電導性の膜で覆っているのに外部の電極との間に電流の流れることが気に入らなかったらしい．ポリエチレンよりもセロファン膜を賞用していた．膜をかぶせて糸で縛るくらいでは，重ね合わせた折り目から血液の凝固タンパクの侵入を防ぐことはできない．短時間に電極は凝固タンパクに覆われ感度は低下していくのである．糸による簡単な結紮では，ポリエチレンなどの絶縁膜でも血液の侵入を防ぐことはできず，膜の重なり合いの襞を通して血漿が侵入するから電流は流れる．酸素電流は得られるが，電極感度の低下を免れない．かくて被覆白金電極の有用性はまだ一般に認知されるには至っていなかった．

『生理学の夜明け』によれば，1956年10月4日クラークは，精神・心理学的興味から自分の精神状態を分析してもらおうと思い，専門家の診断を待っていたという．その待合室でカソードの白金電極と不感電極アノードとを一纏めにして，ポリエチレンで覆ってしまえばよいので

はないかという考えが閃いた．車に乗り込むと直ちにスケッチ帳にアイデアを図入りで書き留めた．つづいて特許を申請したという．

当時私達の目に入った印刷物のコピーの中の図を目にして私達は驚いた．白金電極の上側に不関電極としての銀円筒が取り付けられ，ポリエチレン膜はぴたりと硬化ゴム製オーリングで抑えられていた．この一式を外套管内に挿入すると，オーリングの外側が外套管の内側壁に密着する設計であった．この行き届いたアイデアに感心したことを昨日のように想い出す．そしてフットノートに"patent pending"と但し書きが付されていることにも気付いた．当時の日本人の間には，特許で稼ぐという意識はなかった．したがって日本では，Clark先生もしっかりしているなという声を聞いたことがあった．しかし実は，意外にも特許はみとめられず，Clark先生はその後，爆発的に多方面の臨床医学に関連することになるこの世界的な発明によって，1円の利益も得ることはなかったという．ストウのPCO_2電極がpH電極をポリエチレン膜で被覆することを1954年の生理学会で口頭報告していたから，周知の技術を利用したにすぎないと裁定されたという．あるいは論文の中の特許申請中と付記された原理図が先に流布されたことが，痛手であったのかもしれない．その後，クラークは被覆電極によるステロイド，コレステロール，グルコースの電極測定法など多方面の研究に発展させ，論文も少なくない．しかし酸素測定についての論文はあまりみられない．この申請却下が影響を残したかもしれないと想像するところである．

上記のように，クラーク電極では血液侵入を防ぐための目立たないが周到な工夫がなされている．2つの電極を一緒に絶縁性の膜で包み，ゴム製のオーリングで止め，さらに上部にもゴム製リングを装着して気密性の夾筒内に密閉挿入することにより，血液の侵入を抑えた．これにより酸素電極の安定性と再現性が得られ，広い実用性がえられた．このブレイクスルーにより，血液酸素の測定は基礎研究のツールであることから，臨床医学の基本的ツールへ飛躍したのである．

血液酸素の測定の歴史をまとめると，一酸化炭素法や物理的なバンスライク法，ついで化学分析法として汎用された水銀滴下電極によるポーラログラフィーが研究室的に用いられた．両方法とも大量の水銀を用いるものであり，操作も熟練を要した．次いで水銀に代えてプラチナを電極とする酸素の電気分解法が登場した．しかし血液中の種々なタンパク，ことに凝固成分が固定電極上に付着するので頻繁な較正が必要であった．このため血液酸素の測定は，呼吸循環系の基礎的研究に限られ，広範な臨床利用には至らなかった．ここで，電極を血液から隔絶し血液タンパクの影響を除こうとして工夫されたのが，クラーク電極である．クラークは心肺機能の研究途上，血液酸素分圧を連続測定する必要に迫られて，プラチナ電極の被覆を試み今日の汎用への門を開いたのであった．現在の電極の被覆にはしなやかで丈夫，血液の凝固因子を刺激しない厚さ$30\mu m$のポリプロピレン膜が用いられている．

［小山富康］

■文献
1) Astrup P, Severinghaus JW：History of Blood Gases, Acid and Bases. Munksgaard, Copenhagen, 1986.
2) ポール・アストラップ，ジョン・セバリングハウス（吉矢生人，森隆比古訳）：生理学の夜明け—血液ガスと酸塩基平衡の歴史—．真興交易医書出版部，1989.
3) Clark LC Jr, Wolf R, Granger D, Taylor Z：Continuous recording of blood oxygen tensions by polarography. J Appl Physiol 6：189-193, 1953.
4) Mochizuki M, Bartels H：Amperometric measurement of oxygen pressure in whole blood with bare platinum electrodes. Pflügers Archiv 261：152-161, 1955.
5) 諏訪邦夫：血液ガス博物館 http：//www.acute-care.jp

2.3 Blood gas analyzer

1. 血液ガス分析装置の開発と進歩

a. 血液ガス分析史上の重要事項（表1）

Boyle（1670）は血液が酸素・二酸化炭素等のガスを含むことを実証した．van Slyke ら（1924）は，動脈等の血管から採取した血液中の酸素・二酸化炭素を定量分析する水銀マノメータを開発した．この方法は単位量の血液に含まれる酸素・二酸化炭素の量（含量）を測定する．含量の測定法としてこれ以上のものがないまでに洗練された分析法であるが，高度の熟練が必要であること，1検体の分析に30分ほどかかることから研究レベルでしか用いられず，経験者は筆者の世代を最後に日本では数名を残すのみと思われる．Rilleyら（1945）は血液の酸素・二酸化炭素分圧を直接測定したが，これは今日の電極法ではなく，血液に接触した気泡のガス組成を測定したものである．

今日と同様の原理による血液ガス分析はClark 電極（1956）に始まり，Stow・Severinghaus の PCO_2 電極開発（1958）でほぼ完成した．PCO_2 についてはこの後も血液の pH と PCO_2 がほぼ直線的関係にあるのを利用したAstrup 法が臨床でも1970年代はじめまで用い

表1 血液ガス分析の歴史
1966年までの記載事項は呼吸機能・呼吸器病学年表[1]から抜粋した．以後の日本国内の状況については，筆者の経験によった．

年次	関係者名	事項
1670	R Boyle	真空により血液ガスを抽出
1837	HG Magnus	動脈血中に酸素，静脈血中に二酸化炭素が多いことを証明
1850	JR von Mayer	酸素解離曲線の研究
1904	C Bohr	Bohr 効果を発見
1914	J Christensen 他	二酸化炭素解離曲線，Haldane 効果
1924	DD van Slyke, JA Neill	動脈血ガスの分析
1925	GS Adair	ヘモグロビンシステムと酸素解離曲線解析
1934	FJW Roughton	ヘモグロビン反応定量化
1945	RL Rilley, DD Prommel, RE Frank	血液中酸素分圧，二酸化炭素分圧の直接測定
1956	LC Clark	血液ガス測定用電極を開発
1958	JW Severinghaus, AF Bradley	PO_2, PCO_2 電極開発
1962	O Siggaard-Andersen	pH の関数としての炭酸の解離
1966	GR Kelman	酸素飽和度・分圧計算のコンピュータプログラム
～1969	日本国内の研究室	電極法および van Slyke, Neill 装置の併用による血液ガス分析．高度の熟練が必要
1970～1975	日本国内の臨床検査室	電極法による血液ガス分析（手動装置）．操作とメンテナンスに多少の熟練が必要
1975～	日本国内の病院臨床現場	自動化分析装置．操作簡便となり夜間緊急検査も可能．メンテナンスは熟練が必要
現在	日本国内の臨床現場等	操作・メンテナンスとも簡便な装置が普及

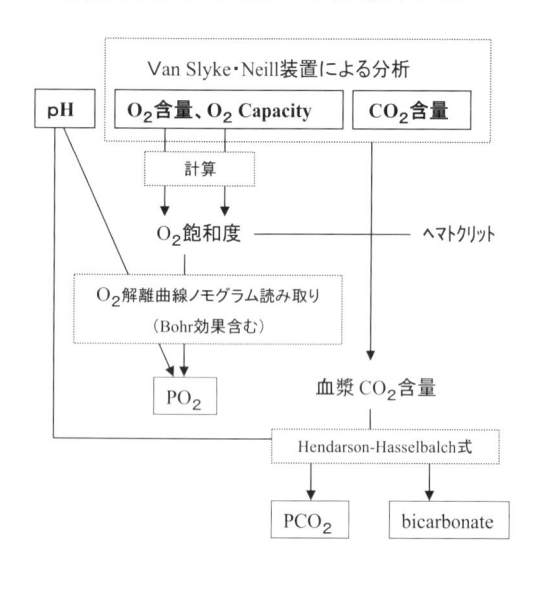

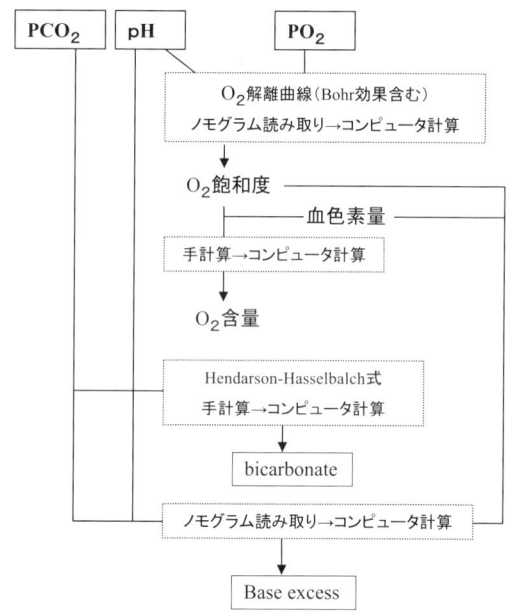

図1 血液ガス補助指標の算出

枠内太字は実測値．右図電極法内にノモグラム読み取り→コンピュータ計算，あるいは手計算→コンピュータ計算とあるのは，全自動化以前には読み取りあるいは手計算で補助指標を算出していたことを示す．

られたが，自動化・簡便化・検体微量化の流れの中で消滅した．

b．なぜ，pH・PCO_2・PO_2 を同時に測定するか？

pH・CO_2 の分析は本書の目的である酸素から外れるように見えるが O_2 分析と不可分であり，臨床では3量が同時測定されるので，本章ではこれらを合わせて取り上げる．

水素イオン・CO_2・O_2 はいずれもヘモグロビンと化学結合する．いずれの反応も他の反応に影響を与える．Bohr効果（1904），Haldane効果（1914）は，このようなヘモグロビンの性質に由来するものである．電極法以前の時代から，pH（水素イオン），CO_2・O_2 含量，CO_2・O_2 分圧間には密接な関係があり，一括して測定するべきことが知られていた．PCO_2・PO_2 電極以前には van Slyke-Neill 法で CO_2・O_2 含量，電極法で pH を測定し，これらから PCO_2・PO_2 を算出していた（図1左）．電極法以後は計算順序が逆になり，実測のpH・PCO_2・PO_2 から他の指標を算出するようになった（図1右）．1970年代後半，自動化分析装置開発（表1）によって血液ガス分析が臨床現場に急速に普及した背景には，これらの計算が自動化して簡便化が進んだこともある．

O_2 含量，base excess 計算に血色素量が必要であるが（図1右），CO 中毒等では CO ヘモグロビン量や異常ヘモグロビン量も必要である．血色素量，CO ヘモグロビン量を実測して計算に用いる機種もある．

c．電極法装置の基本構造

1960年代後半の分析装置は，透明なアクリルの恒温水槽内に pH・PCO_2・PO_2 電極とそれぞれの検体流路が取り付けてあった．電位差（電流）計は別ユニットで1つのメーターに3つの目盛（pH・PCO_2・PO_2）があり，手動の

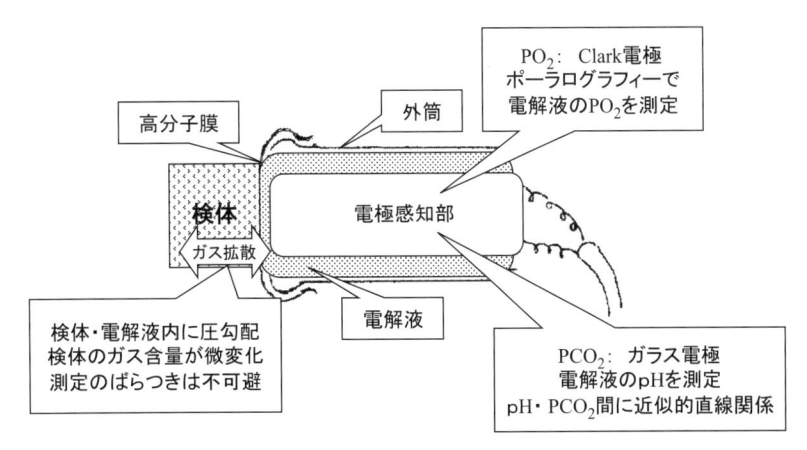

図2 電極の構造図

検体を電極を覆う膜に触れさせるとガス拡散によって検体と電解液の分圧が近似的に等しくなる．電解液の分圧を測定すれば検体の分圧を知ることができる．検体との直接接触による電極の汚染・劣化を避けられるが，間接測定としての限界もある．

スイッチを切り替えて測定していた．pH電極はよく洗浄すれば長期使用できたが，PCO_2・PO_2電極は反応が悪くなると膜を張り替える必要があり，ユーザーはこれに熟達することが求められた．電極構造には後に種々の改良が加えられて，膜張替えに特別な熟練を要しないまでになった．

PCO_2電極はpHガラス電極，PO_2（Clark）電極は白金電極を高分子膜で覆い，膜と電極の間を電解液で埋めたものである（図2）．検体を膜に触れさせるとCO_2・O_2の拡散が起き，検体と電解液の分圧が等しくなる．PCO_2については電解液のpHとPCO_2が近似的直線関係にあることを利用して，pH電極の電位差を電解液PCO_2に変換する．PO_2については白金電極を流れる電流と電解液PO_2が直線関係にあることから測定する．この原理は現在も変わっていない．

電極出力（電位差・電流）をPCO_2・PO_2に変換するには，電極出力・分圧間関係を表す直線を知る必要がある．電極の膜は伸縮あるいは汚染し，内部の電解液は次第に蒸発する．これに伴って直線が変化する．この変化を調整しメーターが正しい分圧を表示するように，異なる既知組成の2種類のガスを使って直線上の2点を決定するキャリブレーションという操作を頻繁に行わなければならない．

1980年代まではキャリブレーション用のガスボンベ2種類が必要であったが，ガスミキサーで必要な既知組成のガスを作る装置を内蔵する機種が開発された．ガス組成からガス分圧を算出するには大気圧が必要であるが，近年の機種の多くは気圧計を内蔵している．

1970年代後半，キャリブレーションを一定間隔で自動的に行う装置が普及した．O_2飽和度等補助指標の自動計算，測定後洗浄，データプリントアウトもこのころ自動化した．自動化の少し前から検体流路を1つにまとめた．これによって必要検体量を削減し得た．メンテナンスの自動表示とカセット化は少し遅れて実現した．

その後も，検体量の少量化，電極および装置全体の小型化，ランニングコスト低減，膜交換の簡便化，測定時間短縮，精度管理とメンテナンスの自動化等の改良が進んでいる．

PCO_2・PO_2電極ともに，検体・電解液間にガス拡散が起こるため，検体のガス含量変化と検体・電解液内の圧勾配が生ずる（図2）．キャリブレーションガスはこのような圧勾配を発生せず，この現象をキャンセルするようにキャ

リブレーションすることはできない．電極法では，この現象に由来する測定のばらつき（後述2.d参照）が不可避である．O_2はCO_2より水に対する溶解度および血液における解離曲線の勾配が小さく，さらに白金電極によるO_2消費が加わり圧勾配が大である．そのためPO_2はPCO_2より測定誤差が大である．

2. 臨床における血液ガス分析

a. 血液ガス分析の目的

動脈血のPO_2（PaO_2）は肺ガス交換機能と組織に対する酸素供給機能を反映する．

肺ガス交換機能を評価するための1つの指標は，理想的肺胞気と動脈血のPO_2の差（$AaDO_2$）である．空気呼吸時には理想的肺胞気PO_2を動脈血PCO_2から推定計算可能である．理想的肺では$AaDO_2$がゼロであり，若年健康者はかなりこれに近い．高齢者や肺疾患者は$AaDO_2$が大きく，とくに肺疾患者は$AaDO_2$が非常に大であるため呼吸不全となることがある．酸素吸入中の患者ではこのような計算はできないが，ある患者が同じ条件で酸素吸入をしている2時点において，$PaCO_2$に変化がないのにPaO_2が大きく変化したとすれば，肺ガス交換機能が変化した可能性ありと推定できる．

PaO_2が60 torr以上であれば，酸素飽和度は90%以上と推定される．このとき組織血液循環障害，著しい貧血，一酸化炭素中毒，異常ヘモグロビン血症がないことを前提として，組織に対する酸素供給は十分と考えてよい．

組織酸素供給は生命維持に必須である．臨床においては，動脈血採血のわずらわしさを避けて組織酸素供給を継続的に観察したいという要望が強く，種々の測定法が試みられた．酸素飽和度の分光分析を利用した指先飽和度計（PaO_2ではなく酸素飽和度を測定）および経皮的分圧測定が実用化された．

b. 検体採取法

動脈血ガスの採血には血液ガス用の特殊注射器を用い，空気に触れないように採血する．自然に空気が抜けるはずであるが，気泡が残ったときはなるべく早く出す．短時間で排除すればほとんど誤差の原因にはならない．普通の注射器で採血するときは，ピストン・外筒間の隙間や針の内部を凝固防止のヘパリン液で埋め空気に触れないようにする．

臨床で測定されるのはほとんど動脈血であるが，研究や特殊な臨床目的で血液以外にも，混合静脈血（肺動脈内の血液），髄液，特定臓器の静脈血等を測定することもある．小児科領域では加温あるいは薬品で充血させた耳朶から動脈血化毛細管血を採取測定することもある．1970年代前半から機器の進歩により，毛細管血のような少量検体を測定できるようになった．

c. 測定誤差

1) 採血後経過時間による誤差

採血から測定までの間に，血球の代謝のために検体内の酸素が消費され二酸化炭素や乳酸などが産生される．そのため採血から測定まで時間がかかると，実際よりpHが低値，PCO_2が高値，PO_2が低値になる（表2）．1970年代前半までは検体を氷水で冷却して血球の代謝を低下させることが勧められたが，血液温度が下がるまでの時間，体温まで再加熱する時間を考えると，良い方法とはいえない．

室温で検体を30分間保管したときのpH・PCO_2・PO_2の測定誤差について3つの例示を表2に示す．PO_2が60 torrの時の誤差は，後述する偶発的変動と比較して無視できる．80 torr，200 torrのときは無視できない誤差があるが，組織への酸素供給は十分と考えるのが通常である．肺ガス交換機能をもっと正確に評価したいときは採血直後に測定するか，Kelmanらのノモグラムを用いて補正する必要がある．

表2 採血後30分して測定した値と採血直後の値の例示

pH・PCO_2 は3例ともに共通とし，PO_2 については呼吸不全基準値の60 torr，空気呼吸下での正常値とみなされる80 torr，酸素吸入による高値の代表として200 torrを示した．誤差欄は，測定値（採血30分後）に欄内の値を加えるべきであることを示す．Kelmanらの図表[2] に基づいて作成．

例	指標	採血30分後	採血直後	誤差
例1, 2,3	pH	7.40	7.41	0.01
	PCO_2	40 torr	38.3 torr	－1.7 torr
例1	PO_2	60 torr	63 torr	3 torr
例2	PO_2	80 torr	86 torr	6 torr
例3	PO_2	200 torr	240 torr	40 torr

採血から分析まで30分以上かかることは望ましくないので臨床現場に分析装置を置く必要があり，一般の血液生化学検査のような外部委託は難しい．酸素欠乏にはただちに対応する必要があり，血液ガス分析は緊急検査の1つである．臨床現場で緊急検査を行うため，測定および装置のメンテナンスはきわめて簡便・容易であることが望まれる．ここ30年間にわたり，この方向に向かって分析装置が進歩してきた．

2) 体温の影響

血液ガス電極は平均的な深部体温である37℃の恒温槽に収められている．体温すなわち採血の瞬間における血液温度が異常であるときは，体温と測定温度の差による測定誤差が生ずる．体温補正計算機能を備えた装置では，採血時の被検者体温を入力して誤差を補正できる．38.0℃および39.0℃に発熱している患者血液を補正なしで測定したときの誤差について例示した（表3）．

発熱患者の検体を補正なしで測定すると，実際より pH は高値，PCO_2・PO_2 は低値に測定されることは認識しておくべきである．体温39.0℃のときは後に述べる総偶発変動に比して無視できない値であり，経過観察に影響する可能性がある．

d. 測定のばらつき

血液ガス電極自体の測定にばらつき（分析変動）がある（表4）．これは同じ検体の繰り返し測定で得られる変動である．それに加えて意識のある被検者では，採血行為自体が呼吸を変化させ，動脈血ガスの変化を起こす（生理的変動）．

この分析変動と生理的変動を合わせた変動が，測定値の総偶発変動である．総偶発変動は同一被験者から短時間に繰り返し採血測定して

表3 38.0℃および39.0℃に発熱している患者血液を補正なしで測定した値と補正した値の例示

誤差欄は，測定値（補正なしの値）に欄内の値を加えるべきであることを示す．pHは小数点以下3桁，PCO_2・PO_2は小数点以下を四捨五入．酸素飽和度は90%とした．Kelmanらの図表[2] に基づいて作成．

指標	補正なしの値	体温38.0℃		体温39.0℃	
		補正値	誤差	補正値	誤差
pH	7.47	7.46	－0.01	7.44	－0.03
PCO_2	33 torr	35 torr	2 torr	36 torr	3 torr
PO_2	55 torr	59 torr	4 torr	63 torr	8 torr

表4 動脈血ガスデータの変動

総偶発変動を超えない変動は，臨床的に有意ではない．Ladegaard-Pedersenの表[3] に基づいて作成．

指標	値範囲	総偶発変動	分析変動
PaO_2	150 torr 未満	8.8 torr	5.0 torr
	150 torr 以上	22.0 torr	9.2 torr
$PaCO_2$		2.4 torr	1.8 torr

表5 動脈血ガス（平地にて安静・空気呼吸中）の基準値

動脈血ガス基準値は，対象健康者集団の選び方や測定条件等の影響を受け，報告者により差が大きい．pH・$PaCO_2$については，多くの報告者の判断が一致する範囲とともに，報告者によって判断が異なる境界値を示した．PaO_2については年齢の影響を受け肥満の影響もあって報告者による差が大であるため，概略の判断基準を示した．大塚の図[4]に基づき作成．

指標	正常	境界	異常
pH	7.37〜7.46	7.35〜7.36, 7.47〜7.48	〜7.34, 7.48〜
$PaCO_2$ (torr)	35〜45	32〜34, 46〜48	〜31, 49〜
PaO_2 (torr)	85〜	65〜84	〜64

得られる．臨床で患者の経過をみるとき，この変動範囲内の測定値変化は有意とは断定できない（表4）．

基準値（表5）の幅と比較して総偶発変動は小さな値ではない．動脈血ガスの評価は単純に基準値と比較するだけでなく，他の臨床所見を考慮して総合的に行う必要がある．電極の小型化により分析変動はこのデータ発表当時より縮小させ得た可能性があるが，生理的変動は避けられない．

e. 基準値（表5）・呼吸不全

動脈血ガスは測定のばらつきが大きいこと，正常者集団の定義が異なることから，報告者によって基準値の違いが大きい．報告者によって正常・異常の判断が異なる値は，境界値としてケースバイケースで判断せざるを得ない．

健康成人が臥位で空気呼吸しているときのPaO_2は年齢・肥満度によって異なる．多くの報告者によって，PaO_2の年齢による回帰式が報告されている．しかし正確な正常値に基づき判断しても実際的な意義は少ない．表5に示すような概略の基準値でよい．

著しい血液ガス異常のために生体機能が損なわれている重篤な状態を呼吸不全という．空気呼吸中のPaO_2が60 torr以下となる呼吸障害またはそれに相当する呼吸障害を呼吸不全と診断する．

［大塚洋久］

■文献
1) 臨床呼吸機能検査第6版（肺機能セミナーテキスト）．pp.15-19, 2002.
2) Kelman GR, Nunn JF：Nomogram for correction of blood PO_2, PCO_2, pH and base excess for time and temperature. J Appl Physiol 21：1484-1490, 1966.
3) Ladegaard-Pedersen HJ：Accuracy and reproducibility of arterial blood gas and pH measurements. Acta Anaesth Scand suppl 67：63-65, 1978.
4) 大塚洋久：正常値とその考え方．山林一，河合忠，塚本玲三編：血液ガス，わかりやすい基礎知識と臨床応用，第3版, pp.18-21, 医学書院, 1995.

2.4 微小酸素電極の作製と測定の実際

 生体組織の酸素分圧を直接計測可能なポーラログラフ微小酸素電極法を最初に報告したのは，Davies and Brink ら[1]である．彼らは白金電極（先端径：0.025 mm）が中空ガラス管先端から露出したオープン型微小酸素電極法と，ガラス管先端部に酸素濃度勾配を形成するための反応空間（深さ：0.6 mm）をもつリセス型微小酸素電極法の2種類の酸素電極法について比較検討した．オープン型微小酸素電極は時間応答（0.1秒）に優れ，生体組織のようにダイナミックに変動する酸素分圧計測に適している．しかし，作用極表面が測定組織に直接触れるため対象組織の酸素拡散係数が酸素分圧の絶対値評価に必要である．また酸素濃度勾配を乱す対流の影響（stirring artifact）を受けやすいという問題があり，オープン型酸素電極は普及していない．一方リセス型微小酸素電極は，リセス部に測定対象から独立した濃度勾配を形成するため，リセス部の既知の酸素拡散係数により酸素分圧の絶対値換算が可能である．しかし，深いリセスは対流の影響を排除するが応答時間を犠牲にするという問題がある．そこで，酸素分圧絶対値計測の安定化と応答時間の短縮，双方を実現するための酸素電極法の開発が，さらに進められた．

 酸素電極の安定性を革新的に向上させたのは，Clark[2]である．Clarkは電極先端をセロファンやポリエチレンなど薄膜で覆うことで，他の電解質による作用極への影響を防ぎ，安定した酸素分圧計測を可能にした．しかし初期クラーク型酸素電極は，先端径が大きく応答時間も数十秒と，生体組織における酸素分圧計測という点では必ずしも満足できるものではなかった．先端径の大きな電極は組織への侵襲により細胞もしくは血液循環に障害を与える．また測定領域の酸素濃度勾配を歪ませ，さらに作用極表面で無視できない量の酸素が消費されるという問題点がある．そこでこれらの欠点を克服するため作用極表面積を可能な限り微小化した微小酸素電極法の開発がさらに続けられた．

 Silver[3]は，独自に開発したオープン型微小酸素電極（先端径：0.001 mm）にクラーク型酸素電極法を組みあわせ，細胞レベルでの空間分解能を有する微小酸素電極（先端径：0.005 mm）を開発した．一方，Baumgärtl and Lübbers ら[4]は，電極を構成する品質特性のさらなる検討と卓越した技術力により先端径が0.6 μm という超微小酸素電極の開発に成功した．またこれら微小酸素電極は，リセス深さや酸素透過膜の最適化により応答時間も飛躍的に向上し，数百ミリセカンドの時間分解能を実現した．一方，電極の極小化により計測電流値はピコアンペアレベルの分解能が求められ，計測に使用する電流計の高精度化や電磁ノイズへの対策など周辺機器に対する新たな問題も明らかになった．

 本稿では各種微小酸素電極の作製法について紹介し，ポーラログラフ微小酸素電極法による酸素分圧測定の実際について概説する．筆者の経験に基づき，実験小動物の脳組織における酸素分圧計測法について述べる．最後に，微小酸素電極法の展望について触れる．

1. 各種微小酸素電極の作製法

a. Clark type

①白金線（径：0.1 mm）をシアン化カリウム溶液中でエッチング処理し，先端径 1 μm 程

度に仕上げる．

②白金線をソーダ石灰ガラス管内に溶接する．

③ガラス管先端を切断処理し白金線を先端部から露出する．

④電極先端部を再度シアン化カリウム溶液中でエッチング処理し，リセス（深さ10μm程度）を作製する．

⑤リセス部を5%シアン化金カリウム溶液で鍍金浴し，リセス部に金を鍍金する．

⑥電極先端をコロジオン-ポリスチレン二重膜もしくはシリコーンゴム膜で覆い，酸素透過膜を作成する．

一般的にClark型微小酸素電極の先端径は5-10μm程度であり，応答時間は約2秒である．

b．Whalen type

①先端部を十分に先細りにしたガラス毛細管（先端径：3μm）をプラーで作製する．

②ガラス管の端から低融合金であるウッドメタル（ビスマス50%，鉛26.7%，錫13.3%，カドミウム10%）を溶解した状態で毛細管内に吸い上げる．

③金属が充てんされたガラス毛細管先端をプラーで再度引き伸ばす．

④ガラス管先端を切断し成形する．

⑤電極先端部をシアン化物溶液でエッチング処理しリセス（深さ50μm程度）を作製する．

⑥リセス部を金もしくは白金で鍍金（厚さ20μm程度）し，リセス深さを調整する（作用極先端径の約10倍程度の深さが目安）．

⑦電極先端部を蒸留水で洗浄し，水性アクリルポリマー溶液あるいは液体ナフィオンポリマーに浸し乾燥させて膜付けを行う．

Whalen型微小酸素電極は，先端径が3μm程度で応答時間は0.1秒と早い．

c．Baumgärtl and Lübbers type

①純白金線（径：0.2mm）の先端部をシアン化カリウム溶液中でエッチング処理し，円錐形（先端径：0.1-0.5μm）に加工する．

②鉛を含まない中空ガラス管をよく洗浄し，エッチング処理を施した白金線をガラス管内に溶接する．このとき先端部におけるガラス管の厚みは0.1μm程度になるので，ガラス管の選定は，絶縁特性・粘性・吸湿性・化学物質との反応性などを考慮し，必要に応じて焼なましでガラス強度を補強する．また溶接を確実に行うため，白金線の熱膨張係数と等しい熱膨張特性をもつガラス管を選定する．

③電極先端のガラス管を切断処理する．

④電極先端部を再度エッチング処理し，リセスを作製する．

⑤参照極となる薄膜層（Ta/Pt/Ag）を直接ガラス管外部にスパッタリングする．スパッタリングはタンタル（Ta），白金（Pt），銀（Ag）の順番で行い，最終的には0.1μm程度の厚み（Ta：0.008μm，Pt：0.028μm，Ag：0.064μm）になるように加工する．Ta薄膜はガラス面と金属層の接合を強固にし，Pt薄膜は参照極の電気伝導率を向上させる．参照極のAg層は較正過程で塩素化されAg/AgCl層を形成する．参照極と作用極を同心円状の近傍に配置し，白金線周囲を参照極で覆うことで電気的ノイズを低減させる効果が期待される．

⑥電極先端はスパッタリングした金属層で覆われているため，先端をシアン化カリウム溶液で再度エッチング処理し，作用極と参照極を電気的に絶縁する．

⑦コロジオン-ポリスチレン二重膜で電極先端を覆う．

Baumgärtl and Lübbers型微小酸素電極は，先端径が0.6μm，先端から150μmの部分で径が15μmと報告されている．時間応答は，0.5-3秒である．超微小酸素電極の開発に成功したBaumgärtl and Lübbersらは微小酸素電

極の性能を決める重要な要素として次の5点を挙げている．

（ⅰ）作用極に使用する材料の品質
（ⅱ）作用極を保持するガラス管の化学組成
（ⅲ）参照極の性能
（ⅳ）酸素透過膜に使用する素材と品質
（ⅴ）作製過程における取り扱い技術と環境

2. 微小酸素電極による測定の実際：実験動物脳組織における測定例

a. 基本セットアップ

ポーラログラフ微小酸素電極による酸素分圧計測に必要な機器類について述べる．作用極表面での酸素還元によって生じる限界電流の計測には，酸素電極に定電圧印加可能な微少電流計が必要である．電極を保持するコネクタやマニピュレータ類は使いやすく軽量なものが望まれる．次に酸素電極の較正用に，較正用基準ガス（窒素ガス，空気，純酸素など）と温度制御可能な較正用チャンバーが必要である．計測された電流値は，電流計のアナログ端子から出力し，記録する．サンプリング周波数は，電極の応答特性や測定対象，計測時間と記録媒体の容量などを総合的に考慮して決定するが，概ね1-10 Hz程度である．

実験動物における酸素分圧測定で重要な問題は，測定機器と動物周りの接地に関わる電磁ノイズである．実験動物を完全に周囲の機器から絶縁することで，酸素電極と電流計への電磁ノイズの影響を軽減できるが，実験動物に接続された各種モニタ機器（心拍，血圧，体温計測装置）や固定具のアース不一致など実験状況に応じて電磁ノイズが発生する．対策方法は，動物に接する各種モニタ機器と固定具などを一点アースにする．必要に応じて，測定系を電磁シールドで覆い酸素電極と電流計を接続するケーブル類をシールドする．また可能な限りケーブルを短くすることも有効である．

b. 電極性能テスト

微小酸素電極の性能は1本1本異なるのが特徴である．各電極の性能を評価するために，窒素，空気，純酸素，それぞれに対するポーラログラム（電圧-電流曲線）を作成する．電圧は作用極側をマイナスとし，0Vから徐々に-1.2V程度まで負荷し各印加電圧に対する電流値を記録する．窒素ガスに対する応答は数ピコ～数十ピコアンペア程度であり，漏れ電流が大きい場合は電極に問題が生じている可能性がある．空気もしくは純酸素ガスに対する応答では，-0.6V～-0.8Vの間に一定の電流値を示すプラトー領域が現れる．以後の酸素分圧計測では，このプラトー領域の中間にあたる電圧値を印加電圧として使用する．

次に溶液を撹拌し，stirring artifactによる影響をテストする．stirring artifactはリセスの深さと作用極先端径，また酸素透過膜の厚み，リセス媒質と膜の酸素透過率比など電極構造と電極を構成する素材の特性に依存する．撹拌による信号変化が測定信号に対して5%以内であれば良好である．撹拌による影響を受けやすい電極は，酸素透過膜が不完全である可能性がある．そこで，重炭酸イオンを含む緩衝液（15% $NaHCO_3$, 2% $CaCl_2 \cdot 2H_2O$, 6% glucose, 73% NaCl, 3% KCl, 1% KH_2PO_4, 1% $MgSO_4 \cdot 7H_2O$）を用いて膜透過テストを行う．膜付けが不完全な場合，酸素電極の感受性は各種電解質（Ca^{2+}, Mg^{2+}, リン酸塩，炭酸塩，硫酸塩）によって低下する．さらに実験日の数日前から電圧印加し続け電極の安定性を確認することが望ましい．とくに作製した直後の酸素電極では，測定前の熟成（aging）という要素が重要になる．

c. 較正線法

微小酸素電極を用いて測定対象溶液の溶存酸素濃度を求めるために行う較正線法について概説する．酸素分圧計測で得られる電流値（I）

と溶存酸素濃度（C）との関係は，電極固有係数（R）に依存する．

$$計測電流値（I）= 酸素電極固有係数（R）\times 溶存酸素濃度（C） \quad (1)$$

電極固有係数はさまざまな要因に依存し，以下の関係が知られている．

$$R=(n\times F\times A\times P_m)/z_m \quad (2)$$

n：酸素還元によって得られる電子数，F：Faraday 定数，A：作用極表面の反応面積，P_m：膜の酸素透過率，z_m：酸素透過膜の厚さ

Faraday 定数を除き，各種パラメータは個々の電極に依存する．また1つの電極に対してもその性質は時間と共に変化する．たとえば電極先端に高分子などの汚れが付着すれば反応面積は変化し，また電極先端の酸素選択膜の特性も常に一定とは限らない．さらに電解質に依存し酸素還元によって得られる電子数も変化する．時々刻々と変化する酸素電極の特性を考慮し，酸素電極の較正は実験前後速やかに行う．

測定対象の化学組成がわかっている場合は，較正溶液に同じ組成の溶液を用意する．たとえば脳組織における酸素分圧計測では，較正溶液に人工脳脊髄液を用いる．また較正溶液の温度は測定対象の温度に合わせ，生体組織の計測では，概ね37℃である．期待される酸素分圧の範囲において2点ないし3点酸素濃度を設定し，較正線を作成する．較正溶液の酸素濃度は酸素・窒素混合ガスを用いて調節する．酸素電極の零点較正には，不活性ガス（窒素，アルゴン，ヘリウムなど）や5% 亜硫酸ナトリウム溶液（Na_2SO_3）などを用いる．このとき，較正溶液の酸素濃度が平衡状態に達するまで十分な時間をおくよう注意が必要である．また較正において空気飽和溶液を用いる場合は大気と近似されるため比較的容易に較正できるが，他の酸素濃度で較正する場合は大気からの拡散による影響を避ける必要がある．酸素混合比 V% に飽和した較正溶液における酸素分圧（PO_2）は，測定時の大気圧（P_b）に対し較正温度における水蒸気圧（P_w）を補正し，次式によって求まる．

$$PO_2=(P_b-P_w)\times VO_2 \quad (3)$$

得られた酸素分圧値から溶存酸素濃度への換算は，ヘンリーの法則に基づき酸素分圧と酸素溶解係数の積によって求められる．しかし実測した酸素分圧に対し，溶存酸素濃度は与えられた溶解係数に依存する．したがって酸素濃度への換算や溶解係数の扱いには注意が必要である．

d. 微小酸素電極法による測定例1：大脳皮質における酸素分圧分布計測

生体内で脳は酸素需要量が大きな臓器の一つであり，莫大な酸素需要は絶え間ない血液循環に依存する．たとえば，脳の重さは体重の2%に過ぎないが，脳の酸素消費率は全身の25%にも及ぶ．また脳は虚血や低酸素に対してきわめて脆弱な臓器として知られる．脳への酸素供給に障害が生じれば，ただちに生命維持の危機につながる重篤な状態に陥る．これまで脳における酸素輸送システムを理解するため多くの実験と数理モデルによる解析が行われてきた．ここでは微小酸素電極法による測定例として，実験動物大脳皮質における脳組織酸素分圧計測法について紹介する．大脳皮質は脳組織の最外側に位置するため，微小酸素電極による直接計測が可能である．また大脳皮質は感覚機能と密接に関係しているため，さまざまな感覚刺激に対する実験動物の脳賦活研究が行われている．

実験動物の準備段階で注意しなければならないことは適切な麻酔薬の選択である．麻酔薬は脳神経活動を抑制し，脳血管，全身状態に影響を与える．組織の需給バランスを反映する組織酸素分圧は，麻酔薬による影響を強く受ける．ペントバルビタールは脳の酸素消費率，血流量を共に 30-50% 低下させるが，ガス麻酔のイソフルレンは血管拡張作用により脳血流量を増大

させる．したがって麻酔薬に依存して脳組織の平均酸素分圧値は異なる．たとえばラットにおける脳組織の平均酸素分圧はペントバルビタール麻酔下では10-25 mmHgであるが，イソフルレン麻酔下では25-40 mmHgである．麻酔薬の作用は脳の各部位で異なるため，脳領野ごとのばらつきも考慮しなければならない．また脳組織酸素分圧は呼吸パラメータに強く依存する．したがって，麻酔薬の種類にかかわらず人工呼吸器により実験動物の呼吸を適切に管理する必要がある．再現性のある酸素分圧データを得るために，動脈血液ガス，心拍，動脈血圧をモニタし，動物の生理状態を安定した状態に管理することが必要不可欠である．

微小酸素電極は先端が微小で壊れやすいため，脳組織の酸素計測実験では測定対象部位の頭蓋を歯科用ドリルで開頭し，硬膜を切開する必要がある．硬膜切開によって脳血液循環動態は強く影響を受ける．したがって，切開領域は必要最小限にとどめる．実体顕微鏡下で電極が通るだけの穴を硬膜上に開ける程度が望ましい．硬膜切開によって切開部位からの脳脊髄液漏出が確認できれば，人工脳脊髄液などで切開部位を保護する．人工脳脊髄液は，大気から脳表への酸素拡散を防ぎ脳表の生理状態を維持する．そこで，人工脳脊髄液の組成，酸素濃度，pH，温度調節（37℃）等に留意する．一例として，Vovenkoらの脳脊髄液組成を示す（ $NaHCO_3$ 25 mM, $CaCl_2$ 2.5 mM, glucose 6 mM, NaCl 118 mM, KCl 4.5 mM, KH_2PO_4 1.0 mM, $MgSO_4$ 1.0 mM, bubbled with 5% O_2 + 5% CO_2 + 90% N_2, pH = 7.35）．大気からの酸素拡散による影響は脳表から大脳皮質深さ0.4 mm程度まで及ぶという報告がある．したがって，大脳皮質表層の計測では開頭部位に十分の深さがあるプールやチャンバーを設け，人工脳脊髄液を灌流あるいは1-2%寒天で固定するなど対応が必要である．

酸素電極はマニピュレータによって測定対象付近の脳表に向けてゆっくりと進める．このとき，実験動物の頭蓋は保持器でしっかり固定する．脳表から脳実質内への酸素電極の進行は，1回進行させ半分後退させるというステップ方式で行い，電極先端による組織への圧迫を軽減する．各ステップ幅は20-50 μm 程度に設定する．電極進行時は測定値が安定するまでに多くの時間を要するが，後退時の計測では短時間で測定値が安定することが報告されている．測定値の空間分布は，測定点の組織構成（細胞・微小血管）に依存し，数mmHgから動脈血酸素レベルまで大きく変化する．酸素電極先端と周辺組織構造を顕微鏡下で確認しながら標的位置に電極を誘導する．必要に応じて測定後に組織切片を作製し，標識された測定点と細胞構成との位置関係を検証する．

生体組織における酸素分圧測定値は各測定点において時間的に変動するのが特徴である．一定の周期的変動要因として，呼吸による拍動と心拍による影響がある．前者は人工呼吸器の設定した周波数成分を示し，脳の動きに伴う．一方，後者の影響は，通常ラットの心拍成分は5-7 Hzであり，酸素電極の応答時間よりも十分に早いため計測には大きな影響を与えない．また周期の遅い変動成分（0.01-0.1 Hz）も報告されており，長い周期変動は，自発的血管運動（vasomotion）に起因すると考えられている．一方で，脳神経活動に起因したエネルギ代謝変動と一致するという報告もある．このような酸素分圧の変動幅は，測定平均値の10%程度である．周期的変動成分以外に，酸素電極先端近傍の毛細血管内を通過する赤血球動態によって酸素分圧が不規則に変動するという報告もある．

e. 微小酸素電極法による測定例2：脳神経活動時の組織酸素分圧ダイナミクス計測

脳神経活動時には，脳活動部位近傍の組織酸素分圧は減少・増加と二相性変化を示す[5]．こ

のことが意味することは，脳神経活動により引き起こされるエネルギ代謝の亢進と誘発された脳血管反応とが若干の時間差をもって引き起こされるという需給動態のミスマッチである．すなわち，脳神経が活動し局所のエネルギ代謝が亢進するとエネルギ代謝亢進に伴う酸素消費率の増大によって組織酸素分圧が減少する．一方，やや遅れて脳神経活動部位の血管が反応し局所脳血流量が増大し，脳血流増加は組織酸素分圧を上昇させ新鮮な酸素を供給する．内因性光計測法によるミトコンドリア活動と脳血管反応の同時計測実験では，脳神経活動によって引き起こされる酸素消費率増加が脳血流量増大よりも時間的に早く生じることを示唆している．またレーザドップラ血流計による脳血流計測では，局所脳血流量増加は神経活動後，0.5から2秒後に生じることが確認されている．増大した脳血流は活動部位近傍毛細血管内の血中酸素レベルを上昇させ，毛細血管内酸素は組織へと拡散する．脳血流と組織酸素分圧の同時計測実験[6]によって，脳組織への酸素拡散にかかる時間が約1-3秒であることが示されている．以上をまとめると，活性化された脳神経細胞群への酸素供給にかかる時間は，脳神経活動開始から合わせて1.5から5秒程度の遅れが生じる．これらの結果は，酸素の供給時間が脳活動周辺の血管応答時間，血流輸送時間，赤血球容積，組織への酸素拡散能，血管密度など生理状態や測定部位の細胞構成に依存して変化することを示唆している．したがって，脳神経活動による組織酸素分圧ダイナミクスは，実験動物の生理状態・対象組織の血管構造などに依存してさまざまな変化を示す．なお，一部過去の酸素電極実験では脳神経活動後に見られる脳組織酸素分圧動態は一過的増加と報告されている．しかしそれらについては，先端径が大きく時間応答が鈍い酸素電極が使用されていたため一過性酸素分圧減少が捉えられなかった可能性が指摘されている．

脳神経活動直後に生じる一過性酸素分圧減少が反応性局所脳血流増加を誘発するという仮説がある．一方で脳賦活後の組織酸素分圧変化が脳血流増加を引き起こす直接的要因ではないという報告がある．1つは組織への酸素をあらかじめ過剰に供給した状態で脳賦活が生じても，得られる脳血流応答はベースラインの酸素供給量に独立であること．また，局所脳神経活動による酸素分圧減少は，血管応答を引き起こすには変化が小さい（数mmHg）ことなどが報告されている．このような結果から，脳神経活動は組織酸素代謝率亢進と脳局所血流量増大を並列的に引き起こすと考えられている．

ヒト脳機能イメージング手法として広く使われている機能的磁気共鳴イメージング法や近赤外光イメージング法などの非侵襲型脳機能計測技術は，脳賦活時の酸素消費率変化（神経-代謝カップリング）あるいは脳血流量変化（神経-血管カップリング）に基づいた脳血液酸素レベルの変化を計測することで，間接的に脳機能画像を取得している．したがって，脳賦活時の酸素代謝率や脳血流変化がどのような生理学的メカニズムによって引き起こされるのか，測定された脳活動を理解するために神経-代謝カップリングあるいは神経-血管カップリングの分子メカニズム解明が必要である．

3. 今後の展望

ポーラログラフ微小酸素電極法は生体組織への侵襲を最小限に，微小領域の酸素分圧を高時間・高空間分解能で計測する手法である．微小酸素電極法による高空間分解能計測によって，脳をはじめとしたさまざまな生体組織における血管から組織へのあるいは血管内酸素濃度勾配が明らかにされている．また対象組織1点に電極を固定すれば，測定点における酸素代謝・供給変化などを数百ミリセカンドの高時間分解能で計測可能である．一方で電極1本の測定領域

が極微小であるため，1点の計測データが必ずしも対象組織全体の酸素状態を反映するとは限らない．複数点計測しヒストグラムなどで組織全体の傾向を示すことは可能であるが，測定部位の選択による恣意性は排除できない．あるいは複数の微小酸素電極による多点同時計測法も考案されている，個々の電極特性が異なる点に注意が必要である．微小酸素電極法は，細胞・微小血管ネットワークなど対象組織の空間構造を明確にした上で，目的とする局所の酸素分圧計測に威力を発揮する手法である．絶対値計測法の利点を生かし，今後も生体内細胞レベルでの組織酸素分圧計測に有効な手段である．

さらに酸素電極と他のモダリティを組み合わせた計測手法は有用性が増している．たとえば，血流プローブ，温度プローブ，各種イオン感受性電極，神経活動計測法などと微小酸素電極法を組み合わせた同時計測法が報告されている．また酸素電極はそのまま印加電圧を変えることで一酸化窒素計測が可能である[7]．電極1本で，同一部位における酸素と一酸化窒素の計測が可能である．生体組織において重要な一酸化窒素と酸素の関係について，今後さらなる応用研究が期待される．

［正本和人］

■文献

1) Davies PW, Brink F Jr：Microelectrodes for measuring local oxygen tension in animal tissues. Rev Sci Instrum 13：524-533, 1942.
2) Clark LC Jr：Monitor and control of blood and tissue oxygen tension. Trans Am Soc Artif Intern Organs 2：41-46, 1956.
3) Silver IA：Some observations on the cerebral cortex with an ultramicro, membrane-covered, oxygen electrode. Med Electron Biol Engng 3：377-387, 1965.
4) Baumgärtl H, Lübbers DW：Microcoaxial needle sensor for polarographic measurement of local O_2 pressure in the cellular range of living tissue. Its construction and properties. In：Polarographic oxygen sensors：aquatic and physiological applications（Eds. Gnaiger E, Forstner H），pp. 37-65, Springer-Verlag, New York, 1983.
5) Masamoto K, Omura T, Takizawa N, et al：Biphasic changes in tissue partial pressure of oxygen closely related to localized neural activity in guinea pig auditory cortex. J Cereb Blood Flow Metab 23：1075-1084, 2003.
6) Masamoto K, Kershaw J, Ureshi M, et al：Apparent diffusion time of oxygen from blood to tissue in rat cerebral cortex：implication for tissue oxygen dynamics during brain functions. J Appl Physiol 103：1352-1358, 2007.
7) Kitamura Y, Kobayashi H, Tanishita K, Oka K：In vivo nitric oxide measurements using a microcoaxial electrode. Methods Mol Biol 279：35-43, 2004.

2.5 呼気ガス分析装置

1. 呼気ガス分析装置とは

呼吸機能の目的は，新鮮な酸素を取り込み余分な二酸化炭素を排出するというガス交換にある（図1）．これをエネルギーの観点から見るのが呼吸代謝測定（エネルギー代謝測定）であり，酸素摂取量や二酸化炭素排泄量などの代謝諸量を測定するのが呼気ガス分析装置（呼吸代謝測定装置ともいう）である．この装置は運動負荷試験による心肺機能の評価，最適運動強度の評価，全身持久力の評価，代謝測定，術前術後や重症患者の栄養管理の評価などに用いられる．

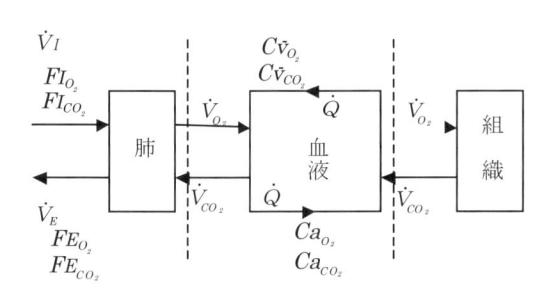

図1 ガス交換（代謝）の模式図

2. 測定原理と構造

換気量の測定と呼気ガス分析（酸素濃度，二酸化炭素濃度）を行うことにより，図2の式から呼吸代謝量が測定できる．従来はダグラスバッグに呼気ガスを採集し，その後にその量とガス濃度を分析するダグラスバッグ法が用いられていたが，操作に熟練を要する上，連続的な変化がわかりにくいという問題があった．現在は，換気量を熱線式流量計や差圧式流量計により，酸素濃度をジルコニア式分析計やパラマグネット式分析計により，二酸化炭素濃度を赤外線吸収式分析法により自動的に連続的に測定し，その結果をコンピュータで解析する方法が用いられている．呼吸代謝の測定法は大きく分けて，ブレスバイブレス方式とミキシングチャンバ方式がある．前者は1呼吸ごとに結果がでることや応答性はよいために最近では多用されているが，呼吸のしかたに依存する欠点がある．後者は負荷の変化によって応答性が変化することがある．ここでは呼気ガス分析装置に使用されている一般的なセンサについて記載する．

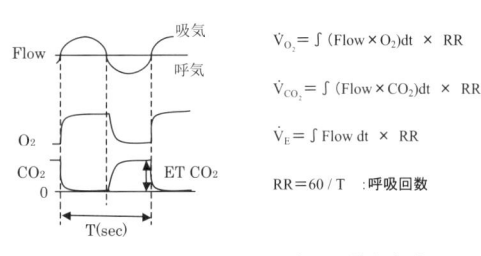

$\dot{V}_{O_2} = \int (\text{Flow} \times O_2) dt \times RR$

$\dot{V}_{CO_2} = \int (\text{Flow} \times CO_2) dt \times RR$

$\dot{V}_E = \int \text{Flow} \, dt \times RR$

$RR = 60/T$ ：呼吸回数

図2 ブレスバイブレス法での算出方法

a. 熱線式気流計（換気量計）

白金線やタングステン線のような抵抗温度係数の大きな物質でできた熱線（400℃程度）に気流が当たると，気流速度によって放散する熱量が変化することを利用している．最近の機種では，この熱線式が用いられている（図3）．

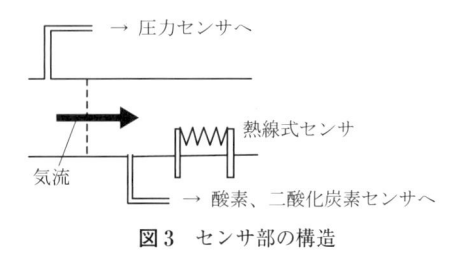

図3 センサ部の構造

b． ジルコニア式酸素濃度計

ジルコニアの隔壁の両側に酸素分圧があると，この分圧差に応じた起電力が発生することを利用している．またこのセンサは酸素濃度の影響を受けない．この構造（例）はジルコニア素子に白金電極などを付けたもので，片面はリファレンスガス，もう一方は測定ガスと接触させる．高温下でジルコニア素子は酸素イオンに対して導電性を示すため，リファレンスと測定ガス間に酸素分圧の差があるときジルコ素子内を酸素イオンが移動し，電極間に電位差が生じる．この電位差により酸素濃度を測定する．

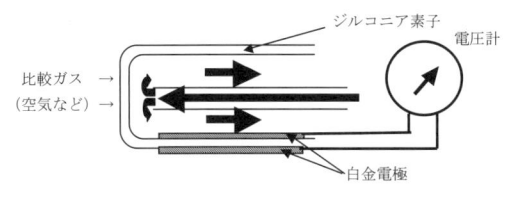

図4　ジルコニア式センサの模式図

c． 赤外線吸収法二酸化炭素濃度計

H_2O，CO_2，N_2O，CO など2原子以上で構成される気体は，赤外線領域のある一定の波長に対し固有の吸収スペクトルをもつ．CO_2 は $4.26\,\mu m$ の波長の赤外線を最もよく吸収し，その吸収の度合いは CO_2 濃度に依存するという現象を利用している．また，赤外線吸収法は，赤外光の光源から発せられた光線が呼気ガスを通過した後，亜酸化窒素（笑気）などからの干渉を受けないように $4.3\,\mu m$ 付近の光しか通過させないフィルタを通過し赤外線受光素子（一般的に PbSe 光導電素子が使用されている）に到達する構造になっている（図5）．つまり，減光された赤外線光量を測定した結果をもとに呼気 CO_2 濃度を演算し測定値として表示している．

d． サンプリング方式

1） メインストリーム方式

センサを呼吸回路に直接組み込み，ガスをサンプリングせずに測定する方式である．このため応答が次に述べるサイドストリーム方式に比べ速い．しかしセンサ部の重量や死腔量の増加に注意が必要である．

2） サイドストリーム方式

呼吸回路内からガスの一部を細いサンプリングチューブを用いてカプノメータ本体内にあるセンサまで連続的に吸引し測定する方式である．死腔量の増加を避けることができるが，水分や分泌物により，サンプリングチューブの閉塞を起こしやすいので注意が必要である．

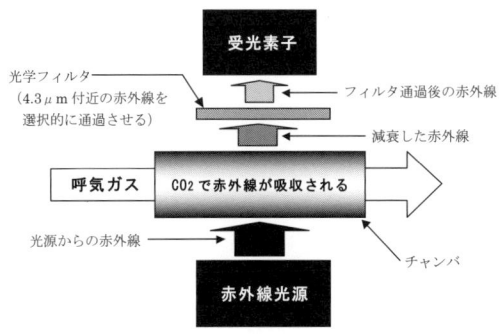

図5　カプノメータの測定原理（赤外線吸収法）
光源から発せられた赤外光が呼気ガスを通過した後，$4.3\,\mu m$ 付近の光を選択的に通過させる光学フィルタを通過し赤外線受光素子（検知器）に到達する．この時の赤外光の減衰量から二酸化炭素を測定する．

3． 運動負荷検査と呼気ガス分析

正常の肺には十分な予備能力があり，酸素摂取量と二酸化炭素排泄量が増加しても Pa_{O_2} や Pa_{CO_2} は変化しない．一方，呼吸器疾患の患者では安静時には変化はないが，労作時に息切れなどの症状を呈することがある．このため，客観的に評価をするために運動負荷検査が必要となる．標準的な運動負荷検査はないが，10分程度平地を歩行させ，その移動（歩行）距離を運動能力として評価し，血圧，心拍数，血液ガス分析（または Sp_{O_2}）の変化をみる簡便的な方法が用いられている．

最近では運動負荷は，歩行だけではなくトレッドミルやエルゴメータが一般的で，1-3分毎に負荷を増加させる漸増法，一定の負荷で持続する方法，心拍数を目安に運動させる方法がある．判定は最大酸素摂取量で，被検者の運動能力がわかる．最大酸素摂取量が低下しているときは，最大心拍数が予備の最大心拍数に達していれば循環系の障害となる．運動能力は呼吸系の酸素化の指標だけではなく，循環機能や筋肉などにも影響することに留意しなければならない．

4. 呼気ガス（二酸化炭素）分析の臨床的意義

a. $P_{ET}CO_2$ と動脈血二酸化炭素分圧（Pa_{CO_2}）との関係

$P_{ET}CO_2$ は肺胞内の二酸化炭素分圧（PA_{CO_2}）と推定される．このPA_{CO_2}は呼気時でのCO_2の呼出と肺毛細血管から肺胞内へ移行するCO_2により決定される．すなわちCO_2の呼出は肺胞換気量により規定され，肺胞内へのCO_2の移行は組織でのCO_2の産生量（代謝）と肺胞へのCO_2の運搬量（肺血流量）により規定される．このためPA_{CO_2}は換気血流比（$\dot{V}_A/Q$：$\dot{V}_A$＝肺胞換気量，Q＝肺血流量）で決まり，$\dot{V}_A/Q$が正常（0.8）の状態であればCO_2は拡散しやすいためにPA_{CO_2}はPa_{CO_2}に近似し，Pa_{CO_2}を推定することができる．通常その差は3-5 mmHg といわれている[1]．

b. $P_{ET}CO_2$ と肺胞換気量（$\dot{V}_A$）との関係

Pa_{CO_2} は，組織の二酸化炭素産生量（$\dot{V}_{CO_2}$）と正比例の関係にある．一方，組織内の$\dot{V}_{CO_2}$が安定状態で一定であるならば$\dot{V}_A$とPa_{CO_2}は反比例する．PA_{CO_2}とPa_{CO_2}が等しいと仮定した場合の肺胞換気方程式は $Pa_{CO_2} = 0.869 \times \dot{V}_{CO_2}/\dot{V}_A$ で表され，$P_{ET}CO_2$の値からPa_{CO_2}の値を推測でき，肺胞換気レベルの状態が把握できる．

c. $P_{ET}CO_2$ と心拍出量（肺血流量）との関係

$P_{ET}CO_2$ は，心停止により心拍出量（肺血流量）がなくなった場合には，十分な換気を行ったとしても血液中のCO_2が肺胞に接しないために呼気ガスのCO_2が検出できない．すなわち心拍出量が$P_{ET}CO_2$に大きな影響を与えることになり，一定の換気条件下での心肺蘇生時に有効な心マッサージが行われ心拍出量が確保されているかどうかの指標になる[2]．

d. 動脈血-肺胞気二酸化炭素分圧較差（a-AD_{CO_2}）

Pa_{CO_2} と $P_{ET}CO_2$ の差を動脈血-肺胞気二酸化炭素分圧較差（a-AD_{CO_2}）という．1回換気量が低下した場合や，肺胞死腔が増加し呼出するCO_2が減少した場合に$P_{ET}CO_2$は低下するため a-AD_{CO_2} は大きくなる．また，肺血流量が減少する場合や心停止の場合にも a-AD_{CO_2} は大きくなる．通常 a-AD_{CO_2} は5-10 mmHg の較差であるが，慢性閉塞性肺疾患では10 mmHg 以上となる[3]．また 15 mmHg 以上のときは重篤な病態生理に陥っていると考えられる[4]．

5. カプノグラムと4つの相[4]と異常パターンの解釈

呼出された二酸化炭素濃度または分圧をリアルタイムで曲線として表したものをカプノグラム（図6）といい，呼気が進むと二酸化炭素濃度（分圧）は急激に上昇し，呼気終末では最高値（＊印の部分）に達する．この呼気終末における二酸化炭素分圧の最大値を呼気終末二酸化炭素分圧（$P_{ET}CO_2$）といい，健常人の$P_{ET}CO_2$は40 mmHg 前後である．

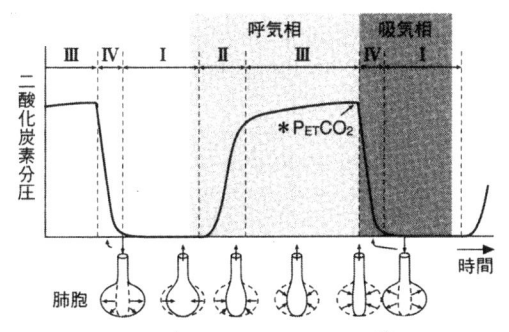

図6 正常時のカプノグラム[5]

正常なカプノグラムは呼吸にともなって異なった4つの相を表す．吸気相の始まりは呼気平坦相（第Ⅲ相）の最終点から急激に低下する時点から始まり，呼気相は呼気上昇相（第Ⅱ相）の開始点よりも前から始まる．

a．第Ⅰ相（吸気基線相）：ベースライン

通常時はCO_2を含まないため，基線（0 mmHg）と一致する．第Ⅰ相の終点は呼気の開始点であるが，解剖学的死腔や機械的死腔からの呼気の開始は，吸気後の死腔にCO_2を含まないため，カプノグラムから判断することは困難である．この第Ⅰ相が上昇した場合は，再呼吸や吸入気ガスへCO_2の混入が考えられる．

b．第Ⅱ相（呼気上昇相）：急峻上昇スロープ

肺胞内に貯留されたCO_2が気道を通過して呼出され始めたところで，肺胞からの呼気が多くなるにつれてCO_2分圧は急激に上昇し，第Ⅲ相に移行するまで急峻な直線を描くようになる．第Ⅱ相の傾斜が鈍麻した場合は，気道狭窄や人工呼吸器の呼気側呼吸回路の狭窄などが考えられる．

c．第Ⅲ相（呼気平坦相）：肺胞プラトー

気道に存在する他の気体がほぼ呼出されるため，CO_2分圧は緩徐に上昇し肺胞中のCO_2分圧に近づく段階である．この第Ⅲ相の最終点でCO_2分圧は最大値（$P_{ET}CO_2$）に達する．第Ⅲ相の上昇は再呼吸，心拍出量の増加，代謝の亢進，重炭酸ソーダの投与，低換気などが考えられる．また第Ⅲ相が右上がりでプラトーが消失した場合は気道狭窄や不均等換気などが考えられる．

d．第Ⅳ相（吸気下降相）：急峻下降スロープ

吸気ガスはCO_2を含まないため吸気の開始とともにCO_2分圧は急激に下降し，基線に移行する．吸気ガスにCO_2を含まなければ，0 mmHgと表示されるが，第Ⅳ相の傾斜が鈍麻またはノコギリ波の場合は吸気流速の低下などが考えられる．

［廣瀬　稔］

■文献
1) 左利厚生ほか：モニタリング．集中治療医学，pp.87-101，秀潤社，2001．
2) 遠井健司，安本和正：麻酔を安全に維持するためのモニタ．Clin Eng 13 (11)：1023-1029, 2003．
3) Weingarten M：Respiratory monitoring of carbon dioxide and oxygen：A ten-year perspective. J Clin Monit 6 (3)：217-225, 1990．
4) 田勢長一郎：二酸化炭素を応用したモニタリング．LiSA 8 (5)：408-415, 2001．
5) 廣瀬　稔ほか：カプノメーター呼気二酸化炭素の測定—．Clin Eng 15 (11)：1088-1094, 2004．

2.6 経皮酸素電極

　皮膚表面にクラーク型電極を装着し，経皮的に血液中の酸素レベルを測定しようとする試みは1970年代から行われ，とくに新生児分野での臨床応用ではスイスのHuff医師夫妻が最初といわれている．その目的は動脈血液ガス分析のための新生児からの採血回数を減らし，かつ非侵襲的に呼吸状況をモニタすることにあった．

　経皮酸素電極の測定原理は，
① まず電極内のヒーターにより皮膚を42-44℃程度に加温し，毛細血管を動脈化して酸素解離曲線を右方移動させ，酸素をヘモグロビンから遊離させる．
② 酸素は皮下組織で上昇するが，表皮に到達すると代謝により消費される．
③ 酸素は表皮を通過し皮膚表面にある接触液中に拡散しクラーク型電極により測定される．これが経皮酸素分圧であり，動脈血酸素分圧に比べて1割ほど低下した値（図1）となる．

　皮膚および皮下組織の薄い新生児では動脈血酸素分圧との相関は良好であるが，成人の角質の多い皮膚などではばらつきを生ずることもある．また，この経皮酸素分圧は動脈により運搬された酸素を熱刺激によりモニタしているものであり，動脈血酸素分圧そのものではない．このような経皮酸素電極の特性を活かした臨床応用として次のような例が挙げられる．

① 新生児集中治療時の酸素モニタは簡易性・安全性の面からすでにパルスオキシメーターが中心となっているが，とくに容体が劇的に改善するサーファクタント投与時，HFO換気時など酸素分圧そのものが必要となる場面では経皮酸素分圧モニタを行う．

② 閉塞性動脈硬化症の下肢重症虚血の診断．末梢に栄養分を運搬する微小循環状態を，皮膚まで運搬される酸素の量を測定することにより評価する．糖尿病などによる足の潰瘍や壊死は十分な血流がないことにより生ずるが，経皮酸素分圧はその重症度およびその治療効果の判定，および切断部位の決定などに使用される．

③ 高気圧酸素療法時の酸素化モニタ．持ち込める生体モニタが限られている高気圧チャンバー内で経皮酸素センサーは患者の安全性や治療効果についての貴重な情報を提供する．

④ 同一センサーで二酸化炭素同時測定も可能なので，侵襲的な頻繁な採血による血液ガス分析を避けたい成人患者にセンサーを装着して連続的な呼吸状態管理を行うことが

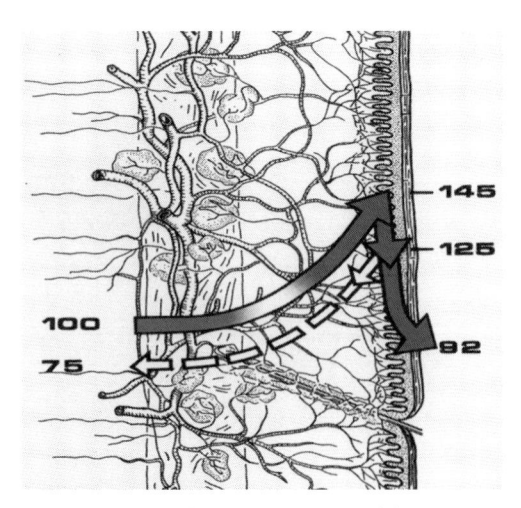

図1 皮膚を42-44℃に加温した場合の酸素分圧の変化（単位はmmHg）
酸素分圧は真皮で急上昇（100-145）するが，表皮で代謝により消費（92）され，この酸素分子がクラーク型電極により測定される．

近年増加している.

技術自体は30年以上前のものであるが，体内の酸素状態を非侵襲的に把握できるメリットは今後とも新たな臨床応用の余地があると考えられている.

［柳澤仁志］

2.7 質量分析法

1. 質量分析とは

　質量分析の歴史は，1911年にThomsonがH_3^+を発見する際に質量分析を行ったことから始まる．質量分析計（mass spectrometer）は，試料中にどのような成分がどれだけの量含まれているかを調べることができる装置である．装置は主に以下の3つから構成され，a）イオン化部，b）質量分析部，c）検出部，である（図1）．場合によってはイオン化部の前に分離部を設けることもある．装置に試料を導入すると，試料はイオン化部でイオン化し，質量分析部で篩い分けられた後，検出部で検出され質量スペクトル（マススペクトル，mass spectrum）が得られる．マススペクトルは横軸に質量と電荷の比（質量電荷比：mass to charge ratios, m/z），縦軸に各m/zにおけるイオン強度（または存在比）を示し，このマススペクトルのm/zから試料の成分組成といった定性的な情報が得られ，イオン強度から試料成分の存在量などの定量的な情報を読み取ることができる．構造解析や同位体比による年代計測などの定性分析，ドーピング検査や環境ホルモン計測などの定量分析で利用されている．

2. イオン化法

　質量分析計は測定対象となる試料によって多種のイオン化部，質量分析部を組み合わせて使用する．質量分析では主に試料中の成分分子を電磁気的な作用（クーロン力やローレンツ力）により篩い分けるため，分子がそのままの状態（電気的に中性の状態）では質量分析部で何の作用も受けることなく検出部に到達してしまう．したがって，分子は正または負の電荷を帯びている必要があるため，イオン化されることから始まる．イオン化法にはさまざまな種類が存在するが，非常に大雑把な分類をすると，"ハードイオン化"と"ソフトイオン化"の2種類に分類される（この場合の"ハード"や"ソフト"は学術用語ではなく慣用的に使用される用語である）．"ハードイオン化"は，イオン化時に試料成分分子に強いエネルギーを加えて断片化させてイオン化する方法であり，断片化させることをフラグメンテーション（fragmentation），断片化したイオンをフラグメン

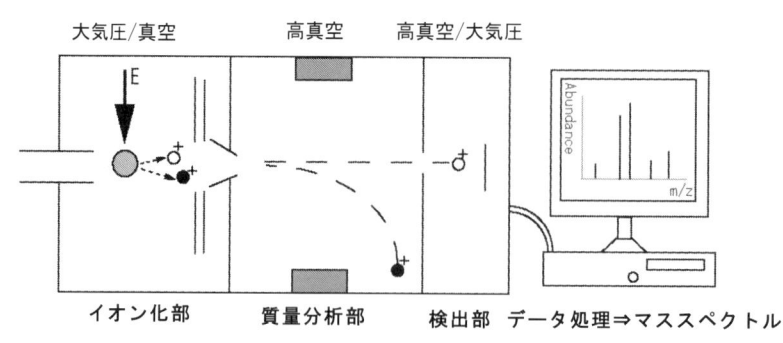

図1　質量分析計の概略図
質量分析計は主に，イオン化部，質量分析部，検出部から成る．イオン化された分子は電磁気的作用により分離され，マススペクトルが得られる．得られたマススペクトルから定性的，定量的な情報が得られる．

表1 代表的なイオン化法

分類	イオン化法	対象	特徴
"ハード"構造解析	EI	低分子 ↕ 高分子	ライブラリが充実．定性分析に有効．
"ソフト"分子量測定	API		気体試料に適用可能なソフトイオン化法．
	ESI		多価イオンが生成する．
	MALDI		分子量関連イオンが得やすい．

EI のようにフラグメンテーションが起きるイオン化法は構造解析に用いられる．一方，API，ESI，MALDI は分子量関連イオンが多く得られ，分子量測定に適している．ESI や MALDI はタンパク質のイオン化に用いることが可能．

トイオン（fragment ion）と呼ぶ．このようなイオン化で得られたマススペクトルにはフラグメントイオンのピークが多数現れるため，主に試料成分の構造解析に用いられる．一方，"ソフトイオン化"はフラグメンテーションが起こりにくいイオン化であるため，得られるマススペクトルは元の試料成分分子そのものに由来したイオン（分子量関連イオン，molecular-related ion）のピークが主として現れる．したがって，主に試料成分の分子量を測定する際に用いられるイオン化法である．

イオン化法についていくつか例を挙げる（表1）．イオン化法として最も一般的な方法は，電子イオン化法（electron ionization；EI）であり，分子にエネルギーを加えてフラグメンテーションさせる方法である．1950 年代に装置化された EI は，イオン化電圧 70 eV（エレクトロンボルト）の時にイオン化効率が最大となることが調べられている．70 eV でイオン化した場合のマススペクトルはこれまでに数多くの研究により標準化されており，ライブラリが充実しているため，実際に測定して得られたマススペクトルとライブラリを照らし合わせることにより，未知試料の同定や構造解析に有効である．フラグメンテーションを起こさない（起こしにくい）イオン化法としては，大気圧イオン化（atmospheric pressure ionization；API），エレクトロスプレーイオン化（electrospray ionization；ESI），マトリックス支援レーザー脱離イオン化（matrix-assisted laser desorption ionization；MALDI）などがある．

API は針電極でのコロナ放電を利用してイオン化する方法である．大気圧下でイオン化を行う方法であり，分子間反応（電荷の授受）を積極的に起こさせることにより高いイオン化効率を実現しており高感度である．ESI は API 同様に大気圧下でイオン化を行う方法であり，イオン源内のキャピラリ先端に印加した高電圧（3-5 kV）により試料がイオン化される．ESI では多価イオンが生成するため m/z が小さい値をとり，通常のイオン化では質量分析計の m/z 測定範囲を越えるような高い分子量の試料を測定可能とする．MALDI は 1985 年に田中耕一により発表された技術で（同氏はこの功績により 2002 年にノーベル化学賞を受賞した），測定対象試料とマトリックスとを混合（あるいは塗布）して調製した試料に紫外線レーザーを当ててイオン化させる方法である．イオン化の際はまずマトリックスがイオン化し，生じた電荷により試料成分がイオン化される方法であり，測定可能な m/z 範囲がきわめて広い．試料とマトリックスの混合比や使用するマトリックスの種類によりイオン化効率が大きく異なるため，マトリックスの選択や試料調製方法には注意が必要である．

3. 質量分析計

イオン化部で生成したイオンは質量分析部に導入される．イオンが大気中の分子（窒素分

など）と衝突することを避けるため，質量分析部は 10^{-3} – 10^{-5} Pa 程度の真空を維持しなければならず，精密分析を行う際には 10^{-7} Pa 以下の高真空を必要とする．質量分析部に導入されたイオンを m/z に応じて分離するために，磁場や電場を走査する．たとえば磁場の中にイオンを導入すると，イオンごとに m/z に応じた異なったローレンツ力を受けて分離される．イオンは電気的に検出する手法が一般的である．磁場や電場を走査してイオンの軌道の曲率半径を変化させて検出器に順次到達させるよう装置の電場や磁場の形状や配置を設計することにより，1つの検出器でマススペクトルを得る方法が確立されており，現在の主流である．

質量分析部として最も広く使われているのは，1953 年に Paul と Steinwedel により初めて装置化された四重極型質量分析計（quadrupole mass spectrometer；QMS, Q マス）である．4 本の電極間に導入されたイオンは直流電圧と高周波電圧による電場の作用を受けて m/z に依存した分子運動をしながら電極間を検出部に向かって移動する．この際，電場中で安定に振動するイオンのみが検出部にたどり着き検出されるため，電場を走査することによりマススペクトルを得ることが可能である．

飛行時間型質量分析計（time of flight mass spectrometer；TOFMS）は主にタンパク質などの高分子の分析に使用される．電場によって加速されたイオンは質量分析部内を移動（飛行）するが，その際の飛行時間がイオンの質量に比例する．すなわち軽いイオンほど速く飛行して早い時間で検出部に到達し検出される．理論的には m/z の上限がないことが特徴である．MALDI との相性がよく，MALDI-TOFMS としての知名度が高い．

高感度な質量分析計としては，電場だけではなく磁場の作用も利用する二重収束磁場型質量分析計（double-focusing magnetic sector mass spectrometer，セクターマス）やフーリエ変換イオンサイクロトロン質量分析計（Fourier transform-ion cyclotron resonance mass spectrometer；FT-ICRMS）等があるが，非常に高価で電磁石を使用することから装置の設置に広いスペースを必要とするなどの制約がある．

4. マススペクトル

上記のイオン化部と質量分析部を組み合わせた質量分析計を使用することにより，測定対象成分のマススペクトルを得ることができる．ここで，呼気のマススペクトルを例に挙げる．呼気中には水，窒素，酸素，二酸化炭素などが含まれ，質量分析計でマススペクトルを測定した場合，各成分に対応した m/z＝18，28，32，44 などの分子量関連イオンが検出される．各イオンのマススペクトルの相対強度は試料中成分のモル量比に一致する．

質量分析による実際の測定においてはイオン化が必要不可欠であり，イオン化方法にもよるが，電子イオン化（EI）法を例にとると，フラグメンテーションが起こるため，分子量関連イオンの他にフラグメントイオンが検出される．たとえば，酸素原子（質量数 16）の二原子分子である酸素（質量数 32）を質量分析した場合，m/z＝16，32 のイオンが主となるマススペクトルが得られる．さらに，酸素には質量数 17 および 18 の同位体（^{17}O および ^{18}O）が存在することから，これらに対応したフラグメントイオンが検出されるため，酸素のマススペクトルには m/z＝16，17，18，32，33，34 のイオンが検出される．同様に炭素（質量数 12）と酸素から成る二酸化炭素（質量数 44）を分析した場合，炭素には質量数 13 の同位体（^{13}C）が存在するため，m/z＝12，16，28，44 以外にも m/z＝13，18，29，30，45，46 のマススペクトルが得られる．また，^{13}C は安定同位体であることから特定の炭素を標識して体内動態を検討したり，^{13}C 尿素呼気試験（呼気中の

$^{13}CO_2/^{12}CO_2$ 比を測定する）でヘリコバクターピロリの検査にも適用可能である．

5. 分離部

前述のイオン化部と質量分析部を組み合わせて使用するが，実際にはイオン化部の前にガスクロマトグラフ（gas chromatograph；GC）や液体クロマトグラフ（liquid chromatograph；LC）などの分離部を設けることが多い．なぜならば，測定対象となる試料が純度の高いものであれば問題ないが，多数の成分を含む場合はそれらがイオン化された際に，どのイオンがどの成分由来のイオンであるか判別することが困難になるためである．とくにEIのようなフラグメンテーションが起きるイオン化を用いた場合は分離部が必須といっても過言ではない．このような場合は分離部により分離して一定時間ごとにマススペクトルを得ることにより解決可能であり，GC/MS，LC/MSなどのように用いられる．また，MS（mass spectrum）を複数連結させてGC/MS/MS，LC/MS/MSなどのタンデム質量分析により，さらに詳細な情報（主に構造情報）を得ることも可能である．

6. 質量分析計の実用例

MSは幅広い分野で高感度な計測手段であると認知されており，GC/MSは環境分析等の分野で定量，定性における公定法として用いられている．ゲノム解析やプロテオーム解析の分野では分析機器としては2次元電気泳動が主力であったが，1990年代のLC/ESIやMALDI-TOFMSの登場はこの分野で大きく貢献することとなり，タンパク質の1次構造解析では必須と言われるまでになった．ゲノム解析の終了に伴い，プロテオームさらにはペプチドーム解析の時代になりつつあるが，とくにMALDI-TOFMSは分子量数十万以上の分子を測定することも可能な技術が確立されており，今後もモレキュラー分野において重要な役割を担うであろう．また，細胞組織片上を走査しながらマススペクトルを得て高速データ処理を行うことにより画像化し，細胞組織のマスマッピングを行う質量イメージング法（imaging mass spectrometry；IMS）という分野も日本，ヨーロッパ，アメリカを中心に研究が進んでいる．

質量分析計は定性目的での用途が多いが，定量目的でリアルタイム分析を追及した装置も市販されている．180度磁場型複式コレクター方式質量分析計は，試料中成分をイオン化し，磁場の走査によりイオンの質量電荷比に従って分離した後に並べられた複数の検出器により各イオンを個別に検出する方式である．酸素，二酸化炭素，窒素，アルゴンなど数種類の成分の連続的な定量分析が可能であり，肺ガス交換や肺血流量の測定に応用されている．

研究分野でMSの高感度化が進む一方，現場ですぐに測定結果が得られるようにするいわゆる"その場分析"を目的とし，携帯型の質量分析計の研究開発も行われており，揮発性有機化合物（volatile organic compound；VOC）測定器など一部市販され始めている．2001年のアメリカ同時多発テロ事件以降，世界各国でテロ対策の意識が高まり，爆弾や危険物の探索用途でその場分析用にリュックサック程度の大きさの質量分析計が実用化されているとの報もある．医療分野では，ベッドサイドでの迅速な分析を行うポイントオブケア検査（point of care testing；POCT）の考え方が浸透しつつあり，これからの技術の進歩によってはPOCTに質量分析計が用いられる可能性もあり得る．

［野瀬和利，下内章人］

■文献
1) 志田保夫ほか著：これならわかるマススペクトロメトリー．化学同人，京都，2001．
2) 丹羽利充編著：最新のマススペクトロメトリー―生化学・医学への応用―．化学同人，京都，1995．

2.8 光学的方法を用いた生体内酸素計測

1. 光学的酸素計測法の原理と問題点

生体組織内の酸素濃度計測は，大きく2つの方法がある．1つは微小酸素電極を細胞内あるいは組織間に直接刺して測るものであり，もう1つは酸素と何らかの相互作用（反応を含む）を利用した"酸素濃度プローブ"を用いるものである．この中で，光を利用する計測法は，もともと生体が持つ光応答性の色素類（タンパク質や低分子化合物）を測る2つの方法に大別される（表1）．ここでは主に実験動物やヒトを対象とした組織酸素濃度の光学的計測法の歴史と最近の代表例をまとめる．

2. ヘモグロビン（Hb），ミオグロビン（Mb），およびチトクロームの光計測

生体組織内の血液中に含まれるヘモグロビン測定は，光学的酸素計測法の最も基本であり，オキシメトリーと呼ばれる1つの分野を作り上げている．ここでは生きた丸ごとの生体組織に的を絞り，ミオグロビン（Mb）とミトコンドリアを中心とした計測とその臨床における有用性も含め紹介する．

a. チトクローム酸化酵素とNADHの酸化 −還元レベルの酸素濃度依存性

組織呼吸の末端であるミトコンドリアのチトクローム酸化酵素（Cyt.Ox）は，当然血管系および細胞質内の酸素を直接利用するため，HbやMbより酸素親和性が高いことが予測される．しかし，通常の酸素電極の場合，10^{-6} M以下の酸素濃度の計測はほぼ不可能であり，Keilinによるチトクロームの再発見後[1]，その酸素親和性の定量的計測は行われなかった．これを解決したのは，発光バクテリアを用いる生物的な方法であった[2]．このバクテリアの持つフラビンタンパクは，10^{-11} Mの酸素濃度でも酸化され，その時青い光を出す．したがってこの光の強さを測りながら同時に単離したミトコンドリアの電子伝達系の酸化−還元レベルを求めれば，見かけの酸素親和性，Km，あるいはP_{50}が求まる（これは酸化と還元の電子の流れの比であって，HbやMbのような酸素化型の解離定数ではない）．こうして求めたCyt.Oxの2つの成分であるCyt.a+a_3とCu^{++}の酸化−還元レベルの酸素濃度依存性を示す（図1）．このCu^{++}は酸化型で830 nmに吸収を持ち，還元されると消失する．したがって後述の近赤外吸収測定におけるCyt.Oxはヘム部分ではなくこのCu^{++}を測定している．比較のため，ミトコンドリア内のNADHの酸化−還元レベルを蛍光で追った結果も示してある．Cyt.OxおよびNADHの見かけの酸素親和性はMbの約10倍高く，10^{-6} M以下の酸素濃度で還元される．この酸素親和性の順序は血管系→細胞質→

表1 生体組織酸素計測

- 微小酸素電極
- 光学的手法—内在性
  - 吸収（Hb, Mb, Cyt.Ox.）
  - 発光（NADH, Flavin）
  - —外部より
    - リン光
    - 発光タンパク質
- 磁気的方法—内在性
  - Hb, Mb, Cyt.Ox.（？）
  - —外部より
    - Fluorocarbon
- その他　　PET, NMR, 超音波（？）

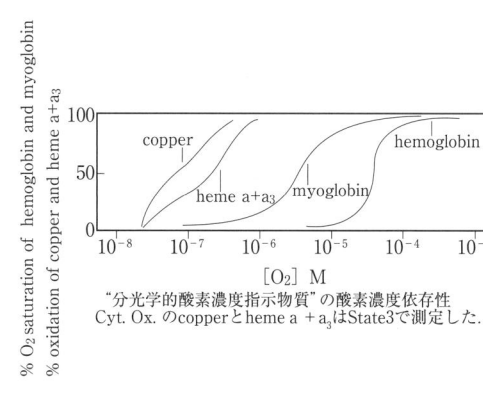

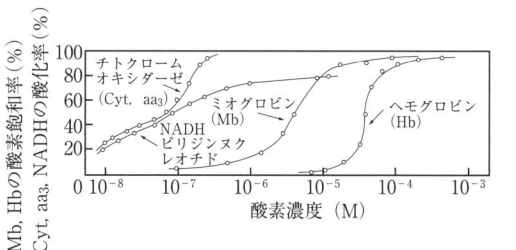

図1 ミトコンドリア内の電子伝達系の酸化-還元レベルの酸素濃度依存性

Cyt.Ox は 2 つの成分,heme.a+a_3 と Cu^{++} を含み,前者は可視光(605〜620 nm),後者は近赤外光(830〜940 nm)における吸収変化で追跡する.NADH は 340 nm の励起,480 nm 蛍光測定.上:State 3,下:State 4.

ミトコンドリアへの酸素の流れと対応している.

この結果を,ヒトの身体や動物に当てはめれば,われわれは対象とする組織や器官の Cyt. Ox あるいは NADH の酸化-還元レベルを光学的に測ることにより,生きた組織の細胞内ミトコンドリアにおける酸素濃度を定量的に測定可能となる(注:ミトコンドリアにおける酸素濃度と細胞質[サイトゾール]のそれは必ずしも同じでない—酸素勾配).

b. 筋肉中のミオグロビン(Mb)の計測

Millikan の歴史的実験を含む 1920〜1950 年の間,生体組織における酸素の流れ—呼吸—は,英国において Krogh, Roughton, Millikan, Keilin らの巨人達によってその大枠が作り上げられた.この中で,とくに Millikan および Keilin は今で言う生体分光学—Tissue Spectroscopy の開拓者であり,"生きたまま酸素を分光学的に測る"パイオニアであった.図2に Mb の生理的役割に関する Millikan のネコの骨

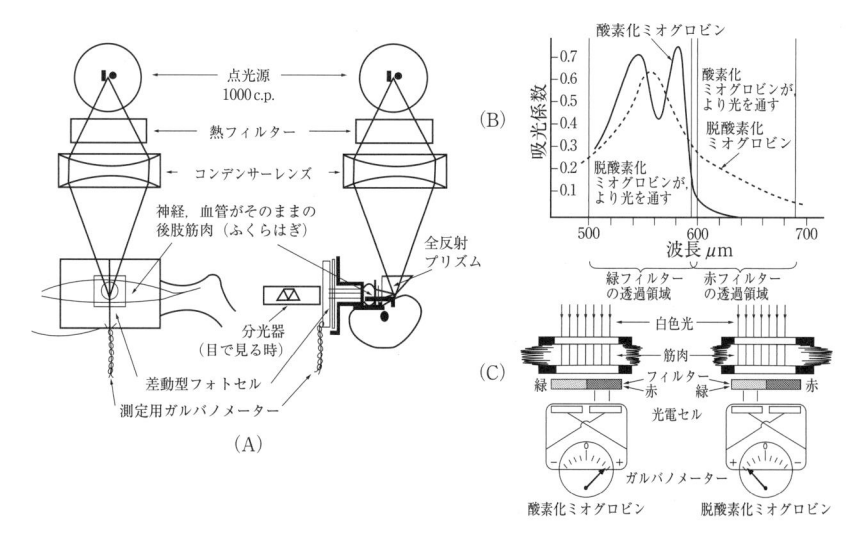

図2 Millikan によるネコのヒラメ筋(soleus muscle)の Mb 酸素飽和度測定(文献3より改変)
(A) 計測装置のブロックダイヤグラム.
(B) 差動型分光光度計.上図はミオグロビンの酸素型と脱酸素型の吸収スペクトル.
(C) 酸素化ミオグロビンの増加は 600 nm より長波長の光を通すため,緑のフィルターからの出力が大きくなり,ガルバノメーターは + に動く.

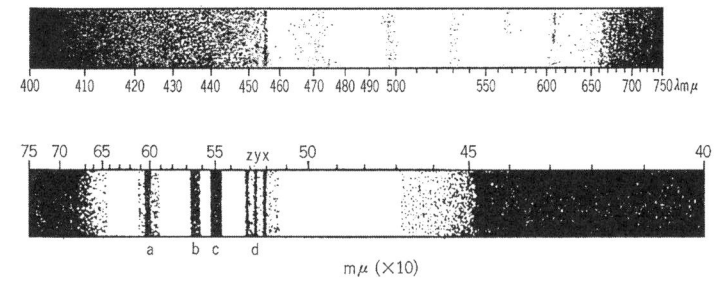

図3 生きたハチ胸筋の吸収スペクトル[1]
上は静止状態，下は羽ばたいた直後のスペクトル．静止状態ではあまりはっきりしない吸収帯（黒いバンド）が羽ばたかせた直後に，605，560，550～530 nm に強い吸収が現れる．これをチトクローム a, b, c と名づけた．このチトクローム a が後に Cyt.Ox と呼ばれ，2つの成分，heme. $a+a_3$ と Cu^{++} を含む．

格筋を用いた実験装置を示す[3]．ここでは，①生体組織のような"濁った"光の散乱系で用いられる2波長分光法をすでに採用していること，②目的に適した材料を選ぶ．この場合，ネコのヒラメ筋を用いた理由は，Mb 含量が血液含量より十分に高いため，Hb と Mb の吸収スペクトルは区別できないが，筋肉を透過した光吸収変化は Mb を反映する．③光吸収の定量性の欠如をいかに克服するか，そして，④ in vivo 光計測からどのような結論を引き出すか，等，正に教科書である．

図2（A, B）に示されるように麻酔したネコのヒラメ筋を露出し，筋肉を透過した光を集め，600 nm より長波長側と短波長側の光を通す緑と赤のフィルターを通して，光電セルに導く．もし Mb が脱酸素化すれば 600 nm より長波長の光はより強く吸収され，一方，短波長側は，光がより透過する．この2つの光量差を記録すれば，筋肉内 Mb の酸素化-脱酸素化を正常血流下で測定可能である．さらに，Mb の酸素解離曲線を用いれば，筋肉細胞内酸素濃度が求められる．彼は正常血流下で，強縮（tetanic contraction）の開始とともに，Mb は脱酸素化されるが，収縮の停止により速やかに再酸素化されることを示した．一方，血流停止下ではより脱酸素化が顕著になる．彼の"Mb の生理的役割は酸素の長時間の貯蔵よりも短時間に行われる収縮-弛緩のサイクルで働く酸素バッファー（short-term oxygen buffer）である"との結論は現在でも生きている．ヒトの筋肉で，Mb の計測がわれわれの次の課題である（近赤外分光を参照）．

Mb をノックアウトしたマウスの心臓の機能が正常と変わらない事実は，心拍数が 300/分以上での小動物の心筋において酸素バッファーが働かないことで説明できる．生化学と生理学との違いであろう．

一方，チトクロームの計測は，生きたハチの胸筋による Keilin の観察[1]（図3）を除いて，哺乳類ではほとんど不可能である．

c．哺乳類実験動物における臓器灌流実験系の導入

正常組織では，血液が圧倒的に多いため，チトクロームの計測はほぼ不可能である．これに対し，臓器レベルにおいて，血液を用いない臓器灌流法が開発され，ミトコンドリアや Mb の酸素計測が可能となった．図4にラット灌流心臓における各種酸素インジケーターと細胞内酸素濃度との関係を示す[4]．心筋内酸素濃度（Mb の光測定）で生じる"低酸素"を定量的に議論したもので，細胞内（サイトゾール）で酸素濃度が 10 μM 以下になると NADH の還元が生じ，それと平行して酸素消費の低下と解糖

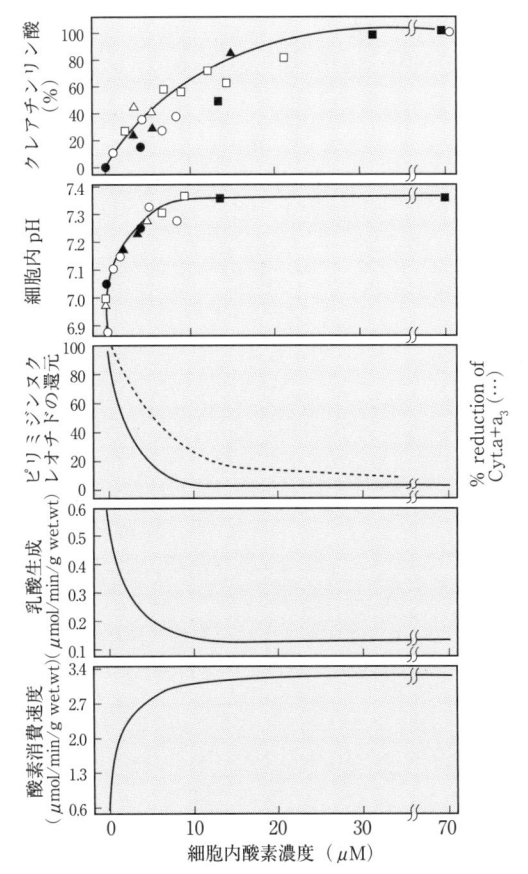

2.8 光学的方法を用いた生体内酸素計測

図4 ラット灌流心における代表的なエネルギーパラメーターの心筋内酸素濃度依存性（文献4より改変）

細胞内pHおよびクレアチリン酸は、NMRで測定．NADHとCyt.Ox（Cyt.a+a₃）の酸化-還元のずれは、Wilsonによる呼吸の式：

$$-\frac{d[O_2]}{dt}=k[Cyt.Ox]ox\cdot\left[\frac{NADH}{NAD}\right]^{\frac{1}{2}}\cdot\left[\frac{ATP}{ADD\cdot Pi}\right]^{-\frac{3}{2}}[O_2]$$

で説明される．

系の上昇が起こる．この時，ミトコンドリアのCyt.Oxの還元もほぼ同時に起こり，酸素消費の低下と次の簡単な呼吸速度の式に対応する．

$$-\frac{d[O_2]}{dt}=k[Cyt.Ox]_{red}\cdot[O_2]$$

この時の酸素濃度がcritical PO₂と呼ばれるものである．NADHの酸化-還元レベルとリン酸化ポテンシャルを含んだより複雑な呼吸の式がWilsonらによって提案されている[5]．図4は彼らの式を満足し，NADHの還元レベルも同時に酸素消費のコントロールファクターと言ってよい．図1で示されているCyt.Oxの酸素親和性とMbのそれは1桁異なるが，心筋では両者は平行して動く[6]．この解釈としてサイトゾルとミトコンドリアの酸素の濃度勾配で説明し得るが，結論は出ていない．ここで得られた図4の低酸素での各パラメーターの挙動は他の臓器でも同様と思われる．

NADH蛍光の利点は，基本的に血流存在下で測定が可能な点であり，臨床現場で使える．現在市販されている蛍光内視鏡による腫瘍検出がその例である．この自家蛍光が正常組織と腫瘍組織で異なる理由として，①組織構築，②血流分布，③解糖系フラックスの上昇，④組織酸素濃度の低下，等が言われている．今後の研究が必要であるが，おそらく腫瘍組織の低酸素によるNADH蛍光の上昇も1つの原因であろう．ここでHbの酸素飽和度のイメージング画像と重ねればより明確になると思われる．NADH蛍光による酸素濃度計測は，ラット脳表や単離心筋細胞等でも広く行われている．近年，2光子レーザー顕微鏡を用いた脳賦活時のマッピングも行われつつある．

生体を作り上げているどの臓器も，酸素供給の低下は直ちに致命的であるが，とくに脳と心臓は，酸素に対し最も脆弱である．脳の酸素代謝を調べる上で，心臓と同様な灌流実験系の作製は非常に難しい．われわれは人工血液を用いた脳灌流系を作製し，ミトコンドリア内Cyt.Oxの計測を行い，臨床の指標となり得る近赤外領域の光信号を生理的応答と対応させることを試みた．図5にラット灌流脳において，Cyt.Oxのheme a+a₃とCu⁺⁺の虚血時の挙動を示す[7]．heme a+a₃が2/3ほど還元された時，Cu⁺⁺の還元が始まり，脳波が消失する．図6に脳内のATPおよびクレアチンリン酸とCu⁺⁺の関係を示す．Cu⁺⁺の還元が低酸素によってスタートすると，同時にATPの低下が見られる．このことはCu⁺⁺の還元が脳組織のエネルギー状態がクリティカルであることを示

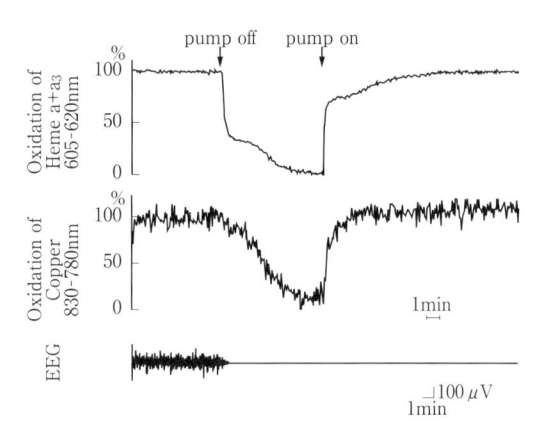

102 2. 生体における酸素の計測

図5 人工血液 (FC-43) で灌流したラット頭部透過光による脳内 Cyt.Ox(heme.a+a₃ と Cu⁺⁺) の測定[7]

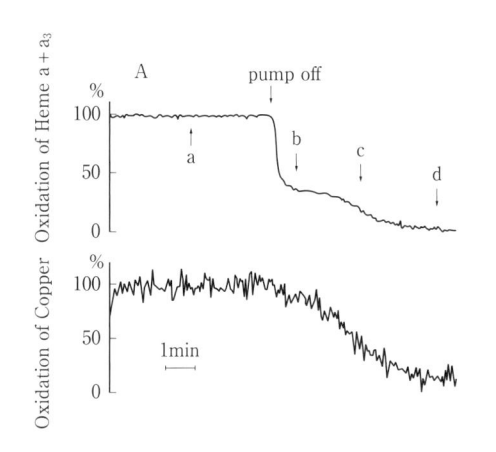

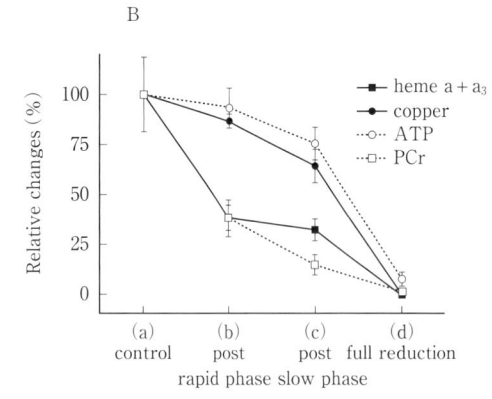

図6 Cyt.Ox の酸化-還元とエネルギー代謝の関係[7]
ATP の低下は Cyt.Ox の Cu⁺⁺ の還元と平行する.

している．これが以下に述べる Cyt.Ox の計測の臨床的意義である．

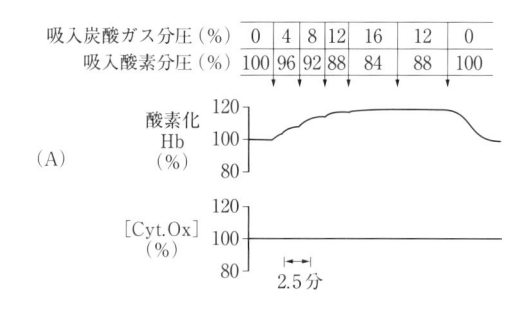

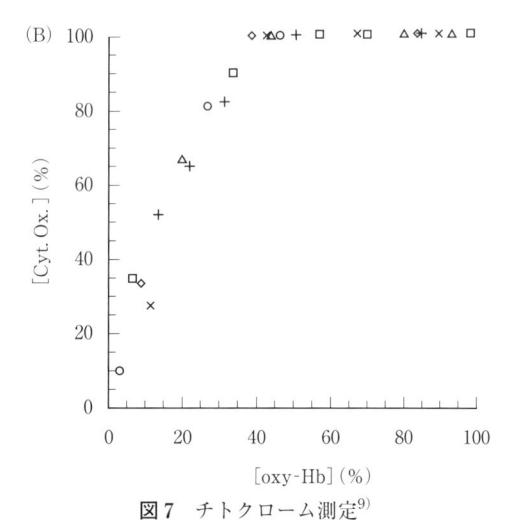

図7 チトクローム測定[9]
(A) 正常ラットに炭酸ガスを吸入させた時の脳血液の増加と Cyt.Ox の挙動.
(B) 正常血流下の麻酔ラットにおける脳内ヘモグロビン酸素飽和度と Cyt.Ox の酸化-還元.

3. 正常血流下での酸素濃度計測－近赤外光の利用

ヒトを対象とした生体組織の酸素計測の道は，Jöbsis によって約30年前にその扉が開かれた[8]．彼はイヌを用いて近赤外光（700～1100 nm）が生体組織に対し良好な透過性を持つことを見出し，正常血流下で皮膚や頭蓋骨をあけるまでもなく，脳組織中の血液の酸素化-脱酸素化および Cyt.Ox の酸化-還元が追跡可能であることを示した．その後，本技術は大きく発展し，血液の酸素化状態を利用した新しい脳機能解明の有力なモダリティーとしての地位を得ようとしている．

一方，チトクローム計測は，論文発表時より

その妥当性に関し，多くの議論が重ねられてきた．とくに一連のJöbsisグループ，あるいはロンドン大グループのチトクローム計測のアルゴリズムを用いると，正常血流下で脳内Cyt.Oxが空気呼吸で10〜20％すでに部分還元されていると結論された．しかしこれはミトコンドリアのCyt.Oxの見かけの酸素親和性を考えると（10^{-6} M以下で還元される）受け入れがたい．この問題を解決するため，われわれは新たな計測アルゴリズムを開発した[9]．図7にわれわれの麻酔ラットを用いた低酸素実験と，炭酸ガス負荷の結果を示す．図7(A)は炭酸ガス負荷（hypercapnia）時であるが，血流増加による酸素化Hbの上昇に対し，Cyt.Oxは酸化されない（Jöbsisら，Delpyらはhypercapniaで酸化と報告[10]）．次に低酸素負荷において（図7B），脳組織の平均の酸素飽和度が〜40％程度（吸入ガス分圧で10％酸素以下）より低下するとCyt.Oxの還元が見られ，低酸素状態になり，脳波がやがてフラットになる．われわれの結果は少なくとも図1と矛盾しない．また，HbとCyt.Oxの関係から血管系と脳組織内ミトコンドリアで〜50倍程度の酸素勾配が存在することがわかる．現在ではロンドン大グループのCyt.Oxの計測は血流変化がオーバーラップしているとの指摘で，一応の決着がついた．

今後，細胞内で直接酸素濃度を反映するCyt.Oxの計測の臨床におけるルーチン化が強く望まれる．

4. 近赤外イメージングと脳機能解明

脳神経系が活動すると，脳局所での血流増加が生じ，これによる酸素供給が神経活動に伴う酸素消費の増加を上回る．この結果，活動領域において酸素化Hbの上昇と脱酸素化Hbの低下が起こる．この原理を利用した方法として，近年，光による脳機能イメージングが注目されている．図8は近赤外光を利用した脳活動に伴う酸素濃度計測の最初の報告である[11]．被験者の左右前額部に照射と受光の一組のファイバー（3 cm離す）を当て，矢印のところで，被験者に予期せぬ質問をしたもので，左右前額部で異なった挙動を示している．すなわち脳活動に伴う血流の増加と酸素化Hbの上昇が左前頭葉で顕著に観測され脳賦活が生じていることがわかる．次に多数の計測ポイントから画像表示をして，このような活性化領域をイメージング可能な多チャンネル脳機能モニターが市販さ

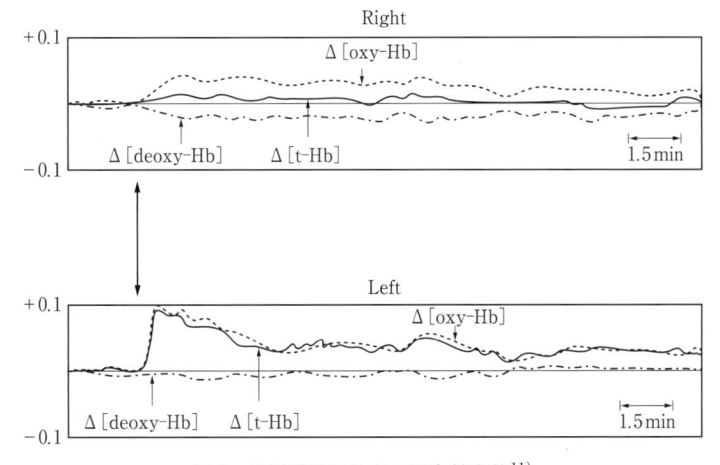

図8 脳活動時における近赤外応答[11]
矢印のところで個人的な質問を行った．脳内血流の増加と酸素化Hbの上昇が見られる．

れ，脳研究に活用されている．自由に歩きながらの計測も可能であり，光を利用した酸素計測の利点の1つと言える．

5. 光による組織酸素濃度の絶対値計測—時間分解計測

酸素電極の利点は，絶対値が求まることである．これに対し光を利用する手法はほとんどすべて絶対値が求まらない場合が多い．この理由は，生体組織のような光散乱系の場合，光が拡がってしまい，得られた吸光度から濃度を求める，基本であるベールランバー則において光路長が求まらないことによる．これに対し，近年，光が生体組織中を通過するその時間を計る飛行時間計測（time of flight）法が導入され，絶対値が求め得るようになった[12]．実際の手術場において脳内酸素飽和度と頸静脈の酸素飽和度（ポーラグラフィー法）を求めたところ，絶対値は両者でよい一致を示した．このことから，光により侵襲を伴わないで脳内酸素状態の絶対値測定が可能となりつつある．次のステップはこれを画像化し，さらに脳組織内部が見られる3次元酸素濃度トモグラフィーの実現である．現在いくつかの試みがあり，新生児での光トモグラフィーは間近である．

6. その他の手法

"光"を広く電磁波とすると，ここで述べてきた紫外-可視-近赤外領域以外に，生体内を透過するX線やγ線とマイクロ波およびラジオ波がある．γ線を利用したPETでの酸素プローブとして銅の利用が有望視されている．一方，ラジオ波の領域であるNMR（MRI）において，BOLD法と呼ばれるdeoxyHbによるプロトンの緩和時間の短縮を利用した方法は，現在脳機能計測において爆発的に利用されている．また，マイクロ波による酸素濃度計測も，生体で試みられ，原理はESR信号が酸素によって変化することを利用したものである．

おわりに

光の医学・生物学分野での利用はさまざまな利点を持つが，ヒトを対象とした時，近赤外光の利用と内視鏡の利用が最も近道である．ここで光は：

（1）非常に幅広い空間分解能—ナノメーターサイズの分子そのものから細胞内オルガネラ，単一細胞，組織，個体へとすべてのサイズでの測定が可能．

（2）分光学的な性質を利用して，多くの成分が混在している系から，特定の光学的酸素指示物質のみを測定することができる．また，外部からのプローブを用いるとより選択的な計測が可能．

（3）感度が高い．たとえば細胞内で10^{-11} Mの酸素を測れるのは光以外はない．われわれは幸運なことに生物が持っている高感度光プローブを利用できる．発光タンパク質を動物細胞系で発現させれば，生体で丸ごと各種臓器や細胞内の酸素が測れる．

（4）生体に対し，無侵襲なため，とくに臨床応用の可能性が高く，連続的に生体組織の酸素濃度の変動が追える．

（5）ポータブルで操作が容易，かつ特別な設備がいらないため，ベッドサイドや在宅でも使用ができ，さらに野外や極限状態での酸素計測も可能．

（6）酸素代謝と連動した生理的・生化学的変動を他のモダリティを用いて同時計測が可能．たとえばPETによる腫瘍の検出（グルコース取り込み）を行う時，光で同時に低酸素領域の検出を行えばより有効であろう．

このような利点から，光学的酸素計測法の利用はますます広がると思える．

最後に，光学的手法による生体組織の酸素濃度の無侵襲計測法の原理はほぼ確立している．

今後の展開は臨床応用を目指した装置の開発，とくに絶対値計測と三次元トモグラフィーの実現である．一方，ハードウェアの開発とともに，光学的酸素プローブの開拓がカギである．近赤外領域において，光の吸収と発光が酸素によって変化する分子-optical oxygen probe-の開発が待たれる．

［田村　守］

■文献

1) Keilin, D : On cytochrome ; a respiratory pigment common to animals, yeast, and higher plants. Proc Roy Soc B 98 : 312-339, 1925.
2) Oshino R, Oshino N, Tamura M, Chance B : A sensitive bacterial luminescence probe for O_2 in biochemical systems. Biochem Biophys Acta 273 : 5-17, 1972.
3) Millikan GA : Experiment of muscle hemoglobin in vivo. Proc Roy Soc B 123 : 218-243, 1937.
4) Araki R, Tamura M, Yamazaki I : The effect of intracellular oxygen concentration on lactate release, pyridine nucleotide reduction, and respiration rate in the rat cardiac tissue. Circ Res 53 : 448-455, 1983.
5) Owen C, Wilson, DF : Control of respiration by the mitochondrial phosphorylation state. Arch Biochem Biophys 161 : 581-591, 1974.
6) Tamura M, Oshino N, Chance B, Silver I : Optical measurements of intracellular oxygen concentration of rat heart in vitro. Arch Biochem Biophys 191 : 8-22, 1978.
7) Matsunaga A, Nomura Y, Kuroda S, et al : Energy-dependent redox state of heme $a+a_3$ and copper of cytochrome oxidase in perfused rat brain in situ. Am J Physiol 275 : C1022-C1030, 1998.
8) Jöbsis FF : Non-invasive, infrared monitoring of cerebral and myocardial oxygen sufficiency and circulatory parameters. Science 198 : 1264-1267, 1977.
9) Hoshi Y, Hazeki O, Kakihana Y, Tamura M : Redox behavior of cytochrome oxidase in the rat brain measured by near-infrared spectroscopy. J Appl Physiol 83 : 1842-1848, 1997.
10) Wyatt JS, Cope M, Delpy DT, Reynolds EO : Quantification of cerebral oxygenation and haemodynamics in sick newborn infants by near infrared spectrophotometry. Lancet 8515 : 1063-1066, 1986.
11) Hoshi Y, Tamura M : Detection of dynamic changes in cerebral oxygenation coupled to neuronal function during mental work in man. Neurosci Lett 150 : 5-8, 1993.
12) Omae E, Oda M, Suzuki T, et al : Clinical evaluation of time-resolved spectroscopy by measuring cerebral hemodynamics during cardiopulmonary bypass surgery. J Biomed Optics 12 : 062112-9, 2007.

2.9 パルスオキシメトリ

1. オキシメトリ

動脈血の酸素飽和度 SaO_2 は生命に直結する重要な値である．この酸素飽和度の変化は血中ヘモグロビンの色の変化に現れる．これを利用して酸素飽和度を求めることが，オキシメトリである．観血的オキシメトリでは，患者から血液を採取し，血液の赤血球を破壊することによって光散乱をなくし，これに光を照射して，Lambert-Beer の法則を適用すると次の関係が得られる：

$$A \equiv \log(L_{in}/L_{out}) = ECD$$

ここに，$A \equiv$ 吸光度（optical density），$L_{in} \equiv$ 入射光強度．$L_{out} \equiv$ 透過光強度，$E \equiv$ ヘモグロビンの吸光係数，$C \equiv$ ヘモグロビン濃度，$D \equiv$ 試料の厚み．この測定を適当な 2 波長 λ_1，λ_2，で行って両者の比をとると：

$$\Psi \equiv A_1/A_2 = E_1/E_2, \quad E_i = SEo_i + (1-S)Er_i$$

ここに，$S \equiv$ 酸素飽和度．$Eo \equiv$ 酸素化ヘモグロビン吸光係数．$Er \equiv$ 脱酸素ヘモグロビン吸光係数．したがって，この Ψ を酸素飽和度 S に換算することができる．光波長を増やして，CO ヘモグロビン，メトヘモグロビン，なども同時測定するものが数社から市販されており，CO-オキシメータと通称している．これは誤差要因がほとんどないので，パルスオキシメータの精度の評価にも用いられる．

2. パルスオキシメトリ

動脈血の酸素飽和度 SaO_2 は，状況によっては急速に低下して生命が危険にさらされる．この観点から，SaO_2 の無侵襲連続測定法が長く求められてきた．この要求に応えるものがパルスオキシメトリである．また，パルスオキシメータを実際に使うことによって，SaO_2 の予想外の変化が実感されて，その重要性が増してきた．パルスオキシメトリの最初の発表は 1974 年，青柳ほかによる[1]．またパルスオキシメトリの誕生に至る歴史については Severinghaus による著作がある[2]．

パルスオキシメトリの原理は次のようである：動脈血液は脈動しており，したがって組織内の動脈血の実質的厚みは脈動しているとみなせる．組織に光を照射した場合に，組織透過光は脈動する．組織内動脈血の厚みが最小および最大のそれぞれの時点において，組織透過光は最大 L_p および最小 L_b になる．血液の厚み変化分を ΔD として，もし光散乱を無視して Lambert-Beer の法則を適用すると：

$$\Delta A \equiv \log(L_p/L_b) = EC\Delta D$$

光散乱があるから A は減光度である．適当な 2 波長 λ_1，λ_2，それぞれでこれを測定してそれらの比をとると：

$$\Phi \equiv \Delta A_1/\Delta A_2 = E_1/E_2$$

実際には組織および血液はいずれも光散乱性であるから，Lambert-Beer の法則は適用できない．しかし Φ が酸素飽和度と 1 対 1 対応した値になることは，Wood の研究から予測できる[3]．これがパルスオキシメトリの原理である．

この原理による装置は，最初に日本光電工業㈱から発売され，次にミノルタカメラ㈱で改良され，さらに米国の Nellcor 社で改良されて 1985 年に発売されてから，爆発的に普及した．当時大きな問題になっていた麻酔中の死亡事故の原因の多くは，SaO_2 が思わぬ低下をすることである，とわかり，医療事故防止にきわめて

有用とされ，世界中で，麻酔中のモニターとして必須のものとされている[4]．なお，このパルスオキシメータで測定したSaO_2値にはいろいろな誤差要因があるので，採取血で測定したSaO_2と区別するためにSpO_2と呼ぶことになっている．

3. パルスオキシメータの構造と精度

パルスオキシメータの一例を図1に示す．パルスオキシメータは，体に装着するプローブと本体とによって構成される．今日の一般的な構造をブロック図として図2に示す．プローブには発光部と受光部とがあり，両者によって指などの測定部位を挟んで測定する．発光部では，赤色光（約660 nm）と赤外光（約940 nm）との2つの発光ダイオード（LED）が交互に発光する．光波長は，メーカによって異なるが，多くは，赤色光は660 nm付近，赤外光は940 nm付近である．この波長域においては生体における光透過がよいので，パルスオキシメトリに好都合である．これよりも短波長ではヘモグロビンの吸光がきわめて大であり，これよりも長波長では水の吸光がきわめて大である．この波長域内で，660 nmでは酸素飽和度変化によ

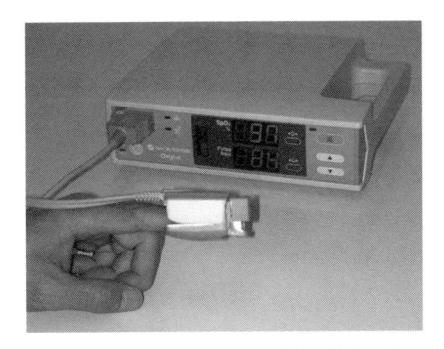

図1 パルスオキシメータの一例（日本光電工業 Oxypal）

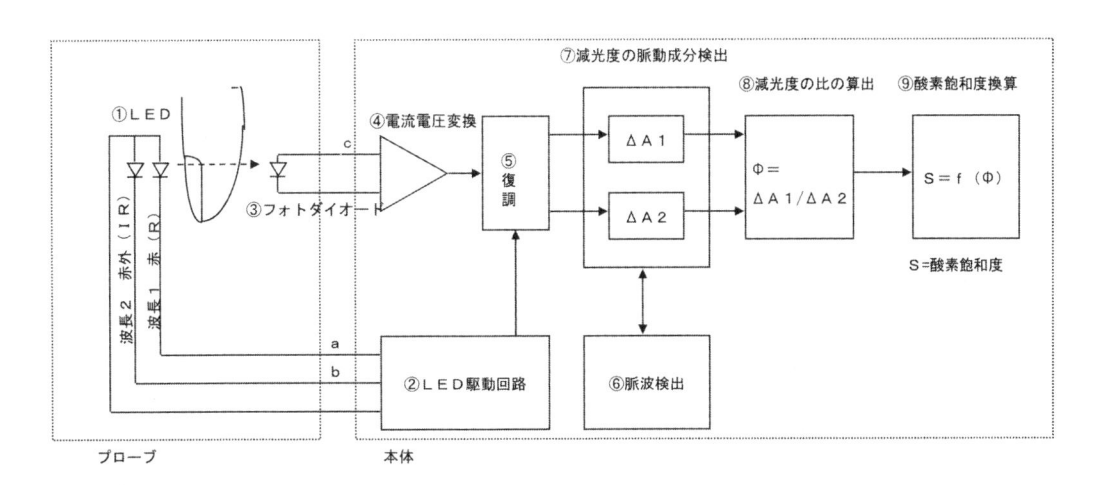

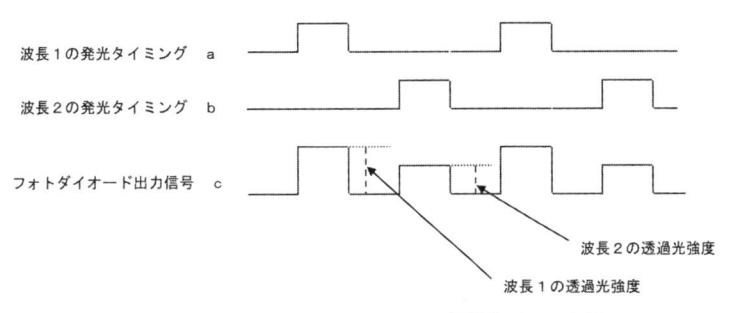

図2 パルスオキシメータの一般的なブロック図

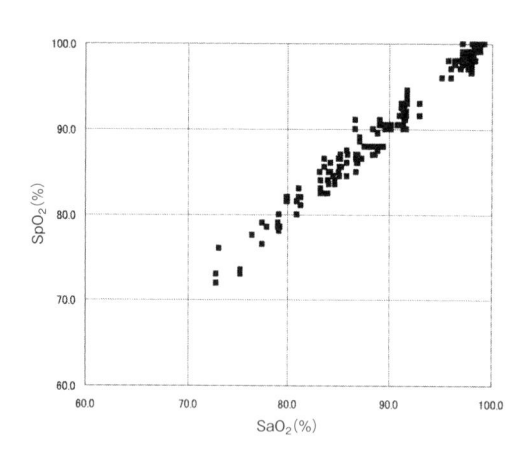

図3 パルスオキシメータの精度データの一例
日本光電ベッドサイドモニタ BSM2301，プローブ TL-271T．SaO_2 観血値はラジオメータ社 OSM3．平均誤差 0.5%，標準偏差 1.1%，Arms 1.2%，症例数 10 人，データ数 201 ポイント．このボランティア試験には同仁記念会明和病院のご協力を頂いた．

るヘモグロビン吸光変化が大であり，また 940 nm では酸素飽和度変化によるヘモグロビン吸光変化が逆方向かつ大である．受光部はフォトダイオードであって，光を電流に変換する．この電流はさらに電圧に変換され，次にそれぞれの波長毎の透過光強度信号 L_1, L_2, に分離される．次にこれに基づいて組織減光度の脈動成分 ΔA_1, ΔA_2, を求め，$\Phi \equiv \Delta A_1 / \Delta A_2$ を算出し，これを酸素飽和度 SpO_2 に換算する．

SpO_2 への換算法としては決まった理論式がなく，各社独自の換算表に基づいている．SaO_2 の測定精度を評価するには人体を用いて低酸素試験を行うことは避けられない，ということがパルスオキシメータの国際標準でも明言されている．その場合の基準値としては，採取した血液を CO-オキシメータで測定し，対応した時点の SpO_2 値と対比する．日本光電工業で行ったボランティア試験結果の一例を図3に示す．今日の世界の主要メーカの公表データも，ほぼ同様である．

4. パルスオキシメータの測定上の問題と対策

パルスオキシメトリは無侵襲測定法であるから一種の間接的測定法であり，したがって正しい測定を阻害する要因が多数あり，その対策が重要な課題である．また測定精度以外にも注意すべき事項がある[5-7]．これらについて以下に述べる．

a. 組織の厚み

組織の厚みが大なら透過光が小になる．また厚みが小なら脈動する血液が少なく，減光度の脈動分が小になる．装着部位の最適な厚みは 10 mm 程度である．

b. 発光-受光の位置関係

プローブの装着においては，発光部と受光部とが正しく対向することが望ましい．挟み式の指プローブは，指が奥まで入った状態で最適な位置関係になるように設計されている．もし指が完全に奥まで入っていないと，正しい値が得られないことがある．

c. 血流不全

末梢循環不全においては，とくに指先などで脈動が消失し，測定不能になることがある．プローブの装着は，温かく血流のある部位が望ましく，また血流阻害しないよう圧迫を避けることが必要である．

d. 体動

測定中に体動があると，静脈血および組織の動きが加わり，またプローブの装着状態が変動する．これは新生児や小児において頻繁に起きるが，成人でも体動が避けられない場合は多く，大きな問題である．この点でプローブは質量の小さいものが有利である．また得られた信号に対して，パルスオキシメータ内部でコンピ

ュータ処理を加えて，体動の影響を減らす，という方法に各社が工夫をこらしている．また使用上の注意としては，ケーブルのゆれがプローブに伝わるのを防ぐために，ケーブルをテープで固定する．

e．マニキュアと汚れ

マニキュアはSpO_2に影響を与える場合がある．とくに救急現場で問題となる．西山らは健康成人ボランティア3名に，複数メーカのさまざまな色のマニキュアを塗布し，SpO_2値の誤差を測定した．その結果，試験に用いた58指中3指で，SpO_2に3%以上の差が確認された[21]．マニキュアによる影響の程度を事前に予測することは困難であるとしている．マニキュアや汚れは取り除いてからプローブを装着することが望ましい．

f．皮膚の色

有色人種の皮膚の色が，パルスオキシメータの精度に与える影響は小さいとされている．Bothmaらは，暗色系患者の臨床使用において，皮膚の色はパルスオキシメータの精度に影響を与えないと報告している[8]．ただし，酸素飽和度が70%を下回るような低酸素状態の場合，暗色系の被験者のSpO_2が高めの値を示すという報告もある[9]．黄疸による皮膚色変化も，影響はないとされている[10]．

g．異常ヘモグロビン

ヘモグロビンの内には，酸素化ヘモグロビンと脱酸素ヘモグロビンとの他に，異常ヘモグロビンと呼ばれるものがある．その代表的なものは，一酸化炭素ヘモグロビン（COHb）とメトヘモグロビン（MetHb）とである．いずれも酸素を運搬できないヘモグロビンである．パルスオキシメータのSpO_2値の計算には，異常ヘモグロビンが無いと想定しているから，それらは誤差要因となる．COHbは通常は1%以下であり，喫煙者であっても5%程度である．その範囲であれば，SpO_2に与える影響は無視できる．しかし，一酸化炭素中毒やメトヘモグロビン血症では誤差が大になるから，注意が必要である．

h．低温熱傷など

まれにプローブ装着部位に低温熱傷が生じることがある．Willeらは，重症患者において血管作動薬としてnorepinephrineとdopamineを併用した場合に，パルスオキシメータのプローブによる皮膚損傷が高い頻度で発生したと報告している[22]．その原因は，血管作動薬投与により細動脈が収縮し，血流が減少することである，と推定している．本来，生体の代謝による産熱は，血流により放熱されている．これによって，パルスオキシメータの発光部の温度上昇は，通常は2℃程度に留まっている．しかし圧迫により血流が途絶えると血流による放熱がなくなり，局所的に温度が上昇する．これが低温熱傷の主要な原因である．また，プローブ装着の圧迫だけで皮膚損傷が起こるという報告もある．使用上の注意としては，固定用テープの巻き方が強すぎないことと，長時間連続して同一部位に装着しないこととが重要である．

この低温熱傷について，臨床における使用者は，電気的な発熱が原因だと誤解する場合が多い．たとえば経皮酸素電極などでは，皮膚を加熱することが必要であるから，熱傷の可能性も高い．しかしパルスオキシメトリにおける熱傷はメカニズムが異なるのである．

i．パルスオキシメータの標準

パルスオキシメータの使用上のリスクを低減するために，パルスオキシメータの国際標準としてISO標準が1992年に制定され，2005年に改訂された．これに伴ってわが国ではJIS規格の制定作業が進んでいる[11]．

5. 臨床におけるパルスオキシメータ

a. 臨床におけるパルスオキシメータの有用性

パルスオキシメータの導入は，臨床医療に画期的な影響をもたらした．すなわち，低酸素血症に伴う医療事故の大幅な低減である．とくに全身麻酔に関わる重大事故の大半は呼吸系，それも低酸素血症に伴うものとされ，その多くがパルスオキシメータによるモニタによって防止可能になり，実際に防止されてきている．麻酔中の死亡事故の発生頻度は，統計手法の違いもあり，また間接的な効果も含まれるため，明確な比較はできないが，最近では 1/100,000-1/200,000 とされる発生頻度が，パルスオキシメータが導入される直前の 1980 年代中頃には 1/10,000-1/50,000 と高値であったことを考えると，その貢献はきわめて大きい．

パルスオキシメータは非侵襲性であるので，全身麻酔症例をはるかにしのぐ頻度で，鎮静鎮痛処置症例，無痛分娩，在宅酸素・人工呼吸症例，患者管理鎮痛法（PCA）症例，未熟児呼吸管理症例，などでも患者の安全確保に大いに貢献している．現在その使用は，手術室・ICUから一般病棟，そして在宅医療へと拡がってきている．これには精度の向上とともに，誤警報発生の頻度が大幅に低下したことが寄与している．

パルスオキシメータにより得られるデータは，酸素分圧のように日常的には華やかな変化ではないが，より生命に直結した指標であるヘモグロビン酸素含有率の変化を，非侵襲性かつ迅速に反映することが理解されている．またモニタとして従来から頻用されている ECG とは異なり，組織灌流の確実な指標であるので，未熟児網膜症発症予防の観点から安全に酸素投与量を下げたい未熟児医療や，喘息発作患者での外来吸入療法時での使用，そして一般観察患者での基本的バイタルサインの1つへと，その使用はより拡がっている．これらのことはまた，新たな問題も派生させている．

b. 臨床におけるパルスオキシメータの問題点と改良への期待

臨床においてよくある間違いは，パルスオキシメータの指プローブを装着した側の腕に，血圧測定用カフを巻いて加圧することである．そのような場合には，加圧中に脈波がなくなって，パルスオキシメトリができなくなる．

パルスオキシメータの問題点は，体動による影響（測定値そのものと誤警報発生）と，精度（とくに低酸素状態で）といった測定上の問題があるが，多くのメーカの努力によって，ある程度の解決がみられてきている．さらに根本的な解決のためには，確かな理論に基づいた測定法が今後具体化される必要がある．ところで臨床においては，測定値の評価方法に伴う問題がきわめて重要である．パルスオキシメータの SpO_2 はあくまで酸素化の指標であり，換気（$PaCO_2$）の指標ではないことの理解の徹底が重要である．とくに酸素投与がなされている患者での換気低下は見逃される可能性が高い[23]．この事実については，一般医療従事者へのいっそうの啓蒙が必要である．

パルスオキシメータの出発点における前提であった，1）血液中には酸素化ヘモグロビンと脱酸素ヘモグロビンしか存在しない，2）拍動する部分は動脈である，という2つの仮定の持つ限界を越えた性能が，現在の医療では求められている．この前提で得られたデータは SpO_2 とされ，臨床的には機能的酸素飽和度（functional SaO_2）に近いものである．一方，一酸化炭素ヘモグロビン（COHb），メトヘモグロビン（MetHb），といった異常ヘモグロビンの存在は，増え続けるニトロ血管作動薬使用や NO 吸入療法，あるいは湯沸かし器の不完全燃焼事故報道などで明らかなように，臨床上無視できない状況である．これらが測定できるよう

になると，救急医療，集中治療領域での有用性が高まるが，いわば分画酸素飽和度（fractional SaO_2）に近い意味を持ち，長年SpO_2に慣れ親しんだ臨床家の頭の切り替えが求められることになる．

脈波成分の動向を連続的に分析して循環状態の指標とする可能性もある．また，診断用色素を注入しパルスオキシメトリの原理で色素希釈曲線を得て，心拍出量や循環血液量を低侵襲測定するなどの試みもある[12,13]．測定可能部位の拡大（手指以外の部位），用いるプローブの工夫（反射式，分娩時の児頭装着），そして測定項目の拡大（局所の血液量，ヘモグロビン濃度，血糖値など）の広い可能性と発展性に期待したい．

6. パルスオキシメトリの理論

パルスオキシメータの普及に伴っていろいろな問題点が指摘され，改良が期待されている．パルスオキシメータは2波長式のままで，すでに多くの改良がなされてきた．これ以上の改良のためには抜本的対策として，波長を増やすことが必須である．多波長で測定し，連立方程式を解くことによって，誤差要因を消去できるはずである．しかしパルスオキシメトリは原理があって理論式のないままに普及してきた．理論を立てる試みは多くあったが，抜本的改良に役立つものはなかった．以下に述べるものは，青柳らの理論であって，これによってパルスオキシメトリの抜本的改良の糸口が得られた．

a. 血液の減光

理論式として必要なのは，光吸収散乱体の入射光と透過光との関係式である．パルスオキシメトリにおいては，対象物の厚み変化分だけを考慮すればよい．前提として，パルスオキシメトリの場を完全な散乱光の場とし，完全に散乱した光は散乱係数の波長依存性がないもの，と近似する．そのような場に適用できるのはArthur Schusterの理論である[14-16]．これによれば，血液の厚み増加分の減光度（optical density）ΔAbは次のようになる：

$$\Delta Ab \equiv \log(L_o/L) = \sqrt{E(E+F)} Hb \Delta Db$$

ここに，$L_o \equiv$ 血液厚み最小における透過光強度．$L \equiv$ 血液厚み最大における透過光強度．$F \equiv$ 散乱係数．$Hb \equiv$ ヘモグロビン濃度．$\Delta Db \equiv$ 血液の厚み増加分．

b. 組織の影響

誤差要因として，血液以外の組織の脈動を考慮する．組織の影響とは，動脈血の脈動に伴って血液以外の組織の実質的厚みも脈動する，それの影響である．たとえば，指尖にプローブを装着して，その手を上げた場合，および下げた場合に，局部的な動脈圧はそれぞれ，低下，上昇，をする．そのそれぞれにおける組織のcomplianceは，上昇，低下，をして，組織の脈動が変わる．これによって，SpO_2は1-2%の変化をする．組織は一般的に，吸光はないが散乱減光を生じ，これが血液の減光に加わる．

$$\Delta A \equiv \log(L_o/L) = \sqrt{E(E+F)} Hb \Delta Db + Zt \Delta Dt$$

ここに，$Zt \equiv$ 組織の減光率．$\Delta Dt \equiv$ 組織の厚み増加分．

$$\Phi_{ij} \equiv \Delta A_i/\Delta A_j = \frac{\sqrt{E_i(E_i+F)} + Ex_i}{\sqrt{E_j(E_j+F)} + Ex_j}$$

$Ex_i \equiv Zt_i \Delta Dt/Hb \Delta Db$, $Ex_j \equiv Zt_j \Delta Dt/Hb \Delta Db$

このExについては次のような関係が見出された：

$$Ex_i = A_i Ex_j + B_i$$

ここに，A_i, B_i, は定数であって，組織定数と名づける．このようにして，未知数はSおよびEx_jの2個となる．したがって，適当な3波長を用いることによって，組織の影響を消去することができる．

この理論式は次のような実験によって立証され，A_i, B_i, の値も得られた[17]．

<1>ボランティアの手の指をヒモでしばっ

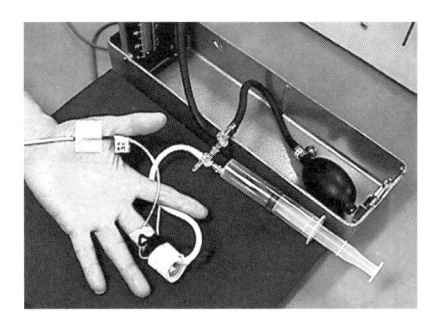

図4 パルスオキシメトリの理論式を立証する実験の状況

て血流を止める．これによって指先の血液の酸素飽和度はゼロに向ってゆっくり下ってゆく．

<2> その指に巻きつける小さいカフの空気袋の内圧を脈動させることにより，指先の血液を脈動させる．

<3> カフ圧の脈動の中心圧を変化させることによって，組織のcomplianceを変化させて，組織脈動と血液脈動との比を変化させる．

<4> 測定中に頻繁に指先をマッサージすることによって，指先の血液の酸素飽和度を均一にする．

<5> なお，指に障害を残さないために，血流停止時間は長くしない．

この実験状況を図4に示す．なお，$SaO_2=1$ のデータは若い人に O_2 ガスを吸ってもらって，その状態で $SaO_2=1$ であるとした．

c. 静脈血の影響

第2の誤差要因として，静脈血の脈動がある．静脈血は，周囲の動脈圧の脈動を受けて，一般的には逆拍動をする．静脈血を考慮して，Φ の理論式を次のようにした：

$$\Phi_{ij} \equiv \Delta A_i/\Delta A_j = \frac{\sqrt{Ea_i(Ea_i+F)} + \sqrt{Ev_i(Ev_i+F)}V + A_i Ex_j + B_i}{\sqrt{Ea_j(Ea_j+F)} + \sqrt{Ev_j(Ev_j+F)}V + Ex_j}$$

ここに，$Ea \equiv$ 動脈血ヘモグロビンの吸光係数．$Ev \equiv$ 静脈血ヘモグロビンの吸光係数．$V \equiv \Delta Dv/\Delta Da \equiv$ 静脈血と動脈血との脈動振幅比．

このように未知数は，動脈血酸素飽和度 Sa, 静脈血酸素飽和度 Sv, V, Ex_j, の4個となる．したがって，適当な5波長を用いることにより，組織および静脈血の影響を消去できる．

d. 多波長化の効果

誤差要因の内で生体に起因するものはほとんどが組織と静脈血によると考えられる．この理論により主要な誤差要因が消去され，それにより次のような改善が期待される．

1) SaO_2 の測定精度が高くなる．

2) 透過式と反射式と同じ理論式を適用できる．したがってパルスオキシメトリの適用部位が拡大する．

3) 体動消去には決定論的手法が適用できるので，性能が改善し，とくに SpO_2 の遅れと平滑化とが軽減される．

4) 脈動のない場合には外から脈動を与えて測定できる．

これらによって，パルスオキシメータは使いやすくかつ信頼性の高いものになる[18,19]．そして医療事故がさらに低減することが期待される．

無侵襲オキシメトリに多波長を用いる例は他にもある．たとえば Hewlett-Packard 社から1975年に発売された ear oximeter 47201A は8波長を用いている．これは先験的な計算式を用い，式中の定数の決定において多数のデータに基づく統計的手法を用いている．これに対し，青柳らの理論式は，生体についての物理的な理論および実験に基づくものである．これにより，より少ない波長数で，より高度な性能を実現できる．

e. 校正器

なお，校正器について触れたい．校正器とは，パルスオキシメータによる測定値が採取血による値と一致するか，調べるものである．校正器の内部に血液を入れて，これを挟んでパルスオキシメータの光源と受光器とを配置し，血

液の SO_2 とパルスオキシメータの示す SpO_2 との関係を求める．校正器を作る試みの多くは，SO_2 と SpO_2 とを一致させることができなかった．われわれは，血液と牛乳との2重層を用いて，SaO_2 と SpO_2 とを一致させることに成功した[20]．これは，牛乳の層が，完全な散乱光の場を作り，かつ，組織の脈動を模擬する，ということである．しかし静脈血の影響も含めて模擬するのは，きわめて困難であると考える．

おわりに

パルスオキシメータを用いることにより，低酸素血症を早期発見できるようになったので，医療事故の低減に大いに寄与した．さらには，パルスオキシメトリの測定理論が進むことにより，測定精度改善が進み，それとともに，より多様な非侵襲的モニタが可能になって，さらに大きく医療に寄与する，ということが期待される．

[青柳卓雄，鵜川貞二，布施政好，宮坂勝之]

■文献

1) 青柳卓雄，岸道男，山口一夫，渡辺真一：イヤピースオキシメータの改良．第13回日本ME学会大会資料集"技術と人間"：90-91, 1974.
2) Severinghaus JW, Astrup PB：History of blood gas analysis. Internat Anesthesiol Clin 25 (4)：1-224, 1987.
3) Wood EH：Oximetry, In：Glasser O, ed：Medical Physics 2, pp. 664-680, The Year Book Publishers, Chicago, 1950.
4) 鈴木正大，新井豊久編著：安全な麻酔のためのモニター指針ガイドブック．克誠堂，東京，1995.
5) 鵜川貞二：パルスオキシメータの現状および問題点．医科器械学 77 (2)：52-59, 2007.
6) 特集パルスオキシメータのすべて．医科器械学 75 (12), 2005.
7) 特集続パルスオキシメータのすべて．医科器械学 77 (2), 2007.
8) Bothma PA, Joynt GM, Lipman J, et al：Accuracy of pulse oximetry in pigmented patients. S Afr Med J 86：595-596, 1996.
9) Bickler PE, Feiner JR, Severinghaus JW：Effects of skin pigmentation on pulse oximetry accuracy at low saturation. Anesthesiology 102：715-719, 2005.
10) Severinghaus JW, Kelleher JF：Recent developments in pulse oximetry. Anesthesiology 76：1018-1038, 1992.
11) 小沢秀夫：パルスオキシメータの規格化．医科器械学 75 (12)：27-31, 2005.
12) 布施政好，金本理夫，堀川宗之，他：パルスオキシメトリの原理による色素希釈曲線の測定．医用電子と生体工学 28：524, 1990.
13) 飯島毅彦，巌康秀：講座パルス式色素希釈法と臨床応用．臨床麻酔 24：1011-1017, 2000.
14) Schuster A：Radiation through a foggy atmosphere. Astrophys J 21：1-22, 1905.
15) 青柳卓雄：血液減光の理論的実験的検討．医用電子と生体工学 30 (1)：1-7, 1992.
16) 青柳卓雄：パルスオキシメトリ：その誕生と理論．オプトロニクス 291：131-137, 2006.
17) 布施政好，青柳卓雄，小林直樹，宮坂勝之：パルスオキシメトリ理論実証のための極低 SO_2 実験．生体医工学 44 (Suppl 1)：598, 2006.
18) 布施政好，青柳卓雄，小林直樹，宮坂勝之：パルスオキシメトリにおける5波長反射式（その2）．生体医工学 45 (Suppl 1)：151, 2007.
19) 青柳卓雄，布施政好，小林直樹，他：パルスオキシメトリにおける5波長時間式による体動消去（その2）．生体医工学 45 (Suppl 1)：151, 2007.
20) Aoyagi T, Miyasaka K：Pulse oximetry and its simulation. IEEE Tokyo Section Densi Tokyo 29：184-186, 1990.
21) 西山秀世，桑野正行，他：マニキュアがパルスオキシメーターに与える影響．プレホスピタルケア 12 (1)：41-46, 1999.
22) Willie J, et al：Pulse oximeter-induced digital injury：Frequency rate and possible causative factors. Crit Care Med 28 (10)：3555-3557, 2000.
23) Keidan I, et al：Supplemental oxygen compromises the use of pulse oximetry for detection of apnea and hypoventilation during sedation in simulated pediatric patients. Pediatrics 122 (2)：293-298, 2008.

2.10 内因性酸素プローブとなり得る生体分子

　酸素は反応性が高く有害であるが，一部の生物は酸素を利用することによって大きなエネルギーを得られるようになった．体外から取り入れた酸素を体の隅々で利用するためには，酸素を運搬する分子，酸素を貯蔵する分子，酸素からエネルギーを取り出す分子が必要である．それらの分子は幸いにも，酸素と結合することによってスペクトル特性が変化するため，生体内での分光学的な酸素濃度の指示物質，つまり内因性酸素プローブとなり得た．

　具体的には，ヘモグロビン，ミオグロビン，シトクロムcオキシダーゼ，あるいはシトクロム類，フラビン類，ピリジンヌクレオチド類などのタンパク質が内因性酸素プローブの候補といわれている．高等動物のヘモグロビンは血液中の赤血球内に閉じ込められており，酸素の運搬を担っている．ミオグロビンは心筋と骨格筋のみに存在し，酸素の貯蔵を担当している．シトクロムcオキシダーゼは細胞内小器官の1つであるミトコンドリアに存在し，電子伝達系からの電子を酸素分子へ受け渡している．したがって，ヘモグロビンは循環器系の，ミオグロビンは筋組織中の，シトクロムcオキシダーゼはミトコンドリア近傍の酸素濃度の指示物質といえる．これら3種のタンパク質は酸素と直接作用するが，細胞質あるいはミトコンドリア中にあるフラビン類，ピリジンヌクレオチド類，シトクロム類はシトクロムcオキシダーゼへの電子の流れを介して間接的に酸素濃度の影響を受けている．したがって，フラビン類などを酸素濃度の指示物質として使用するためには，酸素以外の因子の影響を常に考慮しなければならない．

　定量的な酸素濃度の指示物質としてこれらを利用するためには，まず酸素との親和性を正確に知らねばならない．その親和性が酸素以外の他の要因によって，どのように影響を受けるかも知らねばならない．それを知るためには，内因性プローブを精製して，つまりin vitroで親和性や因子を検討し，in vivoの結果に当てはめる必要がある．また，実際にそれらのプローブをin vivoで利用するためには，酸化あるいは酸素化の程度を生体内で正確に測定できなければならない．その際，生体内でのプローブのスペクトルは光散乱に影響を受けるため，組織中での濃度とスペクトルの特性が重要な要因となる．

　酸素との作用によって起こる内因性プローブの酸化還元，あるいは酸素化・脱酸素化の変化は，Chanceらが開発した二波長法によってin vivoでより正確に測定できるようになった．近接した2つの波長間での光散乱の寄与はほぼ等しいと仮定し，波長間でのスペクトルの差をとることによって吸収の変化のみを知ることができる．理想的には，1つの波長はスペクトル変化の極大に対応し，もう一方は酸素濃度によって変化しない等吸収点とするのがよい．ただし，内因性プローブの多くは類似の分子構造をもつがゆえにスペクトルが重なるため，常に二波長法が有効とは限らない．その際は，干渉を最小限にできるよう測定波長を選定すべきである．よりよい内因性酸素プローブとなり得るのは，したがって他のプローブと異なったスペクトルをもつ分子といえる．

　生体に照射された光は組織内で吸収，散乱を受けて減衰するが，近赤外領域の光に対する生体分子の吸収係数は小さく，また散乱を受けにくい．近赤外光は一般的に750-2500 nmの波

長の光をさすが，中でも水分子による吸収が小さい 700-1100 nm の光が生体に対してとくに高い透過性をもつ．幸運にも，酸素と直接作用するヘモグロビン，ミオグロビン，シトクロム c オキシダーゼはこの領域に酸素濃度に依存した吸収変化をもつため，これらの分子のスペクトル変化を解析することによって，in vivo での局所的な酸素濃度を知ることができる．以下では，とくにヘモグロビン，ミオグロビン，シトクロム c オキシダーゼについて，その特徴と具体的な測定例を紹介する．なお，これら3種のタンパク質の近赤外領域におけるスペクトルは，文末で紹介した参考文献を参照していただきたい[1]．

1. ヘモグロビン

ヘモグロビンは脊椎動物などの赤血球内に存在するタンパク質であり，肺から取り込んだ酸素を全身に運搬するための機能をもつ．成人のヘモグロビンは α 鎖と β 鎖の2種類2個ずつの4つのサブユニットからなり，各サブユニットはグロビンと呼ばれるポリペプチド鎖とヘム基から構成されている．ヘム基は2価の鉄原子とポルフィリンからなり，この部分に酸素分子が結合する．酸素分子が結合したオキシヘモグロビンは見た目には鮮血色であり，結合していないデオキシヘモグロビンは暗赤色を示す．この色の違いは，ヘム基に酸素分子が結合することによって生じるポルフィリン環のひずみ具合の差に由来する．

ヘモグロビン全体の立体構造は1つのヘム基に酸素分子が結合することによって変化し，その結果，他のヘム基への酸素分子の親和性が上がる（アロステリック効果）．一方，二酸化炭素または水素イオンが存在する場合には，それらがヘムのバリン基に結合することによって，ヘモグロビンの酸素との親和性が下がる．嫌気的条件下で生じるグリセリン2,3-リン酸が結合することによっても，酸素との親和性が下がる．これらの効果によって，酸素の多い肺の毛細血管ではヘモグロビンは酸素と結合しやすく，二酸化炭素，水素イオンが多い末梢血管では酸素を解離しやすくなっており，より効率よくヘモグロビンは酸素を全身へと運搬することができる．酸素の解離曲線はシグモイド型をしており，哺乳類のヘモグロビンの半飽和値（P_{50}）は，pH 7.0，37℃の下で約 10 mmHg であるが，pH，イオン強度，有機小分子，温度に依存して変化する．

スペクトルの特徴としては，400 nm 付近にソーレ帯と呼ばれる大きな吸収域があり，550 nm 付近に Q 帯と呼ばれる吸収域がある．オキシヘモグロビンとデオキシヘモグロビンの最も特徴的なスペクトルの差は，オキシヘモグロビンでは Q 帯に2つのピーク（547 と 584 nm）をもち，デオキシヘモグロビンでは1つ（560 nm）のピークをもつことである．他には，オキシヘモグロビンがデオキシヘモグロビンよりも 660 nm 付近では顕著に吸収が小さくなるのに対して，940 nm 付近では吸収が大きくなる．近赤外領域では，800 nm 付近に等吸収点をもつことも特徴である．

以上のような性質をもつヘモグロビンは，緑色植物が炭素同化中に生産する酸素を検出するために，Hoppe-Seyler が哺乳類の血液を最初に使用して以来，100年以上ものあいだ酸素プローブとして使われてきた．しかし実際に酸素分圧を定量的に測定するために使用されたのは，単離と特徴付けがなされた 1930 年代以降である．酸素分圧の定量化を目的としたヘモグロビンの使用には2つの大きな流れがある．1つは，精製したヘモグロビンを添加して，外部環境の酸素濃度を計測する試みである．たとえば，Hill は葉緑体に光を照射したときに増加する酸素を測定するためにヘモグロビンを使用し，Kekonen らは分離した肝臓に流す灌流液にヘモグロビンを加えて細胞外の酸素分圧を測

定した．Kekonen らの実験では，ヘモグロビンの完全な酸素化と脱酸素化は，それぞれ 100 % の酸素と窒素に曝露することによって決定されており，ヘモグロビンのスペクトルに対するシトクロム c オキシダーゼの寄与は，肝ミトコンドリアを混ぜたヘモグロビン溶液を用いて決定し，補正されている．

もう一方は，生体のあるがままの状態で，つまり in vivo で血中のヘモグロビンの酸素化度を分光学的に測定し，血管内の酸素分圧を導くというものである．1977 年に Jöbsis によって示され，後に他の研究者によっても確認されたように，生体物質は比較的近赤外光を透過しやすく，そこにはヘモグロビンの吸収域がある．近赤外光を用いることによって，非侵襲的にヘモグロビンの酸素化度を in vivo でモニターすることが可能となる．しかし，ヘモグロビン溶液は半透明であるためランベルト-ベール則に従うが，in vivo では血球やその他の粒子による光散乱のために従わない．そこで，いわゆる二波長法を用いてヘモグロビンの酸素化度が計測されるに至った．二波長法では近接した 2 つの波長間での散乱の寄与は等しいと仮定して演算をしているが，実際には散乱による光の減衰はヘモグロビンによる光の吸収よりも大きいため，in vivo では一般的な二波長法は使用できない．最もシンプルな改良型として，オキシヘモグロビンの吸収極大に近い波長と，2 つの等吸収点に対応する波長を用いた三波長法が考案された．各波長での吸光度に対する散乱の寄与は等吸収点での吸光度から見積もられ，吸光度はヘモグロビンの酸素化の程度に関係している．

より複雑な改良型では，ヘモグロビンの吸収スペクトルを広い範囲（520-620 nm）で測定し，加重多成分解析法を用いて求める方法が Grunenald らによって考案された．これは，測定されたスペクトルが 3 つの基本スペクトル，つまり酸素化，脱酸素化，そして無水ヘモグロビンの 1 次元線形結合より成るという事実にもとづく．また，検出光から吸収と散乱の項を分離する詳細な定量解析も 1984 年以来提唱されている．

さらに Gayeski とその同僚らは，解析の際に等吸収点を用いる必要がないこと，540-600 nm の範囲で酸素飽和度に対してその差が変化しないいくつかの波長ペアを選定できることを見出した．測定されたヘモグロビンの酸素飽和度は 10-40 % の範囲ではヘマトクリット値に依存せず，算出された飽和度はマウス，イヌ，ヒトの血液間で差がなかった．毛細血管でヘモグロビンの飽和度を測定した場合，この方法は血管の直径やヘモグロビンの濃度に影響を受けないことも見い出された．

これらの手法をさらに発展させ，最近では測定のためにパルス光源を用いることによって，照射された光の光路長を得ることができる．この原理を基に，組織中での酸素分布を 3 次元的に再構築することが可能となりつつある[2]．

以上で述べたように，ヘモグロビンの酸素化度を測定することによって，血管内の局所的な酸素分圧を見積もることができる．しかし，ヘモグロビンの酸素解離曲線は pH などのパラメーターに影響を受け，スペクトルはシトクロム類やミオグロビンのスペクトルと重なる．したがって，生体内での正確な酸素分圧を知るためには，それらの因子の正確な知見がなければならない．

2. ミオグロビン

ミオグロビンは，心筋と骨格筋に存在するタンパク質である．ヘモグロビンよりも酸素に対する親和性が高いため，ヘモグロビンから受け取った酸素分子を一時的に保持する機能をもつ．ヘモグロビンが 4 つのサブユニット（α 鎖 2 つと β 鎖 2 つ）からなるのに対し，ミオグロビンはヘモグロビンの β 鎖に似た単量体の構

造をしている．したがって，ヘモグロビンが示すようなアロステリック効果はもたず，酸素の解離曲線は双曲型である．P_{50} は pH，イオン強度，有機小分子に影響を受け，温度が上昇するに伴い P_{50} は増加し，20-25℃ では 0.7-1.5 mmHg，37℃ では 3-3.5 mmHg となる．

スペクトルはヘモグロビンのものときわめて似ており，400 nm 付近にソーレ帯を，550 nm 付近に Q 帯と呼ばれる吸収域がある．ただし，ヘモグロビンと比べてスペクトル全体が 5 nm ほど長波長側にシフトしている．オキシミオグロビンとデオキシミオグロビンのスペクトルの違いもヘモグロビンの違いと似ており，オキシミオグロビンが 550 nm 付近に 2 つのピークをもつのに対して，デオキシヘモグロビンは 1 つのピークしかもたない．このようにミオグロビンとヘモグロビンのスペクトルが似ているため，筋肉中でそれらを分けて計測するには工夫が必要である．ミオグロビンを含んだ筋肉は見た目には赤色を帯びているが，加熱によって茶色へと変色する．これは，加熱前は 2 価の鉄イオンを含むヘム基が酸素分子を保持していたのに対して，加熱によって 3 価の鉄イオンへと変わり水分子が結合するからである．

単離，精製，特性解析によって，ミオグロビンはおそらくここ 50 年で最も正確かつ信頼できる細胞内酸素濃度の内因性プローブとなった．1937 年に Millikan は，筋肉が動作する最低の酸素分圧を決定するためにミオグロビンを利用できることを示した．彼は単純なフィルター式の比色計を用いて，休息時のネコのヒラメ筋におけるミオグロビンの酸素化・脱酸素化を追跡し，筋肉活動を増加させたときの断続的な酸素の供給と酸素消費の速度を決定した．また，ミオグロビンを含まない細胞の懸濁液にミオグロビンを加えると細胞外の酸素濃度を測定することができるが，ミオグロビンを含む細胞の懸濁液や心臓などの灌流臓器でも細胞外の酸素化度を測ることが可能であった．

1973 年に Coburn とその同僚らは，一酸化炭素との結合を測定することによって，イヌの心臓におけるミオグロビンの平均酸素化度を見積もった．この実験は，ミオグロビンに対する一酸化炭素の結合がミオグロビン分子の近傍の酸素分圧に依存することにもとづいている．一酸化炭素の解離曲線から，平均的なミオグロビンの酸素分圧を以下の比にもとづいて得ることができる．つまり，平均 MbP_{O_2}/平均 MbO_2（ミオグロビンと平衡にある酸素分圧/ミオグロビンの酸素飽和度）である．さらに，MbCO を測定してヘモグロビン CO と関係付けることによって，平均 MbP_{O_2} と毛細血管の平均 P_{O_2} の関係を算出することが可能である．しかしながら，この方法は心筋の生検が必要であり，酸素濃度の持続的なモニタリングは不可能であった．

心筋細胞のようなミオグロビンを含んだ細胞の懸濁液あるいは灌流心においては，ミオグロビンの酸素化の変化は，二波長分光法を用いて直接追跡することが可能である．当初は 582.8-590.8 nm で行われていたが，後に 587-620 nm となった．ミオグロビンの吸収が最大になりミトコンドリアのシトクロム類の吸収が最小となる波長は，分光学的な実験にもとづいて選定された．一方 Tamura らは，光散乱の寄与を除くために時間分割の二波長分光光度計を用いて，3 つの波長 581−620，575−620，587−620 nm（三波長法）の変化を測定した．$A_{581-620\,nm}-1/2\,(A_{575-620\,nm}+A_{587-620\,nm})$ の正味の変化は，光散乱のアーティファクトがほとんどないミオグロビンの吸収変化であった．ミオグロビンの完全な酸素化と脱酸素化は，それぞれ 100 % の酸素と窒素に曝露することによって得られる．これらの方法は多細胞の平均的な酸素濃度という有益な情報を与えることができるが，空間分解能の限界のために細胞の外や内の差異を決定することには使えない．

Gayeski とその同僚らは一細胞内での酸素濃

度の分布を見積もるために，約 $5×5×3\,\mu m$ の分解能でミオグロビンの飽和度を測定するための方法を開発した．その技術は，筋肉の急速冷凍と $-110°C$ での測定を含んでいる．ミオグロビンの飽和度は，ランベルト-ベール則にもとづいた四波長法を用いて，非等吸収点の 578 nm と，等吸収点の 547, 568, 588 nm から計算された．選択された波長では，ミトコンドリア中のシトクロム類の酸化還元変化に伴った顕著な吸収がないことが凍結筋肉中で確認された．校正は，ミオグロビンが完全に脱酸素化した筋肉中と，完全に飽和した状態を測定することによって行われた．

近年 Takahashi らは，ミオグロビンを用いて生きた心筋細胞内での酸素濃度の分布を，数 μm の分解能で画像化した[3]．実験では，単離した心筋細胞を生体内と同程度の酸素濃度下に置き，脱共役剤である CCCP が添加された．このとき細胞膜付近では Mb がほぼ酸素飽和しているのに対して，NADH の還元による蛍光強度の上昇が観察され，ミトコンドリア近傍では酸素不足が生じていることが示された．

以上で述べたように，ミオグロビンの酸素化度を測定することによって，筋組織中の局所的な酸素分圧を見積もることが可能である．しかし，ミオグロビンの酸素解離曲線もヘモグロビンと同様に，pH などのパラメーターの影響を受け，スペクトルはシトクロム類やヘモグロビンのスペクトルと重なる．したがって，ミオグロビンを用いて筋組織中の正確な酸素分圧を知るためには，それらの因子の正確な知見がなければならない．

3. シトクロム c オキシダーゼ

シトクロム c オキシダーゼは，ミトコンドリアの内膜，あるいは一部の細菌の膜上に存在する呼吸鎖の末端酵素である．シトクロム c から 4 つの電子を受け取り，1 つの酸素分子へ渡し，2 つの水分子を生成する．これと共役して，4 つのプロトンをマトリックスから内膜外へと汲み出し，ATP 産生のためのプロトン勾配をつくる．

1996 年に Tsukihara らによって単離精製された酸化型ウシ心筋シトクロム c オキシダーゼの構造が，2.8 Å 分解能の X 線結晶構造解析から明らかにされた．哺乳類のシトクロム c オキシダーゼは 13 個のサブユニットからなり，10 個は核の DNA に，3 個はミトコンドリアの DNA にコードされている．活性中心に 2 つのヘム基 heme a, heme a_3 と，3 つの銅イオン（CuA 2 つと CuB 1 つ）をもつ．CuA がミトコンドリアの膜間側の表面から約 5 Å に位置するため，シトクロム c から電子を受け取る部位とされている．CuA に配位したサブユニットの残基の配置から，電子は CuA から heme a に伝達され，最終的には heme a_3 と CuB の活性中心で酸素分子へと渡されると予想されている．1920 年代に発見されて以来，この酵素の研究は生化学の最も重要な研究課題であり続けている．

呼吸系内のシトクロム類は酸化型と還元型で著しく異なった吸収スペクトルを示すため，その差を利用して分光学的に分析や反応解析を行うことが可能である．不透明なミトコンドリアなどの懸濁液，あるいは in vivo でのシトクロム類の解析には，光散乱の寄与を相殺するために二波長法が用いられる．heme aa_3 は 605 nm に吸収変化のピークをもつため，酸化還元変化を見積もるために等吸収点を用いて 620－605 nm の吸収差を測定する．この吸収差を取る場合，シトクロム c，シトクロム b およびシトクロム c オキシダーゼ内の CuA の影響はわずかであるため，heme aa_3 の酸化還元変化のみを正確に見積もることができる．ただし，605 nm の吸収値における heme a と heme a_3 の内分けは，ATP が存在する state 4 ではそれぞれ約 85 %，15 % であり，ATP が存在しない

state 3 では同程度となっているため，内分けを議論する場合は ATP 濃度を正確に知らなければならない．

CuA は近赤外領域の 830 nm を中心にブロードな吸収変化をもち，酸化還元変化の測定のためには 830−780 nm の吸収差が一般的に用いられている．この吸収差を用いる場合は CuB と heme aa$_3$ の寄与は 15 % 以下であるため，生体を透過しやすい近赤外光を用いて，in vivo で CuA の酸化還元変化からミトコンドリア近傍の酸素濃度を求めることができる．ただし，CuA のスペクトル変化はブロードであるため，830−780 nm の二波長法を用いても光散乱の寄与を相殺できない場合がある．これを解決するために 1988 年に Mitchell とその同僚らは，3 つの波長を用いて 825 nm−1/2（725 nm−925 nm）を計算し，CuA の酸化還元変化をより正確に見積もった．そして，シトクロム c からの電子の入口が CuA であることを分光学的に示した．

CuA の酸化還元状態を用いて，in vivo でミトコンドリア近傍の酸素濃度を決定できることは，1962 年に Chance とその同僚らによって最初に報告された．この独創的なアイデアは，酸素濃度が低いときは呼吸鎖の成分が徐々に還元されていくという観察にもとづいている．これは広く注目され，その計測法はさまざまな研究者によって改良された．また，酸素に対するシトクロム類やピリジンヌクレオチド類の依存性が，単離ミトコンドリアを用いてさまざまな条件下で決定された．その結果，ミトコンドリア呼吸鎖の構成成分の酸化還元状態は，酸素濃度のみに依存するのではなく，エネルギー状態（[ATP]/[ADP][Pi]）や基質の有無や種類にも依存することが示された．これは，エネルギー状態が正確にわからない限り，電子伝達物質の酸化還元率から細胞内の酸素濃度を in vivo で正確に求めることはできないことを示している．

in vivo での状況をさらに難しくしている他の因子は，シトクロム c オキシダーゼの濃度がヘモグロビンの 10 % 程度と低い点である．その結果，in vivo で CuA の酸化還元変化をより正確に測定するために，異なった測定波長を用いたさまざまなアルゴリズムが開発された[4]．たとえば，ロンドン大学のグループは 6 種類の波長を，北海道大学やデューク大学は 4 種類の波長を，キール大学は 3 種類の波長を用いて測定を行った．ロンドン大学，デューク大学，キール大学のグループがレーザーダイオードのパルス光源を用いていたのに対して，北海道大学はハロゲン光源による定常光を用いた．これらのアルゴリズムを用いて同様のデータを解析した場合，3 つのグループのアルゴリズムはほぼ同様の結果を導いたが，デューク大学のアルゴリズムは異なった結果を導いた．

1999 年に Cooper とその同僚らは，シアン化水素を用いて CuA の酸化還元変化を in vivo で定量的に測定できることを明確に示した．実験では，心停止しない程度のシアン化水素をラットの静脈から注入し，ヘモグロビンと CuA の酸素化と酸化度を測定した．結果は，脳組織中の CuA が還元されると同時にヘモグロビンが完全に酸素化された．これは，シアン化物イオンがシトクロム c オキシダーゼの酸素結合部位に結合し，酸素消費が抑制されたからである．

以上で述べたように，シトクロム c オキシダーゼ内の CuA の酸化還元状態を用いて，in vivo でミトコンドリア近傍の酸素分圧を見積もることが可能である．しかし，ヘモグロビンの濃度に比べて組織内のシトクロム c オキシダーゼの濃度は低いため，ヘモグロビンの寄与を最小限にできるアルゴリズムを用いる必要がある．

［藤井文彦］

■文献

1) 尾崎幸洋,河田聡 編:近赤外分光法. p179-190, 学会出版センター, 1996年.
2) Hoshi Y, Oda I, Wada Y, et al：Visuospatial imagery is a fruitful strategy for the digit span backward task：a study with near-infrared optical tomography. Brain Res Cogn Brain Res 9：339-342, 2000.
3) Takahashi E, Asano K：Mitochondrial respiratory control can compensate for intracellular O_2 gradients in cardiomyocytes at low P_{O_2}. Am J Physiol Heart Circ Physiol 283：H871-H878, 2002.
4) Matcher SJ, Elwell CE, Cooper CE, et al：Performance comparison of several published tissue near-infrared spectroscopy algorithms. Anal Biochem 227：54-68, 1995.

2.11 心筋細胞内部の酸素濃度イメージング

組織中の毛細血管から細胞内のミトコンドリアへの酸素輸送は拡散に依存するため，毛細血管血とミトコンドリア内膜の呼吸酵素の間には酸素濃度（分圧）の勾配が生じる（Fickの拡散則）．細胞内部の酸素分圧勾配の生理的，病態生理的意義を明らかにするには，種々の臓器，種々の条件において細胞内酸素分布を測定する必要があるが，そのような報告はきわめて少ない．

細胞内部の酸素分圧勾配には2つの意味がある．1つは，perimitochondria O_2 gradient と呼ばれるもので，細胞内の酸素 sink であるミトコンドリアのごく近傍で酸素分圧が急激に低下するという仮説である．Perimitochondria O_2 gradient は，細胞質とミトコンドリア内膜の酸素分圧を同時に測定し，両者の差から計算可能である．これまで，心筋細胞において，前者は細胞質に含まれるミオグロビン（Mb）の酸素飽和度の分光学的または ^{1}H-NMR 測定で，また後者はミトコンドリア呼吸酵素である cytochrome aa_3 の酸化状態の分光学的測定あるいはミトコンドリア酸素消費速度から報告されてきた．しかし，このような測定は灌流心臓や単離心筋細胞浮遊液を対象としたため，きわめて多数の細胞を，巨視的に"細胞質コンパートメント"と"ミトコンドリアコンパートメント"に分け，それぞれのコンパートメントを代表する酸素分圧を推定したものであり，事実上空間分解能はもたない．現在まで，細胞中の1個のミトコンドリア周囲の酸素分圧変化を高い空間解像度でつぶさにイメージングした報告はない．

細胞内酸素分圧勾配のいま1つの意味は，細胞表面から細胞中心部に向かう酸素分圧の低下で radial O_2 gradient と呼ばれる．他の細胞に比べ酸素要求に関する条件の厳しい心（室）筋細胞を例にとる．心室筋細胞は，長さが50-100 μm，幅が10-25 μm の短冊形であり，その中に収縮タンパク（筋原線維）が密に存在する．筋原線維にエネルギーを供給するのがミトコンドリアであるが，心室筋細胞においてはミトコンドリアがそれぞれの筋原線維に沿って規則正しく配向しているのが特徴である．正常な心室筋細胞では，細胞-毛細血管比が1.0であるから，細胞の幅を17 μm とすれば，酸素は毛細血管から細胞の中心部にあるミトコンドリアまで最大約8.5 μm の距離を拡散する必要がある．これが酸素測定に要求される空間分解能の目安となる．すなわち radial O_2 gradient の大小を論ずるには，1個の生きた細胞において，～1 μm のきわめて高い空間分解能で微視的酸素測定すなわちイメージングを行うことが要求される．

このような要求にある程度応える実験結果が 1986 年に Rochester 大学の Gayeski と Honig のグループから発表された[1]．酸素測定の基本原理は，Millikan が 1937 年に発表した，筋肉標本（赤筋）のある波長に対する光吸収が細胞質の Mb と酸素の結合度を反映するという発見に基づくものである．彼らはイヌの薄筋 （gracilis muscle）を電気刺激により収縮-弛緩させながら，それに $-196°C$ に冷却した銅のブロックを押しあて in situ で筋肉を瞬時に凍結した．その後切片を顕微鏡ステージに移動し切片表面温度を $-110°C$ に保ったまま，4波長を用いた分光計測により表面から 200 μm の深さのミオグロビン酸素飽和度（S_{Mb}）を決定した．顕微鏡に取り付けた光電子倍増管（フォト

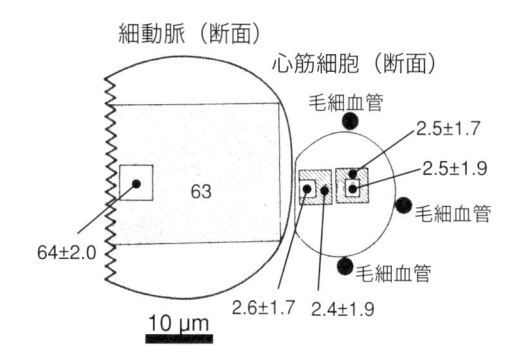

図1 分光学的手法によるイヌの単一心室筋細胞内部の酸素マッピング
数値は四角形で示された測定領域の酸素分圧 (mmHg). 文献2の図を改変した.

マル) に $1.5\,\mu m \times 1.5\,\mu m$ のダイヤフラムを設置することで, 最終的な空間分解能は $1.5 \times 4.5 \times 1.5\,\mu m$ に達し, 細胞内酸素マッピングが可能と結論した (ただし, 後になって Voter and Gayeski より解像度が過大評価されていた可能性が指摘されている). 彼らは1個の筋細胞内部の10点以上で S_{Mb} から酸素分圧を計算, マッピングし, 1個の細胞内部の酸素分圧分布が細胞内部の酸素フラックスと細胞に配向する複数の毛細血管からの酸素流入を反映するとした. さらに, 彼らは同じ方法を実験動物の胸腔内で拍動している心臓に応用し, 1個の心室筋細胞内の酸素分圧をマッピングした[2]. 彼らは5つの動物種 (イヌ, ネコ, ウサギ, フェレット, ラット) の心臓で, 種々の動脈血酸素レベル, 心仕事量においても, 心室筋の S_{Mb} は約50% (酸素分圧では約 2.5 mmHg) に維持されていること, 1個の細胞内に目立った S_{Mb} の不均一性は見られないことを報告した (図1, 測定の空間分解能に注意).

1個の心室筋細胞 (ラット) 内部の S_{Mb} をさらに高い空間分解能でイメージングする試みが Takahashi らにより報告されている[3]. 基本原理は同じで, Mb に起因する酸素依存性の光吸収変化を高感度で検出するものである. ただし, 臓器, 組織とは事情が異なり, Mb の光吸収の変化を1個の細胞で検出するのはきわめて難しい. 1個の細胞に Mb が含まれている限り, 特定の波長の光吸収が生じることは間違いないはずだが, その量がきわめて小さいためである. 試みに1個の心室筋細胞の Mb による光吸収量を推定してみよう. 透過光で光吸収量を測定する場合, 光路長 (細胞の厚さ) を 20 μm, 細胞内の Mb 濃度を 0.2 mM と仮定する. 測定波長として脱酸素化 Mb が最大吸収を示す波長の 434 nm 付近を選ぶと, 酸素化 Mb と脱酸素化 Mb のモル吸光係数がそれぞれ約 40 $mM \cdot cm^{-1}$, 約 115 $mM \cdot cm^{-1}$ であるから, Beer-Lambert 則より, 完全に酸素化された単一心室筋細胞による光吸収量は入射光の 3.6%, 一方, 完全に脱酸素化された場合の光吸収量は入射光の 9.6% と計算される. すなわち, S_{Mb} が 0 から 100% まで変化しても, 光吸収量の変化は約 6% に過ぎないと予測される. 実際の実験では, 5%以下の S_{Mb} 変化を知りたい. それに対応する光吸収量変化はじつに入射光強度の 0.3% である. このような微小な光吸収を精度よく測定しなければならない他に, 透過光測定の際には, 入射光の 90% 以上がそのまま透過しバックグランド光となることに注意しなければならない. これらが単一細胞を対象とした分光計測の大きな問題である (これは夜間にははっきり見えていた星の光が昼間には見えないことと同じである. 昼間は強い太陽光が大きなバックグランドとなり星の輝きを隠してしまう).

Takahashi ら[3]は, 単一心室筋細胞の分光計測における大きなバックグランド, 小さな光吸収量変化という問題を, ダイナミックレンジの広い CCD カメラを使い克服した. 16 bit の分解能を持つ CCD カメラは最大 0.002% の変化をとらえることが理論的には可能であるからである ($1/65536 \times 100$). 図2に測定例を示す. この例では1波長 (435 nm) で測定を行っている. まず, 細胞周囲の酸素濃度を生理的なレベル (この例では 2%) とし1回目の分光画像

$$S_{Mb} = (OD_{hypoxic} - OD_{anoxic}) / (OD_{hyperoxic} - OD_{anoxic})$$

で決定できる．実験に用いたシステムでは，コンピュータディスプレイの1ピクセルが0.26 μm に相当したため，ミトコンドリアの大きさに匹敵する1 μm 以下の解像度で単一心室筋内部の酸素イメージングが可能と考えた．しかしながら，実際にこのような空間分解能で S_{Mb} を決定するには，複数（3回）の画像取得に伴う細胞の位置の微小な移動や光源の光強度変動の補正等種々の解決すべき技術的問題がある．また，測定のS/N比を向上させるために画像の low pass filtering は必須であるが，これにより空間解像度が犠牲になる．この方法は細胞が静止している状態にのみ適用可能であり，電気刺激により規則的に収縮を続ける単一心室筋細胞を対象とするためにはさらなる工夫が必要である（詳しくは文献3をご覧いただきたい）．

このように Mb を酸素プローブとした分光計測により，単一心室筋細胞で細胞内酸素分布のイメージングが実現され，その結果，酸素代謝亢進時には細胞膜から細胞中心部に向かって酸素濃度勾配が形成されることが判明した．しかし，この方法は筋肉細胞（いわゆる赤筋）にしか適用できず，Mb をもたない他の細胞では適当な細胞内酸素プローブ分子の探索，ないしは外因性酸素プローブ分子の細胞内導入が必要である．

［高橋英嗣］

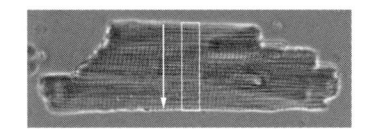

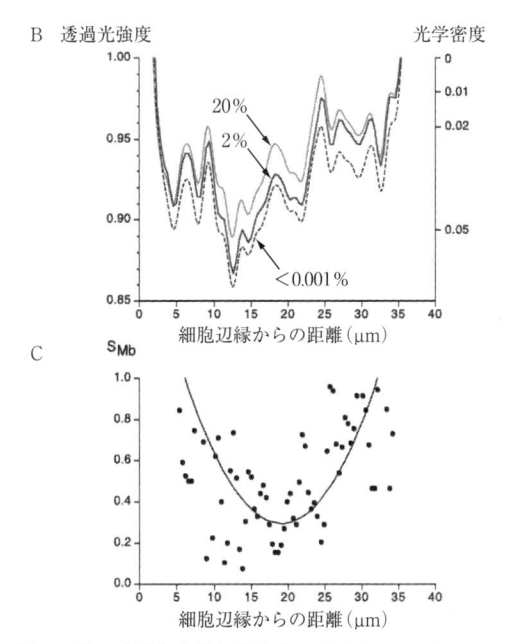

図2 単一分離心室筋細胞内部の酸素イメージング
単一心室筋細胞（A）の透過光強度を矢印に沿ってプロットした（B）．細胞外酸素濃度によりプロファイルは異なり，2% O_2（生理的酸素レベル）のプロファイルは細胞辺縁で20% O_2 のプロファイルに近づき，細胞中心部では <0.001% O_2 のプロファイルに近づいている．Bをもとに細胞内部の S_{Mb} 分布を再構成したものがCである．文献3の図を改変した．

取り込みを行った．つづいて酸素濃度を<0.001% に低下させ細胞内 Mb を脱酸素化した後に2回目の分光画像取り込みを行った．つづいて酸素濃度を20%とし Mb を完全に酸素化した後に3回目の分光画像取り込みを行った．最後に顕微鏡ステージをわずかに移動し，細胞を視野の外に移動し画像（ブランク画像）を取り込んだ．ブランク画像を用い最初の3つの透過光画像を光学密度画像に変換した（それぞれを $OD_{hypoxic}$, OD_{anoxic}, $OD_{hyperoxic}$ と表す）．Beer-Lambert 則を利用すると，画像中の各ピクセルにおける S_{Mb} は，

■文献
1) Gayeski TE, Honig CR : O_2 gradients from sarcolemma to cell interior in red muscle at maximal V_{O_2}. Am J Physiol 251 : H789-H799, 1986.
2) Gayeski TE, Honig CR : Intracellular P_{O_2} in individual cardiac myocytes in dogs, cats, rabbits, ferrets, and rats. Am J Physiol 260 : H522-H531, 1991.
3) Takahashi E, Asano K : Mitochondrial respiratory control can compensate for intracellular O_2 gradients in cardiomyocytes at low P_{O_2}. Am J Physiol 283 : H871-H878, 2002.

2.12　NIRによる筋内酸素濃度の無侵襲測定

通常の運動時（短時間高強度の運動時以外）には，筋は主として有酸素的にアデノシン3リン酸（ATP）を合成している．筋の有酸素代謝（酸化的リン酸化反応）の概要は以下の式で表される．

$$3ADP + 3Pi + NADH + H^+ + 1/2O_2$$
$$= 3ATP + NAD^+ + H_2O$$

ADPはアデノシン2リン酸，Piは無機リン酸，NADHは還元型ニコチンアデニンジヌクレオチド，NAD$^+$はニコチンアデニンジヌクレオチドを示す．

この式から明らかなように，ミトコンドリアへの還元基質の供給に加えて酸素供給が酸化的リン酸化（酸素消費）には必須であり，近赤外分光法（near infrared spectroscopy；NIRS）はこの酸素供給と酸素消費を評価することができる[1]．そのため，筋有酸素代謝の無侵襲測定にNIRSが有力な手段となる．有酸素代謝に関する細胞内メカニズムと酸素供給に関わる血流制御メカニズムについての概略を図1に示す．

筋内の酸素は，血中または組織中に直接溶けている量は少なく（結合酸素の〜10^{-2}），ほとんどが血中ヘモグロビンか筋細胞内ミオグロビンに結合して存在する．したがって，筋内の酸素濃度を把握する際には，これら結合酸素を測定することが重要となる．

近赤外光（NIR）は，組織への透過性の高さと，酸素化・脱酸素化ヘモグロビン（ミオグロ

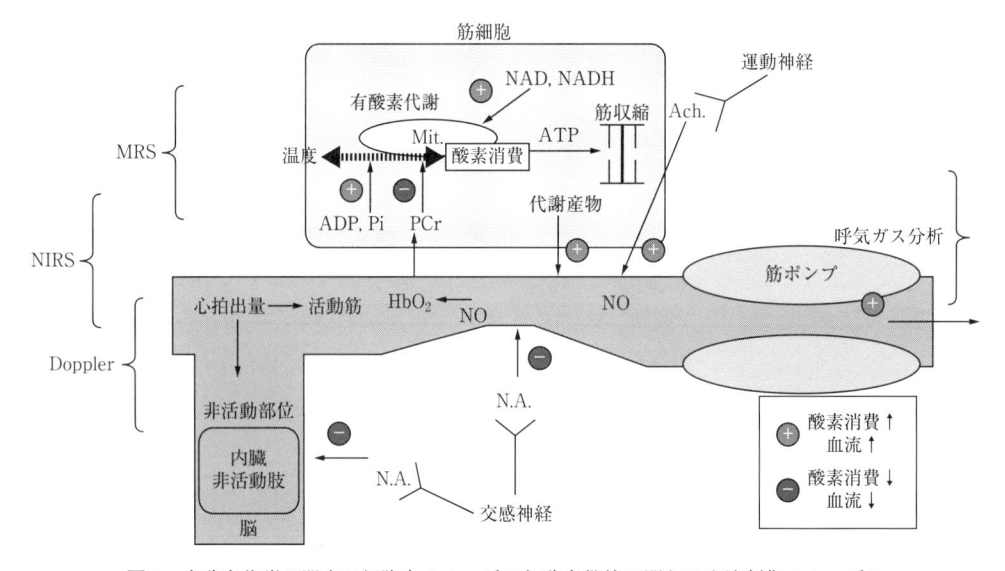

図1　有酸素代謝に関する細胞内メカニズムと酸素供給に関わる血流制御メカニズム
筋酸素消費を制御する要因と酸素供給に関連する血流制御要因について概略を示した．
（＋）は酸素消費量または血流量を増加させ，（−）は低下させることを示す．無侵襲測定法についても，主な測定部位を示した．
Mit.，ミトコンドリア：Ach.，アセチルコリン：N.A.，ノルアドレナリン：NO，一酸化窒素：HbO$_2$，酸素化ヘモグロビン：ATP，アデノシン3リン酸：ADP，アデノシン2リン酸：Pi，無機リン酸：PCr，クレアチンリン酸：NAD，NADH，ニコチンアデニンジヌクレオチド，還元型ニコチンアデニンジヌクレオチド：MRS，磁気共鳴分光法：NIRS，近赤外分光法：Doppler，超音波ドプラー法．

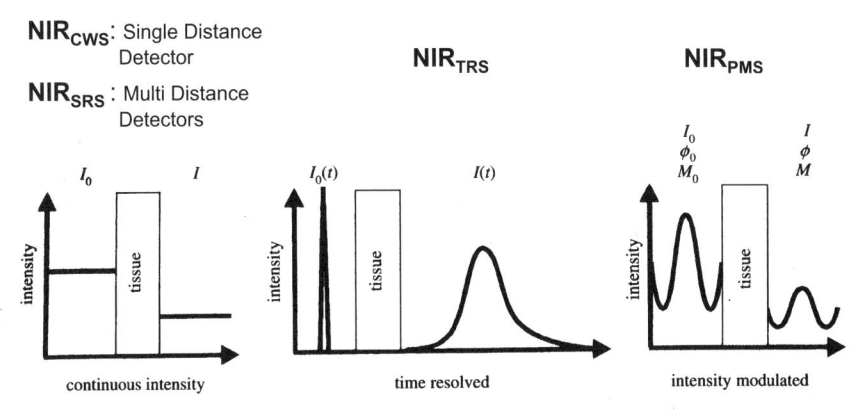

図2 近赤外分光法装置の各種原理（文献2より改変）

連続光（continuous intensity）を用いた装置は，入射され組織で散乱，吸収を受けて出てきた光の強度を検知し，時間分解（time resolved）装置は，ピコ秒間入射され出てきたパルス光の時間的強度分布を検知し，位相差（intensity modulated）装置は，入射され出てきた光の強度と位相のズレを検知する．
NIR_{CWS}，単一受光距離連続光近赤外分光法：NIR_{SRS}，複数受光距離連続光近赤外分光法：NIR_{TRS}，時間分解近赤外分光法：NIR_{PMS}，位相差近赤外分光法．

ビン）の吸光係数の波長依存性により，結合酸素濃度の測定に利用されている．NIRは，700-3,000 nmの波長領域であるが，1,000 nmあたりから水による吸収が急激に増えるので，生体内酸素化・脱酸素化の測定においては，通常760-900 nmあたりの波長を用いることが多い．通常，酸素化ヘモグロビンと脱酸素化ヘモグロビンの等吸収点（803 nm）を挟んだ2波長もしくはそれ以上の波長を用いて，Lambert-Beerの法則を応用することにより組織の血液・酸素動態を測定する．

現在，NIRを用いた測定装置の中で最も多く使用されているのは，連続光を用いた近赤外分光法装置（NIR_{CWS}）である．NIR_{CWS}は皮下脂肪や関心物質以外の散乱により光路長（optical pathlength）の測定が困難であることから，絶対値表示ができない．とくに，皮下脂肪厚の異なる個人間の比較においては，注意を要する．一方，空間分解分光法（NIR_{SRS}）は，皮下脂肪厚が同等であれば，酸素飽和度の比較が可能であるとされている．現在，組織酸素化レベルを絶対値として求める方法として，時間分解分光法（NIR_{TRS}），位相差分光法（NIR_{PMS}）も基礎研究レベルでは，使用が始ま

っている．それぞれの装置の測定原理を図2に示す[2]．

ヘモグロビンとミオグロビンの光の吸収スペクトルは類似しているので，光計測のみではそれらのシグナルを分離することは不可能である．実際，筋酸素濃度の測定の際にも，NIRSで測定したシグナルがどの程度ヘモグロビンまたはミオグロビンなのかについての一致した見解は得られていない．しかし，通常の運動時においては，一般的には80%程度はヘモグロビンであろうと考えられている[3]．また，筋内のどの血管の酸素濃度を測定しているかについても直接のエビデンスは得られていない．ただ，光の性質からすると，径の大きい血管内では血液により光がすべて吸収されてしまうことから，比較的小血管，つまり細動脈，毛細血管，細静脈あたりの情報を多く含んでいるとされている[4]．

NIR_{CWS}を用いた際の絶対値表示の困難さを解決する方法としては，動脈血流遮断法（arterial occlusion method）により，酸素化レベル（酸素化ヘモグロビンまたは脱酸素化ヘモグロビンの変化）を標準化して個人間の比較を行う方法が用いられている．四肢において，その

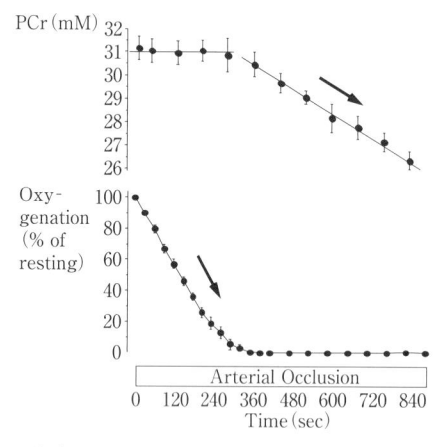

図3 動脈血流遮断（Arterial Occlusion）中の有酸素・無酸素代謝（文献5より改変）
血流遮断前半4分間程度は，安静時代謝に必要なATPを有酸素系で合成し，その後徐々に有酸素代謝の割合が低下し，約6分以降は無酸素（PCr）系のみでATPを合成していることがうかがえる．

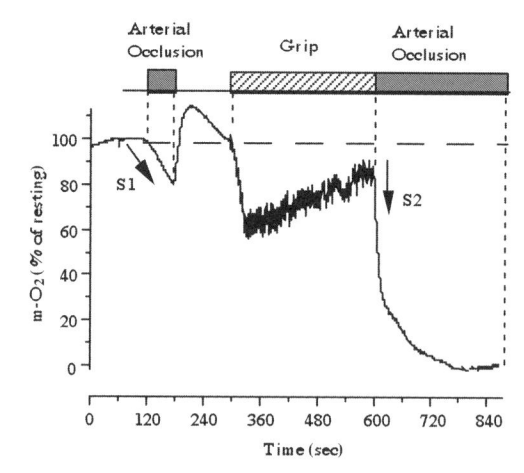

図4 NIRSによる筋酸素消費量の測定（文献5より改変）
まず，安静時に動脈血流遮断（Arterial Occlusion）を行うことにより，安静時の酸素消費量（S1）を求める．次に，運動（Grip）終了直前に再度動脈血流遮断を行い，その際の酸素化レベルの低下量（S2）を求め，安静時の量と比較する．

測定部位よりも中枢に血圧カフ等を装着し動脈血流を遮断することによって，組織への酸素供給を断ち，酸素化レベルの最低値を求める．このレベルの最低値を酸素化レベル0％とする．その際に，安静時を酸素化レベル100％とする方法と動脈血流遮断解放後の最大レベルを100％とする方法がある．この方法を用いることにより，運動に対する反応や各種負荷時の変化を異なる部位や被験者間で比較することができる．動脈血流遮断中における酸素化レベルの変化とともに磁気共鳴分光法により測定した筋内クレアチンリン酸（PCr）の変化の測定例を図3に示す[5]．血流遮断後4分間程度，筋酸素化レベルはほぼ直線的に低下した後，約6分程度で最低値に達する．このあたりからPCrが分解し始める．つまり，血流遮断前半4分間程度は，安静時代謝に必要なATPを有酸素系で合成し，その後徐々に有酸素代謝の割合が低下し，約6分以降は無酸素（PCr）系のみでATPを合成していることがうかがえる．

NIR$_{CWS}$によって測定された酸素化レベルは，組織への酸素供給と消費のバランスにより決まる．筋代謝の評価を行う際には，酸素消費の情報が必要である．そこで，一時的に酸素供給を遮断して，酸素化レベルの低下量から酸素消費量を評価する方法が考案されている．まず，安静時に動脈血流遮断を行うことにより安静時の酸素消費量を求める．次に，運動時や各種インターベンション後に再度動脈血流遮断を行い，その際の酸素化レベルの低下量を安静時の量と比較する（図4）．安静時の酸素消費量は，筋酸素化レベル（安静レベル100％，動脈血流遮断時最低値0％）で表すと約23％/分である．動脈血流遮断法で評価した運動時の骨格筋酸素消費量の測定の妥当性については先行研究により検証されている．しかしその際の注意点としては，酸素化ヘモグロビンが低下（脱酸素化ヘモグロビンが増加）している最中に総ヘモグロビン量（酸素化ヘモグロビンと脱酸素化ヘモグロビンの総和）が一定であること，運動後の一時的動脈血流遮断時の酸素化レベルが低下しすぎていないこと，短時間の遮断により評価すること等があげられる．また，従来から四肢の血流測定に用いられてきたプレチスモグラフィーの原理を利用して，NIR$_{CWS}$により筋血

流を評価する方法も考案されている．通常は，静脈血流のみが阻害されるような圧（60 mmHg 程度）を四肢に加えた際の総ヘモグロビン増加速度を計測することにより，筋血流を評価する方法が用いられている．

［浜岡隆文］

■文献

1) Hamaoka T, McCully K, Quaresima V, et al：Near-infrared spectroscopy/imaging for monitoring muscle oxygenation and oxidative metabolism in healthy and diseased humans. J Biomed Opt 12 (6)：62105-62120, 2007.
2) Delpy DT, Cope M：Quantification in tissue near-infrared spectroscopy. Philos Trans R Soc London Ser B352：649-659, 1997.
3) Ferrari M, Mottola L, Quaresima V：Principles, techniques, and limitations of near infrared spectroscopy. Can J Appl Physiol 29：463-487, 2004.
4) McCully K, Hamaoka T：Near-infrared spectroscopy：what can it tell us about oxygen saturation in skeletal muscle?. Exerc Sport Sci Rev 28：123-127, 2000.
5) Hamaoka T, Iwane H, Shimomitsu T et al：Noninvasive measures of oxidative metabolism on working human muscles by near infrared spectroscopy. J Appl Physiol 81 (3)：1410-1417, 1996.

2.13 ミトコンドリアレベルの酸素代謝測定

細胞内に供給された酸素分子の9割以上はATP合成のためにミトコンドリアで水へ還元されて消費される[1]．このように好気条件下での生存に必須であるミトコンドリアの酸素代謝を測定するために，さまざまな方法が提案されてきた．その代表の1つは酸素電極による濃度の実測であるが，単離精製されたミトコンドリア懸濁液を対象とした場合が多く，生体組織の酸素濃度を計測する場合には，測定範囲が電極近傍に限定された．これに対して，可視光（400〜760 nm）やそれよりも波長が長い光（近赤外領域，>760 nm）は，組織の比較的深部にあるミトコンドリアまで到達するため，ミトコンドリアの酸素代謝の分光学的計測が広く行われている．本稿では可視から近赤外領域の吸収測定を中心にして，生体組織を対象にしたミトコンドリア酸素代謝の測定について概説する．そのインジケータとして，(1) シトクロムなどのミトコンドリア内在の生体分子，あるいは (2) 外来の色素が用いられている．

1. 内在性インジケータ

ミトコンドリアは外膜と内膜の2種類の膜構造をもち（図1の左図），外膜に比べて内膜における物質の出入りは，より厳密に調節されている．細胞質の解糖系で生成したピルビン酸，あるいは脂肪酸などはミトコンドリアの最も内側のマトリクスへ入ると，アセチルCoAを経て，TCA回路でNADHやコハク酸を生じる．図1の右図はNADHがミトコンドリア内膜にある呼吸鎖成分の複合体Iを還元し，さらにNADHからの電子がユビキノン，複合体III，シトクロムcへ順に伝達され，最後に複合体IVで酸素分子を還元することを示している．

これら呼吸鎖成分の多くは酸素代謝に関連し

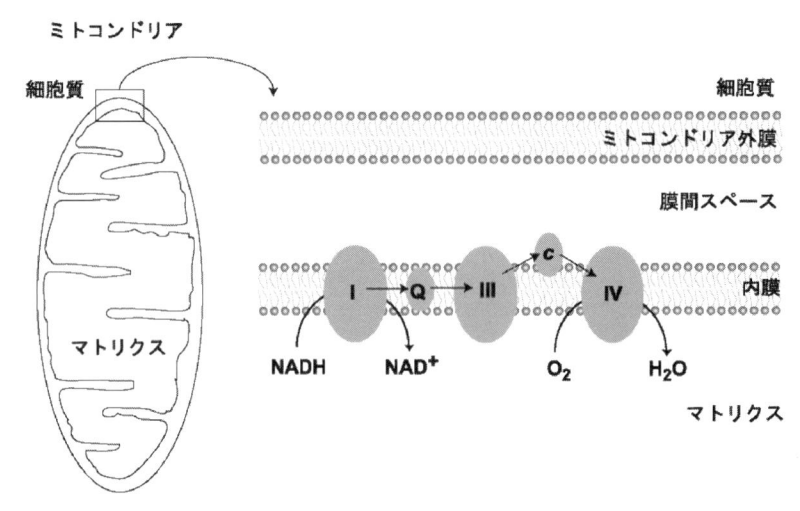

図1 ミトコンドリアの構造と主な内在性酸素代謝インジケータ
左図はミトコンドリアの構造を模式的に示しており，右図はそのミトコンドリアの膜構造を拡大したもので，図中の記号は以下を示している．I：複合体I，Q：ユビキノン，III：複合体III，c：シトクロムc，IV：複合体IV（シトクロムcオキシダーゼ）．

た興味深い分光特性を持っている。たとえばNADHを酸化する複合体Iとコハク酸を酸化する複合体II（図1には描かれていない）はどちらもフラビンを含み，精製ミトコンドリア懸濁液の酸素濃度の低下に伴い，520 nmのフラビンの蛍光は減少し，一方NADHの450 nmの蛍光は逆に増加する．

しかし可視から近赤外領域では血液ヘモグロビンの強い光吸収がミトコンドリア内在の生体分子の蛍光ばかりでなく吸収もマスクしてしまうので，血液が灌流している通常の組織で分光測定する場合は，注意が必要である．図2は血液の代わりに白色の人工血液フルオロカーボンで灌流したラット脳の好気嫌気差スペクトルである[2]．このスペクトルは単離精製されたミトコンドリア懸濁液のスペクトルとよく似ていたが，脳組織の強い光散乱により短波長側ほど吸収ピークが小さかった．シトクロム c へ電子を伝達する複合体IIIはシトクロム b とシトクロム c_1 を含んでいる．図2ではノイズがやや多くわかりにくいが，酸素濃度の低下によって，520 nm付近にシトクロム b・シトクロム c_1・シトクロム c のヘムの β 吸収帯の小さなピークが現れた．550-560 nm付近にはこれらの a 吸収帯が現れ，550 nmのシャープなピークはシトクロム c_1 とシトクロム c に帰属され，560 nm付近の肩はシトクロム b のものである．605 nmの最も大きなピークは複合体IV（シトクロム c オキシダーゼ）に含まれるヘム $a+a_3$ の a 吸収帯である．複合体IVのもう1つの酸化還元中心である銅（CuA）に由来する830 nm付近のブロードな谷は還元に伴う吸収の減少を表している．これらの酸素代謝インジケータの中では，とくに複合体IVのヘム $a+a_3$ とCuAの酸化還元状態は重要である．CuAは酸素濃度だけに依存して還元され，50%還元される酸素濃度は 7.5×10^{-8} Mであり，一方ヘム $a+a_3$ のそれはエネルギ状態に依存し，低エネルギ状態のstate 3呼吸では 1.6×10^{-7} Mで，高エネルギ状態のstate 4呼吸では 7.8×10^{-8} Mであることが，ミトコンドリア懸濁液を用いた実験で明らかにされた[3]．フルオロカーボン灌流脳における複合体IVの低酸素応答に関しては，ヘム $a+a_3$ とCuAが同時測定されており，脳は虚血の初期段階でATPが著明に減少する前に神経活動が抑制されることが明らかにされた[4]．

詳細はこの事典の他稿に譲るが，人工血液ばかりでなく，正常に血液が灌流している組織でも，多波長分光によりCuAの酸化還元状態が計測可能である．

2. 外来性インジケータ

図1の電子伝達に伴って，複合体I，III，IVではプロトンがマトリクスから膜間スペースへ汲み出され，マトリクスは負に帯電する．このプロトン勾配によりATPが合成されるが，この勾配を外来性の色素を使ってモニタすることが可能である．このような用途で使われる代表的な色素はローダミン123であり，その特徴は両親媒性で非局在化した正電荷を持つことで，電気泳動のようにローダミン123が膜構造を通り抜けて，マトリクスへ移動できることであ

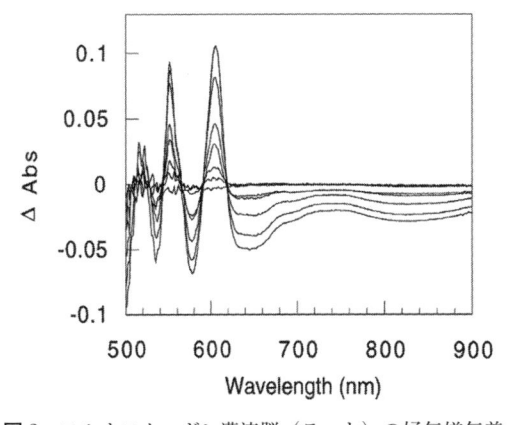

図2 フルオロカーボン灌流脳（ラット）の好気嫌気差スペクトル
好気条件をベースラインにして，嫌気条件にして5分後までの経時変化（文献4より改変）．

る.この移動に伴って,緩衝液中では500 nmであった吸収ピークが10 nmほど長波長側へシフトする.ミトコンドリアへ移動する色素の濃度は,ネルンストの式に従って,ミトコンドリア膜電位に依存するので,その変化を光学測定できる.組織深部のミトコンドリア膜電位をモニタするために,より長波長領域で計測可能な色素も検討されている[5].

[野村保友,馮　忠剛,中村孝夫]

■文献

1) Nohl H, Gille L, Staniek K : Intracellular generation of reactive oxygen species by mitochondria. Biochem Pharmacol 69 : 719-723, 2005.
2) Nomura Y, Fujii F, Matsunaga A, Tamura M : The reaction of copper in cytochrome oxidase with cytochrome c in rat brain in situ. Int J Neurosci 94 : 205-212, 1998.
3) Hoshi Y, Hazeki O, Tamura M : Oxygen dependence of redox state of copper in cytochrome oxidase in vitro. J Appl Physiol 74 : 1622-1627, 1993.
4) Nomura Y, Matsunaga A, Tamura M : Optical characterization of heme a+a3 and copper of cytochrome oxidase in blood-free perfused brain. J Neurosci Methods 82 : 135-144, 1998.
5) Sakanoue J, Ichikawa K, Nomura Y, Tamura M : Rhodamine 800 as a probe of energization of isolated rat liver mitochondria and hepatocytes. J Biochem 121 : 29-37, 1997.

2.14 フラビンタンパク蛍光による脳機能イメージング

脳は無数の神経細胞からなり，個々の神経細胞の活動を記録・解析しても，脳機能の全貌を理解することは困難である．しかし，最近のコンピュータ・光学機器・カメラ等の進歩は，脳活動全体を光学的なイメージとして捉え，解析する方法を身近なものとした．脳機能イメージングは個々の神経細胞からの記録では知り得ない情報をわれわれにもたらし，脳機能を理解する上で非常に有効な方法である．しかし，神経細胞の活動はそのままではイメージとして捉えることができないので，何らかの手段を用いなければならない．よく使われる方法としては，電位感受性色素やカルシウム指示薬などの外来性色素で脳を染めるやり方がある．しかし，これらの外来性色素は染ムラ・退色・副作用等々の問題があり，神経活動を定量的に表現するとは言い難い．これに替わる方法として GFP ベースの蛍光タンパクを遺伝子に組み込み，タンパクプローブを発現させるやり方がある．しかしタンパクプローブを目的とする脳組織の神経細胞に安定して発現させることは必ずしも容易ではなく，タンパクプローブ自体が何らかの副作用を有する可能性も否定できない．

近年，脳科学において，遺伝子操作が容易なマウスは，分子機構を解明するために重要な実験動物となりつつある．マウスの頭皮を切開すると，透明な頭蓋骨越しに大脳皮質の広大な部分（聴覚野・視覚野・体性感覚野・運動野など）を観察できる（図1A）．したがって，もし脳が本来有する内因性の光学信号を用いて機能イメージングを行うことができるなら，発現の不安定さや副作用を心配することなしに，マ

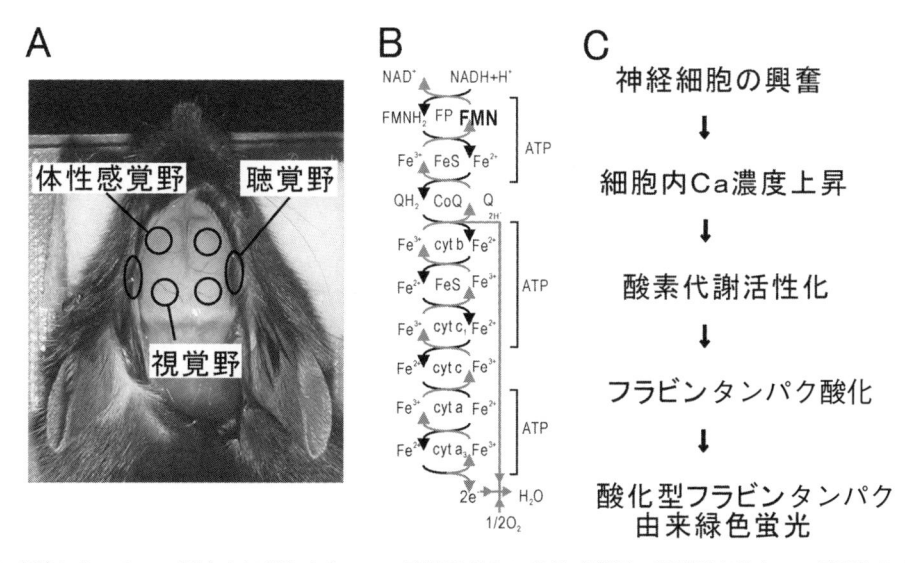

図1 （A）麻酔したマウスの頭皮を切開したところ．頭蓋骨越しに体性感覚野，視覚野が見える．側頭筋を剥離すると聴覚野も確認できる．（B）ミトコンドリアの電子伝達系．そのコンポーネントであるフラビンタンパクが酸化型（FMN）になると，青い励起光のもとで緑色自家蛍光を発する．（C）神経活動により緑色自家蛍光が増大するメカニズム．神経細胞が興奮すると細胞内カルシウム濃度が高まり，ミトコンドリアの酸素代謝が活性化される．このとき電子伝達系も活性化され，緑色蛍光を発する酸化型フラビンタンパクが増える．

ウスの経頭蓋脳機能イメージングを定量的に行うことができる可能性がある．

1. フラビンタンパク蛍光イメージングの原理と特長

　脳機能イメージングに使用可能な内因性の光学信号としては，脳活動に伴う毛細血管内のヘモグロビンの脱酸素化が挙げられる．すなわち脳活動で酸素消費が増加すると，ヘモグロビンから酸素が奪われ，色調変化を起こす．ただしこの場合，自然刺激による脳活動のときの信号変化率が約0.1％と小さいこと，血流の影響を受けやすいこと，神経細胞ではなく毛細血管内の変化を見ていることが弱点としてあげられる．また，一般に信号変化率と神経活動の度合いがリニアでないと言われている．

　他に利用可能な内因性光学信号として，酸素代謝にカップルしたフラビンタンパクやNADHから発する自家蛍光変化が挙げられる．神経活動にともなってミトコンドリアの酸素代謝が亢進する時に電子伝達系が活性化されるとフラビンタンパクが緑色自家蛍光を発する酸化型になり（図1B, C），緑色自家蛍光強度が増加する．逆にNADHは酸化され，青色自家蛍光強度が減少する．このような内因性蛍光に基づくイメージングは，1962年にその原理が知られていたが[1]，励起光と微弱な内因性蛍光をきちんと分離して記録する優れた光学系とS/N比の良い冷却CCDカメラがなく，あまり注目されてこなかった．初期の研究として，脳を電気刺激するとNADHから発する青色自家蛍光強度が減少したといういくつかの報告があるが，脳活動に伴う血流増大による励起光・蛍光の非特異的吸収と区別が困難である．

　しかし近年優れた装置が開発され，フラビンタンパク蛍光を用いた脳機能イメージングが使われ始めている[2-4]．フラビンタンパク蛍光シグナルは，血流変化に先んじて生じ，しかも信号強度が増大するので，血流変化との区別が容易である．マウスで経頭蓋イメージングを行う場合，フラビンタンパク蛍光の信号変化率はヘモグロビンの色調変化と比較して約10倍大きく，より速く，神経細胞由来であるという特長がある．また，電気生理学的に測定した神経活動の程度を定量的に反映するというメリットがある[2,4]．

2. フラビンタンパク蛍光イメージングの応用例

　フラビンタンパク蛍光は退色しにくく，神経活動を定量的に反映する．またマウスで経頭蓋イメージングとして用いる場合，手技が簡単で動物への侵襲も少ないため，個体間のデータのバラツキが少ない．したがって神経活動の量的変化を知ることが必要な大脳皮質の経験依存的可塑性の解析に適している．たとえば，聴覚野では特定の高さの音に曝して動物を飼育するとその高さの音に応ずる聴覚野ニューロンの数が増えるという経験依存的可塑性が知られているが，この現象をイメージとして捉え，解析することができる[3]．一方，視覚野では単眼遮蔽による眼優位性可塑性が典型的な経験依存的可塑性として知られている．すなわち生後の臨界期（マウスの場合4週齢前後）に左右の眼からの入力にアンバランスがあると，劣位眼に対する視覚野応答が抑圧される．この現象も経頭蓋フラビンタンパク蛍光イメージングを用いて可視化・解析することができる[4]．体性感覚野では，末梢入力の一部が消失したとき，対応する皮質部位が周辺からの入力に駆動されるようになるという経験依存的可塑性が生ずる．マウスでは遺伝子型を決めるために尾を切除し，DNAを抽出するという操作が日常的になされている．われわれは実験操作が容易な尾の切除に着目し，この操作に伴う体性感覚野可塑性を経頭蓋フラビンタンパク蛍光イメージングを用

いて可視化したところ，尾の先端部に相当する一次体性感覚野の領域が，残存する尾の基部に由来する入力によって駆動されることを確認した．

　マウスにおける経頭蓋フラビンタンパク蛍光イメージングは，単に脳活動を可視化するのみであれば，学生実習並みの容易さで可能である．さらに熟練者が実験を行えば，個体間のバラツキを低く抑えることができる．また，種々の遺伝子改変マウスと組み合わせることにより，さらにいっそうそのパワーを発揮する．今後さまざまな高次脳機能の研究に応用されていくことが期待される．

［澁木克栄］

■文献
1) Chance B, Cohen P, Jöbsis FF, Schoener B：Intracellular oxidation-reduction states in vivo. Science 137：499-508, 1962.
2) Shibuki K, Hishida R, Murakami H, et al：Dynamic imaging of somatosensory cortical activities in the rat visualized by flavoprotein autofluorescence. J Physiol (Lond) 549：919-927, 2003.
3) Takahashi K, Hishida R, Kubota Y, et al：Transcranial fluorescence imaging of auditory cortical plasticity regulated by acoustic environments in mice. Eur J Neurosci 23：1265-1276, 2006.
4) Tohmi M, Kitaura H, Komagata S, et al：Enduring critical period plasticity visualized by transcranial flavoprotein imaging in mouse primary visual cortex. J Neurosci 26：11775-11785, 2006.

2.15 ラマン散乱法

1. ラマン散乱の原理

物質に光を当てると，物質を構成する分子により散乱を受ける．この場合，物質に当てる光を入射光，入射光が物質内部で反射や透過を繰り返した後に物質から出射する光を散乱光とよぶ．散乱光の大部分は入射光と同じ波長をもつが，中には非常に微少（強度比＝$1/10^6$）ではあるが波長の異なる散乱光が見られ，ラマン散乱と呼ばれる．波長の変化は，入射光子の一部が分子を構成する原子間の振動や分子自身の回転と相互作用を引き起こし，光子エネルギーの増減を伴うことによる（図1-A）．エネルギーの減少した光子は，入射光子のそれに比べ長波長へシフトし，その散乱はストークス散乱と呼ばれる．一方，エネルギーを増した光子は，短波長へシフトし，反ストークス散乱と呼ばれる．参考までに，散乱光の大部分は波長のシフトを伴わないと述べたが，この散乱をレイリー散乱という．ラマン散乱は1928年，C. V. Raman（後にノーベル賞を受賞）により発見され，その名前を冠した散乱である．ラマン散乱のうち，反ストークス散乱に比して光量が高いストークス散乱が使用される．

2. ラマン散乱によるガス濃度の定量

ラマン散乱は散乱を生じる物質特有の物性に基づくため，波長のシフト量より物質の種類が判別でき，シフトした波長の光の強さより，物質の定量（濃度）が可能である．図1-Bに，手術室で患者の麻酔管理に使用される各種ガスとそのシフト量を示す．実用的なモデルはVan Wagenen, Westeskowらにより開発された．患者の吸・呼気ガスは呼吸器の患者回路の口元から毎分150 mlサンプリングされ，分析

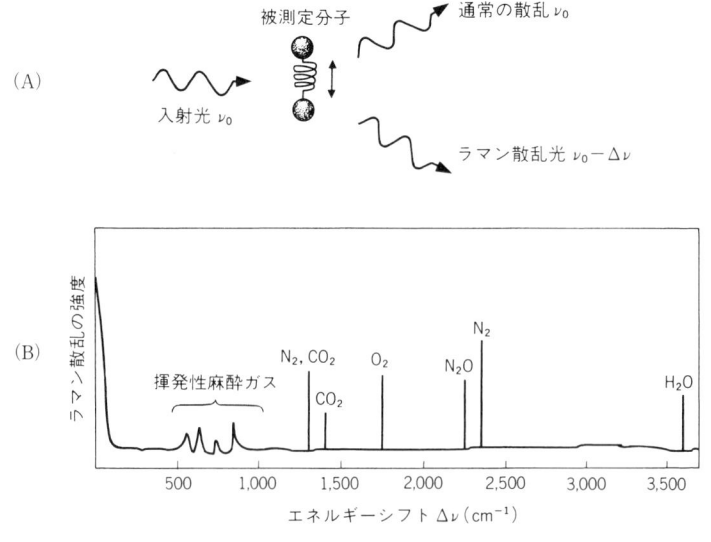

図1 入射した光子エネルギーの一部が原子の振動エネルギーに代わるため，散乱光のエネルギーシフトが生じる．シフトの大きさは分子による．

器内部にある 0.12 ml のサンプリングチャンバーに入る．アルゴンレーザーはこのサンプリングチャンバーに照射され，2つの窓から同時に2チャンネルの計測を可能とする．窓から出射するストークス散乱光は，各測定ガスに最適化された回折格子による分光器（モノクロメーター）群を経て，光電子増倍管（フォトマルチプライヤー）に入力される．分光器の透過光の波長よりガスの種類が，また，光電子増倍管の出力より濃度が測定される．チャネル-1は二酸化炭素の常時（リアルタイム）計測を目的に専用の分光器，光電子増倍管を使用する．これは，米国麻酔学会の二酸化炭素のリアルタイム計測を要するとの指針に沿うものである．一方，チャネル-2は回転する円盤上の回折格子群によって，時間的に分割された分光特性を経て，酸素，窒素，亜酸化窒素（N_2O），麻酔ガス（ハロタン，イソフルラン，エンフルラン）の6種のガス濃度が交互（intermittent）に測定できる．

3. 他の酸素測定方法との比較

ラマン散乱法は，下記を特徴とする．
- 高い精度と応答性（測定開始から結果の導出までの反応時間）
- 汎用性（多種類のガスが同一のセンサーで測定できる）
- 非破壊検査（ガス分子を分解しない）

ラマン散乱法による酸素の測定において，標準誤差は 0.64 vol% 程度であり，応答時間（0-90%）は 67 msec 程度である．この測定精度や応答性は質量分析装置と同格であり，両者が比較されることが多い．ともに1台の装置でほぼすべてのガスの同定と定量測定が可能である．加えて，ラマン散乱法はガスに限らず液体，固体の試料が常温常圧のもとで測定できる強みがある．ラマン散乱法は，分子の格子振動や回転などとの物理的相互作用であり，分子を構成する原子結合鎖の断ち切りや他の原子との結合などの化学的反応を引き起こさない．一方，質量分析計では，試料分子が構成原子にまで分解される（分解産物をフラグメントと呼ぶ）ため，被測定ガスは患者に返却できない．このことより，ラマン散乱法による分析機器の小型化が可能な場合は患者の呼吸回路の中に内蔵することが可能である．また，質量分析計では，ガスイオン流の変動を相殺するため，検出総量を 100% とする．呼気ガス中に未知のガス（アルコールやヘリウム，水蒸気飽和圧が不明な場合の水蒸気など）が存在する場合は誤差を生む．一方，ラマン散乱法では，水蒸気の干渉を受けず，散乱光の振幅を直接測るため未知のガスの混入による影響を受けないとされる．

［森田耕司］

2.16 PETによる in vivo 酸素イメージング

臓器全体の酸素消費量は動静脈血の酸素濃度差から計測可能であるが，酸素代謝の in vivo イメージングは，酸素分子そのものを RI 標識してポジトロン CT（PET）で撮像するのが唯一の方法である．MRI でもさまざまな方法が検討されているが，現在までのところ定量性を保持したイメージングまでは可能となっていない．PET で用いられるのは［O-15］標識の O_2（$^{15}O_2$）であり，通常は脳の酸素代謝イメージングに用いられる．$^{15}O_2$ を 1 回吸入し，数分間の撮像を行う 1 回吸入法，流速が一定の $^{15}O_2$ を 10-15 分程度持続吸入し，体内の放射濃度が平衡状態に達した状態で撮像する定常法，10 分程度持続吸入し，その間経時的濃度変化を撮像していく build-up 法などさまざまな検査法が提唱され，改良されてきた．現在日本の PET 施設で最も多く用いられている手法は定常法であるが，PET 装置が次第に腫瘍診断専用に改変されてきたため，^{15}O-gas PET 検査は逆にやや実施しづらい状況となりつつある．

検査は通常 $^{15}O_2$ ガスを吸入し，動脈採血を行いながら PET 装置で撮像する（図1）．動脈血をカウントするシンチレーションカウンターと PET 装置の間で，計測感度の補正（クロスキャリブレーション）を行っておく必要がある．動脈血計測値と PET 画像データとを用いて，酸素摂取率（OEF）を計算し，これに脳血流量（CBF）と血中 O_2 濃度（aO_2c）を乗じたものが酸素消費量（$CMRO_2$）となる（$CMRO_2 = OEF \cdot CBF \cdot aO_2c$；図2参照）．また，OEF 計算時にも血流画像や血液量（CBV）画像が必要となるため，通常酸素代謝（$CMRO_2$）イメージングにおいては，［O-15］標識の二酸化炭素（$C^{15}O_2$）または水（$H_2^{15}O$）による CBF，［O-15］標識一酸化炭素（$C^{15}O$）による CBV 画像（$C^{15}O$ により赤血球が ^{15}O 標識される）も同時に得る必要がある（図1）．ヒトの脳での正常値は $CMRO_2 =$ 約 3-4 ml/100 g/min（$\approx 100\,\mu mol/100\,g/min$）とされている．

脳以外の臓器では，酸素代謝の計測はやや困難である．たとえば心筋においては，$^{15}O_2$-PET イメージでは心筋壁と内腔の分離が困難であり，また肺も吸入した酸素で高集積となる

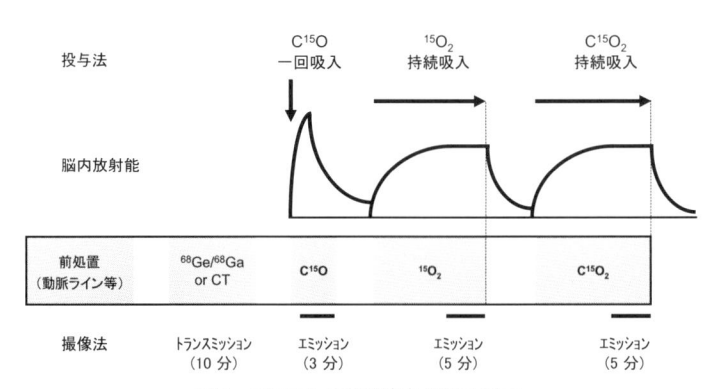

図1 PET での循環酸素代謝計測法
ポジトロン CT（PET）を用いた場合の酸素代謝計測法を示す．わが国で最も一般的な定常法では，$C^{15}O$ 1 回吸入（または低速ボーラス吸入），$^{15}O_2$，$C_2^{15}O$ の持続吸入を順次行い，それぞれ血液量，酸素代謝，血流量の計測に用いる．

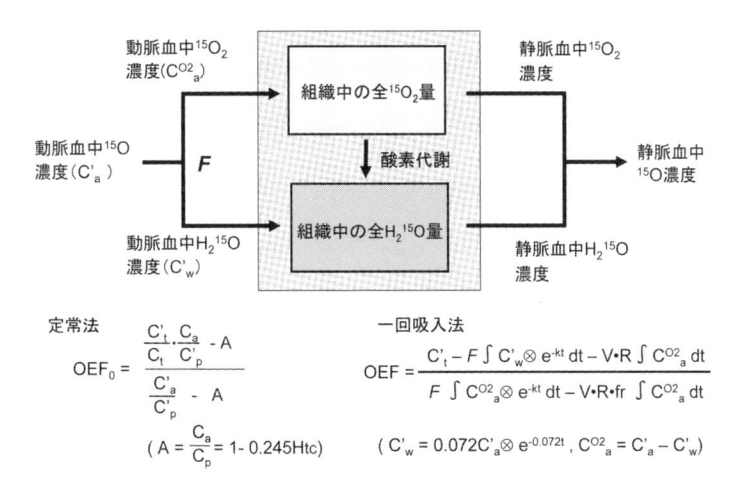

図2 酸素代謝定量の考え方

定常法

$$OEF_0 = \frac{\frac{C'_t}{C_t} \cdot \frac{C_a}{C'_p} - A}{\frac{C'_a}{C'_p} - A}$$

$$(A = \frac{C_a}{C_p} = 1 - 0.245 Htc)$$

一回吸入法

$$OEF = \frac{C'_t - F \int C'_w \otimes e^{-kt} dt - V \cdot R \int C^{O2}_a dt}{F \int C^{O2}_a \otimes e^{-kt} dt - V \cdot R \cdot fr \int C^{O2}_a dt}$$

$$(C'_w = 0.072 C'_a \otimes e^{-0.072 t}, C^{O2}_a = C'_a - C'_w)$$

血中の放射性酸素は，初め酸素として組織に取り込まれるが，組織中で代謝され，水となって再灌流される．そのため，代謝・再灌流水の中に含まれる放射能を考慮した動態モデルが必要である．臓器に取り込まれる酸素の割合を酸素摂取率（OEF）とすると，計測法の違いにより計算式が異なる．図中の記号は以下の通り：
C_t, C'_t：それぞれ $C^{15}O_2$, $^{15}O_2$ 撮像時の脳内放射能濃度（'は $^{15}O_2$ 撮像時の放射能，以下同様），C_a, C'_a, C_p, C'_p：それぞれ $C^{15}O_2$, $^{15}O_2$ 撮像時の動脈全血（a）・血漿（p）中放射能濃度，C'_w：動脈血中 $H_2^{15}O$ 放射能濃度，F：血流量，V：血液量，OEF_0：CBV 補正前 OEF，R：小動脈／大血管ヘマトクリット比，fr：全血液量中の微小血管量の比，Hct：体循環ヘマトクリット値，$\otimes$：重畳積分．他は図内の文および式を参照．

ため，ほとんど描出できない．代わりの手段として ^{11}C-acetate による心筋からの洗い出し率を，好気的酸素代謝の指標とする方法が用いられている．^{11}C-acetate は血流に準じて心筋に集積し，^{11}C-acetyl CoA となって TCA 回路に取り込まれた後，CO_2 まで分解されて心筋から洗い出されると考えられている．したがって，PET の経時的計測による洗い出し率の測定が TCA 回路の機能とよく相関しているという考え方である．通常洗い出しカーブは single exponential で近似可能であり，近似曲線の時間係数を洗い出しの指標として用いている．

近年腫瘍における低酸素組織が，治療抵抗部位として注目され，その描出が治療効果や予後の予測につながると期待されている．1980 年代に開発された ^{18}F-fluoromisonidazole（FMISO）などのニトロイミダゾール誘導体と 90 年代後半に開発された Cu（II）-diacetyl-bis（N4-methylthiosemicarbazone）（Cu-ATSM）が代表的な PET 用低酸素イメージング薬剤である．集積機序はいずれも同様で，細胞内のミクロソーム等で還元されて放射性物質が組織内部に残存する．低酸素細胞ほどこの還元能力が強いため，正常部と比べ有意に高い集積を示す．ニトロイミダゾール誘導体では，^{18}F-FMISO が有力視されたが，血中からのクリアランスが十分でなくコントラストが低いため，^{18}F-fluoroazomycin arabinoside（FAZA），^{18}F-1-（2-fluoro-1-［hydroxylmethyl］ethoxy）methyl-2-nitroimidazole（FRP170）など ^{18}F-標識されたさまざまな誘導体が新たに報告されている．また，Cu-ATSM に用いられる放射性同位元素には Cu-60, 62, 64 などさまざまなものがあるが，Zn-62 を親核種とするジェネレーターから産生される Cu-62 が in vivo イメージングには利用しやすく，臨床的には最も使いやすい．

PET 以外で，酸素代謝の in vivo イメージングが可能な装置としては MRI が有力である．脳賦活試験で用いられる撮像法は，酸素化ヘモグロビンと脱酸素化ヘモグロビンとの差を blood oxygenation level dependent（BOLD）

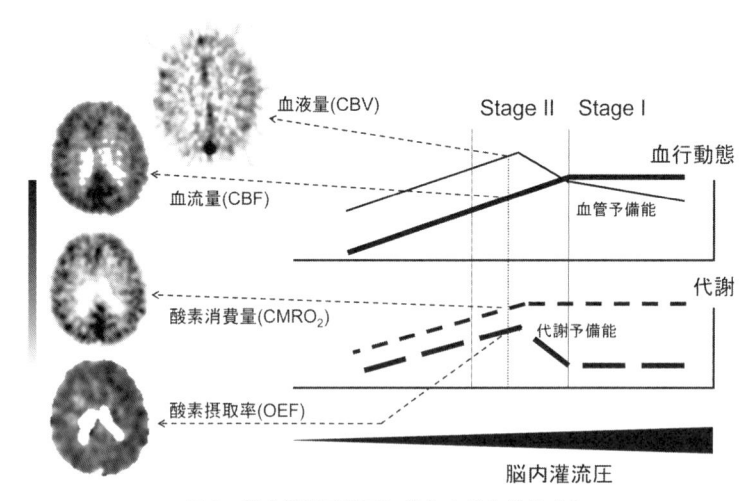

図3 脳内灌流圧低下に伴う血行力学的変化
脳血管障害（動脈狭窄・閉塞）による脳内灌流圧の低下に伴い，循環代謝がグラフのように変化していると考えられている．左の画像は左内径動脈閉塞症のPET画像で，左大脳半球の血流低下，血液量上昇，酸素摂取率上昇が認められ，波線の時期に相当すると予想される．左側のバーは画像のグレースケール．脳画像は図の右が患者の左側．

信号として捉える手法であり，賦活され増加した血流量の変化がBOLD信号の上昇として描出される．この撮像法を応用することで，局所酸素代謝の変化が画像化されると期待されているが，現在までのところ，定量的に正しい代謝量が計測されるまでには至っていない．

［岡沢秀彦］

■文献
1) 吉田 純 編：脳神経外科学大系「2 検査・診断法」（総編集：山浦 晶）．中山書店，東京，2006．
2) 小川誠二，上野照剛 監修：非侵襲・可視化技術ハンドブック．NTS，東京，2007．

2.17 ESRによるin vivo酸素イメージング

現在，いろいろな酸素濃度計測技術（oximetry）が開発され，生体内で計測された酸素濃度値が報告されている．代表的な酸素濃度計測手法として，酸素電極法，蛍光法，近赤外光による手法，さらには，NMR（nuclear magnetic resonance）やESR（electron spin resonance）などの磁気共鳴法による手法が確立されている．測定精度，測定深部，侵襲性などの観点から上記の手法を比較すると，in vivoでの計測には侵襲性がきわめて低い磁気共鳴による手法が望ましく，感度の観点からも優れている．本項では，侵襲性が低く，繰り返し同一部位での酸素濃度計測が可能であるESR oximetryならびにin vivo酸素イメージング法について解説する[1-2]．

1. 測定原理について

酸素分子は2個の孤立電子を持ったビラジカルと呼ばれる常磁性物質である．気体状態での酸素分子のESRスペクトルから酸素濃度の定量は可能であるが，酸素のスペクトル線幅は一般にブロードであるため，液体試料中の酸素，とくに生体内の酸素分子の定量は不可能である．一方，常磁性である酸素が他の常磁性物質（フリーラジカル化合物）に対して及ぼす磁気緩和効果を利用した酸素濃度計測手法が開発されている．酸素分子の近傍に共存しているフリーラジカル化合物の緩和時間は，酸素分子との磁気的な相互作用によって短縮されることになり，フリーラジカル化合物のスペクトル線幅は広がっている．この特性を利用し，与えられたフリーラジカル化合物のスペクトル線幅と酸素濃度との相関性が得られると，測定した線幅から未知の酸素濃度を知る，つまり酸素濃度計測が可能となる．

2. 酸素プローベについて[1-3]

In vivoでのESR oximetry成功の可否は，用いる酸素プローベに強く依存している．酸素プローベに要求される特性として，①線幅が細く，線形が単純であること（理想的には1本が望ましい），②生体内で安定であること，③毒性がないこと，等が挙げられる．ESRスペクトルの線幅の酸素感受性，つまり，酸素濃度変化に対して線幅の変化が大きく，両者の関係に直線性があれば使いやすい．In vivo系での酸素濃度計測を考えると，$0 \sim 250\,\mu M$の酸素濃度（あるいは$0 \sim 150\,mmHg$の酸素分圧）の範囲内で直線性が得られれば理想的である．

現在，酸素プローベには水溶性の化合物と不溶性の化合物が検討され，それぞれの特色を利用して活用されている．代表的な水溶性酸素プローベとして，nitroxideやtriaryl methyl radicalがある．nitroxideには中性やイオン性の化合物があるため，細胞内外への分布を通してそれぞれの場での酸素濃度計測に利用されているが，酸素感受性はそれほど高いとはいえない．一方，triaryl methyl radical（TAM）はnitroxideに比して線幅が非常に狭く（0.01 mT（0.1 gauss）程度）1本線であるため，利用しやすい．不溶性プローベとして，lithium phthalocyanine類，墨，インキ（carbon black particleや石炭粉末）などが幅広く利用されている．Lithium phthalocyanine類は，酸素感受性が他のプローベに比べ大きいので広く利用されている．生体内での安定性や，毒性の観点か

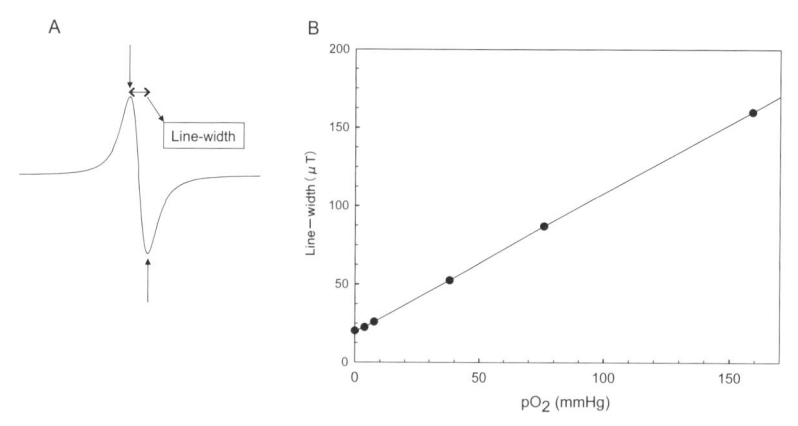

図1 酸素プローベのESRスペクトル線幅と酸素分圧（pO$_2$）との関係
A：LiNc-BuOのESRスペクトル．B：スペクトル線幅（Line-width）と酸素分圧（pO$_2$）との関係．

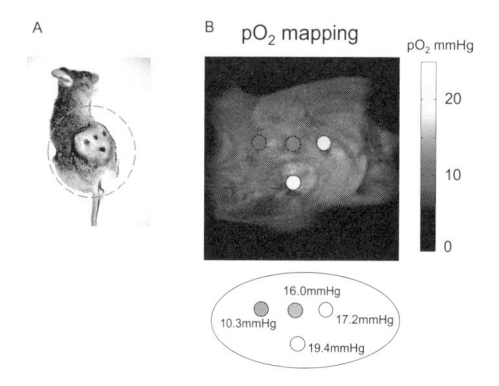

図2 マウスに植えた腫瘍内の酸素分圧マッピング（口絵参照）
A：マウス後肢に植えたSCC VII実験腫瘍．B：SCC VII腫瘍のMRI画像と酸素分圧（pO$_2$）マッピング．腫瘍内の4ヵ所にLiNc-BuOパーティクルを埋め込み，pO$_2$測定値をマッピングした．

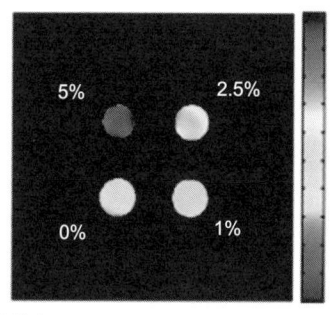

図3 酸素濃度の異なるTAM水溶液の酸素マッピング（口絵参照）
0, 1, 2.5, 5% 酸素を含むTAM水溶液を含むファントムのESRイメージング画像を得，その画像データから酸素濃度のマッピング画像を得た．

ら，墨やインキ類が利用されている．とくに，市販のインキや墨は人への応用を念頭に基礎的な研究がなされている[3]．

0〜150 mmHgの酸素分圧下に保った酸素プローベ（lithium 5, 9, 14, 18, 23, 27, 32, 36-octa-n-butoxy-2, 3-naphthlocyanine radical（LiNc-BuO））のESRスペクトルを計測し，線幅と酸素分圧（pO$_2$）との関係を図1に示した．酸素プローベの線幅はpO$_2$に対し非常によい直線性を示しており，この関係を利用すると測定した線幅値からpO$_2$値を得ることが可能である．本プローベを使い，酸素電極法とESRオキシメトリー法での測定値の相関を調べたが非常によい相関を示している．

動物の体内に酸素プローベを埋め込むと，組織内の酸素濃度を同一の部位で，繰り返し，長期的にモニターすることが可能である．LiNc-BuOをマウス後肢の筋肉組織に埋め込むと，同一の部位での酸素分圧を非侵襲的に長期的に観測可能で，少なくとも90日までの酸素分圧のモニタリングが可能であったという報告がなされている[4]．マウス後肢に植えられた実験腫瘍（SCC VII腫瘍）に酸素プローベ（粒径100 μm）を埋め込み，酸素分圧を測定した結果を図2に示した．長径20 mmほどの腫瘍にLiNc-BuOを4ヵ所埋め込み，腫瘍のMRI画

像上に酸素分圧のマッピングを行っている．腫瘍のMRI画像から組織のヘテロジェニティーが非常に高いことがわかるが，酸素分圧値も部位特異的に変化していることがうかがえる．一方，可溶性の酸素プローベTAMを用い，ESRイメージングの手法を用いた酸素濃度マッピングが行われており（図3），マウスなどの実験動物の酸素濃度マッピング表示に応用されている[5]．

[藤井博匡]

■文献
1) Berliner LJ, ed：Biological magnetic resonance-Volume 18：In vivo EPR（ESR）theory and applications. Kluwer Academic/Plenum Publishers, New York, 2003.
2) Gallez B, Baudelet C, Jordan BF：Assessment of tumor oxygenation by electron paramagnetic resonance：principles and applications. NMR Biomed 17：240-262, 2004.
3) Swartz HM, Khan N, Buckey J, et al：Clinical applications of EPR：overview and perspectives. NMR Biomed 17：335-351, 2004.
4) Pandian RP, Parinandi NL, Ilangovan G, et al：Novel particulate spin probe for targeted determination of oxygen in cells and tissues. Free Radic Biol Med 35：1138-1148, 2003.
5) Matsumoto K, Subramanian S, Devasahayam N, et al：Electron paramagnetic resonance imaging of tumor hypoxia：enhanced spatial and temporal resolution for in vivo pO_2 determination. Mag Reson Med 55：1157-1163, 2006.

2.18 リン光寿命を利用した組織酸素濃度測定

心臓から送り出された血液は，動脈-毛細血管-静脈を通り，再び心臓に戻る．一般的な血液循環はこのマクロな血液の流れをイメージするが，本来の血液循環の目的は，毛細血管領域で営まれる組織への栄養の補給と老廃物の回収にある．とくに組織への酸素供給は最重要課題であり，微小循環はそれに最適な構築を持っている[1]．微小循環における酸素動態に関しては，約100年前に発表されたKroghの理論的研究に基づき，毛細血管から組織へ拡散により供給され，組織の代謝率に応じて消費されると考えられているが，この理論的研究成果を実験的に明らかにした報告はない．その一因として，in vivo微小循環領域での酸素情報計測の困難さが挙げられる．とくに毛細血管からの酸素供給過程の解明には，微小血管内の血中酸素情報とともに周辺組織での酸素情報を顕微鏡レベルで解析する必要がある．微小循環での酸素情報計測としては，従来からポーラログラフの原理に基づいた酸素電極法[2]や，ヘモグロビンの酸素化-脱酸素化のスペクトル変化による分光学的計測法[3]が開発されており，前者は主として組織での酸素分圧を，後者は血中酸素飽和度の測定に用いられている．これらの方法は微小循環レベルでの酸素計測法としてそれぞれ長所短所を併せ持つが，双方とも血管内とその周辺組織での酸素情報の同時計測は困難である．

酸素分圧の光学的計測法として，蛍光あるいはリン光の消光現象を利用する方法がある．この方法は非接触かつ非侵襲で短時間に酸素分圧の計測が可能であるが，これまではin vitroでの利用が中心で，in vivo計測に用いられることは少なかった．著者らはこの光学的方法を微小循環観察用の生体顕微鏡に応用し，微小循環動態を直視下にして血管内と周辺組織での酸素分圧を高空間分解能で得られる方法を開発している[4]．ここでは骨格筋組織を対象に本法を用いて行った著者らの測定結果を中心に概説する．

本法ではPd-meso-tetra(4-carboxyphenyl) porphyrin（Pdポルフィリンと略）をアルブミンに結合させたものを酸素感受性リン光トレーサとして用いている．Pdポルフィリンは緑領域に吸収帯を持ち，赤色のリン光を発する分子量900の物質で，酸素はPdポルフィリンの励起分子に対し消光分子として働くため，Stern-Volmerの関係式

$$I(t)/I_0 = \exp[-(1/\tau_0 + K_q \times pO_2)t] = \exp(-t/\tau)$$

が成り立つ．ここで$I(t)$は時間tにおけるリン光強度，I_0は酸素分圧0におけるリン光強度である．また上式は次のように書きなおせる．

$$1/\tau = 1/\tau_0 + K_q \times pO_2$$

ここでτ_0とτは酸素分圧が0およびpO$_2$値の時のリン光寿命，K_qはStern-Volmer定数である．この関係式に基づき，酸素分圧はPdポルフィリンのリン光強度あるいはリン光寿命のどちらからでも求めることができるが，in vivoを対象とする本法では，測定部位のPdポルフィリン濃度に依存しないリン光寿命による計測を用いている．

著者らが用いているリン光寿命計測用の時間分解型生体顕微鏡の概要を図1に示す．Pdポルフィリン励起用光源には発振波長535 nmのN$_2$/dyeパルスレーザ（20 Hz）を用い，×20または×5の長作動距離型対物レンズを介し落射方式で照射する．×20レンズ使用時におけ

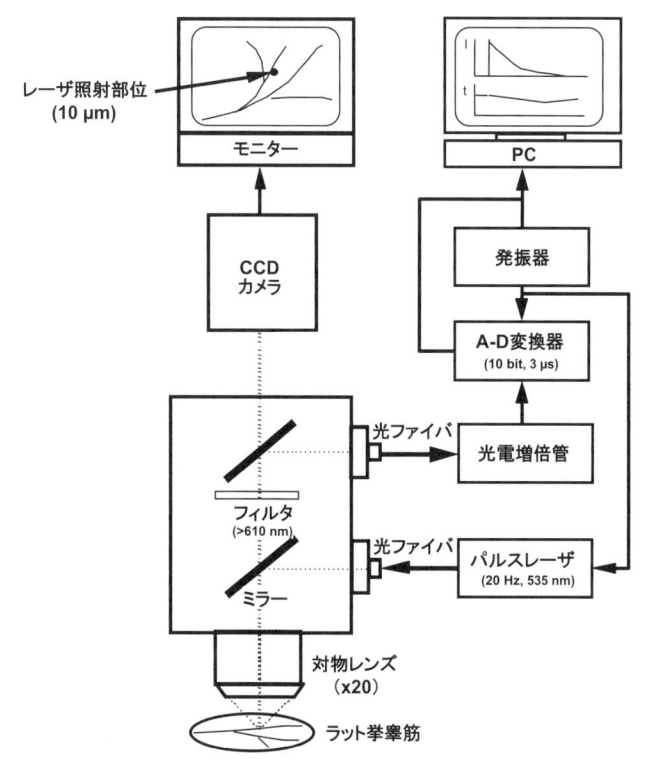

2.18 リン光寿命を利用した組織酸素濃度測定

図1 リン光寿命による酸素分圧計測用のレーザ生体顕微鏡
励起用光源には波長 535 nm（緑）のパルスレーザを用い，顕微鏡対物レンズを介して 10 μm の径で組織に照射する．フィルタにより得られたリン光の有効成分（赤）は光電子増倍管で検出され，リン光寿命として連続的に求められる．

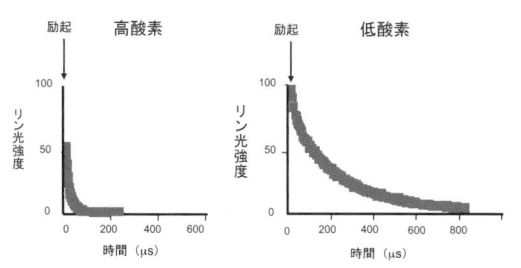

図2 酸素感受性リン光色素 Pd ポルフィリンのリン光波形
酸素は Pd ポルフィリンのリン光発光に対し消光因子として働くため，高酸素環境ではリン光強度は弱く消光過程も速い．低酸素環境では反対に，リン光強度は強く寿命も長くなる．

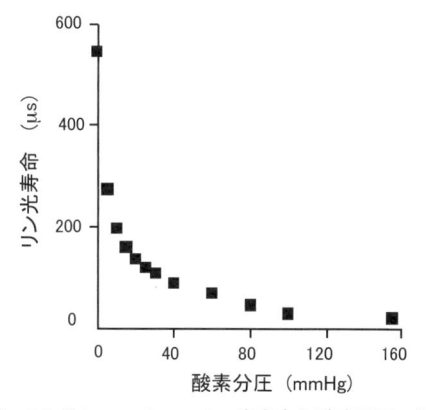

図3 Pd ポルフィリンのリン光寿命と酸素分圧の関係
低酸素から高酸素分圧まで測定ができるが，とくに低酸素領域において寿命変化が大きく比較的低酸素である組織での計測に適している．

る組織上での照射径は 10 μm である．干渉フィルタ（>610 nm）により有効成分のみ選択された Pd ポルフィリンのリン光は光電子増倍管により検出し，レーザ照射に同期してサンプリング間隔 3 μs，10 bit の分解能で A/D 変換する．リン光寿命の算出はパーソナルコンピュータで得られたリン光を任意の回数加算平均し，最小 1 秒ごとに連続して得られる．図2に

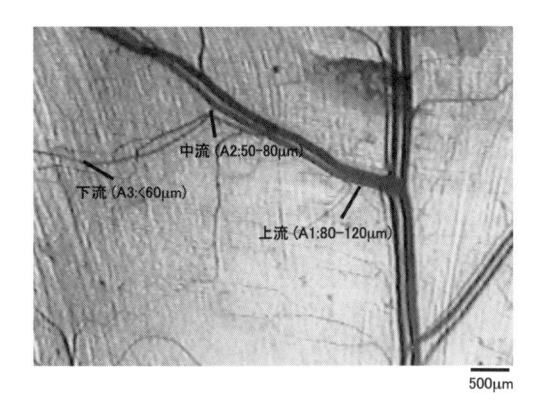

図4 ラット挙睾筋（cremaster muscle）微小循環像と酸素分圧の測定部位
筋の中心を走行する動脈からの分岐細動脈を A1，それからの分岐細動脈を A2，さらにその分岐を A3 とし，血管内と血管外壁近傍組織および 100 μm 以上離れた組織で測定した．

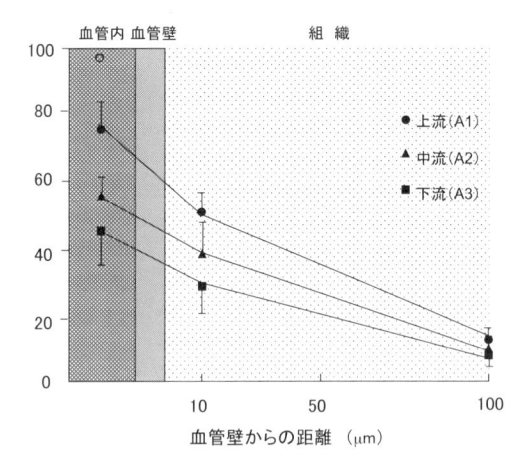

図5 血管内と組織での酸素分圧変化
最上流の A1 細動脈で既に酸素分圧は低下し，下流側（A2，A3）に行くにしたがいさらに低下する．また，組織内に比べ細動脈血管壁での酸素分圧勾配が大きいことがわかる．

Pd ポルフィリンのリン光波形を，図3に酸素分圧とそのリン光寿命の関係を示す．高酸素状況下ではリン光強度は弱く，また消光も速いことがわかる．

つぎにラットの挙睾筋（cremaster muscle）を対象として，微小血管内とその周囲組織での酸素分圧計測を行った結果を示す．図4にラット挙睾筋微小循環の顕微鏡像を示す．微小循環の観察および酸素分圧の計測はウレタン麻酔下において行った．Pd ポルフィリンを頸静脈より約 20 mg/kg 体重の濃度で注入，血中酸素分圧の計測は注入直後より，また組織内計測は注入後 20 分経過時より行う．図5にその結果を示している．安静時の細動脈酸素分圧は最も上流に位置する部位（A1：直径 120 μm）において，既に中枢動脈より低く，下流に行くにしたがいより低下していることがわかる（A1：約 70 mmHg，A2：約 55 mmHg，A3：約 45 mmHg）．また，組織での酸素分圧は細動脈に近接した（5-20 μm）部位ではすべての分岐レベルで細動脈酸素分圧マイナス 20-25 mmHg であったが，離れた（100 μm 以上）部位では分岐のレベルにかかわらず約 10 mmHg と著しい低下を示した．このような細動脈上・下流および内外での酸素分圧の低下は，細動脈から組織への酸素供給の可能性とともに，細動脈血管壁の平滑筋あるいは内皮細胞の酸素消費が，従来考えられていたよりもはるかに大きい可能性を示唆するものである．

［柴田政廣］

■文献
1) 神谷瞭編著：循環系のバイオメカニクス．pp. 9-18，コロナ社，東京，2005．
2) Kessler M, Harrison DK, Hoper J：Tissue oxygen measurement techniques. In "Microcirculatory Technique"(Baker CH, Nastuk WL, eds), pp. 391-425, Academic Press, Orlando, 1986.
3) Pittman R：Microvessel blood oxygen measurement techniques. In "Microcirculatory Technique"(Baker CH, Nastuk WL, eds), pp. 367-389, Academic Press, Orlando, 1986.
4) Shibata M, Ichioka S, Ando J, Kamiya A：Microvascular and interstitial pO_2 measurements in rat skeletal muscle by phosphorescence quenching. J Appl Physiol 91：321-327, 2001.

2.19 免疫組織学的方法による低酸素/虚血領域の可視化

1. 免疫組織学的検出の意義

生体における低酸素研究は,がんの分野で盛んである.これは,血管形成不全により腫瘍内に構成された低酸素環境の細胞が,放射線や化学治療に抵抗性を示し,悪性化の原因とされているためである.この分野における免疫組織学は,治療抵抗性に係わる生理機能の研究と共に,biopsy(生検)での診断に用いられている.脳神経や循環器の分野では,血管梗塞による虚血部の観察や,再還流時の応答に関する基礎研究が多い.臨床分野での免疫組織学による低酸素検出の汎用性は,biopsyが必須であること,検出に熟練を要し,検体間の比較が困難であることから,PETやMRIに比べ低い.

2. 低酸素の定義

低酸素(hypoxia)の定義は,研究分野に依存し一様でなく,無酸素(anoxia)と区別する場合もある.汎用的な低酸素マーカーである2-nitroimidazoleは,酸素分圧が10 mmHg以下の生細胞を検出するため,低酸素研究の指標の1つとされている.

3. 低酸素細胞の検出

外来性(exogenous)と内在性(endogenous)の低酸素マーカーが用いられており,基礎研究では併用される.臨床分野では,診断での有効性に関する調査が十分でないため,外来性マーカーのみ利用される.

a. 外来性低酸素マーカー

2-nitroimidazoleが低酸素環境で生物的還元を受け,タンパク質に非可逆的に結合する機能を利用したもので,pimonidazole, EF5が一般的である.^{18}F-MISOは,PET用の低酸素プローブとして使用されている.静脈内に投与すると,酸素分圧10 mmHg以下の生細胞が標識され,これを免疫組織学的に検出する.酸素分圧を直接反映するため,汎用性が高く,低酸素マーカーとして信頼性が高い.腫瘍内で検出される細胞は,血管より離れた壊死辺縁に分布する.2種類の2-nitroimidazoleを連続して投与することで,低酸素領域の変動を追跡することができる.

b. 内在性低酸素マーカー

HIF-1, CA IX, GLUT-1,3などの遺伝子は,低酸素ストレスに応答して発現が亢進するため,内在性の低酸素マーカーとされている.発現条件が細胞ごとに異なり,貧栄養・低pHなどに影響を受けるため,評価には十分な理解を要する.

HIF-1は細胞の低酸素応答に重要な転写因子であり,CA IX, GLUT-1,3を含む多くのストレス応答因子の転写を制御している.発現に細胞差が大きいこと,腫瘍では発現領域が壊死辺縁部に限定されず2-nitroimidazoleと一致しない場合が多いことから,臨床への応用性はCA IXに劣るとされる.

CA IXは2-nitroimidazoleの検出領域とよく一致し,壊死辺縁に限定された発現であるため,内在性マーカーの主流となりつつある.放射線治療抵抗性との間に相関性が確認されている.

Glut-1,3による検出例は，CA IX や HIF-1α ほど多くないが，pimonidazole, CA IX との良い相関が示されている．これ以外にも，EPO, EPOR, IKKB, osteopontin, EGFR, involucrin, lactate dehydrogenase-5, AFT4 など，多くの低酸素誘導遺伝子が内在性マーカーとして検討されている．

［田中正太郎］

■文献

1) Ljungkvist AS et al：Dynamics of tumor hypoxia measured with bioreductive hypoxic cell markers. Radiation Res 167：127-145, 2007.
2) Hoogsteen IJ et al：The hypoxic tumour microenvironment, patient selection and hypoxia-modifying treatments. Clin Oncol 19：385-396, 2007.
3) Sobhanifar S et al：Reduced expression of hypoxia-inducible factor-1α in perinecrotic regions of solid tumors. Cancer Res 65：7259-7266, 2005.

2.20 低酸素がん細胞の光学イメージング

　固形腫瘍の内部には血管から十分な酸素が供給されない"低酸素がん細胞"が存在する[1]．これは"がん細胞の増殖速度が腫瘍血管の形成（血管新生）を上回っていること"や，"腫瘍血管が一時的に閉塞すること"などに起因する．低酸素がん細胞は化学療法や放射線治療に抵抗性を示し予後不良につながることから[1]，その局在と量を捉える技術の開発が切望されている．近年，光学イメージングの技術革新が目覚ましいこともあいまって，"低酸素がん細胞の光学イメージング"が注目を集めている．現在，開発が進められている手法は，1）レポーター遺伝子を用いたイメージングと，2）低酸素特異性を付加した蛍光プローブを用いたイメージングに大別される．

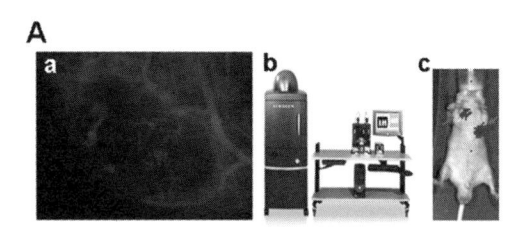

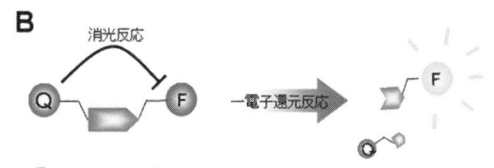

図1 低酸素がん細胞の光学イメージング（口絵参照）
A．レポーター遺伝子によるイメージング．a）低酸素がん細胞（赤）は腫瘍血管（青）から離れて存在する．b）超高感度冷却CCDカメラを搭載した光イメージングデバイス．c）免疫不全マウスの肺に腫瘍を移植し，低酸素がん細胞をルシフェラーゼ発光によりイメージングした．
B．蛍光プローブによるイメージング．低酸素依存的な一電子還元反応により，消光が解除されてプローブが蛍光を発する．

1. レポーター遺伝子によるイメージング（図1A）

　低酸素環境に曝された細胞内では，HIF-1と呼ばれる転写因子が活性化する（3.8を参照）．この機構を利用して，HIF-1依存的にluciferaseやgreen fluorescent protein（GFP）の発現を誘導するレポーター遺伝子が構築された[2]．この遺伝子を安定に組み込んだがん細胞を免疫不全マウスに移植し，超高感度冷却CCDカメラを搭載したイメージング機器に供することによって，HIF-1活性を指標として移植腫瘍内の低酸素がん細胞をイメージングすることが可能になった[3]．本法は細胞の低酸素応答機構に依存した間接的なイメージング手法であるため，生体内の絶対酸素濃度（pO_2）の低下を可視化するには不向きである．また，活性酸素種や増殖因子の刺激によってHIF-1が活性化することもあることから，イメージング結果の解釈には注意が必要である．

2. 蛍光プローブによるイメージング（図1B）

　低酸素環境下では，一電子還元反応が進行することが知られている．この反応特性を利用して，低酸素環境下で消光状態から励起状態に変換される蛍光プローブの開発が進められている[4]．当該プローブの活性化は酸素分子によって抑制されるため，本法によって生体内の絶対酸素濃度（pO_2）の低下をイメージングすることが可能になる．

　いずれの方法も現時点では実験小動物を対象

とした基礎研究の段階にあり，PETイメージング（2.16を参照）や免疫組織学的解析（2.19を参照）と比較して臨床応用への道のりは長い．しかしながら，光学イメージング系は放射性同位元素を用いる必要がなく，また非侵襲的であることから，その安全性や簡便性に大きな期待が集まっている．"低酸素がん細胞の光学イメージング法"の開発を加速するためには，"生体透過性の限界"という光の特性（短所）を克服することが肝要である．たとえば，生体の浅部に特化したアプリケーションの確立はもちろんのこと，量子収率の高い蛍光色素の開発や，検出感度の向上を含めたイメージング機器の改良等が鍵となるであろう．

［原田　浩，平岡眞寛］

■文献

1) Kizaka-Kondoh S, Inoue M, Harada H, Hiraoka M：Tumor hypoxia：A target for selective cancer therapy. Cancer Sci 94：1021-1028, 2003.
2) Greco O, Patterson AV, Dachs GU：Can gene therapy overcome the problem of hypoxia in radiotherapy? J Radiat Res (Tokyo) 41：201-212, 2000.
3) Harada H, Kizaka-Kondoh S, Hiraoka M：Optical imaging of tumor hypoxia and evaluation of efficacy of a hypoxia-targeting drug in living animal. Mol Imaging 4：182-193, 2005.
4) Tanabe K, Hirata N, Harada H, et al：Emission in hypoxia：One-electron reduction and fluorescence characteristics of indolequinone-coumarin conjugate. Chem Bio Chem 9：426-432, 2008.

2.21 酸素感受性膜を用いた組織酸素濃度のイメージング

1. 背景

ある種の金属錯体や多環芳香族化合物の中には，光励起されて蛍光を発する際に，周囲に存在する酸素分子によって蛍光寿命が，したがって蛍光強度が，減弱するものがある．これは基底状態にある酸素が励起された蛍光物質からエネルギーを吸収して励起状態に変移するためで，酸素による蛍光消光（oxygen quenching）と呼ばれる．蛍光消光が大きい場合には酸素感受性蛍光色素と呼ばれるが，これを利用すると組織酸素分圧の非接触的な in vivo 計測が可能である．

酸素が存在しない時の蛍光寿命と蛍光強度を τ_0 と I_0，酸素分圧が P の時の蛍光寿命と蛍光強度を $\tau(P)$ と $I(P)$ とすると，これらの間には

$$\tau_0/\tau(P) = I_0/I(P) = 1 + k \cdot P \quad (1)$$

なる関係（Stern-Volmer 関係式）が成立する．そこで対象組織に酸素感受性蛍光色素を注入しておいて計測したい部位をパルス状に光励起し，それに応答する蛍光の寿命を計測すれば，(1) 式からその部位における酸素分圧を求めることができる．蛍光強度ではなく蛍光寿命を計測する理由は，蛍光色素が組織中に均一分布することが期待できず，酸素分圧と蛍光強度が1対1に対応しないためである．

2. 酸素感受性薄膜センサー

上記の原理で酸素分圧の分布をイメージングするには，励起光をパルス照射した後のビデオ蛍光画像を連続的に取込み，何コマかの画像から画素ごとに蛍光寿命を算出して酸素分圧に変換し，計算画像として表示することになる．こ

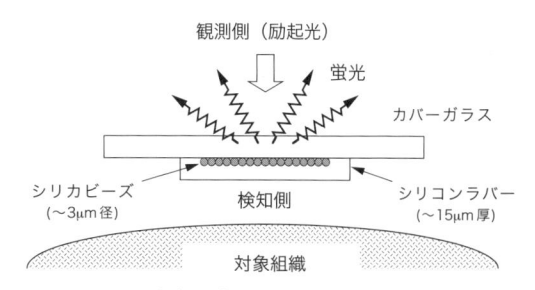

図1 酸素感受性薄膜センサーの断面図
酸素感受性蛍光色素を吸着させたシリカビーズがシリコンエラストマーに包埋されている．酸素透過性のシリコン層は酸素不透過なカバーガラスに支持されており，カバーガラス側から励起して蛍光像を観察する．

れには膨大な量の演算が必要なので，要求する画素数にもよるが，現状では1コマの計算画像を得るのに秒単位の時間を要する．このため，直接リアルタイムに蛍光強度を計測する手段として，図1のような酸素感受性薄膜センサーが考案されている[1]．

これは，酸素感受性蛍光色素をいったん直径 $3\mu m$ のシリカビーズに吸着させたのち，酸素不透過な顕微鏡カバーガラスで支持した厚さ約 $15\mu m$ の透明なシリコンエラストマー薄膜中に均一に固定したものである．この薄膜酸素センサーを対象組織のごく近傍に置けば，組織表層の酸素分布とセンサー表面の酸素分布とが平衡するので，半定量的ながら酸素分布をリアルタイムに蛍光観察でき，(1) 式を用いて検量すれば正確な酸素分圧分布をイメージングできる．

原法では，蛍光色素として tris(1,10-phenanthroline)ruthenium chloride hydrate という金属錯体を用いているが，これは水にも有機溶媒にもよく溶けるので，薄膜センサー層を作成する際に扱いやすい．シリカゲルに吸着させた理由は，この色素の酸素感受性は多孔性無機

物質で支持すると著しく増強するためである．シリコンエラストマーは高い酸素透過性を有するため，厚さ15μm程度では計測に影響しない．また蛍光色素がシリコン層によって保護されるため，組織毒性を考慮する必要がなく，組織灌流液の化学的特性にも鈍感である．事実，大気飽和させた1N塩酸と1N水酸化ナトリウム水溶液に浸漬しても影響は見られない．また蛍光色素が対象組織近傍に高濃度に局在して強い蛍光を発するため，高感度カメラによらずとも蛍光観察できるばかりか，迷光やバックグラウンド蛍光に対して鈍感である．

3. 生体への応用と問題点

図2はこの酸素感受性薄膜センサーを生体応用した一例で，麻酔下に体外へ露出させたラット小腸腸間膜に薄膜センサーを近接させ，微小血管網とその周囲の酸素分布を，それぞれ透過光（左）と蛍光（右）で観測したものである．蛍光画像上，暗い領域ほど酸素分圧が高いことを意味している．本例ではラットに高濃度酸素を吸入させているため，細動脈（A）だけでなく細静脈（V）からも酸素が放出されていることがわかる．この方法は，たとえば微小血管外部における酸素移動が拡散過程であるという暗黙の仮説の実証などに応用されている[2,3]．

このように酸素感受性薄膜センサーは有用な手法であるが，実際の生体への適用にあたっては，いくつか注意を要する．

a. photobleachingの影響

一般に蛍光色素は，長く励起すると蛍光が減弱する（photobleaching）．蛍光寿命ではなく蛍光強度を計測する本法では，これは誤差となって現れるので，たとえば励起シャッターをタイマーと連動させるなどして積算励起時間を画像に同時記録しておき，酸素分圧に変換する際に補正する必要がある．

b. 対象組織の光反射・光吸収の影響

腸間膜やラット精巣挙筋などは菲薄で透過性が大きいため，これらに酸素感受性薄膜センサーを近接させて光励起しても，組織が励起光や蛍光を反射したり吸収したりすることはない．しかし脳や肝臓などの実質臓器は，薄膜センサーを透過した励起光と薄膜センサーが発する蛍光とを有意に反射するので，虚血実験などで観察局所の色特性が変化すると，酸素分圧の計算に誤差を生じる．酸素検知側のシリコンエラス

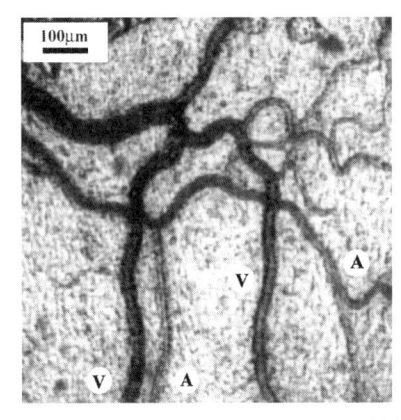

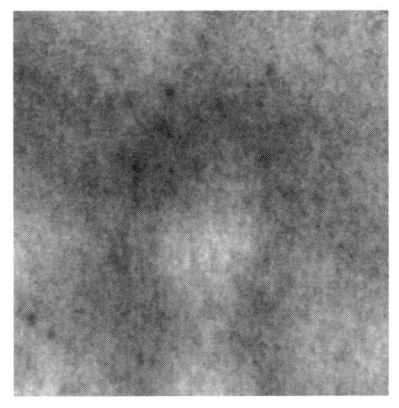

図2 ラット腸間膜微小循環（左）と酸素分布を示す蛍光画像（右）
腸間膜微小血管周囲の酸素分布を蛍光顕微鏡的に可視化したもの．左図のA, Vはそれぞれ細動脈と細静脈を示す．右図で酸素分圧の高い部分は暗く，低い部分は明るく描出されている．高濃度酸素を吸入させているので，細静脈周囲にも酸素が放出されていることが認められる．文献1より改変．

トマー表面を黒色に光学遮蔽したものが，ラット大脳の虚血再灌流実験に利用されている[4]．

［伊藤俊之］

■文献

1) Itoh T, Yaegashi K, Kosaka T, et al：In vivo visualization of oxygen transport in microvascular network. Am J Physiol Heart Circ Physiol 267：H2068-H2078, 1994.
2) Yaegashi K, Itoh T, Kosaka T, et al：Diffusivity of oxygen in microvascular beds as determined from PO_2 distribution maps. Am J Physiol Heart Circ Physiol 270：H1390-H1397, 1996.
3) 伊藤俊之：微小血管からの酸素拡散．宮村実晴編：運動と呼吸，pp.189-197，真興交易医書出版部，東京，2004.
4) Kimura S, Matsumoto K, Mineura K, Itoh T：A new technique for the mapping of oxygen tension on the brain surface. J Neurol Sci 258：60-68, 2007.

2.22 GFPによる低酸素イメージング

　GFP（green fluorescent protein）はオワンクラゲ（*Aequorea victoria*）から分離された緑色蛍光を発するタンパク質である．1992年にGFP遺伝子が単離され，遺伝子工学の技術を用いて哺乳類を含むさまざまな細胞にGFPを発現させることが可能となった．つまり，緑色に光る細胞を人工的に作ることができるようになったのである．さらに，GFP遺伝子を目的とする遺伝子と結合させた後に細胞内で発現させることにより，生きた細胞で，高い空間的時間的分解能をもって標的とするタンパク質分子の発現および細胞内動態をイメージングすることが可能となり，現代の生物学研究には欠かすことのできないツールとなっている．一般に利用されている改変GFPの蛍光は，pH等の条件変化に対し比較的安定であるが，周囲の酸素濃度によりそのスペクトラムが変化する現象が報告されている．

　1997年にElowitzら[1]は，GFPを発現させた大腸菌を嫌気的条件下で強い青色光（475-495 nm）に短時間曝露すると，GFPの蛍光スペクトラムが長波長側へシフトすることを発見した．すなわち，本来，青色光（480-500 nm）を吸収し，緑色蛍光（507-511 nm）を発するものが，緑色光（525 nm）を吸収し，黄色から赤色（560, 590, 600 nm）の蛍光を発したのである．嫌気的条件下でのGFP蛍光の赤色シフトのメカニズムは不明である．Elowitzらは，この現象を利用し，嫌気的条件下にある大腸菌の細胞質に存在する一部のGFP分子を光学的にマーキングすることで，GFP分子の細胞質内拡散速度を決定した．一方，酸素計測の立場からは，この現象はGFPが遺伝子技術をもって細胞内に導入可能な分子レベルの酸素センサーとなり得る可能性を示唆する．

　Takahashiら[2]はこの現象を単一細胞およ

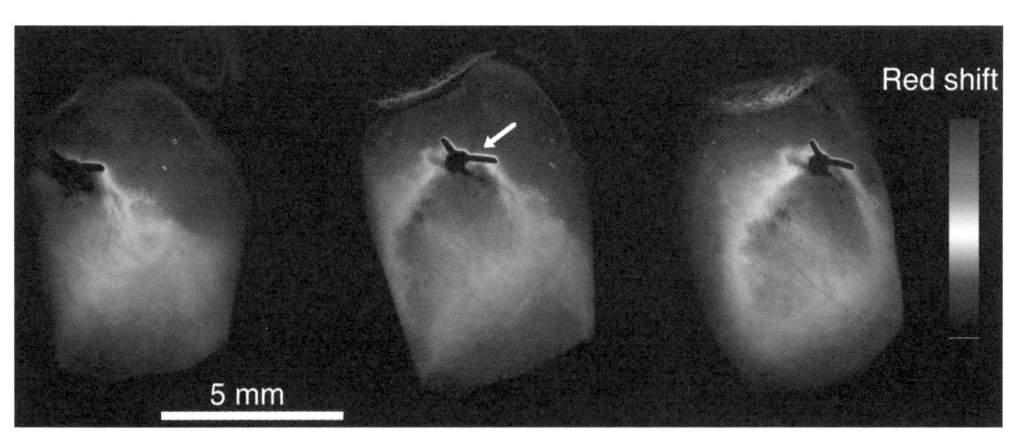

図1 GFP蛍光の赤色シフトを利用したin vivo拍動心臓の低酸素領域イメージング（口絵参照）
全身にGFPを発現しているマウス（GFP knock-inマウス）から心臓を摘出し灌流拍動心標本を作製した．冠動脈左前下降枝を上流で結紮し左室自由壁に虚血領域を作製した．続いて120W水銀ランプから干渉フィルタを介して得た青色光（450-490 nm，強度1.8 mW/mm^2）を約10分間心臓全体に照射した．照射前後の赤色蛍光の変化を疑似カラーで表した．青で表示されている部分は赤色シフトが見られなかった部分．冠動脈結紮部位（矢印）の下流の低酸素・虚血領域がGFP蛍光の赤色シフトとしてイメージングされている．図は同じ標本の赤色蛍光を角度を変え3種類の方向から見たものである．大気からの酸素拡散を防ぐために心臓全体をサランラップで覆ってある．

び臓器レベルの低酸素イメージングに応用した．哺乳類培養細胞（COS-7）にGFP遺伝子を導入し，GFPを一過性に発現させた．青色光照射に伴うGFP蛍光の赤色シフトは，細胞周囲の酸素濃度が2%以下で見られ，再酸素化とともに消失した．In vivo組織の正常酸素濃度は3～6%程度と考えられるので，GFP蛍光の赤色シフトを用いin vivoで実際におこり得る低酸素状態が検出できる可能性がある．さらに，Takahashiら[2]は，GFPをknock-inしたマウスから心臓を摘出しバッファ溶液で灌流した拍動心臓標本で，冠動脈結紮部位の下流の低酸素・虚血領域においてのみGFP蛍光の赤色シフトが見られることを高解像度でイメージングした（図1）．

In vivoで臓器内に形成される低酸素領域をイメージングする意義は大きい．毛細血管による血液供給の不均一性や血液とミトコンドリアの間の酸素濃度勾配を考慮すると，臓器レベルの低酸素イメージングにはmmからμmオーダーの空間分解能が要求される．GFPを用いた低酸素検出法は，生きた細胞・臓器において，非接触で，究極には1分子レベルの低酸素イメージングを可能とするものである．しかしながら，この方法をまるごとの実験動物を対象とした臓器の低酸素イメージングに応用するには，GFP遺伝子のin vivo導入や励起光や蛍光の組織内減衰等の解決すべき技術的課題が残されている．

［高橋英嗣］

■文献
1) Elowitz MB, Surette MG, Wolf P-E, et al：Photo-activation turns green fluorescent protein red. Curr Biol 7：809-812, 1997.
2) Takahashi E, Takano T, Nomura Y, et al：In vivo oxygen imaging using green fluorescent protein. Am J Physiol Cell Physiol 291：C781-C787, 2006.

3

生体と酸素

3.1 酸素カスケード

酸素は空気中から体内に取り込まれ，主に細胞内のミトコンドリアで消費される．ある種の非常に小型の空気呼吸動物（たとえば昆虫のトビムシ類やクモ形類のダニ類）は，外皮を介した単純な拡散により細胞へ酸素が供給される．Fickの拡散則によれば，拡散に伴う酸素分圧（濃度）の低下はその距離に比例するため，体のサイズが大きくなると，体表面からの単純な拡散のみですべての細胞の酸素需要を満たすことは不可能となり，酸素の輸送システムすなわち酸素を体内に取り込むことに特化した呼吸器系，さらには取り込んだ酸素を末梢の細胞まで輸送する循環系が発達した．

生体における酸素輸送は，酸素濃度（分圧）差を原動力とした酸素分子の移動である拡散（diffusion）と血流等による酸素濃度差非依存の移動である対流（convection）に大別される．拡散は，肺胞内の酸素が肺胞膜および血管壁を通過して肺毛細血管の血液に移動する場合，および，末梢組織において毛細血管血液中の酸素が血管壁，間質液，細胞膜，細胞質，ミトコンドリア膜を通過してミトコンドリア内膜の呼吸酵素に達する際の輸送形態である．先に述べたように，酸素拡散は酸素分圧勾配に依存するため，拡散による酸素移動に伴い酸素分圧は順次低下する．このような，生体内での酸素輸送に伴う酸素分圧の変化を酸素カスケード（oxygen cascade）とよぶ．

図1に酸素カスケードの様子を示すが，大気中から酸素の最終到達点であるミトコンドリアに達するまで，きわめて大きな酸素分圧勾配が形成され，その結果ミトコンドリアでの酸素分圧はきわめて低くなることがわかる．酸素消費に与るミトコンドリア呼吸鎖酵素のcytochro-

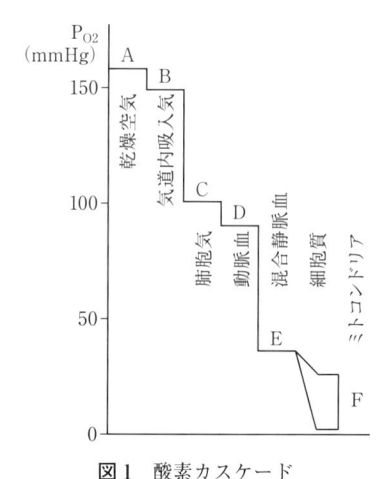

図1 酸素カスケード
In vivo でのミトコンドリアレベルの酸素分圧は不明である．

me c oxidase の酸素親和性（K_m値）は0.1 mmHg程度である．すなわち，ミトコンドリアは1 mmHg以下という空気の酸素分圧150 mmHgに比べきわめて低い酸素環境下で機能できるので，酸素カスケード末端のミトコンドリアレベルでこのように酸素分圧が低値であっても，ミトコンドリアの呼吸機能には問題がないと言われている．

ミトコンドリアレベルで（たとえば酸素毒性の影響を回避するために）酸素分圧がきわめて低値になるように生体が構築されているのか，あるいは逆に呼吸循環システムの構築の結果ミトコンドリアレベルの酸素分圧が低値となっているのかは，興味深い問いかけであるものの，その答えは不明である．

以下，酸素カスケードの諸要素を定量的に考察する．生体内の酸素レベルは分圧や濃度として表現される．呼吸生理学では分圧を用いることが多いため，濃度と分圧の変換が必要となる場合がある．また，用いる単位も伝統的にSI

単位とは異なったものがよく使われる．

1. 大気から気道内へ

大気中に含まれる酸素の割合は約 20.9% であり，$F_{O_2}=0.209$ と表す．これを分圧（P_{O_2}）に変換するには，以下の式を用いる．

$$P_{O_2}=(P_B-P_{H_2O})\times F_{O_2} \quad (1)$$

ただし，P_B は大気圧（通常は 1 気圧，760 mmHg とする），P_{H_2O} は水蒸気圧である．簡単のため乾燥空気（$P_{H_2O}=0$）を想定すると，

$$P_{O_2}=760\times 0.209=159 \text{ mmHg}$$

となる（図1のA点）．高山等では大気圧が低下するため酸素拡散の原動力である P_{O_2} も低下する．たとえば，海抜 3,000 m では P_B は約 0.7 気圧に低下するから，P_{O_2} は約 111 mmHg となる．

気道に入った空気は，上気道（咽頭や喉頭）で加湿されるが，このことが酸素分圧をさらに低下させる．飽和水蒸気圧（P_{H_2O}）は温度で変化し，37℃では 47 mmHg である．水蒸気圧を考慮した，肺に取り込まれるガスの酸素分圧を吸入気酸素分圧（$P_{I_{O_2}}$）とよび，

$$P_{I_{O_2}}=(P_B-P_{H_2O})\times F_{O_2}$$
$$=(760-47)\times 0.209=149 \text{ mmHg}$$

となる（図1のB点）．

2. 肺　胞

酸素は気道を通り最終的にガス交換の場である肺胞に到達する．肺胞内部のガス（肺胞気）の酸素分圧（$P_{A_{O_2}}$）は呼吸および循環の位相に従い時間とともに変化する．また，それぞれの肺胞（たとえば，肺底部の肺胞と肺尖部の肺胞）でも異なる．$P_{A_{O_2}}$ は種々の病態と関連しているため，ぜひ知りたいところであるが，直径約 0.3 mm の1個の肺胞の中の酸素分圧を直接測定することは不可能である．そこで，肺全体としての平均的な肺胞気酸素分圧を推定する方法が開発されている．

単位時間あたりの肺での酸素の取り込み量（$\dot{V}_{O_2}$）は，単位時間に肺胞に入る酸素の量と肺胞から出てゆく酸素の量の差である．空気中に含まれている窒素の影響を無視すると，単位時間に大気から肺胞に入る酸素の量は，毎分当たりのガス交換に関与する換気量である肺胞換気量を $\dot{V}_A$ とすると

$$\dot{V}_A\times P_{I_{O_2}}/(P_B-P_{H_2O}) \quad (2)$$

である．一方，単位時間に肺を出てゆく酸素の量は，肺胞気の平均酸素分圧 $P_{A_{O_2}}$ を用い，

$$\dot{V}_A\times P_{A_{O_2}}/(P_B-P_{H_2O}) \quad (3)$$

である．以上より，

$$\dot{V}_{O_2}=\dot{V}_A\times (P_{I_{O_2}}-P_{A_{O_2}})/(P_B-P_{H_2O}) \quad (4)$$

同様に，単位時間あたりの肺からの炭酸ガスの排出量を $\dot{V}_{CO_2}$ とすれば，単位時間あたり肺に入ってくる炭酸ガスの量は 0（大気中の炭酸ガス濃度は約 0.03% なので通常は無視する），肺から出てゆく炭酸ガスの量は，肺胞気炭酸ガス分圧を $P_{A_{CO_2}}$ とすれば，

$$\dot{V}_A\times P_{A_{CO_2}}/(P_B-P_{H_2O}) \quad (5)$$

したがって

$$\dot{V}_{CO_2}=\dot{V}_A\times P_{A_{CO_2}}/(P_B-P_{H_2O}) \quad (6)$$

$\dot{V}_{CO_2}/\dot{V}_{O_2}$ を呼吸商（R）とよび，通常はほぼ一定の値（0.8）をとるから，

$$R=\dot{V}_{CO_2}/\dot{V}_{O_2}$$
$$=\{\dot{V}_A\times P_{A_{CO_2}}/(P_B-P_{H_2O})\}/$$
$$\{\dot{V}_A\times (P_{I_{O_2}}-P_{A_{O_2}})/(P_B-P_{H_2O})\}$$
$$=P_{A_{CO_2}}/(P_{I_{O_2}}-P_{A_{O_2}}) \quad (7)$$

これを変形して

$$P_{A_{O_2}}=P_{I_{O_2}}-P_{A_{CO_2}}/R \quad (8)$$

となる．$P_{A_{O_2}}$ と同じく肺胞気の炭酸ガス分圧 $P_{A_{CO_2}}$ も直接測定は不可能であるが，$P_{A_{CO_2}}$ は採血で測定可能な動脈血炭酸ガス分圧 $P_{a_{CO_2}}$ とほぼ等しいので，

$$P_{A_{O_2}}=P_{I_{O_2}}-P_{a_{CO_2}}/R \quad (9)$$

となる．$P_{a_{CO_2}}$ と R の正常値はそれぞれ 40 mmHg と 0.8 であるので，1 気圧における $P_{A_{O_2}}$ の正常値は 99 mmHg となる（図1のC

点).(9)式を肺胞気式と呼ぶ.

3. 肺毛細血管血

酸素は肺胞内から肺毛細血管の血液へ拡散で移動する.ヒトの肺胞の総面積は約 $140\,\mathrm{m}^2$（テニスコートの面積の約 1/2）あり,肺胞から肺毛細血管血までの有効拡散障壁の厚さは $1\,\mu\mathrm{m}$ 程度と言われている.拡散による単位時間あたりの酸素移動量は,面積に比例し拡散距離に反比例するため,われわれの呼吸器系がいかに拡散による酸素輸送に都合が良いようにデザインされているかがわかる.

肺胞と肺毛細血管がこのような構造を持つため,通常は $P_{A_{O_2}}$ と肺毛細血管血の酸素分圧 ($P_{c'_{O_2}}$) の間にはほとんど差がみられない.しかし,肺線維症（拡散距離が増加）や肺気腫（表面積が低下）の患者において,拡散による酸素移動量が増加する運動時に,$P_{A_{O_2}}$ に比べ $P_{c'_{O_2}}$ が大きく低下することがある.

4. 動脈血

肺毛細血管血は左心房に集まり左心室から動脈中に拍出される.したがって,動脈血酸素分圧 ($P_{a_{O_2}}$) は $P_{c'_{O_2}}$ と等しいはずであるが,実際には健常人においても両者の間に $10\,\mathrm{mmHg}$ 程度の較差が見られ,これを $\mathrm{A\text{-}aD_{O_2}}$ と呼ぶ.これは,肺からきた酸素化された血液に気管支循環やテベシウス静脈からの少量の静脈血が混合するためである（解剖学的シャント）.さらに,肺の換気血流比 ($\dot{V}_A/\dot{Q}$) の異常や心内シャントの存在により $\mathrm{A\text{-}aD_{O_2}}$ は大きく増加し $P_{a_{O_2}}$ は低下する.このように $\mathrm{A\text{-}aD_{O_2}}$ は各種の病態と関連する.

$P_{a_{O_2}}$ は動脈血を採血し酸素電極を用い決定する.$P_{a_{O_2}}$ の正常値は若年者で 90-95 mmHg である（図1のD点）.大動脈のような太い動脈中では,中枢から末梢へかけて,血液中の酸素分圧はほとんど変化しない.

5. 静脈血

動脈血により運ばれた酸素は末梢組織の細胞に移動し消費される.したがって,組織から心臓へ戻る静脈血の酸素分圧 ($P_{v_{O_2}}$) の値は,組織の酸素消費量に依存する.動脈血および静脈血の酸素含量（通常 100 ml の血液に含まれる酸素の量を ml で表した vol% という単位を用いる）をそれぞれ $C_{a_{O_2}}$ と $C_{v_{O_2}}$ とし,組織を灌流する単位時間あたりの血液量を $\dot{Q}$ とすれば,単位時間あたり組織に供給される酸素の量は,

$$\dot{Q} \times C_{a_{O_2}} \qquad (10)$$

であり,単位時間あたり組織から出てゆく酸素の量は,

$$\dot{Q} \times C_{v_{O_2}} \qquad (11)$$

である.両者の差が単位時間あたり組織で消費される酸素の量 ($\dot{V}_{O_2}$) であるから,静脈血中の酸素含量は,

$$C_{v_{O_2}} = C_{a_{O_2}} - \dot{V}_{O_2}/\dot{Q} \qquad (12)$$

となる.静脈血中の酸素濃度は含量 (vol%) で表されているが,これを酸素分圧に変換するには,ヘモグロビン酸素解離曲線（図2）を用いる.

$$C_{O_2} = S_{O_2} \times (O_2\ \mathrm{capacity}) + \alpha \times P_{O_2} \qquad (13)$$

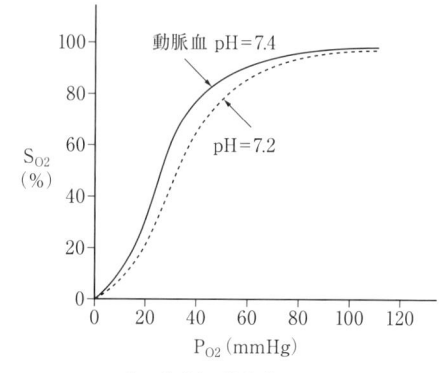

図2 ヘモグロビン酸素解離曲線.S_{O_2} はヘモグロビン酸素飽和度.

O_2 capacity（酸素容量）は血液中のヘモグロビンが結合できる最大の酸素量で，正常値は 20.1 vol% である．α は血漿の酸素溶解度で 0.0031 vol%/mmHg である．図2からわかるように分圧と含量の関係は非線形であり，代数的取り扱いが難しい．

（12）式から，各種臓器の代謝レベル（$\dot{V}_{O_2}$）と血液灌流量（$\dot{Q}$）の両者から静脈血の酸素分圧が決まることがわかる．例として単位重量あたりの代謝レベルの高い心臓を考えよう．安静時の心筋の血液灌流量は 250 ml/min で酸素消費量は 29 ml/min である．（12）式から，静脈血の酸素含量は，

$$C_{V_{O_2}} = C_{a_{O_2}} - 29/250 \times 100$$

である（100倍したのは単位を vol % に変換するため）．$P_{a_{O_2}}$ 90 mmHg に対する S_{O_2} は 96.5% だから（図2），

$$C_{a_{O_2}} = 0.965 \times 20.1 + 0.0031 \times 90$$
$$= 19.7 \text{ vol \%}$$

したがって，求める静脈血の酸素含量は，

$$C_{V_{O_2}} = 19.7 - 11.6 = 8.1 \text{ vol \%}$$

である．これをさらに分圧 $P_{V_{O_2}}$ に変換するには，図2のヘモグロビン酸素解離曲線を利用すればよいが，静脈血では pH の低下によるこの曲線のシフト（Bohr シフト）を考慮する必要がある．その結果，心臓の冠静脈中血液酸素分圧はおおむね 28 mmHg と計算できる．同様にして，安静時の骨格筋の平均的な酸素消費量を 50 ml/min，血液灌流量を 840 ml/min と仮定すると $P_{V_{O_2}}$ は約 36 mmHg となる．このように各種臓器の代謝レベル（酸素消費量）と血流量の兼ね合いにより $P_{V_{O_2}}$ の値は大きく変化するため，全身から右心房に集まり混合した血液をもって静脈血の酸素分圧を代表することがある．この酸素分圧をとくに混合静脈血酸素分圧とよび，正常値は 40 mmHg である（図1のE点）．

6. ミトコンドリア

酸素輸送の最終到達点は細胞内のミトコンドリアである．末梢組織中で動脈血から酸素が抜き取られる結果，血液の酸素分圧は $P_{V_{O_2}}$ まで低下し心臓にもどる．血液における酸素分圧の最低値である $P_{V_{O_2}}$ は，ミトコンドリアの酸素分圧を $P_{mt_{O_2}}$ とすると $P_{mt_{O_2}} < P_{V_{O_2}} < P_{c_{O_2}}$ であることが容易に想像できる（$P_{c_{O_2}}$ は組織中の毛細血管の酸素分圧）．なぜなら，血液から，毛細血管壁，間質液，細胞膜，細胞質を介しミトコンドリアに至る酸素輸送は拡散に依存し，したがって毛細血管血とミトコンドリアの間には酸素濃度（分圧）勾配が形成されるからである．単位時間あたりの酸素流量は酸素濃度勾配に比例するから，組織内の酸素拡散コンダクタンスを G とすれば，

$$\dot{V}_{O_2} = G \times (P_{c_{O_2}} - P_{mt_{O_2}}) \quad (14)$$

したがって，

$$P_{mt_{O_2}} = P_{c_{O_2}} - \dot{V}_{O_2}/G \quad (15)$$

である．ここで $\dot{V}_{O_2}$ はミトコンドリアの酸素消費量を表すが，定常状態では肺における酸素の取り込み量（(4)式）に一致する．

ここではミトコンドリアの酸素消費速度（(14)式の $\dot{V}_{O_2}$）が，一定と考えているが，(15)式よりミトコンドリアの酸素消費が増加すると $P_{mt_{O_2}} \sim 0$ となってしまい $\dot{V}_{O_2}$ の増加が頭打ちとなってしまう可能性が生じる．ミトコンドリアの酸素消費速度は $P_{mt_{O_2}}$ に対して Michaelis-Menten 型の変化を示すから，

$$\dot{V}_{O_2} = \dot{V}_{O_2 \max}/(1 + K_m/P_{mt_{O_2}}) \quad (16)$$

と表せる．ただし，$\dot{V}_{O_2 \max}$ と K_m は定数であり，K_m 値として 0.1 mmHg が報告されている．つまり，$P_{mt_{O_2}} \gg K_m$ では，$P_{mt_{O_2}}$ は (15) 式のみで決まるが，$P_{mt_{O_2}} \sim K_m$ では，$P_{mt_{O_2}}$ は (16) 式を考慮する必要が出てくる．ただし，in vivo の種々の条件下で (16) 式を考慮しなければならないのかどうか，すなわち $\dot{V}_{O_2}$ が酸素拡散により制限されるかどうかについては多

くの議論がある．

それでは，末梢組織中の酸素分圧勾配の大きさおよびそれにより決まるミトコンドリア近傍の酸素分圧（図1のF）はどのくらいなのであろうか？　先に述べたように各種の臓器，組織において血流量，酸素要求量が異なるため，Pmt_{O_2}としてただ1つの値を想定することは不合理であろう．残念ながら現時点で，各種臓器における in vivo での Pmt_{O_2} に関する正確なデータは存在しない．これは，in vivo で毛細血管血からミトコンドリアに至る酸素分圧を正確に測定する手段がないためである．酸素電極等の既存の測定装置で，ミトコンドリアレベルで想定されるような<1 mmHg という低い酸素分圧を安定に測るのはきわめて難しく，さらに，毛細血管からミトコンドリアまでの10 μm にも満たない拡散経路に沿って酸素分圧の変化をつぶさに追跡する空間分解能を得ることは困難である．代替法として，酸素分圧を直接測定する代わりに酸素を受容するミトコンドリアの酵素（cytochrome c oxidase）の酸化還元状態を in vivo で測定できるならば，あらかじめ知られているこの酵素の酸素親和性のデータから，ミトコンドリアの酸素分圧を推測することは可能である．つまり，酸素を受けとるミトコンドリア酵素そのものを酸素センサーとするというアイデアである．現在，近赤外分光法等の光を利用した方法で無侵襲に cytochrome c oxidase の酸化還元状態を測定する試みが行われており，今後の展開が期待される．

In vivo でのエビデンスは十分とは言えないものの，これまでの細胞や灌流臓器を用いた実験データから，心臓では，毛細血管血からミトコンドリアに至るまで大きな酸素分圧勾配が形成され，ミトコンドリア近傍の酸素分圧は1 mmHg 以下まで低下すると信じられている（図1のF）．酸素分圧勾配を構成する要素には，血管壁の拡散抵抗，血管壁の酸素消費，間質液の拡散抵抗，細胞膜およびミトコンドリア膜の拡散抵抗，細胞質内部の拡散抵抗などがある．酸素は脂溶性分子であるため，間質液や細胞質などの水の拡散抵抗が大きな拡散障壁となることが予測される．心筋や骨格筋の細胞質においてはミオグロビンというタンパク質が発現しており，これが細胞質内の酸素拡散を加速している（促進拡散）という仮説があるが，もしこの仮説が正しければ，とくに酸素要求の変化幅の大きいこれらの組織において，細胞質内の酸素拡散がミトコンドリアへの酸素供給の律速となり，それゆえ促進拡散担体タンパク質が発現している，という合目的的説明も可能と考えられる．

以上，大気中（$P_{O_2}=150$ mmHg）からミトコンドリア（$P_{O_2}<1$ mmHg?）の間には酸素カスケードに沿ってきわめて大きな酸素濃度勾配が存在することを説明した．In vivo では，ミトコンドリアへの酸素供給およびミトコンドリアの酸素代謝が厳密に制御され，その結果，静止-活動等の状態変化に伴う酸素要求量の大きな変化に柔軟に対応可能となっている．これまでの単一細胞や摘出臓器・組織を用いた実験ではこのような精妙な制御まで含め酸素カスケードを決定することは不可能であった．今後，酸素供給と酸素代謝のダイナミクスを知るためにも，in vivo での酸素濃度（分圧）の高精度測定手法の開発が待たれる．

［高橋英嗣］

3.2 酸化的リン酸化──酸素を利用したエネルギー産生

1. 生体におけるエネルギー

われわれは食物を摂取し，それを分解することで，生命の維持や種々の活動に必要なエネルギーを得ている．ただし，食物中のエネルギーが，直接，生体のエネルギー利用反応に供せられるのではなく，いったん，ATP（adenosine triphosphate，アデノシン3リン酸）という化学物質に変換された後に，必要に応じて利用される．それゆえ，ATPは高エネルギー化合物と呼ばれ，生体の普遍的エネルギー担体であることからエネルギー通貨（Lipmann, 1941）とも呼ばれる．

ATPが加水分解されADPとなる時にエネルギーが放出される．通常の細胞内条件では，ATP分解に伴う自由エネルギーの変化は，およそ $-11 \sim -13$ kcal/mol である．

$$\text{ATP} \rightarrow \text{ADP} + \text{P}_i + 自由エネルギー \quad (1)$$

2. ATPの合成

生体における高エネルギー化合物としてのATPは，ADPのリン酸化反応により生成されるが，この反応は①基質レベルのリン酸化と②酸化的リン酸化に大別される．後者が，酸素を利用したATP合成反応である．

グルコースをエネルギー源（エネルギー基質）としたATP合成を例にとる．前者は，解糖系においてそれぞれphosphoglycerate kinaseおよびpyruvate kinaseにより触媒される反応である．これらの反応により，解糖系では1分子のグルコースから2分子のATPが得られる．一方，後者は，グルコースの分解により得られたNADHおよびFADH$_2$に由来する電子（電子そのものではなくてもよいので，より一般化して還元等量という）が，ミトコンドリア内膜の酵素複合体の間を受け渡される時に遊離するエネルギーを用いADPのリン酸化を行うもので，酸化的リン酸化と呼ばれる（図1）．還元等量の最終処理に分子状酸素が必要なこと

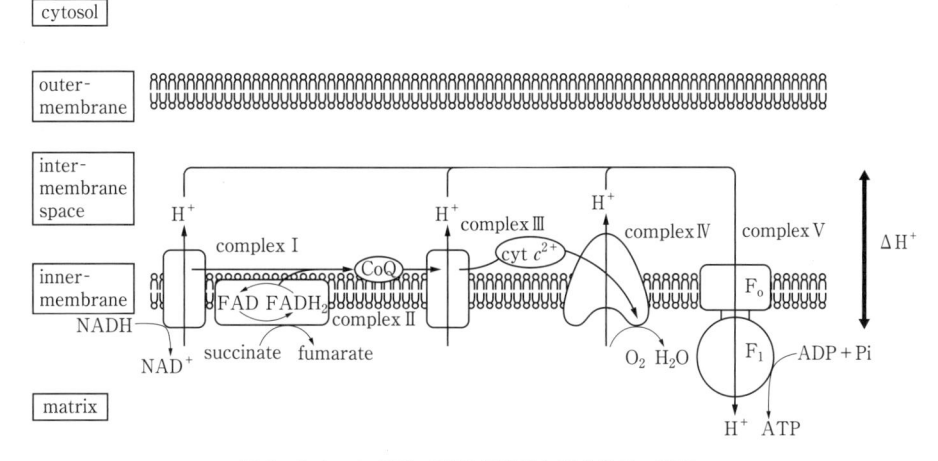

図1 ミトコンドリア電子伝達系と酸化的リン酸化

から，酸化的リン酸化を（細胞）呼吸，上記複合体を呼吸（鎖）酵素と表現する場合もある．酸化的リン酸化では1分子のグルコースから36分子のATPが産生される．

酸化的リン酸化によるグルコースの完全酸化は

$$C_6H_{12}O_6 + 6O_2 + 38ADP + 38P_i$$
$$\longrightarrow 6CO_2 + 6H_2O + 38ATP \quad (2)$$

と表される．グルコースをエネルギー基質とした場合，解糖系のみで得られるATPは，グルコース完全酸化の場合の5％程度（2/38）にしか過ぎない．これが，ヒトをはじめとするエネルギー需要の大きい高等動物が，たとえ短時間でも酸素なしでは生きていけない理由である．ATPはエネルギーと等価であるから，式（2）で示した生化学反応は，まさに18世紀にLavoisierが看破したように，ろうそくが酸素の存在下で燃焼し熱を発生するのと同じく，動物の体内では，酸素により維持されるおだやかな燃焼が起こっていることを表している（Lavoisierによる発見については，"1.2 酸素発見の歴史"を参照）．

表1にさまざまなエネルギー基質を完全酸化するのに必要な酸素と産生されるATPを示す．脂質（パルミチン酸）からATPを得るにはグルコースに比べより多くの酸素が必要なことがわかる．

表1 基質完全酸化によるATP収量とその1酸素原子当たりの値

substrate	ATP/molecule	ATP/O
glucose	38	3.17
lactate	18	3.00
pyruvate	15	3.00
palmitate	129	2.80

3. 酸化的リン酸化

酸化的リン酸化は，①基質（NADHとFADH$_2$）の酸化，②①の結果得られる電子の呼吸鎖酵素間の伝達（電子伝達と呼ぶ），③②に伴い起こるミトコンドリアマトリックスからミトコンドリア膜間スペースへのミトコンドリア内膜を介したH$^+$の移動，④③により生じたH$^+$勾配のエネルギーを利用したADPのリン酸化，に分けられる．

a. 基質の酸化と電子伝達

図1に示すようにミトコンドリア内膜には，5種類の酵素複合体が存在し，それぞれ複合体Ⅰ（NADH-CoQ oxidoreductase），複合体Ⅱ（succinate-CoQ oxidoreductase），複合体Ⅲ（CoQ-cytochrome c oxidoreductase），複合体Ⅳ（cytochrome c oxidase），複合体Ⅴ（ATP synthase）と呼ばれており，これらを総称して呼吸鎖酵素と呼ぶ．

酸化的リン酸化の第1段階である基質の酸化はNADHについては複合体Ⅰで，FADH$_2$については複合体Ⅱで起こる．複合体ⅠではNADHの酸化に伴い生じた電子を補酵素Q（CoQ，ubiquinoneとも呼ぶ）に受け渡す．複合体Ⅱはコハク酸脱水素に伴い生じるFADH$_2$の酸化で生じた電子をやはりCoQに伝達する．このようにして還元型CoQ（ubiquinol）が得られる．複合体Ⅲにおいて還元型CoQの電子は，cytochrome cに伝達されcytochrome cは還元型（cyt c^{2+}）となる．還元型cytochrome cの電子は最終的に複合体Ⅳで酸素の還元に用いられる．

$$4\,\text{cyt}\,c^{2+} + 4H^+ + O_2 \longrightarrow 4\,\text{cyt}\,c^{3+} + 2H_2O \quad (3)$$

このような電子（還元等量）の伝達は，それぞれの複合体の酸化還元電位すなわち電子の受けとりやすさに従い起こる．この中で酸素の酸化還元電位はもっとも高いため，酸素が電子の最終受容体となっている．

b. proton-motive force（pmf）の形成

各複合体間を電子が伝達する際，それらの酸化還元電位の差に応じて自由エネルギーが遊離

するが，そのエネルギーを用いて，マトリックスから膜間スペースへH^+が汲み出される（化学浸透説，Mitchell & Moyle，1967）．複合体を1個の電子が通過するごとに，1個ないし2個のH^+が汲み出される（複合体ⅠとⅢでは2個，複合体Ⅳでは1個とされている）．複合体ⅡではH^+汲み出しは起こらない．以上の結果，ミトコンドリア内膜をはさんでH^+の濃度勾配が生じ，マトリックス側は低H^+濃度で負の電位，膜間スペース側は高H^+で正の電位となる（図1）．この電気化学ポテンシャル勾配をproton-motive forceとよび，このエネルギーを利用してATPの合成が行われる．たとえば，肝ミトコンドリアにおいてミトコンドリア内膜の膜電位（ΔV）は168 mV，pHの較差（ΔpH）は0.75と報告されているから，

$$pmf = \Delta V - 60\Delta pH$$
$$= 168 - 60 \times (-0.75) = 213 \text{ mV}$$

である．これを自由エネルギーに変換すると-4.9 kcal/molとなる．複合体Ⅴにおいて，3個のH^+通過により1分子のATPが合成されるとすると，これは1で述べたATP加水分解で得られるエネルギーと矛盾しない．

c．ATPの合成

pmfのエネルギーを利用したATPの合成は，ミトコンドリアの複合体Ⅴで起こる（図1）．このタンパクは大きく分けるとF_oとF_1と呼ばれる2つの部位からなり，ATP反応はF_1部位で起こる．F_o部位（サフィックスは"ゼロ"ではなく，oligomycin bindingを表す"o"である）は膜内に埋め込まれておりH^+チャネルである．膜間スペースからマトリックスに向かうH^+通過に伴いF_o/F_1部の回転が生じ，ADPのリン酸化が起こるとされている．このような意味でこのタンパクは分子モータである．このメカニズムにより約3個のH^+通過に伴い1分子のATPが合成される．

このタンパクは，pmfが低下すると逆反応すなわちATPを分解したエネルギーでH^+をマトリックスから膜間スペースへ汲み出すATP分解酵素にもなる．複合体ⅤがF_1F_o-ATPaseと呼ばれることが多いのはこのためである．ミトコンドリアのATP合成酵素がATP分解酵素として機能する現象は，とくに虚血組織におけるATP枯渇に関連すると考えられている．

以上述べたように酸化的リン酸化において，電子伝達とATP産生は緊密に結びついており，このことを共役（couple）と呼ぶ．運動をしてATPの消費が増えると，それに応じて酸化的リン酸化によるATP産生が増加する．ATP産生と電子伝達は共役しているため，この時，電子伝達速度が上昇し酸素の還元速度すなわち酸素消費速度も増加する．一方，dinitrophenolなどのH^+イオノフォアは，ミトコンドリア内膜のH^+透過性を上昇させ電子伝達で生じたH^+濃度勾配を消滅させる．その結果pmfが消滅し，電子伝達（および酸素消費）があっても，それがATP産生に結びつかない．これを脱共役（uncoupling）とよぶ．

4．酸化的リン酸化の制御

われわれのATP消費速度は各種の身体活動により大きく変化する（たとえば骨格筋のエネルギー要求は非活動時の100倍以上にまで増加する）．一方，細胞内のATP濃度は低く，ATP需要供給のミスマッチを緩衝する作用は期待できない．これらのことは，ミトコンドリアのATP産生は，ATP消費に正確に見合うよう，すばやく変化しなければならないことを意味する．

酸化的リン酸化の速度は，ミトコンドリアの呼吸（複合体Ⅳにおける酸素消費）から推定できる．単離ミトコンドリア浮遊液中にADPがない場合はミトコンドリアはゆっくりとした呼吸を行うが，ここにADPを加えると呼吸速度

が上昇する（state 3）．ADP がすべてリン酸化されると呼吸速度は再び ADP 添加前のレベルに戻る（state 4）．すなわち，呼吸速度が ADP 濃度に応じて変化する．この実験結果は，酸化的リン酸化が ADP 濃度を入力とした negative feedback 制御の下にあることを示す．この制御の具体的なメカニズムは，ミトコンドリアの H^+ 勾配が電子伝達速度を直接抑制する作用と考えられる．ADP 存在下では，複合体 V の ADP リン酸化が刺激され，膜間スペースからマトリックスへの H^+ 流出増加および H^+ 勾配低下が起こる．これは，電子伝達の抑制を低下させ，電子伝達速度ならびに呼吸速度を増加させるとされている．ADP 濃度と酸化的リン酸化が，直接ではなく，H^+ 勾配を介して間接的に結びついていることは，脱共役剤を用い H^+ 勾配を消滅させると ADP とは無関係に電子伝達速度が上昇すること，また，複合体 V の F_o の阻害剤である oligomycin を用い H^+ 流出を妨げると，ADP 存在下でも呼吸速度が state 4 のレベルまで低下することから説明される．つまり，H^+ 勾配による negative feedback で電子伝達速度は制御され，結果的に H^+ 勾配が一定に保たれるというものである．このような電子伝達速度の制御を呼吸調節（respiratory control）と呼び，ADP 存在下（state 3）と非存在下（state 4）の呼吸速度の比（呼吸調節比，respiratory control ratio）から酸化的リン酸化の調節能を評価する．

以上のようなミトコンドリアの呼吸調節は，単離ミトコンドリアを用いた生化学的実験で確立されたが，in vivo で実際にこのような制御が主体となっているかは疑問視されている．^{31}P-NMR による in vivo 計測では，急性のエネルギー需要増加に対する ATP 産生応答には十分な ADP 上昇が必ずしも伴わないことが示されているからである．したがって，in vivo ではエネルギー代謝に関わる他の細胞内要因（たとえば TCA 回路の各種脱水素酵素活性を調節する Ca^{2+}）との複雑な相助（synergetic）作用がより本質的とされている．さらに，歴史的に，ミトコンドリア呼吸調節は，酸素が十分に存在することを前提として研究されてきたが，in vivo では，低酸素や虚血等の酸素供給の低下に伴う異常が重要であり，酸素濃度の低下により引き起こされる酸化的リン酸化制御の変化は，今後の大きな課題である．また，長期的には，電子伝達系を構成するタンパク質の量の変化を介して，酸化的リン酸化能力の適応が起こる．生体における酸化的リン酸化の制御については，文献 1) を参照．

5. がん細胞の呼吸

低酸素や虚血でミトコンドリア近傍の酸素濃度が低下すると酸化的リン酸化は阻害され，組織の ATP レベルは低下する．この時，解糖による ATP 産生が強く刺激される．このような酸素不足に伴う嫌気的解糖への ATP 産生のスイッチングを Pasteur 効果と呼び，解糖系の律速酵素の phosphofructokinase が ATP により阻害されることがそのメカニズムである．

一方，がん細胞（とくに活発に増殖する細胞）では，酸素が存在していても酸化的リン酸化が抑制され，解糖系が亢進していることがある（好気的解糖）．これを Warburg 効果と呼ぶ（Warburg, 1927）．がん組織は，その活発な増殖のためエネルギー要求が多いにもかかわらず，血管構築は脆弱であり，常に低酸素環境にあると考えられている．最近，酸素濃度低下に応答し血管新生等の各種の適応反応を誘導する転写因子 HIF-1α が，TCA 回路を抑制し好気的代謝（酸化的リン酸化）を阻害することが報告された[2]．つまり，低酸素環境にあるがん細胞は，エネルギー代謝を酸素を必要としない解糖に積極的にシフトさせることで生存をはかっているという．このように多くのがん細胞に見られる特異な酸化的リン酸化の制御は，がん

治療のターゲットとなり得る.

［高橋英嗣］

■文献
1) Rigoulet M：Mechanisms of mitochondrial response to variations in energy demand in eukaryotic cells. *Am J Physiol Cell Physiol* 292：C52-C58, 2007.
2) Semenza GL：HIF-1 mediates the Warburg effect in clear cell renal carcinoma. *J Bioenerg Biomembr* 39：231-234, 2007.

3.3 酸化酵素（オキシダーゼ）と酸素添加酵素（オキシゲナーゼ）

1. 概 説

生体内で酸素分子（dioxygen；O_2）が関与する酵素反応は数多く存在するが，大別すればオキシダーゼ（oxidase：酸化酵素）とオキシゲナーゼ（oxygenase：酸素添加酵素）がある．O_2 が関与する反応においては，いずれも電子の授受が伴っているので（電子を失うことを酸化，電子を受け取ることを還元と定義している），これらの酵素は酸化還元酵素（oxidoreductase）と総称されている酵素群に属している．

国際生化学連合（International Union of Biochemistry；IUB）の約束では，基質から引き抜かれた電子が最終的に O_2 に渡される反応を触媒する酵素をオキシダーゼと定義している．O_2 が受け取る電子数は酵素反応により異なり，4個，2個，1個の電子を受け取る場合があり，それぞれ2個の水分子（$2H_2O$），過酸化水素（H_2O_2），スーパーオキシド（O_2^-）を生成する（「3.4 活性酸素」の項参照）．なお，基質から取られた電子が O_2 以外の分子に渡される反応を触媒する酵素についてはデヒドロゲナーゼ（dehydrogenase：脱水素酵素）と定義されている．デヒドロゲナーゼ反応の場合，基質を酸化して引き抜かれた電子は他の基質（NAD^+ やユビキノンなど）や電子伝達体タンパク質などに渡され，エネルギー産生に使われることが多い．O_2 を電子受容体とするオキシダーゼの場合は，ミトコンドリア複合体Ⅳのシトクロムオキシダーゼの例を除けば，物質の分解処理または情報伝達物質の生成や分解などに使われることが多い．シトクロムオキシダーゼにおいてはプロトンポンプとして働き酸素分子を4電子還元し $2H_2O$ を生成する（「3.2 酸化的リン酸化」式（3））．多くのオキシダーゼ反応において，O_2 から生成されるのは2電子還元物質である H_2O_2 である．H_2O_2 は高等生物においては，主にペルオキシゾームに存在するペルオキシダーゼによって処理される．したがってオキシダーゼ類もペルオキシゾームに存在することが多いが，一部細胞質やミトコンドリアにおいても生成される．またミトコンドリアや細胞質において多くは副反応物質としてつくられる1電子還元物質である O_2^- は，それぞれミトコンドリアや細胞質に存在するスーパーオキシド不均化酵素（superoxide dismutase；SOD）により過酸化水素と酸素分子に変えられ，過酸化水素は細胞質などに存在する処理酵素（パーオキシレドキシンなど）で処理されると考えられている．

一方，酸素分子そのものが基質に取り込まれる反応を触媒する酵素をオキシゲナーゼと呼ぶ．この反応は非放射性同位元素 ^{18}O でラベルされた酸素原子が基質の生成物に取り込まれたことで確認できる．この反応は早石修，H.S.Mason らによって見出された独特な反応で，2原子酸素分子のうち一方の酸素原子のみが基質に取り込まれる反応を触媒すればモノオキシゲナーゼ（monooxygenase：1原子酸素添加酵素），両方の酸素原子とも基質に取り込まれればジオキシゲナーゼ（dioxygenase：2原子酸素添加酵素）と呼ぶ．モノオキシゲナーゼの場合，もう一方の酸素原子は2個の電子を受け取り水分子が生成されるため，上記のオキシダーゼの意味を含むので，別名その反応を mixed function oxidation と呼ぶことがある．オキシゲナーゼ反応は情報伝達に働く多くの物

質の物質変換による調節的役割や物質処理（薬物の水酸化やヘムの分解など）に働くことが多い．

一般に酵素タンパク質のアミノ酸残基のみでは，酸塩基反応（プロトンの出し入れ）には適するが，電子の授受やO_2が関与する触媒反応には不十分で，多くの場合はそれらの反応に適する鉄や銅などの金属，フラビンなどのビタミンを酵素タンパク質に補欠分子族（補酵素とも呼ぶ）として結合させ働かせている．ただし，システインのSH基，芳香族環をもつ残基またはその誘導体などが電子の授受の反応に関与するような重要な反応も例外的に存在する．以下代表的なオキシダーゼ，オキシゲナーゼの例を述べる．

2. 銅イオンを活性中心にもつオキシダーゼ

銅イオンを活性中心に持つオキシダーゼはラッカーゼ，セルロプラスミンおよびアスコルビン酸オキシダーゼ類，ウリカーゼ，アミンオキシダーゼ（モノアミンおよびジアミンオキシダーゼがある），ガラクトースオキシダーゼ，さらにシトクロムオキシダーゼ（「3.2 酸化的リン酸化」参照）などがあり，活性中心にさらに他の補酵素をもつ例が多い．

銅酵素であるラッカー塗料をとる樹木から採られたラッカーゼを例にとれば，基質であるベンゼン環の水酸基やアミノ基を酸化し，それぞれケト基にし，基質からとられた電子は酸素分子を還元して，水分子を生成する反応を触媒する．活性中心に4個の銅を持つ．その銅については光吸収およびESRスペクトルによる分光学的性質からtype 1（T1：青色ESR検出可能），type 2（T2：非青色ESR検出可能），type 3（T3：ESR検出不可能）に分類されている．結晶構造が解明され，酸素反応部位では2個の還元銅に2原子酸素がペルオキシ型で結合され

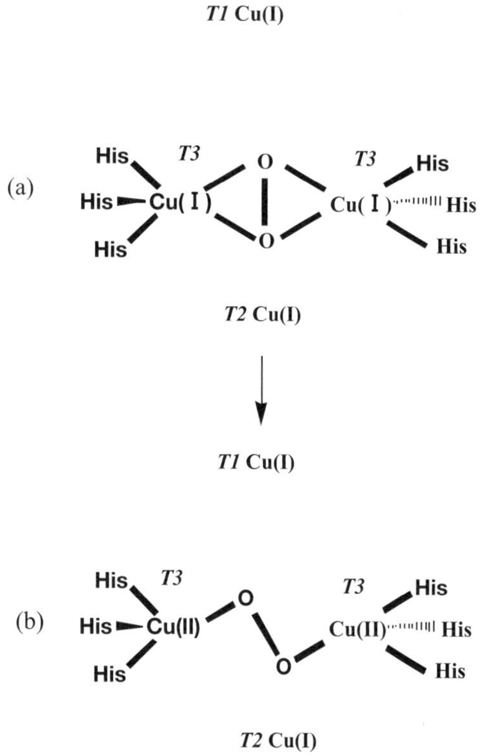

図1 複数の銅イオンをもつラッカーゼはT1, T2, 2個のT3の銅イオンをもつ．T3において酸素は(a)に示すヘモシアニン様の結合をとり，(b)のエンドペルオキシ構造を経てO_2分子を還元し，水分子を生成する[1]．

た反応中間体が明らかにされている（図1）．最終的には2分子の水が生成される．

アミン類には生理活性物質として働くものがあるが，それらはアミンオキシダーゼにより代謝される．酸素は2電子を受け取り過酸化水素をつくる．

$$H_2O + RCH_2NH_2 + O_2 \longrightarrow RCHO + NH_3 + H_2O_2$$

モノアミンオキシダーゼはよく研究されており，銅酵素の他にフラビン酵素がある（下記参照）．さらに銅酵素では活性中心に補酵素トパキノン（2, 4, 5-trihydroxyphenylalanine quinone；TPQ, 図2）またはLTQ（lysine tyrosylquinone）を持つことが知られている．これら補酵素はアミノ酸残基が翻訳後修飾として反応を受けてつくられる．細菌由来の銅酵素のX線結晶構造がアポ酵素，ホロ酵素で解明さ

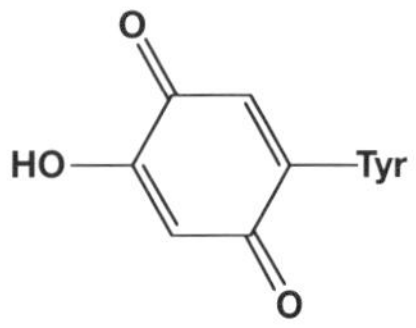

図2 アミンオキシダーゼは，翻訳後に銅以外にチロシン残基の銅イオンによるタンパク質内の自己修飾によりTPQという補酵素をもつ．ガラクトースオキシダーゼはやはり翻訳後の自己修飾によりチロシン-システインの共有結合性の補酵素をもつ．

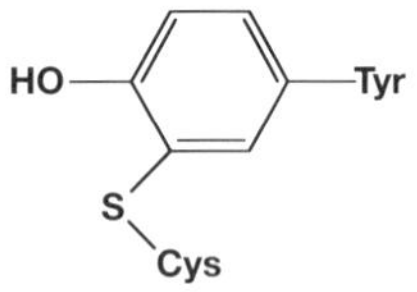

れており70K-95Kからなる2量体である（谷沢ら[3]）．銅イオンの1つはこのチロシン残基から翻訳後修飾により補酵素をつくる反応に関与していると考えられている．モノアミンはTPQと反応して脱アミノ的に酸化されアルデヒドを生成する．TPQを介してもう1つの銅イオンに渡った電子は酸素分子に渡り過酸化水素を生成する．

銅の他に特異な補酵素をもつもう1つの例として，カビ類からの分泌タンパク質として知られているガラクトースオキシダーゼが知られている．6位のRCH_2OHを酸化してアルデヒドにし，酸素を還元して過酸化水素をつくる反応を触媒する．1個の銅イオンを酸素との反応部位としてもつが，その近傍にあるチロシン残基がタンパク質中のシステイン残基とチオエーテル結合で特異な構造をつくり，補酵素的に働いている（図2）．これはガラクトースオキシダーゼの場合と同様に翻訳後修飾により補酵素をつくる反応に関与していると考えられている．

3. フラビンを活性中心にもつオキシダーゼ

フラビンをFAD（flavin adenine dinucleotide）またはFMN（flavin mononucleotide）として活性中心に持ち，動物から植物，カビ，細菌など多くの生物種に多種のオキシダーゼが知られている．いずれも基質を酸化的に水酸化し，水酸化の際基質に導入される酸素は，オキシゲナーゼと異なり，水分子由来である．一般的には基質の酸化によって引き抜かれた電子はフラビンの5Nを介してフラビンを還元する．フラビンの還元は酵素によりさまざまであり，フラビン周囲アミノ酸構造との関係はそれぞれ詳細に検討されている．還元されたフラビンは酸素と反応し過酸化水素を，ときに副反応としてスーパーオキシド（キサンチンオキシダーゼ反応などの場合）を生成することが知られている．還元型フラビンと酸素との反応は次項4.で述べるオキシゲナーゼと同様にイソアロキサジン環の4aと考えられているが，中間体捕捉などの決定的証拠はない．高等生物では，多くはペルオキシゾームに存在する．D-アミノ酸オキシダーゼはFADフラビンを活性中心にもち，D型アミノ酸に特異性のある酵素である．動物では腎臓，肝臓に含量が多いが，ペルオキシゾームに局在する．類似の酵素でD-アスパラギン酸に特異性のあるD-アスパラギン酸オキシダーゼも知られ，D-アミノ酸オキシダーゼと相同性が高い．これらは脳にも存在し，D-アミノ酸オキシダーゼの場合はD-セリンの調節機能が示唆され，脳の生理機能に関与することが示唆されている．

モノアミンオキシダーゼは，例外的にミトコンドリア外膜にある過酸化水素生成酵素である．生理活性物質であるドーパミンやノルエピネフリンを脱アミノ的に酸化し，共有結合性のフラビンを還元し，還元型フラビンが酸素分子と反応し，過酸化水素を生成する．

3.3 酸化酵素（オキシダーゼ）と酸素添加酵素（オキシゲナーゼ）

キサンチンオキシダーゼの場合は特異で，20世紀の初めに牛乳から「オキシダーゼ」として抽出されたが，近年多くの生物種では細胞内においては「デヒドロゲナーゼ」として存在し，その局在部位は細胞質であることが判明している．哺乳類動物の酵素においては，酵素は尿酸をつくる機能以外にもう1つの機能を有することが明らかになってきている．すなわち，哺乳類においては，デヒドロゲナーゼ型の酵素タンパク質が翻訳後に修飾（S-S結合の形成またはタンパク分解酵素による処理）を受けた場合，オキシダーゼに変換されることが知られ，その変換により乳汁分泌に働いていることが示唆されている．一方，酵素化学的には，還元型フラビンと酸素分子またはNAD$^+$との反応を知るうえで興味ある酵素である．この酵素においては，フラビンは2電子還元型（FADH$_2$）と1電子還元型（FADH･：neutral flavin semiquinone radicalと呼ぶ）が平衡状態で存在し，それぞれ酸素と反応すれば過酸化水素，スーパーオキシドをつくる．

4. フラビンを活性中心にもつオキシゲナーゼ

フラビンやプテリジンを活性中心にもつ多種類の水酸化酵素がとくに細菌類から得られている．さまざまな芳香族基質において，酸素分子由来の1つの酸素原子を芳香環に取り込ませもう1つの原子の酸素は水分子をつくるモノオキシゲナーゼ反応と，フラビン酵素としてはまれな例として2-メチル-3-ヒドロキシピリジン-5-カルボン酸オキシゲナーゼのように2つの酸素原子とも基質に取り込ませるジオキシゲナーゼ反応がある．これらの反応には，NADPHなどの還元基質が必要であり，還元型フラビンに酸素分子がペルオキシ型で結合し，その酸素原子が基質に取り込まれる．フラビンを活性中心にもつ典型的なモノオキシゲナーゼを図3に示す．還元型になったFAD（またはFMN）に酸素分子がフラビンのイソアロキサジン環4a部位を介してペルオキシ型で結合し（4aペルオキシ中間体），末端酸素原子を基質に取り

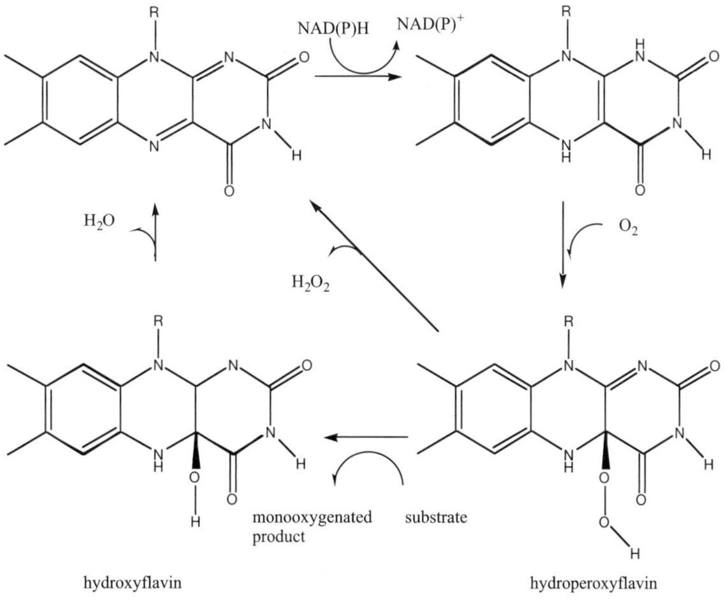

図3 フラビンモノオキシゲナーゼ反応のサイクル図
フラビンの4a部位に結合した酸素分子の末端酸素が基質に取り込まれる[3]．

込ませる．生成した還元型 FAD-4a-OH は分解して，酸化型 FAD および水分子を再生する．オキシダーゼとは異なり，4a ペルオキシ中間体の存在の決定的証拠が分光学的に得られている．すなわち，パラヒドロキシ安息香酸水酸化酵素の中間体の吸収スペクトルが有機化学的に合成した 4a ペルオキシフラビンと同一であったからである．したがって現在では他の多くの水酸化酵素が同じ反応をたどると考えられている．なお，4a ペルオキシ中間体は基質が存在しなければ分解して過酸化水素と酸化型 FAD をつくるので，NADPH オキシダーゼとして働く．

5. プテリンを活性中心に持つオキシゲナーゼ

プテリンをもつ酵素はフラビンをもつモノオキシゲナーゼと類似した反応をする．フェニールアラニン，チロシンを水酸化するそれぞれの酵素が知られ，先天的酵素欠損症では重大な症状をきたすことでよく知られており，医学的に重要である．プテリンは 4 電子還元型のテトラヒドロプテリン（tetrahydrobiopterin）と 2 電子還元型のジヒドロプテリン（dihydrobiopterin）の間を行き来する．全反応を完結するためには，2 つの酵素が必要である．1 つの酵素においてフラビン水酸化反応の場合のようにテトラヒドロプテリンと酸素が結合し，ペルオキシの末端酸素原子を基質に導入して基質を水酸化し，その後に水分子とジヒドロプテリンを生成する．ジヒドロプテリンはもう 1 つの酵素により NADPH を用いて還元しテトラヒドロプテリンを再生する．

6. 銅含有オキシゲナーゼ

銅含有水酸化酵素には，チロシンを分解するチロシナーゼ，ドーパミン水酸化酵素などが知られている．医学的に重要であり，生理活性物質ノルエピネフリン，エピネフリンの生成経路にある．ドーパミン水酸化酵素は 1 原子酸素添加反応をする 2 つの銅をもつ酵素であるが，1 つの銅をアスコルビン酸が還元し，それに酸素が結合すると考えられている．チロシナーゼでは 2 つの Cu（II）2 原子酸素が結合するが，その結合様式は下等動物の酸素運搬体ヘモシアニンと類似していると考えられている．ヘモシアニンにおける酸素結合様式は特異な配置構造をとり，北島らがモデル化合物から予想した構造と一致している（図 1）．

7. ヘムまたは鉄含有 1 原子オキシゲナーゼ

P450 をはじめとしてさまざまな水酸化酵素がある．P450 は，還元型ヘムに CO が結合したものの吸収スペクトルの極大が 450 nm 付近にある一群のヘムタンパク質を総称しており，

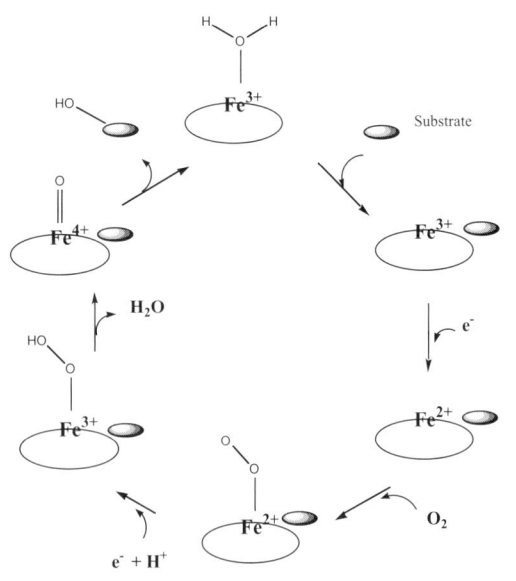

図 4 ヘムタンパク質 P450 による薬物やステロイドの水酸化反応に用いられるモノオキシゲナーゼ反応
電子（e^-）は NADPH より非ヘム鉄タンパク質を介して 2 段階で供給される．末端酸素原子を水分子として取り除いた後の鉄に結合した活性化された酸素原子が基質に取り込まれる[3]．

P450nor を除いて典型的なモノオキシゲナーゼ酵素である．P450 関連の遺伝子は多数ある．さまざまな薬物に対応して P450 遺伝子があり，それぞれの薬物に対応して肝臓ミクロゾームにおいて誘導された P450 がそれぞれの薬物の水酸化反応に働く．一方，副腎にある P450 はステロイドの水酸化に働く．さらに，血管内皮細胞にある P450 の一種 NO 合成酵素はアミノ酸であるアルギニンのアミノ基を水酸化し，血管弛緩因子 NO 生成に働いている．P450 の水酸化機構は詳しく研究されており，その基本反応を図4に示す．この反応サイクルには，合わせて2個の電子が必要である．その電子供与系には独自の電子伝達系が存在し，基質となる電子供与体は NADPH であり，それが一般に2個のフラビンを持つリダクターゼタンパク質を介して1電子受容体である非ヘム鉄を還元し，その非ヘム鉄から，1電子ずつを2段階でP450 に合計2個供与している．P450nor は特殊な酵素であり，NADPH または NADH がNO を結合した P450nor を2電子還元する NO リダクターゼであり，酸素は関与しない．

P450 以外のヘム含有オキシゲナーゼとしては，いくつか知られている．直接のヘムタンパク質ではないが，ヘムオキシゲナーゼは生理的に重要である．ヘム分解に働くとともに，脳に存在する酵素は CO 生成酵素としても注目されている．CO は NO とともにヘムタンパク質であるグアニレートシクラーゼのセンサー物質としてヘム鉄に結合し，脳内のシグナル伝達物質の可能性が示唆されている．

8. ジオキシゲナーゼ

ジオキシゲナーゼとしては，環状化合物に酸素分子の2原子を導入し，水酸化とともに環を開裂させ，物質処理に働くピロラーゼ類（pyrrolase）が典型例である．さらにリポキシゲナーゼ（lipoxygenase）やシクロオキシゲナーゼ

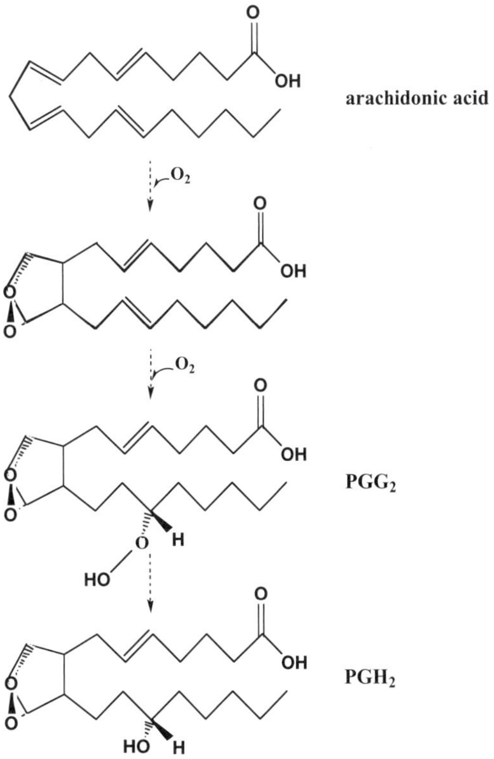

図5 シクロオキシゲナーゼによるプロスタグランディン合成反応
1段階の2原子添加反応ともう1段階のモノオキシゲナーゼ反応により PGG_2, PGH_2 が合成される[5]．

（cyclooxygenase；COX）のように脂質の水酸化に働き，生理活性物質などをつくるような医学的生理的に重要な反応がある．これらのジオキシゲナーゼ類にはピロラーゼやリポキシゲナーゼのように非ヘム鉄を反応中心に持つヘム以外の鉄タンパク質，4. で述べたフラビンタンパク質，クエルセチナーゼ（quercetinase）など銅タンパク質もある．

リポキシゲナーゼは植物や動物に存在し，植物の場合は発生や成育など植物生理に広く関係し，動物では脂質代謝，とくに生理活性物質であるプロスタグランディンやロイコトルエンの代謝などに関係している．X 線結晶構造解析から鉄は5または6配位をとり，そのうち3つはヒスチジンアミノ酸のイミダゾール環のN，C 末端のカルボキシル基の酸素，および水分子が配位している．基本配位構造はピロラーゼ類

からも得られており，酸素の反応機構は直接の反応中間体が捕捉し難いため，類似体の結合体から推定されているが，まだ十分解明されていない部分がある．シクロオキシゲナーゼ反応はアラキドン酸からPGG_2をさらにPGH_2にする2段階の酸素添加反応である（図5）が，非誘導型（COXI）と炎症などで誘導される誘導型（COXII）とが知られている．^{18}O取り込み反応から複反応段階で進むことが知られており，さらにX線結晶解析を含めて，その詳細が解明されてきている．初めのエンドオキサイドと環状形成にはチロシンラジカルが，PGG_2からPGH_2へはヘムが関与し，ヘムとチロシンラジカルは連動して働いていると考えられている．本酵素は薬物のターゲット（アスピリンなどのNSAID類）であり，薬物の副作用とCOXIIの関連が注目されている．

［西野武士］

■文献

1) Ferraroni M, Myasoedova N, Schmatchenko V, et al：Crystal structure of a blue laccase from Lentinus tigrinus：evidences for intermediates in the molecular oxygen reductive splitting by multicopper oxidase. BMC Struct Biol 7：60, 2007.
2) Ingram LL, Meyer DL：Biochemistry of Dioxygen. Prenum Press, New York and London, 1985.
3) 「大学と科学」公開シンポジウム組織委員会編：「生物と金属」金属イオンの生体内で働く仕組み．クバプロ，2001．
4) Nishino T, Miura R, Fukui K, Tanokura M："Oxidase and Oxygenase" in Flavins and Flavoproteins. ArchiTect, Tokyo, 2005.
5) Silva PJ, Fernandes PA, Ramos MJ：The mechanism of cyclooxygenation of arachidonic acid by prostaglandin H synthase. Theor Chem Acc 110：345-351, 2003.

3.4 活性酸素

1. 活性酸素とは

酸素原子の電子数は8個で，その分布は，K殻の1s軌道に2個，L殻の2s軌道に2個と2p軌道に4個，すなわち$1s^22s^22p^4$である．最外殻6個のうち，4個の電子は結合性の2つの軌道（π_x, π_y）にスピンが対（1/2, −1/2）をなして存在し，残りの2個の電子は同じスピンの向き（1/2）であり，不対電子として反結合性の2つの軌道（π_x^*, π_y^*）に入っている．酸素分子の基底状態では2原子酸素分子（dioxygen；O_2）では2つの原子にある合計4個の不対電子のうち，共有結合により2個は対をなし，残りの2個はスピンが同じ向き（1/2）の不対電子のまま，すなわち全スピン量子数1として存在する（図1）．酸素原子はこのようにbi-radicalであるが，常磁性を示す3重項であり（$^3O_2$と表記する），電子受容能（酸化還元電位）が高いにもかかわらず，比較的安定である．したがって$^3O_2$は一般に反応性は弱いが，不対電子をもつラジカル物質とは逆に反応性は高い．また3d軌道に不対電子をもつ遷移金属やフラビンとは配位でき，そのため多くのオキシダーゼ，オキシゲナーゼでは，このような補酵素を有していることは「3.3」で述べた．しかしながら，酸素分子は励起されて，2つの軌道（π_x^*, π_y^*）の一方のみに2つの電子が対（1/2, −1/2）をなして入り，もう一方は空のΔ状態，または2つの軌道（π_x^*, π_y^*）にスピンが反対の（1/2および−1/2）の不対電子の状態，の2通りの全スピン量子数0状態である1重項酸素（$^1O_2$）が存在しうる．この状態の酸素は反応性がきわめて高い．

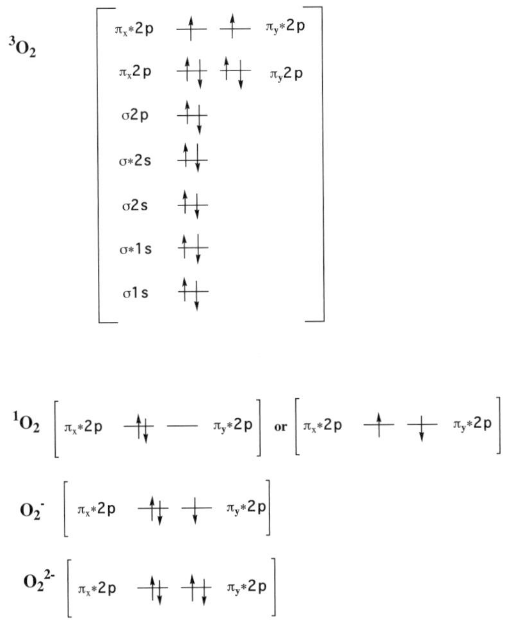

O_2が完全に還元されれば，すなわち4電子受け取れば，2分子のH_2Oが生ずる．しかし，生体内の反応では，必ずしも完全還元まで至らず，1電子，2電子，3電子還元された分子，すなわちスーパーオキシド（O_2^-），過酸化水素（H_2O_2），ヒドロキシラジカル（$HO^\cdot$）が生じる．これらの分子は電子を引き抜いたり放出したりするポテンシャルがあり，反応性も高いため1重項酸素（$^1O_2$）とともに活性酸素種（reactive oxygen species：ROS）と呼ばれている．なお，これらの酸素種に加えて生体内で生成されるラジカル物質であるNO，さらにこれら活性酸素種と反応して生ずるさまざまな反応性に富むラジカル物質を合わせて，広義の活性酸素種と呼ばれている．活性酸素種は反応性とその消去系が存在することからそれらの生体への毒性が注目され，それを支持する研究も多数あるが，一方では防御系やシグナル伝達物質

図1 酸素種の電子配置

として，また生理的に重要な分子種の前駆体として働いていることが判明し，その研究は重要性を増している．

2. 活性酸素種の酸化還元電位

活性酸素は O_2 に1電子，2電子，3電子還元された分子種であるため，電子を放出したり受け取ったりする能力があることは既に述べたが，その電子の出しやすさ，受け取りやすさの指標として酸化還元電位を用いる．酸化還元電位は熱力学的状態量であり，ある物質Aの酸化還元電位 E_h は次式で表される．

$$E_h = E_0 + RT/nF \ln[\text{Aox}]/[\text{Ared}]$$

E_0 は標準酸化還元電位といい，物質A固有の値である．R はガス定数（8.3 joules/degree/mole），n は移動する電子の数，F はFaraday定数（96,500クーロン），[Aox]，[Ared]はAの電子をそれぞれ失った型，受け取った型の活量である．

標準状態すなわち Aox と Ared が活量1のとき，すなわち[Aox]/[Ared]=1のとき $E_h = E_0$ となるためその物質の中間点電位（mid-point potential）ともいう（標準状態とはある約束された実験条件であり，溶液の場合1モル，すなわち多くの場合活量1，気体の場合1気圧，温度25℃とする）．

E_h はそれぞれ相対的な状態量であり，それぞれの標準状態にある物質の電位は他の既知の標準電位と比較して求められるが，通常水素電極と比較した値を基準にとる．水素電極は水素イオン活量1(pH=0)の溶液が，1気圧の水素ガスと平衡状態（$1/2 H_2 \rightleftharpoons H^+ + e^-$），すなわち水素の標準状態にあるときの電極電位を0と定める．

また酸化還元電位はとくに生体内に存在する興味ある物質においては，プロトン（H^+）化が関係することが多いため，プロトン濃度すなわちpHにより影響を受けるものが多い．水素の場合，pHが1上がると電位は0.06V小さくなり，pH 7.0では $7 \times 0.06 = 0.42$ V小さくなる．生体内の物質の場合，通常pH 7.0の電位を比較することが多く，その標準電位を E_0' と表す．生体内のいくつかの重要物質と活性酸素の還元型/酸化型の対のpH 7における電位を表1に示す．

酸化還元反応は2つの物質間たとえばA，B 2つの物質間で電子移動が起こることである．すなわち次式の反応である．

$$\text{Ared} + \text{Box} \rightleftharpoons \text{Aox} + \text{Bred}$$

平衡のとき電位差は0であるから，そのときの濃度をそれぞれ $[\text{Ared}]_{eq}$，$[\text{Box}]_{eq}$，$[\text{Aox}]_{eq}$，$[\text{Bred}]_{eq}$ とし，A，Bの標準酸化還元電位をそれぞれ E_0^A，E_0^B とすれば，

表1 活性酸素およびその他の関係する物質の標準酸化還元電位

酸化型	還元型	移動電子数	E_0' (pH 7)
$1/2 O_2$	H_2O	2	0.82
O_2	O_2^-	1	-0.16
O_2	H_2O_2	2	0.39
O_2^-	H_2O_2	1	0.94
H_2O_2	H_2O	2	1.30
H_2O_2	$HO^{\cdot} + HO^-$	1	0.30
$HO^{\cdot}$	H_2O	1	2.30
H^+	$1/2 H_2$	1	-0.42
FAD	$FADH_2$	2	-0.22
Fe (+3)	Fe (+2)	1	0.77
Cyt.c (3+)	Cyt.c (2+)	1	0.22
Cyt.b (3+)	Cyt.b (2+)	1	0.07
Ascorbate	dehydroascorbate	2	0.08

$$E^A_0 + RT/nF \ln[\text{Aox}]_{eq}/[\text{Ared}]_{eq}$$
$$= E^B_0 + RT/nF \ln[\text{Box}]_{eq}/[\text{Bred}]_{eq}$$

すなわち

$$E^A_0 - E^B_0 = RT/nF \ln[\text{Ared}]_{eq}[\text{Box}]_{eq}$$
$$/[\text{Bred}]_{eq}[\text{Aox}]_{eq}$$
$$= RT/nF \ln K$$

一方,標準自由エネルギー変化は平衡においては

$$\Delta G_0 = -RT \ln K$$

であるから

$$\Delta G_0 = -nF(E^A_0 - E^B_0)$$

pH 7 でも同じ関係がえられ

$$\Delta G_0' = -nF(E^A_0{}' - E^B_0{}')$$

($\Delta G_0'$ はギブスの標準自由エネルギー変化,n は移動電子数,F は Faraday 定数)

すなわち,電位差がプラスであれば,標準状態において熱力学的には反応は起こり得ることを示す.しかし,実際に2つの物質が反応するか否かは,その物質間の反応のエネルギーの閾値(エネルギーバリヤー)や衝突頻度など経路と速度に依存するため,それぞれの反応速度を動力学的(kinetics)な実験から求めることが必要である.当然のことではあるが,活性酸素が関与する反応においても,熱力学的には反応は起こり得ても実際の反応には酵素など触媒が必要な場合があるのはそのためである.酵素など触媒は物質の熱力学的状態量は変えないが,動力学的パラメーターを変え,反応を促進させている.水素電極の場合,水素ガスが自然に電離して電子を放出するのではなく,電極金属 Pt により触媒され上記の解離平衡反応が起きているのである.

3. 活性酸素種の生成系,消去系と反応性

a. スーパーオキシド

1) 生成系

スーパーオキシドは生体の生成系としては白血球の NADPH オキシダーゼ(NOX 系),キサンチンオキシダーゼ,ミトコンドリアにおける電子伝達系,その他さまざまな酵素系で生成されるが,NADPH オキシダーゼを除いては,それぞれある条件下で副次的に生成されると考えられる.いずれも,1電子還元状態のヘム(NADPH オキシダーゼの場合はシトクロム b_{558}),セミキノンラジカル(キサンチンオキシダーゼのフラビンやミトコンドリアのユビキノンなど),またはさまざまな還元型の金属や有機化合物ラジカルが酸素分子と反応して生成する.薬物のブレオマイシンや農薬パラコートなどもそのラジカル型が酸素分子と反応し生成する.NADPH オキシダーゼ(NOX 系),およびキサンチンオキシダーゼ以外において反応生成速度はそれほど速くなく,副次的生成物であるのはそのためと考えられる.

白血球の NADPH オキシダーゼ(NOX_2 とも呼ばれている)は膜結合性タンパク質であり,酵素本体は gp91phox と呼ばれる FAD,b_{558} と呼ばれるヘムを含有する.NADPH により2電子還元された $FADH_2$ から1個の電子が b_{558} に渡り,酸素分子と反応し O_2^- を生成する.ただし,ヘム鉄への酸素の配位は証明されておらず,cyt c の O_2^- による還元反応のようにポルフィリン環を介して酸素に電子が渡っている可能性がある.この反応系には種々の調節タンパク質が存在し,食作用により活性化されたタンパク因子が調節している.この NADPH オキシダーゼの遺伝子欠損は慢性肉芽腫症と呼ばれ,重篤な感染症を繰り返す.したがって,微生物を殺す感染防御に働いていることは明らかである.この種のオキシダーゼ類は消化管(NOX_1 と呼ばれている)や内耳(NOX_3),腎(NOX_4)および精巣やリンパ球(NOX_5)などが NOX ファミリーとして一群を形成していることが知られ,それぞれ生理的に重要な役割をしていることがわかってきている.

キサンチンオキシダーゼは,本来デヒドロゲ

ナーゼとして存在する酵素がタンパク分解酵素作用またはジスルフィド結合の生成で酸化酵素に変換し，H_2O_2 と O_2^-（条件により異なるがおよそ3対1のモル比）を生成する．それぞれ $FADH_2$ と $FADH^{\cdot}$（セミキノンラジカル）が反応して生成する．（「3.3 オキシダーゼとオキシゲナーゼ」の項参照）．NAD 非存在下ではデヒドロゲナーゼも O_2^- を生成するが（デヒドロゲナーゼでは NAD 非存在下ではセミキノンがより多く生成するため O_2^- の生成モル比はむしろ多い），NAD 存在下では $FADH_2$ がより多く生成され NADH を生成し，酸素とは反応しない．そのため，通常は生理的には O_2^- は生成しない．しかし，何らかの機転でオキシダーゼに変換すれば活性酸素を生成する．哺乳類のみが変換し，乳汁に多量に存在するため，分泌機構または殺菌機構などが考えられているが，結論は確定していない．また，この変換と病態が注目されている．

ミトコンドリアは基本的に酸素に電子伝達を介して4電子還元し H_2O を生成する．この電子伝達とミトコンドリア内膜でのプロトン輸送とがカップルし，最終的にプロトン駆動の ATP 合成が目的である．しかし，電子伝達系で副次的に酸素と反応し，一定割合で O_2^- を生成すると考えられている．複合体 I（NADH デヒドロゲナーゼ），複合体 III（シトクローム bc 複合体）で反応中のユビキノンのセミキノンと酸素との反応や1電子還元型である非ヘム鉄などとの反応が考えられている．一方，O_2^- はアポトーシスの誘引物質として着目されてきている．

2）反応性と消去系

O_2^- そのものはフリーラジカルであるが酸化還元電位は低く，すなわち他から電子を奪うポテンシャルは低く，電子供与反応，他のラジカルとの反応性は高い．一方，アニオンとしての性質があるため，以下のような求核置換反応 (1)，求核付加反応 (2) をする．

$$O_2^- + RX \longrightarrow RO_2^{\cdot} + X^- \quad (1)$$
$$O_2^- + >C=C< \longrightarrow {\cdot}O-O-C-C- + X^- \quad (2)$$

O_2^- そのものは水中では比較的不安定で以下の反応により過酸化水素と水になるが，O_2^- がプロトン化されうるため pH に依存し，pH 5 付近では (3) の反応で比較的速く，強アルカリでは (4) の反応で遅く，生体内の pH ではその混合となり，中性域（pH 7-8）ではおよそ $10^4 \sim 10^5 M^{-1}s^{-1}$ で進む．

$$HOO^{\cdot} + O_2^- + H^+ \longrightarrow H_2O_2 + O_2$$
$$(k = \sim 8.5 \times 10^7\ M^{-1}s^{-1}) \quad (3)$$
$$O_2^- + O_2^- + 2H^+ \longrightarrow H_2O_2 + O_2$$
$$(k < 100\ M^{-1}s^{-1}) \quad (4)$$

この反応は2個の酸素分子に均等に1個ずつ存在している電子がもう一方の酸素に渡され，結果的に電子は不均一に分配されることになるため，不均化反応と呼ぶ．生体内ではこの反応を著しく速める酵素が存在し，スーパーオキシド不均化酵素（スーパーオキシドジスムターゼ：SOD，superoxide dismutase）と呼ばれている．この反応は中性域で $k = \sim 5 \times 10^9\ M^{-1}s^{-1}$ ときわめて速く，O_2^- 除去酵素と考えられている．ミトコンドリア，および細胞質に異なる遺伝子により作られた酵素があり，それぞれ Mn および Cu，Zn の金属を活性中心にもつためマンガン型，銅亜鉛型 SOD と呼ばれている．金属を介して不均化反応を触媒し，その反応機構も詳しく研究されている．

一般に O_2^- 自身の反応性は弱いものの，ラジカル性のためさまざまなラジカル物質や金属イオンと反応する．鉄イオンが存在すれば，不均化反応で生成した H_2O_2 とは (5) の反応できわめて反応性に富むヒドロキシルラジカル（$HO^{\cdot}$）を生成する．(5) の反応をハーバー・ワイス反応といい，生体内ではこれらの反応が起こらないよう，細胞内金属イオンはタンパク質内に結合支持されイオン化が制御されているということが最近の研究で明らかになりつつあ

る．しかし，タンパク質の変性などで一時的に非ヘム鉄から遊離され，このようなヒドロキシルラジカルが生成しうると考えられており，その検出結果も報告されている．

$$H_2O_2 + O_2^- \longrightarrow HO^\cdot + HO^- + O_2$$
（ハーバー・ワイス反応） (5)

生体内で血管弛緩因子である$NO^\cdot$というラジカル分子ときわめて速い速度で反応する．

$$NO + O_2^- \longrightarrow ONOO^- \quad (6)$$

この生成物は$ONOOH$としてきわめて反応性が高く，さまざまな化合物と反応し，そのものが生体内毒として作用するばかりでなく，$NO^\cdot$の減少をもたらす二重の害毒が考えられている．なお$NO^\cdot$は広範な血管拡張因子ばかりでなく，生理活性物質として発生，変態などに関与し，生物学的にその役割が大きく広がっていることが判明している．

b. 過酸化水素
1) 生成系

生体内で活性酸素を最も通常に生成する系として，H_2O_2を生成するさまざまのオキシダーゼがあることは，「3.2」で述べた．またこの分子はスーパーオキシドの不均化反応の生成物としても生ずる．

2) 反応性と消去系

H_2O_2はラジカルではなく，それ自身は比較的安定であるが，酸化還元電位からはその電子授受反応のポテンシャルは高い．遊離金属の存在下で以下の反応が生ずる．

$$Fe^{2+} + H_2O_2 \longrightarrow Fe^{3+} + HO^- + HO^\cdot$$
（フェントン反応） (7)
$$Cu^{1+} + H_2O_2 \longrightarrow Cu^{2+} + HO^- + HO^\cdot \quad (8)$$

この反応の結果生ずる$HO^\cdot$はc．で述べるとおりきわめて反応性に富む．この反応は試験管内では光励起により$Fe^{3+} \rightarrow Fe^{2+}$の還元により反応が進行するが，生体内では金属タンパク質の変性などで遊離金属が生じ，何らかの還元系により$Fe^{3+} \rightarrow Fe^{2+}$が起こり，反応が進むと想定されている．

過酸化水素の生体内での消去系としてはカタラーゼ，ペルオキシダーゼがある．カタラーゼは動物，植物，微生物の好気的細胞に広く分布し，動物では肝臓，腎臓，血液中に多い．各臓器のカタラーゼは分子種が異なり，また肝カタラーゼについても多様性が認められる．細胞内では，主としてペルオキシソームと呼ばれる過酸化水素を発生するようなオキシダーゼと共存している．

$$H_2O_2 + H_2O_2 \longrightarrow O_2 + 2H_2O \quad (9)$$

ペルオキシダーゼは以下のようにO-O結合を均等切断反応する酵素ファミリーの総称である．

$$ROOR' + 2電子供与体 + 2H^+ \longrightarrow ROH + R'OH \quad (10)$$

過酸化水素の場合は

$$HOOH + 2電子供与体 + 2H^+ \longrightarrow 2H_2O \quad (11)$$

電子供与体としては還元型のアスコルビン酸，シトクロムc，さまざまの還元基質，およびチオレドキシンなどがあり，それぞれアスコルビン酸ペルオキシダーゼ，シトクロムcペルオキシダーゼ，ミエロペルオキシダーゼ，ペルオキシレドキシンなどと呼ばれている．活性中心にヘム鉄，セレノシステイン，システインなどが存在し，触媒作用を行う．それぞれ高次構造と反応機構が詳しく研究されている．ペルオキシダーゼが関与する反応では小分子であるCl^-，I^-，SCN^-が基質となり，HOCl，チロシンへのヨード付加，OSCNを介してのシステインS-S生成など，それぞれ殺菌，甲状腺ホルモン合成，タンパク質のS-S修飾など過酸化水素は生理的に重要な役割がある．一方，ペルオキシレドキシンはチオレドキシンが関与する過酸化水素によって誘導される一種の酸素ストレスの広範なタンパク質とそれらの遺伝子発現制御系に関わり，レドックス制御系とも呼ばれている．

c. ヒドロキシラジカル

1) 生成系

上述したように試験管内ではハーバー・ワイス反応，フェントン反応で生成されるが，酵素系としてははっきりした生成系は知られておらず，キサンチンオキシダーゼにおいて HO・ が生ずるという説が提出されたものの，鉄イオンの混在によることが判明し，否定された．細胞内では遊離金属に何らかの還元系が作用することによりハーバー・ワイス反応やフェントン反応により生成されると想像される．実際にヒドロキシラジカルの反応生成物質を検出した結果の報告は多数ある．

2) 反応性と消去系

フリーラジカルでありかつ酸化還元電位から電子受容や供与が起こりやすいため反応性はきわめて高い．糖や脂質の OH のある炭素から，またさまざまのアルコール類炭素からの電子引き抜き，核酸塩基やアミノ酸の芳香族への付加反応，などがとくに反応性が高く，パルスラジオリシスによる測定では 10^9-10^{10} $M^{-1}s^{-1}$ の速度定数が得られており，定量的にはストップド・フロー法の測定限界を超えている．細胞内ではさまざまな物質と瞬時に反応すると想定されている．

4. 活性酸素の検出測定法

活性酸素の反応は酵素反応とは異なり，特異性が低く反応速度も高い．急速凍結後の ESR による検出や過酸化水素などの紫外部吸光度測定などのような方法は，試験管内での均一系に限られる．生体系のような複雑な系では，直接検出することは多くの場合不可能に近い．活性酸素と反応する物質を追跡し，間接的に検出することとなる．その追跡は，1) 吸収スペクトルによる変化，2) スピントラップ剤と反応させ ESR で検出測定，3) 発光剤や蛍光剤と反応させその発光と蛍光で検出，などである．その課題は，1) 複雑系でのその反応の特異性，2) 反応生成物質の安定性，3) 測定感度，4) 細胞系の場合は膜透過性，などである．これらをふまえて，信頼性のある検出測定には反応系の熟知と注意深い吟味が必要である．

最も容易なスーパーオキシドの測定をシトクロム c の還元法を用いて測定した例を述べる．シトクロム c はヘムの酸化還元で変化する a 吸収帯が夾雑物質の妨害が少ない 550 nm にあり，ミリ分子吸光係数が 20（分光光度計の波長分解能と幅により多少変わる）と感度も高い．また反応速度は SOD よりもやや遅い程度で自然消去よりは相当に速い．したがって測定には適するが，キサンチンオキシダーゼで生成するスーパーオキシドを定量する場合，直接還元型酵素からシトクローム c の還元が起こり，しかもその程度はその酵素のロットにより異なることが知られている．したがって必要十分量の（多いと副反応が起こり，少ないとシトクローム c 還元に反応が追いつかない）SOD の存否で吟味する必要がある．

スピントラップ法や発光，蛍光法は感度が高いため，検出限界はより低い濃度で可能であるが，その特異性や定量性の正確度，時間追跡性はその実験系に基づき十分な吟味が必要である．

［西野武士］

■文献
1) Ingram LL, Meyer DL：Biochemistry of Dioxygen. Prenum Press, New York and London, 1985.
2) 浅田浩二，中野 稔，柿沼カツ子編：活性酸素測定マニュアル.
3) 柿沼カツ子，西野武士，住本英樹，井上正康：活性酸素をめぐる話題．Vita 22：24-46, 2005.

3.5 低酸素とは

1. 概　要

　低酸素（hypoxia）とは，全身または特定の組織・臓器へ十分な酸素供給がなされていない状態であり，酸素代謝（oxygen metabolism）が抑制されている状態である．細胞レベルでは最終電子受容体である酸素の濃度低下によりミトコンドリア内膜での電子伝達が抑制されている状態である．絶対的な酸素供給量の低下を強調する場合もあるが，臨床医学では細胞の酸素需要と供給のミスマッチの存在を低酸素状態と考える場合が多い．スポーツなどの激しい運動の結果骨格筋の酸素消費量が心肺機能の限界を超えて上昇するような場合や，敗血症で炎症メディエーターに曝露された臓器で酸素供給の絶対量が増えても酸素利用が制限されているような場合は，組織・細胞レベルでは低酸素状態となり得る．

　低酸素状態の程度がはなはだしくなれば無酸素状態（anoxia）となる．厳密には生体中では存在しないが，実験的には細胞が曝露される酸素分圧でおおむね0.1％以下の状態をいうようである．

　低酸素の多くは病理的な状態であるが，体内には角膜，軟骨，骨髄のように生理的に常態として低酸素となっている領域も存在する．このような生理的低酸素環境は，幹細胞ニッチとして機能しているとの学説も生まれている．

2. 臨床症状

　全身的な低酸素症ではまず中枢神経の一過性の興奮を経て抑制が生じ，意識不明やけいれんに至る場合がある．一方組織低酸素症では，好気的な代謝から嫌気的な代謝への変換が誘導される．長期間または程度の強い低酸素に曝露された場合，細胞死が誘導され不可逆的な臓器不全に至る場合もある．組織・細胞レベルでは，分子状酸素はすべての好気性生物の細胞呼吸（内呼吸）の最終過程に必須な分子であり，ミトコンドリアにおける電子伝達系の電子受容体として働いている．分子状酸素の供給が酸素消費量を下回る状況では，ミトコンドリアでのプロトン勾配の形成が阻害されるのでATPの合成量が大きく減少し，細胞は嫌気的な代謝に傾き，またこの状態で活性酸素種の発生が観察される場合がある．高乳酸血症などに至る場合もあり，一種のマーカーとして参照される場合がある．

3. 分　類

a. 酸素運搬量に着目した低酸素

　動脈血酸素含量が $Ca_{O_2}(ml/dl) = [1.39(ml/g) \times Hb(g/dl) \times Sa_{O_2}] + [0.0031(ml/dl/Torr) \times Pa_{O_2}(Torr)]$ と表されるときに酸素運搬量は $D_{O_2}(ml/min) = Q(dl/min) \times Ca_{O_2}$ となる（Hb：ヘモグロビン，Sa_{O_2}：動脈血ヘモグロビン酸素飽和度，Q：心拍出量）．

　各変数の変化に着目すれば低酸素は以下のように分類できる．

　1）　**低酸素分圧性低酸素**（hypoxic hypoxia）
　血中の酸素分圧の低下した状態（低酸素血症）の結果としての低酸素状態．低酸素血症は低酸素状態を説明する因子となるが，低酸素症とは明確に異なる概念である．

　吸入酸素分圧の低下（高地や閉鎖空間への滞在などで生じる），肺胞低換気（薬物の影響や

睡眠時無呼吸症候群など),肺胞でのガス交換効率の低下(肺水腫や急性肺傷害など),肺内または心臓内シャントの存在(肝硬変や先天奇形など),換気-血流比の低下(体位や人工呼吸など),などが発症機序としてあげられる.

臨床的には安静時の Pa_{O_2} が 60 mmHg 以下の場合は低酸素血症として酸素療法の対象となる場合が多い.

2) 貧血性低酸素 (anemic hypoxia)

赤血球数,ヘモグロビン量の低下(貧血)が原因で酸素運搬能が低下した状態.造血系疾患,鉄欠乏などが発症機序としてあげられる.どの程度のヘモグロビン量の低下がどの程度の酸素運搬量の低下を引き起こすかは,病態成立の時間的な経緯,患者の心血管系の予備能によるが,たとえば再生不良性貧血患者の場合,一般にはヘモグロビン濃度が 6-7 g/dl を維持するよう輸血を行う.

3) 高酸素分圧性低酸素 (hypermic hypoxia)

一酸化炭素中毒症,メトキシヘモグロビン血症,先天的なヘモグロビン異常症などの結果,組織・臓器への酸素供給能が障害された状態をいう.

一酸化炭素と結合したヘモグロビン(CO-Hb)の割合は,正常な成人では 0.2-0.5% であるが喫煙者では 5-10% を示す場合もある.一酸化炭素中毒では CO-Hb の割合は 50% 以上に達する場合もある.

4) 組織低灌流 (hypoperfusion), 虚血 (ischemia)

心不全による心拍出量の低下などは全身的な影響となるが,血栓,塞栓などが原因の場合,臓器,臓器の部分への影響となる場合もある.

b. 酸素需給バランスに着目した低酸素(組織酸素代謝失調)

酸素運搬量(供給量) D_{O_2} と酸素消費量 V_{O_2} (ml/min)=Q×[Ca_{O_2}-Cv_{O_2}])の差は通常プ

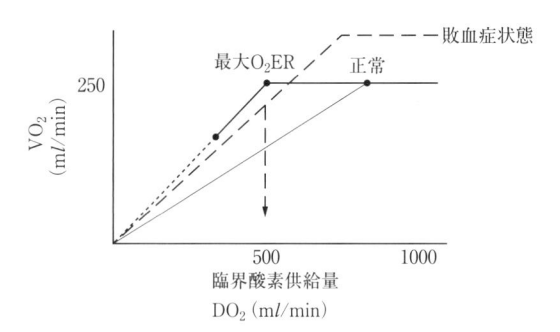

図1 生理的な条件下では酸素消費量(V_{O_2})は酸素供給量(D_{O_2})の影響を受けずに組織ごとに一定である.何らかの病態の結果,D_{O_2} が低下していくと酸素摂取率(O_2ER)が上昇していくが,この上昇には限界があり,最大 O_2ER を超えての効率化は不可能である.この時点での D_{O_2} が臨界点となる.この点以下での酸素供給量では酸素消費量は供給に依存することとなる.敗血症などの特殊な病態では,この臨界点が X,Y 軸方向に上昇し最大 O_2ER が低下しミスマッチが容易に生じる.

ラスとなる(Cv_{O_2}:混合静脈血酸素含有量).供給が消費に過剰するこのような状態は,生体にとっては,安全域を確保する合目的なしくみといえる.酸素の組織での摂取率を酸素摂取率(oxygen extraction ratio;O_2ER)と呼び,$O_2ER=V_{O_2}/D_{O_2}$ と定義される.標準的な成人から得られた測定値から全身での O_2ER は約 0.25 と推定されるが,個々の臓器を考えれば,心臓,脳,腎臓の摂取率は,おのおの 0.55,0.30,0.06 程度とされ,臓器ごとに酸素代謝の特徴を反映してさまざまな値を示す.

生理的な条件下では V_{O_2} は D_{O_2} に依存しないが,D_{O_2} が低下した病理的な条件下では V_{O_2} が D_{O_2} に依存する場合がある(図1).このような条件下では生体は O_2ER を上昇させて酸素摂取の効率を上昇させて利用可能な酸素量を増やしていくのであるが,この調節が破綻し D_{O_2} と V_{O_2} のミスマッチが増加して酸素負荷(oxygen debt)が上昇していく.このような病態をとくに組織酸素代謝失調(disorder of oxygen metabolism, dysoxia)と呼ぶ場合がある.臨床上,このようなダイナミズムが観察される病

態の代表は,敗血症性ショックである.進行した敗血症では,血圧の低下に加え,血管内の微小血栓の発生,間質の浮腫,血管内皮細胞の機能不全が起こり組織低灌流状態となる.このような D_{O_2} の変化に加えて,敗血症状態の各種臓器は炎症性サイトカインへの曝露,持続する細胞内低酸素状態によりミトコンドリア電子伝達系の異常が起こり,酸素利用効率が低下している.この状態では比較的に多量の酸素が供給されたとしても十分な酸素利用がなされない場合があり,酸素消費量が酸素供給量に依存して増加していく現象が一見正常範囲内の D_{O_2} で観察される(図1).

低酸素について概説した.低酸素の本質は酸素供給と酸素消費の組織・細胞レベルでのミスマッチである.

[広田喜一]

■文献

1) Treacher DF, Leach RM：ABC of oxygen：Oxygen transport—1. Basic principles. BMJ 317：1302-1306, 1998.
2) Leach RM, Treacher DF：ABC of oxygen：Oxygen transport—2. Tissue hypoxia. BMJ 317：1370-1373, 1998.
3) Evans TW, Smithies M：ABC of intensive care：organ dysfunction. BMJ 318(7198)：1606-1609, 1999.

3.6　生体の酸素センサー：細胞レベルの酸素センシング

　細胞の酸素センサーを定義するとき，その実体はタンパク質であると考えてよい．それでは酸素センサーとはどのようなはたらき（性質）をもったタンパク質であろうか？　酸素センサーということばは耳に馴染みがよく，「環境の酸素濃度を感知して，その情報を次のタンパク質やDNAに伝えるもの」と容易に説明できてしまう．その通りである．しかし，はたしてそのようなタンパク質が本当に存在するのか？　あるいは，どのタンパク質が酸素センサーの実体なのか？　という問いかけに対して，きちんと答えることは意外と難しい．本章では酸素センサーの実体とその性質について，「考えられること」，「わかっていること」を述べることにする．

　研究者を含め，多くの人々に酸素センサーの存在が容易に受け入れられるのはなぜか？　それはまず，「現象ありき」，酸素適応（主に低酸素に対する応答）という現象を皆が知っているからである．酸素は身近にあり，生物が生存するために重要な環境分子であるため，さまざまな生物の個体，組織，細胞の各レベルで酸素濃度変化に対して適応応答の現象が見られる．たとえば，大腸菌に代表される細菌では酸素の有無に応じてさまざまな遺伝子の発現を変えることで好気（酸素）呼吸，嫌気呼吸，発酵を行う．また，陸上長距離走者が高地（低酸素）トレーニングを行うことで造血作用を高め，持久力が上がることも周知の事象である．細胞レベルで酸素応答が観察されて，初めて酸素センサーの存在が支持されるのである（図1）．

　生体の酸素応答に制御，調節の点で関わるタンパク質を特定することによって，酸素センサーの実体に迫ることができる．実際，研究の歴史をひも解けば，それぞれの酸素応答の研究の過程で酸素センサーが発見されているのである．先に酸素センサーが発見されてから酸素応答現象が理解されるのはまれである．代表的な酸素応答現象については他章で述べられているので，本章では酸素センサーの分類をしてみたい．これによって読者は酸素センサーの定義のあいまいさ，多様さを実感するであろう．そして，生物はこれらのタンパク質を実際に酸素センサーとして使用しているのである．

1.　酸素センサーの分類

　センサー分子は2つの機能をもつ．感知すべきシグナルの「受容」と細胞内で他の因子に情報を伝える「出力」である．酸素センサーの場合，「受容」とは直感的に「分子状酸素の受容」である．「出力」は「タンパク質のリン酸化」，「タンパク質因子の会合/解離」，「cAMPなどのセカンドメッセンジャーの産生」，「イオン動員」などがある（図2）．本章では「分子状酸素の受容」に基づいて分類したい．

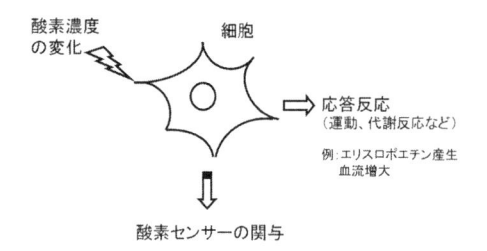

図1　細胞の酸素応答
酸素応答の現象は個体から組織，細胞レベルで認められる．細胞レベルでは遊走運動，膜電位の発生，代謝物の産生，遺伝子の発現などが観察され，このような応答現象に対応してそれぞれ酸素センサーが存在すると考えられる．

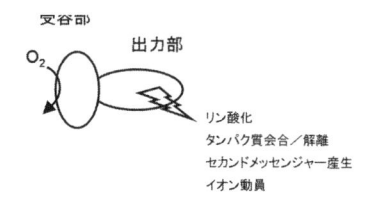

図2 酸素センサーと情報伝達系の原理
酸素センサーの典型は分子状酸素と作用する受容部と酸素授受の情報を細胞内に伝達する出力部からなる．出力はタンパク質のリン酸化やセカンドメッセンジャーの産生という方法で情報伝達系下流成分に伝達される．

a. モデル1. 酸素が受容部に直接結合/解離するセンサー

ヘモグロビンに代表されるように酸素受容部にヘム（鉄-ポルフィリン錯体）を含み，分子状酸素を結合する能力のあるタンパク質はある一定の酸素結合力（酸素親和性）をもつため，周囲の酸素濃度に応じて酸素結合型と解離型の量比が変わる．したがってこの量比によって出力活性が調節されれば文字通り，酸素センサーとして機能する．直感的にわかりやすいため，しばしば仮想的センサーとして取り上げられるのだが，タンパク質レベルで証明された実例はきわめて少ない．

b. モデル2. 酸素によって受容部が直接酸化されるセンサー

酸素受容部に鉄などの金属を含んでいれば酸素結合だけでなく，酸素による酸化反応も起こる．細胞内の還元物質と分子状酸素の濃度に依存して酸化型と還元型の量比が変わり，出力比が調節されればセンサーとして機能する．このタイプのセンサーは人間が作り出したクラーク型酸素センサー（酸素濃度依存的酸化反応で起電力が生ずる．「2.2 クラーク電極」参照）と原理的に似ている．

c. モデル3. 酸素濃度によって量，状態が変わる代謝物やタンパク質を感知するセンサー

細胞内ではさまざまな酸素依存的な生体化学反応が起こっている．たとえば，糖代謝と呼吸によるATP産生である．解糖系における基質レベルのリン酸化は酸素がなくても起こる（発酵）が，ミトコンドリアでの酸化的リン酸化（好気呼吸）によるATP産生量の方が格段に高い．したがって，ATP/ADP受容部をもつセンサーは間接的に酸素センシングを行うといえる（酸素依存的代謝物センサー）．また，周囲の酸素濃度によってグルタチオンやチオレドキシンなどの酸化還元因子の量が変わり，これらがセンサー分子の受容部を酸化/還元させることで出力調節を行うものである．これらは分子状酸素が直接作用しないのでモデル2とは異なるものであり，一般にレドックスセンサーと呼ばれている．

d. まとめ

以上のように「酸素受容」という観点から見ると「酸素センサー」と呼ぶに値するものはモデル1とモデル2に限られる．しかし，重要なのは「酸素センサー」という分子の存在ではなく，「酸素適応」という生物にあまねく見られる現象なのである．そして読者は本章を読み進むにつれて実際には多くの場面で生物はモデル3のように分子状酸素と直接作用しない「あいまいな酸素センサー」を駆使しているということを理解するであろう．

2. 酸素センサーの実例

生体の酸素応答の有無は，酸素濃度を変えて着目している現象を観察（測定）できれば容易に判断できる．しかし，酸素センサーを特定することは実は難しく，以下の条件を満たしてはじめて生物学における酸素センサーとしての市

民権を得ることができる．

1）タンパク質分子が単離，精製される．
2）試験管内で候補タンパク質が酸素依存的に応答現象を制御する．
3）候補タンパク質の遺伝子の欠損（改変）が生理学的に有意な酸素応答現象の変化を引き起こす．
3'）候補タンパク質の機能を特異的に阻害することで生理学的に有意な酸素応答現象の変化を引き起こす．

以上の基準を満たした酸素センサーの例は実は少ない．

a．モデル1の実例：根粒菌の酸素センサー FixL と FixJ

根粒菌は土壌細菌の1つであるが，マメ科植物の根に共生して窒素ガスをアンモニアに変換し，宿主に供している．窒素固定酵素であるニトロゲナーゼは活性中心に鉄，モリブデンを含

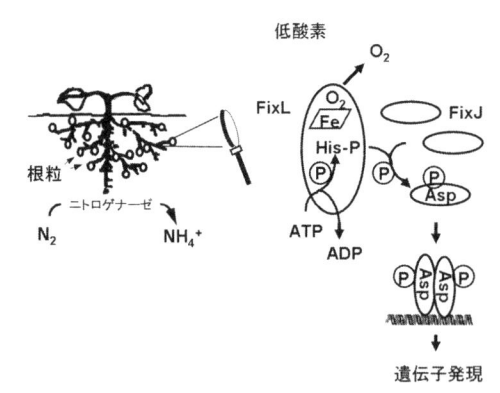

図3 根粒菌の酸素センサー FixL と FixJ
マメ科植物の根に共生する根粒菌は嫌気条件で窒素固定反応によってアンモニアを産生する．嫌気状態を感知してニトロゲナーゼ遺伝子を発現させる二成分情報伝達センサー系が FixL と FixJ である．

むが酸素に対して脆弱であるため，植物の根が作り出す低酸素環境でのみ働くことが知られている，典型的な低酸素適応の例である．ニトロゲナーゼ遺伝子は低酸素条件で発現され，その情報伝達経路の最上流にある遺伝子として遺伝

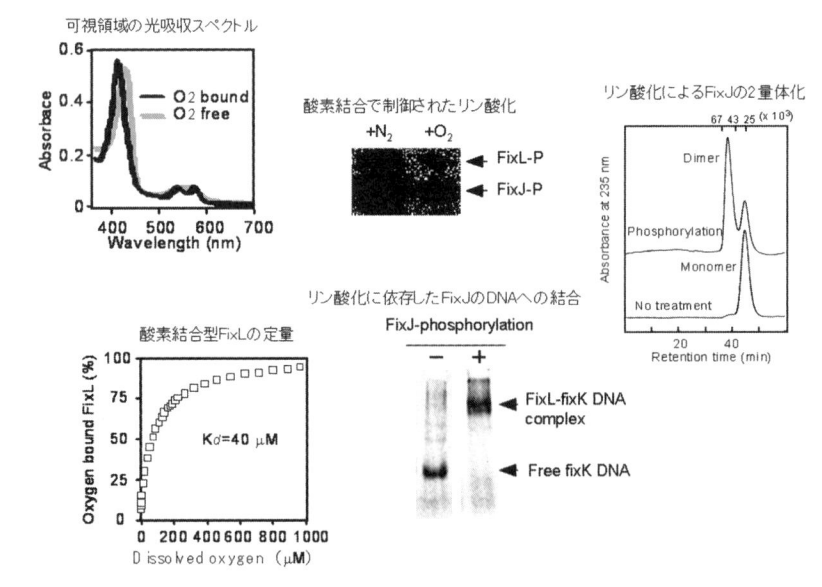

図4 FixL と FixJ の性質と機能
酸素センサーである FixL は酸素受容部にヘムを含むリン酸化酵素である．嫌気状態では酸素解離型となり，自己リン酸化することで転写因子である FixJ をリン酸化する．リン酸化 FixJ は二量体となり，標的遺伝子のプロモーター領域に結合することで遺伝子発現を誘導する．FixL のヘムに酸素が結合すると自己リン酸化が阻害され，一連の反応が停止する．これらの結果は精製した FixL と FixJ タンパク質がもつ性質であり，細胞内での機能を完全に反映したものである．

学的手法で発見されたのが fixLJ 遺伝子である（図3）．塩基配列の情報から FixL タンパク質は細菌によく見られる二成分情報伝達系に属するリン酸化酵素であり，FixJ タンパク質は FixL からリン酸基を受け取って活性化する転写因子であることが推定された．大腸菌で産生させた組み換え FixL は酸素着脱が可能なヘムを含み，酸素結合型ではリン酸化活性が抑制され，酸素解離型でリン酸化活性が現れることが示された．FixL の酸素に対する解離の平衡定数はおよそ $40\,\mu M$ であり，生理的条件で酸素センサーとして機能する（図4）．また，大腸菌で発現させた FixL と FixJ が好気，嫌気の条件で情報伝達の下流成分の発現調節を行うことも示された．これらの研究は上記の1)〜3)をすべて満たし，直接酸素分子を感知するセンサーとして生理学，遺伝学，生化学の観点から明らかになった最初かつ唯一の分子である．

FixL の発見以来，類似の構造をもったタンパク質の探索により，枯草菌の HemAT や酢酸菌の PDEA1 などヘムを含みセンサー機能をもつと考えられるタンパク質の発見が相次いだ．ヒトゲノムの解読に代表されるように近年さまざまな生物のゲノム情報が明らかになった賜物である．しかし，これらのセンサータンパク質がどのような適応応答に関与するのかは十分に解明されておらず，遺伝学，生化学の研究の進展が待たれる．

b．モデル2の実例：大腸菌の嫌気センサー Fnr

大腸菌は通性嫌気性細菌であり，嫌気的生育条件では硝酸やフマル酸を最終電子受容体とする硝酸還元酵素，フマル酸還元酵素によって嫌気呼吸で生育する．一方，好気的条件ではシトクロム bo 型またはシトクロム bd 型ユビキノール酸化酵素による酸素呼吸を行う．大腸菌は生理学，遺伝学，生化学の研究が進んだモデル生物であり，嫌気条件で硝酸還元酵素，フマル

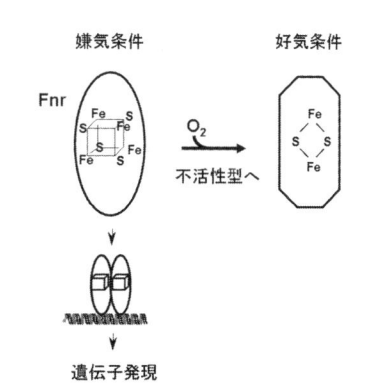

図5　大腸菌の Fnr
Fnr タンパク質は酸素受容部に鉄-硫黄中心を含む転写因子であり，嫌気条件でさまざまな嫌気呼吸鎖電子伝達系タンパク質の遺伝子を誘導発現させる．分子状酸素によって二価の鉄が酸化的に遊離することで不活性型に変換する．活性化への逆反応は立証されておらず，嫌気条件下での新生の活性化型 Fnr の合成が起こると思われている．

酸還元酵素の遺伝子を誘導発現する転写因子として発見された．

Fnr は DNA 結合部位のほかに，鉄-硫黄クラスターを含む部位を持つ（図5）．嫌気条件で転写因子として活性化したタンパク質は二量体化しており，また，鉄-硫黄クラスターが $[4Fe-4S]^{2+}$ となっている．一方，分子状酸素が存在すると鉄原子の酸化的脱落反応により，この鉄-硫黄クラスターは $[2Fe-2S]^{2+}$ に変換し，転写因子としては不活性化する．

このような鉄-硫黄クラスターの酸化還元スイッチはヒトの鉄調節タンパク質 IRP1 にも含まれており，IRP1 が標的であるフェリチンやトランスフェリンなどの mRNA への結合を制御することで，酸素または一酸化窒素依存的にこの mRNA の翻訳や分解を制御すると考えられている．

c．モデル3の実例：大腸菌のレドックスセンサー ArcA と ArcB

前出の大腸菌ユビキノール酸化酵素はコハク酸脱水素酵素などとともに好気的条件で誘導合成される．これら酸素呼吸関連酵素の遺伝子発

3. 生体と酸素

好気的条件

$Q_8H_2 < Q_8$

嫌気的条件

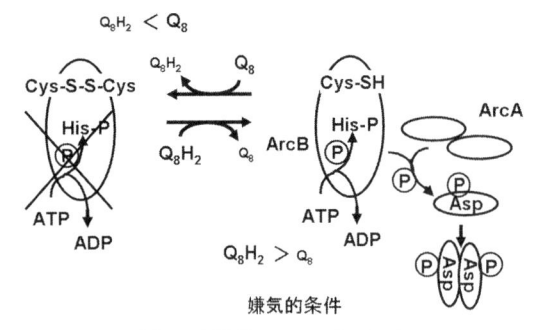

$Q_8H_2 > Q_8$

図6 大腸菌のArcBとArcA
レドックスセンサーとも言える二成分情報伝達系である．好気的条件で多く存在する酸化型ユビキノン（Q_8）と反応し，ArcBの特定のシステイン残基が酸化的ジスルフィド結合することによって自己リン酸化活性が不活化する（図，左側）．嫌気的条件では還元型ユビキノン（ユビキノール；Q_8H_2）が増えるため，ArcBのシステインが還元され，自己リン酸化活性が回復する（図，右側）．ArcAはFixJ同様，リン酸化することで活性化する転写因子である．

現を制御する遺伝子として二成分情報伝達系に属する *arcAB* が発見された．興味深いことにArcBヒスチジンキナーゼは分子状酸素を感知するのではなく，ユビキノールの酸化型であるユビキノンをリガンドとして認識することが示された（図6）．ユビキノール/ユビキノンは細菌の細胞膜やミトコンドリアの内膜に存在し，呼吸鎖電子伝達系のタンパク質間の電子伝達を仲介する非タンパク質成分である．したがって，酸素濃度の変化によりユビキノール/ユビキノンのバランス（量比）が変化し，ArcBが間接的に酸素濃度を感知していることは容易に理解できる．

3. ヒトの酸素センサーとは？

このように大腸菌などの微生物では生理学，遺伝学，生化学の研究の進展により酸素センサーの実像がかなりわかっている．しかし，ほとんどの読者は「ヒトの酸素センサーはどのような分子なのか？」という問いに対する答えを期待しているだろう．ヒトの酸素センサーの研究の経緯は非常に示唆に富んだものであり，われわれのような当該分野の研究者にも熟考を要する余地を与えている．急性の酸素応答の例としての頸動脈小体の酸素センサーに関しては3.10章に譲るとして，以下に遅延性応答の例として知られている，造血ホルモンであるエリスロポエチン（Epo）と血管内皮細胞増殖因子（VEGF）の低酸素誘導発現に関する酸素センサーの研究の経緯を述べたい．なお，以下では表記を簡単にするために，一気圧空気存在下（21% O_2）はノルモキシア（normoxia），低酸素（たとえば1% O_2）はハイポキシア（hypoxia）という言葉を使わせていただく．

ハイポキシアにおける造血作用や血管新生作用は古くから知られていた低酸素応答現象である．そして，1988年，Science誌に「ヘムを含んだタンパク質が酸素濃度を感知する」ということを示唆する注目すべき論文が報告された（Bunnら）．その結果をかいつまんでまとめると，

1）肝がん由来の培養細胞Hep3Bではハイポキシアで Epo 遺伝子のmRNAの発現が増大する．

2）ノルモキシアでも，コバルトやニッケルイオンの添加で Epo 遺伝子のmRNAの発現が増大する（ハイポキシアのときの50%くらい）．

3）ハイポキシアで一酸化炭素添加により Epo 遺伝子のmRNAの発現が30%ほどに減弱する．

4）ハイポキシアで鉄のキレーターやポルフィリン合成の阻害剤を添加すると，やはりEpo mRNAの発現が減弱する（ハイポキシアに比べ，それぞれ，25%，50%くらい）．

これらの実験の解釈は，

1）の実験事実から，酸素センサーの機能によりEpo mRNAの発現がハイポキシアで増加，もしくはノルモキシアで抑制している（この時点では相対的な差として認められる）．

2)の実験事実から，コバルトやニッケルの阻害効果により，鉄を含んだポルフィリン（ヘム）が十分に合成されないため，酸素センサーが酸素分子を感知できず，ノルモキシアでの抑制が解除された．

3)の実験事実から，酸素のかわりに一酸化炭素がヘムに結合し，ハイポキシアでも部分的に抑制している．

4)の実験事実から，ヘム合成が不十分で，酸素センサーが機能していない．この実験ではハイポキシアでの増加が不十分と解釈できる．

以上の結果から，一見ヘムタンパク質の存在が示唆される．ただし，解釈1)における，機能的なセンサー分子がハイポキシアでEpo mRNAを増加させるのか，あるいはノルモキシアで抑制させるのか，というメカニズムを明らかにするには解釈の2)と4)ではお互い矛盾している．

しかし，この報告は前述の根粒菌の酸素センサー FixL/FixJ の発見と時期も重なることから研究者の関心を強く引くには十分のものとなった．そして，その後，ほどなくしてEpoやVEGF遺伝子のエンハンサー領域に結合する転写因子 hypoxia inducible factor 1（HIF-1）が発見された（Semenzaら，1995年）．HIF-1は新規タンパク質HIF-1αと既知のARNTタンパク質からなるヘテロ二量体であり，低酸素条件で両サブユニットはmRNAおよびタンパク質のレベルで増大していることが判明した．その3年後，HIF-1αには酸素存在下でタンパク質分解を受ける目印となるアミノ酸配列（oxygen dependent degradation domain；ODD）が見つかり（Bunnら，1998年），造血作用や血管新生における酸素センサーの機能は酸素存在下でHIF-1αの分解を誘導するものであるとの認識に達した．しかしながら，酸素とHIF-1αの分解を結びつける分子の実体の理解にはさらに3年の歳月を要することになる．

2001年に同時に2つのグループから突破口となる論文が Science 誌に報告された（Kaelinら，Ratcliffeら）．von Hippel-Lindau病は遺伝性のがんで，VEGFなどの過剰発現が認められる．その原因遺伝子のタンパク質pVHLはE3型ユビキチンリガーゼ複合体の一部であり，酸素に曝露したHIF-1αまたはODD配列を含む組み換えタンパク質と結合することが判明した．ハイポキシアで調製したHIF-1αはpVHLに結合しないことから，酸素存在下でのODD配列の「翻訳後修飾」がユビキチン化によるHIF-1αの分解の引き金になることが示唆され，その翻訳後修飾はODD配列中のプロリン残基（Pro564）の水酸化であることが示された．そして同年，HIF-1αプロリン水酸化酵素PHD2が発見されるに至った（Ratcliffeら，McKnightら，Kaelinら）．水酸化プロリンはゼラチンやコラーゲンなどに含まれており，その水酸化酵素も古くから知られていた．注目すべき点は，プロリン水酸化酵素は分子状酸素とαケトグルタル酸を基質とすること，そして，非ヘム鉄をコファクターとして含み，鉄二価で活性化していることである．なお，その後，水酸化されるプロリンは複数（Pro402, Pro564）あり，さらにリジン残基532のアセチル化，C末端側851のアスパラギンの水酸化などと，それらの酵素が続々と見つかったことを記しておく．

さて，このようにしてHIF-1αのノルモキシアでの分解に関わる役者がおおむねそろったところで酸素センシングをもういちど考えてみよう．図7にはヘムタンパク質は描かれていないが，1988年のBunnらの論文の結果と考察の検証を行いたい．

実験1)について；結果とその解釈はそのまま受け入れられる事実である．

実験2)について；なぜ，コバルトやニッケル添加ではノルモキシアでもHIF-1αは分解されないのか？　当時はコバルトやニッケル添加でヘム合成が阻害された（Bunnらはヘムの

鉄のかわりにこれらの金属が挿入されると考えた）ためである，と解釈された．しかし，細胞内には非常に多種のヘムタンパク質があるので，他の生物活性を損なわずに酸素センサーのヘム鉄のみをコバルトやニッケルで置き換える，とは考えにくい．現在では，コバルトやニッケルが直接 PHD2 の酵素活性を阻害するという考えと，コバルトやニッケル添加で細胞内のアスコルビン酸レベルが低下し，PHD2 の鉄を 2 価の還元状態に保てないため，PHD2 が不活化されているという考えがあり，これらの説の方が妥当である．

実験 3）について： 現在のところ，一酸化炭素の効果を十分に説明することはできない．しかし，一酸化炭素はヘモグロビンだけでなくミトコンドリアの呼吸鎖ヘムタンパク質にも強く結合する呼吸阻害剤であり，ATP や NADH などのエネルギー代謝物や酸化還元物質の産生にも影響を及ぼす．したがって，上述のアスコルビン酸レベルにも十分影響を与えうる．

実験 4）について： 鉄のキレーターは直接 PHD2 を不活化すると考えられる．ポルフィリン合成の阻害剤の効果は明確ではないが，一酸化炭素の効果と同様に呼吸阻害によるのかもしれない．

以上のように，積極的にヘムタンパク質をセンサーとして想定しなくても，この 20 年の研究の進歩は Epo や VEGF の低酸素発現の分子機構を説明できるまでに至った．分子レベルでの酸素センシングの結果としてはノルモキシアにおける HIF-1α の分解であり，その目印は HIF-1α のプロリンの水酸化と捉えることができるのである．それでは図 7 において，「酸素センサーの実体」は何であろうか？ 分子状酸素が直接関与するのは PHD2 である．この水酸化反応がセンサー機能であるならば酸素依存性，たとえば Km などの酵素学的パラメーターが生理学的に妥当かどうかが検証されなければならないだろう．また，酸素濃度依存的に

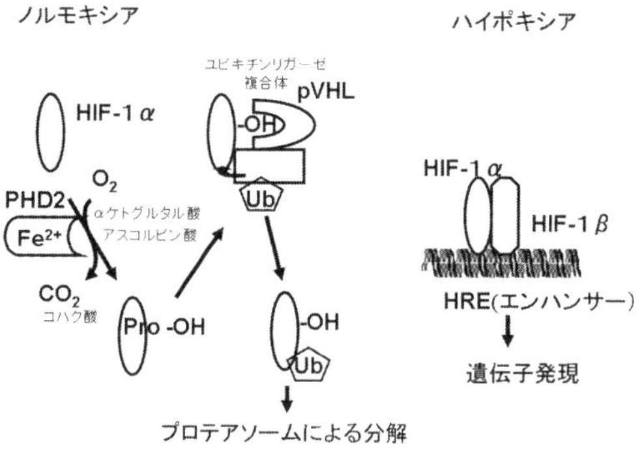

図 7 ヒトの HIF-1 転写因子の酸素存在下での不活性化のメカニズム

HIF-1 はハイポキシアでエリスロポエチン，血管内皮増殖因子，解糖系アルドラーゼなどの遺伝子を発現させる転写因子である．HIF-1 は 2 つの異なるサブユニットから成る．HIF-1α サブユニットはハイポキシアでは細胞内で安定に存在するが，ノルモキシアではほとんど存在せず，その不活性化はユビキチン依存的にプロテアソームで分解されることによる．ハイポキシアにおけるユビキチン化の目印はプロリンなどの水酸化であり，二価鉄を含むプロリン水酸化酵素が分子状酸素を基質として触媒する．

PHD2 を活性化する新たな因子，たとえばアスコルビン酸のような鉄を 2 価に還元する物質やタンパク質があれば，それが酸素センサーとも言えるのである．

これがヒトの低酸素適応という非常に有名で馴染みのある現象を支える分子基盤であるが，はたして読者は今まで描いていた「酸素センサー」という分子のイメージとどのくらい一致したであろうか？ 根粒菌の FixL タンパク質とはずいぶん異なったものである．われわれは酸素センサーを合目的なもの，もしくはわれわれが考えうる機能的分子を想像するが，生物にとって重要なのは取得可能な分子を行使して現実に酸素適応するということなのである．このような環境適応は生物が 20 数億年の進化の中で生か死かのはざまで獲得した生命現象であり，格好のよいタンパク質分子（マシーナリー）ばかりを選んでいられなかったのである．

［中村寛夫］

■文献

1) Bunn HF, Poyton RO : Oxygen sensing and molecular adaptation to hypoxia. Physiol Rev 76 : 839-885, 1996.
2) Gilles-Gonzalez MA, Gonzalez G : Heme-based sensors : defining characteristics, recent developments, and regulatory hypotheses. J Inorg Biochem 99 : 1-22, 2005.
3) Outten FW : Iron-sulfur clusters as oxygen-responsive molecular switches. Nature Chem Biol 3 : 206-207, 2007.
4) Semenza GL : Life with oxygen. Science 318 : 62-64, 2007.

3.7 低酸素による遺伝子発現制御

1. HIF-1による遺伝子の誘導

a. 低酸素（hypoxia）での遺伝子誘導

　酸素は，酸化的リン酸化によるエネルギー（ATP）の産生に必須であり，それ故に細胞の恒常性や機能の維持に欠かすことのできない分子である．したがって，酸素濃度の低下というストレスに対して，生体内ではさまざまな反応が惹起され多くの遺伝子が誘導される．たとえば，通常平地で生活を送るヒトが高山に登った時，低い吸入気酸素分圧を補償するために換気による肺の酸素取り込みが刺激されるが，同時に造血に係るエリスロポエチンの遺伝子が誘導され，赤血球数を増加させることで血流による末梢組織への酸素供給が促進される．このようにヒトの体には酸素の低下に対する適応反応が備わっており，これまでに細胞レベルで種々の低酸素応答が報告されている．本項では，遺伝子の誘導に着目して細胞の低酸素応答について詳しく解説する．

1) 転写因子 HIF-1 とは

　これまでに低酸素によって110以上の遺伝子が誘導されることが報告されており，それには数種類の転写因子が複雑に相互作用していることが明らかになっている．とくに，最も多くの低酸素性遺伝子誘導に関与する転写因子がhypoxia-inducible factor-1（HIF-1）であり，HIF-1α と HIF-1β からなるヘテロ2量体である．HIF-1β は，ダイオキシンの受容体である aryl hydrocarbon receptor（AhR）とヘテロ2量体を形成する aryl hydrocarbon nuclear translocator（ARNT）として知られており，酸素濃度にかかわらず常に核内に発現する．ARNTは，第1染色体の長腕（1q21）に位置しており，この遺伝子からスプライシングの違いによる ARNT1〜3（分子量は 91-94 kDa）の3種のアイソザイムの発現が知られている．一方，HIF-1α は第14染色体の長腕（14q21-24）に位置しており，スプライシングの違いによって2種のアイソザイムの発現が確認されているが，その機能の違いについてはわかっていない．HIF-1α タンパク質は，常酸素下ではユビキチン化されて26S プロテアソームによる分解を受けるためにほとんど発現していないが，酸素濃度の低下に伴いユビキチン化を回避して発現が増大する．このことは，細胞培養液にプロテアソーム阻害剤（MG132）を添加しておくことで，常酸素下での HIF-1α の発現が検出されることからも証明されている．プロテアソームにより分解されなかった HIF-1α は，heat shock protein 90（Hsp90）と結合して核内へ移行し，結合相手を Hsp90 から ARNT へ変えることによって転写因子 HIF-1 としての機能を果たす．これらのことから，転写因子としての HIF-1 活性は HIF-1α の発現と核内移行に依存していると言える．

2) HIF-1で誘導される遺伝子

　低酸素状態で HIF-1 によって誘導される代表的な遺伝子について，3つのカテゴリーに分類して表1にまとめた．それらは，1）酸素の運搬機能（oxygen transport）を高める造血（erythropoiesis）と血管新生（angiogenesis）に関する遺伝子群，2）嫌気的エネルギー産生（anaerobic energy production）を亢進させるための解糖系（glycolysis）と糖の取り込み（glucose uptake）に関する遺伝子群，および3）細胞の生存（cell survival）に関わる細胞増殖（proliferation）関連の遺伝子群である．

表1 HIF-1依存的に誘導される代表的な遺伝子

Oxygen transport	Erythropoiesis	Erythropoietin	Transferrin	Transferrin receptor	
	Angiogenesis	Vascular endothelial growth factor (VEGF)	VEGF receptor-1 (Flt-1)	Endothelin-1	Nitric oxide synthase II
		Heme oxygenase-1	Adrenomedullin	α_{1B}-adrenergic receptor	
Anaerobic energy production	Glycolysis	Hexokinase 1	Hexokinase 2	Phosphofructo-kinase L	Aldolase A
		Aldolase C	Glyceraldehyde-3-phosphate dehydrogenase	Phosphoglycerate kinase 1	Enolase 1
		Enolase 3	Pyruvate kinase M	Lactate dehydrogenase A	Adenylate kinase 3
	Glucose uptake	Glucose transporter-1	Glucose transporter-3	Glucose transporter-4	
Cell survival	Proliferation	Insulin-like growth factor (IGF)	IGF binding protein 1	IGF binding protein 2	IGF binding protein 3

1)の遺伝子群のうち，低酸素状態で誘導されるエリスロポエチンは，骨髄幹細胞から赤血球への分化を促進して造血を促進させる．また，この造血には鉄の運搬の促進が必要であり，このためのトランスフェリンもHIF-1依存的に誘導される．HIF-1により誘導されるvascular endothelial growth factor (VEGF) は，心筋梗塞などの虚血に陥った組織やその周辺組織の生存を左右する血管新生を担う重要な役割を持つが，一方で，癌部で見られる低酸素によっても誘導され血管新生を引き起こし，癌細胞に酸素を供給してその増殖を促進することから疾患の悪化にも関与する．

低酸素状態で細胞が生きていくために必須な適応反応として，細胞のエネルギー産生系が低酸素下ではミトコンドリアでの好気的な呼吸系（酸化的リン酸化）から嫌気的な解糖系へと移行するが，このとき2)の解糖系酵素関連の遺伝子群の誘導がHIF-1依存的に生じる．1995年にSemenzaらは，CATアッセイ法を用いてphosphofructokinase L, aldolase, phosphoglycerate kinase 1 (PGK1), enolase 1 およびlactate dehydrogenase Aの5つの解糖系酵素のプロモーター領域にHIF-1結合領域が存在することを報告し，5'-(C/G/T)ACGTGC(G/T)-3'の8個の塩基配列をhypoxia response element (HRE) と名付けた．また，癌細胞での解糖系の亢進によりfructose-2,6-bisphosphataseが誘導され，この遺伝子の5'上流にもHREの存在が確認されている．さらにHIF-1は，ペントース回路の酵素であるglucose-6-phosphate dehydrogenase (G6PD) を誘導する．G6PDは抗酸化作用を示すNADPHを産生することから，HIF-1は細胞内レドックスの調節に関わる酵素の増大も引き起こすと考えられている．

3) HIF-1α活性化とシグナル経路

HIF-1αの転写活性化の機構には，分子状酸素によるユビキチン-プロテアソーム系を介したHIF-1α分解の阻害による制御（HIF-1αの

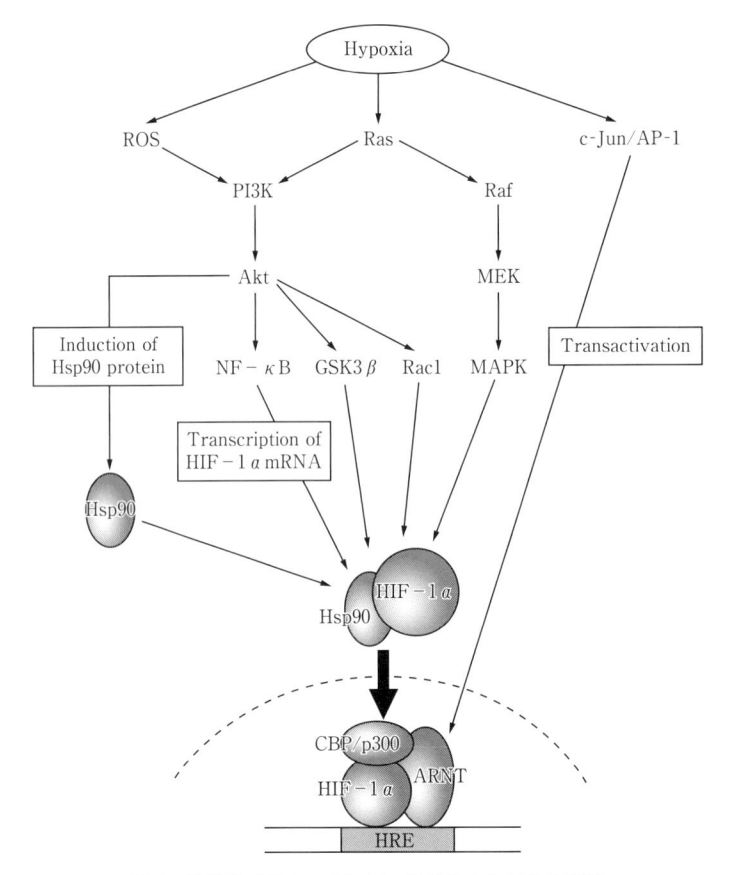

図1 低酸素状態でのHIF-1α活性化のシグナル経路

安定化）とHIF-1αのリン酸化に伴う制御の2種類がある[1]．前者については「3.8 HIF-1の発現制御」をご覧いただきたい．以下，後者におけるmitogen-activated protein kinase（MAPK）ファミリーおよびphosphatidylinositol 3-kinase（PI3K）/Akt系の関与について述べる（図1）[2]．

a）MAPKファミリー　低酸素下でHIF-1αタンパク質の電気泳動における易動度が高分子側にシフトし，これがserine/threonine protein kinaseによるHIF-1αタンパク質のリン酸化によることが知られている．このHIF-1αタンパク質をリン酸化するキナーゼとしてextracellular signal-regulated kinase（ERK）（p42/44 MAPK）の関与が検索され，HIF-1αとERKを反応させるin vitro実験で，HIF-1αの電気泳動易動度のシフトが起こること，これがMAPK/ERK kinase（MEK）阻害剤で抑制されることが示された．さらに，VEGFプロモーターのルシフェラーゼアッセイ法により，ERKがHIF-1の転写活性を促進することが示された．実際にヒト血管平滑筋細胞や血管内皮細胞で，低酸素によりERKが活性化されてHIF-1αがリン酸化されること，また，HIF-1の転写活性がERK活性に依存していることが，dominant negative ERK変異体を用いて示された．これらのことは，低酸素下でのHIF-1の活性化にERKによるシグナル伝達系が関与する可能性を示している．

一方，ヒト肝癌由来HepG2細胞で，低酸素によりMAPK phosphatase-1の活性化が誘導されるが，small interfering RNA（siRNA）に

よりその発現を抑制すると HIF-1α のリン酸化が促進され，これと共に HIF-1 の転写活性と，HIF-1 依存的に誘導されるエリスロポエチンの発現が増大することが報告されている．このことも HIF-1α の活性化を導くシグナル因子として MAPK が関与することを示唆している．しかし，細胞種によっては低酸素により MAPK が活性化されないことも報告されており，MAPK の関与は細胞種によって異なるかもしれない．

b) PI3K/Akt　低酸素依存的な HIF-1α の活性化に寄与するシグナル経路として，MAPK ファミリー以外に PI3K/Akt 経路の関与が報告されている．Ras を強制発現させた細胞で，低酸素下で Ras 依存的に PI3K が活性化され，PI3K の特異的阻害剤や PI3K のサブユニットである p85 変異体で HIF-1 の転写活性や VEGF および glucose transporter-1 の発現が抑制され，低酸素による HIF-1α の活性化に PI3K/Akt 経路のシグナルが寄与することが示された．

PI3K/Akt 経路が HIF-1α の活性化を引き起こす分子機構については不明な点も多いが，この経路の下流に関与するシグナル因子が想定されている．ヒト肝癌由来 Hep3B およびヒト胎児腎由来 HEK293 細胞において，低分子 GTPase の 1 つである Rac 1 の dominant-negative Rac 1 変異体により低酸素下での HIF-1α タンパク質の発現や HIF-1 の転写活性が抑制されることから，Rac 1 は低酸素によるシグナル伝達因子の 1 つであることが示され，さらに，PI3K/Akt 経路の特異的阻害剤で低酸素誘発の Rac 1 活性化が抑制されることが報告された．これらのことから Rac 1 は PI3K/Akt 経路の下流で働く HIF-1α 活性制御因子であることが示された．

他の PI3K/Akt 経路の下流の因子として glycogen synthase kinase（GSK）3β が報告されている．GSK3β は，低酸素の HIF-1α への二面的な効果，すなわち比較的短時間（5 時間）の低酸素では HIF-1α の安定化を引き起こすが，長時間（16 時間）では逆にその安定化の阻害に働く因子として示された．すなわち，HepG2 細胞を用いて検索された結果，短時間での HIF-1α の安定化は，PI3K/Akt 経路の活性化に基づく GSK3β のリン酸化（Ser9）による GSK3β 活性低下のためであり，これに対し長時間の不安定化は，Akt 活性の低下に伴い GSK3β がリン酸化されず，その結果 GSK3β 活性が増大したためであることが判明した．ヒト大腸癌細胞においても，長時間の低酸素による HIF-1α の不安定化が GSK3β の阻害剤で抑制されることが報告された．これらのことから，GSK3β は PI3K/Akt 経路の下流で HIF-1α の不安定化に働くシグナル因子と考えられる．

一方，シグナル因子ではないが，PI3K/Akt 経路の下流で働く HIF-1α の活性制御因子として，NF-κB と Hsp90 がある．Hep3B 細胞において，PI3K の阻害剤や dominant negative Akt 変異体で NF-κB や HIF-1 の転写活性が抑制されること，NF-κB の選択的阻害剤や dominant negative IκB 変異体により低酸素による HIF-1α タンパク質の蓄積や HIF-1 依存的なエリスロポエチンの発現が抑制されることから，NF-κB は PI3K/Akt 経路の下流で HIF-1α の活性を制御していることが示された．最近，ヒト肺動脈平滑筋細胞を用いて，NF-κB の HIF-1α 活性化機構の詳細が報告され，低酸素により PI3K/Akt 経路依存的に活性化された NF-κB が，HIF-1α のプロモーター部位に結合して HIF-1α mRNA の発現を促進させることが，PI3K 阻害剤や dominant negative IκB 変異体による阻害効果から示された．

また，Hsp90 は細胞質に存在し，低酸素下で HIF-1α に結合してその安定化に寄与する因子であるが，HIF-1α のユビキチン E3 リガーゼ VHL を欠損させたヒト胎児腎由来 HEK293 細胞で，PI3K 阻害剤や dominant negative

PI3K変異体はHIF-1αタンパク質を減少させるとともに，Hsp90も減少させることが判明した．このことはPI3K/Akt経路でHsp90の発現が増大し，これがHIF-1αの安定化に働くことを示している．

これらのことから，PI3K/Aktによるシグナル伝達経路が低酸素によるHIF-1αの安定化に重要な役割を果たしていることが示唆される．しかし，低酸素によるPI3K/Akt経路の活性化機構は明らかではないが，その活性化因子の1つとして，低酸素による活性酸素種（ROS）の可能性が示されている．

b. 常酸素（normoxia）での遺伝子誘導

転写因子であるHIF-1αは，常酸素下ではユビキチン化されてプロテアソームによる分解を受けるため，発現はわずかである．しかし，ある種の刺激下ではHIF-1αの蓄積が生じ，HIF-1依存的な遺伝子の発現が見られる．ここでは常酸素下でHIF-1αの蓄積を生じさせる刺激と，それに続くHIF-1依存的な遺伝子誘導について述べる．

ヒト大腸癌細胞をinsulin-like growth factor-1（IGF-1）で刺激すると，HIF-1αタンパク質とVEGF mRNAの発現の増大を引き起こす．これらの増大は，PI3KおよびERKの阻害剤で抑制されることから，IGF-1受容体に続くこれらシグナル伝達機構を介して誘起されることが示された．ヒト卵巣がん細胞では，endothelin-1処理によりVEGF mRNAおよびタンパク質レベルが増大するとともに，HIF-1αの安定化に伴うタンパク質の蓄積，およびHIF-1の転写活性の促進を引き起こすことが示された．angiotensin II（Ang II）刺激によるHIF-1αの安定化に関しユニークな機構が提唱された．ラット血管平滑筋細胞で，Ang IIによるHIF-1α mRNAの誘導にはprotein kinase C（PKC）の活性化のシグナルが，またHIF-1αタンパク質の蓄積には活性酸素種とPI3Kのシグナルが関与することが示され，HIF-1αの転写と翻訳に異なるシグナル伝達経路の機構が関与することが示唆された．

受容体刺激からHIF-1αの発現にいたるシグナル経路の詳細は不明であるが，HepG2細胞およびその他の細胞で，insulinがHIF-1α/ARNT複合体の形成を増大し，その転写活性を促進していくつかの解糖系酵素，glucose transporter，およびVEGFのmRNA発現を増大させることが示されている．

この他，常酸素下でHIF-1αの活性化を誘起し，HIF-1依存的な遺伝子の発現を生じさせるアゴニストとして，トロンビン，platelet-derived growth factor（PDGF），およびtransforming growth factor β（TGF-β）が報告されている．

c. 低酸素とのcross-talkによる遺伝子誘導

HIF-1αは，酸素濃度の低下に伴って発現し活性化される転写因子であるが，最近，肝臓癌細胞においてinterleukin-1β（IL-1β）やtumor necrosis factor-α（TNF-α）が低酸素によるHIF-1の転写活性化すなわちDNA結合を促進することが明らかにされた．さらに，腎臓の近位尿細管細胞でも低酸素によるVEGF mRNAの誘導がIL-1βによって促進され，HIF-1αの発現が増大することが報告されたことから，プロ炎症性サイトカインのIL-1βなどは，低酸素と相乗的に作用して遺伝子を誘導すると考えられる．HIF-1依存的に誘導されるVEGFの増加は，腎臓での血管透過性を亢進して好中球などの炎症性細胞の遊走を引き起こすことから，糸球体での炎症促進因子の1つと考えられる．これまで，腎症に伴い腎臓が低酸素状態になるとの報告があったが，常酸素下においてもIL-1βが存在することにより，HIF-1依存的なVEGFなどの遺伝子の誘導がさらに引き起こされることを示唆している．ヒト卵

巣癌由来細胞においても IL-1β による低酸素との cross-talk が報告されており，低酸素による HIF-1 依存的な血圧降下作用をもつアドレノメジュリンの誘導が，IL-1β により相乗的に増大することが認められ，これは IL-1β による HIF-1α mRNA の誘導によるものであると推測されている．この他にも，ラット血管平滑筋細胞における低酸素での Ang II type 1 受容体の増大が高濃度グルコースにより促進されること，また，ヒト肺血管平滑筋細胞では，低酸素によって引き起こされる cyclooxygenase (COX)-2 の発現とプロスタグランジン E_2 の産生が，TGF-β1 により相乗的に増大することが明らかにされている．前者は，低酸素と高濃度グルコースで Ang II の作用が増強されて高血圧が進展する可能性を，また後者は低酸素と TGF-β1 で肺性高血圧症が発症する可能性を示唆している．

2. HIF-1 以外の転写因子による遺伝子の誘導

哺乳動物細胞では低酸素に応答して HIF-1 以外にも多くの転写因子が活性化されることが知られている[3]．そこで，低酸素により活性化される転写因子とそれにより誘導される遺伝子について述べる．

a. early growth response-1 (Egr-1)

30 年ほど前から，静脈性の血栓症は，鬱血や低酸素症と関わりがあると考えられるようになり，これは，低酸素により Egr-1 依存的に組織因子の転写活性が増大するために，血液凝固反応が促進してフィブリンの沈着が引き起こされるためであることが証明された．また，低酸素ストレスを与えた Egr-1 欠損マウスの肺では，低酸素により誘導される組織因子の mRNA の増大やフィブリンの沈着に伴う血栓凝固は認められず，野生型と比較して肺の炎症が減少していたことから，Egr-1 の血液凝固における主要な役割が明らかにされた．その後，Egr-1 は，気管支や血管の平滑筋細胞または肺胞のマクロファージにおいて低酸素により増加することが知られるようになった．この低酸素による Egr-1 の発現に，PKCβII とそれに続く ERK，c-Jun N-terminal kinase (JNK) の活性化のシグナル伝達経路が関与することも明らかにされた．

一方，ウシ肺の線維芽細胞でも低酸素により Egr-1 タンパク質が増大し，Egr-1 依存的に細胞増殖が促進されることが Egr-1 アンチセンスオリゴを用いた実験から明らかにされた．さらに，この細胞増殖の促進には，cyclin D と epidermal growth factor 受容体の低酸素による Egr-1 依存的な発現増大が関与していることがわかった．

b. NF-IL-6

低酸素状態により内皮細胞では interleukin-6 (IL-6) の誘導が引き起こされ，これが転写因子 nuclear factor IL-6 (NF-IL-6) の関与によることが判明している．低酸素により活性化される NF-IL-6 は，CCAAT-enhancer-binding protein (C/EBP) β と複合体を作り，IL-6 遺伝子の 5'上流にある DNA 結合領域 (-158 から -145) に作用する．この 14 塩基をプロモーターに組み込み β-galactosidase を発現するトランスジェニックマウスを用いた実験結果から，6% 酸素濃度で 6 時間飼育したマウスでは，低酸素により C/EBPβ-NF-IL-6 が活性化されることによって肺の血管，心臓の筋細胞と脈管，および腎臓のとくに近位尿細管に Egr-1 転写活性の高いことが示された．しかし，肝臓ではその活性はほとんど認められなかったことから，NF-IL-6 による低酸素依存的な遺伝子の発現の調節は組織特異的な機能が備わっていることが示唆された．

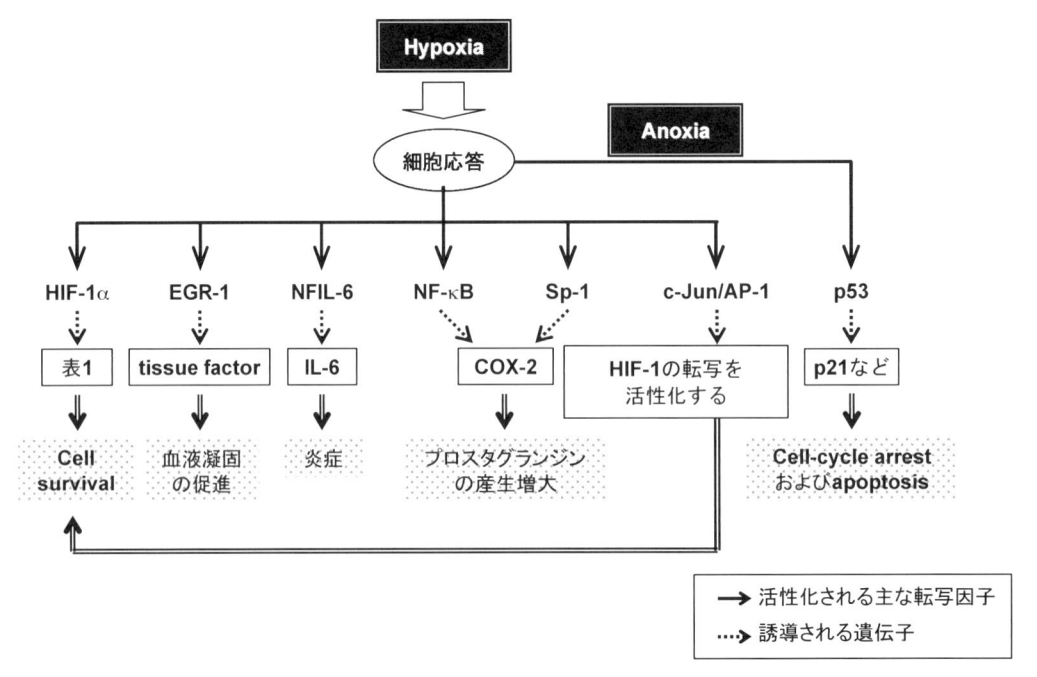

図2 低酸素で活性化される転写因子

c．NF-κB および Sp-1

COX は，プロスタグランジン産生の律速酵素であり，COX-1 と COX-2 の 2 種のアイソザイムが知られている．構成型の COX-1 に対して，COX-2 は誘導型で，その誘導に低酸素ストレスで発現する NF-κB の関与が知られている．これは，ルシフェラーゼアッセイ法により，NF-κB 結合領域の変異型では転写活性が見られなかったが，野生型では低酸素による活性の増大が認められたことから明らかにされている．血管内皮細胞の核抽出タンパク質を用いてゲルシフトアッセイを行った結果，COX-2 の 5'上流（-232 から-205）に NF-κB の DNA 結合領域が存在し，同時に NF-κB を構成する p65 が結合することが確認されている．その後，低酸素による COX-2 の誘導には，Sp-1 も関与しており，その DNA 結合領域が NF-κB よりもさらに上流に存在することが示された．核での Sp-1 の発現量が，低酸素で増大していたことや，Sp-1 を過剰発現したヒト血管内皮細胞において，COX-2 の転写活性が促進されたことから，低酸素での Sp-1 の活性と COX-2 の誘導との関係が示唆されている．

一方，high-mobility-group protein family (HMG) I (Y) の mRNA が低酸素で増大し，NF-κB と相互作用することで COX-2 の転写活性を増大させることが報告されている．HMG I (Y) は，A・T リッチな DNA 領域に結合することが知られているが，COX-2 の TATA box に結合することで，NF-κB と Sp-1 のそれぞれの DNA 結合を容易にする効果を示していると言われている．また，最近，結腸上皮癌細胞において COX-2 の 5'上流（-506）に HIF-1 結合領域の存在することが明らかにされた．これらのことを考え合わせると，低酸素による COX-2 の誘導は，さまざまな転写因子が複雑に作用し合っていることがうかがえる．

d．c-Jun/AP-1

主要な癌遺伝子として知られる c-Jun は，AP-1 の転写因子の構成成分であり，細胞増

殖,細胞の生存,分化やストレス応答において重要な調節因子として働く.マウス胎児の線維芽細胞において,低酸素は c-Jun mRNA の発現を増大させ,さらに c-Jun の Ser63 リン酸化を促進して c-Jun/AP-1 の活性化を促すことが明らかにされた.これとは別に,ヒト内皮細胞を用いたルシフェラーゼアッセイ法で,c-Jun は低酸素による HIF-1 依存的な VEGF の転写活性を促進させ,dominant-negative c-Jun 変異体では見られなかったことから,c-Jun には HIF-1 の転写を活性化させる作用のあることが明らかにされた.しかし,サルの腎臓由来 COS-7 細胞での実験において,c-Jun は,HIF-1α と相互作用するが,このとき HIF-1α タンパク質の発現調節にはまったく関与していないとの報告もある.一方,c-Jun/AP-1 の活性化が HIF-1 依存的であるとする報告もあり,HIF-1α 欠損マウス胎児から採取した線維芽細胞での低酸素による c-Jun の発現増大やリン酸化が,長時間の低酸素では見られなかったが,短時間では見られたことから,HIF-1 は長時間の低酸素下でのみ c-Jun/AP-1 の活性化に関与していることが示唆されている.

e. p53

癌抑制遺伝子 p53 は,常酸素状態ではユビキチン E3 リガーゼの Mdm-2 によるユビキチン化により分解されるので,発現がほとんどみられないが,0.2% 未満の低酸素濃度(無酸素)で発現が増大する.細胞の種類によっても違いのあることが報告されているが,HIF-1α が安定化する 5-8% の酸素濃度(低酸素)では,低酸素による Mdm-2 の増大により p53 は分解されると考えられている.HIF-1α は低酸素の初期で増大するが,低酸素にさらされる時間の経過と共にその発現は減少し,無酸素状態になると p53 の発現が増大してくる[4].したがって,低酸素による HIF-1α と p53 の発現パターンは複雑であるが,それぞれの発現は酸素濃度で制御され相互に調節されていることになる.

一方,無酸素状態での p53 の発現増大は,p53 の N 末端側にある Ser15 がリン酸化を受け,そのために Mdm-2 との結合が阻害されることでユビキチン化されず安定化されることが明らかにされた.p53 は,核に移行して p300/CBP(cAMP-response-element-binding protein(CREB)-binding protein)と共に,細胞周期の阻止因子である p21 やアポトーシスに関与する遺伝子の DNA 結合領域に働き,細胞でのホメオスタシスを調節する.p300/CBP は,HIF-1 と相互作用してその転写を活性化させるが,p53 の発現に伴って HIF-1 から p53 へ相互作用するようになるため,HIF-1 の転写が抑制されると考えられている.

[岡 真優子]

■文献

1) Semenza G : Signal transduction to hypoxia-inducible factor 1. Biochem Pharmacol 64 : 993-998, 2002.
2) Osada-Oka M, Akiba S, Sato T : Signaling to hypoxia-inducible factor-1 activation and its role in the pathogenesis of diseases. Trends in Cellular Signaling, 111-141, Nova Science Publishers, New York, 2006.
3) Semenza GL : Oxygen-regulated transcription factors and their role in pulmonary disease. Respir Res 1 : 159-162, 2000.
4) Schmid T, Zhou J, Kohl R, Brune B : p300 relieves p53-evoked transcriptional repression of hypoxia-inducible factor-1 (HIF-1). Biochem J 380 : 289-295, 2004.

3.8 Hypoxia-inducible factor-1 (HIF-1) の発現制御

　生体あるいは細胞の低酸素環境への適応には，さまざまな遺伝子発現の変化を伴う．低酸素によって活性化される転写因子 hypoxia-inducible factor-1 (HIF-1) は，造血因子エリスロポエチン，各種解糖系酵素，グルコース輸送タンパク質，血管内皮増殖因子など低酸素応答に関わる多くの遺伝子発現を転写レベルで制御する重要な因子である．一方，生体低酸素応答制御の異常が，癌，虚血性心疾患，脳血管障害，慢性炎症性疾患，などのさまざまな病態と密接に関連することが示され，HIF-1 は，かかる疾患治療の新たな分子標的としても注目されるなど，低酸素環境下の生体機能の制御における HIF-1 の重要性が明確にされつつある．本稿では，高等生物の低酸素応答における HIF-1 の発現制御機構について概説したい．

1. 低酸素応答性転写因子 HIF-1

　1990 年代の前半，Gregg Semenza らがエリスロポエチン遺伝子の 3′ エンハンサー領域に低酸素応答性配列 (hypoxia response element ; HRE) とそれに結合する転写因子を発見し，hypoxia-inducible factor-1 (HIF-1) と名付けた．HIF-1 は，いずれも basic helix-loop-helix (bHLH)/PAS (Per, Arnt, Sim) 型タンパク質ファミリーに属する HIF-1α, HIF-1β から構成されるヘテロ二量体である．HIF-1β サブユニットは，arylhydrocarbon receptor nuclear translocator (ARNT) として知られていた分子と同一の分子であり，bHLH/PAS 型タンパク質の共通の二量体形成パートナーとして恒常的に核内に存在して機能することから，HIF-1 の転写因子としての低酸素誘導性は HIF-1α サブユニットが担っていると考えられている．その後，α サブユニットに類似したタンパク質として，HIF-2α (=HIF-1 like factor ; HLF, HIF-1-related factor ; HRF, endothelial PAS domain protein-1 ; EPAS-1) および HIF-3α が，β サブユニット類似の分子として ARNT2, ARNT3 (=brain muscle Arnt-like factor 1 ; BMAL1) などが見いだされている．さらに，HIF-1α, HIF-3α にはスプライシングバリアントが複数

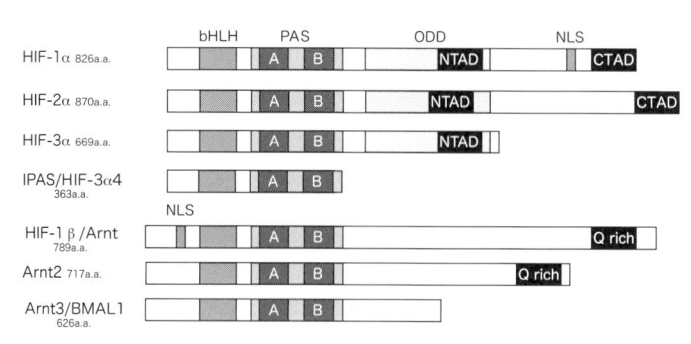

図1　HIF-1α 関連タンパクの一次構造
bHLH ; basic helix-loop-helix, PAS ; Per, Arnt, Sim, ODD ; oxygen-dependent degradation domain, NLS ; nuclear localization signal, NTAD ; N-terminal transactivation domain, CTAD ; C-terminal transactivation domain, Q rich ; poly (Q) rich region.

存在する．各バリアントの生理学的意義については不明な点も多いが，HIF-3αのバリアントの1つ IPAS（＝inhibitory PAS domain protein）は HIF-1，HIF-2 による遺伝子転写に対し抑制的に働く．これらの HIF-1 関連タンパク質の1次構造の模式図を図1に示す．HIF-1α，βサブユニットは bHLH/PAS 領域を介して二量体を形成し，標的遺伝子の転写調節領域に存在する HRE（5′-(A/G)CGTG-3′）に結合し，N 末端側，C 末端側の2つの転写活性化領域（NTAD，CTAD）と CBP/p300 などのコアクチベーターの共役により，転写を活性化する．HRE を有し，HIF-1 の直接の標的と考えられている遺伝子は，現在までに60種以上知られている．

2. HIF-1αの発現制御

HIF-1αは，他の HIFαサブユニットと同様，低酸素により多段階の制御を受けた後，HIF-1βと二量体を形成し転写因子として機能するが，中でも HIF-1α自身の発現調節が重要な制御機構の1つとなっている．

a. mRNA レベルでの制御

HIF-1αの mRNA は，ほぼすべての組織，細胞に存在し，その発現レベルは一定しているとの見解が多い．しかしながら，一部の肝癌細胞や腎癌細胞を用いた解析で，protein kinase C や Rho GTPase の下流に HIF-1αの mRNA 発現が誘導されるとの報告が寄せられている．

b. タンパク翻訳レベルでの制御

低酸素下の細胞においては，mRNA の翻訳に重要な eIF4F 複合体，eIF2 経路の障害によりタンパク合成が著しく低下する．HIF-1 は mRNA の5′側非翻訳領域に internal ribosomal entry site 様の配列を有し，eIF4F 複合体に依存しない経路でも翻訳されるため，低酸素下に

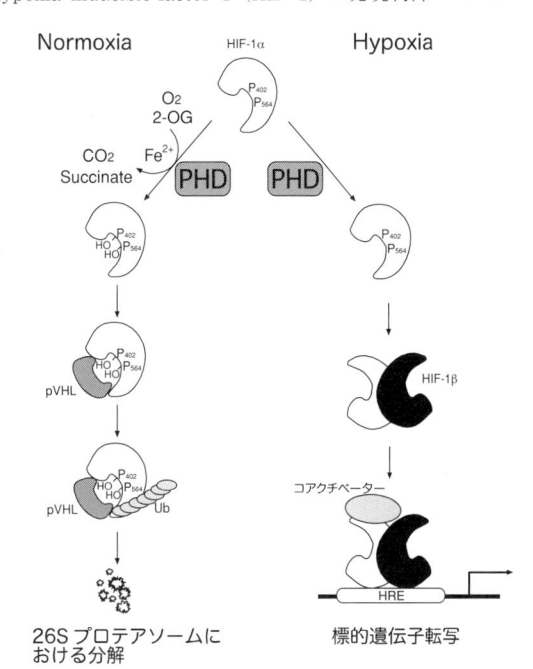

図2 HIF-1αタンパク分解制御機構
正常酸素分圧下（normoxia）では，HIF-1αは PHD により水酸化され，pVHL の結合によりユビキチン化された後，プロテアソームで分解される．低酸素環境下（hypoxia）では，HIF-1αは分解を回避し，HIF-1βと二量体を形成後，標的遺伝子の HRE に結合して転写を活性化する．
PHD；prolyl hydroxylase domain protein, pVHL；von Hippel-Lindau 遺伝子産物, Ub；ubiquitin, HRE；hypoxia response element, 2-OG；2-oxoglutarate

おいても効率よく翻訳/タンパク合成されることが示されている．一方，phosphoinositid-3-kinase/Akt/mammalian target of rapamycin の経路の活性化により，キャップ構造依存性の mRNA 翻訳が広く亢進する．癌遺伝子や成長因子などのシグナルの一部は，かかる経路により酸素分圧を問わず HIF-1αのタンパク合成を増強させることが知られている．

c. タンパク分解レベルでの制御
1) 酸素分圧依存性の制御

正常酸素分圧下の細胞において，HIF-1αタンパクはユビキチン-プロテアソーム経路により容易に分解され，その半減期は5分以下と非常に短い．低酸素下では分解が抑制され，

HIF-1αタンパクの発現量は増大する（図2）．正常酸素分圧下のタンパク分解において，von Hippel-Lindau癌抑制遺伝子産物（pVHL）が，HIF-1αのoxygen-dependent degradation domain（ODD）（図1）に結合し，ユビキチンE3リガーゼとして働く．かかるpVHLの結合にはODD内の402番および564番のプロリン残基（Pro）の水酸化が必須であることが明らかにされている．HIF-1α Pro水酸化酵素はLxxLAPモチーフ内のProの4位を水酸化する酵素であり，ヒトではprolyl hydroxylase domain protein（PHD）1-3の3つのサブタイプが知られている．いずれも活性部位に2価の鉄イオンを保有し，2-オキソグルタル酸，酸素分子，アスコルビン酸を活性に必要とする（図2）．PHDの酸素のKm値は比較的高く，組織内酸素濃度の生理的な変化によってもその活性は変動すると考えられる．したがって，酸素が不足する環境下ではPro水酸化が起こらず，HIF-1αはpVHLの結合/ユビキチン化と，それに引き続くタンパク分解を免れ安定化する．かかる性質からPHDは酸素センサーの1つと目されている．従来観察されてきたコバルトやニッケル，鉄のキレート剤によるHIF-1αの安定化は，やはりPHDの阻害によるものと考えられている．3つのPHDは，それぞれ異なった組織分布，細胞内局在，発現の誘導性などを示す．また，PHD2がとくにHIF-1αの分解に重要であることが示されるなど，PHDの基質選択にはある程度の特異性が存在することも示唆されている．PHDは役割を分担し，生体の低酸素応答の精緻な制御に寄与するものと推察されるが，さまざまな病態生理におけるそれぞれのPHDの意義の解明が待たれる．

一方，最近，酸素不足によりミトコンドリアで発生する活性酸素種が，低酸素下のHIF-1αの安定化に重要であるとする報告が寄せられている．安定化したHIF-1αは，cytochrome c oxidase 4-2の遺伝子転写レベルでの誘導などを介し，低酸素下でのミトコンドリアにおける電子伝達の是正に関わるらしい．低酸素細胞におけるHIF-1による多角的なエネルギー産生維持戦略の1つとして興味深い知見である．

2） 酸素分圧非依存性の制御

先に述べたコバルトなどの金属，鉄のキレート剤などの他に，変異癌抑制遺伝子・癌遺伝子産物，細胞成長因子，サイトカイン，ホルモン，ガス状分子などが正常酸素分圧下においてHIF-1αの発現を誘導することが知られている．少なからず，HIF-1αタンパクの安定化を促進することが示されているが，その機構の詳細は必ずしも明らかでない．細胞内PHDの発現レベルや，鉄イオン，アスコルビン酸，2-オキソグルタル酸の量や利用度の修飾によるPHD活性への影響が関与している可能性も考えられよう．

おわりに

本稿ではHIF-1αの発現制御機構に焦点をあてて概説した．これ以外にもHIF-1の活性制御には，CTAD内のアスパラギン残基の水酸化による転写活性制御，核移行の制御，リン酸化による制御など多彩な機構が存在する．他方，HIF-1水酸化酵素群は，NFκB経路，Notch経路など多岐にわたり細胞内情報伝達の制御に関与することも示されつつある．生体低酸素応答制御機構の究明，さらには低酸素関連疾患の治療法開発に向けて，当該研究分野の発展が期待される．

［牧野雄一］

■文献
1) Metzen E, Ratcliffe PJ : HIF hydroxylation and cellular oxygen sensing. Biol Chem 358 : 223-230, 2004.
2) Poellinger L, Johnson RS : HIF-1 and hypoxic response : the plot thickens. Curr Opin Genet Dev 14 : 81-85, 2004.
3) Liu L, Simon MC : Regulation of transcription and translation by hypoxia. Cancer Biol Ther 3 :

492-497, 2004.
4) Kaelin Jr WG : Proline hydroxylation and gene expression. Ann Rev Biochem 74 : 115-128, 2005.
5) Semenza GL : Oxygen-dependent regulation of mitochondrial respiration by hypoxia-inducible factor 1. Biochem J 405 : 1-9, 2007.

3.9 イオンチャネルの酸素応答性

イオンチャネルは細胞膜に存在し，一価の陽電荷をもつナトリウムイオン（Na^+）やカリウムイオン（K^+），二価のカルシウムイオン（Ca^{2+}）などのイオン類のうち，特定の1つまたは複数のイオンを選択的に通過させるふるいのような機構（selective filter）を備えた孔状構造（チャネルポア）を形成する膜貫通タンパクである．イオンチャネルの開閉は，細胞外からのリガンド（ligand）物質の結合（リガンド作動性チャネル）や，細胞膜内外の電位差の変化（電位依存性チャネル）の他に，酸素，pH，温度，細胞内のアデノシン3リン酸（ATP）濃度など細胞内外の環境変化，また細胞容積変化や伸展刺激などにより制御される．

酸素応答性を示すイオンチャネルの代表はK^+チャネルで，チャネル本体（αサブユニットと呼ばれる）と会合するさまざまな酸素感受性分子（βサブユニットを含む）との直接，間接の相互作用や，ミトコンドリアの代謝変化等を介して酸素応答性を示すと考えられている．以下に具体例を挙げるが，チャネルタイプや機序について細胞や種による違いが多く報告されており，詳細な議論については個別の項目を参照されたい．

1. K^+チャネル

a. BK_{Ca}チャネル（Ca^{2+}-activated, large conductance K^+ channels ; K_{Ca}1.1）

Ca^{2+}によって活性化されるK^+チャネルは単一チャネル電流の大きさ（conductance）によりBK_{Ca}（large），IK_{Ca}（intermediate），SK_{Ca}（small）の3つのグループに分けられる．BK_{Ca}はMaxi-Kとも呼ばれ，Ca^{2+}上昇および細胞内電位の上昇（脱分極）により開口してK^+イオンを細胞外に流出させることで，細胞内電位をマイナス方向に引き戻し，同時にCa^{2+}のさらなる流入を抑えるネガティブフィードバックの役割を果たす．薬理学的にはイベリオトキシン（iberiotoxin）に感受性を持つ．

低酸素に応答する末梢化学受容器である頸動脈小体のタイプⅠ細胞（the glomus cell）に存在するBK_{Ca}チャネルは，ラットでは低酸素時に可逆的に抑制されて細胞内電位の上昇に寄与するとされる．低酸素によるBK_{Ca}チャネル抑制のメカニズムとしては，αサブユニットに会合するヘムオキシゲナーゼ-2と酸素との反応で生じる一酸化炭素（CO）によりチャネルが直接的に活性化され，低酸素ではこの活性化が低下するという機構が提案されている[1]．

b. 電位依存性（voltage-dependent）K^+（K_V）チャネル

細胞膜内外の電位差の変化により開閉が制御される一群のK^+チャネルで，チャネルポアを構成するαサブユニットは4つの種類Kv1.1-1.9, Kv2.1-2.1, Kv3.1-3.4, Kv4.1-4.3に分けられる．いずれも6回膜貫通型で4番目のセグメント（S4）は電位センサーとして働く．調節機能を示すKvβサブユニットとの複合体形成や，KChAP（K^+ channel associated protein）と呼ばれる調節分子などとの相互作用もあり，きわめて多様な特性を示す．肺動脈平滑筋や頸動脈小体タイプⅠ細胞では低酸素によるKv4ないしKv3ファミリーの抑制が報告されているが，分子実態については多くの議論がある[2]．

また胎児の動脈管の平滑筋では，出生時の酸

素分圧の増加によりミトコンドリアが活性化されて生じた H_2O_2 により Kv チャネルが抑制され，L 型カルシウムチャネル（後述）の開口を介して筋収縮が起こるとされる．一方，Kv チャネルの発現は持続的低酸素に影響されるといわれ，肺動脈系では慢性的な低酸素でチャネル発現が低下する．

c. リーク（leak）K^+ チャネル（バックグラウンド K^+ チャネル）

リーク K^+ チャネルは正常酸素分圧下においては静止膜電位付近で活性化され，Na^+/K^+ ポンプにより細胞内に取り込まれた K^+ イオンの細胞外への流出経路（leak）として働いている．低酸素応答性を示すリーク K^+ チャネルとして，TASK（TASK-1 ないし TASK-3）様 K^+ チャネルが報告されている．TASK チャネルは，2 つの膜貫通セグメントが 1 つのチャネルポアドメインをはさむ構造を 2 組有する α サブユニットをもつ（two-pore-domain あるいは tandem P domain）K^+ チャネルファミリーに属する．TASK 様 K^+ チャネルの酸素応答機序として，β サブユニットとの相互作用やミトコンドリアの酸化的リン酸化の抑制等が提案されている[3]．なお TASK の名（TWIK-related, acid-sensitive K^+）は酸に対する感受性を示すことに由来し，TWIK は tandem of P domains in a weak inward rectifying K^+ channel の略称．

d. ATP 感受性カリウム（K_{ATP}）チャネル

K_{ATP} チャネルは，K^+ イオンのチャネル透過性が細胞膜に対して非対称な，内向き整流性（inward rectifier）と呼ばれる一群の K^+ チャネルファミリー（Kir）の一種である Kir6.x をチャネルポアサブユニットとし，調節サブユニットとして ATP 結合ドメインを含む ABC（ATP-binding cassette）タンパクファミリーに属する SUR.x を会合したヘテロ複合体タンパクである．心臓，膵臓，脳などさまざまな臓器に存在し，細胞内の ATP/ADP 濃度比を反映して直接開閉が制御される．このうち Kir6.2/SUR1 タイプは，膵臓 Langerhans 島 β 細胞で血糖値の上昇による細胞内 ATP/ADP 比の上昇により閉鎖して細胞の脱分極をもたらし，インスリン分泌をおこす機能が知られていたが，脳にも中脳黒質などに高濃度に発現し，低酸素で開口して全身痙攣を伴う脳の全般発作を抑える働きのあることが示されている[4]．その他，Kir6.1/SUR2B タイプは血管平滑筋等に発現し，酸素応答性が議論されているが，分子実態との関係は十分明らかでない．

2. Ca^{2+} チャネル

a. 電位依存性（voltage-dependent）Ca^{2+} チャネル（VDCC）

VDCC は細胞膜の脱分極により開口し，細胞外の Ca^{2+} イオンを細胞内に流入させる．VDCC の分子実態は多様で，$α_1$ サブユニットには L（$Ca_V 1.1$-1.4），P/Q（$Ca_V 2.1$），N（$Ca_V 2.2$），R（$Ca_V 2.3$），T（$Ca_V 3.1$-3.3）の各タイプがあり，さらに $α_2$，δ，β，γ サブユニットとの複合体形成により特性が変化する．頸動脈小体において低酸素感知に関わるタイプ I 細胞では，低酸素で多様な K^+ チャネルが抑制され，細胞内に Na^+/K^+ ポンプにより取り込まれた K^+ イオンが蓄積して，細胞内電位がプラス方向に変化（脱分極）することで VDCC が活性化して Ca^{2+} が流入し，神経伝達物質の放出が起こり，低酸素情報が中枢に伝達される．

ある種の血管平滑筋では，VDCC を介した電流が低酸素で増加する機序としてミトコンドリア由来の活性酸素（reactive oxygen species；ROS）の増加が提案されている．また肺気腫など呼吸循環系の疾患や高地で生活する場合など，持続的な低酸素への曝露により L-タイプ VDCC（$Ca_V 1.2$）の発現が減少するとい

う報告がある[5]．

b. **ストア作動性（store-operated）Ca^{2+}チャネル（SOC）**

SOCは形質膜に存在し，筋小胞体（SR）など細胞内カルシウム貯蔵庫（store）の枯渇により開口するチャネルである．持続的低酸素状態ではVDCCの一種$Ca_V1.2$の発現が減少する代わりにSOCの発現が増大するとされる．持続的低酸素に応答するSOCの実体としてTRP（transient receptor potential）チャネルの一種TRPC（TRP canonical）1チャネルの増加が，心臓，肺，脳などの血管系の種々のリモデリングと関連して注目されている[5]．TRPCチャネルは多様な分子により活性化されて，Ca^{2+}やNa^+イオンといった陽イオン（cation）を流入させる（non-selective cation channels）．現在1-7のタイプが知られているが，その一部は細胞内カルシウムストアの枯渇状況を反映して開口するSOCとして機能すると考えられている．

［山田勝也］

■文献

1) Kemp PJ：Hemeoxygenase-2 as an O_2 sensor in K^+ channel-dependent chemotransduction. Biochem Biophys Res Commun 338：648-652, 2005.
2) Lopez-Lopez JR, Perez-Garcia MT：Oxygen sensitive Kv channels in the carotid body. Respir Physiol Neurobiol 157：65-74, 2007.
3) Buckler KJ：TASK-like potassium channels and oxygen sensing in the carotid body. Respir Physiol Neurobiol 157：55-64, 2007.
4) Yamada K, et al：Protective role of ATP-sensitive potassium channels in hypoxia-induced generalized seizure. Science 292：1543-1546, 2001.
5) Mauban JRH, et al：Hypoxic pulmonary vasoconstriction：role of ion channels. J Appl Physiol 98：415-420, 2005.

3.10 生体の酸素センサー：化学受容器

生体のおもな酸素受容器には頸動脈小体 (carotid body) と大動脈体 (aortic body) がある．ともに低酸素刺激により活性化され，生体に種々の反応を引き起こす．

1. 頸動脈小体

a. 解 剖

頸動脈小体は両側の内・外頸動脈分岐部 (carotid bifurcation) に存在する長径約5 mm程度の小型の臓器で，I型細胞 (glomus cell)，II型細胞 (sustentacular cell)，求心性・遠心性神経線維，血管，結合織から構成される．I型細胞は副腎のクロム親和性細胞と類似した形態を示す．一方，II型細胞はグリア細胞様で，それぞれ4～6個のI型細胞を取り巻いている．頸動脈小体は血流がきわめて豊富で，単位重量あたりの血流量は他臓器をはるかにしのぐとされる（例：脳血流の15～30倍）．同様の構造物は魚類や両生類にも認められるが，これらの動物では哺乳類や鳥類と異なり，複数の部位に分散して存在する．この差異は進化の過程における呼吸様式の変化や心内シャントの消失と関連があるものと推察されている（詳細は文献1を参照されたい）．

b. 頸動脈小体の活性化と生体の反応

頸動脈小体の活性化により惹起される生体の反応を表1に示す．もっとも重要な反応は換気の増大であるが，このほかにも心血管系の興奮性あるいは抑制性応答，交感神経系の興奮性応答がある．低酸素換気応答については本書の別項（3.11）を参照されたい．

表1 頸動脈小体の活性化により引き起こされる反応

換気の増大
心血管系の反応
　一次的
　　徐脈
　　心拍出量の低下
　　末梢血管収縮
　二次的
　　頻脈
　　腎血管収縮
　　腸間膜血管収縮
　　末梢血管拡張
交感神経系の興奮性反応

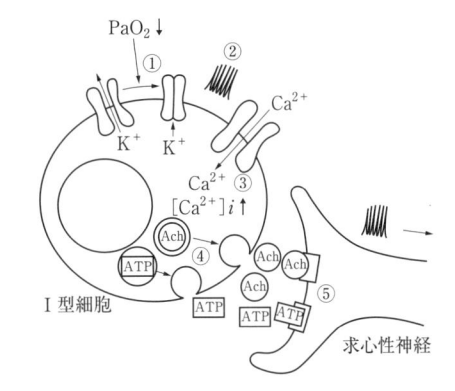

図1 頸動脈小体における低酸素受容の概要

PaO_2の低下はI型細胞のK^+チャンネル・コンダクタンスを低下させる（①）．K^+コンダクタンスの低下により膜は脱分極し，活動電位が発生する（②）．脱分極にともなって電位依存性Ca^{2+}チャネルが活性化され，細胞内にCa^{2+}が流入する（③）．細胞内のCa^{2+}濃度が上昇すると，神経伝達物質が放出される（④）．放出された神経伝達物質が求心性神経線維のシナプス後受容体に結合することにより求心線維が興奮する（⑤）．この興奮は頸動脈洞神経に沿って脳幹に伝播する．

c. 低酸素受容の概要（図1）

以下に頸動脈小体における低酸素受容の概要を記すが，この現象を理解するためには，膜電位，イオン・チャネル，化学シナプス伝達とい

った電気生理学的知識がある程度必要となる．この点については成書を参照されたい．

頸動脈小体を構成する細胞のうち，急性の低酸素刺激に秒単位で反応するのはⅠ型細胞である．Ⅰ型細胞では，動脈血酸素分圧（Pa_{O_2}）の低下[*1]にともない細胞膜のK^+チャネルのコンダクタンスが低下する．K^+コンダクタンスの低下は膜を脱分極させ，活動電位を発生させる．脱分極により電位依存性Ca^{2+}チャネル（L型，P/Q型）が活性化され，細胞内にCa^{2+}が流入し，細胞内のCa^{2+}濃度が上昇すると，神経伝達物質[*2]の放出が起こる．Ⅰ型細胞は，求心線維の神経終末と化学シナプスを形成しており，放出された神経伝達物質が神経終末のシナプス後受容体に結合することにより求心性神経が興奮する．この興奮は，舌咽神経の分枝である頸動脈洞神経（carotid sinus nerve）を走行する求心線維の軸索に沿って脳幹の呼吸中枢・血管運動中枢に伝播する．

以上が頸動脈小体における低酸素受容の概要であるが，この中で最も重要な部分，すなわち，低酸素刺激がⅠ型細胞のK^+コンダクタンスを低下させるメカニズムについて若干の解説を加える．

d. 酸素感受性K^+チャネル

低酸素刺激によりコンダクタンスが低下する，いわゆる酸素感受性K^+チャネルは動物種によって異なる．また，同一の動物種でも，低酸素受容には複数の酸素感受性K^+チャネルが関与していると考えられている．現在，TASK（TWIK-related acid sensitive K^+ channel）や電位依存性K^+チャネル，あるいはCa^{2+}依存性K^+チャネルの一部が酸素感受性K^+チャネルであることが示されている．

1） TASK

電気生理学的検討によれば，ラットのⅠ型細胞に発現している酸素感受性K^+チャネルは，いわゆる"background"（あるいは"leak"）コンダクタンスを形成し，静止膜電位の設定に関与している．このチャネルは古典的なK^+チャネル阻害薬（TEA，4-AP）では不活化されず，全身麻酔薬のハロセンにより活性化される．これらの特徴は，近年発見された two-pore-domain K^+チャネルの1つであるTASKの特徴そのものである．TASKはいくつかのサブクラスに分けられるが，ラットのⅠ型細胞で認められる"background" K^+チャネルは，薬理学的あるいは生物物理学的にTASK-1，-3に類似している．ちなみに，TASKはその名のとおり"acid-sensitive"である．すなわち，細胞外pHの変化に反応してそのコンダクタンスが変化する（アシドーシスによりコンダクタンスが低下する）．この知見は，頸動脈小体が高二酸化炭素血症やアシドーシスに対しても興奮性応答を示すことを考えると興味深い知見である．

2） 電位依存性K^+チャネル（K_V）

ウサギおよびマウスのⅠ型細胞では電位依存性K^+チャネルが酸素感受性に寄与していると考えられている．一方，ラットでは関与がないとされる．遺伝子工学的および電気生理学的な検討から，ウサギではKv4.3が急性の低酸素刺激の受容にあたっていることが明らかにされ

[*1] Pa_{O_2}を低下させずに動脈血酸素含量（Ca_{O_2}）を減少させた状態（すなわち，貧血や一酸化炭素中毒）では頸動脈小体は活性化されない．これは，頸動脈小体の血流量と関係がある．前述のように頸動脈小体の血流量はきわめて豊富であるため，その酸素需要は血液に物理的に溶解している酸素（溶存酸素：その量はPa_{O_2}に比例する）だけでほぼまかなうことができる．貧血や一酸化炭素中毒ではヘモグロビンと結合した酸素の量は減少するが，溶存酸素量は正常であるため頸動脈小体は刺激されない．一方，Pa_{O_2}の低下は溶存酸素量の減少に直結するため，頸動脈小体が刺激される．

[*2] アセチルコリンおよびATPがおもな神経伝達物質であるが，ドパミン，セロトニン，サブスタンスPといった他の物質もⅠ型細胞と求心線維間の化学シナプス伝達を修飾しているとされる．

た．マウスではKv3の関与が示唆されている．

3) Ca^{2+}依存性K^+チャネル

細胞内Ca^{2+}濃度の上昇にともなって活性化されるCa^{2+}依存性K^+チャネルのうちBK_{Ca}あるいはmaxiKと称されるK^+チャネルはラットにおいて低酸素刺激により不活化される（ウサギのⅠ型細胞にも存在するが，ウサギでは酸素感受性を示さない）．このチャネルが低酸素刺激に対するⅠ型細胞の脱分極に一義的に関与するかという点については議論があるが，本来，脱分極にともなって流入するCa^{2+}によって活性化され，膜を再分極させる方向に働くK^+チャネルが不活化されるわけであるから，少なくとも低酸素刺激に対するⅠ型細胞の興奮性応答を持続させる役割は果たしているものと思われる．

e. 酸素感受性を制御するメカニズム

K^+チャネルの酸素感受性を制御するメカニズムについてはいろいろな議論がある．たとえば，ラットのⅠ型細胞におけるBK_{Ca}の酸素感受性は，チャネルの近傍に存在するheme oxygenase-2（HO-2）が産生する一酸化炭素（CO）により制御されるという報告がある．

一方，ミトコンドリアにおける酸化的リン酸化を阻害する種々の薬剤（たとえば，青酸化合物）は，低酸素血症と同様に頸動脈小体を興奮させる．ラットのⅠ型細胞を用いた電気生理学的検討によれば，青酸化合物は"background" K^+チャネルを不活化し（図2A），膜を脱分極させる（図2B）．青酸化合物により不活化された"background" K^+チャネルは低酸素刺激に対して付加的な反応を示さないという実験結果（図2C）は，"background" K^+チャネルの酸素感受性がミトコンドリアにおける酸化的リン酸化によって制御されていることを示唆している．

酸化的リン酸化がK^+チャネルの酸素感受性を制御するにあたってAMP-activated protein

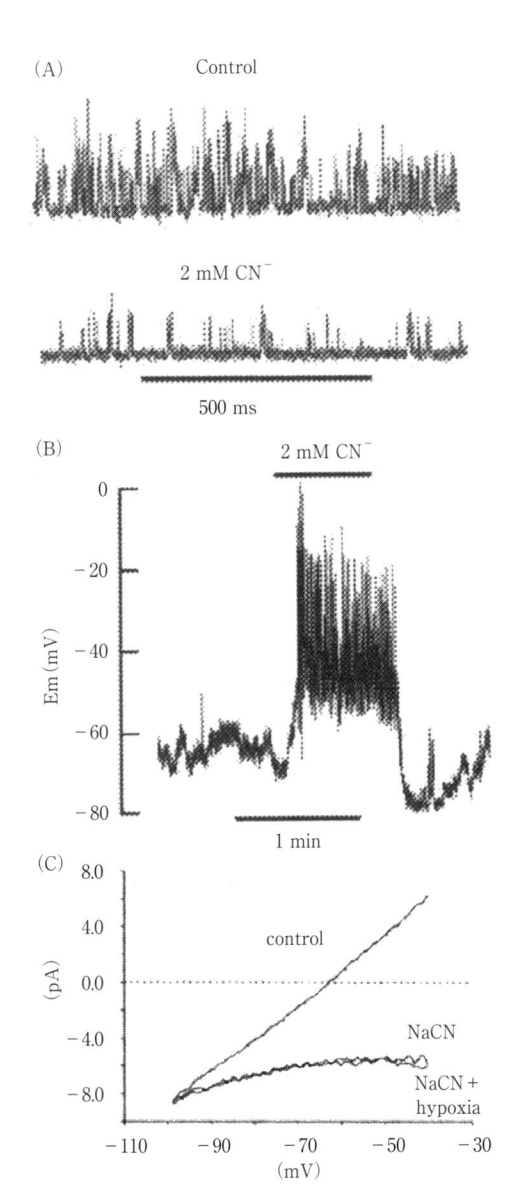

図2 青酸化合物がラットのⅠ型細胞に与える影響
青酸化合物（CN^-）の投与により（A）"background" K^+チャネルの活性は低下し（縦軸方向の振幅が"background" K^+チャネルを介して流れた電流を表す），（B）膜は脱分極する（Em：膜電位）．（C）ラットⅠ型細胞の電流-電圧関係を示す．青酸ナトリウム（NaCN）の投与により電流は抑制される．この状態で低酸素刺激を加えても電流-電圧関係は変化しない（NaCN＋hypoxia）．
（A）文献4），Fig.4（C）より引用．（B）文献4），Fig.4（A）より引用．（C）文献9），Fig.9Bより引用．

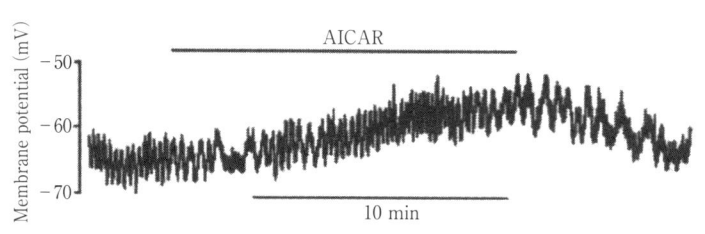

図3 ラットⅠ型細胞の膜電位に与える AMPK 刺激薬 AICAR の影響
AICAR によりラットⅠ型細胞膜は脱分極する．
文献10），Fig.2A より引用．

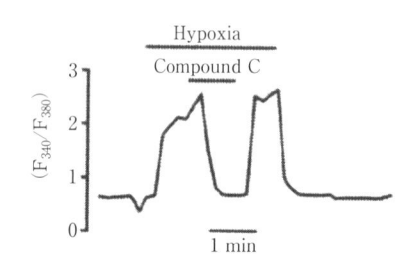

図4 低酸素によるラットⅠ型細胞内 Ca^{2+} 濃度上昇に与える AMPK 拮抗薬 compound C の影響
compound C は低酸素刺激によるⅠ型細胞内 Ca^{2+} 濃度の上昇（F_{340}/F_{380} 比の増加で示される）を抑制する．
文献10），Fig.2C より引用・一部改変．

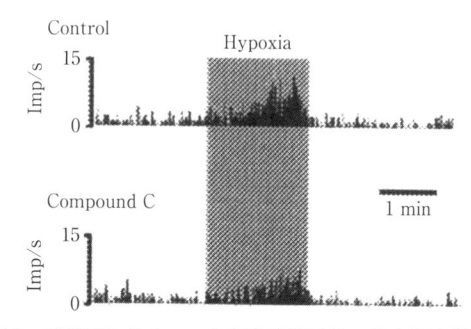

図5 低酸素によるラット頸動脈洞神経の発火頻度増加に与える AMPK 拮抗薬 compound C の影響
縦軸に頸動脈洞神経の発火頻度を示す（Imp/s）．compound C は低酸素による発火頻度増加を抑制する．
文献3），Fig.1（D）より引用．

kinase（AMPK）が関与しているという考え方がある．AMPK は α, β, γ サブユニットからなる serine-threonine protein kinase で，種々の代謝ストレス（低酸素，低血糖など）により活性化される．低酸素状態はミトコンドリアにおける酸化的リン酸化を抑制し，細胞内のADP/ATP 比を増加させる．adenylate kinase は細胞内の ATP レベルを保つべく 2 分子のADP から各 1 分子の AMP と ATP を産生するが，産生された AMP は AMPK の γ サブユニットに結合し AMPK を活性化する．ラットⅠ型細胞の細胞膜には AMPKα1 サブユニットが発現しており，AMPK の刺激薬である 5-aminoimidazole-4-carboxamide riboside（AICAR）はラットⅠ型細胞の膜を脱分極させる（図3）．また，TASK や BK_{Ca} チャネルを不活化する．一方で AMPK の拮抗薬である compound C は低酸素刺激によるⅠ型細胞内 Ca^{2+} 濃度の上昇を抑え（図4），頸動脈小体の活性化を抑制する（図5）．

頸動脈小体の低酸素受容に活性酸素種（reactive oxygen species：ROS）が関与するという考え方があるが，否定的見解も根強い．

f．頸動脈小体の刺激因子

頸動脈小体は低酸素血症だけでなく，他の刺激によっても活性化される．頸動脈小体を刺激する因子を表2にあげる．

2．大動脈体

大動脈体は，鎖骨下動脈起始部，大動脈弓ならびに肺動脈分岐部の腹側表面，大動脈弓の背面から右肺動脈腹側面にかけて，結合組織に囲まれた血管に富んだ組織として塊状に分布している場合が多い．頸動脈小体同様，Ⅰ型および

表2　頸動脈小体の刺激因子

低酸素血症
高二酸化炭素血症
アシドーシス
低血圧, 血流の減少
高カリウム血症
高体温
低浸透圧
低血糖
各種ホルモン
　　カテコラミン
　　アンギオテンシンⅡ
　　ADH
アデノシン
エンドセリン
青酸化合物

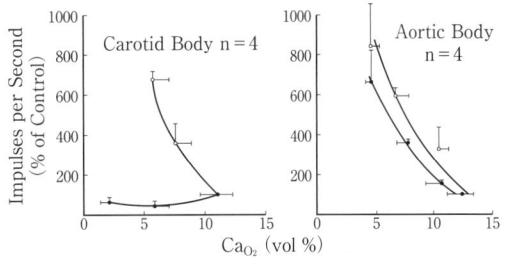

図7　Ca_{O_2}の低下に対する頸動脈小体と大動脈体の反応
縦軸は頸動脈小体, 大動脈体からの求心線維の発火頻度（impulses per second）の変化（% of control）を, 横軸はCa_{O_2}レベルを示している. 実験動物（ネコ）の頸動脈小体（carotid body）はPa_{O_2}低下にともなうCa_{O_2}減少（○：hypoxic hypoxia）に対して発火頻度の増加を示すが, CO吸入にともなうCa_{O_2}減少（●：carbon monoxide hypoxia）に対しては反応を示さない. 一方, 大動脈体（aortic body）では, いずれの刺激に対しても求心線維の発火頻度が増加する.
文献8）, Fig.3より引用・一部改変.

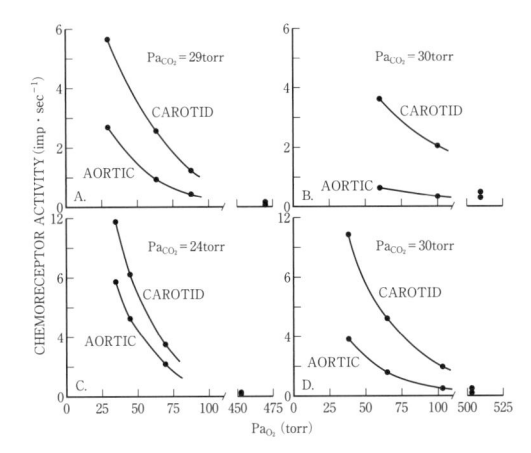

図6　Pa_{O_2}の低下に対する頸動脈小体と大動脈体の反応
縦軸は頸動脈小体, 大動脈体からの求心線維の発火頻度（chemoreceptor activity）を, 横軸はPa_{O_2}レベルを示している. Pa_{CO_2}を一定に保った実験動物（全身麻酔, 人工呼吸管理下のネコ）から同時に記録した頸動脈小体（carotid）と大動脈体（aortic）の求心線維の発火頻度はPa_{O_2}の低下にともなって増加するが, その程度は大動脈体で頸動脈小体に比して弱い.
文献11）, Fig.2より引用.

Ⅱ型細胞から成り, 求心性線維は通常, 大動脈神経を走行する.

頸動脈小体と同様, 大動脈体はPa_{O_2}の低下に対して興奮性応答を示すが, その程度は頸動脈小体に比して弱い（図6）. その一方で, 頸動脈小体と異なり, Ca_{O_2}の低下に対しても反応する（図7）.

頸動脈小体のような詳細な検討がなされていないため, 大動脈体の生理的意義については不明な点が多い. 低酸素換気応答を含む呼吸調節にはほとんど関与せず, 心・血管系の反射に関与していると推察されている.

［小山田吉孝］

■文献

1) Milsom WK, Burleson ML：Peripheral arterial chemoreceptors and the evolution of the carotid body. Respir Physiol Neurobiol 157：4-11, 2007.

2) Kumar P, Bin-Jaliah I：Adequate stimuli of the carotid body：More than an oxygen sensor? Respir Physiol Neurobiol 157：12-21, 2007.

3) Wyatt CN, Evans AM：AMP-activated protein kinase and chemotransduction in the carotid body. Respir Physiol Neurobiol 157：22-29, 2007.

4) Buckler KJ：TASK-like potassium channels and oxygen sensing in the carotid body. Respir Physiol Neurobiol 157：55-64, 2007.

5) López-López JR, Pérez-Garcia MT：Oxygen sensitive Kv channels in the carotid body. Respir Physiol Neurobiol 157：65-74, 2007.

6) Peers C, Wyatt CN：The role of maxiK channels in carotid body chemotransduction. Respir

Physiol Neurobiol 157 : 75-82, 2007.
7) Patel AJ, Honoré E : Molecular physiology of oxygen-sensitive potassium channels. Eur Respir J 18 : 221-227, 2001.
8) Fishman AP, Cherniack NS, Widdicombe JS, Geiger SR (Eds), Fitzgerald R, Lahiri S : Handbook of Physiology. The Respiratory System. pp.316-324, American Physiological Society, Bethesda, 1986.
9) Wyatt CN, Buckler KJ : The effect of mitochondrial inhibitors on membrane currents in isolated neonatal rat carotid body type I cells. J Physiol 556 : 175-191, 2004.
10) Wyatt CN, Mustard KJ, Pearson. SA, et al : AMP-activated protein kinase mediates carotid body excitation by hypoxia. J Biol Chem 282 : 8092-8098, 2007.
11) Lahiri S, Mokashi A, Mulligan E, Nishino T : Comparison of aortic and carotid chemoreceptor responses to hypercapnia and hypoxia. J Appl Physiol Respirat Environ Exercise Physiol 51 : 55-61, 1981.

3.11 低酸素換気応答

　体内恒常性維持機構・生命維持機構において，体内の酸素レベル・動脈血酸素分圧を維持することは最も重要なものである．すなわち，体内の酸素レベルが低下すると，脳内にその中枢が存在する呼吸調節機構は換気量を増やし酸素摂取を増やそうとする．しかし，脳内酸素レベルの低下は多くの中枢神経細胞に対し代謝障害から抑制的に作用するため，脳内酸素レベルがある程度以下になると，脳内呼吸調節機構の機能が低下し，その結果，換気量が減少し，体内酸素レベルがいちだんと低下する．低酸素状態下の脳内呼吸調節機構の活動性は，睡眠，麻酔，鎮静剤や睡眠薬の投与などにより大きく抑制される．また，未熟児・新生児は，体内酸素レベルの低下に伴い能動的に換気量を減少させる機構を有する．低酸素に対する換気の応答は，低酸素換気応答と呼ばれ，換気増強メカニズムと換気低下メカニズムの総合的な結果としてあらわれるものであり，個体の状態に依存するとともに，個体間の差が大きい．本稿においては，低酸素換気応答について，さまざまな応答パターンを紹介するとともに，それら応答の出現機序，評価法，薬理について概説を行う．

1. 発達に伴う低酸素換気応答の変化

　胎児は，出生後直ちに換気を行い自力で体内酸素レベルを維持していくために，出生直前には呼吸調節機構が発達していなければならず，母体内においても出生後に備えての練習とも解釈できる呼吸様の運動を呈する．母体の低酸素曝露や，臍帯のねじれなどによる臍帯血流の減少により胎児が低酸素状態に置かれると，胎児の呼吸様活動はほとんど増強することなく直ちに抑制を示す．この反応は低酸素性呼吸抑制（hypoxic respiratory depression；HRD，または hypoxic ventilatory depression；HVD）と呼ばれる．これは低酸素状態に対して呼吸様活動を増強しても胎児にとっては酸素消費量を増やすのみでかえって不利となるので，酸素消費量を減らすべくむしろ能動的に呼吸様活動を減らそうとすることによるものと解釈できる．

　新生児は胎児期の特性を残しているため，低酸素曝露に対して最初は換気量が増えるが，引き続いて換気量が減少する二相性の応答パターンを示す．低酸素の程度が強いと，換気応答の後半相では換気量が低酸素負荷前よりも小さくなる．ただし，胎児，新生児の脳は成人の脳に比べて低酸素耐性があるため，多くの場合は，酸素レベルが回復すると脳機能も回復する．この後半の換気量減少は roll-off と呼ばれ，低酸素がさらに低酸素状態を悪化させる一種の悪循環を起こす場合もあり，乳幼児突然死症候群や新生児無呼吸の発症機序に関与していると考えられる．

　新生児期以降も二相性の応答パターンは残るものの，個体の発達に伴い徐々に roll-off 成分は減少し，持続性低酸素曝露に対して換気量は低酸素曝露前よりも増加した状態が続く場合が多い．ただし，高度の低酸素によって大脳機能が抑制され意識レベルが低下すると，意識・覚醒に伴って増強されている分の換気量が急激に減少し，脳がいちだんと低酸素状態に陥り，呼吸停止から死に至る場合もある[1-3]（図1A）．

図1

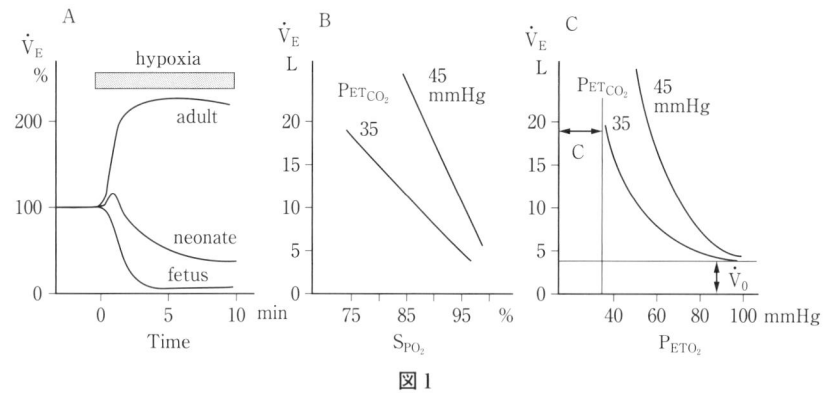

A. 発達に伴う低酸素換気応答パターンの違い

胎児（fetus），新生児（neonate），成人（adult）にそれぞれ低酸素（hypoxia）を負荷した場合の換気応答を示す．縦軸は低酸素負荷前の換気量（$\dot{V}_E$：胎児では呼吸様活動の頻度と振幅の積）を標準化した値を，横軸は低酸素負荷開始後の時間を表す．低酸素負荷により胎児では直ちに換気抑制が見られる．新生児では最初の1分間は換気増強が見られるが，その後は換気抑制・roll-off 現象が見られる．成人では換気は増強し続ける．

B. 経皮的動脈血酸素飽和度を用いた低酸素換気応答評価

横軸に経皮的動脈血酸素飽和度（S_{PO_2}）を，縦軸に換気量（$\dot{V}_E$）を示す．低酸素負荷開始により S_{PO_2} が低下するに伴い，$\dot{V}_E$ は直線状に増加し，$\dot{V}_E = S \cdot (S_{PO_2} + B)$ と表すことができるが，この直線の傾き S が低酸素換気応答の感度として用いられる．定常二酸化炭素状態では，P_{ETCO_2} が高いほど低酸素換気応答の感度が高くなる[5,6]．

C. 呼気終末酸素分圧を用いた低酸素換気応答評価

横軸に呼気終末酸素分圧（P_{ETO_2}）を，縦軸に換気量（$\dot{V}_E$）を示す．低酸素負荷開始により P_{ETO_2} が低下するに伴い，$\dot{V}_E$ は双曲線状に増加し，$\dot{V}_E = \dot{V}_0 + A/(P_{ETO_2} - C)$ と表すことができる．ここで，C は双曲線の縦軸への漸近線の P_{ETO_2} 値を，$\dot{V}_0$ は横軸への漸近線の $\dot{V}_E$ 値を示す．この式におけるパラメータ A が低酸素換気応答の感度として用いられる[5]．

2. 慢性呼吸器疾患患者における低酸素換気応答

慢性呼吸不全患者や高地居住者で慢性的な低酸素状態にある場合は，脳および全身が適応しているため，健常人が急激に曝露した場合には昏睡から死に至るような，たとえば動脈血酸素分圧が 30 mmHg 以下の高度の低酸素状態であっても，意識消失は起こさず換気と生命を維持しうる場合が多い．ただし，慢性的に低酸素状態にある患者，高地居住者では，低酸素負荷に対する換気応答は低下している．

気管支喘息患者では，中等度までの発作時には呼吸困難感とともに換気量を増加させる．高度の発作時でも多くの患者は，強い呼吸困難感を知覚するとともに大きな呼吸努力によって換気量を維持しようとする．ただし，呼吸困難感の知覚能力が弱い患者では，高度の発作時には呼吸困難感および呼吸努力が増強せず，すなわち低酸素性換気応答が減弱しているため，気道狭窄に伴う換気量低下から高度の低酸素状態となり，治療開始が遅れると意識消失とともに死に至る場合がある．このように高度の低酸素状態下では換気量と生命が維持されるか否かは，意識レベルおよび呼吸困難感が維持されるかどうかに依存している[3]．

3. 間歇的低酸素曝露

間歇的に低酸素に曝露される状態は間歇的低酸素曝露（intermittent hypoxia）と呼ばれ，交感神経系を興奮させ，睡眠時無呼吸症候群における高血圧などの病態において重要な意義を有すると考えられている．この intermittent hypoxiaは，低酸素換気応答も増強させるが，その機序としてhypoxia-inducible factor-1（HIF-1）増強を介する可能性が注目されている．

4. あえぎ呼吸

吸入気酸素濃度が6％以下になるなど高度の低酸素状態となり，意識消失からいったん正常呼吸（eupnea）が停止した後には，あえぎ呼吸（gasping）が出現することがある．漸増性の吸息活動パターンを示すeupneaとは異なり，gaspingは急激に開始し漸減性の持続の短い吸息活動パターンを有しその後に続く長い無呼吸期間を伴うもので，eupneaとは異なる呼吸リズム形成メカニズムにより出現する一種の自己蘇生（auto-resuscitation）と考えられている．このgasping自体はさらなる酸素レベルの低下に対してほとんど応答を示さない．

5. 低酸素後換気抑制

高度の低酸素負荷の後に，急激に酸素化を行うと，呼吸数，換気量は一過性にむしろ減少することが多く，この現象は低酸素後呼吸数減少（post-hypoxic frequency decline），低酸素後換気抑制（post-hypoxic ventilatory decline）と呼ばれる．その出現には，末梢化学受容体機能の抑制，脳内pHの上昇などが関与しているものと思われるが，詳細な出現メカニズムは未解明である．

6. 低酸素換気応答の生理学的メカニズム

a．末梢化学受容体の役割

中等度までの低酸素曝露ではまず換気量が増加するが，その応答は動脈血酸素分圧の低下を頸動脈小体および大動脈小体よりなる末梢化学受容体が感知することによりなされる．ヒトでは，頸動脈小体がとくに重要な働きをしている．末梢化学受容体の詳細については，「3.10 生体の酸素センサー：化学受容器」の項を参照していただきたい．頸動脈小体および大動脈小体で感知された低酸素の情報はそれぞれ舌咽神経，迷走神経を介して延髄背側部の孤束核へ至り，シナプスを介した後に，延髄腹側部などの呼吸神経回路網へ興奮性の情報として伝えられる．末梢化学受容体からの刺激によって興奮した呼吸神経回路網の興奮性増強は，末梢化学受容体からの刺激がなくなった後も短時間持続するため，換気量は徐々に減少しながらも短時間持続する．この減少はafter dischargeと呼ばれ，一種の神経可塑性によると考えられる．intermittent hypoxiaに伴う低酸素換気応答の増強もafter dischargeを含む神経可塑性によると考えられる．

b．脳内低酸素興奮性神経細胞の役割

末梢化学受容体を摘出後あるいは末梢化学受容体からの求心性入力を遮断された状態では，低酸素に対する換気増強反応は著しく減弱する．しかし，覚醒状態にあるヒト，動物では，末梢化学受容体からの求心性入力が完全に遮断されても，弱いながらも低酸素に対し換気増強反応が認められることがある．これは延髄腹側部や視床下部で低酸素により興奮し呼吸神経回路網を活性化させる低酸素センサーとしての機能を有する神経細胞の働きによると考えられている[4]．

c．二酸化炭素と低酸素の換気応答への相互作用

二酸化炭素は主に脳幹部に存在する中枢呼吸化学受容体を介してそれ自体が強力な呼吸刺激作用を有するが，二酸化炭素が付加されるとその付加の度合いに応じて，低酸素換気応答の感

度が高まる(図1B).ただし,慢性閉塞性肺疾患などで慢性的な二酸化炭素蓄積を有する患者では,低酸素換気応答はむしろ減弱する.

d. 低酸素性呼吸抑制の出現機序

既に述べたように胎児および新生児では,低酸素曝露によって roll-off と呼ばれる換気量減少が出現するが,それは末梢化学受容体からの興奮性求心性入力が低下するためよりも,むしろ低酸素によって脳内に adenosine, GABA などの神経抑制性化学物質が放出され呼吸神経回路網が抑制されるためと考えられている.このように脳が能動的に換気を抑制する低酸素性呼吸抑制においては,とくに中脳および橋から延髄呼吸神経回路網への抑制性の神経投射が重要な働きをしている[1]).

一方,新生児以降であっても末梢化学受容体の機能が低下していると,多くの場合,低酸素によって換気が抑制される.末梢化学受容体機能が正常であっても,高度の低酸素曝露により酸素不足から脳幹部の呼吸神経回路網機能が直接障害されると換気量が減少する.また,意識レベルが低下すると視床下部から脳幹部への呼吸増強性の神経投射が急激に減弱し,換気量が減少し,脳がいちだんと低酸素状態となり,失神,痙攣を伴って呼吸停止が起こりうる.健常人では突然10%以下の低酸素を吸入するとこのような危険が出現しうる.とくに8%以下の低酸素の吸入は,短時間のうちに昏睡から死に至る可能性が大である.地下の工事現場などで労働者が意識消失を起こし,救助に行った人が次々に倒れて死亡するいわゆる酸欠事故が起こるのはこのためである.しかし比較的強い低酸素に曝露しても,意識レベルが保たれて呼吸困難感を自覚している状態であれば換気増強反応が維持されるので,心室性不整脈を起こさない限りは生命に支障はないと考えられる[1,3]).

なお,呼吸筋のレベルでは,酸素供給不足は呼吸筋の収縮力を低下させ,呼吸筋疲労を起こしやすくするため,換気量を減少させる方向に作用する.

7. 低酸素換気応答の臨床的評価法

臨床における低酸素換気応答測定においては,低酸素に対する換気量の応答を見る場合が多いが,中枢からの出力すなわち呼吸神経出力の応答を解析しようとする際には,吸息開始後 0.1 秒の時点での口腔閉鎖内圧($P_{0.1}$)を測定したり,横隔膜や傍胸骨肋間筋などの主たる吸息筋からの筋電図活動を解析する場合もある[5-7]).

低酸素負荷法として臨床で多く用いられるのは,進行性低酸素法(progressive hypoxia 法),定常酸素低酸素法(isoxic hypoxia 法)である.これら progressive hypoxia 法,isoxic hypoxia 法とも,低酸素曝露により換気量が増加し,体内二酸化炭素レベルが低下するが,それは換気量を減少させる方向に影響するので,二酸化炭素レベルの変化による影響を除外するため被験者に微量の二酸化炭素を吸入させて呼気終末二酸化炭素分圧(P_{ETCO_2})を一定に保つ定常二酸化炭素低酸素法(isocapnic hypoxia 法)は,二酸化炭素レベルをコントロールしない poikilocapnic hypoxia 法に比べ,より純粋に低酸素換気応答を評価することができる[5-7]).

実際の測定においては,これら低酸素負荷に伴う経皮的動脈血酸素飽和度(Sp_{O_2})あるいは呼気終末酸素分圧(P_{ETO_2})の低下度に対する換気量の変化を解析する.progressive hypoxia 法ではバッグ(容量約 10 l)に貯めた室内気を再呼吸させ,徐々に吸入気酸素濃度を下げていく.その際,呼出した二酸化炭素を再呼吸しないように回路内に二酸化炭素吸収剤(水酸化カルシウムに水酸化ナトリウムを加えたソーダライム)を通過させる.isoxic hypoxia 法では,最初は室内気を吸わせておき,途中で大容

量のバッグに貯めた一定濃度（たとえばまず15％，次いで11％）の低濃度酸素と窒素よりなる混合ガスを一定時間ごとに吸入させて，その間の換気量を測定する．横軸にSp$_{O_2}$を表し，縦軸に測定パラメーター（換気量，P$_{0.1}$，積分筋電図信号振幅）をプロットすると，換気量，P$_{0.1}$，積分筋電図信号振幅は，Sp$_{O_2}$の低下とともに直線的に増加する．そこで，その傾きを低酸素感受性の指標として用いる（図1B）．同様に，横軸にP$_{ETO_2}$を表すと，これら測定パラメーターは双曲線状に分布する（図1C）．

低酸素負荷は心肺疾患患者ではもちろん健常人においても心室性不整脈を誘発するなどの危険を伴うので，その実施にあたっては，検査前に被験者からinformed consentを得て，検査中は複数のパルスオキシメータによりSp$_{O_2}$が75％以下にならないよう，また，心電図上重大な不整脈が出現しないか厳重な監視下で行うことが必要である．また，意識消失を起こすと換気量が減少するとともに低酸素状態が急激に悪化するため，被験者は常に開眼させておき，意識レベルを注意深く観察することも重要である[6]．

8. 低酸素換気応答の薬理

低酸素換気応答を増強する薬剤としてはalmitrineが注目されていたが，現在，臨床では用いられていない．低酸素換気応答を増強する薬剤としてはaminophylline/theophylline，caffeine，doxapram，progesterone，β2-刺激薬fenoterol，麻薬拮抗薬naloxone，AMPA型グルタミン酸受容体刺激薬ampakineなどが有用であり，新生児の無呼吸・低呼吸などの治療に用いられている[7]．一方，各種の睡眠薬，抗不安薬，麻酔薬，モルヒネ，アルコール飲料は，低酸素換気応答を減弱させるため，それらの使用時，飲用時には，注意が必要である．

おわりに

低酸素性換気応答は生命維持にとって最も重要な機構であるが，その脳内メカニズムには未解明の点が多く残されている．今後，その応答メカニズムの全容が解明され，その成果が臨床に還元されることが期待される．

［岡田泰昌，桑名俊一，越久仁敬］

■文献

1) Neubauer JA, Melton JE, Edelman NH : Modulation of respiration during brain hypoxia. J Appl Physiol 68 : 441-451, 1990.
2) Hayashi F, Fukuda Y : Neuronal mechanisms mediating the integration of respiratory responses to hypoxia. Jpn J Physiol 50 : 15-24, 2000.
3) 岡田泰昌，柏木政憲：呼吸困難感と呼吸調節．Medicina 41 : 1096-1101, 2004.
4) Neubauer JA, Sunderram J : Oxygen-sensing neurons in the central nervous system. J Appl Physiol 96 : 367-374, 2004.
5) Weil JV, Byrne-Quinn E, Sodal IE, et al : Hypoxic ventilatory drive in normal man. J Clin Invest 49 : 1061-1072, 1970.
6) 小川浩正：呼吸中枢応答検査．呼吸 23 : 889-895, 2004.
7) Nishii Y, Okada Y, Yokoba M, et al : Aminophylline increases parasternal intercostal muscle activity during hypoxia in humans. Respir Physiol Neurobiol 161 : 69-75, 2008.

3.12 酸素貯蔵運搬色素タンパク質（ヘモグロビン，ミオグロビン）

ヘモグロビン（Hb）とミオグロビン（Mb）は，主としてO₂の輸送と貯蔵という特化した機能を発揮するよう進化してきたヘムタンパクである．Mbは分子量約17,000の1つのポリペプチド鎖にヘム（テトラピロール環）が導入されている単量体であるのに対して，Hbは分子量約65,450で，2種類のポリペプチド鎖が2個ずつ集まった4量体である．ヘムの活性中心には二価鉄（Fe^{2+}）が位置しており，O₂は第6配位座に結合するとともに遠位Hisとの間に水素結合を形成する．さらに，そのヘムの中には二重結合の網状構造が張り巡らされており，これが可視光線の最短波長領域を吸収するため，これらのタンパクは強い赤色を呈する．

HbはO₂輸送がその主な生理機能の1つである．また，Hbが肺でO₂を結合するときにHb中の4つのうちのどれか1つのヘムがO₂と結合すると，ヘム間の相互作用によってHb分子の全体的構造が変化し，他のヘムとO₂との結合が促進される（ホモトロピック作用）．このようなHbの協調的な結合によって，そのO₂解離曲線はS字型を示す．この特性ゆえに，Hbは呼吸器官で最大限にO₂を結合し，末梢組織においては最大限にO₂を放出することが可能になる．O₂輸送の働きの他にも，Hbは組織から肺へとCO₂およびプロトンを輸送し，組織の極端な酸性化を防ぐという血液の緩衝役としても働いている．とくに，脱酸素化したHbはプロトンと強く結合する．そのため，代謝過程から生成されたプロトンによって組織が酸性に傾いたときには，O₂解離曲線が右方移行し，緩衝作用が強まる（Bohr効果）．このように，Hbは4量体であるがゆえのヘム間相互作用やBohr効果といったようなアロステリック効果を示す．

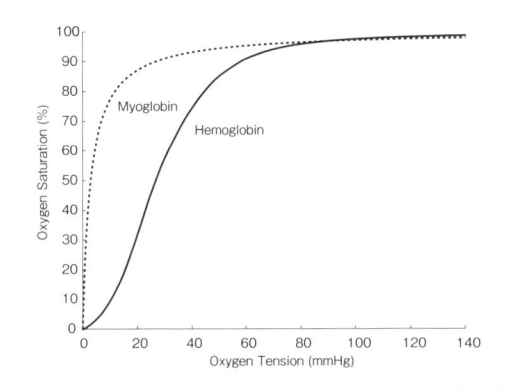

図1 ヘモグロビンおよびミオグロビンの酸素解離（飽和）曲線

一方，筋細胞内に分布するMbは，そのP₅₀が約3 mmHgであることから，O₂貯蔵を主な働きとするタンパクであると考えられてきた．物性上，MbはHbのようなアロステリック効果を示さない．身体運動（筋収縮）に伴うO₂消費時には，筋細胞内PO₂は5 mmHg以下まで低下する．その時，MbはO₂を放出してミトコンドリアによるATPの再合成に貢献していると考えられている．また，Mb酸素飽和度が50%以下になるとミトコンドリアの呼吸活性は低下し始めることが示唆されている．

なお，細胞内でのO₂促通拡散（「3.B 組織中の酸素拡散速度」を参照）をはじめ，近年の研究によって，Mbと一酸化窒素や脂肪酸との結合性など，種々の新たな生理機能が示唆されている．1950年代に3次構造が明らかにされて以降，長きにわたって，MbがO₂結合タンパクとして認識されてきたものの，近年の研究によってHbを含めたヘムタンパクの新たな生理機能が明らかにされようとしている．

［増田和実］

3.13 各種臓器における酸素輸送・利用

循環系の最も基本的な役割は，血液による酸素輸送を行うことである．酸素の血漿への物理的溶解度は小さく，ヘモグロビンへの化学的結合量が圧倒的に大きい．したがって，血液による酸素輸送量は，赤血球内ヘモグロビンの機能と臓器血流量とその変動要因を考えればよい．酸素化された血液が，血流によって全身の各種臓器に運ばれ，最終的には細動脈[1]・毛細血管で加速度的に酸素を解離し，効果的に各種臓器組織に酸素輸送する．

循環調節機能の働きで，心拍出量と局所血管抵抗は制御され，必要な心拍出量が各器官の局所血管抵抗の割合に応じて各種臓器へ配分される（血流）．各器官の血管抵抗は局所の血管緊張の度合いと局所の血管構築の規模（並列流路の数）できまる．

たとえば，激しい運動の時には骨格筋の血流量が心拍出量全体の80％にもなるのに対し，腎臓や腹部内臓の血流量は大きく減少する．しかし，心筋の血液配分率はほとんど変動しない[2]．このような運動時の血液再配分は，運動筋の代謝性血管拡張と非運動臓器（腎臓や腹部内臓）の反射性血管収縮とに影響を受ける．

a．冠（心臓）

通常，動脈血圧や心拍出量が相当変化しても冠血流量は自己調節機能によりほぼ一定に保たれる．局所血管抵抗による調節の有効性を示している．安静時のヒトの冠血流量は250 ml/min（心拍出量の4％），酸素消費量は27 ml/min である．しかしながら，激しい運動の時には，これらの値はそれぞれ最大で6-7倍，8-9倍に増加する．この際，心拍出量は数倍に高まり，体血圧も増大して心臓の仕事量は10倍以上になる．おそらく心筋収縮の効率が増大して血流の相対的不足を補うものと考えられる．

b．脳

脳血流は，動脈血圧がある範囲内で変化しても血流量はほぼ一定に保たれる．これは，血管床そのものに内在する自己調節による．ヒトの正常全脳血流量は750 ml/min で，安静時心拍出量のほぼ13％にあたる．運動時には心拍出量の3％に減少する．また，立位では臥位に比べて脳血流は約20％減少する．脳の酸素消費量は，脳全体としては，45 ml/min である．したがって，安静時全身で消費される酸素のほぼ20％は，脳で使われていることになる．

c．骨格筋

平均的なヒトにおいて，筋肉は全組織の40-50％を占める．静止時の筋の酸素消費量50-60 ml/min は全身の酸素消費量の20％であり，これは750-1,000 ml/min の血流（心拍出量の15-20％）により供給される．普通のヒトが最大運動を行う場合，酸素消費量は3,000-3,500 ml/min であるが，そのうち90％以上が筋肉によって使われる．このような場合，筋血流は20倍に達し，最大心拍出量の80％以上が骨格筋を流れることになる．

d．皮膚血流

皮膚の酸素および栄養に対する要求は比較的わずかであり，他の多くの組織と異なり酸素および栄養物質は皮膚血流の調節を支配する主要因子ではない．むしろ，熱放散量の上下に伴って皮膚血流（心拍出量の4％）は大きく変わ

e. 腎臓血流

腎臓血流は 1,100 ml/min（心拍出量の約 19 %）と非常に大きく，なおかつ動脈血圧がある範囲内で変化しても血流量はほぼ一定に保たれる．これは，血管床そのものに内在する自己調節による．

f. 腹部内臓

腹部内臓への血流量は 1,400 ml/min（心拍出量の約 24 %）とやはり非常に大きく，肝臓や消化管の活動の度合に応じて大幅に変化する．食後には増加し，激しい運動の時には減少する．

［高木　都］

■文献

1) Itoh T, Yaegashi K, Kosaka T, et al：In vivo visualization of oxygen transport in microvascular network. Am J Physiol Heart Circ Physiol 267：H2068-2078, 1994.
2) 小澤瀞司，福田康一郎，本間研一，大森治紀，大橋俊夫（編）・熊田衛（著）：標準生理学第 6 版. p514, 医学書院, 東京, 2005.

3.14 酸素と臓器血流制御および酸素化

本項では生体各臓器の血流制御について，ヒトを含めた哺乳動物がいかに組織酸素化（tissue oxygenation）を営んでいるかにつき解説する．高酸素環境よりも低酸素環境が生体にとっては重要な問題となるため，低酸素状態での組織酸素化に的を絞りたい．一部，比較生理学にも触れながら話を進める．

まず，本文中で使用する「応答」「順応」「適応」という言葉の使い分けについて述べる．環境の変化に対し生体に何らかの急激な変化が生じる場合，これを反応あるいは応答（response）と表現する．順応（acclimatization）とは生物が有する機能ならびに形態が，その環境での生存に適合するよう変化することを指す．数時間から数週間の時間的経過をたどり，その変化は可逆的，非遺伝的である．一方，適応（adaptation）とは機能的，形態的変化がその環境での種の繁殖に適合するよう変化すること，あるいはその過程を意味し，その変化は不可逆的，遺伝的であり，何世代にもわたる場合をいう．なお，臓器血流制御を，大きく体循環系と肺循環系に分けて解説する．

1. 地球上で体験される低酸素環境

ヒトが体験する最も一般的な低酸素環境は高山である．標高が高くなるほど大気圧は低下し，吸入気の酸素分圧が低下するため健康な肺であっても体内は低酸素血症に陥る．山はおよそ標高5,500 mで0.5気圧となるため，濃度に置き換えれば10％酸素相当の低酸素環境となる．人のエベレスト山頂（8,848 m）への無酸素登頂は有名であるが，Westらの報告によれば，山頂の大気圧は253 Torrであり，吸入気の酸素分圧は43 Torrしかなく，いかに過換気を行ったとしても動脈血酸素分圧（Pa_{O_2}）は30 Torrにも満たない[1]．たとえ優れた登山家であっても，非常に危険な低酸素環境で運動を行っていることになる．一方，チベットやアンデスの高地では，低酸素環境にもかかわらず住民は元気に暮らしている．これはさまざまな適応機序が働いているからであり，その1つに臓器血流の適切な制御がある．

2. 体循環系の変化，低酸素状態での臓器血流制御

a. 応答の段階

ヒトを対象に10.4％と7.6％酸素の急性低酸素曝露を10-20分間行った際に，血圧，脈拍，血漿エピネフリン・ノルエピネフリン濃度，内臓血管血流量，内臓血管抵抗がどのように変化するかを検討した研究がある[2]．7.6％酸素はかなりの低酸素負荷となるが，カテコールアミン濃度は上昇せず，内臓血流量にも有意な変化がなく，このレベルの低酸素血症では，各臓器への血流分布に変化は認められなかった．したがって，脳，心臓，肝臓など生命維持に直結する重要臓器への血流の再分布は生じないと結論された．おそらく低酸素血症に伴う心拍出量の増加が2-3 l/分に及ぶため，酸素運搬能全体が増加し，臓器・組織に必要な酸素をまかないきれるのであろうと推定される．しかし，さらに強い低酸素負荷がかかる場合，いわゆる窒息に近い状態になるとこれだけでは間に合わず，脳，心臓など重要臓器への血流分布が有意に増加し，他の内臓領域では減少する選択的血流再分布が生じる．これが生命を維持する

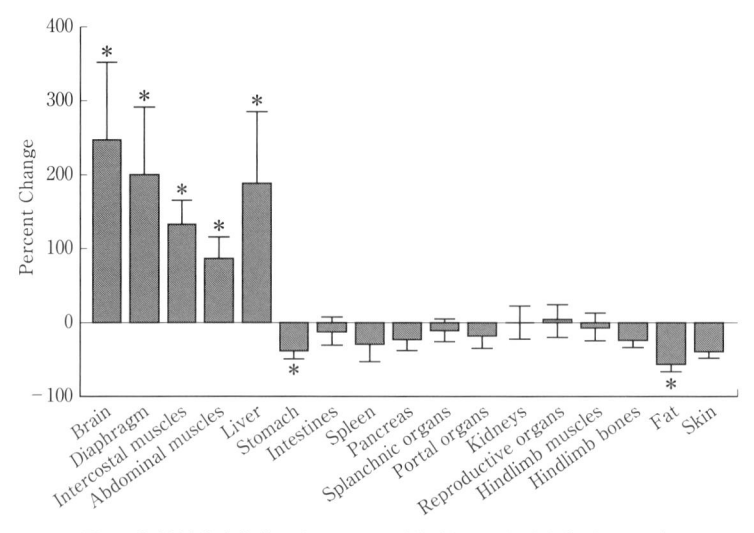

図1 急性低酸素状態で認められる選択的な血流再分布（ラット）
脳，横隔膜・肋間筋・腹筋などの呼吸筋，さらに肝臓で血流分布の著明な増加が認められる．一方，他の臓器では血流分布は変化しないか減少する．（文献3より引用）

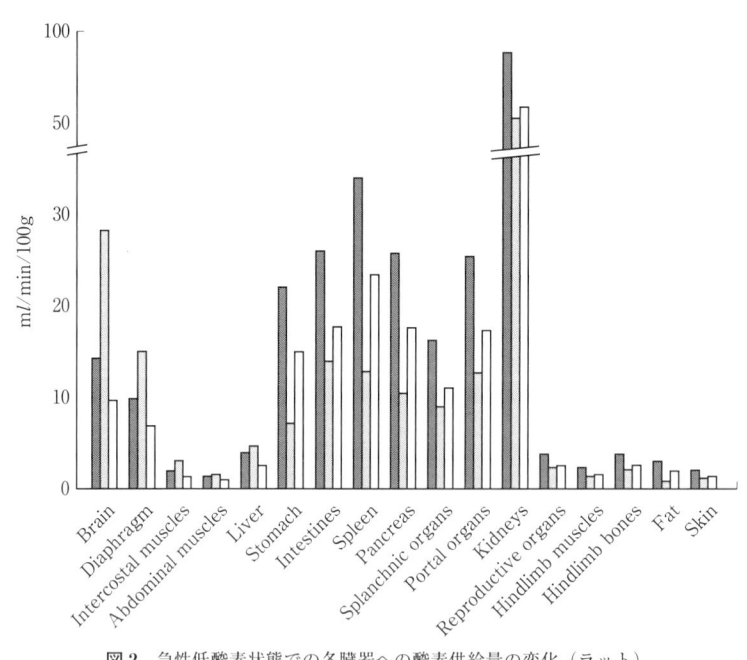

図2 急性低酸素状態での各臓器への酸素供給量の変化（ラット）
臓器ごとの3本の棒グラフは，左から室内気コントロール，急性低酸素状態，低酸素下で血流再分布が生じない場合を示す．血流再分布の結果，生命維持に直接関与する臓器では室内気コントロールと同じかそれ以上の酸素が供給される．（文献3より引用）

ための生体の応答である．

図1は著者らの成績である．ラットを対象に10％酸素30分の急性低酸素曝露を行った際に，全身各臓器への血流分布がいかに変化するかをマイクロスフェア法で検討したものである[3]．Pa_{O_2} は40 Torr前後まで低下し心拍出量は約20％増加するが，図は明らかな選択的血流再分布が生じることを示している．消化管，下肢筋群，骨，脂肪，皮膚などで血流分布の有意な減少あるいは減少傾向が生じるのに対し，

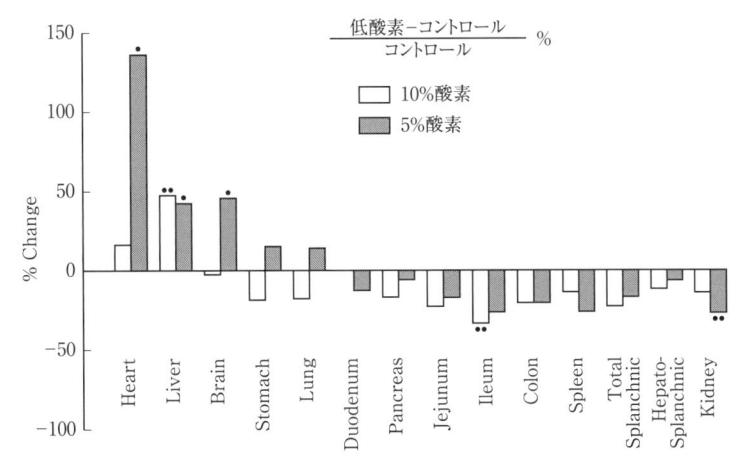

図3 10％と5％酸素の急性低酸素状態で認められるイヌの血流再分布
血流分布の変化をパーセント変化率で示す．10％酸素に比べ，5％酸素ではより強い変化が認められる．（文献4より引用）

脳そして横隔膜・肋間筋・腹筋などの呼吸筋，さらに肝臓で血流分布の著明な増加が認められる．この血流分布の変化をもとに，各臓器への酸素供給量（oxygen supply）を計算した結果を図2に示す[3]．臓器ごとに示される3本の棒グラフは，左から順に室内気コントロール，低酸素状態，低酸素状態で血流再分布が生じなかった場合の酸素供給量を示す．血流再分布の結果，生命維持に直接関与する臓器では室内気コントロールと同じかそれ以上の酸素が低酸素状態でも供給されていることが理解されよう．この応答は，ウサギ，イヌ，ヒツジなどの他の哺乳動物でも観察され，この機序が急性低酸素環境での生存にきわめて重要であることがわかっている．参考のためにイヌの成績を図3に示す[4]．図では，血流分布の変化をパーセント変化率で示しているが，10％酸素に比べ5％酸素吸入下ではより強い血流再分布が認められている．

血流再分布の機序は未解決である．交感神経・副交感神経系の緊張状態が各臓器レベルで異なること，末梢化学受容器を介する反射が関与すること，局所の血管平滑筋の低酸素に対する応答が異なることが推定されるが，生体全体でこれらがいかに統合されているかなどは十分解明されていない．現象としての血流再分布は，陸上哺乳動物に限らず，潜水性海産哺乳類[5]，鳥類[6]，魚類にも幅広く観察され，低酸素環境での組織酸素化を維持，促進している．生体が異常環境で生存する上で，きわめて重要な機序となっていることに間違いはない．潜水性海産哺乳類，鳥類，魚類にも認められるというよりは，むしろ進化の過程を考えると，ヒトを含めた陸上哺乳類にもこの応答が受け継がれてきたと考えるべきであろう．

b．順応と適応の段階

低酸素状態が慢性化すると，上述の血流再分布よりも赤血球増多やヘモグロビン濃度の増加（多血症）が組織酸素化により重要な意味をもつ．図4および図5に著者らの成績を示す[7,8]．図は，10％の低酸素環境でラットを3週間飼育し，慢性低酸素状態に順応させた動物の全身各臓器への血流分布と酸素供給量をマイクロスフェアで検討したものである[7,8]．図4に示す臓器ごとの3本の棒グラフは，左から順に室内気コントロール，10％酸素30分の急性低酸素状態，10％酸素3週間の慢性低酸素状態にお

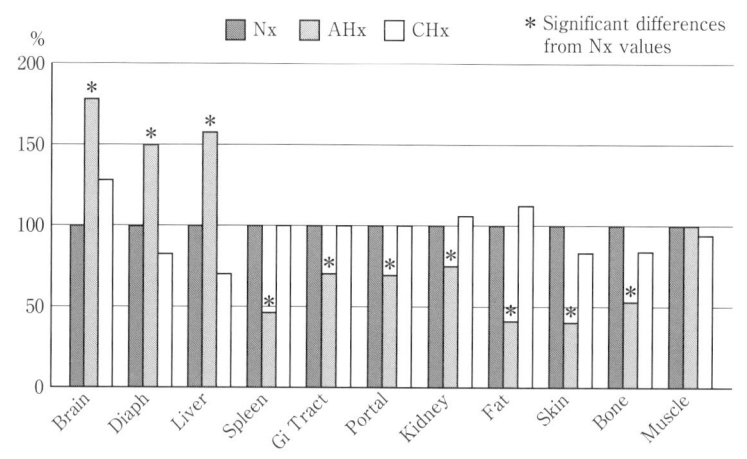

図4 慢性低酸素状態に順応したラットの各臓器への血流分布
図中の Nx は室内気吸入コントロール，AHx は 10%酸素の急性低酸素曝露 30 分，CHx は 10%酸素の慢性低酸素曝露 3 週間を示す．（文献 7, 8 より引用）

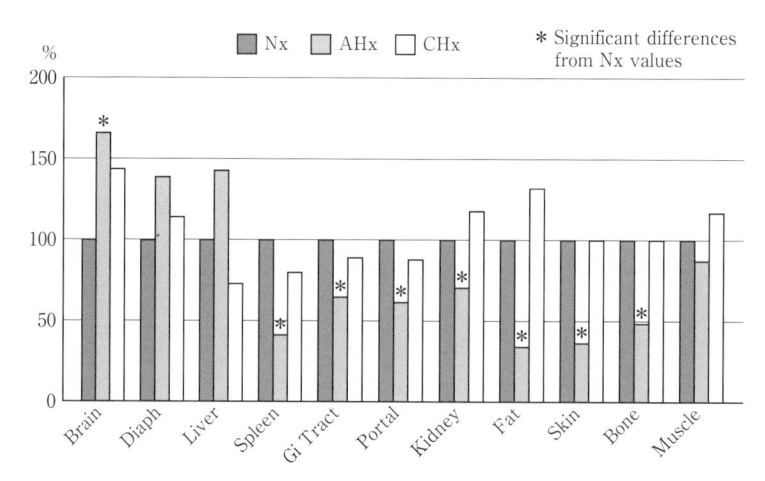

図5 慢性低酸素状態に順応したラットの各臓器への酸素供給量
図4に示した成績をもとに，酸素含量×臓器血流量にて求めた各臓器への酸素供給量（oxygen supply）の変化を示す．（文献 7, 8 より引用）

ける血流分布を示す．急性期とは異なり，慢性低酸素状態では血流再分布は認められず，室内気コントロールと同様の血流分布をとる．10%酸素3週間の低酸素曝露の結果，ヘモグロビンは 14 g/dl から 20 g/dl まで増加し著明な多血症が生じる．このため酸素運搬能が著明に増加するため，図5に示すように低酸素状態であっても，各臓器への酸素供給量は室内気コントロールとほぼ同等かそれ以上に維持される．この成績から，低酸素環境に順応した状態では血流再分布はもはや必要でなく，多血症がより重要な機序となることが理解されよう．赤血球の産生増大は低酸素曝露開始後，約 48-72 時間で始まる．ヒトをはじめとする哺乳類や鳥類では，もともと sea level で生息する動物を高地に移動させると，いろいろな程度の赤血球増多，ヘモグロビン濃度増加をきたすことが確認されている．ヒトでは，生活する標高とヘモグロビン濃度にきわめて良好な相関関係がある．しかし，赤血球数は増えれば増えるほど血液粘

度の上昇が生じ血管抵抗増加，心拍出量減少を招くため，赤血球数は標高に応じたある一定のレベルに落ち着くこととなる．臓器ごとに血流を制御し再分布させる応答は，おそらく赤血球増多が十分に達成されるまで継続すると考えられる．しかし，このあたりについては研究成果が未だ揃っていないため，詳細は不明である．

参考事項として適応について述べる．ヘモグロビン濃度を増加させ動脈血酸素含量を維持することはきわめて大切であるが，順応の段階を超えさらに遺伝子レベルで高地居住に適応したある種の動物では，必ずしも赤血球増多を伴わないことが知られる．文献的にも，南米の高地に定住するアルパカやラマ，アンデスに生息するチンチラなどの例が報告されており，これらの動物では赤血球数の増加はごく軽度かまったくみられない[9-12]．なかでも，3,300 m に生息するアルパカのヘマトクリット平均値が 27 %[13]，1,610 m に生息するラマで 29.5 %[14] という報告があり，これまでの最低値とされている．鳥類でも，ニワトリや Pekin duck[15] を高地へ移動させると明らかな赤血球増多を生じるが，ガチョウの中の bar-headed goose は，5,640 m の高地に 4 週間滞在させてもまったく赤血球増多を生じない[15]．アルパカやラマのヘマトクリットが，sea level と同程度かやや低い値に維持されることには大きな理由がある．これらの動物では，赤血球内のヘモグロビン濃度がきわめて高く，血液粘度を上げることなく，すなわち血管抵抗を増大させることなく酸素運搬能を高めるという素晴らしい機序を有しているのである．この変化は，低酸素環境での生活に非常に有利である．高地居住に適応した動物では，いわゆる赤血球増多を生じることなく組織酸素化を維持するよう，すでに遺伝子レベルでの制御を受けていると考えられる．

3. 肺循環系の変化，低酸素状態での肺血流制御

a. 応答の段階

低圧系である肺循環系は，自律神経系や各種体液性因子による能動的制御に加え，心拍出量，左房圧，気道内圧，肺間質圧，重力の影響など受動的制御を受ける．これら能動的，受動的制御の結果，最も効率よくガス交換が行われるべく，血流は換気とマッチするよう調節されている．健常人でも肺内ガスは不均等に分布し，肺胞毛細管内のヘモグロビン濃度も不均一である．肺血流分布は第一義的には血管系の解剖学的構造により規定され，血流分布のパターンとしては肺門部に高く末梢に低い中心-末梢型を呈する．このため分布は決して均一ではない．しかし，肺局所において不均等に分布するガスと不均等に分布する血流が効率よくマッチングし，肺全体としてきわめて有効なガス交換が営まれている．この様子を定量的にとらえようとしたものが換気血流比 $\dot{V}_A/\dot{Q}$ の理論である．肺の血流は，この $\dot{V}_A/\dot{Q}$ が均等になるよう制御されていると考えられる．

急性低酸素環境で肺胞気酸素分圧が低下すると，肺局所に血管収縮が生じ血管抵抗が上昇，血流が減少する．この現象は低酸素性肺血管収縮（hypoxic pulmonary vasoconstriction；HPV）と呼ばれ，能動的制御の中でもガス交換上きわめて重要な働きを担う．この現象は哺乳類のみならず，両生類や爬虫類，魚類の鰓などでも観察される．直接の刺激となるのは肺胞気の低酸素であり，主として内径 200-300 μm の肺小動脈に著明な収縮が生じる．図6に低酸素性肺血管収縮の様子を示す[16]．体循環系では低酸素に対して血管拡張が生じるが，この応答は肺循環系のみに特異的である．換気の良好な領域に血流を再分布させ，上述の換気血流比 $\dot{V}_A/\dot{Q}$ をできるだけ均等に維持する合目的性を有する．低酸素状態でも換気と血流のマッチン

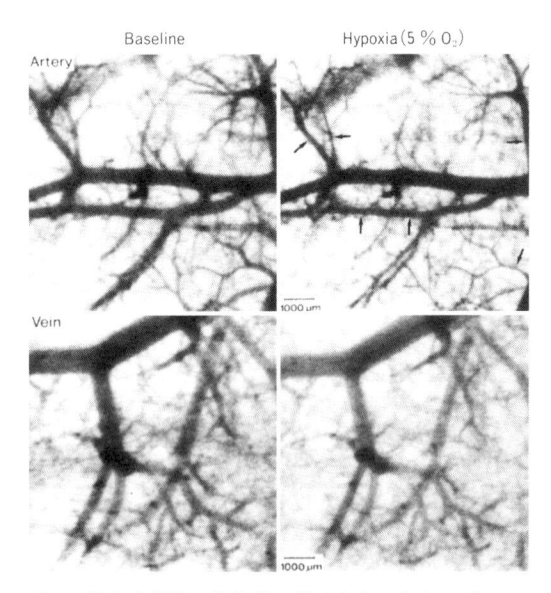

図6 低酸素性肺血管収縮の様子をとらえたX線テレビシステムの画像
著明な低酸素性肺血管収縮が矢印で示す内径200-300 μmの肺小動脈に生じている．これよりも小さい，あるいは大きい動脈での収縮は弱く，また，静脈は動脈に比べてきわめて弱い．（白井幹康先生よりご提供いただく．文献16より引用）

グを改善し，少ない酸素をより効率よく取り込もうとする生理的な応答である．肺胞低酸素が直接刺激となり，RhoA/Rho-kinaseを介するCa^{2+}のsensitizationが生じ，肺血管平滑筋の細胞内Ca^{2+}濃度が上昇することが深く関与する．しかし，低酸素性肺血管収縮の機序について，その詳細は未だ不明な点が多い．

b．順応と適応の段階

肺胞気酸素分圧の低下が慢性的に持続すると，低酸素性肺血管収縮に加え赤血球増多，肺血管系のリモデリングが生じ，著明な肺高血圧症が発症する．リモデリングの主体は，肺動脈の中膜肥厚と内腔の狭窄，末梢血管密度の増加である．これまで慢性低酸素状態に順応した動物あるいはヒトで，肺血流分布がどのように変化するかは検討されていなかった．著者らは，ラットに3週間，10％酸素の慢性低酸素曝露を行い，体循環系と同様にマイクロスフェア法を用いて肺血流分布を検討した[17]．3週間の時点でPa_{O_2}の平均値は35 Torr，右心カテーテル法にて測定した肺動脈圧はコントロール群の15 Torrに対し41 Torrと著明に増加していた．肺血流分布は，室内気吸入時に観察された基本パターンである中心-末梢型の分布が明らかに減弱し，分布の均一化が生じた[17]．慢性低酸素状態に順応したラットを室内気に戻すと，肺動脈圧は平均41 Torrから30 Torrに低下し低酸素性肺血管収縮の影響は取り除かれるが，肺血流分布パターンに新たな変化は生じなかった．現在までのところ，換気分布も均一化し，換気と血流がマッチするよう気道系にも順応に伴う変化が生じているか否かはわかっていない．慢性低酸素環境に適応したヒトや動物の肺循環系がどのような制御を受けているか，今のところほとんど研究は進んでいない．

おわりに

臓器血流制御と組織酸素化というテーマを，体循環系と肺循環系に分け，最近までの知見を解説した．急性期に比べ慢性期の適応の段階については実験の難しさから未だ不明な点が多く，今後解決すべき事項も多い．

［桑平一郎］

■文献
1) West JB, Hackett PH, Maret KH, et al：Pulmonary gas exchange on the summit of Mount Everest. J Appl Physiol 55：678-687, 1983.
2) Rowell LB：Human circulation regulation during physical stress. Oxford University Press, pp213-256, 1986.
3) Kuwahira I, Gonzalez NC, Heisler N, et al：Changes in regional blood flow distribution and oxygen supply during hypoxia in conscious rats. J Appl Physiol 74：211-214, 1993.
4) Adachi H, Strauss W, Ochi H, et al：The effect of hypoxia on the regional distribution of cardiac output in the dog. Circ Res 39：314-319, 1976.
5) Zapol WM, Liggins GC, Schneider RC, et al：Regional blood flow during simulated diving in the conscious Weddell seal. J Appl Physiol 47：968-

973, 1979.
6) Heieis MRA, Jones DR：Blood flow and volume distribution during forced submergence in Pekin ducks(*Anas platyrhynchos*). Can J Zool 66：1589-1596, 1988.
7) Kuwahira I, Heisler N, Piiper J, et al：Effect of chronic hypoxia on hemodynamics, organ blood flow and O_2 supply in rats. Respir Physiol 92：227-238, 1993.
8) 桑平一郎, 神谷有久里：比較生理学からみた順応と適応. 呼吸と循環 45：947-952, 1997.
9) Hall FG：Adaptations of mammals to high altitudes. J Mammal 18：468-472, 1937.
10) Brooks JG, Tenney SM：Ventilatory response of llama to hypoxia at sea level and high altitude. Respir Physiol 5：269-278, 1968.
11) Reynafarje C, Faura J, Paredes A, et al：Erythrokinetics in high-altitude-adapted animals (llama, alpaca, and vicuna). J Appl Physiol 24：93-97, 1968.
12) Banchero N, Grover RF, Will JA：Oxygen transport in the llama (*Lama glama*). Respir Physiol 13：102-115, 1971.
13) Sillau AH, Cueva A, Valenzuela A, et al：O_2 transport in the alpaca (*Lama pacos*) at sea level and at 3,300 m. Respir Physiol 27：147-155, 1976.
14) Miller PD, Banchero N：Hematology of the resting llama. Acta Physiol Latinoam 21：81-86, 1971.
15) Faraci FM, Kilgore DL Jr, Fedde MR：Oxygen delivery to the heart and brain during hypoxia：Pekin duck vs. bar-headed goose. Am J Physiol 247：R69-R75, 1984.
16) 桑平一郎：呼吸機能の変化と肺血流分布調節. 呼吸と循環 45：651-657, 1997.
17) Kuwahira I, Moue Y, Ohta Y, et al：Chronic hypoxia decreases heterogeneity of pulmonary blood flow distribution in rats. Respir Physiol 104：205-212, 1996.

3.15　骨格筋タイプと酸素利用

骨格筋線維はその特性により数種類のタイプに分類される．ヒトの筋線維は大別して，速筋線維（fast-twitch fiber；FT または Type II）と遅筋線維（slow-twitch fiber；ST または Type I）の2種類に分類できる．さらに，Type II 線維は Type IIA と Type IIB のサブタイプに分けることができる．また，ラットなどの齧歯類を分類する際には，収縮特性に加えて代謝特性を含めた分類もなされており，それによると筋線維は FG（Fast-twitch Glycolytic）線維や FOG（Fast-twitch Oxidative-Glycolytic）線維，SO（Slow-twitch Oxidative）線維に分類される．動物種によってこの区分が明瞭なものとそうでないものが存在するが（齧歯類は比較的明瞭な分類可能），収縮特性とそれを支える代謝特性とは密接な関わりを持ちながら協調的に機能分化している．一般的に FT 線維は収縮速度が速く，発揮張力も高いが，疲労しやすく張力の低下が著しい．それに対して，ST 線維は収縮速度が遅く，発揮張力は低いが，疲労しにくく張力発揮を長時間維持することができる．これらの収縮特性の違いは，FT 線維においては myosin ATPase 活性や解糖系酵素活性が高いが酸化系の酵素活性が低いこと，ST 線維においては myosin ATPase 活性やクレアチンリン酸の貯蔵量は低いが酸化系酵素活性やミトコンドリア含有量，毛細血管密度が高いといった構造的な違いから裏付けされる．なお，かつて筋が赤筋・白筋と色覚的に分類されていたように，筋の赤色化の程度は筋が有するミオグロビン（Mb）濃度の高低を反映している．一般的に心筋，横隔膜，ヒラメ筋などの持続的な筋収縮，有酸素的代謝能力に優れている筋に Mb 濃度は高い．前述のように，持久性に優れる筋ではミトコンドリアの酸化系能力が高いため，さまざまな筋肉を対象にした Mb 濃度とミトコンドリア酸化系酵素活性の関係は正の相関関係を示す．また，このように Mb が持久性能力（有酸素的代謝）に関わる間接的証拠は，Mb 濃度と毛細血管数の関係によっても示唆されている．これらの特性から考えても，ST 線維が FT 線維よりも酸素利用能力に優れると推測するのはさほど困難ではない．実際，主に FT 線維から構成される筋よりも ST 線維によって構成される筋の方が安静時酸素消費量が高いことや，ST 線維の割合と運動時酸素摂取動態の立ち上がり速度や酸素摂取量との間に正の関連性が認められている．

ところで，酸素摂取量（$\dot{V}_{O_2}$）は，＝血流量×動静脈酸素濃度較差（Fick の原理に基づく：$\Delta Q/\Delta t$＝Flux×濃度較差）から一般的に算出されるものの，とくに末梢筋組織に焦点を当てたときには $\dot{V}_{O_2} = D_{O_2} \times \kappa \times (P_{O_2} cap - P_{O_2} mit)$ と表されることがある（P_{O_2} cap：毛細血管内 O_2 分圧，P_{O_2} mit：ミトコンドリア O_2 分圧）．（P_{O_2} cap－P_{O_2} mit）は毛細血管と筋細胞内との間の O_2 勾配（ΔP_{O_2}：torr/μm）であり，influx O_2 driving force を反映する．生体内では，筋収縮時に細胞内外の距離（毛細血管内皮細胞から筋細胞膜までの距離：μm）が構造上大きく変化するとは考えにくいものの，細胞内外の酸素分圧が変化することは近年の研究によって示唆されている（単一心筋線維内の酸素濃度分布や P_{O_2} cap を推定した研究）．筋収縮開始に伴って，P_{O_2} cap が指数関数的に減少することが報告されている．筋収縮開始に伴う細胞内 P_{O_2} の変化を報告する研究では，細胞内 P_{O_2} も指数関数的に低下することを示唆しているものの，

検体に *Xenopus leavis* の単離筋細胞（frog muscle fiber：Mb が含まれていない）を用いており，哺乳類の筋細胞での確証が得られていない．つまり，現状では，筋収縮時の ΔP_{O_2} (torr/μm) は推測の域を脱していない．また，D_{O_2} は拡散性を表す定数と定義されており，この D_{O_2} には Hb に関わる要因として，①赤血球の移動速度や② $Hb\text{-}O_2$ の解離速度，拡散に関わる要因として，③毛細血管数や④拡散距離，Mb に関わる要因として⑤ $Mb\text{-}O_2$ の解離速度，⑥ Mb の拡散性（拡散係数），⑦ Mb 濃度，等の要因が挙げられている．Mb の生理機能に関しては，O_2 の貯蔵体として認識されているものの，筋収縮時に $Mb\text{-}O_2$ が解離し，細胞内の P_{O_2} が低下していることが示唆されている（3.12 参照）．

以上のように，末梢組織の酸素利用に関わる要因（毛細血管数，ミオグロビン量など）についても筋線維タイプ間で違いが見られることから，筋収縮時の酸素供給および利用効率についても筋線維タイプ間で異なることが予想され，そのことが呼気ガスレベルでの酸素摂取動態にも影響を及ぼしているのであろう．しかしながら，今日においても，筋線維タイプと生理的条件下での骨格筋組織内酸素利用についての実験的確証は得られてはいない．今後，益々の研究の発展を期待するところである．

［増田和実］

3.16 外界からの酸素取り込みおよび体内の酸素輸送の比較生物学

嫌気生物を除いてすべての動物種の成長と生命維持には，酸素が必要である．細胞内のミトコンドリアが生命エネルギーの源であるアデノシン三リン酸（ATP）を作るために必要とする酸素の取り込みは，細胞膜を介して酸素が濃度の高い外部環境から濃度の低い細胞内へ熱運動により移動する拡散によって行われる（「3.1 酸素カスケード」参照）．

水中に棲む単細胞生物から1mmくらいまでの小動物ではすべての体表面を通して酸素は直接ミトコンドリアまで拡散し取り入れられる．体の大きくなった多細胞動物では酸素の需要に応じられる拡散面積の増大が生じ，また陸に棲み防水性の外皮を持つようになった動物では酸素が溶解し拡散できる湿った状態の体内環境が必要となり，外部環境から体液へ酸素を供給，取り入れる呼吸器官を発達させた．さらに酸素の組織中における拡散速度は遅いので，体の内部へ酸素を輸送するために，体液を流す循環系を備えた．しかし酸素の体液への溶解度は低く，溶解しただけでは十分な酸素を運べないので，酸素を輸送するタンパク質（呼吸色素）を持った．この呼吸色素はタンパク質による粘性の増大を抑え酸素輸送の能力を上げるため特別な細胞（赤血球）に封じ込められている．

一般に，細胞内ミトコンドリアへ供給される酸素の取り込みは，(1) 環境から呼吸器官へ酸素を含む媒体（水か空気）の輸送（換気）と，(2) 呼吸表皮から体液への酸素の拡散，(3) 体液に取り込まれた酸素の組織への輸送（循環）と，(4) 細胞への酸素拡散の4つのプロセスによって行われる．ゾウリムシやアメーバなどの1mmにも満たない原生動物は体表面から酸素を取り入れるから，表皮が呼吸器官とみなされるが，酸素の供給には換気や循環を必要とせず，もっぱらその拡散に依存している．大きいものでは数mmにもなるプラナリアなどの扁形動物も循環系を持たず，平らですべての細胞が外部環境に近いので体表から直接拡散によって酸素を取り入れる．細長い棒状をした体を持つ腔腸動物のヒドラは伸びた時に1cm近くになるものもあるが，口を通して外部環境から水を取り入れ，体内腔の細胞は供給された水と直接ガス交換を行う．循環系を持たないが，呼吸表皮へ水の流れを作って酸素を供給する換気の手段を得ている．環形動物のミミズやヒルは湿った皮膚の下に循環系を発達させ，皮膚を介して拡散してくる酸素を循環系により体の内部へ輸送するようになった．

動物の酸素需要はほぼ体積の関数として増加し，拡散によって摂取される酸素量は体表面積に依存する．体表面積（供給）と体積（需要）比は体が大きくなるほど，すなわち酸素需要が増すほど減り，拡散距離も長くなる．したがって，体が大きくなり酸素の需要が高まると，呼吸表皮から体液へ，体液から細胞へ酸素の拡散だけでは満たされなくなる．そこで外部環境から水や空気の流れによる呼吸表皮への酸素の供給（換気）と循環系による組織への体液の輸送（循環）手段を備えるよう動物の酸素摂取は発達した．例外的に爬虫類と鳥類の胚は卵殻内で成長するため換気が行われず，酸素はもっぱら拡散と循環によって取り入れられる．

1. 酸素摂取発達のあらまし

アメーバやプラナリアでは，呼吸器官である表皮を介して酸素は外部環境から体液（細胞）

へ拡散のみによって供給されるが，ヒドラや海綿などでは，表皮の他に，まず環境から体内腔へ水流によって酸素が輸送され，次いで内腔壁を拡散し体液へ供給されている．動物が大きくなり酸素需要が増えると，小さい容積で広い面積を持つ呼吸器官が発達し，複雑になった呼吸器官へは水や空気の流れによって酸素が輸送され，呼吸表皮から体液へ拡散する酸素を多量に取り入れられるよう体液は呼吸色素を持ち，体液を組織へ輸送する循環系も備わった．脊椎動物において呼吸色素は細胞内に閉じ込められ赤血球となり，酸素を運搬する特別な体液として血液ができた．

多量の酸素が呼吸器官を介して血液へ拡散によって取り込まれるためには，呼吸器官の表面は薄く広く，酸素が溶解できるよう常に濡れている必要がある．水中に棲む動物にとっては有利な条件であるが，空気呼吸を行う動物には一大事である．水中にいれば表皮が呼吸器官になるし，また表皮を押し出し外転させて拡散面積を増やし，あるいは体の一部に裂け目を作り口から水を飲み込んで口腔内の血管叢に流し酸素を取り入れることが可能で，水生動物は鰓を発達させた．空気を呼吸する動物では，体内に張り巡らせ酸素を直接拡散により取り入れる気管や，呼吸表面を湿った状態に保ち，さらに傷つかないようにするために体表面を体内に陥入させ空気を出し入れするポンプを備えた肺を発達させた．

2. 呼吸器官

a. 表 皮

原生動物，海綿動物，腔腸動物（刺胞動物），扁形動物，環形動物などは，体表を介して酸素は拡散によって直接体内に供給される．線形動物のハリガネムシは長さが1mにも達し，海に棲む渦虫類扁形動物の中には長さと幅が数十cmにも達するものもあるが，体の細胞は環境媒体からほぼ1mm以内にある．体を扁平にして体表面を大きく増やし呼吸を行っている．

体の内腔に消化器官を備えた水中に棲む動物は，水の流れを起こし内腔を換気する．海綿は胃腔壁の鞭毛を持つ襟細胞を動かして体壁に開いた小孔群から胃腔に水を取り入れ，大孔から排出して胃腔を換気している．クラゲ，サンゴ，イソギンチャクなど刺胞動物は筋肉の収縮によって口を介し胃血管腔を換気する．供給された酸素は内腔壁を拡散して体内へ摂取される．

土壌など湿った空間に棲むミミズでは，湿った皮膚表面に周りの空気中の酸素が溶解し皮膚を拡散して体液に取り込まれる．環境温度が30℃の場合，空気と水に含まれる酸素の量には約40倍の差がある．雨などが降って土壌が水浸しになると周囲の酸素は激減するのでミミズは窒息の脅威にさらされる．そこから逃れて舗装道路にでも出ようものならすぐ皮膚が乾燥して酸素を摂取できなくなる．皮膚呼吸を行うミミズにとって，空気のある湿った土壌は呼吸するために欠かせない生活の場である．

体が大きくなっても代謝量が低い場合には皮膚呼吸のみにより酸素を供給できる．沼や池に潜って冬眠しているカエルでは皮膚から必要とする酸素のすべてを取り入れている．魚や両生類，爬虫類などで行われる皮膚呼吸は鰓や肺など他の呼吸器官による酸素摂取を補完するものであるが，ウナギでは需要酸素量の半分以上を，カエルでは活動時に必要とする酸素量の30%から50%くらいを皮膚から摂取している．

爬虫類や鳥類の胚は卵殻の内部で成長するので，卵殻を介して酸素を取り入れなければならない．卵殻には非常にたくさんの気孔が貫通しており，卵殻膜の下には毛細血管網が全面に広がっている．酸素は外部環境から気孔を介して卵殻内部に拡散し，毛細血管を流れる赤血球に取り込まれる．ダチョウの卵は大きいもので2kgくらいもあり，卵殻は3mmほどの厚さに

もなる．酸素はこの厚さの卵殻をもっぱら拡散のみによって卵の内部へ取り入れられている．卵によって行われているガス交換は表皮による呼吸の特別な例である．

b．気管

昆虫やムカデ，ヤスデ，クモなどの節足動物は何度も分枝して体中に網目状に分布させた気管によってガス交換を行っている．気管の先端は直径が $0.2\mu m$ くらいまでに細い毛細気管になっており血リンパで満たされ，体細胞の原形質膜にまで達している．空気は体の両側にある弁状の気門から気管系に入り，酸素は毛細気管内の血リンパに溶解し薄い壁を介して体のすべての組織へ拡散するので，酸素を運搬する循環系を必要としない．ノミのように小さい昆虫では，酸素は細胞まで直接拡散するが，ハチやバッタなど大きな昆虫は腹を伸縮させて気管に繋がっている空気嚢に圧力の変化を与え気管系を換気する．気管系における空気の流れは，簡単な気管系では同じ気門を出入りする往復の流れであるが，ゴキブリや大きな昆虫では，前部の気門から入った空気は体軸方向の大きな気管を通り体の後部にある腹部の気門から出る一方向の流れである．しかしそれ以後に分岐した気管では往復する流れとなる．

空気中における酸素の拡散係数は水中に比べて格段に大きいので，空気を呼吸媒体とした気管系は効率の高いガス交換を行える．水中に棲む昆虫の中には水を呼吸媒体とせずに，空気を呼吸する種類もある．蚊の幼虫は水面近くに棲みサイホンのように作用する特別な作りをした器官を水面上へ出して空気を呼吸する．ゲンゴロウなどの水生昆虫は水に潜るときに翅の下に気泡を付け，気管でその中の酸素を摂取する．気泡の酸素が消費されると周りの水から酸素が気泡へ拡散し補給される．周囲の水を足で攪拌（換気）し気泡への酸素の拡散を増やす昆虫もいる．一方気泡の中の窒素は周囲の水へ拡散し，やがて気泡が小さくなり表面積が減って周りの水から拡散による酸素の供給が減ると，昆虫は水面へ戻り気泡を作り直してまた潜水する．小さい水生昆虫の中には体表に無数の防水性の毛を持ち，この毛によって体の周りに薄い縮むことのない気泡を作り，周りの水から気泡へ，気泡から気管へ拡散による酸素の取り込みがほぼ無期限に行われるものもいるし，血リンパの中にヘモグロビンを持ち酸素を蓄えて長い間潜水する動物もいる．しかし，気管による呼吸は換気が行われるとしても，拡散距離が長くなると酸素の取り込みが制限されるから，気管呼吸を行う動物の体の大きさにはガス交換の点から限界があると考えられる．

c．鰓

多くの水生動物は鰓を介して酸素を摂取している．ヒトデやウニは体壁に管状の突起を持ち，この管足で呼吸するが，ヒトデは簡単な鰓を持つ．小さな皮膚の突起で，それより大きい棘状突起と小さなやっとこ状の叉棘に保護され，繊毛を動かして呼吸表皮を海水で換気し体腔液との間でガス交換を行う．水生甲殻類節足動物の場合，フジツボや非常に小さいミジンコは鰓を持たず表皮を介して拡散によって酸素を得ているが，エビやカニなどには胸部付属肢の付け根の外側に細かい糸状に突出した鰓があり，背甲がひさし状に張り出してできた半ば閉じた洞の中に保護されている．この洞の中は，口の近くにある水を汲み出す特殊な器官によって，新鮮な水が供給される．成体が陸上で生活する種類のカニは，鰓で呼吸した水を口から吐き出し胴体の横を伝わせて脚の付け根部分から取り入れ鰓に再び流して呼吸する．

軟体動物の鰓は体壁が外側に張り出して体を包み込んでいる外套腔の中にあり，外套腔と鰓は一方向の水流によって換気され，鰓を流れる血流と対向する流れを成している．巻貝などの腹足類やカキ，ハマグリなどの弁鰓類は繊毛を

動かして水流を起こし，イカやタコなどの頭足類は外套の筋肉を収縮させて外套腔の水を水管から吐き出し推進力を得ると同時に鰓を換気する．

ヤツメウナギのような無顎類やサメ，エイなど板鰓類の魚も鰓を流れる血流に対向する水の流れを鰓に供給しガス交換の効率を高めている．サメは口腔を広げて口と一対の噴水孔から海水を吸い込み，次いで口と噴水孔を閉じ口腔周囲の筋肉を収縮させて海水を鰓裂から外部へ流し，鰓に一方向の脈動する水を供給する．

真骨魚類の鰓は硬い骨でできた鰓蓋によって保護されている．小さい鰓が酸素を取り入れるのに必要な広い表面積を持つために，鰓はいくつかの部分に分かれた構造をしている．鰓蓋の内側に配置された4個の鰓弓には導出性および導入性の血管が走り，薄くて細長く層状に並んだ2列の鰓弁がV字状に張り出し，鰓弁の先端は隣の鰓弓から伸びた鰓弁の先端といくぶん折り重なりふるいのようになっている．個々の鰓弁には鰓弓から血管が伸び，さらに表面が密に血管化された皿状の鰓葉が梯子の横木のように並んでいる．鰓葉の毛細血管叢を流れる血流と鰓葉の表面に供給される水の流れは互いに相対する対向流になっており，水からできるだけ多くの酸素を取り入れる構造をしている．鰓へは鰓ポンプともいうべき口と鰓蓋の周期的な開閉と筋肉の動きによって一方向の定常流が供給される．口を開けた時に鰓蓋を閉じ筋肉を外側へ広げて口腔内へ水を引き込んでから口腔を縮め鰓に水を流す．次いで鰓蓋を開けて口を閉じ口腔と周囲を縮めて水を鰓蓋の方へ押し出し，鰓に途切れることなく水を流す．魚が口を開けて前進遊泳あるいは回遊することも呼吸のための水流を効率的に鰓に供給する．水に含まれる酸素は動脈血に比べて少ないから，鰓には血流の10倍も多い水流が供給され，対向流との相乗効果によって水から70%–90%にも及ぶ酸素を摂取することができる．

水に含まれる酸素の量は温度によるが空気中の1/20から1/40しかない．100 mlの空気は約21 mlの酸素を含むが，空気に飽和している5℃の水100 mlに含まれる酸素は約0.9 mlである．酸素の水への溶解は温度とともに減少するから，15℃で約0.7 ml，35℃では0.5 mlしか含まれない．さらにイオン濃度が増すと減少するので，海水においては淡水の20%も少ない．空気呼吸する動物と同じ量の酸素を得るために水を呼吸媒体とする動物は，呼吸表皮に空気に比べ20-40倍の水を供給しなければならないことになる．水に溶ける酸素の量がきわめて少ないことは水生動物の呼吸にとって大きな問題であるが，水中環境ではこれに留まらず，酸素の拡散する速度は空気中に比べて3×10^5倍も遅く，水自体は空気よりも約800倍も濃く，粘性は50倍もあるなど，ガス交換にとっては不利である．したがって，このように不利な環境から必要な酸素を摂取する魚の鰓の構造は非常に効率的に作られていなければならない．

魚の体温は環境の水の温度に近いから，低温環境に棲む魚では単位体重当たりの酸素消費量は哺乳類に比べて少ない．たとえば体重55 kg，呼吸総面積66 m^2，体温37℃のヒトの安静時酸素摂取量が210 ml/min（単位体重，単位時間当たりに換算して，0.23 ml/(h·g)）に対して，重さが200 gで鰓の呼吸面積が0.06 m^{2}あり，温度10-15℃の水の中にいるマスの酸素摂取量は0.13 ml/min(0.04 ml/(h·g))で，単位体重当たりの酸素摂取量はヒトの約1/6である．単位体重当たりの呼吸面積もヒトの12 cm^2/gに対して，マスは3 cm^2/g，さらに静かにしている時には全鰓葉の60%にしか水は流れないので，ガス交換に寄与する面積は約1.8 cm^2/gで少ない．血液までの酸素の拡散距離も肺胞の約1 μmに対して鰓では5 μmと5倍もあるのに，単位呼吸面積当たりに摂取される酸素量は0.013-0.02 ml/(h·cm^2)で，他のパラメーターの差から比べればヒトもマスもほ

ぼ等しい．幾段にも幾層にも重なり合って構成される鰓の呼吸表皮に流れる水と毛細血管叢の血流が対向流になって効率的に酸素が取り入れられている．活発に泳いでいる時には，静かにしている時に水が流れていない鰓葉にも水が流れガス交換の有効面積を増やし，さらに鰓葉における血流分布も変え，水流と血液間の拡散距離も縮めて拡散容量を増加させ，酸素摂取量を8-10倍にも増やすことができる．ガス交換に不利な水中で魚は鰓によって呼吸して，低酸素環境でも酸素摂取量を変えずに維持できる．

一方で効率的な鰓とポンプ機構を発達させた魚でも，エネルギーの20％くらいを水から酸素を摂取するために費やしている．これに対して肺で呼吸する哺乳類では酸素を摂取するために安静時の代謝量の1-2％を使うだけですむ．慢性的に酸素が欠乏している水域にすむ魚には，たとえばアロワナのように空気を呼吸するようになった種類もある．

両生類では，イモリやサンショウウオ等の幼生が鰓弓から樹枝状の外鰓を出し，オタマジャクシも成長の初期に体外へ突出する総状あるいは羽状の外鰓で酸素を取り入れる．メキシコサンショウウオが幼形成熟したアホロートルの樹枝状の外鰓は成体になっても残り機能する．

d．肺

陸上に棲むカニの鰓は空気中でもつぶれず，さらに鰓のある内腔の壁は薄く密に血管化され酸素を取り入れることができる．ムツゴロウなども構造的に強化され空気中でも潰れない鰓を持ち，水の外で短期間，鰓でガス交換ができる．しかし一般的には物体を浮かすことのできる水中だから鰓はその形状を保っていられるので，たとえ酸素が豊富であっても空気中では水の凝縮力によって鰓弁はしぼんで互いにくっつき，その機能を失ってしまう．そこで酸素の豊富な空気を呼吸するために，魚では口，鰓蓋，あるいは咽頭腔や消化器官などの膜にガス交換の補助的な機能を持たせ，約400種類の魚は，酸素のすべてあるいは一部を空気から得ている．電気ウナギの口の内面は密に血管化されて酸素を取り入れることができるし，ナマズの中には内面が血管化された胃袋でガス交換を行える種類もある．

一方空気のみを呼吸する動物は，表面が湿って血管化され，細い管で外界に繋がった袋状の肺を体内に作った．換気することはできないが，この袋状の肺はカタツムリやナメクジなどの有肺類腹足軟体動物や小形の甲殻類などに見られる．クモやサソリなどの節足動物は体腔内に10-100個の薄板を本のページのよう重ねた書肺を持ち，空気は気門から入り酸素は書肺の表面から血リンパへ拡散し体内へ供給される．

肺魚の肺は脊椎動物の中では原始的であるが，咽頭から伸びた気送管に内面が襞や窪みに覆われ血管化された呼吸袋（器官）が繋がり，空気を出し入れする簡単な換気機能を持ち，鰓の呼吸機能を補う．アフリカや南アメリカの肺魚では二裂の肺を持ち鰓は縮小している．肺魚は水面上で口を開け口腔を広げて空気を吸い込む．次いで口を閉じ口腔を狭めて空気を前部の呼吸袋へ流した後にそれを閉じ，後部の呼吸器官を収縮して鰓蓋から古い空気を吐き出す．口は閉じたまま前部の呼吸器官を開いてから収縮させ，溜めておいた空気を後部の呼吸器官へ送りガス交換を行う．肺で酸素化された血液は肺循環を流れ，体循環を通り組織で脱酸素化した血液と分けて流す不完全な複式循環回路を備えている．

両生類も二裂の袋状の肺を持っており，陸生のカエルやヒキガエルでは肺の内面は多くの突出物と襞によって蜂の巣状になっておりガス交換を行う表面積を増している．カエルは喉頭を閉じ口の底部を下げて口と鼻孔から口腔内のポケットに空気を取り入れる．多くの場合，喉頭を閉じたまま口腔を繰り返し動かし十分に新鮮な空気を口腔内のポケットに溜め込む．次いで

喉頭を開き肺の弾性反動と胸部の圧縮によって肺から古い空気を口腔内ポケットの中の新鮮な空気と混合させずに外へ吐き出す．そして口と鼻を閉じ口腔を狭めてポケット内の空気を肺へ流し込み喉頭を閉じてガス交換を行い，しばらくして再び空気を口腔内へ吸い込み次の呼吸周期に移る．この呼吸の仕方（呼吸周期）は両生類の種類によっていくぶん異なり，カエルでもガス交換を行った後に喉頭を開いて古くなった空気をまず吐き出してから，喉頭を閉じ口腔内ポケットへ空気を溜め込む種類もある．両生類は口腔内圧を大気圧より高くして肺に空気を送り込む陽圧呼吸を行っている．

多くの爬虫類は2つの肺を持っているが，ヘビでは左の肺は機能せず，右の肺は両生類のように表面が蜂の巣状の気嚢になっている．トカゲやカメ，ワニでは2つの肺に空気を供給する管が伸び，その管から幾重にも枝が分かれ，小さな袋に繋がり呼吸面積を大きく増やしている．肺への空気の供給（換気）は肺内の圧力を大気圧より低くして空気を吸い込む陰圧呼吸によって行われ，そのために換気に使う筋肉は食餌を取る筋肉と分かれて発達している．換気の周期は吸気（吸入）と呼気（呼出）に分かれ，胸腔容積は種によって幾通りかの方法で変えている．ヘビとトカゲは肋間筋を使い，肋骨が動かないカメは代わりに1対の板状の腹筋と足の動きも補助的に使って肺を広げたり縮めたりする．ワニは横隔膜状の筋肉に連なった肝臓がピストンのように働き肺容積を変え，換気が行われる．

鳥類の1対の肺それ自体は堅く容積をほとんど変えることができないが，フイゴのように働く一連の柔軟な気嚢を肺の前後に備え，それにより換気され水分損失も抑えられている．鳴管部で気管は左右の主気管支に分かれ肺へ入り，後部の副気管支群，そしておびただしい数の側気管支から前副気管支群を経て元の気管支に戻る．さらに肺の前後には3対の前気嚢と2対の後気嚢が繋っている．側気管支からは非常に多くの毛細気管が伸び，その周囲には毛細血管網が横切るように分布しており，酸素は側気管支から毛細気管へ，そして毛細血管壁から血液へ拡散し供給される．肺の換気は肋骨の筋肉と胸骨に付いた筋肉を使って胸部の容積を変えて行い，吸気と呼気をそれぞれ2回行って，一方向へ連続した空気の流れを作っている．最初の吸気で新鮮な空気が中央の主気管支を通り後気嚢に直接蓄えられ，それに続く呼気によって後気嚢から新鮮な空気が肺へ供給され，2度目の吸気でガス交換を行った古い空気が肺から前気嚢へ移り，2度目の呼気で古い空気が前気嚢から気管を通って外へ排出される．2度目の吸気・呼気時に，次の換気運動の最初の吸気・呼気運動が行われるから肺には絶えず一方向の空気が流れ，毛細気管は吸気にも呼気にも新鮮な空気が供給される．この構造と毛細気管，それを横切るように分布する毛細血管をそれぞれ流れる空気と血液の向きが，体の大きさに比べて肺を小さく抑え，非常に高い酸素の取り込み効率を実現している．飛翔とそのときに必要な大きい代謝に対応するための進化的結果であるといえる．たとえばインドガンは中国東北部からモンゴル，チベットの標高4,000-5,000 mの高地にある沼沢で繁殖し，越冬のためインドやビルマへ渡るときには8,800 mを越すエベレストの山頂を越えることもある．水分損失を抑え，効率的に酸素を摂取できる肺が必要であり，鳥類の肺はそれに応じられる．

哺乳類では左右の気管支は，心臓のある左側は2本，右側は3本の葉気管支に分かれた後も分枝を繰り返し呼吸細気管支となり終末は肺胞管から肺胞へ繋がる．哺乳類は横隔膜を持つので，吸気時には肋骨を上に引き上げるとともに横隔膜を収縮させて平らにし胸腔を広げ，内圧を大気圧より低く陰圧にして空気を肺に吸い込む．呼気時には筋肉が弛緩し肋骨と横隔膜が元の位置に戻って胸腔が狭まり肺からガスが排出

される．ガス交換面積は哺乳類で最大となり，ヒトの肺で3億個とも5億個とも数えられる個々の肺胞の表面は80-90％が毛細血管網に覆われ，肺胞の全表面積は体表面積の50倍にも及び，年齢や空気の吸入状態によっても異なるが50-90 m^2 にもなり，肺胞毛細血管の全長は1,000 kmにも達するといわれる．毛細血管網を流れる血液への酸素の拡散とヘモグロビンとの反応は0.2-0.5 s（秒）で行われ，血液が毛細血管を流れている時間（接触時間）は激しい運動時でも0.3 sはあり，安静時には0.7-0.9 sほどあるから，その接触時間内に酸素を摂取できる．

一方外部環境から肺胞へは口，鼻腔を介して，咽頭，喉頭，気管から細気管支へ気道が連なっているので，肺胞の換気はこれらのガス交換に携わらない死腔（約150 ml）を介して行われるから非効率的である．しかもヒトの肺の容量（全肺気量）は4-6 l あり，通常の呼吸で肺に取り入れられる空気（一回換気量）は400-500 ml であるから，1回の換気ごとに肺の中のガスのおよそ1/10の量しか新鮮な空気に入れ替えられるに過ぎない．もし魚のように体側に穴があり，口から吸った空気が肺を通りガス交換を終えて穴から排出されれば，効率はよいはずであるが，同時に多量の水分が失われる．肺が鰓のように一方向の水の流れによらず，気道を往復する空気によって肺を換気する構造になっているのは，適度のガス交換と水分保持がなされるよう進化的な妥協の結果であると考えられる．呼吸に伴って肺から排出される水分は，一般的な室温，約50％の湿度で軽度の作業をしているヒトで1日約350 ml 程度である．

空気中に酸素と炭酸ガスはそれぞれ20.95％と0.03％含まれ，アルゴンも0.93％あるが，大まかに，吸入される空気100 ml 中に酸素は21 ml（21体積％，21 vol％と表す）含まれ，炭酸ガスは0 ml（0 vol％）で，アルゴンは不活性ガスなので残りは窒素であるとする．肺には最大に息を吐き出しても残るガス量（残気量）と運動時などに備えて吸気にも呼気にも増やすことのできる予備のガス量（吸気予備量と呼気予備量）があるので，死腔を介して肺を換気し毛細血管の血液とガス交換を行った肺胞の中のガス，肺胞気100 ml に含まれる酸素と炭酸ガスはそれぞれ14 ml（14 vol％）と5.6 ml（5.6 vol％）となる．排出される酸素と炭酸ガスは肺胞気と吸気が混合して，呼気100 ml 中にそれぞれ16.3 ml（16.3 vol％）と4.5 ml（4.5 vol％）となる．肺胞気と呼気に含まれる窒素量に1.2 ml の差があり，両方のガスとも水蒸気に飽和している．これらいろいろのガスが混ざっている混合ガスにおいては，それぞれのガスは分圧を持っており，すべてのガス分圧の和は混合ガスの全圧となり大気圧に等しい．したがって，1気圧（760 torr）のもとで，肺胞気は37℃で水蒸気に飽和しているので47 torrの水蒸気圧を持ち，酸素，炭酸ガス，窒素の分圧はそれぞれ100 torr，40 torr，573 torrとなる．混合ガスと接して平衡している溶液（たとえば血液）のガス分圧は混合ガスの分圧に等しい．

3. 呼吸色素

呼吸表皮を拡散し体の内側へ取り入れられた酸素は，循環する体液によって組織へ運ばれる．しかし，酸素の体液への溶解度は低いので，溶解して運ばれる酸素量はきわめて少ない．酸素の需要が大きくなった動物では，体液に酸素が溶解して輸送されるだけでは需要を賄いきれず，酸素と可逆的に結合できる金属イオンを含む特殊なタンパク質（呼吸色素）を持つようになり，酸素を運搬する能力を大きく伸ばした．酸素と金属イオンが結合すると，これらのタンパク質は特定の色を持つので呼吸「色素」と呼ばれる．

無脊椎動物の中では，イカやタコ，オウムガイ等すべての頭足類，腹足類の一部，二枚貝を含む軟体動物とエビやカニ等多くの甲殻類やムカデ等の唇脚類節足動物は体液（血リンパ）中にヘモシアニン（血青素）を持つ．銅を含む呼吸色素で酸素と結合すると血リンパは無色から青色になる．ミミズやホシムシ等の星口動物，シャミセンガイ等一部の腕足類触手動物は酸素と結合してピンク色になる鉄を含むヘムエリトリンを持つ．ヘムエリトリンにヘムはなく，酸素運搬能力は低い．

　すべての脊椎動物における酸素を運搬する呼吸色素はヘモグロビン（血色素）であり，体液の粘性が増えるのを避けるために進化的に細胞（赤血球）内に閉じ込められたと考えられる．環節の無い線形動物のネマトーダや一部の環形動物，甲殻類や昆虫も血リンパ中にヘモグロビンを持つ．鉄を含み血液に赤い色を与え酸素親和性が非常に高いヘム4分子と無色のグロビン1分子からなっている．1gのヘモグロビンは約 1.34 ml の酸素と結合する．ヒトの血液 100 ml には約 15 g のヘモグロビンが含まれるから十分に酸素化された 100 ml の動脈血液は約 20 ml（20 vol%）の酸素を運ぶことができる．一方，37℃の動脈血液 100 ml に溶解する酸素量は約 0.3 ml（0.3 vol%）であるから，ヘモグロビンを持つことによってヒトは約 70 倍も酸素を運搬する能力を高めている．肺胞気の酸素量が 14 vol% であるから，動脈血液はそれより多く，空気中の酸素量（約 21 vol%）に匹敵する量の酸素を輸送している．

　その他にゴカイなどの多毛類環形動物が持つクロロクルオリンは鉄を含み緑色で，構造と酸素運搬能はヘモグロビンに似ているが，血球の中にあるのではなく血漿によって運ばれる．エリスロクルオリンは赤貝やユスリカ幼虫などにあり，赤色で鉄を含む．ユスリカ幼虫は汚濁した有機物の多い酸素の不足した環境にいるので，呼吸色素を持つことは環境への適応結果と考えられる．クジラやマグロなど潜水する動物の筋肉中にはミオグロビンが多量に含まれ酸素を蓄えて長時間の潜水を可能にしている．

　呼吸色素は環境の酸素が慢性的に少なくなった場合には，多くの脊椎動物において造血作用が起こり赤血球が産生され，代償される．潜水する動物では，陸に棲む動物より多いヘモグロビンを持ち，酸素運搬能を高めるとともにミオグロビンと同じように酸素を蓄え潜水に備えている．一方，代謝量が低く抑えられている動物ではヘモグロビンを必ずしも必要としない．南極に棲むアイスフィッシュは血液にヘモグロビンを欠き，骨格筋にミオグロビンも持たない．安定した低温環境に棲むため代謝量が低いうえに，海水と体液中の溶解酸素量が低温のため多いことと，心臓が大きく血管は太くなって心臓から拍出される血液量を増やして酸素の輸送を高めている．

4. 赤血球への酸素の取り込み

　呼吸色素は呼吸表皮から血液へ拡散してきた酸素と結合し，体液（血液）から酸素を取り去ることによって体液の酸素分圧を下げ，呼吸表皮における酸素分圧差を大きく保ち酸素の拡散を助けている．細胞ではミトコンドリアが酸素を消費するので，血液と細胞間の拡散に必要な酸素分圧差が保たれる．

　赤血球ヘモグロビンに取り込まれる酸素の量（酸素含有量）は血液の酸素分圧によって決まる．血液が空気に直接接している場合の酸素含有量はほぼ最大になり，血液が取り込むことのできる最大の酸素含有量を酸素容量という．ヒトの血液で 20.6 vol% ほどである．動脈血の酸素含有量は酸素容量に近く，ヘモグロビンは酸素にほぼ飽和している．血液が酸素にどの程度飽和しているか，すなわち赤血球ヘモグロビンのうち酸素と結合しているヘモグロビンの割合を血液の酸素飽和度という．酸素飽和度は酸素

分圧によって決まり，両者の関係を示す曲線はS字状になり，血液の酸素平衡曲線あるいは酸素解離曲線と呼ばれる．酸素解離曲線を酸素飽和度で示すと呼吸色素の量が異なる場合にも，たとえば50％飽和に必要な酸素分圧（P_{50}と定義される）を容易に比較することができ，P_{50}が小さいほど，酸素解離曲線は左方に位置することになるので血液の酸素親和性が高いことを示す．酸素解離曲線を酸素含有量で示せば，呼吸色素量の違いによる酸素容量や血液によって輸送される酸素の量が直接示される．

筋肉に含まれる呼吸色素のミオグロビンは酸素が結合する場所に1個のヘム分子を持ち，個々のミオグロビンは他のミオグロビンと関係なく酸素と結合するので酸素解離曲線は双曲線の形をとる．4個のヘム分子を持つヘモグロビンは酸素結合が互いに作用しあい，1個のヘムに酸素が結合すると残りのヘムにも酸素が結合しやすくなり，酸素解離曲線はS字状になる．ヒトの安静時における動脈血の酸素分圧は約95 torrあり，酸素に97％くらいまで飽和している．静脈血では酸素分圧と酸素飽和度はそれぞれ約40 torrと75％ほどになっている．またP_{50}はおおよそ25 torrであるから，ヒトにおいて酸素の摂取と輸送は解離曲線の上部の方で行われ充分に余裕がある．酸素容量が20.6 vol％であるとすると，動脈血および静脈血の酸素含有量はそれぞれの酸素飽和度を掛けて約20 vol％および15.5 vol％となる．その動・静脈酸素較差4.5 vol％は100 mlの血液によって全身の組織に輸送され摂取される酸素量が4.5 mlであることを示すから，1分間に心臓から拍出される血液量（心拍出量）が4.8 l/minであれば，酸素摂取量は動・静脈酸素較差に心拍出量を掛けて216 ml/minとなる．酸素解離曲線はS字状をしているので，酸素分圧が静脈の値よりも低くなると酸素飽和度は急峻に落ち込む．すなわち運動して酸素の需要が増し静脈血酸素分圧が下がると，酸素の動・静脈較差は大きく増えることになる．心拍出量も増えるので運動時には大幅な酸素摂取量の増加が見込める．さらに酸素解離曲線は血液中に二酸化炭素が増えると右方へ移動する特性を持つ（ボーア効果）．ボーア効果は酸素分圧が同じでも，二酸化炭素分圧が増すと動・静脈酸素較差が大きくなることを意味する．すなわち運動するとボーア効果による酸素摂取の増加も加わる．きわめて好都合であり，目的に合っている．

おわりに

生体の多くの生理機能はこうであったら都合がよいであろう，あるいは目的に合っているのにと考えられるように発達している．動物の体内への酸素の取り入れは，濃度の高い外部環境からの拡散に依存している．体が大きくなり拡散のみでは必要とする酸素を賄えなくなると，体を平たくしたり，体内腔の表皮を利用したり，さらに表皮に襞を作り換気機能を備え，体内には体液を輸送する循環系を発達させ，体液には酸素と効率よく結合，解離するタンパク質を加え，さらにそのタンパク質を細胞に封じ込め，体液輸送の効率をはかるように発達したと解釈できる．動物は鰓をもち，肺をもち，呼吸色素を備えて，酸素摂取の能力を上げるよう進化的に発達した．たとえば，ハチドリの酸素摂取量は40 ml/(g·h)であると報告されている．比較のためにヒトの酸素摂取量を毎秒当たりに換算すると3.5 ml/sであり，ハチドリがヒトの体重を持ったとすると，毎秒当たり約600 mlの酸素を取り入れていることになる．受動的な拡散による酸素の取り入れに，換気，循環，呼吸色素の機能を加えて，この驚異的な能力を備えた．一方，最大で約2 kgにもなる鳥類の卵の中で成長する胚は換気機能を持たず，もっぱら拡散のみにより酸素を取り入れている．マダガスカル島に生息していたエピオルニス（エレファントバード，隆鳥）の卵は10 kgにも及び，17-18世紀までニュージーラ

ンドに生息していたモアもダチョウより大きい卵を産んだ．これら鳥類の卵における拡散による酸素の取り入れについては「3.17 卵の酸素摂取」においてニワトリの卵によって紹介する．

　動物の体の細胞に取り入れられた酸素は栄養素を分解し，ATPをつくるエネルギーを栄養素から放出する結果，栄養素の代謝産物として炭酸ガスも産生され，主に酸素と逆の経路をたどって体外へ排出される．本項では酸素の摂取について述べ，炭酸ガス排出については触れなかった．動物における生理機能にはある程度の標準範囲がある．したがって記載したパラメーターの数値は平均的な値である．

[田澤　皓]

■文献

1) Moyes CD, Schulte PM：Respiratory Systems. In Principles of Animal Physiology, pp 398-451, Pearson Education(Pearson Benjamin Cummings), San Francisco, 2006.
2) Randall D, Burggren W, French K：Gas Exchange and Acid-Base Balance. In Animal Physiology Mechanisms and Adaptations 5th Ed, pp 525-578, W.H. Freeman and Company, New York, 2002.
3) Hickman CP, Jr. Roberts LS, Hickman, FM：Respiration. In Biology of Animals, pp 187-197, Times Mirror/Mosby College Publishing, St. Louis, 1990.
4) Mader SS：Respiration and Excretion in Biology：Evolution, Diversity, and the Environment. pp 488-515, Wm. C. Brown Publishers, Dubuque, Iowa, 1985.

3.17 卵の酸素摂取

進化の過程において，動物が大きくなると呼吸表皮へ酸素を輸送する換気機能を備えるよう発達したが，鳥類の胚は硬い卵殻と2枚の卵殻膜の内部で成長するため換気が行われない．平均的な60gのニワトリの卵では，卵殻表面積が約70 cm²あり，卵殻および外卵殻膜，内卵殻膜はそれぞれおおよそ300 μm，50 μm，15 μmの厚さを持ち，卵殻には半径約8 μmの気孔が10,000個ほど互いに1 mmほど離れて分布し貫通している．気孔の総面積は2 mm²ほどになり，卵殻表面積の0.03%に相当する．有精卵を38℃で暖めると卵黄の上部で卵子が急速に細胞分裂を繰り返し胚が形成され，卵黄膜上面には毛細血管が発達し胚に栄養を供給する．孵卵5日目頃に胚の老廃物を入れる袋（尿嚢）が排泄腔から外部に現れ，その尿膜と胚膜の外側の膜（漿膜）が癒着し漿尿膜となり胚と卵の内容物を包み込むように日毎広がる．孵卵12日目頃には内卵殻膜の内側全面に接して広がり，胚と卵のすべての内容物を包み込む．漿尿膜の上面には毛細血管網が全面に形成され広がっている．酸素は卵殻に開いた気孔群を介して，胚成長の初期には卵黄膜，その後は漿尿膜の網目状の毛細血管をジグザグに流れる赤血球へ，外部環境から拡散によって取り入れられる．孵卵期間21日の間，胚によって摂取される総酸素量は約5 lに及ぶ．

胚が成長する間，卵の中の水分は卵殻の外へ拡散し失われるから，卵の丸みを持った端の外卵殻膜と内膜の間に窪み（気室）ができる．酸素は拡散によって外膜と内膜の間および気室に取り入れられ，さらに内膜と漿尿膜毛細血管壁を拡散して赤血球ヘモグロビンと結合する．一般に動物のガス交換においては，酸素分圧の増加分に対する酸素濃度の増加分（$\beta = \Delta C/\Delta P$）は容量係数として定義され，媒体が空気の場合，理想気体の法則から$\beta = 1/RT$であり，Rは気体定数（2.785 cm³・torr/(cm³・°K)），Tは絶対温度（°K）であるから，温度38℃で$\beta = (1/866)$cm³/(cm³・torr) となる．この容量係数を用いると酸素濃度の増加分は酸素分圧で置き換えられるから，拡散によって摂取される胚の酸素摂取量（$\dot{M}_{O_2}$）は，Fickの拡散第一法則に従って以下の式によって表せる．

$$\dot{M}_{O_2} = G_{O_2} \cdot (PI_{O_2} - PA_{O_2}) \quad (1)$$

ただし，
$$G_{O_2} = (Ap/L) \cdot d_{O_2} \cdot \beta \quad (2)$$

ここで，PI_{O_2}は水蒸気飽和状態における外部環境の実効的な酸素分圧，PA_{O_2}は気室の酸素分圧，Apは気孔の総面積（2 mm²），Lは卵殻と外卵殻膜の厚さ（0.35 mm），およびd_{O_2}は酸素の拡散係数（0.23 cm²/s）である．したがってG_{O_2}は卵殻の形態とガスの特性，温度によって決まり，卵殻を介する酸素の拡散のしやすさを示す卵殻の酸素拡散コンダクタンスである．(2) 式中の各パラメーターの値は与えられているので，時間の単位を1日当たりに揃えてそれらを代入すると，$G_{O_2} = 13.1$ cm³/(d・torr) と算出される．水蒸気（H_2O）に対する卵殻の拡散コンダクタンス（GH_2O(cm³/(d・torr))）は水蒸気の拡散係数をdH_2O(0.27 cm²/s) とすると，$G_{O_2} = (d_{O_2}/dH_2O) \cdot GH_2O$の関係が成り立つから，$GH_2O$を測定すれば，$G_{O_2}$はその値からも算出できる．卵の$GH_2O$は，38℃で水蒸気圧が既知の孵卵環境で，一定期間における水分損失による卵質量の減少を計れば簡単に知ることができる．胚が卵歯で卵殻膜と卵殻を破る嘴打ち前の孵卵期間中は理論上一定で，$GH_2O = 12.3$ mg/(d・torr) の値が測定さ

表1 ニワトリの10日齢と18日齢における胚の質量（Mass），酸素摂取量（1日当たり（$\dot{M}_{O_2}^a$）と単位質量・1時間当たり（$\dot{M}_{O_2}^b$）），気室酸素分圧（P_{AO_2}），本文（1）式より算出した卵殻酸素拡散コンダクタンス（G_{O_2}）および卵殻全表面積に占める漿尿膜面積の割合（CAM）．コンダクタンスを計算するために拡散係数を使っているので，容積の単位にcm^3を用いている．

	Mass (g)	$\dot{M}_{O_2}^a$ (cm^3/d)	$\dot{M}_{O_2}^b$ (cm^3/(h·g))	P_{AO_2} (torr)	G_{O_2} (cm^3/(d·torr))	CAM (%)
10日齢	2	85	1.8	137	10.6	83
18日齢	22	570	1.1	100	12.7	100

れている．密度（モル質量/モル体積＝18.016/22.414 mg/cm^3）で割り容積の単位に換算するとG_{H_2O}＝15.3 cm^3/(d·torr) となり，さらに拡散係数比（d_{O_2}/d_{H_2O}＝0.23/027）を掛けると測定した酸素拡散コンダクタンスはG_{O_2}＝13.0 cm^3/(d·torr) となり，理論値にほぼ一致する．

このような酸素拡散コンダクタンスを持つ卵殻に囲まれて成長する胚の酸素摂取量は日齢とともに大きく増加する（表1）．10日齢に約2gの胚の体重は，18日齢には約10倍に増え，酸素摂取量は85 cm^3/d から約7倍増える．したがって単位体重当たりの酸素摂取量は発生初期ほど多い．成長とともに減るが単位体重当たりの酸素摂取量はヒト（0.23 cm^3/(h·g)）に比べれば胚の方がはるかに多い．

気室酸素分圧（P_{AO_2}）は日齢とともに減少している．孵卵器あるいは親鳥が抱卵している状態の卵の周りでは，卵から排出される炭酸ガスのために酸素濃度は空気中（20.95%）より低い．平均的に0.5%低いとすると環境の実効の酸素分圧（P_{IO_2}）は，1気圧（760 torr）の下で38℃における飽和水蒸気圧（49 torr）を考慮すると145 torr ほどである．結局，酸素摂取の駆動力となる卵殻内外の酸素分圧差（ΔP_{O_2}＝P_{IO_2} − P_{AO_2}）は，10日齢の8 torr から18日齢には45 torr へ増えている．酸素摂取量と酸素分圧差が測定できると，それらの値から（1）式を用いて卵の酸素拡散コンダクタンスが算出され，10日齢と18日齢ではそれぞれ10.6 および 12.7 cm^3/(d·torr) となる．18日齢の値は理論値に近い．外部環境から気室へ拡散して取り入れられた酸素は，さらに漿尿膜（chorioallantoic membrane；CAM）の毛細血管を流れる血液によって取り入れられる．漿尿膜は孵卵5日目頃から成長を始め12日目頃，卵内部全体を覆うようになる．10日目頃の被覆率は83%ほどである．したがって，これを考慮すると10日齢胚の卵殻の酸素拡散コンダクタンスはほぼ理論値に近くなる．

気室に取り入れられた酸素摂取量（$\dot{M}_{O_2}$）は，漿尿膜と毛細血管壁，血漿中を拡散して赤血球へモグロビンと結合し血液中に取り入れられる．その量は，以下の式によって表せる．

$$\dot{M}_{O_2} = D_{O_2} \cdot (P_{AO_2} - P_{CO_2}) \quad (3)$$

ただし， $D_{O_2} = Q_a \cdot t_c \cdot Hct \cdot F_{c_{ox}} \quad (4)$

これらの式は，ヒトの肺において肺胞から肺胞毛細血管の血液に取り込まれる酸素摂取量を表す式でもあり，D_{O_2}は肺拡散量（あるいは拡散容量，拡散能）と呼ばれ，肺の拡散障害を評価するために臨床では，たとえば一酸化炭素を含む混合ガスを用いて測定される．卵では毛細血管における拡散の実験モデルとして，4つのパラメーターが測定されている（表2）．ここで，P_{CO_2}は血液が毛細血管を流れて動脈血化されるときの平均毛細管血酸素分圧を示す．

気室に取り入れられた酸素はすべて漿尿膜毛細血管を流れる血液に取り入れられるから，酸素摂取量は表1に示された量と同じである．Q_aは漿尿膜毛細血管網を流れる血流量であり，通常毎分当たりの量（ml/min）で示されるが，酸素摂取量と比較するために毎日当たりの量（l/d）に換算して示した．たとえば，10日齢胚が1日当たりに85 mlの酸素を取り入れ

表2 10日齢胚と18日齢胚における酸素摂取量（表1と同じ）と漿尿膜の酸素拡散容量（D_{O_2}）に関連する各パラメーターの測定値．容積はmlの単位を用いている．

日齢 (d)	$\dot{M}_{O_2}$ (ml/d)	Q_a (l/d)	tc (s)	Hct (%)	$F_{c_{ox}}$ (s/torr)	D_{O_2} (ml/(d・torr))
10	85	1.6	0.87	20.5	5.6×10^{-3}	1.6
18	570	8.3	0.36	36.5	8.7×10^{-3}	9.5

るために呼吸器官（漿尿膜）には1.6 lの血液が流れる必要がある．tcは漿尿膜毛細血管を血液が流れている時間で，気室のガスに接触し酸素を取り入れている時間（接触時間）に相当する．ヒトの肺で接触時間は0.7〜0.9 sほどで，運動している場合は血流量が増え半分くらいの時間に短縮し，需要の高まった酸素を取り入れている．胚の場合は10日齢で安静状態のヒトと同じくらいの時間であり，18日齢になるとヒトの運動している状態の値に近くなる．Q_aとtcの積は，酸素を取り入れる（肺胞あるいは漿尿膜）毛細血管の総容積となる．胚の場合，時間の単位を考慮して積をとると，10日齢と18日齢ではそれぞれ16 μlと35 μlになり，倍に増えている．

ヒトでは，心臓から大動脈へ拍出され体の組織を流れるすべての血液は呼吸器官（肺）にも流れる完全な複式循環（体循環と肺循環が直列に繋がっている．しかし，胎児では左右の心房間に卵円孔が，肺動脈と大動脈間に動脈管があり，機能していない肺へ血液を流さない短絡路となり一部しか流れない不完全な複式循環になっている．胚も胎児と同じである．）であるから，心拍出量が4.8 l/minであるとし，赤血球の肺胞毛細血管における接触時間が0.75 sであれば，毛細血管容積は60 mlである．この値は血液量に相当するから，血液中に占める赤血球容積の割合を示すヘマトクリット値（Hct）を掛ければ肺でガス交換を行っている赤血球容積が知れる．ヒトの場合，Hctが45%とすると，赤血球の量は27 mlである．胚では，漿尿膜毛細血管において10日齢と18日齢でそれぞれ3 μlと13 μlになる．これらの量の赤血球中

にあるヘモグロビンが酸素と化学反応して結合し血液中に取り入れており，どのくらい取り入れられるかは赤血球の酸素化速度に依存する．実際には赤血球が毛細血管を流れる接触時間における平均の赤血球酸素化速度係数（$F_{c_{ox}}$）を掛ければ，気室と漿尿膜毛細血管の平均単位酸素分圧差当たりに赤血球に取り込まれる酸素量（D_{O_2}：拡散容量）がわかる．10日齢と18日齢胚でそれぞれ1.6および9.5 ml/(d・torr)であり，その増加する割合は酸素摂取量の増加する割合にほぼ等しい．このことは酸素を取り入れる駆動力である気室酸素分圧と平均毛細管血酸素分圧の差が日齢によってそれほど変わるものではないことを示す．

一方，気室酸素分圧は両日齢の間で37 torr（表1）も下がるから平均毛細管血酸素分圧もほぼ同じくらい低下していなければならない．平均毛細管血酸素分圧がこんなにも下がることができるためには，酸素解離曲線自体が胚の成長と共に左方へ移動していなければならない．実際に胚において，酸素解離曲線の位置を示すP_{50}はpH=7.4の場合10日齢胚で60 torrであり，18日齢では29 torrと大きく低下している．すなわち成長とともに酸素摂取量が増えるにつれ，血液の酸素親和性も大きく増えており，きわめて好都合である．

酸素化速度係数は赤血球の酸素飽和度が変化する速度を測定することによって算出する．胚の呼吸器官は薄い膜（漿尿膜）であるので，その一部を切り出し顕微鏡下でその標本に混合ガスを流し，1個の赤血球における酸素飽和度の変化を顕微分光装置により測定すれば，赤血球が毛細血管を流れているありのままの状態で酸

素化速度を知ることができる．また反応させる混合ガスを静脈血に相当する組成から気室の組成に顕微鏡下で変え測定した1個の赤血球の酸素飽和度変化曲線において，動脈血に相当する酸素飽和度になる時間が接触時間に相当する．卵では酸素解離曲線やボーア効果の発現時間等を組織の中に近い状態で測定でき，血液のガス交換特性を研究するには好都合の生体実験材料である．

[田澤　皓]

■文献

1) Tazawa H, Mochizuki M：Rates of oxygenation and Bohr shift of capillary blood in chick embryos. Nature 261, pp 509-511, 1976.
2) Tazawa H：Embryonic Respiration. In Bird Respiration II, pp 3-41, ed. by Seller TJ, CRC Press, Boca Raton, 1987.
3) Tazawa H, Whittow GC：Incubation Physiology. In Sturkie's Avian Physiology, pp 617-634, ed. by Whittow GC, Academic Press, San Diego, 2000.

3.18 低酸素性肺血管攣縮

低酸素性肺血管攣縮（hypoxic pulmonary vasoconstriction；HPV）は，何らかの原因により肺胞気酸素分圧が低下した場合，その肺胞に隣接する抵抗肺小動脈の血管平滑筋が収縮する現象をいう．これは，低酸素肺胞領域の血流を低下させることにより，正常肺胞領域に血流をシフトさせ，肺の酸素摂取効率の低下を抑えようとする，肺血管自体に備わった生理的代償機転である．高地順化や睡眠時無呼吸などによる低酸素状態になると広範囲に低酸素性肺血管攣縮が生じ，肺血管抵抗が上昇して肺高血圧症をきたし，慢性化した場合には右心不全の原因となる．

1. 肺循環の特徴と低酸素性肺血管攣縮

肺は主に酸素を摂取し二酸化炭素を排気するガス交換の場である．このガス交換は気道から流入してきたガスと肺循環を流れる血液が接する肺胞で行われる．肺循環は末梢組織へ血流を送る体循環系と同量の心拍出量を単一臓器として一手に引き受けるため，肺循環系には受動的な容量血管としての拡張性の高い血管と予備血管床（recruitment）が存在し，肺循環の血管抵抗は体循環の1/10しかない．他方，生体が肺胞気低酸素を生じる何らかの肺病変や環境下におかれると，肺循環は酸素摂取効率を高めるため，肺血流を換気の多い肺へシフトさせる機能をもっている．これにより換気と血流をマッチングさせ，静脈化血の酸素化効率を改善する．この機能を果たすのが低酸素性肺血管攣縮である．

肺血管は機能的に中枢側から太い伝導動脈（conduit artery），抵抗肺小動脈（resistant artery）とそれに続く肺胞毛細血管，肺静脈という順で構成される．低酸素性肺血管攣縮が生じるのは抵抗肺小動脈である．ネコ肺では血管内径200-300μmの抵抗肺小動脈が低酸素性肺血管攣縮を最も強く起こす部位である．抵抗肺小動脈は肺小葉内の終末細気管支～肺胞壁に囲まれており，この低酸素状態を抵抗肺小動脈の平滑筋細胞が感知することにより低酸素性肺血管攣縮が生じる．この血管攣縮は混合静脈血低酸素では惹起されない．また，自律神経系によっても誘発されない．逆に，太い伝導肺動脈は低酸素曝露により体血管と同様に弛緩する．

低酸素性肺血管攣縮が抵抗肺小動脈に限局する理由は，中枢側の伝導動脈が体循環と同じく第6大動脈弓を原基として発生するのに対して，抵抗肺動脈は肺芽に由来することによる．その由来の違いが，次に述べるK^+チャネルに表現され，抵抗肺小動脈の低酸素に対する収縮性血管応答の特異性を引き起こすものと考えられている．

2. 低酸素性肺血管攣縮の機序

低酸素性肺血管攣縮は1894年Bradfordらにより初めて報告され，1946年，von Eulerらが急性低酸素曝露により肺動脈圧の上昇をきたすことを発見して以来，数多くの研究者らが低酸素性肺血管攣縮の発生機序の解明にチャレンジしてきた．低酸素性肺血管攣縮に関連する因子が数多く報告される中，1986年，Archerらはミトコンドリアのレドックス仮説を提唱し，その後の精力的な研究により抵抗肺小動脈の平滑筋細胞膜に存在するK^+チャネルが重要な役割を果たすことを明らかにした．Archerらの

レドックス仮説によると，肺胞気が低酸素になると抵抗肺小動脈における平滑筋細胞内のミトコンドリア電子伝達系が還元状態になり，活性酸素種（reactive oxygen species；ROS）の生成を抑制する．ROSの減少が，その受容体である平滑筋膜細胞上の電位依存性K^+チャネル（voltage-dependent K channel, Kvチャネル）を抑制することにより膜電位を脱分極させ，同じ膜上に存在する電位依存性L型Ca^{2+}チャネル（voltage-gated L-type Ca^{2+} channel）を活性化し，Ca^{2+}の細胞外から細胞内への流入を引き起こし，平滑筋を収縮させるというものである．しかし，低酸素によりROSが逆に上昇するという報告やKvチャネルのみでは低酸素性肺血管攣縮のすべてを説明できないことも判明し，種々の説が提出されている．その中で注目されているのが，細胞膜上のNADPHオキシダーゼ（nicotinamide adenine dinucleotide phosphate oxidase）が酸素センサーとして働き，ROSを生成し，cyclic adenosine diphosphate ribose（cADPR）が還元誘発メディエーターとなり，これが細胞内Ca^{2+}貯蔵部位である小胞体のryanodine receptorを活性化することにより細胞内Ca^{2+}放出を起こし，平滑筋が収縮するというものである．また，低酸素がRhoキナーゼを活性化し，これがCa^{2+}収縮連関を引き起こし，低酸素性肺血管攣縮を増強させているとする説もある．このように低酸素性肺血管攣縮の分子生理学的機序については諸説が提案されており，現在，数多くの議論が論文誌上で交わされている．その決着は今後の研究の進展を待たなければならない．

健康人や動物モデルへの低酸素曝露による低酸素性肺血管攣縮は分単位で起こり，15分以内に最大となる．これにより肺血管抵抗は50-300％上昇し持続する．この肺血管攣縮に対しては種々の修飾因子が作用する．ヒスタミン，セロトニン，アンギオテンシン，プロスタグランディン，ロイコトリエン，エンドセリンなどが血管収縮性に作用し，一酸化窒素は血管拡張性に作用する．これらは低酸素性血管攣縮の本態ではなく修飾因子と考えられている．急性の低酸素曝露（general hypoxia）の場合，肺局所の低酸素とは異なり，低酸素血症に陥った末梢組織への酸素供給を維持しなければならない．その代償機転として，全肺におよぶ低酸素性肺血管攣縮に対して，化学受容性機構（「3.10 生体の酸素センサー：化学受容器」を参照）を介したβ性交感神経活動の活性化が血管拡張性に作用し，右心から左心への循環を維持することが明らかにされている．

3. 低酸素性肺血管攣縮の臨床的意義

低酸素刺激により体循環では血管拡張するのに対し，肺循環では低酸素性肺血管攣縮という特異的な血管反応を示す．肺胞低酸素が生じた局所の肺血流が低下することにより，低酸素血が肺静脈に還流するのを抑制し，結果的に低酸素血症を未然に防ぐ役割を果たす（換気・血流の最適化）．たとえば，局所的に何らかの原因で無気肺が生じると，肺胞気低酸素を検知した肺血管部位への血流は血管攣縮により低下し，低酸素血が他の酸素化血と混合されるのを抑制し，全身への酸素供給が保たれるようにする．この現象を利用して，肺手術を行う場合，健側肺のみの片肺人工換気を行い，意図的に病巣部への血流を低下させ，ドライな術野を確保する．また，子宮内胎児の肺循環血流量は減少しているが，出生時，外呼吸により肺胞気酸素分圧が上昇すると，肺血管攣縮が解除され，肺血管抵抗は減少し，肺血流量が増加する．閉塞型睡眠時無呼吸症候群では上気道の閉塞に伴う全肺の肺胞気低酸素が起こると広範な肺血管攣縮が生じ，肺動脈圧と肺血管抵抗は間歇的に上昇する．間歇的であっても慢性長期におよぶと本症候群の4-20％に二次性高血圧症を合併するとされている．他方，低地から高地へ移動す

ると吸入気酸素分圧は低下し,肺血管攣縮は全肺におよぶ.この際,不均等な低酸素性肺血管攣縮があると,攣縮の弱い血管への血流量は増大し,局所的な肺毛細管圧と血液の透過性が亢進する.このため高地肺水腫が起こると考えられている.

4. 低酸素性肺血管攣縮の異常をきたす疾患

病的肺においては,健康肺における低酸素性肺血管攣縮とは異なり,種々の因子の影響を受けて減弱することが多い.低酸素性肺血管攣縮反応が減弱するものとして,肺炎双球菌や緑膿菌による重症細菌性肺炎,酸素中毒,気道閉塞に伴う無気肺,成人型呼吸促迫症候群,肉芽腫性肺疾患,肝肺症候群が報告されている.他方,急性肺血栓塞栓症,慢性閉塞性肺疾患,気管支喘息,肺線維症などでは低酸素性肺血管攣縮は維持されている.高地生活に適応したヤクやチベット原住民では低酸素性肺血管攣縮が減弱または欠如しているとされている.

［下内章人,白井幹康］

■文献
1) Evans AM：Hypoxic pulmonary vasoconstriction. Essays Biochem 43：61-76, 2007.
2) Evans AM：AMP-activated protein kinase and the regulation of Ca^{2+} signalling in O_2-sensing cells. J Physiol 574：113-123, 2006.
3) Weir EK, López-Barneo J, Buckler KJ, Archer SL：Acute oxygen-sensing mechanisms. N Engl J Med 353 (19)：2042-2055, 2005.
4) Bärtsch P, Mairbäurl H, Maggiorini M, Swenson ER：Physiological aspects of high-altitude pulmonary edema. J Appl Physiol 98 (3)：1101-1110, 2005.
5) 永谷憲歳,白井幹康：肺微小循環―肺高血圧症の病態と最新の治療法―.医学のあゆみ 201 (10)：757-762, 2002.

3.A 骨格筋における酸素消費の応答様式（O_2 conformer/regulator）

外部環境に対する応答様式に conformer と regulator の2つの調節が考えられている[1]。外部の変化に内的環境を従わせる調節を conformer といい，外部環境の変化に応答して内的環境を一定に保つ調節を regulator と呼ぶ。ネコのヒラメ筋では，血流量が 5 ml/min/100g から 94 ml/min/100g に変化すると，この血流量の変化に一致して酸素消費量は 0.3 ml/min/100g から 8.5 ml/min/100g に増加する。このように外的環境における酸素濃度の変化に応じ，エネルギー消費を増減させ，外的酸素濃度に内的環境のエネルギー消費を一致させることを O_2 conformer（図1）という[1-4]。一方，イヌの薄筋では，血流量が 1 ml/min/100g から 20 ml/min/100g に変化しても，酸素消費量は 0.1 ml/min/100g から 0.2-0.4 ml/min/100g に調整される[3]。このように外的環境における酸素濃度の変化に対して，内的環境のエネルギー消費を一定に調節することを O_2 regulator（図1）という[1-4]。組織レベルでは，酸素供給量の低下に対する酸素消費量の応答様式として O_2 conformer と O_2 regulator が観察され，Duran と Renkin[5] は骨格筋で，両タイプの調節がみられることを示している。

組織レベルの酸素消費量（$\dot{V}_{O_2}$, ml/min/100 g 組織重量）は，次の Fick 則により求められる。

$$\dot{V}_{O_2} = 血流量 \times (動脈血酸素含有量 Ca_{O_2} - 静脈血酸素含有量 Cv_{O_2})$$

酸素は血液により輸送され，拡散により組織ミトコンドリアへ移動する。血液中の酸素は動脈から静脈へ移動するときに放出され，酸素が放出される割合を酸素抜き取り率という。動脈血 1 ml 中の酸素含有量は 0.2 ml で，酸素抜き取り率が 100 % のときは，組織レベルの酸素消費量は 0.2 ml/min/100g となる。

血液中の酸素含有量 C_{O_2} は，次の式で算出される。

$$C_{O_2} = 1.39 \times [Hb] \times S_{O_2} + 0.0031 \times P_{O_2}$$

1.39：ヘモグロビン 1g に結合する酸素量（ml）
[Hb]：総ヘモグロビン濃度（g/dl）
S_{O_2}：ヘモグロビンの酸素飽和度（動脈血酸素

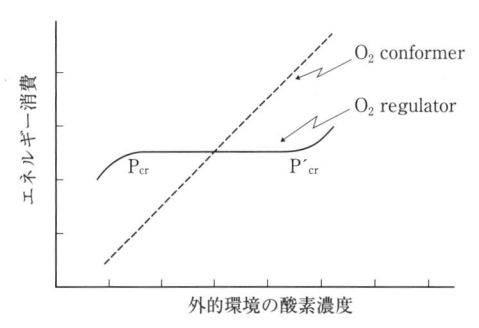

図1 酸素一致動物と酸素調節動物
酸素一致動物（O_2 conformer, 点線）は，外的環境の酸素濃度変化に応じ，エネルギー消費を増減させる。酸素調節動物（O_2 regulator, 実線）は，外的環境の酸素濃度変化に対しても，エネルギー消費を一定に調節する。

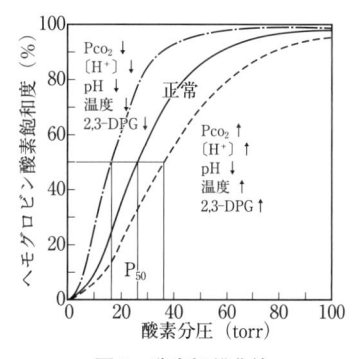

図2 酸素解離曲線
ヘモグロビンの酸素飽和度と酸素分圧の関係は，酸素解離平衡曲線（oxygen dissociation curve；ODC）で，S字の曲線として表すことができる。P_{50} は，ヘモグロビンの酸素親和性を反映している。P_{CO_2}，水素イオン濃度，温度，pH，グリセリン 2,3-リン酸（2,3-DPG）などにより酸素親和性が影響を受ける。

飽和度,%)
0.0031:血漿の酸素溶解度係数(ml/dl/torr)
P_{O_2}:酸素分圧(torr)

　酸素と結合融解ができない不活性ヘモグロビンが数%存在する.2%の不活性ヘモグロビンが存在するときのヘモグロビン結合酸素量は1.36(=1.39×0.98)を用いる.上記の関係式より,血液中の酸素含有量に影響を及ぼすのは,主に総ヘモグロビン濃度とヘモグロビンの酸素飽和度(動脈血酸素飽和度)になる.

　ヘモグロビンの酸素飽和度 S_{O_2} と酸素分圧 P_{O_2} の関係は,酸素解離平衡曲線(oxygen dissociation curve;ODC,図2)で,S字の曲線として表すことができる.S_{O_2} が50%のときの酸素分圧を P_{50} といい,ヘモグロビンの酸素親和性(oxygen affinity)を反映している.

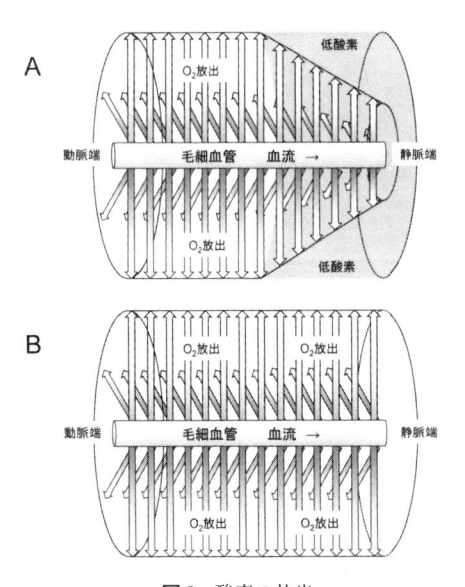

図3 酸素の放出
A:酸素が動脈端で一気に放出される場合で,動脈端の近くで組織に必要な酸素が放出され,流量の変化に従って,酸素抜き取り率が変化する.組織の酸素要求量が満たされないために,流量の増大で酸素要求に応じる.
B:酸素が徐々に放出される場合で,酸素放出量が動脈端から静脈端に至る過程で連続的に変化していることである.

CO_2 の分圧 P_{CO_2} が 40 torr,温度 37℃,pH 7.40 という生理的条件下において,ヒト赤血球ヘモグロビン P_{50} 値は 27 torr である.P_{CO_2},水素イオン濃度,温度の増加,pH低下などにより酸素親和性が低下し,ODCは右にシフトする.また,嫌気的解糖系によるエネルギー産生の中間代謝産物であるグリセリン 2,3-リン酸(2,3-diphosphoglycerate;2,3-DPG)が結合することによっても酸素との親和性が下がり,P_{50} 値は増加する.

　組織レベルで酸素が利用されるときには,酸素が動脈端で一気に放出される場合(図3A)と酸素が徐々に放出される場合(図3B)が考えられる[6].前者は,動脈端の近くで組織に必要な酸素が放出され,流量の変化に従って,酸素抜き取り率が変化する場合や,動脈端の近くで酸素の放出が完了しているが,組織の酸素要求量が満たされないために,流量の増大で酸素要求に応じることである.これらは,酸素要求量に対して,血液量の変化で応じて調節するものである(酸素供給依存性または静脈血酸素分圧非依存性).後者は,酸素放出量が動脈端から静脈端に至る過程で連続的に変化していることである(酸素拡散依存性または静脈血酸素分圧依存性).また,これらの2つの要素が骨格筋の酸素消費に関して存在していること(二成分仮説)を上月らが提唱している[3,4,7-9].すなわち,運動時骨格筋の酸素消費量は,酸素供給依存性の酸素消費量と酸素拡散依存性の酸素消費量の総和になる.

　Krogh[6] は組織内の酸素拡散に関して,Krogh円柱モデルを提唱した.酸素拡散と組織の均一的な酸素消費により圧勾配を形成すると考え,次の式を求めた.

$$\Delta P_{O_2} = P_{CO_2} - P_{tO_2} = \frac{M}{D_k}\left(\frac{1}{2}R^2 \ln\frac{R}{r} - \frac{R^2 - r^2}{4}\right)$$

P_{CO_2}:毛細血管酸素分圧,P_{tO_2}:組織の酸素

分圧，M：Krogh 円柱の組織単位容積当たりの酸素消費量，D_k：Krogh の拡散定数，R：Krogh 円柱の半径，r：毛細血管半径．

組織における酸素消費量の低下が始まるときに円柱静脈端では Pt_{O_2} が 0 になっていると考えられる．そこで，Staisby らはこのモデルを用いて，毛細血管密度と円柱半径 R を求めている[10]．安静時の骨格筋酸素消費量 $\dot{V}_{O_2}$ が 0.36 ml/min/100g のとき，ΔP_{O_2} が 20 torr になる円柱半径は約 110 μm になる．また，酸素消費量 $\dot{V}_{O_2}$ が 20 ml/min/100g で，ΔP_{O_2} が 20 torr になる円柱半径は約 20 μm になる[10]．これらの Krogh 円柱モデルでは，酸素消費が均一に分布していると仮定している．しかし，安静時骨格筋の $\dot{V}_{O_2}$ は酸素供給量により決定される．また，Schumacker らは $\dot{V}_{O_2}$ と酸素供給量の関係を Krogh モデルのみで説明することが困難であることを示唆している[11]．

［藤野英己］

■文献

1) Dejours P：Principles of comparative respiratory physiology. 1-3, Elsevier, North-Holland, 1981.
2) Gutierrez G, Pohil RJ, Narayana P：Skeletal muscle O_2 consumption and energy metabolism during hypoxemia. J Appl Physiol 66：2117-2123, 1989.
3) 宮村實晴編・上月久治：運動と呼吸. 159-166, 真興交易医書出版部, 東京, 2004.
4) 宮村實晴編・上月久治：新運動生理学（下巻）. 66-78. 真興交易医書出版部, 東京, 2001.
5) Duran WN, Renkin EM：Oxygen consumption and blood flow in resting mammalian skeletal muscle. Am J Physiol 226：173-177, 1974.
6) Krogh A：The number and distribution of capillaries in muscles with calculations of the oxygen pressure head necessary for supplying the tissue. J Physiol 52：409-415, 1919.
7) Nose H, Spriet LL, Imaizumi K (Ed), Kohzuki H：Exercise, nutrition, and environmental stress, vol. 2. 63-86, Cooper, Michigan, 2002.
8) Kohzuki H：Effect of blood flow on PvO_2-VO_2 relation in contracting in situ skeletal muscle. Adv Exp Med Biol 510：261-265, 2003.
9) Kohzuki H, Enoki Y, Ohga Y, et al：Effect of blood flow and haematocrit on the relationship between muscle venous PO_2 and oxygen uptake in dog maximally contracting gastrocnemius in situ. Clin Exp Pharmacol Physiol 24：182-187, 1997.
10) Stainsby WN, Otis AB：Blood flow, blood oxygen tension, oxygen uptake, and oxygen transport in skeletal muscle. Am J Physiol 206：858-866, 1964.
11) Schumacker PT, Samsel RW：Analysis of oxygen delivery and uptake relationships in the Krogh tissue model. J Appl Physiol 67：1234-1244, 1989.

3.B 組織中の酸素拡散速度

呼吸により大気から肺胞に取り込まれた酸素分子は，肺胞膜と毛細血管壁を拡散し肺毛細血管内の血液に移動する．一方，末梢組織では，毛細血管血液中の酸素分子が毛細血管壁，間質液，細胞膜，細胞質，ミトコンドリア膜を順次拡散し，ミトコンドリア内膜の呼吸酵素に到達する．このように，拡散という物理現象は，ミトコンドリアへの酸素供給を決定する重要な輸送プロセスである．

酸素拡散の駆動力は酸素濃度勾配であるが，このプロセスは定常状態ではFickの第1法則を用い以下のように表される．

$$J_{O_2} = -D_{O_2} \cdot (\partial C_{O_2}/\partial x)$$

J_{O_2}：単位面積・単位時間あたりの酸素流量（酸素フラックスと呼ぶ．$mol \cdot cm^{-2} \cdot sec^{-1}$），$D_{O_2}$：酸素拡散定数（$cm^2 \cdot sec^{-1}$），$C_{O_2}$：酸素濃度（$mol \cdot cm^{-3}$），x：距離（cm）．

すなわち，酸素フラックスは，酸素濃度勾配（$\partial C_{O_2}/\partial x$）に比例しその比例係数が酸素拡散係数である．組織における酸素拡散を取り扱う時には，酸素濃度ではなく酸素分圧（P_{O_2}）を用いる場合が多い．

Henryの法則

$$C_{O_2} = \alpha_{O_2} \cdot P_{O_2}$$

α_{O_2}：媒体の酸素溶解度（$mol \cdot cm^{-3} \cdot atm^{-1}$）が成り立つ場合は，Fickの第1法則は，

$$J_{O_2} = -D_{O_2} \cdot \alpha_{O_2} \cdot (\partial P_{O_2}/\partial x)$$
$$= -K_{O_2} \cdot (\partial P_{O_2}/\partial x)$$

と表されK_{O_2}をKrogh permeation constantあるいはKrogh's diffusion constantと呼ぶ．Fickの第1法則は，電気理論におけるOhmの法則と相似であり，K_{O_2}は電気抵抗の逆数すなわちコンダクタンスに相当する．

一方，非定常状態の酸素拡散を取り扱うには，Fickの第2法則を用いる．

$$(\partial C_{O_2}/\partial t) = D_{O_2} \cdot (\partial^2 C_{O_2}/\partial x^2)$$

この式は実験的にD_{O_2}を求める際に利用されることがある．

組織酸素輸送および酸素代謝を論じる際にin vivoにおけるD_{O_2}ないしはK_{O_2}の値，すなわち酸素の組織内拡散速度を知ることはきわめて重要である．たとえば，Fickの第1法則によれば，組織中で拡散による酸素輸送速度（J_{O_2}）がミトコンドリアの酸素消費速度を下回る場合は，ミトコンドリアにおける酸素濃度が低下することにより酸素濃度勾配（$\partial P_{O_2}/\partial x$）が増加し，定常状態で$J_{O_2}$がミトコンドリアの酸素消費速度に一致する．しかし，ミトコンドリアの酸素需要が過大となると，$\partial P_{O_2}/\partial x$の増加の結果ミトコンドリア近傍の酸素濃度はほぼゼロとなってしまう．この時，拡散による酸素供給は頭打ちとなるとともにミトコンドリアの酸素代謝の抑制が生じる．言い換えれば組織内部の酸素濃度および酸素代謝のプロファイルを決める重要な因子がD_{O_2}である．

表1に哺乳類組織中のD_{O_2}およびK_{O_2}を示す．これによると組織中の酸素拡散速度は，おおむね水における酸素拡散速度の半分程度であるが，組織D_{O_2}の実測値には無視できないバラツキが見られる．一般に，D_{O_2}は酸素濃度（分圧）の実測値とFickの式から決定するが，in vivo組織において酸素濃度（分圧）の絶対値を決定するのは容易でない．さらに，in vivoでは細胞は酸素を常に消費しており，しかもその消費速度が条件によって変化することが測定のアーチファクトとなる．このような技術的問題に加えて，組織や細胞の微細構造に起因する影響も考えられる．細胞内酸素拡散は必ずしも細胞質の液相のみで起こるわけではなく，酸素

表1 水および哺乳類組織中の酸素拡散速度

D_{O_2} (cm^2·sec^{-1})	K_{O_2} (ml O$_2$·cm^{-1}·sec^{-1}·Torr^{-1})	temp. (℃)	materials	reference
2.5×10^{-5}	11×10^{-10}	20	distilled water	Bartels (1971)
2.3×10^{-5}	9.3×10^{-10}	20	distilled water	Grote (1967)
3.3×10^{-5}	10×10^{-10}	37	distilled water	Grote (1967)
2.9×10^{-5}	—	35	distilled water	Ito et al. (1994)
1.0×10^{-5}	5.8×10^{-10}	15.5	hamster retractor muscle	Bentley & Pittman (1997)
1.5×10^{-5}	4.2×10^{-10}	20	rat myocardial tissue	Grote & Thews (1962)
—	5.6×10^{-10}	37	rat abdominal muscle	Kawashiro et al. (1975)
2.3×10^{-5}	5.5×10^{-10}	37	rat lung tissue	Grote (1967)
1.0×10^{-5}	—	37	rat mesentry	Yaegashi et al. (1996)
2.4×10^{-5}	9.5×10^{-10}	37.4	hamster retractor muscle	Bentley & Pittman (1997)
1.8×10^{-5}	4.2×10^{-10}	37	tumor tissue	Grote et al. (1977)

が脂溶性分子であることから，むしろ脂質で構成される細胞形質膜や細胞内小器官を構成する膜が酸素拡散の重要な経路となる可能性がある．その際，脂質の含量や脂質膜の性質，具体的には温度による脂質の相転移[1]がD_{O_2}値の温度依存性に大きな影響を及ぼすとの意見もある．

細胞内の酸素拡散を論じる際に見逃せないのが促進拡散（facilitated diffusion）の存在である[2]．これは，酸素と可逆的に結合し，さらに細胞内を拡散移動可能な内因性タンパク質が酸素担体となり，酸素濃度勾配に従って細胞内を拡散するものである．このようなタンパク質の代表的なものが，心筋や骨格筋（赤筋）の細胞質に発現しているミオグロビンである．ラット心筋の細胞質には約 200 μM のミオグロビンが存在する．ミオグロビンの 50％が酸素と結合する酸素分圧（2.3 Torr）では，心筋細胞中のミオグロビン結合型酸素の濃度は 100 μM となり，これは細胞質中に溶解している酸素の濃度 3.2 μM の実に 30 倍に達する．ミオグロビンの分子量は約 17,000 であり細胞質内の拡散は酸素分子単体に比べ遅いものと考えられるが，ミオグロビン結合型酸素拡散が酸素分子の拡散に重畳し酸素輸送を加速している可能性がある．In vivo でのミオグロビン促進酸素拡散の意義を決定するには，細胞質の酸素分圧とミオグロビン拡散係数の両者を明らかにする必要があるが，いまだに説得力のあるデータは得られておらず，赤筋に存在するミオグロビンの細胞内酸素拡散における役割については不明な点が残されている．

［高橋英嗣］

■文献
1) Bentley TB, Pittman RN：Influence of temperature on oxygen diffusion in hamster retractor muscle. Am J Physiol 272：H1106-H1112, 1997.
2) Wittenberg BA, Wittenberg JB：Transport of oxygen in muscle. Ann Rev Physiol 51：857-878, 1989.

3.C ヘモグロビン酸素親和性の調節

ヘモグロビン (Hb) の生理機能は，1. 呼吸器から末梢組織への酸素運搬，2. 逆方向の二酸化炭素の運搬とその促進，3. 血液の酸・塩基平衡の調節 (pH の調節) の3つである．Hb はこれらの機能を実現するため，1. 可変な酸素親和性，2. 協同的酸素結合，3. 酸素結合と連係した H^+, CO_2, DPG (2, 3-diphosphoglycerate) の解離という特性を備えている[1]．これらの特性はアロステリック効果という分子論的機序によって統一的に説明される[2]．アロステリック効果の1つであるヘム間相互作用による協同的酸素結合は酸素解離曲線 (ODC) を S 字形にして，動脈血・静脈血間の酸素飽和度 (S_{O_2}) の較差を大に，したがって，酸素運搬の能率を大にする．末梢組織で生じた CO_2 は，赤血球内の炭酸脱水酵素の作用で H_2O と速やかに反応して HCO_3^- と H^+ を生成し，この H^+ と一部の CO_2 は Hb のタンパク部分に結合してヘムからの酸素解離を引き起こす (pH の低下 (H^+ 濃度の上昇) に伴う酸素親和性の低下を "Bohr 効果"，CO_2 濃度上昇とそれに付随する pH 低下に伴う酸素親和性の低下を "古典的 Bohr 効果" と呼ぶ)．肺胞では，逆方向の反応が起こって，酸素結合と遊離 CO_2 の生成が共役する．このように，Hb は，末梢組織での代謝量すなわち酸素需要量に依存して生ずる CO_2 に応答して酸素を解離することによって，個々の組織へ "適量の" 酸素を運搬する (調節性酸素運搬)．赤血球内に生じた HCO_3^- は，組織では Cl^- との交換で赤血球膜のアニオンチャンネル (バンド 3 タンパク) を経て血漿中へ放出され，逆に，肺胞では HCO_3^- は Cl^- との交換で赤血球内へ採り込まれて CO_2 に戻る．血液ガスの運搬は，Hb，炭酸脱水酵素，バンド 3 タンパクの3種類のタンパクの連携プレーで成り立っている．DPG は Hb の酸素親和性を正常な値に維持している．赤血球は単なる Hb を入れる容器ではなく，Hb に対して特定濃度の赤血球内因子というミクロ環境を与え，さらに炭酸脱水酵素とバンド 3 タンパクというパートナーを保持する役割を担っている[2]．

酸素親和性 (ODC の位置，50% S_{O_2} での酸素分圧 P_{50}) は酸素運搬量を決める重要なパラメーターである．酸素濃度の低い水中 (魚類)，高地 (リャマ，アルパカ)，穴中 (モグラ)，宿主体内 (寄生虫) に生息する動物は，一般に，平地の空気中で生息する動物に比べて酸素親和性の高い Hb を有する．哺乳動物では胎児血液の酸素親和性は母親の血液のそれより高い．鳥類では，孵化とともに血液酸素親和性は低下する．ミジンコは低酸素環境におかれると酸素親和性の高い Hb を合成する．海産環形動物ゴカイの Hb は，引き潮のときに砂穴の中の酸素分圧が低下すると，濃縮による高い環境塩濃度に応答して酸素親和性を高める．これらの事実は，酸素親和性が外界からの酸素摂取を能率よく行うために適切な値に設定され，しかも環境変化に適応することを意味する．

成人全血の P_{50} (27 mmHg) が人体にとって最適値であるかどうかについて従来から議論がある．動脈血・混合静脈血間の S_{O_2} 較差を最大にする P_{50} の最適値は，動脈血酸素分圧 Pa_{O_2} (100 mmHg) と混合静脈血酸素分圧 Pv_{O_2} (40 mmHg) の積の平方根で与えられ[3]，その値は 63 mmHg となる (安静状態) (図1)．この値は実際の P_{50} からはほど遠い．実際，安静状態では，ODC の上方 1/4 の部分 (75%-98% S_{O_2}) しか利用されていないが，それより下方の勾配の大きい部分は運動時のためのリザーブ

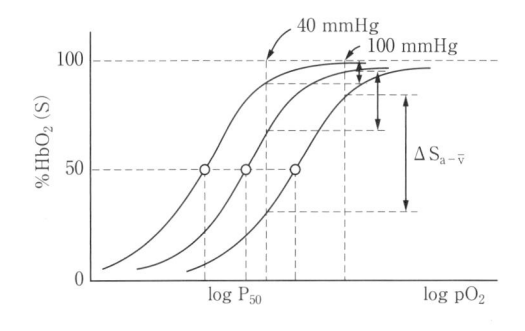

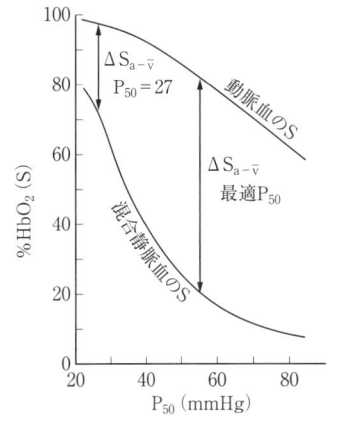

図1 酸素解離曲線の位置と酸素運搬量の関係
上図：酸素親和性の異なる（P_{50} の異なる）3本の解離曲線における動脈血・混合静脈血間の酸素飽和度の較差を表す．
下図：P_{50} に対する，動脈血，混合静脈血の酸素飽和度の依存性．両者の差が末梢組織への酸素供給量を表し，それが最大となる P_{50} が最適 P_{50} である．動脈血，混合静脈血の酸素分圧をそれぞれ 100 mmHg，40 mmHg とする．

であると考えられている．哺乳動物では，体重当たりの酸素消費量の高い小動物ほど血液の酸素親和性が低いが，そのことによって実際の P_{50} を最適 P_{50} に近づける反面，運動時のためのリザーブは減少するものと考えられる[4]．成人全血の P_{50} がなぜ 27 mmHg であるかについては，それが血液の酸素分圧環境下で Bohr 効果が最大に発揮される値であるという回答が与えられている[4,5]．一方，ヒト胎児（$Pa_{O_2}=35$ mmHg，$Pv_{O_2}=15$ mmHg）の全血の P_{50}（19 mmHg）は胎児の場合の最適 P_{50}（20 mmHg）

に近く，酸素輸送量が最大となるように設定されている[5,6]．高地移住，ある種の慢性心・肺疾患，貧血症の場合に血中 DPG レベルが上昇することが知られているが，それの適応としての意義付けは単純ではない．高地移住で Pa_{O_2} が低下，したがって Sa_{O_2} が低下している場合に，DPG レベルが上昇して ODC が右方移動するのは有利ではない．実際，化学修飾法で酸素親和性を高めた赤血球をもつラットが低酸素環境下で高い生存率を示したり，高酸素親和性異常 Hb の保有者の安静時心拍数が高地でも変わらず，正常人よりも高い運動への耐久性を示したという報告がある．

Bohr 効果の生理的意義は，末梢組織での酸素解離の促進に加えて，それと表裏一体の関係の Haldane 効果（Hb の酸素結合に伴って，一定の数の H^+ がタンパク部分から放出されること，すなわち，動脈血が静脈血に比べて強い酸であること）を通じて CO_2 を能率よく体外へ排泄させることにある．哺乳類では，体重当たりの酸素消費量の高い小動物ほど Bohr 効果が大きいし，両生類では，鰓呼吸で CO_2 を排泄しやすいオタマジャクシには Bohr 効果がなくて，肺呼吸のカエルには Bohr 効果があるという事実がある．

上述のように，Hb の機能特性をみる限り，それぞれの生理的意義（合目的性）が認められる[6]．実際には，体内では，環境変化や代謝量の変動に応じて呼吸器系や循環器系の複雑な調節や代償の機構も連係して起こるので，これらを統一して議論しないと，Hb の機能の真の意義を評価するのは困難である．

　　　　　　　　　　　　　　　　　　　［今井清博］

■文献
1) 今井清博：赤血球機能．日本臨牀 50：2082-2087，1992．
2) 今井清博：機能を支える立体構造—ヘモグロビン

にみる超精密設計．蛋白質—この絶妙なる設計物（日本生物物理学会編），pp27-53，吉岡書店，京都，1994．
3) Willford DC, Hill EP, Moores WY：Theoretical analysis of optimal P_{50}. Respir Environ Physiol 52：1043-1048, 1982.
4) 小林道頼，今井清博：ヘモグロビンの酸素平衡曲線の勾配—S字形曲線に秘められた意味を探る．蛋白質核酸酵素 43：2110-2119, 1998．
5) 小林道頼，今井清博：ヘモグロビンの酸素平衡特性に秘められた意義—成人と胎児を比べて．日生理誌 59：439-444, 1997．
6) 張 岩，今井清博，小林道頼：哺乳類ヘモグロビンの協同作用とボーア効果は協調して酸素の獲得と輸送を行っている—規範タンパク質における新たな視点．生物物理 47, 167-173, 2007．

3.D 酸素結合タンパク質（ニューログロビン，サイトグロビン）：酸化ストレスに対し細胞を保護するタンパク質

a. ニューログロビン，サイトグロビンの構造の特徴

ニューログロビン（neuroglobin），サイトグロビン（cytoglobin）は，酸素を可逆的に結合できるグロビンタンパク質である．哺乳動物のグロビンタンパク質として，赤血球中に存在し酸素の運搬をするヘモグロビン，筋肉内に存在し酸素貯蔵の機能を有するミオグロビンが従来より知られていた（「3.12 酸素貯蔵運搬色素タンパク質」参照）が，最近新たに，第3，第4のグロビンタンパク質としてニューログロビン，サイトグロビンの存在が明らかになった[1,2]．これらタンパク質はいずれも，タンパク質内に補欠分子族として鉄ポルフィリン錯体である「ヘム」を含み，ヘムの鉄原子に酸素を結合させる（図1）．

ニューログロビンは脳神経細胞ニューロンや網膜で特異的に発現している．哺乳類のニューログロビンは，分子量17 kDaの単量体であり，151個のアミノ酸残基から構成されている．これは，ミオグロビンやヘモグロビンサブユニットとほぼ同じ残基数である．他方，サイトグロビンは全身の組織で発現しており，ミオグロビンなどと比べ，N末端とC末端にそれぞれ約20アミノ酸からなる余分な配列を有している．ニューログロビンおよびサイトグロビンのアミノ酸配列をヘモグロビンやミオグロビンと比較すると相同性は20-25％くらいとそれほど高くないが，グロビンタンパク質の構造に重要なアミノ酸残基はかなり保存されている．また，それぞれのX線結晶構造解析の結果，3次構造も類似していることが明らかになった（図1）．

b. ヘム近傍構造と酸素結合特性

ヘム内の鉄は2つの配位子と結合できる．酸素と結合している際のニューログロビンおよびサイトグロビンの構造は，ミオグロビンやヘモグロビン同様，2価ヘム鉄（Fe^{2+}）の第5配位子としてタンパク質由来のヒスチジン（His）と結合しており，第6配位子として酸素分子を結合している（図2）．ミオグロビンやヘモグロビンの場合は，酸素が解離してもヘム近傍構造は保持されるのに対し，ニューログロビンやサイトグロビンの場合には，酸素が解離するとタンパク質内の他のヒスチジンが第6配位子として結合する（図2）．このような酸素解離に伴う構造変化があるものの，ニューログロビン，サイトグロビンの酸素親和性はミオグロビ

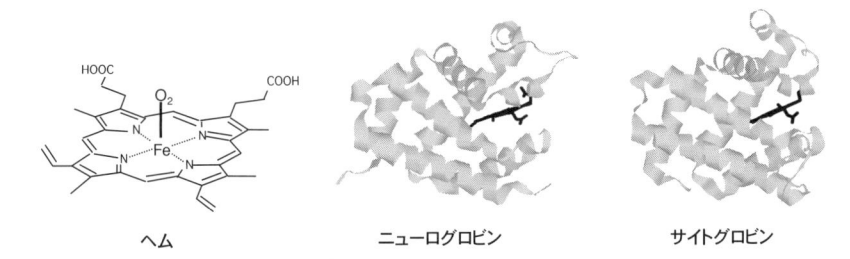

図1 補欠分子族「ヘム」の構造とX線結晶構造解析により明らかになったニューログロビンおよびサイトグロビンの立体構造
ニューログロビン，サイトグロビン内のヘムを黒い線で，タンパク質部分はリボンモデルで示した．

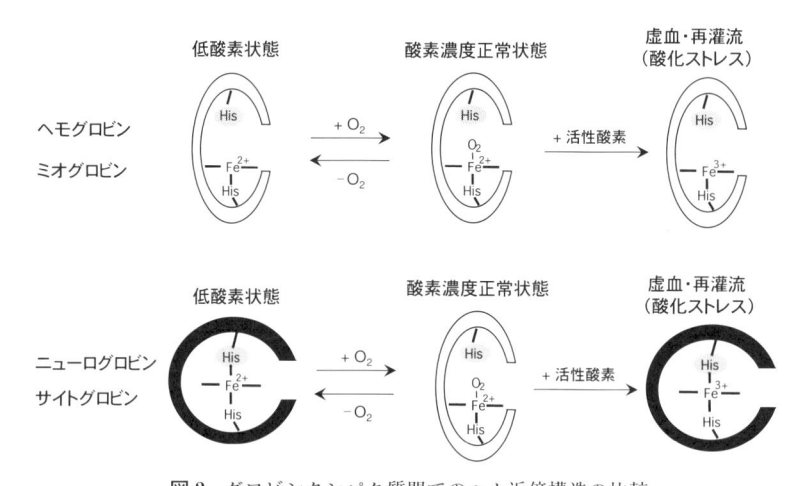

図2 グロビンタンパク質間でのヘム近傍構造の比較
-Fe-はヘム（鉄ポルフィリン環錯体）を，丸く囲まれた領域はタンパク質を，また中心部の空間はヘムを取り込むタンパク質内のポケット（ヘムポケット）を示す．

ンやヘモグロビンの酸素親和性とほぼ同じであることがわかっている[1]．

c. 酸化ストレス（低酸素）応答

ニューログロビンやサイトグロビンは，低酸素や酸化ストレスに伴い，RNAレベル，タンパク質レベルで発現量が増加することが明らかになっている[2,3]．また，ニューログロビンやサイトグロビンを過剰に発現させると脳虚血・再灌流（酸化ストレス）に伴う細胞死が減少し，逆に，これらグロビンの発現量を低下させると細胞死が増加することから，酸化ストレスに伴う細胞死を抑制する働きがニューログロビンおよびサイトグロビンにあることが明らかになった[2,3]．

d. 酸化ストレスに伴う細胞死を防ぐニューログロビンの作用メカニズム

ミオグロビンやヘモグロビンの細胞内濃度はmMレベルであるのに対し，ニューログロビンの細胞内濃度はμMレベルと非常に低濃度であるため，酸素貯蔵，酸素運搬などを担うには不十分である．そのため，ニューログロビンはミオグロビンなどとはまったく異なる機能を持っていると考えられる．ニューログロビンは，活性酸素種と反応した際ミオグロビンなどで生じる反応性の高い活性種を生成しないことから活性酸素種の除去に働いているという説がある[3]．しかし，現在最も有力な説は，ヒトのニューログロビンが酸化ストレスセンサーとして働いているというものである[4,5]．ヒトのニューログロビンは虚血・再灌流（酸化ストレス）時に鉄3価（Fe^{3+}）になるとともに第6配位子としてヒスチジンが配位することに伴い立体構造を大きく変え，シグナル伝達系に関与するタンパク質「ヘテロ3量体Gタンパク質のαサブユニット（$G\alpha_{i/o}$）」と特異的に結合し，「GDP/GTP交換反応抑制タンパク質（GDI）」として機能する[4]．他方，通常の酸素結合型ニューログロビンは$G\alpha$と結合しない[4]．これらのことから，ヒトのニューログロビンは酸化ストレス応答性のセンサータンパク質として働き，神経細胞死を抑制していると考えられる（図3）．また，ヒトのニューログロビンが特異

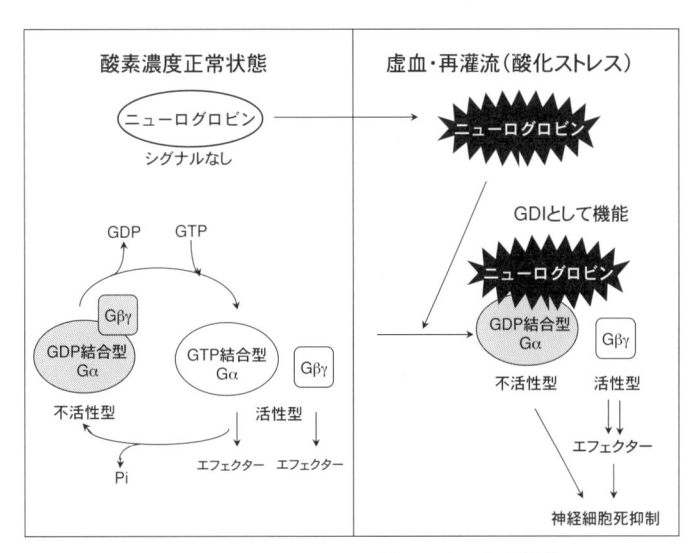

図3 ニューログロビンの神経細胞死抑制機構
ヘテロ3量体Gタンパク質はGTPase活性を有するGαとGβγから構成されている．GαはGDP結合型が不活性型，GTP結合型が活性型である．また，GβγはGαと結合すると不活性型，解離すると活性型になる．ニューログロビンは，酸化ストレス下で大きく構造を変化させ，不活性型Gαに結合し，GDP/GTP交換反応抑制タンパク質（GDI）として働くことにより，神経細胞死を防ぐよう保護する働きがあるGβγをGαから解離させ活性化させる．

的に結合する他のタンパク質として，脂質ラフトに存在しシグナル伝達物質の運搬に重要な働きをする「フロチリン-1」，および，神経再生に関わる働きをするシステインプロテアーゼ阻害因子である「シスタチンC」が明らかになっている[5]．

まとめ

今までグロビンタンパク質は，酸素貯蔵，酸素運搬など酸素と結合することだけが機能だと考えられてきたが，ニューログロビンやサイトグロビンは酸化ストレスに伴う細胞死を防ぐように保護するタンパク質であることが明らかになった．酸化ストレスは，脳卒中，心筋梗塞，老化，神経変性疾患などの多くの病気に関わっており，これらグロビンタンパク質の細胞死抑制機構のさらなる解明は，創薬や医学の分野に大きな貢献をするものと期待できる．

［若杉桂輔］

■文献

1) Burmester T, Weich B, Reinhardt S, Hankeln T : A vertebrate globin expressed in the brain. Nature 407 : 520-523, 2000.
2) Pesce A, Bolognesi M, Bocedi A, et al : Neuroglobin and cytoglobin. Fresh blood for the vertebrate globin family. EMBO Rep 3 : 1146-1151, 2002.
3) Sun Y, Jin K, Mao XO, et al : Neuroglobin is upregulated by and protects neurons from hypoxic-ischemic injury. Proc Natl Acad Sci USA 98 : 15306-15311, 2001.
4) Wakasugi K, Nakano T, Morishima I : Oxidized human neuroglobin as a heterotrimeric Gα protein guanine nucleotide dissociation inhibitor. J Biol Chem 278 : 36505-36512, 2003.
5) Wakasugi K, Kitatsuji C, Morishima I : Possible neuroprotective mechanism of human neuroglobin. Ann NY Acad Sci 1053 : 220-230, 2005.

3.E 胎児・新生児と酸素

産科学ならびに小児科学において，胎児・新生児期の酸素化は，とくに重要な分野である．その異常は，生命の中断につながるばかりではなく，出生児の一生を左右する脳障害をきたす可能性があるからである．本稿では，酸素化に重要な呼吸器系や循環，低酸素に対する胎児の反応，低酸素性脳障害と新生児の呼吸障害について解説する．

a. 胎生期の呼吸器系の発育と発達

胎生期では，胎盤がガス交換としての役割を果たしている．出生後の機能のために，胎生期では呼吸器系の形態学的発育と機能的発達が起こる．

形態学的に胎齢26日ころに気道が発生する．胎齢3-5週には腺状構造をもつ器官に発育し気道は分岐する．胎齢6週から，気管支は分岐を繰り返し胎齢16週で形成を完了する．肺胞は，偽腺様期（胎齢5-16週）を経て，管腔期（胎齢16-22週）には，毛細血管と原始気嚢の上皮細胞とが接触するようになる．終末嚢期（胎齢22週-）には，肺胞上皮はⅠ型とⅡ型に分化する．Ⅰ型上皮細胞は肺胞表面の大部分を占め将来のガス交換の場となり，Ⅱ型上皮細胞は肺サーファクタントの産生，貯蔵，分泌の働きを担う．出生後空気呼吸が始まると肺胞表面には気体–液体界面ができ，強い表面張力によって肺胞は虚脱しやすくなる．肺サーファクタントは，強い表面張力に拮抗する抗虚脱因子であり，脂質タンパク質複合体である．早産により肺が未熟のまま出生すると，肺サーファクタントが欠乏しているため，新生児呼吸窮迫症候群（respiratory distress syndrome；RDS）を発症する．

機能的には，胎児の呼吸様運動が胎齢13週ころより観察され，30週を過ぎてから頻回に認められる．低酸素症や子宮内胎児発育遅延では，この呼吸様運動が減少ないし消失する．胎児肺は肺液で満たされている．呼吸様運動とともに肺液は口腔，消化管や羊水腔に排出される．胎児に低酸素症が生じた場合，あえぎ呼吸（gasping respiration）を起こし，これにより胎便が混じった羊水を肺内に吸引し，出生すると胎便吸引症候群（meconium aspiration syndrome；MAS）を発症する．

胎生期の肺に発育発達異常が生じると新生児期の疾患として出現する．発育が障害されると，肺無形成や低形成が生じる．その原因として羊水減少・消失（前期破水，Potter症候群など）や物理的圧迫（横隔膜ヘルニアなど）があげられる．子宮内感染で発症する新生児の慢性肺疾患（chronic lung disease；CLD）では，出生前にすでに肺胞の発育障害が起きている可能性が高い．一方，発達障害としては，肺サーファクタントの産生が不十分で発症するRDSが代表的である．母体糖尿病などがその原因となる．

b. 胎児期と出生後の循環

胎児期においては，胎盤から十分に酸素をもった血液は臍帯静脈を介して胎児に戻る．この酸素飽和度が高い血液の半分は肝ジヌソイドを経由し，半分は静脈管を介して肝臓を迂回し，下大静脈に入る．下大静脈では下肢，骨盤，腹部からの静脈血と混合し，心右房に入る．その多くは，心房にある卵円孔を通じて左房，左室，上行大動脈に流れ，酸素飽和度の高い血液を心臓，頭部，上肢に供給する．上肢，頭部からの静脈血は上大静脈から右房，右室に入り，

肺動脈から動脈管を介して下行大動脈に流れる．酸素飽和度の低い血液は，内腸骨動脈から臍帯動脈を介して胎盤に戻る．

出生後は，卵円孔，動脈管，静脈管，臍帯動静脈は機能を停止する．胎盤からの循環が途絶えることにより，下大静脈と右房の血圧が低下する．空気が入った肺に血流が増加し，左房の圧は右房の圧より高くなる．このため，中隔弁が圧迫され，卵円孔が閉じる．動脈管は収縮する．臍帯動脈，臍帯静脈の腹腔部分は，それぞれ内側臍靱帯，肝円索になる．静脈管は静脈管索になる．動脈管は動脈管索になるが，生後1日間は短絡が残存することはまれではなく，血管内皮の増殖により完全な解剖学的閉塞が起こるには1-3カ月かかる．

c. 胎児の低酸素に対する反応

胎児は，血中酸素分圧（P_{O_2}）20-30 mmHgという生理学的低酸素環境下で生存している．これで，成人の2倍に相当する8 ml/kg/minの酸素消費量をまかなわなければならない．このため，酸素結合能の高いヘモグロビンFを高濃度にもち，さらに体重あたりの心拍出量を成人の5〜6倍にすることで，酸素運搬量を増加させ，組織の酸素需要を満たしている．

胎児は，低酸素負荷に対して，酸素運搬と代謝性の2つの反応を示す．酸素運搬にかかわる反応として，心拍出量の再分配または血流再分配が最も重要な胎児の反応である[1]．すなわち，低酸素血症時に，脳，心臓，副腎など生命維持に必要な臓器の循環を優先的に確保し，直接生命に関係のない筋肉，腸管，腎などの血流を低下させる機構である．他に，低酸素状態が長期に続くことにより，エリスロポイエチンによって赤血球産生が増加し血中ヘモグロビン量が増加することが酸素運搬反応としてあげられる．代謝性反応とは，酸素消費の節約である．

胎児が低酸素症になると呼吸様運動や胎動を止める．これにより，約20%のエネルギー節約が得られる．また，non-REM睡眠に比較して約15%酸素消費量の高いREM睡眠時間が減少することが知られている．低酸素状態が長期に続くことにより，成育に必要なエネルギーが節約され，全身のエネルギー必要量が正常の約20%にまで低下するとされる．胎児は通常，高エネルギーリン酸化合物の産生源として主にグルコースを利用しているが，低酸素における好気性解糖系の働きが低下した状態では，より酸素を使用しない乳酸やアミノ酸からもエネルギーを産生し，グルコース利用による酸素消費を節約するとされている．

d. 胎児・新生児低酸素性脳障害

胎児や新生児に低酸素症が進行すると，アスフィキア性脳障害の時期を経て死亡に至る．低酸素症（hypoxia）は，組織中の酸素レベルが低下している状態を，アスフィキア（asphyxia）は，低酸素症に嫌気性代謝が亢進しアシドーシス，とくに代謝性アシドーシスを伴った状態をいう．また，低酸素血症（hypoxemia）とは，血中の酸素含量が減少しているが，循環血流量は保たれている状態をいう．一方，虚血（ischemia）は，組織循環血流量の低下を意味し，血中酸素含量は正常な状態である．胎児では成人と異なり，低酸素症と虚血が同時に起こることが多い．

アスフィキア性脳障害の発症時期の割合とその原因は，分娩前20%（母体の低血圧，低酸素症，前置胎盤出血），分娩前〜分娩中35%（糖尿病，妊娠高血圧症候群，子宮内胎児発育遅延），分娩中35%（子宮破裂，常位胎盤早期剥離，臍帯脱出），分娩後10%（新生児心停止，重症肺疾患）とされる．

e. 新生児の呼吸障害

新生児はさまざまな原因で呼吸障害を呈する．その原因として，気道疾患（後鼻腔閉鎖，喉頭軟化症，食道閉鎖，気管狭窄など），肺疾患（MAS，気胸，肺炎，肺出血，RDSなど），肺形成異常（横隔膜ヘルニア，Potter症候群，先天性嚢胞性腺様奇形など），中枢神経障害（低酸素性虚血性脳症，頭蓋内出血など），代謝性疾患（低血糖，高アンモニア血症など），敗血症，先天性心疾患があげられる．チアノーゼ性心疾患との鑑別が重要になる．チアノーゼ性心疾患では，血流が動脈管依存に維持されている場合が多く，高濃度酸素の投与によって動脈管が閉鎖し，酸素化血流の循環ができなくなることもある．

症状として，陥没呼吸（胸郭全体が落ち込むような呼吸），呻吟（呼気時に声門を閉じて呼気抵抗を高め，肺の虚脱を防ぐ反応），鼻翼呼吸（小鼻を膨らますような補助呼吸運動），多呼吸（成熟児で60回/分以上が目安），チアノーゼなどである．チアノーゼとは，皮膚，粘膜が暗紫色を呈する症状で，毛細血管の還元ヘモグロビン量の増加（3-5 g/dl以上）を反映し，多血症ほど出現しやすく，貧血で出現しにくくなる．

治療として，自発呼吸がある場合は酸素投与を行い，経皮酸素飽和度（SpO_2）が93-98％の範囲になるように設定する．続いて動脈血血液ガス分析を行い，動脈血酸素分圧（PaO_2）が60-80 mmHgになるように投与量を設定する．自発呼吸が不十分な場合や高二酸化炭素血症を伴う時は，人工換気を行う必要がある．マスク＆バッグによる人工換気で不十分な場合や長時間にわたる場合には，気管内挿管下に人工換気を行う．

［山田秀人］

■文献

1) Richardson BS : Fetal adaptive responses to hypoxia : Physiological basis for fetal monitoring. Asphyxia and Fetal Brain Damage (Maulik D, ed), pp37-51, John Wiley & Sons, New York, 1998.

3.F 加齢と呼吸機能

ヒトは，出生後の第一声から息をひきとるまで1分間に10回以上の換気運動を意識下あるいは無意識下に続ける．そのため，肺には機械的なストレスが一生涯継続する．また，肺は細菌，真菌，ウイルスといった外界からの病原体の感染を受けやすい．さらに，外界からの酸素を体内へ取り込むため，高い酸素濃度による酸化的ストレスに常に曝されている．機械的，細菌的および化学的な損傷を受けやすい臓器であり，加齢による変化が予想される．

加齢に伴う最も重要な生理学的な変化は，胸壁の硬化，呼吸筋力の低下および肺の弾性収縮力の低下である．加齢に伴う肺機能の変化のほとんどは，これら3つの現象に関連づけることができる．他の要素として，低酸素および高二酸化炭素血症に対する呼吸反応の低下，気道抵抗の増加に対する感受性の低下があげられる．

a. 加齢に伴う胸壁の変化

胸壁のコンプライアンス（柔らかさ）は加齢とともに低下する．これは，胸郭や関節接合部の石灰化や形態学的な変化に起因すると考えられている．たとえば，肋軟骨や肋骨と椎骨の関節接合部の石灰化，椎骨間のスペースの減少である．骨粗しょう症の結果として椎骨の圧迫骨折による胸郭の変形の関与も考えられる．

b. 呼吸筋力の低下

加齢による呼吸筋の障害は，最大吸気圧あるいは最大呼気圧と関連し，また，機能的残気量の増加，胸壁のコンプライアンスの低下，胸郭の形態学的な変化と関連する．骨格筋の中でも呼吸筋は加齢による大きな変化を受け，呼吸筋や横隔膜の筋力は年齢とともに低下する．その原因として，筋肉量の減少，筋線維数の減少，神経筋接合部の変化，末梢の運動神経の減少が考えられている．呼吸筋力は，栄養状態と関連し，血流，酸素量，炭水化物量や脂質量といったエネルギーの利用効率にも関与している．最大吸気圧あるいは最大呼気圧は除脂肪体重あるいは体重と相関する．呼吸筋機能の低下を起こすその他の臨床状況として，加齢により頻度が増加するパーキンソン症候群と脳血管障害による呼吸筋機能の低下がある．

c. 加齢に伴う肺実質の変化

静的な肺弾性収縮力は，加齢により低下する．原因として，1）肺胞壁および間質における弾性組織（elastic tissue）の変性および減少，2）肺胞導管（alveolar duct）および肺胞腔（alveoli）の拡張，3）肺胞孔（Kohn's pore）の増加が考えられている．肺胞導管や肺胞の拡張は，均一であり，明らかな肺胞壁の破壊を伴わない．また，炎症性細胞浸潤や線維化も伴わない．これらの変化は老人肺（senile lung, cotton-candy lung）の変化であると考えられている．肺気腫において認められる不均一な気腔の拡大，肺胞壁の細胞浸潤，呼吸細気管支の線維化を伴う破壊像と異なっている．肺弾性収縮力の低下には，肺胞導管の拡張といった肺の形態的変化に加え，肺末梢組織の結合組織の質的，量的異常が考えられている．

d. 動脈血液ガスの変化

動脈血ガス分析において，加齢により動脈血酸素分圧（Pa_{O_2}）の低下が認められる．このPa_{O_2}の低下は，$-0.1 \sim 0.4$ Torr/年で直線的であることが知られている．動脈血二酸化炭素分圧（Pa_{CO_2}）やpHは加齢による影響をほと

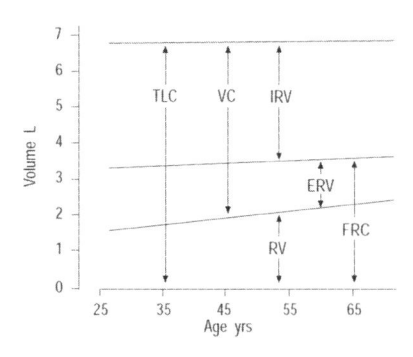

図1 加齢により，全肺気量（TLC）は大きく変化しないが，残気量（RV）は増加する．そのため，肺活量（VC）は減少する．吸気予備量（IRV），呼気予備量（ERV）も減少する．また，機能的残気量（FRC）は増大する[1]．

んど受けない．

e. 肺機能検査の変化

スパイログラムにおいて，加齢により全肺気量（total lung capacity；TLC）はあまり変化しないが，残気量（residual volume；RV）は増加する（図1）．加齢により，胸壁が硬くなる（弾性圧の増加）と同時に肺が柔らかくなる（弾性収縮力の低下）ことが，その一因と考えられている．肺活量（vital capacity；VC），1秒量（forced expiratory volume in one second；$FEV_{1.0}$），1秒率（$FEV_{1.0}\%$）は加齢により低下する．日本人健常男性における1秒量の経年的減少量の平均は，非喫煙者で20〜30 ml/year，喫煙者で30〜100 ml/yearと考えられており，高齢になるにつれて減少量が大きくなる．非喫煙女性においては，20 ml/yearと考えられている．肺弾性収縮力低下により，最大呼気流量（maximal expiratory flow；MEF）も加齢により減少する．肺気量分画では，前述のごとく，TLCはあまり変化なく，RV，機能的残気量（functional residual capacity；FRC）および残気率（RV/TLC）は増加する．吸気予備量（inspiratory reserve volume；IRV），呼気予備量（expiratory reserve volume；ERV）は減少する．肺末梢気道が閉塞すると考えられる肺気量がクロージングボリューム（closing volume；CV）であるが，CVは加齢とともに増大する．また，加齢とともに肺拡散能の低下および換気不均等の増大を認める．単一N_2呼出曲線における第Ⅲ相の傾き（ΔN_2）は換気不均等の指標と考えられているが，加齢によりΔN_2は増大する．

［青木琢也］

■文献

1) Janssens JP, Pache JC, Nicod LP：Physiological changes in respiratory function associated with ageing. Eur Respir J 13：197-205, 1999.
2) 長瀬隆英：加齢と肺機能の変化．呼吸と循環 50：665-668, 2002.
3) 西辻 雅，藤村政樹，織部芳隆，他：日本人健常男性における1秒量の経年変化と喫煙の影響—縦断的研究—．日呼学誌 41(10)：691-695, 2003.
4) 西辻 雅，藤村政樹，柴田和彦：日本人の非喫煙女性における1秒量の経年変化—縦断的研究—．日呼学誌 44(4)：301-303, 2006.

3.G 酸素代謝と寿命

a. 酸素を原因とする老化仮説

カロリー制限が動物の寿命を長くすることが知られている．また，体重の大きい動物（体重の重い動物）ほど長生きする傾向があること，体重の大きい動物ほどエネルギー代謝が低い傾向があるという研究報告がある．つまり，エネルギー代謝が低い動物ほど寿命が長いことになる．エネルギー代謝は，解糖系から，TCAサイクル，電子伝達系を介して，体温維持のための熱や，生体内の化学エネルギーであるATP（アデノシン三リン酸）を作りだす生化学反応である．多くの生物はこの反応の中で酸素を必要とする．体内に取り込まれた酸素の多くはエネルギー代謝の最終反応で無害な水となるが，一部は無差別に細胞構成生物に傷害を与える活性酸素に変化する．生体内で生じる活性酸素の約90％は，ミトコンドリアに存在する電子伝達系からエネルギー代謝の副産物として発生する．電子伝達系は80以上のサブユニットからなり，それを構築するための遺伝子が100以上も必要となる．複合体Ⅰは40以上ものサブユニットからなり，唯一，立体構造が解明されていない大きな複合体である．複合体Ⅰは少なくとも1つのFMN（flavin mono-nucleotide）と8つの硫酸鉄をもち，これらの箇所から活性酸素が発生すると考えられている．複合体Ⅰあるいは Ⅱ から電子が複合体 Ⅲ に渡される．複合体 Ⅲ の中ではユビセミキノンが自動酸化されるときに酸素に電子が渡されることで活性酸素が発生すると考えられている．電子が複合体 Ⅲ から Ⅳ へと渡り，ATPは最終段階の複合体Ⅴで合成される．酸素をいちばん消費するのは，電子伝達系の終末酵素であるシトクロムcオキシダーゼであるので，ここから多量の活性酸素が発生しても不思議ではないが，その証拠は得られていない．

エネルギー代謝が高くなれば，活性酸素の発生量が増加し，それだけ細胞中に生じる傷害が増えることになる．老化の原因はこれまで分子レベルから個体レベルまでさまざまな仮説が考えられてきた．その中で，活性酸素が原因であるという考えは，50年前にDenham Harmanが「老化のフリーラジカル説」を提唱したときまでさかのぼる．この活性酸素を老化仮説の中心に考えると，他の多くの仮説がそこに関連づけられてしまう（図1）．

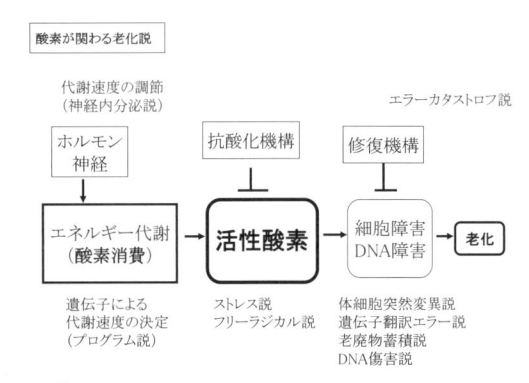

図1[2] 活性酸素が老化の原因と考えると，多くの老化仮説が1つの経路の中に納まってしまう．

b. 活性酸素に関連する寿命遺伝子

老化の遺伝子を捕えるためには，遺伝学的手法が確立された動物が必須条件となる．その先駆的な役割を担ったのが，線虫の一種，*Caenorhabditis elegans*（*C. elegans*）である．Johnsonは*C. elegans*から世界で初めて長寿を示す突然変異体を分離し，*age-1*と命名した．*age-1*の遺伝子はPI3キナーゼと，もう1つの長寿命突然変異体である*daf-2*の遺伝子はヒトのインスリン様成長因子（IGF）受容体とよく似た配列

をもっていた．この2つのタンパク質はエネルギー代謝に関係するインスリン様シグナル伝達系の重要な構成要素であることが明らかになった．最近では，インスリン/IGF-1シグナル伝達系を介した寿命制御のメカニズムが C. elegans のみならず，ショウジョウバエ，マウス，ヒトと，多くの生物に共通であると考えられるようになってきた．

Kenyonらのグループは，C. elegans のミトコンドリアに存在する電子伝達系の複合体のサブユニットをコードする遺伝子の発現を抑制すると，寿命が延長すると報告している．これらの遺伝子発現の抑制がエネルギー代謝の低下を招いたことから，寿命延長効果は産生される活性酸素の量が減少したためと結論している．Ruvkunらのグループは網羅的な実験を行い，寿命延長を示す遺伝子を探索した．その結果，ミトコンドリアに関連する遺伝子が多数含まれていたと報告している．これとは逆に，電子伝達系の複合体Ⅱのサブユニットの1つであるシトクローム b の遺伝子に変異を持つ mev-1 突然変異体は，ミトコンドリアから活性酸素が過剰に産生されることが原因で短命になっている．

抗酸化酵素の1つであるカタラーゼ（Cat）をミトコンドリアで過剰発現させたマウスや，thioredoxine 1 (Trx1) 遺伝子を過剰発現させたマウスは酸化ストレス耐性になり，長寿命であった．もう1つの抗酸化酵素であるスーパーオキシドディスムターゼ（SOD）を過剰発現させたショウジョウバエも長寿を示した．インスリン様のシグナル伝達経路も酸化ストレスが関与しており，この経路の下流に存在する転写因子の DAF-16 は Mn-SOD の遺伝子発現を制御している．また線虫の daf-2 突然変異体が酸化ストレスに耐性になると同様に，daf-2 の変異マウスでも酸化ストレスに耐性になり，酸化ストレス下での寿命短縮が抑制されることが知られている．このように長寿の突然変異体は酸素ストレスをはじめ，多くのストレスに対する抵抗性を示す傾向がある．

SIR2 の過剰発現が C. elegans に長寿をもたらすと報告されている．SIR2 は染色体を構成しているタンパク質であるヒストンのアセチル基を取り除く脱アセチル化酵素である．この酵素は，ヒストンを脱アセチル化する際に，細胞

表1 主な寿命関連遺伝子．多くの遺伝子が，酸素が関わるエネルギー代謝に関係することがわかる．

生物種	突然変異体	寿命	遺伝子	遺伝子の機能
出芽酵母	SIR2	延長	ヒストン脱アセチル化酵素	エネルギー代謝
線虫	daf-2	延長	インスリン/IGF-1様受容体	エネルギー代謝
	clk-1	延長	コエンザイム Q 合成酵素	エネルギー代謝
	mev-1	短縮	電子伝達系複合体 SDHC	エネルギー代謝
ショウジョウバエ	InR	延長	インスリン/IGF-1様受容体	エネルギー代謝
	CHICO	延長	インスリン受容体基質 IRS	エネルギー代謝，体のサイズの制御
マウス	p66shc	延長	シグナル伝達アダプター分子	酸化ストレスのシグナル制御
	Dwarf	延長	血中の IGF の濃度の低下	エネルギー代謝
	Klotho	短縮	β-glucosidase（?）	カルシウム代謝
ヒト	ウェルナー症候群	短縮	ヘリカーゼ	DNA の複製・修復・組換え
	ハッチンソン・ギルフォードプロジェリア症候群	短縮	ラミン	核膜裏打タンパク質

のエネルギーを運ぶ役割をしている NAD^+ の補助が必要となる．NAD^+ は細胞が取り込んだ栄養分からエネルギーを作りだすことに関わっているが，SIR2 はその調節に関与していると考えられている．

これまで分離されてきた突然変異体をまとめると，その原因遺伝子の多くが酸素に関連するエネルギー代謝に関連していた（表1）[1]．

[石井直明]

■文献
1) Finkel T, Holbrook NJ：Oxidants, oxidative stress and the biology of ageing. Nature 408：239-247, 2000.
2) 石井直明：分子レベルで見る老化. 講談社, 2001.

3.H 運動開始時の酸素摂取動態

ヒトが家事や事務作業，歩行，ジョギングなどの軽い運動をする時は，全身の酸素の需要と供給がつりあい，運動を長く続けることができる（有酸素性の持久運動）．しかし，日常の身体活動の大半は一定動作の連続ではなく，活動の強度やパターンが時間と共に変化する非定常的な場合も数多く見られる（たとえば，駅の階段の駆け上り，あるいは陸上競技場面でのスタート，球技）．とくに，運動の強度が急に変化した場合に活動筋への酸素供給が追いつかず，有酸素性エネルギーの発動が遅れると，酸素が不足して運動を安全にかつ長時間続けることが困難になる．運動への適応能力が高いヒトは，さまざまな身体活動の場面に対応して，酸素を口元から肺，循環を経て持久性に優れる遅筋線維にすばやく供給し，筋肉を収縮させる ATP を再合成する（例，長距離走者）．そこで，多くの研究者たちがヒトの運動開始時における酸素摂取の動態（$\dot{V}_{O_2}$ kinetics）を規定（律速）する要因を検討してきた[1,2]．

a. 運動開始時における酸素摂取動態の規定要因

健常者が座位姿勢で最大下強度の大筋群運動を行う場合は，活動筋全体の酸素供給（$\dot{Q}$，たとえば大腿動脈血流量）の速度は $\dot{V}_{O_2}$ よりも速い（図1：Kogaら，2005）．そこで運動開始時における酸素摂取動態を規定（律速）する要因は活動筋全体の循環ではなく，筋微小循環レベルの血流分布，ないしは筋細胞における酸素利用（3.I「運動時の骨格筋酸素動態」参照）という説が有力である[3]．ラットの筋毛細血管の

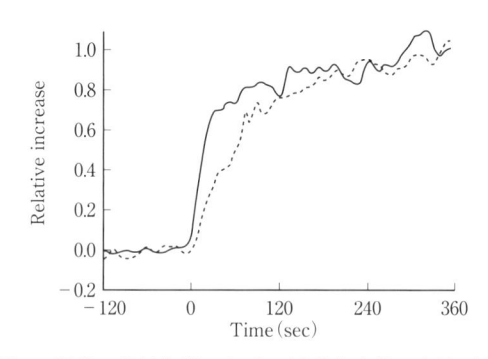

図1 運動の開始初期における活動筋全体の血流（実線，$\dot{Q}$）は酸素摂取（破線，$\dot{V}_{O_2}$）の応答よりも速い（Kogaら，2005）．したがって，酸素摂取動態の規定要因は運動筋内部の血流分布，ないしは酸素利用であることが示唆された．

$\dot{Q}$ と酸素分圧を測定した研究によると，筋収縮開始直後では酸素の需要と供給の割合（$\dot{V}_{O_2}/\dot{Q}$）のバランスが維持され，その後に $\dot{V}_{O_2}$ と $\dot{Q}$ のミスマッチが生じる（Behnkeら，2001）．しかし，活動筋毛細血管レベルの $\dot{Q}$ は不均一に分布しているので，活動肢全体と微小循環における血流調節は異なる（Laughlinら，2001）．また，運動中に動員される筋線維の種類によって酸素の需要と供給の割合が異なり，活動筋の酸化代謝が不均一になることが推測されている[4]．このように，微小循環における $\dot{V}_{O_2}$ と $\dot{Q}$ の応答とその不均一性については不明な点が多い．

b. 活動筋微小循環における酸素の需要と供給の割合

上記の研究背景に基づき，最近では運動開始時における活動筋微小循環レベルの $\dot{V}_{O_2}/\dot{Q}$ の空間的な分布を定量化する試みがある．著者らは多チャンネルの近赤外分光装置（連続波NIRS）を用いて，大腿直筋と外側広筋の計10部位におけるヘモグロビン＋ミオグロビンの脱酸素化濃度変化（ベースラインからの相対変化，ΔHHb）を連続的に測定した．ΔHHb は血

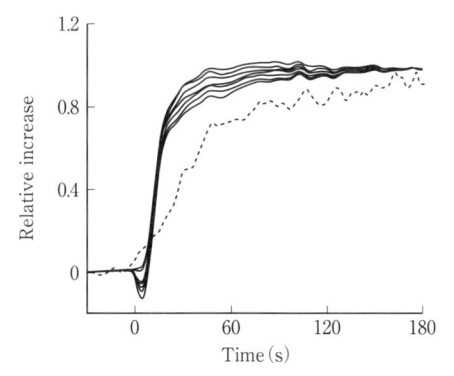

図2 高強度の運動開始時における大腿筋の酸素消費（破線）と10部位におけるヘモグロビン＋ミオグロビンの脱酸素化状態（ΔHHb, $\dot{V}_{O_2}/\dot{Q}$を反映, 実線）の相対変化[5]
運動開始直後では, $\dot{V}_{O_2}/\dot{Q}$の空間的な不均一性が認められた．（破線は活動筋の酸素消費動態を示す）

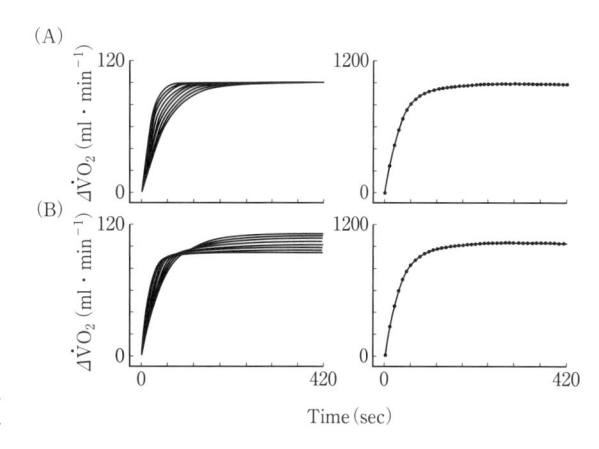

図3 筋肉組織（左）と筋肉全体（右）の酸素消費動態
活動筋$\dot{V}O_2$の応答速度は局所ごとに不均一であると予想される（WhippとRossiter, 2005）.

液量変動の影響を受けにくく, $\dot{V}_{O_2}/\dot{Q}$, つまり動静脈酸素量差（酸素の抜き取り）の応答動態を反映する（Grassiら, 2003）. 運動開始直後の約7-10秒間では（初期成分, initial component）, ΔHHbがベースライン値から変化しない部位と過渡的に減少する部位があり, $\dot{V}_{O_2}/\dot{Q}$の空間的な不均一性が認められた（図2[5]）. ラットの運動開始直後でも, 微小循環-組織レベルの$\dot{V}_{O_2}/\dot{Q}$は一定, あるいは一部の部位では減少するという報告がある（Behnkeら, 2001）. したがって, 微小循環-組織レベルでは酸素の供給が需要にマッチする, あるいは需要を超えることが示唆される. 一方, 運動開始直後の筋肉ポンプ作用によって, 収縮していない筋線維へ過剰な血流が配分される可能性もある.

さらに, 初期成分に続いて指数関数的に増加する急成分（primary component）の期間においても, ΔHHbの立ち上がりに部位差が見られ, $\dot{V}_{O_2}/\dot{Q}$の時間的・空間的な不均一性が認められた（図2）. また, 活動筋$\dot{V}_{O_2}$の急成分時定数（肺胞の$\dot{V}_{O_2}$第2相応答から推定）はΔHHb急成分の応答よりも遅かった. しかし, ΔHHb平均応答時間の部位間変動係数と$\dot{V}_{O_2}$急成分時定数との相関係数が低く, $\dot{V}_{O_2}/\dot{Q}$の空間的な不均一性は活動筋の酸素消費動態に影響を与えないことが示唆された. このため, 酸素摂取の動態を規定する要因は, 活動筋細胞における酸素利用［とくに代謝活動の遅れ（metabolic inertia）］であることが示唆される. Ferreiraら（2005）の研究では, 活動筋$\dot{V}_{O_2}$の急成分応答とHHb（すなわち$\dot{V}_{O_2}/\dot{Q}$）から微小循環の$\dot{Q}$応答を求めた結果, $\dot{V}_{O_2}$と$\dot{Q}$の平均応答時間は近似した. しかし, $\dot{Q}$と$\dot{V}_{O_2}$の応答速度は局所ごとに不均一であると予想され（図3: WhippとRossiter, 2005）, 今後の検討が必要である.

無酸素性作業閾値（AT）以上の高強度運動を開始すると, 約2-3分目に$\dot{V}_{O_2}$が徐々に増加する徐成分（slow component ; SC）が生じる. その主たる発生源としては, 運動筋の酸素消費の増加, とくに速筋線維動員によるO_2コストの増加が有力視されている[1]. ΔHHbのSCもほぼ同じように増加するが, SCの原因の1つとして$\dot{V}_{O_2}/\dot{Q}$の不均一性が考えられる. 著者

らによる高強度の繰り返し運動実験では，1回目の運動（ウォームアップ）に比べて，2回目の運動における ΔHHb 応答の不均一性と $\dot{V}_{O_2SC}$ の減少が認められた[6]．1回目の高強度運動により筋肉と血液中に乳酸が生じて酸素解離曲線の右方シフトと血管拡張が起き，酸素供給量が増加する．そこで，第2運動の開始前には，活動筋微小循環と筋細胞の酸素分圧差が第1運動に比べて大きくなり，酸素が取り込まれやすいと考えられる[1]．さらに，活動筋の細胞自体の酸素利用も高まる．したがって，第2運動においては $\dot{V}_{O_2}/\dot{Q}$ ミスマッチの改善による速筋線維動員の減少，あるいは遅筋線維動員の増加が関連しているかもしれない．

一部位の ΔHHb を測定した先行研究に比べて，多チャンネル近赤外分光法は組織レベルの酸素利用動態の不均一性を識別できる．$\dot{V}_{O_2}/\dot{Q}$ のマッチングを詳細に観察することで，筋肉組織レベルの $\dot{V}_{O_2}/\dot{Q}$ とその空間的な分布が明らかになれば，酸素不足を生じないパフォーマンス能力の獲得へ重要な示唆が得られる．また，健常者だけでなく，心肺疾患や糖尿病などの患者の有酸素運動処方に寄与することが期待される．

c．運動時の筋線維動員パターンの推定

ヒトが運動をする際の遅筋線維と速筋線維の動員パターンの推定は重要である．動物実験レベルでは，筋線維の種類によって活動筋の酸素交換の動的な応答は異なる．筋収縮の開始直後，持久性に優れる遅筋線維（例，ヒラメ筋 soleus）では酸素供給（$\dot{Q}$）の増加速度は酸素需要（$\dot{V}_{O_2}$）のそれよりも速い．さらに酸素分圧（P_{O_2}）と pH の応答遅れ時間が長く，低下速度（時定数）は遅い（図4）．一方，疲労しやすい速筋線維（例，腓骨筋 peroneal）では酸素の需要に対して供給が不足し，P_{O_2} と pH がより

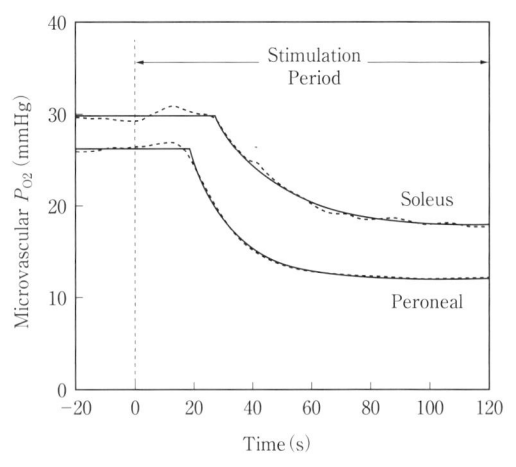

図4 筋収縮の開始直後，遅筋線維（ヒラメ筋 soleus）では微小循環酸素分圧（P_{O_2}）の応答遅れ時間が長く，低下速度が遅い．一方，速筋線維（腓骨筋 peroneal）では酸素の需要に対して供給が不足し，P_{O_2} がより速く低下して筋細胞への酸素の取り込みが遅れる（Behnke ら，2003）．

速く低下して筋細胞への酸素の取り込みが遅れる．動物実験の知見を基にして，ヒトの活動筋における筋線維動員パターンの時間的変化を推定する方法が探索されている．上述のように，運動開始時における活動筋の ΔHHb の動的応答には不均一性がみられ，部位によって動員される筋線維が異なることが示唆される．また，カンザス州立大学の Barstow と Poole の両教授は HHb の時間的変化が微小循環 P_{O_2}（つまり $\dot{Q}/\dot{V}_{O_2}$）の動的応答に近似すること（裏返しの鏡像関係）を指摘している．そこで，著者らは時間分解 NIRS を用いて HHb の絶対値を計測し，P_{O_2} の応答から筋線維動員パターンを推定する研究に着手した．動物筋線維の酸素交換特性を基にして，ヒトの活動筋における $\dot{V}_{O_2}/\dot{Q}$ の動的応答を NIRS 法で計測し，筋線維動員パターンを非侵襲的に推定することは，新しい試みと考えられる． ［古賀俊策］

■文献
1) Jones AM, Poole DC : Oxygen uptake kinetics in

sport, exercise and medicine. Routledge, UK, 2005.
2) 古賀俊策（宮村實晴編集）：酸素摂取動態．新運動生理学下巻，57-65，真興交易医書出版部，2001.
3) 古賀俊策，遠藤雅子，塩尻智之（宮村實晴編集）：運動開始時の酸素摂取．運動と呼吸，24-32，真興交易医書出版部，2004.
4) Poole DC, Barstow TJ, McDonough P, Jones AM：Control of oxygen uptake during exercise. Med Sci Sports Exerc 40：462-474, 2008.
5) Koga S, Poole DC, Ferreira LF, et al：Spatial heterogeneity of quadriceps muscle deoxygenation kinetics during cycle exercise. J Appl Physiol 103：2049-2056, 2007.
6) Saitoh T, Ferreira LF, Koga S, et al：Effects of prior heavy exercise on heterogeneity of muscle deoxygenation kinetics during subsequent heavy exercise. Am J Physiol (Regul Integ Comp Physiol), 2009 (in press).

3.1 運動時の骨格筋酸素動態

a. ミトコンドリア呼吸でのクレアチンシャトル説

ミトコンドリア内の酸化的リン酸化を制御している因子は，アデノシン2リン酸（ADP），アデノシン3リン酸（ATP），無機リン酸（Pi），シトクロム c 酵素，および NADH である．従来，酸化的リン酸化の律速因子は細胞質の ADP 濃度であると言われていたが，実はミトコンドリア内のクレアチンキナーゼ（creatine kinase；CK）を介したミトコンドリア内での ADP 産生であるとする考えが提案され，これをクレアチンシャトル（creatine shuttle）説と称している（図1）[1]．

カエルの縫工筋を摘出して数秒間インパルス刺激を与えたときの筋酸素消費量（$\dot{Q}_{O_2}$）とクレアチンリン酸（PCr）の応答動態について観察した報告から，両者の応答は一次遅れ系の伝達関数で近似でき，両者の時定数が等しかった[1]．また，$\dot{Q}_{O_2}$ の時定数は刺激時間にかかわらずほぼ一定であったため，インパルス刺激（入力）に対する骨格筋 $\dot{Q}_{O_2}$ 応答（出力）は線形であることを示唆した．Meyer[2]は運動（電気刺激）開始期および回復期の PCr は指数関数的に変化し，刺激の強度に関係なく PCr 応答の時定数が一定であり，PCr の定常値と酸素摂取量（$\dot{V}_{O_2}$）のそれとは比例関係にあると報告した．これらの2つの実験結果は creatine shuttle 説を支持する結果であり，動物実験での電気刺激（インパルスやステップ入力）に対する $\dot{Q}_{O_2}$ 応答（出力）が線形であることが確認された．動物実験でもそうであるが，主に運動終了時からの PCr の動態が注目されている．

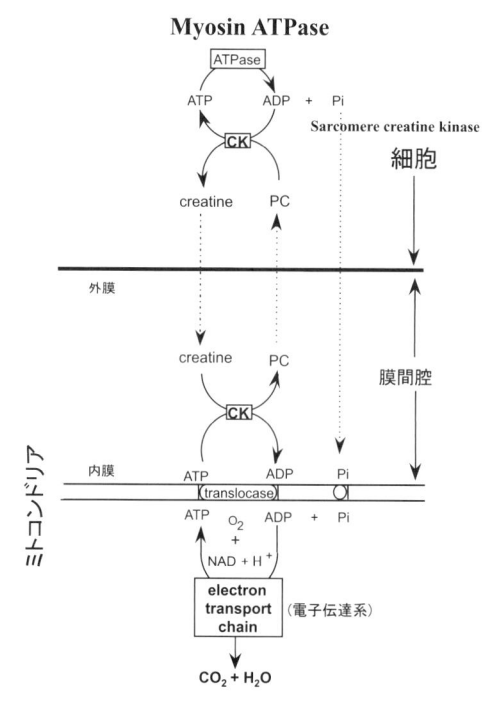

図1 クレアチンキナーゼを介した細胞-ミトコンドリア間での ATP 再合成過程[1]
これにはクレアチンリン酸の分解とミトコンドリア内では電子伝達系が大きく関わっている．細胞内 ADP はミトコンドリア内への透過性は悪いが，Pi はミトコンドリア内に流れ込む．
CK：クレアチンキナーゼ，Pi：無機リン酸，PC：クレアチンリン酸，translocase：ATP/ADP 輸送体．

運動中には PCr の利用と合成の複合が同時展開しているので，合成系のみの評価は回復時に限定される．この PCr の回復スピードは，ミトコンドリアのクレアチンキナーゼ（CK）と有酸素能力に依存しているので，PCr の回復スピードは筋組織中のリン酸化能力を表していると考えてよい．

筋組織内の運動時のリン酸化合成についてヒトを対象に観察する方法として，近年では高分解能 ^{31}P-NMR を用いて数多の所見が得られている．種々の運動強度と PCr, Pi の反応速度を測定し，指数関数減衰からその時定数が約30秒であり（Yoshida and Watarai, 1993），こ

3.1 運動時の骨格筋酸素動態

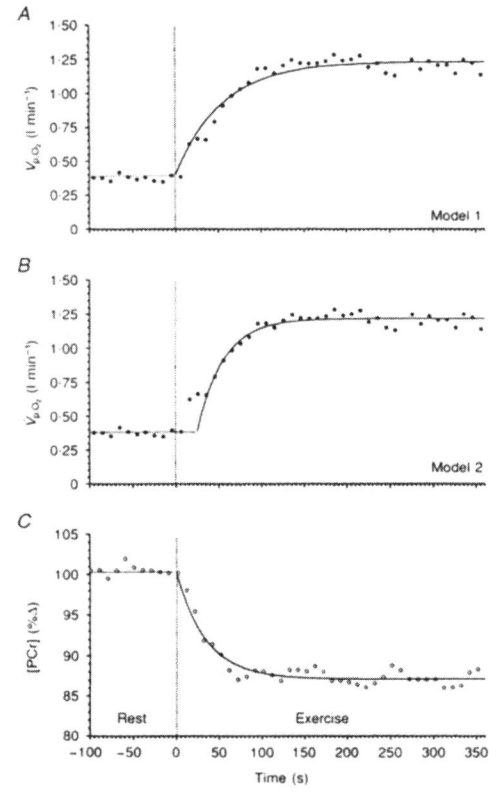

図2 運動開始時の肺胞レベルの $\dot{V}_{O_2}$ と ^{31}P-NMR を用いたクレアチンリン酸（PCr）のタイムコースがほぼ鏡像的に類似している[6]．したがって，$\dot{V}_{O_2}$ は筋組織内の酸化的リン酸化反応をダイレクトに反映していると考えられる．

の時定数は運動強度とは無関係であり，回復期 PCr 動態の線形性がヒトでも確認された（Binzoni et al, 1992）．また，PCr と運動初期の肺での酸素摂取動態（$\dot{V}_{O_2}$ kinetics）の同時測定から，$\dot{V}_{O_2}$ kinetics は活動筋 PCr のそれと鏡像したタイムコースをとることが示され[6]（図2），肺胞レベルでの $\dot{V}_{O_2}$ kinetics が実際活動している組織内での酸化的リン酸化を直接的に反映していると考えられる．

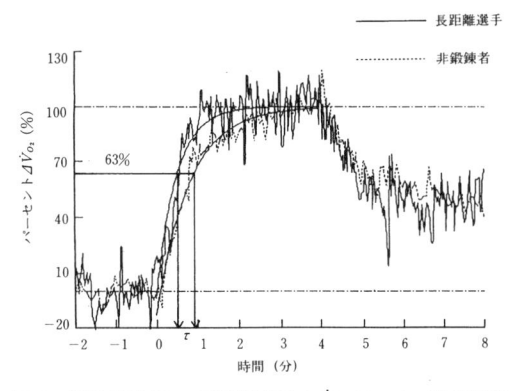

図3 運動開始時の長距離選手の $\dot{V}_{O_2}$ kinetics は非鍛錬者と比べて顕著にその立ち上がりが速やかである．両者の変化を相対的に示し，63％に達した時点（矢印↓）が時定数（τ）である．（本文参照）

b. 酸素摂取動態の修飾因子としての運動訓練

図3には運動開始直後の $\dot{V}_{O_2}$ kinetics について非鍛錬者と長距離選手を重ねて相対値で表示した．図3から明らかなように，長距離選手の $\dot{V}_{O_2}$ kinetics の立ち上がりが非鍛錬者と比べて速やかである．また，長距離選手では脚運動時の $\dot{V}_{O_2}$ kinetics が腕運動時のそれよりも速く，水泳選手では腕運動時の $\dot{V}_{O_2}$ kinetics が脚運動時のそれよりも速いといった運動訓練の局在性も示された（Cerretelli et al, 1979）．筆者らは正弦波運動負荷法を用いて $\dot{V}_{O_2}$ kinetics からスポーツ選手の種目特異性を検討した．その結果，長距離選手の $\dot{V}_{O_2}$ kinetics は非鍛錬者やアメリカン・フットボール選手のそれよりも顕著に速やかだった[3]．しかし，アメリカン・フットボール選手の $\dot{V}_{O_2}$ kinetics は非鍛錬者のこれらと大差なかった．このことから，持久性トレーニングを行うことによって $\dot{V}_{O_2}$ kinetics の応答速度は加速するが，アメリカン・フットボール選手が行っている筋力トレーニングや無酸素トレーニングを主体とした運動訓練では，$\dot{V}_{O_2}$ kinetics の応答速度を速める効果が期待できな

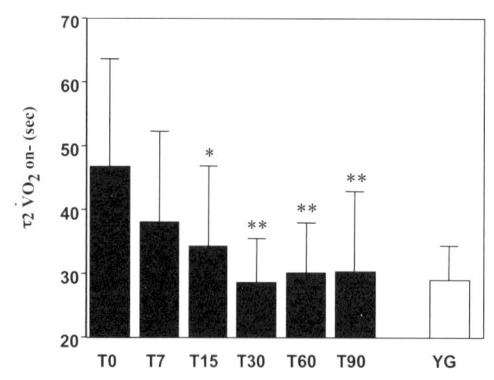

図4 50歳代の被験者を対象にした運動訓練に伴う$\dot{V}_{O_2}$ kineticsの第二相時定数（τ_2）は30日まで急激に短縮し、エネルギー代謝能の改善効果が確認された。また、右棒（白抜）は若年のデータであり、50歳代でも20歳代までこれを短縮できる[4]。T0：運動訓練前，T7-90：運動訓練7日-90日目，YG：20歳代の若年者．*，** $p<0.05, 0.01$, vs. T0．

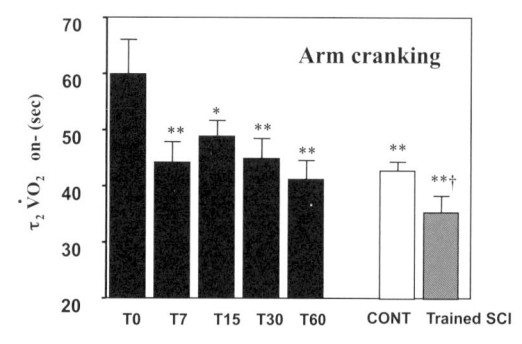

図5 脊髄損傷者を対象にした60日間の運動訓練に伴う$\dot{V}_{O_2}$ kineticsの第二相時定数（τ_2）は7日経過から改善がみられ、その後徐々に変化した[5]．右図の健常者（CONT）とほぼ同じレベルに達したが、車椅子バスケット選手（Trained SCI）のような鍛錬者までに達しなかった[7]．*，** $p<0.05$, 0.01, vs. T0．† $p<0.05$, vs. CONT

いようである．

一般の人の運動訓練あるいは障害者のリハビリテーションについて考えてみよう．これまでの運動訓練の評価は数週間の運動訓練前後（pre, post）の測定結果から行われ，詳細なタイムシリーズでfollow-upしている研究はあまりなかった．ウォータール大学のPhillipらは若年者での$\dot{V}_{O_2}$ kineticsの応答速度は，たった4日間の持久性運動訓練で顕著に加速したと報告している．そこで，著者らはこの変化は若年者だけでなく，中高年者や脊髄損傷者でもみられる現象であろうと考え検証した．まず，50歳代の中高年を対象に，スタンダード・トレーニング（サイクリング運動と筋力トレーニングの組み合わせ）を90日間実施した．その結果，スタンダード・トレーニングによって最大下運動での$\dot{V}_{O_2}$ kineticsの時定数は運動訓練初期（7日目：T7）から低下し，運動訓練30日まで短縮した．その後，時定数は運動訓練30日以降ほとんど変化しなかった．つまり，中高年者の筋内酸化的リン酸化能は，運動訓練30日まで劇的に変化し，$\dot{V}_{O_2}$ kineticsからみた場合，若年者のレベルまで回復が可能であることが示唆された（図4）[4]．

次に，車椅子生活をよぎなくされている脊髄損傷者の場合はどうであろうか．まず被験者の負担を最小にするため，運動の強度・時間・頻度ともにアメリカスポーツ医学会ガイドラインにある最小レベルに設定した．その結果，図5にあるように運動訓練開始7日目（T7）で$\dot{V}_{O_2}$ kineticsの時定数は有意に短縮し，その後，60日目（T60）まで徐々に低下し続けた[5]．また，T60の$\dot{V}_{O_2}$ kineticsの時定数は車椅子バスケット・ボール選手の値より高く，若年健常者とほぼ同等であった．このように，脊髄損傷者の$\dot{V}_{O_2}$ kineticsの改善は運動訓練初期（1週間目）に観察され，60日間でそのレベルは健常者とほぼ同程度まで回復した．一方，従来運動訓練やリハビリテーションの効果を評価する指標として用いられてきた，最大酸素摂取量（$\dot{V}_{O_2 max}$）などの変化は運動訓練後期に遅れて観察された．つまり，運動訓練による変容過程が異なった．従来，最大運動時で得られる$\dot{V}_{O_2 max}$

と $\dot{V}_{O_2\,kinetics}$ の時定数との間には有意な負の相関が認められている．これは両者に共通する酸素運搬能と筋内酸素利用能（酸化能力）が規定因子として存在するので，当然の結果とも受け止められる．しかし，今回のトレーナビリティー（運動訓練に対する適応）という視点からでは，必ずしも対応関係にはないことが明らかとなった．

　スポーツ選手や健常者の場合は，最大酸素摂取量や無酸素性作業閾値（AT）を測定し，トレーニングあるいはリハビリテーションの運動強度を設定する方法が一般的である．しかし，これらの方法はけがをしているスポーツ選手や，中高年者，病気によって体力や筋力が低下している患者にとっては，体や心理面への負担が大きく，危険が伴う．したがって，非定常的な運動における酸素摂取動態（$\dot{V}_{O_2\,kinetics}$）という指標を用いれば，個人の持久能力に合った運動強度を決定することが可能になる．また，日常生活や実際の競技中の有酸素運動能力（つまり，運動強度が常に変化する中で，高いパフォーマンスを続けて行える力）を評価する場合においても有用であろう．

[福岡義之]

■文献

1) Mahler M：First-order kinetics of muscle oxygen consumption, and an equivalent proportionality between QO_2 and phosphorylcreatine level. Implications for the control of respiration. J Gen Physiol 86：135-165, 1985.
2) Meyer RA：A linear model of muscle respiration explains monoexponential phosphocreatine changes. Am J Physiol 254：C548-C553, 1988.
3) Fukuoka Y, et al：Characterization of sports by the $\dot{V}_{O_2}$ dynamics of athletes in response to sinusoidal work load. Acta Physiol Scand 153：117-124, 1995.
4) Fukuoka Y, Grassi B, Conti M, et al：Early effects of exercise training on $\dot{V}_{O_2}$ on-and off-kinetics in 50-year-old subjects. Pflugers Arch 443：690-697, 2002.
5) Fukuoka Y, Nakanishi R, Ueoka H, et al：Effect of wheelchair training on $\dot{V}O_2$ kinetics in the participants with spinal-cord injury. Disabil Rehabil Assistive Technology 1：167-174, 2006.
6) Rossiter HB, et al：Inferences from pulmonary O_2 uptake with respect to intramuscular [phosphocreatine] kinetics during moderate exercise in humans. J Physiol (Lond) 518：921-932, 1999.
7) Fukuoka Y, et al：Kinetics and steady-state of $\dot{V}_{O_2}$ responses to arm exercise in trained spinal cord injury humans. Spinal Cord 40：631-638, 2002.

3.J 運動時における酸素と乳酸の代謝

乳酸というと，酸素が不足状態になるとできる老廃物で，疲労の素であるとされてきた．しかしこうした見方は誤りであることが徐々に明らかになってきている．近年の新たな乳酸の見方では，乳酸は糖分解の亢進によって糖を利用する途中ででき，糖分解量と利用量との差分を調節して，糖を円滑に利用させる働きを持つエネルギーである．

a. 酸素摂取量と血中乳酸濃度

運動強度に対して酸素摂取量をとってみると，通常の場合ほぼ直線的に運動強度に比例して酸素摂取量が増加し，それが最大酸素摂取量レベルまで続く．ということは，最大酸素摂取量までのレベルにおいて，どれだけ酸素摂取量が必要であるのかが精密にコントロールされて，うまく供給されていることになる．一方運動強度に対して血中乳酸濃度をとってみると，強度が低いところでは血中乳酸濃度は安静と変わりのない低いレベルが維持されているが，ある強度から急に血中乳酸濃度が上昇していくように観察される（図1）．血中乳酸濃度の上昇は乳酸の産生上昇が大きく影響するので，このある強度（これを乳酸性作業閾値，LT＝lactate threshold という）から，急に乳酸の産生が増加することになる．LT は最大酸素摂取量の 60-70％程度に相当する運動強度であるのが一般的である．すなわち酸素摂取量はまだ最大より下のレベルであり，酸素が必要ならばまだまだ酸素摂取量は増やせるし，酸素が筋内になくなっているとは考えられない強度から，乳酸産生が上がり，血中乳酸濃度が急に上昇してい

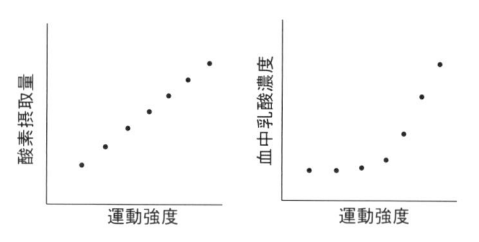

図1 酸素摂取量は運動強度に比例して上昇するが，血中乳酸濃度はある強度（＝LT）から急に上昇する．両者には関係が見られない．

る．このことから乳酸の産生が酸素の供給が不足することでは説明できないのは明らかである．

実際に乳酸産生が酸素供給と関係するのかということは，LT という現象がよく研究された 1980 年代始めからよく検討されていた．そして筋内の酸素分圧と乳酸産生とには必ずしも原因-結果の関係が認められないことがすでに報告されている[3]．また乳酸が酸素不足によりできるのであるならば，それは NADH が蓄積してそのために糖分解が進まないのを，乳酸産生で NADH から NAD を産生して復活させるということになるはずだが，NADH 濃度が必ずしもそれを支持するような変化を示さないこと，高所や低酸素条件で必ずしも乳酸産生が増加することにならないこと等から，酸素が不足するので乳酸ができるということは否定される．さらに近赤外線を用いた組織酸素代謝測定でも，やはり筋内が無酸素状態ではなく，酸素がある条件で乳酸ができている[2]．

b. 乳酸産生は糖分解亢進の結果

では乳酸はどうしてできるのかというと，糖分解が亢進するからである．これまでの考え方では，解糖系の流れの中で最後にあるミトコンドリアの反応を中心に考え，酸素があればミトコンドリアの反応へ，酸素がなくてミトコンドリアが働かないと乳酸へ，といった二者択一で

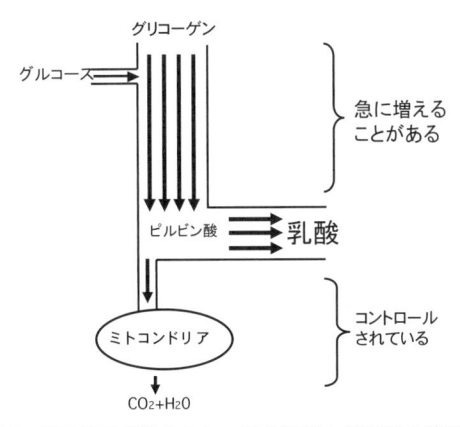

図2 糖分解量が増えると，糖分解量と利用量の差分が乳酸になって調節される．

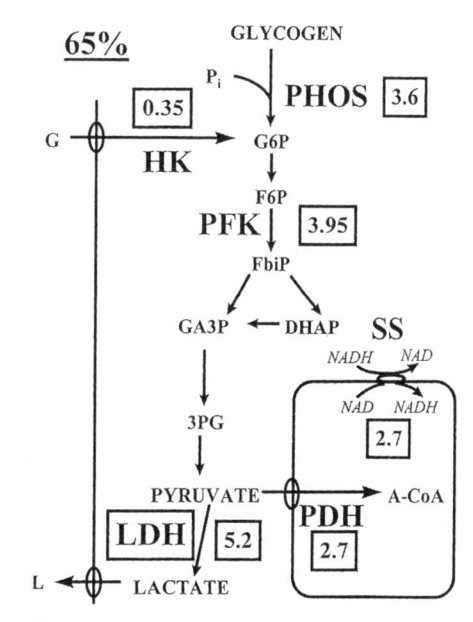

図3[5)] 65% VO_{2max} の運動時において，糖分解は3.95 mmol/kg/min であり，この後2分子になるので7.9 mmol/kg/min．ミトコンドリアへの反応は2.7 mmol/kg/min なので，その差分の5.2 mmol/kg/min が乳酸産生になる．

捉えようとしていた．つまりこの見方では解糖系をたどって糖が分解されてくる量については考えてこなかった．ところがミトコンドリアの酸化反応は精密にコントロールされているのに対して，糖分解量は必ずしもミトコンドリアの反応ほど精密にはコントロールされておらず，それ以上に急に増えることがある．糖分解が過剰に増えれば過剰にピルビン酸が産生されることになる．そこでミトコンドリアは働いていてもピルビン酸から乳酸ができると考えればよい（図2）[2,4]．

すなわち糖代謝の中で，最後のミトコンドリアの反応量ではなく最初の糖分解量で全体を考えれば，酸素があって酸化反応はきちんと行われているのに乳酸ができることや，グリコーゲンレベルによって乳酸産生が変化することが説明できる（図3）．また高所では酸素が薄くなってそれにより乳酸ができると思われがちだが，実際にはそうではなくて糖分解に抑制がかかって乳酸産生は高まらないことも理解できる．一方で酸素供給がうまくいかないと乳酸産生が高まるように観察される場合は，酸素供給の変化によってミトコンドリアの反応量に変化が起き，その結果無機リン酸やADPが蓄積

し，これらは糖分解の促進因子であるので，それによって糖分解が高まり，乳酸産生が高まるといったように解釈できる．エネルギー代謝の基本はミトコンドリアによるATP産生であるから，もちろんミトコンドリアの働きは乳酸代謝に密接に関係している．ただし健常者の運動時における乳酸産生は，ミトコンドリアが正常に機能しているのであるから，基本的に糖分解の亢進で理解される．

c．乳酸はエネルギー源

このように乳酸は糖分解量とミトコンドリアの利用量とのバランスをとるためにできる基質である．ということは乳酸は老廃物ではなく，いずれはピルビン酸からTCA回路に入るエネルギーである．しかも乳酸脱水素酵素の反応1段階だけでTCA回路に入れるのであるから，

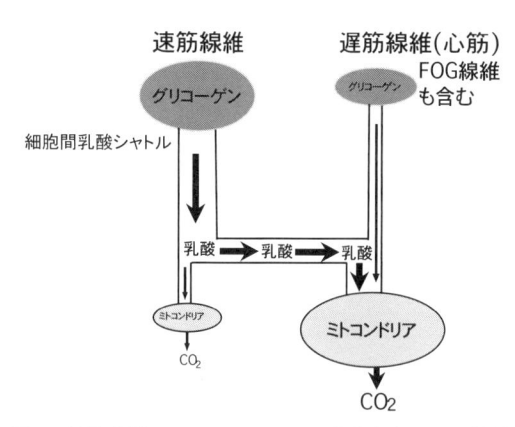

図4 速筋線維のグリコーゲンが、乳酸を介して遅筋線維や心筋で使われる．

図5 速筋線維でできた乳酸が遅筋線維や心筋で使われる過程で、乳酸輸送担体 MCT1 と MCT4 が働いている．

これだけ利用しやすいエネルギーは他にはない．したがって乳酸は使いやすいエネルギーになる[2,4]．

たとえば筋肉では速筋線維はミトコンドリアは少なくグリコーゲンは比較的多いので、糖分解が高まって乳酸ができやすい．その乳酸はもちろんその線維内で利用されてもよいが、外に放出されれば遅筋線維や心筋といったミトコンドリアの多い組織で利用される（図4）．これは速筋線維のグリコーゲンが乳酸を介して遅筋線維や心筋で利用されることである．骨格筋はグリコーゲンからグルコースを放出することはできないが、その代わりにグルコース以上に利用しやすい乳酸を放出して他の組織がそれを利用することができることになる．

またこうした乳酸の代謝では乳酸の細胞膜通過が必要になる．そしてその際には乳酸輸送担体が働く．この輸送担体のことを MCT (monocarboxylate transporter) といい，14種類のアイソフォームが報告されている．その中でも重要なのは MCT1 と MCT4 であり，MCT1 は遅筋線維や心筋に多く、乳酸の取り込みに関わる．一方速筋線維には MCT4 があり、乳酸の放出に関わる（図5）．これら MCT が増えれば、乳酸の輸送量も高まる．このように乳酸代謝の特徴は MCT の特徴とも一致している[1,4]．

d. あまりに乳酸のみを悪者にしてきた

乳酸は疲労の原因であるとされてきた．しかし、たとえばグリコーゲンがなくなると乳酸はできにくくなるのであるから、マラソン終盤のようにグリコーゲンがなくなってくると乳酸もできない．しかしマラソンでは終盤になればなるほど疲労する．サッカー等の球技も長時間の競技であるからこれに近いことが起きて、後半の方がより乳酸はできないのにより疲労している．高所に行くとより運動はきつくなるが、高所に行くと糖分解に抑制がかかり、乳酸はよりできるとはいえない．この例のように運動の疲労が乳酸に無関係の場合も多い．そもそも疲労というのはさまざまな条件でさまざまな原因により起こることである．それをこれまであまり乳酸だけを過大に悪者にしてきたのである．強度の高い運動で酸素が不足状態となり、それで乳酸ができて、それで疲労するという見方は誤りであり、乳酸を糖分解から考えるのが実態に合っている．

[八田秀雄]

■文献

1) Bonen A, Heynen M, Hatta H : Distribution of monocarboxylate transporters MCT1-MCT8 in rat tissues and human skeletal muscle. Appl Physiol Nutr Metab 31 : 31-39, 2006.
2) Brooks GA, Fahey TD, White TP, Baldwin KM : Exercise Physiology, Third Edition, Human Bioenergetics and Its Applications. Mayfield, 2000.
3) Connett RJ, Gayeski TEJ, Honig CR : Lactate efflux is unrelated to intracellular PO_2 in a working red muscle in situ. J Appl Physiol 61 : 402-408, 1986.
4) 八田秀雄：エネルギー代謝を活かしたスポーツトレーニング．講談社，2004.
5) Spriet LL, Howlett RA, Heigenhauser GJF : An enzymatic approach to lactate production in human skeletal muscle during exercise. Med Sci Sports Exer 32 : 756-763, 2000.

3.K Hyperoxiaと遺伝子発現

マウスやラットに100％の酸素を吸入させると，数日から1週間程度で肺が障害されて死亡する[1]．しかし，呼吸不全等の肺機能低下により血液の酸素飽和度が低下した患者には，血液の酸素飽和度を上げるために人工呼吸器により高濃度の酸素を吸入させる治療を行う．人工呼吸による高濃度酸素曝露時間が長くなると，過剰の活性酸素種（ROS）が発生して急性炎症が惹起され，その結果肺障害が起こる．人工呼吸では，機能低下により換気が低下している肺胞よりもむしろ正常な機能を有している肺胞が高濃度酸素に曝露されやすく，hyperoxiaによる障害が起こりやすい．このことは，人工呼吸におけるhyperoxiaの管理を難しくしている要因の1つである．

Hyperoxiaによる遺伝子発現についての研究では，人工呼吸管理下における高濃度酸素による肺障害という臨床的な側面が意識されている．その分子生物学的背景を明らかにすることで，高濃度酸素障害を防ぐための方策を打ち出したいと考えているわけである．

肺は40以上の種類の異なる細胞から構成されている臓器であり，hyperoxiaにより，実際には細胞ごとに異なる応答が起こり，またそれぞれの細胞が相互に影響を与えることで肺障害が進行していると考えられる．なかでも肺上皮細胞は，肺胞・毛細血管を維持するために重要な細胞であり，肺防御の最前線を担う細胞である．また，動物実験により，肺への高濃度酸素曝露による肺機能障害は肺上皮細胞で顕著であることが知られている．そのため，肺上皮細胞を対象とした研究は多く，肺上皮細胞を中心に hyperoxiaによる細胞障害の分子生物学的背景も明らかになりつつある[2-4]．本項では，肺上皮細胞を中心にhyperoxiaによる遺伝子発現について概説する．

a．Hyperoxiaによる細胞死のメカニズム

Hyperoxiaによる肺細胞死は，いくつかのステップからなる（図1）．まず，酸素による毒性は，過剰に産生されたROSが生体の抗酸化能を超えた場合に発生すると考えられている．Hyperoxiaにおける主なROSの発生源は，NADPHオキシダーゼ，ミトコンドリアである．過剰に産生されたROSは細胞内の分子を直接傷害し，その結果，細胞周期の停止や細胞死に至る．さらにROSは細胞の炎症反応を惹起し，酸素による障害をさらに悪化させる．また，肺細胞からの炎症性サイトカインやケモカインが放出され，それにより好中球や単球などが肺に誘導され，それがさらなるROSの発生源になる．そのROSがさらに炎症を増強するというようなループを形成し，それが細胞障害

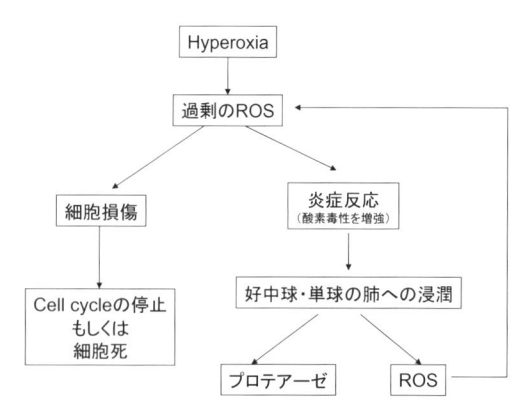

図1 Hyperoxiaによる細胞死のメカニズム
過剰に産生されたROSは細胞内の分子を直接傷害し，その結果，細胞周期の停止や細胞死を引き起こす．さらにROSは細胞の炎症反応を惹起し，酸素による障害をさらに悪化させる．また好中球や単球などが肺に誘導され，それがさらなるROSの発生源になり，炎症が増強され，細胞障害をより悪化させていると考えられている．

を悪化させていると考えられている．

b． 細胞死を制御する遺伝子発現

　Hyperoxia による細胞死を導くシグナルには，さまざまな経路があることが明らかになっている．なかでも，MAPK のサブファミリーである，ERK1/2, JNK1/2, p38 キナーゼによる経路は，hyperoxia によって活性化する経路として重要である．このうち，JNK と p38 の活性化は細胞死を誘導する．ERK の経路は，一般に細胞増殖に関わる経路として知られており，hyperoxia において肺を保護するという報告もあるが，一方で，細胞死を誘導するという報告もある．ERK の作用は，細胞の種類や培養条件（他にどのようなシグナルが同時に入っているか）によって異なると考えられる．

　これらの MAPK シグナルの上流もしくは下流に位置し，細胞死を促進もしくは抑制する遺伝子として多くの遺伝子が検討されている．たとえば，Fas, p53, カスパーゼ，Bcl-2 family member，サイトカイン（IL-6, IL-11, IL1-β, TNF-α），増殖因子（VEGF, IGF, KGF），HO-1, Toll-like レセプタなどがある．また，NF-κB, AP-1 などの転写因子の活性化も，MAPK シグナルの下流での応答として，細胞死および細胞生存に重要な役割を果たしている．

　NF-κB, AP-1, STAT などの転写因子は，hyperoxia によって活性化される．NF-κB は，炎症，感染，酸化ストレス，化学治療薬などのさまざまな刺激に応答して活性化する転写因子である．Hyperoxia では肺上皮細胞だけでなく，肺胞マクロファージ，肺動脈血管内皮細胞，単球細胞株（THP-1）など多くの細胞でNF-κB が活性化していることが確認されている．NF-κB 欠損細胞では，高濃度酸素による細胞死がより進むことから，NF-κB の活性化にはアポトーシスによる細胞障害を低減する働きがあると考えられている．NF-κB の活性化が hyperoxia による細胞障害を防ぐメカニズムとしては，抗アポトーシス因子や生存を促進するシグナル経路に関わる因子の発現増加とともに，hyperoxia により誘導されるアポトーシス促進因子の発現を減少させることが考えられている．また，MnSOD や GPx といった抗酸化能を有する酵素も NF-κB により発現が増加する．また，IL-6, IL-11 も NF-κB の活性化により発現が増加する．IL-6 や IL-11 を過剰発現させたトランスジェニックマウスでは，hyperoxia に対して抵抗性が強いことも知られている．Hyperoxia では，IκBα の分解が進み，いったんは NF-κB が活性化されて細胞を保護する効果があるが，hyperoxia が長期にわたると IκBα の再合成が進み，NF-κB の活性化が抑制されることも報告されており，長期的には NF-κB の保護効果は続かず，細胞死に至ると考えられている．また，NF-κB の活性化は，HMGB-1 の細胞外への放出に関与しており，放出された HMGB-1 によりさまざまな炎症性サイトカインの発現が増強され，細胞障害，全身性の炎症反応につながると考えられている．HMGB-1 は重症敗血症における全身炎症を促進するメディエータとして同定された物質で，肺障害においても重要なメディエータとして注目されている．

　AP-1 もまた hyperoxia により活性化する転写因子であり，活性化が維持されると炎症が惹起され，炎症性の肺障害の原因となると考えられている．また，AP-1 の活性化を抑制すると hyperoxia の期間が長くなっても細胞が生存することが知られている．STAT 経路は同様に hyperoxia によって活性化される経路であるが，hyperoxia になると STAT3 は HO-1 の発現を介して細胞障害を防ぎ，また MMP-9 や

MMP-12の合成を抑制するなど細胞に保護的に働くと考えられている．

c．炎症を制御する遺伝子発現

Hyperoxiaによる肺障害はROSの過剰発現がきっかけで始まると考えられているが，重篤な肺障害は白血球の肺への浸潤や炎症反応に起因すると考えられている．Hyperoxiaでは，さまざまな炎症性サイトカインの発現が見られるが，なかでもIL-8やCXCケモカインが白血球の浸潤に重要である．IL-8やCXCケモカインのレセプタであるCXCR2は，hyperoxiaで発現が増加する．hyperoxiaにおいて，CXCR2リガンドの中和抗体やアンタゴニストを使用するとhyperoxiaによる肺障害が低減するとの報告もある．

Hyperoxiaでは，HMGB-1の肺胞内の濃度が増加していること，また，培養マクロファージからHMGB-1が放出されることも報告されている．さらにhyperoxiaでは，HMGB-1がTNF-αやMIP-2などの炎症性サイトカインの発現を増加させることも明らかにされている．これらの結果から，HMGB-1はhyperoxiaで誘導される肺の炎症および肺障害において中心的な役割を果たしていることが示唆される．

HMGB-1の細胞外への放出や多くの炎症性サイトカインの発現増加は，いずれもNF-κBの活性化が基になっている．したがって，hyperoxiaにおける炎症反応に関わる転写因子としてはNF-κBが重要である．

おわりに

Hyperoxiaによって，転写因子やMAPKシグナル経路の活性化が起こり，細胞生存および細胞死に関わる遺伝子の発現が増加する．このとき，ある経路は細胞死につながり，また他の経路は細胞に生存シグナルを与える（図2）．したがって，その細胞が細胞死に至るかどうかは，周りの環境により決まるともいえる．実際，動物実験では酸素による細胞のアポトーシ

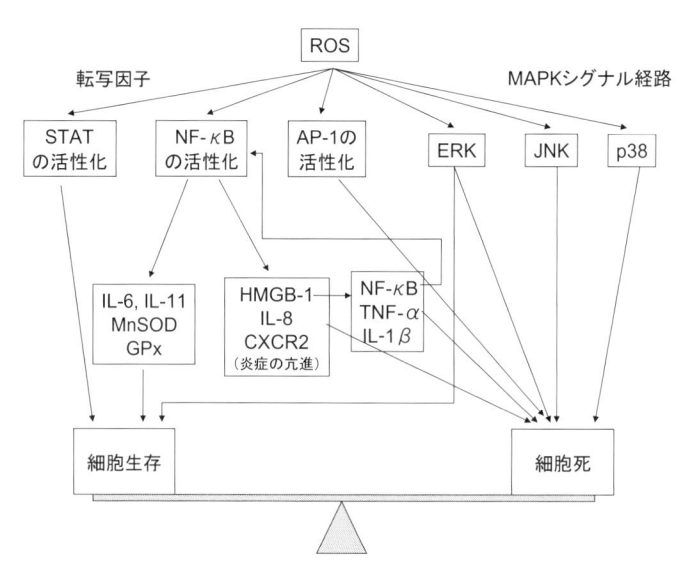

図2　細胞死を制御する遺伝子発現
Hyperoxiaによって，転写因子やMAPKシグナル経路の活性化が起こる．このとき，ある経路は細胞死につながり，また他の経路は細胞に生存シグナルを与える．これらのバランスによって細胞の運命が決まると考えられている．

スは数時間で始まるが，培養細胞では数日程度の長い時間経過後に細胞死に至る．培養細胞では，炎症の増強を介したROS産生増幅のループに入り込みにくいこと，また培養液に含まれている増殖因子等の影響があることがその原因と考えられる．したがって，hyperoxiaによる細胞障害は，肺に存在するさまざまな細胞種の相互作用により，炎症の制御が適切にできなくなったときに起こりやすいと考えられる．

これらの結果は，hyperoxiaによる肺障害を抑制するためには，過剰の炎症を抑制することが重要であることを示している．したがって，NF-κBの活性化を抑制する薬剤が有効である可能性がある．しかし単純にNF-κBの活性化を抑制しただけでは効果は少ないと考えられる．肺上皮細胞においては，むしろある時期にNF-κBを活性化することで肺の保護が可能になるであろうし，マクロファージや単球においては，ある時期にNF-κBの活性化を抑制して炎症性サイトカインの発現を抑制することで，肺障害を低減できる可能性がある．

Hyperoxiaによる個々の細胞の遺伝子発現を遺伝子相互のネットワークの変化という観点から明らかにするとともに，その時間的な変化，各種の細胞間の相互作用の変化も考慮しつつ，肺障害の機序を検討することが必要である．今後さらに検討が進み，人工呼吸管理下でのhyperoxiaによる肺障害を低減するための治療戦略が明確になることを期待している．

［小久保謙一，小林弘祐］

［略号］ AP-1, activator protein-1；CXCR, C-X-C chemokine receptor；ERK, extracellular signal regulated kinase；GPx, glutathione peroxidase；HMGB-1, high-mobility group box-1；HO-1, heme oxygenase 1；IGF, insulin-like growth factor；IL, interleukin；IκB, inhibitor of NF-κB；JNK, c-Jun N-terminal protein kinase；KGF, keratinocyte growth factor；NADPH, nicotinamide adenine dinucleotide phosphate；MAPK, mitogenactivated protein kinase；MIP-2, macrophage inflammatory protein-2；MMP, matrix metalloproteinase；MnSOD, manganese superoxide dismutase；NF-κB, nuclear factor-kappa B；ROS, reactive oxygen species；STAT, signal transducers and activators of transcription；TNF-α, tumor necrosis factor alpha；VEGF, vascular endothelial growth factor.

■文献
1) Clark JM, Lambertsen CJ：Pulmonary oxygen toxicity：a review. Pharmacol Rev 33：37-133, 1971.
2) Mantell LL, Lee PJ：Signal transduction pathways in hyperoxia-induced lung cell death. Mol Genet Metab 71：359-370, 2000.
3) D'Angio CT, Finkelstein JN：Oxygen regulation of gene expression：a study in opposites. Mol Genet Metab 71：371-380, 2000.
4) Zaher TE, Miller EJ, Morrow DM, et al：Hyperoxia-induced signal transduction pathways in pulmonary epithelial cells. Free Radic Biol Med 42：897-908, 2007.

3.L 低酸素と血小板凝集および血液凝固

低酸素症は動脈血の酸素濃度を低下させるだけではなく，血液凝固異常をもたらす危険を伴う．たとえば，高山で吸入気酸素分圧が低下した状態が持続する場合や，閉塞型睡眠時無呼吸症候群（obstructive sleep apnea syndrome；以下SASとする）のように睡眠中に呼吸が一時的に低下あるいは停止する場合は，血小板の機能が亢進することが知られている．本稿では，低酸素血症をもたらす病態を例に挙げ，血小板凝集および血液凝固の異常について概説する．

a. 高山病と血小板凝集および血液凝固異常

高山に登頂すると急性高山病（acute mountain sickness）を発症する．2005年Lehmann[1]は，高山における血小板数と血小板機能を健常者を対象に検討した．その結果，朝と夜の血小板数は，標高450m（低標高）と4,559m（高標高）では，両者とも朝が有意に低値をとった．時間を統一して標高の違いを比較すると，高標高の方が有意に低値であった．また，PFA-100（platelet function analysis）を用い，同時刻で標高差の血小板機能への影響を比較したところ，エピネフリンおよびADP刺激による血小板凝集時間が高標高で短かった．これは，標高が高いほど血小板機能が亢進することを示している．また，血小板活性化マーカーである可溶性P-セレクチンについての検討では，高標高で活性化血小板が増加していた．一方，血液凝固マーカーであるプロトロンビンフラグメント（PTF_{1+2}）とプロトロンビン-アンチトロンビンⅢ（TAT）には，標高差を認めなかった．

そのほか，低酸素血症による静脈血栓形成への影響についての報告がある．Bartschら[2]は，軽度の低酸素血症でも静脈血栓形成が促進される可能性を示唆している．

血液凝固に関連して述べると，Grissom[3]は，急性高山病や高地肺水腫（high altitude pulmonary edema；HAPE）では内皮細胞マーカーである血漿E-セレクチンが増加することを報告したが，これは高山病や高地肺水腫の原因が血管内皮障害であることを示唆している．

以上のように，高山での低酸素は，血小板機能を亢進させたり，血小板活性化を促進する可能性が高い．

b. 閉塞型睡眠時無呼吸症候群（SAS）と血小板凝集および血液凝固の異常

SAS患者は，肥満，高血圧，脂質異常症，糖尿病など生活習慣病に共通する背景因子を有する場合が多い．そのため，SAS患者が脳血管障害や心筋梗塞などcardiovascular eventsを合併しやすいのは，これら共通する背景因子のためと考えられてきた．しかし，いくつかの大規模臨床研究の成績から，共通する背景とは別にSAS自体がcardiovascular eventsの独立した危険因子であることが明らかとなった[4]．また，SASの重症度が高いほど危険度も高く，とくに重症SAS患者では，脳血管障害の発生率が対照群の3倍にも及ぶ[4]．

SASでは，睡眠中の無呼吸が低酸素血症を招来し，カテコールアミンが上昇する．その結果，末梢血管収縮とともに血管内皮の受けるずり応力（share stress）が増加し，血小板が活性化される．SASの脳梗塞発症要因としては，繰り返す無呼吸による全身循環動態の急激な変化，脳血流量の変化に加え，この血小板活性化に伴う凝集能の亢進が考えられている．

著者らも，SAS患者の血小板活性化につい

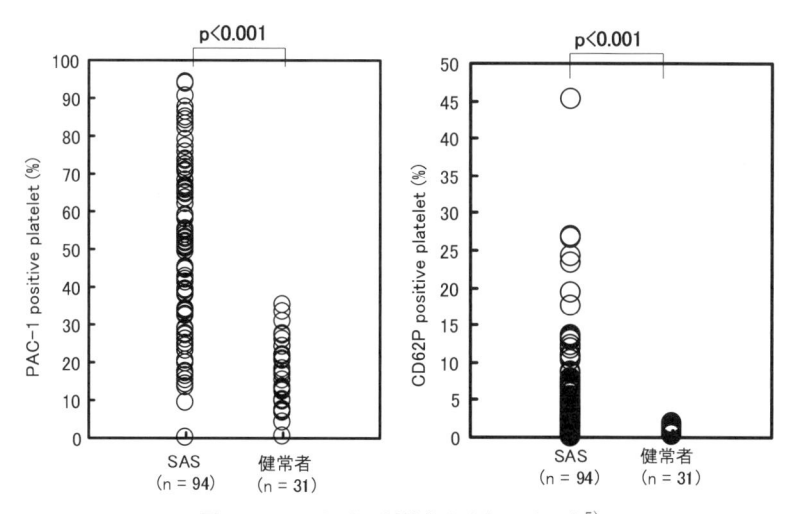

図1 SASにおける活性化血小板の発現率[5]
SAS患者は健常者に比べ，血小板活性化マーカーであるフィブリノーゲン受容体およびCD62Pの発現が亢進していた（p<0.001）．

て検討を加えた[5]．この研究では，活性化血小板特異的モノクローナル抗体（抗フィブリノーゲン受容体抗体，PAC-1および抗CD62P抗体）をフローサイトメトリーにより検出し，活性化血小板の発現を捉えた（図1）．その結果，SASでは低酸素血症に伴う血中カテコールアミン濃度の上昇やvon Willebrand因子の放出などによって血小板の活性化が生じることが示唆された．

さらに，cardiovascular eventsの発症率や死亡率を大規模無作為試験により検討した他の研究でも，活性型第XIIa凝固因子，第VIIa凝固因子，TAT，可溶性P-セレクチンレベルなど，すべてが健常者より患者群で高値となることが報告されている[6]．

まとめ

持続的な低酸素状態は血液細胞，とくに血小板に非常に大きな影響を及ぼす．低酸素血症をひき起こす病態では，血小板機能が亢進し，肺塞栓症や脳梗塞，心筋梗塞などを合併するリスクが高い．

今後，低酸素状態での血小板凝集および血液凝固検査は血栓症合併を防ぐための手段になりうる．

［清水美衣，桑平一郎］

■文献
1) Lehmann T, Mairbaurl H, Pleisch B, et al：Platelet count and function at high altitude and in high-altitude pulmonary edema. J Appl Physiol 100：690-694, 2006.
2) Bartsch P：How thrombogenic is hypoxia? JAMA 295：2297-2299, 2006.
3) Grissom CK, Zimmerman GA, Whatley RE：Endothelial selectins in acute mountain sickness and high-altitude pulmonary edema. Chest 112：1572-1578, 1997.
4) Yaggi HK, Concato J, Kernan WN, et al：Obstructive sleep apnea as a risk factor for stroke and death. N Eng J Med 353：2034-2041, 2005.
5) Shimizu M, Kamio K, Haida M, et al：Platelet activation in patients with obstructive sleep apnea syndrome and effects of nasal-continuous positive airway pressure. Tokai J Exp Clin Med 27：107-112, 2002.
6) Robinson GV, Pepperell JCT, Segal HC：Circulating cardiovascular risk factors in obstructive sleep apnoea：data from randomised controlled trials. Thorax 59：777-782, 2004.

3.M　リンパ管内酸素分圧

a．リンパ管系とは

リンパ管系は、微小血管が閉鎖循環系になって初めて認められる脈管系である．完全な閉鎖循環系は、進化論的に硬骨魚類に至って完成し、こうした動物では細動脈と毛細血管網とからなる血管抵抗が上昇するため、体血圧は100 mmHgを超えて高くなる．その高い血圧を利用して水分、電解質、血糖のような水溶性の低分子物質は、主に毛細血管壁を通って血管外の組織間隙マトリックスに漏出する．最近の研究で、アルブミンなど水溶性の高分子物質は、主に細静脈の内皮細胞間隙に存在する巨孔を介して漏出し、一度漏出したアルブミンはすべてがリンパ管系を通って回収されていることもわかってきた．リンパ管系は、このように微小血管壁を通して漏出した物質や細胞から排出された水分や代謝産物を再循環させる必要性に対応してでき上がった脈管系である．また、集合・主幹リンパ管のところどころにはリンパ節が存在する．このリンパ節は生体内に侵入してきた細菌やウイルス、癌細胞などの非自己物質を認識し、免疫系を作動させ、これら非自己物質の排除にあたっている．

b．低酸素，低pH，高組織静水圧の癌組織とは

微小循環学的視点から癌組織を見直すと、癌組織は細胞が自動制御からはずれて異常に増殖した状態にあり、個々の癌細胞の代謝活性レベルも亢進している．すなわち、癌組織の成長に伴ってその組織局所の酸素と栄養物（主にブドウ糖）の必要量が過剰に増大し、それに応じて炭酸ガス、水分、さまざまな代謝産物の排泄量も増加してくる．事実、Jainら[1]の癌組織の物理・化学的特性の解析結果によれば、図1に示すように微小血管から50μm程度離れた固形癌組織の内部環境のpHは6.65程度にまで低下する事例も存在する．酸素分圧も8-20 mmHgまで下がるが、その低下率は癌の種類や癌細胞の生物学的活性に依存する．さらにすべての癌組織において組織間隙の静水圧は上昇しており、浮腫形成が顕著に認められる．Jainら[1]によれば癌組織の中心部では毛細リンパ管の存在がまばらでalymphatic zoneを作り上げているという．

こうした癌細胞における酸素や栄養物の需要の高まりに反応して、低酸素環境に陥った癌組

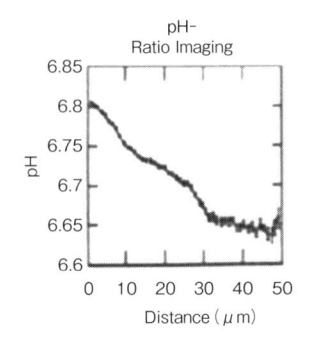

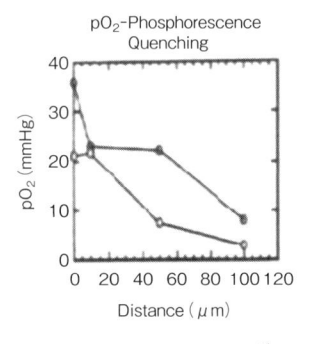

図1　固形癌組織のpHならびに酸素分圧（pO_2）測定の典型例[1]
横軸は組織内微小血管からの直線距離（μm）を示す．

織は血管新生因子である vascular endothelial growth factor（VEGF）や basic fibroblast growth factor（bFGF）などを大量に放出する．さらに VEGF は急性の効果として，毛細血管や細静脈内皮細胞のチロシンキナーゼ活性を上昇させ，細胞膜のイノシトールの代謝回転を促進し，1,4,5 イノシトール三リン酸（IP$_3$）を仲介して細胞内の Ca^{2+} 濃度を高める．これによって，まず微小循環領域の物質透過性を亢進させ，癌組織の要求を満たす．続いて内皮細胞の増殖とプロテアーゼの活性を高め，基底膜の断裂を引き起こし，新しい毛細血管網を癌組織にはりめぐらし，癌組織の要求に長期間応じる体制を整える．癌組織の兵糧攻めが癌治療法の新機軸となる科学的根拠がここにある．

c. リンパ管内皮細胞の細胞生物学的特性
1）一酸化窒素とリンパ管内皮細胞[2]

リンパ管内皮細胞には，一酸化窒素（NO）産生酵素である endothelial constitutive NO synthase（ecNOS）がきわめて多量に存在することが免疫組織化学的手法を用いて証明されており[2]，細胞内の Ca^{2+} 濃度の増加を引き金に NO を産生，放出し，リンパ平滑筋細胞に弛緩反応を誘起する[2]．同時に，アセチルコリン（ACh）作用によって誘導された NO は，ウシ腸間膜リンパ管の自発的収縮リズム，収縮速度，収縮力のいずれをも抑制する[2]．

さらに，最近の研究で，この NO はリンパ節内からも 5-hydrooxytryptamine（5-HT）や histamine などの炎症関連生理活性物質によって産生分泌され，リンパ球の動員を調節しているリンパ節被膜ならびに梁柱平滑筋の収縮性を制御していることも判明した[2]．

2）ATP 依存性 K$^+$ チャネルとリンパ輸送機構

腸間膜リンパ管は先に述べた NO の他に，

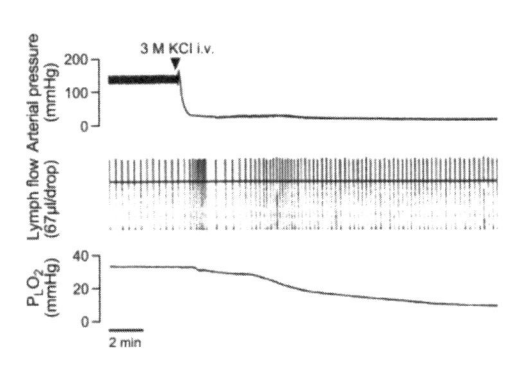

図2 ペントバルビタール静脈麻酔下のイヌ体血圧（arterial pressure），胸管リンパ流量（lymph flow），胸管リンパ液の酸素分圧（P$_L$O$_2$）に及ぼす心停止の影響の典型例

ATP 依存性 K$^+$ チャネルを介した制御系によってもリンパポンプ作用を制御していることが，最近のわれわれの研究で判明してきた[2]．

d. リンパ液の酸素分圧とリンパ管内皮細胞

以上で述べたように，腸間膜のリンパ管のリンパ輸送機構は，内因性の NO と ATP 依存性の K$^+$ チャネルによって特異的に制御されているといっても過言ではない．では，どうしてこれら両機構が特異性を示すのであろうか．1つのキーワードが低酸素であるとわれわれは考えている．図2で示すように，リンパ液の酸素分圧（P$_L$O$_2$）は 35-40 mmHg 程度で静脈血のそれにほぼ酷似する[3]．図に示すように，塩化カリウムの静注により心停止をペントバルビタール麻酔下のイヌに誘発すると，胸管リンパ流量（lymph flow）は増加しているにもかかわらず，リンパの酸素分圧は急激に低下し続ける．すなわち，リンパ系は 10-40 mmHg の低酸素環境で生理機能を営む脈管系であると言い換えてもよいであろう．事実，T リンパ球は還元型グルタチオンの基質 L-システインのトランスポーターを持たないため，酸化ストレスには脆弱

であるといわれている．

Barankayら[4]やFarrellら[5]も麻酔下のウサギの下肢集合リンパ管やイヌの腸間膜集合リンパ管内のリンパの酸素分圧を酸素電極を用いて測定しており，それぞれ〜28 mmHgならびに〜50 mmHgという値を実験的に得ている．さらに最近Hangai-Hogerら[6]も43.6 μm程度のラット腸間膜リンパ管の酸素分圧をoxygen phosphoresonance quenching法で測定したところ20.6±9.1 mmHgの値であったことを報告している．さらに彼らは毛細リンパ管から集合リンパ管にさかのぼってリンパの酸素分圧は上昇する傾向にあることも確認している．

おわりに

リンパ管の内皮細胞は，生理的に30-40 mmHgの低酸素分圧環境で作動しており，腫瘍組織では癌細胞転移を起こしている場合，リンパ液が〜5 mmHg程度の低酸素分圧に陥ることのあることを示した．こうした低酸素環境で機能するリンパ管内皮細胞は，きわめて顕著なNOの産生・分泌能を有するとともに，ecNOS酵素量も高いことを免疫組織化学的に証明した．同時にリンパ管は，ATP依存性K^+チャネルの生物学的活性の高いことも特徴の1つであることを提示した．

［大橋俊夫，河合佳子］

■文献

1) Jain RK：Delivery of molecular and cellular medicine to solid tumors. Microcirculation 4：1-23, 1997.
2) Ohhashi T, Mizuno R, Ikomi F, Kawai Y：Current topics of physiology and pharmacology in the lymphatic system. Pharmacol Therap 105：165-188, 2005.
3) 大橋俊夫（サイトプロテクション研究会　編）：リンパ循環系からのメッセージ．サイトプロテクション―生体防御機構の源流を探る―．pp39-45, 癌と化学療法社，東京，2002.
4) Barankay T, Baumgartl H, Lubbers DW, Seidl E：Oxygen pressure in small lymphatics. Pflügers Arch 366：53-59, 1976.
5) Farrell KJ, Witte CL, Witte MH, et al：Oxygen exchange in the mesenteric microcirculation of the dog. Am J Physiol 236：H846-H853, 1979.
6) Hangai-Hoger N, Cabrales P, Briceno JC, et al：Microlymphatic and tissue oxygen tension in the rat mesentery. Am J Physiol 286：H878-H883, 2004.

3.N　UCPと酸素消費

　ミトコンドリアにおける酸化的リン酸化によって，細胞は呼吸基質から利用可能な自由エネルギーを効率的に生み出す（「3.2 酸化的リン酸化」を参照）．すなわち，細胞内でグルコースや脂肪酸を分解してNADHやFADH$_2$が生成され，これらは電子伝達系で酸化され最終的には酸素と反応し水を生ずる．この過程で放出されるエネルギーはミトコンドリア内膜を介するプロトンの電気化学的勾配として保存され，このエネルギー勾配に従ってプロトンがミトコンドリアマトリックス内に流入する際に内膜ATP合成酵素が駆動してADPと無機リン酸Piを縮合させる．これら電子伝達系による酸化反応とリン酸化反応（ATP合成）は密に共役しているが，その効率は100％ではなく，捕捉されずに残った自由エネルギーは熱として散逸し，体温の維持に寄与する．

　ミトコンドリアに2,4-ジニトロフェノールなど脱共役剤（uncoupler）を作用させると，酸化的リン酸化反応は不可逆的に脱共役され，ADPやPi濃度は呼吸速度を調節できなくなり，大量に酸素が消費される．一方，生体内には可逆的に酸化的リン酸化を脱共役させる一群のタンパク質 uncoupling protein（UCP）が存在する．

　UCP1は小型げっ歯類や冬眠動物の主要な熱産生部位である褐色脂肪細胞のミトコンドリア内膜に発現する特異的なタンパク質である．UCP1は分子量32,000の6回膜貫通型タンパク質であり，2量体としてプロトン濃度勾配を短絡的に解消する特殊なチャンネルを形成する（図1）．通常，UCP1活性はADPなどのプリンヌクレオチドと結合することで抑制されており，褐色脂肪に密に分布する交感神経が活性化すると抑制が解除される．すなわち，交感神経終末から分泌されるノルアドレナリンが褐色脂肪細胞膜上のβ_3アドレナリン受容体に作用すると，細胞内ではホルモン感受性リパーゼが活性化され，細胞内中性脂肪が分解されて脂肪酸が遊離する．この脂肪酸は呼吸基質となると同時に，UCP1に直接作用してプロトンチャネル

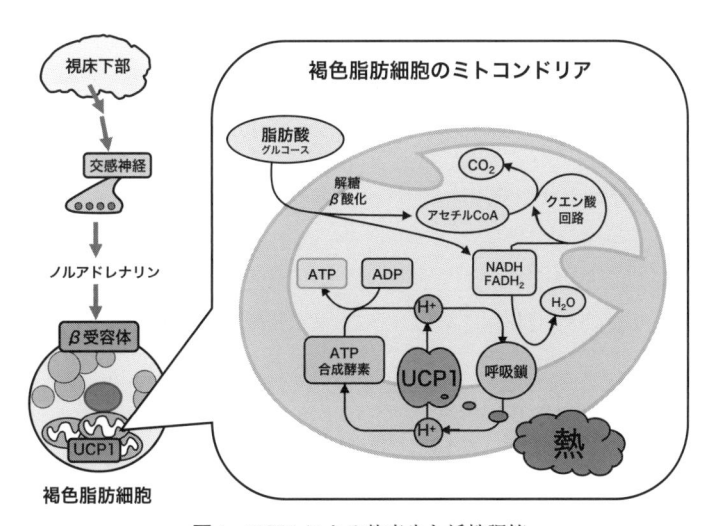

図1　UCP1による熱産生と活性調節

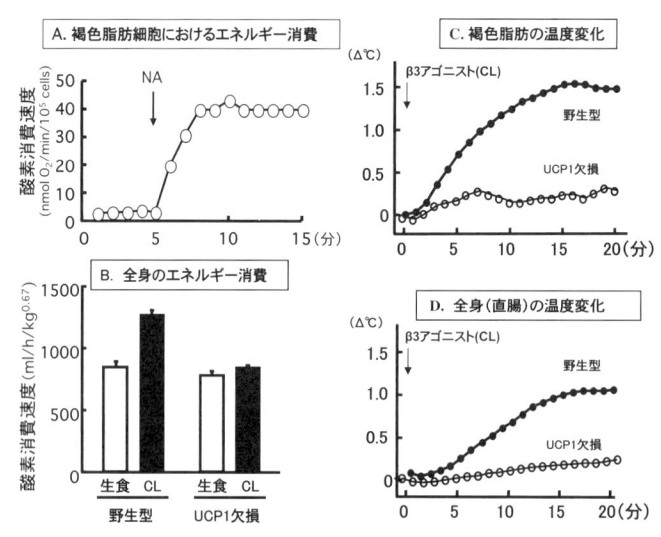

図2 UCP1による酸素消費の増大と熱産生
(A) 褐色脂肪組織から単離した成熟脂肪細胞の酸素消費速度を示す．矢印にてノルアドレナリン（NA）を加え，細胞を刺激した．(B) C57BL（野生型）マウスおよびUCP1欠損マウスにアドレナリンβ_3受容体作動薬（CL316.243）あるいは生理食塩水を腹腔内投与した．その後1時間の全身の酸素消費量を示す．(C, D) β_3受容体作動薬投与後の褐色脂肪組織温度および直腸温度の変化を示す．

機能を活性化する．事実，褐色脂肪細胞は定常状態に比べ，ノルアドレナリンで刺激されると酸素消費速度を十数倍に増大させる（図2A）．またマウス個体にβ_3受容体アゴニストを投与するとUCP1の発現に依存した酸素消費速度の亢進が起こる（図2B）．これらの酸素消費の増大はATP合成と共役しないプロトン濃度勾配の解消と代謝の亢進を反映すると考えられ，そのエネルギーは熱として散逸することになるので褐色脂肪組織温や体温の上昇が観察される（図2C, D）．UCP1欠損マウスは寒冷不耐性であるので，小型げっ歯類などでは寒冷状態に曝されると交感神経-褐色脂肪・UCP1を活性化することで熱産生を亢進させて体温を維持することがわかる（図1）．

ヒトやイヌでは，褐色脂肪は生後しばらくの間機能するものの成長に伴い退縮し，成体では褐色細胞腫（pheochromocytoma）などの特殊な場合を除いて存在しないとされてきた．最近になってPET（positron emission tomography）-CT（computed tomography）法により健常な成人においても寒冷に応答する機能的な褐色脂肪が存在することが明らかとなった．しかし，褐色脂肪がまったく検出されない人も多い．褐色脂肪を有する人は持たない人に比べ体脂肪量の蓄積が小さい傾向にあり，ヒトにおいてもUCP1の活性化とエネルギー消費の亢進が示唆される．

現在のところ，UCP1との相同性は30-60％と低いものの，4つのUCPファミリー分子（UCP2-UCP5）が同定されている．それらは，いずれも脱共役能を有することがin vitroの実験系で確認されているが，UCP1のように全身のエネルギー消費にまで影響する可能性は低い．このうち，UCP2は全身の広汎な組織で発現が認められ，さまざまな要因でミトコンドリア内に過剰なプロトンの滞留が起こった場合，プロトン濃度勾配を短絡的に解消させる．これ

によりプロトン滞留によって生じる細胞障害性の活性酸素種（reactive oxygen species；ROS）の産生を低下させると考えられている．また膵β細胞におけるUCP2の発現はATPレベルを低下させ，インスリン分泌を抑制する．一方，UCP3は褐色脂肪組織の他，骨格筋や心筋に高い発現がみられ，UCP2と同様に酸化ストレスの低減に寄与するとされる．

［木村和弘］

■文献

1) Krauss S, Zhang C-Y, Lowell BB：The mitochondrial uncoupling-protein homologues. Nat Rev Mol Cell Biol 6：248-260, 2005.
2) 岡松優子, 斉藤昌之, 辻崎正幸：脂肪細胞と褐色脂肪の代謝特性. 脂肪細胞と脂肪組織, pp81-86, 文光堂, 2007.
3) Chan CB, Saleh MC, Koshkin V, Wheeler MB：Uncoupling protein 2 and islet function. Diabetes 53（Suppl 1）：S136-S142, 2004.
4) Bezaire V, Seifert EL, Harper M-E：Uncoupling protein-3：clues in an ongoing mitochondrial mystery. FASEB J 21：312-324, 2007.

3.0 血管の仕事 vs. 筋肉の仕事—血管壁と筋組織の酸素消費—

生命活動に欠かせない酸素は，毛細血管から組織へ拡散により供給され，組織の代謝率に応じて消費されると考えられている．一方，近年の研究により血中酸素濃度は，毛細血管の前に位置する細動脈で既に低下していることが明らかになってきた[1]（「2.18 リン光寿命を利用した組織酸素濃度測定」参照）．この事実は，毛細血管のみが唯一の酸素供給源ではなく，細動脈からも組織へ酸素供給している可能性を示唆するものである[2]．しかし，この細動脈レベルでの酸素濃度の低下を，血液から組織への血管壁を介した酸素拡散のみで説明しようとすると，細動脈血管壁内での酸素拡散係数が自由拡散係数よりも大きくなるという物理的矛盾が生じてしまう．この酸素供給モデルにおいては，血液と組織のインターフェースとなる血管壁での酸素消費は，摘出した血管切片を対象としたin vitro実験系で得られた値を参考とした結果，無視することができた．一方，生体内での細動脈は，収縮拡張を繰り返し組織への血流調節と全身の血圧調節のため常に仕事を行っている．とくに運動時には安静時の20倍以上の血流調節を可能とする骨格筋細動脈の仕事量の多さは容易に想像できる．著者らは，細動脈レベルでの血中酸素濃度の低下に関し，組織への酸素供給源の働きと併せ，この細動脈の仕事に伴う血管壁の酸素消費が強く影響しているのではないかという仮説を以前から提唱している．この仮説を実験的に証明するため，微小血管領域での酸素分圧の実測値から細動脈血管壁での酸素消費率を推定し，酸素濃度勾配形成と細動脈血管壁での仕事量の関連を検討した結果を述べる．

酸素は血管壁内においても組織により消費されながら拡散により移動する．よって血管壁での酸素消費率の推定には組織円筒モデルにおけるKrogh-Erlangの定常解が利用できる．血管壁の外径をR_o，内径をR_i，また血管の長さをLとすると，単位組織，単位時間当たりの血管壁での酸素消費率Q_{O_2}は，

$$Q_{O_2} = (P_{in} - P_{peri})(4\alpha_t D_t)/[2R_o^2 \ln(R_o/R_i) - (R_o^2 - R_i^2)]$$

と表せる．ここで，P_{peri}とP_{in}は血管内と血管壁のすぐ外側での酸素分圧，α_tとD_tは血管壁内での酸素溶解度と酸素拡散係数を示す．よって，血管内と血管壁のすぐ外側での酸素分圧P_{peri}とP_{in}が得られれば血管壁での酸素消費率を求めることができる．酸素分圧の計測はリン光酸素プローブPdポルフィリンの消光現象を利用する光学的方法を用い，ラット挙睾筋のA1細動脈からA3細動脈を対象として行った（2.18参照）．通常状態での測定後，筋表層に血管平滑筋の弛緩剤，パパベリンを局所的に投与し，同一部位において血管拡張状態での測定も試みた．

酸素分圧の測定結果を図1に示す．通常状態

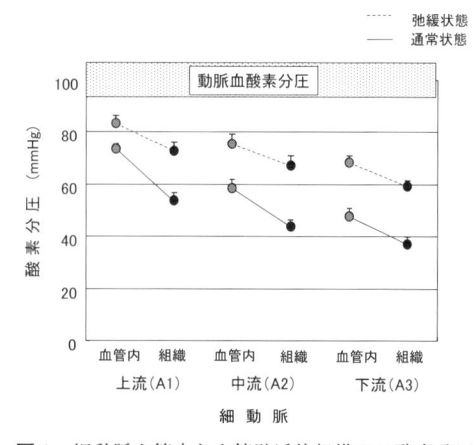

図1 細動脈血管内と血管壁近傍組織での酸素分圧
上流（A1）から下流（A3）に行くにしたがい血管内と組織の酸素分圧は低下する．血管拡張時には血管内，組織ともにすべての部位において酸素分圧は上昇する．

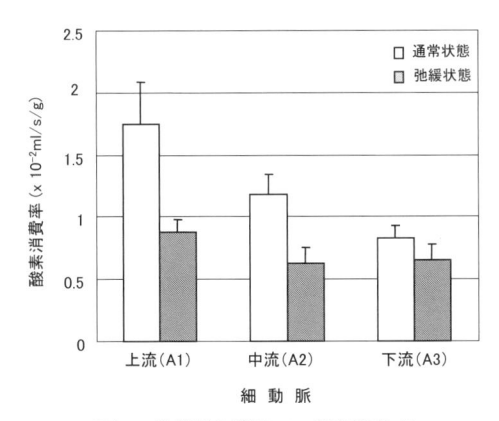

図2 細動脈血管壁での酸素消費率
細動脈血管壁1gが1秒間に消費する酸素量（ml）．血管壁の酸素消費率は上流から下流にかけて，また通常時より拡張時に低くなる．

における血中酸素分圧（P_{in}）は，最も上流に位置するA1細動脈（直径約120 μm）において，既に中枢動脈での酸素分圧より低下しており，さらにA2（直径約80 μm），A3（直径60 μm以下）と下流に行くにしたがいより低下している．また，細動脈血管壁のすぐ外側での酸素分圧（P_{peri}）も，各部位において血中より15-20 mmHg低い値で，下流に行くにしたがい低下している．一方，パパベリンの局所投与による血管平滑筋弛緩状態では，すべての細動脈部位において血管内外での酸素分圧は通常時より有意に高い値を示している．これは，パパベリンによる血管拡張が局所血流を増加させた結果であると考えられる．

これら血管内外の酸素分圧を基に求めた細動脈血管壁での酸素消費率を図2に示す．酸素消費率の単位はml/s/gで，血管平滑筋や内皮細胞を含めた細動脈血管壁1gが1秒間に消費する酸素量をmlで表している．通常状態における細動脈壁の酸素消費率は，下流側（A3）に比べ上流側（A1）が有意に高い．これは上流側に位置する細動脈血圧は下流側より高く，この高い血圧に対抗して血流調節を行うには，よ

り多くのエネルギーが必要であることは容易に想像できる．一方パパベリンによる血管平滑筋弛緩時においては，上流側から下流側まで，細動脈血管壁の酸素消費率はすべて通常状態より有意に低下し，すべての部位でほぼ同レベルになっている．これらの結果は，血管壁による酸素消費の多少は細動脈の仕事量に依存し，また，通常状態における血管壁の高酸素消費は，主として血管平滑筋の酸素消費によるものではないかと考えられる．

これらの酸素消費率は，通常状態，拡張時ともにこれまでのin vitro実験系による報告値よりはるかに大きく，細動脈での酸素濃度勾配の形成に強く関与していることが示唆される．また，通常状態の細動脈血管壁の酸素消費率は，安静時の骨格筋組織の酸素消費率に比べ500倍以上高く，骨格筋組織内に存在する細動脈血管壁の容積比（約0.7%）を考慮した場合，安静時の全骨格筋が消費する酸素量と同等の酸素を，容積的にはごくわずかな細動脈血管壁が消費していることになる．これらの結果から，安静時の骨格筋では，筋への流入血液量を制限するために細動脈血管壁が大きな仕事を行い（酸素を消費し），少ない全身血流量で他臓器の血流を確保しているのではないかと考えられる．一方，運動時の骨格筋においては，細動脈血管壁が弛緩して仕事量（酸素消費）を減らすことにより，結果として酸素需要の高い骨格筋組織へ効率的な酸素供給を行うというきわめて合目的な血流調節機構の存在が示唆される．

〔柴田政廣〕

■文献
1) Tsai AG, Johnson PC, Intaglietta M：Oxygen gradients in the microcirculation. Physiol Rev 83：933-963, 2003.
2) Pittman RN：Oxygen transport and exchange in the microcirculation. Microcirculation 12：59-70, 2005.

4 酸素と病気

4.1 細胞死の分子機構

 生理的な細胞死は，形態学的にアポトーシス（タイプ1細胞死），オートファジーを伴う細胞死（タイプ2細胞死），細胞内小器官の膨潤と小胞の出現を伴うがリソゾームの関与がない細胞死（タイプ3細胞死）に分類されてきた．タイプ3細胞死の形態はネクローシスの形態と類似している．生体における細胞死の中心がアポトーシスであることは間違いないが，アポトーシスに関する分子機構やその生理的，病理的意義などの知見が集積されてきた結果，アポトーシス以外の細胞死も生体内で数多く機能していることが判明してきた．本稿では，これら3種類の細胞死を概説した後に，とくに酸素代謝に関連した細胞死に関して，最新の知見を含めて概説する．

1. アポトーシスの分子機構

 アポトーシスのシグナル伝達は，アポトーシスを誘導する刺激に特異的な上流のシグナル伝達機構と，ほとんどすべての細胞死に共通な下流のシグナル伝達機構に分けられる[1]．すなわち，アポトーシスは放射線やサイトカインなどさまざまな刺激によって誘導されるが，各刺激は細胞内の各々の標的に作用し，固有の細胞内シグナル伝達機構を介して，ほとんどすべての細胞死に共通のマシナリーに集約される（図1）．FasやTNFレセプターなどの細胞死受容体を介した系を除いて，多くの場合ミトコンドリアが集約される場となる．ミトコンドリアがアポトーシスの刺激を受けるとその膜透過性が亢進し，外膜と内膜により区画された膜間スペースに存在するシトクロムcやSmac/Diablo，Omi/HtRA$_2$等のアポトーシス誘導タンパク質が細胞質に漏出する．漏出したシトクロムcは，ATP（もしくはdeoxy ATP），Apaf-1と共同でイニシエーターカスペースであるカスペース-9を活性化する．これにより，エフェクターカスペースと呼ばれる強い活性を有したカスペース-3（-7）が活性化され，100を超える生存に必須のタンパク質が切断されてアポトーシスに至る（図1）．この際には，核の濃縮，分断化，細胞のブレビングや，アポトーシス小体が観察され，染色体DNAのnucleosome単位での階段状切断（nucleosomal ladder）を伴う．Smac/DiabloやOmi/HtRA$_2$はカスペース

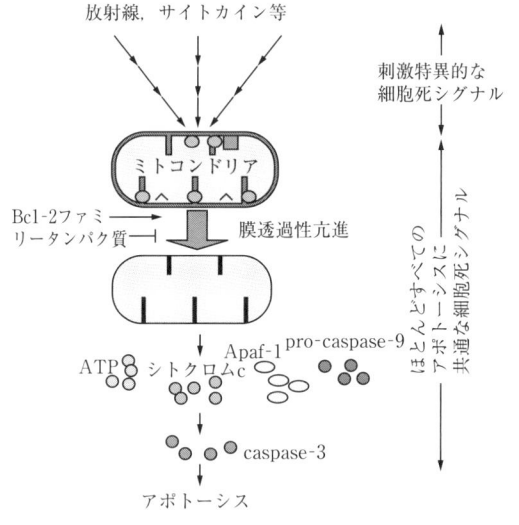

図1 アポトーシスのシグナル伝達機構
アポトーシスのシグナル伝達は，刺激特異的な上流のシグナルと，ほとんどすべてのアポトーシスに共通な下流のシグナルに分けられる．アポトーシスシグナルの多くはミトコンドリアに集約される．その後，ミトコンドリアの膜透過性が亢進し，シトクロムc等のアポトーシス誘導タンパク質が細胞質に漏出する．漏出したシトクロムcは，ATP，Apaf-1と共同でカスペース-9を活性化し，さらにカスペース-3が活性化されアポトーシスが実行される．Bcl-2ファミリータンパク質はミトコンドリアの膜透過性を調節することにより細胞死のon/offを決定している．

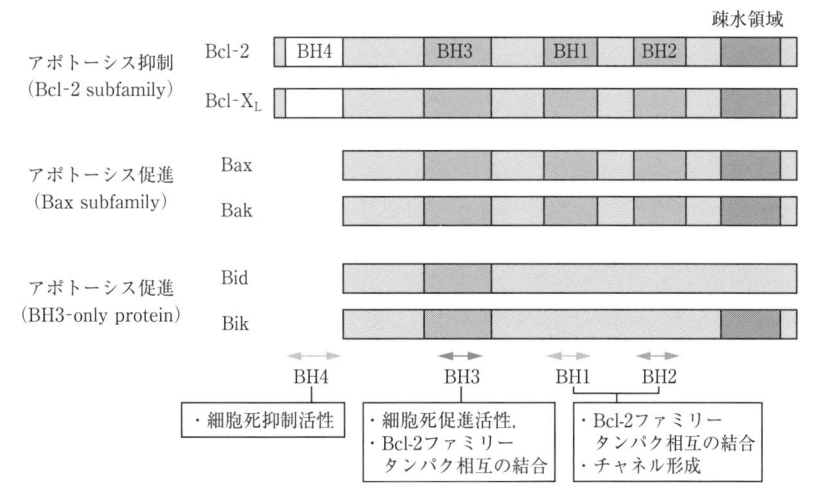

図2 Bcl-2ファミリータンパクの構造
Bcl-2ファミリータンパクの3種類のサブグループの代表的メンバーの構造と，各BHドメインの予測されている機能．

の阻害タンパク質であるIAPファミリータンパク質の機能を抑制することによりアポトーシス実行に寄与する．

アポトーシス時のミトコンドリア膜透過性の制御，すなわちアポトーシススイッチのON/OFFは，基本的にBcl-2ファミリータンパク質によって調節されている（図1）[1]．Bcl-2ファミリータンパク質はその機能と構造から3つのグループに分類される（図2）．すなわち，1) Bcl-2, Bcl-x_Lに代表されるアポトーシスを抑制するグループ（Bcl-2 subfamily）．多くはBHドメイン（bcl-2-homology domain）と呼ばれる特徴的なアミノ酸配列を4つ（BH1-4）すべて有している．また，C末端近傍に疎水性の高い領域があり，ミトコンドリアなどのオルガネラ膜局在に寄与している．2) BaxとBakのアポトーシスを促進するグループ（Bax subfamily）．BH4を除く3つのBHドメインを有する．また，C末端の疎水性領域を有している．3) BidやBikに代表されるアポトーシスを促進するグループ．このグループはBH3のみを有しているためBH3-onlyタンパク質と呼ばれる．

これら3つのグループのうち，BH3-onlyタンパク質はBcl-2 subfamilyやBax subfamilyの上流に位置し，これらの分子と直接結合することによって，その機能を各々negative, positiveに調節している．すなわち，上流のアポトーシスシグナルをミトコンドリアに伝えるシグナル伝達タンパク質として機能している．Bax subfamilyに関しては，BaxとBakの両者を欠損したマウスの胸腺細胞や胎児線維芽細胞において，ミトコンドリアを経由するアポトーシスがほぼ完全に抑制されることより，ミトコンドリア膜透過性亢進（すなわち，アポトーシス実行）に必須の分子として考えられている．Bcl-2 subfamilyはBax subfamilyやBH3-onlyタンパク質と直接結合し，これらを抑制的に調節している．これら3つのグループの相互作用の総体として，アポトーシス促進タンパク質の活性が抑制タンパク質の活性を凌駕した場合に，ミトコンドリアの膜透過性亢進が誘導され，アポトーシスが実行される．

2. オートファジーを伴う細胞死

オートファジー（自食現象）は，細胞内成分をリソソームで分解するための経路であり，す

べての真核細胞に備わっているマシナリーである．オートファジーの生理機能は，細胞構成成分を少しずつ分解することで合成と分解の平衡を保ち，細胞やオルガネラの新陳代謝に寄与しているものと考えられている．また，細胞が栄養飢餓に陥ると，オートファジー機構が顕著に活性化され，細胞質中に大量のオートファゴソームが出現する．これは，生存に不可欠な生体反応をまかなうために，自らの生体成分を分解してこれに充当する反応であると理解されている．実際オートファジーに必須の分子であるATG5 や ATG7 の欠損細胞においては，栄養飢餓状態に陥ってもオートファゴソーム形成は起こらず，細胞は栄養不足によって死に至る．すなわち，オートファジー機構は栄養飢餓に際して，生存に貢献するために重要な役割を果たしていることがわかる．また最近では，病原体に感染した細胞の生体防御反応にもオートファジー機構が使われていることが明らかとなった．このように，オートファジー機構は多くの場合，生に貢献するために用いられている．

しかしながら一方で，オートファジーは細胞死誘導にも関与している[2]．たとえば，個体発生のある場所ではカスペース非依存性のプログラム細胞死が観察され，これに伴って多数のオートファゴソームが出現する．また，アポトーシス抵抗性の細胞（Bax/Bak 両欠損細胞やカスペース欠損細胞）に細胞死刺激を加えると，オートファジー機構を介した細胞死が誘導される．オートファジー細胞死が誘導されるためには，オートファジー機構は必要条件であるが，それのみでは不充分であり付加的な細胞死シグナルが必要であると考えられている．

3. ネクローシスのメカニズム

ネクローシスは，細胞が物理化学的に強いストレスに曝された際に観察される病理的な細胞死であり，細胞内の ATP 枯渇に基づくものが多い．ATP は細胞が仕事をする際のエネルギー物質であるため，これが枯渇すると細胞はその営みを停止し，細胞内のエントロピーが増大し，ホメオスターシスが破綻する．とくに Ca^{2+} 代謝の異常は，細胞にとって深刻である．生理的条件下の細胞質 Ca^{2+} 濃度は，細胞内 second messenger として機能するために，0.1-$0.2\mu M$ と細胞外の1万分の1の低濃度に調節されている．しかしながら，細胞内のATP が枯渇すると，細胞膜上に存在する Ca^{2+}-ATPase の機能停止やミトコンドリア膜上の Ca^{2+} uniporter の逆流が生じ，細胞外やミトコンドリアから大量の Ca^{2+} が細胞質に流入する．これらの Ca^{2+} はカルパインやゲルソリン等のプロテアーゼや細胞骨格調節タンパク質を活性化し，その結果，細胞の膨潤，細胞膜の破綻が生じネクローシスに陥る[3]．

4. 無酸素による細胞死

それでは，酸素の欠乏によって誘導される細胞死はどのようなものであろうか？ 健康な細胞においては，細胞内に取り込まれた酸素のほとんどが，ミトコンドリアにおいて，ATP を合成する酸化的リン酸化反応に使われる．酸化的リン酸化反応とは，ピルビン酸や活性化された脂肪酸がミトコンドリアに入り，一連の電子伝達系を通して秩序正しく酸化され，最終的には電子が酸素分子に渡され，水を生成する反応である．ATP はこの反応とカップルして合成されるため，酸素分子が急速に不足した場合には，酸化的リン酸化反応が停止し，ATP が合成されなくなる．細胞内でATP を貯蔵するシステムは基本的には存在しないため，ATP の合成停止は，細胞内 ATP 量の枯渇に直結する．ATP が枯渇すると，前項に記したように細胞内のホメオスターシスが破綻し，ネクローシスによる細胞死が実行される[3]（図3左）．

一方，酸素の欠乏が緩徐に誘導された場合，

図3 低酸素細胞死のメカニズム

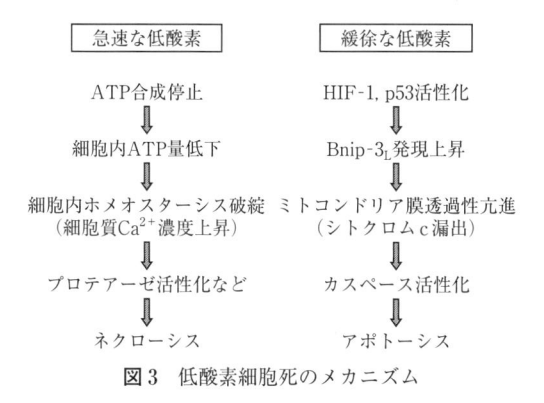

低酸素を刺激とする細胞死のシグナル伝達機構が活性化される．すなわち，低酸素応答性の転写因子 HIF-1 が活性化され，VEGF やエリスロポエチンなどさまざまな標的分子の発現が誘導される．HIF-1 の標的分子の1つに Bnip-3$_L$ が存在する．Bnip-3$_L$ は癌関連分子である p53 の転写制御を受けることでも知られており，低酸素環境下でなおかつ p53 が活性化した時に，強い発現が誘導される．Bnip-3$_L$ はアポトーシスを調節する Bcl-2 ファミリータンパク質の中の BH3-only タンパク質のグループに含まれる分子であり，この分子の発現誘導はアポトーシス実行に直結する（図3右）．ただし最終的にアポトーシスが実行されるためには，ATP の存在が不可欠（Apaf-1 を介したカスペースの活性化に必須である）であるため，細胞死の様式，すなわち，ネクローシスかアポトーシスかの選択は，ATP の細胞内濃度の多寡によって決定される．

5. 酸化ストレスによる細胞死

一方，無酸素による細胞死とは逆向きの，酸化ストレスによる細胞死も存在する．たとえば，無酸素状態に陥った細胞が細胞死から免れるためには，酸素の供給が不可欠であるが，この再酸素化の際には酸化ストレスを介する新たな傷害が発生し，これによる細胞死が惹起されうる．無酸素傷害の標的が，細胞膜や細胞骨格

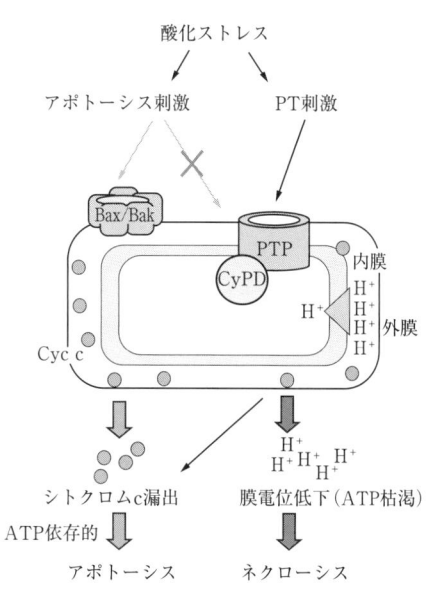

図4 酸化ストレスによるミトコンドリア膜透過性亢進機構と細胞死

酸化ストレスは，ミトコンドリアにアポトーシスシグナルと PT を誘導するシグナルを入れる．アポトーシスシグナルは Bax/Bak 依存的にミトコンドリア膜の透過性を亢進し，シトクロム c 等の漏出を介して，アポトーシスを実行する．一方，PT ポア（PTP）に入ったシグナルは，CyPD 依存的にプロトン勾配（膜電位）を消失させ，ATP の枯渇を介してネクローシスに至る．PTP が開くとシトクロム c 等の漏出も生じるが，下流に ATP 依存的なステップがあるため，アポトーシスは充分進行しない．アポトーシスシグナルは PT には直接関係しない．

が中心であるのに対し，再酸素化時にはミトコンドリア膜が主な標的となる．すなわち，無酸素状態のミトコンドリアに酸素が入ってくると，電子伝達系の再開により，主にミトコンドリアの電子伝達系 complex I と III から大量の O_2^- が発生し，ミトコンドリア膜に酸化ストレスを与えるのである．活性酸素の発生量がごく軽度の場合には，SOD をはじめとする活性酸素除去機構により処理され，細胞に傷害はない．一方，これを超える量の活性酸素が発生した場合には，活性酸素が細胞死のシグナル分子として作用し，ミトコンドリアを介した Bcl-2 ファミリータンパク質依存的なアポトーシスが実行される．また同時に，permeability transition（PT）と呼ばれるミトコンドリアの膜透

過性亢進現象（アポトーシス時の膜透過性亢進とは異なる機序（後述））が誘導され，これによるATP枯渇，さらにネクローシスが惹起される（図4）．前項に記したように，アポトーシスが実行されるためにはATPの存在が不可欠であるため，PTが速やかに誘導された場合は，ATP枯渇が先行し細胞はネクローシスで死に至る．

6. permeability transition の分子機構

ミトコンドリアのpermeability transition（PT）とは，ミトコンドリア内外膜の透過性が非特異的に亢進する現象であり，①カルシウムイオンの存在が不可欠である，②透過物質の特異性はない，③免疫抑制剤であるサイクロスポリンA（CsA）により抑制される，という特徴を有している．PTの発生過程の詳細は明らかではないが，以下のような順序で進行するものと考えられている[4]．すなわち，①ミトコンドリアにPTの刺激が加わると，1.5 kD 以下の物質の透過性が亢進する，②その結果，内膜内外のプロトン勾配（このプロトン勾配が膜電位を形成し，ATP合成の起電力となっている）が消失し，ミトコンドリアでのエネルギー産生ができなくなる，③同時にマトリックスのコロイド浸透圧が上昇し，水が流入しマトリックスが腫脹する，④これにより折り畳まれていたクリステが広がり，外膜を破壊しミトコンドリアの可溶タンパク質を細胞質に放出する，という順序である．

PTの分子機構は未だ十分には明らかにされていないが，ミトコンドリアの外内膜を貫通する permeability transition pore（PT pore）が開くことによるものと考えられている[4]（図4）．PT pore は外膜のチャネルタンパク質 voltage-dependent anion channel（VDAC），内膜の adenine nucleotide transporter（ANT），マトリックスの cyclophilin D（CyPD）などによって構成された複合チャネルであるというモデルが提唱されている．このうちVDACに関しては，電気生理学的性質がPTポアと酷似していること，VDAC抗体の添加によりPTが起こらなくなることより，構成分子の1つと考えてよいと思われる（VDACは外膜に豊富に存在しており，一部のVDACのみがPTに関与しているであろう）．ANTの関与に関しては，現在のところその関与を示す充分な証拠は存在しない．CyPDはミトコンドリアに存在する唯一のCsAのターゲット分子であることから，その関与は間違いない．CyPDは正常のミトコンドリアにおいてはマトリックスに存在しており，PTの刺激が加わると内膜に結合する．CyPD は peptidyl-proryl-*cis-trans*-isomerase（PPIase）と呼ばれるタンパク質の高次構造を変換する酵素の1つであり，内膜に存在するチャネルタンパク質の高次構造を大きく変換することによりPTポアを活性化するものと思われる[4]．筆者らは，PTが細胞死に関与しているか否かを検討するために，CyPD欠損マウスを作製している．

7. CyPD欠損マウスの解析

CyPD欠損マウスは正常に出生発育し，機能的，形態学的な異常はこれまでのところ観察されていない[5]．CyPD欠損マウスの肝から単離したミトコンドリアは予想通り，酸化ストレスなどのPT刺激に対して強い抵抗性を示した．また，このマウス由来の細胞（胎児線維芽細胞，胸腺細胞，肝細胞）に種々のアポトーシス刺激を加えたところ，いずれも正常にアポトーシスが誘導されたことより，PTと一般のアポトーシスシグナル（どちらもミトコンドリアの膜透過性亢進が重要である）は独立した系であることが判明した（図4）．

では，これらの細胞に酸化ストレスを加えると，どのようになるであろうか？　正常マウス

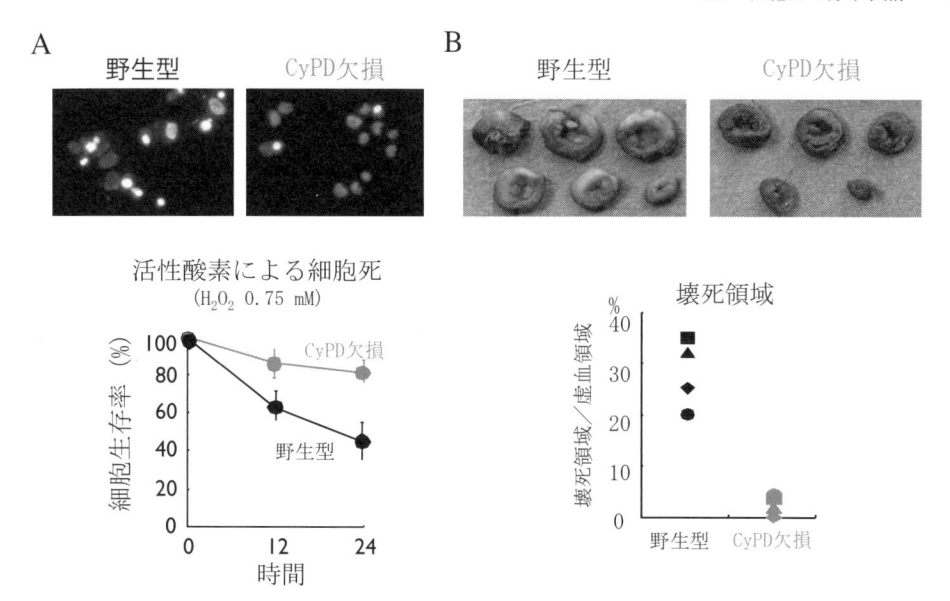

図5 CyPD欠損による酸化ストレス誘導性ネクローシスの抑制と心筋梗塞障害の緩和（口絵参照）
A 上： 野生型とCyPD欠損細胞に活性酸素（H_2O_2）を添加し，24時間後にpropidium iodide（PI：細胞膜が破綻した死細胞のDNAが染色される；赤色）とhoechst 33342（すべての細胞のDNAが染色される；青色）を投与し，細胞死の多寡を蛍光顕微鏡にて観察した．
A 下： 上記の実験において，細胞死の多寡を経時的に測定した．CyPD欠損細胞ではH_2O_2による細胞死が緩和された．
B 上： 野生型とCyPD欠損マウスの心臓冠状動脈前下降枝を30分間虚血，90分間再灌流した後，TTC染色（生細胞は赤く染色される）し，心臓を輪切りにした．野生型の心臓では虚血部に壊死が生じている（矢印：白色に見える部位）のに対し，CyPD欠損マウスの心臓では虚血部でも細胞は生存している（矢印：赤色部位）．
B 下： 上図を基に，野生型とCyPD欠損マウスの壊死面積/虚血領域を算出した．CyPD欠損マウスでは壊死領域がほとんどなく，虚血再灌流障害に対して強い抵抗性を示していることがわかる．

由来の細胞に酸化ストレスを加えると細胞は早期にミトコンドリアの膜電位低下を引き起こし，ネクローシスの形態を呈して死に至る．一方，CyPD欠損マウス由来の細胞を用いて同様の実験を行うと，細胞死は顕著に抑制された（図5A）．すなわち，PTが酸化ストレスによるネクローシスの一因となっていることは明白である．これは，酸化ストレスによって速やかにPTが誘導され，膜電位の低下を介してATPが枯渇しネクローシスが惹起されたものと考察できる．

では，生体における酸化ストレスモデルにおいてはどうであろうか？ これらのマウスを用いて，酸素代謝が大きく変動する心筋の虚血再灌流モデル（心臓を30分間虚血，90分間再灌流する）を作製したところ，正常マウスの心臓においては，患部に強い心筋壊死が観察されたが，CyPD欠損マウスの心臓においては，心筋壊死の程度はごく軽度であった[5]（図5B）．すなわち，細胞レベルにおける酸化ストレス誘導性細胞死と同様に，臓器レベルにおいても，虚血再灌流による細胞死の発生にはCyPDによって制御されるPTが深く関与していることが明らかとなった．

おわりに

本稿では種々の細胞死を概説し，とくに酸素代謝が大きく変動する場合の細胞死の分子メカニズムを詳述した．しかしながら，酸素は生命が営みを続ける上で欠かせない分子であること

より，酸素代謝が直接大きく変動した場合だけでなく，ほとんどすべての細胞死においてその影響があるものと思われる．実際，放射線によって誘導される細胞死やTNF-α等の細胞死レセプターを介する細胞死において，活性酸素除去薬の投与により細胞死が抑制されることが報告されている．このように，酸素代謝は，直接の細胞死シグナル分子とならない場合でも，さまざまな細胞死の微調節を行っていることがうかがえる．また，本稿では取り上げなかったが，老化や癌，神経変性疾患など種々の疾患に関連した細胞死と酸素代謝の問題も重要な点であり，今後の緻密な研究が待たれる．

[清水重臣]

■文献

1) Tsujimoto Y：Cell death regulation by the Bcl-2 protein family in the mitochondria. J Cell Physiol 195：158-167, 2003.
2) Tsujimoto Y, Shimizu S：Another way to die：autophagic programmed cell death. Cell death and differ Suppl 2：1528-1534, 2005.
3) 田川邦夫：虚血によりなぜ細胞は死ぬのか．共立出版, 1991.
4) Tsujimoto Y, Nakagawa T, Shimizu S：Mitochondrial membrane permeability transition and cell death. Biochim Biophys Acta 1757：1297-300, 2006.
5) Nakagawa T, Shimizu S, Watanabe T, et al：Cyclophilin D-dependent mitochondrial permeability transition regulates some necrotic but not apoptotic cell death. Nature 434：652-658, 2005.

4.2 無酸素耐性（臓器別）

　生体が高度の低酸素に曝されれば，臓器の機能不全を起こして最終的に死に至ることは容易に想像がつく．Magalhaes (2005) によればマウスを 7,000 m の高度（約 0.31 気圧）に相当する低気圧性低酸素に順応期間なしに曝露させれば約 5 日間で死亡する．しかし，どの臓器が低酸素に脆弱で，どの程度の低酸素でどのような臓器不全が発生するかについての研究は多くない．現実を見渡しても，単一の臓器が無酸素・低酸素のみに曝される状況はなく，高度の低酸素に全身が曝される場合には必ず血圧低下を伴うために循環不全の影響は免れない．高度の低酸素が単一の臓器に発生する病態としては，動脈の閉塞などによる臓器虚血が考えられるが，この場合は酸素以外の動脈成分の途絶をも伴い，さらに静脈系を介する排泄機能の障害をも合併するために，無酸素・低酸素のみによる変化ではあり得ない．多くの臓器では短時間の無酸素や低酸素よりは，血流の再開時の酸素ラジカルによる傷害の方がはるかに臓器への影響は大きいことも知られている．低酸素自体による臓器障害は臓器の低温保存や全身の低体温でもかなり延長させることが可能であり，この点からも臓器の無酸素・低酸素耐性について単純に述べることは難しい．

1. 肝

　重症の急性呼吸不全ではしばしば ALT (alanine aminotransferase)，AST (asparate aminotransferase) などの肝細胞の破壊を反映する血中酵素が上昇し (Birrer, 2007)，病理学的にも小葉中心性の壊死がしばしば認められる．摘出したラットの肝を低酸素液で灌流を行うと，灌流液の酸素分圧が 29 mmHg になると ALT, AST, LDH (lactate dehydrogenase) の上昇が認められる (Shidhartha, 1998)．イヌにおいても肝動脈の酸素分圧を 60 分間 25 mmHg に低下させると全身血圧の低下とともに ALT, AST, LDH の上昇が生じる (Mituyosi, 1994)．しかし，肝自体は低酸素に対しては耐性の強い臓器である．これは，肝臓に流入する血流の約 25% が肝動脈（P_{O_2} 95 mmHg）から，75% は静脈血（P_{O_2} 50 mmHg）が流れる門脈系から流入し，これらの血流が肝小葉の門脈周辺で混合して供給されるため，流入血液の酸素分圧は約 60 mmHg と，他の臓器と比較してかなり低酸素系であることから理解できる．供給された酸素は，組織間を拡散する間に大きく低下して細胞に到達するが，肝細胞自体の酸素吸収速度，すなわち消費速度は細胞近傍の酸素分圧が 2-100 mmHg の間では酸素分圧にほとんど依存せず，2 mmHg 以下になると急速に低下する．肝細胞死の誘導される酸素分圧は約 0.1 mmHg とさらに低く，この低酸素状態では 1 時間以内に細胞死は開始し，飢餓状態の方がその開始は早い (Anundi, 1989)．単離肝細胞を嫌気状態で培養すると，嫌気培養開始 2 時間以内ならば細胞死はわずかであるが，3.5 時間後にはほとんどの細胞が死んでしまう (de Groot, 1988)．比較的長時間の低酸素曝露に関しては，ラットの肝細胞を 0, 2, 20% の酸素条件で各々培養すると，2% と 20% の培養では 3 日後の肝細胞数には大きな差はないが，酸素 0% で培養を行うと 24 時間後には細胞数は 10% 程度に減少してしまう．すなわち，肝細胞レベルでは 2% 程度までの低酸素には長時間耐え得ると考えられる

(Smith, 2006).

肝移植においてドナーから摘出した後の低酸素に対しては，0℃の低温保存によって比較的長時間の保存が可能となったが，肝の生着にはむしろ移植後に血流が維持できることが強い影響を持ち，移植直後には血管から100-200μm離れた部分の組織は低酸素に曝される．この観点からは肝細胞の低酸素に対する抵抗性は検討の価値が高い．長時間低酸素に曝された肝細胞はアポトーシスと壊死の混在した状態となっている．

2．脳

脳は低酸素に対して抵抗性の弱い臓器で，臨床的には常温のヒトでは脳血流が8-12秒間途絶すれば意識を失い，20-30秒間の途絶で脳波は平坦化し，10分間以上では不可逆的な障害が発生するとされている．しかし，低体温やバルビツレイト投与などで脳代謝が低下すればこの時間は延長し，141分程度まで耐えられる．サルは低酸素への耐性が高く，常温で60分の血流途絶に耐え得る．脳虚血による組織障害の変化には，脳のうっ血，浮腫，血管周囲からの出血などが挙げられている．低酸素に対する耐性は脳の部位によっても異なり，海馬と比較してneocortexは低酸素耐性が高い．さらに，新生児期には成人よりも耐性が高く，100%窒素への曝露に対しては10-30倍も成人よりは生存する可能性が高い．脳に対する障害は低酸素そのものだけでなく，二次的なショックによってさらに増強される．

特別な障害を持たないヒトが高地などで低気圧性低酸素に急速に曝されると，4,500-6,000m（約0.57-0.47気圧）では何らかの精神障害が出現し，6,000-7,000m（約0.47-0.41気圧）で意識喪失，ときに低酸素性の痙攣をきたす．さらに，7,000m以上（約0.41気圧以下）となれば意識喪失から死に至る．8,000m（約0.35気圧）以上では，酸素マスクを外して意識を保てる時間は3-4分間であり，9,000m（約0.30気圧）では2-3分，10,000m（約0.27気圧）では1分半程度とされている．酸素供給遮断後の神経組織生存時間は，大脳が8分，小脳は13分，延髄が20-30分，脊髄は45-60分，交感神経系が60分とされている．

図1に，高度による低酸素に突然曝露された場合の意識消失までの時間を示す．また，表1に低酸素症の症状を示す

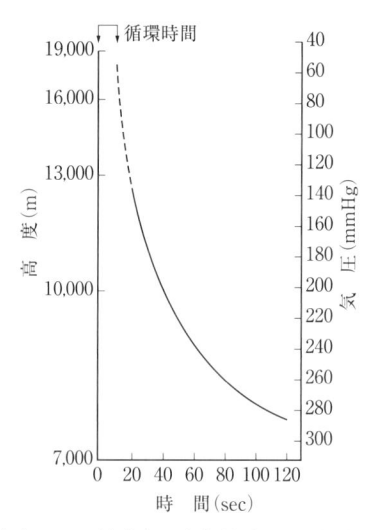

図1 高度による低酸素に突然曝露された場合の意識消失までの時間[1]

表1 低酸素症の症状（HendersonとHaggardの分類）（文献1より引用）

酸素濃度(%)	酸素分圧(mmHg)	Pa_{O_2}(mmHg)	症状
16-12	120-90	60-45	脈拍，呼吸数増加，作業能力低下，筋労作不活発，頭痛
12-9	90-60	85-74	判断力低下，精神不安定，体温上昇，チアノーゼ
10-6	70-45	74-33	短時間で意識喪失，痙攣，チアノーゼ
6以下	45以下	33	ほとんど瞬間的に呼吸停止，6-8分で心臓停止

3. 腎

腎も低酸素には抵抗性の弱い臓器とされており，急性の低酸素血症では利尿および血清量が低下する．Bauerら（2000）によれば，生後間もないミニブタを動脈血酸素分圧（Pa$_{O_2}$）20 mmHgの低酸素に1時間曝すと，腎血流は低下し高度の代謝性アシドーシスを呈するとともに動脈血血糖値の低下を認め，エピネフリン，ノルエピネフリンは著明に増加する．糸球体濾過量（GFR）も低下し，ナトリウム排泄と腎血管抵抗は著明に増加するが，時間当たり尿量は変化しない．低酸素を解除すると尿量は一時的に増加し，腎血流と代謝性アシドーシスは速やかに回復するが，GFRは3時間後にも完全には回復しない．Daiら（2000）の報告では，ラットを5,000 m相当（0.5気圧前後）の低気圧性低酸素に急速に30分間曝すと，BUN，クレアチニン，Cl，アルカリフォスファターゼが上昇するが，低酸素から回復するとCl以外は速やかに復旧する．組織学的には腎血管の拡大と腎上皮の減少が認められている．

摘出したラットの腎では，1時間程度の無酸素では近位尿細管には著明な変化はないが，遠位尿細管には傷害を認める．組織学的にはミトコンドリアの膨化や上皮の傷害が発生するが，部位による差異は大きい（Shanley, 1986）．

腎移植においては，死後のドナーからの移植と，心臓の拍動がある時点のドナーからの移植，生体からの移植では5年後の生着率に差はないものの，移植週での機能不全発生率は9％，2.7％，2％と明らかな差異があると報告されている（Nicholson, 2000）．

4. 心

心臓もまた低酸素の影響を受けやすい臓器で，覚醒下のヒトでは8％酸素への15分間の急性曝露（動脈血酸素飽和度70％）で1回拍出量は23％程度低下する．低酸素の曝露初期には1回拍出量の低下と心拍の増加はほぼ逆比例の関係があるが，後期にはこの関係は明らかではなくなる（Nesterov, 2006）．心臓移植において，神経が温存された移植患者の心房と，神経が切断されたドナーの心房を検討すると，13％酸素を吸入して動脈血酸素分圧が40 mmHgの状態では，移植患者の洞房結節のリズムは16％増加するのに対して，移植された心房の洞房結節のリズムは増加しないが，アトロピンによる神経遮断で患者のリズム増加は消失する．さらに10％酸素の吸入で動脈血酸素分圧が25 mmHgの状態では，患者の心房も，移植された心房もリズムが10％増加する．すなわち，比較的軽度の低酸素に対する心拍増加は神経経路を介するものであるが，高度の低酸素に対する反応は液性要素が関与すると考えられる（Graham, 1974）．

動物実験による高度の低酸素状態の検討では，交感神経を遮断した覚醒下のウシでは，急性のhypocapnic hypoxia（Pa$_{O_2}$ 33.1 mmHg）で1回拍出量は低下するが，脈拍の増加によって心拍出量には変化がなく，心筋の収縮力も低下しないことが観察されている（Buss, 1976）．覚醒ラットの実験では，10.5％酸素への1時間急性曝露では肝臓から血液の移動が起きて循環血液量は増加し，心筋や骨格筋への血流も増加するが，3.5％の酸素への30分間曝露では血液の移動は起きず循環血液量は減少し，心筋や骨格筋への血流の増加も抑制され，肝臓・小腸・大腸・睾丸への血液の病的な貯留が認められる（Kovalev, 1978）．

摘出したウサギの心臓を5％酸素に曝すと洞房結節の拍動は著明に低下し，徐脈となった．AV結節の徐脈と洞房結節での伝導低下にともなって不整脈が発生するものがあった（Senges, 1979）．

5. 膵

単離したラットのランゲルハンス島からのインスリン分泌は還流液の酸素分圧と深い関係があり、酸素分圧が 60 mmHg までは低酸素の影響はないが、これ以下では漸次減少が見られ、27 mmHg で分泌は 50% に、5 mmHg では約 2% に低下する (Dionne, 1993)。ヒトの単離ランゲルハンス島に対する低酸素の影響については、1% 酸素で 24 時間培養を行うと中心部には壊死が発生し、これとともに pyknosis や DNA の断片化などのアポトーシスの特徴が観察される。培養の時間が経過するにつれて中心部ではアポトーシスよりも壊死の変化が増加する (Giuliani, 2005)。

6. 大腸・小腸・筋肉活動

低酸素時には小腸の小血管は拡張して血流の維持に働く。たとえば、イヌの小腸では動脈血酸素分圧 46 mmHg 程度の低酸素で血流は 146% に増加する (Shepherd, 1978)。さらに高度の低酸素では、100% 窒素に 2 分間曝したラットの腸は組織学的に腸管壊死の初期像を示す (Caplan, 1990)。ヒトあるいは動物における腸管の吻合では治癒可能な組織酸素分圧は 20-25 mmHg と考えられているが、ラットの腸間膜動脈を結紮して、24 時間経過後に結紮部位の回腸漿膜面の酸素分圧と組織変化を検討した研究では、1.9 mmHg より組織の酸素分圧が低下すると、粘膜面さらには筋層の壊死などの重大な組織学的変化が生じている (Sheridan, 1992)。

0.5 気圧程度の低気圧性低酸素においては胃への迷走神経活動が亢進し、胃の蠕動は低下する。ラットでの研究ではこの結果は麻酔下でも覚醒下でも同様である。これに対して、大腸の蠕動や僧帽筋の活動は迷走神経切断の有無にかかわらず低酸素曝露の影響を受けない (Yoshimoto, 2004)。

7. 副腎

生後間もない覚醒下のウシでの研究によれば (Bloom, 1976)、Pa_{O_2} 10 mmHg 前後までの低酸素では副腎皮質から放出される血清の cortisol と corticosterone は低酸素のレベルと比例するように上昇するが、副腎髄質から分泌されるアドレナリンとノルアドレナリンは P_{O_2} が 15 mmHg 以下となって有意な分泌増加が見られる。高度の低酸素では血清のグルカゴンの増加と血糖値の上昇を伴うことも報告されている。

8. 生殖器

低酸素/無酸素が睾丸の生殖機能に及ぼす影響も興味深いが、牡のウサギを毎日 6,060 m 相当の低酸素に 6 時間曝して 21 日間経過すると、生殖器の重量は減少し、精子の数と運動能力も低下することが報告されている (Riar, 1980)。

[近藤哲理]

■文献

1) 関 邦博他編：人間の許容限界ハンドブック. 朝倉書店, 1990.
2) Bauer R, Walter B, Zwiener U：Effect of severe normocapnic hypoxia on renal function in growth-restricted newborn piglets. Am J Physiol Regulatory Integ Comp Physiol 279：R1010-1016, 2000.
3) Lutz PL, Cherniack NS：Brain hypoxia：metabolic and ventilatory depression. Fregly MJ et al (ed)：Handbook of Physiology. Environmental Physiology vol 2, 1291-1306 Amer Physiol Soc, 1996.
4) Nesterov SV：Decrease in cardiac stroke volume in humans during inhalations of 8%hypoxic gas mixture. Bull Experi Biol Med 141：281-283, 2006.
5) Oechmichen M, Meissner C：Cerebral hypoxia and ischemia：The forensic point of view：a review. J Forensic Sci 51：880-887, 2006.

4.3 活性酸素と病気

　生体内では，酸素を利用する過程で種々の活性酸素が生成されている．生体はこれらをうまく利用し，かつ不必要な場合は消去するシステムをもっており，したがって生理的条件下では酸素代謝の副産物である活性酸素は必ずしも生体にとって脅威ではないといえる．しかし，活性酸素の過剰な生成や，あってはならない場所での生成は，その局所での生成と消去の平衡関係を崩すこととなり，結果的に各種疾患を誘発することとなる（図1）．

　ところで，一般に大気中の酸素は，三重項酸素と呼ばれ，その特徴的な電子配列のために反応性はあまり高くない．生体内では酸素分子はエネルギーを獲得するために，細胞内ミトコンドリアでシトクロム酸化酵素により，4電子還元を受け，大部分が水になる．一方，呼吸により取り入れられた酸素のうち，水に変換されなかった残りの2%が，代謝の過程で反応性の高い活性酸素に変換される．すなわち，活性酸素とは，大気中に含まれる酸素分子が，より反応性の高い化合物に変化したものの総称をいい，一般的には一重項酸素，スーパーオキシドアニオンラジカル（通称スーパーオキシド），過酸化水素，ヒドロキシラジカルの4種類が認められている（図2）．

　活性酸素は反応性に富むことから，生体膜を構成する脂質やタンパク質に攻撃を加え，遺伝子，核酸と反応してDNA損傷や突然変異を引き起こすなど，酸化的細胞傷害の原因となる．それらの細胞傷害はさまざまな疾病の原因や増悪因子となり，臨床的には，感染・炎症，放射線・紫外線曝露，鉄・銅などの遷移金属の過剰による傷害，抗癌剤投与，虚血再灌流傷害など，多岐にわたって多くの疾患と関わってい

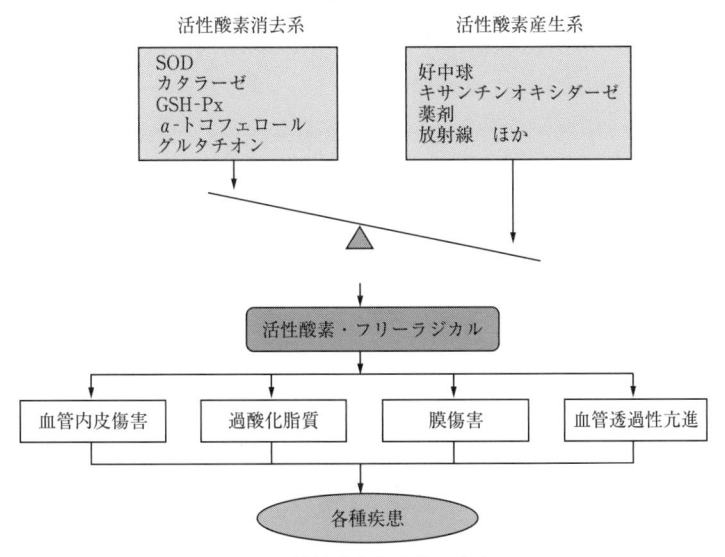

図1　活性酸素と病態・疾患
活性酸素の産生系と消去系の均衡が崩れることによる酸化ストレスは，生体内のあらゆるものを標的として傷害を与え，各種疾病の発症につながる．（文献1より改変）

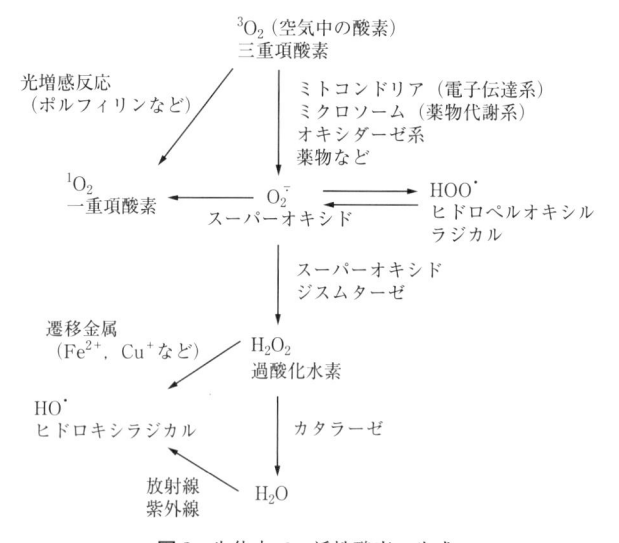

図2 生体内での活性酸素の生成
空気中の三重項酸素は4電子還元を受け大部分が水になる．水に変換されなかったわずかな酸素は代謝の過程で反応性の高い活性酸素に変換される．（文献1より改変）

る．

活性酸素による病態の発現は，①活性酸素種による直接傷害，②発生した活性酸素種と他のフリーラジカルとの反応，③いろいろな活性物質の発現を促進したり抑制したりするシグナルとしての働き，④シグナルを伝達する物質の制御，など多彩であり，かつ複雑である．各種疾患と活性酸素との関わりについては他稿にゆずることとし，本稿では，疾病の病態や制御機構に対する活性酸素の関わりについて概説する．

1. 炎症と活性酸素

炎症反応は，物理的・化学的・生物学的侵襲などの外来因子による組織傷害や，自己組織に由来する，いわゆる自己抗原に対する免疫反応によっても引き起こされる．炎症時にはさまざまな起炎物質により毛細血管などの内皮細胞が部分的に収縮して細胞間隙が形成され，血漿タンパク質などが滲出し，その結果，好中球やマクロファージが炎症部分に浸潤してくる．

炎症時に関わる活性酸素の産生は，炎症巣に浸潤してくる好中球やマクロファージからのもの，血管内皮細胞のキサンチンオキシダーゼによるもの，ホスホリパーゼ A_2 活性化に始まるアラキドン酸代謝過程によるもの，あるいは細胞内ミトコンドリアによるものなどがある．このように，炎症と活性酸素は密接な関わりを持っている．

a. 炎症巣における活性酸素産生機構
1) キサンチンオキシダーゼ系

炎症は細菌の侵入や抗原・抗体複合体の形成が引き金となるだけでなく，一般的な虚血や外傷も引き金ともなる．これらの要因は，血管内皮細胞の細胞内 Ca^{2+} を上昇させ，同時に細胞内の Ca^{2+} 依存性タンパク分解酵素の活性化を促すこととなる．本分解酵素によって細胞内に多量に存在するキサンチンデヒドロゲナーゼ（D型）はキサンチンオキシダーゼ（XO，O型）に変化し，その結果，炎症巣でスーパーオキシドが産生されると考えられている．

D型酵素は生理的な環境下では酸素を活性化することは少ないとされるが，虚血再灌流時

には活性化される Ca^{2+} 依存性タンパク分解酵素により D 型の本酵素が限定分解され,酸素を電子受容体とする O 型に変化すると考えられている.また,虚血再灌流などによって組織が酸化的に傷害を受けたとき,酸化型グルタチオン（GSSG）が上昇することによりオキシダーゼ活性が発現することも知られている.

近年,キサンチンオキシダーゼ系の役割としては,この系より産生される活性酸素の直接的な組織傷害作用よりも,むしろ好中球の活性化によって発生する活性酸素が組織傷害の主因と考えられている.

2) ミトコンドリア

ミトコンドリアからのスーパーオキシド産生は,酸素濃度が急激に上昇した場合や呼吸鎖が遮断された際に増加する.とくに,炎症時や虚血再灌流時には ADP が欠如した状態で再酸素化が行われるため,電子の流れが制限されてスーパーオキシドや過酸化水素（H_2O_2）が生成されることが知られている.

また,炎症巣に集積した好中球やマクロファージの誘導型一酸化窒素合成酵素（iNOS）から生成された一酸化窒素（NO）が,電子伝達系の末端酵素であるチトクローム c 酸化酵素に結合して電子の流れを制限し,スーパーオキシドや H_2O_2 が生成されることが判明している.

近年,ミトコンドリアはアポトーシスの制御器官として注目されており,炎症組織での細胞の崩壊にアポトーシスが関与することが報告されている.

3) 炎症性サイトカインと好中球

好中球は各種の刺激に応答してスーパーオキシドを生成し,さらにこれから種々の活性酸素分子が生じる.このさまざまな応答反応は,カゼインなどで腹腔内に誘導される好中球では顕著であるが,末梢血中の好中球ではさほど高くないとされている.しかし,末梢血白血球も成長因子（G-CSF, GM-CSF）,腫瘍壊死因子（TNF-α）,リンホトキシン（LT）,リポポリサッカライド（LPS）等で処理することにより,応答反応が増強されることがわかっており,この現象を好中球のプライミングと呼んでいる.

ひとたびプライミングされた好中球は低濃度の刺激物にも応答し,さまざまな反応を示す.たとえば,スーパーオキシド生成反応,血管内皮細胞への付着,細胞運動,細胞からのリソソーム酵素の遊出,殺細胞作用など,生化学反応や形態変化を伴う著明な変化が誘起される.これらのことから,プライミングは好中球を修飾して炎症巣で強力な生体防御作用を発現させるための必須の反応と考えられている.

4) NADPH オキシダーゼ（NOX）

上述のように,炎症性サイトカインによる末梢血好中球のプライミング反応が関与する活性酸素産生は NADPH オキシダーゼによる.これまで,NADPH オキシダーゼは貪食細胞（好中球,好酸球やマクロファージ）に特異的に発現する酵素群であると考えられてきた.しかし,NADPH オキシダーゼのサブタイプが報告されることにより,好中球以外の細胞に広く発現する可能性が示唆されてからは,これらのオキシダーゼが炎症時の酸化ストレスに寄与している可能性が考えられている.

たとえば,血管平滑筋細胞には NOX-1 といわれるオキシダーゼが存在し,炎症時にはこの NOX-1 オキシダーゼからスーパーオキシドが産生されることや,また,胃粘膜細胞では,ヘリコバクター・ピロリ菌のリポ多糖による TLR4 を介した刺激で NOX-1 オキシダーゼが活性化されるなどが報告されている.

5) アラキドン酸代謝

炎症時に活性化される代謝系としてアラキドン酸カスケードがある.細胞膜から遊離したアラキドン酸からシクロオキシゲナーゼ（COX）によって PGG_2 が生じ,これが PG ヒドロペルオキシゲナーゼによって PGH_2 になる際にヒドロキシラジカルが生成する.また,アラキドン

酸から 5-リポキシゲナーゼによって生成した 5-HPETE からロイコトリエン A_4 が合成される際や 12-リポキシゲナーゼによって生成した 12-HPETE が 12-HETE に代謝される際にもスーパーオキシドが生じる．

アラキドン酸カスケードから生成される活性酸素は COX やペルオキシダーゼあるいはプロスタサイクリン合成酵素などを不活化させるので，組織傷害性は低いと考えられている．しかし，アラキドン酸代謝において生成される血小板活性化因子（PAF）やロイコトリエンは，起炎物質として好中球の遊走と活性化を引き起こすとともに免疫細胞の活性化を引き起こす．

最近は，前述の NADPH オキシダーゼの活性化にもアラキドン酸が重要な役割を果たすことが明らかになっている．すなわち，炎症性サイトカインの刺激により好中球内にアラキドン酸が生成され，NADPH オキシダーゼの活性に必要な複合体の高次機能構造を変化させるとされている．したがって，アラキドン酸はその代謝経路で活性酸素を産生するだけでなく，好中球の NADPH オキシダーゼの活性化を制御し，起炎物質として炎症に関与する．

b．白血球-血管内皮細胞相互作用
1）接着分子

炎症，感染症において中心的役割を果たしているのは好中球をはじめとする白血球である．炎症を起こした組織内には多数の白血球が集積し，白血球の殺菌作用により微生物の処理を行うが，白血球が炎症の場に集積するためには，まず循環血液中の白血球が血管内皮細胞に接着し，さらに段階を経て血管外へ遊走する必要がある．この白血球-血管内皮細胞相互作用を媒介しているのが白血球や血管内皮細胞膜上に発現する接着分子である．

虚血再灌流障害などによる微小循環障害を考えた場合，最初に起こるイベントは白血球の微小血管内皮細胞への接着現象である．炎症時には白血球は内皮細胞上をローリング（転回）しながらその速度を減弱させ，ついには内皮に接着した後，内皮下へ遊走していく．この一連の反応には多くの接着分子やサイトカインが関与している（図 3）．

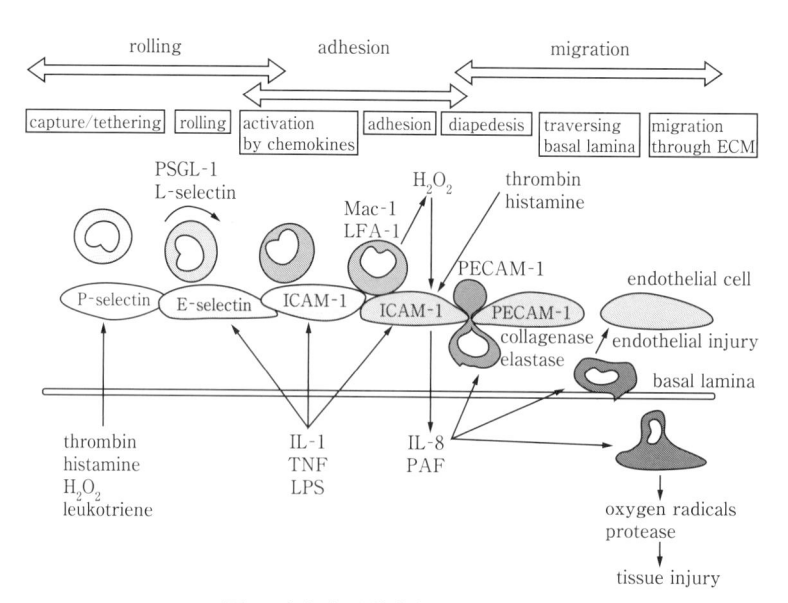

図 3　白血球-血管内皮細胞相互作用
炎症の場において白血球は，さまざまな接着分子の発現を介して，血管内皮上での緩やかなローリング，内皮への強固な接着，血管外への遊走の 3 段階を経る．（文献 2 より改変）

通常，血管内を循環している好中球は滑らかに流れており，血管内皮に接着することはない．しかし，炎症時には種々のサイトカインや，活性酸素を含む炎症性メディエーターなどの刺激により，内皮細胞上にP-セレクチン，E-セレクチンなどのセレクチンファミリーが発現し，好中球上のL-セレクチンおよびシアリル-Lewis X（sLex）やシアリル-Lewis A（sLea）などの糖鎖との間で，可逆的でかつ緩やかな接着が起こり，好中球は内皮細胞上をローリングし始める．

ローリングに引き続き，活性化内皮細胞より放出されたインターロイキン（IL）-8や血小板活性化因子（PAF）および内皮細胞膜上のE-セレクチンとの接着により，好中球上のCD11/CD18（とくにCD11b/CD18：Mac-1）が活性化され，内皮細胞上のintercellular adhesion molecule-1（ICAM-1）との間で強固な接着が惹起され，好中球はその動きを止める．

またリンパ球ではVLA-4（$\alpha_4\beta_1$）とvascular cell adhesion molecule-1（VCAM-1），$\alpha_4\beta_7$とmucosal adderssin cell adhesion molecule（MAdCAM）-1を介する細胞間相互作用が重要とされている．

2) 接着分子と活性酸素

炎症の場で細胞傷害が引き起こされる際には，白血球由来の活性酸素が重要である．また，この白血球由来活性酸素により傷害を受けた内皮細胞自身も活性酸素を産生し，再び白血球の活性化を引き起こし，相互に炎症の悪循環を形成していく．

たとえば，H_2O_2は内皮細胞に作用してP-セレクチン，ICAM-1を，白血球に作用してCD11b/CD18を細胞表面に誘導する．また，H_2O_2は内皮細胞のPAF合成を誘導し，PAF依存性の白血球-血管内皮接着を惹起させる．さらに，H_2O_2-MPO-Cl-系で産生される次亜塩素酸（HOCl）は，コラゲナーゼやケラチナーゼを活性型に変換する．NADPHオキシダーゼ由来の活性酸素は分化過程においてCD11b/CD18の発現を遅延させ，ICAM-1，CD54の発現を抑制する．このように接着分子を介した好中球と内皮細胞の接着，サイトカイン，ケミカルメディエーター，活性酸素の相互

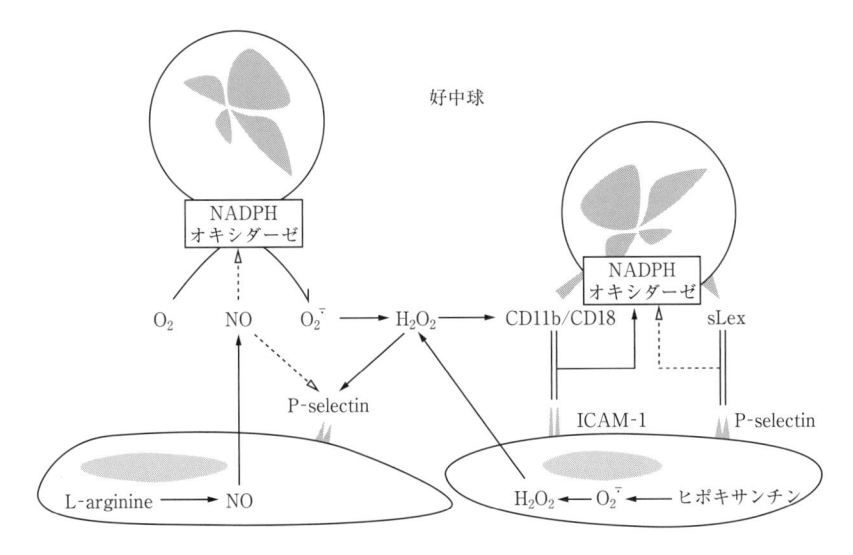

図4 接着分子と酸化ストレス
炎症の場では，白血球由来の活性酸素により傷害を受けた内皮細胞は活性酸素を産生し，ふたたび白血球の活性化を引き起こす．NOは白血球内皮間相互作用を抑制することから抗炎症に働くと考えられている．

作用は，炎症反応の進展に重要である（図4）．

一方，病的状態により認められた白血球の内皮への接着は，スーパーオキシドジスムターゼ（SOD）やカタラーゼにより抑制されることや，抗酸化能を持つビタミンEが酸化ストレスを受けた白血球や内皮細胞への接着分子の発現抑制を介して，白血球の内皮への接着を抑制することも報告されており，活性酸素が接着分子発現に重要な役割を果たしているのは明らかである．

2. 活性酸素による細胞応答

活性酸素は，酸素を利用したATP産生により必然的に生成する．通常，発生した活性酸素は，生体の制御機構により消去される．しかし，消去機構が正常に働かない状態では，活性酸素は蓄積し細胞に悪影響を及ぼす．動脈硬化や癌，糖尿病などの疾患と密接に関与している活性酸素ではあるが，一方では，活性酸素は細胞内のシグナル伝達経路にも，さまざまな形で関わっていることが明らかになってきた．

a. 活性酸素による細胞傷害とDNA損傷

活性酸素の除去が細胞の生存にとって必要であることは，さまざまな抗酸化因子の遺伝改変マウスにより証明されてきた．たとえば，SOD2ノックアウトマウスが致死性であったり，逆にチオレドキシン（TRX）トランスジェニックマウスなどの検討では，寿命の延長や脳梗塞などの疾患抵抗性が確認されたりしている．このように，活性酸素は，細胞内でジスルフィド結合やタンパク質の修飾，リン脂質の酸化，DNAの損傷などを引き起こすために，細胞の損傷を引き起こすと考えられている．

ところで，活性酸素のうちDNA損傷に関与するものは，スーパーオキシドやH_2O_2ではなく，おもに非常に強い酸化力を持つヒドロキシラジカルである．これらの活性酸素はDNAや遊離のヌクレオチド中の塩基や酸を修飾し，酸化修飾される塩基としては8-オキソグアニン（8-oxoG）や2-ヒドロキシアデニン（2-OH-A）がよく知られている．これらの修飾された塩基は，誤った塩基対を形成しうるので，癌化や細胞死の原因となるのである．

b. 活性酸素と細胞内シグナル伝達

活性酸素は，酸化ストレスとして細胞に働きさまざまな疾患に関与している．しかし，細胞内レドックス状態を制御することにより，シグナル伝達や遺伝子発現に関わっていることが知られている．細胞が活性酸素に曝されると，酸化ストレスに適応するために，細胞内ホメオスタシスの維持や機能の修復に関わる遺伝子などの発現が上昇する．これらの発現には，細胞内の酸化レベルによる転写因子の活性制御が深く関与している．

まず，活性酸素による直接的な転写活性化の例として，redox factor-1（Ref-1）を介する調節がある．DNAの修復を行うタンパク質として知られていたRef-1は，酸化ストレスにより制御されるドメインを有しており，nuclear factor κB（NF-κB）やactivator protein-1（AP-1）といった多くの転写因子の活性を制御する．一方，局所変化による制御として，転写因子の核内移行による活性化機構があり，nuclear factor of activated T cells（NFAT）のようなリン酸化などによる核移行シグナルの制御がよく知られている．

他にも，相互作用するタンパク質の酸化還元状態によって，局在の変化が起こる転写因子がある．Nrf2はantioxidant responsive element（ARE）という配列に結合して，抗酸化遺伝子の発現を促進する転写因子である．通常このNrf2は細胞質内でKeap1というタンパクに捕獲され，速やかに分解されている．しかし酸化ストレスによりKeap1から認識されなくなると，Nrf2は分解されることなく核内へ移行す

る．

また，細胞内の酸化還元状態は，NADPHとNADP，GSHとGSSGのような還元体と酸化体の量のバランスを反映している．このような酸化還元のバランスによっても，転写因子活性の制御が行われている．

3. 活性酸素のアポトーシスにおける役割

活性酸素は細胞傷害性でネクローシスを起こす場合とアポトーシスを誘導する場合があることが知られている．しかし，その実験結果や報告については，一定の見解はなく，臓器や細胞，およびその実験条件により慎重に考慮すべき点が多い．

また，活性酸素種が細胞の機能に影響する様式には2つ考えられる．1つは活性酸素や酸化ストレスが細胞などに直接傷害を与えてアポトーシスを引き起こす場合と，もう1つは腫瘍壊死因子（tumor necrosis factor；TNF）などアポトーシスを誘導する物質のセカンドメッセンジャーとして働く場合である．

a. アポトーシスを引き起こす活性酸素

H_2O_2 がアポトーシスを起こし，それがカタラーゼによって抑制されると報告されて以来，活性酸素がアポトーシスを引き起こすという報告はオキシダントを含めて多数認めている．一方，最近スーパーオキシドの減少でアポトーシスが保護されるという報告もあり，活性酸素は単なる細胞傷害性のみでなく，活性酸素産生と消去のバランスの上にアポトーシスをコントロールしていると考えられる．

すなわち，ある種のアポトーシス誘導シグナルが細胞内を伝わっていく過程には細胞内レドックス環境の変化が関与しているものと考えられる．

b. レドックス制御によるシグナル伝達機構

レドックス制御とは狭義には，転写因子の酸化還元によってその活性が変化し，遺伝子発現が制御されることをさし，典型的な例は，H_2O_2 によるNF-κBの活性化である．しかし，広義には細胞内外でのGSSG，GSHの比，酸化型チオレドキシン/還元型チオレドキシンの比が変化し，H_2O_2，過酸化脂質などの蓄積によって細胞の増殖，分化，アポトーシス，ネクローシス，細胞間情報などが制御される現象を総称して呼んでいる．

c. 活性酸素によるアポトーシスを誘導する分子

活性酸素がさまざまな細胞でアポトーシスを引き起こすことはよく知られている．しかし，活性酸素はレドックス感受性のカスパーゼをむしろ阻害することがわかっており，したがってアポトーシスの誘導には他のシグナル伝達経路があることが推測されている．

たとえば，酸化ストレスにより，NF-κBは活性化し，p53はその核内移行が促進され，アポトーシスに関連するタンパク質の発現を変化させて，アポトーシスを惹起する．また，JNKも中心的役割を演じていて，その根拠としてJNKが酸化ストレスで活性化されること，また，JNKを抑制すると酸化ストレスによるアポトーシスが起こりにくくなることがあげられる．

このように，細胞内外のレドックス環境の変化が細胞の活性化，分化，細胞死等のさまざまな生物現象に深く関与している．活性酸素の生成，抗酸化物質の存在，損傷の修復能の3つのバランスを考慮することは酸化ストレスとアポトーシスの関係で重要なことである．

4. 活性酸素と発癌過程

酸化ストレスがさまざまな病態や老化と関わ

っていることが示されており，そのメカニズムが遺伝子レベルで解明されつつある．生体内で生じた活性酸素は，タンパク質，核酸，脂質といった生体高分子と反応して損傷をもたらし，その蓄積が発癌や老化を誘発すると考えられる．多くの報告から，酸化ストレスが発癌要因の一部となっていることは自明となっている．

ところで，慢性的酸化ストレス病態が発癌と関連していることは，多くの疫学的調査により示されている．たとえば，結核性慢性胸膜炎・膿胸に伴う悪性リンパ腫，アスベストーシス（アスベスト線維は鉄を豊富に含む）と強く関連づけられる中皮腫および肺癌，慢性的なヘリコバクター・ピロリ感染に起因する胃癌，潰瘍性大腸炎における大腸癌発生率の上昇，原発性ヘモクロマトーシスに見られる肝細胞癌の高リスク，紫外線日焼けによる皮膚癌，ガンマ線被曝による白血病などである．

発癌の基本的な機序としては，今のところ多段階に起こるゲノム情報の改変という概念が確立されている．活性酸素はDNAと反応して，鎖切断，鎖間架橋，塩基修飾などの損傷を引き起こす．さらに，生物はこれらの損傷に対抗するために，修復酵素やアポトーシス経路などの強固な防御システムを発達させている．

しかし，活性酸素の負荷が過剰である場合には，細胞はゲノム改変の危機に陥る．ゲノム損傷の結果生じる遺伝情報の変化にはさまざまな種類があり，塩基単位での置換・欠失・挿入，染色体レベルでの欠失・重複・転座などがあり，これらの変異が繰り返されることにより，永続的な癌遺伝子の活性化や癌抑制遺伝子の不活性化が起こるものと考えられている．

5. NOと活性酸素

一酸化窒素（NO）は不対電子を1個持つフリーラジカルである．一般的に，フリーラジカルは化学的に不安定で高反応性であるが，NOラジカルは比較的安定で反応性も低いことが知られている．しかし，反応の対象が金属イオンやラジカルのような高反応性の物質の場合，特異的で高い反応を示す．したがって，NOの多くの生理作用は金属イオンやラジカルとの反応を通じて開始される．

NOは金属イオンに対する親和性が非常に高く，マンガン，鉄，コバルト，銅，モリブデンなどの生体微量金属イオンおよびそれを含むタンパク質・酵素と相互作用を通じてそれらの活性を調整している．

一方，生体内NOとラジカルとの反応では，その対象となる重要なものは酸素分子（三重項酸素），スーパーオキシド，脂質ペルオキシラジカルである．生体内に豊富に存在する酸素分子はNOとの反応を介してNOの寿命や拡散距離に関係すると同時に，生理活性を持つ活性酸化窒素（RNOS）を生成する．NOは水溶液中では酸素により酸化され，N_2O_2を介してNO_2^-へと変換されると同時に，スーパーオキシドと拡散律速に近い反応速度で反応することが知られている．

NOとスーパーオキシドとの反応生成物であるペルオキシナイトライト（$ONOO^-$）はin vitroで強力な酸化活性があることが確認されており，生体内で生成された$ONOO^-$は強い酸化ストレスを与える傷害要因と推定されているが，in vivoにおいてどのような病態生理作用を発揮しているかについては今後の詳細な検討が必要とされている．

おわりに

活性酸素の存在が科学の分野で認識されたのが19世紀から20世紀にかけての頃であり，生物医学領域で注目され始めたのが1969年のSODの発見が契機となっている．活性酸素は当初，生体分子の傷害要因として位置付けられていたが，本稿で紹介したように，21世紀に入る頃から活性酸素は単に傷害因子としてだけ

でなく，細胞内情報伝達因子，細胞・生体調節因子としての役割が明らかとなり，生命現象に普遍的な事象として理解されるようになったと言える．

さまざまな疾病のメカニズムと活性酸素との関わりは，かなり詳細にわかってきており，活性酸素の関与しない病態は存在しないことがさらに明白となった今，次世代は活性酸素を制御することによる疾病予防と，オーダーメード医療の実現に，活性酸素に関する医学生物学研究が貢献できることを期待したい．

[吉川敏一，市川　寛]

■文献
1) 吉川敏一：フリーラジカルの科学．pp107-124, 講談社サイエンティフィク, 東京, 1997.
2) 吉川敏一編, 半田　修：接着分子と酸化ストレス. 酸化ストレス Ver.2, pp147-152, 医歯薬出版, 東京, 2006.
3) 吉川敏一：活性酸素・フリーラジカルのすべて. pp59-76, 丸善, 東京, 2000.
4) 吉川敏一：不老革命. pp19-42, 朝日新聞社, 2005.

4.4 虚血再灌流傷害

われわれが健康な生命活動を営むには，さまざまな臓器がそれぞれの機能を正しく発揮することが不可欠であるが，それらの臓器が正しく機能するには，まずそれらの臓器を構成する細胞が正常に活動することが前提となる．われわれの臓器のほとんどは好気的なエネルギー代謝を営んでおり，絶え間なく酸素が供給されることが必須である．血流の停止は，単に酸素の供給が滞るだけではなく，栄養素の補給も老廃物の除去も停滞することになる．「虚」という文字から想像されるように，虚血は臓器から血液が完全に消失した状態を指すが，血流の濁りを表す阻血と区別されずに用いられることが多い．一方，細胞を取り巻く環境から酸素がまったく無くなる無酸素状態（anoxia）と酸素供給が低下した低酸素状態（hypoxia）は厳密な区別が必要である．しかしながら，前者の達成は実験的に周到に準備されない限り到達は困難なのが現実である．したがって，虚血再灌流傷害の議論は，「血液あるいは灌流液が存在する中で低酸素条件に置かれた臓器に，通常濃度の酸素を含む血液あるいは灌流液が流入したときの傷害」に関するものとなる．虚血再灌流傷害の発生機序とその防護法についての研究は，もっぱら実験動物の心臓が標品として用いられてきた．その理由は，灌流液の入り口が大動脈の支流である冠動脈しかないために複雑な灌流条件でも容易に設定できることと，臓器の持つ生理的機能を心拍動の力学的解析などの機能解析から分析する方法が確立されていることによる．臓器には固有の性質があって，心臓で得られた結果がそのまま他の臓器に当てはまるものではないが，虚血再灌流傷害の発症機序の基礎は多くの臓器に共通であり，本章でも実験動物の摘出心を用いた研究で得られた知見を軸に議論を進める．

1. アポトーシスとネクローシス，そしてオンコーシス（図1）

細胞の死について，遺伝子で制御された自発的な死であるアポトーシス（apotosis）に対して，外的な傷害が原因となる死としてネクローシス（necrosis）という言葉が永く用いられてきた．しかし，細胞の死の定義がより詳細に検討された結果，外的因子によって誘発される細胞の死に対して，ネクローシスではなく膨潤（swelling）を示唆するオンコーシス（oncosis）の概念を用いることが推奨されている[1]．ネクローシスは壊死と訳され，細胞の死の過程にはよらない，死に付随して起きて変化した状態として定義される．アポトーシスとオンコーシスの大きな相違点は，細胞の膨潤の有無である．アポトーシスは細胞体積の縮小に始まり，細胞質の縮小，DNAの整理された断片化，クロマチンの凝縮，細胞質突起（bleb）の形成を経て細胞が断片化してアポトーシス小体を形成し，最終的にはマクロファージなどの食細胞によって除かれる．このため，アポトーシスは細胞内容物を放出せず，周辺細胞に傷害を及ぼさない．一方，急性心筋梗塞などの疾患で発生するオンコーシスでは，細胞突起の形成，小胞体の拡張，細胞質の膨潤，DNAのランダムな断片化，ミトコンドリアの膨潤を経て細胞膜の破壊を伴う細胞の死であり，細胞から漏出した分解酵素や傷害性の物質は周囲の細胞を攻撃して傷害する．傷害性の酵素・物質には，タンパク質や脂質を加水分解するリソゾームの酵素に加

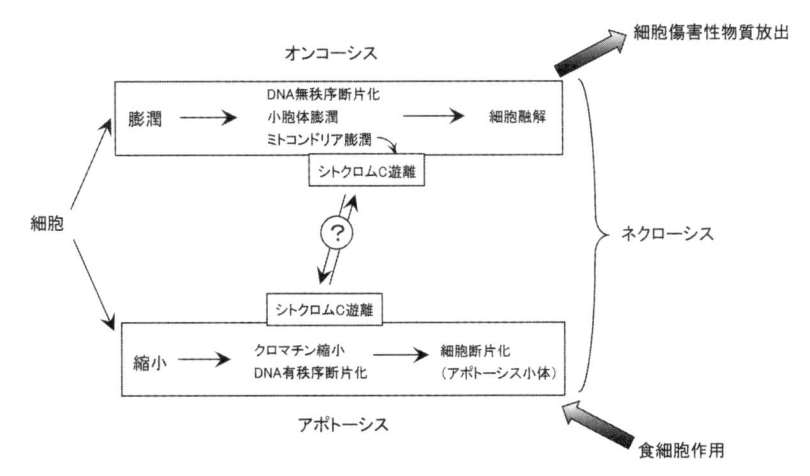

図1 アポトーシス，ネクローシス，そしてオンコーシス
オンコーシスとアポトーシスは細胞の膨潤の有無が分岐点となっている．シトクロム c の内膜からの遊離は，電子伝達系の破綻を引き起こしてオンコーシスを引き起こすか，アポトーシスを開始させる．

え，活性酸素分子種も含まれる．虚血再灌流傷害で見られる細胞の死はもっぱらオンコーシスだが，アポトーシスの関与も否定されてはいない．後述するミトコンドリアから遊離するシトクロム c によるアポトーシスの開始が，細胞の傷害のどの段階でおきるかにより，2種類の死のいずれが優位になるかが決まる可能性がある．しかしながら，急速に進行する虚血再灌流傷害には，アポトーシスよりもオンコーシスの方が発生している可能性が高い．

2. 虚血傷害と再灌流傷害

虚血再灌流傷害は，2つの段階，(i) 血流の停滞による虚血傷害と，それに続く (ii) 血流再開時の再灌流傷害に分けて考えることが妥当であろう (図2)．

酸素の供給が低下あるいは停止すると，ミトコンドリアでの酸化的リン酸化による ATP の生成が低下すると同時に，その加水分解産物である ADP が増大する．細胞は緊急避難的にアデニル酸キナーゼ反応により2分子の ADP から ATP と AMP を生成するが，賄える ATP の量は多くを期待することはできない．嫌気性代謝の解糖系が発達した細胞では，酸素供給が低下してもなお ATP を合成する能力があるが，好気的なエネルギー代謝に依存する細胞では，酸素供給の停止の影響はより大きい．細胞内の ATP 濃度の低下はイオン環境の恒常性や細胞機能の維持を阻害する．正常な細胞では細胞内のイオンの濃度は至適な状態に保たれるが，ATP 濃度が低下すると細胞膜の Na^+，K^+-ATPase や Ca^{2+}-ATPase の活性が低下し，その結果細胞質の Na^+ と Ca^{2+} の濃度は上昇する．上昇した細胞質の Na^+ は細胞膜酵素である Na^+/Ca^{2+} 交換輸送体によって細胞外の Ca^{2+} と交換で排出されるが，この反応はさらなる細胞質 Ca^{2+} 濃度の上昇を引き起こす．細胞質の Ca^{2+} はミトコンドリアのマトリックスに取り込まれ，マトリックスのクエン酸回路の流量を増大させる．この結果，2つの電子を持った還元型のニコチナミドアデニンジヌクレオチド (NADH)，還元型のフラビンアデニンジヌクレオチド ($FADH_2$)，還元型コエンザイム Q の生成量が増加することになり，電子伝達系に電子が補給される．この状態は，後述する活性酸素の生成に適した環境になる．イオン環境の恒常性の破綻は，細胞質の膨潤を引き起こし，

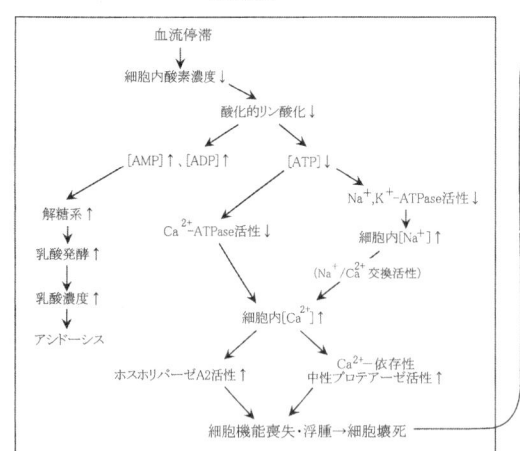

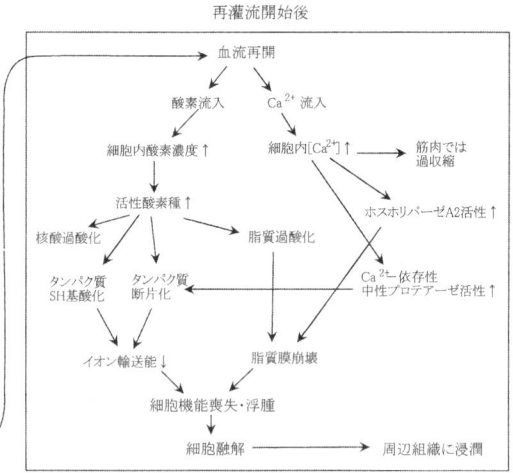

図2 虚血と再灌流の2つのステージで,細胞内で起きる変化
虚血では,細胞内酸素濃度が低下してATPが枯渇し,細胞内Ca^{2+}濃度の上昇は分解酵素を活性化して,細胞壊死を引き起こす.再灌流は,細胞内の酸素とCa^{2+}濃度の急激な上昇により,分解酵素に加え活性酸素由来の傷害が発生する.

最終的に細胞は融解する.細胞はおよそ80%の水分を有するとされるが,その多くはタンパク質や有機成分の水和に関わっている.虚血再灌流処理を施した心筋のNMR分析により,細胞が膨潤した心筋細胞内では遊離ATPの濃度が低下していることが指摘されている.細胞のATPの含量が同じでも,細胞の浮腫は濃度を低下させる原因となる.酵素反応の速度は基質の絶対量ではなく,その濃度に依存することから,ATP濃度の低下はATPをエネルギー源として利用する酵素の活性の低下の原因となる.このことは,細胞の膨潤は,細胞傷害を不可逆的なものにする引き金となりうる.虚血状態の臓器では,傷害された細胞から漏出したタンパク質分解酵素や脂質分解酵素などの傷害物質は拡散によって周辺細胞や組織に至ることから,傷害は浸潤の速度で周辺に波及すると考えることが妥当である.このことから,虚血傷害はどちらかというとゆっくりとした静的な傷害の蔓延である.

一方,再灌流傷害は,既に低エネルギー状態に曝されたことからイオン輸送能が低下した細胞に,高濃度のイオン(とくにCa^{2+})や酸素が細胞外から供給されることが引き起こす壊滅的な傷害である.Ca^{2+}は分解性の酵素:ホスホリパーゼA_2(PLaseA_2)やCa^{2+}依存性中性タンパク質分解酵素(CANP)を活性化して細胞の構造を傷害し,イオン輸送タンパク質に変性をきたして,よりいっそうのイオン環境の恒常性の破綻を惹起する.リン脂質では活性酸素の付加が起きやすい不飽和脂肪酸がPLaseA_2の基質部位である2位に結合する傾向にあることから,本来は過酸化された脂肪酸の除去が細胞障害性の軽減に有利である.しかしながら,2位の脂肪酸が除かれたリゾホスファチドはリン脂質膜の構造を脆弱にしてイオンなどの透過性を亢進することから,イオン環境の恒常性の維持には都合の悪い現象である.他方,再灌流の開始とともに細胞内に急激に増加した酸素には,ミトコンドリアの還元型コエンザイムQなど電子伝達系から電子が渡され,活性酸素が生成する.活性酸素は,脂質二重膜・タンパク質・核酸を攻撃し,細胞構造に大きな変化を引き起こす.再灌流傷害は,損傷を周囲の細胞に大きくそして急速に波及する動的な傷害である.最近,Robinら[2]は培養心筋細胞を用い

て，虚血状態は活性酸素を生成する準備を整えるもので，再灌流に伴う活性酸素の急激な生成が細胞の死を引き起こすことを示した．言い換えると，虚血の状態で何らかの防護処理を施すことができれば，細胞の壊死は回避できることになる．事実，虚血後の血流再開時に活性酸素を除去する酵素や薬剤を加えることで傷害を軽減することが可能である．

虚血再灌流障害が発生する典型的な例は，血流の停滞と再開が伴う開心術などの外科手術，臓器移植，急性動脈閉塞，また災害時に問題となる crush 症候群（筋挫滅症候群）が挙げられる．Crush 症候群では，急激な骨格筋の細胞融解により K^+ の血中濃度が急激に上昇して心停止に至ることがあり，また大量の骨格筋のミオグロビンが血中に放出されて腎臓で結晶化するための急性腎不全が引き起こされる．阪神淡路大震災で問題となったこの傷害は，迅速な血液浄化療法により回避されるようになった．完全な血流の停止によるこれらの傷害の一方，血流量の低下と回復の反復が原因となる疾患も広義の虚血再灌流傷害に含まれる．ストレス負荷による血流量低下とストレスからの解放による血流量回復は，消化管の潰瘍の原因の1つであるとの指摘もある．習慣的な虚血再灌流傷害を軽減することを目的として，活性酸素除去効果を持つ食品を摂取することは，栄養学的見地から有意義なことであろう．

3. Ca^{2+} 逆説と酸素逆説

虚血再灌流に伴う心筋細胞の傷害の発生原因として，Ca^{2+} と酸素に関した2つの説が提出されている．

Ca^{2+} に関しては，再灌流処理に伴う Ca^{2+} 過負荷による細胞傷害である．Ca^{2+} を含まない灌流液での灌流が短時間（たとえば20分）の場合，それに続く高濃度の Ca^{2+} 灌流液の灌流によって心臓は収縮能を回復する．しかし，無 Ca^{2+} 灌流を延長（たとえば60分）すると，高 Ca^{2+} 液の再灌流は，グリコカリックスの脱落，細胞膜の破壊，心筋細胞の過収縮と，細胞壊死に至る変化を引き起こして心筋は不可逆的に変性する．「Ca^{2+} 逆説」と呼ばれるこの現象は，無 Ca^{2+} 灌流液の灌流後の急激な高濃度 Ca^{2+} 液への曝露によって「Ca^{2+} 過負荷」状態となり，筋原線維の過収縮が細胞を内から構造的に破壊することが引き金となって発生すると説明される．小胞体の Ca^{2+}-ATPase の Ca^{2+} に対する $K_{Ca^{2+}}$（Ca^{2+}-ATPase が無限大の Ca^{2+} で示す理論的な最大活性の半分の活性を与える Ca^{2+} の濃度で，親和性を表す値）は約 $1\mu M$，細胞膜のそれは約 $10\mu M$，ミトコンドリアが示す $K_{Ca^{2+}}$ は約 $100\mu M$ と見積もられており，細胞質の Ca^{2+} 濃度の変化に対応してそれぞれが緩衝効果を示している．すなわち，細胞内で Ca^{2+} 濃度が増大すると，まず小胞体がそれを取り込んで細胞質の Ca^{2+} 濃度を低下させるが，さらに Ca^{2+} が増加すると細胞膜の酵素によって駆出される．さらに Ca^{2+} 濃度が増大すると，ミトコンドリアに取り込まれることになり，さらなる増大は細胞が制御できる範囲を超えることになる．

酸素が関与する傷害については，虚血再灌流に伴って生成する活性酸素の生成による細胞の傷害である．低酸素濃度での灌流中に細胞から逸脱する酵素（クレアチンキナーゼや乳酸脱水素酵素）を定量すると，灌流時間の延長によって逸脱が増加するが，再酸素化により低下して元のレベルに戻る．酵素の漏出は，低酸素条件で酸化的リン酸化による ATP 生成が低下し，エネルギー不足からイオンのバランスが狂い，その結果浮腫が生じて細胞が破壊されることによる．再酸素化は，酸化的リン酸化が復活してエネルギーが再供給され，細胞の傷害が修復され，酵素の漏出が防がれる．ところが，低酸素灌流液の灌流時間をさらに延長すると，再酸素化は大量で急激な酵素の逸脱を引き起こし，細

胞の変性は不可逆となる．この現象は，先の「Ca^{2+}逆説」に倣って「酸素逆説」[3]と呼ばれる．低酸素灌流液の灌流によって酸素の供給が低下した好気的な心筋細胞では，ミトコンドリアでの酸化的リン酸化によるATP合成が低下した結果，細胞内ATP濃度が低下する．ATP濃度の低下は細胞膜と小胞体のCa^{2+}-ATPaseの活性を低下させ，細胞内Ca^{2+}が上昇する．ミトコンドリアの内膜のCa^{2+}輸送系は受動的なものであり，細胞内Ca^{2+}濃度が上昇すると，Ca^{2+}はマトリックスに輸送される．マトリックスのCa^{2+}はクエン酸回路を活性化するが，その濃度が過度に上昇すると無機リン酸やADPと結合することで，酸化的リン酸化によるATP合成を阻害する．また，上昇した細胞内Ca^{2+}は，前述した細胞の分解過程を活性化する．これらの現象は細胞の構造を破壊し，細胞壊死を引き起こす原因となる．しかし，「酸素逆説」の最も大きな要因は，活性酸素の生成である．酸素は，ストロマライトの酸素生成活性によって大気の濃度が上昇して間もなく，藍藻などに活性酸素除去酵素であるスーパーオキシドジスムターゼが発現したことからも推察されるように，細胞に対して毒性を持つ分子である．事実，多くの疾患の病因として活性酸素の関与が確かめられている．虚血再灌流傷害においても，活性酸素が果たす役割はきわめて大きい．

4. 活性酸素生成部位としてのミトコンドリア

ミトコンドリアは，エネルギー産生に不可欠な電子伝達系が発達しており，細胞内の活性酸素発生器官でもある．クエン酸回路や脂質のβ酸化反応で生成したNADHや$FADH_2$は，ミトコンドリア内膜に局在する電子伝達系のそれぞれ複合体Iと複合体IIに電子を渡す．この電子が一連の電子伝達系を移動するときに，内膜を隔てたプロトンの濃度勾配が形成され，この勾配のエネルギーがATPの合成に使われる．このことから，ミトコンドリアは常に電子に溢れる環境にある．

酸素分子は非常に高い標準還元電位を持つことから電子を吸引する強い天然の酸化剤であり，われわれはこの性質を利用して電子伝達系を動かしている．一連の複合体を経た電子は最終的に酸素分子に渡され，水を生成する．酸素の供給が停止すると，最終的に電子を引き受ける受け手がなくなり，電子が行方なく彷徨うことになる．虚血状態で酸素が供給されると，コエンザイムQなどに留まって行方を捜していた電子は，もともとが電子を引き取りやすい酸素分子に取り込まれ，スーパーオキシドアニオン（O_2^-）を形成する．スーパーオキシドアニオンは，脂質ペルオキシドなどさまざまな活性酸素分子の原料であり，とくに鉄イオンが存在するときに生成されるヒドロキシラジカル（HO·）は，最も細胞傷害性が強いとされる．ヒドロキシラジカルはその反応性の高さから，拡散するうちに消去するほど寿命は短いものの，生成した周辺の生体物質と直ちに反応する．他方，血管平滑筋を弛緩させることで，血管内皮由来の血管弛緩物質として薬理作用が注目されてきた一酸化窒素は，スーパーオキシドアニオンを結合してパーオキシナイトライト（ONOO·）を生成する．この物質は，寿命が長いことから虚血再灌流傷害に深く関わる活性酸素分子種であるとみなされている．このように，虚血再灌流傷害の発生における活性酸素の関与はきわめて大きく，ミトコンドリアが豊富にあることで心臓や脳など好気的な臓器に虚血再灌流傷害が発生しやすいことと符合する．

5. 活性酸素による分子レベルでの傷害

酸素ストレスを負荷した細胞で傷害される物質として，脂質が最もよく分析されてきた．不

飽和脂肪酸への活性酸素の付加や飽和脂肪酸からの水素イオンの引き抜きが開始点となり，連鎖反応により膜脂質が損傷するこの変性は，一連の活性酸素による細胞傷害の第一段階である．生体膜の過酸化反応の結果，膜タンパク質と周辺リン脂質の架橋や，脂肪酸の解裂が引き起こされる．細胞膜の横向きの圧力（lateral pressure）は膜の物理的安定性の確保に重要である．長鎖脂肪酸が短鎖脂肪酸となると，この圧力が減弱して膜構造が脆弱となり，イオンなどに対する透過性が亢進する．この透過性の亢進がミトコンドリア内膜で発生した場合は酸化的リン酸化によるATP合成能は著しく低下していわゆる脱共役状態になり，赤血球で起きた場合には溶血が引き起こされる．

二重結合があって不飽和性の高い脂質や核酸に比べて比較的活性酸素の攻撃を受けにくいと考えられるタンパク質も，活性酸素と反応することで容易に分解される．ウシ血清アルブミン溶液に放射線を照射してヒドロキシラジカルを生成させるとアルブミンは断片化し，またこの現象が赤血球の膜タンパク質でも起きることが報告されている．骨格筋の小胞体をヒドロキシラジカル生成剤（ジヒドロキシフマル酸＋$FeCl_3$＋ADP）と反応させると，Ca^{2+}-ATPaseのSH基の速やかな酸化と過酸化脂質の生成に続いて，Ca^{2+}-ATPaseそのものが分解されたが（未発表データ），このようなイオン輸送タンパク質の分解は，とりもなおさず細胞のイオン環境の破綻を示すものである．

6. 虚血再灌流傷害の抑制

虚血再灌流傷害を軽減する方法として，2つの可能性が示されている．1つは，活性酸素がその傷害の原因物質であることから，再灌流時に抗酸化剤を共存させる方法である．スーパーオキシドジスムターゼを血中のタンパク質分解酵素から保護して寿命を延ばしたスーパーオキシドジスムターゼ-アルブミン接合体やスーパーオキシドジスムターゼ＋カタラーゼを再灌流血液に添加すると，活性酸素による傷害が軽減されることが報告されている．また，天然の抗酸化剤であるグルタチオンの前駆物を投与した場合に心筋傷害が抑えられることは，生体内でグルタチオンが細胞傷害から防護している可能性を示唆している．前述したように，虚血状態は再灌流傷害の発生に寄与するような準備期間であるとすると，顕著に現れていない臓器の虚血再灌流傷害の抑制に，活性酸素に由来する疾患の防護に有効であるとされるカテキンやイソフラボンなどの摂取が有効かもしれない．

虚血処理を施した後の血液再灌流に伴う心筋傷害が，虚血操作をあらかじめ繰り返しておくことによって軽減されることが確かめられている．この現象はpreconditioningと呼ばれ，最も強い心筋保護法とみなされている．Preconditioningの成因として，アデノシンのアデノシン受容体A1への結合が心筋の活動を抑制することで，傷害の程度を抑えることで説明された．軽度の虚血再灌流傷害を与えることにより，破壊された細胞から放出されたATP，ADP，AMPが細胞間に拡散し，細胞外に活性中心を持つ5'-ヌクレオチダーゼ活性により脱リン酸化されてアデノシンとなり，効力を発する．また，Ledouxら[4]は，低酸素環境がこの酵素の細胞膜表面での発現を促すことを報告し，虚血状態で低酸素条件に曝された細胞が，その後に続くであろう再灌流に備えてあらかじめ細胞傷害を軽減するように適応していることを示しているようである．

完全な酸素供給の停止のみではなく継続的に酸素供給が抑制される場合でも，preconditioningがマウス胎仔の心筋を低酸素から保護することが見出されており，ヒトでの妊娠中でのさまざまな低酸素分圧環境（高地での生活・貧血・喫煙などのほか，子癇前症など血中酸素濃度の低下を引き起こす症状）での心筋発達に寄

与している可能性が示唆された[5]．また，定期的なアルコール摂取が心臓に preconditioning 様の影響を与えているとの報告もあるが，この事実は，アルコールが体幹部の臓器に対しては血流低下による低酸素条件を負荷していることを示唆している．

7．虚血再灌流と解糖系

細胞のエネルギー獲得の様式は臓器によって異なる．酸素を要求する脳や心臓は，酸化的リン酸化によって生成するATPに大きく依存する．骨格筋でも，遅筋といわれる筋肉は，この部類に属する．他方，速筋といわれる骨格筋は，解糖系に依存したエネルギー代謝を営む．遅筋はマラソンのような急速ではないが継続する収縮に適した筋肉であり，速筋は100 mダッシュやウェイトリフティングのような単発的で速い筋収縮を要求する運動に適している．この2つのグループの臓器では，当然低酸素条件に対する応答が異なることが予想される．

嫌気性代謝の解糖系が発達した骨格筋（速筋）では，酸素供給が低下しても解糖系がATPを合成する能力が高いが，アデニル酸キナーゼ反応でADPから生成するAMPが増大すると解糖系の酵素であるホスホフルクトキナーゼが活性化されて，さらに解糖系を賦活する．このことが骨格筋が虚血に対して耐性である所以である．解糖系の賦活は，ミトコンドリアでのATP生成反応の低下を解糖系が補償する作用を示すことになる．しかしながら，解糖の原料であるグルコースとグリコーゲンには限度があり，早晩，ATP合成は破綻する．嫌気的条件下では電子伝達系が進まないためにNADHの再酸化が低下し，NADHは乳酸発酵に消費されて細胞はアシドーシスに陥って，リソゾームの酵素が活性をもちやすい環境を作る．

筋肉の小胞体は筋収縮の制御に関わるCa^{2+}の貯蔵庫として働き，神経刺激によって細胞質にCa^{2+}を遊離し，神経刺激が終わるとATPの加水分解のエネルギーを使って細胞質からCa^{2+}を取り込む．心筋の小胞体の画分に，解糖系の酵素群のすべてが結合していることが見出され，細胞におけるATPのコンパートメント仮説が提出された．この仮説によれば，イオン輸送に関わるATPは解糖系で賄われ，筋収縮を支えるATPは酸化的リン酸化が供給する．この仕組みは，筋肉で虚血再灌流による傷害が発生したときに，イオン環境を維持するためにエネルギー消費を抑制する上でも有利である．しかしながら，コンパートメント間の物質のやり取りは可能であることから，虚血再灌流処理で酸化的リン酸化能が低下してATPが減少した場合，初期の段階でのイオン輸送は解糖系により保護されても，経時的にその活性は消失することになる．ウサギ心臓を虚血に置いた時に解糖系の出発酵素であるグリコーゲンホスホリラーゼが増加することは，酸素供給が低下した信号がグルコースを原料とする嫌気的な代謝に移行し，イオン環境の恒常性を保つべく対応していることを示唆している．これらの機序はいずれも，細胞の膨潤を回避するためのものと理解される．

8．虚血再灌流傷害とアポトーシス

ミトコンドリアが活性酸素生成部位であることから，虚血再灌流傷害に最初に関わる器官である可能性が高い．事実，実験動物で虚血再灌流処理を施すと，臓器にかかわらずミトコンドリアの膜の過酸化が著しく，また電子伝達系の傷害も大きい．電子伝達系の一員であるシトクロムcはミトコンドリア内膜の膜間腔側に付着して電子を運搬するとされる．近年，このシトクロムcがミトコンドリアから細胞質に遊離して，アポトーシス反応を引き起こすことが明らかにされた．細胞質に遊離したシトクロムcは

アポトーシス活性化因子と結合し，タンパク質分解酵素である一連のカスパーゼ反応を活性化する．

　アポトーシスが引き起こされる状況では，外膜の膜電位依存性陰イオンチャネルと内膜のアデニントランスロカーゼとマトリックスのシクロフィリンDなど複数のタンパク質から構成される mitochondrial transition pore と呼ばれる構造が形成され，ミトコンドリアは膨潤する．ミトコンドリアの構造から，外膜は内膜よりはるかに面積が小さいため，マトリックスの膨潤は外膜の破砕を引き起こす．この変化がシトクロムcの遊離を許すことになる．シトクロムcの内膜からの脱離を引き起こす要因として，内膜の脱分極の可能性が指摘されている．正常なミトコンドリアでは活発なATP合成を営む時は，電子伝達系を電子が渡ることでマトリックスが負の膜電位が形成される．他方，休止期のミトコンドリアでは，F_1F_0-ATPase の正反応，すなわちATPの加水分解と共役したプロトンの駆出が進行し，膜電位を保つといわれる．このことは，シトクロムcを内膜に結合した状態に保つ仕組みである可能性がある．虚血再灌流傷害が発生した時，ミトコンドリアの機能が消失する原因の1つは内膜の透過性の亢進による電子伝達と酸化的リン酸化の脱共役だが，シトクロムcの脱離が原因となる電子伝達の破綻も大きなものである．オンコーシスとアポトーシスの分岐点にシトクロムcの脱離があるとするならば，虚血再灌流傷害の発生の機序を明らかにするためには，シトクロムcの内膜からの脱離の機序のより詳細な解明が求められる．

おわりに

　虚血再灌流傷害を引き起こす物質が，さまざまな生体の生理機能に密接に関係する Ca^{2+} と，十分に利用しながらも太古の昔からその毒性と闘い続けてきた酸素であることは，この疾患がわれわれの身体全体に及ぶ可能性がある．とくに脳や心臓など，ミトコンドリアを多く含み好気的なエネルギー代謝を営む臓器は，この傷害に出会う可能性が高く，心筋梗塞や脳梗塞といった生活習慣病に深く関わっている．この傷害の発生のメカニズムを詳細に明らかにすることは，虚血再灌流傷害に留まらず，糖尿病や白内障といった疾患，さらに老化の仕組みを知ることにも寄与するものである．

　　　　　　　　　　　　　　　　　　　［竹中　均］

■文献
1) 竹中　均：虚血再灌流傷害の発生機序．生化学 72：1433-1436, 2000.
2) Robin E, Guzy RD, Loor G, et al：Oxidant stress during simulated ischemia primes cardiomyocytes for cell death during reperfusion. J Biol Chem 282：19133-19143, 2007.
3) Davies KJA, Ursini F（eds）：The Oxygen Paradox. 815 pp, Cleup Univ Press, Italy, 1995.
4) Ledoux S, Runembert I, Koumanov K, et al：Hypoxia enhances ecto-5'-nucleotidase activity and cell surface expression in endothelial cells. Role of membrane lipies. Circ Res 92：848, 2003.
5) Wendler CC, Amatya SK, McClaskey C, et al：A1Adenosine receptors play an essential role in protecting the embryo against hypoxia. Proc Natl Acad Sci USA 104：9697-9702, 2007.

4.5 酸素関連疾患：脳・神経

　成人脳の重量は，約1,300gと体重の2%程度に過ぎないが，脳の血流は心拍出量の15%もあり，酸素消費量はからだ全体の20%を占めている．このように脳は他臓器と比較して血流や酸素消費が最も多い臓器であるが，一方で，低酸素や虚血に最も脆弱な臓器でもある．本項では，脳の酸素代謝の特徴と低酸素による脳神経疾患について述べる．

1. 脳の血液循環と酸素代謝

a. 脳血流と酸素消費

　脳血流は脳組織100gあたりの1分間の血流量で表され（ml/100 g/min），脳皮質では70-80 ml/100 g/min，白質では15-20 ml/100 g/min である．一方，脳の酸素消費は脳酸素消費量（$CMRO_2$；単位 ml/100 g/min）で表され，3.2-3.6 ml/100 g/min と算出されているが，これは脳へ供給される酸素の40%に相当する．

b. 安静時のエネルギー代謝

　脳のエネルギー代謝は，好気的リン酸化と解糖系の2つの回路があるが，非虚血下の安静時には主に好気的リン酸化に依存する．好気的リン酸化とは，ミトコンドリアマトリックスにあるTCAサイクルとミトコンドリア内膜にある電子伝達系で行われる回路である．ピルビン酸はミトコンドリア内に存在するピルビン酸脱水素酵素複合体（ピルビン酸脱炭酸酵素，リポアミド還元酵素-アセチル基転移酵素，ジヒドロリポ酸脱水素酵素からなる）によりアセチルCoAになる．アセチルCoAはTCAサイクルに入りさらに酸化されてCO_2と電子運搬体（NADH, $FADH_2$）が産生される．NADH, $FADH_2$はミトコンドリア内膜に移行して電子伝達系に入る．細胞内で産生されるATPの約9割は電子伝達系で産生されている．産生されたATPは細胞質内（サイトゾル）に放出され，代わりにADPをミトコンドリア内に取り込み，常にサイトゾルのATP/ADP比を高い状態に保っている．

c. 神経活動時のエネルギー代謝

　解糖系とはサイトゾルで酸素を消費せずにグルコースからピルビン酸が生成される回路である．生成されたピルビン酸はミトコンドリア内でアセチルCoAになりTCAサイクルに入る．解糖系は，好気的リン酸化と比較すると，安静時のエネルギー代謝への寄与はきわめて少ない．すなわち好気的リン酸化はグルコース1分子からATP36分子を生成するのに対して，解糖系ではATP2分子を生成するに過ぎない．しかし，神経活動時にはエネルギー需要が増大するため，グルコースの取り込みが促進され，解糖系が亢進する．生成されたピルビン酸はミトコンドリアに取り込まれて好気的リン酸化によりATPを産生する．

　神経活動により局所脳血流が上昇することは19世紀後半より知られていたが，これは神経活動により脳酸素代謝が上昇するためと長年信じられていた．しかしながら1986年Foxらによる PET を用いた研究によりこの常識は覆された．すなわち神経活動時には局所脳血流は50%程度上昇するが，酸素消費量（$CMRO_2$）は数%程度の上昇に留まり，酸素摂取率（OEF）は低下することが示されたのである．このような酸素の供給と需要のミスマッチは，

神経活動時のエネルギー需要が主に解糖系に依存することによる．このため脳組織が必要とする以上の酸素が活動部位に送り込まれ，静脈側の血管内では酸素化ヘモグロビン（以下，Hb）が増加し，脱酸素化 Hb は washout され静脈内の濃度は低下する．この脱酸素化 Hb の低下が BOLD 信号（blood oxygenation level dependent functional MRI signal）を発生させる（「5.4 ファンクショナル MRI」を参照）．

d．脳血流の調節

全身血圧は日常生活のさまざまな状況に応じて変動するが，脳血流は一定に保たれる機能を有する．すなわち，全身血圧が低下すると脳灌流圧（全身血圧－頭蓋内圧）が低下するが，脳血管が拡張し，脳血流を維持する．逆に，全身血圧が上昇すると血管は収縮し，脳血流の増大を抑制する．これを脳血流の自動調節能（autoregulation）という（図1）．しかしながら，自動調節能の範囲を超えて脳灌流圧が 50 mmHg 以下になると，脳血流は低下して脳虚血となり，逆に，脳灌流圧が 150 mmHg を超えると脳血流が増加し，脳血液関門が破綻して脳浮腫をきたす．これは高血圧脳症で認められる病態である．また，高血圧例や脳梗塞，脳外傷などの脳障害例では，自動調節能のカーブが右方に偏位しており，全身血圧の低下により脳虚血が発生しやすくなっている．

脳血流は，動脈血中の炭酸ガス分圧（Pa_{CO_2}），酸素分圧（Pa_{O_2}），pH などの化学的調節因子により影響を受ける．Pa_{CO_2} の上昇（低下）により脳血流は増加（低下）する．一方，Pa_{O_2} が上昇（低下）すると脳血流は低下（上昇）する．また，脳血流は血液粘度によっても変化する．たとえば，ヘマトクリットが上昇すると血液粘度の上昇をきたし，脳血流は低下する．この性質を利用して，脳梗塞の進展を抑えるために，血液希釈により血液粘度を低下させて脳血流を改善させることがある．

2．脳虚血の病態生理

脳はグルコースや酸素を備蓄することができないため，脳虚血に至ると急速に機能障害が発生する．一般に，脳血流が 16-20 ml/100 g/min に低下すると神経細胞の電気的活動が障害され，さらに 10-15 ml/100 g/min に低下すると細胞膜の崩壊が起きるとされている．本項では，脳虚血におけるエネルギー代謝や酸素代謝などの病態生理について述べる．

a．脳虚血時のエネルギー代謝

虚血状態になると，サイトゾルの phosphocreatine が低下して，貯蔵 ATP は虚血 2 分後には枯渇してしまう．その後は解糖系により ATP が産生されるが，その ATP は膜機能の維持などに使用される．低酸素下ではピルビン酸脱水素酵素複合体活性が低下し，ピルビン酸をアセチル CoA に変換できないため，ピルビン酸はサイトゾルの乳酸脱水素酵素により乳酸に変換される．一方，星状膠細胞はグルタミン酸サイクルにより細胞外のグルタミン酸を処理しているが，虚血時にはグルタミン酸サイクルが抑制され，著しいグルタミン酸濃度の上昇（グルタミン酸サージ）が引き起こされ，神経細胞はさらに障害される．

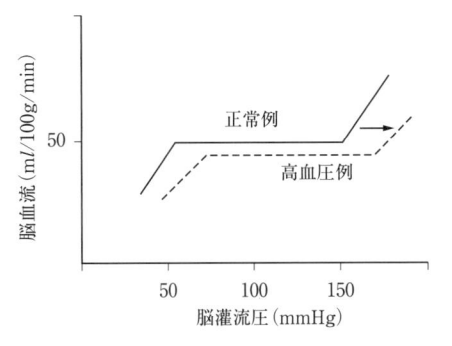

図1　脳灌流圧と脳血流の関係
脳血流は，自動調節能により脳灌流圧が 60-150 mmHg の間では一定に保たれる．高血圧例（破線）ではカーブが右方偏位する．

虚血時のミトコンドリア機能は低下するが，虚血時間が短い場合，再灌流により回復する．しかし長時間の脳虚血は神経細胞に不可逆的障害を引き起こす．不可逆的障害が発生するメカニズムには，主に次の4つの要素が関与している．①カルシウム依存性タンパク分解酵素による細胞障害，②タンパクキナーゼのリン酸化，③遺伝子誘導による核内情報伝達の変動，④フリーラジカルによる障害があげられる．

b．虚血性ペナンブラ

脳血流が低下すると脳障害が発生するが，血流低下の程度により障害程度が異なり，次の2段階に分けられている．まず，脳血流が16-17 ml/100 g/min に低下すると，シナプスの伝導障害がおこり脳波が平坦化する（electrical failure）．さらに 7 ml/100 g/min 以下に低下すると，細胞膜のイオンポンプの障害により不可逆的な神経細胞死（脳梗塞）が始まる（membrane failure）．つまり，electrical failure と membrane failure の間の脳血流低下であれば，脳機能は停止しているが未だ脳梗塞にはなっていない．このような脳血流低下による可逆的な障害部位は虚血性ペナンブラと呼ばれ，脳梗塞の中心部と周囲の正常脳組織の間に存在すると考えられている（図2）．

虚血性ペナンブラ領域の脳組織の可逆性は，虚血の程度だけでなく虚血発症からの時間が関係する．すなわち，残存血流が低い例では，比較的短時間に脳梗塞に至るが，残存血流がある程度保たれている例では，虚血発症後に時間を経てから血流を再開させても脳梗塞を回避することができる．このような期間は，血栓溶解療法の適応（therapeutic window）となる（本章3.c参照）．

c．脳虚血時の脳血流と酸素代謝の関係

血圧低下や脳血管の閉塞などにより脳灌流圧が低下し脳虚血が発生するが，脳梗塞に至るまでにいくつかの段階がある（図3）．脳灌流圧が低下すると，脳血流を保つために細動脈が拡張し，脳血液量が増加する（Stage I）．このような血管拡張による代償機能は，脳循環予備能と呼ばれている．脳循環予備能は，炭酸ガスの吸入やダイアモックス（acetazolamide）の投与による脳血流の変化を計測することにより調べられる．すなわち正常状態では，炭酸ガスやダイアモックスにより細動脈が拡張して脳血流は上昇するが，脳灌流圧の低下により既に細動脈が拡張した状態では，脳血流の上昇程度が低下したり，あるいは血流上昇が認められなくなる（脳循環予備能の障害）．

さらに脳灌流圧が低下すると，脳血流が低下

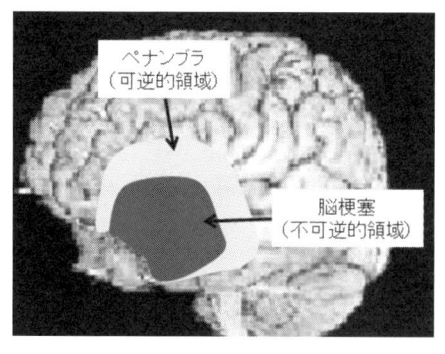

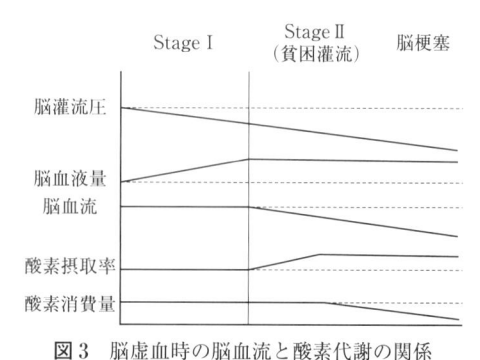

図2　脳梗塞とペナンブラの関係
ペナンブラは脳梗塞中心部の周囲にリング状に存在すると考えられている．ペナンブラ領域は虚血状態を改善すると回復する（可逆的領域）が，脳梗塞中心部は回復しない（不可逆的領域）．

図3　脳虚血時の脳血流と酸素代謝の関係
Stage I では，脳灌流圧の低下に伴い脳血管が拡張して脳血流の低下を防ぐ．Stage II になると脳血流は低下し始め，酸素摂取率が上昇し脳組織への酸素の供給を保つ．

し始める．この時，脳酸素代謝を維持するために，酸素摂取率が上昇する（Stage II）．脳虚血に対して酸素摂取率の上昇により脳酸素代謝がかろうじて保たれている状態は，貧困灌流症候群（misery perfusion syndrome）と呼ばれている．このような状態からさらに脳灌流圧が低下すると，酸素摂取率上昇による代償機能が働かなくなり脳細胞の酸素代謝は低下し，やがて脳梗塞に至る．

脳梗塞の亜急性期には，脳酸素消費に対して脳血流が相対的に過剰になることが知られている．必要以上の脳血流が供給されることから，ぜいたく灌流症候群（luxury perfusion syndrome）と呼ばれている．亜急性期には，血管新生や閉塞血管の再開通などにより局所脳血流が増加することや，解糖系からエネルギーが供給されるために，代謝産物の乳酸が放出され，脳血管が拡張することなどが原因と考えられている．

d. 脳虚血時の賦活脳酸素代謝変化

正常成人の神経活動時には，局所脳血流の上昇に伴い脱酸素化 Hb 濃度は低下する（本章 1.c 参照）．脳虚血例の神経活動時も同様の脳血流・酸素代謝変化を示すと考えられてきたが，最近の研究によると，脳虚血例は正常例と異なる賦活脳酸素代謝を示すことが明らかになってきた[4]．すなわち，安静時脳血流と脳循環予備能が高度に低下している脳虚血（上述の貧困灌流症候群）では，神経活動時の局所脳血流上昇に伴った脱酸素化 Hb の低下が認められない例や，逆に上昇する例が多く存在する．

図4は，近赤外分光法（以下，NIRS）による運動野の賦活脳酸素代謝変化と BOLD イメージを比較したものである．軽度の脳虚血例（Stage I）は，正常例と同様に神経活動時に酸

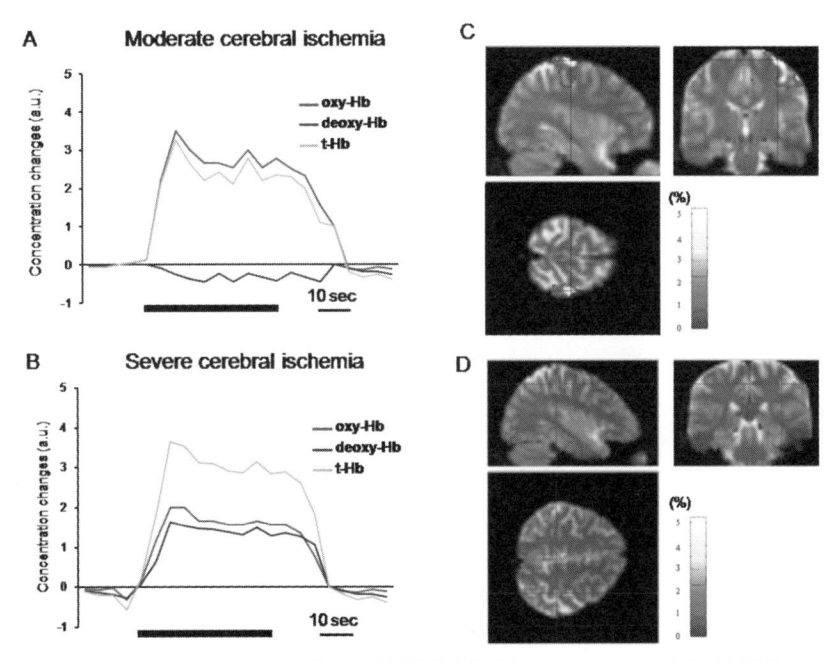

図4 脳虚血例における運動野の賦活脳酸素代謝と BOLD イメージ（口絵参照）
A，B：軽度脳虚血例（A），高度脳虚血例（B）における運動野の賦活脳酸素代謝（NIRS により計測）．縦軸は，酸素化 Hb（oxy-Hb），脱酸素化 Hb（deoxy-Hb），総 Hb（t-Hb）の濃度変化，太線は運動タスクを示す．軽度脳虚血は正常例と同様のパターンを示すが，高度脳虚血例では，タスク中に脱酸素化 Hb が上昇するパターンを示す．
C，D：軽度脳虚血例（C），高度脳虚血例（D）における運動タスク時の BOLD イメージング．軽度脳虚血例では運動野に活動領域が明瞭にイメージングされているが，高度脳虚血例では活動領域がイメージングされていない．

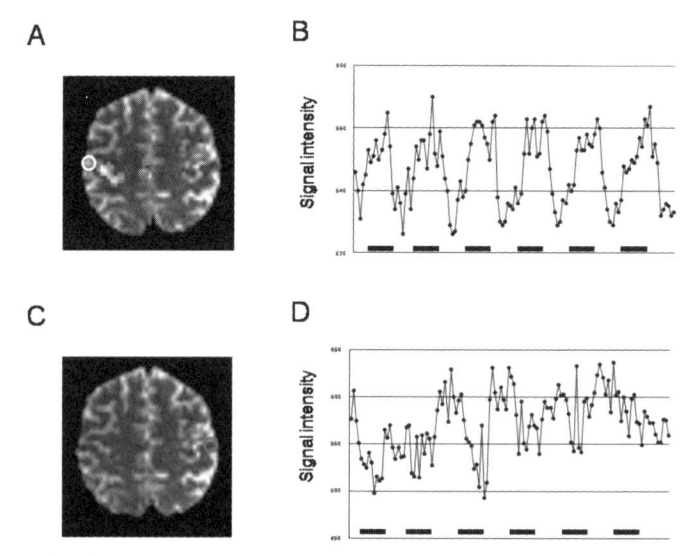

図5 貧困灌流症候群例における正常側と虚血側の運動野の BOLD イメージと信号変化（口絵参照）
A, B：正常側の運動野の BOLD イメージ（A）と信号変化（B）．運動野に明瞭に活動領域がイメージングされ，BOLD 信号もタスクに同期して上昇している．
C, D：虚血側の運動野の BOLD イメージ（C）と信号変化（D）．運動野に活動領域がイメージングされておらず，また BOLD 信号もタスクに同期して上昇していない．
BOLD 信号変化は A, C の丸印の領域の変化を示す．

素化 Hb，総 Hb が上昇し（＝局所脳血流の上昇），脱酸素化 Hb が低下する．また，BOLD イメージも明瞭に活動部位をイメージングしている．一方，高度の脳虚血例（Stage Ⅱ）では，酸素化 Hb，総 Hb の上昇とともに脱酸素化 Hb も上昇している．さらに BOLD イメージでは，運動野の活動領域をほとんどイメージングしていない．本症例は，測定時に運動麻痺がなく，また賦活時に局所脳血流の上昇を認めているので，運動野は機能していると考えられる．

神経活動時に脱酸素化 Hb が上昇するメカニズムとして，活動時に相対的に虚血になるためと推察されている．すなわち，貧困灌流症候群では，脳虚血により脳血管が既に拡張しているため，活動時に局所脳血流が十分に上昇せず，相対的に虚血となって脱酸素化 Hb が上昇すると考えられている．また，BOLD イメージが脳虚血例の活動部位を見逃すメカニズムとして，神経活動時の脱酸素化 Hb の上昇が原因と

推定されている．すなわち，常磁性体の脱酸素化 Hb の上昇は BOLD 信号を低下させる方向に働くため，神経活動に伴った BOLD 信号の上昇が認められなくなり，活動領域が正確にイメージングされないのである．図5は，貧困灌流症候群例の正常側と虚血側の運動野の BOLD イメージと信号変化を比較したものである．正常側の運動野では，活動領域が明瞭にイメージングされており，また BOLD 信号も運動タスクに同期して上昇している．しかしながら，虚血側の運動野では，活動領域がイメージングされず，同部の BOLD 信号はタスクに同期した変化を示していない．このように，脳梗塞患者のように脳虚血を有する患者では，賦活脳酸素代謝が正常例と同じ変化を示さず，BOLD イメージングが活動領域を見逃す可能性がある点は注意を要する．

3. 脳梗塞

脳血管障害（脳卒中）には，脳内出血やくも膜下出血などの出血性脳血管障害と，脳血管が閉塞して血行障害を起こす虚血性脳血管障害（脳梗塞）がある．本項では，酸素代謝と関係の深い脳梗塞について述べる．

a. 脳梗塞の分類

脳梗塞は，米国 National Institute of Neurological Disorder and Stroke（NINDS）の脳血管障害分類第3版により，1. 発生機序，2. 臨床分類，3. 病巣部位の違いにしたがって，表1のように分類される．臨床分類による頻度としては，ラクナ梗塞が50%で最も多く，心原性脳塞栓症とアテローム硬化性脳血栓症はともに20-30%程度である．

b. 脳梗塞の診断

脳梗塞の診断は，主にCTとMRIを用いた画像診断によりなされる．CTにおける早期虚血サインは急性期脳梗塞の所見として重要とされているが，MRIと比較すると脳虚血の検出は低い．とくに，MRIの拡散強調画像は超早期の脳梗塞病変が検出できるため，脳梗塞急性期診断の主流になりつつある．図6は，右運動麻痺をきたした急性期脳梗塞例における，発症後約2時間目に行った単純CTおよびMRI画像である．CTでは梗塞病変はまったく認められないが，MRIのFLAIR（fluid attenuation inversion recovery）法では左運動野に淡い高信号領域を認め，拡散強調画像では同部に明瞭な高信号領域が検出されている．

脳血流の評価として，PETやSPECTによる脳血流代謝計測や脳血管撮影が行われる．PETは，脳血流のみならず酸素消費量や酸素摂取率の計測が可能なため，脳酸素代謝を詳細

表1 NINDS脳血管疾患分類第3版による脳梗塞分類法

1. 発生機序による分類
（1）血栓性
動脈硬化により狭窄した血管に発生した血栓が原因で起こる脳梗塞
（2）塞栓性
おもに心臓でできた血栓が原因で起こる脳梗塞
（3）血行力学性
脳の主幹動脈の狭窄により脳灌流圧が低下し，もともと血行がよくない脳の部分に発生する脳梗塞
2. 臨床分類
（1）アテローム血栓性脳梗塞
脳の主幹動脈のアテローム硬化により脳動脈が閉塞して発生する脳梗塞
（2）心原性脳塞栓
心臓内の血栓が遊離して，脳動脈を閉塞することにより発生する脳梗塞
（3）ラクナ梗塞
脳深部の細い動脈（穿通枝）が動脈硬化により閉塞することにより発生する小さな脳梗塞（直径1.5 cm以下）
（4）その他の脳梗塞
3. 病巣部位による分類
（1）内頸動脈
（2）中大脳動脈
（3）前大脳動脈
（4）椎骨脳底動脈
・椎骨動脈
・脳底動脈
・後大脳動脈

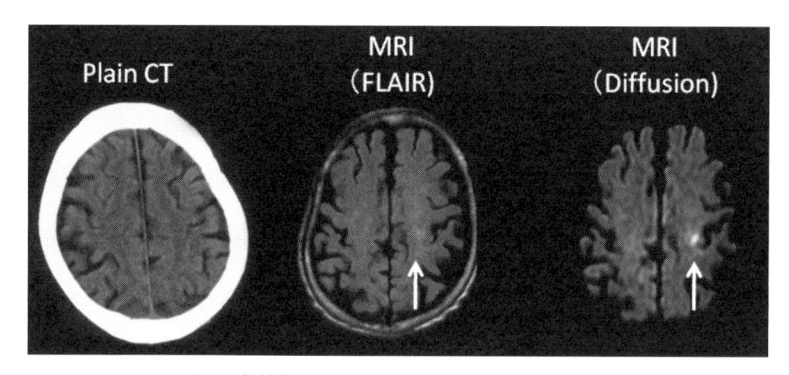

図6 急性期脳梗塞におけるCTとMRIの比較
急性期脳梗塞例(発症後約2時間)の単純CTおよびMRI画像.CTでは梗塞病変はまったく認めないが,MRIのFLAIR法では左運動野に淡い高信号領域を認め,拡散強調画像(Diffusion)では同部に明瞭な高信号領域が検出されている.

に評価できる利点がある.しかしながら,PETは高額な医療機器であり設置されている施設は限定される.

一方,NIRSは頭皮上から脳循環酸素代謝の変化を非侵襲的かつ持続的に測定できるため,これまでに脳梗塞の診断治療に臨床応用が試みられてきた.たとえば,脳神経外科領域の手術では頸動脈を一時遮断または永久遮断することがあるが,非可逆的な脳虚血が発生するか否かを予測するためにバルーン閉塞試験が行われる.この時の脳循環酸素代謝モニタリングにNIRSが使用されている.図7にバルーン閉塞試験の自験例を示す.バルーンにより内頸動脈の血流を遮断すると,酸素化Hbと総Hbは減少し,それに伴い脱酸素化Hbは上昇した.このNIRSパラメータの変化は,脳血流の低下(酸素化Hbと総Hbの減少)とそれに伴う酸素摂取率の上昇(脱酸素化Hbの上昇)を示しており,虚血性の典型的な変化である.また同時に測定したSEP(somatosensory evoked potential)も血流遮断時に振幅の急激な低下を示している(図7B).

しかしながら,現在市販されているNIRSは連続光を使用しているため,何らかの負荷(バルーン閉塞など)に伴う変化しか計測することができない.このため脳梗塞の急性期の診断に応用することは困難である.このような欠点を

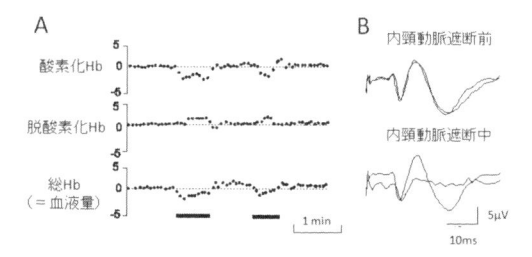

図7 内頸動脈のバルーン閉塞試験におけるNIRS計測とSEP計測の比較
A:NIRS計測.内頸動脈遮断時(太線)に酸素化Hb,総Hbが低下し,脱酸素化Hbが上昇している.
B:SEP計測.内頸動脈遮断により急速に振幅が低下している.

補うために,時間分解スペクトロスコピーなど安静時Hb濃度の測定を可能にするNIRSが開発されている.

c.脳梗塞の治療(I)血栓溶解療法

現在,「脳卒中は治療可能な緊急疾患である」[1]という概念が広まり,超急性期血栓溶解療法や脳保護治療などさまざまな治療法が試みられている.とくに,発症3時間以内の脳梗塞に対して新しい血栓溶解薬である遺伝子組換え組織プラスミノーゲン・アクチベーター(rt-PA)の有効性が認められ,2005年よりその使用が認可された.この血栓溶解薬はプラスミノーゲンからプラスミンへの変換を促進し,血栓を溶かす作用を有しており,前述の可逆的

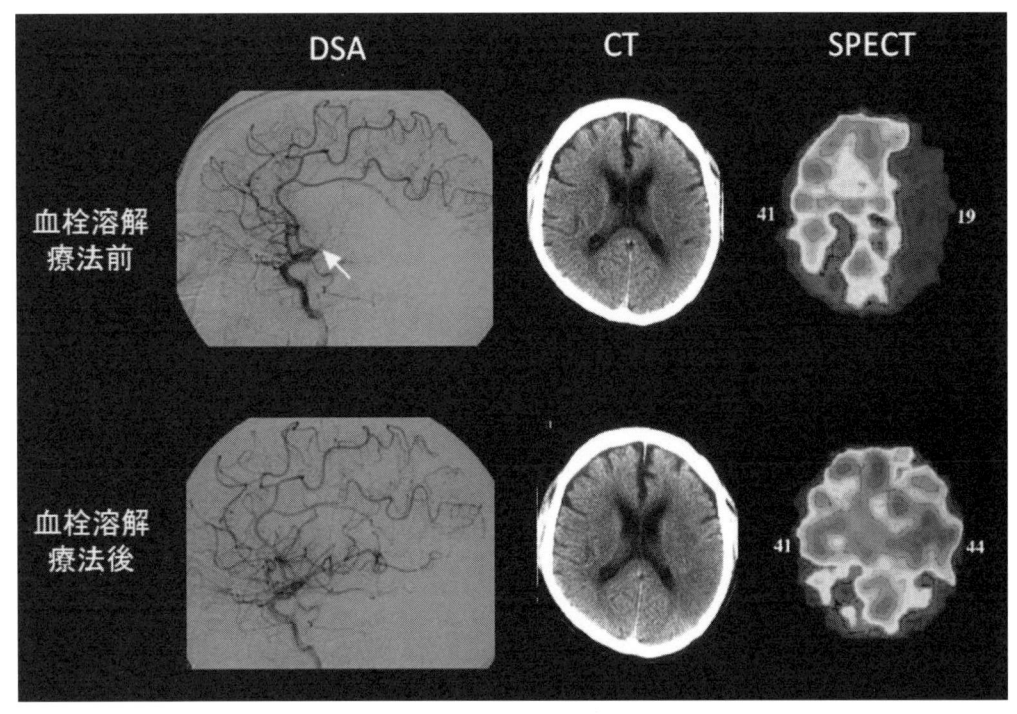

図8 血栓溶解療法による治療例（口絵参照）
治療前（上段）後（下段）の脳血管撮影（DSA），CT，SPECT．治療前の DSA にて左中大脳動脈（矢印）の完全閉塞を認めたが，血栓溶解療法後には再開通した．また SPECT で脳血流の改善が認められた．CT は治療前後で異常所見を認めなかった．

脳虚血の時期（therapeutic window，本章 2.b 虚血性ペナンブラ参照）に血流を再開通させることにより，脳梗塞を回避することができる．

図8に血栓溶解療法による治療例を示す．右片麻痺を発症後1時間30分にて来院した．CT では異常所見を認めなかったが，SPECT では左中大脳動脈領域の血流低下を認めた．脳血管撮影（DSA）で左中大脳動脈の閉塞を認めたため，経動脈的に血栓溶解薬（ウロキナーゼ）を投与した．投与後には右片麻痺が改善し，閉塞していた中大脳動脈が再開通した．また，SPECT で脳血流の改善が認められた．治療後の CT では，脳梗塞の発生や出血などは認めなかった．

d．脳梗塞の治療（Ⅱ）抗酸化薬による脳保護

脳梗塞（血栓症，塞栓症）急性期の治療法と

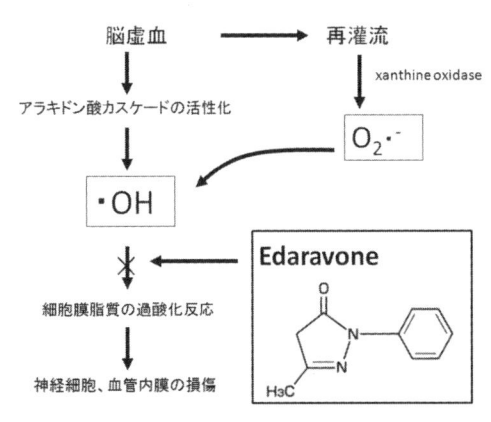

図9 脳虚血再灌流時のフリーラジカルの発生とエダラボンの作用機序
脳虚血によりミトコンドリアの電子伝達系が還元され，電子の漏洩のため，superoxide radical（$O_2^{\cdot-}$）や hydroxyl radical（$\cdot OH$）などの活性酸素が増加する．虚血後再灌流では，再酸素化により $O_2^{\cdot-}$ の産生が増大する．これらは膜脂質過酸化，さらに脳浮腫や神経細胞壊死などを惹起する．エダラボン（Edaravone）は活性酸素の増加による細胞膜脂質の過酸化反応を抑制し，虚血下の脳を保護する．

して，脳保護作用が期待される薬剤（エダラボン）の投与が認可されている．エダラボン（抗酸化薬）は，脳虚血による活性酸素を捕捉し（フリーラジカルスカベンジャー），脳細胞の細胞膜リン脂質の過酸化反応を抑制し，神経細胞，血管内膜の損傷を回避する作用がある（図9）．

［酒谷　薫］

■文献
1) 太田富雄，松谷雅生編：脳神経外科学．金芳堂，2004.
2) 藤井清孝，岡田　靖編：Brain attack 超急性期の脳卒中診療．1999.
3) 片山容一，酒谷　薫編：臨床医のための近赤外分光法．新興出版，2002.
4) Sakatani K, et al：Comparison of BOLD-fMRI and NIRS recording during functional brain activation in patients with stroke and brain tumors. Rev J Biomed Optics 12：062110, 2007.

4.6 酸素関連疾患：未熟児網膜症

　未熟児網膜症（retinopathy of prematurity；ROP）は未熟な網膜血管を基盤として発生，進行する網膜血管の増殖性病変であり，未熟性を基盤とするさまざまな危険因子の関与する多因子性疾患と考えられている．ROP は近年，人工呼吸管理や出生前のステロイド治療等の周産期医療の進歩に伴いより未熟な児の生存が可能となり，その管理や予防がいっそう重要な問題となってきているが，2005 年の全国盲学校の失明原因調査において，12 歳以下の児童の最多原因となっているように，今日でも小児において最も重篤な視力障害を生じる疾患の 1 つである[1]．

1. ROP の病態

　ヒトの眼球は妊娠 7 週頃にほぼ形作られるが，網膜血管は，妊娠 15 週頃より視神経乳頭部より網膜最周辺部に向かい発生が開始される．この視神経乳頭部は中央よりやや鼻側にあるため，網膜血管が網膜最周辺部に達するのは，鼻側では妊娠約 36 週（Zone II），耳側ではそれ以降となる（Zone III）（図 1）．早産児では，網膜血管の発達が未完成な状態で出生することになり，急激な環境の変化によって血管先端部での血管新生に異常をきたす．生理的あるいは病理的血管新生にはさまざまな成長因子が複雑に関与しているが，その中で重要な役割を担うのが血管内皮成長因子（vascular endothelial growth factor；VEGF）である．VEGF は血管内皮細胞を特異的に増殖させる因子として 1989 年に発見され，正常な血管新生のみならず病的血管新生にも密接に関与しているが，低酸素により発現が増強し，高酸素により減弱する．胎内では血管の成長より網膜の発達が先行するため，血管の先端部では酸素需要が増加し局所的な低酸素状態が生まれている．この低酸素により誘導され発現した VEGF の刺激に向かい血管は伸展していく．

　出産後は，胎内の比較的低酸素の環境から肺呼吸の開始等により比較的高酸素の環境に移行し，VEGF の発現も抑制されていく．早産児では，血管が網膜周辺部に達する以前に酸素投与等により高酸素の環境に移行するため，網膜周辺部に無血管野を残した状態で VEGF の発現が抑制され，正常な血管の成長も抑制されることとなる．やがて早産児の成熟に伴い網膜での代謝需要が増加し，無血管野の網膜は低酸素

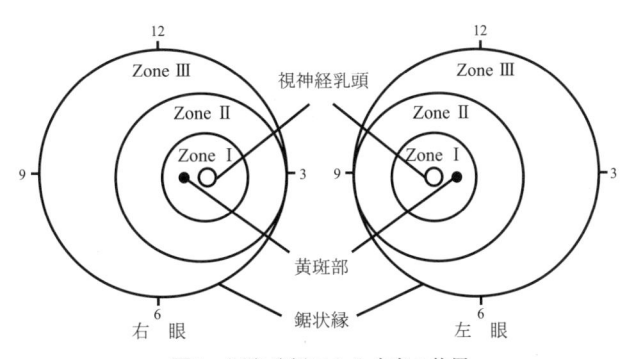

図 1 国際分類による病変の位置

表1 厚生省新臨床経過分類と国際分類

		厚生省新臨床経過分類	国際分類
活動期分類	I型	1期　網膜血管新生期	
		2期　境界線形成期	Stage 1 : Demarcation line
		3期　硝子体内滲出と増殖期 　　　初期：わずかな硝子体への滲出，発芽 　　　中期：硝子体への滲出，増殖性変化 　　　後期：牽引性変化	Stage 2 : Ridge Stage 3 : Ridge with extraretinal fibrovascular proliferation
		4期　部分的網膜剥離期	Stage 4 : Retinal detachment
		5期　全網膜剥離期	Stage 5 : Total detachment
	II型	赤道部より後極部の領域で，全周性にわたり未発達の血管先端領域に異常吻合，走行異常，出血などがみられ，それより周辺は無血管領域が存在する．網膜血管は，著明な蛇行怒張を示す．急速に網膜剥離へと進む．	Aggressive posterior ROP
瘢痕期分類		1度　周辺部にのみ瘢痕性変化，視力は正常 2度　牽引性乳頭を示す 　　　弱　度：黄斑部に変化なし 　　　中等度：黄斑部外方偏位 　　　強　度：黄斑部に器質的変化 3度　後極部に束状網膜剥離 4度　部分的後部水晶体線維増殖 5度　完全な後部水晶体線維増殖	Plus disease ：著明な後極部の静脈怒張・動脈蛇行，虹彩血管の充血，瞳孔硬直，硝子体混濁等

状態に陥る．この非生理的な低酸素の刺激はVEGFを過剰分泌させ，硝子体内へ向かう異常な血管新生を起こすと考えられている[2]．

2. ROPの病期分類

病期分類として「厚生省新臨床経過分類（以下「厚生省分類」）」と「国際分類」が用いられている（表1）．ROPの発症は，厚生省分類で2期の境界線形成，国際分類でstage 1をもって定義される．厚生省分類では，活動期が5段階に分けられ，活動期3期については，治療時期を考慮しさらに3段階に細分化されている．また通常の緩徐に進行するI型と，急速に網膜剥離へ進行するII型に分類されている．国際分類では，眼底所見を図1のように，病変の位置をZone I・II・IIIの3つの領域で，病変の範囲を時計の時刻を用いて記載することを規定している．Zone Iは視神経乳頭と中心窩を結ぶ距離の2倍を半径とし，視神経乳頭を中心に描いた円の後極側である．Zone IIは鼻側の鋸状縁と視神経乳頭を結んだ線を半径とした円の後極側である．Zone IIIはZone IIより周辺の領域である．厚生省分類のII型の概念にあたるaggressive posterior ROPという分類は，2005年に改正された国際分類より導入され，後極部に発症する重症なROPとして認識されている．また，重症度が増すにつれて，後極部の静脈怒張や動脈蛇行，虹彩血管の充血，散瞳不良（瞳孔硬直），硝子体混濁がみられることがあり，これらの徴候を認めた際はplus diseaseを記載することを定義している．活動期を過ぎたものは，厚生省分類の瘢痕期分類により5段階に分けられ，2度については黄斑耳側偏位の程度により弱度・中等度・強度に分類され，一般には2度中等度以上が弱視眼となる．

表2 過去における低酸素飽和度維持による効果と限界域網膜症の発生率の検討

	対象となった低出生体重児	酸素飽和度	限界域網膜症[*1]の発生率
Tin（2001）	在胎27週未満	70 %-90 % 88 %-98 %	6 % 27 %
Sun（2002）	1,000 g 未満	<95 % >95 %	4 % 12 %
Chow（2003）	500-1,500 g	85 %-93 % 90 %-98 %	0 %-1.3 % 4.5 %
Anderson（2004）	1,500 g 未満	<92 % >92 %	1.3 % 3.3 %
VanderVeen[*2]（2005）	1,250 g 未満もしくは在胎28週未満	85 %-93 % 87 %-97 %	4.2 % 16.7 %

[*1] 限界域網膜症：凝固治療適応網膜症
[*2] 前限界域網膜症の発生率

3. ROPと酸素

1951年，ROPの発生と保育器内酸素の過剰投与との関連がCampbell[3]により報告されて以来，過剰な酸素投与は未熟な網膜血管に作用し，ROPの発生および進行に関わると考えられるようになった．その後，早産児に対する酸素投与が厳重に制限された結果，ROPの発生は劇的に減少したが，低酸素血症に伴う中枢神経障害をはじめとする多臓器障害の増加が報告されることとなった．米国小児科学会では，過剰酸素投与の弊害が問題となってきた時期に，未熟児網膜症と低酸素血症を予防するために動脈血の酸素分圧（Pa_{O_2}）60-80 mmHgの範囲に保つよう勧告し，日本小児科学会においても同様の勧告が出された．その後，1980年代のパルスオキシメーターの臨床導入により非侵襲的なモニタリングが可能となり，酸素飽和度（Sp_{O_2}）をどの値に保つかについて検討されるようになった（表2）．これらの検討では，Sp_{O_2}を低めに管理した群では，治療の必要となるような重症ROPの発生は少なかったと報告されている．また，ある程度の酸素含量の減少は，心拍出量の増加により代償されるため，組織の低酸素症になることはないとも考えられている．しかしながら，低酸素血症を起こすことなくROPの発症を予防する，最適なSp_{O_2}を定めるためにはさらなる検討が必要である．

一方，ROPの発症後はむしろ低酸素による血管新生を抑えるために酸素が必要という説が動物実験で証明されたことを受け，ROP発症後の早産児への補助的な酸素投与の有益性が，Supplemental Therapeutic Oxygen for Prethreshold Retinopathy of Prematurity（STOP-ROP）studyで検討された．Prethreshold ROP（前限界域網膜症）を認めた早産児を，酸素飽和度の管理目標を通常の89-94 %に対して酸素補助により96-99 %にする多施設無作為対照試験で，plus diseaseをもつ酸素補助を行った群でのthresholdへの進行は有意に抑えられたが，通常のROPでの有効性は示されなかった[4]．酸素補充療法は肺炎等の危険性が増加することもあり，現在，ROPの進行予防における酸素補助の有効性は確立されていない．

4. ROPスクリーニングの対象・時期

1974年の厚生省未熟児網膜症研究班の勧告では，出生体重1,800 g以下，在胎34週以前

のものに対して眼底検査を行うことが推奨されている．初回検査時期については，アメリカ小児科学会のROPに関する勧告[4]では，在胎26週未満では修正31週になった時期に，在胎26週以上の場合は生後4週間から定期的に眼底検査を行い，ROPを発症しているかどうか，進行の程度を検査することが勧められているが，わが国では，在胎26週未満の症例においては修正29週までに，在胎26週以上の症例は生後3週までに，超出生体重児は出生後3週，あるいは修正30週前に開始することが望ましいとされている．わが国ではⅡ型網膜症を重視しているため，検査時期がより早めとなっている．また，出生体重が1,500-2,000gもしくは在胎32週であった場合でも，高度の呼吸循環障害，小児科医がハイリスクと考えるような臨床経過であった場合には，上記の基準とは無関係に眼底検査を行う．一般的に生まれた在胎週数が早く，出生体重が小さいほどROPのリスクは高く，また重症例であるほど進行が早いため，検査の開始時期には十分な注意が必要である．現在，各国に独自のスクリーニング基準が存在するが，わが国のROPの発症例をもれなく発見することを目的とした基準は現在でも妥当な基準であると思われる．

5．ROPの治療

ROPを発症しても網膜を牽引する増殖組織がなければ，発育に応じ血管は伸長し，境界線の消失と共に自然に治癒する．しかし，網膜に広い無血管野を認める場合には，網膜剥離を発症する危険性が高まるため，治療を考慮する必要がある．治療の第一選択はレーザー光凝固を周辺部の無血管野に施行することである．冷凍凝固が行われることもあるが，レーザーに比べて侵襲が大きく，後極部の病変の凝固には不向きであること，また後に網膜裂孔形成の原因になることなどから，レーザーを用いた治療の方がより望ましいとされている．現在の治療基準は，米国で行われた早期治療に関する多施設研究（Early Treatment for Retinopathy of Prematurity Randomized Trial；ETROP）の結果より，type 1 ROP（限界域ROP）を「ZoneⅠ，any stage ROP with plus disease」，「ZoneⅠ，stage 3 ROP without plus disease」または「ZoneⅡ，stage 2 or 3 ROP with plus disease」と定め治療を行い，type 2 ROP（前限界域ROP）を「ZoneⅠ，stage 1 or 2 ROP without plus disease」，または「ZoneⅡ，stage 3 ROP without plus disease」と定め，継続する眼底検査に加え，type 1 ROPへの進行時には早急な治療を開始するよう提唱している[5]．

レーザー治療が奏効せずに網膜剥離へと進行した場合には，強膜バックリング法もしくは硝子体手術の適応となる．しかしながら，強膜バックリング法においては，眼球の変形に伴う重度の屈折異常，硝子体手術においては，術中の出血リスクを減らすため増殖組織中の新生血管の退縮を十分に待ったのちに手術を行う必要がある，等の理由もあり，解剖学的に網膜剥離の復位が得られても，視力は光覚弁や手動弁程度の回復しか得られないことも少なくない．このような背景もあり，近年は早期手術が考慮されてきており，良好な視機能を得られた症例も出てきている．今後は，早期手術の適応を含め，早期化に伴った低体重での手術施行における，搬送や麻酔のリスク等を解決していく必要があると思われる．

6．ROPに対する抗血管新生薬の臨床応用

VEGFはROPの増悪において重要な因子である．近年，pegaptanib（Macugen），ranibizumab（Lucentis），bevacizumab（Avastin）等の抗VEGF抗体を用いた抗血管新生療法が，加齢黄斑変性，増殖糖尿病網膜症等に応用され

るようになり，ROPにおける有効性も検討され始めている．Travassosらは，3人のaggressive posterior ROP患者に対しbevacizumabの眼内注射を施行したところ，24時間以内にすべての症例で水晶体血管膜や虹彩血管の充血に退縮がみられ，瞳孔硬直も消失したとしている．その後増殖性変化の改善傾向を認めたことに加え，これらの患者は10カ月の経過観察において全身的な副作用を認めず，正常に発育したと報告している[6]．

Kongらは，type 1 ROPに対しbevacizumabの眼内注射を2回施行し増殖性変化が改善したものの，多臓器不全により死亡した症例において，眼球の病理組織学的所見を検討している．この報告では，成人使用量の40％のbevacizumabを計2回眼内注射しているが，前房，虹彩，脈絡膜，視神経，強膜，網膜等において明らかな炎症性変化や変性，壊死等を認めず，生理的血管新生に必要と思われるVEGFの発現は保持されており毒性はなかったと報告している[7]．今後も長期的な経過観察を含め慎重に検討を重ねていく必要はあるが，このような抗血管新生薬を用いた治療が，新しいROPに対する治療法の1つとなる可能性がある．

おわりに

現在確立したROPの予防法はなく，治療についても，網膜剥離を発症したROPでは改善できる視機能や網膜機能はわずかである．現段階では，ROPの発症が疑われる症例において，適切な時期の眼底検査と適切な時期のレーザー治療により網膜症が沈静化されることが重要であり，視機能の温存にもつながると考えられる．また網膜剥離を発症した際は，早急に硝子体術者へコンサルトし適切な手術時期を確認することが必要になる．今後ROPに対する研究が進み，有効な治療法が開発されていくことが期待される．

　　　　　　　　　　　　　　　　［鈴木崇弘］

■文献

1) 上谷良行ほか：超出生体重児予後の全国調査成績．周産期医学 35：553-556, 2005.
2) Pierce EA, et al：Regulation of vascular endothelial growth factor by oxygen in a model of retinopathy of prematurity. Arch Ophthalmol 114：1219-1228, 1996.
3) Campbell K：Intensive oxygen therapy as a possible cause of retidental fibroplasia：a clinical approach. Med J Aust 14：48-50, 1951.
4) The STOP-ROP Multicenter Study Group：Supplemental therapeutic oxygen for prethreshold retinopathy of prematurity (STOP-ROP), A randomized, controlled trial. I. primary outcomes. Pediatrics 105：295-310, 2000.
5) Early treatment for retinopathy of prematurity cooperative group：Revised indications for the treatment of retinopathy of prematurity：results of the early treatment for retinopathy of prematurity randomized trial. Arch Ophthalmol 121：1684-1694, 2003.
6) Travassos A, et al：Intravitreal bevacizumab in aggressive posterior retinopathy of prematurity. Ophthal Surg Lasers Imaging 38：233-237, 2007.
7) Kong L, et al：Intravitreous bevacizumab as anti-vascular endothelial growth factor therapy for retinopathy：A Morphologic Study. Arch Ophthalmol 126：1161-1163, 2008.

4.7 酸素関連疾患：心臓

心臓は1日に約10万回もの収縮と弛緩を繰り返し、組織重量100gあたり6-8 ml/分の酸素消費を行っており[1]、これは脳の約3倍と考えられている．それが激しい運動時には70 ml/分以上となる．また、全身を流れる血液の約5％が心臓自身に血液を送る冠動脈に流れるが、心臓は冠動脈を流れる血液中の酸素の約70％を消費しており、他の臓器が15-20％であることから考えると酸素消費率が非常に高い臓器であることがわかる．したがって、心臓の機能を維持するためには十分な酸素の供給が不可欠である．

冠動脈は左冠動脈の前下行枝と回旋枝、および右冠動脈の3本の主冠動脈が酸素およびエネルギーの供給システムとして働いている．心室はとくに毛細血管が豊富であり、1 mm^2 あたり2,000-5,000本もあり、毛細血管と筋線維の比は骨格筋で1：5-10であるのに対して心筋では1：1となっている．

酸素は心筋遺伝子の発現に大きく関わっており、酸素レベルの低下により遺伝子の発現パターンも大きく変化する．また、酸素は血管の緊張性や収縮を調節する一酸化窒素（NO）の産生にも関与しており、一方で細胞に不可逆的な障害や死をもたらす活性酸素種（ROS）の産生にも中心的な役割を果たす．したがって、酸素は心臓にとって必要であるが有害となる場合もある．

本章では低酸素状態や活性酸素によってもたらされる疾患や病態について概説する．

1. 虚血性心疾患

動脈硬化などが原因で冠動脈に狭窄がおこり

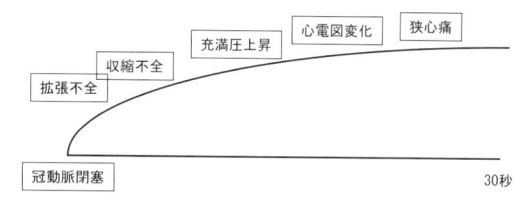

図1 冠動脈の閉塞によって生じる心機能指標の経時的変化[2]
虚血の早期から拡張不全や収縮不全が生じ、次いで心電図変化が出現し、胸痛が生じると考えられている．

血流が低下すると、心臓の酸素需要量にみあった酸素供給ができなくなり、心筋虚血となる．心筋虚血によって発作をおこす病気を総称して虚血性心疾患（ischemic heart disease：IHD）と呼ぶ．一過性に心筋虚血になる状態を狭心症といい、胸痛や胸部圧迫感をともなう．一般的には虚血の早期から拡張不全や収縮不全が生じ、次いで心電図変化が出現し、胸痛が生じると考えられている（図1）[2]．この状態ではまだ心筋は細胞死に至っておらず、虚血が解除されると心機能が正常に回復する．しかし、心筋への血流が完全に遮断された心筋梗塞では、心筋細胞が壊死に陥り機能しなくなる．最近では、不安定狭心症（後述）や急性心筋梗塞、心臓性突然死といった、冠動脈に血栓が形成され閉塞をきたした結果である一連の病態を一括して急性冠症候群（acute coronary syndrome）と呼ぶようになっている．

a．労作狭心症

労作狭心症は、冠動脈硬化によって内腔の狭窄が進行し、歩行や作業など何らかの動作を行ったときに、胸痛や胸部圧迫感を生じる疾患である．症状は労作の中止や硝酸薬の投与などにより消失し、発作時や運動負荷時の心電図では

一過性の虚血性ST下降を認める．また，冠動脈造影にて50-75％以上の狭窄を認める．治療としてはβ遮断薬やカルシウム拮抗薬，硝酸薬などによる内服治療のほか，カテーテルを用いた経皮的冠動脈形成術（percutaneous transluminal coronary angioplasty；PTCA）や，外科治療として冠動脈バイパス術（coronary artery bypass grafting；CABG）が考慮される．一方で冠動脈硬化の進展防止のために禁煙の励行，脂質異常症などの冠危険因子の除去を行うことが重要である．

b．冠攣縮性狭心症

冠攣縮性狭心症は，冠動脈が攣縮（spasm）をおこすことによって，冠血流が減少し，胸痛が出現する狭心症である．胸痛発作は睡眠中や安静時に出現し，数分から数十分持続する．過労や飲酒が誘因となることもある．発作時の心電図ではST下降または上昇がみられる．深夜から早朝にかけて発作が出現し，ST上昇をきたす冠攣縮性狭心症を異型狭心症という．異型狭心症の発作はときに急性心筋梗塞に移行し，不整脈を合併して急死に至ることもある．治療は労作狭心症と同様であり，硝酸薬やカルシウム拮抗薬が投与される．

c．不安定狭心症

不安定狭心症は，狭心症のなかで労作時の狭心痛があらたにはじまったもの，安定労作狭心症が増悪したもの，安静時に狭心症発作が出はじめたものをいい，急性心筋梗塞や急死に至る危険性が高く，迅速かつ積極的な治療が必要となるものである．急性心筋梗塞への移行は10-15％とされており，急性心筋梗塞の半数以上は不安定狭心症を経て発症すると推察されている．治療としては，重症例はCCU（coronary care unit）に入院させ，冠血管拡張薬や抗血小板薬，抗凝固薬，血栓溶解薬を組み合わせて投与することが多い．また，大動脈内バルーンパンピング（intraaortic balloon pumping；IABP）を用いて循環動態の改善を図ったり，緊急で冠動脈造影を行いPTCAやCABGを考慮する．

d．急性心筋梗塞

急性心筋梗塞は，冠動脈の血流減少によって，心筋が高度の虚血状態に陥り，虚血性凝固壊死をきたした状態である．冠動脈の狭窄をきたす原因として，動脈の粥状硬化が最も多いが，他にもリウマチ性動脈炎や結節性多発性動脈炎といった炎症によるものや，塞栓，血栓，新生物，外傷，動脈瘤，先天性奇形など多岐にわたる．メタボリックシンドロームに代表される高血圧や糖尿病，脂質異常症，肥満のほか，喫煙やストレス，運動不足などが危険因子として挙げられる．

臨床症状としては突然の激しい前胸部痛であり，安静によっても軽快せず，硝酸薬は無効である．胸痛は30分以上持続し，反復するのが特徴であるが，ときには無痛性のこともある．心電図上，異常Q波，ST上昇，陰性T波を認め，血液検査では白血球，CPK，MB-CPK，AST，ALT，LDH，心筋トロポニンTの上昇を認める．心エコーでは梗塞部位に一致して壁運動の低下または消失，心腔拡大や弁運動の異常を認める．左室心筋の20-30％以上が障害されると心不全となり，40％以上が障害されると心原性ショックとなる．急性心筋梗塞の約50％に心不全を合併し，死亡率は35％におよぶ．

治療としては利尿薬，強心剤，血管拡張薬，カテコールアミン製剤，ホスホジエステラーゼ阻害剤などを用い，IABPや経皮的心肺補助（percutaneous cardiopulmonary support system；PCPS）を行うこともある．

e．無症候性虚血性心疾患

近年の診断技術の進歩により，胸痛を自覚し

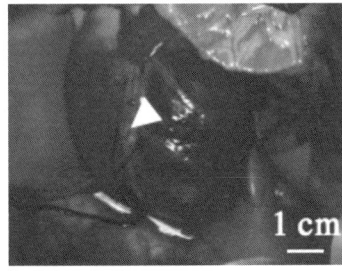

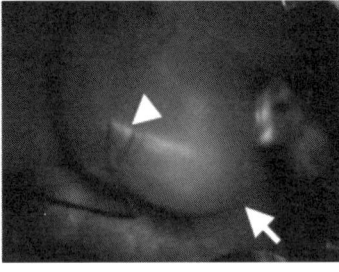

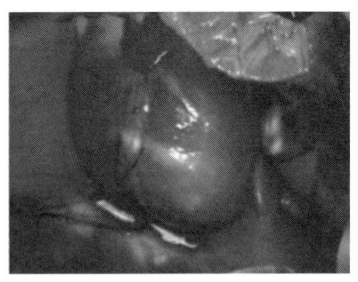

図2 ブタ心虚血再灌流モデルにおける細胞死領域のイメージング[3]（口絵参照）

ブタ冠動脈前下行枝を2時間結紮（矢頭），2時間再灌流したのち，蛍光標識したアネキシンV（細胞死を認識するタンパク質）を静注して撮像した．虚血再灌流領域に一致してアネキシンVの集積（矢印）を認める（左：通常のカラー写真，中央：蛍光写真，右：カラー写真と蛍光写真を組み合わせて画像処理したもの）．

ない"無症候性心筋虚血（silent myocardial ischemia；SMI）"の存在が認識されるようになった．病型分類は3つに分かれており，第1群は心筋梗塞や狭心症の既往がなく，自覚症状のまったくない心筋虚血，第2群は心筋梗塞後の無症状の心筋虚血，第3群は狭心症を有する患者における無症状の心筋虚血である．米国の調査では，健常人男性に運動負荷試験を行ったところ，2-5％に異常を認め，そのうち10-30％に冠動脈の狭窄が存在したとの結果であった．診断としてはHolter心電図や運動負荷心電図，負荷心エコー法が一般的である．治療としては有痛性の虚血性心疾患と同様である．

f．突然死

突然死とは"発症から24時間以内の予期しなかった内因性の急死"と定義され，心血管疾患に起因する場合を心臓性突然死（sudden cardiac death）という．わが国での全死亡に対する突然死の頻度は12-15％，うち心臓突然死の頻度は40-60％とされている．突然死の多くは著しい冠動脈病変をともなっており，3枝病変の割合も高い．喫煙習慣や高血圧，脂質異常症，糖尿病といったリスクファクターが知られており，多くは心室細動や心室頻拍から心停止へ移行する．治療としてはリスクファクターの軽減につとめて予防を図ることが重要であるが，最近は自動体外式除細動器（automated external defibrillator；AED）が公共の場を中心に広く配備されるようになり，救命率の向上が期待される．

2．活性酸素と心疾患

正常な血管内皮細胞からは血管拡張作用をもつNOが産生され，好中球の接着や血小板の凝集を抑制しているが，血管内皮細胞の周囲で活性酸素が発生するとNOが消費され，血管が収縮し，その結果血流が低下し好中球の活性化や接着が誘導される．初期にはキサンチンオキシダーゼが少量のスーパーオキサイドを産生するのみであるが，活性化された好中球の接着がおこると白血球を動員し，大量の活性酸素を産生して内皮細胞での炎症反応をひきおこし，ひいては血管壁の粥状硬化が進行していく．

一方，急激な活性酸素の産生による疾患の代表例として虚血灌流傷害（図2）があげられ，心筋梗塞後や心移植後，血行再建術後などに発症する．虚血状態にある組織では，細胞内ミトコンドリアに存在するATPが分解されヒポキサンチンになっているが，ここに血流が再開されると（再灌流），キサンチンオキシダーゼによりヒポキサンチンがキサンチンに変換される．この過程でスーパーオキサイドが産生され，細胞傷害に至る．

［大西俊介，盛　英三］

■文献

1) Lilly LS : Braunwald's heart disease : a textbook of cardiovascular medicine. 1103-1128, WB Saunders, Philadelphia, 2005.
2) Sigwart U, Gribic M, et al : Silent myocardial ischemia. (Rutishauser W, Roskamron H, ed) 29-36, Springer-Verlag, 1984.
3) Ohnishi S, Vanderheyden J-L, Tanaka E, et al : Intraoperative detection of cell injury and cell death with an 800 nm near-infrared fluorescent annexin V derivative. Amer J Transplant 6(10) : 2321-2331, 2006.

4.8 酸素関連疾患：肺

肺は，体の臓器の中で最も高い酸素分圧に曝露され続けている臓器であり，しかも広い肺胞表面積で外界と接していることから，種々のフリーラジカルが生成されやすい状態にあるのみならず，大気汚染物質の吸入や喫煙により，外界からもフリーラジカルが肺の上皮細胞のすぐ近くにまで入り込んでくる．また，肺には常に大量の血液が循環しており，肺胞腔や間質には炎症細胞が集まりやすく，高い酸素分圧環境下での炎症は高レベルのフリーラジカルを生成しやすい．そのために防御機構とのバランスが崩れると，肺では容易にフリーラジカルの反応に起因した種々の疾患が発生する可能性がある．

高濃度酸素肺障害については Clark と Lambertsen による古典的な review がある[1]．この review では高濃度酸素による病理変化，呼吸機能，身体所見，レントゲン所見，酸素毒性の耐性，酸素毒性のメカニズムについて項目別に詳述している．最近は活性酸素種や活性窒素種による肺障害が注目され，呼吸器疾患との関連についても，いくつかの優れた review がある[2-5]．これら review とその他の報告をまとめる．

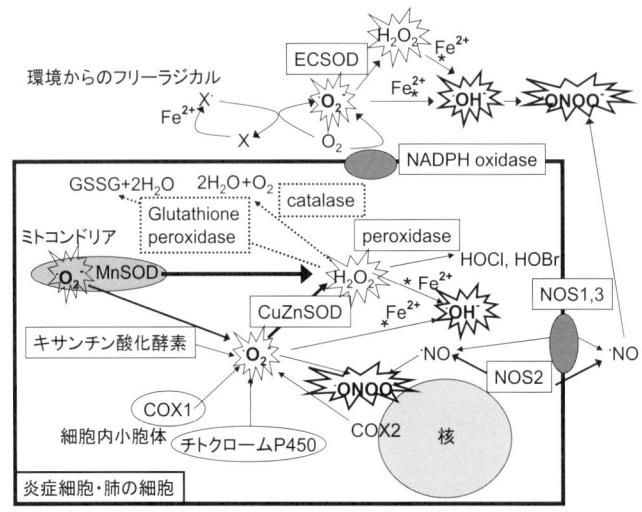

SOD: superoxide dismutase; COX: cyclooxygense; NOS: nitric oxide synthase
*: Fenton反応

図1 炎症細胞・肺の細胞でのフリーラジカルの産生
図の太い線で囲った部分が炎症細胞や肺の細胞を表す．活性酸素種には superoxide anion（$\cdot O_2^-$），過酸化水素（H_2O_2），hydroxyl radical（$\cdot OH^-$）などがあり，活性窒素種には一酸化窒素（$\cdot NO$）や peroxynitrite（$\cdot ONOO^-$）などがある．活性酸素種の中で最初に生成され重要なのは，$\cdot O_2^-$ であり，ミトコンドリアや種々の酸化酵素で生成される．$\cdot O_2^-$ は酵素 superoxide dismutase（SOD）の働きによって H_2O_2 となり，$\cdot O_2^-$ あるいは H_2O_2 から発生する $\cdot OH^-$ がもっとも細胞障害作用が強い．$\cdot O_2^-$ や H_2O_2 は二価の鉄と反応して $\cdot OH^-$ になり（Fenton反応），また $\cdot O_2^-$ は NO と結びついて $\cdot ONOO^-$ となり，タンパクなどに強いニトロ化を生じさせるとともに，それ自身が非酵素的に二酸化窒素と $\cdot OH^-$ に分解する．

1. ラジカルの発生機構（図1：細胞内）

活性酸素種（reactive oxygen species；ROS）には superoxide anion（$\cdot O_2^-$），過酸化水素（H_2O_2），hydroxyl radical（$\cdot OH^-$）などがあり，活性窒素種（reactive nitrogen species；RNS）には一酸化窒素（$\cdot NO$）や peroxynitrite（$\cdot ONOO^-$）などがある．ROS の中で最初に生成され重要なのは，$\cdot O_2^-$ である．$\cdot O_2^-$ は酵素 superoxide dismutase（SOD）の働きによって H_2O_2 となり，$\cdot O_2^-$ あるいは H_2O_2 から発生する $\cdot OH^-$ がもっとも細胞障害作用が強い．

体内で生成された $\cdot O_2^-$ や H_2O_2 は二価の鉄と反応して $\cdot OH^-$ になり（Fenton 反応），また $\cdot O_2^-$ は NO と結びついて $\cdot ONOO^-$ となり，タンパクなどに強いニトロ化を生じさせるとともに，それ自身が非酵素的に二酸化窒素と $\cdot OH^-$ に分解する．

また，peroxidase は Cl^- や Br^- の存在下で H_2O_2 との反応を促進しオキシダントである HOCl や HOBr を生成する．この peroxidase には heme peroxidase, myeloperoxidase, eosinophil peroxidase があり，肺胞マクロファージ，好中球，好酸球に含まれ，強力な殺菌作用を有すると同時に組織のクロル化やブロム化をきたし，障害を惹起する．

活性酸素種は分子状酸素がミトコンドリアで還元されて水になる際にも生成される．また，細胞質や細胞膜に結合している酸化酵素であるシクロオキシゲナーゼ（COX），NADPH 酸化酵素，チトクロム P450，キサンチン酸化酵素の反応でも活性酸素種が生成される．

これら ROS や RNS は炎症細胞の他にも肺胞上皮細胞，気管支上皮細胞，血管内皮細胞など，多くの肺の細胞からも生成されうる．

2. 環境からのラジカル吸入（図1：細胞外）

オゾン，二酸化窒素，ディーゼル排気ガスなどの大気汚染物質の他には喫煙によるラジカル吸入が重要である．タバコの煙には 4,700 種類もの化学物質が含まれ，その中のフリーラジカルには一吸入あたり 10^{14} 以上のオキシダントと 3,000 ppm の一酸化窒素がある．この中には $\cdot O_2^-$ や NO といった短時間で消滅する物質の他にも semiquinone ラジカルのように長い時間存在する物質も含まれ，肺内の還元物質の存在下で $\cdot O_2^-$ を長時間にわたって発生し，タール物質や二価の鉄の存在下では $\cdot OH^-$ も長時間にわたって発生する．

3. 活性酸素による細胞・分子の障害メカニズム

細胞近くで生成された活性酸素は細胞膜のリン脂質を過酸化し細胞膜の機能を低下し，膜に結合している受容体や酵素を障害する．脂質の過酸化は反応性のアルデヒドを生成し，その中でも acrolein と 4-hydroxy-2-nonenal(4-HNE)は拡散しやすく，システインやヒスチジンとの親和性が高く，核内タンパクの histone deacetylase（HDAC, 後述）や細胞増殖，アポトーシス，シグナル伝達などに影響を与え，また細胞外の collagen や fibronectin の機能にも影響を与える．アラキドン酸と活性酸素との反応産物の isoprostane の一種 8-isoprostane などアラキドン酸を基にした脂質と活性酸素との種々の反応産物が慢性炎症に関連しているとする報告がある．

$\cdot O_2^-$ と NO が結合して反応性の高い peroxynitrite（$\cdot ONOO^-$）ができるとニトロ化を起こし，とくに，酵素の反応中心にあるチロシンがニトロ化されニトロチロシンになると酵素活性に影響を与える．たとえば，HDAC の活性を

抑制することが知られている．DNAの転写因子が働くためにはヒストンタンパクをアセチル化してDNAのコイルをほどく必要があり，そのためにはhistone acetylase（HAT）の働きが必要で，一方，ヒストンタンパクを脱アセチル化するHDACはDNAのコイルを巻き戻し，転写因子が働かないようにする．活性酸素種や活性窒素種はHDACを不活性化して炎症性サイトカインや抗酸化関連遺伝子の発現を持続させる．本来ならば副腎皮質ホルモンは受容体に結合するとHDAC-2を活性化してDNAのコイルを巻き戻し，炎症性サイトカインの発現を阻止するように働くのであるが，活性酸素はHDAC-2を不活化し，副腎皮質ホルモンの抗炎症作用を阻害する．

Peroxynitriteは気道過敏性を亢進させ，表面活性物質の機能を低下させ，上皮細胞を障害する．また，システインのthiol基（-SH基）をニトロ化してnitrosothiol（-SNO）を生成しタンパク機能に影響を与えている可能性があり，そのタンパクには転写因子（NF-κBやAP-1）やシグナル伝達に関連した物質（ras/racやJNK，チロシンリン酸化酵素，$p21^{ras}$）がある．

多くの転写因子のDNA結合部位に含まれるシステインは酸化還元電位によって影響を受ける．とくに注目を集めている転写因子にはNrf2があり，Nrf2は酸化還元電位に感受性のあるシステインを含みDNAのantioxidant response element（ARE）に結合することにより，50もの抗酸化遺伝子や細胞防御に働く遺伝子を発現させることが報告されており，またNrf2の障害は喫煙による肺障害を悪化させる．

4．ラジカルの防御機構（表1）

a．非酵素性の抗酸化物質

肺における非酵素性の抗酸化物質としてはglutathione（GSH），尿酸，vitamine C, vitamine E, β-carotene, seleniumがあり，主な肺の被覆液（lining fluid）の抗酸化物質はGSHと尿酸とvitamine Cである．

GSHとそれに関連した酵素群は肺胞と気道の細胞の酸化ストレス防御にとくに重要な役割を担っており，喘息患者や長期喫煙者の気管支上皮被覆液で増量している．GSHはL-γ-glutamyl-L-cyteinyl-glycineの3種のアミノ酸からなり，システインのthiol基（-SH基）を持っている．活性酸素種と反応してGSHはGSSGとなり，glutathione peroxidaseやglutathione transferaseはこの反応を促進する．酸化型のGSSGはglutathione reductaseによりNADPH存在下に還元型のGSHに戻る．酸化ストレスが亢進するとGSHを合成する酵素であるglutamate cysteine ligaseの発現が亢進し，喫煙者，とくにCOPDの喫煙者では著明にこの酵素のmRNAが増加していることが報告されている．

尿酸は活性酸素種や活性窒素種と反応してallantoinを生成する．この物質は安定で，酸化ストレスのマーカーになる．

GSHと尿酸は体内で産生されるがvitamine C（水溶性），vitamine E（脂溶性）β-carotene, polyphenol, seleniumは食事から摂取される（後述）．

最近，thiol（-SH）基を含むタンパク質であるthioredoxin-peroxiredoxin systemやglutaredoxin, flutaredoxinも抗酸化に関与しているとする所見も報告されている．また，アルブミンのアミノ酸であるシステインのチオール（-SH）基も活性酸素種を消去する働きがある．

b．酵素による抗酸化作用

・O_2^-を消去できる唯一の酵素はSODであり，・O_2^-をH_2O_2に変える．SODにはCuZnSODとMnSODとECSODの3種類があり，CuZnSODは活性中心の金属が銅と亜鉛で，主に細胞質に存在し，MnSODは活性中心の金属がマ

表1 肺における抗酸化酵素の存在部位と機能および関連呼吸器疾患

酵素	存在部位	機能	関連呼吸器疾患
CuZnSOD	気管支および肺胞上皮,肺胞マクロファージ,線維芽細胞	superoxide anion 消去	アレルギー性肺胞炎,サルコイドーシス,COPD
ECSOD	気管支上皮,マクロファージ好中球,血管壁,間質細胞	superoxide anion 消去	UIP, DIP, サルコイドーシス,肺胞炎,肺癌,COPD
MnSOD	気管支II型上皮,マクロファージ,気管支上皮,好中球,血管壁	superoxide anion 消去	気管支喘息,サルコイドーシス,間質性肺疾患
Catalase	マクロファージ,線維芽細胞,肺胞細胞	過酸化水素分解	間質性疾患,気管支喘息
Glutathione peroxidase	上皮細胞,マクロファージ他	有機過酸化水素物を有機水酸化物に	オゾンによる肺障害,COPD, ARDS,気管支喘息,嚢胞性線維症
Heme Oxygenase-1	肺胞および気管支上皮,マクロファージ,炎症細胞	ヘムを一酸化炭素とビリベルジンに	線維症,間質性肺疾患,間質性肺炎,COPD,嚢胞性線維症
Peroxiredoxin	肺胞および気管支上皮,マクロファージ	抗酸化物質,過酸化水素分解	肺胞炎,COPD, ARDS,肺癌
Thioredoxin	気管支上皮,マクロファージ	thiol-dithiol 交換	特発性肺線維症,嚢胞性線維症,肺癌,COPD
Glutaredoxin	肺胞・気管支上皮,マクロファージ	thiol-dithiol 交換	サルコイドーシス,肺胞炎,線維性肺疾患
Glutamate Cysteine ligase (catalytic subunit)	肺胞・気管支上皮,マクロファージ	glutathione 合成	COPD,肺癌

SOD:superoxide dismutase;COPD:chronic obstructive pulmonary disease;ARDS:acute respiratory distress syndrome.

ンガンで,主にミトコンドリアに存在し,ECSODは活性中心の金属が銅と亜鉛で,主に細胞外に存在している(図1).

それぞれのSOD活性を各種臓器で比較検討した結果では,肺は他臓器に較べてCuZnSOD活性とMnSOD活性は低く,一方でECSOD活性は著明に高い.他の臓器と比較して肺は気管支と血管のネットワークが密であり,細胞外での炎症反応が起きやすいため他の臓器よりもECSODの活性が高くなっているのではないかと考えられている.しかし,それでも,肺でみると,CuZnSOD活性はECSOD活性よりも高く,最も重要なSODとなっている.

CuZnSODは,ヒトでは気管支線毛上皮,II型肺胞上皮,肺胞マクロファージに多く存在しているが,恒常的に発現しておりMnSODほどには高濃度酸素曝露や炎症性サイトカインによって誘導されない.

MnSODはII型肺胞上皮と肺胞マクロファージという代謝が盛んな細胞(ミトコンドリアの豊富な細胞)に多く発現しており,ミトコンドリアから発生するフリーラジカルを消去する働きを担っている.非致死性高濃度酸素曝露やサイトカイン曝露で誘導される.ただし,致死性の高濃度酸素曝露ではMnSODの発現は変わらないか減少している.

ECSODは肺の血管や気管支の細胞周囲に主に存在する.その遺伝子発現には種々の調節因子が関与し,activator protein-1, glucocorticoid response element, antioxidant response element, xenobiotic response element, multiple binding sites for the Ets family of transcription factors などが知られているが,直接的な酸化ストレスはMnSOD活性ほどにはECSOD活性に影響を与えず,TNFα, IFNγ, IL-4などのサイトカインによって数時間で発現が増加し

たと報告されている．一方，TGFβ，IL-1，TNFα，EGF，PDGF，GM-CSFでは発現が低下したという報告もあり，炎症性サイトカインの組成によってはECSOD活性が低下する可能性もある．

動物実験ではSODやSOD作用のある物質の投与だけでは抗酸化作用は十分ではなく，catalaseとの同時投与あるいはSOD作用とcatalase作用を併せ持つ合成物質の投与の有効性が示されている．つまり，SODにより$\cdot O_2^-$をH_2O_2に変えるだけでは，H_2O_2から$\cdot OH^-$が発生する可能性があり，catalaseによりH_2O_2をすぐに分解し，無毒化する必要があると考えられる．

5. 酸素と各種呼吸器疾患

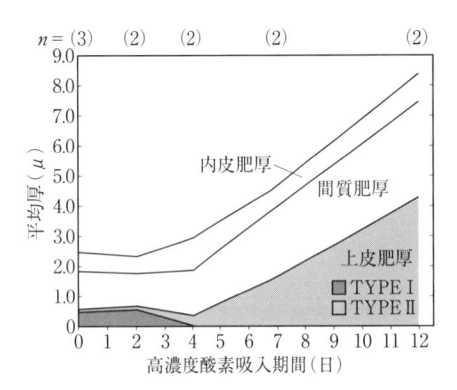

a. 高濃度酸素曝露による肺障害[1] (「4.9 酸素中毒」の項も参照)

病理学的所見としてはまず浸出期があり，肺毛細血管内皮の障害と間質および血管周囲の浮腫が起こり，ついで硝子膜形成と表面活性物質の障害によって微小無気肺が起こり，好中球の浸潤とI型肺胞上皮の破壊の後に増殖期となりII型肺胞上皮と線維芽細胞が増殖し，最後に線維化が一部残る（図2）．

呼吸機能では無気肺の発生により肺活量とコンプライアンスが低下し，さらに間質の浮腫も加わり，ガス拡散能力は低下する．不活性ガスが含まれていない肺胞気は吸収され無気肺になりやすい．ガスが吸収されて起こる無気肺はsighやPEEPにより再び拡張させることが可能であるが，表面活性物質の障害によって，さらに無気肺が起こりやすくなる．

肺の酸素障害の指標として肺活量を用い，吸入酸素ガス分圧と吸入期間との関係を示す肺の酸素耐性曲線は吸入酸素0.5気圧以上の双曲線で表示されており（4.9の図1），したがって50%以上の酸素吸入はリスクを伴う．ただし，個人差があり，必ずしも0.5気圧以下で絶対に起こらないというわけではない．

身体所見では高濃度酸素吸入により咳，胸痛が起こり，その後，粘稠な喀痰が出る．聴診上，水泡性ラ音と連続性ラ音を聴取する．胸部X線写真所見ではびまん性に両側に浸潤影，不整形陰性が見られ，浸潤影はやがて融合する．

高濃度酸素曝露に対する耐性は，年齢や遺伝的背景によって異なることがラットやマウスによる検討で知られている．一般に未熟であると高濃度酸素への耐性が高いことが知られている．

高濃度酸素曝露による肺障害は脳神経系，下垂体・副腎皮質ホルモン系，交感神経・副腎髄質ホルモン系などの影響を受けるために複雑である．たとえば高濃度酸素曝露により脳神経系が障害され痙攣を惹起し，神経原性肺水腫をきたす．しかし，片肺のみに高濃度酸素曝露をした実験や右左シャントを増設して全身への高濃度酸素曝露なしに肺のみに高濃度酸素を曝露した実験などにより，肺障害には高濃度酸素の直接的作用があり，それに加えて，脳神経系やホルモン系の間接的作用もあることが認められて

図2 高濃度酸素曝露による肺障害
病理学的所見としてはまず浸出期があり，肺毛細血管内皮の障害と間質および血管周囲の浮腫が起こり，ついで硝子膜形成と表面活性物質の障害によって微小無気肺が起こり，好中球の浸潤とI型肺胞上皮の破壊の後に増殖期となりII型肺胞上皮と線維芽細胞が増殖し，最後に線維化が一部残る．（文献1の図3をアレンジ．Kapanciらのサルでの検討結果）

いる．結果は実験条件により必ずしも同じではないが，多くの報告で，脳下垂体・副腎皮質ホルモン系の活動は酸素障害を増悪させ，交感神経・副腎髄質系の活動も酸素障害を増悪させている．adrenaline が酸化された adrenochrome や adrenolutin といったインドール類が肺毒性を持ち，肺障害が惹起されるという報告もある．他にも甲状腺や性ホルモンの関与も報告されている．

b．気管支喘息

気管支喘息は気道の慢性炎症であり，マクロファージ，好中球，好酸球，リンパ球，肥満細胞など種々の炎症細胞が関与している．気管支喘息患者の酸化ストレスが亢進していることは，呼気ガス中の NO，呼気凝縮液中の H_2O_2 や BAL（bronchoalveolar lavage；気管支肺胞洗浄）中の 8-isoprostane などの酸化反応物質の増量として認められている．この 8-isoprostane は thromboxane A_2 受容体を刺激し平滑筋を収縮させる．また，末梢血中でも好中球や好酸球の活性酸素産生能が亢進していることが知られている．活性酸素の産生亢進と一酸化窒素の産生亢進は両者が反応してできる peroxynitrite も産生が亢進していることを示し，反応性の高い peroxynitrite は種々のタンパクをニトロ化し，SOD も失活させている可能性がある．

c．COPD

慢性閉塞性肺疾患（COPD）では 90% 以上の患者が喫煙者である．たばこの煙には多くのフリーラジカルが含まれており，さらにタールや炭粉などが沈着する呼吸細気管支に集積する肺胞マクロファージや好中球からも活性酸素種が産生される．COPD 患者の酸化ストレスが亢進していることは，呼気凝縮液中の H_2O_2 や BAL 中の 8-isoprostane などの酸化反応物質の増量として認められ，BAL 中の肺胞マクロファージの活性酸素産生能が亢進していることも知られている．また，喫煙者での肺胞マクロファージ内の鉄の含量が増量していることが報告されており，喫煙により Fenton 反応が起きやすい状況にある．ニトロチロシンの増量が誘発喀痰や BAL で認められており，peroxynitrite あるいは peroxidase によるニトロ化の亢進が示唆されている．8-isoprostane などは安定な物質であるために検出可能であるが，この物質が存在していることは同時に反応性の高いアルデヒドである acrolein や 4-hydroxy-2-nonenal（4-HNE）の増量を示しており，これらは拡散してシステイン，ヒスチジン，リジンと反応し，histone deacetylase（HDAC）-2 などとも反応する．COPD 患者では気管支喘息と異なり HDAC-2 活性が著明に低下しており，副腎皮質ホルモンの抗炎症作用が低下している可能性が高い．

d．間質性肺炎

多くの研究で特発性間質性肺炎では酸化-抗酸化機構のアンバランスが疾患形成に重要な役割を担っていることが認められている．特発性間質性肺炎患者の炎症細胞は活性酸素種の産生能が亢進しており，BAL では 9-isoprostane が増加している．また，呼気中の NO や肺組織の iNOS の増加も認められている．一方，活性酸素種に対する防御因子については特発性間質性肺炎患者の肺胞被覆液の glutathione が低下し，線維化の強い部位での MnSOD，catalase，glutamate cysteine ligase，thioredoxin，glutaredoxin，heme-oxygenase 1 など抗酸化因子の発現が低下していることが報告されている．CuZnSOD の分布と発現は健常肺と同等で MnSOD も炎症部位の II 型肺胞上皮や肺胞マクロファージで発現しているが，総合的に酸化ストレスの攻撃因子の方が防御因子より強くなっているのが特発性間質性肺炎の特徴と考えられている．酸化還元電位に感受性がある転写因子

のNrf2は間質性肺炎でも重要で，Nrf2の欠損マウスではブレオマイシンによる肺障害が増悪する．

特発性間質性肺炎ではprotease/antiproteaseのアンバランスが病態形成に重要であることが知られており，matrix metalloproteinase（MMP）のとくにMMP-7と線維化との関連が強い．MMPにはcysteic switchと呼ばれる重要な部位がある．cystein-zincからなるこの部位は活性酸素種や活性窒素種により断裂し，不活性である酵素の活性化部位が切り離され，MMPは活性化する．MMP-9はNOによっても活性化する．一方，MMPが活性酸素種や活性窒素種により不活性化される場合もあることも報告されており，健常肺では一過性のMMPの活性亢進とそれに引き続く抑制に関与しているのではないかと考えられている．細胞外のglutathioneレベルをN-acetylcysteineで増加させるとMMPの活性化を抑制する．ECSOD欠損マウスではMMP活性が増加しており，ECSODはMMPが活性化するのを抑えている可能性がある．逆に，ECSODは基質結合ドメインにより間質に結合しているが，MMPはこのドメインを解離し，ECSODを間質から遊離してしまう．したがって，活性酸素種とタンパク分解プロセスはお互いに作用を増強しあっている可能性がある．さらに活性酸素種や活性窒素種はtissue inhibitor of metalloproteinase-1（TIMP-1）などのanti-proteaseを不活化しprotease活性を優位にする．

線維化形成にキーとなる重要な役割も持っているサイトカインはtransforming growth factor β（TGFβ）で，正常な創傷治癒にも過剰な線維瘢痕形成にも関与している．組織の損傷の初期にはTGFβにより炎症細胞の遊走集積が起こり，その後myofibroblastが遊走してきて線維を形成し創傷は治癒する．しかし，TGFβが長い間作用し続けると炎症の持続と過剰な線維瘢痕形成が起こる．TGFβにより分化誘導されたmyofibroblastは活性酸素種を産生し，逆に活性酸素種は肺の上皮細胞からTGFβを放出させる．したがって，活性酸素種の産生とTGFβの産生はお互いにポジティブフィードバックの関係になり線維化を持続させる．

以上の知見から活性酸素種を消去する治療法が有望視されている．これまでN-acetylcysteineを投与する大規模研究（Multicentered European Idiopathic Pulmonary Fibrosis International Group Exploring NAC I Annual, IFI-GENIA）で，predonisoloneとazathioprineとの併用療法に較べて12カ月後の肺活量や肺拡散能の改善が有意に認められている．

SOD投与については動物実験では線維化の防止に有効であったが，SODの抗原性の問題があり，より小分子でSOD活性のある分子が開発され検討されている．

e．ARDS

ARDS患者の肺胞マクロファージや好中球や肺胞上皮にはニトロチロシンの増量が認められ，BAL中の亜硝酸イオンやタンパクのニトロチロシン量の増加とともに，iNOSの発現も増加している．また，血漿タンパクのニトロチロシン量も増加していることが報告されている．ARDS患者は強い炎症によるフリーラジカルに曝露されており，多くのタンパクがニトロ化され，細胞が障害されている．とくに表面活性物質のニトロ化と活性低下は微小無気肺を惹起している可能性がある．

f．じん肺

吸入粒子の貪食によりマクロファージは$\cdot O_2^-$を生成し，SODの存在下でH_2O_2になり，二価の鉄や一価の銅の存在下でFenton反応により$\cdot OH^-$を生成する．汚染物質の吸入は貪食の際に活性酸素種を生成し，炎症を惹起する．炭坑の粉塵，珪酸，石綿で高いレベルの活性酸素種が産生されることが報告されている．粉塵

の鉄や銅は活性酸素種の産生を増強し，また，石綿などのように長い線維でしかもマクロファージが消化できない場合には活性酸素種の産生が持続する．活性酸素種は脂質過酸化や細胞膜の障害を起こし，細胞障害のあと，線維芽細胞が増殖する．また，活性酸素種は発癌の原因にもなる．

g. 悪性腫瘍

喫煙や発癌物質への曝露は活性酸素の発生によりDNAの断裂や点変異をきたし，また発癌遺伝子の活性化や癌抑制遺伝子p53の不活化をきたし，発癌の原因になる．核酸のdeoxyguanineの水酸化による 8-hydroxy-2′-deoxyguanosine（8-OHdG）の産生は $·OH^-$ によるDNA障害のマーカーになる．一方，抗酸化酵素のCuZnSODやMnSODは腫瘍の増殖を抑制すると報告されており，培養肺癌細胞ではSODの活性が低下している．肺癌組織でもCuZnSODの発現は弱いことが示されているが，MnSODは亢進しているようである．一方，胸膜中皮腫ではCuZnSODとMnSODのmRNAとタンパクと活性は増加しており，MnSODは健常組織の10倍も増えていると報告されている．

h. 虚血・再灌流による肺障害

種々の臓器と同様に虚血・再灌流による炎症と酸化ストレスの増加による病変が一部の呼吸器疾患でも疑われている．低酸素状態ではミトコンドリアの電子伝達系で最終的に電子を受け取る酸素が欠乏しているため，ミトコンドリアには電子が過剰に存在している．その状態に大量の酸素が流れ込むと，酸素に対で移るべき電子が1つだけ移った $·O_2^-$ が大量に産生される．

肺血栓塞栓症での虚血・再灌流によりその部分には好中球の集積がみられ， $·O_2^-$ の産生が高まることがイヌを用いた実験で示されている．

気胸での再拡張後の肺水腫でも酸素ストレスの増大が一因と考えられている．肺や心肺移植後の再灌流による肺障害にも酸化ストレスが関与していると考えられ，N-acetylcysteine投与やプロスタサイクリンとSOD/catalaseの投与による活性酸素種の消去が有効であると動物実験で報告されている．

i. 新生児肺疾患

未熟児における活性酸素種に関連する呼吸器疾患として，呼吸促迫症候群の後に見られる気管支肺異形成症（bronchopulmonary dysplasia；BPD）と慢性肺疾患（chronic lung disease；CLD）とが疑われ，種々の炎症性サイトカインが関与し，活性酸素種を産生していると考えられる．しかし，未熟児のCLDには多様な病因があり，酸素毒性の他にも人工呼吸による圧・容量損傷や感染なども関与している．気管吸引液の活性酸素マーカーとCLDの発症との関連は認められず，活性酸素種がCLDに直接関与しているかどうかは確実ではない．しかし，吸入酸素濃度とCLDの発生とは強い関連があり，生後最初の日に100%酸素吸入をするとCLDのリスクが倍になる．

6. 活性酸素関連呼吸器疾患の治療

慢性呼吸器疾患では食事やサプリメントによる抗酸化物質の摂取が推奨されている．抗酸化因子のvitamine C（水溶性）とvitamine E（脂溶性）は食事から摂取され，両者とも長期の喫煙者では低下していることが報告されている．一方，これらの摂取により肺機能の改善が見られており，vitamine Cの摂取を増加させると喫煙者と喘息患者の呼吸機能の改善が見られている．水溶性のvitamine Cは体内のいろいろなところに行き渡り，活性酸素種や活性窒素種を広汎に消去することが知られている．また，脂溶性のvitamine E（α-tocopherol）は脂

質の過酸化を抑える作用がある.

食事から摂取される抗酸化物質として他にβ-caroteneとpolyphenolとseleniumがある. β-caroteneは緑黄色野菜に多く含まれる物質であり, 喫煙者の肺癌発生の予防効果が期待されたが, 大規模研究では逆に発生が増加していた. 一方, やはり植物に多く含まれるpolyphenolに関連したいくつもの大規模研究ではpolyphenolの摂取量と疾患リスクの低下との関連が示されており, フィンランドの10,000人を越える対象者の検討結果ではpolyphenolの摂取と気管支喘息の発生との間に負の関係がみられ, COPD患者でも咳・喀痰量・息切れ・FEV_1の改善などの有効性が示されている. 他にも果物の摂取量とCOPDの症状の改善との関連が示されている.

このpolyphenol摂取と気管支喘息やCOPDへの改善効果については疫学研究だけでなくin vitroやin vivoでの実験による研究がある.

赤ワインの成分であるflavonoid resveratorolはCOPD患者から得られたマクロファージからの炎症性サイトカインの放出を抑え, ラット肺でもLPS投与による炎症性サイトカインの発現を抑えている. また, 単球の培養細胞や肺胞上皮の培養細胞でNF-κBやAP-1の活性化を抑えている. しかし, このようにflavonoid resveratorolの抗酸化作用や炎症性サイトカインの発現抑制作用は多くの研究で証明されているが, その作用機序は未だに明確ではない.

seleniumは魚や毛ガニ, ほたて貝, 小麦胚芽, 玄米や米ぬかなどに含まれ, seleniumを含んだ多くのタンパク (selenoprotein) の活性中心にあり, たとえば抗酸化酵素glutathione peroxidaseの活性中心になっている. seleniumレベルが増加している喫煙者では増加していない喫煙者に較べて気管支喘息の発現率が半分であり, seleniumの補充によって喘息症状の改善が見られている. COPDではseleniumレベルが減少していることが知られているが, selenium摂取がCOPDの予防や改善をもたらすかどうかは不明である.

チオール基を有する製剤であるN-acetylcysteineは細胞外のglutathioneレベルを増加させる. 気管支喘息患者やCOPD患者への投薬による効果が期待され大規模研究が行われている. 他にもチオール基を有する製薬, スピントラップ薬, 酸化還元センサー阻害薬, SODやcatalaseやglutathione peroxidase活性を有する抗酸化酵素類似物質, ポリフェノール等々, 抗酸化に関連する種々の物質が合成され, 臨床応用が検討されている[3].

7. 低酸素と肺障害

これまでは酸素による障害を主に解説してきたが, 低酸素状態も肺の炎症に関与している可能性がある. 肺胞マクロファージではLPSへの刺激によるNF-κBの発現およびTNFαやIL-1α, IL-1βの産生は低酸素状態で亢進していることが報告されている. つまり低酸素はNF-κBの活性化を通して炎症性サイトカインの産生を亢進している可能性がある. また, 低酸素ではHIF-1αの安定性が増し, HIF-1βと結合して二量体となって核内に移行し転写因子として作用する. その際に発現する遺伝子にはエリスロポエチン (EPO), 血管内皮成長因子 (VEGF) や解糖系の遺伝子の他にサイトカインや炎症性のメディエータも含まれており, 低酸素はHIF-1を介して炎症を惹起している可能性がある.

8. 肺胞酸素分圧の不均等と肺病変の局在との関係

肺胞酸素分圧と病変との関係で興味深いことは肺結核病巣が肺尖付近に好発する事実である. 結核菌は酸素が多い環境で発育しやすいこ

とが知られており，立位で生活するヒトでは，換気/血流比が高くて酸素分圧が高い肺尖部で発育がよくなる．また，肺結核患者では安静臥床により，換気/血流比の不均等分布を減らし，結核菌の発育を遅くする効果があるとする考察がある．

四つ足で生活する動物では肺結核は背部に多く，コウモリの肺結核は肺底部に多いことも報告されており，四つ足動物では背部がいちばん高い位置にあり，ぶら下がって生活するコウモリでは肺底部がいちばん高い位置にあり，換気/血流比が高くて酸素分圧が高くなり，結核菌が発育しやすい環境になっている可能性がある[6]．

同様に肺尖部は高い酸素分圧に曝露されるために活性酸素による障害の関与が疑われ，肺尖部に気腫性病変が強いCOPDの病態に関与しているかもしれない．一方で，間質性病変により肺気量位が低下すると肺底部では呼気時の虚脱と吸気時の再拡張を繰り返している可能性もあり，虚血・再灌流障害も疑われる．肺の虚脱・再拡張を繰り返すと，肺損傷をきたすことが知られており，人工呼吸器関連肺疾患（ventilator-associated lung injury）あるいは人工呼吸器誘発肺疾患（ventilator-induced lung injury）と呼ばれる病態では，機械的因子とそれによる炎症が原因とされているが，低酸素後の酸素流入による活性酸素の産生も関与しているかもしれない．しかし，肺局所の酸素環境と病変の分布との関係については，未だ十分なエビデンスがなく，今後の検討が待たれる．

［小林弘祐］

■文献

1) Clark JM, Lambertsen CJ：Pulmonary oxygen toxicity：a review. Pharmacol Rev 23：37-133, 1971.
2) Kinnula VL, Crapo JD：Superoxide dismutases in the lung and human lung diseases. Am J. Respir Crit Care Med 167：1600-1619, 2003.
3) Kirkham P, Rahman I：Oxidative stress in asthma and COPD：antioxidants as a therapeutic strategy. Parmacol Therapeu 111：476-494, 2006.
4) Rahman I, Biswas SK, Kode A：Oxidant and antioxidant balance in the airways and airway diseases. Eur J Pharmacol 533：222-239, 2006.
5) Kinnula VL, Fattman CL, Tan RJ, Oury TD：Oxidative stress in pulmonary fibrosis. A possible role for redox modulatory therapy. Am J Respir Crit Care Med 172：417-422, 2005.
6) Dock W：Effect of posture on alveolar gas tension in tuberculosis：explanation for favored sites of chronic pulmonary lesions. Arch Intern Med 94：700-708, 1954.

4.9 酸素関連疾患：酸素中毒

酸素中毒は，高い分圧の酸素に曝露されることにより反応性の高い活性酸素（reactive oxygen species：ROS，「4.3 活性酸素と病気」参照）が体内に過剰に産生され，それを消去する機構が ROS の産生速度に追いつけなくなったために起こると考えられている．過剰の酸素による障害は多くの臓器で報告されているが，最も代表的な標的臓器は肺と中枢神経系である．肺と神経系の障害の発生頻度と，酸素分圧，曝露時間との関係を調べた代表的な Lambertsen らの図を示す（図1）．高圧環境での酸素曝露による急性障害は中枢神経系で先行して発生しやすく，肺障害は中枢神経系の障害に比べてより低い分圧でも長時間曝露によって引き起こされる．

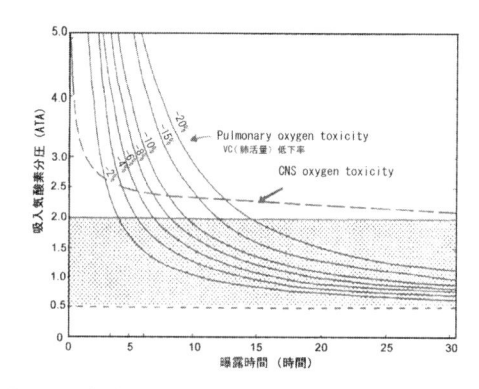

図1 中枢神経系の障害と肺の障害（肺活量の減少）と酸素分圧曝露時間との関係（文献4より改変）
中枢神経系の障害は高圧環境で引き起こされ，肺の障害は高圧酸素に加えて，大気圧下での高濃度酸素でも引き起こされる．

1. 肺における酸素中毒（肺酸素中毒）

肺に対する酸素中毒は高圧酸素のみならず，大気圧下での高濃度酸素曝露によっても引き起こされる．大気圧下での高濃度酸素の投与による治療は，主に ARDS（acute respiratory distress syndrome）等の重症呼吸不全症例で行われるが，高濃度酸素投与がさらなる肺障害を引き起こすこともある．

高濃度酸素による肺障害は，急性期は広範な炎症反応，肺胞毛細血管膜の破壊，ガス交換の障害，肺うっ血，透過型肺水腫が，慢性期には急性傷害の修復機転として線維化あるいは気腫化が報告されている．90-100% 酸素を健常人に吸入させた古い実験では，初期に咳嗽，胸部不快感，胸痛が現れ，やがて肺活量，肺コンプライアンスの低下がみられるとされている．そのため，従来から肺活量の減少が肺酸素中毒の指標として用いられてきた．しかし，肺活量の低下の前に気管支肺胞上皮細胞傷害，血管内皮細胞傷害などが観察されることから，より鋭敏な指標が必要であると考えられる．

高濃度酸素曝露によりさまざまなソースからの ROS が増加するとされているが，とくに酸素分圧の上昇に伴ってミトコンドリアの電子伝達系からリークするスーパーオキサイド（O_2^-）が増加することから，この系が高濃度酸素による ROS のソースとして重要な役割を果たすと考えられている．さらに，近年さまざまな細胞に存在する NAD(P)H オキシダーゼ系からの ROS の重要性が指摘されるようになってきた．NAD(P)H オキシダーゼ系は白血球膜に存在することが知られているが，最近これと類似の NAD(P)H オキシダーゼ系が多くの細胞に存在することがわかってきた．動物実験で，肺の上皮細胞に NAD(P)H の阻害剤を投与すると高濃度酸素による ROS 産生が低下したとの報告があり，高濃度酸素による ROS のソースと考

えられるようになってきた．これらの過剰のROSは，細胞膜の脂質，SH基をもつタンパク質，DNA等の生体高分子を攻撃し，細胞に直接傷害を与える．また，気管支肺胞上皮細胞，血管内皮細胞，肺胞マクロファージ等の肺細胞にMAPKs (mitogen-activated protein kinases)，NF-κB，AP-1等の転写因子の活性化を引き起こす．これらの転写因子は白血球遊走因子や炎症性サイトカインの分泌を促進させ，細胞にアポトーシスを誘導する．白血球遊走因子により肺に浸潤した炎症細胞は，プロテアーゼや，さらなるROSのソースとなり，肺傷害を悪化させる．MAPKsはアポトーシスの誘導に関わり，さらにNF-κB，AP-1の活性化にも関与している．高濃度酸素による細胞内情報伝達機構に関しては最新の優れた総説[1]があるのでそちらに譲ることとする．

高濃度酸素による細胞死としては，アポトーシス以外にネクローシス（オンコーシス）が引き起こされるとの報告も，両者とも引き起こされるとする報告もある．

一方，転写因子の活性化に伴い，SOD (Cu・Zn SOD，Mn SOD，EC SOD)，グルタチオンペルオキシダーゼ，カタラーゼ，チオレドキシン，ペルオキシレドキシン，HSPs (heat shock proteins)，HO-1 (heme oxygenase-1)等がストレス反応として高濃度酸素曝露により誘導される．これらはフリーラジカル解毒作用，抗酸化作用，NF-κBやAP-1の活性化制御，あるいはアポトーシスシグナル伝達などに関わっていることが報告されている．詳細については前出の総説に詳しい．これらの防御系を賦活することは高濃度酸素に対する耐性に関わる．現在までにSODやカタラーゼなどのアンチオキシダント酵素，ビタミンC，E，エンドトキシン，低濃度のTNF-αやIL-1，NO，CO等の前処置により酸素中毒に対する耐性が増加したと報告されており，治療，予防法との関連で研究が進んでいる．

肺酸素中毒を引き起こす吸入気酸素分圧と曝露時間の関係は双曲線状の逆相関を示し，吸入気酸素濃度50%以下では障害を引き起こさないとされている．しかし，年単位での投与の安全性についてはさらなる検討が必要と考えられる．

2. 中枢神経系に対する酸素中毒（脳酸素中毒）

全身痙攣を含む中枢神経系に対する酸素中毒（Paul-Bart効果）は主に高圧環境での酸素の曝露により引き起こされる．高圧酸素の曝露による酸素中毒は，高圧酸素治療の副作用として問題となる．また，ダイビングでは，体にかかる圧力が深度10 mごとに1気圧上昇するため，潜水深度によっては引き起こされる危険性がある．

脳酸素中毒の症状としては典型的な脳波を示す痙攣発作（強直性間代性痙攣）が起こることが知られている．大発作の前兆として局所的な筋肉（とくに目，口，額等）の痙攣，悪心，目眩，頭痛，視力障害，視野狭窄，耳鳴り等さまざまな症状が報告されているが，前兆がはっきりしないケースもある．また，痙攣発作の前には無症状の時間が存在するが，この時間も一定していない．痙攣発作は一般的には吸入気酸素分圧が低下すれば後遺症なく消失するとされている．

脳酸素中毒はさまざまな因子により影響を受ける．吸入気二酸化炭素濃度の上昇や運動負荷時には痙攣発作が現れるまでの時間が劇的に短くなる．また，水中のように体がぬれた状態では地上の高圧タンク内と比べて酸素中毒に対する感受性が高くなる．同様に暗所では明るい場所に比べて酸素中毒を引き起こしやすく，視覚からの入力が関与しているものと考えられている．酸素中毒に対する感受性は吸入気の不活性ガスの濃度や薬剤投与による影響を受ける．ま

た，年齢，性別，人種により異なり，さらには同じ人間でも日によって異なると報告されているため，高圧酸素に対する感受性をスクリーニングすることはほぼ不可能とされている．痙攣発作の兆候をリアルタイムで正確にモニターできるようにすることが望まれる．

痙攣発作の発症メカニズムの詳細は不明である．高圧酸素環境で，脳組織にH_2O_2や，ROSにより産生されると考えられている過酸化脂質が増加することが報告されているが，酸素中毒の原因とされる活性酸素が高圧酸素による痙攣を引き起こすという直接的な証拠は得られていない．高圧酸素がGABA（gamma-aminobutyric acid），アセチルコリン，グルタメート，ノルエピネフリン等の神経伝達物質や，NO等の神経修飾物質に影響を及ぼすことや，膜結合性能動輸送系を障害すること等が報告されており，痙攣発作とこれらの因子との関連性が検討されているが，十分に説明がつく機序は解明されていない．高圧酸素により神経系の何が最初に影響されて痙攣発作を引き起こすのか，痙攣発作の発症メカニズムについてのさらなる研究が必要である．

脳酸素中毒の治療としてさまざまなROSに対するアンチオキシダント（SOD，カタラーゼ）の投与が行われてきたが，痙攣発作に対するこれらのアンチオキシダント投与の有効性については相反する報告があり，はっきりしていない．少なくとも劇的な有効性については否定的である．最後に中枢神経系に対する酸素中毒の総説としてBittermanの総説[2]を，高圧酸素による酸素中毒の解説としてたいへんすぐれている四ノ宮の総説[3]を参考文献としてあげておくこととする．

[辻　千鶴子]

■文献
1) Zaher TE, Miller EJ, Morrow DMP, et al：Hyperoxia-induced signal transduction pathways in pulmonary epithelial cells. Free Rad Biol Med 42：897-908, 2007.
2) Bitterman N：CNS oxygen toxicity. Undersea Hyperbaric Med 31：63-72, 2004.
3) 四ノ宮成祥：高圧酸素と酸素中毒．高圧医誌 32 (3)：109-122, 1998.
4) Lambertsen CJ, Clark JM, Gelfand R, et al：Definition of tolerance to continuous hyperoxia in man：an abstract report of predictive studies V. In：Boye AA, Bachrach AJ, Gireenbaum LJ (eds) Proc 9th. International symposium on underwater and hyperbaric physiology. pp717-735, Undersea and Hyperbaric Society, Bethesda, MD, 1987.

4.10 酸素関連疾患：呼吸不全

1. 外呼吸と内呼吸

多くの生体は空気中の酸素を取り入れ（外呼吸），循環系を介して細胞に酸素を供給し，これを利用して生命活動に必要なエネルギーを得ている（内呼吸）．生命が生きていくためには内呼吸が正常に行われている必要があり，そのためには外呼吸や循環系とともに呼吸中枢・神経・呼吸筋をあわせた呼吸調節をも含んだ呼吸システム全体が円滑に作動している必要がある．本来ならば，この呼吸システムの破たんがあり内呼吸が正常に行われない状態を呼吸不全と定義したいところではあるが，細胞呼吸の状態を表す適切な指標が，研究レベルでは種々の検討がなされているが，未だ確立されていないため，臨床的には供給側の動脈血の低酸素血症をもって呼吸不全と考える．

2. 呼吸不全の定義と診断基準

呼吸不全は「原因の如何を問わず，動脈血ガス（特に，動脈血酸素分圧[Pa_{O_2}]と動脈血二酸化炭素分圧[Pa_{CO_2}]）が異常な値を示し，そのために生体が正常な機能を営み得ない状態」と定義され，血液ガスの異常については種々の見解があるが，わが国では現在，厚生省特定疾患研究「呼吸不全」調査研究班（班長：横山哲朗，1981）の診断基準が用いられている．

①室内気吸入時の動脈血酸素分圧が 60 Torr 以下．

②二酸化炭素分圧は蓄積するもの（> 45 Torr：II 型呼吸不全）と，そうでないもの（≦ 45 Torr：I 型呼吸不全）とに分類する．

③慢性呼吸不全とは呼吸不全の状態が少なくとも 1 カ月持続するものをいう．

つまり，動脈血の二酸化炭素分圧は呼吸不全の診断基準には含まれず，呼吸不全の分類に使用されていることに注意する必要がある．

時間経過による分類には急性呼吸不全，慢性呼吸不全，慢性呼吸不全の急性増悪がある．

3. 呼吸不全（動脈血の低酸素血症）の病態生理

理想肺胞気の酸素分圧 $P_{A_{O_2}}$ は，以下の式で得られる[1-4]．

$$P_{A_{O_2}} = P_{I_{O_2}} - \frac{P_{A_{CO_2}}}{R} + \frac{P_{A_{CO_2}} F_{I_{O_2}}(1-R)}{R} \quad (1)$$

この式は肺胞気方程式とも呼ばれ，拡散障壁が無視でき，右左シャントがない場合には，この理想肺胞気酸素分圧と動脈血酸素分圧とが等しくなる．

ここで，室内気吸入時には式(1)の右辺の第3項目は，それほど大きくないので無視し，

$$P_{A_{O_2}} = P_{I_{O_2}} - \frac{P_{A_{CO_2}}}{R} \quad (2)$$

を肺胞気方程式と呼ぶことが多く，さらに $P_{I_{O_2}} = 150$ Torr とし，R = 0.8（脂肪とタンパク質が多い洋食を主に摂食する人．COPD（慢性閉塞性肺疾患）患者マネジメントの国際ガイドラインである GOLD ガイドラインは R = 0.8 を使用しており，日本の COPD のガイドラインも準拠している）あるいは 0.83（炭水化物が多い和食を主に摂食する人）と仮定することが多い．また，$P_{A_{CO_2}}$ は Pa_{CO_2} にほぼ等しいことから，

$$P_{A_{O_2}} = 150 - \frac{Pa_{CO_2}}{0.8 \text{ or } 0.83} \quad (3)$$

となり，これから $AaD_{O_2}=P_{AO_2}-Pa_{O_2}$ で表す．この値はガス交換にとって理想（の肺胞気）と現実（の動脈血）の酸素分圧の差となっている．

4. 動脈血酸素分圧が低下する原因
（図1，表1）

a. AaD_{O_2} が正常であっても呼吸不全になる場合

この場合は P_{AO_2} が低下する場合であり，肺胞気方程式 $P_{AO_2}=P_{IO_2}-Pa_{CO_2}/R$ を検討すると，恒常状態（steady state）では R は変わらないので，1）P_{IO_2} の低下あるいは 2）Pa_{CO_2} の増加が原因となりうる．

1）P_{IO_2} の低下は，通常は高地にでも行かない限り起こらないが，船倉の清掃作業や鉄分の多い土壌での掘削作業では，酸素と鉄との反応のために吸入気の酸素濃度が低下している場合があり，時に事故の原因になる．昔，水車小屋に天気の悪い日に中に入った人が意識を失う現象があり，調べてみると，古井戸の上に機関車庫が建てられており，そこの土壌には鉄分が多く，井戸内の空気は酸素濃度が低くなっており，低気圧になると井戸内の酸素濃度の低い空気が井戸から漏れ出して建物内を充満したために，中に入った人が低酸素血症で意識を失った，という現象であったことが報告されている（古典的な Haldane の教科書に記載されている[1]）．古井戸の上に家を建てるな，と日本でも古くから言い伝えられている．

2）肺胞低換気すなわち Pa_{CO_2} が増加する場合（図1A）では，肺胞の二酸化炭素の割合が増すとともに酸素の割合が減り，呼吸不全になる．低換気は換気に関連する呼吸システムすべてが原因となりえる．呼吸中枢，神経伝達系，神経・筋接合部，呼吸筋，胸郭，肺，上気道を含んだ気道の他にも肥満で横隔膜が挙上する場合など，数多くの原因があり，呼吸器疾患に限

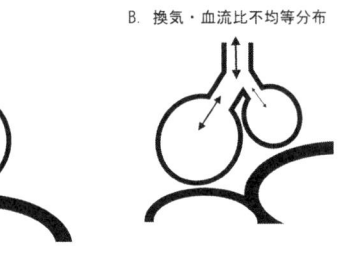

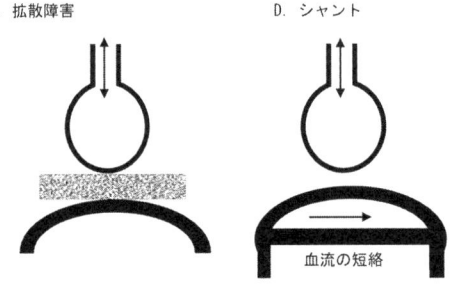

図1 低酸素血症の病態生理学的原因
AaD_{O_2} が正常であっても呼吸不全になる病態生理学的原因には，吸入気酸素濃度の低下および肺胞低換気（A）がある．AaD_{O_2} が増大する場合の病態生理学的原因としては，肺内の換気-血流比の不均等分布（B），拡散障害（C），シャント（D：血流の右-左シャント）がある．

らない．労作時呼吸困難で呼吸器内科に受診した患者の原因疾患が，神経・筋疾患であることもある．

b. AaD_{O_2} が増大する場合

病態生理学的原因としては，1）肺内の換気・血流比の不均等分布，2）拡散障害，3）短絡（shunt）：右-左シャントがある[2-5]．

1）換気・血流比の不均等があると，換気が多くて，酸素分圧が高い肺胞に血流が十分でなく，換気が悪くて酸素分圧が低い肺胞に血流が多くなり，ガス交換効率が悪くなる（図1B）．

健常人であっても，重力の影響で，分時換気量は肺尖で少なく肺底で多くなっており，重力の影響で，分時血流量も肺尖で少なく肺底で多くなっているが，その比をみると肺尖で高く，肺底で低くなっている．そのために肺尖の肺胞気酸素分圧は肺底の肺胞気酸素分圧よりも高く

表1 呼吸不全を起こす基礎疾患

1 肺胞低換気
　A 閉塞性換気機能障害：慢性閉塞性肺疾患（COPD），気管支喘息
　B 拘束性換気機能障害
　　a）肺の伸展障害：肺線維症，胸膜癒着，肺結核
　　b）胸郭の伸展障害：脊椎弯曲症，肋骨骨折，胸部の外科手術，脊椎炎
　　c）横隔膜の運動障害：腹水，肥満，横隔膜神経麻痺
　C 神経・筋疾患：重症筋無力症，ポリオ，脳・脊髄の外傷，ギラン・バレー症候群，多発性硬化症，筋委縮性側索硬化症
　D 呼吸中枢障害：オンディーヌの呪い，ピックウィック症候群，原発性肺胞低換気症候群，脳の外傷・梗塞・出血，甲状腺機能低下症
2 換気・血流比不均等分布
　　慢性閉塞性肺疾患（COPD），喘息，細気管支炎，肺梗塞，心不全
3 拡散障害
　A 拡散面積が減少
　　肺組織量低下（肺切除など），肺胞壁破壊（気腫化など），肺胞虚脱（間質性肺炎など），肺血管床減少（種々の肺疾患，血管炎，微小血栓，原発性肺高血圧症など）
　B 拡散距離が増加
　　肺胞間質の肥厚（間質性肺炎，肺水腫など），肺毛細血管拡張（肺肝症候群など）
　C 肺毛細血管血液量Vが低下
　　心拍出量低下（心不全など），肺血管床減少（種々の肺疾患，血管炎，微小血栓，原発性肺高血圧症など）
　D 有効ヘモグロビン量低下
　　貧血（異常ヘモグロビン症を含む），喫煙，CO中毒，メトヘモグロビン血症
　E ヘモグロビンとの反応速度の低下
　　異常ヘモグロビン血症
4 右-左シャント
　　肺炎，無気肺，肺水腫，肝硬変，肺動静脈瘻，先天性心奇形

なっている．したがって，健常人でも，とくに立位で換気・血流比の不均等分布が大きくなりAaD_{O_2}は増加する．しかし，不均等分布はそれほど大きくなく，換気・血流比を横軸に，分時換気量または分時血流量を縦軸にとると，幅の狭い一峰性の分布をしている（図2A）．一方，疾患肺では換気・血流比の不均等分布が大きくなり，呼吸不全の主要原因になる（図2B-E）[6-7]．たとえば，肺線維症では低い換気・血流比の分布とシャント血が多く，肺底部の肺胞の虚脱が原因と考えられる（図2B）．COPDの肺気腫優位型では高い換気-血流比の血流分布が多く，正常の換気-血流比の部分と二峰性の血流分布になっており，肺胞破壊により，換気-血流比が高い部分が増加する（図2C左）．一方，慢性気管支炎型では低い換気・血流比の血流分布が多く，やはり二峰性になっており，喀痰のために換気が十分でない部分が生じている可能性がある（図2C右）．また，気管支喘息患者では，非発作時にも不均等分布が大きく（図2D左），興味深いことに気管支拡張薬を吸入した後にかえって不均等分布が増大することがあり（図2D右），気管支拡張薬吸入後の遷延する低酸素血症の原因になっている．これは，気管支拡張薬が，気道収縮が強い部分には行き渡りにくく，気道収縮が弱い部分をより拡張するためと考えられている．肺血栓塞栓症では血栓のため，著明な換気-血流比の不均等分布とシャント血の増加が認められる（図2E）．

2）拡散障害があると，肺胞気酸素分圧が正常でも肺毛細管血に酸素が移動しにくくなる（図1B）[2,3,8]．健常者の肺の拡散距離は少なく拡散面積は広い．電子顕微鏡による形態計測に

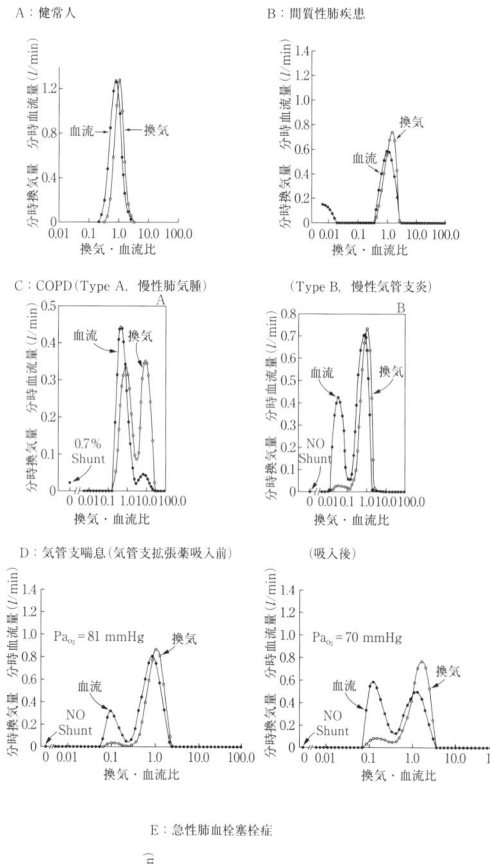

図2 健常肺と疾患肺の換気・血流比分布（文献6と7を基に作成）

A：健常人の換気と血流の分布は一峰性で、そのばらつきの幅も狭い。

B：間質性肺炎患者の肺では低い換気−血流比への血流とシャント血流が多い。

C：COPD患者は、肺気腫型（左：type A）では高い換気−血流比への換気が多く、慢性気管支炎型（右：type B）では低い換気−血流比への血流が多くなっているが、シャントはない。

D：喘息患者では非発作時にも低い換気−血流比への血流が認められる（左）。気管支拡張薬を吸入すると、低い換気−血流比への血流が増大し、低酸素血症が増悪する（右）。

E：急性肺血栓塞栓症では著しい換気−血流比の不均等分布が認められ、高い換気−血流比への換気が増加し、一方で死腔やシャント血流が増加している。

より、肺胞の表面積は143 m^2、毛細血管の表面積は126 m^{2}であり[9]、拡散障壁の厚さは調和平均（逆数の算術平均の逆数）で1.11 μmと報告されている[10]。終末毛細管血が肺胞気と拡散平衡に達していない場合に拡散障害による動脈血酸素分圧への影響が出てくるが、健常者においては高地で運動するとき以外、通常みられない。しかし、拡散能力が低下している肺では、とくに運動時で、終末毛細管血が低下し、低酸素血症となる。

酸素拡散能力 D_{LO_2} の測定は困難であるので、臨床では、同程度の拡散能力がある一酸化炭素ガスCOを用いて、拡散能力 D_{LCO} を測定するが、D_{LCO} は膜拡散能（D_{MCO}）と赤血球のHbと結合するまでの血液中の拡散能（D_{BCO}）とからなる。さらに厳密に言うと膜拡散能には肺胞膜以外にも血漿中や赤血球膜などヘモグロビンに至るすべての拡散障壁の拡散能が含まれている[1,7]。

$1/D_{LCO}=1/D_{MCO}+1/D_{BCO}$ であり、ここで、$D_{BCO}=\theta V_C$ で、θ はCOとHbの反応速度でVcは肺毛細血管血液量である。D_{MCO} は拡散面積と拡散距離に依存している。したがって、D_{LCO} が低下する要因として（表1）、

・拡散面積が減少する病態には、肺組織量低下（肺切除など）、肺胞壁破壊（気腫化など）、肺胞虚脱（間質性肺炎など）、肺血管床減少（種々の肺疾患、血管炎、微小血栓、原発性肺高血圧症など）などがある。

・拡散距離が増加する病態には、肺胞間質の肥厚（間質性肺炎、肺水腫など）、肺毛細血管拡張（肺肝症候群など）などがある。

・肺毛細血管血液量が低下する要因には、心拍出量低下（心不全など）、肺血管床減少（種々の肺疾患、血管炎、微小血栓、原発性肺高血圧症など）がある。

・有効ヘモグロビン量が低下している場合も同様で、貧血（異常ヘモグロビン症を含む）、アニリン中毒などメトヘモグロビン血症、CO

中毒，喫煙などがある．

・θが低下する要因には，ヘモグロビンとの親和性の低い異常ヘモグロビン血症などがある．

以上，拡散能力が低下している場合には酸素吸入が有効で，肺胞気の酸素分圧を高くすると，肺胞気から肺胞毛細管血までの駆動圧が高まり，多くの酸素が拡散で移動できる．

3) 血流の右-左シャント（図1D）は心房中隔欠損や心室中隔欠損などの心疾患の他に，肺動静脈瘻，無気肺を通る血流などが原因として挙げられ，この場合には酸素吸入をしても，ガス交換をする部分は正常であるので，ガス交換後の酸素含量はさほど増加せず，その後にシャントの静脈血が混合するために，結局，動脈血酸素分圧は低下する．右-左シャントでは，酸素吸入による動脈血酸素分圧の改善効果がほとんどない．

5. 慢性呼吸不全

慢性呼吸不全とは室内気吸入時のPa_{O_2}が60 Torr以下となる状態が少なくとも1ヵ月以上続くものをさす．臨床的にとくに重要なのは慢性呼吸不全患者において急性に低酸素血症の増悪をきたす場合であり，予備能が少ないため早めに治療しないと予後不良である．

急性増悪の原因には，a) 高濃度の酸素吸入，b) 呼吸中枢抑制薬・睡眠剤の投与など，c) 呼吸器感染症，d) 心不全，e) 全身麻酔および手術，f) 喘息発作，などがあげられる．a) とb) は医原性であり，注意する必要があり，Ⅱ型呼吸不全症例でしばしばみられる．

a) の高濃度酸素吸入によりPa_{CO_2}が増加する機序は以下のように考えられている．肺胞低換気が慢性に続くと呼吸中枢はPa_{CO_2}の刺激に対して反応しにくく，換気は低酸素血症によってのみ刺激されている．この状態で高濃度酸素を吸入すると，低酸素だけによって刺激されていた換気は抑制されPa_{CO_2}はますます増加し，Pa_{CO_2}が80 Torr以上になると呼吸はさらに抑制され悪循環が形成される（CO_2ナルコーシス）．しかし，この説明には，必ずしも明確なエビデンスはなく，高濃度酸素吸入による無気肺や換気・血流比の低い部分の血流量増大が原因と考えている人々もいる．

c) の呼吸器感染症として，肺炎にまで至らない気道感染症によっても急性増悪をしばしば認める．気道内分泌物の貯留は気道抵抗の増大，換気・血流比の不均等分布，無気肺による血流の右-左シャントなどを介して動脈血酸素分圧を低下させる．

6. 在宅酸素療法

在宅酸素療法の適応基準：高度慢性呼吸不全，肺高血圧症，慢性心不全，チアノーゼ型先天性心疾患．

・慢性呼吸不全で病態が安定しており，動脈血酸素分圧Pa_{O_2}が55 Torr以下，およびPa_{O_2}が60 Torr以下で睡眠時または運動負荷時に著しい低酸素血症をきたす症例であって医師が在宅酸素療法を必要であると認めた場合．なお，適応患者の判定に経皮的動脈血酸素飽和度測定器による酸素飽和度から求めた動脈血酸素分圧を用いてもよい．

・肺高血圧患者（平均肺動脈圧で25 mmHg以上）．

・心不全患者．NYHA Ⅲ度以上であると認められ，睡眠時のチェーンストークス呼吸がみられ，無呼吸低呼吸指数（1時間当たりの無呼吸数および低呼吸数）が20以上であることが，睡眠ポリグラフィー上で確認されている症例．

・ファロー四徴症，大血管転位症，三尖弁閉鎖症，総動脈幹症，単心室症などのチアノーゼ型先天性心疾患患者のうち，発作的に在宅で行われる救命的な酸素吸入療法をいう．

このように，在宅酸素療法は，慢性呼吸不全

以外にも適応される.

7. 非侵襲的陽圧換気療法

非侵襲的陽圧換気療法（NPPV；non-invasive positive pressure ventilation）は，これまでの挿管などによる気道確保を要する陽圧換気（IPPV；intermittent positive pressure ventilation）とは異なり，マスク装着による陽圧換気療法で，早期に導入しやすく，着脱が可能，会話や食事が可能，鎮静薬が不要，感染を起こしにくい，など多くの利点がある．一方，これまでの IPPV に比べて換気は不確実で，鎮静を要する高度な換気モードが使用できない，など欠点もある．とくに喀痰量の多い患者には使用できない．

COPD の急性増悪で Pa_{CO_2} が 45 Torr より大きくなった症例に対する NPPV 使用群と対照群とを比較した 8 つの研究の Cochrane systematic review とメタアナリシスによると，NPPV 使用例の方が死亡率の低下，挿管の必要性の低下，治療の失敗の起こりやすさの低下，1 時間後の pH と Pa_{CO_2} と呼吸数の改善がみられ，さらに NPPV により治療関連合併症も少なく，在院日数の短縮が認められている．現在，NPPV のエビデンスレベルがメタアナリシスで明確なのは，COPD の急性増悪と心原性肺水腫，肥満低換気症候群である[11]．

8. 急性呼吸不全

急性呼吸不全の定義は明確ではないが，その中の 1 つの病態に急性呼吸促迫症候群（ARDS；acute respiratory distress syndrome）がある．本態は種々の原因による肺の炎症と微小血管透過性亢進による透過性肺水腫である．臨床的特徴には以下の 4 項目がある．
1）急性発症： 数日以内の経過で発症する.
2）低酸素血症： $Pa_{O_2}/FI_{O_2} \leq 200$ mmHg.
3）胸部 X 線所見： 正面像にて両側性浸潤影.
4）左心不全または毛細管性肺高血圧の否定：左房圧上昇の臨床所見なし，または肺動脈楔入圧 ≤ 18 mmHg.

なお，$Pa_{O_2}/FI_{O_2} \leq 300$ mmHg の場合は ALI（acute lung injury：急性肺損傷）と呼ぶ.

ARDS/ALI の原因には，以下の多くの疾患がある．

肺疾患：胃液の誤嚥，重症肺感染症（インフルエンザ肺炎，カリニ肺炎，サイトメガロウイルス肺炎，粟粒結核），溺水，刺激性ガス吸入，気道熱傷，肺塞栓症，肺挫傷，酸素中毒，放射線肺臓炎など.

肺疾患以外：敗血症症候群，重症外傷，ショック，急性膵炎，汎発性血管内凝固症候群（DIC），過剰輸液，薬剤（パラコート，ヘロインなどの麻薬，ブレオマイシン，メソトレキセートなど），心バイパス手術後，脳血管障害（脳圧亢進），高地など.

以上の原因のいかんにかかわらず，病像は似通っている.

ARDS/ALI に関連して人工呼吸に伴う肺損傷（ventilator-induced lung injury；VILI あるいは ventilator-associated lung injury；VALI）にも注意する必要がある.

かつての一般的な人工呼吸療法は Pa_{O_2} と Pa_{CO_2} を正常にするために，高圧で高換気量の陽圧換気であったが，そのことで ARDS と同様の肺損傷が起こることがわかってきた．そして，その際の炎症物質が，肺毛細血管の破綻したバリアーを越えて血液中に入り，全身に炎症が拡がり（全身炎症症候群：systemic inflammatory response syndrome；SIRS），多臓器不全（multi-organ failure；MOF）をきたすことがわかってきた.

VILI の機序には生化学的肺損傷と物理的肺損傷がある.

生化学的肺損傷にはサイトカイン（tumor

necrosis factor, interleukin など），脂質メディエータ（prostaglandin, leukotrien, platelet activating factor など），活性酸素，タンパク分解酵素などが関与し，物理的肺損傷には肺胞過伸展，虚脱再膨張の繰り返し，ずり応力などが関与している．

この人工呼吸に伴う肺損傷の防止策として，低換気（1回換気量 6 ml/kg）で最高気道内圧やプラトー圧を抑え（permissive hypercapnia：高炭酸ガス血症の容認．ただし，高炭酸ガス血症が目的ではない），さらに，高めの PEEP（open lung approach）で気道を開いて，拡張・虚脱を繰り返すことによる物理的損傷を防ぐとともに酸素能を改善する手法が推奨されている[12]．

9. 呼吸不全の全身合併症

呼吸不全は種々の全身合併症をきたす全身疾患でもある．以下に列挙する．

脳神経系：意識障害・肺性脳症・CO_2 ナルコーシス，精神障害・ICU 症候群．

心血管系：左心不全・心原性ショック，不整脈（心室性頻拍，房室ブロック，上室性頻拍など），肺高血圧症・肺性心（右室肥大と右心不全），肺血栓塞栓症・深部静脈血栓症．

腎泌尿器系：急性腎不全，尿路出血（尿路結石，外傷など），尿閉（前立腺肥大，薬剤など）．

肝胆道系：肝機能障害（低酸素性，うっ血肝，薬剤など），急性胆嚢炎・膵炎．

消化管：消化性潰瘍，出血（吐血，下血），イレウス，鼓腸，吸収障害．

血液凝固系：汎発性血管内凝固症候群（DIC），白血球減少症．

感染症：敗血症・菌血症，局所感染症（呼吸器，尿路，胆嚢など）．

その他：低栄養状態．

10. 組織の低酸素

組織への酸素運搬は以下の式で表される．
$$D_{O_2} = Ca_{O_2} \cdot \dot{Q}$$
$$= \left(\frac{1.39 \times Hb \times \%飽和度}{100} + 0.0031 \times P_{O_2} \right) \cdot \dot{Q} \quad (4)$$

ここで，D_{O_2}[ml O_2/min] は組織への分時酸素運搬量，Ca_{O_2}[ml O_2/dl] は血液中の酸素濃度，$\dot{Q}$[dl/min] は心拍出量，%飽和度は酸素飽和度で 1.39[ml O_2/g] はヘモグロビン 1 g に結合しうる酸素量で 0.0031[ml O_2/dl/Torr] は酸素の溶解度で 1 dl の血液に 1 Torr（mmHg）の分圧あたり溶け込む酸素量である．

この式(4)を基に，組織への酸素運搬が低下する原因を以下に記載する．

1) 酸素分圧の低下（呼吸不全）：Pa_{O_2} と酸素飽和度が低下する．

2) 酸素の運搬障害
① 貧血：Hb 値の低下．
② 心拍出量の低下．心不全やショックによる $\dot{Q}$ の低下．
③ 末梢循環不全．動脈硬化，血栓塞栓症，血管の攣縮などによる局所の血流量の低下．

3) 組織の酸素消費量の増大：運動時，発熱時などで，供給より消費が増大する．

4) 組織の酸素利用障害：シアン中毒などで，酸素を利用できなくなる．

とくに，酸素消費に見合った酸素供給がないと組織は低酸素状態になる．たとえば，狭心症は心臓の冠動脈が狭くなり，組織の酸素供給不足が起こり，労作時に心筋の酸素消費量が増大すると症状が出てくる．

呼吸不全であっても生体は代償機転が働き，組織は必ずしも低酸素状態にはなっていない．たとえば，低酸素刺激はエリスロポエチン産生をきたしてヘモグロビンは増加し，また，心拍出量も増加し，組織への酸素運搬量を確保している．

以上，組織への酸素運搬量の確保が生体にとって重要であるので，呼吸不全においては動脈血の酸素分圧だけではなく，貧血はないか，心拍出量は十分に確保されているか，組織の循環不全はないか，といったことも注意すべき重要な要素である．

［小林弘祐］

■文献

1) Haldane JS：Chapter XI. Air of abnormal composition. In：Respiration. Yale University Press, Oxford University Press, 1922.
2) West JB（桑平一郎 訳）：ウエスト呼吸生理学入門．メディカルサイエンスインターナショナル，2009.
3) 牛木辰男，小林弘祐：人体の正常構造と機能 I 呼吸器．日本医事新報社，2002.
4) Riley RL, Cournand A：'Ideal' alveolar air and the analysis of ventilation-perfusion relationships in the lungs. J Appl Physiol 1：825-847, 1949.
5) Rahn H：A concept of mean alveolar air and the ventilation-blood flow relationships during pulmonary gas exchange. Am J Physiol 158：21-30, 1949.
6) Wagner PD：Measurement of the distribution of ventilation-perfusion ratios. In：Regulation of ventilation and gas exchange.（Davies DG, Barnes CD, ed）. Academic Press, 1978.
7) Rodriguez-Roisin R, Wagner PD：Clinical relevance of ventilation-perfusion inequality determined by inert gas elimination. Eur Respir J 3：469-482, 1990.
8) 小林弘祐（日本呼吸器学会肺生理専門委員会 編集）：7. 拡散（臨床呼吸機能検査 第7版）．メディカルレビュー，2008.
9) Gehr P, Bachofen M, Weibel ER：The normal human lung：Ultrastructure and morphometric estimation of diffusion capacity. Respir Physiol 32：121-140, 1978.
10) Weibel E, Federspiel WJ, Fryder-Doffey F, et al：Morphometric model for pulmonary diffusing capacity. I. Membrane diffusing capacity. Respir Physiol 93：125-149, 1993.
11) Lightowler JV, et al：Non-invasive positive pressure ventilation to treat respiratory failure resulting from exacerbations of chronic obstructive pulmonary disease：Cochrane systematic review and meta-analysis. BMJ 326（7382）：185-189, 2003.
12) The Acute Respiratory Distress Network：Ventilation with lower tidal volumes as compared with traditional tidal volumes for acute lung injury and the acute respiratory distress syndrome. N Engl J Med 342：1301-1308, 2000.

4.11 酸素関連疾患：睡眠時無呼吸症候群

1. 概念

　睡眠時無呼吸症候群（sleep apnea syndrome；SAS）は1976年にGuilleminaultらによって初めて定義され，現在では睡眠呼吸障害（sleep disordered breathing；SDB）の一種として捉えられている．睡眠中に無呼吸や低呼吸が何度も繰り返されることで低酸素血症をきたしたり，睡眠が分断化されて睡眠の質が悪くなり，心血管障害や日中過眠などの症状を呈する疾患群のことをいう．近年，病態的には無呼吸と低呼吸とに差はないので，両者を同等に評価し，名称も睡眠時無呼吸低呼吸症候群（sleep apnea hypopnea syndrome；SAHS）とするのが一般的である．1993年にアメリカ睡眠障害調査委員会から保健福祉省や議会に提出された"Wake Up America"という報告書には，睡眠障害，とくにSAHS，に伴って発生したさまざまな重大事故例が報告されている．わが国では，2003年以降，列車運転士の居眠り運転やそれに起因する事故の原因としてSAHSが注目されている．SAHSと交通事故発生の関係については，SAHS患者では健常対照群と比較して約7倍，一般ドライバーと比較して約2.6倍の頻度で交通事故を起こすとの報告がある．さらに，SAHS患者に対して鼻マスク式持続陽圧呼吸（nasal continuous positive airway pressure；NCPAP）治療を行うことにより，SAHS患者の交通事故が減少することも報告されている．

2. 睡眠呼吸障害（SDB）と睡眠時無呼吸低呼吸症候群（SAHS）

　SAHSにおける無呼吸（apnea）とは，呼吸振幅がベースラインより90%以上大きく低下した状態が10秒以上持続した状態で，かつこの無呼吸の基準が持続時間の90%以上を占める状態，と定義されている．一方，低呼吸（hypopnea）は，呼吸振幅がベースラインより30%以上低下する状態が10秒以上持続し，かつこの低呼吸の基準が持続時間の90%以上を占める状態で，4%以上の血中酸素飽和度の低下が認められる場合（推奨基準），あるいは，呼吸振幅の低下がベースラインの50%以上低下した状態が10秒以上持続し，かつこの低呼吸の基準が持続時間の90%以上を占める状態で，3%以上の血中酸素飽和度の低下，あるいは脳波上の覚醒が認められる場合（代替基準）と定義されている．これら無呼吸，あるいは低呼吸が睡眠中1時間あたりに出現する回数を，無呼吸低呼吸指数（apnea hypopnea index；AHI）といい，日中の過度な眠気などの自覚症状の有無に関わらず，このAHIが5-10回/時以上の呼吸状態をSDBという．SAHSは，このSDBに睡眠中の頻回な覚醒，熟睡感の欠如，日中の倦怠感，集中力の欠如などといった症状を伴った状態をいう．

3. 疫学

　SAHSの有病率について，30-60歳を対象とした米国の疫学調査によれば，AHI≧5であるSDBの頻度は男性24%，女性5%であり，AHI≧15の頻度は男性9.1%，女性4%であ

り，女性と比較して男性に多いことが報告されている．SAHS の中で，最も頻度が高いのは閉塞型睡眠時無呼吸低呼吸症候群（obstructive sleep apnea hypopnea syndrome；OSAHS）であるが，OSAHS における代表的自覚症状である日中の過度な眠気（excessive daytime sleepiness；EDS）の発現頻度は，男性で 16%，女性で 22% であった．さらに，AHI ≧ 5 かつ EDS を認める OSAHS の有病率は，男性で 4%，女性で 2% であったと報告されている．一方，本邦における AHI ≧ 5 かつ EDS を認める OSAHS は，男性で 3.3%，女性で 0.5% であった．OSAHS の好発年齢は，男性では 40-50 歳代が多く，女性では閉経後に増加する．

4. 無呼吸の分類

睡眠時の無呼吸は，その病態により，以下の 3 型に分けられる（図1）．

1）閉塞型（obstructive type）

睡眠中に上気道が閉塞して気流が停止するタイプ．無呼吸の間，呼吸努力が見られ，胸腹部は奇異性運動（paradoxical movement）を呈する．

2）中枢型（central type）

呼吸中枢の機能異常により，呼吸筋への刺激が消失して無呼吸となる．無呼吸中，胸腹部の呼吸性運動は認められない．

3）混合型（mixed type）

中枢型無呼吸で始まり，後半になって閉塞型無呼吸に移行する場合が多い．閉塞型無呼吸の 1 つとして分類することが多い．睡眠レベルの移行時期などにも見られやすい．

5. 睡眠時無呼吸低呼吸症候群（SAHS）の分類

SAHS は，アメリカ睡眠医学会（American Academy of Sleep Medicine；AASM）では，以下の 4 型に分類されている．

a. 閉塞型睡眠時無呼吸低呼吸症候群（obstructive sleep apnea hypopnea syndrome；OSAHS）

SAHS の中で最も多く見られるタイプ．骨格や扁桃腺肥大，軟口蓋低位，口蓋垂肥大，巨舌，小顎症，肥満などにより上気道が狭く，睡眠中に舌や上気道開大筋の筋緊張が低下するために，吸気時の陰圧によって上気道が閉塞し，無呼吸あるいは低呼吸が生じる．ポリソムノグラフィーでは，閉塞型の無呼吸あるいは低呼吸が見られ，胸腹部の奇異性運動が出現する（図2）．日本人は人種的にわずかな体重増加で OSAHS を発症しやすい顔面頭蓋といわれている．

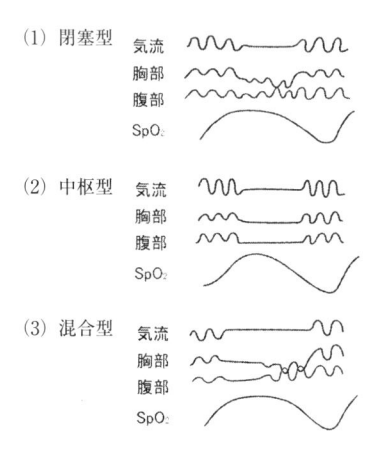

図1 無呼吸の分類

（1）閉塞型（obstructive type）：無呼吸の間，呼吸努力が見られ，胸腹部は奇異性運動（paradoxical movement）を呈する．
（2）中枢型（central type）：無呼吸中，胸腹部の呼吸性運動は認められない．
（3）混合型（mixed type）：中枢型無呼吸で始まり，後半になって閉塞型無呼吸に移行する場合が多い．

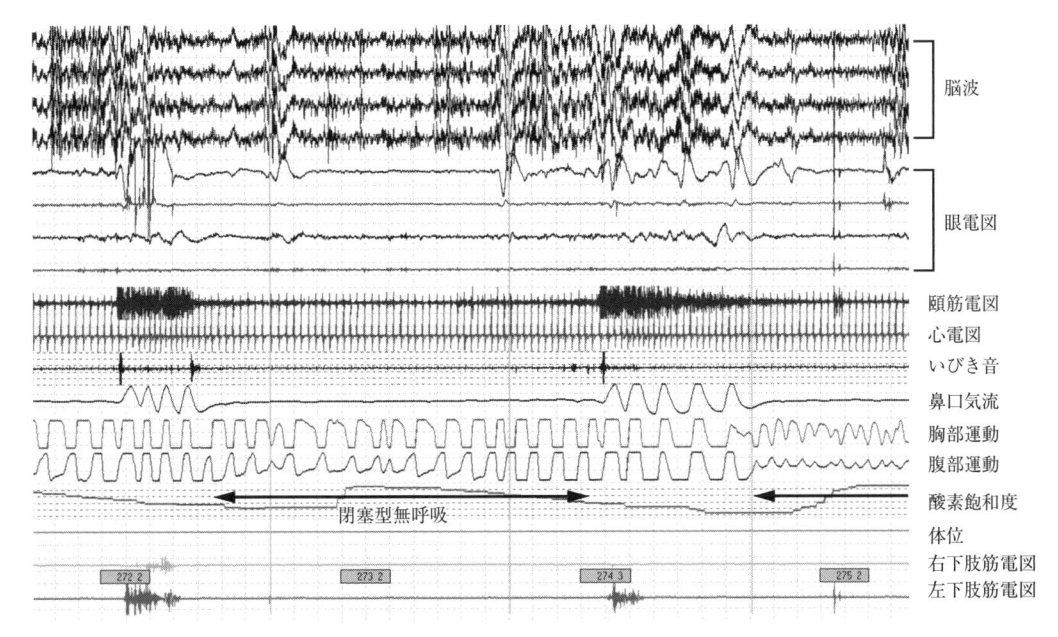

図 2 閉塞型睡眠時無呼吸低呼吸症候群（OSAHS）の PSG 結果例
鼻口気流の停止している箇所で，胸部の奇異性呼吸運動（paradoxical movement）が見られる．

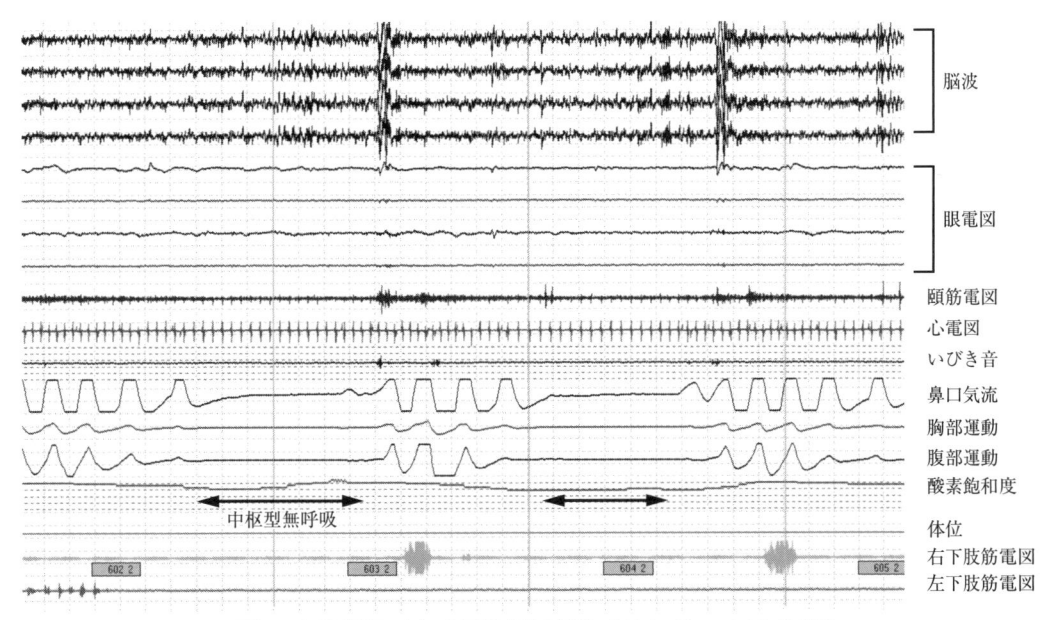

図 3 中枢型睡眠時無呼吸低呼吸症候群（CSAHS）の PSG 結果例
胸腹部の呼吸性運動の停止に伴って，鼻口気流が停止している．

b．中枢型睡眠時無呼吸低呼吸症候群（central sleep apnea hypopnea syndrome；CSAHS）

呼吸中枢から呼吸筋への出力がないことにより，呼吸運動が障害されて生じるタイプ．ポリソムノグラフィーでは中枢型の無呼吸，すなわち胸腹部の呼吸性運動の消失を伴った，気流停止が見られる（図3）．脳血管障害などで見られることが多いが，健常人でも高地での睡眠時には観察される．

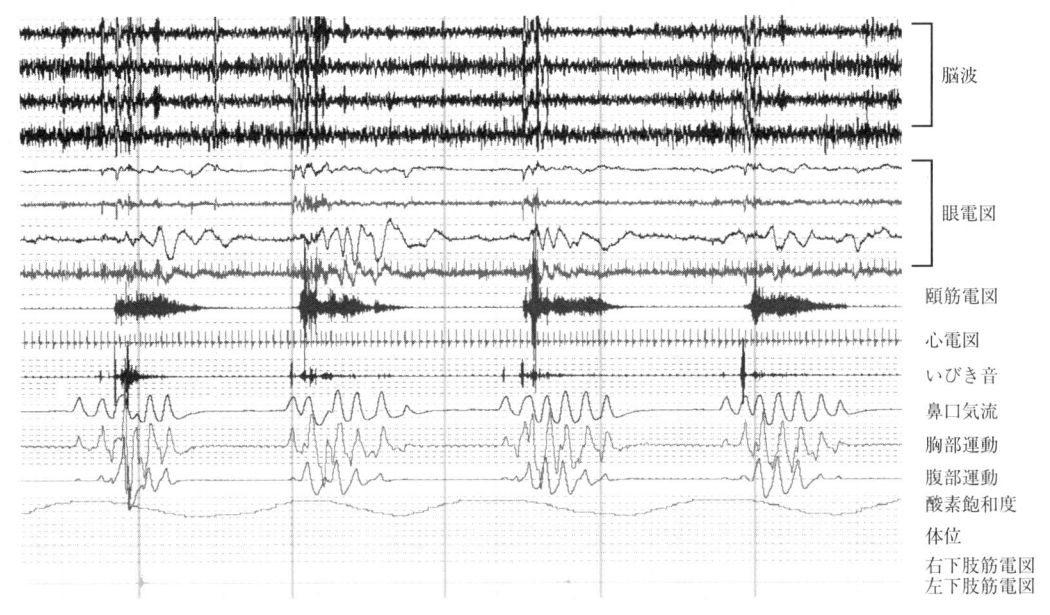

図4 チェーンストークス呼吸症候群（CSR）のPSG結果例
1回換気量が漸増漸減する過換気相と，中枢型無呼吸相を繰り返すものをいう．

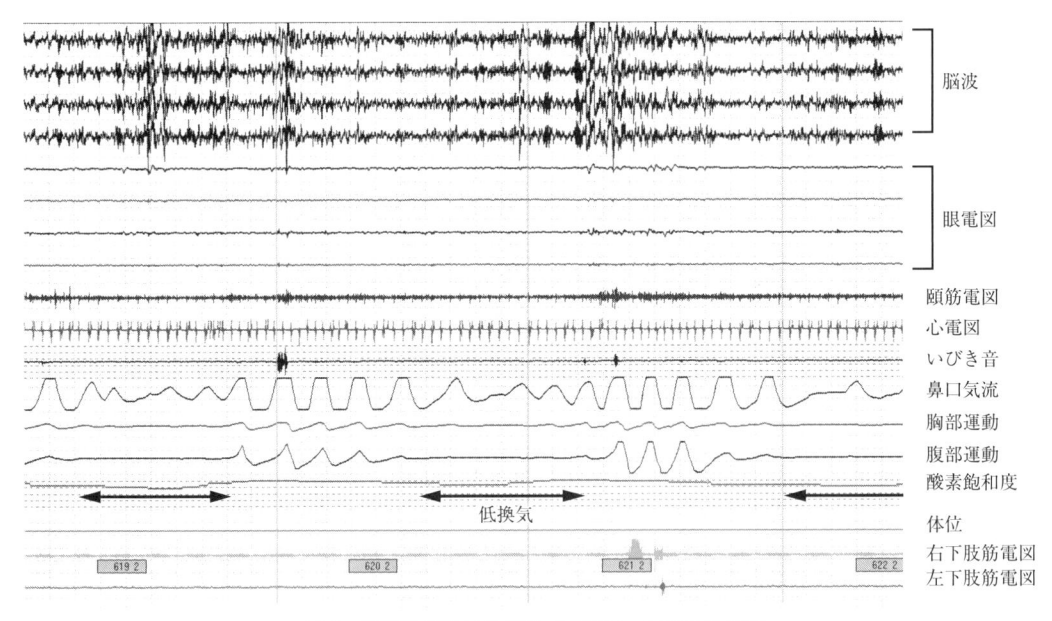

図5 睡眠時低換気症候群（SHVS）のPSG結果例
慢性呼吸器疾患や胸郭異常などで，睡眠中に低換気が見られるものをいう．

c. チェーンストークス呼吸症候群
（Cheyne-Stokes respiration：CSR）

CSAHSの亜型に分類され，1回換気量が漸増漸減する過換気相と，中枢型無呼吸相が繰り返されるものをいう（図4）．脳血管障害や心不全患者で見られ，とくに左室駆出率が45%未満の心不全患者の40%にCSRが合併するとの報告がある．また，CSRは心不全の長期予後に影響を与えることも報告されている．

d. 睡眠時低換気症候群 (sleep hypoventilation syndrome；SHVS)

慢性呼吸器疾患や胸郭異常などで，睡眠中，とくにREM期に，低換気が見られるものをいう（図5）．

6. 症状

SAHSでは，睡眠中の低酸素血症などにより良質な睡眠がとれなくなることで，さまざまな症状を呈する．以下，SAHSの中で最も頻度が多いOSAHSの症状を，睡眠時と覚醒時とに分けて述べる．

覚醒時の症状としては，起床時の熟睡感欠如，EDS，集中力欠如，記憶力減退，性格変化，抑うつ状態，疲労感，性欲減退，インポテンツなどの症状が見られる．また，睡眠時から持続する高炭酸ガス血症により，起床時の頭痛が見られることがある．EDSや集中力欠如は交通事故，産業上の事故，作業効率低下による労働生産性の低下など，社会的問題も招く．一方，睡眠中の症状としては，繰り返されるいびきと呼吸停止，頻回な体動，中途覚醒，夜間頻尿などがあげられる．

7. 合併症

OSAHSでは，種々の心血管系疾患が合併し，これらが予後決定に重要な因子であることがわかってきている．

a. 高血圧

OSAHSに高血圧を合併することは1980年代から報告されている．AHI≧5で，高血圧のリスクが2倍になることや，体格，アルコール摂取量，喫煙量などで補正しても，AHI≧30の群とAHI<15の群では，高血圧罹患率のオッズ比は1.37であり，OSAHSが重症化するほど高血圧を高率に合併していることなどが報告されている．また，OSAHSに伴う睡眠時低酸素血症は，肥満などの要因とは独立して，動脈硬化の危険因子の1つである可能性も指摘されている．OSAHSによる高血圧発症の機序としては，睡眠中の無呼吸あるいは低呼吸によって低酸素状態となり，頸動脈体を介して中枢に刺激が伝わり，交感神経が緊張して血圧が上昇する．ここで覚醒が生じることで交感神経の活動がさらに亢進し，血圧がさらに上昇する．しかし，完全に覚醒して低酸素状態が解除されると，それに伴って血圧が低下すると類推されている．また，覚醒に伴って大きな呼吸をすることで胸郭が大きく拡張し，交換神経の亢進を抑制するような反応が生じることも，覚醒後の血圧低下に関与していると考えられている．

b. 不整脈

OSAHS患者には上室性および心室性期外収縮，心室性頻拍，房室ブロックなどの不整脈が合併することが知られている．OSAHS患者に不整脈が合併する頻度は，約20%程度であるとの報告がある．一方，電気的除細動による治療が必要な心房細動患者151名を対象とした検討では，49%の患者にOSAHSが認められたとの報告がある．OSAHS患者では，電気的除細動後の心房細動再発率が高いが，NCPAPを用いることで，再発率を減少させることが報告されている．

c. 虚血性心疾患

OSAHS患者における虚血性心疾患のリスクは，健常者と比較して1.2-6.9倍であり，OSAHS患者に虚血性心疾患が合併する頻度は35-40%と報告されている．また，OSAHSに対する適切な治療を行うことで，冠動脈疾患の増悪を減少させることも報告されている．OSAHSと虚血性心疾患の関連については，OSAHSに伴う夜間の頻回な覚醒や低酸素に伴

う交感神経の活動増強，睡眠障害に対するカテコラミンの増加などが影響していると考えられている．

d．肺高血圧症

ポリソムノグラフィーおよび右心カテーテルにて睡眠中の肺動脈圧（Ppa）を測定したところ，REM 期と NREM 期ともに，Sp_{O_2} と平均 Ppa は負の相関を示し，かつ REM 期のほうが NREM 期よりも Ppa が高値であることが報告されている．OSAHS に伴う肺高血圧の発生機序については，無呼吸あるいは低呼吸に伴う Sp_{O_2} の低下による低酸素性肺血管収縮（hypoxic pulmonary vasoconstriction；HPV）および，高炭酸ガスによる HPV の増強が考えられている．一方，昼間覚醒時の肺高血圧に関しては，睡眠中の繰り返される低酸素血症が肺動脈のリモデリングを起こすことで，覚醒時にも持続する肺高血圧を生じさせる可能性が指摘されている．

e．脳血管障害

動脈硬化の発症進展に関与すると考えられている血管内皮増殖因子（vascular endothelial growth factor；VEGF）の血中濃度が，OSAHS 患者で高く，OSAHS に対する適切な治療を行うことで低下することが知られている．また，動脈硬化の目安の1つとして用いられている内頸動脈の intima-media thickness（IMT）も，OSAHS に対する治療により有意に減少すると報告されており，OSAHS と脳血管障害の関連性が考えられている．

f．糖尿病

OSAHS 患者に非インスリン依存型糖尿病が合併する頻度は約 10%，糖代謝異常の合併は約 15% とされ，OSAHS が重症化すると，その合併頻度は増加する．とくに，OSAHS とインスリン抵抗性は，体重とは独立して関与して

表1 Guilleminault，Berry らによる SAS の診断基準[1,2]

- 無呼吸は，鼻腔および口のレベルで，10 秒以上の気流の停止とする．
- 睡眠時無呼吸症候群（SAS）は，無呼吸が7時間の睡眠中に NREM 期を含め 30 回以上繰り返される病態，あるいは睡眠時間が7時間に満たない場合は，単位時間あたりに起きる無呼吸回数が5回/時以上認められるときに診断される．

いることが近年報告されている．また，NCPAP 治療を4時間以上行えば，糖代謝が改善するということも報告されている．

8．診　断

1976 年に SAS が定義されて以来，表1などをはじめとする，さまざまな診断基準が用いられてきた．近年は，1999 年に提唱され，2001 年および 2007 年に内容が一部変更された AASM による診断基準（表2）や，睡眠呼吸障害研究会による診断基準が多く用いられている．2005 年に睡眠呼吸障害研究会がまとめた「成人の睡眠時無呼吸症候群─診断と治療のためのガイドライン」では，AASM の提唱する「EDS もしくは閉塞型無呼吸に起因するさまざまな症候のいくつかを伴い，かつ AHI ≧ 5」を OSAHS の基準として用いている．

a．簡易診断装置

鼻口気流，気管音，パルスオキシメーターによる経皮的動脈血酸素飽和度（Sp_{O_2}），心拍数，胸部あるいは腹部の呼吸運動などを同時に記録する検査システムをいう．脳波が記録されないため簡便であるが，睡眠時間や睡眠段階は不明である．

b．ポリソムノグラフィー（polysomnography；PSG）

脳波，眼電図，頤筋電図，前脛骨部筋電図による睡眠の段階や中途覚醒反応の判定，鼻口気

表2 アメリカ睡眠医学会によるOSAHSの診断基準，閉塞型呼吸イベントおよび呼吸努力関連覚醒（respiratory effort related arousal；RERA）イベントの定義

1. 診断基準：以下のA＋CあるいはB＋Cを要する．
   A．日中の傾眠があり，他の要因で説明できないこと．
   B．下記のうち2つ以上あり，他の要因で説明できないこと．
      睡眠中の窒息感やあえぎ呼吸
      睡眠中の頻回の覚醒
      熟眠感の欠如
      日中の倦怠感
      集中力の欠如
   C．終夜モニターで睡眠中に1時間あたり5回以上の閉塞型呼吸イベントがあること．閉塞型イベントは閉塞型無呼吸/低呼吸あるいは呼吸努力関連覚醒（RERA）のいずれかの組み合わせによる．
2. 閉塞型無呼吸/低呼吸の定義
   A．無呼吸イベントの定義：以下の基準すべてを満たす．
      1）呼吸振幅の低下が，ベースラインの90％以上である．
      2）イベントの持続時間は10秒以上
      3）イベントの持続時間の少なくとも90％は，無呼吸の振幅低下の基準を満たす．
   無呼吸の基準を満たし，気流が欠如している期間すべてを通して吸気努力が続く，または増加が見られる場合，その呼吸イベントは閉塞型無呼吸とスコアする．
   B．低呼吸イベントの定義：以下の基準のすべてを満たす．
      1．推奨基準
         1）呼吸振幅がベースラインの30％以上低下する．
         2）イベントの持続は10秒以上．
         3）イベント発生前のベースラインから4％以上のSp_{O_2}低下が見られる．
         4）イベントの持続時間の少なくとも90％は，低呼吸の振幅低下の基準を満たす．
      2．代替案
         1）呼吸振幅がベースラインの50％以上低下する．
         2）イベントの持続は10秒以上．
         3）イベント発生前のベースラインから3％以上のSp_{O_2}低下が見られる，あるいは，イベントと関連づけられる脳波上の覚醒（arousal）がある．
         4）イベントの持続時間の少なくとも90％は，低呼吸の振幅低下の基準を満たす．
3. 呼吸努力覚醒（RERA）イベントの定義
   呼吸努力の増加により覚醒を来たすが無呼吸や低呼吸の基準を満たさないもので，以下のA＋Bを要する．
   A．徐々に食道内圧が低下し，突然陰圧の程度が小さくなり，覚醒とともに終了する．
   B．イベントの持続は10秒以上

（文献3（AASM 1999）より改変，引用）

表3 PSGの測定項目と目的

	障害	測定の目的	測定項目
1.	睡眠障害	睡眠段階，中途覚醒反応の判定	脳波，眼電図，頤筋電図
2.	呼吸障害	無呼吸・低呼吸の有無，呼吸のリズム	鼻・口の気流（サーミスタ等），気道（いびき）音
		無呼吸の型	胸部・腹部の呼吸運動
		低酸素血症	パルスオキシメーター
		高炭酸ガス血症	呼気終末二酸化炭素濃度
		呼吸努力	食道内圧
3.	循環障害	不整脈，心拍数変化	心電図
		血圧の変動	血圧連続測定
4.	周期性運動障害	下肢の運動	前脛骨部筋電図
5.	その他	体位	体位センサー

流，呼気終末二酸化炭素濃度（end tidal CO$_2$：ET$_{CO_2}$），心電図，ピエゾマイクロフォンによる気道音（いびき音），胸・腹部の呼吸性運動，パルスオキシメーターによるSp$_{O_2}$，体位センサーによる体位などを測定，記録することで（表3），呼吸循環動態を同時に記録し，睡眠中の呼吸・循環障害と睡眠障害を総合的に把握する検査．上気道抵抗症候群（upper airway resistant syndrome；UARS）の換気努力に伴う覚醒反応を検出しなければならない場合には，食道内圧の測定が有用である．

9．治療

OSAHSに関する予後について，無呼吸指数（apnea index；AI）が20を超える群では，AI＜20の群に比較して有意に予後が悪いことが報告されている（図6）．また，本邦におけるAI≧20の無治療群の5年生存率は84%であり，AI＜20の群あるいはAI≧20の治療群と比較して有意に予後が不良であることが報告されている．このため，AI≧20の群では，自覚症状の有無とは無関係に積極的な治療の導入が必要と考えられる．以下に代表的な治療法を述べる．

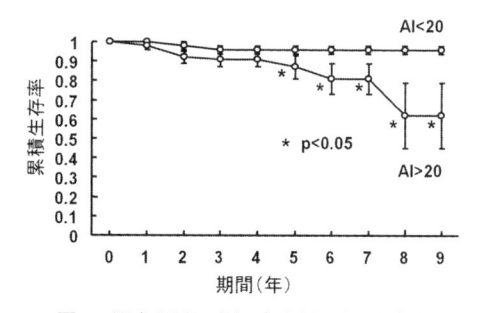

図6 閉塞型睡眠時無呼吸症候群の生存率
AI＞20の患者群は，AI＜20の患者群と比較して，5年目以降で生存率が有意に減少している．（文献6より改変・引用）

a．内科的治療
1）側臥位あるいは腹臥位での就寝

仰臥位での就寝は，重力により舌根部が沈下し，上気道を狭小化させるため，OSAHSを増悪させる．側臥位・腹臥位では舌根部の沈下が起きにくいため，OSAHS患者では側臥位あるいは腹臥位での就寝が望ましい．しかし，重症のOSAHS患者では側臥位就寝の効果が乏しい場合がある．

2）飲酒，睡眠薬の禁止

アルコールならびに睡眠薬は上気道開大筋の筋活動を抑制するため，OSHASを増悪させる．

3）減量

肥満はOSAHSの増悪因子であり，減量は常に考慮されるべき治療の1つである．減量は治療効果が現れるまでに時間がかかることや，重症のOSHASに対しては減量だけでOSAHSを消失させることは困難である点が問題である．しかしながら，10%の減量がAHIを26%減少させたとの報告もあり，肥満を伴っている患者には，減量を指導する必要がある．

b．鼻マスク式持続陽圧呼吸

現在までのところ，OSAHSに対する治療法で，侵襲性が少なく，安全であり，有効性が確実と考えられているのが鼻マスク式持続陽圧呼吸（nasal continuous positive airway pressure；NCPAP）である．NCPAPの基本原理は経鼻的に陽圧を加え，気道の閉塞を改善させることであるが，気道開大筋の緊張の改善，気道浮腫の改善などにも寄与する．NCPAPは本体である送風機，送風を気道に伝えるためのチューブおよび鼻マスクから成る．その他，加湿器が付いた機種や，NCPAPの使用状況を記憶させることのできるICメモリーカード付きの機種などがある．NCPAPは非常に有効な治療法であるが，対症療法であるため，患者は就寝時に，半永久的にNCPAPを装着せねばなら

ず，患者が長期に治療を継続できるか否かが問題となる．

c．手術的療法

手術療法のうち，口蓋垂軟口蓋咽頭形成術（uvulopalatopharyngoplasty；UPPP）は，口蓋垂，口蓋扁桃，軟口蓋および口蓋弓の一部を切除することで上気道を拡大する手術である．OSAHSを軽減させるが，消失させるのは困難であることが多い．AHIの50％以上減を改善として判定すると，UPPPの治療成績は一般的には50％前後であるが，閉塞部位診断を厳密に行い，症例を適切に選択すれば80％まで向上するとの報告がある．UPPPのよい適応は中等症以下のOSAHSで，気道閉塞が軟口蓋レベルで起きている症例である．中等症以下のOSAHS症例で，NCPAPや口腔内装置などの長期継続が必要な治療法を望まない患者には有用な治療法であると考えられる．ただし，重症なOSASH患者において，NCPAPのみで充分な治療効果が得られない症例にUPPPを併用することで，治療効果が上がる場合もあり，総合的な判断が必要である．

また，小顎症や下顎後退症に起因するOSAHSの場合には，顔面形態矯正術が有効な場合がある．鼻中隔弯曲症や下鼻甲介粘膜腫脹などで鼻閉がある SAHS 症例に対して，鼻腔の通気性を改善し，NCPAPを適切に行うために，鼻中隔矯正術や下鼻甲介切除術などが行われる場合がある．

d．口腔内装置（oral appliance；OA）

就寝時に装着し，下顎を前方に移動させた状態で固定させ，上気道の閉塞を改善させる装置．有効性が無作為比較対照試験で認められているが，その効果はNCPAPには劣る．軽症～中等症例でよい適応となる．

［横場正典］

■文献
1) Guilleminault C, Tilkian A, Dement WC：The sleep apnea syndrome．Ann Rev Med 27：465-484, 1976.
2) Berry DT, Webb WB, Block AJ：Sleep apnea syndrome．A critical review of the apnea index as a diagnostic criterion．Chest 86（4）：529-531, 1984.
3) The report of an American Academy of Sleep Medicine Task Force：Sleep-related breathing disorders in adults；Recommendations for syndrome definition and measurement techniques in clinical research．Sleep 22：667-687, 1999.
4) 睡眠呼吸障害研究会編：成人の睡眠時無呼吸症候群診断と治療のためのガイドライン．メディカルレビュー社，東京，2005．
5) 木村 弘，江渡秀紀，巽浩一郎，他：閉塞型睡眠時無呼吸症候群・肥満低換気症候群の予後と各種治療効果．厚生省特定疾患呼吸不全研究班平成11年度研究報告書，pp88-90, 2000．
6) He J, Kryger MH, Zorick FJ, et al：Mortality and apnea index in obstructive sleep apnea．Chest 94（1）：9-14, 1988.

4.12 酸素関連疾患：肝臓

　肝臓は肝動脈と門脈の2つの血管により血流が供給されている臓器であり，低酸素や血流の不足のためにおきる障害は比較的おきにくい．一方，わが国のウイルス性慢性肝疾患として最も患者数の多いC型慢性肝炎，近年急激な脂肪肝の増加とともにトピックスとなっている非アルコール性脂肪性肝炎（non-alcoholic steatohepatitis；NASH），アルコール性肝障害，薬物性肝障害，肝移植後などに生じる阻血再灌流肝障害など多くの肝疾患において，肝細胞内における酸化ストレスが肝障害の発現に影響をおよぼしている．

　本稿では，まず肝臓内における酸化ストレスの発生機序について概説し，次にC型慢性肝炎，NASH，アルコール性肝障害，阻血再灌流肝障害など個々の肝障害について紹介し，その疾患における酸化ストレスの関与を解説する．

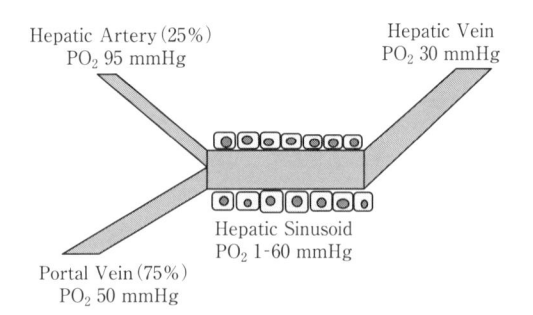

図1　肝臓への血流と酸素濃度

1. 肝臓への血流と酸素の供給

　肝臓内では，糖代謝，脂質代謝，タンパク代謝，ホルモン代謝，薬物代謝など生体を維持する上で重要な代謝が数多く行われ，2つの血管により血液が供給されている（図1）．心臓-大動脈からの動脈血は酸素分圧が約95 mmHgであり肝動脈より，腸管から吸収された栄養分を含む静脈血は酸素分圧が約50 mmHgであり門脈より肝臓に流入し，血流量としては前者が25％，後者が75％を占める．

　さらに，肝臓の中の機能的最小単位である肝小葉内において，終末肝動脈枝および終末門脈枝より血液は流入し肝類洞を通過して終末肝静脈へと流れている．肝類洞は1本の細い血管ではなく網目状に広がり，肝細胞と血液内の栄養成分や酸素のやり取りが活発に行われていることが特徴的である．肝静脈では酸素分圧は約30 mmHgになる．肝細胞は血流で運ばれる酸素と栄養素を利用してエネルギーの産生，生体物質の合成，有害物質の解毒などの代謝活動を行っている．

2. 肝の虚血障害と肝がんの治療

　肝臓は上記のような特殊な血液の供給システムをもつために，血管の閉塞による血液の供給の途絶がおきにくく，虚血性肝障害は通常おきにくい．心停止やショックなどの時に初めて低酸素による肝障害が中心静脈域におきる．

　一方，肝臓がんの組織は動脈からの血流に支配されており門脈からの血流が乏しく，その支配する動脈の上流に塞栓物質を注入することによりがん組織を虚血とすることができる．がん組織の周囲にある正常組織は門脈血流により酸素が供給されているため，虚血性の障害をおこしにくい．この原理を利用して肝臓がんに対して血管内カテーテルより塞栓物質や抗がん剤を注入することが行われ，経動脈的塞栓術（trans-arterial embolization；TAE）と呼ばれ

ている．しかし，肝がんの進展に伴い門脈内の塞栓がある際には，門脈血流が正常の組織にも流入していないため，動脈塞栓によりその支配領域全体が虚血となり強い虚血性障害をおこすため，TAEの適応でなくなる．

3. 肝障害における酸化ストレスの関与

肝臓内では，さまざまな代謝の過程で活性酸素（reactive oxygen species；ROS）が産生され酸化ストレスをもたらし，種々の肝障害の一因になっている．一方，肝臓には活性酸素の消去系も発達し豊富であり，ROSの産生系と消去系のバランスが崩れたときに初めて酸化ストレスによる肝障害はおきる．

肝臓内におけるROSの産生源としては，肝細胞のミトコンドリアの電子伝達系，ミクロソームにおいて薬物代謝をつかさどるチトクロームP450など薬物代謝系，細胞質のキサンチンオキシダーゼ系などがあげられる（図2）．ま た，活性化されたKupffer細胞や浸潤した炎症性細胞のNADPHオキシダーゼからもROSの産生が起きる[1]．

一方，ROSに対する消去系としてsuperoxide dismutase（SOD），glutathione（GSH），glutathione peroxidase，チオレドキシン，vitamin Eなどがある[2]．過酸化脂質やその分解産物は，酵素の不活性化やDNAの障害，細胞膜への損傷を起こし，さまざまな形で肝障害をもたらす．また，ROSはミトコンドリア内膜にも損傷をひきおこし，ミトコンドリアのDNA障害をきたしたり，GSHの枯渇からアポトーシスをひきおこすと考えられている[3]．

4. C型慢性肝炎と肝発がん

a. C型肝炎とは

C型慢性肝炎は，RNAウイルスであるC型肝炎ウイルス（hepatitis C virus；HCV）によりおきる肝障害であり，わが国で200万人以上

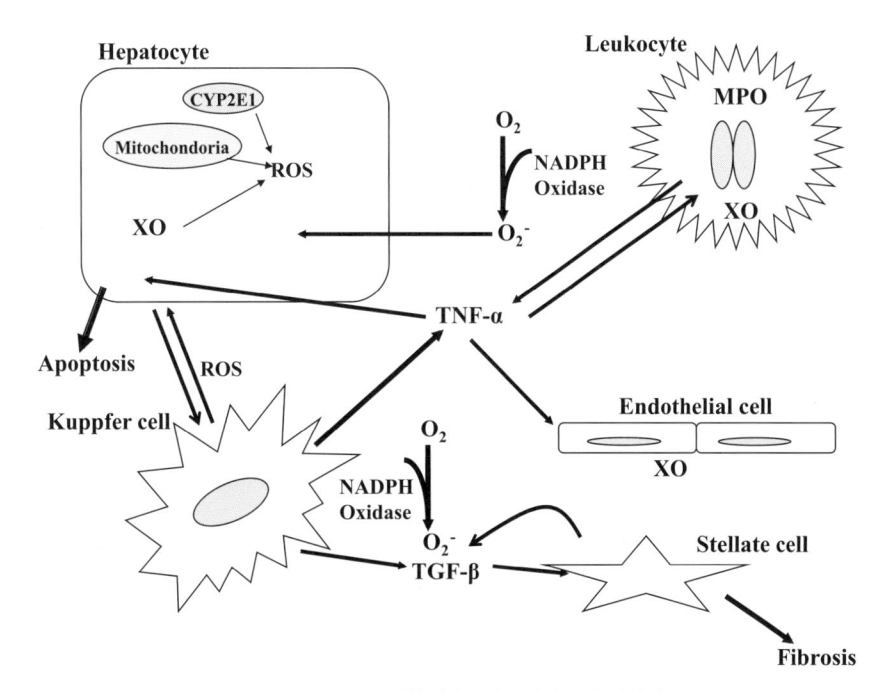

図2 肝における活性酸素産生細胞と肝細胞障害
XO：xanthine oxidase, MPO：myeloperoxidase, ROS：reactive oxygen species, CYP 2E1：cytochrome P450 2E1．

の患者がいるとされている．その多くは，輸血や血液製剤などにより感染したと考えられている．慢性肝炎が鎮静化せず炎症が継続すると，10年から20年間など長期間の経過により肝硬変へと進行し，さらに肝がんの合併もおきる．

HCVによる慢性肝炎からは年間約0.5％が，肝硬変患者からは約8％の肝がんが発症する．わが国で毎年約3万人の患者が肝がんのために死亡しているが，肝がんの原因としてC型肝炎ウイルス（HCV）の関与は最も大きく約80％である．

C型慢性肝炎の治療の基本はHCVの排除にあり，肝硬変の進展や発がんの予防もまずはHCVの排除を目標とする．インターフェロン（IFN）治療やIFNとリバビリンの併用療法などが行われることにより，治療の難しいとされてきた高ウイルス量や1型ウイルスのC型慢性肝炎患者においても約半数が治癒可能な疾患となった．しかし，現在でも約半数は，治療の適応にならなかったり，著効が得られない．

近年，C型肝炎の進展に，酸化ストレスや肥満が関与していることが明らかにされてきた．HCVの排除が上記の治療などでは困難な場合には，これらを修飾することが1つの治療の選択肢となる可能性がある．

b．C型肝炎と酸化ストレス

C型慢性肝炎患者では，肝臓内の還元型グルタチオン（GSH）の減少やミトコンドリアの形態異常がみられたり，肝内の鉄の沈着や脂質過酸化物質が増加しており，肝炎の病態の進展にミトコンドリア障害や酸化ストレスが関与していると考えられている[3]．

実験的研究でも，C型肝炎ウイルスのコアタンパクやNS5Aタンパクの発現により酸化ストレスが誘導されることが報告されている．HCVコアタンパク発現のトランスジェニックマウスでは，ミトコンドリア内のGSHの減少や，ミトコンドリア内膜の呼吸鎖複合体Ⅰの活性低下が報告されている．また，コアタンパクはミトコンドリア外膜で小胞体のストレス（ERストレス）を介して，ミトコンドリアへのカルシウムの流入を増加させ，さらにミトコンドリア内のROS産生の増加，GSHの低下，複合体Ⅰの機能低下と酸化ストレスにつながる．そして，肝臓に炎症や線維化が存在しなくても，加齢とHCVコアタンパクにより脂肪化と脂質過酸化物の増大が，そして，肝の発がんも認められたことが報告された．

HCVの全遺伝子が組み込まれたトランスジェニックマウスでは，肝の脂肪化と発がんが認められることが報告されたが，継代を重ねることにより発がんがみられなくなった．しかし，この動物に鉄過剰食を投与すると，肝脂肪化と脂質過酸化が増強し，肝細胞がんの発がんも観察されたことが報告されている．

臨床例においても，C型慢性肝炎患者では肝臓内の鉄過剰状態と脂肪化が生じており，瀉血や鉄制限食により血清フェリチンが低下すると血清ASTやALT活性の低下がおきたり，炎症が軽くなり，発がんの抑制がみられる．

鉄過剰に関連し，鉄代謝の調整因子としてhepcidinが注目されている．Hepcidinは十二指腸からの鉄吸収とマクロファージからの鉄の放出を抑制するが，C型慢性肝炎ではhepcidinの発現量が低下する可能性が報告されている．鉄はFenton反応によりハイドロキシラディカルを産生していると考えられている．

5．非アルコール性脂肪性肝炎（NASH）

a．非アルコール性脂肪性肝炎とは

わが国の人間ドックを受けた人の全国の集計では，検査異常所見として最も頻度が高いのは肝機能障害である．1984年までは10％以下であったのが2000年には25％以上になり，この15年間に約2.5倍に増加し，現在は4人に1人が肝機能障害という時代を迎えている．この

肝機能障害の大部分は脂肪肝によるものであり，アルコール性また非アルコール性に分類される．

脂肪肝は肝臓に中性脂肪が貯留する病態であり，湿重量として5％以上の中性脂肪が，組織学的所見として脂肪滴が3分の1以上になった時に診断される．実際には脂肪肝の診断のために肝生検まで行うことは少なく，血液所見と画像診断，およびウイルス性や自己免疫性など他の疾患原因の除外により診断されている．

非飲酒者（実際にはエタノール量として平均1日20g以下の人）にみられる脂肪肝を総称して非アルコール性脂肪肝（NAFLD）と呼ぶが，NAFLDは可逆性の変化であり，良性の疾患としてあまり注目されることはなかった．しかし，その中にアルコール性肝障害と類似の組織所見をもち，炎症と線維化をおこし，肝硬変や肝がんに進行するものがあることが明らかにされ，非アルコール性脂肪性肝炎（non-alcoholic steatohepatitis；NASH）と呼ばれて最近注目されている．

米国ではNAFLDの約10％がNASHに移行するとされており，肝疾患の主要な位置を占めるに至っている．わが国ではNAFLDの何％がNASHに進展するのかをみた研究はない．しかし，前述したように，わが国でもこの20年の間にNAFLDが急激に増加しており，今後NASHが増加することが予測される．

NASHの診断には，肝生検による組織診断が必須項目であり，肝生検のない場合にはNAFLDとして取り扱われる．

NASHになる背景因子としては，肥満，Ⅱ型糖尿病，脂質異常症などがあり，最近わが国でも問題となっているメタボリックシンドロームの肝臓への表れと理解することができる．したがって，治療の基本は薬物投与ではなく生活習慣の是正にあり，食生活，運動などの指導により病態は改善する．

b. NASHの発生機序と酸化ストレス

NASHは，アルコールを飲まない人に炎症と線維化がおきる疾病であるが，その発生機序として"two hits theory"が広く受け入れられている．まず，糖尿病や肥満による代謝異常のため脂肪化がおきるのがfirst hitであり，エンドトキシン，サイトカイン，ROSなどがsecond hitとして関与していると考えられている．

肥満やⅡ型糖尿病の患者，およびそれらがなくてもNAFLDの患者では，インスリン抵抗性の増大がみとめられる．インスリン抵抗性の増大は，筋肉での糖の取り込みの減少，肝臓での糖新生抑制の減少，脂肪組織での糖取り込みと中性脂肪合成，脂肪分解抑制の減少として表れる．

NAFLDの患者では，インスリン抵抗性のため脂肪組織での中性脂肪の分解から遊離脂肪酸が血中へと放出され，それが肝細胞に取り込まれる．インスリン抵抗性の増大により，糖質やアミノ酸からの脂肪酸の合成が肝臓内で増加し中性脂肪の貯留がおき，VLDLとして脂肪が肝臓から放出されることが抑制されるが，NAFLDの患者ではこれらの現象は観察されていない．

Second hitの有無により，単純な脂肪肝とNASHの差異が生じるが，second hitはエンドトキシン，サイトカイン，ROSなどのストレスによりもたらされる．

First hitでもたらされる肝細胞内で過剰な脂肪酸がミトコンドリアでβ酸化を受ける際に，電子伝達系が活発になりROSの産生が促進される．ROSは，ミトコンドリアの内膜と外膜にまたがるタンパク複合体を障害し，膜の透過性の亢進をきたし，アポトーシスや壊死をもたらす．また，ミクロソームでは過剰な脂肪酸が薬物代謝酵素CYP 2E1を誘導し，ROSの産生増加に関与する．

NAFLDの患者では血中アディポネクチンのレベルが低下しているが，それは肝内の中性脂

肪と逆相関している．アディポネクチンは，糖や脂肪の代謝を改善させる作用やTNFαなどのサイトカインを抑制する作用があり，アディポネクチンの低下がこれらの悪化をもたらす．

6. アルコール性肝障害

a. アルコール性肝障害とは

アルコール性肝障害は，1日平均エタノールとして60g以上を摂取する過剰の飲酒によりおきる肝障害であり，脂肪肝から肝炎，肝線維症，肝硬変へと進展する．わが国では肝硬変の成因の約10-15％がアルコール性であり，ウイルス性にアルコール性が加わった肝硬変を加えるとアルコール性全体では25％を越えることになる．

アルコール依存症の患者の中でも肝硬変になる人は8-25％であると報告されており，肝障害の進展の感受性に個人差が著しい．そこには，性差，栄養，遺伝などの因子が影響していると考えられている．女性は男性に比べて，約3分の2の飲酒で短期間にアルコール性肝硬変へと進展することが認められており，男性では50歳代での肝硬変患者が多くみられるのに対して，女性では30歳代や40歳代で肝硬変へと進展している例も多い．

かつて，アルコール性肝障害は飲酒ばかりで食事を十分に摂らないための低栄養による肝障害であると考えられていた時期もあったが，最近ではむしろ肝障害の進展の危険因子として肥満の問題がとりあげられている．NASHをひきおこす人が，さらに過剰の飲酒を行えば，同じような病態の肝障害が加重するわけであり，肥満が大きな社会問題となっている現代ではアルコール性肝障害でも肥満に注意が必要であることはむしろ当然のことであろう．

遺伝性の素因は種々検討されているが，どの遺伝子がアルコール性肝障害を起こしやすいかは同定されていない．

b. アルコールの代謝とアルコール性肝障害の発症機序

エタノールは肝臓でアルコール脱水素酵素（ADH；alcohol dehydrogenase）の働きによりアセトアルデヒドに代謝され，さらにアセトアルデヒド脱水素酵素（ALDH；acetaldehyde dehydrogenase）の働きにより酢酸になり，肝臓外に運び出され筋肉などで水と二酸化炭素になる．

アセトアルデヒドは反応性が高くエタノールに比較してはるかに強い毒性をもち，肝障害発症機序の中心的な役割を果たしていると考えられている．慢性的な過剰飲酒によりミクロソームのエタノール酸化系（microsomal ethanol-oxidizing sysytem；MEOS）のエタノールの代謝が誘導され，アセトアルデヒドの産生が増加する．

エタノールの代謝産物であるアセトアルデヒドは，タンパク質と結合しadductを形成し，免疫反応をおこす．また，アセトアルデヒドは細胞内のタンパク輸送障害，グルタチオンの枯渇，ミトコンドリアの機能障害などをきたす．

エタノールの代謝過程で，酸化型の補酵素NADが還元型のNADHへシフトするため，過剰のNADHが肝細胞内に蓄積する．その結果，NADHを共役する脂質代謝異常（脂肪酸の増加），糖代謝異常（糖新生の抑制による低血糖），乳酸過剰（乳酸アシドーシス，高尿酸血症）などの代謝障害がもたらされ肝障害の一因となる．

アルコールの代謝酵素であるADH，ALDH，CYP 2E1は，肝小葉中心部（終末肝静脈域）に優位に存在するが，小葉中心部はアルコール性肝障害の強く現れる部位である．また，肝血流の下流に位置するため低酸素（hypoxia）状態になりやすく障害をうけやすい．

MEOSの中心的酵素であるcytochrome P450 2E1（CYP 2E1），ミトコンドリアの呼吸鎖，活性化したKupffer細胞は，エタノールの

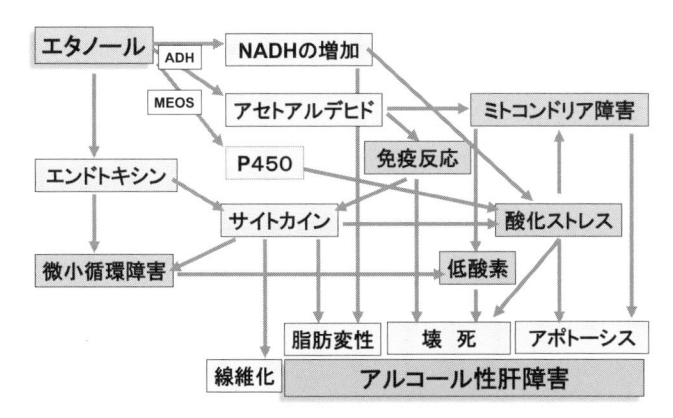

図3 アルコール性肝障害の発症機序と酸化ストレス

代謝によりH_2O_2をはじめとしたROSなどの高い産生能を有する．このROS産生亢進による酸化ストレスが肝細胞障害の一因と考えられている．

また，エタノールは腸管の透過性を亢進し，エンドトキシンの血中濃度を増加させる．エンドトキシンはKupffer細胞を活性化し，ROSやさまざまな種類のサイトカインやケモカインを産生し，肝障害を引き起こす（図3）．

7. 虚血再灌流障害

肝臓が一時的に低酸素状態となり再灌流により再酸素化される時に，虚血再灌流障害が引き起こされるが，臨床的にはさまざまな状況下に遭遇する．とくに，肝臓移植の際には，一時的に虚血状態になり，移植後に再灌流されるため，肝臓は虚血再灌流の状態となり，移植後の肝機能の悪化の一因になりうる．

ここでは，①キサンチン酸化酵素（XO）の活性化，フリーCaイオンのホメオスタシスの乱れ，ミトコンドリア呼吸鎖の変化などからくる酸化ストレス，②Kupffer細胞や類洞内皮細胞の活性化によるIL-1やTNFαの放出に伴う細胞応答，③亜急性期に起こる類洞内への白血球recruitmentによる肝障害の増悪などが関与していると考えられている．

筆者らは，ラットにおける腸管の虚血再灌流モデルにおいて，TNFαなど炎症性サイトカイン産生が惹起され，類洞内皮細胞の接着因子であるICAM-1の発現を介して好中球の肝類洞への膠着により肝微小循環障害，その後の肝障害を惹起することを報告してきた[5]．これらの肝障害は，NOやアデノシン，あるいは虚血再灌流を起こす前に短時間の虚血再灌流を前処置として施行することにより実験的には抑制されることが示されており，今後の臨床応用が期待される．

おわりに

肝臓では，さまざまな状況下で酸化ストレスが肝障害の発生機序の1つとしてはたらいている．肝硬変の原因としていちばん頻度の高いウイルス性C型肝炎，検診などで検出される異常所見として最も多い軽度の肝障害の脂肪肝から進展するNASH，わが国でも肝硬変の成因の4分の1に関与しているアルコール性肝障害，今後増加することが予測される肝移植後の肝障害など，肝臓病の中でも大きな割合を占め，今後ますます重要な課題になろうとしている肝疾患において酸化ストレスが関与していることを述べた．今後，これらの疾患のメカニズムがさらに解明され，その治療に生かされることが望まれる．

[山岸由幸,加藤眞三]

■文献

1) Squadrito GL, Pryor WA : Oxidative chemistry of nitric oxide : the roles of superoxide, peroxynitrite, and carbon dioxide. Free Radic Biol Med 25 : 392-403, 1998.
2) Czaja MJ : Induction and regulation of hepatocyte apoptosis by oxidative stress. Antioxid Redox Signal 4 : 759-767, 2002.
3) Wang T, Weinman SA : Causes and consequences of mitochondrial reactive oxygen species generation in hepatitis C. J Gastroenterol Hepatol 21 (Suppl 3) : S34-37, 2006.
4) Marra F, Gastaldelli A, Svegliati Baroni G, et al : Molecular basis and mechanisms of progression of non-alcoholic steatohepatitis. Trends Mol Med 14 (2) : 72-81, 2008.
5) Yamagishi Y, et al : Ethanol modulates gut ischemia/reperfusion-induced liver injury in rats. Am J Physiol 282 : G640-G646, 2002.

4.13 酸素関連疾患：消化管

　臓器が血液を充分に供給されない虚血下におかれると，臓器は低酸素状態となり障害が生じる．虚血の時期に起きた障害は虚血後の血液再灌流（再酸素化）により，さらに重篤な臓器障害が引き起こされる．この虚血再灌流障害という病態は，臨床的には各種臓器の梗塞巣における血流開通の際に惹起される．肝臓外科における血流遮断法や，心筋梗塞に対する経皮的冠動脈形成術，動脈血栓溶解療法などの治療手技の際にしばしば経験する．また，小腸移植を含め臓器移植においては，移植後のグラフト機能不全の一因として虚血再灌流障害がある．虚血再灌流後の臓器障害は，虚血の時間が長ければ虚血臓器だけにとどまらず，遠隔臓器にも及び患者の予後に重篤な影響をもたらす．虚血再灌流障害の発生過程で，好中球，血管内皮細胞やマクロファージが働き，フリーラジカルやサイトカインをはじめとした炎症性メディエーターが複雑に関与している．

　消化管の中でも小腸粘膜は虚血再灌流に対してとくに敏感な臓器であり，虚血の発症後直ちに小腸粘膜に対する構造的ダメージが起きうる．遷延した小腸の虚血により粘膜の浮腫，出血，潰瘍，脱落などの障害が絨毛（villi）より始まる．しかし，小腸粘膜は虚血に敏感であると同時にきわめて著明な再生能力を有する．villi が強い障害を被っていても，陰窩（crypt）が正常に保たれていればその組織学的ダメージは早期に正常化する．粘膜の再生過程では，粘膜欠損部に付近の吸収上皮細胞が遊走してきて覆うことより始まり，同時に細胞の mitosis 活性上昇，増殖が crypt layer において起こる．crypt layer の存在は虚血再灌流後の再生において非常に重要な役割を果たしている．

　小腸の虚血再灌流は臨床上，小腸移植のほかに腸間膜動脈血栓症，絞扼性イレウス，壊死性腸炎などの腹部救急疾患によって起こりうる．小腸は内腔が外界と連続し，管腔内に多数の腸内細菌叢が存在する．虚血再灌流により粘膜障害が惹起されると粘膜のバリア機構も破壊されるため，細菌，エンドトキシンの門脈内流入により遠隔臓器障害，敗血症，ショック，多臓器不全等のさまざまな全身的影響をもたらす．これらの救急疾患についてはいかに早期に診断し，迅速に治療を開始できるかが，救命の鍵となる．診断方法としては腹部所見，腹部エコー，CTなどが用いられている．早期に診断し，原因疾患の早急な治療がなされたうえで，エンドトキシン吸着療法，タンパク合成酵素阻害薬，抗サイトカイン療法などの治療がなされるべきである[1]．

　低酸素状態においては腸間膜の血行障害が起こるといわれている．その代表的なものとして壊死性腸炎がある．そのほかには，虚血性腸炎や，上腸間膜動静脈閉塞症が知られている．さらに消化管疾患に対して酸素を使用した治療としては，腸閉塞に対する高圧酸素療法が有名である．これらの低酸素状態が原因となって起こるといわれる疾患の説明を行い，さらに腸閉塞に対する高圧酸素療法について解説する．

1. 主な疾患

a. 壊死性腸炎

　壊死性腸炎は一般的には新生児，とくに未熟児，低出生体重児に好発する腸管壊死性病変をいい，周産期および出生後のショックないし低酸素状態における腸間膜血行障害が原因と考え

られている．十二指腸を除く全腸管に発生しうるが，好発部位は回腸下部，盲腸，上行結腸で，急激な経過で腸管穿孔を起こすことが多い．汎発性腹膜炎，敗血症，DIC（disseminated intravascular coagulation）などを高率に合併し，予後は不良である．

b．上腸間膜動静脈閉塞症

上腸間膜動静脈閉塞症（superior mesenteric artery and vein occlusion）は上腸間膜動脈と静脈が血栓症あるいは塞栓症により閉塞し，広汎な腸管が非可逆的な壊死に陥るものである．心房細動，心弁膜症，動脈硬化症などの心血管疾患を有する人に多く，とくに心血管疾患を有する高齢者の急性腹症は本疾患のハイリスク群である．診断時すでに，腸管虚血，壊死機転は進行状態にある場合が多い．早期診断，早期治療が予後を規定するが，死亡率60-80％以上といわれ，きわめて予後不良である[2]．また，救命しえても短腸症候群となった結果，社会復帰が困難となることが多い．

1）上腸間膜動脈閉塞症

基礎疾患として，心房細動，心弁膜症，陳旧性心筋梗塞，動脈硬化症，大動脈解離などの心血管疾患がみられることが多い．閉塞症の多くは心臓由来の塞栓子によることが多く，血栓症は粥状硬化症を背景に，動脈の狭窄が進行し，急性閉塞することによる．突然の腹痛で発症し，鎮痛薬は無効なことが多い．腹痛が強い一方，初期には理学的所見に乏しく腹膜刺激症状を認めないことも多い．しかし，腸管壊死が進行してくると腹膜刺激症状が出現し，血液検査上LDHの著明な上昇，アシドーシスの進行がみられるようになる．CT検査が最も有用な画像診断である．造影CTの場合上腸間膜動脈の造影欠損と血栓像がみられ，上腸間膜静脈が上腸間膜動脈より細径化してみえる．また，腸管虚血・壊死所見として腸管壁造影不良，腸管壁内ガス像などがみられる．治療は本症と診断したら直ちに緊急手術を行う．血行再建術により，短腸症候群となることが回避できる可能性がある場合，手術はまず血行再建術（動脈切開血栓除去術，バイパス術，血栓内膜摘除術など）を試みてから壊死腸管の切除を行う．しかし，実際には広範な腸管切除術を行うことが多く，縫合不全のリスクが高い場合には，腸瘻や人工肛門を造設する．術中にはviabilityが保たれていると判断された遺残腸管が虚血再灌流障害によって，術後さらに壊死に陥ることがあり，second look operationの必要が出てくる場合もある．

2）上腸間膜静脈閉塞症

静脈の閉塞から静脈圧が上昇し，腸管浮腫や凝血をきたし細動脈が収縮した結果，腸管虚血・壊死が起こる．上腸間膜静脈血栓症の原因は，血液凝固機能異常，門脈圧亢進症，炎症性腸疾患，腹部外傷に伴う静脈損傷などがある．上腸間膜動脈閉塞よりも経過が緩徐で，閉塞症状出現までに1-4週間程度かかることがあるために診断が遅れることがある．炎症性腸疾患の急激な増悪は本症のことがある．また，既往歴に末梢静脈血栓症がみられることがある．造影CTで血栓による上腸間膜静脈の造影欠損，静脈壁の造影効果がみられる．治療としては腹部所見が軽度であれば，まず抗凝固療法を行うが，手術の場合広範な腸管切除を行う場合が多い．

c．腹部アンギーナ

上腸間膜動脈など腸管の主幹となる動脈に狭窄や閉塞がある状態で，腸蠕動が起こると相対的に血流供給が不足となり，一過性の腸管虚血状態をきたすものである．運動負荷によって虚血に陥り，一過性に発作する病態であり，心臓の労作性狭心症と同じような状態である．腹腔内臓器は腹腔動脈，上・下腸間膜動脈，内腸骨動脈など複数の血管から血流供給を受け，側副血行も発達している．それらのうち複数の栄養

血管が徐々に狭窄を生じ，ついには閉塞に近い状態に至る．そこでその支配領域の腸管に食物が通過し蠕動運動や消化吸収が亢進すると，相対的な虚血となり一過性の腹痛や嘔気などの臨床症状を呈する．通常は，2本ないし3本の血管狭窄で発症し，単独の血管異常で生じることは少ない．また，上腸間膜動脈領域の小腸に発症することが多い．主幹動脈の狭窄の原因としては，動脈硬化が多く，その他は外的圧迫による狭窄，結節性動脈炎，血管炎，動脈解離などがある．患者の約半数は何らかの動脈硬化性病変（脳血管障害，虚血性心疾患，四肢末梢動脈閉塞症など）の既往を有する．頻度は比較的まれで，一般的には50-60歳代に多いが，より高齢者にも好発する．性差はないとされる．動脈硬化があれば若年者でも発症する．

臨床所見としては平常時には無症状で，食後の20-60分頃に腹痛を生じる．腹痛の部位は上腹部から臍周囲に多く，程度は食事摂取量に応じて強まる．食事を摂ると腹痛を生じるため，患者は徐々に食事を摂らなくなり，しばしば体重減少と栄養障害をきたす．腹部の聴診により，動脈狭窄部を通過する血管雑音（bruit）を聴取することがある．一般検査所見では一過性，可逆性の障害で血液検査は異常値を示さない．便潜血は陽性となることが多い．また，栄養素の消化吸収試験ではしばしば吸収障害を呈する．腹部単純X線所見では主幹動脈に動脈硬化性変化（石灰化）を認めることが多い．しかし，特異的所見はない．腹部血管造影所見で上腸間膜動脈などの主幹動脈の起始部近傍に狭窄や閉塞を描出される．また，狭窄は正面像では判りにくく，側面像も確認することで診断されやすくなる．また，狭窄の末梢で拡張を伴ったり，その周囲に蛇行する側副血行路を認めたりする．腹部CT所見でも主幹動脈の石灰化や狭窄は描出可能である．動脈硬化性の基礎疾患と，食後に起こる一過性の腹痛が繰り返されることにより，ある程度診断は可能であるが，確定診断および程度の評価には血管造影が必要である．

治療としては経皮経管的血管形成術（percutaneous transluminal angioplasty；PTA）などのカテーテル治療や，血管バイパス術，血栓内膜除去術などの手術が行われる．バイパス手術は腹部下行大動脈から上腸間膜動脈や腹腔動脈の末梢に人工あるいは自家静脈を吻合するもので，90%前後の患者で自覚症状の改善が得られるとされる．診断がついたら，併存症とのリスクを考えた上で可能であれば，速やかな血行再建治療が望まれる．

d. 腹腔動脈圧迫症候群

腹腔動脈の起始部が外的な圧迫により慢性的狭窄を生じ腸管の虚血をきたす疾患であり，病態や症状は，多くは腹部アンギーナに類似する．圧迫の原因は横隔膜の正中弓状靱帯による締め付けが最多で，その他，線維化した腹腔神経節あるいは神経叢などが挙げられている．腹腔動脈にはアンギーナのような動脈硬化を伴わないことが多い．また，腹腔内臓器の血流は通常アーケードが発達しているため2つ以上の主幹動脈の狭窄がなければ虚血を生じないと考えられており，腹腔動脈と上腸間膜動脈のアーケードの発達不良も原因と推測する意見もある．さらに，腹腔動脈起始部の狭窄は程度の差はあれ50%近くの症例に認められるとの報告もあることから，その病因の詳細は不明な点が多い[3]．欧米ではまれながらも症例報告されているが，本邦では非常にまれである．年齢的傾向は不明で，女性に多いとされる．

臨床所見としての特徴は腹部アンギーナに類似したものである．しかし，症状の程度は単なる重圧感や不快感など弱い場合もあり，そのことから経過が数年に及ぶこともある．しかし，強いものでは腹痛のため栄養障害や体重減少をきたす．腹部の聴診により，動脈狭窄部を通過する血管雑音（bruit）を聴取することがある．

検査所見は腹部アンギーナと同様の検査所見である．腹部血管造影所見では腹腔動脈の起始部近傍に狭窄が描出される．側面像で狭窄を診断する．診断は臨床症状と血管造影により診断するが，本邦では気が付かれないまま経過し，手術の際にたまたま診断される症例の報告が多い．治療は開腹手術による腹腔動脈起始部の圧迫解除とされる．正中弓状靱帯の切離，あるいは腹腔神経節の切除などで改善する．圧迫解除により症状が軽快したとされる報告が多く，術中に動脈血流を計測した報告でも圧迫解除により血流の改善が確認されている[3]．

e．虚血性腸炎

腸管の栄養血管の可逆性循環障害による一過性の腸管虚血性病変を一疾患概念としてとらえ提唱されたものである．その臨床経過から，初めは一過性型，狭窄型，壊死型に分類されていたが，その後，「主幹動脈に明らかな閉塞がないこと」，「一過性の血流障害であること」，「可逆性の病変であること」などに着目して，一過性型と狭窄型のみを狭義の虚血性腸炎として，非可逆性の梗塞を生じる壊死型を除外する概念が定着してきた．現在は後者が一般的であり，壊死型は臨床経過がまったく異なる予後の悪い病態と考えられ，「壊死型虚血性腸炎」の他，「非閉塞性腸梗塞」などと呼ばれている．また，「非閉塞性腸管虚血症（non-occlusive mesenteric ischemia；NOMI）」と同一の疾患ととらえられる場合と，類似した原因で発症するがまったく別の病態と考えられる場合とがあり，意見の一致をみていない．

発生機序の詳細は不明な点が多いとされているが，主には全身的要因として循環障害を引き起こすような心不全など基礎疾患が背景因子にあり，それに局所的要因としての動脈硬化などの血管側因子と，腸管内圧亢進などの腸管側因子とが複雑に絡み合い腸管壁の血流低下に伴う虚血が起こるものと考えられている．背景因子としては心不全，出血，脱水，ショック，糖尿病，高血圧，DIC，透析，薬剤（利尿剤，降圧剤）などがある．また，血管側因子として動脈硬化，血管炎，血栓，塞栓，血管攣縮などがある．さらに，腸管側因子としては便秘，腸閉塞，内視鏡検査などの腸管内圧亢進，および浣腸，下剤，腸管攣縮などの腸蠕動亢進がある．虚血性腸炎の成因として腸管側因子が根本的要因で，血管側因子が関連した場合に狭窄型，壊死型など重症化するものとの考えもあり，軽度の虚血性腸炎は血管側因子がなくても起こり得る．たとえば若年女性に好発するような虚血性腸炎は便秘下剤，浣腸などの腸管側因子のみで発症し，予後も良好である．一般的には60-70歳代の中高年者に好発し，性差はないとされる．最近は20-30歳代の若年者にも認められており，その場合は女性に多い．一過性型は，粘膜ないし粘膜下層までの障害で，一過性の虚血後に回復する．狭窄型は筋層までの深い障害で，血流回復後も瘢痕狭窄が残る．壊死型は全層性の梗塞で壊死・穿孔に至る．一過性型が60-70％，狭窄型が20-30％，壊死型が10％前後とされる[4]．大腸にも小腸にも起こるが，小腸は一般的に腸間膜血管の側副血行路が発達していることから比較的まれである．小腸の中では空腸より回腸に多く，大腸では側副血行の発達が悪いSudeck点周囲のS状結腸（〜下行結腸）に多い．盲腸，上行結腸，直腸には少ない．また，病変は一般的に区域性かつ連続性に分布することが多く，スキップして存在することはまれである．一方，NOMIでは虚血性病変が非連続性かつ分節状に存在する．

臨床所見としては突然発症する強い下腹部痛に始まり，下血をきたす．腹痛の強い時期には嘔気・嘔吐を伴うことがあり，下血の前後では下痢を生じることも多い．発生部位がS状結腸のことが多いため，腹痛は左から全体の下腹部に多く，下血は暗赤色でコーヒー残渣様にはならない．自発痛の他，圧痛もあるが，腹膜刺

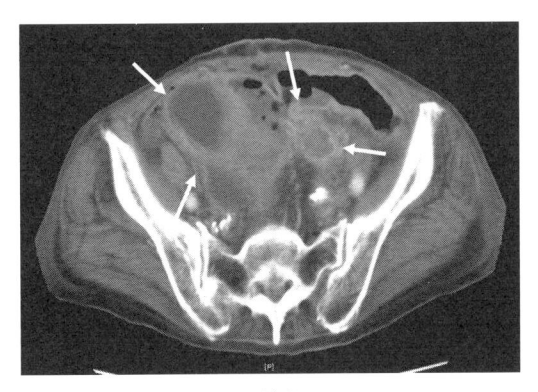

図1 腹部CT

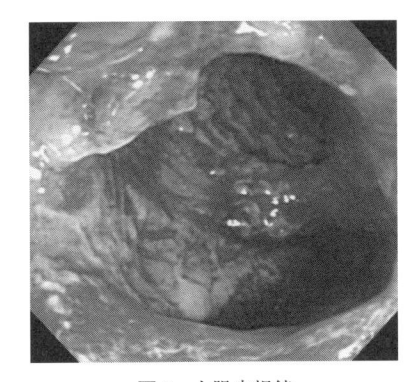

図2 大腸内視鏡

激症状は伴わない．ただし，壊死型の場合は腹痛の程度は強く，持続性で，腹膜刺激症状を伴うのが一般的である．血液検査所見では白血球，CRP，CPK，LDHなどの上昇，血液ガス分析で代謝性アシドーシスを認める．障害が重篤なほど，上昇の程度も強くなり，その場合は壊死型の可能性を考慮することが必要である．腹部CT所見（図1）では腸管壁の全層におよぶ浮腫性の壁肥厚と腸内容の貯留を区域性に認める．壊死型の場合は腸管壁の造影効果の低下を認めるほか，進行すると，腸管嚢腫様気腫症や門脈ガス血症などを伴うことがある．大腸内視鏡検査（図2）は虚血性腸炎の鑑別診断に不可欠とされる．急性期には区域性の粘膜のうっ血，浮腫が認められ，管腔の拡張も不良となる．多発性の出血性びらんや不整形の潰瘍を認めることもある．虚血の程度により腸紐に沿った縦走潰瘍から，全周性の潰瘍性狭窄を生じる．慢性期では狭窄型では管腔の区域性狭小化と粘膜集中像を伴う潰瘍瘢痕を認める．一過性型では1週間程度で虚血性粘膜が再生するため，ほとんど所見としてとらえられなくなる．壊死型などの重篤な症例では，内視鏡による送気が病状の悪化を招きかねないので，CT検査を先行させるなどの慎重な判断と，内視鏡を行う場合は愛護的な操作が必要である．注腸造影検査は虚血性腸炎の区域性病変の存在部位と範囲を把握するのに有用とされる．粘膜のうっ血や浮腫により腸管の拡張，進展不良となると拇指圧痕像（thumb-printing）を呈する．また，縦走・横走潰瘍による皺襞の不整像や瘢痕収縮による狭窄像を認める．内視鏡と同様，壊死型などの重篤な症例では，穿孔や腹膜炎のリスクがある．

リスク因子を持った高齢者に突然の腹痛や下血を生じた場合は本疾患を疑う．大腸内視鏡検査ができる状態であれば内視鏡により診断は容易である．壊死型虚血性腸炎では発症から穿孔を生じるまでが24時間以内であるとされ，時間によって汎発性腹膜炎，敗血症，DIC，多臓器不全の状態に進行していく．壊死によるアシドーシスやSIRS（systemic inflammatory response syndrome）などの全身状態の悪化を，遅れることなく診断することが重要である．治療は壊死に至っていない「狭義の虚血性腸炎」と，「壊死型虚血性腸炎」によってまったく異なったものである．非壊死型（狭義の虚血性腸炎）では一過性型，狭窄型ともに急性期には特別な薬物療法は不要な場合が多く，絶食による腸管の安静と充分な補液による管理を行う．腸管攣縮により強い腹痛を生じる場合は鎮痙剤や鎮痛剤の投与を行う．これらにより，一過性型は1週間程度で治癒する．一方，狭窄型は1～3カ月後に狭窄症状を生じ瘢痕収縮をきたすことが多いが，自然軽快する症例もある．狭窄を生じ症状が強い場合は，待機的な手術を考

慮するが，長期経過中に徐々に軽快することもある．バルーン拡張で改善したという報告や，prostaglandin E$_1$ 持続静注で軽快したという報告もみられ，慎重な判断が必要である[5]．壊死型では，前述のように時間を追って状態が悪化していくため，可及的早期に緊急手術を行う．壊死腸管を確実に切除することが必要だが，粘膜面の壊死範囲が漿膜面よりも広く，壊死範囲を正確に診断することが難しいうえに，腸間膜血管の拍動は壊死範囲の指標にはならないことから，切除範囲を慎重に判断することが重要である．切除後も，呼吸循環管理や，CHDF (continuous hemodiafiltration)，エンドトキシン吸着など，厳重な全身管理が必要となることが多い．一過性型，狭窄型は，経過途中で壊死型に移行することはないとされ，予後良好である．最近多く認められる便秘のある若年女性の発症例などは軽症のことが多い．再発率は5-10% 程度とされている．壊死型は予後不良なため，緊急手術と集中管理が必要である．

その他，壊死型虚血性腸炎と NOMI の異同については定説がないが，ほぼ同様の背景因子，血管因子，および腸管因子で発症することから，類縁疾患と考えられることが多い．ともに血管に明らかな閉塞を生じていないことを特徴とするが，前者は区域性・連続性に壊死を生じることが多く，後者は分節状，非連続性に壊死を生じることが多い点で，特徴が異なるようである．

f. 絞扼性イレウス

直接的な血流障害を生じるものではないが，腸管の癒着などが原因で腸管の一部が圧迫され捻転や嵌頓となり，最終的に腸管の閉塞に加えて腸間膜動静脈のレベルで血流障害を生じるものである．早期に腸管の壊死へと進行するため重篤化しやすい．症状としては急激で持続的な痛みを伴うことが多い．強い圧痛を認め，腹膜刺激症状，発熱なども出現する．絞扼が進めば，頻脈，血圧低下などのショック症状を伴うことがある．イレウスの画像診断としては立位腹部 X 線でニボウの形成が認められるが，絞扼性か否かの診断では造影 CT での腸管壁の造影効果の低下や欠如，多量の腹水などで絞扼性を疑う．治療としては絞扼性が疑われる場合は手術選択が第 1 である．変色した絞扼腸管を確認し，絞扼を解除する．血流の回復を待って壊死に陥った腸管を切除する．

2. 高気圧酸素療法

高気圧酸素療法（hyperbaric oxygen therapy；HBO）とは，大気圧よりも高い気圧環境下（2-3 絶対気圧）で，高濃度酸素を 60-90 分間吸入し，動脈血の溶存酸素を増加させ，全身的な高酸素状態によって種々の疾患を治療する酸素療法である．高気圧酸素装置としては，患者 1 名のみを収容する小型の第 1 種装置と，2 名以上収容可能な第 2 種装置がある（図 3）．HBO の適応として，1）生体内低酸素症改善効果，2）過剰酸素の薬理作用による抗菌効果，3）生体内気体の圧縮，溶解の効果によって改善する疾患が対象である（表 1）．このうち消化管疾患では単純性術後癒着性イレウスおよび麻痺性イレウスがよい適応である．イレウスでは，腸管内にガスや腸管内容液が貯留し，腸管が拡張・伸展するため，腸管壁は循環障害をきたし，低酸素状態となる．岡田ら[6]は，イレウスに対する HBO の効果発現の機序を表 2 のように示しているが，これらの作用により，腸管の拡張を軽減させ，腸管壁の低酸素状態を改善するとしている．HBO によるイレウス解除率はおおむね 80% 前後であり，胃管やイレウス管と比較しても，同等もしくはそれ以上の効果を有している．HBO による保存的治療を限界と判断し，手術に踏み切るタイミングとしては，諸家らの報告[7,8]では，6 回施行までに 80% 以上の患者で改善が認められていること

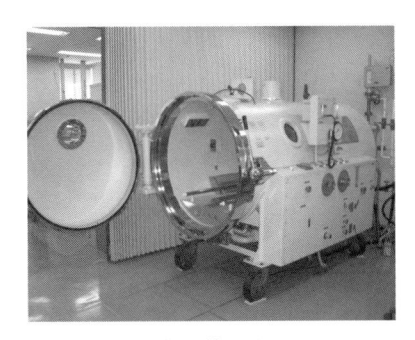

第1種装置

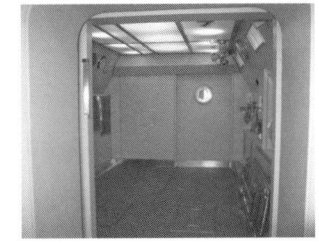

第2種装置

図3 高気圧酸素装置

表1 高気圧酸素療法の適応[8]

生体内低酸素症の改善
　一酸化炭素中毒，難治性潰瘍を伴う慢性血行障害，皮膚移植後の虚血皮弁，脳外科・脊髄外傷後運動麻痺
血中過剰酸素の薬理作用（抗菌作用）
　ガス壊疽，慢性難治性骨髄炎
生体内気体の圧縮，溶解
　空気塞栓症，減圧症，腸閉塞

表2 イレウスに対するHBOの効果発現の機序[6]

1. 局所作用
 (1) 加圧，減圧という物理的圧力変化による腸管内ガス容積の減少
 (2) 腸管内ガス吸収の促進（とくに窒素）
 (3) 溶解酸素増加から，腸管壁の低酸素状態改善による腸管蠕動回復の促進
 (4) 加圧，減圧による腸管蠕動運動の促進
2. 全身作用
 (1) 横隔膜圧迫の軽減による呼吸状態の改善や，腹腔内大血管の圧迫減少による静脈還流量増大からの循環動態の改善
 (2) 嫌気性細菌の増殖抑制やエンドトキシン処理能力の増加によるイレウスショック例に対する全身状態の改善

から，6回の施行を1つの目安としているが，これは絶対的なものではなく，個々の症例の状況や状態に応じて決定する必要があるとしている．HBOの合併症としては，気圧障害としての聴覚障害，肺損傷，めまい，悪心，呼吸困難を主訴とする酸素中毒，組織中に溶解した過剰の窒素が減圧によって気泡を形成することが原因の減圧症などがある．しかし，実際には耳痛，耳鳴り，耳閉感など一時的な聴覚障害が多く，重篤な副作用はほとんどない．したがって，HBOは安全で，解除率が高く，他の治療法と比べ低侵襲であるため，単純性術後癒着性イレウスおよび麻痺性イレウスに対する保存的療法の1つとして非常に有用な治療法である．

[竹吉　泉，川手　進，須納瀬　豊]

■文献
1) 小林光伸，竹吉　泉：臓器障害発生の機序と対策および臨床．D：小腸．竹吉　泉（編）：臓器の虚血再灌流障害―基礎と臨床．pp. 39-48, 診断と治療社，東京，2002.
2) 細田誠弥，坂本一博，鎌野俊紀：上腸間膜動静脈閉塞症．消化器病診療編集委員会（編）：消化器病診療―良きインフォームド・コンセントに向けて．pp. 96-101, 医学書院，東京，2004.
3) 赤松大樹，仲原正明，今分　茂他：腹腔動脈起

始部圧迫症候群を併存した下部胆管癌の1切除例. 日消外会誌 36：1194-1198, 2003.
4) 清水輝久：虚血性腸炎—最近の話題. 総合臨牀 52：2233-2234, 2003.
5) 大川清孝：虚血性腸炎. 白鳥康史, 下瀬川徹, 木下芳一, 金子周一, 樫田博史（編）：専門医のための消化器病学. pp. 286-290, 医学書院, 東京, 2005.
6) 岡田忠雄, 吉田英生, 松永正訓, 他：高気圧酸素療法. 救急医学 24（7）：805-809, 2000.
7) 林 裕二, 石川太郎, 会澤英男, 他：当院におけるイレウスに対する高気圧酸素療法の検討. Medical Gases 7（1）：66-69, 2005.
8) 徳永 昭, 田尻 孝：創傷治癒と高気圧酸素療法. 外科治療 90（3）：343-344, 2004.

4.14 酸素関連疾患：低酸素と精神神経機能

　脳は，体の中で最も大量の酸素を消費しながらその機能を維持している．とくに，意識，感情，記憶，思考において低酸素の影響は大きく，脳の精神機能と酸素の関係は密接で，そのことはあたりまえのように語られている．

　しかし，なぜ，脳神経細胞は酸素とグルコースを代謝基質としているのかと問われると意外と答えられないのではなかろうか？　単に神経細胞内のホメオスターシスを保つためという単純な答えでは，酸素の機能を述べているに過ぎず，酸素とグルコースが代謝基質になっている理由の答えにはなっていない．

　一方，神経細胞における酸素の役割においても，ミトコンドリアの機能低下やラジカル発生の障害という知識では，危機的な低酸素状態でも細胞内のガスをトリガーにして遺伝子の力で細胞を修復する複雑な神経細胞と酸素代謝の本質的な関係まで理解することが難しい．

　そこには，地球と生命誕生時に繰り広げられた gas biology の有酸素代謝細胞誕生の時代を経て，genome biology によって人類が誕生し，さらに，人類が幾多の地球環境の変遷にもかかわらず生き延びてきた system biology に隠された酸素代謝の特異性から理解する必要性が提示されている（図1）．このような脳科学の進歩に伴って，低酸素に伴う意識，感情，記憶，思考の高次精神機能障害に対する治療概念も，脳保護治療から脳回復治療へ考えを改める時期に入ってきたといえる．

　本章では，これらの生命誕生の歴史的背景に隠されている酸素代謝の生命現象がどのように人間の脳の進化にかかわってきたかを理解しながら，意識，感情，記憶，それに，思考などの精神機能と低酸素に関する知識を整理し，脳蘇生治療の新しい展開について述べることにする．

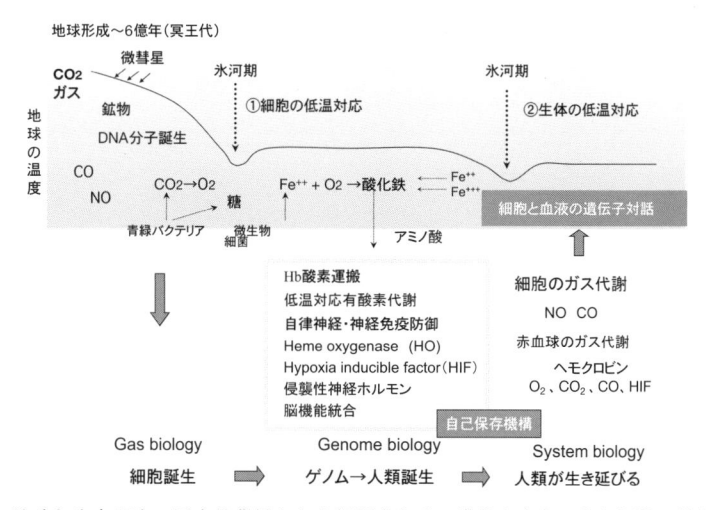

図1　地球と生命誕生の歴史的背景から人類誕生とその進化を支えてきた細胞の代謝対応

1. 脳神経細胞はなぜ酸素とグルコースを代謝に求めるか？

a. 神経細胞の有酸素代謝とホメオスターシス

脳細胞は酸素とグルコースを代謝基質として，図2-A に示すような代謝を行いながら，tricarboxylic acid cycle（TCA cycle）で産生された H^+ イオンをミトコンドリアの電子伝達系で酸素とコエンザイム Q（CoQ）を使って adenosine triphosphate（ATP）を産生している．ミトコンドリアで産生された ATP は神経細胞内の生存環境を整えるために欠かせないもので，有酸素代謝で生まれた細胞内水分を細胞内の Na^+ イオンと共に細胞外へ排出し，同時に，神経伝達機能に必要な K^+ イオンを細胞内に取り込んで，細胞内浮腫が起きないようにイオンバランスを整えている[3]．

このため，酸素は神経細胞が生きて行くために欠かせないもので，酸素が欠乏すると，ATP 欠乏による神経細胞膜の機能的破綻を起こし，細胞内の H^+ イオン増加による細胞内アシドーシスと細胞内水分増加の浮腫が発生し，脳全体が腫れてくる[3]．

このとき，脳では他の臓器では見られない2つの特有な病態が発生する．

その1つは，細胞内に増加した H^+ イオンを脳血管と神経細胞の間にあるグリア細胞が処理し，神経細胞内 H^+ 蓄積に伴うアシドーシスが起きないように処理する．しかし，その処理能力の限界を超える低酸素状態になるとグリア細胞に増加した H^+ イオンはグリア細胞に接する脳血管の平滑筋を弛緩させ，血圧変動に対して，脳血流を一定に保つ脳血管の自動調節機構が壊れ，血圧依存性に脳血管が拡張することになる．この状態は，非常に危険な状態で安定した脳血流量を維持できないばかりか，急激な血圧上昇によって，脳血管拡張に伴う脳血液容量増加型の急性腫脹を誘導する[3]．

2つ目は，脳は一定容積の硬い骨に囲まれた頭蓋腔内において，髄液の中に浮かんでいるため，横になって寝ていても，立っていても，脳

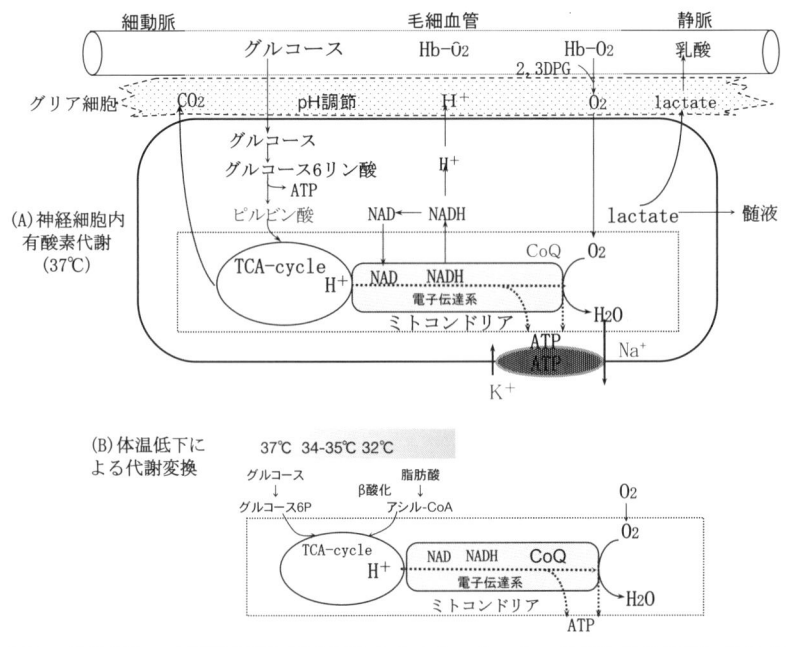

図2 神経細胞の有酸素代謝に伴う細胞内ホメオスターシス機構と体温低下に伴うグルコースから脂質代謝への変換

脳内病態	頭蓋内圧(ICP) 脳灌流圧(CPP)	増悪因子
1.脳内熱貯溜	ICP < 60mmHg	発熱＆血圧低下, 縦隔内圧の上昇 腹圧の上昇.
2.静脈鬱血	ICP:15-20mmHg	
3.脳循環障害	ICP >25mmHg	

脳浮腫発生
スターリングの脳浮腫発生理論

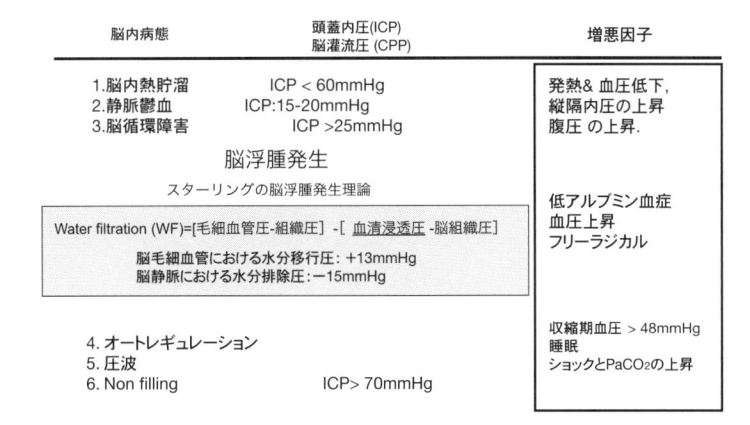

Water filtration (WF)=[毛細血管圧-組織圧] -[血清浸透圧 -脳組織圧]
脳毛細血管における水分移行圧: +13mmHg
脳静脈における水分排除圧: －15mmHg

低アルブミン血症
血圧上昇
フリーラジカル

4.オートレギュレーション		収縮期血圧 > 48mmHg 睡眠 ショックとPaCO₂の上昇
5.圧波		
6. Non filling	ICP> 70mmHg	

図3 頭蓋内圧と脳浮腫発生理論，および，その病態と増悪因子
　脳組織への水分移行・排泄は，毛細血管動脈側と静脈側における毛細血管圧，脳組織圧，血清浸透圧の変化を中心にスターリングの理論によって行われ，生理的状態では静脈側の水分排除圧が強く脳浮腫が起きない環境にある．

に加わる圧力は一定になっている反面，低酸素に伴う細胞内浮腫や脳血管容積増大に伴う脳腫脹によって，脳が腫れてくると血管の壁が薄い脳の静脈が圧迫される．すると脳内に流れ込んだ血流がその出口が塞がれる状態になるので，脳血管内に血液が溜まり急性脳腫脹はますます強くなっていく．図3は頭蓋内圧亢進を伴う脳内病態をまとめたものである．頭蓋骨はそれに対応して膨らむことができないので，頭蓋内の圧力も上昇し，加速的な脳圧亢進が発生し，脳全体の血流障害と共に脳が圧の低い脊髄の方向に向かって押し出され，脳幹が圧迫される脳嵌頓という新たな脳破壊現象が出現してくる[3]．

とくに，脳は，大脳半球と小脳の間にテント状の膜があり，脳幹がその両者をつなげる形でテント状の中央にある孔を貫いているので，大脳が腫れ上がると圧力が低い小脳の方向に向けて押し出される．その時，押し出された脳は脳幹とテントの孔の隙間に入り込むような状態になり，脳幹も直接圧迫される．この状態を脳嵌頓といい，脳幹が直接壊れて行くメカニズムになっている．

b．地球と生命誕生の歴史に隠された gas biology

このように，脳の神経細胞にとって酸素とグルコースの代謝基質が常に適正に供給されないと，脳細胞にとってたいへんな事態が発生する．同じ理由で，血糖値が低下してグルコースの供給が少なくなっても，脳神経細胞のホメオスターシスを保つための ATP が充分産生されない．

しかし，グルコースの場合，酸素と違って，多すぎても代謝のバランスが崩れ，細胞内に乳酸がたまって神経細胞内やグリア細胞内にアシドーシスが発生し，脳循環の自動調節機構が充分機能しなくなる弊害と共に脳内での細い血管の血栓を作りやすくなる特徴がある．

高血糖に伴う脳循環障害は，このような理由で，副血行路が多い脳の毛細血管レベルの循環障害を中心とするため，初めは，脳機能障害が見られない無症候性の脳梗塞から始まることが多く，その後に脳梗塞や脳血管破綻に伴う脳内出血を起こす特徴がある．

それでは，なぜ，神経細胞はグルコースと酸素を自分が生きるための代謝基質にしているのか？　この答えはやがて死にかけている神経細胞を遺伝子の力で回復を図る話につながってい

くので,ここでその理由を取り上げることにする.

かつて,地球上に生命体が存在しない地球形成〜紀元前6億年前には,地球はCO_2やCO,NOなどのガスに包まれ非常に高温状態であったと言われている.その後,DNA分子の誕生からバクテリアが発生し,その中に,シアノバクテリア(青緑バクテリア)がCO_2を酸素と糖に分解する機能を持ったことによって地球上に酸素が出現した.その結果,地球の温度が急速に低下すると同時にその環境下に対応する有酸素代謝細胞が出現したとされている(図1).それが,現在われわれの体を作っている細胞にまで発展しているので,その仕組みが,われわれの細胞の中に受け継がれており,ミトコンドリア代謝機構の原型になっている(図2-A).

したがって,脳の神経脳細胞においてもこの基本から外れることはなく,脳神経細胞がグルコースと酸素を代謝基質にしている理由は地球と生命誕生の歴史にその答えがあったのである.

c. 低体温はなぜ代謝変換を起こすか

ここで,重要な点は,この代謝系ができ上がる時に急激に地球上の温度が低下する環境変化が起きているために,その対応機能を細胞が持っていることである[5].一般に,温度が低下すると脳代謝が低下すると言われているが,それは,大きな間違いで,実際は,ミトコンドリアの代謝はグルコースから脂質をエネルギーとして使うグルコースから脂質への代謝変換を起こす仕組みが隠されている(図2-B).グルコース代謝だけを見ていると代謝が減少したように見えるが,温度が低下すると脂質代謝の活性化が起こり,そこから神経細胞もミトコンドリアの機能が作動するようになる.その境界温度は34℃前後であり,その代謝管理については「5.14脳低温療法と酸素代謝」の項を参照.

注目すべき点は,酸素以外のNOやCOにも重要な細胞機能が受け継がれていることが最近ようやく明らかになったことである.つまり,われわれの脳細胞にはO_2やCO_2のみならずNOやCOなどを中心とするgas biologyの概念で機能している仕組みがあることがだんだん解き明かされ,その全体像が見えてきた.

2. 脳が体に求める酸素運搬機能

a. 心肺消化器系機能と脳血管の自動調節機構

脳は,エネルギー代謝に必要な酸素とグルコースと神経機能に必要なたくさんの栄養素の供給によって,その機能が維持されている.このため,心拍出量の15-17%にも相当する大量の血流が1分間750 mlも流れており,脳組織100 gに対して灰白質では80-120 ml,白質では15-20 mlと,どの臓器よりも多い.この豊富な脳循環のおかげで,脳への酸素とグルコースの供給はそれぞれ1分間45 ml/100 gで,脳組織100 gに対して,酸素は3.2-3.5 ml,グルコースは0.6-0.8 mg供給されている.その量がどれくらい多いかは,体全体が使う酸素消費量の約20%を占めていることからも理解できる.

しかも,酸素とグルコースの一定供給を図るため,脳の血管は,収縮期血圧が70-170 mmHgの間であれば,脳血管みずから自動的に血管を拡張・収縮するという自動調節機構(autoregulation mechanism)によって脳血流を一定に維持している(図3).この脳血流の自動調節機構は,視床下部を中心とする脳内自律神経の働きによって維持されているが,血中の$PaCO_2$が45-50 mmHgを超えると血管平滑筋が緩んでくるので,脳血流維持の自動調節機構が働かなくなり脳血流量を一定に保つことが難しくなる.このため,脳血流は脳灌流圧(平均血圧と髄液圧の差)依存性に変動するので,60 mmHg以上の脳灌流圧管理が求められる[3].

b. 酸素運搬量と酸素消費量

脳の低酸素に対する管理は，長い間，気道確保，酸素吸入，PaO_2，$PaCO_2$ を正常に保つ方法で行われてきた．最近，Shoemaker が，この管理法には，ある問題があることに気づいた[5]．それは，酸素を運ぶ赤血球中のヘモグロビンが少ないと，血流をいくら維持していても酸素の運搬屋が少なければ脳への有効な酸素供給を行っていないことになることである．さらに，血圧も脳へ血流を送る影響因子なので，それよりも，心拍出量を測定して正確に酸素運搬量をモニターし，脳への酸素供給量と推定酸素消費量を計算し，両者のバランスがいかにとれているかを確認しながら脳の低酸素状態を管理する方法を提唱した（図4）．

この指摘は正しく，この管理法によって重症脳損傷患者の酸素代謝管理が大きく前進し，脳の管理を行う場合でも心臓にスワン・ガンツカテーテルを入れて管理が行われるようになった．その結果，酸素運搬量は1分間 600-800 ml 以上，約 1,000 ml 程度に管理するとよいこともわかってきた．

c. ヘモグロビンの酸素運搬機能

脳の低酸素に対する管理は，これで充分とも考えられていたが，著者らは，数多くの瞳孔が散大した重症の脳損傷患者を管理しているうちにもう1つ脳の低酸素代謝管理における見落としを発見した[2]．酸素を脳に充分供給しても，脳に到達した Hb-O_2 がヘモグロビンから酸素を切り離せないと，実際に酸素を必要としている神経細胞に到達しないことになる．脳から帰ってくる内頸静脈血の酸素分圧が高い場合，これまで，障害を受けた脳細胞は酸素を使わなかったと評価していたが，ヘモグロビンから酸素が切り離せないヘモグロビンの機能障害でも同様のことが起きるので，その区別ができないことに着目した．はたして，この作業仮説を基にヘモグロビンから酸素を切り離す 2,3 diphosphoglycerate（DPG）を測定してみると，昏睡患者や瞳孔散大をきたす重症患者に限って DPG が分単位で減少する特有な病態が発生していることがとらえられた（図5）[2]．つまり，このような患者では酸素吸入を行って，いくら脳への酸素運搬量を高めても，脳神経細胞に酸素を渡さないで血流が元に戻ってくるので，脳の低酸素に対する管理は不十分となる．このことから，このようなヘモグロビン機能障害に伴う脳神経細胞の低酸素状態を masking neuronal hypoxia と名づけた．

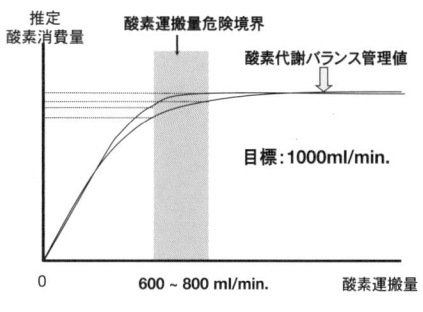

酸素運搬量＝心拍出量×[1.34×ヘモグロビン値×SaO_2 + (0.003×PaO_2)]

図4 酸素代謝の管理は酸素運搬量（＞1,000 ml/分）と推定酸素消費量のバランスを中心に管理すべきであるとする Shoemaker 理論

心停止後血糖値＞230mg／dl患者のヘモグロビン・DPG変化

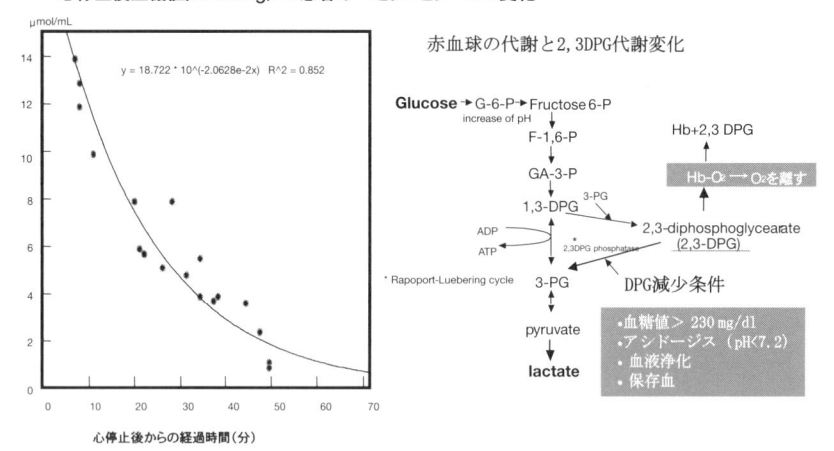

$y = 18.722 * 10^{(-2.0628e-2x)}$ $R^2 = 0.852$

赤血球の代謝と2,3DPG代謝変化

図5 心停止後の侵襲性高血糖に伴う赤血球ヘモグロビン 2,3 diphosphoglycerate（DPG）の変化

　この重症患者特有なヘモグロビン機能障害発生の原因は，ストレス性高血糖が原因で，230 mg 以上の高血糖がこの病態発生の危険値であることもわかった．このため，脳の低酸素を管理する場合は，血糖値の管理も必須で，それが高くても低くても良くないことになる．

3. 脳の危機的状態を引き起こす低酸素と脳の精神機能障害

a. 低酸素に伴う脳細胞のエネルギー枯渇

　脳の神経細胞は動脈血中の酸素分圧がどれくらい低下してくるとその機能障害が発生するかは，低酸素の重症度分類が1つの目安になっている．PaO_2 が 55 mmHg 以下に低下すると軽い脳神経症状が出現することから，PaO_2 が 55-45 mmHg を軽度低酸素症，44-38 mmHg を中等度低酸素症，37 mmHg 以下を重度低酸素症と分類している．

　重度低酸素症になるとミトコンドリアの膜破壊が始まるので神経細胞のホメオスターシス機能が破棄され，回復不能の状態になり得ることを意味し，直ちに重度低酸素状態から脱却することが求められる．

　脳は低酸素に対してとくに弱い場所があり，知識記憶の機能に関わる海馬回や運動獲得記憶（図6）に関わる小脳の神経細胞で，とくに，海馬回は数日後になっても神経細胞は興奮を続けながら細胞死のプロセスが進行する遅発性神経細胞死を起こす．このプロセスに入ると，いくら脳血流や脳の低酸素状態をその時点で回復させても神経細胞死は免れない特徴がある．

b. 意識・感情・記憶・考えの同時機能調節機構

　低酸素に伴う脳の精神機能障害で最も重要な治療目標は，意識障害，感情障害，記憶障害，それに，考える思考障害である．これまで，意識障害は痛みや言葉など外からの刺激に対する反応を見る形で，グラスゴー・コーマスケールやジャパン・コーマスケールによって点数評価してきた．しかし，人間の意識には外からの刺激を必ずしも必要としない意欲や気持ちといった意識があり，意識には，感情や記憶が同時に伴うことから，外からの刺激に対する反応の意識を外意識とし，心や記憶と関連する意識を内意識として考え，この内意識が回復しないと植物症になることがこれまで報告されてきた[2]．その障害部位は植物症のCT画像解析から海馬回，扁桃核を中心とするA10神経群が関係し

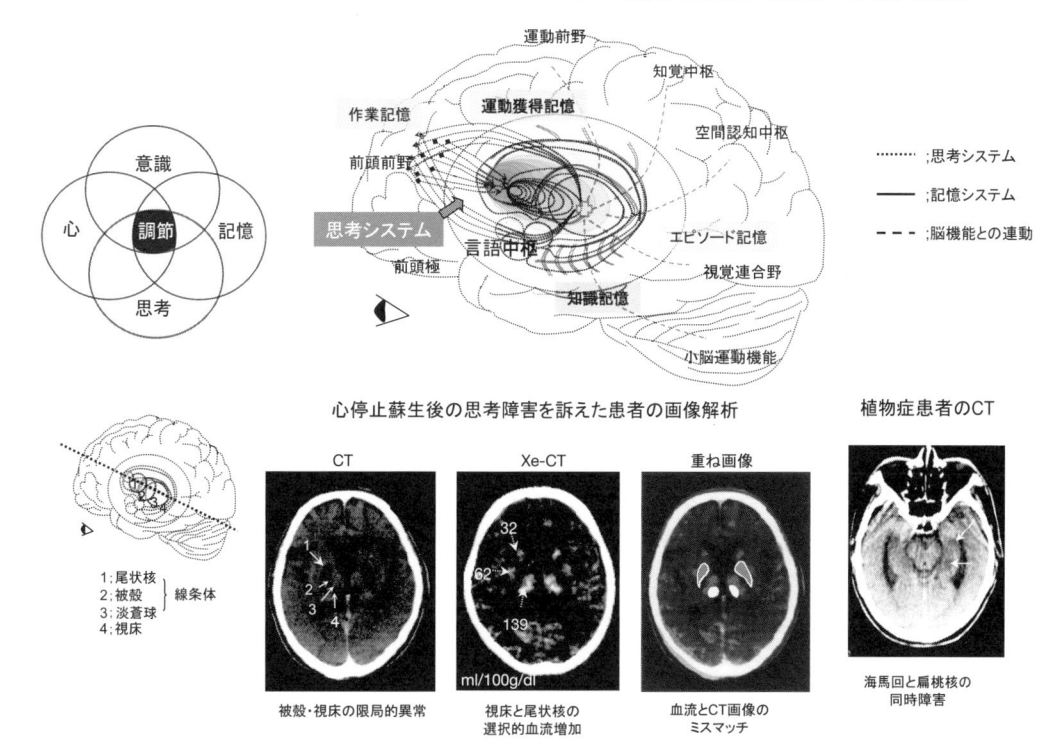

図6 人間の考え，記憶，内意識，心を同時に生み出すダイナミック・センターコアの概念説明図
ダイナミック・センターコアは線条体・A10・視床・リンビックシステムの連合によって構成され，脳のあらゆる機能とも連動して機能している．下段はその局所的な変化と脳循環障害との関連性を示している．

ていることまでわかっている．

しかし，人間の意識には，感情や記憶の他に考えも同時に発生しているので，人間の考えが意識や記憶とどのように関連して発生するかの仕組みを解きあかさないと，低酸素に伴う精神障害発生のメカニズムに即した正確な治療法を組み立てているか否かさえもわからないことになる．

脳低温療法の進歩によって，心停止や瞳孔散大から社会復帰を果たす患者が現れるようになって以来[2]，その中で，一見まったく後遺症が見られない患者において，「考えがまとまらない，意欲がわかない」という，普通の人でも起こる脳の症状を訴える患者が何人も現れた．それらの患者のCT画像は，いずれも，線条体，視床を中心に限局的な低吸収領域（low density；LD）を示す異常所見を示している共通性がある（図6）．つまり，人間がものを考える場所は低酸素に最も脆弱で，線条体-視床を含むいくつかの神経核が連合して機能し，それには知能障害をきたす海馬回，扁桃核を含むA10神経群，それに，記憶の機能を果たしている海馬回から連なるリンビックシステムが関わっていることがわかってきた．しかも，そのLD部位は血流が減少している所と，逆に，増加している所が混在している特徴を示していた．このことは，明らかに血流障害や低酸素状態で障害されるのではなく，これらの神経群から放出される神経ホルモンによる神経興奮，酸素と反応して発生する・OHラジカルなどの関与など，もっと複雑な脳損傷機構で障害されていることを示唆している．

このことから，線条体・視床・A10・リンビックの連合体を内意識，記憶，感情，思考を同

時に生み出すダイナミック・センターコア（図6）であると考えることができるようになってきた．

c．低酸素に伴う知能障害の発生機構は複雑

低酸素に伴う知能障害発生には大きく分けて2つのパターンがある．見聞きしたものを大脳皮質にある視覚中枢，空間認知中枢，言語中枢，聴覚中枢，それに前頭連合野の連絡網によって形成される音韻神経ループとその機能にもとづく理解や判断力の障害．それからその脳内情報を心や考えと記憶に結びつけていくダイナミック・センターコアの障害である．

このうち，大脳皮質間の音韻神経ループ障害は，1カ所の大脳皮質神経群の中枢が障害されても大きな知能障害は起きないが，複数の大脳皮質中枢が同時に障害されると物事の認識ができなくなる特徴があり，著しい知能障害が発生する．

もう1つは，考えと記憶を同時に機能させるダイナミック・センターコアの直接の障害である．これら2つのパターンの神経細胞障害発生メカニズムは，これまで脳血流障害に伴う低酸素で発生する脳浮腫や脳圧亢進に伴う脳虚血の増悪，それに，活性酸素という神経毒の出現によって障害されると理解されてきた．

しかし，脳の障害が重症になると，この障害機構に加えて，もっと複雑な脳の病態が発生するメカニズムが明らかになってきた．それは，重症の脳障害が発生すると生体防御反応が必要以上に過剰反応を起こし，カテコールアミンが大量に全身循環に放出されるカテコールアミン・サージが発生することである．このため，脳にとって致命的となる3つの脳損傷機構が新たに発生する（図7）．

1つ目は，末梢血管の収縮と心筋の拡張障害に伴う全身循環障害で，血圧低下時にカテコールアミン系昇圧薬を投与して血圧を上げようとすると，ますます，心臓の拡張障害によって，心臓のポンプ機能が働かなくなって，脳の病態もさらに悪化する．それと同時に，脳の熱を脳血流で洗い流すことができなくなって脳内熱貯留現象を起こすことがある．この場合，脳の温度は40-44℃まで上昇し，脳温によって直接神経細胞が壊れる[2]．

2つ目は，血中カテコールアミンの増加に伴ってグリコーゲン分解からインスリン抵抗性の高血糖が発生する[2]．そのため血糖値が230 mg/dlを超えるとヘモグロビンから酸素を切り離す2,3 DPGが分単位で減少してくる．この結果，脳内の乳酸増加に加えて，脳に酸素が運ばれても神経細胞までに酸素が充分到達しないmasking neuronal hypoxiaが重なって致命的な脳細胞の障害が進行する．このような現象

① 責任疾患脳損傷
　脳虚血，脳浮腫，脳圧亢進，ラジカル障害

② カテコールアミン過剰放出の脳障害
- 脳温>40℃の脳内熱貯溜
- インスリン抵抗性高血糖
- ヘモグロビンDPG減少性神経細胞低酸素
- 神経原性肺水腫
- 心筋虚血・収縮（心筋拡張障害）

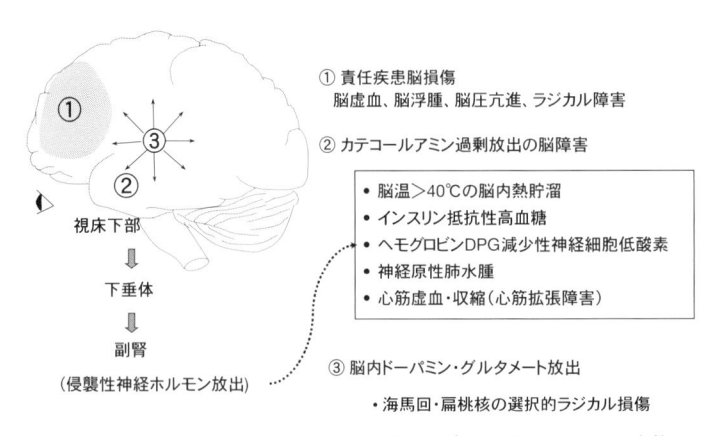

視床下部
↓
下垂体
↓
副腎
（侵襲性神経ホルモン放出）

③ 脳内ドーパミン・グルタメート放出
- 海馬回・扁桃核の選択的ラジカル損傷

図7　新しく発見された重症脳損傷患者の脳内に発生する3つの病態

は侵襲性ストレスが少ない麻酔条件下の実験動物では発生しないので，実際の患者と動物実験ではその病態そのものが異なることを配慮に入れて，患者の診断と治療を組み立てる必要がある[2]．

3つ目は，脳への侵襲に伴うストレス性の病態は全身性に発生すると同時に脳内においても発生する．とくに，考えや記憶，感情を生み出すダイナミック・センターコアでは，グルタメートの放出やドーパミン神経群が多いため大量のドーパミンやグルタメートが細胞外に放出される[1]．グルタメートの放出は記憶機能に重要な海馬回の神経細胞に数日にわたって持続的な興奮を起こし，遅発性神経細胞死を起こす．

一方，神経細胞から細胞外へ急激に大量放出されたドーパミンも組織内ラジカルスカベンジングの能力を超えて，組織内細胞外酸素と反応して・OHラジカルが発生するので，これら，2つのメカニズムで思考・感情・記憶の機能を司る線条体-A_{10}-視床-リンビックの神経細胞が選択的に遺伝子レベルから障害される[2]．このように，脳の血流障害や外傷によって重症の低酸素病態が発生すると，これまで言われてきた，脳浮腫，脳圧亢進，微小循環障害，活性酸素による脳内神経細胞の破壊に加えて，重症脳損傷患者ではさらに侵襲性神経ホルモンの過剰放出に伴う全身性の高血糖，ヘモグロビン機能障害による脳神経細胞の酸素欠乏，それに，精神の中枢ともいえるダイナミック・センターコアの選択的な障害が同時に重なる形で進むことになる．

d. 低酸素に対する遺伝子の隠された秘策

これまで，低酸素に対して，人間の体を構成する細胞はすべて脆弱であると考えられてきたが，実は，体の細胞が低酸素に対して抵抗力をつけてなかなか死なない現象がいくつかある．その代表例は，正常の細胞が癌化すると低酸素状態に強くなるばかりか血管新生や細胞増殖を起こす．癌は元々の体にある細胞の性質を継ぐので，われわれの体には，低酸素に対して抵抗力を持つ機能が隠されていることになる．この現象を引き出す方法として，頸動脈を指で時々圧迫する方法で，脳に短時間神経症状が現れない程度の軽い虚血状態を繰り返していると，やがて脳細胞は徐々に低酸素に強くなる．この現象は，脳細胞に限らず心臓の細胞においても確認され臨床に応用されるようになってきた．

いったい，どのような仕掛けでこのよう抵抗力をつけることができるのであろうか？　それは，ふだんの状態では見られない遺伝子反応が発生して低酸素病態を乗り越える仕組みを生み出す能力があったのである．そのメカニズムは，酸素を脳や体の隅々まで運ぶ赤血球にhypoxia inducible factor（HIF）が出現し，遺伝子の転写を変えて，血管内皮細胞の修復，ラジカルの処理，血管新生，さらに，細胞の核に働いて壊れようとしている細胞を修復する方法である．

したがって，癌の治療は，この病態をどのように抑制するかが大きなテーマとなっている．これに対して，心臓や脳の低酸素状態では，どのようにしてこの機能を引き出すかがテーマとなっている．

この仕組みを使って，低酸素や低体温状態を

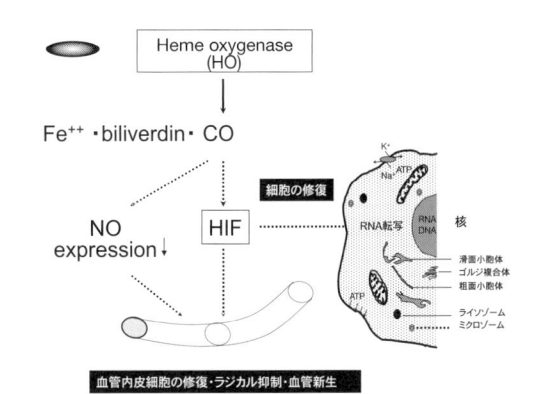

図8　脳の低温管理による血管壁と神経細胞の遺伝子修復反応

HIF；hypoxia inducible factor．

見事に乗り超えて現在まで生き残ってきた動物がいる．それは冬眠動物で，彼らも同じようにHIFを使って，危機的な厳しい環境を乗り越えてきたことがわかってきた[4]．このことから，低体温条件下でなぜHIFが発生するかの基礎研究が進み，赤血球のheme oxygenase（HO）がFe^{2+}，biliverdin，COに変化し，COガスがHIFの誘導を促すことがわかってきた（図8）．

この仕組みは，切断した足をつなぐ時に前もって足を冷やしておくと皮膚の再生が常温以上にうまく起こるメカニズムにおいて確認されている．この結果，脳低温療法においても同様の神経細胞修復機序が発生していることが推定されるようになってきた．このことから脳温管理もクマの冬眠中の温度変化と同様に32〜34℃の間で繰り返し上下させ，下垂体ホルモン欠乏による免疫不全を防止しながら，HIFを誘導し，遺伝子の修復反応を活用する脳低温療法が開発されてきた[2]．

4. 脳の低酸素に対する発展的集中管理法

脳の低酸素に伴う精神障害に対する治療法は，これまで行われてきた脳循環を保ちPaO_2や酸素運搬量を維持する管理法では不十分であり，その治療法も大きく変わってきた．治療目標の病態とその管理法を，タイムスケジュールにそって並べてみると，①責任疾患と神経ホルモン異常に伴う，低酸素症，侵襲性高血糖，脳温上昇，脳腫脹などに対するバイタルサインの安定と酸素運搬量の維持，高血糖管理と脳低温管理，②知能や感情障害を起こすラジカル障害とHO減少に対する血清アルブミン値3.0 g/dl以上の補正，脳低温管理，HO誘導薬物投与，③遺伝子修復障害を起こすHIFとHO減少に対する間欠的脳低温管理とHOとHIF誘導薬物投与の併用，それに，④二次的脳損傷を起こす脳浮腫，免疫不全，脂質代謝変換，感染症に対する脳圧，血糖，腸内細菌，免疫不全の管理などに，まとめることができる[2]．

［林　成之］

■文献

1) Baker AJ, Zornow MH, Scheller MS, et al：Changes in extracellular concentrations of glutamate, asparate, glycine, dopamine, serotonin, and dopamine metabolites after transient global ischemia in the rat. J Neurochem 57：1370-1379, 1991.

2) Hayashi N, Dietrich DW (eds), Hayashi N：In Brain Hypothermia Treatment, pp37-325, Springer-Verlag, Tokyo, 2004.

3) Machntosh TK：Neurological sequele of traumatic brain injury, Therapeutic implications. Cerebrovas Brain Metab Rev 6：109-162, 1994.

4) Morin P Jr, Storey KB：Cloning and expression of hypoxia-inducible factor 1 alpha from the hibernating ground squirrel, Spermophilus tridecemlineatus. Biochim Biophys Acta 25：1729(1)：32-40, 2000.

5) Shoemaker WC, Apple PL, Kram HB, et al：Prospective trial of supernormal values of survivors as therapeutic goals in high-risk surgical patients. Chest 94：1176-1186, 1988.

4.15 がんと酸素

　がんの3大治療法として，外科療法，放射線療法，化学療法が知られているが，この中で，白血病や悪性リンパ腫を除いたいわゆる固形腫瘍に対して治癒が期待できるのは，外科療法と放射線療法である．日本におけるがん治療は，これまで外科療法が主体となって行われてきた．しかしながら，放射線治療は，高齢者に優しい治療法で，高い QOL を特徴とすることが認知されつつあり，年々放射線治療を選択する患者の数が増加している．最近の，放射線を腫瘍に集中させる物理工学的な技術の急速な発展が高精度な放射線治療を可能にし，治療成績が上がってきていることも，患者数の増加に拍車をかけている大きな理由となっている．本項は，がんと酸素というテーマであるが，このテーマは，さまざまな学術的観点から研究が行われ，多くの知見が蓄積されつつある．すべての領域を網羅することは不可能なので，著者の専門であるがんの放射線治療における酸素の役割を中心に解説する．

1. 固形腫瘍の構造

　生体内で腫瘍細胞が増殖するためには酸素と栄養分が必須であり，これは基本的に血管から供給される．したがって，がん化した細胞が組織の中で増大していくためには血管を造成する必要がある．この血管を作れないとがん組織は 2 mm 以上には大きくなれないとされている[1]．近傍の既存の正常血管から血管を造成する過程を血管新生と呼ぶが，この過程において重要な役割を果たす因子が vascular endothelial growth factor（VEGF）である．酸素や栄養分は血管壁からの拡散によって腫瘍細胞に運搬されるため，血管から離れるにしたがって酸素分圧は低下する．酸素分圧が低下すれば，呼吸によるエネルギー産生能が低下するため腫瘍細胞の増殖能が低下し，ある限度を超えれば細胞は壊死を起こすことになる．増殖が活発になり血管新生が追いつかず，低酸素状況が生まれると，血管新生が活性化されることは知られていたが，その分子メカニズムが明らかになったのは最近のことである．詳細については，他の項に委ねるとして，簡単にいえば，腫瘍細胞が低酸素状態になると，HIF-1α と呼ばれる転写因子のタンパク安定性が上昇して蓄積し，他の転写因子と複合体を形成して VEGF のプロモーター部位に結合し，その下流の VEGF の遺伝子発現が活性化され，VEGF が腫瘍細胞から分泌されるというものである．こうした過程を繰り返すことで，血管新生を伴いながら固形腫瘍が増大していく．また一般に，がん細胞は正常細胞に比べ解糖系が亢進しており，低酸素状況でも低効率ながらエネルギー産生が可能で，細胞死から免れている．こうして，固形腫瘍の中には正常組織中には存在しないような，きわめて酸素分圧が低く（< 3 mmHg），増殖は止まっているものの生存している細胞集団が存在する．以上のことから，固形腫瘍の内部では，血管との位置関係によって酸素分圧に関しきわめて不均一な状態が生まれている．図示的にこれを表すと図1のようになる．腫瘍細胞は毛細血管を中心に同心円上に並び血管近傍に存在する腫瘍細胞は活発に増殖している（A）．血管から 70 μm 程度離れると，低酸素となり増殖は停止するが生存している腫瘍細胞集団（B）が存在し，さらに離れると壊死層（C）となる．こうした腫瘍構築の最小単位を腫瘍コード

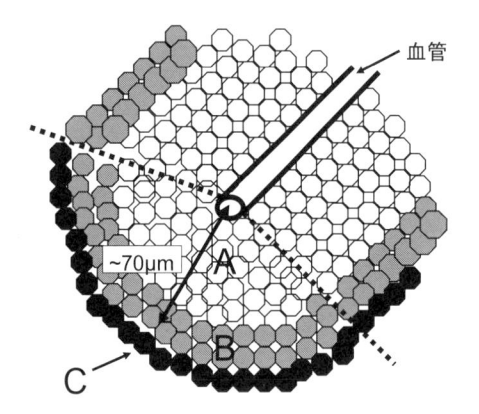

図1 血管を中心とした腫瘍コードの立体構造（断面図）
(A) 血管近傍の高い増殖活性を有する腫瘍細胞集団；(B) 血管から70μmほど離れた，増殖活性はないが生存している低酸素腫瘍細胞集団；(C) 低酸素細胞集団からさらに外側に位置し，壊死に陥った層．

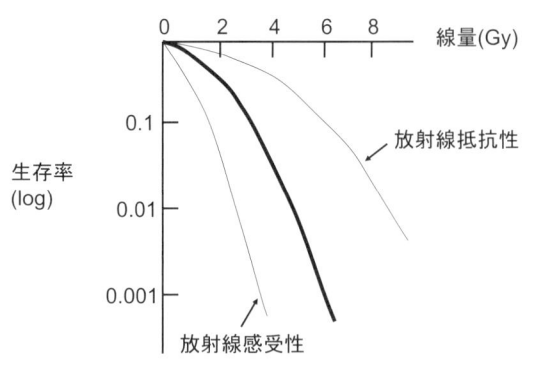

図2 線量-細胞生存率曲線
放射線照射後，単一細胞に調整してシャーレに播種し，10日間程度37℃で培養する．50個以上の細胞からなる細胞集団を形成したものをコロニーとみなし，播種細胞数とコロニー形成数から生存率を計算，横軸に線量をリニアで，縦軸に生存率を対数プロットして得られる曲線である．この曲線が上方にシフトすれば放射線抵抗性，下方にシフトすれば放射線感受性を示す．

と呼ぶ．

最近，低酸素状態が腫瘍の悪性度の進展を促すという報告がなされている[2]．低酸素細胞分画の大きい腫瘍では，遠隔転移の頻度が高い傾向を示すというものである．低酸素状態ではDNA複製時に間違った塩基が挿入された時にそれを修正するミスマッチ修復の抑制を介して遺伝的な不安定性が引き起こされ，アポトーシス抵抗性細胞が生まれたり，VEGFなどの血管新生を活性化する因子が放出されることにより血管の造成が活発となる現象が起こる．最終的に放射線や化学療法に対する細胞死が抑制され，高い転移能が獲得されると考えられている．このように見てみると，固形腫瘍中に存在する低酸素細胞分画は，腫瘍進展を引き起こす上で重要な役割を果たしていることがわかる．

2. 放射線のがん細胞に対する効果と酸素

次に，放射線による効果が酸素分圧とどのような関係にあるかについて考えてみる．がん細胞をシャーレの中で培養し，対数増殖期にある状態で放射線を照射して，コロニー法によって線量-細胞生存率曲線を描くと，一般に図2のように肩を持った曲線になる．この曲線が上方にシフトしているものは放射線抵抗性であることを示し，下方にシフトしていれば放射線感受性であることを示す．この手法を用いれば，どのような因子が放射線感受性に影響を与えるかについて定量的に調べることができる．細胞のもつ酸素分圧が細胞の放射線感受性に影響を与えることは，1921年に初めて報告されているが，哺乳動物細胞の線量-細胞生存率曲線を用いた方法によっても，低酸素状態で照射した場合，きわめて放射線抵抗性になることがわかって以来，多くの研究がなされてきた．ここで重要なことは，酸素による効果が現れるためには，照射中に酸素が存在することである．照射の前後に存在しても効果は現れない．

酸素分圧と放射線感受性との定量的な関係について図3に示す．酸素分圧が0の時の放射線感受性を1とすると，酸素分圧の上昇に伴い，放射線感受性は急激に高まっていくが，20-30 mmHg程度でプラトーに達し，無酸素時に比べ，3倍の感受性を示す．無酸素と十分に酸素

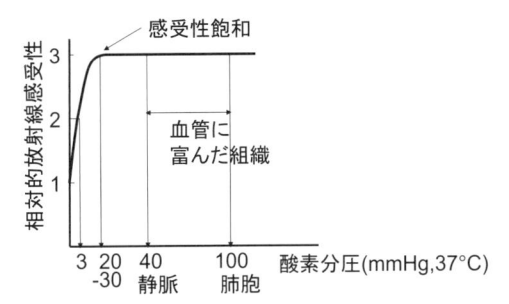

図3 酸素分圧と相対的放射線感受性との関係
無酸素状態で細胞を照射したときの放射線感受性を1とした時、酸素分圧の上昇とともに放射線感受性がどのように変化するかを表したグラフ。酸素分圧の上昇に伴い急激に放射線感受性となり、20-30 mmHgで感受性は飽和に達する。放射線感受性に影響を与えるような酸素分圧領域は、正常組織には存在せず、腫瘍特異的に存在する。

化された状態の中間の感受性、すなわち相対的に2を示す酸素分圧は3 mmHgであるとされる。正常組織における静脈血中の酸素分圧は40 mmHg程度とされており、したがって、正常組織の中には、放射線感受性に影響を与えるほど低い酸素分圧領域は存在しない。既に述べたように、腫瘍組織中には、酸素分圧が<3 mmHgになる分画が存在し、多くは増殖を停止しているが、酸素が到達するような状況ができると再増殖可能であるため、このような低酸素細胞分画は、最も放射線抵抗性を示すことになる[3]。

3. DNA損傷への酸素の関与

次に、なぜ酸素が放射線による効果に影響を与えるのかについて述べてみたい。放射線ががん細胞を死に至らしめる最も重要なイベントは、DNAに起こる損傷であり、この修復に失敗すると細胞は、アポトーシスまたはネクローシスを起こして死に至ると考えられている。DNAに放射線が損傷を与える場合、直接DNA分子に電離が起こって損傷を与える場合と、いったん細胞中の水に電離が起こってフリーラジカルと呼ばれる反応性の高い分子が形成され、それが2次的にDNAに損傷を与える場合の2通りが考えられている。前者を直接効果、後者を間接効果と呼ぶ。広く放射線治療に利用されているX線やγ線では、間接効果が主に起こっており、重粒子線等では、逆に直接効果が主に起こっている。間接効果が起こる場合、グルタチオンのようなSH基をもつ還元物質が存在するとフリーラジカルを不活化することが可能で、そのような物質はラジカルスカベンジャーという。フリーラジカルによってDNA損傷が起こった場合、DNAに有機ラジカル（R˙）が形成されるが、R˙に対してラジカルスカベンジャーが反応すれば、その傷が還元され修復される。一方、酸素が結合すると$RO_2˙$という分子が形成され、傷が固定されて、ラジカルスカベンジャーによる修復が不能な状態になるという。さらに、R˙に対する両者の反応速度は、酸素の方が3倍ほど高いことから、酸素下においては修復効率が悪く、無酸素下においてはきわめて高いことが知られている。このような形で、放射線によって引き起こされるフリーラジカル反応に酸素が大きく関わっており、最終的に細胞死に影響を与えることとなるが、生物学的レベルでのメカニズムの解明は、ほとんどなされていない。

4. 低酸素細胞分画における放射線抵抗性の克服

固形腫瘍内に存在する低酸素細胞分画は、きわめて高い放射線抵抗性を示すことから、放射線腫瘍学では、それを克服する手法が考えられてきた。放射線治療では、照射は1回で終わるのではなく、週5回、トータルで20-30回ほど行われることが一般的である。実は、1回照射することによって腫瘍細胞の酸素消費量が低下したり、血管透過性が亢進し、酸素に富んだ細胞が初めに死ぬことで腫瘍自体が縮小し、照射前よりも酸素が腫瘍に行きわたるようになるこ

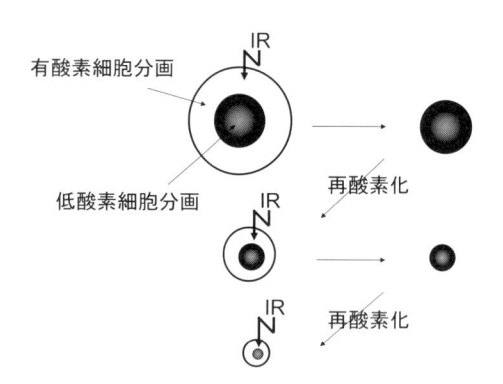

図4 固形腫瘍の分割照射による再酸素化の概念図
固形腫瘍は，腫瘍の外側から血管造成が起こることから，腫瘍外側が血管に富み，内部は血管に乏しい．したがって，マクロ的には腫瘍外側に酸素に富んだ細胞分画（白色領域）が，内部に低酸素分画（グレー領域）ができる．IR（放射線）が照射されると感受性である外側の細胞が死に，それまで行き届かなかった低酸素細胞分画にも酸素が届くようになり，次の照射に有利に働く．

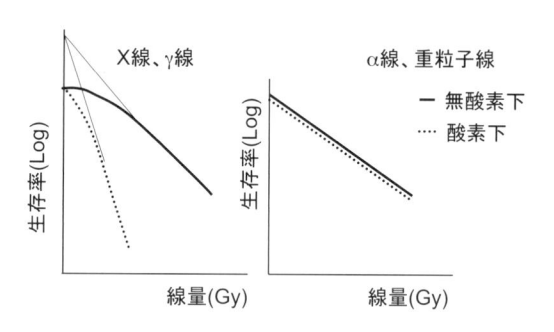

図5 放射線の種類による酸素効果の影響
X線，γ線に対する感受性は，酸素の影響を大きく受けるのに対し，α線，重粒子線ではほとんど影響を受けない．

とで，低酸素細胞分画が小さくなる．これを再酸素化と呼ぶが，このプロセスを毎回繰り返すことで，効果的に再酸素化した細胞を死滅させることが可能となる（図4）[3]．また，ニトロイミダゾール基を含む物質は，高い電子親和性を有し，代謝されにくく低酸素領域に集積しやすいため，放射線生物学的に酸素を送り込むことと同じ結果となる．すなわち，腫瘍にしか存在しない低酸素細胞分画を標的として放射線増感することが可能となるため，低酸素細胞増感剤として古くから研究が進められてきた．ミソニダゾールとよばれる物質は，臨床試験まで行われたが，末梢神経毒性のために実用化には至らなかった．現在でもそうした毒性を軽減するような多くの物質が合成され研究が進められている．また最近，血管新生阻害剤と放射線との組合せが注目を集めている．血管新生が阻害されると，一見放射線抵抗性になるのではないかと考えられるが，実は一時的に酸素分圧が上昇する現象が知られている．これは vascular normalization という，腫瘍血管が形態学的にも機能的にも，一時的に正常血管に近い形に変化する現象の結果，血管内圧が外圧より高い状況が引き起こされ，酸素拡散能がむしろ高まるためと考えられている．この時期を見計らって照射すれば，放射線増感が得られることになる[4]．しかしながら，血管新生阻害が進みすぎるとやはり低酸素状態となってしまうため，放射線との併用においてはそのタイミングがきわめて難しく，臨床応用する場合，放射線治療期間のどの時期に，どの程度の血管新生阻害剤を併用すべきかについて多くの課題が残されている．また，酸素効果は間接作用に関連することを述べたが，重粒子線においては直接効果がメインとなるため，酸素による影響がほとんど生じない（図5）．したがって，重粒子線を用いた場合，低酸素細胞分画の放射線抵抗性は大きな問題とはならなくなる．

おわりに

本項では，がんと酸素というテーマの中で，とくに放射線治療との関係に注目し，固形腫瘍中に存在する低酸素細胞分画が，放射線治療を行う上でどのような問題となるのか，そしてそれを克服するための方法論としてどのようなものがあるのかについて概説した．これまで，放射線増感剤等，多くの研究が重ねられてきたにもかかわらず，いまだに臨床応用され普及した薬剤が開発されていない．この低酸素細胞分画の問題は，古くて新しい課題であり，この問題が克服されれば，放射線治療の成績向上に結び

つき，がん治療における大きなブレイクスルーとなるであろう．

［三浦雅彦］

■文献
1) Folkman, J：Tumor angiogenesis：therapeutic implications. New Engl J Med 285：1182-1186, 1971.
2) Le QT, Denko NC, Giaccia AJ：Hypoxic gene expression and metastasis. Cancer Metastasis Rev 23：293-310, 2004.
3) Hall EJ, Giaccia AJ：Radiobiology for the Radiologist. 85-105, Lippincott Williams & Wilkins, Philadelphia, 2006.
4) Jain RK：Normalization of tumor vasculature: an emerging concept in antiangiogenic therapy. Science 307：58-62, 2005.

4.A 一酸化炭素中毒と遅延性障害

一酸化炭素（carbon monoxide；CO）中毒はCOを含んだガスの吸入により引き起こされ，組織での酸素利用障害やCOの直接的な毒性によりさまざまな症状を呈する．空気より軽いCOは拡散しやすく，さらに無色・無臭・非刺激性のガスである．そのため都市ガス（COを含む石炭ガス）の不完全燃焼，自動車の排ガス，工場での吸入による事故がかつては多く見られたが，各種規制により激減した．それにかわり近年は，練炭の密閉空間における誤使用や，自殺を目的とした吸入による中毒が増えている．

COガスは容易に肺から吸収され，ヘモグロビン（hemoglobin；Hb）と結合し血中に取り込まれる．COは酸素と比較して200-250倍も高いHbとの親和性を有し，末梢組織における著しい酸素利用障害をきたす．そして一般にCOが結合したHbの比率であるCOHb濃度（単位％，正常人は0-3％程度）が高く，COへの曝露時間が長いほど障害を起こしやすいことが知られている．とくに視覚・聴覚などの神経系はCOの影響を受けやすく，わずか数％のCOHb濃度でも中毒症状を呈しうる．また曝露時間が長いほど重篤化する傾向があるとされる[1]．

a．臨床経過—とくに遅延性障害に注目して—

CO中毒はその臨床経過から，急性型と間歇型の2種類に大別される．

急性型CO中毒では，曝露後数時間で中枢神経症状（軽症なら頭痛・嘔気，中等症で性格変化・幻覚・ふらつき，重症では瞳孔が散大し昏睡状態に陥る）・肝不全・腎不全・横紋筋融解症をさまざまな程度で発症する．そのため適切な医療施設に搬送の上，高気圧酸素療法（hyperbaric oxygenation；HBO）を速やかに行い，全身管理・補助的治療が必要となる．

一方で，COガスへの曝露から時間をおき，遅延性に発症する間歇型CO中毒がある．COガス曝露の数日〜数週間経過後に，異常行動，性格変化，読み書きができないなどの高次脳機能障害，さらにはせん妄を含めた意識障害を呈するなど，多彩な中枢神経症状が亜急性に出現する．この間歇型の病態には未解明の部分が多く，COガス曝露エピソードとは時間的に乖離して発症するため診断が難しい．中には急性型CO中毒の症状をまったく呈さない例も存在し，認知症や脳炎との鑑別に苦慮することがある．

ここで間歇型CO中毒の自験例を紹介する．45歳の女性，2週間ほどの経過で認知機能低下と異常行動（買い物でお金を払わずに出てきてしまう，家中の扉を開けて回る，道端で排尿する）が出現，さらに動揺性歩行も出現した．いくつかの病院を回った後，原因不明の脳症・脳梗塞として当院を紹介受診された．入院後問診

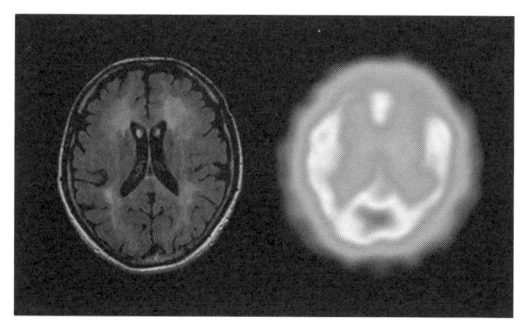

図1 間歇型一酸化炭素中毒の脳画像所見（自験例）
（口絵参照）
核磁気共鳴画像（MRI，左）では大脳深部白質に広範な異常信号を認める．脳血流画像（IMP-SPECT，右）では対応する大脳皮質・深部白質の血流低下を認める．

を丁寧にすると，発症2カ月前に屋内での練炭使用エピソードが明らかになった（自殺目的の練炭使用であったため，家族が話すのをためらっていた）．頭部核磁気共鳴画像（MRI）では広範な大脳深部白質病変を認め，脳血流検査（IMP-SPECT）では広範な大脳の血流低下が明らかになった（図1）．ただちにHBOを開始し，5週間かけて症状は半分程度に改善，在宅療養を開始した．退院後もHBOを継続しながら外来通院していただき観察すると，最終的に3カ月で完全寛解した．

b．CO中毒の治療

急性型CO中毒の治療には，HBOの保険適応が認められている．HBOを行うことにより動脈血中の酸素分圧を高め，HbからCOの解離，肺からの洗い出しが進む．結果としてCOHb濃度の低減効果が得られる．HBOは，医学的根拠に基づいた治療として高次脳機能の予後改善における有効性が示され，24時間以内のHBO導入を標準的な治療とすべきであることが提唱されている[2]．しかしHBOの設備には一定の規模が必要であり，ただちに地域差なく実施できるシステムは確立しておらず，現状では医療経済的な側面からも困難である．さらに急性型CO中毒では重篤な全身症状（肝機能不全・腎機能不全・横紋筋融解症）が高頻度に起こり，時に致命的となる．そのためHBOに加えて，早期の診断・支持的療法がより重要と言える．

一方で間歇型CO中毒に対する，医学的根拠に基づく治療はない．HBOの有効性については，有効・無効両者の意見があり結論が出ていない．またその高次脳機能の予後に関しても，「自然寛解も期待できる予後良好な疾患」とする意見と，「そのほとんどになんらかの高次脳機能後遺症を残す」とする意見が混在し，結論が出ていない．現時点で重要な点は，急性型CO中毒の寛解期を含むCOガス曝露後の慢性期には，患者・家族・医療者が間歇型CO中毒の可能性を念頭に置き，症状の兆しがあればただちに専門医療機関に相談することであろう．

［近藤孝之，髙橋良輔］

■文献
1) 上村公一ら：一酸化炭素中毒 基礎から臨床へ．日本医事新報 4154：23-28, 2003.
2) Weaver LK, et al：Hyperbaric oxygenation for acute carbon monooxide poisoning. New Engl J Med 347：1057-1067, 2002.

4.B 低酸素と頭痛

酸素は，生命維持に不可欠であることは周知のことではあるが，低酸素によってもさまざまな症状をきたす．頭痛は，最もよく出現する臨床症状の1つである．しかし，現実的には純粋な常圧における低酸素状態で症状を認めるような状態に遭遇するのはまれであり，多くは二酸化炭素濃度の増加，あるいは気圧の変動などの環境の変化を伴う．

頭痛は，低酸素状態あるいは二酸化炭素濃度高値の状態で引き起こされる．一般的には，急性の場合は動脈血酸素分圧が70 mmHg以下になると頭痛を感じやすく，この状態になり24時間以内に頭痛を認めるという．徐々に進展する慢性的な低酸素状態の場合は，より酸素分圧が低値でも頭痛を認めないこともある．日常よく遭遇するのは，高地にいる場合（高山病も含む），潜水時，睡眠時無呼吸を認める場合である．以下では，大きく低酸素血症に伴う頭痛，高山性頭痛，潜水時頭痛，睡眠時無呼吸性頭痛にわけて述べる．

a. 低酸素性頭痛

以下の項目のような特定した状況でなく低酸素状態に曝露したときに起こる頭痛である．原因としては，慢性閉塞性肺疾患，貧血，心不全等の循環障害（とくに慢性），一酸化炭素中毒などがあげられる．一般的には組織の低酸素状態により脳の低酸素とそれに伴う血中の二酸化炭素濃度の増加により脳血管とくに動脈や小動脈の著しい拡張がもたらされる．この結果，血管性頭痛として知られる片頭痛と類似の頭痛が起こりうる．すなわち頭痛は強度で拍動性となる．しかし，それほどでなくても徐々にかつ持続的に血管が拡張していることにより，また筋血流の低下も伴うこともあり，非発作性の持続的な圧迫感を認めることも多い．また一酸化炭素中毒の時には，動揺性めまい感，悪心・嘔吐を伴い，その後にけいれんや意識障害が明らかとなり死に至る．

b. 高山性頭痛

高山性頭痛は，登山により高地へ赴いたときに出現し，人により出現する高度と程度の差はあるが，一般的には80％以上に認めるとされ，かなり頻度が高いものである．片頭痛を既往に持つ人では出現しやすいともいわれる．この頭痛は，両側性に，前頭部または前側頭部に自覚されることが多く，鈍い痛みで圧迫感を訴えることも多い．強さはさほどひどくはないものの，重労働などの運動負荷や，登攀行動などの体動，あるいは精神的な緊張ストレス，高地にいることに起因する咳で悪化することもよく経験される．また，およそ25％ではさらに程度のひどい拍動性頭痛を認め，頭部の緊満感や顔面の紅潮，眼球結膜の充血やチアノーゼを認め，睡眠や姿勢を楽にしたときに悪化することもしばしばである．通常の人では海抜2,500 m以上への登山で必発であり，この頭痛は登山から24時間以内に出現し，下山後8時間以内に消失することも特徴的である．

発症のメカニズムとして，以下のように考えられている．第1に低酸素に伴う上記のような脳血管の拡張が起こり，この持続に伴い脳血管の内皮すなわち血液脳関門の透過性の変化により脳浮腫が起こる．さらに血管拡張状態による脳血管床の増大により脳圧が亢進する．第2に，高地ではとくに夜間に無呼吸を伴う呼吸状態が出現しやすく，これに伴い高二酸化炭素血症を惹起し，とくに睡眠時の頭蓋内圧の亢進を

もたらす．第3に，高地での作業あるいは運動負荷は高血圧を惹起する．この結果，いっそう頭蓋内圧を亢進させる方向に動くうえに，低圧化の作業はさらに組織の酸素化の低下をもたらし，さらに頭蓋内圧の亢進を促す．また，片頭痛の既往のある人で本頭痛が起こりやすいことと，セロトニン作動性薬剤の効果を考慮すると，片頭痛と同様の三叉神経血管系の関与も推測される．このような機序があるために急性の脳症の出現時には迅速な対応が必要なことが理解できよう．

c. 潜水時頭痛

本状態で特有な頭痛はない．一般的に水深10 mより深く潜水したときに出現する．また潜水中に出現し，減圧症のない状態で，ふらふら感または動揺性めまい感，精神錯乱，呼吸困難，顔面のほてり感，協調運動障害などの二酸化炭素中毒の症状を伴うこともある．一般的には100%酸素による治療後1時間以内に頭痛は消失する．

この頭痛の発症のメカニズムは純粋な低酸素というよりは，高二酸化炭素血症が引き起こす症状と考えた方が理解しやすい．潜水中に空気の消費を少なくするために呼吸を止めたり，あるいは浮力の変動を最小限にするために浅い呼吸を繰り返す，装備による呼吸運動の抑制などにより血液中に二酸化炭素が貯まりやすい状態で頭痛が出現しやすい．

他方，減圧症は深部から急速に浮上することで出現するもので，程度の差こそあれ，動脈内の気泡による塞栓が原因とされる．頭痛が出現するときは重症であり，他の錯乱やせん妄などの精神症状も伴い，また脳梗塞による片麻痺等の神経症状も伴うことがある．また，全身の筋痛もほぼ全例に認められる．

d. 睡眠時無呼吸性頭痛

最近，注目を集めている病態である．頭痛は再発性で，1カ月に15日以上発現する慢性頭痛となることが多い．性状は両側性，頭部全域の鈍痛や圧迫感があり，いつも気分が優れない．しかし，片頭痛のような発作性はなく，悪心，光過敏や音過敏などの随伴症状も認めない．起床時に頭痛があることも特徴であるが，他の脳腫瘍等の疾患でも出現するので，決めつけてはならない．また，昼間の眠気を訴えたり，自覚しないで発作性に睡眠に陥ることもある．診断には，終夜睡眠ポリグラフで睡眠時無呼吸を確認することが必要である．睡眠時に治療用のマスクを装着することで適切な治療を行うことで，72時間以内に頭痛が止まり，再発しないことも診断上重要である．

発症機序は，理由の如何を問わず（たとえば肥満体型，等）睡眠時に呼吸の障害があり，その結果低酸素とそれに引き続く二酸化炭素濃度増加が夜間に出現することによる．

以上，低酸素下で出現する頭痛につき概説した．頭痛という神経系の疾患につきものと思われる症状でも，低酸素下でも出現しうることが理解される．社会的な要求もあり注意を喚起したい．

［濱田潤一］

■文献
1) 日本頭痛学会・国際頭痛分類普及委員会（訳）：国際頭痛分類第2版，新訂増補日本語版．医学書院，東京，2007．
2) West JB：The physiologic basis of high-altitude diseases. Ann Intern Med 141：789-800, 2001.
3) Hackett PH, Roach RC：High-altitude illness. N Engl J Med 345：107-114, 2001.

4.16 窒　息

1. 定　義

生体に不可欠な酸素が種々の原因による呼吸機能の障害によって欠乏し，その結果，生じた病態を窒息という．

2. 原　因

窒息には主に以下のような4つの原因が考えられる．

1) 酸素が肺胞内で欠乏して血液に達しない場合（anoxic anoxia）．
2) 血液中のヘモグロビンの質的・量的異状により酸素を血液に取り込めない場合（anemic anoxia）．
3) 血液を組織に運搬できない場合（ischemic or stagnant anoxia）．
4) 組織が酸素を利用できない場合（histotoxic anoxia）．

3. 窒息の種類

a. 原因による分類

anoxic anoxia によって生じた場合を「外窒息」，「機械的窒息」と称し，法医学分野では，この場合のみを窒息（狭義の窒息）として扱っている．anemic anoxia，ischemic or stagnant anoxia，および histotoxic anoxia は「内窒息」と称される．以下，この章で扱う窒息は「狭義の窒息」である．また，この結果生じる死を窒息死という．

1) 外窒息の種類
1) 空気中の酸素分圧の低下：　外気中の酸素欠乏や閉所への閉じ込めによる．
2) 気道入口部の閉塞：　鼻孔，および口部の閉塞による．
3) 気道の狭窄・閉鎖：　外部からの頸部圧迫，喉頭浮腫や頸部腫瘍等による．ただし，頸部圧迫では，気道の閉塞のみならず頸静脈の閉塞による頭部の鬱血，頸動脈・椎骨動脈の閉塞による脳の低酸素・虚血も下記に述べる窒息時の症状や経過へ大きく寄与する因子となり，複雑な病態を呈することになるので注意を要する．溺水，固形物の誤飲，吐瀉物の吸引，出血血液の気道内吸引等も原因となる．
4) 呼吸運動の障害：　胸腹部の圧迫，呼吸運動系神経・筋肉の麻痺による胸郭運動障害による．また，気胸（まれに，血胸や膿胸）によって肺そのものの運動が妨げられる場合も原因となる．

2) 内窒息の種類
1) anemic anoxia（貧血性酸素欠乏）：　一般的な貧血や一酸化炭素中毒などによる．
2) ischemic or stagnant anoxia（虚血性または鬱滞性酸素欠乏）：　心臓ポンプ機能の失調，動脈の攣縮，および塞栓症などによる．
3) histotoxic anoxia（組織中毒性酸素欠乏）：　青酸化合物中毒やある種の薬物中毒では細胞内のミトコンドリアが酸素を十分に利用できないことによる．

b. 窒息の経過による分類

窒息の手段によって経過はもちろん異なるが，酸素欠乏と二酸化炭素増を原因とする病的な症状の発現，さらには，死亡までの時間によって，おおよそ下記のように分類される．

1) 急性窒息（acute asphyxia）
酸素の取り込みが障害されて心停止に至るま

でには 10-20 分を要する．後述するような窒息の典型的な症状が認められることが多い．

2) 遷延性窒息（prolonged asphyxia）

窒息が不完全に起こった場合，もしくは完全に起こっても経過が短時間であった場合に，窒息後数時間以上経過して死亡する場合をいう．また，窒息により低酸素性脳障害を発症後，数日以上を経過して肺炎等を合併して死亡する場合もいう．法医学者によってその用いられ方に差異があるので注意が必要である．遷延性窒息の場合，典型的な窒息の症状を認めないことが多い．

「亜急性窒息」は教科書により遷延性窒息と同義的に用いられる場合や，単に死亡までの時間が長引いた時に用いられることがあり，注意を要する．

4. 窒息の症状・経過

窒息の症状は，主として anoxia と hypercapnia が合同し，主として中枢神経系に作用して発現する．したがって，anoxia に伴う麻痺症状と hypercapnia に伴う刺激症状が合併して症状として発現される．この症状・経過は，呼吸障害の程度，生体側の条件，外部環境等の因子によりさまざまであるが，一般的には，その発現順序は喘鳴を伴う呼吸困難，チアノーゼ，呼吸停止の順である．教科書的には，窒息死に至るまでの経過は下記のように4期，もしくは5期に分けられる．

1) 前駆期，無症状期： 呼吸障害が生じても生体の予備能力により，1-1.5 分くらいまでは特別の症状を呈することなく経過する．

2) 呼吸困難期および痙攣期： 血液中の O_2 減少と CO_2 の増加により，はじめは吸気性の呼吸困難が，次いで，呼気性の呼吸困難が現れる．呼吸困難期の持続時間は 1-2 分程度とされている．顔面や四肢末梢はチアノーゼが顕著となる．意識は混濁し，やがて消失する．呼吸筋の収縮は増強し，次第に骨格筋の痙攣が認められるようになる．この時期は痙攣期と称され，30 秒-2 分程度とされている．痙攣は，はじめは交替性痙攣で，ついで強直性痙攣に変化し，後弓反張が時に認められることもある．脈拍は，はじめは徐脈であるが，次第に頻脈を呈するようになる．血圧は上昇する．血圧の上昇は蓄積された CO_2 による刺激作用や血液中酸素分圧の低下による交感神経の興奮，アドレナリンの分泌等によると説明されている．血圧は痙攣期の終わりには急激に下降する．さらに，眼球突出，糞尿失禁，陰茎勃起，射精等がみとめられることもある．

3) 無呼吸期： 痙攣の終了とともに，全身の筋肉は弛緩する．呼吸運動は，次第に減弱し，やがて停止し，仮死状態となる．持続時間は約 1-2 分である．血圧は著明に低下し，脈拍は徐脈で微弱となる．

4) 終末呼吸期： Cheyne-Stockes 様の呼吸が現れる．これは，あえぎ呼吸や下顎呼吸とも呼ばれている．口を大きく開けて，鼻翼を広げて，下顎を突き出すような動作を数回程度繰り返す．次第に間隔が長くなり，約1分程度で完全に動作が停止する．この後，不可逆的な呼吸停止に移行する．

5) 終末呼吸の不可逆的停止後に心臓拍動は弱いながらも数分から 10 数分程度持続する．この後に，心室細動が認められ，心停止となる．

以上のように一般的な急性窒息では呼吸停止が心停止に先行する．

5. 窒息死体血の生化学的変化

典型的な急性窒息では CO_2 排出と O_2 摂取が傷害される．したがって，呼吸性アシドーシスを呈する．動脈血の pH, P_{O_2}, HCO_3^-, Base Excess は低下し，P_{CO_2} は上昇する．血清電解質は K^+, Ca^{2+} が上昇し，LDH, GOT, GPT 等

の酵素が逸脱し上昇する．嫌気性代謝のために乳酸が上昇し，脂質では，コレステロール，中性脂肪，遊離脂肪酸が上昇し，リン脂質が低下する．カテコールアミン，インスリン，コルチゾールは上昇し，サイロキシンは低下する[1]．

6. 窒息死体の一般所見

急性窒息死体に認められる共通した一般的な所見は下記のとおりである．

a. 外表所見

1) 死斑： 暗紫赤色の死斑が著明に，広範囲に，早く発現する．急性窒息では，死後の血液の性状が流動性で体外に血液が失われることがないためと説明されている．

2) 顔面の鬱血： 頸部への圧迫作用によって頸静脈が閉鎖されて，椎骨動脈，もしくは頸動脈の閉鎖が生じない場合，顕著に認められる．時に，耳出血や鼻出血が認められることもある．

3) 溢血点・出（溢）血斑： 眼瞼結膜や眼球結膜，口腔粘膜に限局性の点状出血が認められる．これを法医学的に溢血点と称し，大きさは蚤刺大，粟粒面大，米粒面大程度である．これ以上大きくなると出（溢）血斑と称される．時に顔面の皮膚に認められることがある．溢血点の成因は鬱血，血圧上昇やアドレナリンの過剰分泌による毛細血管内圧の亢進，毛細血管壁の透過性の亢進によるものと説明されている．

b. 内景所見

1) 暗赤色流動血： 循環停止後の組織呼吸によって血液中の酸素が消費され還元ヘモグロビンが増加し，血液は暗赤色調を呈する．死直後には死体血は凝血する．しかし，急性死では，死戦期から死後早期にかけて血管壁から大量の plasminogen activator が放出され plasmin が増量し，線溶現象が生じるため流動性を呈するとされている．

2) 粘膜下・漿膜下の溢血点： 生体の種々の粘膜下に溢血点が認められる．

3) 臓器の鬱血： 肝臓，腎臓，脳等の多くの臓器が鬱血する．とくに肺では顕著であり，肺水腫を伴い著しく重量を増加させる．

これらの所見は急死の trias（三主徴）と呼ばれており，急性窒息死の際によく認められるものである．しかし，窒息死のみに特有な所見ではなく，他の急死体の場合でも認められるので注意を要する．

[池松和哉]

■文献

1) 澤口彰子：窒息—その病態生理．p18, 福村出版, 1987.

4.17 ミトコンドリア病

ヒトの生命活動は，ミトコンドリア内の酸化的リン酸化系（電子伝達系とATP合成酵素）における，酸素を用いたエネルギー産生によって支えられている．しかし，遺伝的あるいは後天的な原因によって，ミトコンドリア（とくに酸化的リン酸化系）が障害された場合には，ATP産生低下や酸化ストレスの増大により全身の臓器に障害が現れ，各種の疾病が引き起こされる（ミトコンドリア病）．ヒトの呼吸鎖は約60のサブユニットから構成され，そのうちの13をミトコンドリアDNA（mtDNA）がコードし，他は核DNAに委ねられている．ミトコンドリア病の遺伝的原因の多くはmtDNA変異であるが，少数ながら核DNA変異にもとづく疾患も報告されている．

1. ミトコンドリア病の概念の歴史的変遷

ヒトにおけるミトコンドリア病の症例は，1962年のErnster, Luftらの報告にさかのぼる．1980年代になり，外眼筋麻痺・網膜色素変性・心伝導障害を呈するKearns-Sayre症候群（KSS）あるいはその不全型である慢性進行性外眼筋麻痺症候群（chronic progressive external ophthalmoplegia；CPEO），脳卒中発作・高乳酸血症を呈するmitochondrial myopathy, encephalopathy, lactic acidosis and stroke-like episodes（MELAS），ミオクローヌス（ふるえ）てんかんを呈するmyoclonus epilepsy associated with ragged-red fibers（MERRF）が臨床・病理学的に提唱され，DiMauroにより三大ミトコンドリア脳筋症としてまとめられた[1]．1988年になり，Holtらにより，ヒトの疾患においてmtDNA変異が初めて直接同定された．その後，各病型に対応するmtDNA変異（CPEOにおける欠失；MELASにおけるA3243G；MERRFにおけるA8344Gなど）も次々と同定された．

1992年になり，mtDNA A3243G変異（MELAS変異）が，糖尿病患者にも存在することをVan den Ouwelandらが報告し，病変は神経や骨格筋に限局すると考えられていた古典的ミトコンドリア脳筋症の概念は，全身の臓器障害を呈しうるミトコンドリア病の疾患概念へと拡大していった．

2. ミトコンドリア病の分類

a. 臨床的特徴による分類

臨床症状の特徴からの分類であり，原因遺伝子変異は異なることもある．上記三大病型が，脳筋症全体の約60-70%を占める．頻度は低いが，その他の病型として，Leber遺伝性視神経萎縮症（Leber's hereditary optic neuropathy；LHON），Leigh脳症, neurogenic muscle weakness, ataxia and retinitis pigmentosa（NARF），Pearson病などの疾患概念が確立され，それぞれの病型に特徴的なmtDNA変異や核DNAの変異が同定されている．

b. 生化学的異常による分類

ミトコンドリア機能に関わる代謝系の中で，障害される部位およびその原因となる遺伝子異常からも分類される．とくに呼吸鎖に関わる酵素複合体の異常が最もよく解明されている．

c. 遺伝子異常による分類

遺伝子異常については，欠失・重複などの遺伝子の構造異常，点突然変異，量的減少（mtDNAの絶対数の減少）といったmtDNAの変異パターンにより分類されている．また，上記のように，各々の病型に対応する特異性の高いmtDNA変異の存在が報告されているが，同一遺伝子変異においても臨床的多様性が認められる．

3. 診断

a. 臨床徴候

1) 遺伝・家族内発症

mtDNAは母親の卵細胞を介して次世代に伝わるため，ミトコンドリア病は母系遺伝をとる．母方のみに多発する糖尿病や難聴といった家族歴は，ミトコンドリア病を疑うきっかけとなる．しかし，KSS（CPEO）のように孤発例がほとんどの疾患や，mitochondrial neurogastrointestinal encephalopathy（MNGIE）のように優性遺伝をとる核DNA異常による疾患も存在する．また，一家系内でも，同一mtDNA変異によって，MELAS，糖尿病，心筋症のように多様な臨床像を呈することもある．

2) 共通した臨床徴候

エネルギー供給が障害されるため，軽微な運動でも易疲労性を訴える患者が多い．低身長・発達障害もミトコンドリア病患者でよく認められる．

3) 臓器症状

中枢神経系（脳）症状は最もよく認められる．知能障害や痙攣を合併しやすい．とくにMELASでは，頭痛・嘔吐に始まり，意識障害，片麻痺，視力障害，痙攣といった"脳卒中様発作"を呈する．これらの症状は一過性で回復することが多いが，発作を繰り返すうちに脳の不可逆的障害が出現する．筋症状も高頻度で認められ，進行性の全身性筋力低下および易疲労性を生じ，運動によって増悪する．心臓（心筋症，心伝導障害），腎（尿細管）の障害，糖尿病，感音性難聴も合併しやすい．眼に関する臨床徴候も重要で，視力・視野障害（LHON），色覚障害（KSSにおける網膜色素変性），外眼筋麻痺（KSS）が挙げられる．

b. 検査所見

1) 生化学的検査

ミトコンドリア病では血中乳酸値の上昇を認め，乳酸（L）/ピルビン酸（P）比は高値（20以上）となる．運動負荷や症状の増悪時に，乳酸値の上昇と代謝性アシドーシスが認められる．また，必要に応じ，髄液中乳酸も測定する．

2) 組織学的検査

骨格筋生検を行うことで，特徴的なミトコンドリアの形態変化・酵素活性低下が確認できる．形態変化の所見として，巨大化した異常ミトコンドリアの集簇像である赤色ぼろ線維（ragged-red fiber；RRF）や，MELASではstrongly SDH-reactive blood vessels（SSV）と呼ばれる特徴的所見が認められることが多い．

3) 生理・画像検査

ミトコンドリア病では，筋電図検査で筋原性変化を示すことが多い．心筋症や伝導障害も合併しやすいため，心電図検査，心超音波検査や核医学検査などによる心機能評価が必要である．痙攣に対して脳波検査，難聴に対して聴力検査なども必要となる．

脳の画像検査では，とくにMELASにおいて，CTでの大脳基底核の石灰化やMRIでの脳萎縮・梗塞巣の描出が診断に有用である．さらに，MRスペクトロスコピー（MRS）を併用することで，病巣の乳酸の上昇などの機能評価も可能である．また，梗塞巣では，プロトンの拡散が亢進し，血管性浮腫を呈することも明らかとなっている[2]．また，^{99m}Tc-MIBIによ

る心筋シンチグラフィーによって，心筋の潜在的なミトコンドリア機能低下（呼吸鎖障害による膜電位低下）を検出可能であり，ミトコンドリア病による心筋症の診断・機能評価に有用である[3]．

4）遺伝子解析

現在，ミトコンドリア病の原因となりうるmtDNA変異は100以上の報告がある．臨床病型から原因となるmtDNA変異の候補を絞り，遺伝子検索することが望ましい．また，核DNA変異の関与や既知の遺伝子変異以外の可能性を常に考慮し，慎重に遺伝子診断や遺伝カウンセリングを行う必要がある．

4. 治療

遺伝子治療などの根本的治療が行えないため，ミトコンドリア機能を維持するための慢性期治療と，MELASにおける脳卒中様発作に対する急性期治療が主体となる．

a. 慢性期治療

呼吸鎖の機能低下に伴う活性酸素種の発生増加が症状の発現・増悪に関与することから，体内で抗酸化物質として作用するトコフェロール，コエンザイムQ_{10}や，チアミンなどのビタミン類などの投与が一般的に行われる．

b. 急性期治療

MELAS脳卒中様発作に対する急性期治療として，L-アルギニン（L-Arg）療法の有効性が確立されつつある[4]．L-Argは，体内に入ると一酸化窒素（NO）合成酵素によってNOとなり，強力な血管拡張作用を惹起することで虚血部位を保護する．さらにL-Argは，発作寛解期に定期的な内服をすることにより，脳卒中様発作に対する予防効果もあることが示されつつある．

［井川正道，米田　誠］

■文献
1) DiMauro S, Bonilla E, Zeviani M, et al：Mitochondrial myopathies. Ann Neurol 17：521-538, 1985.
2) Yoneda M, Maeda M, Kimura H, et al：Vasogenic edema on MELAS：A serial study with diffusion-weighted MR imaging. Neurology 53：2181-2184, 1999.
3) Ikawa M, Kawai Y, Arakawa K, et al：Evaluation of respiratory chain failure in mitochondrial cardiomyopathy by assessments of ^{99m}Tc-MIBI washout and ^{123}I-BMIPP/^{99m}Tc-MIBI mismatch. Mitochondrion 7：164-170, 2007.
4) Koga Y, Akita Y, Nishioka J, et al：L-arginine improves the symptoms of strokelike episodes in MELAS. Neurology 64：710-712, 2005.

4.C 老化とミトコンドリア

a. mtDNA変異蓄積仮説

われわれの細胞には数百個のミトコンドリアがあり，それぞれのミトコンドリアには16,569塩基対からなる環状二重鎖DNAであるミトコンドリアDNA（mtDNA）が数個存在するので，個々の細胞には数千コピーのmtDNAが維持，複製され，その発現量は膨大である．生体に取り込まれた酸素の95%がミトコンドリアで利用され，その数％が活性酸素種になるとされている．加齢に伴って体細胞においてmtDNAの酸化的損傷に起因する変異が蓄積し，細胞の機能障害をもたらす．これが老化に関するmtDNA変異蓄積仮説である．

b. ミトコンドリアゲノムの存在意義

電子伝達系においてNADHから分子状酸素に電子が渡される過程で解放される酸化還元エネルギーを利用して，複合体I，複合体III，複合体IVによってプロトン（H^+）がくみ出される．そのプロトン濃度勾配に駆動されて複合体VにおいてATPが合成される．これらの複合体の機能的中核にはそれぞれmtDNAによってコードされたサブユニットが7, 1, 3, 2種含まれている．さらに核DNAによってコードされた数多くのサブユニットが加わり，複合体が形成される．細胞内の多数のミトコンドリアを最適の状態に保つためには，各ミトコンドリアからの活性酸素種の漏出を指標として個別に監視し，酸化的リン酸化系の合成を局所的に制御する必要があるとする説が提唱されている[1]．

c. ミトコンドリアから活性酸素種が漏出する条件

ミトコンドリアから活性酸素種の漏出が増大する状況は多様である．第1は電子伝達系が阻害された場合である．電子伝達系をロテノンやアンチマイシンなどで阻害すると，電子伝達系の上流から電子が漏出しO_2^-が生じる．MPTP投与によるパーキンソン病誘発実験モデルにおいてMPP^+が複合体Iを阻害する場合にも当てはまる．

第2の状況は内在性の原因によってもたらされる．すなわち酸化的リン酸化系の複合体の合成異常や分子構築に異常をきたした場合に，ミトコンドリアからの活性酸素種の漏出が増大する．その電子漏出部位は，複合体IのFe-S反応中心N-1aあるいは，複合体IのFMNおよび複合体IIIのRieskeタンパク質とされている．虚血再灌流によるミトコンドリア機能障害に，活性酸素種によるタンパク質の損傷が関与することが明らかになっている．電子伝達系複合体IIのフラボタンパク質（70 kDa）のシステイン残基はグルタチオンと混合ジスルフィド（Cys-SSG）を形成し，保護されている．複合体Iおよび複合体IIIからのO_2^-の漏出が増大すると，ミトコンドリア内のチオールの酸化還元バランスが崩れ，複合体IIのフラボタンパク質からグルタチオンが外れる．その結果，複合体IIからのO_2^-の漏出がさらに増大するとされている．

第3の状況はミトコンドリアの膜ポテンシャルが上昇しすぎた場合である．筋肉が収縮しない，あるいは神経細胞が興奮しないなど，細胞の活動が低下した場合は，細胞質におけるATPからADPへの加水分解速度が低下する．細胞質でADPが消費されなければ，ミトコンドリアにADPが供給されず，ATP合成が低下し，このため内膜のプロトン濃度勾配が上昇

する．これによって呼吸鎖の上流に存在する電子担体が過還元状態となり，ミトコンドリアからの活性酸素種の漏出が増大する．活性酸素種の増大は脱共役タンパク質（UCP2）の発現を高める．これによって内膜のプロトン濃度勾配が低下し，呼吸鎖からの活性酸素種の漏出が減少する．

d．糖尿病・メタボリック症候群とミトコンドリア

膵島β細胞からのインスリン分泌の機構にミトコンドリアが深く関わっている．生理的条件下では，グルコース刺激によってミトコンドリアからのATP産生が高まりATP/ADP比が上昇すると，ATP依存性Kチャネルが閉鎖し，細胞膜の脱分極が起こる．これにより電位依存性Caチャネルが開き，インスリン顆粒が分泌される．一方，肥満・高血糖・高脂肪食の条件では，膵島β細胞のミトコンドリアからの活性酸素種の漏出が上昇し，UCP2が活性化され，内膜のプロトン濃度勾配が低下し，ミトコンドリアでのATP合成が低下する．その結果インスリンの分泌不全が生じる．

骨格筋におけるインスリンに対する応答にもミトコンドリアが関与している．ミトコンドリア機能の低下は細胞内のジアシルグリセロールおよびアシルCoAの上昇をもたらし，これによってSer/Thrキナーゼ活性が上昇する．その結果IRS-1のTyrリン酸化が低下し，PI3-キナーゼを阻害し，AKTの活性を低下させ，その結果GLUT4を介したグルコースの取り込みが低下する．

これらの機構をふまえて，われわれはmtDNA多型が2型糖尿病に対する易罹患性または罹患抵抗性に関与しているかどうかを検討した．その結果，日本の男女において，N9a型は2型糖尿病に対する防御因子（オッズ比0.63）であり，F型は2型糖尿病に対する危険因子（オッズ比1.54）であった．とくに日本の女性においてN9a型は2型糖尿病に対する顕著な防御因子であったのに対し（オッズ比0.27），F型（オッズ比1.79）およびA型（オッズ比1.67）は2型糖尿病に対する危険因子であった．日韓の両集団において，N9a型が2型糖尿病に対する顕著な防御因子（オッズ比0.55）であることが判明した[2]．日本人と韓国人のような食習慣などが異なる集団を用いても同様な結果が得られたことは意義深い．また，N9a型を有する女性がメタボリック症候群に対する抵抗性を有することを報告した[3]．

e．長寿に関連するミトコンドリアゲノム多型

われわれは長寿に関連するmtDNA多型5178C>A（ND2：Leu237Met）を報告した[4]．この塩基置換5178C>Aはハプログループ Dを代表する多型であった．この成果を基礎として，日本人672名のmtDNA全塩基配列を決定し，ヒトミトコンドリアゲノム多型データベース（http://mtsnp.tmig.or.jp/mtsnp/index.shtml）を構築した[5]．百寿者96名と他群のmtDNA全塩基配列を比較し，ハプログループD42b2，D4a，D5が長寿に関連していることを明らかにした[6]．さらに最近，超百寿者（105歳以上）の解析からハプログループD4aが長寿に関連していることが判明した[7]．

f．ミトコンドリア機能とゲノム多型

加齢に伴って動脈硬化が進行し，心筋梗塞・脳梗塞のリスクが増大する．血管内皮細胞は，比較的高濃度の酸素やグルコースに曝され，そのミトコンドリアへのストレスも大きい．血管内皮細胞の再生能が限界に達することによって心筋梗塞が生じるという説もある．一方，血管

内皮細胞などを供給する組織幹細胞にも寿命があることが明らかになっている．組織幹細胞の分裂寿命の限界はテロメアなどの核ゲノムの維持機構の問題であると一般に推定されている．しかし，mtDNA変異蓄積によってミトコンドリアゲノムが複製限界に達し，組織幹細胞がアポトーシスを起こして枯渇してしまう可能性も否定できない．以上述べたように，特定のミトコンドリアゲノムの型（ハプログループ）が，なぜ長寿あるいは生活習慣病に対する抵抗性に関連しているのか，その機構は十分解明されていない．これらの多型がミトコンドリアの呼吸活性およびO_2^-の漏出量に関連している可能性がある．さらに多型に基づくアミノ酸置換によって電子伝達系サブユニットの酸化的損傷に対する抵抗性が異なる可能性も考えられる．これらの相違が組織幹細胞の維持に有利に働いているかどうか，サイブリッドを使った機能解析によって検証すべきであろう．

［田中雅嗣］

■文献

1) Allen JF：Why chloroplasts and mitochondria contain genomes. Comp Funct Genom 4：31-36, 2003.
2) Fuku N, Park KS, Yamada Y, et al：Mitochondrial haplogroup N9a confers resistance against type 2 diabetes in Asians. Am J Human Genet 80：407-415, 2007.
3) Tanaka M, Fuku N, Nishigaki Y, et al：Women with mitochondrial haplogroup N9a are protected against metabolic syndromes. Diabetes 56：518-521, 2007.
4) Tanaka M, Gong JS, Zhang J, et al：Mitochondrial genotype associated with longevity. Lancet 351：185-186, 1998.
5) Tanaka M, Cabrera VM, Gonzalez AM, et al：Mitochondrial genome variation in Eastern Asia and the peopling of Japan. Genome Res 14：1832-1850, 2004.
6) Alexe G, Fuku N, Bilal E, et al：D5 in the Japanese population. Hum Genet 121：347-356, 2007.
7) Bilal E, Rabadan R, Alexe G, et al：Mitochondrial DNA haplogroup D4a is a marker for extreme longevity in Japan. PLoS ONE 3：e2421, 2008.

4.18 アルツハイマー病と酸素ストレス

1. 脳の老化と酸素ストレス

アルツハイマー病（Alzheimer's Disease；AD）の最も際立った疫学的特徴は，その有病率が加齢にしたがって幾何級数的に増大することである．加齢に伴う退行性変化に活性酸素種（reactive oxygen species；ROS）がもたらす酸素ストレス（oxygen stress；OS，あるいは，酸化ストレス［oxidative stress；OS］）が密接に関連することはすでに広く知られている．とくに脳は，体重の2％前後の重量で全身の酸素消費量の20-25％を占める酸素代謝が最も活発な臓器であること，過酸化反応を生じやすい不飽和脂肪酸に富むこと，および，OSに対する防御系が他の臓器に比べて必ずしも強力ではないこと（たとえば，ROSの消去反応に関与するカタラーゼの含量は肝臓や心臓の10-20％にすぎない）などから酸化傷害が蓄積されやすいことが指摘されている[1,2]．

ヒトの大脳皮質における転写プロファイリングから加齢に伴って発現が減少する遺伝子群が明らかにされ，それらの遺伝子群のプロモーター領域に顕著なDNA損傷が認められることが報告されている．興味深いことに，培養神経細胞においてそれらの遺伝子プロモーターはOSに選択的脆弱性を示すことが明らかにされている[3]．

2. AD脳における酸化傷害

a. 酸化傷害マーカー

ADと加齢との密接な関連性から，ADの病態におけるOSの関連性が推定される．化学的に不安定なROSそのものを生体内で証明することは困難であるが，近年，ROSによる化学修飾産物に対する特異的抗体が多数開発され，酸化傷害を鋭敏に検出することが可能になった．AD剖検脳では，核酸の酸化産物（酸化DNAヌクレオシドである8-ヒドロキシデオキシグアノシンや酸化RNAヌクレオシドである8-ヒドロキシグアノシンなど），タンパク質の酸化産物（カルボニル化タンパク質など），および脂質過酸化物（4-ヒドロキシノネナール，F_2-イソプラスタンなど）が著明に増加していることが報告されている．また，3-ニトロチロシンや終末糖化産物（advanced glycation end-products；AGEs）（カルボキシメチルリジン，ペントシジンなど）も生成反応にROSが関与していることから酸化傷害のマーカーに数えられており，AD脳で増加していることが報告されている[1,4]．これらのOSマーカーの一部は，脳脊髄液のみならず血液や尿でも検出可能であり，ADの診断バイオマーカーの候補として注目されているが，現時点で十分に確立されたものはない．

b. 神経変性の早期段階に生じる酸化傷害

AD脳における酸化傷害が，神経細胞の変性過程の後期に生じる変化ではなく，変性過程の早期段階の変化であることを示唆する所見が多数集積されていることは注目すべきである．AD脳を特徴づける病理変化，すなわち，アミロイドβ（Aβ）の蓄積（老人斑沈着）およびリン酸化タウの蓄積（神経原線維変化形成）と酸化傷害との関連性について興味深いデータが得られている．AD剖検脳における核酸やタンパク質の酸化傷害は，老人斑沈着が軽度の症例や罹病期間が短い症例でより高度であり，AD

の変性が顕著な海馬では,神経原線維変化を伴わない神経細胞の方が神経原線維変化を有する神経細胞より酸化傷害が高度である.また,加齢に伴ってAD脳と同一の病理学的変化を呈するダウン症候群脳では,核酸やタンパク質の酸化傷害はAβ沈着開始に先行して出現する.さらに,ADやその他の認知症の前段階と位置づけられている軽度認知障害（mild cognitive impairment；MCI）例の剖検脳でもすでに核酸,タンパク質,および脂質の酸化傷害が認められる[1,4]．

実験的研究によってもOSがADの脳病理の形成に先行することが支持される．すなわち,ADのトランスジェニック動物モデルでは酸化傷害が脳のAβ沈着に先行しており,培養細胞モデルではOSが細胞内Aβ蓄積やタウのリン酸化を誘導することが明らかにされている[1]．

3. ADの原因遺伝子および危険因子と酸化傷害

ADの病理学的カスケードの上流においてOSが関与していることは,家族性ADの原因遺伝子とOSとの関連性および孤発性ADの危険因子とOSとの関連性からも支持される．すなわち,家族性ADを引き起こすAβ前駆体タンパク質遺伝子変異,プレセニリン1遺伝子変異,あるいはプレセニリン2遺伝子変異を導入した培養細胞,トランスジェニックマウスあるいはノックインマウスではOSの増加やOSに対する脆弱性が認められる．また,家族性AD患者剖検脳においてもOSの増加が報告されている[1]．

加齢以外に,孤発性および家族性のADに共通の危険因子としてアポリポプロテインE（APOE）ε4遺伝子が重要であるが,APOEとOSとの関連性も明らかにされている．すなわち,in vitroにおいてAPOEそのものが抗酸化作用を有し,しかもその強度にはアイソフォーム依存性が認められ（E2＞E3＞E4）,ADの危険因子であるAPOE4で最も抗酸化作用が弱いことが報告されている．さらに,AD剖検脳において,脂質過酸化物の蓄積がAPOE ε4遺伝子と関連して増加することが明らかにされている．その他のAD危険因子として,頭部外傷,脳血管障害,高血圧,糖尿病,高コレステロール血症,高ホモシステイン血症などの疾病・病態,および,アルミニウム曝露,喫煙,高カロリー摂取,運動不足,知的活動減少などの環境・生活習慣要因が挙げられる．これらの疾病・病態および環境・生活習慣要因はいずれもOSの増加やOS防御の減弱と関連している[1]．

4. OS抑制を介したAD予防・早期治療の可能性

ビタミンCおよびE,エストロジェン,非ステロイド系抗炎症薬（NSAIDs）,スタチン,n-3系多価不飽和脂肪酸（PUFA）,および赤ワインなどにADのリスクを低下させる効果が報告されており,これらの栄養素,薬剤,および嗜好品に共通して抗酸化作用が認められることは注目に値する．また,ビタミンE,NSAIDs,n-3系PUFA,および赤ワインなどにADのトランスジェニック動物モデルにおける脳内Aβ蓄積抑制作用も報告されている．しかし,これらの物質のAD予防効果には否定的な報告もあり,ランダム化比較試験による証明はされていない．アメリカの多施設共同二重盲検比較試験では,ビタミンE投与によって中等症のAD患者におけるADL障害などの進行が抑制されることが報告されたが,認知機能障害の進行は抑制されず,ビタミンE投与によるMCIからADへの進展抑制効果も認められなかった[1]．

他方,実験的にカロリー制限,運動,および環境エンリッチメントが神経栄養因子の誘導や内在性の抗酸化システムの活性化（スーパーオ

キシドジスムターゼ, グルタチオンペルオキシダーゼ, カタラーゼなどの発現増加) などの生体反応を介して神経細胞の生存に寄与する可能性が示唆されている. また, カロリー制限, 運動, および環境エンリッチメントがADトランスジェニック動物モデルにおける脳内Aβ蓄積を抑制することが報告されており, 疫学的に低カロリー摂取, および活発な運動や知的活動がADリスク低下と関連することも報告されている[1]. 外来性の抗酸化物質の摂取のみならず, 内在性抗酸化システムの活性化を考慮した統合的アプローチがADの予防・早期治療に有効であるかもしれない[1,2,5].

［布村明彦］

■文献

1) Nunomura A, Castellani RJ, Zhu X, et al：Involvement of oxidative stress in Alzheimer disease. J Neuropathol Exp Neurol 65：631-641, 2006.
2) Mattson MP, Chan SL, Duan W：Modification of brain aging and neurodegenerative disorders by genes, diet, and behavior. Physiol Rev 82：637-672, 2002.
3) Lu T, Pan Y, Kao SY, et al：Gene regulation and DNA damage in the ageing human brain. Nature 429：883-891, 2004.
4) Nunomura A, Moreira PI, Takeda A, et al：Oxidative RNA damage and neurodegeneration. Curr Med Chem 14：2968-2975, 2007.
5) Lin MT, Beal MF：Mitochondrial dysfunction and oxidative stress in neurodegenerative diseases. Nature 443：787-795, 2006.

4.19 パーキンソン病と酸化ストレス

1. パーキンソン病の病態について

パーキンソン病（Parkinson disease；PD）は，安静時振戦，無動，固縮，姿勢反射障害等を呈する神経変性疾患で，本邦における有病率は10万人あたり100-150人と推定されている．これらの症状は主として中脳黒質のドーパミン（DA）神経細胞の変性による線条体のDA不足に由来する．病因は遺伝的および環境的要因の相互作用によると考えられているが，一部のまれな遺伝性PDを別にすれば，病態の本質部分はα-シヌクレインと呼ばれるタンパク質の異常な蓄積にある．しかし，α-シヌクレインは中枢神経系に広く発現している分子であり，中脳黒質のDA神経細胞がPDでとくに脆弱である理由はわかっていない．今のところ，この選択的脆弱性を説明しうる機序として最もエビデンスが多く蓄積されているのは酸化ストレスの関与である．

2. ミトコンドリア機能障害と酸化ストレス

複数の薬剤が黒質DA神経細胞に選択的障害性を持つことが知られている．1980年代に麻薬中毒患者に高度のPD様症状が発生し，その原因として同定されたのが，合成麻薬に不純物として混入していたMPTP（1-methyl-4-phenyl-1,2,3,6-tetrahydropyridine）である．MPTPは血液脳関門を通過し，グリア細胞のモノアミンオキシダーゼB（MAO-B）により酸化されてMPP$^+$（1-methyl-4-phenyl-pyridinium ion）となる．MPP$^+$は線条体のDA神経終末のDAトランスポーターにより能動的かつ選択的に黒質DA神経細胞に取り込まれ，ミトコンドリア電子伝達系のcomplex I を阻害して神経細胞死を引き起こす[1]．歴史的にはMPTPの発見を契機に，PDの病態にミトコンドリア機能異常が関与していることに注目が集まるようになった．6-hydroxydopamine（6-OHDA）もやはりDAトランスポーターを介してDA神経細胞に選択的に取り込まれ，MPP$^+$と同様にミトコンドリアの呼吸系酵素の活性を低下させて細胞死の原因となる．殺鼠剤・除草剤の成分であるロテノンも，MPTPと同じ部位に結合して細胞内に入り，ミトコンドリアcomplex I を阻害する．ラットへのロテノン慢性投与は，PDと似た病態や病理を引き起こすことが知られている．

ミトコンドリアの障害により呼吸系酵素の機能低下が生じると，O_2^-，過酸化水素（H_2O_2），水酸化ラジカル（$\cdot OH$）といった活性酵素種（ROS）や，一酸化窒素（NO）などの活性窒素種（RNS）の生成や拡散が増加する．これらの分子は，他の物質を非特異的に酸化して細胞障害を起こすと考えられている．また黒質には鉄が多く存在するため，鉄を媒介としたFenton反応によりH_2O_2から$\cdot OH$が生成されるという指摘もある．PD患者の中脳黒質では，酸化的障害を受けた核酸，タンパク質，脂質などの増加が認められており，DNAの酸化修飾に対する修復酵素が増加しているとの報告もある．さらにFe^{3+}の増加とFe^{2+}の減少も，黒質における選択的酸化ストレスの存在を示唆している．

一方，DAを神経伝達物質としていること自体が，PDにおける黒質DA神経細胞の選択的障害の原因になっているという意見もある[2]．

シナプス小胞の外に出た過剰なDAは自動酸化を受け，ROSおよびDAセミキノン/DAキノンが発生する．DAキノンはチロシン水酸化酵素，DAトランスポーターなどさまざまな機能タンパクのシステイン残基に結合して機能障害と細胞毒性を発揮するほか，α-シヌクレインと結合してその線維形成を阻害し，神経細胞障害性が強いα-シヌクレインprotofibrilを増加させるとも言われている[3]．

3. 炎症反応と酸化ストレス

PDの病態に関わる酸化ストレスを引き起こすもう1つの要因として，炎症反応の関与が挙げられる[4]．PDの黒質では多数の活性化ミクログリアが認められる．これらのミクログリアはシクロオキシゲナーゼ（COX）を発現しており，プロスタグランジンEの産生やDAセミキノン/DAキノンの生成に関わっている可能性がある．さらにPD黒質において，転写因子 nuclear factor-κB（NF-κB）の活性化や，IL-1β，IL-6，TNF-αなどの炎症性サイトカインの発現増加も認められている．活性化ミクログリアは，NADPHオキシダーゼ，キサンチンオキシダーゼによりO_2^-を生成する．O_2^-はスーパーオキシドジスムターゼ（SOD）によりH_2O_2に変換され，グリア細胞や神経細胞に取り込まれるとNF-κBを活性化して，COXや炎症性サイトカインの産生，アポトーシス促進タンパク（Bax）の転写促進を誘導するという悪循環が生じる．

炎症反応ではNOの産生も生じる．NOはO_2^-と反応し，ペルオキシニトレート（$ONOO^-$）となって，タンパク質のニトロ化と・OH様物質の生成をもたらす．さらにO_2^-，H_2O_2は直接に，あるいはNF-κB，Baxの活性化を介して，ミトコンドリア permeability transition pore（PTP）を開口させる．その結果，シトクロムcが細胞質に放出され，DNA断片化〜アポトーシスへと進むプロセスを惹起する．PDの黒質神経細胞とその周囲のグリア細胞において，炎症反応とミトコンドリア機能障害とは，それらに続いて起こる酸化ストレスを共通の障害機転として密接に関連していると考えられる．

4. 原因遺伝子からみたミトコンドリア機能異常と酸化ストレス

PDの90%以上は孤発性に発病するが，5〜10%は家族性である．2007年までに，優性および劣性遺伝性PDの原因遺伝子として，α-シヌクレイン，parkin，UCHL1，PINK1，DJ-1，LRRK2，ATP13A2，HTRA2の8つが発見されているが，これらの遺伝子産物の一部はミトコンドリア機能や酸化ストレスと密接に関わっている．α-シヌクレインは，前述のように大多数のPD患者脳に異常蓄積するタンパク質であるが，α-シヌクレイン遺伝子の点突然変異や二重複，三重複は家族性PDの原因となる．α-シヌクレインはシナプス前終末に存在してDAの放出や取り込みに関わる働きを持つと推測されており，この機能が障害されることでDAの自己酸化が亢進して神経細胞死に結びつく可能性が指摘されている．PINK1はミトコンドリアに局在し，セリン・スレオニンキナーゼ活性により細胞保護的な役割を果たしていると考えられている．parkinはE3ユビキチンリガーゼであるが，parkinとPINK1は同じ経路上にあって，parkinの上流にPINK1が位置していると言われている．DJ-1はミトコンドリアに存在し，酸化ストレスのセンサーとして働いている．DJ-1自身が酸化されることによりH_2O_2を排除し，ROSのスカベンジャーとしての機能を持つとされている．LRRK2も細胞質内やミトコンドリアに存在し，キナーゼ活性を有していて，ミトコンドリアの形態維持を担っているのではないかと推測されてい

る.このように,LRRK-1, DJ-1, PINK1, parkin など家族性 PD の多くの遺伝子産物は,一連のカスケードの一部としてミトコンドリアの機能維持に関わっている可能性がある[5]).

このように PD における DA 神経細胞の変性と,ミトコンドリア機能異常,酸化ストレスおよびユビキチン・プロテアソーム系の機能低下は相互に関連していると考えられる.これらの領域における知見の蓄積が,PD の病因や病態の解明にむけた進歩に結びつくことが期待される.

[小尾公美子,秋山治彦]

■文献

1) Mizuno Y et al：Effects of 1-methyl-4-phenyl-1,2,3,6-tetrahydropyridine and 1-methyl-4-phenyl pyridinium ion on activities of the enzymes in the electrone transport system in mouse brain. J Neurochem 48：1787-1793, 1987.
2) 浅沼幹人：酸化ストレスとミトコンドリア機能障害,炎症反応.—孤発性パーキンソン病とドパミン神経毒研究から得たもの.内科 93：611-615, 2004.
3) Conway KA, et al：Kinetic stabilization of the alpha-synuclein protofibril by a dopamine-alpha-synuclein adduct. Science 294：1346-1349, 2001.
4) Hunot S, Hirsch EC：Neuroinflammatory processes in Parkinson's disease. Ann Neurol 53（suppl 3）：S49-S60, 2003.
5) Mandemakers W, et al：A cell biological perspective on mitochondrial dysfunction in Parkinson disease and other neurodegenerative disease. J Cell Sci 120：1707-1716, 2007.

4.20 廃用性萎縮筋と酸素

1. 骨格筋における毛細血管構造と酸素輸送

Kroghの円柱モデル[1]から,毛細血管間の距離が大きいと,その中間部分の組織への酸素濃度が減少し,酸素不足になりやすい(anoxia).このことから,骨格筋細胞への酸素供給は骨格筋の構造的・機能的な毛細血管構造が重要な要因になる.骨格筋における細動脈(transverse arteriole)は,筋線維を横切って走り,数回の分岐を重ね毛細血管(capillary)となる.骨格筋の毛細血管は骨格筋線維に並走し,安静弛緩位では,蛇行して走行をしている様子が観察される(図1)[2].骨格筋線維は数本の毛細血管に囲まれ[3],この指標となるnumber of capillaries around a fiberは3.26-4.01本と報告されている(表1).一方,毛細血管間を連絡する吻合毛細血管(intercapillary anastomosis)が観察(図1)され,次のような特徴が考えられている.

(1) 圧力勾配は小さいと予想され,血球速度

図1 骨格筋の微小血管構造[2]
造影剤を注入したヒラメ筋の共焦点レーザー顕微鏡像である(深度は100μm).筋線維は左下方から右上方に向かって走行している.血管のみを検出している(白色).骨格筋の毛細血管は骨格筋線維上を並走し,安静弛緩位では,蛇行して走行をしている.毛細血管間を連絡する吻合毛細血管が多く観察される.

表1 骨格筋における毛細血管構造の特徴(文献3より一部改変)

動物種	骨格筋名	C:F ratio	Caps/mm^2	Fibers/mm^2	No. CAF
ラット	腓腹筋	1.87	487	257	3.84
	ヒラメ筋	2.05	396	195	4.01
ウサギ	腓腹筋	1.67	341	209	3.42
	ヒラメ筋	1.67	371	245	3.41
ネコ	腓腹筋	1.62	369	221	3.76
	ヒラメ筋	1.76	435	247	3.8
イヌ	腓腹筋	1.45	706	499	3.65
	ヒラメ筋	1.55	719	477	3.9
モルモット	腓腹筋	1.41	677	498	3.34
	ヒラメ筋	1.27	725	577	3.26
平均		1.63	523	343	3.64

C:F ratio, capillary-to-fiber ratio, C:F比;Caps/mm^2, number of capillaries per mm^2, 毛細血管密度;Fibers/mm^2, number of muscle fibers per mm^2, 筋線維密度;No. CAF, number of capillaries around a fiber, 筋線維周囲毛細血管数

は遅い．

(2) 分岐角が90°に近いために血漿だけの流れ（plasma skimming）になることもある．

(3) 筋の運動時にだけ開存するものも多い（recruitment）．

(4) 末梢の血流調節に受身的に関与し，緊急時の側副路的役割を果たす．

C：F比（capillary-to-fiber ratio）は，骨格筋線維と毛細血管の関係を示す指標となり，1.27〜2.05である（表1）．また，毛細血管密度（毛細血管数/mm^2）は341-725/mm^{2}である．毛細血管の赤血球速度は200 μm/sec から1,200 μm/sec で，平均700 μm/sec である．ラットヒラメ筋における毛細血管の平均赤血球速度は352 μm/sec で，吻合毛細血管は229 μm/sec である[2]．また，腓腹筋表層部（速筋線維）における毛細血管の平均赤血球速度は758 μm/sec，吻合毛細血管では462 μm/sec であり，速筋の方が速い．

2. 廃用性萎縮筋の構造と酸素輸送[4]

骨格筋は収縮弛緩により機械的仕事や熱産生を行う器官であり，適応性に富んでいる．運動や収縮を繰り返すことで筋肥大が起こり，長期安静や無負荷で廃用性筋萎縮を生じる．骨格筋細胞の中は収縮タンパク質で満たされており，筋肥大は収縮タンパク質の合成による筋原線維タンパク質量の増加，筋萎縮は収縮タンパク質の分解による筋原線維タンパク質量の減少が背景となっている．廃用性萎縮筋では筋細胞は縮小し，毛細血管間の距離は低下する．結果として毛細血管密度が増加するが，筋萎縮によりC：F比や筋線維周囲毛細血管数は減少する．したがって，個々の筋線維に酸素などを供給する毛細血管数は減少を示すことになる．また，吻合毛細血管は著しく減少し，毛細血管内径の縮小化が観察される[2]．萎縮筋の吻合毛細血管の86％では，赤血球が通過できない大きさになっており，機能的に働く吻合毛細血管は，著明に低下するものと考えられる[2]．酸素拡散能（O$_2$ diffusing capacity）は主に毛細血管の表面積と赤血球が流れている毛細血管数で影響されるので，萎縮筋においては酸素供給が障害されることになる．ラットの腓腹筋や長趾伸筋における赤血球速度を測定した研究では，廃用性萎縮筋で赤血球速度が増加する．ヒラメ筋においても廃用性萎縮筋で赤血球速度の増加がみられている[2]．また，ヒラメ筋の安静時血流量は，20 ml/min/100 g であるが，萎縮筋では12 ml/min/100 g と40％の低下を示している．

一方，廃用性萎縮筋では，酸素を需要する骨格筋細胞にも変化が現れる．有酸素エネルギーの産生の場であるミトコンドリアは，クリステ構造が変化，膨大し，筋鞘に位置するミトコンドリアが消失する．ミトコンドリア数が減少するとともに分布の不均一が生じることが明らかにされている．酸化的リン酸化反応のコハク酸とフマル酸との間の反応を触媒するコハク酸脱水素酵素（succinate dehydrogenase；SDH）活性が低下する．このことは，酸化的リン酸化反応による有酸素エネルギー産生が低下することを示唆している．また，クエン酸合成酵素やシトクロームcなどの骨格筋における酸化能が低下し，インスリン感受性も低下する．一方，α-glycerophosphate dehydrogenase（GPD）活性は維持され，無酸素エネルギーの産生は維持されているようである．

廃用性萎縮筋では，血流調節にも変化が現れる．とくに筋収縮や運動時の血流量は減少する．廃用性萎縮ではアデノシンに対する血管応答性が低下し，血管コンダクタンスに対する筋原性調節が変化し，血管収縮因子（endothelial derived contracting factor；EDCF）に対する応答性が鈍化する．また，廃用性萎縮筋では血管平滑筋の α_1 受容体数の減少や反応性の低下で，交感神経より分泌されるノルアドレナリンの作用が減弱し，交感神経活動の反応性が低下

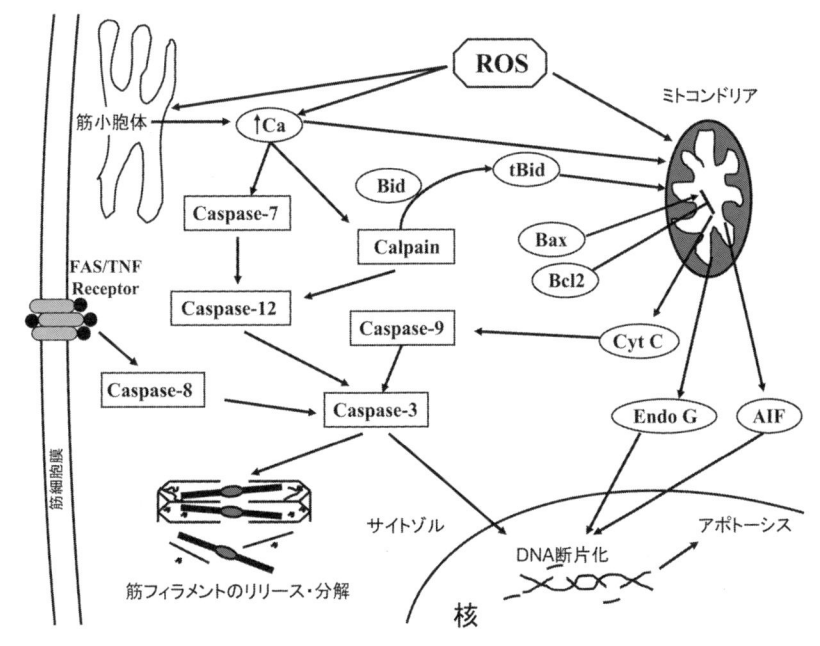

図2 廃用性萎縮筋と活性酸素種
活性酸素種（ROS）は筋小胞体やミトコンドリアの作用に障害を与え，筋フィラメントのリリースや核の断片化を起こし，廃用性筋萎縮を惹起させる．ROSは筋小胞体のカルシウム（Ca）調節を低下させ，細胞内Ca濃度を上昇させる．カルパイン（Calpain），カスパーゼ（Caspase）7，カスパーゼ3などが活性化される．（文献5より一部改変）

する．これらのことから廃用性萎縮筋では局所の血流調節機構が障害されると考えられる．

3. 廃用性萎縮筋と酸化ストレス[5]

前述のように廃用性萎縮筋は，安静，無負荷，固定などにより筋活動の休止状態が長期継続したときに発生し，収縮タンパク質の分解により筋線維が縮小する．筋活動の休止は，タンパク質分解プロテアソーム系の活性を惹起し，酸化ストレスとの関連も示唆されている．活性酸素種（reactive oxygen species：ROS）は，一般的にミトコンドリア内での酸化的リン酸化によって生じると考えられ，筋小胞体やミトコンドリアの作用に障害を与える（図2）．ROSは筋小胞体のカルシウム調節機構を低下させ，細胞内カルシウム濃度を上昇させる．その結果として，カルパインやカスパーゼ7は活性化され，筋フィラメントのリリース・分解やDNAの断片化を惹起する．また，ミトコンドリアのシトクロムcの透過性などの障害が起こる．

［藤野英己］

■文献
1) Krogh A：The number and distribution of capillaries in muscles with calculations of the oxygen pressure head necessary for supplying the tissue. J Physiol 52：409-415, 1919.
2) Fujino H, Kohzuki H, Takeda I, et al：Regression of capillary network in atrophied soleus muscle induced by hindlimb unweighting. J Appl Physiol 98：1407-1413, 2005.
3) Plyley MJ, Groom AC：Geometrical distribution of capillaries in mammalian striated muscle. Am J Physiol 228：1376-1383, 1975.
4) 宮村實晴編・藤野英己：運動と呼吸. pp166-172, 真興交易医書出版部, 東京, 2004.
5) Powers SK, Kavazis AN, McClung JM：Oxidative stress and disuse muscle atrophy. J Appl Physiol 102：2389-2397, 2007.

5

酸素の利用

5.1 臨床における酸素測定の実際

1. 臨床の場における酸素測定の意義と問題点

a. 20％の酸素では危険！

私がインターンだった1961年，先輩に質問を発した．「私たちは空気中に20％（正確には21％）しか存在しない酸素を吸って無事に生きているのに，麻酔中には酸素を30％も40％も混ぜるのはなぜか」との内容である．麻酔時の笑気濃度はせいぜい70％で，80％まで上げることはまず絶対にしない．その折のこまかいやり取りは忘れたが，納得のいく解答がなく不満だったのを記憶している．

今からふりかえって，これは当然だった．1961年には，まだ理由がわかっていなかった故である．20世紀前半，麻酔が確立して笑気は速い時点で酸素を混ぜるようになったが，エーテルは空気に混ぜた．エーテルは数％で麻酔ができ，とくに酸素を加える必要はないと考えられた故である．

しかし多数の患者を麻酔していくにつれ，空気と同じ酸素濃度ではどうもよくない，笑気なら酸素を30％に，エーテルでも空気に酸素を少し加えたほうがよいことが経験的に判明した．測定や，明確な統計で証拠をつかんだのではなく，患者の状態がよさそうだ，突然心臓の止まることが少なそうだ（当時の麻酔では心臓がよく止まった）などである．エーテル麻酔に酸素を少し加えるとチアノーゼも発生しにくいことが知られた．

b. なぜ20％の酸素では不足なのか――麻酔状態では肺の働きが変わる

インターンの後，私は麻酔を専攻し，まもな

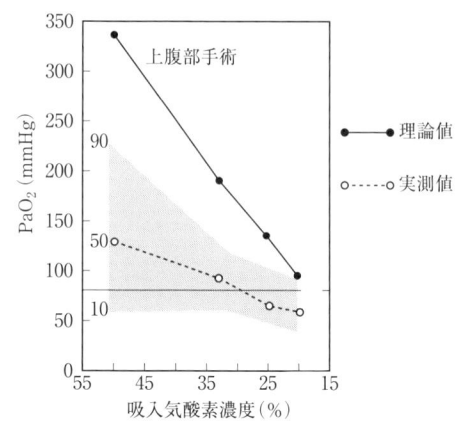

図1 横軸に吸入気酸素濃度をとり，上腹部手術でのPa_{O_2}の低下を示す図
●と実線は理論値（$PA_{O_2} = Pa_{O_2}$を仮定），○と点線は実測値の中央値とそれを結んだ線，平らな横線は$Pa_{O_2} = 80$ mmHgを示す．これよりも下に実測データが大量に存在することに注意．10と90は，10％値（パーセンタイル値）と90％値を示す．

くボストンの病院で修業を始めたが，幸いにこの酸素問題が解き明かされる現場に居合わせることになった．ちょうど酸素電極が臨床の場に導入され，この問題に応用されたからである．Pa_{O_2}を測定してみると，麻酔中とくに手術の際には肺の働きがたいへんに悪化し，吸入気酸素濃度が空気と同じでは，Pa_{O_2}が低下すると判明した．30-40％の酸素を吸わせると具合がよいと経験的にわかっていたが，吸入気酸素濃度を30-40％にしてようやくPa_{O_2}が正常になることがデータで判明した．

肺の手術など，胸を開いて直接肺をいじれば肺の働きが悪くなりそうとは容易に想像でき，実際もそうである．ところが意外にも，上腹部手術で肺の働きがとても悪い（図1）．人工呼吸を充分に行っても肺の状態は必ずしも改善しない．下腹部手術では肺の働きはやや良好，手

や足や頭の手術ではさらに良好と判明した．同時に，そうはいっても手術と関係なく，"麻酔すること自体"によっても肺の働きが悪くなることも判明した．"microatelectasis"（微小無気肺）という仮説が提出され，ハーバード大学から NEJM（New England Journal of Medicine）に発表されて広く読まれて有名になり，同時に肺シャント概念を普及させることになった．それ以前に，理論や測定法は知られてはいたが，ちょうど血液ガス測定が普及し始める時期と一致してこうした認識が一般化した．もっともこの時点では「事実がわかった」だけでメカニズムまでは判明しなかった．メカニズムは不明なまま，吸入気酸素濃度を高くし，さらに麻酔中に採血して Pa_{O_2} をチェックして対応が可能になった．それが 1960 年代中盤までのことである．

c. 呼吸管理の場面から "ARDS" の確立へ

一方，1950 年代終わり頃，ICU（respiratory intensive care unit）が創設され，急性呼吸不全患者の人工呼吸を中心とした治療法が確立しはじめた．ここでも，上記血液ガス測定を積極的に応用して急性呼吸不全の肺でも $A-aD_{O_2}$（肺胞気動脈血酸素分圧較差）拡大の概念を確立し，その成果は "Respiratory Care" という著書として刊行されたが，1965 年当時はこの面で唯一の教科書であった[1]．

ケア自体は Pa_{O_2} の測定がなくても可能だったであろう．しかし，その有用性を論文や書籍の形で世に知らしめて強い説得力を生んだのは，血液ガス測定が加わっていたからである．

1960 年代後半には，"ARDS" の概念が提唱され確立する．この論文[2]は，"Acute Respiratory Distress Syndrome"（急性呼吸窮迫症候群）の用語を登場させるに留まらず，12 例の ARDS 症例を提示し，内訳は，7 例が銃傷 2 例を含む外傷，他はウイルス感染関連，膵炎など，12 例中の 5 例がショックを経験していると述べている．また，提示症例以外に人工心肺後・ウイルス肺炎・脂肪塞栓などいろいろの病因で起こるとも述べている．「呼吸数が多い（平均 42 回/分）」，「分時換気量も高い（8-48 l/分）」，「ハイポキセミア（Sa_{O_2} 47-87 %）」，「$A-aD_{O_2}$ が大きい」，「コンプライアンスが極端に低い（0.009-0.019 l/cmH_2O）」と述べ，さらにたった 2 例ながら表面張力を測定して 24 と 21 ダイン/cm という高値を記載している．治療法を「効果の疑わしいもの」と「効果があったと思われるもの」とに分け，「効果の疑わしい」群に，ジギタリスが無効で，抗生物質の有効性は疑問と述べ，人工呼吸の有効性にも疑問を投げかけ，ステロイドは脂肪塞栓の 1 例で非常に有効であった他は無効としている．

特筆すべきは，この時点で「効果があったと思われる治療」として PEEP（positive end expiratory pressure，呼気終末陽圧）を提案していることである．ただし，この時点では "CPPB"（constant positive pressure breathing）と呼んでいた．この PEEP は 5 例目ではじめて適用を開始し適用は 5 例で，PEEP 値は 5-10 cmH_2O 程度で，1 例で詳しいデータが掲載されている．適用した 5 例のうち 3 例は生存し，しかも PEEP 使用を明確な転換点として完全回復しており，死亡した 2 例も別の事柄を死因としている．回復した 3 例はいずれも外傷例である．7 例は PEEP なしに治療し，うち 1 例（上記の脂肪塞栓の 1 例）だけが回復した．最後に，「PEEP は有効と思えるが，何しろ少数例だから」と述べている．なお，少し後に，PEEP をタイトルとした別論文を発表している（1969）．

【注】"CPPB" と "PEEP" の関係： PEEP は当初 CPPB と呼ばれた．しかし，"CPPB" はそれ以前に Barach が「自発呼吸下での気道陽圧」（つまり CPAP：continuous positive airway pressure）に使ったと判明したので，当時すでに一部で使われた "PEEP" が広く採用された．

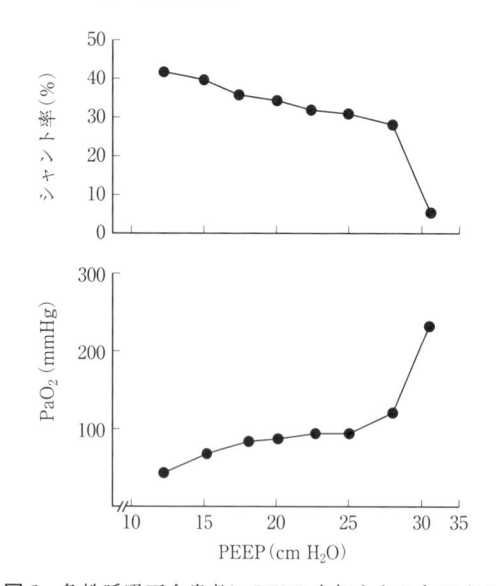

図2 急性呼吸不全患者にPEEPを加えたことによる
ガス交換改善の図（概念図）
上はシャント率，下はPa_{O_2}自体．単一患者で吸入気酸素濃度は一定．

「ARDS」という概念の確立にあたって，そのネーミングの魅力が大きかったことは否めない．しかし，著者たちが当初から深い学識を有し，しかもそれをコンプライアンスの強調・PEEPの採用・表面張力の測定といった事項で明確に示していたのも大きな理由で，あらためて敬意を表したい．PEEPによるガス交換改善の概念図を図2に示す．

2. 採血による血液酸素の測定

この項では，標準的な採血法による血液P_{O_2}測定の問題とそれにまつわる問題を考察する．

a. 測定まで

まず，採血から測定装置に持ち込むまでの問題点を検討する．

1）ヘパリンの問題

採血時にヘパリンを使用するが，常用のヘパリンはNa塩として供給されており，Naイオンの測定値に影響することが知られている．「採血用」として提供されているシリンジは，こうした誤差を招かない種類のヘパリンを使用している．

2）サンプル（とくに氷水）保存の問題

採血した血液を氷水保存して冷却して代謝を防止して，時間経過によるPa_{O_2}の低下とPa_{CO_2}の上昇を防ぐ方法が従来は推奨されてきた．ところが，この処置は最近普及しているテフロン系樹脂のディスポ注射器には不適と判明した．

酸素も二酸化炭素もテフロンを透過し，同時に吸着を受ける．実際，テフロンを透過するからこそ酸素や炭酸ガス測定の電極膜にテフロンを使用できる．内筒先端のブチレンゴムや，潤滑剤として少量使用されるシリコン油も酸素を吸着する．しかも，溶解度や吸着度は低温で高く，しかも周囲の水のそれも低温で高いから，結局氷水保存は大きな誤差の原因となる．こうした理由で，採血後に時間経過で数値が変化する．室温保存で，なるべく短時間に測定することが薦められる．

血液ガス採血用に開発されたアクリル樹脂製の特殊注射器は，ガスの漏れがはるかに少ない．性能はガラス注射器に匹敵するという．ガラス注射器は理想的だが，入手がしだいに困難になっている．

3）室温放置による数値の変化

採血から測定まで時間の経過とともに血液ガス値は変化する．最大の理由は血液中の白血球が活発な代謝を行い，酸素を消費し炭酸ガスを産生する故である．赤血球も，嫌気性代謝を行って水素イオンを生成する．感染や白血病などで白血球が増加した条件では，誤差はとくに大きい．注射器の壁からの漏出や吸着も時間に並行する．

b. 測定の実際面

現在の測定器は「自動化」されていて測定自体に工夫の要る要素や誤差の入る要素は少な

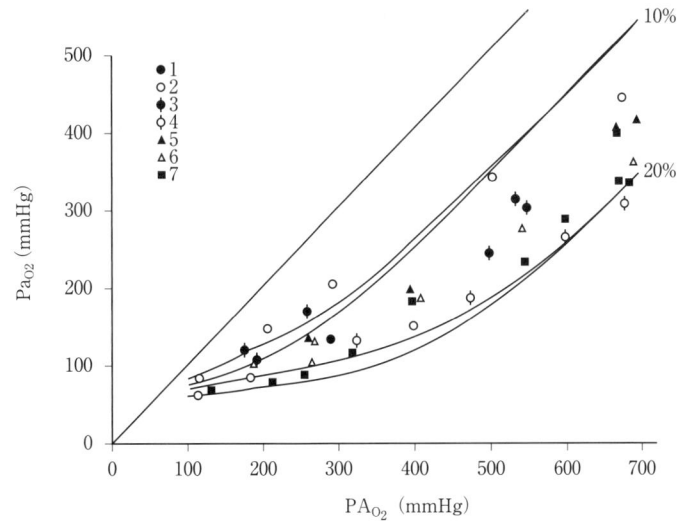

図3 ARDS患者で，吸入気酸素濃度を変えた際の$P_{A_{O_2}}$とPa_{O_2}との関係
線は等シャント率線．データでわかるように，実測データは等シャント率線にそってはいない．直線ではないが，$Pa_{O_2}/F_{I_{O_2}}$ 一定の線と大きくずれてもいないようである．

い．1つだけ注意を要する点は，「測定器は使用してこそ価値がある」ので，機械を大切にして，夜間に電源を切って急な測定に間にあわないことのないように．現在の機種では，スイッチが入ってから使用可能になるまでの時間は短いが，それでも電極系の安定には時間を要する．機器の温度が上がり定常に達するには30分程度を覚悟せねばならない．したがって，特殊な条件以外は，スイッチを入れておくのを原則としてほしい．さいわい，電力消費は非常に小さくなった．

吸入気酸素濃度を変えた際の$P_{A_{O_2}}$とPa_{O_2}との関係を図3に示す．

c．測定の後の問題
1）データ整理

機器の自動化のおかげで，温度補正や二次パラメーターの計算などを手動で行うことはなくなった．装置自体がすべて行ってくれる．

2）コンピュータ処理

血液ガス装置が，病院の機器と別個に独立している場合はけっこう厄介で，何らかの工夫が必要である．

3）測定値の解釈

機器が全自動化しても，頭脳をすべて代替してはくれない．吸入気酸素濃度（$F_{I_{O_2}}$）はぜひ必要で，これがないとPa_{O_2}のデータを評価する価値が半減する．A-aD_{O_2}・$Pa_{O_2}/F_{I_{O_2}}$比・シャント率などいろいろなパラメーターが使用され，各々一長一短であるが，その意味を認識してほしい．

d．症　例

血液ガス悪化の症例を提示する．術後の呼吸不全である．

69歳女性，食道癌術後．結核の既往があって肺の癒着が強く，手術が困難で時間がかかった．出血2,400 mlで輸血1,400 ml．術後人工呼吸を続け，術後第1日（手術の翌日）に抜管する予定だったが，状態が安定しないので抜管できず，術後第2日（手術の翌々日）になってようやく抜管した．しかし，呼吸は努力性で少しつらそうである．血液ガス値を表1に示す．

この患者は残念な経過をたどった．食道癌切除は大手術だが，それでも通常なら輸血はゼロか少量で済む．しかし，本例は結核の既往症が

表1 食道癌術後呼吸不全症例の血液ガス値

	第2日目正午	第3日目午前	第4日朝	第4日夕方
pH	7.39	7.25	7.19	6.99
Pa_{CO_2}(mmHg)	35	42	47	88
Pa_{O_2}(mmHg)	79	63	64	30
S_{O_2}(%)	94.5	90.7	88.8	42.8
FI_{O_2}	0.4	0.4	0.6	0.6
Pa_{O_2}/FI_{O_2}	190	157	106	50

あって手術自体と術後管理をむずかしくした．第3日の数値も第4日午前の数値もPa_{O_2}の低値が目立ち，どこかの時点で再挿管して積極的な呼吸管理に戻りたい．しかし，この患者は肺の癒着剝離の事実があり，医療担当者の気持に「何とか陽圧呼吸を避けよう」との意識が働いた．そうして自発呼吸に任せているうちに，第4日夕方のカタストロフィ（大事件）に至った．ここでは呼吸が極端に弱くなり，血圧も低下した．しかたなく再挿管して積極治療に戻ったが，患者の状態は悪化してARDSになって，結局救命できなかった．

Pa_{O_2}/FI_{O_2}が時間とともに悪化して肺の極端な悪化を示した．同時に，Pa_{CO_2}がじりじりと増しpHが急激に低下したのも重要な情報である．第2日目正午ではやや過換気気味で「呼吸は努力性」と記され，その後はPa_{CO_2}が漸増して患者の疲労を示し，pHの低下は代謝の悪化と心拍出量の減少を意味し，第4日夕方で決定的に破綻した．

肺が硬くなると，換気維持に必要なエネルギーは莫大になり，人工呼吸しないと早晩本例のような破綻に陥る．そうはいっても，データが全部そろった後からこう批判するのは容易だが，実際に患者を前にしては判断はむずかしい．

e．酸素飽和度と酸素含量の測定

本稿では，基本的に「電極を使用する血液P_{O_2}測定」を記述したが，酸素飽和度と酸素含量の測定も追加記述する．

1) 酸素飽和度の測定

酸素飽和度はパルスオキシメーターでも測定できるが，不正確である．正確には分光光度計を使用して採血した血液を測定する．パルスオキシメーターは通常2波長で，酸素化ヘモグロビンと脱酸素化ヘモグロビンのみ測定するが，分光光度計型の装置は4波長以上を使用し，一酸化炭素ヘモグロビン（カルボキシヘモグロビン）とメトヘモグロビンは必ず測定できる．前者は，喫煙者では10％を超えるのがまれではなく，ガス中毒患者や火災の被災者では50％以上にもなる．後者は健常人では0.5％未満だが，特殊な病態では増加する．

分光光度計型の装置は独立の機器もあるが，最近では通常の血液ガス装置でもハイエンド（高性能）の機種には組み込まれるようになった．

2) 酸素含量の測定

a) Van Slykeの原法　Van Slykeによる酸素の「含量」分析法は，現在でもこの測定の「標準手法（gold standard）」で，論文はアメリカ生化学会のホームページのURL "http://www.jbc.org/cgi/content/full/277/27/e16" で無料公開され，図書館に注文せずに読める[3]．測定の原理だけ説明しよう．

まずサポニンを使用して溶血させ，ついでフェリシアン化カリウムを加えて血液（のヘモグロビン）を酸化して，ヘモグロビンをメトヘモグロビンにしてヘモグロビンと酸素の結合を絶ち，酸素を遊離させる．その体積と圧を測定したら，こんどはこの酸素をハイドロサルファイ

ト(亜二チオン酸ナトリウム)で吸収させ,その圧の低下分が酸素の量で,これによって酸素含量が測定できる.

説明は簡単だが,機器も複雑で,ガスと化学物質とを反応させ,水銀柱を上下させてガス室を分け,ガスを抽出するのに手数がかかり,さらに水銀の上面の動揺がやんで目盛が読めるのを待つのにも時間がかかる.

b) 電極法を使う簡略法 電極を使用して含量を測定する方法がいろいろと工夫されている.ヘモグロビンをメトヘモグロビンにして酸素を遊離させるまではVan Slyke法と同じで,この後に真空で酸素を抽出はせず,ヘモグロビンから遊離した酸素の量を,水に溶けた状態で酸素分圧の上昇分として測定して含量に換算できる[4].あるいは,一酸化炭素を加えて酸素を遊離させて,酸素分圧の上昇分として測定する方法も開発された.Lexington社から"Lex-O_2-Con"という装置が1973年頃に発表され,一部で使用された.一酸化炭素で酸素を遊離した後に窒素を通じてガス相に追い出し,酸素濃度を燃料電池で測定してその積分で〈酸素の量〉を求める.正確で評価は高かったのに,現在は販売されていない.一酸化炭素の使用が商品として不適切とされたようだ.

3. パルスオキシメーターによるモニター

a. 無侵襲のオンライン酸素モニター

Pa_{O_2}は,「正確な測定」も必要ではあるが,臨床の場では「モニターしたいパラメーター」である.それを明確にしたのがパルスオキシメーターである.パルスオキシメーターでは,ほぼ無侵襲で連続的に血液の酸素の情報をモニターできる.血液ガス装置や,それに関連した情報の重要性は疑いないとしても,今後ますますパルスオキシメーターの重要性が増大することも疑いない.

パルスオキシメーターが普及する1990年より以前,麻酔やICUや肺機能障害の状況で,ハイポキセミアを認識するには,基礎の肺生理学を学習して「換気血流比不均等」の概念を理解し,さらに何回か動脈血P_{O_2}を測定してやっと納得できた.「海面レベルで空気を吸ってハイポキセミアになるはずがない」というのが世の常識であり,それが平均的な医師の認識でもあったからである.しかし,パルスオキシメーターを患者につければハイポキセミアは一目でわかる.従来1年以上もかけて学習したことが,使用初日に納得できるようになった.

パルスオキシメーターを使用した測定値を,現在では"Sp_{O_2}"と書くことが確立した.「真の動脈血酸素飽和度とは少し異なるので,同一のシンボルは避けたい」という気持ちで,Sa_{O_2}に似ているけれども異なる表記を使用することに数多くの方々が賛成した故と解釈する.

b. 医療過誤とモニターの基準との関係
―賠償金の増加と減少

血液ガスの問題を考える本書で,パルスオキシメトリー・パルスオキシメーターの意義はとても大きいが,それが医療,とくに手術と麻酔にはたす役割を医療過誤の面から考えよう.

1970年代から1980年代の前半,医療過誤に関する議論がやかましくなり,医療過誤保険の保険料も増加する傾向が明確になった.

アメリカは日本と異なり,医師が支払う医療過誤保険料は一律でなく,専門領域ごとに異なる.担当する専門医の危険性つまり訴訟される頻度や敗訴して賠償金をとられる金額の多寡に応じて決められる故である.当時,麻酔科医は「危険度がいちばん高いグループ」に属し,概算で年間に5万ドルの保険料を納めていた.保険会社はそれでも赤字だとして,医師と交渉していた.

1983年,ハーバード大学関係の当時9つの

表2 モニターの基準

1. 麻酔中は常時麻酔担当者がその場に存在する
2. 血圧と脈拍を5分以内毎にチェックする
3. 心電図は常時監視
4. 呼吸と循環を連続的にモニターすること．循環については心電図だけでなく，「心臓の機械的活動を連続的に把握する」こと．具体的なパラメーターとして
   呼吸：バッグの動き，気流，気道内炭酸ガスのモニター
   循環：心音，動脈波形，プレティスモグラフなどのモニター
5. 回路の接続アラーム
6. 回路の酸素濃度
7. 体温の監視

病院をまとめて面倒をみていた保険会社からの要請で，病院の麻酔科医たちが事故の状況を調査し，いくつかの問題が判明した[5]．

・麻酔科医が患者を麻酔したままで席や部屋を離れている．病院から外出した例もある．
・モニターが連続的でない．
・とくに呼吸と循環のモニターが弱体である．
・心電図モニターは有効な場面も多いが，心電図ではわからない循環系のトラブルも多い．

などである．こうした事実を基礎に，以下のような「モニターの基準」が作成され，当初ハーバード系病院からまず全米の麻酔科学会に，さらに欧米先進国に，さらに90年代には日本にも広がった（表2）[5]．

パルスオキシメーターは当初の基準には含まれていなかったが，現在では基準に含まれる．この機器は，「動脈血酸素レベル」を保証する上に，脈波描記機能が「循環の連続的なモニター」としても認められ一挙両得である．

この基準の採用で，アメリカを始め諸国で麻酔の安全性が極端に向上した．たとえば，1960年の調査では2,000例に1例の麻酔死亡事故があったが，1990年の調査では10万例に1例の死亡事故に低下している．保険料に関しても，1990年始めには麻酔科医は「危険度がいちばん低いグループ」に分類され，2万ドル/年のレベルまで低下した．

「モニターの基準」が麻酔の臨床の安全性を増したことは間違いない事実として，保険料が5万ドルから2万ドルに下がったことのすべてがそれによるものかどうかには疑問もある．理由はこうである．

術後に患者に障害が生じて民事訴訟で訴えられる場合，「モニターの基準」ができる以前は医師側が「医療に手落ちがなかった」ことを証明する必要があった．しかし，「モニターの基準」ができた後は，医師側は基準にしたがっていれば「医療に根本的な手落ちはなかった」ことは明らかで，具体的に障害の原因を証明するのは患者側の責任になった．かくして，訴訟で医師側の負ける頻度が減り，保険会社も助かっているというわけである．

c. 日本での問題，とくに「鎮静」の危険

日本は麻酔科医が不足でいろいろな施設や部署が悩んでいる．それには麻酔科医側の責任と同時に，医師を越えた医療担当者一般やさらには為政者や一般大衆の責任も大きい．その例として，各種の医療事故との関係を指摘したい．

現在の日本の医療事故のうちで，内視鏡の際の事故が数多い．ところが，この処置の際に一方で鎮静薬を投与しながら，患者の状態をモニターしていない．機器をつけなかったり，つけてもアラームを無視する．そもそも，「鎮静薬を投与すると睡眠時無呼吸の頻度が高くなり時間が延長する」ことを，医療担当者が認識していない．

睡眠時無呼吸は頻度の高い病態で，それで死ぬことが少なくないことは統計に出ている．それでも，「大多数は死なない」のは「苦しくなると眼が覚める」という自然の防御機構がある故である．深酒が睡眠時無呼吸患者に危険なことは確立した事実で，深酒がこの防御機構を阻

止する故である．鎮静薬の使用は，深酒以上に「苦しくなると眼が覚める」機構を阻止する方向に働く．したがって，患者の状態を監視する必要があるが，実際には行われない．

本書を読む方の一部に，自身や家族が健診で内視鏡を受ける人がいるはずで，健診にそういう危険のあることを知っておくべきである．「医療の危険」を知らないまま，新しい技術や薬物が導入されている結果である．「検診でがんがみつかって助かる」のは事実としても，「検診で死傷事故発生」も事実である．

d．パルスオキシメトリーの現況と近未来

パルスオキシメトリーの現況を概観し，さらに近未来を予測してみよう．

1）パルスオキシメーターの幅

現在の動向をみて，パルスオキシメーターの商品の幅がひろがっている．手術室でのモニターに関しては，内部の改良はともあれ概観や基本性能は完成した．しかし，手術室を出るといろいろな商品が目に付く．

第1は極端な小型化で，携帯電話よりも小さい．指を差し込むだけのスペースがあればいいので当然である．価格の低いものができ，実売価格で3万円くらいまで下がり，肺の悪い患者や登山者などが入手して個人レベルで使用可能である．

現代の各種機器の開発状況からみて当然だが，記録機能をもつ機種が出現している．

逆に高性能側への幅も広がっている．振動・体動・ノイズへの対策が向上した．ハードの対応とソフト的対応があり，最終的には両方を組み合わせて良好な結果が得られるはずである．デジタルカメラの防振対策のノウハウが医療の場にも応用されるだろう．

多波長型パルスオキシメーターが発表されてアメリカでは商品として販売されている．

最近，皮膚と直接触れずに「撮影」で情報を得ることを狙った装置が開発された．パルスオキシメーターは光の情報を利用するから，理屈からは距離をおけるはずで今後の動向を見守ろう．

2）パルスオキシメトリーの近未来の予測と注文

a）反射型　反射型パルスオキシメーターのアイディアは開発当初からあり，一部は販売もされたが，安定したものとして扱われない．何がネックなのか部外者には不明である．現在のプローブの使用が困難な場面は多々あり是非欲しい装置である．

b）民生機　パルスオキシメーターは，現時点では医療機器である．そうして，日常生活関連の情報は極端に乏しい．身体はダイナミックで，Sp_{O_2}は高度だけでは決まらない．高地で活動したり，高地で睡眠時呼吸障害を起こした場合のデータはほとんどない．現時点では，特殊な登山隊や登山ツアーが数人から数十人の参加者に対して1台のパルスオキシメーターを持参する．この使い方では行動中のデータは採取できない．必要なのは休憩時だけでなく行動している最中，あるいは睡眠中の個々の参加者のデータである．運動関係のデータも，若年スポーツマンに限らず高齢者の運動に関係したデータも必要だが，それも乏しい．そのためにも，民生機（医療の場の外で，一般の方々が使う機器）の普及が望まれる．

e．航空機内における低酸素の危険

パルスオキシメーターの医療の外での利用の例として，商用の航空機内での例を示す．当初は偶然の機会から，後は意図的に旅客機の中でのSp_{O_2}をいろいろに計測した．

旅客機内の気圧は高度1,700 m-2,300 mレベルで，気圧換算で614-570 mmHgである．この状態でFRCから30-40秒間息こらえすると，Sp_{O_2}は80％付近まで低下し，十数回のテストの最低値は72％にもなった．理由は，気圧が低い故に初期値が低い，酸素摂取による分

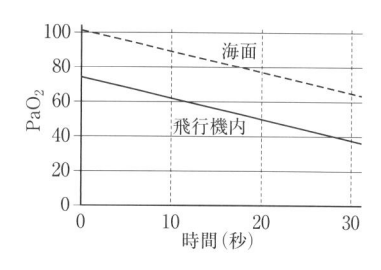

図4 航空機（高度2,300 m）の中での息こらえでハイポキセミア発生の状況を実験データで得られたSp_{O_2}からPa_{O_2}に換算したもの．

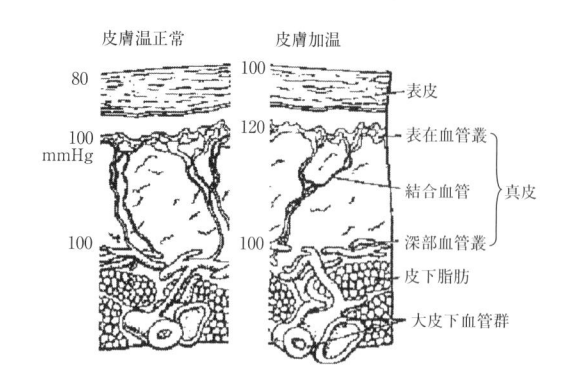

図5 経皮P_{O_2}電極で測定する際のP_{O_2}の分布の様子加温しない場合と加温する場合の対比．
加温しない場合，真皮表層血液のP_{O_2}は真皮深層血液のP_{O_2}と等しい．ここから，拡散勾配で表皮表面のP_{O_2}は低下する．
加温する場合，真皮表層血液のP_{O_2}はヘモグロビンと酸素分子の結合がゆるくなって真皮深層血液のP_{O_2}より加温により高くなる．ここから，拡散勾配で表皮表面のP_{O_2}は低下して本来のP_{O_2}に近い数値になる．経皮電極でもっともらしい数値の出るメカニズムである．

圧低下が低圧で大きい，酸素解離曲線の勾配が急峻部にさしかかる，の3点である．この点から，航空機内での睡眠時呼吸障害が，低酸素を起こす危険を強く示唆する．

旅客機内での事故として肺塞栓（エコノミークラス症候群）が喧伝されるが，これは事故原因の25％とされ，残る75％の原因は不明である．睡眠時呼吸障害による高度ハイポキセミアも原因の1つと推測する（図4）．

4．経皮電極による酸素モニター

a．経皮酸素電極の使用

血液ガスの測定に経皮電極を使う原理はLubbersが導入し，弟子のHuch夫妻が実用化した．1970年代初頭で，歴史的にパルスオキシメーターに先行している．文献ではR（enate）が奥様，A（lbert）がご主人である[6]．当初はP_{O_2}だけのモニターで，それで十分有用であったが，その後P_{CO_2}電極を加えて有用性がさらに高くなった．

ところで，経皮電極による血液ガスモニターのパラメーターをどう把握するかについては2つの立場がある．1つは「精度は高くないが動脈血のそれを表現する」と考える立場，もう1つは「動脈血のそれとは別に皮膚の血液灌流も含めたパラメーター」と考える立場である．この問題は，経皮電極による血液ガス値の表記にも関係する．前者の立場なら，表記もそれに近く$P_{O_2}(tc)$という書き方をする．一方，後者の立場なら「経皮」を明確に前に出してtcP_{O_2}とするのが妥当である．ここでは一応"tc"という接頭語をつける方式を採用する．

b．tcP_{O_2}が何とかPa_{O_2}を反映するメカニズム

Pa_{O_2}を経皮電極で測りたいとしたら，Pa_{O_2}値をよほど上手に反映する必要がある．皮膚には動脈も毛細管も静脈もあり，さらに組織もある．このうち毛細管と静脈と組織のP_{O_2}はPa_{O_2}よりは必ず低値で，その上に酸素分子の組織拡散は不良である．単純に考えて，「経皮で動脈血値だけを測定する」のは不可能に近い．

それを何とか可能にする因子が2つある．1つは，皮膚の加温で血流を大幅に増加させて「経皮電極に動脈血値だけを反映させる」処置で，もう1つは加温によって酸素解離曲線を右方移動させて測定点の動脈血内のPa_{O_2}が上昇し，その分が拡散による分圧降下をキャンセルしてくれるからである．この点を図5に説明した．

そもそも，Pa_{O_2} は 100 mmHg 近くと絶対値が大きい上に，求める Pa_{O_2} 値は「未熟児網膜症の危険を防ぎたいから 100 mmHg 以下」，「ハイポキセミアを防ぎたいから，最低 50 mmHg 以上」という大きな幅があり，正確な値を求めていない．経皮で Pa_{O_2} が測れるのは，上に述べたとおり，偶然ともいい加減ともいえる要素が加わっているが，それで間に合わせている．

c. 経皮電極の測定への注文など

経皮電極の適応・利点・問題点などに関しては，総説や解説が多数あるので基本はそちらにお任せして，私の考えることを書こう．

新生児と未熟児で，パルスオキシメーターがありながら経皮酸素電極の使用が続く理由は 2 つあり，1 つは皮膚が薄く tcP_{O_2} が Pa_{O_2} を反映しやすい点，もう 1 つは電極が体幹に装着できる点である．パルスオキシメーターのプローブは，現時点では四肢の先端部につけるので体動に弱い．反射型パルスオキシメーターが完成すれば躯幹に使えそうだが，現時点では指先か耳朶に使用する．

経皮電極の改良に関しては，較正と価格を何とかしてほしい．この装置の較正法は開発当初の 1970 年代と基本的に変わらない．何らかの手順で「較正不要」なシステムを工夫してほしい．一方，このシステムは患者 1 人に 1 台必要で廉価な必要があり，現在のように数百万円もするのでは「研究機器」に留まる．

経皮電極がひろく臨床のモニター機器として使える条件は 2 つで，1 つは較正不要で使いやすいこと，もう 1 つは 50 万円程度と廉価になることというのが私の意見である．それが「到底不可能」な注文とは考えられない．

d. 血管内での測定について

血管内の酸素測定の問題に触れる．現在，静脈側に挿入して混合静脈血の酸素飽和度あるいは Pv_{O_2} を測定するトランスデューサーが使用できる．前者は光による測定，後者は酸素電極の変形である．実際に臨床の場で使われる頻度は高くはないが，実験室では一部の研究者が頻用している．

動脈内に挿入する電極が，一時商品化され健康保険にも採用になったが，その後販売中止となった．私自身も少し使い，他にも有用との意見も少なくなかっただけに少し残念である．

実験室では，質量分析（マススペクトロメトリー）も血液ガス分析に一時使われた．質量分析は微量ガスの分析が得意なので，膜を隔てて血液の分圧も測定でき，実験レベルでは数多くの方々が試みた．臨床で実用化しなかったのは，本体もプローブも簡略化できず高価だった故と理解している．

［諏訪邦夫］

■文献
1) Bendixen HH, Egbert LD, Hedley-Whyte J, et al：Respiratory Care. Mosby, St. Louis, 1965.
2) Ashbaugh DG, Bigelow DB, Petty TL, Levine BE：Acute respiratory distress in adults. Lancet (August 12)：319-323, 1967.
3) Van Slyke DD, O'Neill JM：The determination of gases in blood and other solutions by vacuum extraction and manometric measurement. J Biol Chem 61：523-573, 1924.
4) Laver MB, Murphy AJ, Seifen A, Radford EP Jr：Blood O_2 content measurements using the oxygen electrode. J Appl Physiol 20(5)：1063-1069, 1965.
5) Eichhorn JH, Cooper JB, Cullen DJ, et al：Standards for patient monitoring during anesthesia at Harvard Medical School. JAMA 256：1017-1020, 1986.
6) Huch R, Huch A, Lubbers DW：Transcutaneous measurement of blood PO_2($tcPO_2$)— Method and application in perinatal medicine. J Perinat Med 1(3)：183-191, 1973.

5.2 スポーツ医学における酸素測定の実際

1. 運動時における酸素測定の基礎

ヒトの運動時における酸素測定は，酸素濃度（含量）の測定と酸素消費量の測定に大別される．酸素濃度の測定については，侵襲的な方法として，筋に直接電極を刺入する筋組織内酸素分圧（P_{O_2}）の測定，動・静脈に直接カテーテルを挿入してP_{O_2}や酸素含量を測定する方法がある．しかし，これらは侵襲的であるために，スポーツ医学分野において広く利用されているわけではない．とくにP_{O_2}電極による組織内P_{O_2}分圧の測定については，体動の影響から運動中に実施することは困難な場合が多い．カテーテル法による測定については，自転車運動中や膝関節屈曲伸展運動中に行うことは可能である．全身運動中においては，肺・動静脈血管の流入・流出前後の酸素含量を測定し，その差から動静脈酸素較差（a-vO_{2diff}）を求めることができる．局所運動においては，活動筋に分布する末梢の動・静脈において a-vO_{2diff} を測定することも可能である．

a-vO_{2diff} に加えて，心拍出量もしくは四肢活動血管の血流量（$\dot{Q}$）が測定できれば，次式（Fick の式）により酸素摂取量（$\dot{V}_{O_2}$）を求めることができる．

$$\dot{V}_{O_2} = \dot{Q} \times (\text{a-v}O_{2diff})$$
$$= SV \times HR \times (C_{aO_2} - C_{vO_2})$$
$$= SV \times HR \times Hb_{cnt} \times 1.34 \times (S_{aO_2} - S_{vO_2})/100 \quad (1)$$

SV：1回拍出量，HR：心拍数，C_{aO_2}：動脈血酸素含量，C_{vO_2}：静脈血酸素含量，Hb_{cnt}：ヘモグロビン量，S_{aO_2}：動脈血酸素飽和度，S_{vO_2}：（平均）静脈血酸素飽和度．

厳密には，酸素含量に溶存酸素を加える必要があるが，血漿の酸素溶解度係数 0.003（ml/100 ml/Torr）を考慮すると，P_{O_2} が 100 Torr であっても，溶存酸素は 0.3 ml/100 ml 程度（ヘモグロビン結合酸素の 1.5-2.0 % 程度）であるので，通常無視できる．

常圧安静時の酸素含量は，動脈血中 20 ml/100 ml 程度，静脈血中 15 ml/100 ml 程度，a-vO_{2diff} は 5 ml/100 ml 程度となる．一方，最大運動時には動脈血酸素含量はほとんど変化しない（対象者によっては低下がみられることはある）が，静脈血酸素含量は 5 ml/100 ml 程度まで低下し，a-vO_{2diff} は 15 ml/100 ml 程度まで増大することが知られている．

2. 全身運動時の非侵襲的酸素摂取量の測定

a. 呼気ガス分析による酸素摂取量測定

全身運動時において SV や a-vO_{2diff} を実測し，$\dot{V}_{O_2}$ を求めるためには侵襲的手法を用いる必要がある．そこで，一般的には運動中の呼気ガスを分析することにより，$\dot{V}_{O_2}$ を測定することが多い．$\dot{V}_{O_2}$ の測定は，通常，開放系スパイロメトリー法により測定される．本法では，被験者はマウスピースまたはマスクを装着した状態で呼吸することにより，呼吸代謝分析器を介して呼気時の1回換気量中の O_2 と CO_2 の割合を算出する．$\dot{V}_{O_2}$ は通常，1分あたり（場合によっては，体重1kgあたり）で，標準状態に換算して表示される．安静状態における $\dot{V}_{O_2}$ は 3.5 ml/kg/min 程度であり，この値を1単位（metabolic equivalent；MET，代謝当量）として，任意の運動時の $\dot{V}_{O_2}$ を相対的に表すこともできる．たとえば，35 ml/kg/min の

$\dot{V}_{O_2}$ が得られるような運動強度を 10 METs と表現することができ，METs は運動強度の単位として用いられる．安静時の酸素摂取量を含めた運動時の量は総酸素摂取量（gross $\dot{V}_{O_2}$），運動時において安静時の酸素摂取量を差し引いた量は純酸素摂取量（net $\dot{V}_{O_2}$）と呼ばれることがある．1 l の酸素消費は約 5 kcal（20.9 kJ）のエネルギー消費に相当する．正確には脂質利用では約 4.7 kcal，糖質利用では約 5.1 kcal のエネルギー消費となる．

前述の通り，SV を正確に実測することは困難なことが多いので，SV を予測する指標として，酸素脈（$\dot{V}_{O_2}$/HR，ml/beats）が利用されることがある．一般に運動強度が中等度以上になれば，($Sa_{O_2} - Sv_{O_2}$) は変化が少なく一定となる．このことを考慮すれば，(1)式は

$$SV = C \times \dot{V}_{O_2}/HR \quad C：定数$$

となり，酸素脈（$\dot{V}_{O_2}$/HR）が SV の予測指標として現場で用いられる根拠が提示される．

b. 最大酸素摂取量

$\dot{V}_{O_2}$ の最大値（最大酸素摂取量，$\dot{V}_{O_2max}$）は，心肺機能（心肺系体力）の指標として用いられる．di Prampero と Ferretti によれば，肺胞換気，肺血流および酸素拡散，血液酸素運搬，末梢血流および組織酸素拡散，ミトコンドリア酸素消費が $\dot{V}_{O_2max}$ に直接関連する因子として挙げられている．通常は自転車エルゴメーターまたはトレッドミルを用いた漸増負荷法によって 6-10 分程度で疲労困憊になる条件において発現するとされている．$\dot{V}_{O_2max}$ が得られたか否かの基準として，最大負荷量あたりでの $\dot{V}_{O_2}$ のレベリングオフ（値がそれ以上増加しないか，わずかに低下する現象）や呼吸交換比（respiratory exchange ratio；R）1.10-1.15 程度が用いられる．一般に，若年者や運動習慣のある対象者では，$\dot{V}_{O_2max}$ が得られやすいが，高齢者や運動習慣のない者では最大条件に達しない場合もあり，その時の値は，最高酸素摂取量（$\dot{V}_{O_2peak}$）と表現される．常圧環境下の最大運動時には健常者では，動脈血酸素飽和度（Sa_{O_2}）は安静時（96-98 %）からほとんど変化しないことが多い．しかし，高い $\dot{V}_{O_2max}$ を有する持久競技者（とくに高齢持久競技者）に

表 1 最大酸素摂取量の二次的要因[1]

二次的要因	最大酸素摂取量への影響
年　　齢	発育↑，加齢（およそ 1 %/年）↓
民　　族	スカンジナビア人，欧米人＞東洋人，アフリカ人
性	男性（100 %）＞女性（およそ 70 %）
トレーニング	トレーニング↑，脱トレーニング↓
運動様式	トレッドミル＞自転車エルゴメーター≧スイムミル
運 動 肢	腕運動＜脚運動＜腕＋脚運動
気　　圧	低圧＜常圧
温　　度	高温＜低温
筋　　温	36℃＜39℃＜40℃
酸素分圧	低酸素＜高酸素
ドーピング	血液抜き取り↓，血液再注入↑
栄　　養	栄養失調↓
季　　節	夏→秋＜冬→春
睡　　眠	断眠↓
喫　　煙	非喫煙者＞喫煙者
疾　　患	心臓疾患↓，糖尿病疾患↓
薬　　物	βブロッカー投与（およそ 5～20 %）↓
体　　液	脱水↓
筋線維タイプ	遅筋線維＞速筋線維

おいては，Sa_{O_2}が85-90％程度まで低下することも報告されている．これは，肺循環における酸素化の障害のためとされている．

$\dot{V}_{O_2}$は前述の（1）式により表現されることから，$\dot{V}_{O_2max}$を増加させるには，SV，HR，Hb_{cnt}，($Sa_{O_2}-Sv_{O_2}$)のそれぞれの最大値を増加させればよいが，一般的には持久トレーニングを行っても，HR，Hb_{cnt}，($Sa_{O_2}-Sv_{O_2}$)の最大値は変化しないことが多く，$\dot{V}_{O_2max}$の増加にはもっぱらSVの増加が寄与するとされている．$\dot{V}_{O_2max}$は若年健常者において40-50 ml/kg/min程度であるが，一流持久競技者においては，80 ml/kg/minを超える場合もあるとされている．マラソンの平均速度と体重当りの$\dot{V}_{O_2max}$との間には強い正相関（$r=0.8$程度）があることが知られており，$\dot{V}_{O_2max}$は有酸素能力を予測する最も適した指標として広く用いられている．$\dot{V}_{O_2max}$に影響する二次的因子として，年齢，民族，性，トレーニング状態，運動様式，気圧，環境温，筋温，栄養状態，睡眠，喫煙，疾患，薬物，体液量，筋線維タイプなどが知られている（表1）[1]．

最大酸素摂取量と疾患との関連において，健常者では，有酸素能力（最大酸素摂取量）が低いことが，すべての死因と心血管系死亡に対する危険因子であることが報告されている．また，心疾患と最高酸素摂取量との関連においては，最高酸素摂取量は死亡率との間に負の関連があることが知られている．つまり，心疾患を有していても最高酸素摂取量が高ければ，死亡率が低下するとされている．

c．$\dot{V}_{O_2max}$を利用した運動処方の作成

持久力向上や健康増進，生活習慣病（メタボリック症候群）予防のための持久（心肺系）運動トレーニングを処方する場合には，運動の種類，強度，時間，頻度を決める必要があるが，とりわけ運動強度がトレーニング効果発現には重要である．その強度は$\dot{V}_{O_2max}$の相対強度（％$\dot{V}_{O_2max}$）で処方されることが多い．通常は，40-85％$\dot{V}_{O_2max}$強度の処方が用いられ，有疾患者や低体力の者に対しては低強度の処方を，運動習慣のある者や体力の高い者には高強度の処方を行うのが一般的である．また，呼気ガス分析で得られた$\dot{V}_{O_2}$と二酸化炭素呼出量の結果から，無酸素性代謝閾値（AT）を求めて，その閾値での運動強度を用いる方法もある．

詳細は割愛するが，健康のために処方される運動の種類は通常，有酸素運動（大筋群の動的活動），時間は20-60分，頻度は週3-5回が推奨されている．

d．その他の運動時酸素関連指標
1）酸素借と酸素負債

中等度の一定強度の運動を行うと，肺胞酸素摂取量は，指数関数的に増加し3分程度で一定になることが知られている．したがって，最大酸素摂取量以下の運動強度においても，運動初期には酸素不足の状態で運動することになる．この不足分を酸素借（oxygen deficit）と呼ぶ．運動初期のこの不足分は無酸素系（クレアチンリン酸系と解糖系）により供給される．運動後には，外的仕事をしていないにもかかわらず，酸素摂取量はすぐには安静レベルに復帰せず，徐々に低下する．この回復期の酸素摂取量は，運動初期に有酸素系で産生できなかったエネルギー需要（不足分）を補うものであり，酸素負債（oxygen debt）と呼ばれる（図1）．

酸素借と酸素負債との関連については，低強度から中強度短時間運動では両者はほぼ同等であるが，高強度運動においては，酸素負債が酸素借を超えることが明らかになってきた．そこで，運動後の過剰な酸素消費を運動後過剰酸素消費（EPOC）と呼ぶこともある．これは，体温の上昇，ホルモンの増加，細胞イオンバランス等が関連していると考えられている．

一般に，有酸素能力の高い者ほど，運動開始時の呼吸循環系の反応が速く，筋内ミトコンド

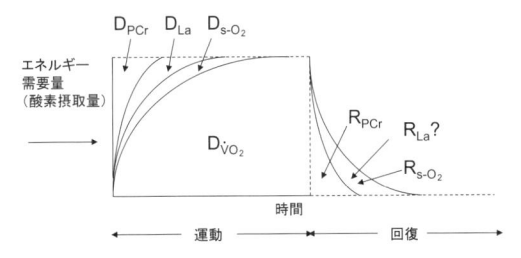

図1 酸素借（oxygen deficit）と酸素負債（oxygen debt）の概念
最大下で一定強度の外的仕事を行うためのエネルギー（エネルギー需要）は，その大部分は肺からの酸素摂取（$D_{\dot{V}O_2}$）により供給されるが，運動初期には一部無酸素系（クレアチンリン酸系 D_{PCr} と解糖系 D_{La}）と貯蔵酸素消費（D_{s-O_2}）により供給される．酸素借は，理論的には $D_{PCr}+D_{La}+D_{s-O_2}$ で求められる．
R_{PCr}，R_{La}，R_{s-O_2} は，それぞれクレアチンリン酸系，解糖系，貯蔵酸素消費分の酸素負債を表す．

リア酵素活性等が高いことから，酸素摂取量増加の時定数が小さい（増加速度が速い，酸素借が小さい）．

2) 酸素負債を用いた最大無酸素代謝能力（パワー）の測定

短時間の高強度（最大酸素需要量以上の強度）の運動時には，筋収縮のためのATPは有酸素代謝のみならず無酸素代謝により供給される．一般に無酸素代謝量を実測するためには，筋バイオプシー法や高価な測定機器（磁気共鳴分光法）を用いる必要がある．そこで，酸素負債を用いて，比較的簡便に高強度運動中の無酸素代謝量を評価する方法が考案されている．最大酸素需要量を超える一定強度の運動を行うと，運動に必要なATPは，有酸素系（有酸素的ATP合成）に加えて，無酸素系（無酸素的ATP合成）により供給される（図2）．前述のとおり運動終了後は，ミオグロビンに結合した酸素の低下分，クレアチンリン酸やATPの減少分を運動前の濃度に回復させるためと，乳酸処理のために酸素が必要となり，肺胞からの酸素摂取は高値を維持し，指数関数的に安静値に近づく．この運動後の過剰な酸素摂取量は，運動時に有酸素代謝により合成可能なATP量を超えた酸素需要量，つまり酸素負債である（図

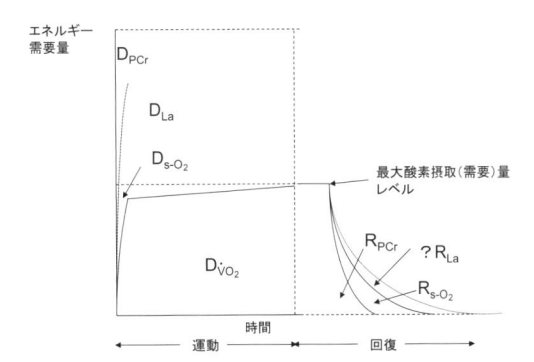

図2 最大酸素需要量以上の強度の運動時における酸素借と酸素負債
最大酸素需要量以上の一定強度の外的仕事を行うためのエネルギー（エネルギー需要）は，運動初期には肺からの酸素摂取（$D_{\dot{V}O_2}$），貯蔵酸素消費（D_{s-O_2}），および無酸素系（クレアチンリン酸系 D_{PCr} と解糖系 D_{La}）により供給される．
R_{PCr}，R_{La}，R_{s-O_2} は，それぞれクレアチンリン酸系，解糖系，貯蔵酸素消費分の酸素負債を表す．この酸素負債の総量の最大値を求めることにより，最大無酸素パワーを測定することができる．D_{PCr} と D_{La} の全エネルギー需要に占める割合は運動強度や対象者によって異なるので，運動初期での境界を点線で示し，その後の境界は明記していない．

2）．この運動後の酸素負債の測定により運動中の無酸素性ATP合成量が予測でき，その最大値を測定すれば，無酸素性ATP合成量の最大能力（パワー）を評価することができる．たとえば，30秒間の全力自転車運動を行って，その後の総酸素摂取量から安静値を差し引くことにより求められる．一般成人男性では5 l 程度，一流短距離選手では15 l を超えるとの報告もある．

3. 運動時における局所筋の酸素の測定

運動時の筋の酸素測定は，侵襲的には前述のカテーテル法により行うことができる．しかし，運動時の測定においては，低侵襲性が求められることが多く，これまで近赤外分光法（NIRS）や近年ではポジトロン放射型横断断層撮影法（PET）が用いられてきた．ただし，

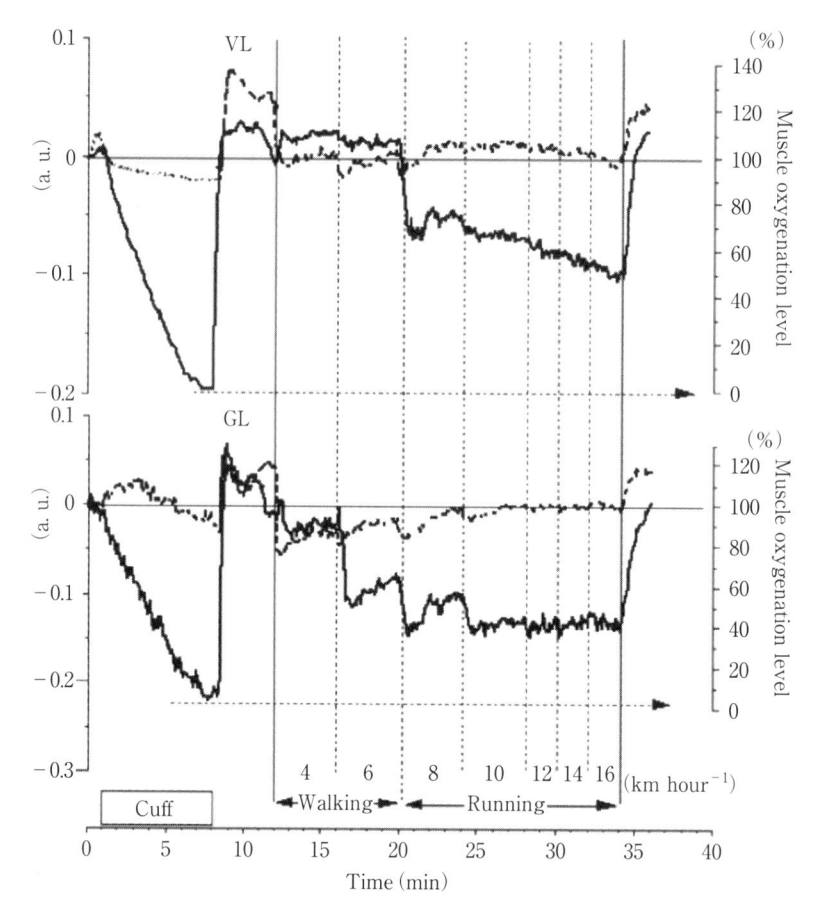

図3 多段階負荷を用いたトレッドミル運動時の大腿部と下腿部の筋酸素動態の比較[3]
上段：外側広筋，下段：腓腹筋．実線：酸素化ヘモグロビン，点線：血液量．
運動開始から歩行中は，外側広筋（VL）の酸素化レベルはほとんど低下しないが，腓腹筋（GL）では，速度の増加に伴い低下する．一方，走行を始めると外側広筋の酸素化レベルは急激に低下し，その後速度の増加に伴い徐々に低下するが，腓腹筋の酸素化レベルはほとんど低下しない．

PETについては，放射線被曝を伴い高価である，時間分解能が低く動的運動時の測定には不向きである等の欠点がある．以上の点から，本項ではNIRSを用いた局所筋の測定を中心に紹介する[2]．NIRSによる筋内酸素濃度の測定の基礎については，本書の別の項（2.12）を参照いただくこととし，ここでは，NIRSを用いた運動時の測定例を提示することにより，その応用性について解説する．

筋はその性質により，有酸素代謝能力が異なることが知られている．有酸素能力が高く持久運動向きの筋は遅筋，短距離走向きの筋は速筋と呼ばれる．この筋の性質を知るためには，筋線維を直接取り出して分析（筋生検）する必要がある．しかし，筋生検は侵襲を伴うために，その応用範囲も限られる．そこで，非侵襲的に筋の性質を検査する方法が試みられている．遅筋は，酸素を取り込んでATPを産生することから，運動開始時に酸素化レベルが低下しやすいと考えられ，速筋は比較的低下が遅くなることが予想できる．実際に，NIRSを用いて腓腹筋運動時の酸素化レベルの動態を見た研究では，遅筋の多い対象者は運動開始時の酸素化レベルの低下が速く大きいことが報告されてい

る．

　運動時にはその運動形式により各筋群が協調的に使われることが知られている．ここでは，多段階負荷を用いたトレッドミル運動時の大腿部と下腿部の筋酸素動態を比較した研究を紹介する（図3）[3]．運動開始から歩行中は，大腿部外側広筋の酸素化レベルは，ほとんど低下しないか若干増加するが，下腿腓腹筋では，速度の増加に伴い低下する様子が観察される．一方，外側広筋では走行を始めると酸素化レベルは急激に低下し，その後速度の増加に伴い徐々に低下するが，腓腹筋の酸素化レベルはほとんど低下しない．その他，さまざまな対象者において，種々の運動時に各筋の酸素動態の測定が行われている．対象者は，健常人，自転車競技，トライアスロン競技，スキー競技，スケート競技，ウェイトリフティング競技の選手などである．対象筋としては，脊柱起立筋，大殿筋，外側広筋，大腿直筋，腓腹筋，ヒラメ筋，前脛骨筋，上腕二頭筋，前腕屈筋群等が挙げられる．

　運動後の HbO_2 レベルの回復動態に注目した研究においては，その回復の速さを計測することにより，骨格筋の有酸素能を評価する試みもなされている[4]．最大下の自転車運動後の HbO_2 レベルの回復時間において，一般健常者に比べてトライアスロン選手の方が34％程度優れており，さらにこの違いは両群間の最大酸素摂取量の違いと同等であるとの報告がある．また，骨折後の3週間のギプス固定により萎縮した筋を対象として，運動後の筋酸素化レベルの回復時間に対する影響について検討した結果，コントロール群に比べておよそ4倍遅延したことを報告している．さらに，ギプス固定終了後に行ったリハビリテーションにより，3～4週間で健常レベルにまで回復した．運動後の HbO_2 レベルの回復動態については末梢血管疾患（PVD）患者を対象とした研究が数多く行われている．McCullyらは若年群（26.2歳）

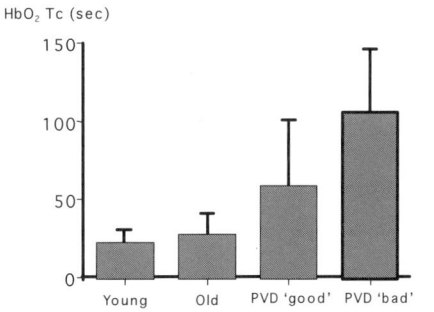

図4　末梢血管疾患（PVD）と筋酸素化回復時間（HbO_2 Tc）[4]
健常若年群（26.2歳）と健常高齢群（68.9歳）では下腿三頭筋群における HbO_2 レベルの回復動態には違いがないが，高齢のPVD患群（71.6歳）の患肢においては，健常高齢群に比べて2-4倍の遅延が見られる．重症PVD患者の HbO_2 Tc の遅延は，軽症患者よりも大きい．

と高齢者群（68.9歳）では下腿三頭筋群における HbO_2 レベルの回復動態には違いが認められないことを報告している．一方，高齢のPVD患者（71.6歳）の患肢においては，健常高齢者群に比べて2-4倍の遅延が認められることが確認されている（図4）．

[浜岡隆文]

■文献
1) 宮村実晴：新運動生理学（下巻）．pp16-25，真興交易医書出版部，2001．
2) Hamaoka T, McCully K, Quaresima V, et al：Near-infrared spectroscopy/imaging for monitoring muscle oxygenation and oxidative metabolism in healthy and diseased humans. J Biomed Opt 12：062105, 2007.
3) Hiroyuki H, Hamaoka H, Sako T, et al：Oxygenation in vastus lateralis and lateral head of gastrocnemius during treadmill walking and running in humans. Eur J Appl Physiol 87：343-349, 2002.
4) Hamaoka T, McCully K, Katsumura T, et al：Non-invasive measures of muscle metabolism. In：Handbook of oxidants and antioxidants in exercise, Sen CK, Packer L, Hanninen O (eds), pp485-509, Elsevier, 2000.

5.3 酸素代謝を利用した脳機能イメージング

古くから,個々の脳領域にはそれぞれ異なる機能が局在することが知られており,各脳部位がどのような働きをしているかを明らかにする研究("脳機能マッピング")がヒトや動物で行われてきた.この"脳機能マッピング"は,脳の一部が損傷された患者が呈する症状の観察や,動物脳に電極を挿入して刺激を与えることによって生じる反応を調べる実験などによって行われてきたが,1980年代から90年代にかけて,神経-血管-代謝カップリングを利用して,直接脳活動を計測することなく脳血流・酸素代謝・グルコース代謝計測から間接的に脳の活動状態を知ることができる脳機能イメージング法が出現し,ヒト脳の機能局在に関する研究は急速に進んだ.このようなアプローチによる脳機能イメージング法には,近赤外線スペクトロスコピー(near-infrared spectroscopy;NIRS)や機能的核磁気共鳴画像法(functional magnetic resonance imaging;fMRI)などがある.本稿では,まず,神経-血管-代謝カップリングについて概説し,次にNIRSを中心にこのカップリング現象を利用した脳機能イメージング法を紹介する.

1. 神経-血管-代謝カップリング

局所脳活動が増加すると,その領域の酸素・グルコース消費が亢進して脳血流増加が生じる.これを,神経-血管-代謝カップリングと呼ぶが[1],この現象の存在によって脳血流や代謝変化の計測から脳の活動状態を捉えることができる.神経活動の増加に対して血流反応は0.5秒ほど遅れるが,脳血流増加の割合は代謝増加のそれを上回ることが知られており[2],静脈血はより酸素化された状態,つまり脱酸素化ヘモグロビン(deoxy-Hb)の減少が認められる.これを利用したのが後述のBOLD(blood oxygenation level dependent)-fMRIである.神経-血管カップリングのメカニズムとして,以前は神経細胞の代謝亢進に対応するために血流が増加すると考えられ,二酸化炭素などの代謝産物が血管拡張に関与するという説が支持されていた.しかし,近年は,神経活動に連動した変化が直接あるいは血管の周囲に存在するアストロサイトと呼ばれる細胞(中枢神経系に存在する神経細胞ではない細胞)を介して血管を拡張させ,結果的に血流増加が生じるのであって,合目的的なものではないとする説が主流である[3].たとえば,シナプス前細胞(神経細胞間の接合部位とその構造をシナプスと呼び,情報を伝える側の細胞がシナプス前細胞)が興奮すると神経伝達物質・神経修飾物質を放出し,それを受け取ったシナプス後細胞が引き続き興奮して放出するカリウムイオンや水素イオンは脳血管拡張作用を持つ.また,最近,シナプス後細胞あるいはアストロサイトが神経伝達物質・神経修飾物質を受け取ると細胞内にカルシウムが流入し,一酸化窒素(NO)合成酵素などのカルシウム依存性酵素系が活性化され,その結果NOやプロスタグランジンなど血管拡張作用を持つ物質が産生されることが報告され,神経-血管カップリングのメカニズムとして注目されている.しかし,NO合成系などある1つのメカニズムをブロックしただけでは完全に血流増加反応は抑制されず,神経-血管カップリングは単一のメカニズムによるものではないと考えられている.

神経細胞内は,細胞外に比べてマイナスの電

位をもつが，細胞が興奮すると細胞内電位がプラス側に増加して，ある閾値以上になると素早く大きく変化する活動電位（スパイク）を生じ，シナプス後細胞にはゆっくりとしたやや小さい電位変化（シナプス電位）が生じる．神経細胞の外側で微小電極によって記録される電気的活動は，スパイク活動を反映する成分（多ニューロン発火活動，multiunit activity；MUA）と，シナプス活動を反映する成分（局所場電位，local field potential；LFP）から構成されているが，どちらの成分が血流反応に関わっているのかについては異論が多く結論は出ていない．また，近年，場電位の高周波成分であるガンマ帯域（30 Hz 以上）と血流に相関が見られると報告されているが，ガンマ帯域の起源そのものはまだ十分明らかにされていない．

2. 光脳機能イメージング

光を用いた脳機能イメージングはいくつかのカテゴリーに分けられるが，酸素を利用した脳機能イメージングとしては，主としてヒトを対象とした近赤外光によるイメージングと，動物を対象とした可視光・蛍光によるイメージングが挙げられる．前者は，近赤外線スペクトロスコピーという光計測技術から生まれた方法で，ここでは，NIRS，NIRS から発展した拡散光トモグラフィ（diffuse optical tomography；DOT），そして可視光・蛍光による脳機能イメージングについて述べる．

a. 近赤外線スペクトロスコピー（NIRS）

生体に対して高い透過性を持つ近赤外光（通常用いられる波長域は 700～1,000 nm）は，血液中のヘモグロビン（Hb）によって吸収されるが，酸素化ヘモグロビン（oxy-Hb）と脱酸素化ヘモグロビン（deoxy-Hb）では吸収スペクトルが異なる．NIRS では，この性質を利用して生体に光を照射して組織内を拡散した光を照射点から数 cm はなれた部位で検出し，検出光の強度などを測定することによって oxy-Hb，deoxy-Hb，そして両者の和である総ヘモグロビン（t-Hb）濃度変化を算出する．NIRS は 1977 年に Jöbsis がはじめてこの方法で動物の脳と心臓の酸素化状態計測に成功して以来[4]，手術室などで患者の状態を監視するため組織酸素モニタとして開発がすすめられてきた．しかし，1993 年に複数の研究施設から脳活動に伴う脳血流変化（Hb 変化）を NIRS で捉えることができることが報告され，以降新しい神経機能イメージング法としても注目されるようになり，既に，さまざまな脳機能の研究に応用されている．

NIRS にはいくつかの計測法とそれぞれに対応する計測装置があるが（図 1），わが国で最も汎用されているのは，連続光（continuous

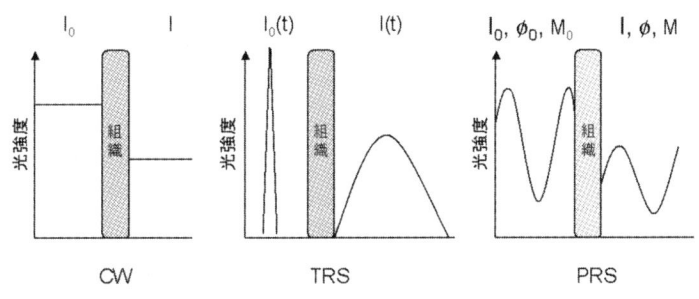

図 1　NIRS 計測法
CW，連続光計測；TRS，時間分解分光法；PRS，位相分解分光法．TRS では超短パルス光を照射して検出光強度の時間プロファイル（I(t)）をもとめる．PRS は，光に変調をかけて検出光の強度（I）以外に，位相（ϕ）と変調の深さ（M）の変化も計測する．

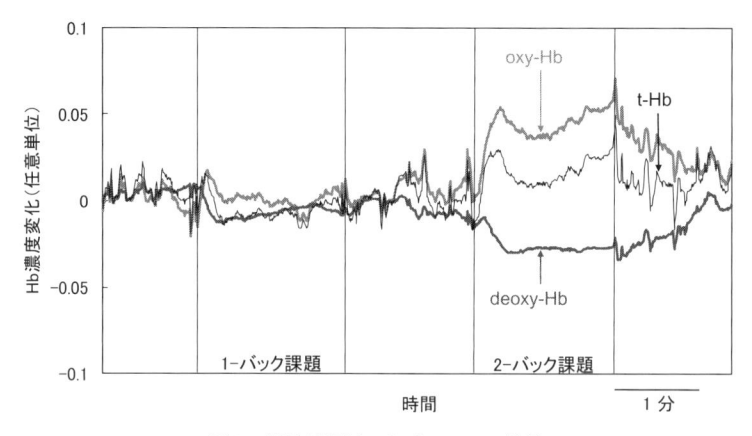

図2 脳賦活領域におけるNIRS信号
この例ではワーキングメモリ課題の2-バック課題遂行中に計測領域（左外側前頭前野）が賦活して脳血流が増加し，oxy-Hb，t-Hbの増加，deoxy-Hbの減少を認めた．

wave light；CW）を用いて修正Lambert-Beer則に基づいてHb濃度変化を計測する方法である（本稿ではCW計測法，CW型装置と呼ぶ）．式(1)はある波長の光に対する修正Lambert-Beer則[5)]を示す．

$$吸光度 = -\log_{10} I/I_0 = \varepsilon CL + S \quad (1)$$

ここで，I_0とIはそれぞれ照射光と検出光の強度，Cはその光を吸収する物質の濃度，Lは光が検出されるまでに伝播した距離（光路長），εはモル吸光係数，そしてSは散乱による光の減衰を示す項である．生体では光が散乱するため光路長は照射-受光間距離よりも長くなるが，CW型装置では光路長を計測することができず，得られる値は濃度変化と光路長の積で，単位として［au］（arbitrary unit，任意単位）が用いられている．

脳賦活領域では，上述の酸素消費を上回る血流増加を反映してoxy-Hbとt-Hbの増加，deoxy-Hbの減少を認めることが多いが（図2），t-Hbとdeoxy-Hbは必ずしもそのような変化を示さない．脳血流変化が小さい時はt-Hbが一定でoxy-Hbとdeoxy-Hbが鏡像的に変化する．また，deoxy-Hbは血液の酸素化状態だけでなく静脈側の血液量によっても変化し，血流増加が大きい時は静脈側の血管拡張も

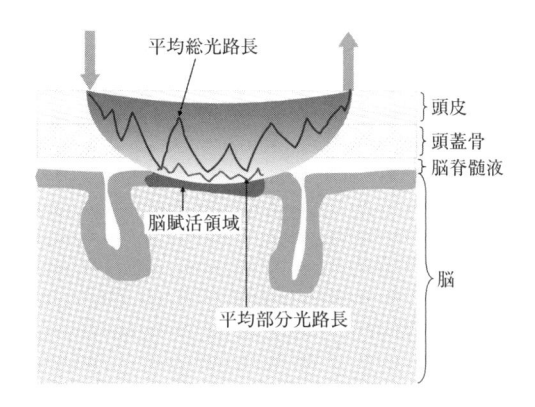

図3 頭部における近赤外光伝播の模式図
部分光路長は，光が血流変化領域（脳賦活領域）を伝播した距離の平均値を意味している．

生じるため，deoxy-Hbは不変あるいは増加を示す場合がある．一方，oxy-Hbは常に血流変化と同じ方向に変化し，NIRSによる脳活動計測では脳血流変化の指標として用いることができる[6)]．

CW計測法と異なり，図1に示す時間分解分光法（time-resolved spectroscopy；TRS）と位相分解分光法（phase-resolved spectroscopy；PRS）は光が伝播した全光路長の平均値（総光路長，t-PL）を求めることができ，計測領域で一様にHb濃度が変化する場合は式(1)から濃度変化の絶対値を求めることができる．

しかし，脳賦活に伴う脳血流変化は局所に限局しており（図3），この場合は血流変化の生じた領域における光路長（部分光路長，p-PL）の値が定量化に必要であるが，現時点ではp-PLを計測することはできず，Hb濃度変化の絶対値を求めることができない．一方，近年開発された複数の照射-受光ペアを有する多チャンネルCW型装置は，照射-受光間距離が同じならt-PL，p-PLは一定とみなして，Hb濃度変化によるマッピング画像（トポグラフィ）を提示している．このようにして得られたトポグラフィから脳活動部位のおおよその位置を知ることはできるが，実際の光路長は，t-PLもp-PLも計測部位によって異なるため，信号強度でHb変化の大小を論じることはできず，単純に部位間比較や個体間比較を行うと誤った結果を導く可能性がある．

一般的な照射-受光間距離は30 mmで，成人の場合は頭皮上から25 mmくらいの深さまでの情報しか捉えることができないが，NIRSはfMRIなどでは必須の特殊な計測施設や厳しい体動制限を必要とせず，優れた時間分解能と長時間の連続計測が可能であるなどの利点を持つ．また，携帯型NIRS装置も開発され，無線システムと組み合わせることによりホルター心電計のように自由に動きまわっている状態でも計測を行うことができる（光脳機能イメージングウェアラブルシステム，図4）．したがって，NIRSは小児や精神神経疾患患者，そして運動中の被験者など，他の神経機能イメージング法では生理的・物理的に計測不可能である対象の計測を可能にし，新しい脳研究領域を切り拓くと考えられる．

b．拡散光トモグラフィ（DOT）

NIRS計測では頭皮や側頭筋などにおける血流変化の影響を受ける可能性があるが，脳組織由来の信号を選択的かつ定量的に検出することはきわめて困難である．この問題を解決する方法として，拡散光トモグラフィ（diffuse optical tomography；DOT；光断層イメージング，光CTとも呼ばれる）が有望視されている[7]．DOTは，多チャンネルNIRS装置を用いて複数の領域を計測し，測定値を再現するような計測対象の内部の光学定数，たとえば吸収係数（距離の逆数の単位を持ち，吸収係数の逆数は，光がその距離だけ進むと吸収により光強度が$1/e$になることを意味する）や散乱係数（距離の逆数の単位を持ち，散乱係数の逆数は，光がその距離だけ進むと散乱により光強度が$1/e$になることを意味する）などの分布を求める技術で，数学的には逆問題である．吸収係数から組織内のHb濃度が算出され，Hb濃度や組織酸素飽和度の分布を画像化することができる．CW計測によるDOTも研究されているが，逆問題を解くためにはより多くの情報が必要で，主としてTRSとPRSによるDOTの開発が進められ，運動負荷時の成人前腕，受動的運動負荷時の新生児頭部，視覚刺激時の成人頭部でのDOT画像などが報告されており，今後幅広い臨床応用が期待される．

図4 24 ch 光脳機能イメージングウェアラブルシステム試作機
左側ペンケース様の装置がNIRS装置．右はBluetooth受信ユニットと解析/表示用パソコン（B5サイズ）．
（カナレ電気（株）提供）

c. 可視光・蛍光脳機能イメージング

ラット，ネコ，サルなどの動物の頭蓋骨を薄く削る（thinned skull）か，観察用の窓（cranial window）をあけて脳表に光を照射し，反射光（可視光）や蛍光を対物レンズで集光してCCD（charge coupled device）カメラで撮像することによって脳の活動を光学的にイメージングすることができる．この光脳機能イメージングには，細胞の電位（膜電位）によって蛍光や吸収が変化する色素（膜電位感受性色素）で大脳皮質を染色して神経細胞の電気的活動を光学的信号として検出する方法と，色素を使わずに可視光を照射して神経活動に連動して変化する内因性信号（Hb濃度変化や散乱強度変化などに起因していると考えられている）を検出する方法がある．いずれの方法も，カラム（大脳皮質の基本的な機能単位）やバレル（ラットなどげっ歯類の体性感覚野に存在する頬ひげからの情報を処理するモジュール構造）など大脳皮質の微細な機能的構築を，生きている動物の脳で可視化することができる[8]．内因性信号の起源の1つと考えられるHbは，近赤外領域と同じように可視領域（500 nm-660 nm）にも酸素化状態に応じた吸収ピークを持つので，適切な波長を用いることによりoxy-Hb, deoxy-Hb, 血液量の変化を計測することができる（図5）．また，この系では，微小電極の脳内挿入によって同時に神経活動も計測することができ，神経-血管-代謝カップリング機構解明の研究に適している．前項で述べたように，脳血流反応は神

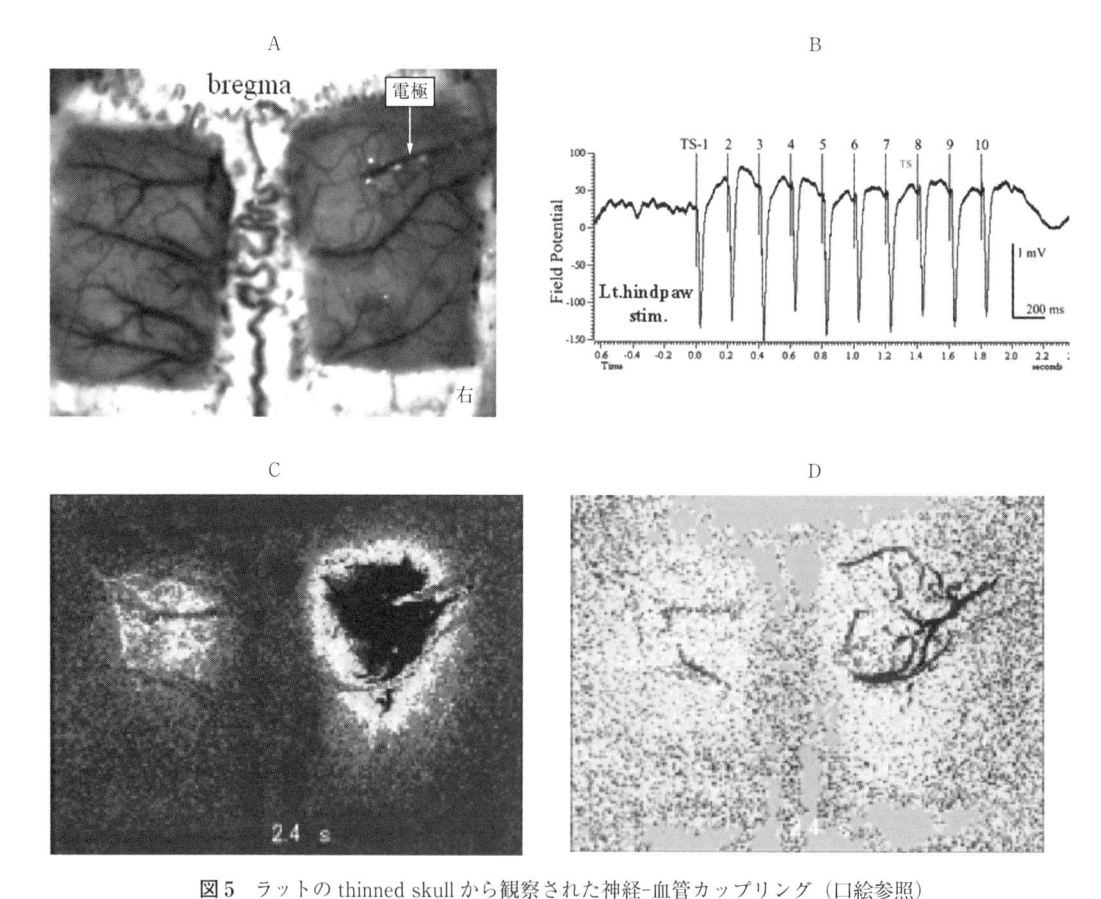

図5 ラットのthinned skullから観察された神経-血管カップリング（口絵参照）
A, ラット脳表；B, 左下肢の電気刺激により右体性知覚野で記録された局所場電位；C, 左下肢の電気刺激に対する血流反応（血液量）の光イメージング；D, 左下肢の電気刺激に対する酸素化反応（deoxy-Hb）の光イメージング．

経活動よりも遅れるため刺激後早期にdeoxy-Hbが増加し，その後減少するという二相性変化が観察されているが，実験条件やデータの解析方法などで観察されない場合もあり，まだ一定の見解は得られていない．

ニコチンアミドアデニンジヌクレオチド（nicotinamide adenine dinucleotide；NAD）とフラビンアデニンジヌクレオチド（flavin adenine dinucleotide；FAD）は，生体のエネルギー産生において電子伝達体として重要な役割を果たし，それぞれ電子を放出した酸化型と電子を受け取った還元型が存在する．NAD，FADの酸化・還元状態は，エネルギー代謝状態によって変化するが，NADの還元型（NADH）とFADの酸化型（FAD$^+$）は紫外線領域の光（NADH，340 nm-360 nm；FAD，430 nm-500 nm）を吸収して自家蛍光（NADH，450 nm-480 nm；FAD，520 nm-590 nm）を発する．近年，この性質を利用して蛍光による脳機能イメージングが進められている．

3. 機能的核磁気共鳴画像法（fMRI）

fMRIの計測原理の詳細については専門書を参照していただくが，fMRIによる脳賦活領域検出法として最も一般的なのがdeoxy-Hbの量で決まるコントラストを用いるBOLD-fMRIである．反磁性体であるoxy-Hbは磁場に対して影響を与えないのに対して，常磁性体であるdeoxy-Hbは小さな磁場の歪みを生じMRI信号の局所的な減衰を招く．このようにHbへの酸素結合でコントラストが変化することをOgawaらはBOLD効果と呼んだ[9]．通常，脳賦活領域では静脈血は賦活前より酸素化されているためdeoxy-Hbは減少しBOLD信号は増加する．

乳児の脳賦活領域ではdeoxy-Hbが増加し，negative BOLDが観察されることが報告されている．この時期はシナプス形成が盛んなため，エネルギーの需要に見合っただけの酸素供給がなされないためと説明されている．しかし，乳児では血管反応性が大人と異なっていてより多くの血流が供給され，その結果静脈側の血管も拡張することによってdeoxy-Hbが増加する可能性があることも考慮すべきであると考える．2.cで述べた刺激後早期のdeoxy-Hb増加は，fMRIでも観察されており，initial-dipと呼ばれている．この場合も，血流増加反応が遅れることによる一過性のdeoxy-Hb増加と，静脈側の血管拡張によるdeoxy-Hb増加とする2つの考えがある．また，光イメージングの場合と同様，initial-dipは計測条件などによって観察されない場合がある．

神経機能イメージング研究において，fMRIは，現在ポジトロンエミッショントモグラフィ（positron emission tomography；PET）に取って代わりゴールドスタンダードである．しかし，特殊な環境のもとで計測が行われることや，他の計測モダリティとの同時計測が難しいなどいくつかの問題もある．さらに，NIRS計測によって乳児以外にも脳血管障害患者や脳腫瘍患者など病的状態，さらには健康人においても脳賦活領域においてoxy-Hb，t-Hb，deoxy-Hbのすべてが増加する場合があることが確認されており，このような場合，BOLD-fMRIでは脳賦活領域を見落とす可能性があることが指摘されている．

deoxy-Hbをコントラストとする他に，MRIには水の動き（速さ）をもとにコントラストを作り出す撮像法がある．脳内における水の動きは血流による流れと自由拡散の2つに大別されるが，arterial spin labeling（ASL）法を用いるとMRIによる脳血流計測が可能で，血流変化を指標とした脳機能イメージング（ASL-fMRI）も行われている．また，生体拡散現象を画像化する方法も開発され，脳白質線維群の3次元構造を描出することが可能になり，白質構造を理解する上で有用な技術である．

4. ポジトロンエミッショントモグラフィ（PET）

PETは，寿命の短いポジトロン放出核種である^{11}C，^{18}F，^{15}Oなどによって標識されたトレーサーを生体に投与して，その脳内分布（必要に応じて血液中の放射能濃度も計測する）を計測することによって，脳血流以外に酸素・グルコース代謝を計測することができ，生理的な神経活動増加に伴う脳血流と酸素代謝の増加がアンカップリグしていることを明らかにしたのもPETによる研究である[2]．そのため，脳機能局在研究のみならず，脳循環障害や脳変性疾患などさまざまな疾患の病態解明のための臨床・研究にも用いられている．ポジトロンは，単独では不安定で消滅する際にガンマ線を180度方向に2本同時に出すが，このガンマ線をポジトロンカメラで計測して，脳循環代謝のパラメーターを算出する．脳血流計測では，水（$H_2^{15}O$），二酸化炭素（$^{11}CO_2$），脳酸素消費量計測では酸素（$^{15}O_2$），脳グルコース代謝計測用ではフルオロデオキシグルコース（^{18}F-FDG）などが代表的なトレーサーである．

定量的脳血流計測には動脈血採血が必要で手技が煩雑であるが，PETによる脳機能マッピング研究では，脳賦活部位を検出するために統計学的手法によるデータ解析法（statistical parametric map；SPM）が考案され，この方法においては脳血流の絶対値は必要なく，通常の脳機能イメージング研究では，$H_2^{15}O$の一回静注法による定量性のない計測が行われている．SPMは標準的解析法として世界中に普及し，現在はfMRI用SPMも開発され広く用いられている．

PETでは放射性物質を体内へ投与する必要があり，また，ここで用いるポジトロン核種はきわめて短寿命で，これらを製造するサイクロトロンをPET装置に隣接して設置しなくてはならないなどの問題があり，PETによる脳機能イメージング研究は近年減少傾向にある．しかし，PETでは神経伝達物質・神経修飾物質に対する受容体やそれらのトランスポータ（運搬体）の結合能を定量的に評価することができ，今後も有用な脳機能イメージング技術である．

5. 単光子放射線コンピュータ断層撮影（single photon emission computed tomography；SPECT）

SPECTもPETと同じく放射性同位元素をトレーサーとして脳血流を定性的・定量的に計測することができる．現在，脳血流SPECTに使用されるトレーサーは，拡散型トレーサーの^{133}Xeと蓄積型トレーサーの^{123}I-IMP（N-isopropyl-p-[^{123}I]iodoamphetamine），^{99m}Tc-HMPAO（^{99m}Tc hexamethyl-propylene-amine oxime），^{99m}Tc-ECD（[^{99m}Tc]-L, L-ethyl cysteinate dimer）である．トレーサーからは比較的エネルギーの低いガンマ線が放出されるため，体内におけるガンマ線の吸収・散乱の影響で空間分解能や感度，そして定量性の面でPETに劣る．また，用いられる核種の寿命はPETで用いられる核種よりはるかに長いため，短時間にくり返し計測することが難しく，神経機能イメージング研究への応用よりは，アルツハイマー病の脳循環動態など疾患を対象とした定常状態の脳血流計測が多い．しかし，蓄積型トレーサーは，初回脳循環にて一定の割合で脳組織に取り込まれ，その後しばらくは脳組織放射能が一定となる薬剤であり，てんかん発作時に蓄積型トレーサーを投与して，発作がおさまった後に撮像することで，発作時の脳血流変化を画像化し，てんかんの焦点を検出するのに役立つ．さらに，近年，SPECTによる神経伝達・受容体などのイメージングのための薬剤の開発が進められ，神経伝達系の機能やその障害解明に役立つと期待されている．

おわりに

本稿で紹介した脳機能イメージング法により，ヒト脳の機能局在に関する研究は飛躍的に進歩した．一方，これらの脳機能イメージング法のすべてが神経活動の増加は脳の酸素代謝・血流増加を伴うということが前提になっているにもかかわらず，神経-血管-代謝カップリング機構の詳細は未だ十分に明らかにはされていない．抑制性神経細胞が興奮して隣接する神経細胞を抑制した場合，その領域の電気的活動とそれに伴う血流・代謝はどのように変化するのか？　局所脳血流減少は何を意味しているのか？　神経活動に必要とされるエネルギーはどれくらいなのか？　など，不明な点は数多く存在する．今後，脳機能イメージング研究をさらに発展させるためには，神経-血管-代謝カップリング機構の解明も必要であると考える．

［星　詳子］

■文献
1) Roy CS, Sherrington CS：On the regulation of the blood-supply of the brain. J Physiol (London) 11：85-108, 1890.
2) Fox P, Raichle ME：Focal physiological uncoupling of cerebral blood flow and oxidative metabolism during somatosensory stimulation in human subjects. Proc Natl Acad Sci USA 83：1140-1144, 1986.
3) Iadecola C：Neurovascular registration in the normal brain and in Alzheimer's disease. Nat Rev Neurosci 5：347-360, 2004.
4) Jöbsis FF：Noninvasive infrared monitoring of cerebral and myocardial oxygen sufficiency and circulatory parameters. Science 198：1264-1267, 1977.
5) Delpy DT, Cope M, van der Zee P, et al：Estimation of optical pathlength through tissue from direct time of flight measurement. Phys Med Biol 33：1433-1442, 1988.
6) Hoshi Y, Kobayashi N, Tamura M：Interpretation of near-infrared spectroscopy signals：a study with a newly developed perfused rat brain model. J Appl Physiol 90：1657-1662, 2001.
7) Zhao H, Gao F, Tanikawa Y, et al：Time-resolved diffuse optical tomographic imaging for the provision of both anatomical and function about biological tissue. Appl Opt 44：1905-1916, 2005.
8) Grinvald A, Lieke E, Frostig RD, et al：Functional architecture of cortex revealed by optical imaging of intrinsic signals. Nature 324：361-364, 1986.
9) Ogawa S, Lee TM, Kay, D AR, Tank W：Brain magnetic resonance imaging with contrast dependent on blood oxygenation. Proc Natl Acad Sci USA 87：9868-9872, 1990.

5.4 ファンクショナル MRI——いわゆる BOLD 効果について

　自然界の酸素の 99 % 以上を占める同位元素は O^{16} であり，核磁気共鳴（nuclear magnetic resonance；NMR）への感受性はない．その反面，O^{16} には 2 つの unpaired electron があり，paramagnetic effect が強い．それでも，水分子の proton からの NMR 信号を利用する磁気共鳴画像（magnetic resonance imaging；MRI）への直接応用は難しい．生体内で酸素の運搬を扱っているのはヘモグロビンであるが，ヘモグロビンは，酸素の分子特性を巧みに利用した物理化学特性を持っている．その主体はヘムと呼ばれるポルフィリン誘導体であるが，その中央に配位された 2 価の鉄原子が，MRI で利用可能な NMR 特性を示す（図 1）．

　酸素が結合していないデオキシヘモグロビン（deoxyhemoglobin，脱酸素化ヘモグロビン，deoxy-Hb）では，鉄原子の持つ ferromagnetic effect が前面に出やすく，酸素と結合したオキシヘモグロビン（oxyhemoglobin，酸素化ヘモグロビン，oxy-Hb）では，酸素原子の paramagnetic effect と相殺して，鉄原子の ferromagnetic effect が現れ難くなる．MRI においては，ferromagnetic effect は強い paramagnetic effect と等価と考えられ，したがって，「deoxy-Hb が oxy-Hb より強い磁化率効果（magnetic susceptibility effect）を呈する」と，表現される．これが，ファンクショナル MRI（functional MRI；fMRI）で利用される特性である．

　deoxy-Hb がより強い磁化率効果を示すことの最初の記載は，1936 年 Pauling と Coryell によってなされ[1]．その特性を，水分子の示す NMR 信号の T_2^*（tee two star）の変化として捉えることが可能であることは，1982 年，Thulborn らによって示されている[2]．1990 年，Ogawa らは，ラット脳の血管像の解析から，この T_2^* による画像変化を blood oxygenation level dependent（BOLD）と名付けた[3]．

　1961 年，Sokoloff は網膜の刺激に伴う大脳皮質視覚野のニューロン活動を，脳の血流変化を指標として特異的に画像化することに成功する．これが，世界で最初の「機能画像（functional imaging）」となった[4]．ここから，ニューロンの活動をそれに伴う代謝変化で画像化する，脳賦活試験（brain activation study）の概念が確立されることとなる．コンピュータの劇的な進歩に伴い 1970 年代に起こった非侵襲性画像法の飛躍的進歩は，Sokoloff の開発した血流変化による機能画像を，ヒトを直接対象としても実践可能となる状況を提供した．その結

Oxy-Hb　　　　**Deoxy-Hb**　　　　**Gd-Contrast**

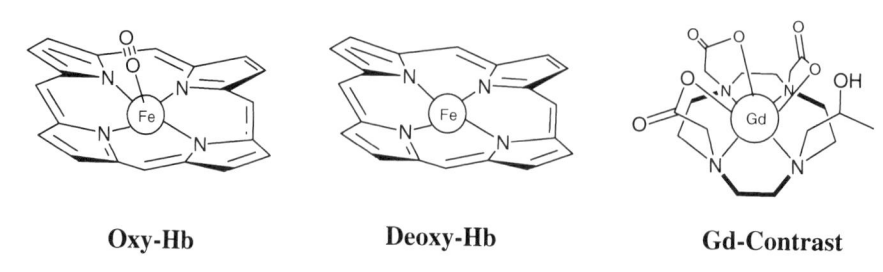

図 1　オキシヘモグロビン（oxy-Hb），デオキシヘモグロビン（deoxy-Hb），および MRI 用造影剤（Gd-Contrast）の模式図

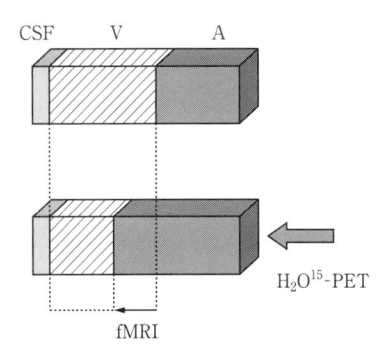

図2 Munro-Kellie Doctrine
脳におけるそれぞれのcomponentが占める割合を決定する原則．頭蓋容量が変化しない成人では，動脈血（A），静脈血（V），脳脊髄液（CSF）との容量の合計は一定にならなければならない．血流の上昇は動脈血の上昇となり，それに対応して，静脈血か脳脊髄液のどちらかが減少しなければならないが，特殊な場合を除いて，局部の脳脊髄液が移動することは難しい．したがって，静脈血の減少が起こる．H_2O^{15}-PETが血流そのものを定量的に測定する賦活法であるのに対し，fMRIは相対的に起こる静脈血の減少を磁化率効果を介して定性的に捉える賦活法である．

果，それぞれの画像法に対応して，脳血流を用いた脳賦活法が確立されることとなる．最初に一世を風靡したものがO^{15}でラベルされた水を用いた陽電子断層（H_2O^{15} positron emission tomography；H_2O^{15}-PET）であった[5]．

H_2O^{15}-PETのMRI版としてgadolinium製剤（図1）の磁化率効果を利用した技法が登場し，ここから，fMRIという名称が生まれた[6]．間もなく，MRI信号が何もしなくても賦活による信号変化を内在することが理解され，統計処理のみで賦活を捉える試みがなされた．初期には，このdeoxy-Hbの磁化率効果を用いた方法論は，神経活動に伴う酸素消費量を反映すると期待された．ここからoriginalのfMRIとの対比からBOLD-fMRIと呼ばれた．現在では，MRIを用いた賦活試験は血中の酸素消費率とは無関係で，Munro-Kellie Doctrineに従った，血流の上昇に伴って必然的に起こる静脈血の減少を捉える方法論であり，H_2O^{15}-PETと等価の脳賦活試験であることが理解されている[7]．したがって，その技法は，単に，fMRIと呼ばれるようになった（図2）．それでも，BOLDという言葉自体は，voxel内の静脈血の相対量によって変化するT_2^*変化を示す一般用語として多用されている．

〔中田　力〕

■文献

1) Pauling L, Coryell CD : The magnetic properties and structure of hemoglobin, oxyhemoglobin, and carbonmonoxyhemoglobin. Porc Natl Acad Sci USA 22 : 210-216, 1936.
2) Thulborn KR, Waterton JC, Matthews PM, Radda GK : Oxygenation dependence of the transverse relaxation time of water protons in whole blood at high field. Biochim Biophys Acta 714 : 265-270, 1982.
3) Ogawa S, Lee TM, Nayak AS, Glynn P : Oxygenation-sensitive contrast in magnetic resonance image of rodent brain at high magnetic fields. Magn Reson Med 14 : 68-78, 1990.
4) Sokoloff L : Local cerebral circulation at rest and during altered cerebral activity induced by anesthesia or visual stimulation. In Kety SS, Elkes J (eds) : The Regional Chemistry, Physiology and Pharmacology of the Nervous System. pp 107-117, Pergamon Press, Oxford, 1961.
5) Fox PT, Mintun MA, Raichle M, Herscovitch P : A noninvasive approach to quantitative functional brain mapping with H2(15)O and positron emission tomography. J Cereb Blood Flow Metab 4 : 329-333, 1984.
6) Belliveau JW, Rosen BR, Kantor HL, et al : Functional cerebral imaging by susceptibility-contrast NMR. Magn Reson Med 14 : 538-546, 1990.
7) Sokoloff L : A historical review of developments in the field of cerebral blood flow and metabolism. In Fukuuchi Y, Tomita M, Koto A (eds) : Keio University International Symposium for Life Sciences and Medicine, Volume 6, Ischemic Blood Flow in the Brain. pp 3-10, Springer-Verlag, Tokyo, 2001.

5.5 光による未熟児・新生児の脳内酸素代謝計測

1. 出生後の酸素代謝の適応

　胎生期の低い酸素分圧は Mt. Everest in utero と称され，この低酸素状態から，第一呼吸により肺胞内に空気の泡が形成され，その中に存在する酸素が拡散により血管内に移行し，全身の酸素化が惹起される．第一呼吸の開始要因の1つに炭酸ガス分圧の上昇による呼吸中枢の化学受容体の興奮が考えられ，出生後は炭酸ガスに対するセットポイントは一定であるのに対して，酸素分圧のセットポイントは胎児期の低いセットポイントから出生後の高いセットポイントに移行する．新生仔羊の実験において生後5日から10日にかけて頸動脈小体の末梢化学受容器がリセットされることが報告されている．急激な酸素分圧の変化へは，出生後の循環，酸素代謝，エネルギー代謝の変動により適応し，その適応は胎児の成熟度により異なると考えられる．とくに中枢神経系での変化としては，羊胎仔の脳組織での単位重量，単位時間当たりの酸素代謝量は妊娠満期では中期と比較し約4倍上昇し，ヒト新生児でも PET (positron emission tomography) を用いて生後の急激な変化が報告されている．

2. 新生児期での酸素代謝の適応障害に関する問題

　早産児は正期産児と比較しその適応能力が未熟であり，酸素投与量や酸素療法の適応が質的に異なると考えられる．このため早産児における過剰な酸素投与が成因となる，活性酸素の毒性が要因と考えられる慢性肺疾患や未熟児網膜症，壊死性腸炎などの病態を回避し，かつ神経学的予後を改善することを目的に，ベッドサイドで脳血流量や脳酸素代謝量を測定し適切な酸素投与量を設定することは，新生児医療で重要な課題である．また正期産児における低酸素性虚血性脳症などの脳血流量や脳酸素代謝量の病態別の特徴を見出し，虚血再還流後の活性酸素などによる組織障害を回避し，低体温療法などの治療指標を設定することも重要課題である．

3. 新生児における脳酸素代謝評価の方法

　新生児の脳酸素代謝量や脳血流量の測定については，さまざまな方法の報告がなされている．しかし，実際的な臨床的問題として，SPECT (single photon emission computed tomography) や PET を利用した方法は，放射性同位元素を使用するため新生児集中治療室内での測定が困難であり，生後早期からの生理的発達的変化や病的新生児の特徴を把握することは困難であった．このため，生体透過性の強い近赤外光 (700-900 nm) を利用した脳循環，脳内酸素化状態の測定方法として，near-infrared spectroscopy (NIRS) が開発され，さまざまな臨床応用がなされている．新生児頭部は成人と比較し小さく光が通過しやすく，頭皮，頭蓋骨，髄液などの層構造の測定値に与える影響が少ない．その光測定に関する長所を生かした応用は，将来の脳を中心とした新生児管理に大きく貢献できると考えられる．とくに，光測定を利用した病的新生児への酸素投与や脳循環管理基準作りに期待が持たれる．近年，脳血流量，脳血液量，脳内 Hb 酸素飽和度の測定が臨床応用されているため，その歴史的背景や特徴

表1 新生児の脳血流量（CBF）測定の報告例

測定方法	在胎週数	測定症例数	測定日齢	平均CBF値（範囲）(ml/100 g/min)	報告者
Plethysmography	正期産児	16	2-8	40 (22-59)	Cross et al (1979)
^{133}Xe (IA)	29-39	19	0	30 (12-64)	Lou et al (1979)
^{133}Xe (Inh)	26-32	15	0-1	38 (12-70)	Ment et al (1981)
^{133}Xe (IV)	29-34	15	>3	42	Youkin et al (1982)
^{133}Xe (IV)	28-33	42	0-5	16 (6-37)	Greisen (1986)
NIRS (HbO$_2$)	25-44	9	1-10	18 (12-33)	Edwards et al (1988)
PET	26-36	16	6-39	12 (5-23)	Altman et al (1988)
	正期産児	14	2-39	30 (9-73)	
NIRS (HbO$_2$)	24-34	30	0	13 (5-33)	Tyszczuk et al (1998)
NIRS (ICG)	24-38	15	0-79	16 (10-21)	Kusaka et al (2001)

IA, intraarterial；IV, intravenous；Inh, inhalation；PET, positron emission tomography；NIRS, near-infrared spectroscopy, NIRT, near-infrared topography；HbO$_2$, oxyhemoglobin as a tracer；ICG, indocyanine green as a tracer. （文献2より改変）

を，従来の方法も一部含め概説する．

4．新生児の脳血流量について

表1にこれまでの新生児を対象とした，さまざまな脳血流量の測定結果をまとめる．これらの方法は，Kety-Schmidt法, plethysmography法，^{133}Xe-clearance法，PETやNIRSを利用し，Fick's principleを用いた方法である．新生児における最初の定量的な脳血流量測定は，1945年にnitrous oxideをトレーサーにしたKety-Schmidt法であり，その後にGarfunkelら（1954）が，血管内カテーテルを留置して3例の脳障害児を測定した結果は15～23 ml/100 g/minであった．より最近の，正期産児の重症な新生児仮死の測定報告では，とくに予後不良児で脳血流量が増加していることが見出された（Frewen, 1991）．しかしこれらの測定方法の困難さにより，早産児への応用は困難であると考えられていたが，Crossら（1979）が頸静脈を圧迫して脳血液量の変化を惹起し，plethysmographyを用いて頭囲の変化を測定して脳血流量を測定する方法を報告し，Milligan（1980）が早産児においては脳血流量の自動調節能の破綻が，脳室内出血の原因であることを報告した．この後に^{133}Xe-clearance法は動脈，静脈内投与，吸入によるさまざまな測定報告がなされ，とくにGreisenら（1986）は早産児は正期産児より脳血流量が低値であることを報告している．また，PETによる脳血流量の測定では，脳内出血の存在する新生児では出血部位から離れた部分でも著しい脳血流量の低下を認めることや（Volpeら，1983），脳機能の発達に伴う脳血流量の増加が報告されている（Altmanら，1988）．

NIRSを応用した非侵襲的な脳血流量の測定方法は，酸素化HbをトレーサーにしたEdwardsら（1988, 1993）の報告が最初である．この測定法は吸入酸素濃度を上昇させ，急激な動脈血酸素濃度の上昇を惹起させ，それに伴う動脈血Hb酸素飽和度をパルスオキシメーターで測定すると同時に，NIRSを用いて脳内の酸素化Hbの上昇を測定し，Fick's principleを用いて，脳血流量を算出する方法である．この方法には仮定が必要であり，1）測定中は脳血液量や酸素消費量は一定である．2）測定時間は増加した酸素化Hbが静脈相に認められるまでの間である．3）吸入酸素濃度が100％の症例では測定ができない．この方法の妥当性は，^{133}Xe-clearance法との比較により検討され，その有用性が報告されている（Skovら，1991；Bucherら，1993）．さらに酸素化Hbの

代わりに，肝機能検査に使用される indocyanine green（ICG）を用いた脳血流の測定例が報告されている（Colacino ら，1981；Ferrari ら，1989）．ICG は近赤外部に強い光吸収する物質であり，血管内に投与後に速やかに肝臓へ取り込まれ，その増加減少を近赤外光を用いて生体測定することが容易である．定量的測定として Robertson ら（1993）は，本測定法を新生児の開胸手術中に応用し，血管内と脳での ICG 濃度変化を同時測定して脳血流量を評価した報告を行い，さらに ICG と酸素化 Hb をトレーサーにした測定結果が良好な相関性を持つことを報告している（Patel ら，1998）．ICG を用いる方法は，動脈血酸素含量の変化を惹起せずに測定できる点が利点である．また Kusaka ら（2001）は，動脈血内の ICG 濃度をパルスオキシメーターの原理を応用した pulse densitometry を利用し，同時に脳内 ICG 濃度を NIR topograpy を利用して測定して，局所的脳血流量を測定し，その局所的分布の相違を報告した．またこの測定法は左心拍出量も同時計測が可能であり，新生児において左心拍出量と脳血流量に正の相関が認められることを報告した．

新生児の脳血流量の基準値に関しては，超音波での脳障害を検出されない6名の新生児では 17 ± 2 ml/100 g/min（平均 ± 標準偏差）(Edwards ら，1988），26 名の早産児では 13±6 ml/100 g/min（Tyszczuk ら，1998），13 例の正常発達を示した新生児では 17±13 ml/100 g/min であった．その局所的分布の相違は，前頭葉が後頭葉より高値である（Børch ら，1998）という報告がなされている．また MRI を使用した測定では，早産児で出生予定日に測定した場合と正期産児で生後すぐに測定した場合では，それぞれの大脳基底核は 39 と 30 ml/100 g/min，灰白質は 19 と 16 ml/100 g/min，白質は 15 と 10 ml/100 g/min であり，その局所的差異と，生後の発達的変化が示されている（Miranada ら，2006）．

5. 新生児の脳血液量について

これまでに NIRS を用いた脳血液量の測定に関する報告としては，Brazy ら（1985）が新生児仮死児での報告をしたが，脳血液量の変化だけで，定量的測定はなされていなかった．その後，酸素化 Hb や ICG をトレーサーにして変化させ測定する方法が報告された（Wyatt ら，1990；Brun ら，1994；Leung ら，2004）．酸素化 Hb 濃度の増加を惹起させることを目的に，吸入酸素濃度を増加させて動脈血の測定した報告では脳血液量は 2.3-3.0 ml/100 g であり，P_{CO_2} を変化させ測定した報告では 3.7 ml/100 g であった．また ICG を用いて早産児を対象とした測定では，1.7±0.8 ml/100 g であった．また近赤外光時間分解測定を用いた Ijichi らの報告（2005）では，新生児の正常値は 2.3±0.6 ml/100 g であり，その値は生後の修正在胎週数が進むほど高値であることが報告されている．これら新生児の値は，成人での SPECT で測定した 4.8±0.4 ml/100 g（Sakai ら，1985），PET で測定した 4.7±1.1 ml/100 g（Powers ら，1985）より低値であり，成長とともに脳血液量が増加することが示されている．

6. 脳内 Hb 酸素飽和度について

従来まで Hb 酸素飽和度は，動脈血または静脈血の限られた血管内に存在する血液の Hb の酸素飽和度が使用されてきたが，NIRS の測定が応用され，頭部を均一な組織と仮定した脳内 Hb 酸素飽和度という概念が提唱されている．この方法は，脳全体の動脈，細動脈，毛細血管，静脈を含む血管内の Hb の酸素飽和度を混合して算出する方法で，酸素を供給する動脈血 Hb 酸素飽和度，脳酸素消費を反映する静脈血

表2 NIRSを利用した新生児を対象とした脳内Hb酸素飽和度（ScO_2）の報告例

方法	症例数	測定週数	平均ScO_2値（%）	測定症例	報告者
FSS*	1		63		Cooper et al（1996）
FSS	15	38±2	68	正期産児	Kusaka et al（1998）
FSS	7	36-41	69		Isobe et al（2000）
FSS	26	37-41	66	自然分娩児	Isobe et al（2002）
			57	帝王切開出生時	
CW	40	＜32	67	早産児	Dani et al（2000）
FD	20	（0ヵ月-6歳）	53	先天性心疾患児	Watzman et al（2000）
SRS	15	＜31	66	早産児	Naulaers et al（2002）
TRS	22	30-42	70		Ijichi et al（2005）

FSS, full-spectral spectroscopy；*, water reference method；CW, continuous wave spectroscopy；FD, frequency domain spectroscopy；SRS, spatially-resolved spectroscopy；TRS, time-resolved spectroscopy.（文献5より改変）

Hb酸素飽和度，および動脈と静脈の解剖学的存在比率が決定因子となる．

これまでの新生児における，脳内Hb酸素飽和度のNIRSによる測定結果を表2に示す．Ijichiらの報告（2005）では，新生児の基準値は70.0±4.6％であり，この結果は他の報告と類似している．さらに動脈血Hb酸素飽和度は修正在胎週数が異なっても相違ないにもかかわらず，脳内Hb酸素飽和度は修正在胎週数が大きくなるほど低値であった．この理由として，早産児は正期産児と比較し脳内酸素消費量が低値であるため静脈血Hb酸素飽和度が高値であること，動脈に対する静脈の存在比率が在胎週数が大きくなるほど減少するためと考えられる．また新生児仮死児で予後を検討した結果，生後24時間以降に脳内Hb酸素飽和度が高値を示した症例では予後が不良であることが報告されており，遅発性エネルギー障害症例における脳酸素消費の減少を示していると考えられる．

［日下　隆］

■文献
1) 大西鐘壽，伊藤　進，磯部健一ほか：酸素代謝の適応生理．小児科 41：2265-2289, 2000.
2) Kusaka T, Isobe K, Nagano K, et al：Estimation of regional cerebral blood flow distribution in infants by near-infrared topography using indocyanine green. NeuroImage 13：944-952, 2001.
3) Kusaka T, Okubo K, Nagano K, et al：Cerebral distribution of cardiac output in infants. Arch Dis Child Fetal Neonatal Ed 90：F77-F78, 2005.
4) Ijichi S, Kusaka T, Isobe K, et al：Quantification of cerebral hemoglobin as a function of oxygenation using near-infrared time-resolved spectroscopy in a piglet model of hypoxia. J Biomed Opt 10：24026, 2005.
5) Ijichi S, Kusaka T, Isobe K, et al：Developmental changes of optical properties in neonates determined by near-infrared time-resolved spectroscopy. Pediatr Res 58：568-573, 2005.

5.6 高圧酸素治療

高圧酸素治療（hyperbaric oxygen therapy；HBO）は人工的に作られた高い圧力環境下（大気圧環境の2倍または3倍の圧力）に収容した患者に高濃度酸素を吸入させ、動脈血中の溶解型酸素量を増量させ、各種の原因で生じた低酸素症（酸素欠乏状態）を改善するとともに、酸素の薬理化学的作用を利用して、生体に生じた病態を改善しようとする治療法である。

1. 大気圧環境での血液中の酸素量[1]

血液中の酸素は、赤血球中のヘモグロビンと化学的な親和力で結合する酸素（結合型酸素）と、血清や血球類の細胞液などの血液の液体成分中に直接溶解した酸素（溶解型酸素）として存在し、血液100 ml中の酸素含有量は次式で求めることができる。

動脈血酸素含有量[ml/dl]＝
結合型酸素量[ml/dl]＋溶解型酸素量[ml/dl]
＝ヘモグロビン酸素容量[ml/g]×ヘモグロビン量[g/dl]×動脈血酸素飽和度＋血液酸素溶解度[ml/Torr/dl]×動脈血酸素分圧[Torr]

結合型酸素量は血液中のヘモグロビン量とヘモグロビンの酸素飽和度によって規定される。一方の溶解型酸素量は動脈血酸素分圧によって規定される。

上記の因子のうちヘモグロビン酸素容量は、1モルのヘモグロビンを飽和する酸素の体積である。つまり、ヘモグロビンの分子量は64,458で、ヘモグロビン1モルは酸素の4モルと結合する。そのため1gのヘモグロビン酸素容量は

ヘモグロビン酸素容量[ml/g]＝
22.4[l]×4[mol]÷64,458[g]
＝89,600[ml]÷64,458[g]＝1.39[ml]

となり、1gのヘモグロビンは1.39 mlの酸素と結合することがわかる。また、血液酸素溶解度（溶解係数）は37℃での酸素の水に対する0.0031[ml/Torr/dl]である。

これらから動脈血酸素含有量は

動脈血酸素含有量[ml/dl]
＝1.39[ml/g]×血液ヘモグロビン量[g/dl]
×動脈血酸素飽和度＋0.0031[ml/Torr/dl]
×動脈血酸素分圧[Torr]

となる。成人健常人の大気圧環境下で空気吸入時の結合型酸素量は

1.39[ml/g]×15[g/dl]×0.98≒20.43[ml/dl]

である。また、溶解型酸素量は肺胞気酸素分圧（P_{AO_2}）が100[Torr]であるため

0.0031[ml/Torr/dl]×100[Torr]
＝0.31[ml/dl]

である。これらから動脈血中の酸素含有量は約20.74[ml/dl]存在することになる。

2. 生体の酸素需要量

大気圧下で空気吸入時に成人健常人が消費する酸素量（安静時）は、供給側の動脈血酸素含有量と混合静脈血酸素含有量との差（動静脈血酸素較差）である。混合静脈血の酸素飽和度75[％]、酸素分圧40[Torr]とすると、静脈血酸素含有量は

1.39[ml/g]×15[g/dl]×0.75
＋0.0031[ml/Torr/dl]×40[Torr]
≒15.76[ml/dl]

である。動静脈血酸素較差は

動脈血酸素含有量 − 静脈血酸素含有量
＝20.74[ml/dl]−15.76[ml/dl]
＝4.98[ml/dl]

になる．つまりこの値は，生体が安静時に正常な生体機能を営むうえで欠かすことのできない酸素量（酸素需要量）ということになる．

3. 低圧酸素療法の限界

前述のように血液中の酸素は結合型酸素と溶解型酸素の状態で存在する．前者の結合型酸素量に期待するものを低圧酸素治療（通常行われている酸素治療）といい，後者の溶解型酸素量に期待するものが高圧酸素治療である．血液中のヘモグロビン量には一定の限界があり，ヘモグロビンと結合できる酸素の最大量や動脈血酸素飽和度にも一定の限界がある．すなわち通常行われている低圧酸素療法は結合型酸素量に限界があるために，動脈血酸素含有量の増加には限界があるということになる．つまり，成人健常人が大気圧環境（1気圧）下で純酸素を吸入した場合の結合型酸素量は，空気吸入時と同じ$20.43 [ml/dl]$であるが，溶解型酸素量は肺胞気酸素分圧（大気圧から体温37℃の時の飽和水蒸気分圧の$47 [Torr]$と二酸化炭素分圧$40 [Torr]$を減じた値）に規定されるため，

$0.0031 [ml/Torr/dl] \times \{760-(47+40)\}$
$[Torr] \fallingdotseq 2.09 [ml/dl]$

※肺胞気酸素分圧＝$760 [Torr]$
　－（飽和水蒸気分圧＋二酸化炭素分圧）

の増加になる．しかし大気圧環境下での酸素吸入では，これ以上の溶解型酸素量を得ることはできないため，低圧酸素療法による血液中酸素含有量の増加には限界がある．

4. 高気圧酸素治療と血液中の酸素量

低圧酸素療法による血液中酸素含有量の増加には限界がある．これに対して一定の温度（体温）下であれば，溶解型酸素量はヘンリーの法則（一定量の液体に溶解する気体の量はその気体の分圧に比例する）に従うため，大気圧下空

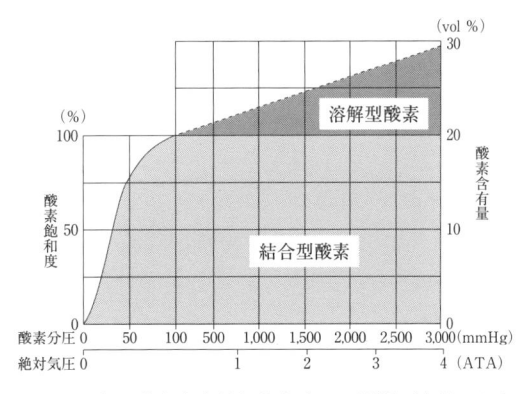

図1 血液の酸素含有量と酸素分圧の関係（文献1より一部改変）

気呼吸時には微量しか存在しない溶解型酸素でも，人工的に作られた高い気圧環境下で酸素を吸入させることで，血液中に溶解型酸素を増加させることができる（図1）．

溶解型酸素量は肺胞気酸素分圧に比例することになるため，高気圧環境下で純酸素を吸入した場合には，ボイルの法則に従って環境気圧の上昇によってすべての気体は圧縮され分圧が上昇することになる．

a. 2絶対気圧の場合の酸素含有量

2絶対気圧（atmosphere absolute；ATA）下で純酸素の吸入を行った場合の肺胞気酸素分圧は

$760 [Torr] \times 2 [ATA] - (47+40)$
$= 1,433 [Torr]$

となる．この時ヘモグロビンが完全に飽和されているとしたならば，結合型酸素量は

$1.39 [ml/g] \times 15 [g/dl] \times 1 = 20.85 [ml/dl]$

一方の溶解型酸素量は

$0.0031 [ml/Torr/dl] \times 1,433 [Torr]$
$\fallingdotseq 4.44 [ml/dl]$

となる．すなわち2絶対気圧で高圧酸素治療を行った場合

$20.85 [ml/dl] + 4.44 [ml/dl] = 25.29 [ml/dl]$

の酸素が動脈血中に存在することになる．

b. 3絶対気圧の場合の酸素含有量

3絶対気圧下で純酸素の吸入を行った場合の肺胞気酸素分圧は

$$760[\text{Torr}] \times 3[\text{ATA}] - (47+40)$$
$$= 2,193[\text{Torr}]$$

となる.この時も2ATA時と同様にヘモグロビンが完全に飽和されているとしたならば,結合型酸素量は

$$1.39[\text{m}l/\text{g}] \times 15[\text{g}/\text{d}l] \times 1 = 20.85[\text{m}l/\text{d}l]$$

一方の溶解型酸素量は

$$0.0031[\text{m}l/\text{Torr}/\text{d}l] \times 2,193[\text{Torr}]$$
$$\fallingdotseq 6.80[\text{m}l/\text{d}l]$$

となる.すなわち2絶対気圧で高圧酸素治療を行った場合

$$20.85[\text{m}l/\text{d}l] + 6.80[\text{m}l/\text{d}l] = 27.65[\text{m}l/\text{d}l]$$

の酸素が動脈血中に存在することになる.つまり3絶対気圧下で純酸素を吸入した場合は生体が安静時の酸素需要量を十分補給することが可能である.

5. 高圧酸素治療の奏効機序と適応基準

a. 奏効機序からの分類[2]

高圧酸素治療は奏効機序からボイルの法則に従った物理的効果,高酸素分圧・高酸素含有量の動脈血による効果,酸素の毒性による効果の3群に分類される.それぞれの適応は次の通りである.

(1) 溶解型酸素の増加と上昇した環境圧力の物理的作用の相乗効果に期待するもの: 空気塞栓症,腸閉塞症(イレウス),減圧症(酸素再圧の場合)など.

(2) 増加した溶解型酸素による低酸素性障害の改善効果を主とするもの: 急性一酸化炭素中毒,急性または慢性の末梢血行障害,網膜動脈閉塞症など.

(3) 増加した溶解型酸素が及ぼす毒性の効果を期待するもの: ガス壊疽,放射線治療または抗癌剤治療と併用される悪性腫瘍の治療など.

減圧症の場合は再圧治療(空気再圧)が行われる.この奏効機序は,上昇する環境圧力の物理的な効果だけに治療効果を期待するものである.

なお,高圧酸素治療の作用から見た病態への効果は図2のようになる[3].

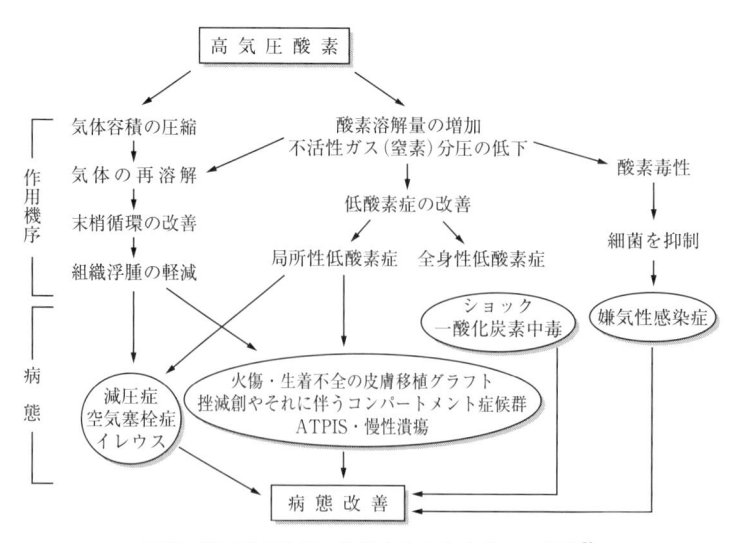

図2 高圧酸素治療の作用から見た病態への効果[3]

表1 高気圧酸素治療の適応疾患（2002年）

救急的適応疾患	非救急的適応疾患
1. 急性一酸化炭素中毒および間欠型一酸化炭素中毒ならびにこれに準ずるガス中毒 2. 重症感染症（ガス壊疽等） 3. 急性脳浮腫（重症頭部外傷，開頭術後もしくは急性脳血管障害を原因とし，他覚的に脳浮腫を認めたもの） 4. 急性脊髄障害（急性脊髄外傷，脊椎または脊髄術後もしくは急性脊髄血管障害を原因とし，他覚的に急性脊髄性麻痺を認めたもの） 5. 急性動脈・静脈血行障害 6. 急性心筋梗塞 7. 重症外傷性挫滅創，コンパートメント症候群，重症外傷性循環障害 8. 重症空気塞栓症 9. 腸閉塞（急性麻痺性および癒着性腸閉塞） 10. 重症熱傷および重症凍傷（Burn Index 15以上の熱傷ならびにこれに準ずる凍傷） 11. 網膜動脈閉塞症（網膜中心動脈およびその分枝閉塞を確認したもの） 12. 重症の低酸素性脳機能障害	1. 遷延性一酸化炭素中毒 2. 難治性潰瘍ならびに浮腫を伴う末梢循環障害 3. 皮膚移植後の虚血皮弁 4. 突発性難聴 5. 慢性難治性骨髄炎 6. 放射線性潰瘍 7. 重症頭部外傷または開頭術もしくは脊椎・脊髄手術後あるいは脳血管障害後の運動麻痺および知覚麻痺 8. 難治性髄膜・神経疾患 9. 放射線治療または抗癌剤治療と併用される悪性腫瘍 10. 熱傷および凍傷

b. 適応基準[4]

日本高気圧環境医学会（現；日本高気圧環境・潜水医学会）での適応疾患は表1のように救急的適応疾患と非救急的適応疾患に分類されている．

表2 装置の種類と概要

	第1種装置	第2種装置
治療人数	1名	多人数
空気加圧	可	可
酸素加圧	可	不可
治療室	1	2以上

6. 高圧酸素治療装置の種類と特徴

高圧酸素治療は一般に行われている低圧酸素療法と異なり，高気圧環境下で行われるために，高気圧環境を作り出すための特殊な治療装置が必要になる．高気圧酸素治療に用いられる装置には次の2種類がある．それぞれの特徴は表2の通りである．なお，装置についてはJIS T 7321「高気圧酸素治療装置」で規定されている．

a. 第1種装置（1人用装置）

患者1名のみを小型のタンクに収容し，高圧の酸素を供給して加圧と吸入の両方を行わせるタンクと，加圧は圧縮空気で行い酸素はマスクで吸入させるタンクがある（図3）．

b. 第2種装置（多人数装置）

複数の患者とともに医療従事者もタンク内に収容することができる大型のタンクである．一般に内部（装置の胴部）を2分割して，主室（治療室）と副室に区分して，主室の加圧中に副室を介して主室に出入りできる構造になっている．加圧は圧縮空気で行い，治療圧中に酸素をマスクにより吸入させる（図4）．

7. 高圧酸素治療装置の操作

また，治療プログラムは加圧，保圧，減圧の

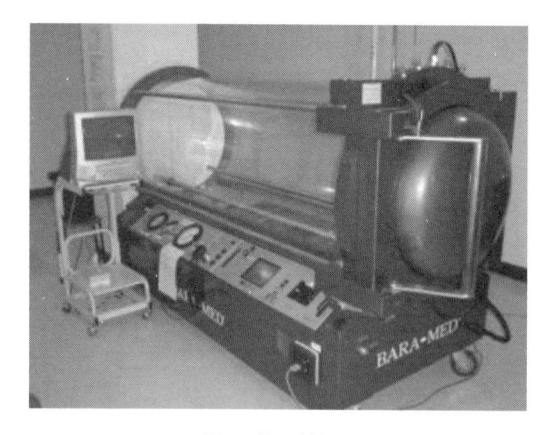

図3　第1種装置

図4　第2種装置

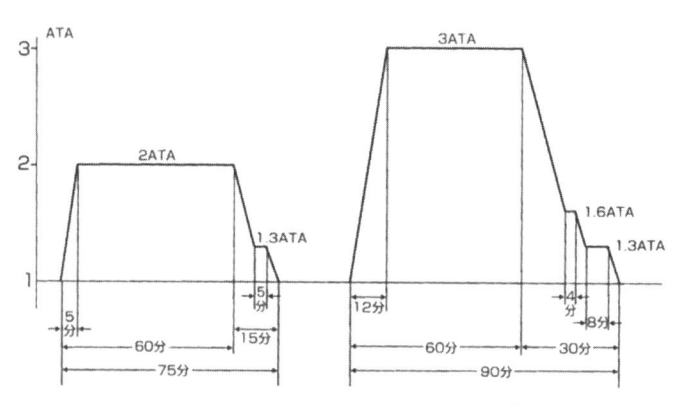

図5　標準的な治療プログラム（1例）[2]

3つの過程からなる．図5は，本邦で広く用いられている標準的な治療プログラムである．なお，治療効果は最高圧力下に得られる．

加圧および減圧は毎分 $0.8\,\mathrm{kgf/cm^2}$ 以下の速度で行う．過剰な酸素は生体に有害であるから，治療圧および治療時間については，必要に応じて最低の治療圧力値，および治療時間を最短にする必要がある．

8. 高圧酸素治療の安全管理

高圧酸素治療による副作用や操作中の注意点は以下の通りであり，治療の安全確保に努めなければならない．

a. 高圧酸素治療による副作用

1) 圧力外傷

（a）外耳道と中耳腔間の圧力差によるもの（耳管狭窄や閉塞）：耳痛，中耳炎，鼓膜穿孔．

（b）鼻腔と副鼻腔との交通障害によるもの：前額痛，鼻出血．

（c）その他：肺胞破裂による空気塞栓症，自然気胸，歯痛など．

2) 酸素中毒

肺酸素中毒（Lorraine Smith 効果）および中枢神経系酸素中毒（Paul Bert 効果）などがよく知られている．

b. 高圧酸素治療中の注意点

高圧酸素治療を行う際に注意しなければならない点として，次のようなものがある．

1) タンク内での火災事故を予防する．高圧下でひとたび火災事故が発生すると，それは必ず絶望的な惨事となるため，とくに注意しなければならない．

(a) タンク内には，発火源（マッチ，ライタ，使い捨てカイロなど）となるものを持ち込まない．

(b) タンク内には電気火花を発生する恐れのある電気器具，機器などを持ち込まない．

(c) タンク内では易燃性ガスを使用しない．

(d) タンク内で治療に従事する職員や患者の衣類には，静電気発生の要因となるものを使用しない．

2) 減圧症の発生を予防する．減圧が早すぎると体腔内に気泡を生じ減圧症を起こすため，毎分 $0.8\,\mathrm{kgf/cm^2}$ 以下の速度で加圧および減圧を行う（図5）．

3) 耳抜き訓練を行うこと．耳抜き訓練を行って，加圧や減圧途中で中耳の圧と外圧を平衡させ，鼓膜破裂や聴覚障害を起こさないようにする．意識不明などで耳抜き訓練が行えない場合は，あらかじめ鼓膜穿刺をしておく．

4) 患者とのコンタクトをよくする．閉鎖されたタンク内に患者は入るため，治療開始前に治療法について十分説明して納得させ，不安を抱かせないように努める．無加圧下でタンクに入る練習をするのも一法である．治療中は，インターホンなどの通話装置により，患者の訴えを聞いたり，指示を与えたりして，常に患者とのコンタクトをよくするようにしなければならない．

5) 予備のボンベを準備する．停電や，その他の非常時に備えて，圧縮空気および酸素の予備ボンベを必ず準備すると同時に，治療開始前には予備ボンベの内容量を点検しなければならない．

［廣瀬　稔］

■文献
1) 榊原欣作：高気圧酸素治療の生理学的基礎．医工学治療機器マニュアル3 呼吸補助，pp89-96，金原出版，東京，1992．
2) 高橋英世：高気圧治療．臨床工学技士標準テキスト，pp336-345，金原出版，東京，2003．
3) 恩田昌彦：高気圧酸素治療の適応概論．高気圧酸素治療法入門（第3版），pp63-68，日本高気圧環境医学会，2002．
4) 鎌田　桂：高気圧酸素治療の適応疾患（1）．高気圧酸素治療法入門（第3版），pp105-115，日本高気圧環境医学会，2002．

5.7 在宅酸素療法

　在宅酸素療法とは，患者が住み慣れた環境（自宅）で酸素療法を行うことで，趣味や生活習慣を続けながら社会活動も継続し生活の質（QOL）を高めるものである．在宅酸素療法は患者の生命予後を延長するだけでなく，肺高血圧症の進行の予防，体動に伴う呼吸困難の軽減，さらに慢性心不全患者の一部にみられる中枢型呼吸障害に伴う低酸素血症を改善し，心不全の悪化を防止する．

　最近は医療技術の進歩による酸素供給装置の小型軽量化，省電力化だけでなく，医療環境も整備され，さまざまな患者支援が実施されている．

1. わが国における在宅酸素療法の歴史

　在宅酸素療法の歴史を振り返るにあたって，1975年（昭和50年）に呼吸不全の定義が，1981年（昭和56年）には呼吸不全の基準が発表された意義は大きい（表1）．この基準をもとに1984年（昭和59年）に日本胸部疾患学会（現在の日本呼吸器学会）肺生理専門委員会（委員長：横山哲朗）が在宅酸素療法適応基準を発表した．その基準をみると，酸素療法を在宅で行うことに対し，当時いかに慎重であったかがうかがえる．この基準をもとに，翌年4月に在宅酸素療法が初めて健康保険の適用となった．

　しかし，当時の基準では，在宅酸素療法の絶対適応が Pa_{O_2} 50 Torr以下と諸外国の基準にくらべて厳しかったこともあり，4年後の1988年（昭和63年）に同学会肺生理専門委員会（委員長：川上義和）が適応基準を改訂した（表2）．この改訂で，絶対適応基準である安静時 Pa_{O_2} が50 Torr以下から55 Torr以下へ緩和され，相対的適応基準である Pa_{O_2} が55 Torr以上60 Torr以下の場合についても従来は肺性心の合併のみであったが，肺高血圧症の合併や，睡眠中あるいは運動時の長時間にわたる Pa_{O_2} が55 Torr以下の低下にも適応が広げられた．同時に基準の表記もより簡素化された．その後改訂はされていない．この学会基準の改訂にあわせて，その翌年（1989年（昭和64年））に健康保険適用基準も改訂された．そのとき，なぜか，従来記載されていた「肺性心

表1　呼吸不全の定義と基準

●定　義
　呼吸不全とは，呼吸機能障害のため動脈血ガス（特に O_2 と CO_2）が異常値を示し，そのために正常な機能を営むことができない状態である．

（1975年日本内科学会シンポジウム「慢性呼吸不全」（笹本，村尾）より）

●基　準
・室内空気呼吸時の Pa_{O_2} が60 Torr以下となる呼吸器系の機能障害，またはそれに相当する異常状態を呼吸不全とする．
・加えて Pa_{CO_2} が45 Torr未満をI型呼吸不全，45 Torr以上をII型呼吸不全に分類する．
・慢性呼吸不全とは，呼吸不全の状態が少なくとも1カ月以上続くものをいう．
・呼吸不全の状態には至らないが，室内空気呼吸時の Pa_{O_2} が60 Torr以上で70 Torr以下のものを準呼吸不全とする．

（厚生省特定疾患「呼吸不全」調査研究班　昭和56年度研究業績集より）

表2 日本胸部疾患学会（現：日本呼吸器学会）による在宅酸素療法の適応基準
1988年改訂（日本胸部疾患学会肺生理専門委員会）

1) あらかじめ酸素吸入以外に有効と考えられる治療（抗生物質，気管支拡張剤，利尿薬など）が積極的に行われており，その後少なくとも1カ月以上の観察期間を経て安定期にあり，以下の条件を満たすこと
2) 安静，空気呼吸下で Pa_{O_2} が55 Torr に満たない者
3) 上記条件で Pa_{O_2} が55 Torr 以上60 Torr 以下でも，臨床的に明らかな肺性心，肺高血圧症（平均肺動脈圧20 mmHg 以上），睡眠中あるいは運動時に長時間にわたり著しい低酸素血症（Pa_{O_2} 55 Torr 未満あるいはこれに相当する低酸素血症）となる者

表3 在宅酸素療法の健康保険適用基準（2009年4月現在）

1. チアノーゼ型先天性心疾患
2. 高度慢性呼吸不全例
   在宅酸素療法導入前に Pa_{O_2} が55 Torr 以下の者および Pa_{O_2} が60 Torr 以下で睡眠時または運動負荷時に著しい低酸素血症を来たす者であって，医師が在宅酸素療法を必要であると認めたもの．
3. 肺高血圧症
4. 慢性心不全
   医師の診断により，NYHA Ⅲ度以上であると認められ，睡眠時チェーンストークス呼吸がみられ，無呼吸低呼吸指数（1時間あたりの無呼吸数および低呼吸数）20以上であることが，睡眠時ポリグラフィー上確認されている症例

注意点
・慢性呼吸不全患者すべてが在宅酸素療法の適用ではない．
・高度慢性呼吸不全例に基礎疾患の制限はない．
・肺高血圧症には高度慢性呼吸不全の有無に関係なく在宅酸素療法が適用される．肺高血圧症の定義と対象疾患についての記載はないが，肺高血圧症とは平均肺動脈圧が25 mmHg 以上をいい，原発性肺高血圧症や，膠原病や慢性肺血栓栓塞症に伴う高度の肺高血圧症などが対象になる．
・慢性心不全患者の約30〜50%が睡眠中に無呼吸（チェーンストークス呼吸）をおこす．その80%が中枢型無呼吸である．無呼吸により低酸素状態が頻回におこり，交感神経系が常に刺激され，時に不整脈や高血圧症をおこす．このような患者に対して，夜間の酸素吸入は低酸素血症の改善だけでなく，最大酸素消費量を改善させ，亢進していた交感神経活性を抑制させ，心不全の悪化を防ぐ．

の合併」と新たに学会基準に明記された「肺高血圧症の合併」に対する適用が削除されてしまった．

その後，1994年（平成6年）の改訂では，肺高血圧症が復活したが，なぜか呼吸不全の有無に関係なく肺高血圧症単独でも在宅酸素療法が適用となった．同時にパルスオキシメータから得られる酸素飽和度を在宅酸素療法適用の判定に使うことが認められた．

2004年（平成14年）には，新たに，慢性心不全に伴う睡眠時無呼吸症候群にも適用が拡大され，現在に至る（表3）．

2. 在宅酸素療法の条件

1) 施設側の条件

「患者が急性増悪した場合に十分な対応が可能であること」を条件に，どの施設でも在宅酸素療法を処方できる．ただし，病床を持たない施設の場合は病診連携が必須である．

2) 患者側の条件

(1) 自宅で酸素療法をうけることで，入院加療を必要としないこと．
(2) 患者とその家族が在宅酸素療法の必要性を認識していること．
(3) 定期的に月1回外来受診できること．
(4) 在宅酸素療法機器の取り扱いができること．

(5) 住宅環境：酸素濃縮器は火元から2m以上離して設置する．液体酸素の設置型親容器も火気（暖房器，ガスコンロ）から2m以上離れた所に設置するが，子容器に液体酸素を充填する時は火気から5m以上離さなければならない．そのため，設置型の暖房器を使っている家庭でははじめから5m以上離す（液体酸素の5mは法的に規制されたものであるが，酸素濃縮器の2mは酸素供給業者による自主規制である）．

3. 在宅酸素療法の効果

a. 生命予後の改善

英国 Medical Research Council（MRC）[1]や米国 Nocturnal Oxygen Therapy Trial（NOTT）グループ[2]，そして，厚生省特定疾患「呼吸不全」調査研究班[3,4]の研究により，在宅酸素療法による生命予後改善効果だけでなく，運動耐容能の改善，QOL の向上，医療経済効果などが明らかにされている（図1）．

b. 肺循環動態の改善

酸素療法は肺循環動態を改善し，心仕事量を軽減する．酸素療法前は平均肺動脈圧が上昇するが，在宅酸素療法を1年間行うことで平均肺動脈圧は逆に低下する．また，NOTT グループの研究でも6カ月間の酸素吸入は安静時だけでなく運動時においても，肺動脈圧，肺血管抵抗，1回心拍出量を改善した．さらに，夜間低酸素血症に伴う肺高血圧症を防止する．ただし，酸素吸入による肺循環動態の改善が，酸素吸入の急性効果と慢性効果との間で相関がないこともあり，急性効果がみられないといって在宅酸素療法の効果がないとは言えない．

c. 運動耐容能の改善

運動により低酸素血症が増悪する患者に対して，運動中の酸素吸入は運動持続時間や歩行距

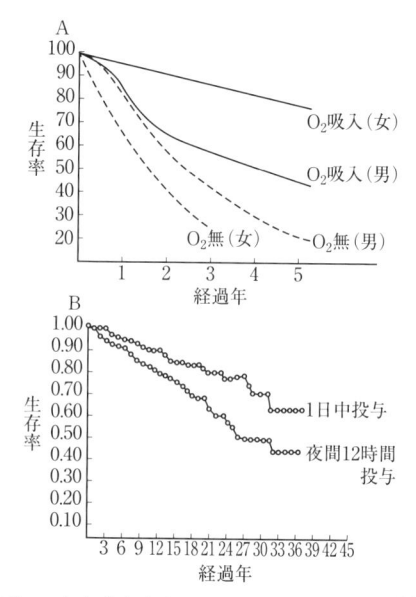

図1 在宅酸素療法による生命予後改善効果[1,2]
A：英国 MRC の報告，B：米国 NOTT グループの報告．酸素療法をするほうが，しないより（A），夜間のみ酸素を吸入するよりも1日中吸入したほう（B）が生命予後がよい．

離を延長させる．また，多くの患者では運動に伴う呼吸困難を軽減させる．その機序として，下記の3点があげられる．

1) 組織への酸素供給の増加

運動に伴う Pa_{O_2} の低下を抑制することで組織への酸素供給を増加させ，酸素消費量を増大させる．下肢運動中の酸素吸入は同部への血流量と酸素供給を増加させ，酸素消費量を増大させる．しかし，これらの効果は COPD（慢性閉塞性肺疾患）患者すべてにみられるものではない．

2) 乳酸産生の抑制

COPD 患者の酸素吸入は運動に伴う乳酸上昇と pH の低下を抑制する．また，骨格筋におけるエネルギー代謝を改善する．運動に伴う疲労も軽減する．

3) 呼吸困難の軽減

呼吸困難は一種の感覚であり，その発生機序はいまだ解明されていないが，多くの患者で運動中の酸素吸入は運動中の低酸素血症の有無や

程度に関係なく呼吸困難を軽減する．その結果，運動持続時間が延長し，より強い運動ができる．

d．呼吸仕事量の減少

酸素吸入は分時換気量を減少させ，呼吸仕事量を軽減する．同時に運動に伴う換気量の増加の程度も抑制する．これは呼吸数増加の抑制によるところが大きい．COPD 患者では換気増大に伴う air-trapping を改善させ，肺の過膨張を軽減させる．その結果，運動に伴う呼吸困難の軽減が期待できる．しかし，呼吸困難の軽減はすべての患者に期待できるものではない．低酸素血症がないにもかかわらず単に呼吸困難対策としての在宅酸素療法は認められていない．呼吸困難の機序は低酸素血症のみでないことからも当然である．

e．不安状態，うつ状態の軽減

COPD 患者には高頻度に不安状態やうつ状態を合併する．在宅酸素療法によりこれら精神症状の改善が期待できるが，酸素療法の有無でこれら精神症状の出現頻度に差はないという．むしろこれら精神症状に対して治療を受けていない患者が多いことが問題である．

f．睡眠中の低酸素血症の改善

COPD 患者では睡眠中に Pa_{CO_2} 上昇を伴う低酸素血症に陥ることが多い．その原因は浅く早い呼吸，機能的残気量の低下，夜間の胸郭運動の低下，換気血流比不均等などがあげられる．また，日中の Pa_{O_2} が 60 Torr 以上であっても夜間就眠中の低酸素血症が肺高血圧症を進行させる．酸素吸入はこれらを防止する．

4．適用外患者に対する在宅酸素療法の効果

適用のある患者に対する在宅酸素療法の効果はすでに明らかであるが，臨床現場では適用でない患者，たとえば，安静時 Pa_{O_2} が 60 Torr 以上であっても，体動時あるいは日常生活動作時に Pa_{O_2} が 60 Torr あるいは 55 Torr 以下になる症例に対して，在宅酸素療法を施行する場合が少なくない．事実，在宅酸素療法施行患者の 28％は安静時 Pa_{O_2} が 60 Torr 以上である（図2）．確かに医学的には低酸素血症に陥った時にのみ酸素を投与するのは理にかなっている．しかし，欧米で実施された適用外症例に対する在宅酸素療法の実施は予後を改善せず，QOL も向上させない（欧米の基準もわが国とほぼ同じである）．

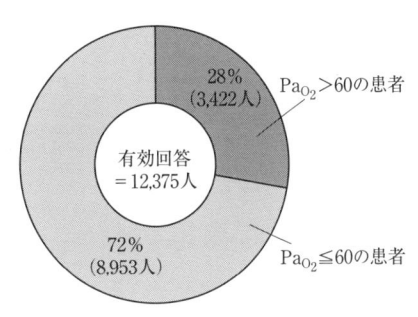

図2 安静時 Pa_{O_2} が 60 Torr 以上にもかかわらず在宅酸素療法の導入を必要とした割合[5]

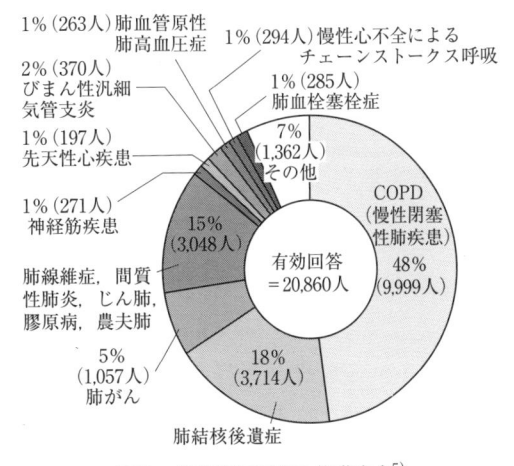

図3 在宅酸素療法の基礎疾患[5]
約半数が COPD，次に肺結核後遺症，肺線維症・間質性肺炎と続く．肺癌は増加傾向にある．

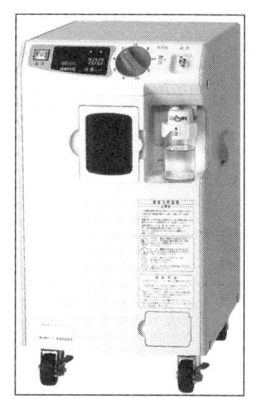

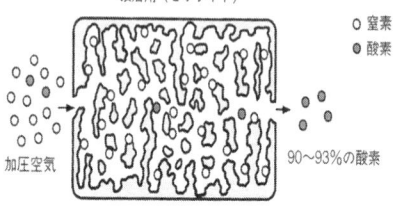

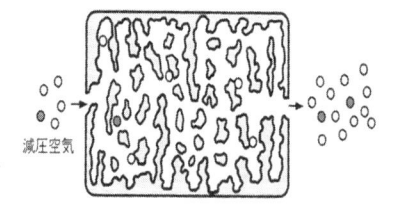

図4 酸素濃縮器とその構造

ゼオライトを入れた吸着塔と抽出した酸素を蓄える貯蔵タンクを内蔵したもの．加圧した空気をゼオライトの中に通すと，窒素が吸着され，高濃度酸素が得られる（90～93％）．得られた酸素は貯蔵タンクの中に蓄えて使う．逆に減圧した空気をゼオライトの中に通すと，窒素が放出される．これを繰り返すことでゼオライトは半永久的に使用できる．なお，ゼオライトは水分も吸着するので，得られる酸素は乾燥している．

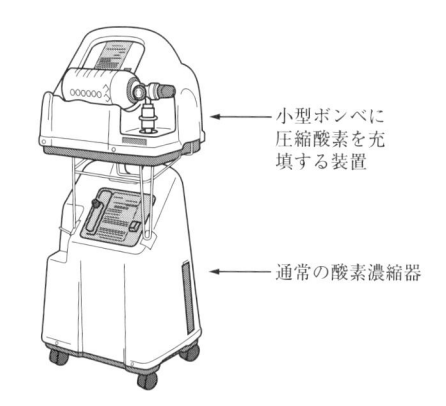

図5 携帯用酸素ボンベに圧縮酸素を充填できる酸素濃縮器

欧米で使われているが，わが国では法律による規制の問題があり取り扱われていない．

5. 在宅酸素療法の実際

a. 在宅酸素療法施行患者数と基礎疾患

在宅酸素療法は1985年4月に保険診療の適用を受けてから毎年4,000～5,000名の患者に処方された．1985年から行われた厚生省特定疾患「呼吸不全」調査研究班による全国調査[4]は1995年に終了したため，その後の在宅酸素療法施行患者の推移は明らかではないが，現在は十数万人の患者がいると推定される．

基礎疾患は慢性閉塞性肺疾患が48％，肺結核後遺症が18％，肺癌が5％，肺線維症など15％である（図3[5]）．肺結核後遺症は毎年減少し続けているのに対し，肺癌患者への在宅酸素療法導入が進んでいる．

b. 酸素供給装置

1) 酸素濃縮器（図4）

多孔質の吸着剤（ゼオライト）に窒素を吸着させ，高濃度の酸素を分離させる装置．90-93％の酸素を供給する．ゼオライトに加圧した空気を流すと窒素が吸着され，逆に減圧した空気を流すと吸着した窒素が放出される．減圧と加圧を繰り返すことにより半永久的に使用できる．この原理からわかるように，酸素濃縮器を使用しても室内の酸素濃度が上昇することはない．酸素流量は最大で7 l/分の製品が作られている．最近は小型化され，旅行先に持っていける濃縮器も使われている．在宅酸素療法患者の約90％が酸素濃縮器を使用している．欧米では自宅で圧縮酸素ボンベに酸素を充填できる酸素濃縮器が実用化されている（図5）．

2) 液体酸素（図6）

家庭用に液体酸素を充填した大きな容器（親容器）を設置し，そこから気化した酸素を吸入

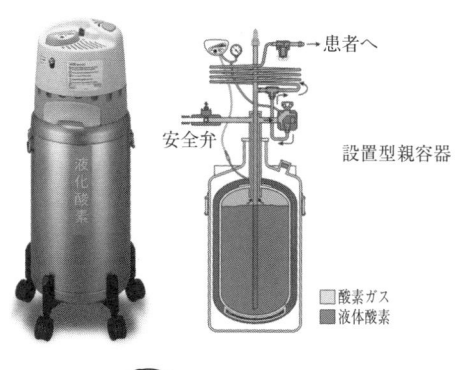

図6　液体酸素
設置型容器（親容器）と携帯用容器（子容器）はともに開放型容器になっており，液体酸素は自然蒸発する．外出には子容器を使う．これはペットボトル（500 ml）2つ横に並べた大きさであり，背負ったり，腰にぶら下げたりして使う．この子容器には呼吸同調装置が内蔵されている．
携帯用子容器は充填時で1.5 kg，酸素流量2 l/分で10時間連続使用が可能である．

図7　携帯用酸素ボンベ
酸素濃縮器を使っている患者が外出するときは携帯用酸素ボンベ（左）を使用する．通常はカートに載せて使う（右）．最近は軽量カーボン繊維強化樹脂を使った軽量ボンベが使われている．この図では呼吸同調装置（→）が装着されている．

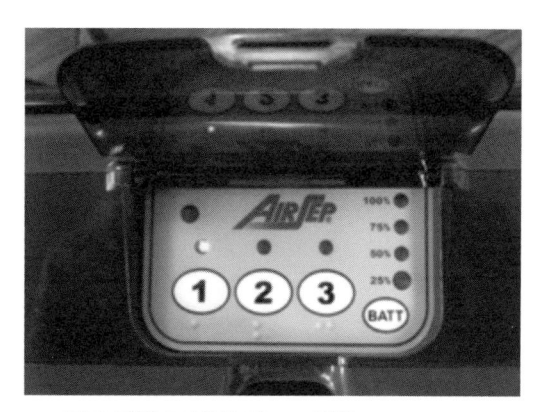

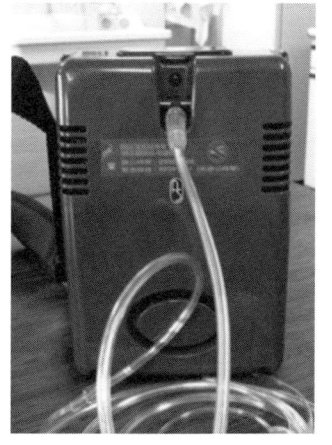

図8　携帯用酸素濃縮器
約2 kg，連続2時間使用可能である（Free Style, AirSep社，酸素濃度は87％以上）．

する．親容器は完全密閉型でないため酸素が自然蒸発する．そのため，使用量が少なくても最低月1-2回は液体酸素を充填した親容器の交換が必要である．酸素濃縮器に比べて電気代もかからず，後述する携帯用子容器は携帯用酸素ボンベよりも連続使用時間が長いなどの利点があるが普及率は10％程度にとどまっている．

3）　携帯用酸素供給装置

a）　携帯用酸素ボンベ（図7）　自宅で酸素濃縮器を使用している患者が外出するときに使用する．ボンベはエポキシ樹脂を含浸させたガラス繊維でできておりたいへん軽い．通常，

464 5. 酸素の利用

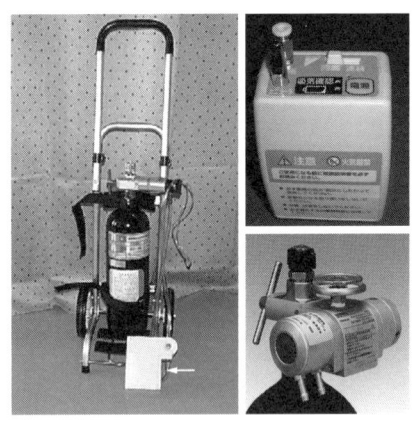

図9 呼吸同調装置
わが国ではいくつかの異なる呼吸同調装置が使われている．図左（←）と図右上の装置は電源（乾電池）が必要であるが，図右下の装置は電源が不要である．

図10 眼鏡型鼻カニュラ

図11 リザーバ付き酸素カニュラ
呼気相にリザーバ内に酸素をため，次の吸気相の時に中の酸素を一緒に吸う．
図左はリザーバの中がわかるようにしてある．
酸素節約効果あるいは高濃度酸素吸入法として使われている．最近は呼吸同調装置が普及したため，高濃度酸素吸入法としての利用が多い．

アルミ製のカートに乗せて移動する．

b) **携帯用液体酸素**　自宅で液体酸素を使っている患者が外出時に使用する（図6）．自宅に設置した親容器から携帯用子容器に液体酸素を充填し持ち運ぶ．もちろん自宅でも使用可能である．親容器同様開放型であるため液体酸素は自然蒸発する．最近の子容器は小さくて軽い（充填時1.5 kg）．呼吸同調装置を内蔵しているため，酸素流量2 l/分で約10時間の連続使用が可能である．

c) **携帯用酸素濃縮器**　バッテリー内蔵の携帯用が発売されているが，連続使用時間，酸素供給量が少ないなどの問題があり，いっそうの改良が期待される（図8）．

4) **呼吸同調装置（デマンドバルブ）**（図9）

携帯用小型酸素ボンベの連続使用時間延長を目的にデマンドバルブが開発され実用化されている．吸気開始の鼻腔内の陰圧を鼻カニュラを通して感知し，一定量の酸素を短時間に流す．吸気後期と呼気中は酸素が流れないため，酸素を節約でき，酸素ボンベの使用時間を約3倍に延長できる．在宅酸素療法患者の約70%が併用している．

酸素供給方法は製造会社ごとに異なるため，同調器使用下に運動負荷（6分間歩行など）を行い，体動時の酸素流量を処方する．

5) **酸素マスク**

通常は鼻カニュラを使用するが，眼鏡の縁に沿ってカテーテルを隠す製品が発売されている（図10）．

より高濃度の酸素を吸入させる場合，単純に酸素流量を増やす方法と，リザーバ付き鼻カニュラを使う方法がある．これは呼気相にリザーバ（25 ml）内に酸素をため，次の吸気にカニュラの酸素と一緒にリザーバ内の酸素を吸入する．酸素節約装置としても使える（図11）．

c. 酸素流量の決め方

入院あるいは外来で安静時と体動時，それぞれ別々に適切な酸素流量を決める．ただし，酸素濃縮器の酸素は100％でないので，酸素濃縮器を使って酸素流量を決める．呼吸同調器を使うときは，機種により酸素供給方法が異なるため，同調器を使った状態で酸素流量を決める必要がある．また，COPD患者では夜間に低酸素血症が増悪することが少なくない．就眠中に酸素飽和度のモニターを行い，就眠中の酸素流量を決める．

まとめ

在宅酸素療法が呼吸不全患者へ与える多くの長所を考えると，積極的に在宅酸素療法の導入を図るべきである．しかし，在宅酸素療法の導入にあたっては，その適用基準だけでなく，医療施設側と患者側の両方が前提条件を満たしているかどうかを充分検討する必要がある．

［宮本顕二］

■文献

1) Medical Research Council Working Party：Long term domiciliary oxygen therapy in chronic hypoxic cor pulmonale complicating chronic bronchitis and emphysema. Lancet 681-685, 1981.
2) Nocturnal oxygen therapy trial group：Continuous or nocturnal oxygen therapy in hypoxemic chronic obstructive lung disease. Ann Inter Med 93：391-398, 1980.
3) 宮本顕二, 斎藤拓志, 合田晶, ほか：在宅酸素療法による慢性呼吸不全患者のQuality of Lifeの向上. 日医会誌 112：1917-1923, 1994.
4) 斎藤俊一, 宮本顕二, ほか：在宅酸素療法実施症例の全国調査結果について. 厚生省特定疾患「呼吸不全」調査研究班平成7年度研究報告書 pp5-9, 1996.
5) 日本呼吸器学会：在宅呼吸ケア白書. 2005年6月7日.

5.8 酸素をターゲットとしたがんの治療

がんの成長は酸素や栄養物の補給および老廃物の排泄により抑制されている．がん細胞の成長初期段階では，必要な酸素や栄養物はがん細胞周囲の微小環境からの拡散によって滞りなく供給されている．しかしがんが成長するにつれて，がん細胞は栄養枯渇やアシドーシスに陥り，低酸素（ハイポキシア，hypoxia；貧酸素，poor oxygenation）状態になる．直径 4-10 mm の中程度の大きさの実験腫瘍には広範な低酸素領域が存在することが明らかになっている．その結果，がんの中心部が 0 mmHg になるような酸素分圧（pO_2）の低下（pO_2：<20 mmHg）をもたらし，中心部を壊死に陥らせる．がんでの酸素分圧は 2.5-30.0 mmHg の範囲にあり，正常組織やがん周辺部の酸素分圧が 30-60 mmHg の範囲にあるのとは対照的である．がん組織は酸素分圧においても不均一であり，3 段階の酸素レベルの細胞が共存している．がんの不均一酸素分圧と各がん治療法の作用部位を模式的に表した（図1）．

すなわち，常酸素細胞（ノルモキシア［normoxia］での細胞；ノルモキシック細胞，normoxic cells；がん周辺部やがん塊の細胞群），次に動脈から 75-150 μm，静脈から 75 μm 付近にある低酸素細胞（ハイポキシア［hypoxia］での細胞；ハイポキシック細胞，hypoxic cells；血管から最も離れた壊死部分手前 2 層の細胞群，pO_2：<5 mmHg），3 番目は無酸素/壊死細胞（アノキシア［anoxia］での細胞；アノキシック細胞，anoxic cells；がん中心部）である．この無酸素状態ががんの微小環境を有毒化させる．このような不均一酸素分圧が共存するがんに対し，酸素をターゲットとしたがんの治療を酸素分圧（または濃度）の違いから，3 つに分類する．すなわち，第 1 は，低酸素（pO_2：<5 mmHg）で，薬剤としては低酸素細胞放射線増感剤（hypoxic cell radiosensitizers），ハイポキシック・サイトトキシン（hypoxic cytotoxins）がある．第 2 としては，常酸素（pO_2：数十 mmHg）の場合で，通常の治療環境であり，光線力学療法（photodynamic therapy：PDT），放射線療法，一般の制がん

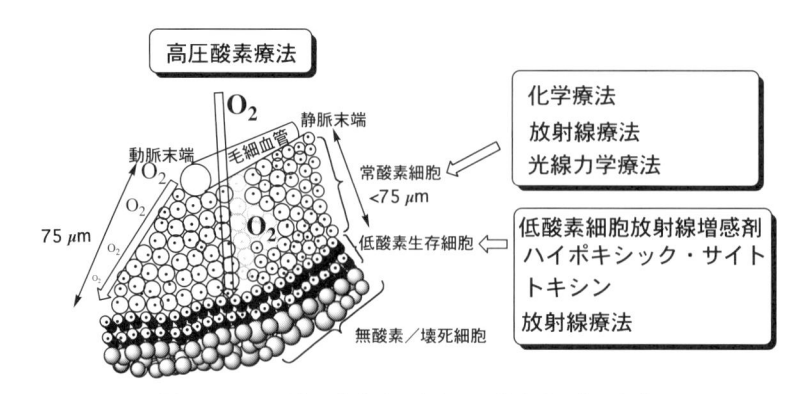

図1 がんの不均一酸素分圧と各がん治療法の作用部位
がん組織での酸素濃度の不均一性はがん治療法の効果に大きく影響を及ぼしている．とくに毛細血管の動脈末端から 75 μm 付近または静脈末端から 75 μm 未満にある，低酸素であるが生存している細胞は通常のがん治療法に抵抗性である．

剤を用いる．最後は，1気圧より少し高い気圧100% O_2 を用いる高圧酸素環境下での治療であり，高圧酸素療法（hyperbaric oxygen therapy；HBO therapy）と呼ばれており，放射線療法や化学療法との併用による補助療法として併用されている．

以下，メディシナルケミストリー的視点から，酸素濃度の低い環境下でのがんをターゲットとした，低酸素細胞放射線増感剤および低酸素細胞サイトトキシンについて始め，続いて放射線療法，制がん剤，とくに活性酸素種が介在する制がん剤，光線力学療法および薬剤，最後に高圧酸素療法について最近の動向を踏まえ概観を述べる．

1. 低酸素（pO_2：＜5 mmHg）

がんのユニークな特徴はがん組織の中心付近，すなわち毛細血管から 75 μm 未満（静脈から）-75 μm（動脈から）程度離れたところに酸素分圧 5 mmHg（5 mmHg の O_2 とは，気相での 0.7%，液相中での 7 μM の濃度に相当する）以下の低酸素領域が存在することである．そこに存在するがん細胞は低酸素抵抗性でしかも低栄養抵抗性であり，がん細胞の機能や成長のいろいろな段階に対して大いに影響を及ぼしていることが知られていた．Warburg が発見したがん細胞が酸素下でも酸素を使わず，必要なエネルギーは解糖系から優先的に獲得していること（Warburg 効果）や，最近のがん生物学でのトピックスになっている低酸素誘導因子 HIF の発見を端緒に，がんの低酸素生物学的知見が多く報告されるにつれ，放射線治療医の奥山信一らが提唱した『がんの基本的環境は低酸素である』というがんの酸素濃度に対する先駆的な認識は，もはやがんの診断・治療上避けられない事実である．もちろんそのようながん細胞といえども O_2 や栄養分は必要であるが，異常な増殖により血管破壊され孤立したがん細胞は十分に O_2 も栄養分も届かないにもかかわらず生存している．この低酸素細胞は，化学療法および放射線療法に抵抗性を示すことから，がん治療における予後を悪くし再発の原因の1つとなっている．このため，これらの細胞の放射線感受性を増大させる目的で低酸素細胞放射線増感剤の開発が試みられてきた．

低酸素の視点からがん治療法を考察することは1つのパラダイムシフトである．低酸素細胞放射線増感剤はもともと，放射線における酸素効果を担う酸素ミミック（oxygen mimic）として分子設計された薬剤である．生物は刻々と変化する自然環境を認識し，さまざまな環境に適応して生存し進化してきた．このような環境ストレス応答反応は生理的レベルのみならず，細胞レベルでも営まれており，今日では分子レベルのストレス応答機構が解明されつつある．中でも酸素の存在は地球上で生存する生物にとって最も重要な環境因子の1つである．細胞の低酸素ストレス応答反応として，解糖系の活性化や，内因性血管新生因子の発現による血管新生の誘導が起こることなどが知られており，これらの変化は，腫瘍の微小環境にみられる特徴とよく一致している．実際，動物の体内でみられるハイポキシア（低酸素状態）は，がん組織のほかには急性または慢性的な血流障害や肺の疾患によるものに限られている．

低酸素誘導因子-1（HIF-1）は低酸素ストレスに応答して細胞内で活性化される転写因子で，近年この分子を中心とする低酸素ストレス応答系の分子機構の解明が急速に進展しつつある．さらに最近ではプロリルヒドロキシラーゼ（prolyl hydroxylases，PHD1, 2, 3）が酸素センサーの1つとして酸素濃度の低下を認識してこの応答系に伝達するしくみが明らかにされ，新たな潮流を迎えつつある．HIF-1α は通常の酸素濃度においても発現しているが，プロリルヒドロキシラーゼが酸素を基質としてプロリン残基をヒドロキシル化すると，フォン・ヒッペ

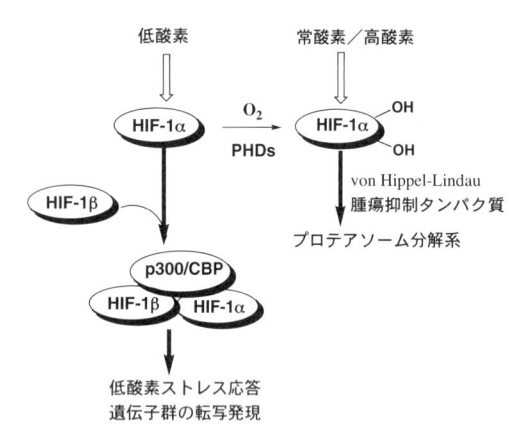

図2 HIF-1による低酸素ストレス応答シグナル経路
HIF-1αタンパク質は酸素存在下ではプロリルヒドロキシラーゼによりヒドロキシル化され最終的に分解するが，低酸素ではHIF-1αタンパク質の蓄積によりHIF-1β，p300/CBPをリクルートして低酸素ストレス応答遺伝子群の転写発現を起こさせ，低酸素応答機構を完成させる．

ル・リンドウ（von Hippel-Lindau；VHL）腫瘍抑制タンパク質が結合し，ユビキチン化されてプロテアソーム分解系に導かれるため，その寿命は5-15分程度と非常に短い．一方，低酸素下では，プロリルヒドロキシラーゼの活性が低下されるので，HIF-1αが蓄積し，コアクチベーター（coactivator）p300/CBPがリクルートされ，その下流の低酸素ストレス応答遺伝子群（hypoxia-response elements；HREs）が活性化され，低酸素環境への適応が成立する．このHIF-1による低酸素ストレス応答シグナル経路を図2に示した．このような低酸素で誘導される遺伝子には，細胞増殖，血管新生，解糖系，代謝，アポトーシス，不死化，転移などの生物反応を制御するものが知られている．腫瘍細胞においては，これらの応答反応のうち生存に向かう応答（血管新生など）が促進され，死に向かう応答（アポトーシスなど）は抑制されるという腫瘍特異的な微小環境が構築されるものと考えられる．

冒頭に述べたように生体における低酸素環境は通常の場合，固形腫瘍に特異的な環境と考えられる．近年の腫瘍微小環境の特性に照準をあわせた特異的がん治療法の開発研究の流れのなかで，細胞の低酸素応答にかかわるシグナル分子ががん治療の新たな標的分子として非常に有望と考えられて注目を集めている．そこで，これまで放射線および化学療法剤によるがん治療法の障害として厄介者扱いされてきた低酸素細胞の特性を逆に利用することで，腫瘍選択性の高いがん治療法を確立しようというさまざまな試みが行われている．ハイポキシアを標的とする治療法としては，腫瘍のO_2分圧を高めて放射線療法と組み合わせる方法と，低酸素微小環境の特性である低酸素，低pH，低グルコース，微小循環系の異常などを利用するか，ハイポキシア応答系のシグナル分子を標的とする方法がある．前者には放射線治療における低酸素細胞克服のための研究成果として，既に臨床試験の実施されているものも多い．エリスロポイエチン（erythropoietin；EPO）と化学療法剤の併用，後述の高圧酸素療法やこれにニコチンアミドを併用するARCON（accelerated radiotherapy with carbogen and nicotinamide）および酸素類似化合物として低酸素細胞放射線増感剤を用いる方法などである．後者としては，ハイパーサミア（温熱療法），血管新生阻害療法，低酸素環境で生体還元を受けて活性化されるプロドラッグ（生体内で何らかの変換を受けた後に，活性を発現する薬物のこと）の開発とその自殺遺伝子治療法（GDEPT（gene-directed enzyme-prodrug therapy）：哺乳類が自然には持っていない代謝酵素の遺伝子を体内のがん細胞に対して導入し，その後，その代謝酵素に対するプロドラッグを投与すると，がん細胞の中だけでその薬が活性型となり，がん細胞を死滅させる方法）への応用，HIF-1および関連タンパク質の阻害，HRE転写制御配列を利用する遺伝子治療などがある．選択的がん治療薬の開発の観点から，低酸素細胞放射線増感剤またはハイポキシック・サイトトキシンは，低酸素微小環境における腫瘍活性化プロドラッグ

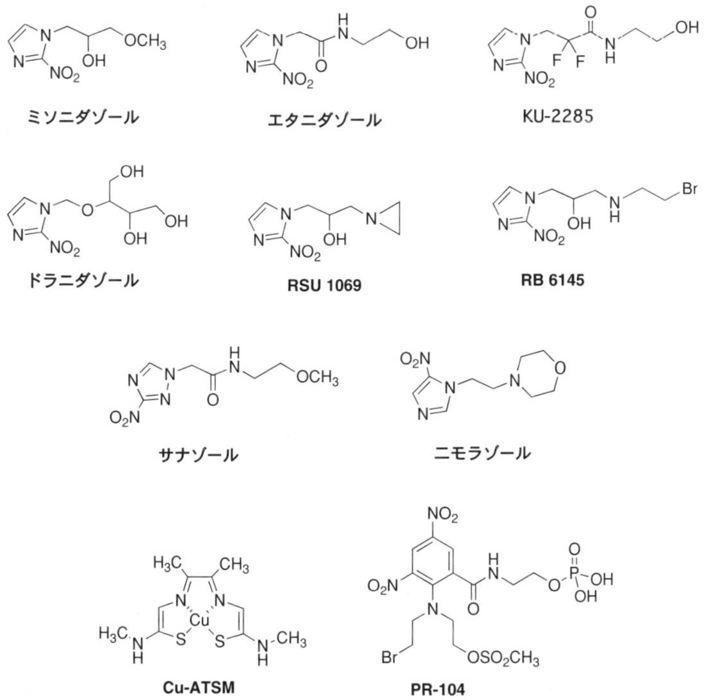

図3 低酸素細胞放射線増感剤と低酸素マーカー
ここに示した低酸素細胞放射線増感剤の多くはミソニダゾールをリード化合物として開発されたものである．多くは2-ニトロイミダゾール誘導体（ニモラゾールは5-ニトロイミダゾール誘導体，サナゾールはニトロトリアゾール誘導体）である．PR-104はナイトロジェンマスタードとジニトロベンゼン誘導体とのハイブリッド化合物である．

（tumour-activated prodrug；TAP）および腫瘍標的化分子の有用なリード化合物（医薬品の探索過程において，目的の生物活性を示す基本となる化合物）と考えられる．まず，このような低酸素標的化分子に，腫瘍ハイポキシアにおける生物応答修飾機能を付加した細胞増殖抑制性がん治療薬の分子設計について述べる．

a．低酸素細胞放射線増感剤

低酸素細胞放射線増感剤において，必須の構成ユニットであるニトロ芳香環骨格は低酸素下で酸素ミミックとして作用し，電離放射線による障害を固定すると考えられている（図3）．一方このユニットはハイポキシアマーカーとしての機能も有し，この場合には，生体還元反応によってヒドロキシルアミンに活性化され，親電子剤として細胞内求核分子と反応する．その結果，低酸素細胞に停留すると考えられている．このような生体還元活性化による低酸素親和性に着目して，フッ素化ミソニダゾールなどの低酸素マーカー（低酸素イメージング剤）が開発された（最近，生体還元を利用するより集積性の高い低酸素マーカーとして，銅錯体の ^{64}Cu-ATSM（Cu-64-diacetyl-bis(N4-methyl-thiosemicarbazone)）が注目されている）．ニトロ芳香化合物の以上のような特性を利用して，ミソニダゾールとエタニダゾールなど多くのニトロアゾール類が低酸素細胞放射線増感剤として開発された経緯の詳細は割愛するが，ただ，現在，臨床応用または臨床試験が実施されている化合物として，2-ニトロイミダゾール誘導体のKU-2285やドラニダゾール，および5-ニトロイミダゾール誘導体のニモラゾール，そしてニトロトリアゾール誘導体のサナゾールが

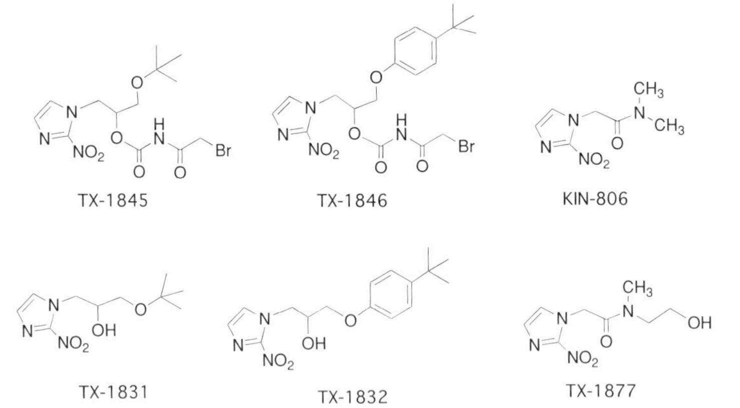

図4 TXシリーズの低酸素細胞放射線増感剤

ここに記載した低酸素細胞放射線増感剤はTXシリーズとしてわれわれが開発している化合物である．これらはすべて2-ニトロイミダゾールを基本骨格としており，そのうちTX-1845とTX-1846はハロアセチルカルバモイル基を導入することで，放射線増感効果以外に血管新生阻害作用を持たせた二官能性増感剤である．またTX-1877はKIN-806をリードとして開発したものであるが，予想を超えた多機能性を示し，育薬中の中でわれわれが今いちばん期待している増感剤である．

あるというだけ述べるに留める．これらのうちニモラゾールを除く3種までがわが国で開発された化合物である．2-ニトロイミダゾール誘導体であるミソニダゾールとエタニダゾールの臨床応用が成功しなかったことから，低酸素放射線増感剤の効果については，確たる評価が得られないまま今日にいたっている．ただ唯一ニモラゾールが，デンマークのみではあるが臨床薬剤として承認され使用されていることは，低酸素細胞増感剤の開発に希望を与えており，さらなる評価は，今後計画される上述の開発途上の薬剤の臨床試験の結果に期待したい．

以上のように，ニトロ芳香環は低酸素標的化ユニットと考えられる．われわれはこの2-ニトロイミダゾールに，チオールなどの生体内求核性置換基のアクセプターであるハロアセチルカルバモイル基を導入したTX-1845，TX-1846を分子設計した（図4）．これらは二官能性増感剤で，低酸素でニトロ芳香環が還元活性化された場合，DNAやタンパク質とクロスリンクし得る．このような二官能性増感剤としては，側鎖にアジリジン基を導入したRSU1069およびそのプロドラッグであるRB6145，およ

び第一相試験がスタートしたPR-104が知られており，このようなアルキル化ユニットと連結することで低酸素細胞毒性が増強されることが報告されている．ハロアセチルカルバモイル誘導体の生物活性を検討したところ，ミソニダゾールの100倍以上の強い放射線増感効果および低酸素細胞毒性の増強に加えて，鶏胚漿尿膜（chick embryo chorioallantoic membrane；CAM）法｛註：最近，血管新生において，胚もがんもどちらも同じVEGF（vascular endothelial growth factor：血管内皮細胞増殖因子）およびNotch（神経や血管などのさまざまな分化過程に関係する遺伝子調節経路）のシグナリング経路を利用していることが発見され，CAM法のがん生物学的重要性が増している｝で血管新生阻害作用を示すことを見出した．これらの合成中間体であるTX-1831，TX-1832やミソニダゾールでは増感効果はみられるものの，このような血管新生阻害作用はほとんどみられなかったことから，ハロアセチルカルバモイル基と血管新生阻害作用との関連が示唆された．一方，側鎖にアセトアミド基を有するKIN-806に転移抑制および免疫賦活作用が認

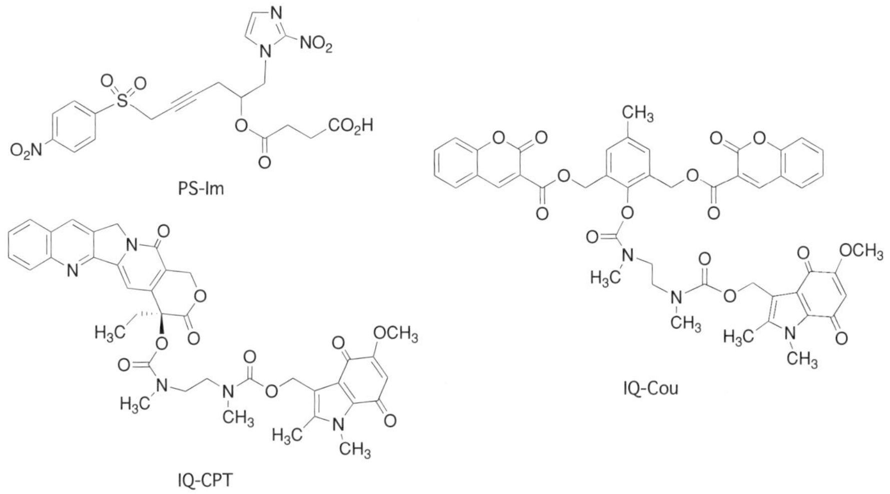

図5 低酸素ターゲッティング分子とイメージング分子

PS-Im は酵素阻害作用を導入した 2-ニトロイミダゾール誘導体で一般的であるが，IQ-CPT や IQ-Cou はある目的に特化した機能素子を導入したきわめて理論的なドラッグデザインである．化合物のネーミングからもその意気込みが感じられ，臨床開発まで進まれることを強く期待したい化合物である．

められたことから，種々のアセトアミド誘導体を合成したところ，TX-1877 は，KIN-806 よりも強い転移抑制効果および血管新生阻害効果とマクロファージ浸潤促進効果を示した．またこれらの作用との関連は不明であるが，単独でも in vivo 抗腫瘍作用を示すことが明らかになった．一般的に，低酸素細胞放射線増感剤の分子設計では，放射線増感ユニットである 2-ニトロイミダゾールに対して，その側鎖は体内動態および毒性のコントロールを担うユニットとされる．われわれは，2-ニトロイミダゾールを低酸素標的化ユニットと位置付け，その側鎖の官能基化によって，腫瘍の低酸素応答反応に対する修飾機能（血管新生阻害作用，転移抑制作用）を付加し得ることを TX-1845，TX-1846 および TX-1877 の開発によって示した．このような効果は従来の DNA を標的とする抗腫瘍作用とは異なる細胞増殖抑制作用といえる．これは放射線による細胞毒性作用を補うもので，予後の改善と QOL（Quality of Life）の改善をもたらして，治療効果を増強することが期待される．

以上，低酸素細胞放射線増感剤の開発について私たちの分子設計について詳しく述べたが，低酸素標的診断・治療薬として今後の診断・治療を統合したインテリジェントな薬剤としてたいへん期待される田邉，西本らの低酸素で機能するターゲッティング分子 PS-Im，IQ-CPT やイメージング分子 IQ-Cou の分子設計はたいへんユニークなアプローチである（図5）．

b．ハイポキシック・サイトトキシン

次にハイポキシック・サイトトキシンについて述べる．既に述べたニトロイミダゾール類も，生体還元を受けて活性化されたニトロ芳香環代謝物がある種のハイポキシック・サイトトキシンとして働くが，ハイポキシック・サイトトキシンはより積極的に低酸素性細胞の還元活性能を利用した化合物群であり，キノンおよび N-オキシド類が分子設計されている．ニトロ芳香環の還元を利用したプロドラッグの分子設計に関しては，Denny らによって多くの試みがなされている．キノン構造を持つ抗腫瘍物質として発見されたマイトマイシンは，二電子還

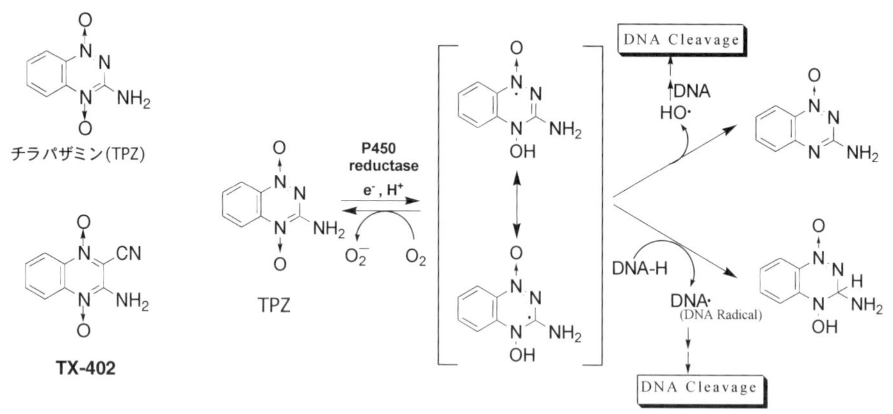

図6 ハイポキシック・サイトトキシンと TPZ の作用機序

チラパザミン（TPZ）は臨床試験もほぼ完了し，最も期待されているハイポキシック・サイトトキシンである．一方 TX-402 はわれわれが開発中の化合物であり，TPZ とはアイソステラの関係にある化合物で同じ効果が期待できると考えている．TPZ の作用機序から明らかなように無酸素に近い状態でも分子からヒドロキシルラジカルや自身のラジカルで DNA 障害を与える．

元されると活性種になり，DNA クロスリンカーとして作用する．マイトマイシンは天然が生み出した生体還元活性化プロドラッグのプロトタイプであり，この発見以降，ハイポキシック・サイトトキシンの概念が提唱され，還元活性化分子の開発が盛んに行われるようになった．また，キノンやニトロ芳香環（トリガー）をリンカーを介して細胞毒性作用ユニット（エフェクター）に結合した分子設計を行い，低酸素環境でトリガーが還元されることによってエフェクター分子としてシクロホスファミドなどの強いアルキル化剤を放出するような低酸素標的化プロドラッグも多く開発されている．現在，ハイポキシック・サイトトキシンのリード化合物は，N-オキシド構造を有するチラパザミン（TPZ）であり，上記のニトロ芳香環類やキノン類に比べて，低酸素選択性が格段に高く，臨床試験が推進されている．図6にハイポキシック・サイトトキシンである TPZ と TX-402 の化学構造と作用機序として TPZ を例に示す．

この化合物は一電子還元によって活性化され，DNA 障害を与えるヒドロキシルラジカルを発生する．酸素存在下に比べて，低酸素下では 50-300 倍強い細胞毒性を発揮することが報告されている．われわれは，TPZ は，低酸素および酸素下で有効濃度の違いはあるものの，いずれもアポトーシスを誘導し，低酸素下ではがん抑制遺伝子として知られる p53 非依存的であるが，酸素条件では一部 p53 依存性アポトーシス誘導を示すことを見出した．これに対してキノキサリン N-オキシドである TX-402 は，このような酸素条件下の細胞毒性はほとんどみられず，低酸素毒性は TPZ よりも強いことから，より優れたハイポキシック・サイトトキシンであると考えられる．近年，これらのプロドラッグと GDEPT の併用も試みられている．すなわち，プロドラッグの活性化に必要な酸化還元酵素を低酸素下で発現させるように構築した遺伝子をがん細胞に導入して，プロドラッグを投与することで，不均一な腫瘍環境でも活性型ドラッグの有効濃度を安定的に高めようという試みである．これらの遺伝子発現制御は，上述の HIF-1 を介したシグナル経路を応用した低酸素応答性プロモーターによって達成されており，高い腫瘍選択性を得る工夫がなされている．

低酸素は血管新生にも関与している．すなわ

ち，Folkmann らの一連の研究によって見出された，がんおよび周辺組織（新生物組織）において，低酸素により血管新生が誘導され，その結果，がんの浸潤転移が起こることが最近確かなものになってきた．血管新生阻害剤は，主として血管内皮細胞に細胞毒性作用をもたらすが，さらにがん細胞に対しても細胞毒性作用をもたらすことが明らかになりつつある"新しい概念の抗がん剤（抗新生物薬剤：新生物（neoplasm）とは，がん細胞，毛細血管，結合組織から構成される組織である）"であり，Folkmann らの長年の研究から見出された内在性血管新生抑制因子を始め，多くの新薬開発への臨床応用が進められており，現在約 20 種類の血管新生阻害剤がアメリカで臨床試験中である．最近，VEGF の抗体であるアバスチン®が，化学療法剤との併用薬剤としてアメリカとEU で承認され，市場に投入された．

ここにわれわれが分子設計した血管新生阻害剤候補物質としてデンドリマー（規則的分岐構造を有する単一分子量の球状高分子）型エンドスタチンアナログ TX-1944（図 7）を紹介したい．上述したように血管新生は低酸素ストレス応答の 1 つであり，これは，VEGF などの転写が HIF-1 で活性化されることによって，誘導されることが知られている．そこでわれわれは，VEGF またはそのレセプターを標的分子とした血管新生阻害剤の分子設計を行った．血管新生を活性化するサイトカインの VEGF や FGF-2（塩基性線維芽細胞増殖因子）と血管内皮細胞表面のレセプターとの結合は，ヘパリンまたはヘパラン硫酸（HSPG）の存在に依存していることが知られている．一方，内在性の血管新生阻害因子であるエンドスタチンのX 線結晶解析からこのタンパク質の表面にプラス電荷の集合したアルギニンクラスター構造があることが報告されており，VEGF などと競合してヘパリンや HSPG と結合している可能性が示唆される．そこで，このようなエンド

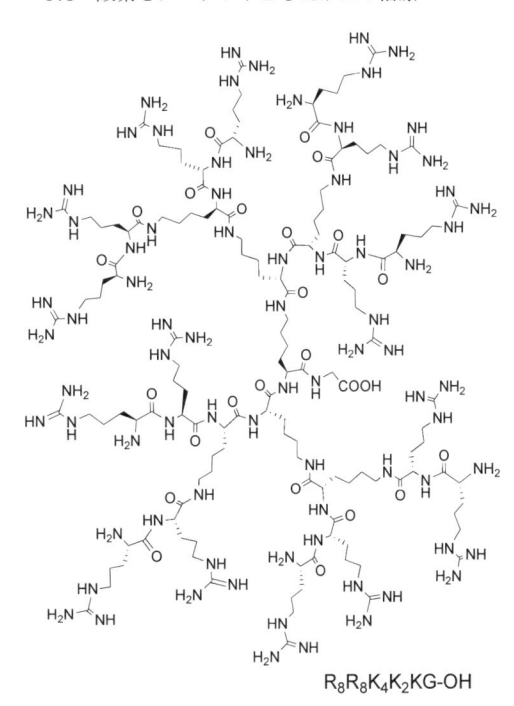

図 7 デンドリマー型エンドスタチンアナログ TX-1944

デンドリマー型薬剤の利点は分子量分布が均一な高分子量体を比較的簡単な反応で獲得できる点にある．TX-1944 はそのようなコンセプトでわれわれが開発している，血管新生阻害活性を主作用として設計された抗新生物薬剤（antineoplastic agents）である．エンドスタチンの表面を模倣した世界で最初の化合物であり，たいへん興味を引き，雑誌 Drug Discovery Today にトピック分子として紹介された．

スタチン・ミミックとして，とくに正電荷に富んだアルギニンクラスターの部分をデンドリマー構造で模倣した TX-1944 を分子設計したところ，ヘパリン結合能と相関して強い血管新生阻害作用と内皮細胞増殖抑制効果を示すことが明らかになった．TX-1944 が直鎖状のアルギニンペプチドに比べて強い活性を示したことから，タンパク質の球状構造を模倣するデンドリマー構造の有用性が示唆された．

c．マクロファージ

マクロファージは悪い予後との関与や，低酸素状態に陥っている組織の壊死領域に顕著に見

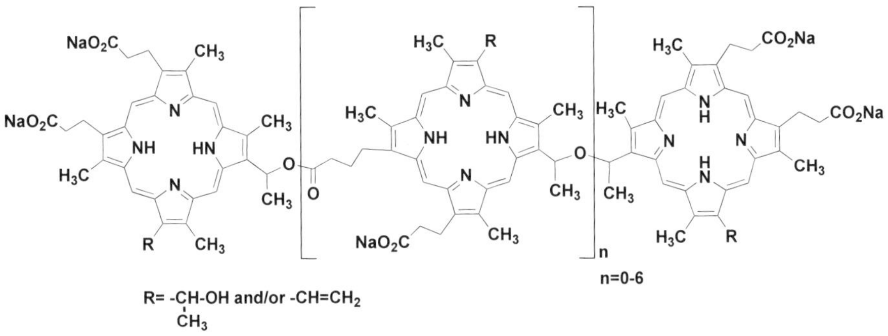

ポルフィマー・ナトリウム（フォトフリン®）

図8 PDT用光増感色素ポルフィマー・ナトリウム
光線力学療法（PDT）の効果を左右する光増感色素は天然のポルフィリンをリードとした誘導体が多い．ポルフィマー・ナトリウムはその中でも最も臨床的に使用されている光増感色素である．光増感色素の開発は最も理論的に分子設計することができ，多くの分子が設計・合成されている．

られる．最近，マクロファージを低酸素誘導がん遺伝子治療法（hypoxia-regulated cancer gene therapy；HRCGT）の"輸送体"として利用したがん組織への遺伝子ターゲッティングの報告がみられる．われわれもこのマクロファージの低酸素指向性に注目し，低酸素細胞放射線増感剤のドラッグデリバリーシステムキャリアー（DDSキャリアー）として利用することを考えた．このように分子設計された増感剤は低酸素細胞により移行しやすく，血管新生阻害活性や転移抑制効果が期待できる．一方マクロファージ側ではレセプターに薬剤が結合することにより活性化されることが期待でき，がん細胞への浸潤による殺細胞効果の向上が望め，がん細胞全体を死滅させることができるかもしれない．この分子設計としては，われわれが最近開発した免疫賦活作用を有する低酸素細胞放射線増感剤TX-1877の2-ニトロイミダゾールアセトアミドを母格としN-アセチルガラクトサミンなどマクロファージ結合性がある部位を持つ分子をリード化合物として展開している．このような低酸素細胞放射線増感剤ができれば，今まで悪い予後に関係していると言われている腫瘍中に浸潤してくる腫瘍関連マクロファージ（tumor associated macrophage；TAM）の性質を変えることも可能になり，さらに本研究のマクロファージを低酸素細胞移行性DDSキャリアーとして利用し，低酸素細胞放射線増感剤に能動的低酸素細胞移行性を持たせることにより薬剤効果を高めるというアイデアである．同時にこのマクロファージ結合部位を一般制がん剤にも付加することにより低酸素細胞選択性を持つ新しい制がん剤の創製にも繋がると期待される．

2. 常酸素（pO_2：5-30 mmHg）

a．光線力学療法

光線力学療法（photodynamic therapy；PDT）は光増感色素を腫瘍細胞や腫瘍組織内の新生血管の内皮細胞内に取り込ませ，これにレーザー光照射することで腫瘍細胞や組織に傷害を与えて，腫瘍を消失させる療法である．治療では，まず，光照射によって活性酸素種（reactive oxygen species；ROS）の一種である一重項酸素 $^1O_2$ を発生する光増感色素を体内に静脈注射する．一定時間後，光増感色素は腫瘍の部分に集積する．ここで，光増感色素が集積した腫瘍に光ファイバーなどを用いて可視光（主に赤色光）を照射すると，腫瘍内で一重項

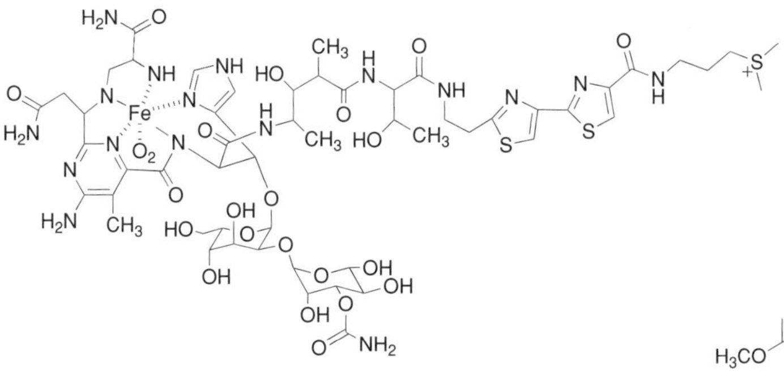

ブレオマイシン(BLM)A₂-Fe(II)-O₂複合体

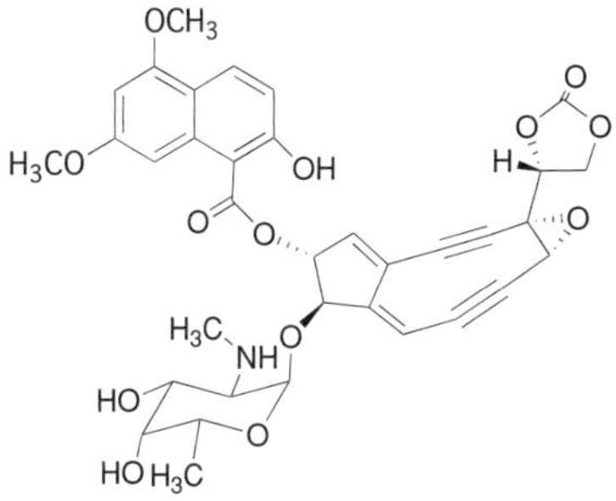

ネオカルチノスタチン・クロモフォア

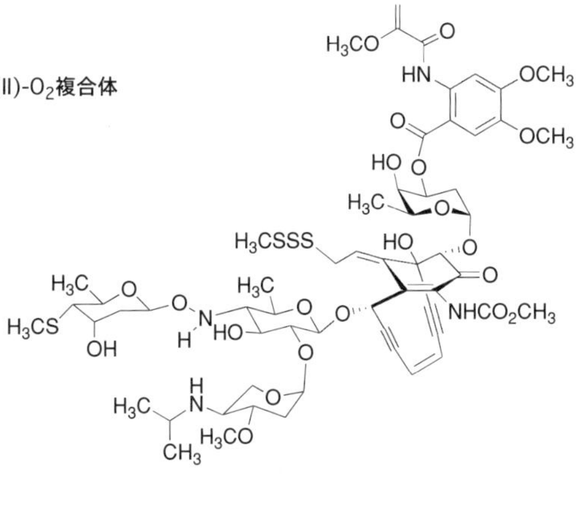

エスペラミシン A₁

図9 酸素を利用する抗がん剤

ここにあげた抗がん剤はすべてレドックスコントロール下で活性化するものである．ブレオマイシンは最も古くから酸素の利用が明らかになった薬剤である．その他の enediyne 系抗がん剤はすべて活性化によりラジカル中間体ができ，酸素があってもなくても活性化するが，主として酸素下でのDNA鎖切断により抗がん活性を発現する．最近，低酸素下でより活性を増強させるような分子修飾を行った報告が出てきたことは愉しみである．

酸素 $^1O_2$ が生成し，がん細胞を破壊するため，がんの治療が行える．PDT は毒性が低い光増感色素と低出力のレーザー光を使用するため生体への負担が少ないのが特徴で，新しいがんの治療法の1つとして注目されている．現在臨床に使用されている光増感色素としてはヘマトポルフィリン誘導体（haematoporphyrin derivative；HPD または HpD）であるポルフィマー・ナトリウム（porfimer sodium；商品名，フォトフリン®；Photofrin®）がある（図8）．

b．放射線療法

放射線療法において，とくにX線の生物学的効果には，ターゲットに酸素分子 O_2 が存在するかしないかは顕著な影響を与える．X線に対する酸素効果比（oxygen enhancement ratio；OER：酸素が存在する時としない時とで同じ生物学的効果を生じるに必要な線量の比）は高線量では約3であるが，約2Gy以下ではおそらく小さい．OER は LET（線エネルギー付与；linear energy transfer）が増すと減少する．LET が約 160 KeV/μm で OER は 1.0 となり，酸素効果が消滅する．中性子では OER は中間的な値で 1.6 を示す．O_2 は電離放射線から生じたラジカル（ヒドロキシルラジカル）により生じた障害を固定する．O_2 が存在しないと，間接作用により生じる障害は修復される．すなわち O_2 は放射線の直接作用でなく，間接作用を修飾していると考えられている．

c．化学療法

現在知られている多くの抗がん剤は何らかの

機序で細胞のDNAやRNAなどの核酸合成を阻害するものであるが，これまでその機序に関わる酸素の効果についてはin vivoでの実験における酸素濃度の影響を考えていないのと同様に注目されなかった．しかし，マイトマイシンをハイポキシック・サイトトキシンのプロトタイプとして上述したように，がんの低酸素細胞に対する重要性が増すにつれて，一般的な抗がん剤においても酸素濃度と抗がん活性との関係を再検討することが重要であると考える．最もよく知られた制がん剤はブレオマイシン（BLM；A_2（主成分）とB_2）で，BLMとFe（II）とO_2の比1：1：1のBLM-Fe（II）-O_2複合体からBLM-Fe（III）-OOH複合体を経由して活性型ブレオマイシンが生成することが実証されている（図9）．また，エンジイン構造をもつエンジイン系抗がん性抗生物質であるネオカルチノスタチン・クロモフォアやエスペラミシン（A_1, A_{1b}, A_{1c}, A_2, A_{2b}, A_{2c}, C, D, P）などはO_2存在下，生成するビラジカル中間体を経てDNA鎖を切断するが，無酸素下ではDNA鎖切断体が得られず，代わりにDNA付加体を生成することが報告されている．シスプラチンもヒドロキシルラジカルの産生を増大させている可能性が考えられている．このようにレドックス機構を経由する制がん剤における酸素効果が少しずつではあるが明らかになってきているのが現状である．

3. 高圧酸素（100％ O_2，1.4気圧以上）

高圧酸素療法または化学療法剤や放射線療法との併用

がんのユニークな特徴はがん組織の中心付近の低酸素領域であることは既に述べた．このような低酸素がん細胞の一般的ながん治療への低感受性の改善のための有効な手法としては，2.で述べた種々の低酸素指向型の薬剤があるが，もう1つの有効な方法としては酸素濃度を上げる，すなわち高圧酸素療法（hyperbaric oxygen（HBO）therapy）があげられる．HBO療法はさまざまなレベルにおけるがん微小環境に影響を及ぼすことができる．また，血管新生の強いトリガーであるがんの低酸素状態を改善できる．HBO療法によるハイパーオキシア（hyperoxia；酸素過剰状態）はまた活性酸素種を産生させ，過剰な酸化ストレス誘導によりがんに障害を与える．HBO療法の実施は，密閉された高気圧室に患者を収容して，1.4気圧以上のもとに100％の酸素を間欠的に吸入させる内科的治療法である．HBO療法はヘモグロビン非依存的に酸素分圧を上げ酸素の組織移行を高める．また，虚血状態のところへ血管新生を促す．さらに，がん治療においては薬物との併用も試みられている．これらの試みは，がんが腫瘍組織内酸素分圧の増加により，放射線や化学療法に対して増感されるようになるという理論的根拠に基づくものである．このように，HBO療法は低酸素微小環境のために治療効果が上がらないある種の療法の効果を増強させる補助的療法として期待されている．

4. まとめ

以上，酸素をターゲットとしたがんの治療について概説した．今日におけるNOやCO，H_2Sのシグナル分子としての華々しい進歩とは裏腹に，多くの生物生存の鍵を握る酸素についての研究が有害事象に限局されてよいはずはない．本論文においては酸素をがん治療の主役として考え説明した．正常な生体内はもとより，臓器あるいは組織等の病態部位では比較的低酸素濃度である生理的酸素濃度下で代謝を行っていることを論じた．現在の実験の主流である常圧酸素濃度である比較的高酸素濃度下でのin vitro実験から生物現象を推量することがいかに問題であるか，酸素濃度を指標にして，がん化学療法のメディシナルケミストリーを中心に

概説した．この小論が癌治療における酸素の重要性を再認識するきっかけとして少しでもお役に立つことができれば所期の目的は達せられたと考える．

［堀　　均，宇都義浩，永澤秀子，中田栄司］

■文献

1) Hori H, Nagasawa H, Terada H : Effects of free radicals from hypoxic cell radiosensitizers, hypoxic cell cyototoxins, and bioreductive anticancer drugs on the biological environment. In Environmental Oxidants : Advances in Environmental Sciene and Technology, Vol. 28 : Nriagu JO, Simmons MS（Eds）, Chapter 13, pp. 425-443, John Wiley & Sons, 1994.
2) Nagasawa H, Uto Y, Kirk KL, Hori H : Design of hypoxia-targeting drugs as new cancer chemotherapeutics. Biol Pharm Bull 29 : 2335-2342, 2006.
3) Hall EJ, Giaccia AJ : Radiosensitizers and bioreductive drugs. In Hall EJ, Giaccia AJ (eds), Radiobiology for the Radiologist, 6th ed, Chapter 25, pp419-439, Lippincott Williams & Wilkins, Philadelphia, 2006.
4) Brown JM, Wilson WR : Exploiting tumour hypoxia in cancer treatment. Nature Rev Cancer 4 : 437-447, 2004.
5) a) Dolmans DE, Fukumura D, Jain RK : Photodynamic therapy for cancer. Nature Rev Cancer 3 : 380-387, 2003. b) Castano AP, Mroz P, Hamblin MR : Photodynamic therapy and anti-tumour immunity. Nature Rev Cancer 6 : 535-545, 2006.
6) Daruwalla J, Christophi C : Hyperbaric oxygen therapy for malignancy. World J Surg 30 : 2112-2131, 2006.；Lane N : Oxygen : The Molecule that Made the World, Oxford Univ Pr, Oxford, 2003（N・レーン/西田睦監訳・遠藤圭子訳：生と死の自然史―進化を続べる酸素，東海大学出版会，2006）．
7) 井上正宏・企画：特集「微小環境からみる新たな癌の姿：癌の低酸素バイオロジー　鍵分子HIFから，低酸素応答に基づくイメージング・創薬開発まで」．実験科学 25(14)：2114-2158，羊土社，2007．

5.9 人工酸素運搬体

1. なぜ人工酸素運搬体が必要か

輸血は現代の治療体系の中でも欠くことのできない治療手段であり，救命のために輸血のみが有効である病態（外傷性出血）も多い．しかし，輸血を安全に行うためには，採血，採血時の検査，保存，交差試験，輸血の実施，輸血後の検査といったように多くの人手と時間をかけなければならない．また，採血した血液の保存期間は3週間（欧米では6週間）が限度であり[1]，需給を調整する保存液が改良されたとはいっても保存期間が飛躍的に伸びたわけではない．

輸血が治療として確立してからは，輸血による副作用の解明と克服が輸血を安全に施行するための課題であった．副作用の代表的なものは免疫反応[2]，感染症[3]とGVHD[2]である．免疫反応としては型不適合輸血があるが，major mismatch以外にも非特異抗体による溶血反応もあり，recipientに対してはクームステストなどの検査を追加し，交差試験を行うことが重要となっている．また，最近TRALI（transfusion related lung injury）のような肺傷害が起こることが解明され，このような副作用を防ぐ研究も進められている．感染症については梅毒と肝炎が代表的なものであり，病原体の検索と治療法の開発，汚染血液の排除が重要な命題となっている．梅毒に関してはガラス板法，TPHA試験などにより献血血液から削除することが可能となった．肝炎に関しても病原体の検索が進み，1968年にはHBV（B型肝炎ウイルス），1989年にはHCV（C型肝炎ウイルス）が同定され，汚染血の排除が可能となってきた．HIVは1984年に病原ウイルスが同定されたが，血液製剤の汚染から悲惨な感染を効果的に防ぐことができなかった歴史的背景がある．1999年より核酸増幅法（PCR）を用いた献血血液のNAT検査が全国でもれなく行われるようになって，これらのウイルス感染の機会は非常に低いものとなった．プリオン病の発見によって2002年より欧州滞在者の献血が禁止されたのも記憶に新しい．このようなウイルスなどを克服してきた歴史を考えると，未知のウイルスが献血血液に潜んでいる可能性を排除できず，輸血が治療手段の上で非常に重要な地位を占めるだけに感染症の危険のない血液代替物の開発は現代医学が果たすべき課題の1つである．

また，輸血が行われるためには保存，運搬，交差試験など人がかかわる事務的な部分もあり，ヒューマンエラーをゼロにすることは難しい状況である．

輸血に頼らない治療法の開発（無輸血手術など）も行われているが，限界もある．

以上のような状況から安定した保存が可能で，血液型がなく，いつでもどこでも使用できる輸血代替物の開発が望まれている．

2. 人工酸素運搬体研究の歴史

1818年にJames Brundellがヒト-ヒト輸血を成功させたが，危険な治療法であることに変わりはなかった．1900年にヒトに血液型があることがLandsteinerにより発見され，血液型を合わせると輸血が行えることが証明された．1914年にHustinにより，クエン酸ナトリウムによる抗凝固作用が発表され[1]，1915年には冷蔵保存技術が導入されると，輸血は飛躍的に安

全，有効な治療法となり，外科手術も安全な治療手技として種々の手術術式が開発されることとなった．

人工酸素運搬体の開発はこのような輸血治療の確立とともに始まり1920年代にはすでに赤血球よりヘモグロビンを分離して動物やヒトに注入する実験が行われていたようである．第2次世界大戦後はヘモグロビンや金属錯体を用いた酸素運搬体の検討が精力的に行われた．

1966年にClarkとGolanによるパーフルオロ化合物のガス運搬能力が明らかとなり，一躍人工酸素運搬体の開発が進むかと思えた．1981年にはミドリ十字によりパーフルオロ化合物Fruosol DAが開発され[5]，限定的な目的ではあるが，PTCAの際の心筋虚血に対する酸素治療剤として認可を受け，本邦では臨床試験中に大量失血の患者の救命例も報告され，人工酸素運搬体が現実の治療手段であることを印象付けた．Fruosol DAはその後，補体活性や毒性の問題を解消できずに，市場から撤退した．

ヘモグロビンを用いた血液代替物は1988年にChangがコロイジオン球体の中にヘモグロビンを包埋し，酸素の吸脱着を行うことを発表し，これをきっかけに多くの研究がなされるようになった[6]．本邦でもヘモグロビンの分離精製，血液内投与などの基礎的検討からコバルト金属錯体の開発など独自の研究が行われた．

1967年にH Bunnらはヘモグロビン分子間を架橋すると血中滞留時間が飛躍的に延長することを発見し[7]，血液代替物への応用に関する研究が盛んとなり，glutaraldehydeによるHb分子の重合技術（1973），pydoxal 5′ phosphateの分子修飾によるp50の調節技術（1975）などが発表され，80年代に入ると，いろいろな方法による修飾ヘモグロビンの人工酸素運搬体としての開発が盛んとなった．1980年代後半よりBaxterによるdiaspirin crosslinked hemoglobin（DCL Hb）の開発が行われ[8]，phase Ⅲ

表1 修飾ヘモグロビン開発の歴史

修飾 Hb（会社名）	成　分	適　応	臨床試験（状況）
PolyHeme™（Northfield Lab.）	グルタルアルデヒド重合ヒト Hb	外傷出血時の輸血代替	第3相（米）開発中止
Hemopure™（Biopure Co.）	グルタルアルデヒド重合ウシ Hb	術中輸血代替	第3相（米）pending（南アで認可）
PHP™（Curacyte）	ピリドキサル化-PEG 修飾ヒト Hb	敗血症に対する循環動態安定化	第2相（米）
Hemospan™（Sangart）	PEG-修飾ヒト Hb	血漿増量剤	第3相（スウェーデン）
Hemolink™（Hemosol Co.）	o-ラフィノーズ重合ヒト Hb	術中輸血代替	第2,3相 pending（米/英/加）
PEG-Hb（Enzon）	PEG-修飾ウシ Hb	腫瘍組織酸素化	開発中止（米, 1997）
HemAssist™（Baxter）	α-α 鎖間分子内架橋ヒト Hb	外傷出血時の輸血代替	開発中止（米, 1998）（血管収縮）
Optro™（rHb1.1）（Somatogen）	リコンビナントヒト Hb（分子内架橋型）		開発中止（米, 1998）（血管収縮）
rHb2.0（Baxter）	リコンビナント Hb（低 NO 親和度，PEG 結合）		開発中止（米, 2003）（血管収縮）

の臨床試験を行うまでに開発が進んだ．phase Ⅲ試験は重度外傷における生存率の向上をendpointとして大規模に行われたが，死亡率の増加が認められ，開発が中止された．

また，1980年代には多くのventure businessや，製薬会社による修飾ヘモグロビンの開発が行われた．表1にはその開発の歴史を記した．開発されている製剤は多いが，臨床第3相試験に至った製剤はdiaspirin crosslinked hemoglobin（HemAssist, Baxter社），glutaraldehyde重合ヒトヘモグロビン（PolyHeme, Northfield社），glutaraldehyde重合ウシヘモグロビン（Hemopure, Biopure社），PEG修飾ヒトヘモグロビン（Hemospan, Sangart社）と多くはなく，現在北米ではBiopure, Sangartの各社が開発を継続している（表1）．

セル型の人工酸素運搬体としてはTMS Changの機能評価で酸素運搬が有効であることが示された後に米国Naval Instituteにおいて研究が行われ，技術的な問題がクローズアップされた．早稲田大学では1990年代にヘモグロビン小胞体を開発，テルモ社もNRCの開発名でリポソーム包埋型の人工酸素運搬体の開発研究を行っている．

パーフルオロ化合物の開発においてもFluosol DAの撤退後にパーフルブロン（Alliance社），パーフトラン（ロシア）といった物質の開発が行われ，臨床試験が行われたが，パーフルブロンは脳出血の発生率の上昇などが原因で開発が中止され，企業活動が停止された．しかし，パーフルオロ化合物には液体換気用製剤として先天性横隔膜ヘルニアの呼吸不全に使用して良い成績を上げるなど，人工赤血球としてではない用途での検討も進んでいる．

3. 物性としての人工酸素運搬体

人工酸素運搬体が持つべき物性としては，効率的な酸素運搬のために肺で十分に飽和し，末梢組織でかなりの量の酸素を放出する物性を持ち，静脈内に投与して作用し，血中滞留時間が十分にあり，毒性がないことが条件となる．

酸素運搬能が十分という条件を考えると，地球上の物質で，酸素を運搬する可能性のあるものは限られている．生体内で酸素を運搬するタンパクはプロトヘムを含むヘムタンパクであり，代表的なものがヘモグロビンとミオグロビンである．植物まで範囲を広げるとクロロフィル，コルフィセンなども酸素を運搬する．これらの酸素運搬タンパクのうち，血中に投与して酸素運搬体として機能すると思われる分子はヘモグロビンに限定されてしまう．なぜならば，肺胞領域で酸素と結合し，末梢組織に近い毛細血管領域で酸素を解離する性質を持つことが必要で，酸素運搬量が十分大きいことが望ましいからである．ヘモグロビンはαヘモグロビン2分子とβヘモグロビン2分子が会合した特徴的な4量体であり，酸素配位の順位により特徴的なシグモイド型の酸素解離曲線を呈し，大気中の酸素分圧ではほぼ100％飽和し，体内の組織における酸素分圧下で40％程度の酸素飽和度となり，多くの酸素分子を効率的に運搬することができる．このため，人工酸素運搬体の開発もこのヘモグロビン分子が主役となっている．その他，物質としては人工合成のヘムを応用した物質（アルブミンヘムなど）や，コルフィセンを修飾したものも検討されている．

人工酸素運搬体は赤血球の酸素運搬能を代替する目的で開発が行われているが，近年では酸素も運搬するplasma expanderとして血圧を保持する輸液製剤としての位置づけで開発されている修飾ヘモグロビンも存在している．

4. 人工酸素運搬体の実際

現在開発が進んでいる人工酸素運搬体は大きく分けて，1. 修飾ヘモグロビン製剤，2. リポソーム包埋ヘモグロビン，3. パーフルオロ化

合物，4．その他の人工酸素運搬体に分けられる（図1）．

a．修飾ヘモグロビン

修飾ヘモグロビンは裸のヘモグロビン分子が血中で分離することを防ぐために分子内で架橋を行ったり，ヘモグロビン分子間を重合することにより分子量を増大させる，分子表面を修飾することにより見かけの分子量を大きくする，などの方法で流血中内での滞留時間を延長し，メト化をおさえ，酸素運搬能を保持した製剤が1980年代より開発されている．Baxter社が開発を行ったDCLヘモグロビンは第3相試験で試験群が対照群に比し死亡率が高く毒性もみとめられたため，開発が中止された．この製剤の開発の経緯から，人工酸素運搬体溶液の膠質浸透圧，投与時の血管収縮の副作用，心筋毒性，酸素運搬能について検討が進み，酸素運搬体分子の大きさ，p50の値，重合の方法などを種々変更した物質が開発され，基礎研究，臨床検討が行われた．しかし，多くの製剤が血管収縮の問題点，心筋毒性などを克服できず，臨床応用に至っているものは少ない．現在Biopure社の開発したHemopure（グルタールアルデヒド重合ウシヘモグロビン）が南アフリカで酸素を運搬する血漿増量剤として認可され臨床応用されているのみで，Sangart社のHemospan（PEG修飾ヘモグロビン）は現在臨床試験を行っているところである．本邦でもPLP重合ヘモグロビン（味の素1980年代），PEG-SNO-ヘモグロビン（東北大学-北海道大学グループ）などの開発が行われた．

b．ヘモグロビン小胞体

リポソーム包埋ヘモグロビンは米国海軍の研究グループが研究を行っていたが，リポソームの制御技術の問題から1980年代には開発が中断していた．リポソーム包埋ヘモグロビンの技術的な特徴は，1. リン脂質膜小胞体を安定した脂質二重膜として精製すること，2. Hbの精製，高度濃縮溶液を作成すること，3. 血球成分との相互作用がほとんどない脂質膜修飾法の確立である．たまねぎ状に脂質膜が何層にも重層すると，小胞体内にヘモグロビンを十分に

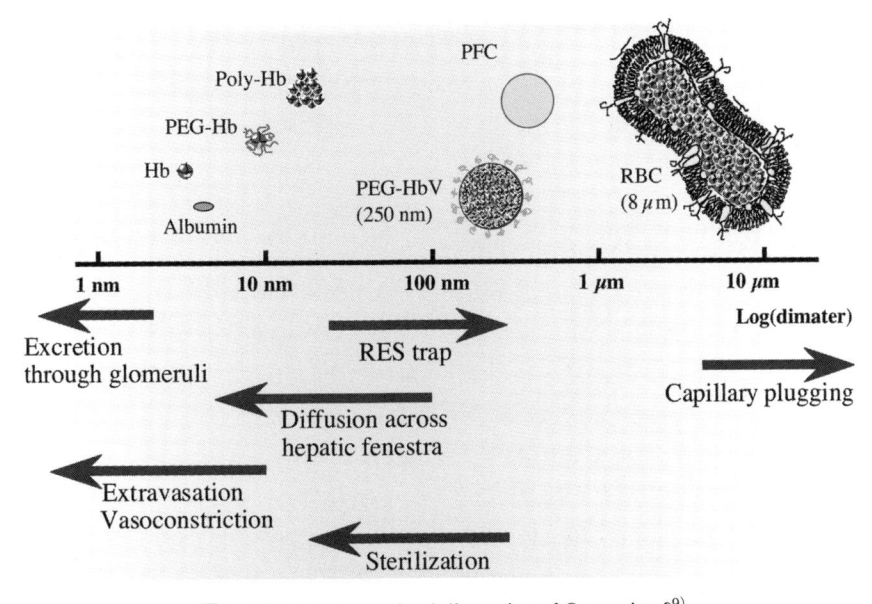

図1 What is the optimal dimension of O$_2$ carriers?[9)]

包埋できないだけでなく，脂質の投与量が大きくなり，体にかかる負担が大きくなるのと同時に，酸素運搬量が少なくなる．また，小胞体の酸素運搬量を増加させるためには，高度精製されたヘモグロビン溶液を可能な限り高濃度として用いることが必要である．この生成過程で，細菌はもとよりウイルスの不活化も行い，感染症の可能性をほぼ解消することが可能と考えられる．

リポソーム包埋ヘモグロビンによる人工酸素運搬体の開発は1980年代半ばより早稲田大学理工学部高分子研究室で開始され，土田らは高純度に精製されたヘモグロビン溶液（40％）を用いたヘモグロビン小胞体を開発，テルモ社は還元系を残したstroma free hemoglobinを用いた人工酸素運搬体NRCを開発，現在両者は臨床応用へ向けて開発研究が継続中である．

土田らのグループでは上記の技術的課題を1つ1つ解決し，理想的なリポソーム包埋型人工酸素運搬体を作成してきた．脂質二重膜中の負電荷脂質を従来のミリスチン酸から酢酸誘導体に変更し，血小板の活性化がほとんど見られなくなり，PEG修飾により血中半減期が延長し，臨床応用に近づいていると考えられている[9]．

c．パーフルオロ化合物

1970年代にミドリ十字（現田邉三菱）は，パーフルオロデカリンを主体としたフルオゾールDAを開発し，限定目的ながらFDAの承認を受け臨床応用を開始したが，補体活性の上昇と急性毒性のため，大量使用が困難なことが明らかとなり，次第に臨床的価値を失い，市場から撤退した．その後，Alliance社がパーフルブロンを用いた製剤（Oxygent，Liquivent）を開発，臨床試験で良好な結果を得ていたが[10]，血中投与型のOxygentは術中輸血を回避する設定で行った第3相試験において，脳塞栓の増加が明らかとなり開発が中止された[11]．液体換気用に開発されたLiquiventは新生児横隔膜ヘルニアにおける呼吸不全の治療に用いられ，一定の成績を挙げた[12]が，成人の呼吸不全では有効性が証明されなかった．現在開発企業が中国に拠点を移し，輸血代替の面での開発が継続している．

ロシアではPerfutoranと呼ばれるパーフルオロカーボン乳化製剤が開発され，使用されている[13]．

d．その他の人工酸素運搬体

ヘモグロビンタンパクによらないヘムの担体を人工的に作成して血中で酸素を運搬させるというコンセプトにより，種々の物質が開発されてきている．1980年代には早稲田大学理工学部高分子研究室より人工合成のヘムに側鎖をつけてこれを脂質膜小胞体内に埋め込み，40 nmの微粒子とした酸素運搬体を開発，動物試験を行い，ショック蘇生に有効であることが報告されている[14]が，投与直後の血管収縮による血圧の上昇については解明が不十分であった．

また，アルブミンがヘムを包摂する性質を利用して人工合成により安定化したヘム分子をヒトリコンビナントアルブミンに包摂させ，人工酸素運搬体としての機能を付与したアルブミンヘムが1998年に開発された[15]．血中半減期が短いながら，酸素治療薬としての可能性があり，研究の展開に期待がもたれている．

5．人工酸素運搬体の応用分野

人工酸素運搬体開発の最大の目標は輸血代替であるが，輸血に代わるものと考えると，大量・急速の輸注に対する生体反応および安全性に重点が置かれた開発が主体となることは否めない．

輸血代替のほかに酸素運搬体としての特徴を生かした応用がいろいろと考えられている．代表的なものを挙げると，血液型がないことから，体外循環の補填液としての使用，動物用の

輸血代替等が考えられ，運搬体の大きさが赤血球に比し微小であることから，虚血性疾患（心筋梗塞や脳梗塞）の狭窄部を通過あるいは側副血行路よりの病巣部への灌流を考えた梗塞巣の縮小を目的とした使用法，糖尿病による末梢血行障害部位への酸素供給，悪性腫瘍の治療抵抗性を緩和するために腫瘍酸素分圧を上昇させるための酸素治療薬，移植臓器保存時の虚血再灌流障害の緩和を目的とした酸素治療薬，定量的なガスキャリアとしてアイソトープを用いた検査への応用などが考えられており，なかには少量の使用で結果が得られると考えられており，今後の研究展開に期待が集まっている．

6. 見果てぬ夢か—人工酸素運搬体の臨床応用と今後の研究課題

各国で意欲的に進められている人工酸素運搬体の開発であるが，輸血代替の面では最後のブレークスルーが得られていない感がある．1988年より米国FDAは人工酸素運搬体に対する医薬品としての備えるべき物性と生体反応の基準についてたびたび発表を行っており，最近ワシントンDCにおいてヘモグロビンを用いた人工酸素運搬体についてのワークショップを行い，現行の開発方法に対し，疑問と問題点について集中討議を行った．これは，JAMAに発表されたNatansonのメタアナリシス[4]をもとに行われたものであるが，メタアナリシスの対象となった論文がまちまちで，解析の対象として評価するのが適当でないとの批判もあったが，現在開発中の人工酸素運搬体の一般的な副作用の傾向について明らかにし，あらためてFDAの厳しい考え方を示したと考えられた．

今後は，細動脈領域の血管に対する作用や，脳血管および脳実質への影響，心筋毒性の詳細などを解明しつつ，許容できるリスクを明らかにして人工酸素運搬体の臨床応用を図ってゆくことが重要と思われる．

［堀之内宏久，小林紘一，酒井宏水，土田英俊］

■文献

1) Gibson JG, Gregory CB, et al：Citrate-phosphate-dextrose solution for preservation of human blood：a further report. Transfusion 1：280-287, 1961.
2) Petronyi GG, Reti M, Harsanyi V, Szaho J：Immunologic consequence of blood transfusion and their clinical manifestations. Int Arch Allergy Immunol 114：303-315, 1997.
3) Ray S, Thuluvath PJ：Acute hepatitis C. Lancet 372：321-332, 2008.
4) Natanson C, Kern SJ, et al：Cell-free hemoglobin-based blood substitutes and risk of myocardial infarction and death：a meta-analysis. JAMA 299(19)：2304-2312, 2008.
5) 渡辺正弘, 花田秀一, 矢野賢一, 他：Fluosol-DA, 20％――一回静脈内投与後3ヶ月間の観察―. 基礎と臨床 16：4608-4618, 1982.
6) Chang TM：Attempts to find a method to prepare artificial hemoglobin corpuscles. Biomater Artif Cells Artif Organs 16(1-3)：1-9, 1988.
7) Bunn HF：Effect of sulfhydryl reagents on the binding of human hemoglobin to haptoglobin. J Lab Clin Med 70(4)：606-618, 1967.
8) Malcolm D, Kissinger D, Garrioch M：Diaspirin cross-linked hemoglobin solution as a resuscitative fluid following severe hemorrhage in the rat. Biomater Artif Cells Immobilization Biotechnol 20(2-4)：495-497, 1992.
9) Sakai H, Sou K, Horinouchi H, et al：Haemoglobin-vesicles as artificial oxygen carriers：present situation and future visions. J Intern Med 263(1)：4-15, 2008. Epub 2007 Nov 27. Review. PMID：18042220［PubMed-indexed for MEDLINE］
10) Spahn DR, van Brempt R, Theilmeier G, et al：Perflubron emulsion delays blood transfusions in orthopedic surgery. European Perflubron Emulsion Study Group. Anesthesiology 91(5)：1195-1208, 1999.
11) Hill SE, Grocott HP, Leone BJ, et al (Neurologic Outcome Research Group of the Duke Heart Center)：Cerebral physiology of cardiac surgical patients treated with the perfluorocarbon emulsion, AF0144. Ann Thorac Surg 80(4)：1401-1407, 2005.
12) Yoxall CW, Subhedar NV, Shaw NJ：Liquid ventilation in the preterm neonate. Thorax 52 Suppl 3：S3-8, 1997
13) Verdin-Vasquez RC, Zepeda-Perez C, Ferra-Ferrer R, et al：Use of perftoran emulsion to

decrease allogeneic blood transfusion in cardiac surgery : clinical trial. Artif Cells Blood Substit Immobil Biotechnol 34(4) : 433-454, 2006.
14) Tsuchida E, Nishide H : Hemoglobin model-artificial oxygen carrier composed of porphinatoiron complex. Top Curr Chem 132 : 63-99, 1986.
15) Tsuchida E, Komatsu T, Hamamatsu K, et al : Exchange transfusion of albumin-heme as an artificial O_2-infusion into anesthetized rats : physiological responses, O_2-delivery and reduction of oxidized hemin sites by red blood cells. Bioconjugate Chem 11 : 46-50, 2000.

5.10 NO吸入と酸素輸送

1. NO吸入の薬理と生理

一酸化窒素（NO）は，室温で無色，無臭のガスとして存在している．これらNOを含め窒素酸化物は大気中の窒素が内燃機関やタバコの芯また雷などで酸化されることによっても産生される．そして体内でもNOはさまざまな生理作用に反応して，NO合成酵素により酸素とL-アルギニンにより生成されている．

体外から吸入されたNOは肺胞毛細管膜を急速透過して肺血管平滑筋に到達する．心血管系におけるNOの生理的効果の多くは溶解性グアニレートシクラーゼ（soluble guanylate cyclase；sGC）を活性化してサイクリックグアノシン一リン酸（cyclic guanosine monophosphate；cGMP）を産生することにより発現する．それにより，平滑筋内でcGMPの濃度が上昇すると，cGMP依存型プロテインキナーゼ（cGMP-dependent protein kinase；PKG）を介する機序により平滑筋が弛緩する．血管内腔に達したNOは酸素化ヘモグロビン分子内の第一鉄原子と急速に反応してメトヘモグロビンと硝酸を生成し，脱酸素化ヘモグロビン分子と反応して鉄-ニトロシル-ヘモグロビンを産生する．吸入NO血管拡張作用はこの急速反応により中和されると考えられてきたが，最近の報告では，NOは，SNO-Hbを介して，あるいは亜硝酸から変換されたNOによって末梢循環の血流改善作用に関与していることも示唆されている．

2. NO吸入による換気血流比の改善

肺内における換気と血流の分布（ventilation-perfusion（V̇/Q̇）distribution）は肺での血液酸素化効率の重要な決定因子であり，動脈血酸素分圧（Pa_{O_2}）を規定する．正常肺では低酸素にさらされている肺血管床が収縮し，換気状態のより良い，肺胞酸素分圧の高い肺領域に血流の再分布が起こる．疾患によっては，換気状態が良くても肺領域内の血管トーヌスが上昇していることが知られており，吸入NOは換気領

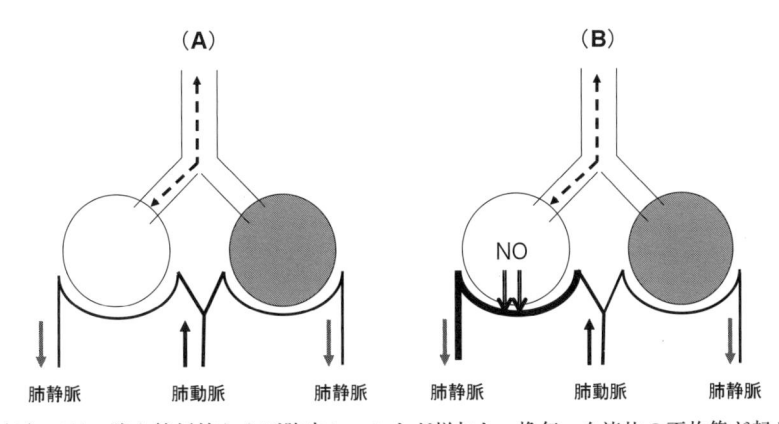

図1 (A)では，肺血管抵抗および肺内シャントが増加し，換気・血流比の不均等が起こる．(B)では，NO吸入により，換気の良好な肺胞周囲の血管が拡張し，肺内シャントも減少して換気・血流比の不均等が改善する．

域の血管抵抗を下げることにより肺内血流の再分布を促進する．すなわち，吸入NOは選択的に肺動脈圧を低下させ，肺内シャントを減らして全身の酸素化を改善する（図1）．

これらの作用は，急性呼吸窮迫症候群（ARDS）を対象とした臨床試験において，NO吸入により選択的肺血管拡張，肺毛細血管圧の低下，酸素化の改善があると報告されている．

3. 吸入NOの臨床応用の現状

肺高血圧症と重度の低酸素状態を呈する新生児に対して吸入NOは血圧を下げることなく急速に酸素化を改善する．複数の無作為臨床試験において吸入NOが動脈血酸素化を安全に改善し，体外膜酸素化療法（extracorporeal membrane oxygenation；ECMO）の必要頻度を減らすことが示された．これらの蓄積されたデータに基づいて1999年，米国FDAが低酸素呼吸不全を呈する新生児で臨床的あるいは心エコー上肺高血圧の症状を示す場合を適応として，吸入NO療法を認可するに至っている．

また，これら新生児肺高血圧症ばかりでなく周術期における肺高血圧症の治療と診断に広く用いられている．しかしながらその生理学的な効果が臨床的な転帰に影響を与えるかどうかは完全な結論は出ていない．

［畑石隆治］

■文献

1) Ichinose F, Roberts JD Jr, Zapol WM：Inhaled nitric oxide：a selective pulmonary vasodilator：current uses and therapeutic potential. Circulation 109：3106-3111, 2004.
2) Bloch KD, Ichinose F, Roberts JD Jr, Zapol WM：Inhaled NO as a therapeutic agent. Cardiovasc Res 75(2)：339-348, 2007.

5.11 酸素とコンタクトレンズ

　コンタクトレンズ（以下CL）は，視力を矯正するための医療器具である．その名のとおり，CLは角膜（黒目）に直接接触させて使う"contact"（接触する）ことから名づけられた．角膜は透明で血管のない組織であり，角膜に必要な栄養素の多くを大気中の酸素から取り入れることから，CL装用時にいかにして角膜へ酸素を供給するかが大きな課題と言える．本項では，酸素とCLの関係について解説するとともに，CL装用時の酸素不足が引き起こす眼障害についても触れる．

1. 角膜への酸素供給とCL

　角膜は透明な組織であり血管が存在しない．そのため，角膜への酸素供給のほとんどは外界からの酸素21％（O_2分圧：155 mmHg）を取り込んだ涙液を介して行われる．しかし，CLを装用した場合には，涙液ではなくCLが角膜表面を覆ってしまうために角膜への酸素供給は8～13％に低下することが知られている[1]．

　CL装用時の角膜への酸素供給は，CLの種類（ハードコンタクトレンズとソフトコンタクトレンズ）によって異なる．ハードコンタクトレンズは，角膜よりもやや小さく，瞬き（瞬目）とともに角膜上でレンズが動いてCL下の涙液の交換が起こり角膜へ酸素を多く含む涙液が供給される．一方，ソフトコンタクトレンズは角膜よりも大きく角膜全体を覆ってしまうため瞬目でもほとんど動きがないが，レンズ自体に弾性があり瞬目によってレンズがたわんで涙液交換が行われる．また同時に，素材に含まれる涙液を通して酸素が角膜に拡散して供給される．このように，CL装用下の角膜への酸素供給は，涙液交換が十分にできるか，あるいはCL素材自体が酸素を通す材質であるかが重要となる．

2. CLの歴史

　開発当初のCLは，ハードコンタクトレンズであり，PMMA（ポリメチルメタクリレート）という素材で製作されていた．PMMAは水槽などに使用されるアクリル樹脂と同じもので，生体適合性が良く，硬くて傷がつきにくいといった特徴がある．これは汚れにくい点で優れていたが，ほとんど酸素を通さない素材であったため，長時間の装用によって角膜に傷ができるなど，角膜の酸素不足によるさまざまな眼障害が問題となった．

　その後，プラスチック技術のめざましい進歩により，RGP（ガス透過性ハードコンタクトレンズ）が登場した．これは，素材の酸素透過性が高くなるよう開発されたもので，角膜に対する負担が少なくなり酸素不足がもたらす眼障害は減少した．しかし，PMMAに比して材質が軟らかく変形しやすい，汚れがつくと酸素透過性が低下するといった面も持ち合わせているため，酸素透過性が高いRGPといえども適切なレンズケアと装用時間の厳守，定期的なレンズ交換が重要となる．

　一方，ハードレンズが装用初期に異物感があることから，より装用感をよくしたソフトコンタクトレンズが登場した．初期のソフトコンタクトレンズは酸素透過性も低く，また汚れがつきやすいためにアレルギーなどの眼障害を引き起こしたが，最近ではレンズ汚れやレンズケアの問題を解決すべく使い捨てコンタクトレンズ

が登場し，その簡便さから若年者から中高年者に至るまで広く普及するようになった．これには，毎日はずしてケアを行い，2週間から1カ月でレンズを捨てて新しく交換する頻回交換型ソフトコンタクトレンズと，ケアの要らない1日タイプの使い捨てレンズがある．レンズを定期的に交換することで，レンズに汚れが蓄積するのを防ぎ，また定期健診で眼障害を早期に発見できるようになった．また，近年，素材にシリコーンを含んでさらに酸素透過性を高めたシリコーンハイドロゲルを素材とするソフトコンタクトレンズも開発され，夜間も装用する連続装用が可能となっている．このように，CLは酸素との密接な関係をつくることで，大きな進歩を遂げてきたのである．

3. 酸素供給の低下がもたらす眼障害

角膜への酸素供給が低下すると，好気性解糖が抑制されて嫌気性解糖による代償機転が働く．そのため，すぐに眼障害を生じることはないが，無理な連続装用や指示を超える過剰装用などの慢性的な酸素不足が持続すると，この代償機転によってもエネルギー産生が追いつかずに角膜全体のエネルギー量が減少する．その結果，角膜上皮の基底細胞層での細胞分裂が低下し，角膜の厚みを維持しようと表層の細胞面積が増大するため，やがて角膜上皮層の菲薄化が引き起こされる．また，角膜上皮のバリアー機能の低下によって，脆弱になった角膜上皮は容易に傷害され，角膜上皮びらん・上皮欠損（図1）を生じやすくなり，さらには角膜感染症のリスクを高めることになる．通常，激しい眼痛，充血，流涙などの強い自覚症状を伴うため，患者は救急診療に駆け込むことになる．こういった障害は，CLの長時間装用による酸素欠乏が背景にあるため，CLをはずして点眼治療をすれば，比較的短時間で治癒することが多い．

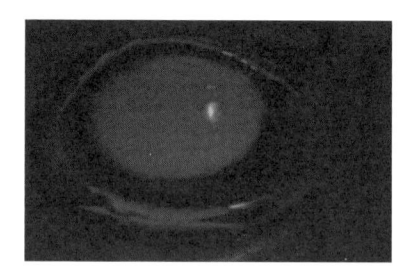

図1 CL長時間装用後の急性角膜びらん（口絵参照）
角膜上皮が損傷を受けてはがれている．特殊な生体染色液で染色しており，青いライトを当てると角膜がはがれた部分が黄緑色に染まる．炎症を伴い，激しい眼痛を生じる．
（「道玄坂糸井眼科医院 院長 糸井素純先生」よりご好意でご提供頂きました．）

図2 CLの長年の装用によって生じた角膜血管侵入（口絵参照）
慢性の酸素不足の結果，本来血管のない部分である角膜に，周辺から血管が侵入している．
（「道玄坂糸井眼科医院 院長 糸井素純先生」よりご好意でご提供頂きました．）

また，本来は無血管組織である角膜に，周辺から血管侵入をきたす角膜新生血管（図2）を生じたり，CL装用による酸素不足で角膜上皮細胞の分裂能が低下して代償的に角膜輪部上皮が角膜側へ移動して角膜周辺部のスパイク状の上皮下混濁を生じることがある（pigmented slide）．こういった障害は，基本的に自覚症状がないまま進行することが多く，一度生じた障害はなかなか消えない．

さらに，酸素不足が引き起こす重篤な眼障害の1つに角膜内皮障害がある．本来，角膜は浸透圧差で水を含みやすい性質があるが，角膜の裏側を裏打ちしている角膜内皮細胞が，角膜から水をくみだしてポンプの役割を果たし角膜の透明性を維持している．また，角膜内皮細胞の

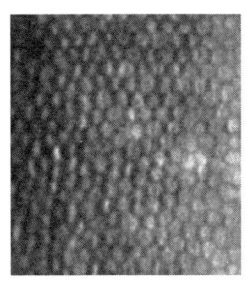

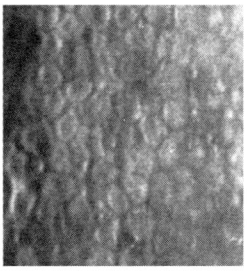

図3 角膜内皮の障害
左は正常の，右が減少した角膜内皮細胞の顕微鏡写真である．正常では細胞密度が高く，形や大きさがそろっているが，減少すると再生能がないため，1つ1つが大きくなり大小不同が目立つ．
（「道玄坂糸井眼科医院 院長 糸井素純先生」よりご好意でご提供頂きました．）

大きな特徴として，他の角膜上皮，実質と異なり再生できないことが挙げられる．したがって，一度減少すると再び増加することはない．一般に，角膜内皮細胞は正常では1 mm四方に2,500～3,000個あり，目の手術や炎症，加齢によって減少する．不適切なCL装用や過剰装用による酸素不足でも内皮細胞が減少することが知られており（図3），重症の場合，角膜内皮細胞密度が500個/mm^{2}以下になると代謝が追いつかなくなり角膜が水ぶくれ状態（水疱性角膜症）になる．水疱性角膜症に至ると角膜移植が必要となる．

おわりに

酸素は人間，あるいは角膜の代謝を維持するのに不可欠であり，CLと酸素の関係をよく理解することが重要である．今後，さらなる高分子化学や工学などの科学技術が進歩して，より理想に近いCLが登場することが期待される．

［高橋順子，東原尚代］

■文献
1) Bruce AS, Brennan NA：Corneal pathophysiology with contact lens wear. Surv Ophthalmol 35：25-58, 1990.

5.12 人工肺による酸素補助

　現在医療においてよく用いられている人工肺は，血液相と酸素ガス相との間にガス透過膜が介在する膜型人工肺である．ガス透過膜として，疎水性高分子の微孔性膜（ポリプロピレン，ポリスルフォンなど）が使用され，良好な臨床成績を収めている．現在よく使用されている膜素材は，微孔性ポリプロピレン中空糸（内径が $400\ \mu m$ 程度）で，それらを多く束ねた形式の人工肺が開発されており，開心術のための人工心肺に使う装置としては，十分な性能が得られている．膜型人工肺の酸素輸送抵抗（効率の逆数に相当する）は，膜抵抗と血液側の抵抗の和となるが，非線形な酸素解離曲線の特性のために，血液側の膜近傍に酸素飽和度の高い境界層が形成されて，それが酸素輸送抵抗の増大の原因となっている．そこで，酸素輸送効率を改善するためには，流れの対流効果によって血液側の酸素飽和度の高い境界層を攪拌する必要があり，渦形成や二次流れ形成によって，酸素輸送効率が大きく改善することが過去の研究から示されている．

　このような膜型人工肺は，開心術のみならず肺機能そのものが損なわれる急性呼吸不全の治療にも適用され，ECMO（extracorporeal membrane oxygenation）と呼ばれている．ECMOの適用となると，灌流時間が数日から数週間と長期の使用になるため，人工肺を含む体外循環の安定性が必要となる．ECMOの最初の成功例は1972年に米国のHillらによる3日間の長期使用である．その後のECMOの臨床成績は良好ではなかったが，80年代に入って，ECMOの成績が改善され，とくにBartlettらによる新生児の呼吸不全に対するECMO成績が向上している．たとえば，1994年までのデータでは，救命率は81％にまで到達している．その後，膜型人工肺の長期使用を可能にする試みがなされてきたが，その中で興味深いのは，米国のMortensenによる血管内留置型の外部灌流型人工肺である．すなわち，大静脈内に中空糸の束を挿入して外部灌流（中空糸の中に酸素ガスを通し，外側を血流が流れる方式）にてガス交換を行わせる方式（intravenacaval blood gas exchange；IVCBGE）である．これまでの体外循環方式とは異なり，血液回路やポンプが不要で画期的に人工肺システムが簡略化される．ただ，この方法の欠点は大静脈内での膜面積が十分に確保できないことから，必要なガス交換量の30％しか供給できない．したがって，すべての酸素需要をまかなうことは困難であるが，補助的な呼吸介助には有効である．

　現在医療技術は，血管内手術や内視鏡手術などのように低侵襲化に向かっているが，呼吸補助としての血管内留置型人工肺は低侵襲治療としての可能性を秘めており，発展が期待される医療技術である．長期使用が可能な膜型人工肺の課題は急性呼吸不全治療のみならず，肺移植までのつなぎまで拡がる．すなわち，肺機能を全部代替するのではなく，一部のガス交換機能を代替する補助人工肺はきわめて重要な概念で，コンパクトで簡便な補助人工肺のシステムが実現できれば，臨床医学的にはその適応範囲が広がるであろう．さらに人工肺の性能が改善されれば，空気中の酸素からの酸素付加で需要量に見合う十分な酸素を取り込むことが可能になり，臨床的に有用なシステムとなるであろう．

〔谷下一夫〕

5.A 人工呼吸法

 ヒトにとって呼吸は生命を維持するために必要な機能である．呼吸は肺胞と大気の間で空気を交換（換気）することで酸素を取り込み，二酸化炭素を排出している．大まかに分け，外気を取り入れて，肺で拡散によってガス交換を行うことを外呼吸（肺呼吸），生体や細胞が酸素を取り入れ，酸化還元反応によりエネルギーを獲得することを内呼吸と言う．肺が行う呼吸は外呼吸（狭義の呼吸）である．

 呼吸は吸気と呼気よりなり，吸気は外肋間筋と横隔膜の収縮により胸郭が拡大し，胸腔内が陰圧となることで肺内に空気が流入する状態である（陰圧換気）．一定量（1回換気量）の吸気が完了すると呼気となる．呼気は，①腹筋群が腹腔内圧を上昇させ横隔膜を胸腔側へ押し上げる働き，②横隔膜の弛緩，③内肋間筋の収縮で，胸郭の容量が減少することと，膨らんでいた肺が元に戻ろうとする弾性の力が加わり肺内のガスが排出される状態である．呼気と吸気の切り替わる呼吸のリズムは中枢神経系により調節されている．

 人工呼吸はこの機能が正常に維持できない際に必要とされる．とくに呼吸の役割のうち，①酸素化の改善，②換気の維持，③呼吸仕事量の軽減が人工呼吸の主な目的となる（他に虚脱した肺を広げるなど）．人工呼吸は機械で換気を代行，もしくは補助する．このため，人工呼吸器は呼吸（respiration）させる機械（機器）であるが，主な仕事は外呼吸の一部である換気（ventilation）であり，レスピレータ（respirator）ではなくベンチレータ（ventilator）と呼ばれることが多い．人工呼吸は呼吸不全を治療するものではなく，原因が改善されるまでの維持であることを理解する必要がある．

 換気方法としては，胸郭外を陰圧にし，胸郭を広げることで換気をする方法（陰圧式人工呼吸器）もあるが，一般的には気道内にガスを送り込み，肺内を陽圧として換気を行う方法が主流である（陽圧式人工呼吸器）．

 人工呼吸は通常は気管挿管や気管切開などを介して行うが，最近は鼻マスクやフェイスマスクを介した非侵襲的人工呼吸管理（non-invasive positive pressure ventilation；NPPV）も多く行われるようになっている．

a. 人工呼吸の開始条件

 呼吸のしくみのうち，一部でも機能が抑制されると生体は低酸素血症・高二酸化炭素血症となり，いわゆる呼吸不全の状態となる．この際に生命維持のため，人工呼吸が開始される．表1に一般的な人工呼吸の開始基準を示す．これらを参考にしながら，症状，病態の進行する程度，気道内分泌物の量や喀出力，意識レベルなどの推移も併せて判断する．この際に急性な変化か慢性な状態からの急性増悪かも判断しなくてはならない．急性呼吸不全では予備力はあるが，生体の代償機転は不十分であり，心肺機能

表1 人工呼吸の開始基準

換気の障害	
呼吸努力	大きく，やがて疲弊する・努力性呼吸
呼吸数	$>35/min.<6/min.$
1回換気量	$<5\,ml/kg$
肺活量	$<10\text{-}15\,ml/kg$
Pa_{CO_2}	$>55\,mmHg$
死腔換気率	>0.6
酸素化の障害	
Pa_{O_2} (room air)	$<50\,mmHg$
Pa_{O_2} ($F_{IO_2}:1.0$)	$<70\,mmHg$
$A\text{-}aD_{O_2}$ ($F_{IO_2}:1.0$)	$>450\,mmHg$
シャント率	$>20\text{-}30\,\%$

が危機になってからでは治療が困難をきわめるため，適応を広げ，早めの人工呼吸を開始することが望ましいことが多い．逆に慢性呼吸不全の急性増悪では一度人工呼吸を開始すれば離脱には難渋するし，今後も何度も繰り返される．長期の呼吸管理を考慮し細やかな配慮が必要となる．

b. 陽圧式人工呼吸器

気管に挿入された気管チューブに人工呼吸器から高い圧をかけて強制的にガスを肺内に押し込むため，肺内圧は陽圧となる．ガスの流れを制御する方法として高圧ガス供給装置と吸気制御（吸気弁），呼気制御（呼気弁）装置がある．吸気の流れは吸気弁が開放，もしくは常に回路内に一定のガスを流しながら呼気弁が閉じることで，体内にガスが送り込まれる．呼気の流れは呼気弁が開くことで起こる．これらは非常に精度の高いコンピュータ制御によってなされている．人工呼吸は吸気から呼気への転換法によっていろいろ分類されている．これらを換気の種類という意味で換気モードと言う．現在までに多くの換気モードが開発され，非常に複雑になっている．

c. 換気モードの分類

呼吸不全の治療に人工呼吸は欠かせない存在である．しかし陽圧換気はヒトにさまざまな悪影響を与える．そのため，現在の人工呼吸管理では自発呼吸をなるべく残してそれに同調させながらの人工呼吸が主体となる．自発呼吸に合わせるため，吸気の開始は自発呼吸のタイミングに合わせる．ガスを流し込み始めるタイミングをトリガーと言う．トリガーには気道内圧の変化で行う圧トリガーと流量の変化で行うフロートリガーがある．多くの換気モードを理解するために最小限のモードを示す．

呼吸器で吸気から呼気へのタイミングを設定するものを強制換気という．強制換気は大きく2つに分けられる．1つは従量式と言われるvolume control ventilation（VCV）で，設定した換気量が送られ肺を拡張させると呼気に転換する．もう1つは従圧式と言われるpressure control ventilation（PCV）で，設定した換気圧まで肺を拡張させる．

吸気から呼気へのタイミングをヒトの呼吸状態によって設定するものを自発換気と言い，最近ではpressure support ventilation（PSV）が多く用いられている．

換気量を規定したVCVではどのような病態でも一定の換気量はほぼ保たれる．わかりやすくするために一定の流速で送った場合を示す．吸気が始まるとガスが一定の速度で流れ始め，それに伴い気道内圧も上がり，換気量も比例して増加する（図1）．同じ1回換気量で比較した場合，吸気流速が速いと気道内圧は高くなり，換気が不均等になりやすく，遅いと1回の呼吸サイクルで呼気時間が長くなり，十分な呼出時間が確保できなくなる．設定された換気量になると，肺と胸郭の弾性で呼気となる．VCVではリークがない限り換気量は保証されるが，自発呼吸の有無，分泌物貯留，コンプライアンスによって，気道内圧は大きく異なり，これらを考慮し，吸気流速，吸気時間などの調節をすることは非常に困難である．このため，必ず，高圧アラームは使用前に設定する．VCV施行時に，吸気弁が閉鎖し送気が終了しても直ちに呼気弁を開放せず，一定時間両弁を閉じたままにすることをEIP（end inspiratory pause）と言う．このときはガスも送られず呼出も行われず，気流速度は0になる（図1参照）．これは何億もあるすべての肺胞の膨らみがバラバラである不均等換気の状態を改善することを目的としている．

呼気となる（図1参照）．PCV の利点として肺の膨らみが速くガス交換能が促進されること，不均等換気の是正，低い最高気道内圧がある．不均等分布について説明すると，VCV では流量が一定であるため，各肺胞への換気はコンプライアンスと気道抵抗により，分布され，膨らみやすい領域ではガスが多く，時定数の低い部分ではガスが少なく送られ，吸気ガスが不均等に分布される（EIP により多少は是正）．PCV ではガスの流入量は速く，時定数によって生じるガスの不均等分布が改善される．PCV では回路内圧が制限されるため，肺内で時定数が著しく異なる病態でも肺胞の過膨張が起きにくいと言える．

PSV は自発呼吸をある気道内圧の付加によって補助し，同調しつつ換気量を増幅する．吸気が始まると設定気道内圧までガスが送り込まれる．吸気は最大吸気流速の一定の割合まで吸気流速が減少した時点（termination criteria）までである（図1参照）．一般に termination criteria は 25 % 前後であるが，最近の人工呼吸器ではこの設定を任意に変更できる機種が増えている．PSV は自発呼吸に応じて呼吸を補助するため同調性は優れているが，自発呼吸がなければ作動しない．また吸気が終了する前に補助換気が終わるため，吸気を吸い続けてもサポートが停止し，吸気が早期に終了してしまう（premature termination）と閉塞感，気道内圧の低下，呼吸仕事量の増加が起きる．

これ以外に PEEP（positive end-expiratory pressure, 呼気終末持続陽圧）がある．元来，肺は弾性により胸郭の陰圧や肺胞の表面活性物質（サーファクタント）がなければ縮む．そうなると血液が肺胞を流れても動脈血にならず，Pa_{O_2} は上昇しない．これを防ぐため，呼気時に陽圧をかけ肺をつぶれないようにする．この方法を PEEP と言う．PEEP は酸素化の改善，

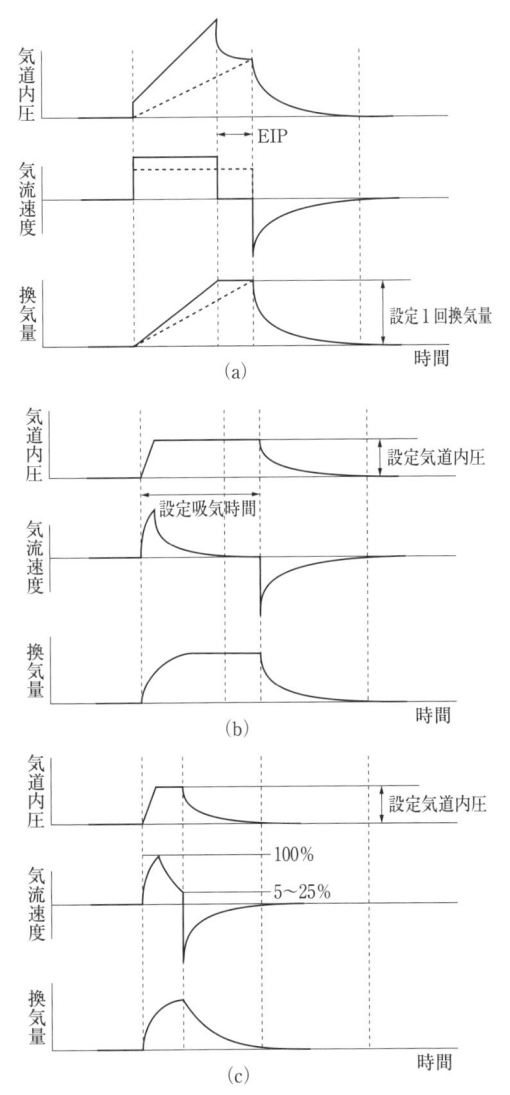

図1 VCV（+EIP）(a)，PCV (b)，PSV (c) の気道内圧・気流速度・換気量

PCV では，気道内圧と送気時間が設定される．吸気が始まると同時に急激に（最初にいちばん速い気流速度で）ガスが送り込まれ設定圧を維持する．肺胞内圧が高くなるに従い流速はだんだんと低下し最後は 0 となる．換気量も最初は急激に増し，徐々に増加は減少する．PCV の吸気終了は設定した吸気時間で決まる．一定時間となると吸気弁は閉じ，呼気弁が開き

肺胞虚脱の防止，肺内シャント，換気・血流比や肺水腫の改善目的に使われる．副作用として心拍出量・血圧・尿量の低下などがある．PEEPは上記のいずれの換気モードにも付加することが可能である．

d．実際の人工呼吸管理

呼吸管理には大前提がある．それは，①気道確保，②適切な換気，③十分な酸素化である．ショック状態，意識障害などがある場合には気道確保目的に気管挿管されることが多くなる（現在でも最も確実な気道確保は気管挿管である）．先に述べたように現在の人工呼吸管理は可能な限り自発呼吸（呼吸中枢による呼吸）を残す．そのため，過剰な鎮静薬や筋弛緩薬は投与しないようにする．呼吸中枢が働くことで，自己調節能により適切な換気を自分で調節することが可能となる．たとえば頭部外傷などでは外傷の程度が大きければPa_{CO_2}は15 mmHgとなり，程度が軽度であればPa_{CO_2}は37 mmHgくらいとなる．つまり呼吸が予後の予想に役立つこともある．実際の呼吸管理ではまず，PSVで換気量が維持できるかを検討し，それができなければ，PCVやVCVで換気を補助することとなる．強制換気では1回換気量と呼吸数でPa_{CO_2}を参考にしながら適切な換気量を設定する．慣れていない不正確な新しい換気モードを選択するより使い慣れたモードを利用するべきである．体格や肺の状態に応じて適切な換気量を設定した後，換気回数を設定する．次に酸素化の設定を行う．肺の酸素化障害がある場合，まず$F_{I_{O_2}}$：1.0（酸素濃度100％）で換気してPa_{O_2}の値を参考に$F_{I_{O_2}}$を下げていく．適切なPEEPを付加してPa_{O_2}は80 mmHg（Sp_{O_2}：96％）程度を目標にして調節する．

e．人工呼吸器からの離脱

人工呼吸から離脱し自発呼吸に戻ることをウィーニング（weaning）と言う．気管挿管し，陽圧換気で人工呼吸することは侵襲的である．人工呼吸は開始した原因を治療（改善）するものではなく，その状態を改善するものである．病因の治療を行いつつ人工呼吸を管理する．人工呼吸管理が始まった時からウィーニングが始まる．一般的には補助を徐々に減少しながら，自発呼吸に戻す．

［山田芳嗣，小松孝美］

5.13 体外循環下の臓器酸素ダイナミクス

体外循環とは人工心肺装置（効率の良い血液酸素化装置（人工肺）と血液ポンプ）を用いて心臓と肺の機能を一時的に代用することであり，多くは心臓外科手術において用いられる．体外循環はコントロールされたショック状態（controlled shock）とも表現される一種の病的状態であり，きわめて非生理学的環境で施行され人体がその状態に適応できる時間は限られている．このような非生理学的条件には，(1) ローラーポンプや遠心ポンプによる非拍動流循環，(2) 全身灌流量の人為的なコントロール，(3) 肺循環系の血流消失，(4) 血液の人工的異物面への長時間の接触，(5) 血液希釈，(6) 低体温，(7) ポンプによる血液の物理的損傷，(8) 人工肺によるガス交換，などが関与している．このような非生理的循環状態の中では各臓器への酸素の需給バランスは大きく乱れ，その結果体外循環後に重篤な臓器障害を発症する．とくに体外循環後の脳障害は高頻度に発症し，高次脳機能障害を含めると10-70％とも報告されており早急な対策が望まれている[1]．その対策の一環として体外循環中の脳内酸素ダイナミクスをリアルタイムにモニタリングする試みが始まっている．体外循環中の臓器酸素ダイナミクスはあらゆる臓器で認められるが，紙面の都合で今回は体外循環中の脳内酸素ダイナミクスに焦点をあて解説する．

1. 脳内酸素化状態モニタリング法

脳内酸素ダイナミクスを評価する方法として代表的なものが近赤外線分光法（near-infrared spectroscopy；NIRS）とオプチカテーテルを用いた内頸静脈血酸素飽和度（$SjvO_2$）測定であり，どちらも近赤外線を用いている．

a. 近赤外線の特徴

人体を含め生体は光をほとんど通さないと考えられてきたが，これは照射された光が体表面で反射されるだけでなく，生体内部でも吸収・散乱を受け減衰するためである．光の散乱は波長の4-6乗に反比例するため波長の短い光（紫外線：0.1-400 nm）は散乱減衰を強く受け生体内をほとんど通らず，一方，波長の長い光（赤外光：1,300 nm-1 mm）は散乱の影響をあまり受けないが水に強く吸収されるため，豊富に水を含む生体組織では透過性はあまり期待できない．ところが700-1,300 nmの近赤外領域の光は，散乱や吸収の影響が少ないため優れた生体透過性を示す．この生体透過性の良い光（近赤外線）を用いてわれわれの体の中に存在する酸素濃度指示物質（ヘモグロビン，チトクロムオキシダーゼ）を測定することで，われわれは生体内で起こっている組織の酸素化状態の変化をリアルタイムに知ることができる．

b. NIRSと$SjvO_2$の違い

NIRSは，頭部（前額部からの測定が一般的である）に近赤外線を照射し，脳内局所の酸素化状態を非侵襲的かつ連続的に測定する方法である[2]．一方，$SjvO_2$は内頸静脈洞に挿入留置したカテーテルから採取した血液を血液ガス分析装置で測定することで得られるが，現在はカテーテル内に光ファイバーを組み込んだオプチカテーテルを使用し連続モニタリングが可能になった．血管内に留置したカテーテル先端から血液中に光を照射し反射した光の吸収変化から血液中の酸素飽和度を算出する測定法である

が，カテーテル先端が血管壁に接触すると正確な測定はできなくなる．$SjvO_2$の変化からわれわれは脳全体の酸素需給バランスを知ることができる．一方NIRSで検出できるのは脳局所の変化であるため，脳全体の情報を含んでいる$SjvO_2$とは必ずしも相関するとは限らない．高度に機能分化の進んだ中枢神経系では脳全体と脳局所とで脳循環と脳代謝の関係が必ずしも同じだとは限らないことを考えると当然ともいえるが，循環不全に伴う脳血流低下や，吸入酸素濃度低下に伴う急性の低酸素血症などでは，脳全体と脳局所の酸素化状態はほぼ同じように変化し，$SjvO_2$とNIRSで得られた脳内酸素化状態の間には有意な相関関係が成り立つことになる[3]．

2. 臨床における体外循環時の脳内酸素ダイナミクス

図1は胸部大動脈置換術を行った症例に対しNIRSと$SjvO_2$を用いて脳内酸素化状態の変化を経時的にモニタリングしたものである．麻酔導入前にNIRSの送・受光プローブを4cm離して右前額部に装着し，一方$SjvO_2$測定用カテーテルは麻酔導入後に右内頸静脈より上向き（脳内）に挿入（15-20 cm）した．手術に関しては，まず大腿動脈と右心房にそれぞれ送-脱血チューブを挿入し体外循環を開始すると（図中線(A)），血液希釈により酸素化型ヘモグロビン（Hb）と総Hb（酸素化型Hb＋脱酸素化型Hb）の急激な低下がみられ，$SjvO_2$は55%へ低下したが，酸化型チトクロムオキシダーゼの還元はみられなかった．チトクロムオキシダーゼはミトコンドリアの電子伝達系の終末酵素でありATP（アデノシン三リン酸）の産生に直接関与しているため，チトクロムオキシダーゼの還元開始はATP産生低下を意味し，組織におけるcritical level（危機的状況）であるといわれている．つまり，体外循環導入時の血液希釈による脳内酸化状態の悪化は，酸化型チト

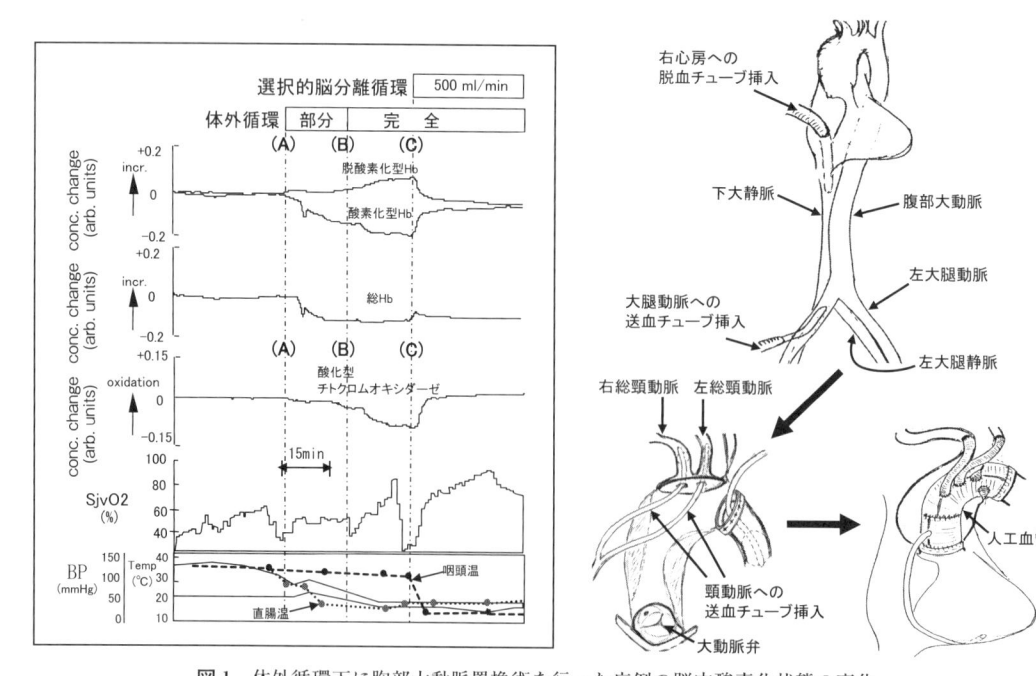

図1 体外循環下に胸部大動脈置換術を行った症例の脳内酸素化状態の変化
詳細は本文参照．NIRS：近赤外線分光法，$SjvO_2$：内頸静脈血酸素飽和度，Temp：温度，BP：血圧，incr：上昇，oxidation：酸化

クロムオキシダーゼの還元がみられなかったことから，ATPの産生低下がみられるような危機的状況ではないと判断した．この時期は自己心拍があるため脳への酸素供給は体外循環と心臓の両方で行われており部分体外循環と呼ばれている（図中線（A）〜（B））．一方，自己心拍が完全に消失（心停止）すると，脳も含めてすべての臓器への酸素供給は体外循環だけで行われることになり，これが完全体外循環である（図中線（B）以降）．完全体外循環になると酸素化型Hbの低下と脱酸素化型Hbの上昇，酸化型チトクロムオキシダーゼの有意な低下から，脳内酸素化状態が危機的状況に陥ったことが示唆された（図中線（B）〜線（C））．Sjv_{O_2}値は完全体外循環開始でいったん低下しその後急激な上昇がみられたが，これは脳血流量低下によりカテーテル先端が血管壁に接触したことによるアーチファクトだと思われる（図中線（B）〜（C））．大腿動脈からの送血だけでは脳組織への酸素供給が不十分と判断し，直ちに左右総頸動脈に新たな送血チューブを挿入し選択的脳分離循環を開始した．その直後から酸素化型Hbの上昇，脱酸素化型Hbの低下，Sjv_{O_2}はいったん低下しその後上昇，酸化型チトクロムオキシダーゼの還元状態からの回復がみられた（図中線（C））．以上のことから，一時的に悪化した脳内酸素化状態は危機的状況から回避できたと判断した．

体外循環中に低体温にするか常温を保つかは大きな問題であるが，現在の体外循環の基本的な方式である"低体温を加味した希釈体外循環"は非生理的な循環動態に対して，また不測の事故に対して体外循環の安全性を高めるために行われている．低体温は軽度（28-35℃），中等度（21-27℃），深（15-20℃），超（15℃以下）のレベルに分類されるが，それぞれ段階的に酸素消費量が減少する[4]．今回の症例では，選択的脳分離循環が開始されると咽頭温は15℃まで低下し，それに伴い麻酔導入前（コントロール）より脱酸素化型Hbの低下，Sjv_{O_2}の上昇，酸化型チトクロムオキシダーゼの上昇が認められているが，これは超低体温により脳組織酸素消費量が大きく低下したためである．

3. まとめ

体外循環は人工心肺装置を用いて心臓と肺の機能を一時的に代用することであるが，きわめて非生理学的環境で施行されるため，臓器の酸素ダイナミクスも大きく変動する．とくに脳に関しては体外循環後の脳障害発生頻度がきわめて高く，今回提示した症例からもわかるように体外循環中の脳内酸素化状態は大きく変動する．それは脳への酸素供給量（脳血流量，ヘモグロビン濃度，酸素分圧）だけでなく，脳酸素消費量（麻酔薬，体温）も大きくしかも急激に変化し，さまざまな要因も加わり複雑な様相を呈するからである．しかし，その複雑な酸素ダイナミクスをさまざまなモニタリングを用いて連続的に評価し早期に対処することで，非生理的な体外循環がもっと安全に施行され，体外循環後の臓器障害がなくなる時代が近未来に来るものと信じたい．

［垣花泰之］

■文献
1) 垣花泰之：心臓手術後脳障害に対する脳指向型管理法．日本集中治療医学会雑誌 14：27-35, 2007．
2) Jöbsis FF：Noninvasive, infrared monitoring of cerebral and myocardial oxygen sufficiency and circulatory parameters. Science 198(4323)：1264-1267, 1977．
3) McCormick PW, Stewart M, Ray P, et al：Measurement of regional cerebrovascular haemoglobin oxygen saturation in cats using optical spectroscopy. Neurol Res 13：65-70, 1991．
4) Steen PA, Newberg L, Milde JH, Michenfelder JD：Hypothermia and barbiturates：individual and combined effects on canine cerebral oxygen consumption. Anesthesiology 58：527-532, 1983．

5.14 脳低温療法と酸素代謝

瞳孔散大を伴う呼吸停止や心停止患者の，いわば，死にかけている神経細胞の修復まで図るためには，致命傷につながる今まで見落としてきた新しい病態の発見とその対策法，極限の状態から脳神経細胞が回復してくる遺伝子の仕組みを解き明かし，そのメカニズムに基づく，脳の回復治療を概念とする脳蘇生治療法を確立するしか，方法がないように思われる．

この2つの，基本的な疑問に答える形で生み出されたのが，脳の温度まで緻密に管理する脳低温療法である（図1）．

1. 命に関わる新しい脳損傷機構の発見

脳の低酸素状態に伴う脳損傷病態では，代謝エネルギー枯渇による細胞膨化，細胞内ホメオスターシスの破綻，血液脳関門の障害による細胞外浮腫によって，著しい脳循環障害をきたして脳細胞が死滅していくとされてきた．

しかし，心停止や脳卒中などの重症患者では，命に関わるもっと複雑な3つの脳損傷機構が発生する[3]．

1つ目は，侵襲性カテコールアミン・サージによる心筋拡張障害性の全身循環障害と脳の熱を脳血流で洗い流せず脳温が40℃以上に上昇する脳内熱貯留現象である．42-44℃の脳温では神経細胞のタンパク変性や遺伝子損傷を起こすので脳温管理が必要となる．

2つ目は，血中カテコールアミン増加は，肝臓や筋肉のグリコーゲン分解による高血糖で，ヘモグロビンから酸素を切り離す2,3 DPGを分単位で減少させるので，脳に運ばれた酸素はヘモグロビンから離れなくなり，酸素を必要としている神経細胞まで酸素が充分到達しない．この場合，PaO_2 や酸素運搬量を正常に管理しても脳の神経細胞の低酸素状態に対する治療にならないので，この状態を masking neuronal hypoxia と名づけた．これまでのモニターで捉えられないこの致命的な脳神経細胞障害を起こす新たな病態は，脳蘇生管理上の重要な位置を占める．

3つ目は，脳内で細胞外に放出されると神経

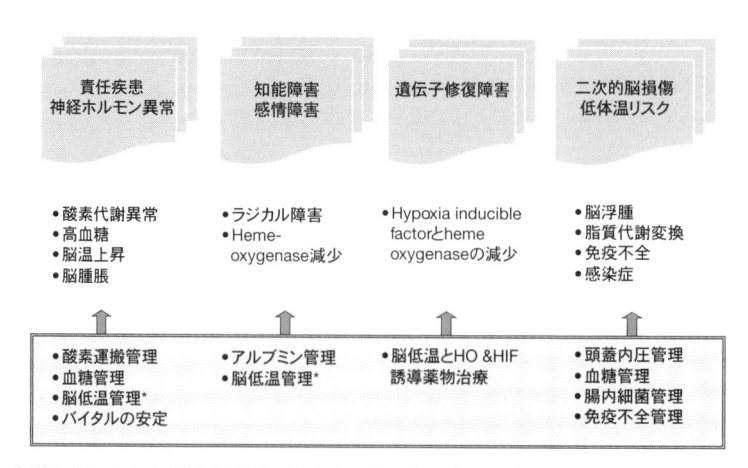

図1 新しく明らかにされた脳障害機構に対応する脳回復治療の概念を基本にした脳低温療法の治療手順 治療の緻密さがまったく変わった．

毒となるグルタメート，それに，酸素と反応して・OHラジカルを産生する大量のドーパミン放出によって海馬回や扁桃核を含む，高次脳機能障害を起こすことである[3,5]．

人間の意識は，内意識，感情，記憶，それに，考えが同時に機能している．最近，これらの4つの高次脳機能を調節しているダイナミック・センターコアの存在が浮かび上がってきた．そのセンターコアは，前頭前野線条体・A10・視床・リンビックの連合体で機能しており，脳内神経ホルモンの過剰放出はこのダイナミック・センターコアの神経群をラジカルや持続的な神経興奮で遺伝子レベルから選択的に障害することになる（A10とは脳内にある神経で，ドーパミン作動性ニューロン群）．したがって，脳の蘇生治療には，これらの病態を極力少なくする脳保護治療に加えて，遺伝子レベルからダイナミック・センターコアの神経細胞を修復する治療法を考える必要がある（「4.14 低酸素と精神神経機能」の項を参照）．

2. 脳低温療法の作用機序

脳低温療法の作用機序[3]は，①脳内熱貯留の防止，②考えや感情，記憶，内意識の同時機能を調整するダイナミック・センターコアの選択的障害をもたらすグルタメートやドーパミンの過剰放出防止，③ heme oxygenase, hypoxia inducible factor（HIF）の誘導による血管内皮細胞や神経細胞の遺伝子修復と低酸素に対する抵抗性の増大に基づく．

3. 脳低温療法が無効となる管理

低体温は，体にとって1つの侵襲となるので，管理法を誤ると脳低温療法の有効性が消失する負の側面がある．その内容をまとめると，①急速な体温低下は血糖値を上昇させ，酸素を運ぶヘモグロビンの2,3 DPG減少でmasking neuronal hypoxia をきたす，②低体温下の脱水療法は微小循環障害の増悪でヘモグロビンの機能障害を起こす，③早すぎる復温は，脳障害が強い場合は病態の進行を一時的に止めただけになるので，復温によって，進行が止まっていた病態がさらに悪化する[3]．

4. 脳低温療法における酸素代謝の管理法

脳低温療法における酸素代謝と脳温管理のポイントは，①まず始めにバイタルサインの安定化を図り，充分な酸素吸入と同時に侵襲性高血糖の管理を行いながら冷たい生理食塩水，もしくは，酢酸リンゲル液の補液から導入する（図2）．②直ちに心電図モニターしながら，体温冷却ブランケットもしくは血管内冷却カテーテルを挿入して，核温で34℃までできるだけ早く体温を下げる．③脳温（核温でも可）が34℃になったら，血糖値が180 mg/dl以下に管理できるまで，それ以上の脳低温導入を一時停止する．この時，酸素代謝に必要なヘモグロビンの機能を維持するため，血中のpH，リン，マグネシウム，および，アルブミンの補正を確実に行ってから次のステップに進む．

脳の障害が軽い場合は，脳温34℃前後の管理を2-3日続けてからゆっくりと復温に持ち込める．しかし，脳の障害が強い場合は，次のステップとして32-33℃の脳低温療法に進む．この管理は，長期の脳低温管理が必要になるので，34℃前後の脳低温療法とまったく異なる緻密な管理が求められる．その詳細は，別稿[3]を参照していただくことにして，ここでは，とくに重要なポイントに絞って述べることにする．

34-32℃の脳温管理では下垂体温度も低下し，内分泌ホルモン欠乏はさけられない．このため，免疫力低下に伴う腸内細菌由来の肺炎などの感染症，消化器系機能低下に伴う低アルブミ

❶ 7%冷却食塩水（又は酢酸リンゲル液）点滴

❷ 冷却ブランケットを用いた全身循環血液の冷却（短期の場合は，血管内冷却 カテーテル法）

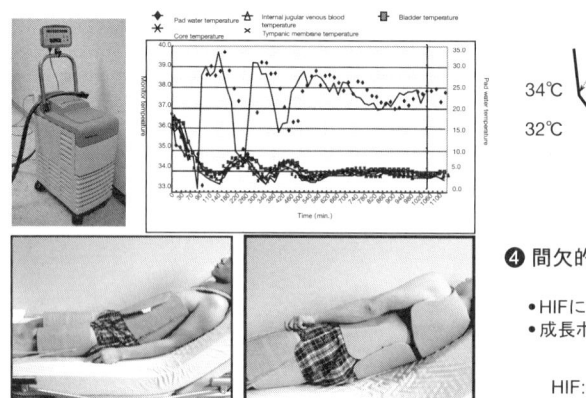

❸ 二段階の脳低温管理導入

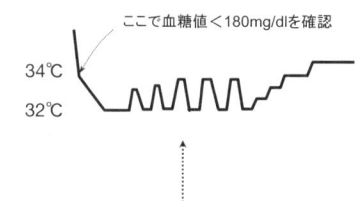

ここで血糖値＜180mg/dlを確認

34℃
32℃

❹ 間欠的脳低温管理
・HIFによる遺伝子修復反応をたかめる
・成長ホルモン欠乏の免疫不全を防ぐ

HIF：hypoxia inducible factor

図2 脳低温療法における脳温管理技術のポイント図
①酢酸リンゲル液を使うのは低体温下でも脳のエネルギー源となるケトン体を補給するため．
②写真は脳温冷却装置と厚さ3mmの冷却マットを体に貼りつけた図．右のグラフは脳の温度をすばやく34℃に下げるためのマットを流れる冷却水の温度管理プログラム図．
③脳の低温導入は二段階導入とし34℃まで早く下げ，34℃でいったん血糖値・血圧・血液pHを安定化させた後，ゆっくりと心電図・血液のK$^+$イオン変化に注目しながら脳温を33-32℃まで下げていく．
④遺伝子修復反応を誘導する脳温管理．

ン血症によって脳のラジカル処理能低下，脳浮腫増悪が管理の課題となる[1,3]．もう1つの課題は，ダイナミック・センターコアの機能を最も効果的に回復させるために，いかにしてHIFの遺伝子修復反応を引き出すかである．

その具体的な方法として，脳温度32-33℃の低いレベルに下げたままにしないで，1日1-2回，34℃前後に2時間ほど脳温を戻す，律動的脳低温管理を行う（図2）．この間，低アルブミン補正（＞3.5g/dl）と高血糖管理（110-150mg/dl），血清pH（＞7.3），の管理がさらにその効果を高める．感染防止には，腸内洗浄，口腔内管理，胃液のpH＜3.4，体位交換，手足のマッサージによる静脈塞栓防止に力を入れる[1,3,4]．

復温開始は，脳内病態が改善プロセスにあることを確認してから，脳の代謝順応時間をもうけながらゆっくりと復温する．この間，復温侵襲を避けるために36-37℃になるまで，麻酔を維持することがポイントとなる．

最近は，体外循環を組み合わせた脳低温療法の開発によって，さらに進化を遂げている[2]．

［林　成之］

■文献
1) American Heart Association：Guidelines 2000 for cardiopulmonary resuscitation and emergency cardiovascular care. Circulation 102：1-383, 2002.
2) 林　成之，長尾　建，雅楽川　聡，櫻井　淳：脳死周辺の終末医療：心肺機能停止患者の蘇生限界はどこまで延びているか？Cardiovas Med Sirg 3：68-77, 2001.
3) Hayashi N, Dietrich DW（eds），Hayashi N：In Brain Hypothermia Treatment, pp37-325, Springer-Verlag, Tokyo, 2004.
4) Quinlan GJ, Mumby S, Martin GS, et al：Albumin influence total plasma antioxidant capacity favorably in patients with acute lung injury. Criti Vare Med 32：755-759, 2004.
5) Silvka A, Coben G：Hydroxyl radical attack on dopamine. J Biol Chem 260：15466-15472, 1985.

5.B 悪性脳腫瘍の治療と高気圧酸素

a. 放射線治療

悪性腫瘍が放射線治療に抵抗性を示す大きな要因の1つは低酸素腫瘍細胞の存在であることはよく知られている。この低酸素腫瘍細胞の制御の成否が悪性腫瘍の治療予後を左右しているといっても過言ではなく，放射線治療における低酸素細胞の攻略法として高気圧酸素治療（hyperbaric oxygenation；HBO）が半世紀以上も前から試みられてきた。これまで頭頸部癌や子宮頸癌においてHBOとの併用で有効性が報告されている[1]。しかし，従来の併用法は透明な高気圧装置内の患者に対して外部から放射線照射を行う煩雑なものであり，放射線障害の誘発や脳腫瘍での痙攣発作など副作用の増強が問題となっていた。このことから低酸素細胞の攻略法として放射線治療医の興味は，放射線増感剤の開発や混合ガスであるcarbogen（95% O_2＋5% CO_2）と血管拡張作用のあるnicotinamideとの併用へ移った。しかし，これらは悪性脳腫瘍の放射線治療において有効性を示すには至らなかったか，副作用の発現から臨床試験そのものが遂行できなかった。

ところで，組織内の酸素分圧は血液中とは異なりHBOの終了後にも高く保持され，この変化は組織血流に依存するといわれている。代表的な脳原発の悪性グリオーマでは正常脳に比べて組織血流と酸素消費が少ないことから，HBO後にも腫瘍組織の酸素分圧は高く保持されると推測される。この仮定のもとにHBO終了後の放射線照射が行われてきたが，従来の治療結果と比較して長期生存が得られるようになっている[1,2]。さらに，この併用法は簡便で副作用の増強も認められず，他臓器の悪性腫瘍の治療にも応用されてきている。また，このHBOの併用法は定位的放射線治療機を用いた分割照射が再発悪性グリオーマで試みられており，他の治療法と比較しても良好な治療成績が報告されている[3]。

以上の新しいHBO併用の治療結果が意味することは，今後の放射線治療法が腫瘍部分に限局した照射へと移行するなかで，放射線増感作用としてのHBOの有用性が高まることである。しかし，HBO併用の放射線治療で効果が改善されるのは低酸素細胞を有する悪性腫瘍に限られることから，この含有率を治療前に把握することが今後の課題である。

b. 化学療法

一般的な化学療法剤の特徴として，その作用はpHに大きく左右されることと，低酸素から有酸素状態への移行で効果が増強されることがある。実験的にHBOで作用増強が報告されている化学療法剤にはアルキル化剤と白金製剤などがある。臨床例では再発悪性グリオーマを対象として白金製剤のcarboplatin（CBDCA）で検討されており，統計学的手法にマッチドペア法を用いて有意な生存期間の延長が得られている[4]。この結果で重要なことは，HBOによる副作用の増強がなかったことに加えて，CBDCAが用いられている他の悪性腫瘍でも有効性が示される可能性である。HBOによるCBDCAの効果増強の機序は明らかではないが，酸素ラジカルの増加が関与しているものと推測される。しかし，化学療法剤とHBOの併用での要点の1つは，使用薬剤の腫瘍組織内の濃度を考慮する必要があることである。たとえば，主に脳腫瘍に用いられるアルキル化剤のニトロソウレア系薬剤とCBDCAでは静脈内投与から腫瘍組織に移行するまでの時間が異なっており，化学

療法剤の効果発現部位である細胞内のDNAへの到達となれば，さらに時間を要するものと考えられる．腫瘍組織やその細胞内への薬剤の移行までの時間を検討することは，HBOで増強される化学療法剤の種類を含めた今後の課題である．

c. 放射線障害

軟部組織や下顎骨の放射線障害に対してHBOの有効性は確立されてきているが，標準的な放射線治療による中枢神経系の障害にHBOの効果は明らかではなかった．近年，脳腫瘍や脳動静脈奇形などに定位的放射線治療が行われる機会が増えると，その後の放射線障害が重大な副作用として問題となっている．放射線障害のなかでも脳の放射線壊死は他臓器のそれとは異なり占拠性病変として拡大し，ステロイド剤を含めて確立された薬物療法がなく，現在でも手術的な切除が最も確実な治療法である．さらに，悪性脳腫瘍の放射線壊死では腫瘍細胞と周囲正常脳の障害が混在しており，どちらが病変の主体であるのか画像上で判断に苦慮することがある．しかし，放射線壊死は一過性で数カ月の進行期から収束に向かうために，この病変の拡大を抑えることが重要になる．このような状況のなかで脳の放射線壊死にもHBOの効果が認められた症例が報告されてきている．放射線障害の組織学的検討では最小動脈閉塞に伴う虚血性変化と微小出血があり，HBOは脳組織でも血管内皮細胞増殖因子（VEGF）の賦活による脈管形成と血管新生を促進し，虚血状態の改善につながると考えられている．

定位的放射線治療では照射線量の増加にしたがって放射線障害から放射線壊死への頻度が高まるが，照射から2-3週後には最小動脈の拡張に伴う凝固壊死と浮腫や微小出血といった組織学的変化が観察されている．この治療後の1カ月間に20回のHBOを行ったところ，顕著な放射線障害の抑制が得られている[5]．HBOの放射線壊死の予防効果は検討する必要があるにしても，定位的放射線治療での最も重大な副作用の治療とその抑制の可能性は，この臨床と研究領域でHBOが重要な役割を担うことを意味している．

［合志清隆］

■文献

1) Jain KK : Role of HBO in enhancing radiosensitivity. Textbook of hyperbaric medicine, 4th ed, pp407-414, Hogrefe & Huber, MA, 2004.
2) Ogawa K, et al : Phase II trial of radiotherapy after hyperbaric oxygenation with chemotherapy for high-grade gliomas. Br J Cancer 95 : 862-868, 2006.
3) Kohshi K, et al : Fractionated stereotactic radiotherapy using gamma unit after hyperbaric oxygenation on recurrent high-grade gliomas. J Neuro-oncol 82 : 297-303, 2007.
4) 田中克之，他：悪性神経膠腫に対する高気圧酸素療法併用化学療法の有用性．脳腫瘍の外科（山下純宏編），pp326-333，メディカ出版，2005．
5) Ohguri T, et al : Effect of prophylactic hyperbaric oxygen treatment for radiation-induced brain injury after stereotactic radiosurgery of brain metastases. Int J Radiat Oncol Biol Phys 67 : 248-255, 2007.

5.C 血流制限下での筋力トレーニング

骨格筋は高度の可塑性をもつ器官であり、さまざまな運動刺激に応じた適応を示す。たとえば、低強度の持久的運動により、筋線維内ミトコンドリア数の増加、有酸素性代謝機能の向上、筋毛細血管密度の増加などが起こる。一方、高強度の筋力トレーニングにより、筋肥大と筋力増強が起こるが、このためには一般に、最大挙上負荷（1-repetition maximum；1RM）の65%以上の負荷強度が必要とされている[1]。筋のこれらの適応においては、筋線維の周囲の局所的酸素環境が重要な役割を果たしていると考えられる。

近年、筋血流を外的に制限した条件での低負荷強度のトレーニングが、著しい筋肥大と筋力向上をもたらすことがわかり、「加圧トレーニング」と呼ばれるようになった[2]。この方法では、1RMの20%という極低負荷強度でも筋肥大や筋力の向上が起こる[3-5]。

ここでは、加圧トレーニングの効果における筋内酸素環境と、それに関連した受容器反射の役割について概説する。

a. 加圧トレーニングの一般的方法

加圧トレーニングは、約30年前に佐藤義昭氏によって開発され、国内外から特許の認定を受けている方法である[6]。その概略は以下の通りである（図1）：

1）上肢や下肢の基部を、圧力センサを組み込んだ特殊な弾性ベルトや専用の空気式タニケットで加圧する。

2）完全な駆血ではなく、静脈血流のみが強く制限されるように加圧する（したがって、虚

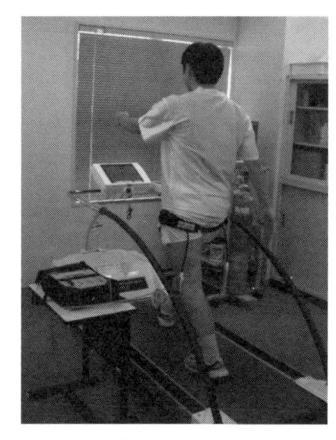

図1 脚の血流制限（加圧）のもとでのウオーキング[5]

血には至らない）。このとき、末梢抵抗値は安静時の約1.7倍になり、圧解放とともに約0.6倍にまで低下する[3]。

3）加圧の目安は、上肢で100 mmHg程度、下肢で150-180 mmHg程度であるが、対象者の年齢や健康状態に応じ、より低い圧から始め、段階的に圧を上げていく。

4）加圧を維持した状態で、5分間から10分間、軽い負荷での筋運動を行い、運動終了後に圧を解除する。

b. 加圧トレーニングの効果例

この方法に関する最初の研究では、平均年齢60歳の女性（健常者）を対象とし、上腕屈筋の加圧トレーニング［強度30%-50% 1RM、3セット（所要時間10分）、週2回、4ヵ月］の効果が調べられた。その結果、上腕二頭筋の筋断面積と筋力がともに平均で約20%増加し、強度80% 1RMのトレーニングと同等の効果が示された。一方、同じ30%-50% 1RMの強度で加圧を行わなかった場合にはほとんど効果が見られなかった[3]（図2）。

一方、トレーニングに対する反応性がほぼ上限に達しているようなトップアスリートの場合

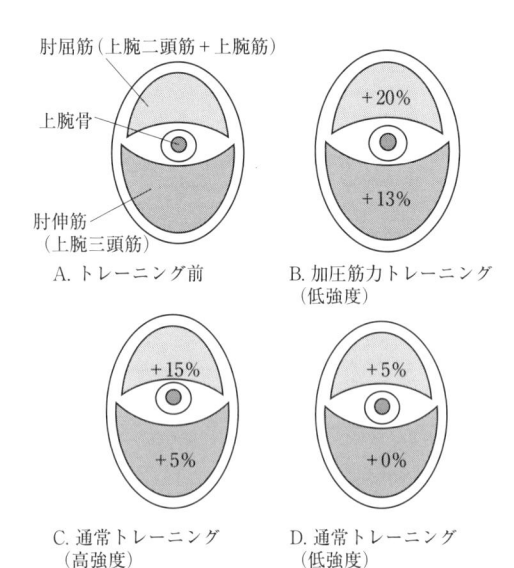

図2 肘屈筋に対する加圧トレーニング（強度30-50% 1RM）の効果を示す模式図[3]

数字は筋横断面積の増加率（平均値）を示す．「通常トレーニング」は加圧を伴わないトレーニングで，強度は80% 1RM（C），50% 1RM（D）．

にも，脚筋を対象として同様の筋肥大および筋力増強効果が認められた[4]．しかし，まったく運動刺激を伴わない，加圧／除圧のみでは，筋肥大も筋力増加も起こらないことから[7]，筋肥大と筋力増強のためには，運動刺激と血流制限の両者が必要であると考えられている．

c．筋内酸素環境とトレーニング

強い筋収縮は筋内圧の上昇を伴うため，筋血流の制限を引き起こすと考えられる．一般に，筋収縮張力が最大張力の約40%を超えると，こうした血流制限が始まるとされている[8]．図3Aに，高強度（70% 1RM）の膝伸展運動時の外側広筋の筋酸素化レベル（酸素化ヘモグロビンの割合）を示す[9]．運動中には筋酸素化レベルが著しく低下し，運動終了とともに，運動前のレベルを超えて回復する（再灌流）．こうした局所的酸素環境の変化は，種々の調節因子の

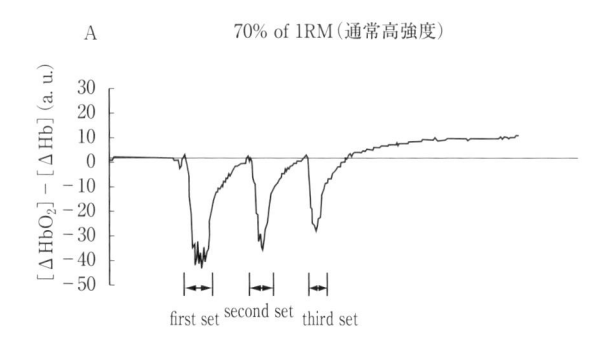

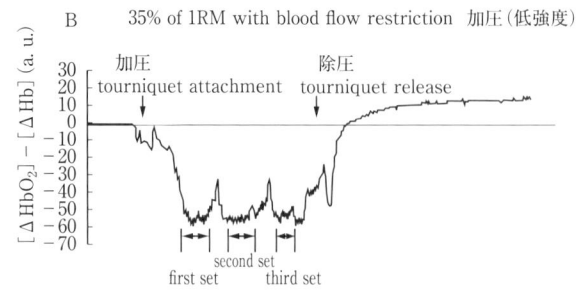

図3 高強度の膝伸展運動（70% 1RM×3セット）中（A）および低強度の加圧トレーニング（35% 1RM×3セット）中（B）の外側広筋の筋酸素化レベル（酸素化ヘモグロビンと脱酸素化ヘモグロビンの差）[9]

近赤外分光法による．運動前を0，完全駆血を−100とした相対値で示す．a. u.：arbitrary unit.

酸化/還元反応を介して，力学的刺激から化学的シグナルへの変換の初期過程を構成している可能性がある[10]．

一方，加圧トレーニングでは，筋力発揮がはるかに小さくとも，外的な加圧によって同様の筋内酸素化レベルの変化が引き起こされる（図3B）．筋内酸素環境という視点でみた場合，加圧トレーニングは，高強度のトレーニングによる効果と同様，あるいはより強い効果をもたらすといえる．

d．筋内成長因子の発現変化

われわれは，ラット後肢筋からの静脈を外科的手術により選択的にブロックする動物モデルを開発した[11]．この状態で通常飼育すると，10日間ほどで速筋線維選択的に肥大が起こることがわかった．このモデルは，加圧筋力トレーニングの効果のメカニズムを調べる上で有用と考えられる．

肥大が起こった筋標本では，筋の成長を抑制する成長因子ミオスタチン（myostatin）が低下し，一酸化窒素合成酵素-1（NOS-1）の遺伝子およびタンパク質発現が上昇していることがわかった（図4）．ミオスタチンは，筋肥大を強く抑制する成長因子であり，高強度のトレーニングによってもその発現が低下する[12]．一酸化窒素（NO）は，強い血管拡張作用をもつとともに，筋肥大にも関連していると考えられ[13]，低酸素状態ではその寿命が著しく遅延する．また，少なくともmRNAのレベルでは，インスリン様成長因子（IGF-IおよびIGF-II）の発現にも上昇が見られる．

したがって，これらの局所的因子が加圧筋力トレーニングによる筋肥大に関わっているものと推察される．しかし，筋内酸素環境とこれらの因子の発現の関係についてはまだ不詳である．

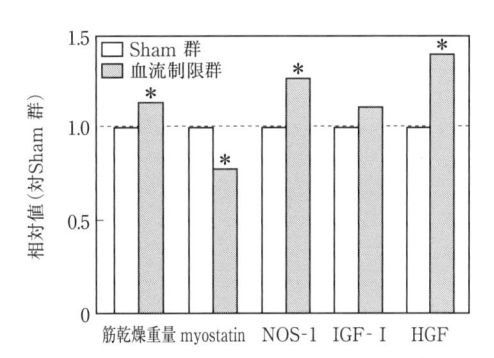

図4 加圧トレーニングの局所的効果[11]
ラット後肢筋の血流制限モデルでは，肥大した筋においてミオスタチン量（タンパク量）の減少，NOS-1 mRNAの発現上昇，活性型HGF量の増加がみられる．平均値のみを示す．$*$, $P<0.05$.

e．効果転移と循環因子の役割

加圧トレーニングの筋肥大効果は，条件によっては他の筋に転移（cross-transfer）することがある．われわれは最近，上肢筋への50％1RM強度（筋肥大を引き起こさない強度）のトレーニングと，下肢筋への加圧トレーニング（負荷強度は30％1RM）を組み合わせることで，上肢筋にも筋肥大と筋力増加が起こることを示した[14]（図5）．下肢筋に同負荷強度の通常トレーニングを行った場合には，上肢筋には効果は現れなかった．また，下肢への加圧トレーニングを行っても，上肢をまったくトレーニングしなかった場合には，上肢筋への効果は現れなかった．これらの結果は，加圧トレーニングが，他筋のトレーニング効果を著しく増強しうる循環性因子を生成させること，加圧トレーニングの効果自体にもそのような因子が関連していることを示唆する．

f．筋内酸素環境と内分泌系の活性化

現在のところ，上記の循環性因子の実体については不詳である．加圧トレーニングは，成長ホルモン，遊離型テストステロン，アドレナリン，ノルアドレナリンなどのホルモンの血中濃

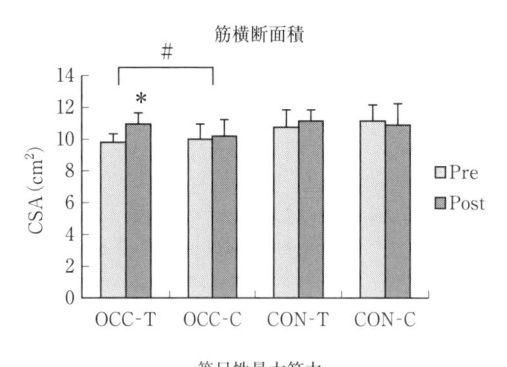

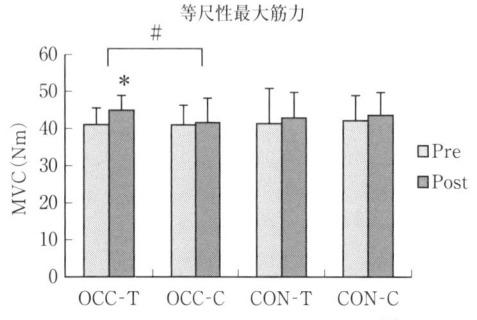

図5 加圧トレーニングの効果転移[14]

脚筋に対し，加圧トレーニング（OCC）または同負荷での通常トレーニング（CON）を行い，上腕屈筋の筋横断面積と最大筋力への効果を調べた．OCC-T：脚に加圧トレーニング，上腕に低負荷トレーニング．OCC-C：脚に加圧トレーニング，上腕トレーニングなし．CON-T：脚に通常トレーニング，上腕に低負荷トレーニング．CON-C：脚に通常トレーニング，上腕トレーニングなし．*，# はそれぞれ，トレーニング前との比較，群間で有意を示す（$P<0.05$）．

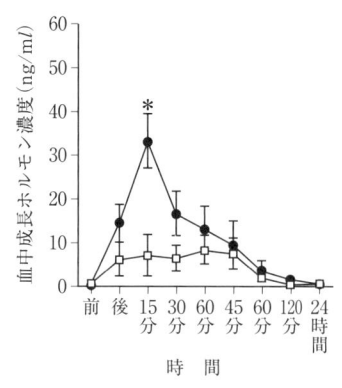

図6 低強度の膝伸展運動（20％ 1RM×15回×5セット）後の血中成長ホルモン濃度[15]
黒丸は加圧法，白丸は通常血流条件を示す．

度を著しく増加させることから，その効果にこれらのホルモンが関与している可能性がある[15]（図6）．一方，骨格筋の幹細胞である筋サテライト細胞の増殖を促す未知の循環因子の存在も示唆されており[16]，同様の因子が関与している可能性もある．

　成長ホルモンやアドレナリン，ノルアドレナリンの分泌活性化そのものにも，筋内酸素環境が強い影響を及ぼすと考えられる．筋電図解析から，加圧中には負荷が軽いにもかかわらず，高強度のトレーニングの場合と同様，多数の筋線維が活動していることがわかった[3]．したがって，血流制限によって，筋内の低酸素化，筋線維の動員の増加，筋内での代謝物の蓄積が起こり，その結果，化学受容器を介した内分泌系の活性化（代謝物受容反射）が起こると考えられる．

　従来，副腎皮質系のホルモン分泌にはこうした末梢の化学受容反応が重要であり，成長ホルモンやアドレナリンについては，視床下部の上位中枢の活動が重要と考えられてきた．しかし，われわれは最近，脚部を加圧し，膝伸筋を電気刺激することで，成長ホルモンやアドレナリンの分泌が活性化することを示した[17]．このことは，これらのホルモンの分泌活性が，筋内の局所的酸素環境にも強く関連していることを示唆している．

［石井直方］

■文献
1) McDonagh MJN, Davies CTM : Adaptive response of mammalian skeletal muscle to exercise with high loads. Eur J Appl Physiol 52 : 139-155, 1984.
2) 石井直方：加圧トレーニングのメカニズム．臨床スポーツ医学 21(3)：215-223, 2004.
3) Takarada Y, et al : Effects of resistance exercise combined with moderate vascular occlusion on muscular function in humans. J Appl Physiol 88 : 2097-2106, 2000.

4) Takarada Y, Sato Y, Ishii N : Effects of resistance exercise training with vascular occlusion on muscular function in athletes. Eur J Appl Physiol 86 : 308-314, 2002.
5) Abe T : Muscle size and strength are increased following walk training with restricted venous blood flow from the leg muscle, Kaatsu-walk training. J Appl Physiol 100 : 1460-1466, 2006.
6) 佐藤義昭：加圧筋力トレーニング法および器具の特許，日本国特許（第 2670421 号），米国特許（No. 6,149,618），イギリス特許（No. 0654287），ドイツ特許（No. 69412210.6），フランス特許（No. 0654287），イタリア特許（No. 0654287）．
7) Takarada Y, Tsuruta Y, Ishii N : Coopertive effects of exercise and occlusive stimuli on muscular function in low-intensity resistance exercise with moderate vascular occlusion. Jap J Physiol 54 : 585-592, 2004.
8) Bonde-Petersen F, Mork, AL, Nielsen E : Local muscle blood flow and sustained contractions of human arm and back muscles. Eur J Appl Physiol 34 : 43-50, 1975.
9) Tanimoto M, Madarame H, Ishii N : Muscle oxygenation and plasma growth hormone concentration during and after resistance exercise : Comparison between "KAATSU" and other types of regimen. Int J KAATSU Tr Res 1 : 51-56, 2005.
10) Ishii N : Factors involved in the resistance-exercise stimulus and their relations to muscular hypertrophy. In Exercise, Nutrition and Environmental Stress (Nose H, ed), pp119-138, Cooper, MI, 2002.
11) Kawada S, Ishii N : Skeletal muscle hypertrophy after chronic restriction of venous blood flow in rats. Med Sci Sports Exerc 37 : 1144-1150, 2005.
12) Kawada S, Tachi C, Ishii N : Myostatin production and localization in mouse skeletal muscle during aging, unloading and reloading after unloading. J Muscle Res Cell Motil 22 : 627-633, 2001.
13) Koh TJ, Tidball JG : Nitric oxide synthase inhibitors reduce sarcomere addition in rat skeletal muscle. J Physiol 519 : 189-196, 1999.
14) Madarame H, et al : Cross-transfer of muscle hypertrophy in resistance training. Med Sci Sports Exerc 40 : 258-263, 2008.
15) Takarada Y, et al : Rapid increase in plasma growth hormone after low-intensity resistance exercise with vascular occlusion. J Appl Physiol 88 : 61-65, 2000.
16) Conboy IM, et al : Rejuvenation of aged progenitor cells by exposure to a young systemic environment. Nature 433 : 760-764, 2005.
17) Inagaki T, Goto K, Ishii, N：公表準備中．

6
酸素と extremity

6.1 高地適応

　高地環境が生体に与える主な外的要因は，気圧の低下（酸素分圧の低下）と気温の低下である．気圧は海抜の上昇とともに減少し，海抜5,500 mでは気圧および酸素分圧が海面位の約1/2となり，地球上の最高地点であるエベレスト頂上（海抜8,848 m，大気圧253 mmHg）では約1/3となる（表1）．また気温も海抜の上昇とともに低下し，通常は100 m上がるごとに－0.65℃の温度勾配を示す．海面位の気温が15℃の場合，海抜8,000 m地点では－37℃となる．このように高地環境では気圧の低下による低酸素と気温の低下による寒冷が生体に最も強く作用する．

　このような高地という特殊環境に対して，生体は積極的に適応し，その生存を可能にしている．1978年にはMessnerらが，近年まで生理学的に不可能とされていたエベレストの無酸素登頂に成功し，人間が酸素補給なしに8,848 mにまで到達できることを実証した．また南米およびチベットの5,000 m以上の高地には硫黄鉱山で働く鉱夫や遊牧民が生活しており，また動物ではウシの一種であるヤク，チベットヒツジおよびナキウサギが海抜6,100 mの高地に生息している．

　生体は空気中から酸素を摂取し，その酸化反応のエネルギーを利用して生命活動を行っている以上，空気の希薄な高地環境では酸素をいかに効率よく摂取し，組織に供給するかが重要な問題となる．したがって，高地環境に対する生理反応は，呼吸・循環器系からのアプローチが重要となる．高地環境下での生理反応は曝露される時間の長短や強さで著しく異なる．なかでも幾世代にもわたって高地環境で生活している高地人や慢性的高地生息動物は長い生存の歴史

表1　高度と気圧および酸素分圧

高度(m)	気圧(mmHg)	酸素分圧(mmHg)	高度(m)	気圧(mmHg)	酸素分圧(mmHg)
0	760	159	5,000	405	85
500	716	150	5,500	379	79
1,000	674	141	6,000	354	74
1,500	634	133	6,500	330	69
2,000	596	125	7,000	308	65
2,500	560	117	7,500	287	60
3,000	525	110	8,000	267	56
3,500	493	103	8,500	248	52
4,000	462	97	9,000	231	48
4,500	432	91	9,500	213	45

の間に，適応できなかった個体は淘汰され，現存のものはほぼ完全に適応した形態と機能を備えているものと考えられる．したがって，ここでは高地環境に対する完全適応状態を把握するために，高地住民および慢性的高地生息動物について呼吸・循環器系を中心に概説し，さらに完全高地適応動物と考えられるナキウサギの特性について述べる．

1. 高地環境と呼吸機能

　高地住民の生理機能については，ペルー大学のHurtado教授らの平地（リマ，sea-level）住民および高地（モロコチャ，4,540 m）住民についての研究がある．図1は平地（リマ）住民と高地（モロコチャ）住民について，気管支から混合静脈血に至るまでの酸素分圧の勾配を比較したものである．

　平地住民では，気管支から混合静脈血に至るまでの酸素分圧の総降下度は104.9 mmHgであるのに対して，高地住民では48.6 mmHgで，高地住民は平地住民の半分以下になってい

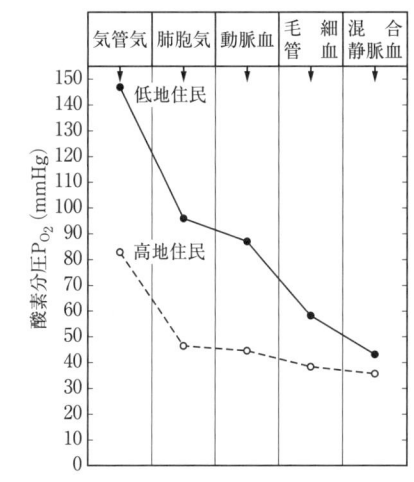

図1 平地住民（リマ）と高地住民（モロコチャ，4,540 m）の気管気から混合静脈血までの酸素分圧勾配の比較．平地住民と高地住民の酸素分圧は，気管内では 68.3 mmHg もの差があるのに，混合静脈血ではわずか 7.5 mmHg の差にすぎない．（Hurtado, 1964 より）

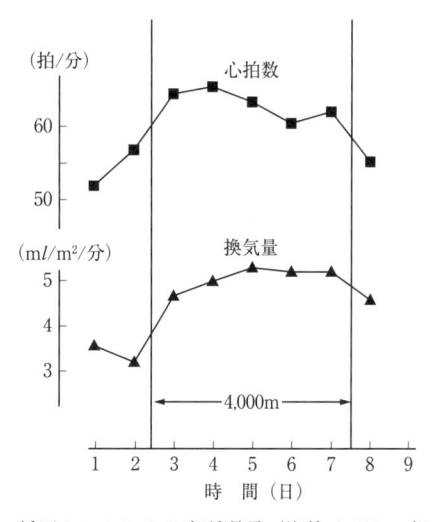

図2 低圧タンクによる高所曝露（海抜 4,000 m 相当）中における心拍数と換気量の変化（万木，1985 より）

表2 高地住民と平地住民の換気量（$\dot{V}_E$）の比較

居住地高度(m)	$\dot{V}_E$(l/分)	報告者
0	6.40	Banchero et al, 1966
0	6.68	Rotta et al, 1956
3,100	8.50	Grover, 1965
3,990	7.50	Chiodi, 1957
4,267	8.12	Banchero et al, 1966
4,515	8.20	Chiodi, 1957
4,540	9.52	Rotta et al, 1956
4,540	9.73	Hurtado, 1964

る．したがって，吸気の気管内の段階では平地住民と高地住民の間に実に 68.3 mmHg の差があるのに，混合静脈血の段階ではわずか 7.5 mmHg の差にすぎない．モロコチャ住民の肺胞気酸素分圧および炭酸ガス分圧はそれぞれ 50 mmHg，30 mmHg で，動脈血の酸素飽和度は 80 % である．この状態で幾世代にもわたって激しい鉱山労働をも可能にしている．高地住民は，このように肺胞→動脈血→毛細血管→混合静脈血に沿って酸素分圧の勾配を減少させることによって，組織に有効に酸素を供給し，組織での酸素不足を補う特別な仕組みを持っている．

両住民に，低圧タンクを用いて急性低圧曝露試験を行うと，モロコチャ住民は酸素吸入なしで 9,840 m まで減圧しても半数以上が意識混濁を起こさなかったのに対し，平地住民はこれよりはるかに低い高度で出現し，有効意識時間も著しく短縮したことが報告されている．高地住民がこのような機能を発揮し得るためには，肺換気量の増加，循環血液量の増加，血液の酸素結合容量の上昇，肺血管の発達，血色素や呼吸酵素の増加などが挙げられる．

図2は低圧タンクを用いて海抜高度 4,000 m 相当に5日滞在した時の換気量の変化をみたものであるが，換気量は曝露開始とともに増大し，以後この増大は維持されている．同様な現象は低酸素曝露や登山においても認められ，高地住民についても平地住民に比して明らかに高い値を示している（表2）．

このように高地環境に対しては換気量の増大が最も重要なこととなる．では高地環境によって換気量が増大する機構はどのようになっているのだろうか．

高地に到達した初期に換気量が増大するのは動脈血中の酸素分圧の低下が末梢化学受容器を刺激するためとされている．この刺激受容器で

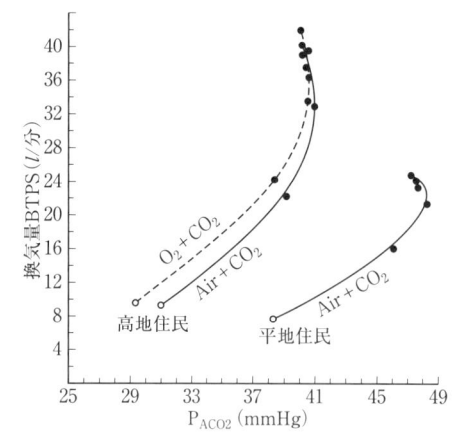

図3　平地住民（リマ）と高地住民（モロコチャ，4,540 m）における肺胞気炭酸ガス分圧（P_{ACO_2}）が換気量に及ぼす影響．高地住民は肺胞気炭酸ガス分圧に対する換気応答の感受性が高い．（Hurtado, 1964より）

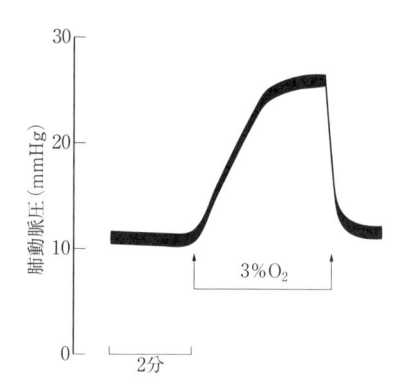

図4　ラットから摘出した灌流肺標本の低酸素性肺血管収縮（HPV）反応の一例．肺を低酸素（3% O_2）で換気すると肺血管は収縮し，肺動脈圧は著しく上昇する．（酒井，1988より）

最も重要なのは頸動脈体で，これを切除または除神経を行うと急性低酸素に対する換気応答は起こらなくなる．換気が亢進するとCO_2の排出が増し，血液は呼吸性アルカローシスとなる．このpHの変化は頸動脈体や中枢の化学受容器に作用して換気応答はむしろ抑制されるはずであるが，実際には，換気増大は維持され，低酸素換気応答は十分に発揮されている．この可能性こそ換気順応のメカニズムと言える．

高地における換気順応のメカニズムを解明する上で重要なのがCO_2に対する換気応答である．図3は平地住民28名と高地住民（モロコチャ）34名について，CO_2吸入による換気量の変化を比較したものである．この図からも明らかなように，CO_2吸入に対する換気増大反応は高地人で応答曲線が左方に移動して刺激閾値が下がり，より低いCO_2分圧に対しても反応するようになっている．また，換気増大反応も顕著である．これは順応している高地人で，血液P_{CO_2}に対する呼吸中枢の感受性が著しく亢進していることを示すものである．このように高地住民は血液CO_2に対する呼吸中枢の感受性の亢進によって換気量の増大が維持され

る．

2．高地環境と肺循環

a．低酸素性肺血管収縮現象

肺を低酸素で換気すると肺動脈は収縮し，著しい肺高血圧を示す．この現象を低酸素性肺血管収縮（hypoxic pulmonary vasoconstriction；HPV）と呼んでいる．HPVは1946年にVon Eulerらによるネコの実験によって確かめられて以来，多くの報告がある．HPVは動物の種差にかかわりなく惹起され，低圧曝露ではもちろんのこと，高地移住によってもみられる．しかし，吸入気の酸素濃度が十分であれば，たとえ高地環境下であってもHPVは生じない．また片肺または肺局所のみを低酸素で換気すると，その部位にHPVが起きる．したがって，肺の低酸素刺激がHPVを引き起こす必須の条件である．またこの現象は摘出灌流肺標本でも起きることから，中枢からの神経的調節は考えられず，肺胞と微小肺動脈の間の関係となる．図4はラットの摘出灌流肺標本を用いて低酸素換気を行った際のHPVを見たものである．

このHPVは低酸素換気時の肺循環調節に重要な役割を占めているものの，その発生メカニ

ズムに関しては諸論があり，まだはっきりした結論が出されていない．HPVは生体にとってはたして有利な反応であるか否か，非常に興味ある問題である．生体がより有効に酸素を摂取するためには肺の換気に対する血流の比率（換気血流比，$\dot{V}_A/\dot{Q}$）を一定の良好な値に保つ必要があるが，栗山らによれば，HPVは低酸素状態での $\dot{V}_A/\dot{Q}$ を調節するように作動しているとしている．またWagnerらによる肺微小循環領域の血流を生体顕微鏡下に観察した報告によると，正常換気時は毛細管網の一部しか灌流されていないが，低酸素換気を行うと，ふだん血液の流れていない毛細血管網に著明な灌流が起こること（recruitment，再疎通現象）を明らかにした．これは血液の流れる毛細血管床の増加を意味し，肺の局所ガス交換の面から有利な反応と考えられる．

一方，HPVが不利な反応と考えられるものに次のようなことがある．同一条件の低圧曝露でもHPV反応に著しい種間差および個体差がみられる．そしてHPV反応の大きな個体ほど低酸素曝露による肺動脈圧の上昇が大きく，右心不全を誘発しやすい．ウシにみられるbrisket diseaseはこの典型例として有名である（HPVの種間差および個体差については後で詳しく述べる）．このように，HPVは程度の差はあるものの例外なく認められ，この現象が単なる低酸素に対する反応か，生理学的に意義のある反応かは研究者によって異論がある．

b. 右心室肥大と肺高血圧

高地住民および高地生息動物の心臓は平地のものと比較して有意に大きく，しかもこの心肥大は右心室の肥大である．これは南米高地人の交通事故死などによる標本や高地に生息している動物について調べた結果である．

高地における右心室肥大の存在が明らかになって以来，その原因解明のために肺循環動態の研究に目が向けられた．右心室肥大の直接の原因としては肺動脈圧の上昇が考えられるが，実際に高地住民および高地生息動物の肺動脈圧は平地のものに比して有意な高値を示している．Cruz-Jibajaらは南米の各標高に生活している住民について肺動脈圧を測定し，居住地の標高と肺動脈圧の間に高い相関（$r=0.86$）のあることを報告している．さらにこの右心室肥大や肺高血圧と関連して，肺動脈壁の形態，肺循環抵抗，肺血液量などについても検討されている．それによると，肺動脈壁は平地人より厚く，組織学的にも平滑筋層のよく発達した，いわゆる小肺動脈の中膜の肥厚像を呈している（図5，6）．

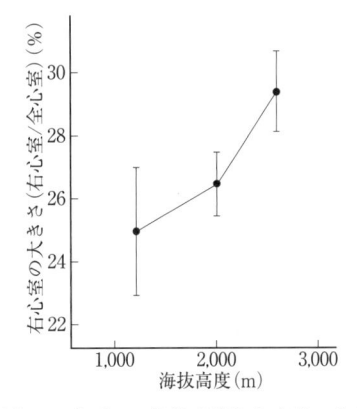

図5 野生ヒメネズミの海抜高度と右心室の大きさの関係．高海抜地に生息する個体ほど右心室肥大である．（酒井ら，1968より）

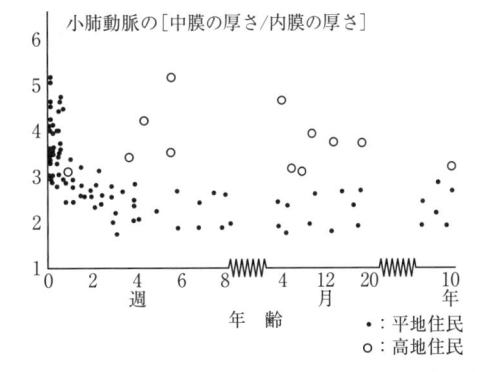

図6 高地住民（海抜3,100m）と平地住民（海抜0m）の小肺動脈の［中膜の厚さ/内膜の厚さ］の年齢に伴う変化の比較．高地住民は出生後4週目頃から明らかに小肺動脈中膜が肥厚する．（Naeye，1965より）

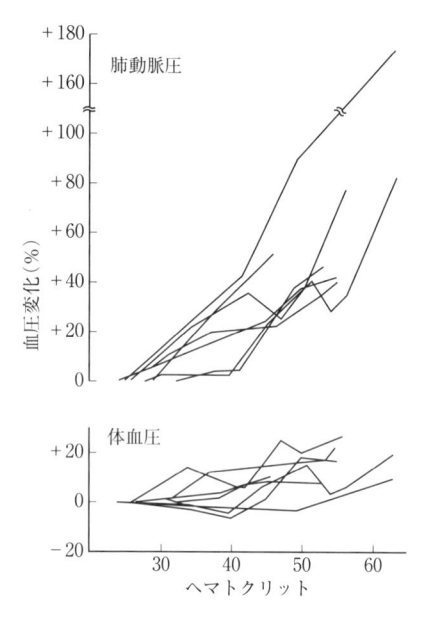

図7 実験的ヘマトクリットの上昇が肺動脈圧および体血圧に及ぼす影響．ヘマトクリットの上昇に伴って肺動脈圧も体血圧も上昇するが，上昇の度合いは肺動脈圧のほうが顕著である．（Sakai et al, 1984 より）

同様な変化はウシの低圧曝露実験によっても明らかにされている．肺循環抵抗についてもいくつかの報告があるが，いずれも高地人で有意な高値を示している．肺血液量については Monge らの報告がある．それによると，全血液量，肺血液量は平地人と比較して明らかに多く，肺血液量/全血液量の値も明らかに高い．高地人では肺血管床が増大し，不均衡に肺血液量が多いことを示すものである．このように，高地環境下では，右心室肥大，肺高血圧，肺循環抵抗の増大，肺動脈壁の平滑筋層の肥厚，肺血液量の増大，が認められ，これらの各項目は密接に関連し，相互に影響し合っている．

ここで重要なことは，これらの肺循環系を中心とした一連の生理・形態学的特徴の発現機序である．この点については，先の HPV がその主要因と考えられていた．しかし筆者らはこの他に，血液性状の変化も大きな要因の1つと考えている．すなわち，高地環境への適応としての赤血球数の増加がヘマトクリットの増大をもたらし，同時に血液粘度を上昇させる．この血液粘度の上昇が一連の肺循環系を中心とした変化を引き起こしていると考えている．実際に，ヒツジに赤血球を輸血することによって人為的にヘマトクリットを上昇させた実験によると，ヘマトクリットの上昇に伴って体血圧も肺動脈圧も上昇するが，その上昇の度合いは肺動脈圧の方が顕著である（図7）．このことは高ヘマトクリットになるほど右心室負荷を増大させ，やがては右心室肥大を誘発するものと推察される．

このように，高地にみられる右心室肥大を中心とした肺循環系の変化は，HPV と赤血球数の増加に伴う血液粘度の増加が相乗的に影響した結果と考えられる．

c. 寒冷曝露と肺循環

動物を寒冷環境下に曝露すると心拍出量は著しく増大し，肺動脈圧も高値を示す．しかし体血圧にはあまり変化がみられない（図8）．

したがって左心仕事率（$L\dot{V}W$）に対する右心仕事率（$R\dot{V}W$）の割合（$R\dot{V}W/L\dot{V}W$）は寒冷曝露によって著しい高値を示す．このことは寒冷曝露によっても右心室肥大を惹起する可能性を示唆するものである．実際，野外に生息する小哺乳類（ヒメネズミ）について心臓の季節変化をみると図9のようになる．この図からも明らかなように全心室重量，左心室重量，右心室重量は環境気温の変化とは対照的に，夏に小さく，冬に大きな値を示している．また，右心室肥大の指標である右心室重量/全心室重量も同様である．

このことは夏の個体と比較して，冬の個体は心肥大でしかも右心室肥大と言える．調査地の海抜高度は一定であるから低酸素の影響は考えられず，純粋に気温の影響ということができる．夏と冬の気温差は約25℃あり，冬にはかなりの低温となる．ここにみられる心室重量の季節変動は，このような厳しい気温の変化に対

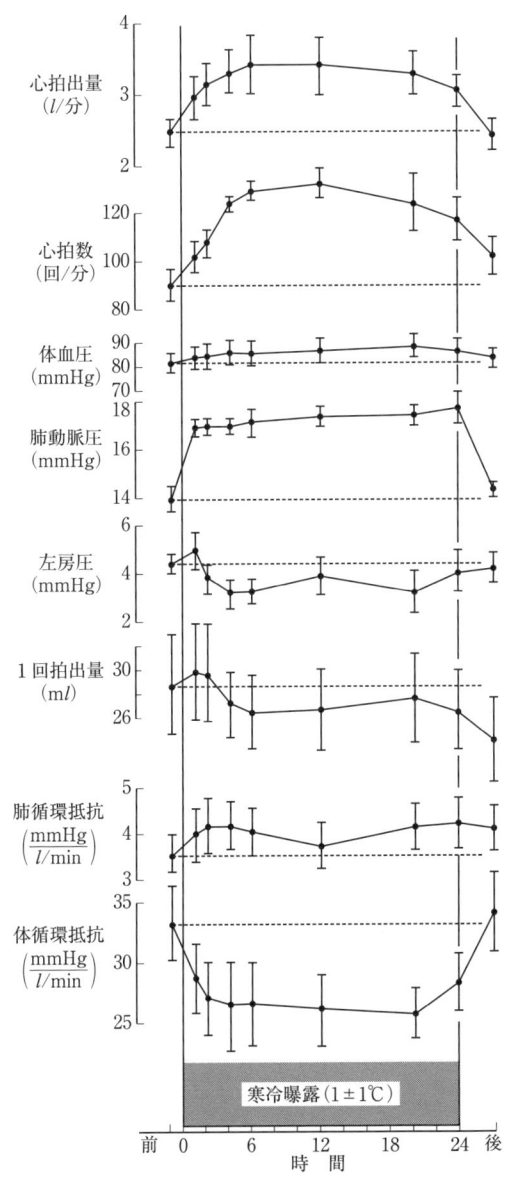

図8 覚醒時，ヒツジの寒冷曝露（1±1℃）による肺循環動態の変化．寒冷曝露によって心拍出量，心拍数，肺動脈圧は著しく上昇するが，体血圧の上昇は少ない．（Sakai et al, 1984 より）

する一種の適応的形態変化とみることができる．ここで注目したいことは，寒冷曝露のみによっても心肥大および右心室肥大が誘発されることである．

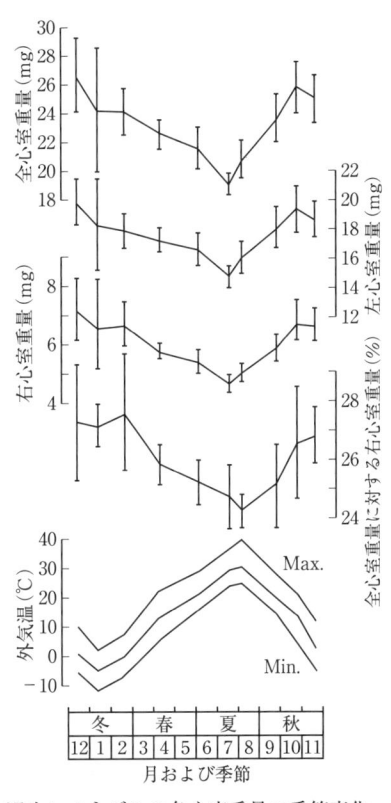

図9 野生ヒメネズミの各心室重量の季節変化．冬の個体の方が夏の個体と比較して心室肥大であり，しかも右心室肥大である．（酒井，1976 より）

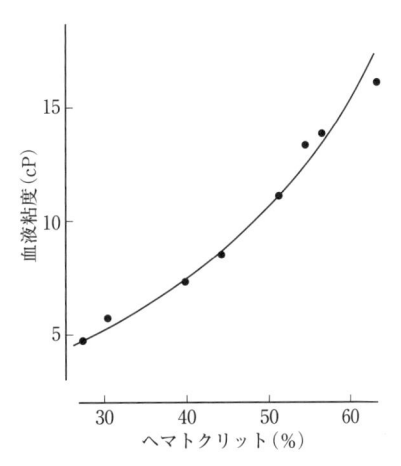

図10 ヘマトクリットと血液粘度の関係．高ヘマトクリットになるほど血液粘度は上昇する．（Sakai et al, 1984 より）

d．血液の変化と肺循環

高地環境と赤血球の関係については非常に多くの報告がある．それによると，動物の種類，

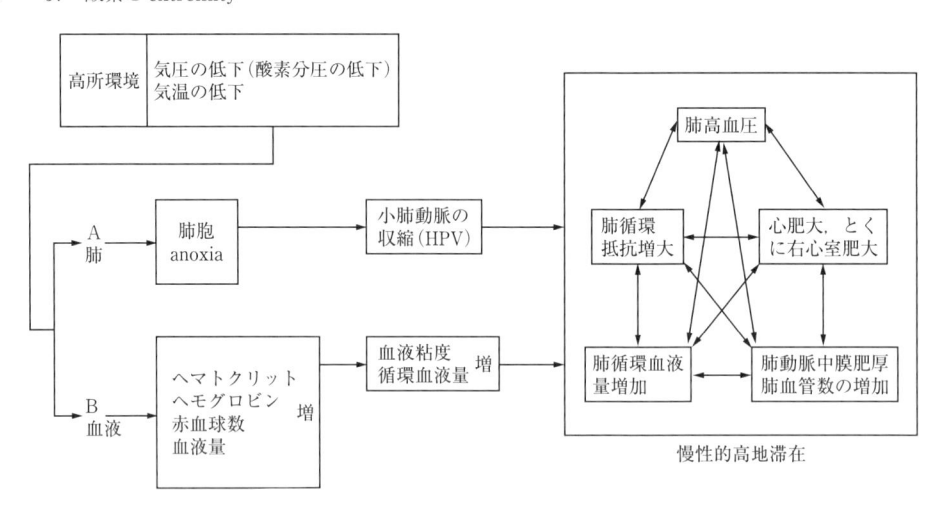

図11 高所環境下にみられる肺高血圧や右心室肥大の発現機序

年齢，性，および低圧の条件などによって程度の差はあるが，いずれも赤血球数およびヘマトクリットは増大する．一般に低酸素環境下では酸素を有効に摂取するために，赤血球，ヘモグロビン，ヘマトクリット，循環血液量などが増加する．この変化は酸素結合容量を増加させて生体の酸素運搬能を増大させるように働き，低酸素環境に対する適応反応とみることができる．一方，この赤血球数およびヘマトクリットの増加は血液の粘稠度を著しく増大させ（図10），結果的には肺高血圧や右心室肥大を引き起こす．

Swigartはラットに人為的に多血症を起こさせ，その結果，有意な右心室肥大を認めている．また赤血球の輸血によって実験的に多血症を起こさせた結果でも，ヘマトクリットの上昇に伴って肺動脈圧は著しく上昇したが，体血圧にはあまり変化がみられなかった（図7）．この赤血球の増加に伴うヘマトクリットの上昇は血液粘度を著しく上昇させ，この粘性の増加が肺動脈圧の上昇および右心室肥大を惹起させるものと考えられる．

以上述べてきたように，高地環境の低圧・低酸素および低温の影響は図11に示すように，まず肺および血液に影響し，肺においてはHPV反応によって肺動脈圧を上昇させ，また血液側においては赤血球数やヘマトクリットの増加に伴う血液粘度の増加によって肺動脈圧を上昇させている．このように肺および血液の反応は共に肺動脈圧を上昇させる方向に作用し，やがて肺高血圧や右心室肥大へと発展するものと考えられる．

3. 高地適応の種間差および個体差

同じ条件の高地環境に曝露されても，既に述べた種々の反応は，種（species）や個体の違いによって差がみられる．これはいわゆる変異（variation）の問題であり，順応現象を動的に把握するうえで重要である．

まずはじめに，酸素解離曲線の違いを挙げることができる．南米モロコチャの高地住民は，平地（リマ）住民の解離曲線（正常曲線）より右にシフトするとされている．これは動脈血・肺胞間での酸素抱合能は低下するが，静脈間の酸素分圧勾配を著しく減少させ，しかも組織レベルでの酸素放出性が高まり，組織への酸素供給をより容易にしているとしている．同様な現象は高地滞在者にも共通に認められ，高地順応のメカニズムの説明として一般に多く引用さ

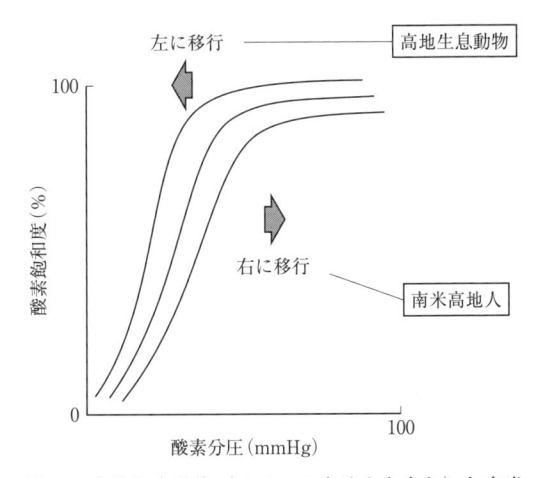

6.1 高地適応 517

図12 高地生息動物（チベット高地人を含む）と南米高地人の酸素解離曲線の違い．南米高地人は正常解離曲線より右に移行するのに対して，高地生息動物やチベット高地人は左に移行する．(Heath and Williams, 1981 より)

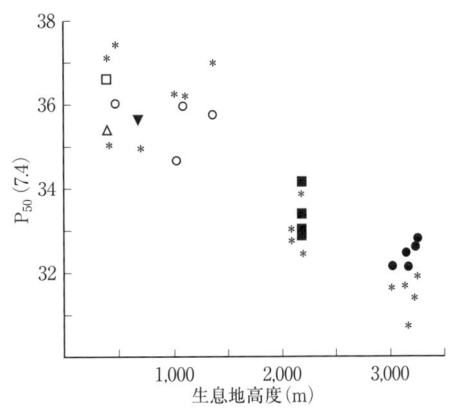

図13 各高度に生息する野ネズミ類の生息地高度と P_{50} の関係．高海抜地に生息する動物ほど P_{50} の値は小さく，酸素解離曲線は左に移行することを示す．(Snyder, 1985 より)

△ *bairdii* ▼ *luteus* □ *rubidus*
○ *gambelii* ● *rufinus* ■ *sonoriensis*
＊ 低地順応させた後の再測定値

表3 高地住民および高地動物の右心室肥大の比較 (Reeves et al, 1979)

種	低地		高地			
		生息		生息		滞在
	n	右心室/左心室 (%)	n	右心室/左心室 (%)	n	右心室/左心室 (%)
ヒト	12	21±0.6	10	29±1.5		
モルモット	12	20±1.8	10	27±2.3	5	49±2
ウサギ	12	23±1.1	10	31±3	6	35±2
イヌ	25	24±1.8	15	29±1.4	5	38±0.4
ヒツジ	11	22±0.8	20	26±3.9	6	39±1
ブタ	10	23±1.9	12	27±1.5	6	57±2
ウシ	10	22±1.5	10	26±1	5	76±8

れている．ところが興味あることに，ほぼ完全に高地順応しているとみられている動物で，南米の高地に住むラマ（llama）やチベット高地に住むヤク（yak, *Bos grunniens*）およびチベットの高地人であるシェルパ（sherpas）は，先の南米の高地人とは反対に，正常曲線より左にシフトする結果を示す（図12）．

図13は低地から高地まで分布する野生ネズミの P_{50} について，標高別にプロットしたものであるが，高地に生息する個体ほど P_{50} の値は低く，解離曲線は左にシフトすることを示している．このように，同じ高地に生息しながらまったく逆の反応を示すことは，高地適応解明のうえで今後大きな課題の1つとなろう．

次に右心室肥大および肺高血圧の違いであるが，表3は各種の高地生息動物および高地人の右心室肥大の程度を比較したもので，また図14は肺動脈圧の違いをグラフに示したものである．

これからも明らかなように，高地に対する右心室肥大や肺高血圧の程度が動物の種の違いによって著しく異なる．とくに，ウシやブタでは慢性的高地曝露によって，著しい肺高血圧を示すのに対し，ヒツジやラマは変化が少ない．し

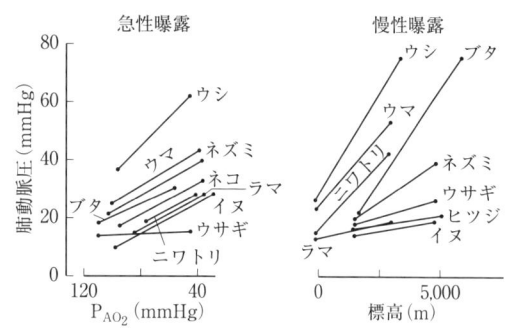

図14 急性低酸素曝露と慢性高地曝露による肺動脈圧上昇の種間性．ウシ，ウマ，ブタなどは慢性的高地曝露によって著しい肺高圧を示すが，ラマ，イヌ，ヒツジ，ウサギなどは，その反応が鈍い．(Reeves et al, 1979 より)

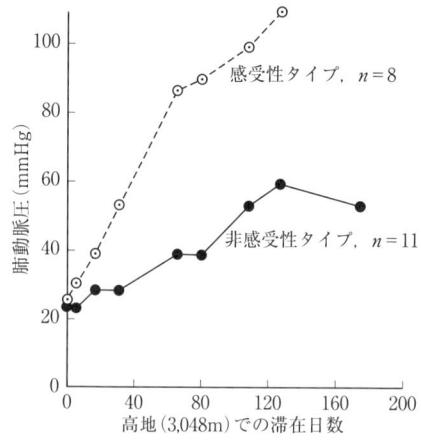

図15 ウシの慢性的高地曝露（海抜3,048 m）による肺動脈圧の変化．ウシには高地曝露に対して反応しやすい型（感受性タイプ）と反応の鈍い型（非感受性タイプ）の2型がある．(Reeves et al, 1979 より)

かし急性低酸素曝露による肺動脈圧の反応には種間差が認められない．

同様な現象は同一種内においても認められ，いわゆる個体差が著しい．Alexander らはウシを3,000 m で6カ月間飼育したところ，肺動脈圧が著しく上昇する群と中等度の上昇を示す群の2群があることを見出した．

その後，ウシには高地環境に対して感受性タイプと非感受性タイプの2型があることが明らかとなり，この原因として遺伝的要因の強いことを述べている（図15）．同様な現象は人間にもみられ，同じ高地に滞在しても，著しい肺高血圧を示す者と中等度の者が観察される．この極度な肺高血圧は右心不全を誘発し，やがて死に至る．ウシにみられる brisket disease はこの典型例として有名である．

最後に，南米とチベットの高地人の違いについて述べる．両者は同じ高地人でありながら，その生理的反応に著しい差異がみられる．第一は，先にも述べた酸素解離曲線の違いである．南米の高地人は右にシフトするのに対して，チベットの高地人は左にシフトしている（図12）．次は換気量の違いである．Hackett らは低地（1,377 m）と高地（4,243 m）において，白人とチベット高地人であるシェルパの分時換気量（$\dot{V}_E$）を比較した．それによると白人では低地と高地でそれぞれ$5.94±0.37$，$7.77±0.47\ l/min/m^2$であるのに対して，シェルパではそれぞれ$7.37±0.34$，$9.8±1.0\ l/min/m^2$で低地・高地ともにシェルパのほうが著しい換気量の増大を示している．胸の大きさも，南米高地人は平地人と比較して胸囲が著しく大きいのに対して，チベット高地人ではその差がみられない．また血液ヘモグロビン濃度にも大きな違いがみられる．すなわち，3,600 m の南米高地人では，男子と女子でそれぞれ$16.5±0.2$，$15.9±0.5\ g/100\ ml$であるのに対し，3,650 mのチベット高地人では，それぞれ$14.04±0.09$，$12.1±0.1\ g/100\ ml$で，男女ともにチベット高地人のほうが明らかに低値を示す．これと関連して，多血症患者の出現頻度もチベット高地人のほうが著しく低い．このように同じ高地人でありながら，南米高地人とチベット高地人との間には著しい相違が認められる．この原因については，高地に移住してからの歴史の長さが重要と思われる．とくにチベット高地人は南米高地人よりも歴史が長く，この長い歴史の間に弱い者は淘汰され，現在では最も良く適応した集団であると考えられる．高高度におけ

る肉体労働能力も他の民族より著しく優れており，慢性高山病患者もきわめて少なく，高地肺水腫などの急性高山病患者の報告例も少ない．

4. チベット高地に生息するナキウサギの高地順応特性

今まで高地適応について肺循環を中心に概説してきたが，ここでは高地に最も適応している動物と思われるナキウサギ（pika）の特性について述べる．

チベット高地に生息するナキウサギは海抜6,100 m の高地にまで生息しており，また3,700 万年も前のものと推定される化石が同地域から発見されている．またこのナキウサギの仲間は，日本，チベット，ネパール，アラスカおよび北アメリカのロッキー山脈などに広く分布している．これらのことからナキウサギは高地環境に対してきわめて高次の適応能を持った動物と推定されると同時に，生存の歴史が長いことから各標高に生息するナキウサギはその環境に完全に適応した形態や機能を備えているものと考えられる．

筆者らはこの完全高地適応動物と考えられるナキウサギの生理学的特性を明らかにする目的で，チベット高地に生息するナキウサギを標高別に捕獲し，血液・循環の面から検討した．調査は標高別に 650 m（$n=10$，日本），2,300 m（$n=13$，中国青海省），3,300 m（$n=15$，中国青海省），4,600 m（$n=14$，中国青海省）の 4 地点の現地で行い，比較実験として，ラットを 650 m（$n=10$，日本），1,600 m（$n=8$，アメリカ・デンバー），2,300 m（$n=10$，中国青海省）の 3 地点で測定し比較した．測定項目は，体重（BW），肺動脈圧（PPA），右心室重量（RVW），左心室重量（LVW），右心室の重量比（RVW/LVW），赤血球数（RBC），平均赤血球容積（MCV），ヘマトクリット（Ht），血液粘度，赤血球変形能，酸素消費量（$\dot{V}_{O_2}$）の

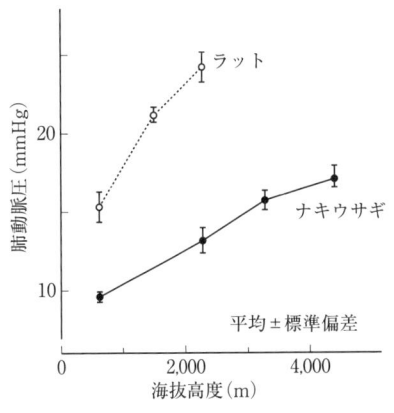

図 16 ナキウサギとラットの海抜高度に伴う肺動脈圧の比較．ナキウサギの肺動脈圧はラットより著しく低く，また海抜高度に伴う上昇の度合いもきわめて少ない．（Sakai et al, 1988 より）

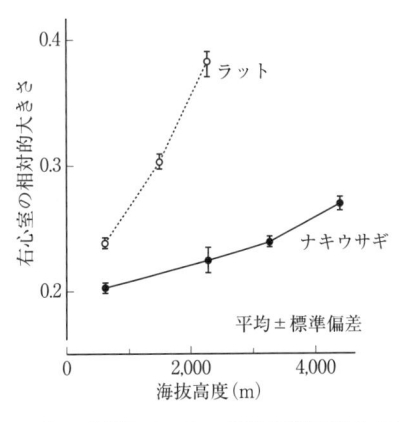

図 17 ナキウサギとラットの海抜高度に伴う右心室の相対的大きさ（右心室肥大の指標）の比較．ナキウサギの右心室の相対的大きさは，ラットより著しく小さく，また海抜高度に伴う増加の割合もきわめて少ない．（Sakai et al, 1988 より）

11 項目である．その結果，ナキウサギはラットと比較して肺動脈圧（PPA）（図 16）および右心室肥大（RVW/LVW）（図 17）の程度は極端に低く，また海抜高度の上昇に伴う増加の割合もきわめて小さいことが明らかとなった．

また，この肺動脈圧および右心室肥大の現象と関連してヘマトクリット（Ht）もまったく同様な傾向を示している．Ht は血液粘度と密接な関係にあり，高い Ht ほど血液粘度は高い（図 18）．したがってここでみられたナキウサ

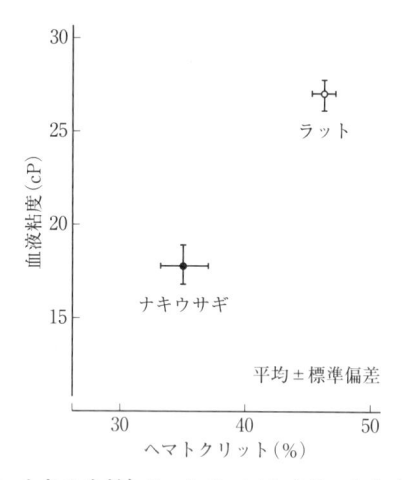

図18 ナキウサギとラットのヘマトクリットと血液粘度の比較. ナキウサギはラットと比較してヘマトクリットも血液粘度も明らかに低い. (Sakai et al, 1988 より)

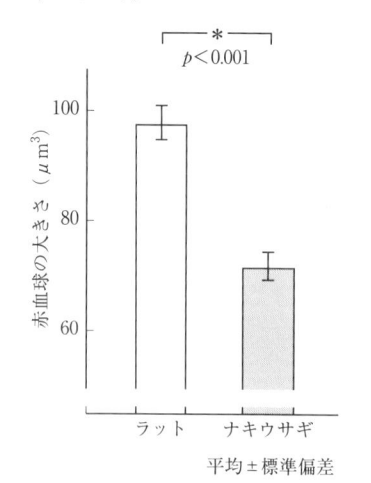

図19 ナキウサギとラットの赤血球の大きさ (1個の赤血球の容積) の比較. ナキウサギの赤血球はラットと比較して著しく小型である. (Sakai et al, 1988 より)

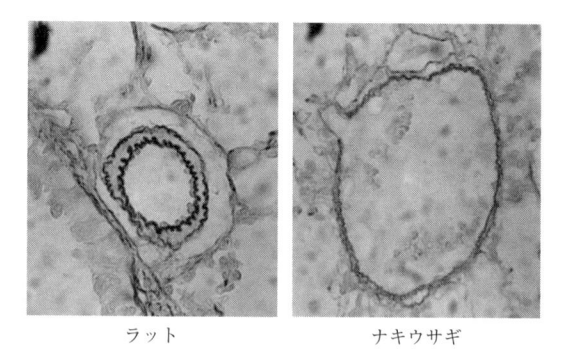

図20 ナキウサギとラットの小肺動脈の比較. ナキウサギの肺動脈壁は, ラットと比較して著しく薄くなっている. (酒井・吉田, 未発表データ)

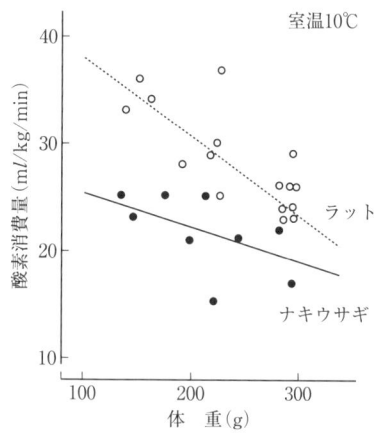

図21 ナキウサギとラットの低温下 (10℃) における酸素消費量の比較. ナキウサギはラットと比較して明らかに酸素消費量が少ない. (Sakai et al, 1988 より)

ギの低い Ht と血液粘度は血流の面から肺高血圧や右心室肥大を抑制するように作用している. これにはナキウサギの赤血球の小型化が原因している. ナキウサギとラットの赤血球の大きさを比較すると, 図19に示すように, ナキウサギの赤血球のほうが明らかに小さい. 赤血球の小型化は単位容積当たりの赤血球の総表面積を増加させることになり, 酸素摂取の面から有利である. ナキウサギはこのように赤血球を小型化することによって高地環境での生存を可能にしている. これらのことと関連して, ナキウサギの肺動脈壁は著しく薄くなっている (図20). また, 低温環境下での酸素消費量をみると, ラットと比較して明らかに少ない (図21). これはナキウサギが少ない酸素消費で生理的状態を維持できることを示すものである.

　高地環境においては, 既に述べたように, 肺高血圧や右心室肥大は一般的な現象であるが, その反応が鈍い種または個体ほど高地環境に強いということができる (最近の研究によってヒマラヤ高地に生息するヤクやチベットヒツジもナキウサギと同様に, 海抜高度の上昇に伴う肺

高血圧や右心室肥大の程度がきわめて鈍いことが明らかになった).高地環境に対して,より少ない肺高血圧および右心室肥大で生理的状態を維持できる機構を備えたものほど高地環境に対して適応的であるといえる.

［酒井秋男］

■文献
1) Heath D, Williams DR (ed):Man at High Altitude. Churchill Livingstone, New York, 1981.
2) Weir EK, Reeves JT (ed):Pulmonary Hypertension. Futura Publishing Co, New York, 1984.
3) 宮村実晴(編):高所.運動生理学的基礎と応用, 109-120, ナップ社, 東京, 2000.
4) 信州大学山岳科学総合研究所(編):山に学ぶ 山と生きる. 138-151, 信濃毎日新聞社, 長野, 2003.
5) 本間研一, 彼末一之(編):環境生理学. 261-273, 北海道大学出版会, 札幌, 2007.

6.2　8,000 m 峰の無酸素登山

1. 無酸素登山とは

Himalaya 山脈には世界最高峰の Everest (8,848 m) をはじめ，8,000 m を超える峰が14座ある．無酸素登山というのは一般に，これらの 8,000 m 峰に酸素ボンベを使わずに登ることを言う．英語では without supplemental oxygen または without bottled oxygen という表現を用いる．

一方，8,000 m 未満の山を酸素ボンベなしで登っても，ふつうは無酸素登山とは言わない．これらの山では，酸素を使わずに登るのが常識だからである．つまり無酸素登山という言葉の中には，8,000 m 級の山では酸素ボンベなしに登ることが困難になること，そしてそこで酸素を使用するか否かで，登山の価値が違ってくるという意味が込められている．

図1は，Everest およびその山麓のさまざまな高度で測定された，安静時の動脈血酸素飽和度（Sp_{O_2}）である．高度の上昇に伴い Sp_{O_2} は低下し，7,500 m のキャンプまで上がると 50 % 近くまで下がる．海面レベルでの Sp_{O_2} は，安静時では 100 % に近く，非常に激しい運動をした場合でも 90 % を下回ることはまれである．また医療の現場では，Sp_{O_2} が 90 % を下回れば酸素吸入を行う．このようなことを考えれば，8,000 m 峰の無酸素登山とは，体内の極度な酸素欠乏との戦いだということがわかる．

2. 無酸素登山の歴史

8,000 m 峰での無酸素登山の歴史は，Everest を中心に展開してきたと言ってもよい．それは 1921 年にイギリスが，この山に第1次遠征隊を派遣したことから始まった．この時は偵察が主目的であり，7,000 m 付近に到達しただけだったが，翌年の第2次遠征隊からは本格的に登頂をめざした．そしてこの時にはすでに，酸素ボンベなしで 8,200 m 台の高度まで到達している．このため，無酸素登頂も十分に可能だと期待された．

その後，イギリスは第二次世界大戦前に第7次までの遠征を行った．しかし 8,500 m を少し超える高度までは何度も無酸素で到達することができたものの，残りの 300 m がどうしても登れなかった．そこで生理学者たちは，この付近に人間の高所に対する生理的な限界があると考え，その理由づけを行った．

たとえば次のような説明がなされた．当時のデータ（4,000 m 台までの実験結果）によると，高度の上昇に伴い気圧が下がっても，肺胞内の水蒸気分圧は変化せず，二酸化炭素分圧もわずかしか低下しないことが知られていた．したがって高度が上がるほど，外気から肺胞に酸

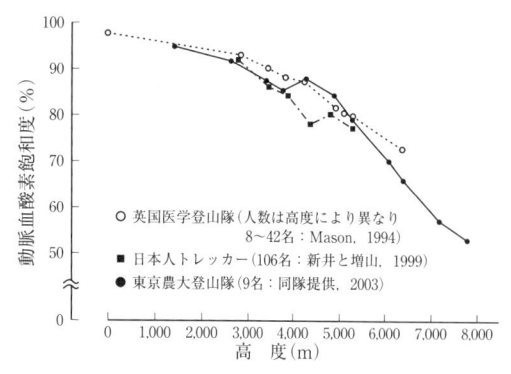

図1 高度の上昇に伴う動脈血酸素飽和度（Sp_{O_2}）の低下
Everest での登山およびトレッキング時に，さまざまな高度で測定された安静時の Sp_{O_2}．高度の上昇に伴い曲線的に低下する．

○ 英国医学登山隊（人数は高度により異なり 8〜42名：Mason, 1994）
■ 日本人トレッカー（106名：新井と増山, 1999）
● 東京農大登山隊（9名：同隊提供, 2003）

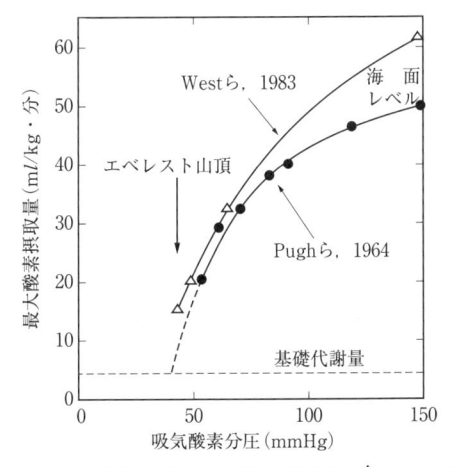

図2 高度の上昇に伴う最大酸素摂取量（$\dot{V}_{O_2 max}$）の低下（Westら，1983）

Pughら（●）は，7,500 mまでの高度での測定から，Everest山頂では$\dot{V}_{O_2 max}$が基礎代謝量とほぼ同等になってしまうと予測した．しかしWestら（△）はその後，ある程度の運動ができるような$\dot{V}_{O_2 max}$が確保されることを，現地でのシミュレーション実験により示した．

素を取り込む余地は狭められていくことになる．そしてこの関係を外挿していくと，Everestの山頂では肺胞内の酸素分圧が，人間が生存できるレベル以下になってしまうというのである．

また，Everestが酸素ボンベを使って登頂された後の話だが，PughたちはHimalayaに自転車エルゴメーターを持ち込み，7,500 mまでの各高度で最大酸素摂取量（$\dot{V}_{O_2 max}$）を測定した．その結果，$\dot{V}_{O_2 max}$は図2のように，高度の上昇とともにカーブを描きながら低下することを見いだした．そしてその関係を外挿すると，Everestの山頂では$\dot{V}_{O_2 max}$が基礎代謝量とほぼ同等になってしまうことから，登山のような激しい運動は不可能であると予想した．

Everestは結局，1953年に第9次のイギリス遠征隊により初登頂されたが，その際には過去の反省にもとづき，酸素ボンベが積極的に使われた．そしてそれ以後，Everestは各国の隊によって登られたが，常に酸素ボンベが使われることになった．

ところが，それから25年後の1978年に大きな転機が訪れた．登山家のMessner（イタリア）とHabeler（オーストリア）のペアが酸素ボンベなしで登頂し，地上には無酸素で登れない山はないことを証明したのである．

3. Everestの無酸素登頂を可能にする生理的背景

MessnerとHabeler以後，コロンブスの卵のたとえの通り，Everestの無酸素登頂に成功する登山者が立て続けに現れた．そこで生理学者たちはそれまでとは一転して，なぜそれが可能であるのかを解明しようとした．

Westらは1981年に，登山のできる生理学者を集めて大規模なEverest実験登山隊を組織し，さまざまなフィールド研究を行った．たとえばEverest山頂で，酸素マスクを外して外気を呼吸している隊員の呼気ガスを採取し，それを持ち帰って組成を分析した．その結果，従来の予想とは異なり，著しい過呼吸によって肺胞内の二酸化炭素分圧はかなり低下し，その分だけ酸素の入り込む余地が生じて，人間がなんとか生存できる酸素分圧（約35 mmHg）が保たれていることを明らかにした．

また彼らは，Everest山頂での$\dot{V}_{O_2 max}$をシミュレーションにより測定した．すなわち高度6,300 mのキャンプで，吸気中の酸素分圧がEverest山頂と同程度となるよう，酸素濃度が14 %と16 %の空気を吸入させながら最大運動をさせた．その結果，Pughらの予想とは異なり，絶対値で1.07 l/分，体重あたりで15.3 ml/kg・分という$\dot{V}_{O_2 max}$が得られ，無酸素登頂もかろうじて可能なレベルにあることを示した（図2）．

またHoustonらは1985年に，アメリカ陸軍の低圧室を用い，40日あまりをかけて実際の登山と同じように高度を上げていく（実際には気圧を下げていく）というシミュレーション登

山を行った（Operation Everest II）．その結果，やはり Everest 山頂に相当する気圧のもとで，無酸素で 120 W の運動が可能であることを示している．

4. Everest 無酸素登頂の難しさ

Everest の無酸素登頂が可能であることが証明された現在でも，それは依然としてきわめて困難な課題である．たとえば 2007 年現在で，酸素ボンベを使って登頂した人はすでに 3,500 人にも達しているが（その中には 60-70 歳代の人も含まれている），無酸素登頂者は 100 名程度である．またここ数年の傾向で言うと，1 年あたりで 200-500 人もの人が酸素ボンベを使って登頂するのに対して，無酸素で登頂する人は数名でしかない．

日本人について言えば，酸素を使った登頂者が 150 名程度いるのに対して，無酸素登頂者は 7 名だけである．しかもこのうちの 2 名は下山中に死亡している．また最近，日本人として 20 年ぶりに無酸素登頂に成功した加藤慶信氏は，下山時に目が見えなくなり，他隊から酸素ボンベの提供を受け，シェルパの補助も受けながら生還している．

図 3 は，彼の頂上アタック時の登高速度を示したものである．6,000 m 台の高度では 1 時間あたり約 250 m の登高速度を保っているが，高度が上がるほど低下し，とくに 8,500 m 以上では極度に低下して約 40 m となっている．彼は過去 5 つの 8,000 m 峰に登頂し，うち 1 つには無酸素登頂を果たしている．このような体力・経験ともに優れた登山家でも，Everest の無酸素登頂は生死の境界を行くような困難と危険を伴うといえる．

West らは，Everest の山頂で身体作業能力（$\dot{V}_{O_2 max}$）に影響を与える諸要因について検討した結果，図 4 のように気圧が最も大きな影響力を持つことを示している．つまり Everest における無酸素登頂の成否は，人間の身体能力よりも，登頂日の気圧という外的な要因に大きく左右され，運を天に任せざるをえないような

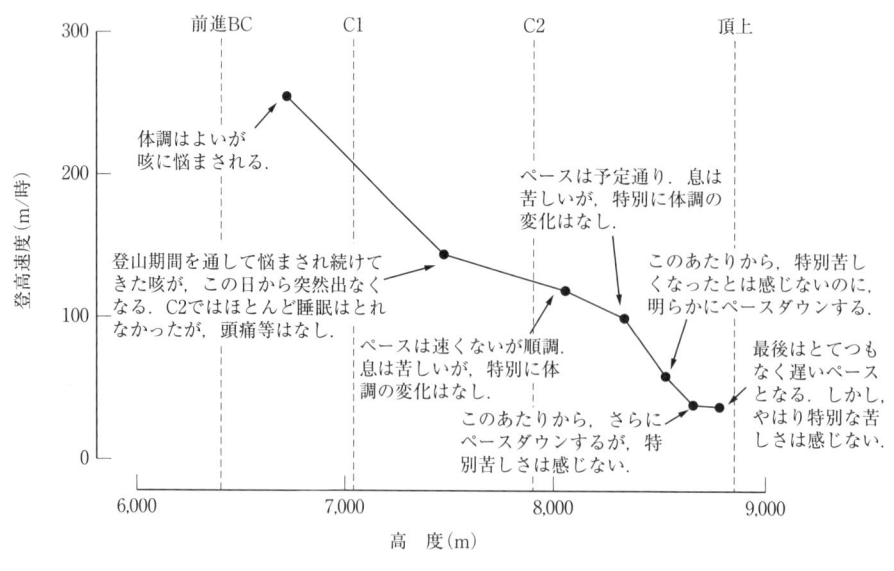

図 3 Everest 無酸素登頂時の登高スピード（加藤，2005）
2005 年 5 月に登頂した 29 歳の日本人登山家の例．BC はベースキャンプ，C1 は第 1 キャンプ，C2 は第 2 キャンプを意味する（以下の図も同様）．8,500 m 以上では極度に速度が落ちている．そして下山時には，8,500 m 付近から目がまったく見えなくなり，酸素を吸いながら生還した．

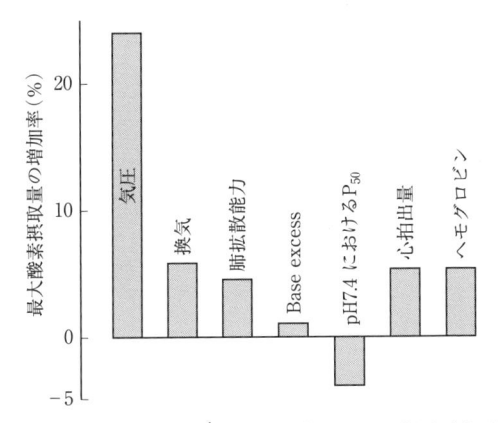

図4 Everest山頂で$\dot{V}_{O_2max}$に影響を及ぼす因子とその影響力（Westら，1983）
それぞれの因子が5％増加した時に，$\dot{V}_{O_2max}$が何％変化するかを試算している．身体能力よりも気圧という外的な要因の影響力が非常に大きいことがわかる．

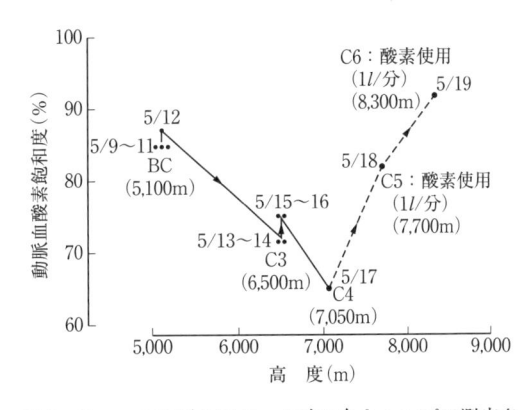

図5 Everestの頂上アタック時に各キャンプで測定された安静時のSp_{O_2}（上村，1998）
32歳の日本人登山家の例．酸素を使わなかったC4までは，高度の上昇に伴いSp_{O_2}は低下していくが，酸素を使い始めたC5からは大幅に上昇し，C6ではBCよりも高値を示している．

性質があるのである．

　医師であり登山家でもある原は，1980年代に低圧室でのトレーニングを駆使して，無酸素登山の方法論について研究した．その結果，8,000m台前半までの高度に対しては大きなトレーニング効果が見られるが，8,000m台後半の高度に対しては，どんなにトレーニングをしてもその効果はわずかなものでしかない，と総括している．

　なお，Everest山頂の気圧は季節の影響を受け，夏季が最も高く，冬季が最も低くなる．したがって冬季の無酸素登頂は非常に難しい．現在のところ冬季の無酸素登頂者は，高所民族として有名なシェルパ族出身のアン・リタ一人だけである．

5．酸素ボンベの威力

　上記のように，8,500m以上の山を無酸素で登るには特別な困難を伴う．しかしその一方で，酸素ボンベを使うと一転してかなり容易になってしまう．

　図5は，酸素ボンベを使ってEverestに登頂した登山者が，各キャンプで安静時に測定したSp_{O_2}である．途中の第4キャンプまでは無酸素で登っており，そこまでは高度の上昇に伴ってSp_{O_2}も低下している．しかし酸素を使用し始めた第5キャンプから上では，Sp_{O_2}は著しい上昇を示しており，8,300mの最終キャンプ（C6）では，BC（ベースキャンプ）での値よりもむしろ高くなっている．つまり安静時や睡眠時に酸素を吸えば，生理的な負担度はBCのレベルか，それ以下にまで軽減されてしまうのである．

　また著者は，8,000m峰に酸素ボンベを使って登頂した登山者65名を対象として，行動中に酸素を吸うと主観的にどの程度楽になるかを調査したことがある．その結果，個人差も大きいが平均的には，8,000m付近で2l の流量で酸素を吸入すると，登高時のつらさはほぼ6,000mにおける酸素なしの登高と同程度になる，という数値が得られた．つまり登高時に酸素ボンベを使えば，生理的な高度は実際の高度よりも約2,000m下がることになる．Everestの登山でいえば，実質的には6,000m台後半の山を登るのと同じになってしまうといえる．

　最近の日本では，中高年を中心として8,000m峰を目指す登山者が増えている．しかしそ

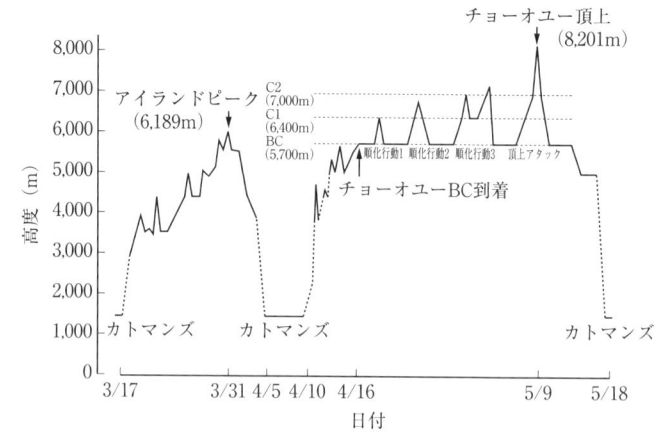

図6 Cho Oyu の無酸素登山の行程（山本, 1995）
実線は徒歩, 破線は乗り物による移動を表す. 期間の前半は別の 6,000 m 峰に登って高所順化トレーニングを行い, その後いったん低所に降りて休養をとってから, Cho Oyu の登山を開始している.

の多くは酸素ボンベを使っており, 無酸素で登頂する人は少ない. 8,000 m 峰の登山を評価する際には, 酸素を使ったか否か, またそれをどのように使ったか（何 m の高度から何 l の流量で使用したかなど）についても考慮しなければ, その困難さを比べることはできないといえる.

6. 無酸素登山の方法論

8,000 m 台後半の峰での無酸素登頂の成否は, 前述のように登頂日の気圧によって大きく左右されるため, 身体能力が優れているだけでは登れないケースもありうる. しかし 8,000 m 台前半の峰ならば, このような偶然性にはあまり左右されなくなる. つまり, 困難であることはいうまでもないが, 以下のような一定の方法論を踏むことにより, 多くの人にとって無酸素登頂は可能である.

8,000 m の高度では, 酸素分圧が低地の 3 分の 1 程度となる. この環境に突然曝露されれば, 人間は数分で意識を失い, そのまま死亡してしまう. しかし時間をかけて徐々に低酸素に曝していった場合には, 身体は低酸素に順化

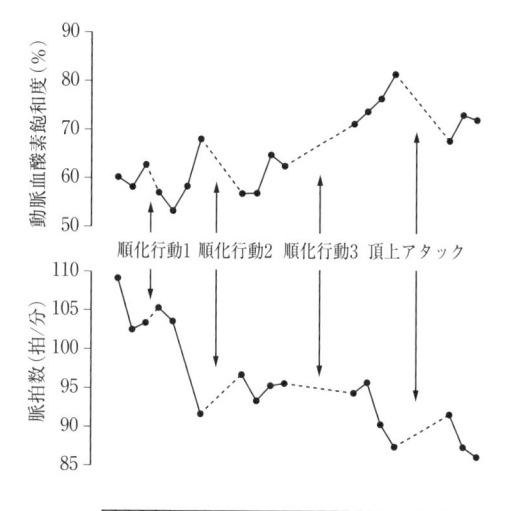

図7 Cho Oyu の BC で測定した Sp_{O_2} と脈拍数の推移（山本, 1995）
日数の経過に伴い高所順化が進み, Sp_{O_2} は上昇する. そして脈拍数は, これと鏡像的な関係を示しながら低下していく.

し, 耐えることも可能になる. したがって 8,000 m 峰に登るには, 時間をかけて高所に順化することが不可欠である. ただし, 5,500 m 以上の高所に長期間滞在すれば, 高所衰退も同時に起こるというジレンマもあり, いたずらに長く滞在するだけでは問題は解決しない.

図6は, 著者が Cyo Oyu 峰（8,201 m）に

無酸素で登った時の全行程を示したものである．まず近隣の 6,000 m 峰に 2 週間をかけて登り，そこで高所順化を行った後，いったん低所に下りて休養した．そして改めて Cyo Oyu の BC に入り，そこから約 3 週間をかけて登頂している．全体の登山期間としては約 2 カ月を要している．

Cyo Oyu の登山を始めてからは，上部に 2 つのキャンプを設け，休養日をはさみつつ，上り下りを繰り返している．これは，climbing high, sleeping low の原則と呼ばれるもので，日中は高いところに登って高所順化の刺激を与え，夜間は低いところに降りて休養し高所衰退を避ける，という経験則である．図 7 は，BC に滞在中，起床直後に測定した Sp_{O_2} と脈拍数である．同じ高度で測定しているにもかかわらず，日数の経過とともに身体が高所に順化し，Sp_{O_2} が次第に上昇するとともに，脈拍数は逆に低下していくことがわかる．

7. 低酸素トレーニング

現地で長期間をかけて高所順化を行う図 6 のような方法は，Himalaya 登山の黎明期から行われてきた古典的なやり方で，現在でもこれが主流である．しかし 1980 年代頃からは，自国であらかじめ高所順化トレーニングを行い，登山期間を短縮しようという試みも行われている．

図 8 はその典型例で，1989 年にフランスの科学者と 5 名の登山家が「Everest Turbo」と銘打って，無酸素でのスピード登頂をめざした時の行動図である．ヨーロッパアルプス最高峰の Mont Blanc 峰（4,807 m）に滞在した後，さらに低圧室を用いてエベレスト山頂に相当する気圧下でのトレーニングも行い，その後ただちに現地に赴き Everest を一気に登ろうとした．この試みは悪天候のために成功しなかったが，最高到達点となった 7,800 m までは，過去のどの隊よりも速く到達している．

日本の場合には，4,000 m 以上の自然の高地はないが，富士山（3,776 m）に登ると高いトレーニング効果がある．また自然の高地に恵まれない日本では，1980 年代の初め頃から世界に先駆けて，低圧室（低圧低酸素室）を使った事前のトレーニングが行われてきたが，最近ではこれに代わり常圧低酸素室を使ったトレーニングが普及しつつある．

常圧低酸素室は，安全性が高い，出入りが容易，施設が安価など，従来の低圧室に比べて使い勝手がよいことから，民間のトレーニング施設も増えている．著者はこの施設を利用して事

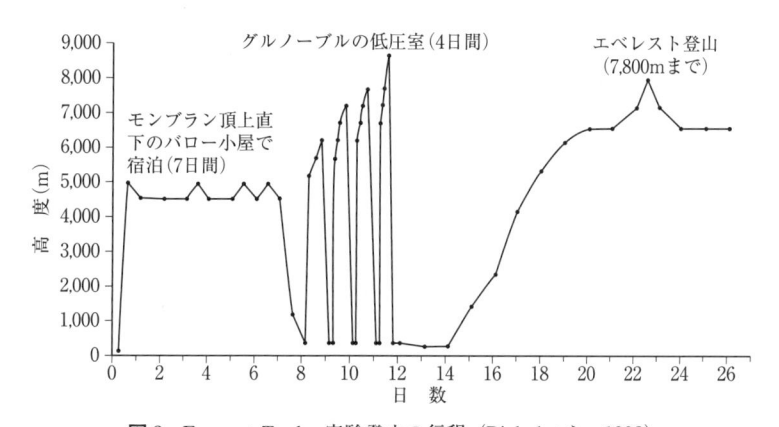

図 8 Everest Turbo 実験登山の行程（Richalet ら, 1992）
パリから 15 日間でエベレスト山頂を往復することが目標であったが，悪天候のため 7,800 m が最高到達点となった．しかし，そこまでの到達速度は過去のどの隊よりも速かった．

前のトレーニングを行い，Muztag Ata 峰（7,546 m）でスピード登山を試みたが，通常は 2-3 週間かかる登山期間を 1 週間に短縮することができた．

低酸素室を用いたトレーニングの場合，低酸素環境への曝露は間欠的に行われることになる．このため自然の高地に長期間滞在した時（つまり低酸素環境に連続的に曝露された時）に問題となるヘマトクリットの過剰な増加を防いだり，高所衰退を避けられるというメリットもある．

8. 基礎体力のトレーニング

登山は典型的な有酸素性運動である．したがって高所登山家が優れた有酸素性作業能力を持つことは予期されて当然である．ところが，その最良の指標とされる $\dot{V}_{O_2max}$ を測定しても，高所登山家の値はあまり高くないという興味深い事実がある．

たとえば Oelz らは，8,500 m 以上の峰に無酸素登頂した経験を持つヨーロッパの一流登山家 6 名の $\dot{V}_{O_2max}$ を測り，48.8-65.9（平均 59.5）ml/kg・分であったと報告している．この値は一般人よりは優れているが，一流の長距離ランナーなどと比べれば低い．また 6 名のうちで最も優れた高所登山歴を持つ Messner の $\dot{V}_{O_2max}$ は最も低く，48.8 ml/kg・分であったという．ただし彼の場合，低酸素環境で $\dot{V}_{O_2max}$ を測定した時に，低地での測定値に対する低下率が他の登山家に比べて著しく低かったとも報告している．

また図 9 は，著者が測定した日本人の 8,000 m 峰登頂者の $\dot{V}_{O_2max}$ である．これを見ると，若い男性の無酸素登頂者では比較的高い値を示しているが，それでも 50-60 ml/kg・分程度である．また女性や中高年の無酸素登頂者では 40 ml/kg・分台前半の人もいる．酸素を使った登頂者については，35-40 ml/kg・分とさらに低い．

このように，高所登山家の $\dot{V}_{O_2max}$ がそれほど高くない理由として，登山という運動がスピードを競うものではなく，持久スポーツの中では比較的運動強度が低いことがあげられる．また高所登山の場合，それを低酸素環境で行うために物理的な運動強度はさらに低下するという

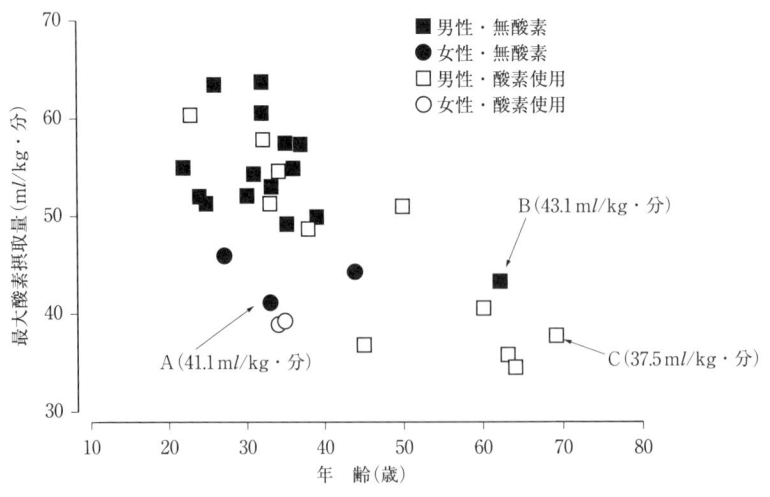

図 9 日本人の 8,000 m 峰登頂者の最大酸素摂取量（山本，2007）
年齢を横軸にとって示している．A は女性で 2 つの 8,000 m 峰に無酸素登頂した大久保由美子氏，B は 50 歳を過ぎてから 6 つの 8,000 m 峰に無酸素登頂を果たした近藤和美氏，C は 70 歳で Everest に登頂した三浦雄一郎氏の値を示す．

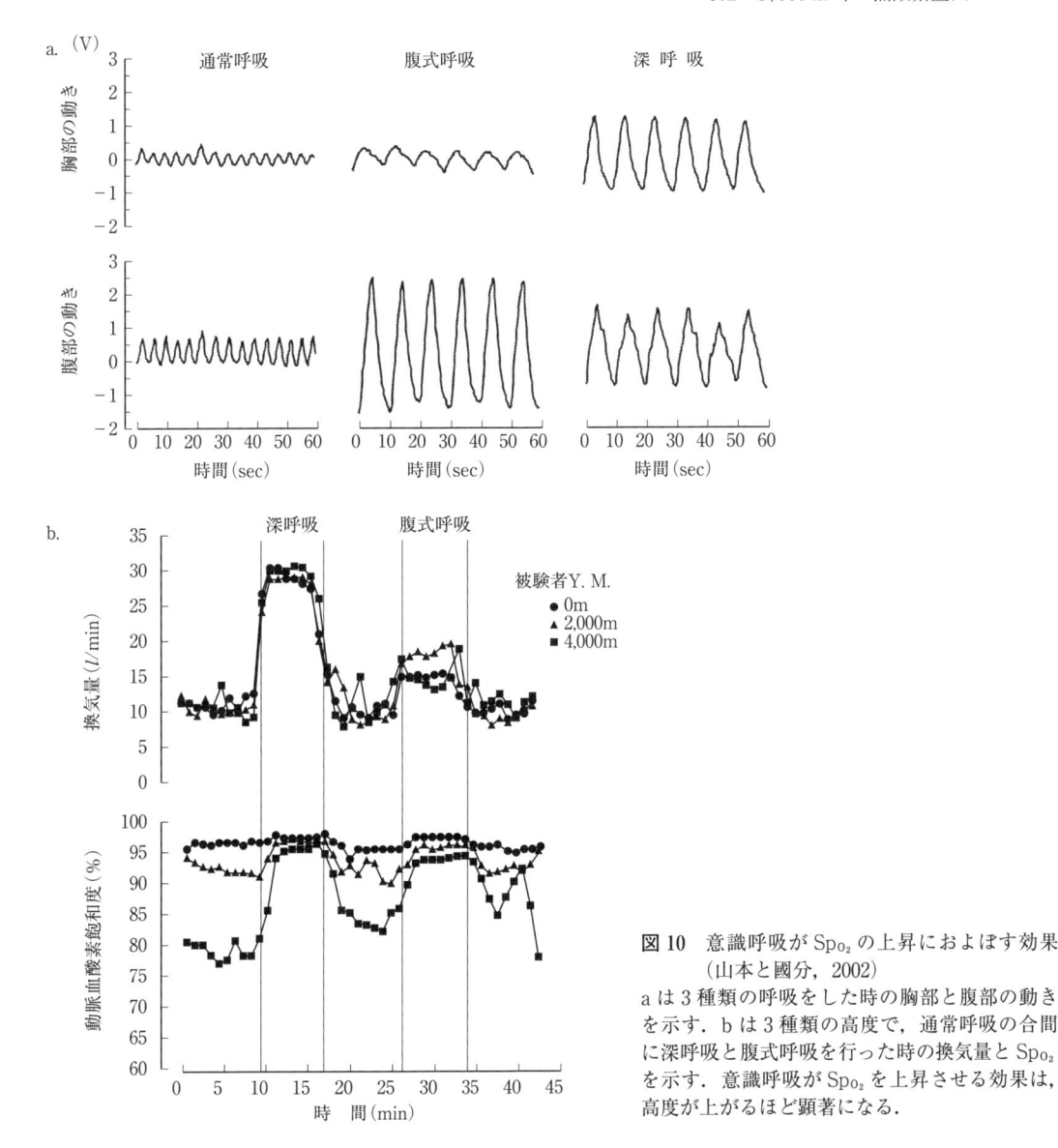

図10 意識呼吸が Sp_{O_2} の上昇におよぼす効果（山本と國分, 2002）

a は3種類の呼吸をした時の胸部と腹部の動きを示す．b は3種類の高度で，通常呼吸の合間に深呼吸と腹式呼吸を行った時の換気量と Sp_{O_2} を示す．意識呼吸が Sp_{O_2} を上昇させる効果は，高度が上がるほど顕著になる．

特性も関係する（図3）．さらに高所では，低酸素の影響により $\dot{V}_{O_2 max}$ が低下し，8,000 m では低地の3分の1程度にまで落ちてしまうため（図2），低地で $\dot{V}_{O_2 max}$ に優れることが有利には働かない，ということも考えられる．

つまり高所登山の場合，ある程度の水準の $\dot{V}_{O_2 max}$ は要求されるものの，低地で持久力を競うアスリートのような高いレベルは要求されない．むしろ重要なことは，高所環境で $\dot{V}_{O_2 max}$ をできるだけ落とさないようにする能力だといえるだろう．

9. 呼吸技術のトレーニング

低酸素環境に行くと，呼吸の調節作用により無意識のうちに換気量が増え，Sp_{O_2} の低下を防ごうとする．しかし無意識な呼吸に任せておくよりも，意識的な呼吸をした方が，Sp_{O_2} をより高く保つことができる．

図10は，このことを実験的に示したもので

ある．低酸素環境で，深呼吸や腹式呼吸といった意識的な呼吸を行うと，Sp_{O_2}はかなり上昇することがわかる．ただし換気量が大きくなると二酸化炭素の喪失量も増え，それが過度になると過換気症候群を招く．また呼気により失われる水分や体熱も増えてしまう．したがって換気量は大きくなり過ぎない方がよい．

このような観点で深呼吸と腹式呼吸とを比べると，後者の方がより少ない換気量でSp_{O_2}を上昇させられるので，よりよい方法といえる．このような呼吸法を無意識のうちにできるようなトレーニングを積めば，高所で生活をしたり運動をしたりする時の負担を減らすことができるだろう．それは，呼吸器疾患の患者が日常生活で腹式呼吸や呼吸体操を励行し，意識的に呼吸管理を行っていることとよく似ている．

おわりに

8,000 m峰の無酸素登山は，低地でアスリートが行うスポーツとは異質の運動といえる．昼夜を通して，体内の酸素が著しく欠乏した状態で長期間の生活を行い，そのかたわらで，物理的な強度としては弱いが，生理的には負担の大きな運動も行わなければならない．このような点では，アスリートというよりは，肺に疾患を持つ人や肺機能の衰えた高齢者が，苦しみながら日常生活を送っていることと立場がよく似ている．したがって，8,000 m峰の無酸素登山の方法論を考えることは，このような人たちのQuality of Lifeの改善を考えることにもつながると著者は考えている．

[山本正嘉]

■文献
1) West JB：High Life；A History of High-Altitude Physiology and Medicine. Oxford Univ Press, New York, 1998.
2) Ward MP, Milledge JS, West JB：High Altitude Medicine and Physiology（3rd ed）. Oxford Univ Press, New York, 2000.
3) 宮村実晴編著：高所；運動生理学的基礎と応用．ナップ，東京，2000．
4) 山本正嘉：登山の運動生理学百科．東京新聞出版局，東京，2000．
5) 日本山岳会高所登山研究委員会編：8000 m峰登頂者は語る．日本山岳会，東京，2002．
6) 山﨑昌廣，坂本和義，関 邦博編：人間の許容限界事典．朝倉書店，東京，2005．

6.A 高山病

　生体は高地などの異常環境に曝露されると順応現象が見られるが，順応がうまくいかなかった時，さまざまな症状が現れ，その一連の症候群を高山病（mountain sickness）という．高山病は高地での低酸素，低温，運動などの生理的刺激に対する警告反応の結果で，高山病には急性高山病と慢性高山病がある．一般に言う高山病は急性高山病に属し，慢性高山病は高地住民に特有のものである．急性高山病は健康なヒトでも，海抜2,500mくらいの高さで発症することがあり，高地に向かっているヒトなら誰でもかかる危険性をもっている．生まれつき高山病にかかりやすいヒトとかかりにくいヒトがあり，個人差が著しい．また，同じヒトでも条件によって発症の程度も異なり，急速に登高すれば症状の現れる可能性は高くなる．急性高山病の主な症状は頭痛，不眠，倦怠，運動失調，目や顔のむくみ，咳，息切れ，不規則な呼吸，食欲減退，吐き気，嘔吐，尿量の減少などである．

　高山病の中でも重症なものとして，高所肺水腫（high altitude pulmonary edema；HAPE）と高所脳浮腫（high altitude cerebral edema；HACE）があり，時には死に至る．これらの重症高山病はヒマラヤなどの高高度で発症すると思われていたが，日本の北アルプスの海抜2,700m地点で発症して死亡した例がある．

　軽度の高山病は時間をかけることによって，順応も完成し，症状も消失するが，HAPEやHACEなどの重症高山病の兆候が現れた時には緊急処置が必要になる．それはできるだけ早期に下降することで，高地で酸素吸入しても効果がない．

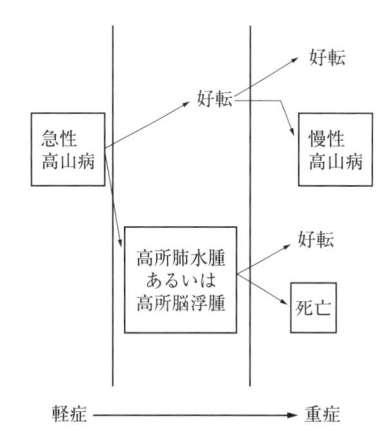

図1　高山病．重症高山病には高所肺水腫（HAPE）と高所脳浮腫（HACE）があり，これらの症状が現れたときには，できるだけ早く下降することである[2]．

　HAPEは急速な登高の後，2日以内にゆっくり症状が進行し，肺の中に水が溜まった兆候が現れると急速に悪化する．主な症状は咳からはじまり，重篤な呼吸困難，重度のチアノーゼ，肺の湿性ラ音および捻髪音の聴取，喀痰は紅色泡状でほとんど死の直前までつづく．この状態でも数百m下降するだけで劇的に回復する．

　HACEは頭痛からはじまる．頭痛は単なる急性高山病でも起こるので，比較的低い高度からすでにHACEが起こり始めていると考えられる．軽度の脳浮腫は順応過程で吸収されて消失するが，症状が悪化して，千鳥足，幻覚，わけのわからぬことを口走るなどの脳障害の兆候が現れるとHACEの可能性が高い．この場合の処置もできるだけ早期に下降することである（図1）．

［酒井秋男］

■文献
1) ハケット（著）：高山病—なおし方ふせぎ方．山洋社，東京，1983．
2) Houston CS（ed）：Going Higher. Bulingston, Vermont, USA, 1983.

6.3 高地トレーニング

　1960年代，のちに"裸足の王様"と呼ばれる高地民族出身の無名ランナーが，五輪マラソンを連覇したことにより高地トレーニング（altitude training）が一躍脚光を浴びることとなった．高地トレーニングの歴史も，はや半世紀が経とうとしているが，この間に自然高地（natural altitude）のみならず，人工的な模擬高地（simulated altitude）の活用も増してきた．今日，高地トレーニングは，とりわけ持久系スポーツ（陸上中長距離走やクロスカントリースキーなど）においては世界水準の競技力を保つために必須な強化策として位置づけられている．しかし，最近になって世界アンチ・ドーピング機構（World Anti-Doping Agency；WADA）は「人工的な低酸素環境を競技者が利用することを禁止行為とする」との方針を打ち出した．これは，高地トレーニングの活用法が厳しく問われる新たな時代の幕開けを予感させるものである．一方，造血作用を持つエリスロポエチン（erythropoietin；EPO）や血管新生に関わる血管内皮増殖因子（vascular endothelial growth factor；VEGF）など，低酸素により誘導される遺伝子の転写因子"低酸素誘導因子（hypoxia inducible factor-1；HIF-1）"が，高地トレーニング効果の分子機序において重要な役割を担っていることが明らかとなってきた．

　本稿では，高地トレーニングの発展経緯や原理とともに高地トレーニング効果の分子機序について概説し，最後に高地トレーニングの有効なガイドラインを紹介する．

1. 高地トレーニングの発展経緯

　ローマ五輪のマラソン競技においてAbebe Bikila選手（エチオピア）が，当時の世界新記録を約8分も短縮する好記録で優勝し，さらに4年後の東京五輪でも同競技を連覇するという快挙を成し遂げた．標高2,500 mの高地（エチオピアの首都Addis Ababa）で生まれ育ち，この地で鍛錬を積んだ彼の偉業は，高地での生活や体力トレーニングがマラソンの競技力向上に対しきわめて有益であろうことを世界中に知らしめるに十分足るインパクトとなった．

　1968年の五輪は，標高2,240 mに位置するメキシコの首都Mexico Cityでの開催であった．これを機に，世界規模で高地トレーニングに関する研究が加速することになり，各国はそれぞれの研究成果をもとに同五輪に臨んだ．しかし本大会では，またしてもエチオピア出身のMamo Wolde選手にマラソン競技の優勝をさらわれ，あらためて高地での生活や体力トレーニングの重要性が示されることとなった．

　その後も，陸上中長距離走ではエチオピアをはじめとする高地民族（他に，ケニア，タンザニア，メキシコ）の活躍が続き，最近ではこれらの種目の世界20傑の大半は高地民族の選手が占めるようになっているという．

　このような経緯から，近年日本を含む低地出身のアスリートでも，わざわざ高地に居住したり，あるいは高地において長期合宿を行ったりするケースが増えている．国内のマラソン選手では，1993年の世界陸上で優勝（日本人女性で初）した浅利純子選手をはじめ，五輪マラソンメダリストの有森裕子選手（バルセロナ五輪銀メダル，アトランタ五輪銅メダル），高橋尚

子選手（シドニー五輪金メダル），野口みずき選手（アテネ五輪金メダル）などが，大会前に海外の高地（米国 Colorado や中国昆明）において強化合宿を実施していたことがよく知られている．現在，高地トレーニングは世界レベルの持久系アスリートならほぼ例外なく実施するまでに発展しているのである．

2. 高地トレーニングの理論

a. 高地トレーニングとは

高地トレーニングでは，平地（sea-level）における競技力（主に持久力）の改善を目的とするが，メキシコ五輪のように競技会が高地で開催されることを想定し，高地における競技力の改善を目指すこともある．以下に高地トレーニングの基本的な概念と昨今の事情について述べる．

1) 自然高地での高地トレーニング

高地トレーニングとは，標高が高く気圧の低い自然環境（自然高地）下において身体鍛錬を行うことを指し，しばしば"高所トレーニング"とも呼ばれる．その特徴は，その名称が示すとおり身体鍛錬を実施する環境（高度）にあり，その実体は生体に低酸素負荷を与えながら体力トレーニングを行うことである．これが高地トレーニングの原型であるが，最近では高地で睡眠と休息だけをとり，平地もしくは低高地において体力トレーニングを実施する方式の高地トレーニングが注目されている．

実際，高地トレーニングが実施される高度は，海抜 2,000-3,000 m の中等度高地（moderate altitude）が多く，世界的な高地トレーニングの拠点もほとんどがこの範囲に分布している．これは，3,000 m 以上の高高地（high altitude）では体力トレーニングの質の維持が困難であるし，逆に 2,000 m 以下の低高地（low altitude）では生体への刺激が不十分と考えられていたからである．

2) 模擬高地での高地トレーニング

近年，模擬高地を用いた体力トレーニングも多くのアスリートに活用されている．模擬高地をつくるには，低圧低酸素（hypobaric hypoxia）と常圧低酸素（normobaric hypoxia）の2つのアプローチがある．これらの環境で行う体力トレーニングは自然環境が用いられる高地トレーニングとは区別して，国内では前者を低圧トレーニング，後者を低酸素トレーニングと呼ぶ傾向がある．いずれのアプローチによる模擬高地でも，低酸素負荷の強度は自然高地で用いるトレーニング高度と同等になるように設定する．

常圧低酸素による模擬高地は，低圧低酸素の場合（減圧タンクなどの大掛かりな設備を必要とする）とは異なり，初期（建設）コストが少なくてすみ，さらにランニングコストも比較的少ない．これに必要な設備は，低濃度酸素ガスを発生させる装置とビニールハウス程度の気密性がある空間（部屋やテント，もしくはマスクなど）である．低濃度酸素ガス発生装置には遠征に携行できるコンパクトなモデルもあり，欧米のアスリートでは個人単位でこの装置を利用している例もあるという．

しかしながら，2005 年に WADA が人工的な低酸素環境を競技者が利用することを禁止行為とする方針を打ち出した．違反した選手は，ドーピング（薬物使用）違反と同様に2年間の資格停止になる罰則が提案されている．2006年にカナダの Montreal で開いた WADA の理事会においてその是非について検討した結果，ひとまず 2007 年からの禁止は見送られることになったというが，近い将来この適用が確実視される．このルール改正がすべてのアスリートにとって本当にフェアかどうかは疑問が残る．しかし，いずれにせよアスリートが高地トレーニングを行う場合は"自然高地に限定"される見込みであり，今後の展開が注視される．

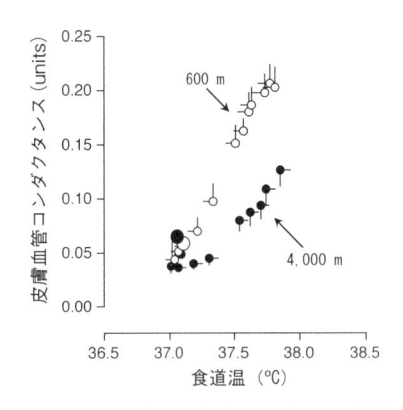

図1 体温上昇に対する運動時の皮膚血管拡張性に及ぼす低圧低酸素の影響
平地での最大酸素摂取量の50％に相当する運動強度を用いた4,000 m相当高度における運動時前腕皮膚血管コンダクタンス（拡張性）は，平地での同一強度運動時よりも同食道温下で低下した．大きいシンボルは安静値．平均値±標準誤差（$n=9$）．（筆者のデータ）

3) 自然高地と模擬高地でのトレーニング効果の差

自然高地と模擬高地におけるトレーニング効果の差については検討例が少なく，ここで詳細について言及することはできないが，本質的にはほとんど変わらないと考えられる．その理由は，いずれの方法を用いてもトレーニング環境による負荷（刺激）は体細胞において"低酸素"として認識されるからである．とりわけ低圧低酸素の模擬高地と自然高地とでは，気温や湿度が同じであれば生体への影響に違いを見出すことは困難である．

ただし，常圧低酸素の模擬高地では，自然高地と気圧差があることから生体に及ぼす物理作用が若干異なる．たとえば気圧により対流熱伝導率と蒸発に伴う熱伝導率が変化する[1]ため，運動時の皮膚血管拡張や発汗といった放熱機構にも変化が生じることとなる（図1）．したがって，模擬高地へのアプローチは気圧要因も加味して選択することが望まれる．

b. 高地トレーニングの原理

高度が上昇するにつれ，大気圧の低下とともに酸素分圧（P_{O_2}）が減少する．そのため，生体内への酸素取り込みの駆動力（肺胞気と血液のP_{O_2}較差）が弱まり動脈血酸素含量（Ca_{O_2}）が低下して低酸素血症（hypoxemia）を呈する．

血漿中に物理的に溶解できる酸素は微量である．そのため，Ca_{O_2}のほとんどは酸素と動脈血中のヘモグロビン（hemoglobin；Hb）の結合率，すなわち両者の親和性をあらわす動脈血酸素飽和度（arterial oxygen saturation；Sa_{O_2}）と血液のHb濃度により決定される．

1 gのHbは1.34 mlの酸素と結合できるので，血漿中への酸素の物理的溶解を無視するとCa_{O_2}は以下の式で求められる．

$$Ca_{O_2} = [Hb \times 1.34 \times (Sa_{O_2}/100)]$$

たとえば，Sa_{O_2}を98％，Hb濃度を15 g/dlとすると，Ca_{O_2}は約20 ml/dlとなる．他方，平地における安静時の静脈血酸素含量（Cv_{O_2}）は約15 ml/dlである．また，両者の差（$Ca_{O_2} - Cv_{O_2}$）は動静脈酸素較差（$a-\bar{v}_{O_2 diff}$）であり，これに血流量を乗じたものが酸素摂取量（$\dot{V}_{O_2}$）である．よって，安静時における全身の$\dot{V}_{O_2}$は心拍出量を5 l/minとすると約250 ml/minとなる．$\dot{V}_{O_2}$の最大値である最大酸素摂取量（maximal oxygen uptake；$\dot{V}_{O_2 max}$）は，漸増負荷により疲労困憊まで追い込んだ最大運動時に出現するが，これは好気的運動能（持久力）の優れた指標として用いられる．

高地では，高度上昇に伴いSa_{O_2}が低下する結果（図2），Ca_{O_2}が減少して低酸素血症となる．たとえば，高地においてSa_{O_2}が90％，Hb濃度が15 g/dlと仮定するとCa_{O_2}は約18 ml/dlとなり，平地よりもCa_{O_2}が約10％減少する．このときCv_{O_2}は，Ca_{O_2}の減少に比例して低下しないため$a-\bar{v}_{O_2 diff}$は縮小する[2]．

このような状況下では，$\dot{V}_{O_2 max}$も減少する（図2）．そのため，高地での運動は平地と同じ

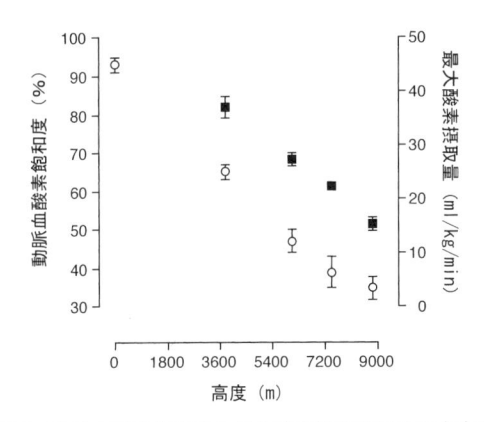

図2 動脈血酸素飽和度と最大酸素摂取量に及ぼす高度の影響
平地と4つの高度（3,790 m, 6,100 m, 7,450 m, 8,848 m）における動脈血酸素飽和度（○）と最大酸素摂取量（■）は，ともに高度上昇に伴い大きく低下した．平均値±標準誤差（$n=5$-8）．（文献6のデータをもとに筆者が作図）

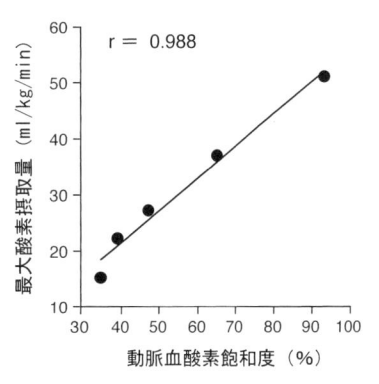

図3 動脈血酸素飽和度と最大酸素摂取量の関係
図2のデータを用い，動脈血酸素飽和度と最大酸素摂取量の相関分析を行った結果，きわめて高い相関関係（$r=0.988$）が認められた．（文献6のデータをもとに筆者が作図）

絶対運動強度であっても相対運動強度は上昇することになる．たとえば，平地における$\dot{V}_{O_2 max}$の50%に相当する運動強度は，標高4,000 mではこの高度における$\dot{V}_{O_2 max}$の70%に相当することになる．ちなみに，これまでに$\dot{V}_{O_2 max}$の低下を認めた最も低い高度は580 m（オーストラリアCanberra）である（低減率は鍛錬者で平均6.8%）．

なお，高地におけるSa_{O_2}と$\dot{V}_{O_2 max}$は，図3のように密接な関係にあるので，高地で$\dot{V}_{O_2 max}$がどの程度低下するかはSa_{O_2}の高度変化でおおよそ推定可能である．

以上のように，高地は平地よりも組織での酸素摂取が制限される特殊環境である．そこで酸素摂取制限に対抗するために，生体内の各所においてさまざまな応答が惹起される．高地での応答は急性応答と慢性応答の2つに大別できるが，高地トレーニングではとりわけ慢性応答を獲得することが重要である．以下に，高地トレーニングに特徴的な慢性応答の代表例を紹介する．

1) 血液の応答

a) EPOによる造血 腎動脈のCa_{O_2}低下は，腎臓でのEPO産生に対し強い刺激となる．EPOは骨髄での赤血球産生を亢進させる働きがあるため，この増量は造血を促進し組織への酸素供給量を改善する．計算上はSa_{O_2}が90%に低下したとしても，増血によりHb濃度が16-17 g/dlに上昇すれば，平地と同等のCa_{O_2}（約20 ml/dl）が維持できることになる．一方，Hb濃度が16-17 g/dlに上昇してから平地に戻るとCa_{O_2}は21-22 ml/dlとなる（5-10%増）．アスリートにとってこのアドバンテージは決して少ないものではない．

高地でのEPOの応答は比較的早く，遺伝子（mRNA）の誘導は数時間以内，血漿EPO（タンパク）の増量も半日から1日ほどで顕著となる．しかし，増血となるとその後数週間（3-4週間）を要する．したがって，増血を目的とした高地トレーニングなら少なくとも3週間の継続が必要である．なお，高地では曝露して間もなく増血の兆候が認められることがあるが，これはおそらく血漿量の減少により血液が濃縮されたためであり，増血とは異なる．

b) 2,3-DPGによる組織への酸素供給の促進 赤血球の解糖系中間産物である2,3-diphosphoglycerate（2,3-DPG）はHbと結合することで酸素とHbの親和性を弱め（Hbの酸

素解離曲線が右方シフトする），末梢組織への酸素供給を促進する働きがある．この濃度はpHにより変動する．

生体が高地に曝露されると，酸素不足を回避するため換気が亢進する．その結果，呼吸性に血液のpHが上昇し2,3-DPGが増量する．これにより酸素とHbの親和性が低下し，酸素分圧が低い条件下ではHbは酸素を離しやすくなる．つまり，2,3-DPGが増量すると末梢組織への酸素供給が促進する．高地での速やかな2,3-DPGの増量は，EPOによる増血が起こるまでの代償作用と考えられるが，長期高地滞在後にも持続しているとの報告も多く慢性的に組織への酸素供給促進に作用している可能性が示唆される．

2) 血液以外の応答

高地トレーニングにより筋組織では緩衝能が亢進し，骨格筋への毛細血管の成長も促進される．筋緩衝能の亢進は，運動時の乳酸生成によるpH低下を抑制するため，嫌気的運動能（乳酸耐性）が改善することが期待される．他方，毛細血管の成長は組織への酸素供給に都合がよい器質的変化であり，好気的運動能を改善することが期待される．

長期間の高地曝露あるいは高地トレーニング前後に同一負荷運動時の$\dot{V}_{O_2}$を比較すると，前に比べ後の値が有意に低くなる[3]．このとき嫌気性代謝によるエネルギー供給が亢進していないため，この現象は平地における運動効率（exercise efficiency）が改善された結果と解釈されている．この機序に関しては不明であるが，ミトコンドリア機能の改善と筋におけるエネルギー消費の低コスト化の両方，またはいずれか一方が関与しているものと考えられる[3]．

c. 分子レベルの応答

最近，低酸素により誘導される遺伝子の転写因子であるHIF-1[4]が，高地トレーニング効果の分子機序において重要な役割を担っていると注目されている．

HIF-1は二量体であり，正常酸素分圧下ではHIF-1のβサブユニット（HIF-1β）は安定しているが，αサブユニット（HIF-1α）はvon Hippel-Lindau腫瘍抑制タンパク（pVHL）と結合し速やかに（～5分）ユビキチン-プロテアソーム系により分解される．しかし，低酸素下ではHIF-1αとpVHLの結合が酸素分子の不足（細胞内低酸素）により抑制されるためHIF-1αの半減期が延長（～30分）する．そしてHIF-1βと二量体を形成したのち核内でエンハンサー領域に結合して標的遺伝子の発現を活性化する．この機序により調節される遺伝子には，EPO，VEGF，解糖系酵素，糖輸送体など，生体の低酸素適応に関係するさまざまな物質が確認されている．

このような低酸素による遺伝子発現の特性を鑑みると，低酸素によるHIF-1の活性化が，EPOによる造血の促進を筆頭に多くの高地トレーニング効果の前提となっていることが考えられる．この根拠としては，低酸素下での運動が正常酸素下での運動よりも骨格筋におけるVEGF mRNAおよびHIF-1 mRNAの発現を増大することが挙げられる．しかし，これまでに高地トレーニングによりHIF-1のタンパクレベルが平地での同等のトレーニングよりも増量することを認めた報告は見当たらない．

米国五輪委員会の研究グループは，高地トレーニング効果の中で平地における競技力の向上に最も重要な要因は高地におけるEPOの応答性であると主張している[5]．これは，高地トレーニングによるEPO産生量が大きく赤血球量が増加した者だけに$\dot{V}_{O_2 max}$の改善が認められたとの高地トレーニング効果の個人差に関する研究結果に基づいている（図4）．高地トレーニングによるEPO産生の亢進にHIF-1による遺伝子発現機構が関与していることはほぼ確実である．したがって，高地でのEPO応答の個人差はHIF-1活性の差異を少なからず反映し

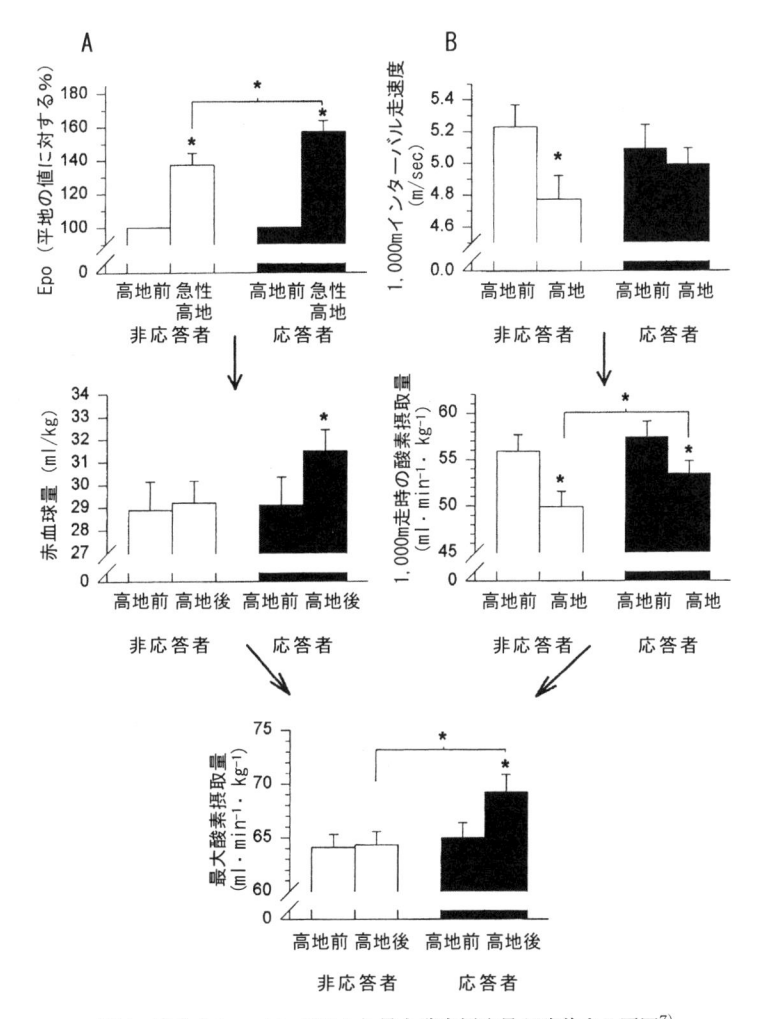

図4 高地トレーニングにより最大酸素摂取量が改善する要因[7]
高地トレーニング後に平地での5,000 m走の記録向上が認められた者を応答者（$n=17$），認められなかった者を非応答者（$n=15$）として，造血機構の応答（A），平地と高地での1,000 m走トレーニング時の走速度と酸素摂取量の変化（B），および高地トレーニング前後の最大酸素摂取量の変化（下段）を比較した．平均値±標準誤差．*$P<0.05$．

ていることが予想される．つまり，これらの研究結果は高地トレーニング効果の分子機序におけるHIF-1の重要性を間接的に示唆していると考えられる．なお，高地でのEPOの応答性に関わる一塩基多型（single-nucleotide polymorphism；SNP）の存在は確認できていない[5]．

以上の所見を照らし合わせると，高地トレーニング効果の分子機序におけるHIF-1の役割はおおよそ図5のようにあらわすことができる．

d. 高地トレーニングの落とし穴
1）血液粘性の上昇と血漿量の減少

高地では脱水しやすい．これは，平地より空気が乾燥しているため体表面からの不感蒸泄が多くなること，同時に換気亢進による呼気からの水分損失が多くなること，利尿が促進されること，平地よりも口渇感が鈍るため水分損失に見合った水分摂取がなされないことなどが原因

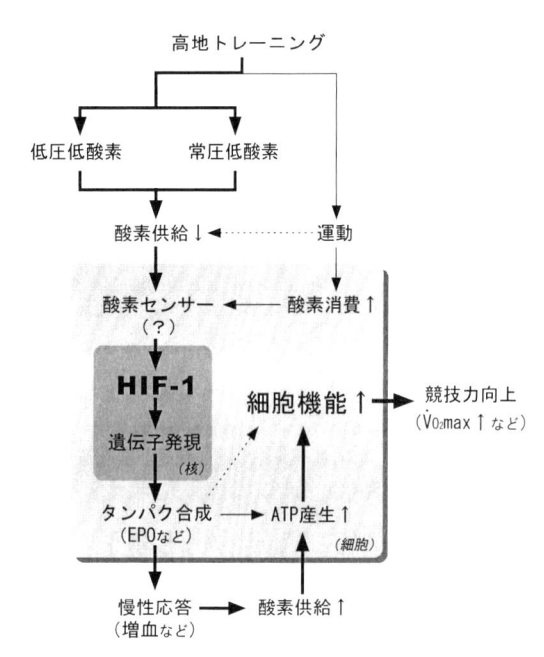

図5 高地トレーニング効果の分子機序における HIF-1 の役割（概念図）

図内では，高地トレーニングによる競技力向上のメカニズムにおいて重要な分子機序と思われる経路を太線で示した．ここでの慢性応答とは増血や血管新生など組織への酸素供給を改善させるための細胞外の変化を意味している．（筆者作図）

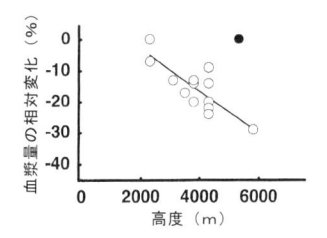

図6 平地居住者における異なる高度での血漿量の減少率[8]

複数の研究データをもとに血漿量の減少率を滞在高度に対しプロットした．ゆっくり高度を上昇させた一例（●）では急激な高度上昇（○）でのパターンにフィットしなかった．

とされる．高地における脱水は血漿量を減少させる．高地での血漿量の減少は高度上昇に比例する（図6）が，これが増血と相まってヘマトクリット値（Hct）が極度に増大することがある．血液粘性が高まると，微小循環が阻害され好気的運動能が低下する恐れがあるため，高地トレーニングでは Hct の変化を注意深く監視する必要がある．アスリートでは，男性と女性で，それぞれ 50％ と 47％ までを Hct の上限としたい．

高地滞在による血漿量の減少には，脱水のほかに膠質浸透圧の変化が関連している．すなわち，高地滞在初期には毛細血管のタンパクに対する透過性が高まり，血漿タンパクが血管内から血管外へ漏出しやすくなる．そして，このタンパク移動に伴い血漿が血管外に引き込まれるために血管内の血漿量が減少する．

高地に滞在して血漿量が減少することは，高地トレーニング後の競技力に大きく影響する．とくに，血液量は $\dot{V}_{O_2max}$ と正の相関関係にあり持久系スポーツの競技力を直接左右する要因であるため，この種の競技において血漿量が減少することは死活問題である．米国代表チームでは，高地トレーニングによる血漿量減少を抑制する対策として，アテネ五輪前の高地滞在時に暑熱（サウナ浴）を定期的に負荷していたという．

2）体温調節能の低下

運動は本質的に体温を上昇させる行為であるため，持久系アスリートは対戦相手のほかに暑さとも戦わなければならない．とりわけ夏季の競技会では，暑さ対策が勝敗の鍵となるケースさえある．たとえば，アテネ五輪マラソン競技はスタート時の気温が 35℃ という高温下で実施されたが，優勝候補であり女子世界記録保持者の Paula Radcliffe 選手（イギリス）が猛暑の影響で運動継続が困難となりレースを途中棄権したことが記憶に新しい．この出来事はアスリートにおける暑熱順化の重要性をあらためて強調した．

さて，自然高地は概して外気温が低いため，低温環境への慢性曝露による運動時体温調節能（熱放散能）の劣化が危惧される．仮に高地トレーニングにより増血などの通常期待されるト

レーニング効果を獲得したとしても，運動時の体温調節能が劣化すればその効果は一部相殺されることとなり，結果的に十分な競技力改善が達成されなくなる．したがって，高地トレーニングでは体温調節能が劣化しないように工夫する必要がある．高地民族の中で一流アスリートを輩出している国は，いずれも赤道付近（南北回帰線の範囲）に位置しており，高地といっても気候は温暖な国ばかりである．この事実は，高地トレーニングにおける好ましい温度環境の選択に際し重要な示唆を与えているのかもしれない．

3. 高地トレーニングの実際

a. 高地トレーニングのモデル

先述したように，高地トレーニングの原型は高地に滞在し高地で体力トレーニングを行う持続的高地曝露のモデル（live high-train high；LH＋TH）である．これは現場での実践例が多い反面，学術的評価は年々低くなっている．その最大の理由は，高地では平地で実施していた体力トレーニングの質を維持することが困難だからである．しかし一方では，高地は平地では体験できない追い込んだ練習をするには適した環境ともいえる．しかも，高地に休息・睡眠時間を含み慢性的に曝露されることは，生体の適応を導くには申し分ない条件である．要は，この環境の厳しさにアスリート個人が打ち勝てるかどうかの問題（個人差）であり，それが可能な者こそが真のトップ・アスリートということなのかもしれない．高地民族には元々このような能力が遺伝的に備わっており，また一部のアスリートや指導者はこのことを肌で感じ取っている可能性も否定できない．この件については，研究の発展に期待したい．

一方，LH＋TH型の欠点を補う戦略が，高地に滞在し平地あるいは低高地で体力トレーニングを行う間欠的高地曝露型のモデル（live high-train low；LH＋TL）である．現在のところ，このLH＋TL型が高地トレーニングの主流モデルであり，最も平地での競技力向上に貢献する方法と考えられている．このモデルでの高地滞在は睡眠を含み比較的長い（〜22時間）．LH＋TL型では，体力トレーニングを滞在している高地でわざわざ高濃度酸素を投与（吸気のP_{O_2}が平地と同等に調節）しながら行うケースもある．LH＋TL型の詳しい方法論については後述する．

さらに，平地に滞在し体力トレーニングを高地で行う間欠的高地曝露型のモデル（live low-train high；LL＋TH）がある．このモデルでの高地曝露は，トレーニングを実施する数時間だけであるため，血漿EPO濃度の増加や増血を惹起するには他のモデルよりも確実性が低いようである．高地トレーニング後に運動能の改善が認められるとの報告も散見できる程度である．

b. 高地トレーニングの有効なガイドライン

高地トレーニングの有効なガイドラインについて，最近のトレンドであるLH＋TL型の高地トレーニングを対象とした研究の分析結果[5]をもとに紹介する．

1) 滞在高度

高地トレーニングが効果的であったかどうかの指標として，広く造血刺激の有無が用いられている．そこで，血漿EPO濃度に及ぼす滞在高度の影響を高度別（1,780-2,800 m）に調べたところ，24時間以内の変化率が顕著であった高度は2,454 mと2,800 mであった（両高度とも同等で有意差なし）．次に，この高度への滞在が競技力の向上に結びつくかどうかを検討するため，4週間の高地滞在の後（体力トレーニングの高度は同一条件）の$\dot{V}_{O_2max}$を平地において調べてみると2,085 m，2,454 m，および2,800 mの滞在者では有意な改善が示さ

れた.しかし,平地における 3,000 m 走のタイムトライアルでは 2,085 m と 2,454 m の滞在者の記録が大きく改善（平均で約 16 秒短縮）されたのに対し,2,800 m の滞在者では同様の傾向が認められなかった（平均で約 7 秒短縮）.これらの結果を総合的に評価すると,平地での競技力改善に最適な滞在高度は 2,000-2,500 m と考えられる.

2) 滞在期間

複数の報告を照らし合わせてみたところ,2 週間以内の高地トレーニング期間では赤血球量の増大率はせいぜい 2.2 ％程度であった.しかし,3 週間の高地トレーニングではこの増大率が 4 ％台まで伸び,4 週間では 7 ％台まで上昇する.これらの所見は,増血を十分に獲得するために必要な高地トレーニングの期間は 4 週間であることを示唆する.この期間は $\dot{V}_{O_2 max}$ の改善が認められる高地トレーニングの期間とも一致することから,平地での競技力向上に必要な高地トレーニングの期間は 4 週間と考えられる.

3) 1 日あたりの高地曝露時間

高地（低酸素）滞在による血漿 EPO 濃度の上昇は,丸 1 日の持続的曝露であっても半日の間欠的曝露であっても同等であるが,赤血球量には差異が生ずるようである.すなわち,滞在高度にもよるが確実に増血が認められる曝露時間は 16 時間/日であり,滞在高度が 2,000-2,500 m では 22 時間/日が妥当と考えられる.8-10 時間/日の高地（3,000 m 相当高度）への間欠的曝露では 23 日後にも赤血球量の増加は認められなかったという.

4) まとめ

LH＋TL 型の高地トレーニングでは,2,000-2,500 m の高度への 22 時間/日の滞在と平地（もしくは低高地）での体力トレーニングを 4 週間継続することが,最も効果的と考えられた.

4. 将来展望

本稿でも触れたように,近い将来模擬高地を用いた高地トレーニングは全面的に禁止される模様である.よって,自然高地に限定された高地トレーニングが継続されることになる.しかし,自然高地は時間的・経済的な制約を受ける選手も少なくない.きっと出来心で模擬高地に手が伸びてしまうアスリートがあらわれるだろう.だが,これはルール違反であり発覚すれば罰則も厳しい（生体応答の厳密な判定は困難と思われるが）.

このようなジレンマを合法的に解決するには,自然高地の利用促進は現実論としてこれ以上難しいため,やはり模擬高地の代替法が必要である.この代替法の開発にあたっては高地トレーニング効果の分子機序の中核を担う HIF-1 の特性が大きなヒントを与えてくれる.すなわち,HIF-1 は細胞内低酸素のほか,さまざまなストレスによっても活性化されることが判明している.この中でドーピング禁止の理念に反しないストレスを利用すれば,生体に低酸素負荷を与えることなく HIF-1 を活性化し,増血など従来高地トレーニングに頼っていた種々の生体応答を導き出せる可能性が指摘されるのである.

最近の分子生物学および生化学の進歩は目覚しく,この恩恵により高地トレーニング研究にも新たな展開がみられるようになってきた.今後,ますますこの領域の研究が盛んになり,科学的裏づけのある安全で効果的な高地トレーニング法が開発されることを期待したい.

［遠藤洋志］

■文献

1) Fregly ML, Blatteis CM (eds) : Handbook of Physiology (Section 4 : Environmental Physiology). pp45-84, Oxford University Press, New York, 1996.
2) Rowell LB : Human Circulation. pp328-362, Ox-

ford University Press, New York, 1986.
3) Gore CJ, Clark SA, Saunders PU : Nonhematological mechanisms of improved sea-level performance after hypoxic exposure. Med Sci Sports Exerc 39(9) : 1600-1609, 2007.
4) Semenza GL : Regulation of physiological responses to continuous and intermittent hypoxia by hypoxia-inducible factor 1. Exper Phys 91(5) : 803-806, 2006.
5) Wilber RL, Stray-Gundersen J, Levine BD : Effects of hypoxic "Dose" on physiological responses and sea-level performance. Med Sci Sports Exerc 39(9) : 1590-1599, 2007.
6) Cymerman A, Reeves JT, Sutton JR, et al : Operation Everest II : maximal oxygen uptake at extreme altitude. J Appl Physiol 66(5) : 2446-2453, 1989.
7) Chapman RF, Stray-Gundersen J, Levine BD : Individual variation in response to altitude training. J Appl Physiol 85(4) : 1448-1456, 1998.
8) Sawka MN, Convertino VA, Eichner ER, et al : Blood volume : importance and adaptations to exercise training, environmental stresses, and trauma/sickness. Med Sci Sports Exerc 32(2) : 332-348, 2000.

6.B 高地でのトレッキング・旅行と健康管理

a. 急性高山病

日本は登山が盛んな国である．とくに最近では中高年の間で人気が高く，国内の山はもとより，ヒマラヤやアンデスなど海外の高所に出かけ，登山やトレッキング（山麓歩き）をする人も多い．また一般の旅行者が，鉄道や自動車で高所にある観光地を訪れる機会も増えている．

高所に行くと，体内の酸素欠乏が原因で急性高山病（acute mountain sickness；AMS）が起こる．これは頭痛を主症状とし，それに加えて吐き気，疲労感，めまい，睡眠障害などの症状が1つ以上加わった状態と定義されている．

AMSは高所に到達してから6-12時間後に発症し，無理をしなければ数日で消失する．しかしこのような時に，さらに高度を上げたり激しい運動をしたりすると，肺水腫や脳浮腫といった生命にも関わる重症に発展することもある．

高所へのトレッキングや旅行を扱うあるツアー会社によると，AMSへの対策に配慮していても，500人に3-4名くらいの割合で重症例が出るという．また重症化は免れても，AMSが原因で計画が遂行できなくなるケースは多い．本稿では，トレッカーや旅行者が高所に出かける時の健康管理の留意点について述べる（本格的な高所登山については「6.2 8,000m峰の無酸素登山」を参照）．

b. 高度の分類

表1は，人体への影響という観点から高度を

表1　身体への影響から見た高度の分類（Hultgren, 1997を改変）

一般的には2,500mくらいから急性高山病が起こり始めるが，その発症の状況には大きな個人差がある．また同じ人でも，発症状況はその時々で異なることが多い．

高度の分類	標高	身体への影響
準高所 (moderate altitude)	1,500-2,440 m (5,000-8,000フィート)	普通の人の場合，この高度では目立った高山病は現れない．また重症の高山病（肺水腫など）もほとんど起こらない．しかし呼吸循環系に障害のある人などでは，高山病が起こることもある．
高　所 (high altitude)	2,440-4,270 m (8,000-14,000フィート)	多くの旅行者が訪れる高度でもあることから，高山病の発生は目立って多い．肺水腫のような重症の高山病も起こる．高山病の程度は，日中に到達した最高高度ではなく，睡眠時の高度の影響を大きく受ける．
高高所 (very high altitude)	4,270-5,490 m (14,000-18,000フィート)	ヒマラヤやアンデスなどで，登山者やトレッカーがよく訪れる高度．登山の場合は，この高度にベースキャンプを置き，数週間にわたって滞在することも多い．この高度に行く場合，徐々に身体を順化させていかないと非常に危険である．
超高所 (extreme altitude)	5,490-8,848 m (18,000-29,028フィート)	高峰に登る登山者だけが訪れる高度．高高所での順化がうまくいった人だけがこの高度に到達できるので，高山病の発生はむしろ少ない．しかしこのような人でも，急激に高度を上げたり，激しい運動をしたりすると，肺水腫や脳浮腫など，重症の高山病が起こることもある．

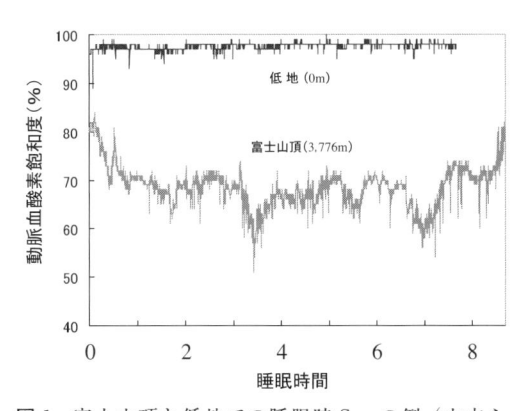

図1 富士山頂と低地での睡眠時 Sp_{O_2} の例（山本ら，2007）
低地では 90 % 台後半の値で安定しているが，富士山頂では 60-70 % 台となり，厳しい低酸素負荷がかかる．このデータは 20 代女性の例であるが，このような傾向は誰にでもごく普通に見られる．

分類したものである．一般的には 2,500 m 付近から AMS が発症するので，これ以上を高所と言うことが多い．また 3,500 m まで達すると，ほぼ 100 % の人に AMS が発症する．

つまり AMS は日本の山でも起こること，また誰にでも起こりうることに注意すべきである．たとえば富士山（3,776 m）はその典型で，毎年夏になると 20 万人以上の老若男女が登山をするが，毎年何人かの死亡者が出ている．図1は富士山頂で，夜間に眠っている時の動脈血酸素飽和度（Sp_{O_2}）を測定したデータである．低地での値と比べて非常に低く，体内が著しい低酸素状態にあることが窺える．

また，2006 年にチベットに青蔵鉄道が開通し，多くの日本人観光客が訪れている．しかしこの鉄道の区間のうち，1,000 km 近くは 4,000 m 以上の高度にあり，途中で 5,072 m の峠も通過する．つまり表1でいう高高所の領域に短時間のうちに上がってしまうばかりでなく，そこでの滞在時間も長いので，AMS にかかる危険性は高い．開通してからの 2 シーズンで，日本人旅行者だけでもすでに数名の死亡者が出ているという．

なお，AMS の発症には大きな個人差がある．たとえば呼吸器に疾患を持つ人では，1,500 m くらいから AMS が発症することもある（表1）．肺機能が衰えている高齢者も高所の影響を受けやすい．また子供は大人に比べて AMS にかかりやすいとされる．これ以外にも，遺伝子レベルで AMS が重症化しやすい人（つまり生まれつき高所に弱い人）もいる．

また，同じ人が同じ高度に上がる場合でも，その到達の仕方が違うと AMS の現れ方も異なる．たとえば，高所に到達するスピードが速い場合や，激しい運動を伴いながら到達した場合には重症化する傾向がある．

c．高所での体調管理

高所では AMS のあるなしにかかわらず，以下のような点に配慮する．

1）体調のモニタリング

表2は，高所で体調の自己管理ができるように，国際的な合意のもとに作られたチェックリストで，AMS スコアと呼ばれている．この他，パルスオキシメーターも体内の酸素のレベル（Sp_{O_2}）を客観的な数値で把握できるので有効である．なお Sp_{O_2} は他の人と比べるのではなく，定期的に測って個人内での変化を観察することが重要である．

2）呼吸の管理

高所では，意識的な呼吸法を行うことにより Sp_{O_2} を上昇させることができ，AMS の予防・改善につながる（6.2 の図10を参照）．ただし睡眠中については，呼吸量が大幅に低下する上，意識的な呼吸法もできないので，Sp_{O_2} の低下は避けられない（図1）．したがって睡眠時に AMS で苦しいと感じる時には，無理に眠ろうとせず，身体を起こして腹式呼吸などの意識呼吸をする方が症状は改善する．

表2 AMS スコア（Lake Louise acute mountain sickness scoring system, 1993）
5種類の自覚症状について，それぞれ0〜3までの4段階で点数化して評価する．この他にも，他覚症状による判定基準も作られている．

<頭　痛>
0：まったくなし
1：軽い
2：中等度
3：激しい頭痛（耐えられないくらい）

<めまい・ふらつき>
0：まったくなし
1：少し感じる
2：かなり感じる
3：とても感じる（耐えられないくらい）

<食欲不振・吐き気>
0：まったくなし
1：食欲がない，少し吐き気あり
2：かなりの吐き気，または嘔吐あり
3：強い吐き気と嘔吐（耐えられないくらい）

<睡眠障害>
0：快眠
1：十分には眠れなかった
2：何度も目が覚め良く眠れなかった
3：ほとんど眠れなかった

<疲労・脱力感>
0：まったくなし
1：少し感じる
2：かなり感じる
3：とても感じる（耐えられないくらい）

3) 水分補給

高所では，呼吸量の増加，冷たく乾いた空気の呼吸，AMSによる飲水欲の低下などにより，脱水に陥りやすい．脱水はAMSを悪化させるばかりでなく，血液の粘度を増加させて血栓症の原因となる．最近，高地に出かける中高年の突然死が増えているが，その原因はAMSというよりも，脱水を引き金とする脳梗塞や心筋梗塞の可能性がある．対策としては，食事に含まれる水分も含めて，1日あたり4lの水分補給が必要とされている．

4) AMSの予防薬

高所に行く時には，時間をかけてゆっくり高度を上げていくことが重要で，これを守っていれば薬品に頼る必要はない．しかし，①やむを得ず急激に高度を上げる場合，②過去何度もひどい高山病を経験した人については，アセタゾラミド（商品名ダイアモックス）を服用すると効果がある．ただしこの薬は副作用として利尿作用があり，脱水を助長するので，濫用は避け

なければならない．

5) 緊急時

肺水腫や脳浮腫が起こった場合には，何よりもまず高度を下げることが重要である．高度を500m下げるだけでも症状は大きく改善することが多い．それができない場合には，携帯型の加圧バッグに入ったり，酸素吸入を行う．

d. 事前のトレーニング

海外の4,000mを超えるような高所に出かける時には，国内で事前のトレーニングをしておくことも重要である．その目的は，①基礎体力の改善と②高所順化の獲得という2つのポイントにしぼられるが，両者は独立性が高いことに注意する．

たとえば低地で運動をすれば，①だけではなく②のトレーニングにもなると考えがちだが，これは誤りである．高所順化は，低酸素環境に身体を曝さない限り身につかない．肺水腫の発症は，体力のある若い男性に多いという特徴が

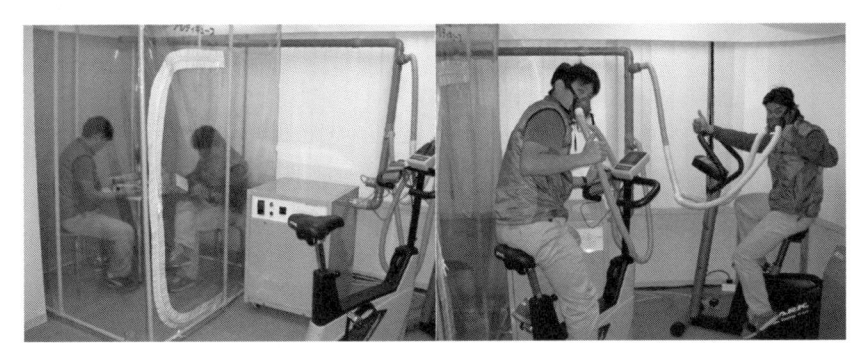

図2　ビニールテント式の常圧低酸素室
低酸素発生装置（左図の中央）を用いて1気圧の低酸素空気を作り，テント内に供給する．安静時にはテントの中に入るが（左），運動時には二酸化炭素の過剰な蓄積を防ぐために，テント内の空気をホースで外部に取り出し，マスクを介して吸いながらトレーニングをする（右）．

あるが，これは，②が身についていないにもかかわらず，①に優れているために高所で無理な行動をしてしまうことが原因の1つと考えられる．

トレーニングにあたっては，まず①を十分に行い，その後に②を行うとよい．すなわち，そのトレッキングや旅行で予定されている毎日の運動量を割り出し，それを余裕を持ってこなせるような基礎体力のトレーニングを日常的に行う．そして出発が近づいてきたら，国内の高所に出かけて高所順化のトレーニングを行う．その際には，表1からも窺えるように，できるだけ2,500m以上まで上がることが必要である．また富士山に登ることができればとくに大きな効果がある．

ただし，居住地や季節の関係でこれらの山に登ることが困難な場合や，旅行者が鉄道や自動車を使って高地を訪れる場合（基礎体力があまり要求されない場合）には，低酸素トレーニングを行うとよい．最近，図2のような簡易な常圧低酸素室が開発され，大都市では登山者向けの低酸素トレーニング施設が普及し始めている．著者らの研究によると，4,000m相当高度に設定した低酸素室で，1日あたりで1時間のトレーニングを数日間行うだけでも，ある程度の効果が得られることを確認している．

［山本正嘉］

■文献
1) Hultgren HN : High Altitude Medicine. Stanford, California, 1997.
2) Houston C : Going Higher ; Oxygen, Man and Mountains (4th ed). The Mountaineers, Seattle, 1998.
3) 松林公蔵監修：登山の医学ハンドブック．杏林書院，東京，2000.
4) 山本正嘉：高所登山のための低酸素トレーニング．トレーニング科学 17：175-182, 2005.
5) 増山　茂編：登山医学入門．山と渓谷社，東京，2006.

6.4 航空機の酸素環境と関連疾患

毎年のべ約2,000万人の日本人が海外旅行に出かけると言われ，呼吸器系や循環器系に慢性疾患を有する人も航空機に搭乗する機会が増えている．また，健常人でも，エコノミークラス症候群など航空機で長時間フライトする際に発症する疾患も注目され，原因についての研究報告が相次いでいる．本稿では，航空機内の酸素環境に関連する生理学的，病態生理学的事項につき解説する．

1. 機内での救急患者発生状況

まず航空機内は後述する低酸素環境であることに加え，長時間同じ姿勢をとること，十分な睡眠がとれないこと，脱水傾向になることなど，さまざまな複数の要因から不快感を自覚する場合が多い．1993年度から1997年度の5年間に全日本空輸（ANA）の航空機内で発生した救急患者は，国内線と国際線をあわせ合計1,279例であったとの報告がある[1]．これはすべての疾患を含んだ数字であり，この中でドクターコールがなされたのが709件であり，何らかの援助申し出があったのが631件，搭乗していた医師からの応援が得られたのは438件（62%）であった[1]．表1に，この709件の内訳を紹介する[1]．意識障害が27.2%と最も多く，次いでけいれんの12.6%と神経疾患の頻度が高いことが示唆される．しかし，胸痛・胸部不快感，呼吸困難など呼吸器系や循環器系に関連する自覚症状の合計も101件であり，全体の14.2%にも上る．最終的な診断名までは集計がないため詳細は割愛するが，私自身もバンクーバーからの学会の帰りにドクターコールを受けた経験があり，読者の方々も同様の機会に

表1 機内でのドクターコールの内容

意識障害	193	27.2
けいれん	89	12.6
腹痛・背部痛	68	9.6
胸痛・胸部不快感	57	8.0
気分不快感	56	7.9
呼吸困難	44	6.2
下痢・嘔吐	39	5.5
外傷	24	3.4
発熱	20	2.8
精神科関係	10	1.4
頭痛	9	1.3
婦人科関係	8	1.1
熱傷	6	0.8
その他	76	10.7
計	709件	100%

（文献1, 14, 15より一部改変引用）

遭遇する可能性が十分にあると思われる．私の経験した事例は呼吸困難であり，体調不良のまま搭乗した方が過換気症候群を発症したものであった．

2. 機内客室の酸素環境

航空機は通常高度9,000-12,000 mの成層圏を音速に近い時速900 kmで飛行する．上空の気圧が低いため機内は与圧されてはいるものの，客室内の気圧は機種により若干の差はあるが0.8-0.9気圧程度となるため，低圧低酸素環境（hypobaric hypoxia）となる．実際に航空機の客室高度（cabin altitude）を調査した報告がいくつかあるので，表2に1例を紹介する[2]．これは28の航空会社に所属する16機種を対象に，計204回の定期運行に際し測定された1988年当時のデータである．客室高度は平均1,894 m（6,214 feet）であるが，飛行中の

6.4 航空機の酸素環境と関連疾患

表2 航空機の cabin wall 内外の圧力差と客室高度の違い

機種	圧力差（psi）	客室高度（feet）
B-727	8.6	5,400
B-757	8.6	5,400
B-767	8.6	5,400
B-747	8.9	4,700
B-737	7.45	8,000
DC-8	8.77	5,000
DC-9	7.76	7,300
DC-10	8.6	5,400
A-300	8.25	6,100
A-320	8.3	6,000
L-1011	8.4	5,800
BAC-111	7.5	7,900
コンコルド	10.7	1,000

飛行高度が 35,000 feet の際に，客室高度がどのくらいになるかを示す．
圧力差の単位である 1psi は 51.7 mmHg に相当する．
（文献2より引用）

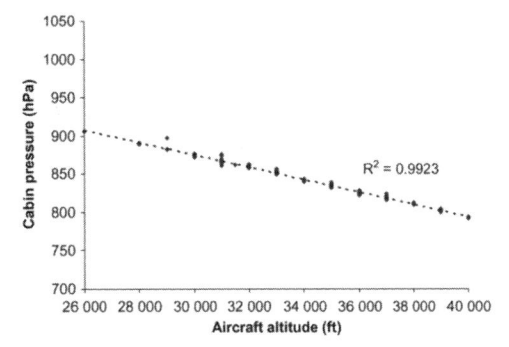

図1 Boeing 747-400 の客室高度の変化
腕時計型の高度計を用い，通常のフライト中に測定した客室高度と飛行高度との関係を示す．最高飛行高度である 40,000 feet でも客室高度は 792 hPa（6,500 feet, 1,980 m 相当，吸入気では 16％酸素相当）である．（文献4より引用）

実測では地上すなわち sea level から最高 2,717 m（8,915 feet）まで達するものがあった．表2は 35,000 feet での計測であるが，機種によって客室高度に明らかな違いがあり，コンコルドの 1,000 feet から Boeing 737 の 8,000 feet までとかなりの幅が認められた．これは機体強度の違いによるもので，強度が強いほど cabin wall 内外の圧差を低く抑えることができるが，一方機体重量が増すため燃費が増大するという問題が生じる．この結果，表2の中ほどに示した圧力差は，現在運行が終了したコンコルドを除きほぼ 9 pounds per square inch（psi, 1 psi＝51.7 mmHg）の範囲に収まっている．航空機はエンジンの燃焼効率を上げ，より安定した乗り心地を確保するには高度を上げる必要があるが，航空法の国際基準に従って，客室高度は 35,000 feet の飛行高度で最大でも 8,000 feet（2,438 m）を超えてはならないとされている[3]．図1に最近のデータを紹介する．英国航空，カンタス航空，マレーシア航空で使用されている Boeing 747-400 の機内で，腕時計型の高度計を用い通常のフライト中に測定した客室高度と飛行高度との関係を示す[4]．両者は良い相関を示しており，この機種では，最高高度である 40,000 feet でも客室高度は 792 hPa（6,500 feet, 1,980 m に相当，吸入気では 16％酸素相当）であった．

少し専門的になるが，仮に機内を 0.8 気圧，体温 37℃ で飽和水蒸気圧を 47 Torr，肺胞気動脈血酸素分圧較差（AaD_{O_2}）を 10 Torr，動脈血炭酸ガス分圧 Pa_{CO_2} を 40 Torr として簡単な計算をすると，動脈血酸素分圧 Pa_{O_2} は（760×0.8－47）×0.21－40/0.8－10＝58 Torr となる．これは吸入気酸素濃度に換算すれば，地上すなわち sea level（1気圧）で約 16％の酸素を吸入している状態に相当する．客室高度が前述の 2,438 m（8,000 feet）になると，吸入気酸素濃度は約 15％相当となる[3]．離陸から一定の高度に達するのに約 20 分かかるとすると，2,000 m を超える山頂に 20 分で到達することとなる．健康人であっても上空では短時間のうちに Pa_{O_2} 60 Torr 以下，酸素飽和度 Sp_{O_2} 90％以下の急性呼吸不全の状態に至ることが予想される．しかし，低酸素血症によって換気量が無意識のうちに増加し，Pa_{CO_2} が低下する分だけ Pa_{O_2} の低下は防がれることや，機内では安静座位をとっておりほとんど運動負荷がかからな

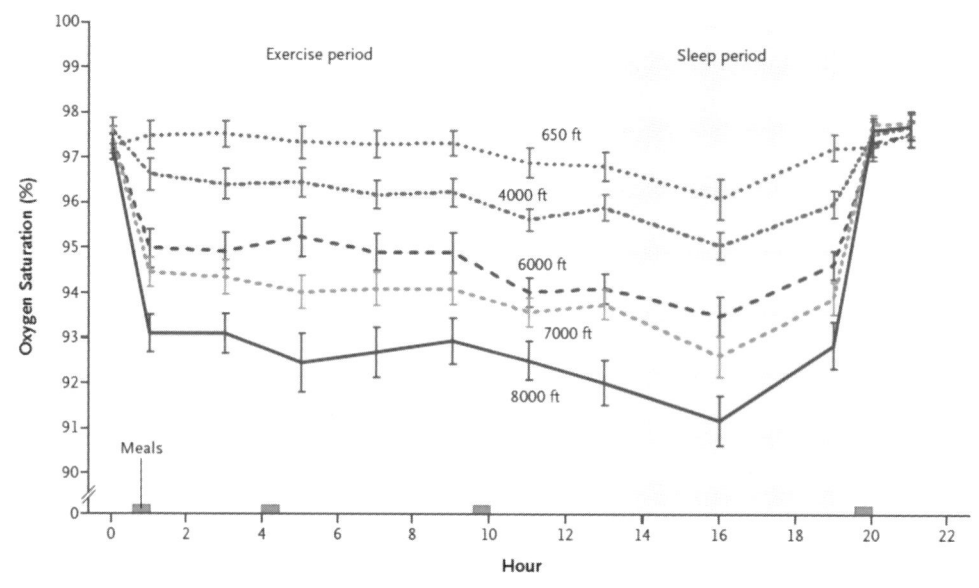

図2 低圧低酸素チャンバーによるフライトシミュレーション時の酸素飽和度
客室高度を 650, 4,000, 6,000, 7,000, 8,000 feet（198, 1,219, 1,829, 2,134, 2,438 m）に設定, 20 時間のフライトを想定し, 安静時, 歩行時, 睡眠時の酸素飽和度の変化を観察した. 運動負荷は, 60 歳以下の 209 名の被検者を対象に, トレッドミル歩行を 4.8 km/h の速度で 1 時間ごとに 10 分間行った.（文献 5 より引用）

いため, 息切れや呼吸困難を訴えることは通常ないと考えられる. ただし, 何らかの呼吸器, 循環器系の基礎疾患がある場合はこの限りでなく, 表1に挙げたように呼吸困難や胸部不快感が出現する可能性がある.

低圧低酸素チャンバーを用いて実際のフライトをシミュレーションし, 急性高山病に匹敵するような自覚症状が出現するかどうか, 動脈血酸素飽和度をモニタリングしながら検討した最新の研究報告がある[5]. 対象は 21 歳から 75 歳までの男女計 502 名で, 650, 4,000, 6,000, 7,000, 8,000 feet（198, 1,219, 1,829, 2,134, 2,438 m）の客室高度を設定, それぞれ 20 時間のフライトを想定し, 安静時に加え歩行時や睡眠時の酸素飽和度と自覚症状の変化を観察した. 図2に成績の一部を紹介する[5]. 8,000 feet（2,438 m）では運動負荷時に平均 4% 程度酸素飽和度が低下し, 睡眠時にはさらに低下するが, 全体を通じて酸素飽和度が 90% を下回ることはなく, 急性高山病に匹敵する病状を呈するには至らなかった. しかし, いわゆる全体的な不快感（discomfort）の原因になると考えられ, 前述の機内でのドクターコールの成績とも一致する結果となった.

参考事項として述べると, 客室内で気圧を一定に維持する方法はきわめて単純である. 日本航空のパイロットである友人に確認したところ, エンジンで回したコンプレッサーで圧をかけ, 胴体後部にある排出バルブの開閉で調節するとのことであった. 客室内の温度は, コンプレッサーを出る空気の温度により調節されている. 湿度については何も調節する機能がないため, 上空に行けば行くほど湿度は低下する. 機内が非常に乾燥するのはそのためである. 機内では, ポカリスエット®などの糖電解質を含む水分の補給が重要となる. 後述するが, 血液粘度の上昇を防ぎ肺血栓塞栓症の予防を行うことは重要である.

3. 機内での低酸素血症を予測する方法

慢性閉塞性肺疾患（COPD）など慢性呼吸器疾患を有する患者が航空機に搭乗する際，機内で酸素吸入を必要とするか否かを事前に検討する方法がある．British Thoracic Society は以下の3つの方法を推奨している．すなわち，①50 m 歩行試験，②計算式を用いた Pa_{O_2} 値の予測，③低酸素チャレンジテストである[3]．50 m 歩行試験は，50 m の歩行に際して息苦しさなど不快感が生じるか否かを見るものである．しかし，どれほどの有効性があるかについて十分なエビデンスは得られていない[3]．計算式を用いた Pa_{O_2} 値の予測方法を表3に示す．4種類の予測式があるが，1秒量（FEV_1）など呼吸機能のパラメータを含む方がより精度が高い．最も正確な方法は，③の低酸素チャレンジテストである．理想的には前述のような低圧低酸素チャンバーで減圧を行う方法が最も良いが，チャンバーを保有する医療機関はきわめて限られており，また運用もたいへんなため一般的とは言えない．通常は前述の 2,438 m（8,000 feet）を想定し，sea level で吸入気酸素濃度を15%まで低下させたガスを20分間吸入したのち動脈血ガス分析を行って判定する[3]．酸素と窒素を混合させ15%酸素ガスを作成し，ダグラスバッグやシリンダーを満たして吸入させる方法と，ボディプレティスモグラフ内をガスで満たして吸入させる方法がある．まったく別のアイデアとしては，市販の Venturi mask を応用する方法がある．35%や40% Venturi mask に純窒素を流入させるとエアミックスされ，各々15-16%，14-15%の酸素濃度が得られるため，窒素ボンベや院内に窒素の配管がある場合には非常に便利である．低酸素チャレンジテストの結果，Pa_{O_2} が 50 Torr 未満，Sp_{O_2} が 85% 未満になる症例では機内で酸素吸入することが推奨される[3]．しかし著者の知る限りにおいて，本邦で，日常診療の一環として低酸素チャレンジテストを実際に施行している施設はないようである．

表3 計算式を用いた機内での Pa_{O_2} 値（Torr）の予測

Pa_{O_2} 上空 $= 0.410 \times Pa_{O_2}$ 地上 $+ 17.652$

Pa_{O_2} 上空 $= 0.519 \times Pa_{O_2}$ 地上 $+ 11.855 \times FEV_1(l) - 1.760$

Pa_{O_2} 上空 $= 0.453 \times Pa_{O_2}$ 地上 $+ 0.386 \times \% FEV_1(\%) + 2.44$

Pa_{O_2} 上空 $= 22.8 - (2.74 \times$ 客室高度(feet)$/1,000) + 0.68 \times Pa_{O_2}$ 地上

Pa_{O_2} は動脈血酸素分圧，FEV_1 は1秒量（l），% FEV_1 は1秒量の予測値に対する割合（%）を示す．（文献3より一部改変引用）

4. 慢性閉塞性肺疾患（COPD）患者における機内での低酸素血症

慢性呼吸器疾患の中でも COPD は代表である．GOLD（global initiative for chronic obstructive lung disease）ガイドラインで中等症から重症に分類される安定期 COPD 患者計18名を対象に，ノルウェーからスペインまでの5時間40分のフライト中，動脈血酸素飽和度測定ならびに動脈血ガス分析を行った報告がある[6]．患者の1秒量は平均 1.51 l で，予測値の50%に相当した．機種は Boeing 737-800 で，飛行中の客室高度は 6,000 feet，1,829 m 程度であった．離陸前の平均 Pa_{O_2} は 77.6 Torr，平均 Sp_{O_2} は 96% であったが，フライト中の安静時 Pa_{O_2} は 64.8 Torr，Sp_{O_2} は 90% まで低下した．運動時の Sp_{O_2} は平均 87% まで低下した．以上より，慢性安定期の中等症から重症の COPD 患者では，着席している安静時には比較的酸素化が保たれており酸素吸入を要しないが，機内歩行など運動時には注意を要すると考えられた．また，フライトがさらに長時間に及ぶ場合には呼吸筋疲労などのリスクを考慮する必要があると結論された．

ただし，この成績は Boeing 737-800 でのデ

ータであるため，あくまで同じ機種では参考となるが，機種が違えば単純にあてはめることはできず，個々のケースで慎重に対応する必要がある．

5. 機内での緊急時の酸素吸入

酸素に関する話題として，機内での緊急時の酸素吸入について触れる．離陸前に必ずビデオによる解説が行われ，座席にはパンフレットも置かれているが，読者の方々はこの酸素がどれくらいの時間もつかをご存知だろうか．日本航空に問い合わせたところ，乗客の20％が210分間吸入できる量を搭載しているとのご返事であった．これは乗客全員であると約40分という計算になる．通常酸素がなくても生存可能な高度，すなわち10,000 feet（約3,000 m）まで降りることが前提となっており，事故で気圧が低下するなど一刻を争って低い高度にダイブする場合にも時間的には猶予があると推定される．なお，なるべく高濃度の酸素吸入ができるようマスクはリザーバー付となっている．

酸素ボンベは，機内にポータブルボンベがある他，機体据付のものが国際線では3本搭載されている．メキシコやチベットなど標高の高い山脈の上空を飛行する際には，低い高度が維持できないため酸素を余分に搭載することもあるようである．

6. 慢性呼吸不全患者の搭乗に必要な手続き

最近は在宅酸素療法（home oxygen therapy；HOT）施行中の慢性呼吸不全患者も，航空機を利用した国内外の旅行を計画する場合が多い．航空会社によって手続きや費用に違いがあるが，国内線に限らず国際線でも機内酸素の手配が可能である．

a．搭乗申込と診断書提出

航空機内での酸素吸入はもちろん可能であるが，事前の申請を要する．申込期限については国内外のすべての航空会社に規定があるが，搭乗48時間前から1週間前までと幅があり，医師が記載する診断書（medical information form；MEDIF）を添付する必要がある．表4にJALの例を示す．書式は自由から所定のものまでさまざまであるため，事前に航空会社に確認する方が無難である．国際線では原則的に英文の診断書となる．診断書の有効期限は，搭乗3日前から30日以内までと航空会社により異なる．患者は，診断書をチェックインカウンター，出国手続き，搭乗口まで常時携帯する必要がある．JAL，ANAなど大手の航空会社では，ホームページ上に搭乗者が記入する旅行にあたっての「必要な手配について」と，医師が記入する「診断書，MEDIF」の記入例が掲載されている．この中には，○○病院の○○医師が航空会社に健康状態について情報を提供するための「同意書」が含まれている．ホームページをご参照いただきたい（例：http://www.jal.co.jp/jalpri/）．

b．酸素ボンベの持込

携帯用酸素ボンベを機内に持ち込むことは国内では可能だが，海外のほとんどの航空会社では禁止されている．とくに，米国線ではすべての航空会社で持込は不可となった．したがって，酸素吸入には航空会社が貸し出す機内用酸素を手配する必要があり，通常有料となる．手数料は航空会社により異なり，無料からエクストラシート料金を設定する場合までさまざまで，乗り継ぎに際し加算される場合がある．例外的にJALとANAのみは，国内線，米国線を除く国際線とも帝人ファーマ株式会社のウルトレッサ®を2本まで持込み可能で，デマンドバルブ（呼吸同調酸素供給装置）であるサンソセーバー®も使用可能である．JAL，ANAと

6.4 航空機の酸素環境と関連疾患

表4 診断書例（Medical Information Form, MEDIF, http://www.jal.co.jp/jalpri/）

当日空港係員にご提出をお願い致します。

診 断 書	MEDICAL INFORMATION FORM (MEDIF)

医師による記入　以下のすべての欄に記入願います。
　"はい" "いいえ"の欄については該当する方に（✓）印を記入し、航空旅行に際し、必要な記述をお願いいたします。

〈注〉
1. MEDA3及びMEDA4については、医師以外の人でも判る病名、症状を併記して下さい。
2. 客室乗務員は、応急処置の訓練を受けておりますが、注射及び薬物による治療をすることは許されておりません。又、他のお客様への機内サービス応対のため、病人旅客や特定のお客様に常時お世話をすることは出来ませんのでご了承願います。
3. 医療器具の設置のための座席確保、医療器具の用意、設置に伴う経費等は別料金・費用を申し受けるものもあります。

MEDA1	旅客（患者）氏名		年令	性別
MEDA2	医師	お名前 医療機関名／専門科 電話番号（病院・医院）	住所 （自宅）	
MEDA3 (注1)	診断（病名）、症状 症状の始まった日（手術を行った日）		診断日	
MEDA4 (注1)	経過（予後）と航空旅行の適否について。 （旅程が身体に及ぼす影響も考慮願います。）	適□ 否□		
MEDA5	伝染性疾患ですか。	いいえ□ はい□ →	状態を明記して下さい。	
MEDA6	旅客（患者）の容態および、状態は周囲の一般の旅客に迷惑、危害等を与えますか。またはその可能性はありますか。	いいえ□ はい□ →	状態を明記して下さい。	
MEDA7	離着陸時、また、必要時に背もたれを立てたままの状態で座席を使用することができますか。	はい□ いいえ□ →	"いいえ"の場合は簡易ベッド（ストレッチャー）が必要となります。 （費用についてはお問合せください。）	
MEDA8	ご自身で身の廻りの用をたすことができますか。 （食事、トイレ使用、航空機の乗降等）	はい□ いいえ□ →	必要な援助をご記入ください。	
MEDA9	付添人がいらっしゃる場合、その方で十分ですか。	はい□ いいえ□ →	どのような付添人が必要と思われますか。	単独旅行可能 はい□ いいえ□
MEDA10	機内で酸素吸入を必要としますか。 （＊当社でご用意できる医療用酸素ボトルの流量は毎分2～8リットルのものとなります。）	いいえ□ はい□ 酸素量（ℓ/分）□		常時使用 はい□ いいえ□
MEDA11	・患者は、空港・機内で薬物などをもちいた医療行為を行う必要がありますか。(注2) ・人工呼吸器、早産児保育器等の特殊医療機器の使用が必要ですか。又機内で電源は必要ですか。(注3)	(a) 空港においては？ いいえ□ はい□ → 詳細にご記入下さい。 (b) 機内においては？ いいえ□ はい□ → 詳細にご記入下さい。		
MEDA12	＊機内で電気を使用する医療機器をご使用になる場合は発生する電磁波の運航への影響を確認させていただきます。 また、内蔵電池で使える機器をご用意ください。機内の電源は電源変換機（電圧／ヘルツ変換）を設置しての使用となり、緊急時は電気の供給ができなくなる場合もあります。			
MEDA13	患者は乗継ぎ時、到着時入院が必要ですか。	(a) 乗継ぎ時間が長時間(含 宿泊)の場合 いいえ□ はい□ → 手配の内容		
MEDA14	必要な場合、どのような手配をされましたか。又、手配をされていない場合には"手配せず"と御記入下さい。	(b) 到 着 時 いいえ□ はい□ → 手配の内容		
MEDA15	その他特殊な食事、機内サービス上特に留意すべき点があればお書き下さい。	なし□ あれば詳細に記入して下さい。		
MEDA16	その他、手配されたことがありましたらご記入下さい。			

旅客（患者）の現在の状態について、検査所見と治療状況等を含め細述をお願いいたします。

上記の通り診断します。

病院名＿＿＿＿＿　お名前＿＿＿＿＿　年月日＿＿＿＿＿　署名＿＿＿＿＿㊞

もウルトレッサ®の座席料は無料である．ただし持込みに際しては，酸素ボンベの仕様に関する「仕様証明書」の提出が必要となる（業者が記入）．また，酸素ボンベを持ち込んだとしても，現地では酸素供給会社が別に対応することとなり，酸素ボンベの充填はできない．なお，液体酸素は使用不可である．

c．機内での酸素流量と吸入器具

通常 2-4 l/min の流量設定が多いが，航空会社により必要に応じて対応する場合から最高 12 l/min まで可能な場合がある．一般に，0.5 l/min 単位など細かい調節は困難なので注意を要する．通常マスクのみが用意されているため，搭乗前に吸入器具について問い合わせておく方が安全である．1-2 l/min など低流量の酸素吸入では，ふだん使用している鼻カニューラとコネクターを持参することが推奨される．

d．身体障害者割引

航空会社によってまったく割引がない場合から，第1種身障者手帳を有する場合には患者本人および介護者に対し37％の割引が適応される場合までさまざまである．負担を少しでも減らすため，事前に問い合わせることが重要である．

7．エコノミークラス症候群

これは1988年にCruickshankら[8]が，航空機利用と深部静脈血栓症，肺血栓塞栓症との関連を報告しエコノミークラス症候群と称したことに始まる．ロングフライト血栓症とも呼ばれる．航空機に限らず，列車，バス，長距離ドライブ後にも発生することから，マスコミを通じ広く知られるようになった．しかし，旅行内容とリスクの関係を調べたCase Control Studyの結果によれば，必ずしも両者の関係は明らかでない．160例を対象としたFerrariら[9]の検討では，コントロール群に比し旅行者のリスクは3.98倍にも及ぶとの結論に達したが，一方，Kraaijenhagenら[10]の788例の検討では，航空機に限らず交通手段の如何を問わず，両者にはリスクの上でまったく有意差が見出されなかった．狭い座席に長時間座ることがリスクファクターの1つであると強調されるが，ファーストクラス，ビジネスクラス，車の運転後にも肺血栓塞栓症の発症が報告されている．座席からの圧迫によって深部静脈血栓が形成されるとの考察も成り立つが，静脈血栓の分布を調べると，座位をとっていなかった患者の血栓分布と差がなかったとの報告もある[9]．長期のフライトでは誰しも下腿浮腫を経験するが，浮腫のみで静脈血栓は生じない．機内乾燥のため脱水傾向になることが血栓形成につながるとの考えもあるが，健常者に 2 l の飲水をさせても予防効果がなかったとの報告がある[11]．しかし，長時間のフライト，ドライブ，地震被災地で車中での生活後に深部静脈血栓症から肺血栓塞栓症を発症した報告があることは事実で，とくにフライトについては，距離が延びるほど（5,000 km 以上）患者発生率が高まるとのデータがある[12]．

血小板機能と低圧低酸素の関係を検討した研究があるが，カテコールアミンの放出を介して血小板が活性化され血栓が形成されるという説から，客室高度程度の低酸素では血小板機能には何ら影響しないという説までさまざまであり，現時点では結論が出ていない．低酸素と血小板機能については，本書の別項（3.L 低酸素と血小板凝集および血液凝固）に詳細が解説されているのでご参照いただきたい．

8．航空機に搭載される医療器具・医薬品

航空機は航空法により各種医療・医薬品の搭載が義務付けられている．航空会社により若干

表5 航空機(国際線)に搭載されている医薬品リスト

5％糖液 500 ml	硫酸アトロピン
20％糖液 20 ml	マレイン酸メチルエルゴメトリン
生理食塩水 100 ml, 500 ml	フロセマイド
エピネフリン	リドカイン
塩酸ドパミン	炭酸水素ナトリウム
リン酸ハイドロコーチゾンナトリウム	塩酸リトドリン
	マレイン酸クロルフェニラミン
臭化ブチルスコポラミン	
ジアゼパム	ニトログリセリン
ペンタゾシン	ニフェジピン
スルピリン	硫酸フラジオマイシン貼付剤
アミノフィリン	
硫酸テルブタリン	など

(文献13より一部紹介)

表6 航空機(国際線)に搭載されている医療器具リスト

アンビューバッグ	除細動器(AED)
酸素マスク(リザーバー付)	心電図モニター
吸引器・吸引用カテーテル	点滴セット
開口器	翼状針・静脈留置針・三方活栓
喉頭鏡ブレード	
気管チューブ(カフ付)	カテーテルチップ
スタイレット	胃管用カテーテル
マギール鉗子	ネラトンカテーテル
バイトブロック	縫合針セット・針付き糸・持針器・絹糸
エアウェイ	
マウスピース・ノーズクリップ	ペアン鉗子・コッヘル鉗子
	メス(各種)
血圧計	ピンセット(有鉤・無鉤)
聴診器	注射器(各種)・注射針(各種)
ディスポーザブルグローブ	
絆創膏(サージカルテープ)	駆血帯
	滅菌ガーゼ(各種)
	など

(文献13より一部紹介)

の違いはあるが,例として日本航空国際線の機内搭載医薬品・医療器具のリストを表5,表6に示す[13]．心肺蘇生のための医療用具としてはエアウェイ,喉頭鏡ブレード,気管内挿管チューブまで準備されており,機内でもかなりの処置を行うことができる．また,縫合用品も備わっており,外科系の医師がいればある程度の外傷にも対応可能である．当然のことながらAEDも搭載されている．

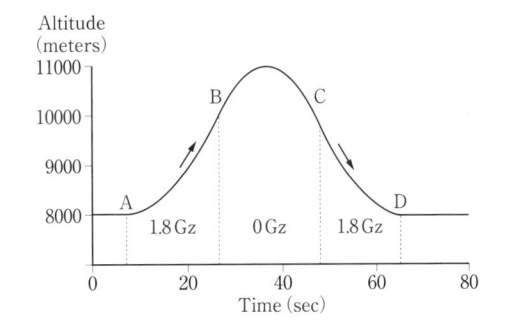

図3 放物線飛行(parabolic flight)のシェーマ
高度8,000 mの水平飛行(A地点)から急上昇し,B地点からエンジン出力を絞り放物線を描くよう自由落下する．B地点からC地点までの約20秒間おおむね無重量状態となる．(文献7より引用)

9. 航空機を利用した微小重力環境のシミュレーション

スペースシャトルや宇宙ステーションの誕生により,無重量状態(weightlessness)における生理学は目覚しく進歩した．微小重力環境での呼吸循環機能の変化については別項(6.5 微小重力環境における呼吸循環機能)に譲るが,航空機を利用した微小重力環境のシミュレーションについて簡単に触れる．

宇宙空間の実験には莫大な費用がかかり,実験器具にもかなりの制限があるため,多くの研究はエアバスA-300などの航空機を用いて微小重力環境をシミュレーションする方法がとられる．その1つを紹介する．1970年代から行われているのが,放物線飛行(parabolic flight)[7]である(図3)．高度8,000 mの水平飛行(A地点)から急上昇しinjection phaseに入る．次にB地点からエンジン出力を絞り放物線を描くよう自由落下すると,B地点からC地点までの約20秒間おおむね無重量状態となる．測定を行うにはあまりに短時間であること,injection phaseの1.8 Gの影響が残ることなどさまざまな制約はあるが,現在も行われる方法である．

おわりに

航空機の酸素環境とこれに関連する疾患をまとめた．機種と客室高度，機内でのドクターコールの状況，呼吸不全患者の搭乗に関する手続き，エコノミークラス症候群，航空機搭載の医薬品・医療器具などを解説した．なお，日本呼吸器学会・日本呼吸管理学会が作成した酸素療法ガイドラインの第V章（付録p60-61）にも，飛行機での旅行に関する記載があるのでご参照いただきたい[16]．

[桑平一郎]

■文献

1) 桑平一郎：空の旅の医学・生理学．日本胸部臨床 64：285-292, 2005.
2) Cottrell JJ：Altitude exposure during aircraft flight. Flying higher. Chest 93：81-84, 1988.
3) British Thoracic Society Standards of Care Committee：Managing passengers with respiratory disease planning air travel：British Thoracic Society Recommendations. Thorax 57：289-304, 2002.
4) Kelly PT, Seccombe LM, Rogers PG, Peters MJ：Directly measured cabin pressure conditions during Boeing 747-400 commercial aircraft flights. Respirology 12：511-515, 2007.
5) Muhm JM, Rock PB, McMullin DL, et al：Effect of aircraft-cabin altitude on passenger discomfort. N Engl J Med 357：18-27, 2007.
6) Akero A, Christensen CC, Edvardsen A, Skjonsberg OH：Hypoxia in chronic obstructive pulmonary disease patients during a commercial flight. Eur Respir J 25：725-730, 2005.
7) Estenne M, Gorini M, Muylem AV, et al：Rib cage shape and motion in microgravity. J Appl Physiol 73：946-954, 1992.
8) Cruickshank JM, Gorlin R, Jennet B：Air travel and thrombotic episodes：the economy class syndrome. Lancet 2：497-498, 1988.
9) Ferrari E：Travel as a risk factor for venous thromboembolic disease：a case-control study. Chest 115：440-444, 1999.
10) Kraaijenhangen RA：Travel and risk of venous thrombosis. Lancet 356：1492-1493, 2000.
11) Simons R, Krol J：Jet leg：pulmonary embolism and hypoxia. Lancet 348：416. 1996.
12) Lapostolle F, Surget V, Borron SW, et al：Severe pulmonary embolism associated with air travel. N Engl J Med 345：779-783, 2001.
13) 日本航空広報部医薬品・医療品一覧表（国際線） http://www.jal.co.jp/jalpri/
14) 宮島真之，五味秀穂，鍵谷俊之：3万フィートの先進医療（機内でのemergencyに対応する）．Mebio 18：120-124, 2001.
15) 桑平一郎：レジャー人口の増加に関する最近の話題．呼吸 21：370-376, 2002.
16) 日本呼吸器学会・日本呼吸管理学会編：酸素療法ガイドライン．メディカルレビュー社，東京，2006.

6.5 微小重力環境における呼吸循環機能

1. 宇宙ステーションの酸素供給

 有人宇宙飛行の歴史の概略を述べると,1961年4月,旧ソ連のガガーリン(ウォストーク1号)が人類で初めて宇宙飛行に成功し,1969年7月,アームストロング(アポロ11号)が月面踏破に成功した.その後,1981年4月,米国がスペースシャトル打ち上げに成功し,1998年11月に国際宇宙ステーション(International Space Station;ISS)の最初の構成要素である電力供給モジュール「ザリャー」がロシアから打ち上げられた.現在も飛行しているISSは,高度約400 km(地球と宇宙境界の高度は約100 km)の軌道を飛行し,2000年11月から宇宙飛行士が約3-6ヵ月交代でISSに滞在している.

 酸素は,ラボアジェがギリシャ語のoxys(酸味のある)とgennao(生ずる)を合わせて命名したもので,宇宙において,酸素は水素,ヘリウムに次いで3番目に多い元素である.ISSに供給される酸素は,主に窒素とともに地球から運ばれ,気体の状態で保管される.たとえば,2005年9月にロシアから打ち上げられた無人プログレス貨物宇宙船M-54により,水約210 kg,酸素発生装置,二酸化炭素除去装置とともに酸素と空気合わせて約114 kgが輸送された.酸素は主に地球から運ばれるが,その他に酸素発生装置(Elektron)とsolid-fuel oxygen generator(SFOG)により補助的に供給される.Elektronは,ロシアのサービスモジュール「ズヴェズダ」内に存在し,ISS内部の空気を除湿して回収した凝縮水を電気分解して酸素と水素を取り出し,水素は船外に破棄される.SFOGは,旅客機の乗員用に用意されている酸素供給と同じ技術で,過塩素酸カリウム($KClO_4$)や過塩素酸リチウム($LiClO_4$)のカートリッジを加水分解して酸素を製造し,カートリッジ1缶は,ヒト1人が1日に必要とする酸素量として十分な600 l(417 ml/min)を発生する.

2. 宇宙環境と宇宙服

 真空(気圧0),激しい気温の変化(気温 -100-120℃),微小流星物質(宇宙塵)が衝突する可能性がある宇宙空間において,宇宙服は地球と同じ環境を宇宙に作る最小限のしくみを備えている.宇宙服に含まれる主な装置は,二酸化炭素吸着カートリッジを含む酸素供給システム,酸素が入った生命維持装置,船外活動ユニット(重量48.6 kg),窒素ガスで推進する有人軌道ユニット(重量140.7 kg)などであるが,その重量は無重力の宇宙では問題にならない.また,人体から発生した熱は閉鎖系である宇宙服から喪失されず,宇宙服内の温度が上昇して生命の危険性があるため,宇宙飛行士は冷却水を通すチューブを張り巡らせた液体冷却服を着用する.

 宇宙は真空であるため,宇宙服内の気圧を0.5気圧に減圧しても,宇宙服は風船のように膨張して船外活動が困難となる.反対に,宇宙服内の気圧を下げ過ぎると血液は下半身に貯留して,一時的に視覚喪失状態となる.生命を維持するためには酸素が必要であり,宇宙服内は1/4-1/3(約0.3)気圧の100%酸素が供給されている.

 宇宙船内で1気圧の環境下にいた宇宙飛行士が,宇宙服着用時に0.3気圧の環境におかれる

と，体内組織に溶解していた窒素が微小な気泡となって毛細血管を塞栓する，減圧症を引き起こす可能性がある．そのため，減圧症を防止するための方法が"Pre-breathe"であり，体内組織に溶解している窒素を体外に排泄しなければならない．なお，宇宙服内の気圧を0.5気圧にすれば，"Pre-breathe"は不要と考えられているが，前述したように0.5気圧にすると宇宙服が風船のように膨らんでしまう．通常の"Pre-breathe"だと18時間以上かかるが，運動しながら"Pre-breathe"を行うと体内の窒素の排泄が促進され，これを"Exercise Pre-breathe"と呼び，約4時間30分で船外へ出られる．2003年3月の時点での"Exercise Pre-breathe"での手順は以下の通りである．①マスクを装着して1気圧100％酸素で10分間自転車こぎを行う（上半身の筋力トレーニングを行う），②エアーロック（減圧する場所）に入り，気圧を1気圧から0.7気圧に下げて20分間維持する，③宇宙服を装着して，宇宙服の装着が終了後にエアーロックの気圧を1気圧に戻す，④宇宙服を装着した状態で，60分間"Pre-breathe"（約0.3気圧，100％酸素吸入）を行う，⑤エアーロックを30分かけて減圧した後，エアーロックから船外へ出る．また，船外作業終了後は，エアーロックに戻り，船内と同じ気圧に加圧して宇宙服を脱着する

3. 呼吸循環機能の変化

最年長宇宙飛行士は，1998年に宇宙飛行をしたジョン・グレン（77歳）で，宇宙では不都合な疾患（不整脈や尿路結石）がなければ，訓練すれば1年間は宇宙に滞在することが可能となった．また，十分に訓練を受けていない米国の富豪がロシア政府に約25億円を支払い，2001年4月にロシアから打ち上げられたソユーズTM-32に乗り10日間の宇宙観光飛行を行った．

短期間の宇宙飛行では問題ないが，無〜微小重力状態の宇宙に長期間滞在すると呼吸循環器系機能が低下する．アポロ計画前に，若い成人男性を対象にして，完全休養（ベッドレスト）実験が行われ，無重力状態の呼吸循環系応答に類似するように，頭部を水平より約10度下げる状態で3週間ベッド上で完全休養させた．完全休養前後で運動負荷試験を比較すると，呼吸循環器系機能の指標である最大酸素摂取量が約30％低下，最大心拍出量が約26％低下，最大分時換気量が約30％低下した．前記の3つの呼吸循環器系機能の指標は，20歳代がピークで加齢に伴って毎年約1％ずつ低下するが，3週間のベッドレストで一気に30歳近く呼吸循環系機能が低下（老化）したことになる．そのため，スカイラボ計画では，無〜微小重力状態による呼吸循環系機能低下を防止するために，宇宙飛行士は1日最低2-5時間の有酸素性トレーニングを行ったと報告されている．

4. 骨格筋の変化

骨格筋は構成する3種類の筋線維の比率により，その特性が決定される．骨格筋線維は，有酸素性代謝でATPを産生するタイプⅠ（遅筋線維）と無酸素性代謝でATPを産生するタイプⅡB（速筋線維）と，その中間に位置するタイプⅡA線維に分類される．タイプⅠは，収縮力は小さくて収縮時間は遅いが耐久性は高く，一方，タイプⅡBは収縮力が大きくて収縮時間は短いが，無酸素性代謝により乳酸が産生されるため耐久性が低い．骨格筋は全身に約400種類存在し，上肢の骨格筋は単発的運動が主であるため，収縮速度が速いタイプⅡ線維比率が高い．下肢の骨格筋は姿勢の保持（抗重力作用）など持続運動が主であるため収縮速度が遅いタイプⅠ線維比率が高い．無〜微小重力状態の宇宙では下肢骨格筋の萎縮が著しく，下肢骨格筋のタイプⅠ線維の一部がタイプⅡに変化

する．1-2週間の宇宙飛行を行った7名の日本人宇宙飛行士は，宇宙滞在1日当たり下腿三頭筋の断面積が約1.0％低下した．宇宙に数ヵ月間滞在すると，宇宙ステーションで有酸素性トレーニングを行ったとしても，下肢筋力は約30％低下する．

また，同様に無～微小重力状態の宇宙では，骨への荷重負荷が減少するために骨からカルシウムが溶出し，若い成人でも骨密度が1ヵ月間に約1.0-1.5％低下し（高齢な骨粗鬆症患者の約10倍の低下率），尿中カルシウム濃度が上昇して尿路結石のリスクが高まる．

まとめ

安静時において，健常成人では，換気（約7 l/min）して肺から血液に酸素を取り込み，心血管系（心拍出量は約5 l/min）により全身の臓器に酸素が運搬される．安静時の血流の約47％は，主に抗重力筋として活動している下肢や体幹の骨格筋を灌流する．安静時の酸素摂取量は約250 ml/minであるが，無～微小重力状態の宇宙では，抗重力筋として活動している骨格筋での酸素消費がほとんどないため，安静時の酸素摂取量は250 ml/minより低値であると思われる．また，地上の日常生活においては，歩行で約500 ml/min，昇段で約1,500 ml/minの酸素摂取が必要であるが，骨格筋への重力による荷重負荷がほとんどない宇宙では，間接的に呼吸循環系の負荷が低下する．その結果，運動負荷試験における最大心拍出量と最大分時換気量が低下すると考えられる．前述したように，600 l（417 ml/min）の酸素を産生するSFOGカートリッジ1缶で宇宙における1日の生活には十分であるが，地上において酸素600 lでは通常の日常生活は送れない．最後に，本稿の内容の多くはインターネットで"宇宙航空研究開発機構"などの宇宙に関する情報を検索して，参考にしたことをお断りする．

［一和多俊男］

6.6 潜水と酸素

潜水（水中活動）を行う場合には，ヒトも他の海生（潜水）哺乳動物同様に酸欠（酸素欠乏）に陥るとそれは「死」を意味する．イヌやネコでもヒトと同様に数分以上水中で息を止めて生きられないが，アザラシでは30分，クジラでは2時間の潜水を一息ででき，400-1,200 m潜水することが可能で，しかも減圧症（潜水病）に罹患しない．図1は酸素瀑布[6]と呼ばれている大気中の酸素分圧とヒトの生体間での酸素の流れを示したものだが，肺胞における動脈血（Pa_{O_2}）と組織における毛細血管末端での静脈血（Pv_{O_2}）の間における血液中の酸素分圧は100-40 Torrで，毛細血管末端での静脈血と細胞内ミトコンドリアの間における酸素分圧は40-8 Torrである．この関係は水中においても同じで同等以上の酸素分圧が生命維持の上では必要不可欠といえる．その上，水中にあっては水圧に比例して呼吸に伴い酸素分圧は増大するので，「潜水と酸素」を考える場合には酸欠とともに酸素過多による毒性（酸素中毒）の予防が重要である．つまり不足しても多すぎても生命維持の上で重篤な障害が引き起こされる．酸欠は常圧（大気圧）の世界で日常的に散見されるので，本章では毒性について略述し，その後に酸素と潜水との関わり合いについて検討したい．

また，潜水は大別して，①息こらえ潜水（素潜り）と②呼吸器利用による潜水（SCUBA等）に分けられる．

①息こらえ潜水の場合には一呼吸にて耐えうる限界までの時間と潜水深度が限定されるが，今までの記録では最大9分，最大水深200 mくらいまで達成されている．しかし，一般的には1-2分，10-20 mくらいが限界で，酸素の追加供給なしには潜水の継続はできない．

②の場合には自給器式と他給器式潜水に分かれるが，SCUBAのような自給器式ではダイバー自らが持参するairまたは混合ガスによる酸素供給の限界時間まで潜水できる．他給器式潜水の場合には飽和潜水を含めるとその潜水時間

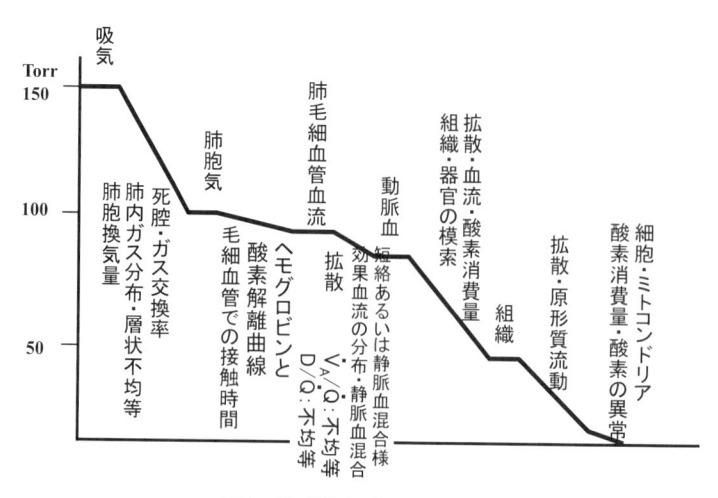

図1 酸素瀑布（カスケード）

表1 活性酸素の種類

記号	表現用語	
$^3\Sigma v = {}^3\Sigma \delta O_2$	ground state triplet	基底状態三重項
$^1\Delta \delta = {}^1\Delta \delta O_2$	singlet	一重項
$O_2^- = O_2^{\dot{}} = O_2^{\dot{-}}$	superoxide	スーパーオキサイド（活性酸素）
$O_2^= = O^{2-}$	peroxide ion (anion radical)	パーオキサイドイオン（アニオンラジカル）
·OH	hydroxyl radical	水酸ラジカル
·OOH	hydroperoxy radical	ハイドロパーオキシラジカル
H_2O_2	hydrogen peroxide	過酸化水素
$O^- = O^{1-} = O^{\dot{-}}$	oxygen ion	酸素原子アニオンラジカル

は無限であり，水深では最高記録は685 mであるが，サルによる動物実験から1,000 mくらいまでは可能であろうとされている．

表2 酸素が水を生成する過程における活性酸素の存在様式モデル

$$O_2 + e^- \cdots\cdots O_2^-$$
$$O_2^- + e^- \cdots\cdots O_2^{2-}$$
$$O_2^{2-} + e^- + H^+ \cdots\cdots H_2O_2$$
$$H_2O_2 + e^- + H^+ \cdots\cdots \cdot OH$$
$$\cdot OH + e^- + H^+ \cdots\cdots H_2O$$

1. 酸素分圧の限界

飽和潜水のような長時間潜水（海中居住）を考えると酸素分圧は0.18-0.30 atm（大気圧換算で18-30％）に制御されなければならないが，短時間の場合にはもちろん100％酸素のガス呼吸も可能である．しかし，その場合には酸素の毒性が問題で，1.6 atm以上の酸素分圧が負荷されると急性酸素中毒（脳型：Paul Bert効果）を発症させる危険があるし，それ以下であっても潜水中における呼吸で吸入される酸素負荷量が一定の許容量を超えると慢性酸素中毒（肺型：Lorrain Smith効果）を発症させる危険が生じる．

a. 酸素中毒（酸素毒性）

空気中に含まれる酸素の約2％は不安定な活性酸素であり，superoxide anionやhydroxyl radicalなどの酸素ラジカル種（表1）と呼ばれる反応性に富む活性力の強い不対電子を有する酸素属が存在する[1]．表1の最上段にある三重項酸素は比較的安定した反応時間の遅い（毒性の弱い）ラジカル種で，いわゆる「善玉酸素」と称することができ，われわれが通常呼んでいる酸素とはこの形で存在している．2段目以降がいわゆる「悪玉酸素」に属し，この中でも水酸ラジカル（OH基）は最も毒性が強い（反応時間が速く，約0.3秒）活性酸素の代表とも言え，接する相手から電子を奪い安定した対電子になろうとする[1-3]．つまり相手を酸化することで自らが還元されてより安定な最終生成物の水になろうとする[6]．酸素ラジカル種はこのように相手を酸化させることによって種々の問題を引き起こす性質がある（表2）．これらの活性酸素の主たる特性は，脂質過酸化による膜の変性，核酸の損傷，タンパク変性，異常な抗原抗体反応，酵素の失活，等であり，ヒトにとって生命，健康維持の上で重大な支障を引き起こすトリガー（trigger）の役割を演じていると言えよう．この性質が大気圧下においてもヒトの老化や生活習慣病などの特有な難治性疾患の原因ともなっている（図2）．現在問題となる難治性疾患の大部分はこの活性酸素

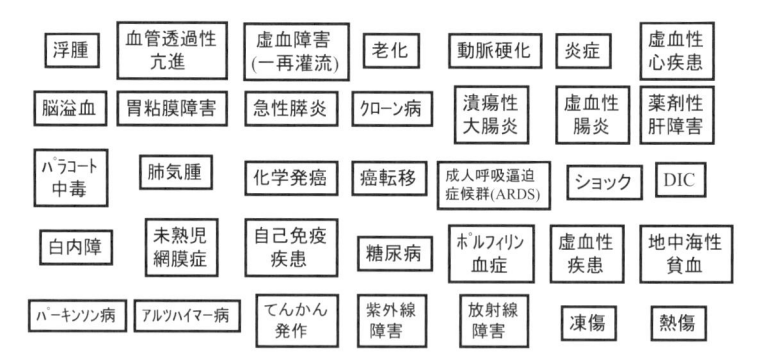

図2 活性酸素の関与する疾患[10]

（free radical）による酸化能力によって引き起こされていると言っても過言ではない．

潜水する場合には大気圧下よりはるかに高い酸素分圧に曝露されることになる．つまり，潜水をすると呼吸する空気の圧力が水圧に比例して高くなるために大気中では起こりにくい酸素中毒の危険に見舞われる恐れが生じる．したがって深度潜水や長時間潜水をする場合には空気に代わる酸素分圧を低くした混合ガスを呼吸する必要が生じる．ちなみに水深100 mでの飽和潜水の場合には酸素分圧を0.3 atmにするために酸素濃度は2.7 %の人工空気にしなければならないが，これは大気圧換算では30 %に匹敵するので生命維持の上ではまったく支障がない．もし，空気で100 mまで潜水すると仮定するならば地上の11倍の酸素分圧，つまり2.3 atmの酸素分圧となり，急性酸素中毒に罹患してもおかしくない．

b. 急性酸素中毒（脳酸素毒性）

潜水中の呼吸による吸入時の酸素分圧が1.6 atmを超えるとPaul Bert効果と呼ばれる酸素毒性に陥るリスクが生じる．つまり，純酸素を水深6 m以内で呼吸する場合には酸素毒性は生じないが，それ以上の水深で酸素による閉鎖循環式回路の潜水具を用いると危険であり，第2次世界大戦におけるドイツ軍や米軍等で諜報活動に従事した潜水兵士がこれに伴う死亡事故を続出させたと伝えられている．この閉鎖循環式回路の潜水機器は呼吸ガスを循環させて，生じる呼気中の二酸化炭素を回路中にあるキャニスターにあるソーダーライムやバラライムの化学反応で吸着してしまい，不足する酸素のみを回路に補給するシステムであり，まったくダイバーの気泡が海中に漏れないため，潜水によるスパイ活動にはごく有利であるが，取り扱い方法を誤ると急性酸素毒性により水中痙攣発作を起こして溺水し，水中落下してしまう機械的特性に伴う危険を生じる恐れがあり，現在では純酸素を用いる閉鎖循環式呼吸回路による潜水は禁止されている．

ヒトの組織で最も酸素を必要とするのは脳である．そのため脳組織は最も血流量が豊富であり，わずか1,400 g（体重の約2 %）の重量であるにもかかわらず1日の酸素消費量の20 %以上は脳で消費される．しかし潜水中に過大な酸素が供給されすぎると，それ以上の酸素は不必要であるため脳への酸素供給を減少させようとする生理学的生体防御機構が働き，脳血管は収縮することで酸素供給を制御しようとする．この自動制御能が，限界を超えると脳血管は攣縮する[7]（表3）．脳酸素中毒には視覚，聴覚，平衡感覚障害や妄想，幻覚などの精神症状異常もあるが，水中での致命的な障害とは筋肉や全身痙攣を伴い，やがて意識を失うことであり，水中では救出が困難なことである．救助方法は

表3 脳酸素中毒の臨床症状

1. 不快感，不安，多幸感，無関心，昏迷，虚脱感
2. 嘔気，嘔吐
3. 視覚障害（tunnel vision，暗点，弱視，暈輪，小視症）
4. めまい，ふらつき
5. 耳鳴り，難聴，聴覚過敏
6. 幻覚，妄想
7. 呼吸困難，絞扼感，息切れ，前胸部や心窩部の圧迫感
8. 筋肉の痙攣（手，顔，口唇），ミオクローヌス痙攣
9. convulsion（grand mal），意識障害

できるだけ早く浮上させて海面ないし船上で大気を吸入させることであり，酸素分圧（Pa_{O_2}）減少に伴い全身痙攣などの異常症状は数〜十数分で消失していき，やがて正常に戻る．

c. 慢性酸素中毒（肺酸素毒性）

急性期の脳酸素中毒だけでなく，図2に示される疾患は長期間の酸素負荷がその発生要因と考えられる肺酸素毒性によるものと認識されている．酸素は生きる上で欠くべからざる物質であると同時に，生体の健康保持増進の上で弊害をもたらす恐れのある物質とも言える．

潜水は常に高気圧環境下で高分圧酸素を呼吸するので，慢性の肺酸素中毒にさらされる条件を備えている．通常の大気を呼吸していても前述のようにその酸素中の約2％は活性酸素として含まれている．これがヒトの老化や生活習慣病などの原因の1つとして作用しているのであるから，さらに高い酸素分圧の空気を吸入する潜水活動は酸素毒性に罹患するリスクは大きくなると考えられる．しかし，日常生活と較べてどの程度までの過大な酸素摂取がヒトの健康面により有害な条件として認識されるのか，潜水はすべてわれわれの健康に有害に作用するのか，どこまでが許容され得るのか，などの疑問が残る．

酸素毒性に関する科学的な評価ができるようになったのは1954年のことで，Gershmannらによってはじめて生体内におけるフリーラジカルの発生が示唆されてからであろう．1969年にMacCordとFridovichによって，われわれの身体にはこの活性酸素の毒性を消去する特別な消去酵素のあることがわかり，その1つであるSOD（superoxide dismutase）が発見された[3]．この酵素は消去酵素と呼ばれ，今ではカタラーゼやグルタチオン・パーオキシダーゼなどとともに消去酵素群の1つとして知られているが，この消去酵素群が生体内で活性酸素の毒性に対してその防御機能の役割を担っている．これらの消去酵素がうまく機能しない場合に健康が阻害される．つまり一種の安全弁機能がうまく作動しなくなると活性酸素が脂質過酸化による細胞膜の変性等の前述した5つの被害を中心に次第に健康バランスを崩して，生活習慣病など図2に示す障害が出現してくると考えることができよう．

d. 酸素毒性の指標

では潜水する場合にどのレベル以下であるならば酸素毒性による影響を予防できるのであろうか．肺酸素毒性量を示す指標としてUPTD（unit of pulmonary oxygen toxicity dose）がよく使用され，簡便であるのでtechnical divingの分野や圧気土木と呼ばれる潜函作業（caisson work/compressed air work）では好んでこの量を計算している．つまり，大気圧下で純酸素を1分間吸入した時に生体に負荷されると予想される酸素毒性量を1単位（unit）として1日に潜水によって負荷される酸素毒性量がUPTDで表示され，許容量はその1日の単発曝露量，および1週間の潜水で負荷蓄積されると思われる合計酸素毒性量（cumulative pulmonary oxygen toxicity dose；CPTD）として計算する．その毒性量の目安が表4である．UPTDの計算式は

$$UTPD = (0.5/P_{O_2} - 0.5)^{-0.833} \times t \quad (t：分)$$

で示される．これは肺酸素中毒の初期症状とし

表4 UPTD許容目安量

酸素曝露条件	UPTD制限
単一曝露	615
継続曝露における1日あたりの曝露	400
緊急時，医療時の曝露	1,415

て肺の前胸部不快感を目安として考えると，その症状発現時間と吸入酸素分圧量とは逆比例関係にあり，酸素の吸入時間が長いほど症状はひどくなる．この症状の程度は肺活量の減少と比例関係と考えられるので，UPTD量と肺活量の減少量との関係でみればUPTDが増大するほど肺活量は減少するといえる[7]．一般的認識として肺活量の減少率が2％以下であるならば，その変化は可逆的であり翌日には回復すると考えられるので，UPTDが2％以下の肺活量減少しか生じない数値であるならば翌日には元の状態に復帰し，肺酸素毒性に伴う変化は生じないであろうと位置づけられているが，10％を超えるような減少数値になると肺活量値は不可逆的と考えてよい．このような酸素曝露は医療上でもやむを得ない場合を除いて禁忌である．

図3は高気圧業務に就いたある作業員の全工事期間（10週間）中に曝露された作業毎の1日のUPTD量（棒グラフ）と1週間毎のCPTD（折れ線グラフ）を表示しているが，第4週目に入るとUPTDが許容量を超えるようになり，第5週目に入るとCPTD量も許容値を超えている．この事例は減圧中の水深15m相当から酸素吸入を開始したために生じた現象であったので，それ以後の高気圧作業後の減圧では酸素減圧を水深12mから開始することに減圧表は修正された．この事例では直後および3，6ヵ月後の精密健康診断でも幸い何らの異常も生じなかったし，臨床的にも慢性酸素毒性の影響は受けていなかった．潜水後の酸素減圧を行う場合には水深12mから開始することが今日では一般的となったが，この事例はその証左の理由を傍証していると言えよう．

潜水作業後に必要な減圧について日本では酸素減圧が法律的に禁止されているが，これは国際的な動向に逆行しており，欧米先進諸国での作業潜水においては酸素減圧をすることが義務づけられている方が多い．水中減圧は基本的に行わない．無減圧潜水作業を原則として，有減圧潜水作業を行う場合には船上減圧を基本とし，その場合には水深12m相当圧へ加圧し，必要時間だけ酸素吸入を行ってからそのまま酸素吸入を続けながら大気圧まで復帰減圧して1日の潜水業務を終了するのが一般的で，その作業期間中ダイバー毎にUPTDとCPTDを記録し，作業管理をする．日本においてもやがてこの方式が採用されることになろうと思われる．

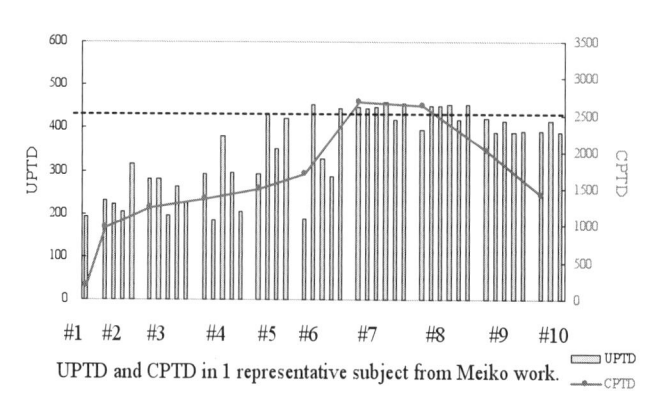

UPTD and CPTD in 1 representative subject from Meiko work.

図3 高気圧業務に就いたある作業員の1週間のUPTDとCPTD変動事例

そうなれば減圧症の発症は著しく減少することが予想され，体内の残存窒素量の著しい減少と相まって慢性減圧症とも言われている無菌性骨壊死予防も飛躍的に進歩するものと考えられる．米国では「酸素なくして潜水するな」とまで言われており，酸素と潜水は切っても切れない関係にある．それは高気圧空気の呼吸によって体内に蓄積される窒素ガスをできるだけ速やかに呼気とともに体外へ排泄することで，減圧症予防をする上で酸素は不可欠であるからであり，その現象は「脱窒素」あるいは「酸素の洗い出し効果」とも呼ばれている「oxygen window 効果」によっている．

e. oxygen window（酸素窓）効果

室内の塵や埃をはじめ CO，CO_2 などの汚染された空気を清浄するためには，まず窓を開け放して新鮮な空気で換気する．この原理と同様に潜水によって身体内に過剰に蓄積されている N_2 や He などの不活性ガスをできるだけ速やかに体外へ排泄させるために考えられる手法が減圧中における純酸素吸入法である．

潜水中の高圧環境では Henry の法則にしたがって身体内へ圧力に比例して窒素などのガスが溶解してくる．つまり，大気圧力（常圧）下において N_2 ガスが飽和状態で真水 100 ml 中に溶解する量は物理的に 2.35 ml であるから，空気中の 79 %が窒素ガスであると仮定するならばその分圧は 760(Torr)×0.79×1(atm)＝600 Torr となり，これは真水 100 ml 中に 1.85 ml 溶解していること示す．脂肪組織は単位当たりの窒素ガス溶解量が水の 5.3 倍であること等を考慮すると，生体の水分量から積算して成人男子には大気圧力下においてはこのような空気を呼吸しているので約 1 l の窒素ガスが溶解しており，その状態で飽和されている．水深 10 m では圧力が常圧（大気圧）の 2 倍となるので，その条件を維持するとやがて飽和に達し，体内窒素の総溶解量は 2 倍の 2 l に達し，それ以上何時間その深度に滞在していても平衡状態で，もはやガスは溶解できなくなる．

つまり水深に比例して窒素の溶解量は増してゆくが一定の飽和量以上は溶解できないと同様に，水面に戻った場合には常圧下での飽和量 1 l しか溶解できないために過剰分は過飽和となってしまうので，できるだけ速やかに圧力平衡を取るように，つまり圧力に見合った飽和状態のガス溶解量を維持するような生理現象が働く．組織圧力を 1 絶対気圧に戻すためには生体外へ過飽和分を排出しなければならず，排泄が呼気によって追いつかなければ組織中で気泡化するので組織圧力を下げなければならず，その量が大きすぎれば減圧症発症のリスクが生じる．

減圧中に酸素を吸入するということは，肺胞内窒素分圧を極限まで小さくすることでそこに到達している肺毛細血管内窒素分圧との差圧を極限まで大きくし，大きな圧較差をもたらすことで短時間内に窒素を血中から肺胞内へ排泄し，過大な血中窒素ガスを速やかに身体外へ呼気とともに排出することである．この一連の生理作用を「酸素窓効果」と称しているにすぎない．

NASA が船外活動（EVA；extra-vehicle activity）を行う場合，人工衛星内圧力 1.0 atm から船外への脱出圧力 0.3 atm に減圧するときには純酸素呼吸と共に最大酸素消費量（$\dot{V}_{O_2 max}$）の 80 %レベルまで負荷をかけるが，これは安全が保証できる最大労作で最大換気を強いて最小の安全な減圧時間で宇宙遊泳（EVA）をさせようと目論んだもので，理由は「酸素窓効果」を利用することがベストであるためと言える．潜水の場合には NASA が求めているほど精度の高い脱窒素は要求されないので，減圧中の運動負荷は加えずに酸素減圧を行っているのみであるが，基本原理はまったく同一である．

酸素窓効果とは浮上中における気泡形成を抑

える目的，それによって減圧症発症リスクを少しでも減少させる効果があるとともに，減圧症治療においては「酸素窓効果」によって症状の原因気泡を速やかに圧縮除去するとともに，虚血状態の障害部位に大量の酸素を送り込むことで組織の修復再生を図る意味がある．この目的の高気圧酸素治療は血流不全に陥っている障害部位の浮腫を取り除くとともに，ダメージの大きな神経系組織等の回復を図り，麻痺や疼痛の原因もあわせて取り除くことにある．このように安全な潜水活動を保証する上で酸素は潜水に欠くべからざる意味を持っていると言えよう．

2. 減圧症治療

a. 急性減圧症の治療

減圧症治療には再圧治療が不可欠である[4,5,8]．わが国の再圧治療はかつて「ふかし療法」と呼ばれる手法がとられていた．減圧症に罹患するとヘルメット潜水器にて水中に飛び込み，当初罹患する原因となった作業潜水深度または症状の消失する圧力水深まで再潜水した．症状が治まるとしばらくその深度に停留してゆっくり岸辺へ向かって歩行しながら徐々に減圧をしていくか，命綱やオープンベルでゆっくり引き上げながら減圧して治療していたが，その後圧気土木で利用している，通称「ホスピタル・ロック」を利用して救急再圧をするようになった．これらの対応は好ましくなく，かえって症状を悪化させてbendsと呼ばれているⅠ型減圧症を悪性度の大きいⅡ型減圧症にさせてしまう結果を招き，社会問題ともいえる失敗が繰り返されていた．

近年では「酸素窓効果」の考えに基づく酸素再圧療法が一般的になりつつあるが，現在でもまだ誤った救急再圧が散見される．つまり空気による再加圧であり，気泡を多少は圧縮するが取り除かなければならない窒素ガスを余分に身体内に溶解させてしまい，かえって治療が困難となるばかりか過大な時間を減圧症患者に負荷してしまい，治療の概念からするとそれを逸脱しかねない．これらの空気による救急再圧法の使用は，欧米の減圧症治療概念からは廃棄されている行為となっているがまだ混在しているのが現状であるとも言える．

国際的組織でもあるDAN (Divers Alert Network) 活動が普及し，レジャーのみならず作業ダイバーもその恩恵にあずかるようになってきた．DAN Japanのhot-lineが東京医科歯科大学に設置（1992年）されて以来重篤な減圧症は数えるほどに減少してきたが，いまだに旧態依然とした減圧症治療を行っている作業潜水業界もまだ一部に残っている．正しい減圧症治療は酸素再圧法であり，潜水と酸素の関わり合いにおいて酸素の有用性が最も問われる分野の1つが再圧治療に酸素を用いることであろう[3-5,9]．基本的にはアメリカ海軍の酸素再圧法，Table 5およびTable 6（図4）が広く利

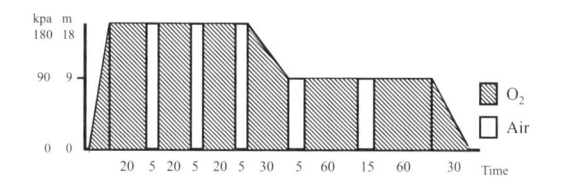

m	Time	Breathing gas	Total Elapsed Time
0 → 18	–	O_2	0
18	20	O_2	20
18	5	Air	25
18	20	O_2	45
18	5	Air	50
18	20	O_2	70
18 → 9	30	O_2	105
9	15	Air	120
9	60	O_2	180
9	15	Air	195
9	60	O_2	255
9 → 0	30	O_2	285 (4：45)

図4 アメリカ海軍の酸素再圧法 Table 6 治療表

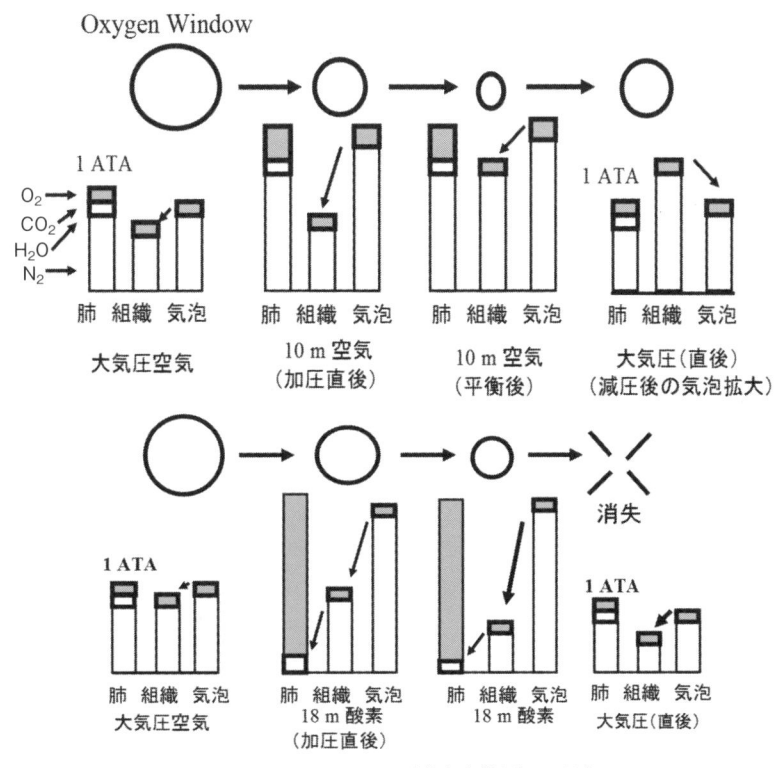

図5 oxygen window（酸素窓効果）の理念

用されている．手足の疼痛を中心とした bends と呼ばれる症状のみで 2.8 atm 10 分の酸素吸入で症状が完全消失した場合には Table 5 を利用する．しかし，まだ症状が残存している，あるいは他の症状を合併している場合には Table 6 を使用することになっており，専門医が治療に当たっていない場合には Table 5 の選択をせず原則的に Table 6 の使用を推奨したい．それは診察時に深部知覚異常などのチェックを見落とす場合が懸念され，誤った治療表の選択をすると1回の治療で治しきれない事態を招く恐れがあるためである．

減圧症治療に高圧酸素療法を採用する最大の理由は oxygen window 効果が期待できるからである．図5は Vann がその理念を図式化して説明したものを鈴木[8]が翻訳して示したものだが，救急再圧と呼ばれている空気による治療法では基本的に減圧症の原因とされている気泡を十分に圧縮吸収して消失させることができないが，酸素を利用することで体内に蓄積されている過飽和な N_2 などの不活性ガスを取り除くことができることを示している．この Table 6 （図4）でも不十分な場合にはその延長表も存在しているが，利用を要するかどうかは専門医に相談するべきであろう．アメリカ海軍 Table 7 治療表もあるが一般的には利用される頻度が低い．東京医科歯科大学附属病院高気圧治療部では年間 400 人くらいのスポーツダイバーが減圧症の疑いで来院するが，発症から何日も経ってから来院するケースが多く，治療回数は平均 3.4 回で，早く治癒させるためには発症したその日か，少なくともその翌日には来院すれば治療回数はもっと少なくなると予想される．いずれにしても減圧症に罹患することは望ましくないけれども，たとえ罹患したとしても正しい酸素再圧治療が行われれば減圧症はもはや恐ろし

b. 慢性減圧症の予防

慢性減圧症の1つに無菌性骨壊死がある．その発生メカニズムは十分に議論し尽くされているわけではないが，潜水に伴って形成される気泡説が有力である．潜水中に高まった脊髄内圧の増大がその後の減圧によって過飽和となり，気泡形成現象が生じる．これが micro-bubble を形成するとその周囲には血小板凝集などの二次的変化が生じ，骨の栄養血管は塞栓されて血流不全をきたす．その末梢部の支配領域は酸素不足，栄養障害から壊死に陥り，いわゆる脂肪壊死に至る．

この疾患は潜水業務を辞めた後でも最終の潜水後3ヵ月から3年後以内くらいの間で発症するが，骨壊死による自覚症状が出てきてからでは手遅れの場合も多く，人工骨頭移植術の必要な場合もある．最近ではレントゲン撮影に代わる MRI により発見が大幅に短縮された．事例によっては潜水3週間後くらいで骨の変化を確認できるので，自覚症状を伴わなくとも無理な潜水を行った場合には MRI 検査を受けることで慢性減圧症を発見でき，このような事例に対して高圧酸素治療の有効な場合があるとされ，実際に行っている医療施設もあるが，まだ定説とはなっていない．

慢性減圧症の予防には，潜水するたびに，より安全な減圧管理が要求されるので慎重な対応が望まれるが，慢性減圧症と急性期の bends との間には相関があるとされており，最低限の予防策としては bends に罹患しないことであろう．しかし，それまで一度も bends に罹患した既往歴のない人にも発病者が含まれており，骨壊死の約1/4の人はその既往がない．

このような状況の中でいかに慢性減圧症を予防したらよいであろうか．それは，海面へ浮上したならば5分以内に酸素を吸入することである．純酸素を少なくとも25-30分間連続吸入することで，身体内に蓄積された N_2 などの不活性ガスをかなり洗い出すことができる．体内に蓄積されている N_2 ガスの分圧が減少すれば，骨髄中に残存している silent bubble と呼ばれる無症候性の micro-bubble は組織中に再溶解され消失する．骨髄圧も正常に戻ることで血流も圧迫や塞栓から解放され，venous return system も復旧される．当然，急性期減圧症の予防効果も大きいと言えよう．

DAN America では「酸素なしでは潜水するな」というのが安全潜水の原則として提唱されている．DAN Japan でもダイバーへの酸素供給法の講習を推奨しており，一定の講習修了者には酸素 provider（供給提供者）の資格を各指導団体から発行できる制度が DAN Japan の指導によって確立されている．わが国における民間の酸素供給法講習が認められている団体は潜水関係のみであり，潜水事故との絡みもあるが，それだけ潜水と酸素との関わりが重要視されている証左と言えようか．

3. そのほかの潜水と酸素の関わり

a. blackout 現象

息こらえ潜水の場合によく認められる現象として shalow water blackout を発症することがある．仮に水深10mへ潜水して息こらえ潜水をしていると徐々に血中酸素分圧が低下し，これ以上我慢ができなくなり浮上を開始した途端に水圧減少とともに身体の組織分圧も一気に下がり，血中酸素分圧のさらなる急激な減少によって意識を失う．水中での息こらえを頑張りすぎると水中失神によって失命する危険が生じる．水深10mから海面近くまで浮上すると息こらえによって限界まで血中酸素分圧が下がった状態からさらにそれが半減されるので，瞬時に失神してそのまま水中へ落下してしまう危険な現象である．

この現象は水面下における息こらえによるフ

リッパー競技等でもよく見受けられることがあり，一息による競泳距離を競う場合に限界まで頑張りすぎると同様の blackout が起こるので，監視員はよく注意して CPR や AED などの救急処置を施さなければならない．

b． 高所（高地）潜水の問題

高所潜水でいちばん問題になる生理学的な問題は減圧症の罹患率の違いであろう．近年スポーツ界では高所順化が一種の流行ともなって，高所トレーニングによって赤血球ならびにヘモグロビン（Hb）を増加させるとともに，低濃度酸素下における筋肉トレーニング，持久力トレーニングが盛んに行われている．高所潜水をする場合には潜水後の減圧管理をより厳格に行わないと減圧症罹患の危険が増大する．

一般に海での潜水では水深 10 m 以内では減圧は不要とされているが，高所では高高度になるほどその許容範囲は狭まり，高度 4,000 m 以上の湖水などでは数 m 以上の潜水から減圧停止を要求される．一般に標高 300 m 以上は高所潜水になるので，高度に合わせた減圧表に従わないと危険である．さらに酸素分圧が減少している分だけ酸素供給に心がけ，高所潜水直後の湖面における純酸素吸入を行い，体力回復に心がける必要もあろう．減圧症患者の航空機搬送の場合には高度 300 m 以下を飛ぶことが決められており，それ以上の高度に上がらざるを得ない場合には第1種装置の one man chamber にて 1.3 atm に空気（酸素ならさらに良し）で保圧して搬送しなければならない．

標高 300 m 以上の高さの湖水における潜水の場合には標高が高くなるほど Henry の法則に基づく呼吸に伴うガスの「溶解-排出比率」への配慮が必要となる．海での潜水では水深 10 m 増す毎に 1.0 atm ずつ圧力が増大するのでこれを標準として減圧計算がなされているが，高所の気圧が仮に 0.8 atm の場合には水深 8 m 毎に体内溶存ガス量は湖水の湖面における飽和ガス量の2倍，3倍と増加していく．海では水深 10 m 以内の潜水では減圧を要さないが，0.8 atm の高所湖水の場合にはその無減圧限界水深は 8 m 以内になる．高所になるほどその許容水深限界が縮まるのでより慎重でより長い減圧管理が要求される．当然減圧ステップの刻みは 3 m ではなく 2 m 刻みの減圧が要求される．また，気温，水温も高所になるほど低下するのが一般的であるので，高所潜水の場合には高所に見合った修正減圧表の使用とともに必ず潜水直後に酸素吸入を付加するように指導している．

日本ではあまり問題視されていないが，スイスでは湖水潜水が盛んで標高の違いに伴う異なる数種類の減圧表が提示されているが，これらは基本的に Bühlmann の減圧理論に従っており国際的にも評価されている．標高 5,500 m はちょうど 0.5 atm となり，酸素分圧は大気圧の 1/2 であるから地上で約 10.5 ％の酸素を吸入していることになる．低地民族はそのような環境にはすぐには順応できない．高山病予防も含めて，徐々に高所へ移動する際には生理学的に順化順応させながら数日間かけてその高所へ到達しなければならないが，その間の順応過程で十分な酸素を取り込むために肺換気能，とくに1秒率や最大換気量が増大する．ただし，肺活量はほとんど変わらない．大気圧下の安静時換気量を 1 とすると標高 4,000 m では 1.25，標高 6,000 m では 1.92 と増加傾向にある．このような変化は高所へ行くほど酸素分圧が減少するために生理学的に必要酸素消費量を大気圧下と同じ値が維持できるように補填するためであろう．

このことは高所へ行くほど SCUBA の場合に空気消費量が激しくなることを意味している．高所潜水ではボンベの消費が著しく増加することを銘記していないと，水中で呼吸用エアーが欠乏してしまい，急浮上せざるを得なくなって減圧症に罹患したり，水中で窒息するリス

c. 航空機搭乗または高所移動と酸素

関東地区のスポーツ・ダイバーは大瀬などの西伊豆へ行く人の多くが潜水後，その日のうちに帰京するのに箱根越えをしなければならない．あるいは沖縄などの地方へ潜水に行き，帰京のために航空機搭乗をしたり，海外でのダイビング・ツアーから成田空港に帰国することもある．このような潜水後の低圧曝露が原因と思われる減圧症発症のために東京医科歯科大学医学部附属病院を来院するダイバーが実に多く，患者の50％以上に達している．年間平均400名くらいの減圧症患者が来院するので，200名強が潜水後の高所移動で減圧症発症となっているものと推定される．言い換えれば従来の無謀とも言える浮上管理失敗や無視に伴う減圧症の発症ではなく，潜水後の高所移動が危険であることを認識せずにダイビング・ツアーに出かけてしまう．潜水後の航空機搭乗まで少なくとも24時間以上のインターバルが要求されるダイビング・ツアー移動が時間的節約から短縮されたり，潜水終了後の数時間以内に車による高所移動をすることが減圧症を発症させている．このような場合の安全対策としても潜水直後の酸素吸入が望ましい．

このようにあらゆる潜水において酸素との関わりはきわめて密接なものと認識する必要があり，潜水と酸素は切っても切れない関係であると言えよう．

[眞野喜洋]

■文献

1) 眞野喜洋ら：活性酸素の生体への影響．日本プライマリ学会誌 8(2)：117-124, 1985.
2) 眞野喜洋ら：高気圧酸素暴露に伴う血漿中のhydroxyl radical（・OH）に関する研究．日衛誌 42(2)：570-577, 1987.
3) 眞野喜洋：酸素の話．産業と保健 29：277-230, 1989.
4) 眞野喜洋：潜水医学．朝倉書店，1992.
5) 眞野喜洋：安全と健康のダイビング科学．朝倉書店，1992.
6) 太田保世：高気圧酸素治療の功罪．最新医学 49(7)：8-13, 1994.
7) 四ノ宮成祥：高気圧酸素治療の副作用（酸素中毒，気圧外傷，その他）．高気圧酸素治療入門第4版．89-102, 日本高気圧環境医学会，2005.
8) 鈴木信哉：高気圧環境下の呼吸生理．高気圧酸素治療入門第4版．115-145, 日本高気圧環境医学会，2005.
9) 眞野喜洋：安全な高気圧酸素治療を目指して．Clin Eng 16(2)：113-118, 2005.
10) 近藤元治：最新医学からのアプローチ 4 フリーラジカル．メジカルビュー社，1992.

6.C 潜水哺乳類の不思議

魚が潜るのはあたりまえであるが，クジラやアザラシなど肺で呼吸する哺乳類の一部も長時間の潜水が可能である．たとえばアザラシは，1時間以上も潜水したのち空気呼吸に戻ることを繰り返している．ヒトではこのようなことは不可能である．なぜ潜水哺乳類ではこのような長時間潜水が可能なのだろうか？

a. 血流の再分布

機序の1つに血流の再分布（blood flow redistribution）が挙げられる．これはその時の環境に応じて，重要な臓器に必要な血液，すなわち酸素を選択的かつ優先的に配分するメカニズムである．血流再分布は臓器・組織の種類によって程度に違いはあるものの，潜水性海産哺乳類，魚類，さらに鳥類にまで幅広く観察される現象である．陸上哺乳類でも急激な低酸素環境に曝露された際には観察される．図1に，マイクロスフェア法という特殊な実験方法で検討した潜水中のアザラシの各臓器への血流分布を示す[1]．図は，潜水前の臓器血流量に対する％変化率を示している．潜水中はいわゆるdiving reflexによって無呼吸，著明な徐脈と心拍出量の低下，末梢血管収縮を生じるが，最も重要な脳血流は他臓器からの血流再分布によりこの間も一定に維持される．これが，比較的長い時間でも潜水できる機序の1つとなる．潜水哺乳類以外にも例を挙げると，餌の捕獲などの目的で潜水する鳥類のカモが興味深い．カモも潜水時に血流再分布を生じる．スズガモ（scaup）にリモートコントロールしたインフュージョンポンプを装着し，アイソトープを注入すること

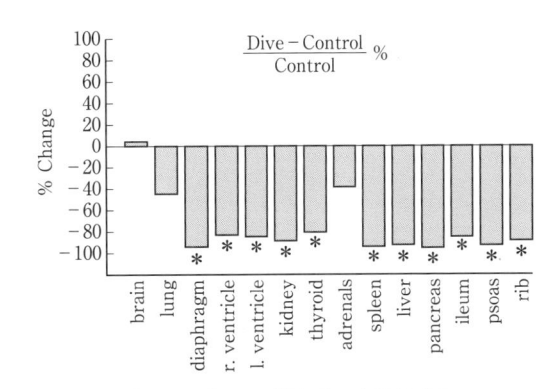

図1 アザラシの潜水中の血流量変化
血流再分布により，潜水中も脳への血流量が一定に維持されている．＊$P<0.05$．（文献1より引用）

により安静時と潜水時の血流分布を比較検討することができる[2]．潜水中は，泳ぎに必要な下肢筋群および脳への血流が維持される一方，その他の臓器への血流が明らかに減少する．カモは，心拍出量を合目的的に再配分する優れた機序を備えている．また，魚類でも低酸素，無酸素水域に達するとほとんど動かず，外部からの刺激に反応しない状態となることが知られる．この時の心拍出量は，生命維持に直接必要となる臓器・組織のみに再配分され，水中の酸素分圧が低いにもかかわらず低酸素水域での長期生存を可能にしている．

魚類から陸上哺乳類に至るまで，少ない酸素を有効利用するための生理的機序としてこの選択的血流再分布は重要である．次に述べる脾臓の働きに加え，クジラやアザラシなど潜水哺乳類が長時間潜っていられる機序の1つである．

b. 脾臓収縮

ヒトをはじめとする陸上哺乳類や鳥類など，もともとsea levelで生息する動物を高地に移動させるとさまざまな程度の赤血球増多，ヘモグロビン濃度の増加をきたすことが経験的にも実験的にも知られている．とくにヒトでは，生活する高度とヘモグロビン濃度の間にきわめて

良好な相関がある[3]．ヒトでも動物でも，過去数世紀の間に高地に移動し定住するようになった種では，居住地の高度に見合うだけの赤血球増多を維持している．これは，高地，すなわち慢性低圧性低酸素環境への順応過程で，ヘモグロビン濃度が増加し，組織酸素化に必要かつ十分な動脈血酸素濃度（含量）を維持しようとする変化が生じたものであろう．しかし，赤血球増多は一方で血液粘度の上昇，血管抵抗の増大，その結果として血圧の上昇という不都合な変化を伴う．必要な時のみ赤血球数，ヘモグロビン濃度を増加させ酸素供給を促進するが，不必要な時には元に戻すという機序があれば最も都合が良い．潜水哺乳類は，この驚くような機序を備えている．それが脾臓収縮（splenic contraction）である．潜水という一過性の間欠的低酸素状態への順応・適応機序も生理学的にきわめて興味深い．

アザラシ（Weddell seal）が，1 時間以上も潜水したのち空気呼吸に戻ることを述べた．Hochachka や Zapol らの一連の研究によって，アザラシは前述の血流再分布に加え，潜水中に一過性にヘモグロビン濃度を有意に増加させ，組織酸素化を維持することが解明された[1,4,5]．空気呼吸下のアザラシの安静時ヘモグロビン濃度は平均 17.5 g/dl であるのに対し，潜水中は 21.9 g/dl まで増加する[5]．これまでも機序として脾臓収縮による末梢血中への赤血球放出が推定されていたが，彼らはアザラシに超音波診断装置を装着し，脾臓収縮とヘモグロビン濃度の関係を直接証明した[5]．図 2 にその様子を示す．アザラシにカテコールアミンを静注し脾臓収縮を誘発すると，ヘモグロビン濃度が増加することもわかった．さらに，空気呼吸下の安静時には約 20.1 l の赤血球を脾臓に貯蔵していること，潜水時は交感神経系の緊張に伴い脾臓の収縮が生じることも判明した[5]．脾臓が末梢

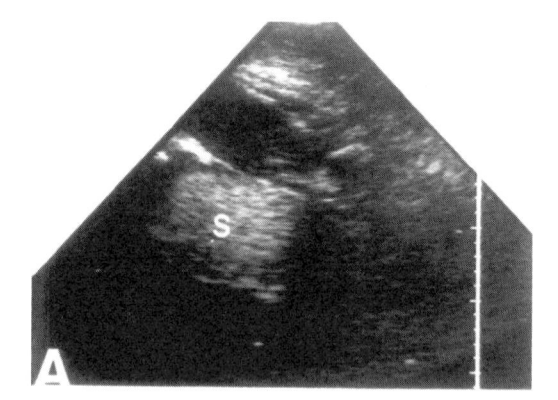

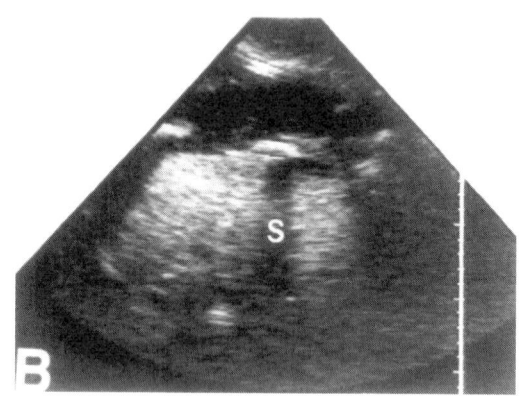

図 2　超音波診断装置で観察したアザラシの脾臓の変化
約 30 分に及ぶ 100 m 以上の潜水から海面に戻った直後（A）とその 17 分後（B）の脾臓の大きさを示す．A では明らかに脾臓（S）は小さく収縮している．（文献 5 より引用）

血の赤血球数を調節していることは，以前からもヒトや他の動物で研究されており，ヒトでは海女の潜水時に[6]，イヌ，ネコ，ヒツジ，ヤギ，ブタ，ウマでは運動時に生じるとの報告がある[7-10]．海女は潜水時に脾臓容積が約 20 ％減少し，ヘモグロビン濃度は約 10 ％増加する[6]．潜水のトレーニングを受けていない対照群の男性ダイバーには脾臓収縮は起こらず，海女では繰り返す breath-hold dive がこの現象を誘発することも判明した[6]．著者らは，睡眠時無呼吸症候群の動物モデルとして，陸上哺乳類であるラットを対象に 1 日 1 時間の 10 ％酸素による間欠的低酸素曝露を 1-5 週間行い，低酸

素中のみ一過性にヘモグロビン濃度，ヘマトクリット値が増加することを確認した[11]．室内気吸入対照群ではこの現象が起こらず，一過性のヘモグロビン濃度増加は脾臓摘出にて著明に減弱し，αブロッカー投与で完全に抑制されることなどから，潜水時や運動時に他の哺乳類でみられるのと同様の現象が間欠的低酸素刺激でも生じると考えられた．脾臓収縮の程度，強さに違いはあるものの，海産哺乳類から陸上哺乳類まで，脾臓は末梢血の赤血球数の調節を介し，組織酸素化の維持に深く関わっているのである．潜水哺乳類が長時間にわたり潜ることができる面白いメカニズムである．

[桑平一郎]

■文献

1) Zapol WM, Liggins GC, Schneider RC, et al：Regional blood flow during simulated diving in the conscious Weddell seal. J Appl Physiol 47：968-973, 1979.
2) Heieis MRA, Jones DR：Blood flow and volume distribution during forced submergence in Pekin ducks (*Anas platyrhynchos*). Can J Zool 66：1589-1596, 1988.
3) Winslow RM, Monge C：Hypoxia, Polycythemia, and Chronic Mountain Sickness. Johns Hopkins Univ Press, Baltimore, 1987.
4) Qvist J, Hill RD, Schneider RC, et al：Hemoglobin concentrations and blood gas tensions of free-diving Weddell seals. J Appl Physiol 61：1560-1569, 1986.
5) Hurford WE, Hochachka PW, Schneider RC, et al：Splenic contraction, catecholamine release, and blood volume redistribution during diving in the Weddell seal. J Appl Physiol 80：298-306, 1996.
6) Hurford WE, Hong SK, Park YS, et al：Splenic contraction during breath-hold diving in the Korean ama. J Appl Physiol 69：932-936, 1990.
7) Anderson RS, Rogers EB：Hematocrit and erythrocyte volume determinations in the goat as related to spleen behavior. Am J Physiol 188：178-188, 1957.
8) Hannon JP, Bossone CA, Rodkey WG：Splenic red cell sequestration and blood volume measurements in conscious pigs. Am J Physiol 248：R293-R301, 1985.
9) Perrson SGB, Ekman L, Lydin G, et al：Circulatory effects of splenectomy in the horse. I. Effect on red-cell distribution and variability of hematocrit in the peripheral blood. Zentrabl Veterinaermed 20：441-455, 1973.
10) Turner AW, Hodgetts VE：The dynamic red cell storage function of the spleen in sheep. I. Relationship to fluctuations of jugular hematocrit. Aust J Exp Biol 37：399-420, 1959.
11) Kuwahira I, Kamiya U, Iwamoto T, et al：Splenic contraction-induced reversible increase in hemoglobin concentration in intermittent hypoxia. J Appl Physiol 86：181-187, 1999.

6.7 ハイバネーションと酸素代謝

哺乳類の冬眠（ハイバネーション；hibernation）現象は，体温が10℃以下に低下することとして定義されている．シマリスやジリスなどの冬眠動物（げっ歯目，リス科）では，5℃の環境温度で飼育すると体温は6-7℃にまで低下する．冬眠中は，この状態が5-7日間持続して，その後，自発的な体温上昇が起こり一時的に短時間覚醒（中途覚醒）する．数ヵ月にもおよぶ冬眠期間中には，このような体温低下と中途覚醒が定期的に繰り返され，そのつど，低体温による著しい"代謝抑制"と，中途覚醒の体温上昇による急激な"代謝活性化"が起こる．ちなみに，代謝速度の目安となる心臓の拍動数は，シマリスの場合，37℃の正常体温で約450回/分のものが冬眠中（体温6-7℃）には7-9回/分まで低下し，呼吸数は200回/分から1回/分にまで減少する．この結果は，代謝が1/50-1/100にまで低下することを意味しており，一般的な哺乳類では考えられない低代謝状態で生存していることがわかる．一方，中途覚醒時には，生体は数℃から37℃までの30度を超える体温変化を経験する．このような大幅な体温変化を短時間で起こすと，通常では，血液の再灌流などによる障害が起こり致命的となるが，冬眠動物は何ら障害を起こさない．このように，冬眠動物には，致死的となる代謝状態の変化に耐える機構が存在するとの推測がなされている．

1. 低代謝状態

冬眠中の低体温下では，心拍数は1/50以下にまで低下し，代謝速度も1/100かそれ以下になるので，エネルギー産生における酸素消費量も同じレベルまで低下する．冬眠中は肺胞での酸素分圧も非冬眠期に比べて高く，ヘモグロビンの酸素結合能や動脈血の酸素分圧も増加し，静脈血の酸素飽和度も高いことが報告されているので，組織には十分な酸素が供給されていることがわかる．冬眠中の生体は活動が停止しているので骨格筋や消化器官などはほとんどエネルギーを消費しないため，酸素は生命維持に必須な脳や心臓などの機能を維持するエネルギーの産生に使われると考えられる．このことは，冬眠状態での脳や心臓は，通常の1/100以下のわずかな酸素で正常な機能を維持できることを示しており，全身性に酸素の供給は十分になされている．

酸素は，細胞内のミトコンドリアでの酸化的リン酸化によるATP産生に用いられる．この過程で糖や脂肪，場合によってはタンパク質が代謝，酸化され，最終的に二酸化炭素と水が生成される．冬眠中には，糖代謝は抑制状態にあり，主に脂肪代謝によりエネルギーが産生され，これには冬眠前に体内に蓄えた脂肪が利用される．この際に産生される代謝水は冬眠中の生体が必要とする水分を供給する．

このように，冬眠中には著しい代謝抑制が起こりミトコンドリアでの酸素消費も著しく減少するが，これには体温低下だけではなく血中の二酸化炭素含量の増加によるアシドーシスや，ミトコンドリア自体の酵素活性やイオン輸送の低下などの関与も指摘されている．この酸素消費の減少のため，冬眠中のエネルギー産生は嫌気的解糖系への依存度を増すとの推測もあるが，冬眠中の糖代謝は抑制されているとの報告もあり，定かではない．

2. 活性酸素種からの防御

通常の非冬眠動物では，体温低下や血管の梗塞などで血流が低下し虚血状態になった後での再灌流時には，代謝が促進され多くの酸素を消費する．このため，副産物として毒性の強い活性酸素種の産生が促進される．これは，細胞の構成成分である脂質やタンパク質，DNA などを酸化して主要器官に傷害を与えることが知られており，癌や生活習慣病（動脈硬化や，心筋梗塞，脳梗塞など），老化などの原因といわれている．脳や心臓の外科的治療で組織保護の目的で用いられる低体温でも，治療後に正常体温へと復温させる過程でこの問題が関わってくるため，低体温後の復温速度の重要性が指摘されている．

ところが，冬眠動物では，冬眠中に定期的に起こる中途覚醒の際には，短時間で急激に体温が上昇するにもかかわらず生体には何ら異常は起こらない．このことから，冬眠動物では，抗酸化作用を有するビタミン類（ビタミン C や E，ベータ・カロチン，ビタミン A など）やグルタチオン，活性酸素種を除去する酵素（スーパーオキシドディスムターゼやグルタチオンペルオキシダーゼなど）が増加しているとの推測がなされた．実際，ビタミン C 量や，活性酸素種除去酵素の発現や活性が冬眠中に増加するとの報告がなされており，活性酸素から細胞を防御する機構が働いていると提案されている．しかし，冬眠動物でも種間で結果に差があったり，各器官や細胞内外での抗酸化物質の量が異なるなどの報告もされているので，中途覚醒時の急激な体温上昇から生体を保護する機構が，活性酸素種からの防御によるのか，あるいは未知の機構が関与するのかは今後の課題となっている．

3. エネルギー消費の低減

冬眠中の低体温状態でのエネルギー消費は，代謝抑制のために減少するが，さらに，積極的に節約されていることが心臓の研究から明らかになっている．

冬眠中に体温が低下した状態であっても，生命維持のために心臓は力強く収縮を繰り返して全身に血液を送らなければならない．このためには，個々の心筋細胞の収縮力を制御する細胞内カルシウム（Ca）イオンの増減が正常に調節されることが不可欠となる．しかし，通常の心筋細胞では，収縮の際には細胞膜の Ca チャンネルを通って多量に細胞外 Ca イオンが流入するため，その後の弛緩には流入分を細胞外に汲み出すために多量のエネルギーが消費される．ところが，冬眠中の細胞では，Ca チャンネルが抑制される一方で，筋小胞体（細胞内の Ca イオン貯蔵器官）の能力が著しく増強され，ここでの Ca イオンの放出と再取り込みの繰り返しによって収縮と弛緩が正常に維持されることが見出された．この微小な細胞内空間での Ca イオンのリサイクルによって，細胞外への汲み出しに要する多量のエネルギーの削減が可能となった．この変化は，心臓の機能を維持しつつエネルギーを極限まで節減するもので，他の Ca イオンを利用する主要器官の細胞でも起こっている可能性が高い．酸素消費により生ずる問題を根本から解決する究極の省エネルギー機構と考えられる．

おわりに

冬眠中の生体では，低体温による代謝抑制のためにわずかな酸素で生命維持が可能となり，さらに，細胞を再調整して酸素消費の低減さえも可能にしている．また，中途覚醒時には，代謝の促進により発生する活性酸素の毒性から細胞が保護される．冬眠は，哺乳類が毒性の高い酸素を効率的に利用するために理想的な能力と

考えられる．

[近藤宣昭]

■文献

1) Lyman CP, Willis JS, Malan A, Wang LCH (eds), Malan A：Hibernation and Torpor in Mammals and Birds. 237-282, Academic Press, London, 1982．
2) Wang LCH：Advances in Comparative and Environmental Physiology Vol 4. 361-401, Springer-Verlag, Berlin, 1989．
3) 川道武男，近藤宣昭，森田哲夫編：冬眠する哺乳類．東京大学出版会，東京，2000．
4) Kondo N：Endogenous circannual clock and HP complex in a hibernation control system. Cold Spring Harb Symp Quant Biol 72：607-613, 2007．

索　引

和文索引

ア
あえぎ呼吸　213, 256
亜急性窒息　403
悪性腫瘍　345
悪性脳腫瘍　501
アザラシ　569
アスフィキア　257
圧力外傷　456
アデノシン3リン酸　38, 161
アテローム硬化性脳血栓症　325
アポトーシス　292, 309, 312
海女　570
アミンオキシダーゼ　167
アラキドン酸　305
アルコール性肝障害　372
アルツハイマー病　411
アルブミンヘム　482
安定同位体比　4

イ
硫黄同位体異常　11
イオン化法　94
イオンチャネル　202
息こらえ潜水　558
意識呼吸　543
意識障害　388
異常ヘモグロビン　109
位相分解分光法　440
一時的動脈血流遮断　126
一重項酸素　173, 303
一回換気量　234
一酸化炭素中毒　398
一酸化炭素ヘモグロビン　109
一酸化窒素　19, 283, 310, 485, 505
一酸化窒素還元酵素　42
一酸化窒素計測　87
遺伝子修復反応　392
遺伝子発現　276
遺伝子発現制御　190, 198
遺伝子変異　412
遺伝子誘導　190
医療過誤　427
イレウス　380
陰圧呼吸　233

ウ
ウィーニング　194

右心室肥大　513
宇宙環境　555
宇宙ステーション　553, 555
宇宙服　555
うつ状態　461
運動開始時　264
運動訓練　269
運動効率　536
運動後過剰酸素消費　434
運動時　268, 272
運動処方　434
運動耐容能　460
運動負荷検査　89

エ
栄養共生説　45
液体クロマトグラフ　97
液体酸素　462
エコノミークラス症候群　552
壊死型虚血性腸炎　378
壊死性腸炎　375
エネルギー通貨　161
鰓　230
エリスロポエチン　191, 532
エレクトロスプレーイオン化　95
遠隔臓器障害　375
炎症　278, 304
炎症性サイトカイン　278
炎症反応　415

オ
応答　219
オキシゲナーゼ　166
『オキシジェン』　28
オキシダーゼ　166
オキシヘモグロビン　115
オキシミオグロビン　117
オキシメトリ　106
遅れてきた革命　18
オートファジー　293
オープン型微小酸素電極　81
音韻神経ループ障害　390
オンコーシス　312

カ
加圧トレーニング　503
加圧バッグ　544
外呼吸　351

外窒息　402
回虫　48
解糖系　161, 318
外部灌流　490
解剖学的シャント　158
開放血管系　35
潰瘍性狭窄　379
海洋生態系　57
科学革命　18
科学革命論　18
『化学原論』　26
化学受容器　205
過換気症候群　530
拡散　156
拡散光トモグラフィ　441
拡散障害　353
拡散障壁　160
拡散方程式　64
角膜　487
角膜移植　489
角膜新生血管　488
角膜内皮障害　488
過呼吸　523
過去の大気　54
過酸化水素　173, 177, 303
ガスクロマトグラフ　97
ガス交換　228
ガス透過膜　490
化石燃料燃焼　57
カタラーゼ　32, 177, 317
褐色脂肪　286
活性酸素　30, 173, 261, 303, 314, 316, 336, 345, 348, 559
活性酸素種　32, 173, 179, 243, 339, 408, 474, 559, 573
活性窒素種　339
活動筋微小循環　264
カプノグラム　90
ガラクトースオキシダーゼ　168
カルボキシヘモグロビン　426
加齢　259, 411
がん　466
肝がん　370
換気　228
換気・血流の最適化　243
換気血流比　485
換気血流比不均等　352, 427
換気モード　492

環境変動 53
換気量計 88
間歇型CO中毒 398
間歇的低酸素曝露 212
肝細胞 299
がん細胞 164, 394
間質性肺炎 343
眼障害 488
感情障害 388
完全高地適応動物 519
癌組織 282
冠動脈 334
がんと酸素 393
灌流脳 129
寒冷曝露 514
冠攣縮性狭心症 335

キ

気圧 524, 546
記憶障害 388
機械的窒息 402
気管 230
気管支 233
気管支喘息 212, 343
気管支肺異形成症 345
気胸 345
気候変動 53
キサンチンオキシダーゼ 169, 175, 304
気室 238
気室酸素分圧 239
基礎体力 528
気体 15
気体用水槽 16
機能的核磁気共鳴画像法 443
機能的酸素飽和度 110
客室高度 546
キャリブレーション 77
吸収係数 441
急性型CO中毒 398
急性減圧症 564
急性高山病 531, 542, 548
急性呼吸促迫症候群 356
急性呼吸不全 356
急性酸素中毒 560
急性心筋梗塞 335
急性窒息 402
吸入気酸素分圧 157
共役 163
虚血 180, 257
虚血再灌流障害 312, 373, 375
虚血傷害 313
虚血性肝障害 368
虚血性心疾患 334, 363
虚血性腸炎 378
許容水深限界 567
筋サテライト細胞 506
筋酸素化レベル 504
近赤外イメージング 103
近赤外光 102, 114
近赤外分光法 124, 160, 439, 495
筋線維動員パターン 266

筋組織酸素消費 289
筋内酸素濃度 124
筋内成長因子 505
筋力トレーニング 503

ク

空間分解能 153
空気哲学者 19
『空気と火についての化学論文』 21
空中酸素の固定 37
クジラ 569
クラーク電極 71
クレアチンシャトル説 268

ケ

経験依存的可塑性 132
蛍光消光 149
蛍光プローブ 147
経頭蓋イメージング 132
携帯用液体酸素 464
携帯用酸素濃縮器 464
携帯用酸素ボンベ 463
頸動脈小体 205
軽度認知障害 412
鶏胚漿尿膜法 470
経皮酸素電極 92, 430
経皮的分圧測定 78
経皮電極 430
痙攣発作 349
血液ガス測定 92, 423
血液ガス分析 75, 92
血液希釈 496
血液凝固 280
血液再配分 217
血液酸素 424
血液代替物 479
血液粘度 514
血管新生阻害剤 396
血管内皮成長因子 329
血管内皮増殖因子 532
血管病 69
血管壁酸素消費 288
結合型酸素 452
血行再建 69
血小板凝集 280
血栓溶解療法 326
血中乳酸濃度 272
血流再分布 219, 569
血流シャント 355
血流制御メカニズム 124
血流制限 503
血流不全 108
ゲノム多型 409
減圧症 401, 556, 564
嫌気呼吸 31
嫌気的 63
嫌気的条件 152
嫌気的硝酸呼吸 44
嫌気ミトコンドリア 30
減光 111
『原子と力——ニュートン主義物質理論

と化学の発展』 18
減容硝空気 25

コ

高圧酸素治療 452
高圧酸素治療装置 455
高圧酸素治療適応基準 454
高圧酸素療法 476
口蓋垂軟口蓋咽頭形成術 367
光学イメージング 147
光学的酸素計測法 98
光学的酸素プローブ 105
抗がん剤 475
高気圧酸素 501
高気圧酸素療法 92, 380, 398
好気呼吸 31
好気性共生説 45
好気的 63
好気的ミトコンドリア 48
好気的リン酸化 320
航空機 429, 546
口腔内装置 367
高血圧 363
抗血管新生薬 332
高高所 542
光合成 40, 57
高高地 533
抗酸化酵素 262
抗酸化物質 340
抗酸化薬 327
高山性頭痛 400
高酸素分圧性低酸素 180
高山病 280, 531
格子振動 135
膠質浸透圧 538
高次脳機能 133
抗重力筋 557
高所 542
高所移動 568
高所順化 544
高所衰退 526
高所潜水 567
高所脳浮腫 531
高所肺水腫 531
抗新生物薬剤 473
光線力学療法 474
高地環境 510
高地住民 510
高地順応 516
高地生息動物 510
高地適応 510
高地トレーニング 532
光電子増倍管 135
高濃度酸素曝露 276, 342, 348
絞扼性イレウス 380
氷水保存 424
呼気ガス分析 432
呼気ガス分析装置 62, 88
呼吸管理 423
呼吸器官 229
呼吸技術 529

呼吸筋力　259
呼吸困難　460,546
呼吸鎖電子伝達系　40
呼吸色素　234
呼吸仕事量　461
呼吸商　157
呼吸性アルカローシス　512
呼吸代謝測定装置　88
呼吸体操　530
呼吸調節機構　211
呼吸調節比　164
呼吸停止　498
呼吸同調装置　464
呼吸不全　80,351,458,491
呼吸法　543
固形腫瘍　393
骨壊死　566
骨格筋　245,417,556
骨格筋酸素動態　268
骨格筋線維　226
固定空気　16
コハク酸-ユビキノン酸化還元酵素　39
コヒーレンスダイヤグラム　64
混合静脈血酸素分圧　159
コンタクトレンズ　487
コンパートメント仮説　318
根粒菌　184

サ

再圧治療　564
再灌流傷害　314
採血　424
採血後経過時間　78
再酸素化　396
最大挙上負荷　503
最大酸素摂取量　433,523,534
最大無酸素代謝能力　435
在宅酸素療法　355,458,550
サイトカイン　305
サイトグロビン　253
細胞死　276,292
細胞内酸素濃度　63
細胞内酸素プローブ　64
細胞内シグナル伝達　308
酸化還元電位　162,174
酸化酵素　166
酸化傷害　411
酸化ストレス　254,295,370,414,419
酸化的リン酸化　39,41,124,161,207,285,294,313
酸欠空気　59
三重項酸素　303
酸素イメージング　139
酸素運搬機能　386
酸素運搬体　35,37
酸素運搬能　222
酸素運搬量　179,387
酸素解離曲線　236,250,516
酸素拡散　31,35,62,228
酸素拡散コンダクタンス　159
酸素カスケード　156,558

酸素化ヘモグロビン　137,439
酸素化レベル　126
酸素環境　56
酸素感受性K^+チャネル　206
酸素感受性蛍光色素　149
酸素感受性薄膜センサー　149
酸素感受性膜　149
酸素含量　426
酸素関連疾患　320,329,334,338,348,351,359,368,375,383
酸素逆説　315
酸素吸入　544,550
酸素供給　460
酸素供給機能　78
酸素供給量　221
酸素計測　62
酸素結合タンパク質　253
酸素欠乏　558
酸素減圧　562
酸素呼吸　42
酸素固定　31
酸素再圧療法　564
酸素借　434
酸素需給バランス　180
酸素受容　183
酸素需要量　452
酸素消費量　136,217,387
酸素親和性　35,65,156,183,250
酸素ストレス　411
酸素摂取　228
酸素摂取動態　264,269
酸素摂取率　136,180,320
酸素摂取量　226,272,432,534
酸素センサー　182,200,205
酸素窓効果　563
酸素測定　422,432
酸素代謝　179,438,448,498
酸素代謝イメージング　136
酸素代謝測定　128
酸素中毒　348,456,559
酸素貯蔵運搬色素タンパク質　216
酸素適応　182
酸素添加酵素　31,33,166
酸素電極　62,158,160,422
酸素透過膜　82
酸素毒性　37,156,559
酸素と窒素の存在比　54
酸素の洗い出し効果　563
酸素濃縮器　462
酸素濃度　63
酸素濃度イメージング　121,139
酸素濃度勾配　62,66,121,153,248
酸素濃度プローブ　98
酸素濃度マッピング　141
酸素の濃度変化　8
酸素の発見　15
酸素の無意識的分離　24
酸素瀑布　156,558
酸素発生型光合成生物　7,56
酸素負荷　180
酸素負債　434

酸素プローブ　98,123,139
酸素分圧　140,393,510,534,559
酸素分圧依存性　199
酸素分圧勾配　156
酸素分圧絶対値計測　81
酸素飽和度　235,250,426,547
酸素ボンベ　525,550
酸素マスク　464
酸素脈　433
酸素輸送量　217
酸素容量　235
酸素ラジカル種　559
酸素流量　465
散乱係数　441

シ

シアノバクテリア　42
ジオキシゲナーゼ　166,171
自家蛍光　101,132
C型慢性肝炎　369
磁化率効果　446
時間分解計測　104
時間分解分光法　440
磁気共鳴分光法　126
色素希釈曲線　111
死腔　234
思考障害　388
自殺遺伝子治療法　468
自食現象　293
シスタチン　255
自然高地　533
自然の摂理　19
質量電荷比　94
質量分析計　94
質量分析法　94
シトクロム c オキシダーゼ　31,39,118
シトクロム系　40
自発換気　492
自発呼吸　492
脂肪肝　371
脂肪代謝　572
社会史的化学史　19
自由エネルギー　161
修飾ヘモグロビン　480,481
従属栄養　32
『種々の空気に関する実験と観察』　24,26
寿命　261
寿命遺伝子　261
腫瘍壊死因子　309
腫瘍活性化プロドラッグ　468
腫瘍コード　393
循環　228
循環因子　505
循環停止　68
準高所　542
純酸素摂取量　433
順応　219
常圧低酸素　533
常圧低酸素室　527,545
瘴気　20

笑気濃度 422
硝空気 19
条件嫌気性真正細菌 47
条件嫌気的ミトコンドリア 48
常酸素 194, 474
上腸間膜静脈閉塞症 376
上腸間膜動静脈閉塞症 376
上腸間膜動脈閉塞症 376
勝利者史観 17
初期地球大気 2
暑熱順化 538
書肺 232
ジルコニア式酸素濃度計 89
真核細胞 32
心筋血流 301
心筋細胞 118, 121
神経-血管-代謝カップリング 438
神経原性肺水腫 342
神経変性 411
腎血管抵抗 301
心原性脳塞栓症 325
人工呼吸 491
人工酸素運搬体 478
人工心肺 495
進行性低酸素法 214
人工脳脊髄液 85
人工肺 490
深呼吸 530
新生児 448
新生児呼吸窮迫症候群 256
新生児呼吸障害 258
新生児集中治療 92
新生児慢性肺疾患 256
心停止 498
じん肺 344
心拍出量 90, 236

ス

水酸化 187
水素産生ミトコンドリア 51
水素説 45
水素燃料 59
水中活動 558
水分補給 544
睡眠呼吸障害 359
睡眠時低換気症候群 363
睡眠時無呼吸 428
睡眠時無呼吸症候群 359
睡眠時無呼吸性頭痛 401
睡眠時無呼吸低呼吸症候群 359
頭蓋内圧亢進 385
スズガモ 569
頭痛 400
ストア作動性 Ca^{2+} チャネル 204
ストークス散乱 134
スーパーオキシド 173, 175, 303
スーパーオキシドアニオン 316
スーパーオキシドジスムターゼ 32, 166, 317
スピントラップ法 178
スペースシャトル 553

セ

制がん剤 476
精神神経機能 383
ぜいたく灌流症候群 323
生物進化 30
『生理学の夜明け』 72
生理的変動 79
赤外線吸収法 89
赤色シフト 152
赤血球 36, 235
絶対嫌気性独立栄養古細菌 47
接着分子 306
セレクチン 307
遷延性窒息 403
潜函作業 561
潜水 558
潜水時頭痛 401
潜水哺乳類 569
選択的脳分離循環 497
全肺気量 234

ソ

臓器灌流法 100
臓器虚血 299
臓器血流制御 219
総酸素摂取量 433
速筋 318
速筋線維 226
促進拡散 160, 249
組織酸素化 219
組織酸素拡散速度 248
組織酸素代謝失調 180
組織酸素濃度イメージング 149
組織酸素濃度測定 142
組織低灌流 180
組織低酸素 357
損傷空気 21

タ

体温 79
体温調節能 538
体外循環 495
大気圧イオン化 95
大気圧環境 452
大気組成 11
胎児・新生児低酸素性脳障害 257
代謝活動の遅れ 265
代謝率 572
代謝物受容反射 506
代謝抑制 572
体循環 219
大腸菌 185
体動 108
大動脈体 208
ダイナミック・センターコア 390, 499
胎便吸引症候群 256
対流 156
多細胞 30
多重発見 20
脱共役 163

脱酸素化ヘモグロビン 137, 439
脱水 537, 544
脱水素酵素 166
脱窒素 563
脱フロギストン空気 27
多波長型パルスオキシメーター 429
卵の酸素摂取 238
単光子放射線コンピュータ断層撮影 444
単細胞 30

チ

チェーンストークス呼吸症候群 362
遅延性障害 398
地球温暖化 56
地球環境システム 56
地球酸素環境 2
遅筋 318
遅筋線維 226
窒息 402
知能障害 390
チャネル 34
中枢型睡眠時無呼吸低呼吸症候群 361
中等度高地 533
中途覚醒 573
腸管壊死 376
腸管虚血 376
超高所 542
長寿 409
鎮静 428

テ

低圧酸素治療 453
低圧室 525
低圧低酸素 302, 533, 546
低圧低酸素室 527, 548
定位的放射線治療 502
低温熱傷 109
低気圧性低酸素 302
低高地 533
抵抗肺小動脈 242
低呼吸 359
低酸素 145, 179, 190, 254, 346, 375, 383, 400, 467
低酸素イメージング 152
低酸素イメージング薬剤 137
低酸素応答性転写因子 198
低酸素換気応答 211
低酸素環境 283
低酸素がん細胞 147, 501
低酸素血症 110, 257, 461, 534, 549
低酸素興奮性神経細胞 213
低酸素後換気抑制 213
低酸素後呼吸数減少 213
低酸素細胞 145
低酸素細胞増感剤 396
低酸素細胞分画 394
低酸素細胞放射線増感剤 469
低酸素受容 205
低酸素腫瘍細胞 147, 501
低酸素症 257, 280

低酸素性呼吸抑制　211, 214
低酸素性頭痛　400
低酸素性肺血管収縮　223, 364, 512
低酸素性肺血管攣縮　242
低酸素チャレンジテスト　549
低酸素トレーニング　527, 545
低酸素の重症度分類　388
低酸素曝露　243
低酸素分圧性低酸素　179
低酸素マーカー　145, 469
低酸素誘導因子　532
低酸素誘導がん遺伝子治療法　474
定常酸素低酸素法　214
定常二酸化炭素低酸素法　214
低体温　386, 572
低体温療法　68
低代謝　572
定電圧印加　83
デオキシヘモグロビン　115
デオキシミオグロビン　117
適応　219
鉄含有オキシゲナーゼ　170
デヒドロゲナーゼ　166
デマンドバルブ　464
電位依存性 Ca^{2+} チャネル　203
電位依存性 K^+ チャネル　202, 206
電極性能テスト　83
電極法　76
電子イオン化法　95
電子伝達　162
電磁ノイズ　83
転写因子　190, 195

ト

銅イオン　167
銅含有オキシゲナーゼ　170
登高速度　524
動静脈酸素較差　432, 534
動静脈酸素濃度　69
動静脈酸素濃度較差　226, 432, 534
糖尿病　364, 409
糖分解　272
動脈血-肺胞気二酸化炭素分圧較差　90
動脈血ガス分析　92
動脈血酸素含量　223, 534
動脈血酸素分圧　352, 547
動脈血酸素飽和度　106, 511, 522, 534
動脈血二酸化炭素分圧　90, 547
動脈血流遮断法　125
冬眠　572
ドクターコール　546
独立栄養　32
突然死　336
ドーピング　533
トポグラフィ　441
トランスフェリン　191
トランスポーター　34
トレーナビリティー　271

ナ

内因性光学信号　131

内因性酸素プローブ　114
内因性光計測法　86
内頸静脈血酸素飽和度　495
内呼吸　351
内窒息　402
ナキウサギ　519
南極氷床　53

ニ

二酸化炭素電極　72
二重収束磁場型質量分析計　96
二波長法　114
乳酸　272
乳酸産生　460
ニューログロビン　253
認知症　412

ネ

ネクローシス　294, 312
熱線式気流計　88

ノ

脳嵌頓　385
脳灌流圧　321
脳機能イメージング　87, 103, 131, 438
脳虚血　321
脳血液量　450
脳血管障害　364
脳血流　300, 320
脳血流計測　86
脳血流自動調節機構　386
脳血流量　136, 449
脳梗塞　325
脳酸素消費量　320
脳酸素中毒　349
脳酸素毒性　560
脳神経細胞　384
脳組織酸素分圧値　85
脳卒中様発作　406
脳損傷機構　390
脳低温療法　498
脳内 Hb 酸素飽和度　450
脳内酸素化状態　496
脳内出血　385
脳内熱貯留現象　498
脳賦活試験　446
脳の酸素消費率　85
脳浮腫　385
ノルモキシア　186

ハ

肺　232
肺拡散量　239
肺ガス交換機能　78
肺活量　562
肺血液量　514
肺結核　346
肺血栓塞栓症　548
肺血流制御　223
肺血流量　90
肺高血圧症　364, 513

肺酸素中毒　348
肺酸素毒性　561
肺循環　223, 242
肺循環抵抗　514
肺循環動態　460
ハイドロゲノゾーム　48
ハイパーオキシア　476
ハイパーサミア　468
ハイバネーション　572
肺胞　233
肺胞換気量　90, 157
肺胞気酸素分圧　453
肺胞気式　158, 351
肺胞気動脈血酸素分圧較差　547
肺胞気方程式　158, 351
肺胞酸素分圧　346
肺胞低酸素　224
ハイポキシア　186
ハイポキシック・サイトトキシン　471
廃用性萎縮筋　417
パーキンソン病　414
拍動心臓標本　153
発癌　310
白金電極　71
バックグラウンド K^+ チャネル　203
白血球-血管内皮細胞相互作用　306
発光ダイオード　107
鼻マスク式持続陽圧呼吸　366
ハーバー・ワイス反応　176
パーフルオロ化合物　479, 481
パルスオキシメーター　427, 543
パルスオキシメトリ　106
バルーン閉塞試験　326
反射型パルスオキシメーター　429
反ストークス散乱　134
バンスライク法　74

ヒ

非アルコール性脂肪肝　371
非アルコール性脂肪性肝炎　370
光散乱　129
光トモグラフィー　104
光脳機能イメージング　439
光リン酸化反応　40
ピコアンメータ　83
飛行高度　547
飛行時間型質量分析計　96
飛行時間計測　104
微小酸素電極　81, 98
微小重力環境　553, 555
微小循環　92
非侵襲的人工呼吸管理　491
非侵襲的陽圧換気療法　356
脾臓収縮　569
ヒドロキシラジカル　173, 178, 303, 316
火の空気　21
非破壊検査　135
皮膚呼吸　229
非閉塞性腸管虚血症　378
氷期-間氷期サイクル　53
氷床コア　53

表皮　229
疲労　274
貧血性低酸素　180
貧困灌流症候群　323

フ

ファンクショナル MRI　446
不安状態　461
不安定狭心症　335
フェントン反応　177
フォトダイオード　108
賦活脳酸素代謝　323
不感蒸泄　537
不均一酸素分布　63
腹腔動脈圧迫症候群　377
腹式呼吸　530
複式循環　240
複式循環回路　232
腹部アンギーナ　376
腹部救急疾患　375
不整脈　363
物質循環　57
プテリジン　169
プテリン　170
フマル酸呼吸　48
フラグメンテーション　94
プラチナ電極　71
フラビン　168
フラビンタンパク　132
フラビンタンパク蛍光　131
フーリエ変換イオンサイクロトロン質量分析計　96
フリーラジカル　338,395
フロギストン　15
フロチリン　255
プロドラッグ　468
分画酸素飽和度　111
分光器　135
分子状酸素　30
分子量関連イオン　95
分析変動　79

ヘ

閉鎖血管系　36
閉塞型睡眠時無呼吸症候群　280
閉塞型睡眠時無呼吸低呼吸症候群　360
平地　533
ヘテロジェニティー　141
ペナンブラ　322
ヘパリン　424
ヘマトクリット　514
ヘム　253
ヘム含有オキシゲナーゼ　171
ヘモグロビン　34,115,216,253,387,480,534
ヘモグロビン機能障害　388
ヘモグロビン酸素解離曲線　158
ヘモグロビン酸素親和性　250
ヘモグロビン小胞体　481
ヘモグロビンの脱酸素化　132
ペルオキシダーゼ　32,177
ペルオキシナイトライト　310,316
ベンチレータ　491
ヘンリーの法則　84,453

ホ

ボーア効果　236
ホイッグ史観　17
ボイルの法則　453
ポイントオブケア検査　97
放射線壊死　502
放射線感受性　394
放射線治療　393,501
放射線抵抗性　394
放射線療法　475
放物線飛行　553
飽和潜水　559
補欠分子族　253
ポジトロン CT　136
ポジトロンエミッショントモグラフィ　444
補助人工肺　490
ホモトロピック作用　216
ポーラログラフィー　74
ポーラログラフ微小酸素電極法　81
ポーラログラム　83
ポリソムノグラフィー　364
ポリプロピレン膜　74

マ

マイクロスフェア法　569
膜型人工肺　490
膜テスト　84
膜電位感受性色素　442
マクロファージ　473
麻酔　422
マススペクトル　94,96
末梢化学受容体　213
マトリックス支援レーザー脱離イオン化　95
慢性減圧症　566
慢性高山病　531
慢性呼吸不全　212,355,550
慢性酸素中毒　561
慢性進行性外眼筋麻痺症候群　405
慢性肺疾患　345
慢性閉塞性肺疾患　549

ミ

ミアスマ　20
ミオグロビン　34,99,116,121,160,216,226,236,249,253
未熟児　448
未熟児網膜症　329
ミトコンドリア　38,45,118,121,128,156,176,228,285,292,305,313,316,408,496
ミトコンドリア機能障害　414
ミトコンドリアゲノム　408
ミトコンドリア病　405
ミトコンドリア膜電位　130
ミトソーム　48

ミランコビッチ理論　54
民生機　429

ム

無減圧潜水　562
無呼吸　359
無酸素　294
無酸素系　434
無酸素耐性　299
無酸素登山　522
無重量状態　553
無重力状態　556
無症候性虚血性心疾患　335

メ

メタボリック症候群　409
メタン　6
メトヘモグロビン　109,426
免疫組織学的検出　145

モ

網膜剥離　332
模擬高地　532
モノアミンオキシダーゼ　168
モノオキシゲナーゼ　166

ユ

有酸素性作業能力　528
有酸素性トレーニング　557
有酸素代謝　384
輸血　478
ユージオメーター　19
ユビキノール-シトクロム c 酸化還元酵素　39
ユビキノン　49
指先飽和度計　78

ヨ

陽圧呼吸　233
陽圧式人工呼吸器　492
溶解型酸素　452
溶存酸素　432
溶存酸素濃度　84
容量係数　238
四元素説　15
四重極型質量分析計　96

ラ

ラクナ梗塞　325
ラジカルスカベンジャー　395
ラマン散乱　134

リ

リーク K^+ チャネル　203
陸域生態系　57
リセス型微小酸素電極法　81
リハビリテーション　270
リン光寿命　142
リンパ液酸素分圧　283
リンパ管系　282
リンパ管内酸素分圧　282

リンパ管内皮細胞　283

ル

涙液　487

レ

レイリー散乱　134
レスピレータ　491
レドックス仮説　242
レドックス制御　309
レドックスセンサー　183
レポーター遺伝子　147
連続光　439

ロ

老化　408
老化のフリーラジカル説　261
労作狭心症　334
老人肺　259
ローダミン123　129
ロドキノン　49
ロングフライト血栓症　552

欧文索引

【A】

AaDo₂ 352, 547
alymphatic zone 282
amitochondriate 51
AMS スコア 543
AP-1 196
ARNT 190
ARDS 344, 356, 423
ASL 443
ATP 30, 38, 161
ATP 依存性 K⁺ チャネル 283
ATP 感受性カリウムチャネル 203

【B】

Baumgärtl and Lübbers 型微小酸素電極 83
BK_{Ca} チャネル 202
blackout 現象 566
blood gas analyzer 75
Bohr 効果 76, 250
BOLD 137, 446
BOLD-fMRI 443
BOLD 信号 321

【C】

c-Jun 196
Ca²⁺ 依存性 K⁺ チャネル 207
Ca²⁺ 逆説 315
Ca²⁺ チャネル 203
Clark 型微小酸素電極 82
COPD 343, 549
CPEO 405
critical PO₂ 67, 101
CSAHS 361
CSR 362
CuA 119
CyPD 欠損マウス 296

【D】

diving reflex 569
DNA 損傷 308, 395
DOT 441

【E】

ECMO 490
economy of nature 19
Egr-1 195
EPO 532
EDS 360
ESR 139
ESR oximetry 139

【F】

FAD 443
ferromagnetic effect 446
Fick の拡散則 121
Fick の法則 248
fMRI 443, 446

【G】

G6PD 191
gas biology 383
genome biology 383
GFP 152
GOLD ガイドライン 549

【H】

Haldane 効果 76, 251
heme aa₃ 118
HIF-1 147, 187, 190, 198, 532
HMGB-1 277
H₂O¹⁵-PET 447
HPV 223, 242, 364, 512
HRE 191
Hsp90 190
hyperoxia 276
hypoxia inducible factor (HIF) 391

【I】

IGF-1 194
IL-1β 194
IPCC 56

【K】

K⁺ チャネル 202
Kearns-Sayre 症候群 405
KSS 405

【L】

last universal ancestor 43
Lavoisier 26

【M】

MAPK 192
MAPK シグナル 277
masking neuronal hypoxia 387, 498
MCT 274
MEDIF 550
MELAS 405
MERRF 405
Michaelis-Menten 型 159
mitochondrial transition pore 319
MPTP 414
mtDNA 変異蓄積仮説 408
Munro-Kellie Doctrine 447

【N】

NAD 443
NADH-ユビキノン酸化還元酵素 39
NADPH オキシダーゼ 175, 305
NAFLD 371
NASH 370
nature's economy 19

NCPAP 366
negative feedback 制御 164
NF-IL-6 195
NF-κB 196
NIRS 124, 439, 495
NMR 139
NO 310
NO 吸入 485
NPPV 356

【O】

O₂ conformer 245
O₂ regulator 245
OSAHS 360
oxygen debt 434
oxygen deficit 434
oxygen window 効果 563

【P】

p53 197
paramagnetic effect 446
Pasteur 効果 164
Paul-Bart 効果 349
PCV 492
PEEP 423, 493
permeability transition 296
PET 136, 444
pH 電極 72
photobleaching 150
PI3K/Akt 193
PKC 194
PMMA 487
pre-breathe 556
preconditioning 317
Priestley 17, 24
proton-motive force 163
PSV 492

【R】

radial O₂ gradient 121
respiration-early hypothesis 42
RDS 256
RGP 487
ROP 329
ROS 173

【S】

SAHS 359
SAS 280, 359
Scheele 21
SDB 359
SHVS 363
silent bubble 566
SIR2 262
SOD 166, 340, 561
Sp-1 196
SPECT 444

Stern-Volmer 関係式　149
stirring artifact　84
system biology　383

【T】

TAP　469
TASK　206
TNF　309
TNF-α　194

【U】

uncoupling protein（UCP）　285
UPTD　561

【V】

van Slyke-Neill 法　76
vasomotion　86
VCV　492

VEGF　191, 329, 393, 532
venous return system　566
Venturi mask　549

【W】

Warburg 効果　164
Whalen 型微小酸素電極　82

からだと酸素の事典		定価は外函に表示

2009年9月5日　初版第1刷

編集者	酸素ダイナミクス研究会
発行者	朝　倉　邦　造
発行所	株式会社　朝倉書店 東京都新宿区新小川町 6-29 郵便番号　162-8707 電　話　03(3260)0141 FAX　03(3260)0180 http://www.asakura.co.jp

〈検印省略〉

© 2009〈無断複写・転載を禁ず〉

真興社・渡辺製本

ISBN 978-4-254-30098-7　C 3547

Printed in Japan

東邦大 有田秀穂編

呼 吸 の 事 典

30083-3 C3547　　　Ａ５判 744頁 本体24000円

呼吸は，生命活動の源であり，人間の心の要である。本書は呼吸にまつわるあらゆる現象をとりあげた総合的事典。生命活動の基盤であるホメオスタシスから呼吸という行動まで，細胞レベルから心を持つヒトのレベルまで，発生から老化まで，しゃっくりの原始反射から呼吸中枢まで，睡眠から坐禅という特殊な覚醒状態まで，潜水から人工血液まで，息の文化からホリスティック医療までさまざまな呼吸関連の事象について，第一線の研究者が専門外の人にも理解しやすく解説したもの

都老人研 鈴木隆雄・東大 衞藤 隆編

からだの年齢事典

30093-2 C3547　　　Ｂ５判 528頁 本体16000円

人間の「発育・発達」「成熟・安定」「加齢・老化」の程度・様相を，人体の部位別に整理して解説することで，人間の身体および心を斬新な角度から見直した事典。「骨年齢」「血管年齢」などの，医学・健康科学やその関連領域で用いられている「年齢」概念およびその類似概念をなるべく取り入れて，生体機能の程度から推定される「生物学的年齢」と「暦年齢」を比較考量することにより，興味深く読み進めながら，ノーマル・エイジングの個体的・集団的諸相につき，必要な知識が得られる成書

医歯大 佐々木成・明薬大 石橋賢一編

からだと水の事典

30094-9 C3547　　　Ｂ５判 372頁 本体14000円

水分の適切な摂取・利用・排出は人体の恒常性の維持に欠かせないものであり，健康の基本といえる。本書は，分子・細胞・器官・臓器・個体の各レベルにおいて水を行き渡らせるしくみを解説。〔内容〕生命の誕生と水(体内の水，水輸送とアクアポリン，水と生物の進化，他)／ヒトの臓器での水輸送とその異常(脳，皮膚と汗腺，口腔と唾液腺，消化管，腎臓，運動器，他)／病気と水代謝(高血圧，糖尿病，心不全，肝硬変，老化，妊娠，熱中症，他)／水代謝異常の治療(輸液療法，利尿薬)

東大 松島綱治・東大 西脇 徹編

炎症・再生医学事典

30099-4 C3547　　　Ｂ５判 500頁〔近　刊〕

内外環境に対するヒトの生体応答機構の知見を，基礎領域から臨床応用領域まで多角的観点から考察できるよう網羅。炎症・免疫学，再生医学における各分野の専門家が最新の研究成果をテーマごとに読みやすくコンパクトに解説。読者がその関心の強い項目から読み進めていくことができるよう編集。各項目に極力多くの図表を掲載し，一目で理解できる。医学・薬学・医療関連の学部・学科の学生，大学院生，研究者，医療・薬事・保健従事者，厚生行政関係者等幅広い層の方々に有益

前東大 杉本恒明・国立病院機構 矢崎義雄総編集

内　　科　　学（第九版）

32230-9 C3047　　　Ｂ５判 2156頁 本体28500円
32231-6 C3047　　　Ｂ５判（5分冊）本体28500円

内科学の最も定評ある教科書，朝倉『内科学』が4年ぶりの大改訂。オールカラーで図写真もさらに見やすく工夫。教科書としてのわかりやすさに重点をおき編集し，医師国家試験出題基準項目も網羅した。携帯に便利な分冊版あり。
〔内容〕総論：遺伝・免疫・腫瘍・加齢・心身症／症候学／治療学：移植・救急／感染症・寄生虫／循環器／血圧／呼吸器／消化管／膵・腹膜／肝・胆道／リウマチ・アレルギー／腎／内分泌／代謝・栄養／血液／神経／環境・中毒・医原性疾患

前埼玉大 石原勝敏・前埼玉大 金井龍二・東大 河野重行・前埼玉大 能村哲郎編集代表

生物学データ大百科事典

〔上巻〕17111-2 C3045　　Ｂ５判 1536頁 本体100000円
〔下巻〕17112-9 C3045　　Ｂ５判 1196頁 本体100000円

動物，植物の細胞・組織・器官等の構造や機能，更には生体を構成する物質の構造や特性を網羅。又，生理・発生・成長・分化から進化・系統・遺伝，行動や生態にいたるまで幅広く学際領域を形成する生物科学全般のテーマを網羅し，専門外の研究者が座右に置き，有効利用できるよう編集したデータブック。〔内容〕生体構造(動物・植物・細胞)／生化学／植物の生理・発生・成長・分化／動物生理／動物の発生／遺伝学／動物行動／生態学(動物・植物)／進化・系統

上記価格（税別）は 2009 年 8 月現在